Bernd Ki

# Einführung in die Maschinenelemente

Bernd Künne

# Einführung in die Maschinenelemente

## Gestaltung – Berechnung – Konstruktion

2., überarbeitete Auflage

Mit 845 Abbildungen

Teubner

Springer Fachmedien Wiesbaden GmbH

Die Deutsche Bibliothek – CIP-Einheitsaufnahme
Ein Titeldatensatz für diese Publikation ist bei
Der Deutschen Bibliothek erhältlich.

**Prof. Dr.-Ing. habil. Bernd Künne,** Universität Dortmund

1. Auflage 1999
2., überarbeitete Auflage April 2001

Alle Rechte vorbehalten
© Springer Fachmedien Wiesbaden 2001
Ursprünglich erschienen bei B. G. Teubner GmbH, Stuttgart/ Leipzig/ Wiesbaden, 2001


www.teubner.de

Umschlaggestaltung: Ulrike Weigel, www.CorporateDesignGroup.de

ISBN 978-3-519-16335-0     ISBN 978-3-663-05920-2 (eBook)
DOI 10.1007/978-3-663-05920-2

# Vorwort

Das Berufsbild des Ingenieurs unterliegt in der heutigen Zeit einem strukturellen Wandel. Dabei sind neben den „klassischen" Fächern weiterführende Kenntnisse, beispielsweise in den Bereichen Planung, Organisation und Logistik, von zunehmender Bedeutung. Hieraus ergibt sich unmittelbar die Forderung, die wesentlichen Inhalte der Grundlagenfächer kompakt und übersichtlich zu vermitteln. Unter diesen Randbedingungen entstand das vorliegende Buch.

Eine Vorgabe dabei war die Beschränkung auf einen Umfang von etwa 400 Seiten, so dass dem Leser die wichtigsten Informationen in komprimierter Form zur Verfügung gestellt werden können. Erreicht wurde dieses Ziel durch eine Eingrenzung der behandelten Thematik auf das Grundwissen sowie durch eine zweispaltige Darstellung.

Trotz des begrenzten Umfangs werden alle wesentlichen Themengebiete aus dem Bereich Maschinenelemente betrachtet. Ein besonderer Schwerpunkt liegt auf dem Thema „Gestaltung". Sowohl in dem entsprechenden Kapitel als auch in den Einzelkapiteln, die die Maschinenelemente detaillierter behandeln, sind zahlreiche Leitregeln und Beispiele zur konstruktiven Gestaltung dargestellt und erläutert. Diese sollen sowohl zur Beschreibung der entsprechenden Hintergründe und Randbedingungen dienen als auch dem Leser bei der Erstellung eigener Konstruktionen helfen und ihn hierzu ermutigen.

Das Kapitel „Versagenskriterien und Abhilfen" soll einige wesentliche Kenntnisse der Mechanik wiederholen und sie im Hinblick auf die Anwendung im Bereich der Berechnung von Maschinenelementen vertiefen. Hier werden wichtige Grundlagen für die nachfolgenden Kapitel vermittelt.

Die übrigen Kapitel behandeln die einzelnen Maschinenelemente. Hierbei wird zunächst ein Überblick über Funktionen und Aufbau der jeweiligen Maschinenelemente sowie über die wichtigsten physikalischen Hintergründe gegeben. Im weiteren Verlauf der Kapitel werden die Auslegung und die Nachrechnung der Maschinenelemente in Form von schrittweisen Vorgehensweisen dargestellt. Hierdurch soll dem Leser die systematische Bearbeitung nahegebracht werden; ein unüberlegtes Einsetzen von Zahlen in gegebene Gleichungen wird so vermieden.

Mein Dank gilt all denen, die direkt oder indirekt zum Gelingen dieses Buches beigetragen haben. Hier sind zunächst die Mitarbeiter zu nennen, die bei der inhaltlichen und formalen Ausgestaltung mitgewirkt haben. Dem Teubner-Verlag, und hier ganz besonders Herrn Dr. J. Schlembach, danke ich für die Anregung des Projektes und für die stete Förderung bei dessen Durchführung. Weiterhin danke ich allen Firmen, die mich durch die Bereitstellung von Prospektmaterial und weiteren Unterlagen unterstützt haben.

Mein besonderer Dank gebührt meinem geschätzten Hochschullehrer, Herrn Professor Dr.-Ing. W. Jorden von der Universität Paderborn, der indirekt zum Gelingen des Buches beigetragen hat, indem er mir während meiner Studien- und Mitarbeiterzeit die Thematik der Maschinenelemente nahegebracht und mich stets gefördert hat. Darüber hinaus hat er einige Inhalte seiner Lehrveranstaltungsunterlagen zur Verfügung gestellt.

Für Anregungen, die zur Verbesserung des Werkes beitragen können, bin ich stets dankbar.

Dortmund, im Juni 1999          Bernd Künne

# Vorwort zur 2. Auflage

Nachdem die erste Auflage in unerwartet kurzer Zeit vergriffen war, wurden für die zweite Auflage zahlreiche Druckfehler korrigiert und einige Detailpunkte im Hinblick auf eine bessere Verständlichkeit überarbeitet. Herrn Andreas Meißner

vom B. G. Teubner Verlag danke ich für seine Unterstützung. Anregungen zur Verbesserung des Buchs nehme ich gerne entgegen.

Dortmund, im März 2001          Bernd Künne

# Inhalt

# 1 Gestaltungsgrundlagen

## 1.1 Konstruktionsmethodische Vorgehensweise

### 1.1.1 Allgemeines

Der Konstruktionsprozess lässt sich in drei Phasen unterteilen, siehe Bild 1.1.

Die **Planungsphase** dient der Klärung und Konkretisierung der Aufgabenstellung. Im Rahmen dieser Phase erfolgt die Zusammenstellung aller Anforderungen, die an die Konstruktion gestellt werden. Darüber hinaus ist es erforderlich, die Marktsituation, Patentrechte auf vergleichbaren Gebieten und ähnliche Informationen zu erfassen. Die tabellarische Zusammenstellung aller vom Produkt zu erfüllenden Funktionen und Randbedingungen wird als Anforderungsliste (auch Lastenheft oder Pflichtenheft genannt) bezeichnet. Am Ende der Planungsphase ist die Aufgabenstellung so genau definiert, dass alle wesentlichen Eigenschaften des späteren Produktes festgelegt sind.

Die **Entwurfsphase** dient der Festlegung des Lösungsweges, der zur Lösung der in der Planungsphase festgelegten Aufgabenstellung zu beschreiten ist. Dabei sind Prinziplösungen, d. h. prinzipielle Anordnungen zur Lösung der Problemstellung, für das Gesamtsystem zu erarbeiten, zu bewerten und auszuwählen. Im nächsten Schritt ist das Gesamtsystem in Teilsysteme zu untergliedern, beispielsweise in Baugruppen. Auch für diese Teilsysteme sind Prinziplösungen zu erarbeiten, zu bewerten und auszuwählen. Je nach Komplexität der Aufgabenstellung kann eine weitere Untergliederung erfolgen. Am Ende der Entwurfsphase ist das Konzept des Produktes festgelegt. Dabei handelt es sich um einen prinzipiell realisierbaren Lösungsweg, der jedoch noch nicht vollständig dimensioniert bzw. konstruktiv ausgearbeitet ist.

Die **Ausarbeitungsphase** dient der Erstellung sämtlicher zur Fertigung des Produktes erforderlichen Unterlagen. Es erfolgt dabei die konstruktive Umsetzung des in der Entwurfsphase erarbeiteten Lösungskonzepts. Im Rahmen dieser Phase sind daher sämtliche Gesamt-, Baugruppen- und Einzelteilzeichnungen zu erstellen; darüber hinaus sind Stücklisten und ähnliche Unterlagen zu erarbeiten.

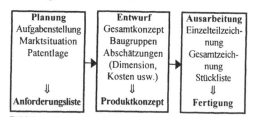

**Bild 1.1** Phasen des Konstruktionsprozesses

### 1.1.2 Anforderungsliste

Zu Beginn der Planungsphase liegt eine unvollständige und allgemein gehaltene Aufgabenstellung vor. Diese Aufgabenstellung muss im Rahmen der Planungsphase soweit konkretisiert werden, dass sie in Form der tabellarischen Anforderungsliste zusammengefasst werden kann. Die wesentlichen Funktionen des späteren Produktes bzw. die wesentlichen Anforderungen an das spätere Produkt werden vom Aufgabensteller geliefert. Dieser kann beispielsweise ein Kunde, aber auch eine auftraggebende Abteilung im eigenen Unternehmen sein. In der Regel sind die vom Aufgabensteller formulierten Anforderungen jedoch zunächst noch unvollständig; daher müssen sie durch weitere Anforderungen des Aufgabenstellers konkretisiert werden. Im nächsten Schritt sind sie durch Anforderungen des Bearbeiters zu ergänzen. Unter dem Begriff Bearbeiter kann einerseits der Sachbearbeiter, andererseits aber auch eine bearbeitende Abteilung im eigenen Unternehmen verstanden werden. Weitere Anforderungen ergeben sich aus der Marktsituation, der Patentlage und sonstigen Randbedingungen.

Zur Verdeutlichung soll folgendes Beispiel dienen: Ein Hersteller von Heimwerkerartikeln möchte bei einem Ingenieurbüro die Neuentwicklung eines Winkelbohrvorsatzes in Auftrag geben. Dieses Gerät soll auf eine handelsübliche Bohrmaschine aufgesetzt werden können und soll dazu dienen, in beengten Räumen Bohrungen auszuführen, die rechtwinklig zur Längsachse der Bohrmaschine liegen. Als neue Idee soll dabei einerseits das Bohrfutter in den Bohrkopf integriert werden, anderseits soll der Bohrer durch das Bohrfutter axial durchsteckbar sein; beide Maßnahmen dienen der Platzersparnis.

Die oben beschriebenen Anforderungen, die vom Aufgabensteller formuliert wurden, sind zunächst noch sehr unvollständig. Sie sind im nächsten Schritt durch weitere **Anforderungen des Aufgabenstellers** zu ergänzen. Hierzu gehört beispielsweise die Festlegung des maximalen Bohrerdurchmessers, der 13 mm betragen soll. Nachdem alle Anforderungen des Aufgabenstellers erfasst sind, sind im nächsten Schritt die **Anforderungen seitens des Bearbeiters** ergänzend hinzuzufügen. Beispielsweise müssen hier die beim Bearbeiter vorliegenden Fertigungsmöglichkeiten berücksichtigt werden. Weitere Anforderungen können unter Umständen aus der Patentlage resultieren, so dass beispielsweise aus patentrechtlichen Gründen bestimmte Funktionsprinzipien nicht zur Umsetzung der Aufgabenstellung eingesetzt werden dürfen. Die Analyse der Marktsituation ergibt zusätzliche Anforderungen, die beispielsweise Herstellkosten, aber auch Leistungsdaten betreffen können. Ein Beispiel für eine auf diese Art entstandene Anforderungsliste zeigt Bild 1.2 auf der folgenden Seite.

Es ist hilfreich, die Anforderungsliste nach den Hauptmerkmalen Geometrie, Kinematik, Energie, Stoff, Termin, Fertigung, Gebrauch und Kosten zu untergliedern. Darüber hinaus sollten die Anforderungen nach ihrer Herkunft gekennzeichnet werden. Außerdem ist es erforderlich, die Anforderungen als Festforderungen (F) und Wünsche (W) zu kennzeichnen.

**Festforderungen** sind Anforderungen, die von einer möglichen Lösung in jedem Fall erfüllt werden müssen. Lösungsansätze, die eine der Festforderungen nicht erfüllen, sind zur Lösung der Aufgabenstellung ungeeignet. Festforderungen müssen so formuliert werden, dass eine Entscheidung über ihre Erfüllung als eindeutige Ja-Nein-Entscheidung gefällt werden kann. Eine Sondergruppe der Festforderungen stellen die Mindestforderungen bzw. limitierten Forderungen dar, die lediglich eine Grenze festsetzen. Im Beispiel ist der maximale Spanndurchmesser mit 13 mm festgelegt. Hierbei handelt es sich um eine Festforderung; es wäre ebenso denkbar, dies als Mindestforderung zu formulieren. In jedem Fall wäre mit einem größeren Spanndurchmesser die gestellte Forderung besser erfüllt, bzw. es würde eine bessere Funktionserfüllung gewährleistet.

Die **Wünsche** der Anforderungsliste sollten soweit wie möglich berücksichtigt werden; sie stellen kein Ausschlusskriterium dar. Wünsche brauchen nicht eindeutig quantifiziert zu werden. Der Erfüllungsgrad der Wünsche der Anforderungsliste ist ein Maß für die Qualität einer Prinziplösung. Sie können daher als Kriterien zur Bewertung der Prinziplösung dienen.

Umfang und Form der Anforderungsliste sind sehr stark vom jeweiligen Projekt abhängig. So kann beispielsweise bei komplizierteren Problemstellungen der Umfang einer Anforderungsliste bzw. eines Lastenheftes durchaus mehrere hundert Seiten betragen. Bei einfacheren Problemstellungen können die Anforderungen auch Bestandteil eines Angebots sein, das eine Fremdfirma erstellt. In diesem Fall besteht zwar keine explizite Anforderungsliste, doch sind deren wesentliche Informationen schriftlich festgehalten.

Die Anforderungsliste ist eine sehr wichtige Unterlage zwischen Aufgabensteller und Bearbeiter, da in ihr sämtliche Eigenschaften, die das zu erstellende Produkt aufweisen soll, eindeutig festgelegt sind. Änderungen der Anforderungsliste müssen in jedem Fall sorgfältig dokumentiert und mit Aufgabensteller und Bearbeiter eindeutig abgestimmt werden.

### 1.1.3 Prinziplösungen

Prinziplösungen sind technisch realisierbare Konzepte eines Produktes bzw. von Teilen da-

| Anforderungsliste Winkelbohrvorsatz mit Spannvorrichtung | | Nr.: | WB 98 014 |
|---|---|---|---|
| | | Datum: | 01.03.98 |
| | | Seite: | 1 |
| Auftraggeber: U. & B. Bohrtechnik | | | |

| Nr. | Anforderungen | F/W | Änderung |
|---|---|---|---|
| 1. | **Geometrie** | | |
| 1.1 | Bauhöhe möglichst gering | W | |
| 1.2 | Bohrer soll durchsteckbar sein | F | |
| 1.3 | maximaler Spanndurchmesser 13 mm | F | ① |
| 1.4 | Gewicht < 500 g | W | |
| 2. | **Kinematik** | | |
| 2.1 | leichtes und schnelles Wechseln der Werkzeuge (Bohrer, Bits) | W | |
| 2.2 | Werkzeugwechsel (Bohrer, Bits) ohne Zusatzwerkzeuge | W | |
| 2.3 | Rechts-Links-Lauf-Möglichkeit | F | |
| 2.4 | Verdrehmöglichkeit des Bohrfutters | F | |
| 2.5 | Bohrmaschinenspannhalsmaße nach DIN 44 715 | F | |
| 2.6 | Drehmomentübertragung durch Kegelräder | F | |
| 3. | **Energie** | | |
| 3.1 | Antrieb durch eine Bohrmaschine | F | |
| 4. | **Stoff** | | |
| 4.1 | Gehäuse korrosionsfrei | W | |
| 4.2 | Gehäuse stoßfest | W | |
| 5. | **Termin** | | |
| 5.1 | Fertigstellung < 7 Monate | F | |
| 6. | **Fertigung** | | |
| 6.1 | Verwendung von Zukaufteilen | F | |
| 6.2 | Verwendung von Normteilen | F | |
| 6.3 | möglichst einfache Fertigungsart und Fertigungsmittel | W | |
| 6.4 | geringe Teilevielfalt | W | |
| 6.5 | eindeutig erkennbare Montage | W | |
| 7. | **Gebrauch** | | |
| 7.1 | hohe Funktionssicherheit | W | |
| 7.2 | schmutzunempfindlich | W | |
| 7.3 | geringer Verschleiß | W | |
| 7.4 | wartungsarm | W | |
| 7.5 | Ersatzteile leicht austauschbar | W | |
| 7.6 | Gebrauch einfach | W | |
| 7.7 | störunempfindlich | W | |
| 7.8 | Demontage leicht und zerstörungsfrei möglich | W | |
| 7.9 | Hohe Arbeitssicherheit, geringe Verletzungsgefahr | F | |
| 8. | **Kosten** | | |
| 8.1 | Herstellkosten < DM 95 | W | |

| Ind. | Nr. | Datum | Änderungen |
|---|---|---|---|
| ① | 1.3 | 14.02.98 | war 10 mm; Änderung durch den Auftraggeber |
| | | | **Anmerkung:** In dieser Anforderungsliste sind die Forderungen nicht nach ihrer Herkunft gekennzeichnet, da sie vollständig vom Auftraggeber stammen. |

**Bild 1.2** Beispiel einer Anforderungsliste

von. Kennzeichnend für eine Prinziplösung ist, dass sie zwar die Funktion des Produktes eindeutig beschreibt, nicht jedoch auf Details der Auslegung und der konstruktiven Ausarbeitung eingeht.

Ziel der Erarbeitung von Prinziplösungen ist es, eine möglichst große Auswahl geeigneter Lösungsmöglichkeiten für die gestellte Aufgabe zu gewinnen. Diese können dann miteinander verglichen werden, um die bestgeeignete Lösung auszuwählen. Die hierzu verwendbaren Bewertungsverfahren werden in einem späteren Kapitel erläutert.

Bild 1.3 zeigt eine Prinzipskizze des Winkelbohrvorsatzes. Im vorliegenden Fall sind die Lösungsmöglichkeiten durch die Anforderungsliste bereits stark eingegrenzt;

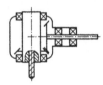

**Bild 1.3** Prinzipskizze

beispielsweise ist der Einsatz eines Kegelzahnradgetriebes als Festforderung vorgeschrieben. Aus diesem Grunde beschränken sich die Prinziplösungen im Wesentlichen auf die Anordnung und die konstruktive Gestaltung der einzelnen Elemente. Bei umfangreicheren Projekten wäre es dagegen sinnvoll, die Prinziplösungen in Form von Skizzen zu erarbeiten.

In Bild 1.4 ist eine Auswahl von Prinziplösungen für den Winkelbohrvorsatz dargestellt. Diese sind aus den oben beschriebenen Gründen konstruktiv bereits relativ stark ausgearbeitet. Charakteristisch ist dabei, dass die prinzipielle Lösung aller wesentlichen Problemstellungen zwar erkennbar ist, Details der konstruktiven Ausarbeitung aber noch nicht festgelegt worden sind. Beispielsweise ist in Bild 1.4 das Gehäuse in Wellenebene geteilt ausgeführt; die Verbindungsschrauben, die hierfür erforderlichen Ansätze usw. sind jedoch nicht dargestellt bzw. noch nicht festgelegt. Außerdem werden noch keine Dimensionierungen (z. B. Wellen und Welle-Nabe-Verbindungen) durchgeführt.

Zur Vereinfachung der Auswahl ist es hilfreich, die wesentlichen Vorteile (V) und Nachteile (N) der Prinziplösung stichwortartig zu nennen.

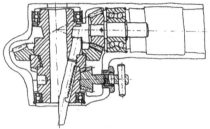

**Prinziplösung 1:**
V.: Integrierter Futterschlüssel    N.: Große Bauhöhe
    Backen eindeutig geführt            Hoher Bauaufwand

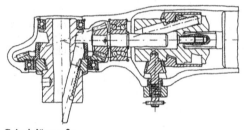

**Prinziplösung 2:**
V.: Handelsübliches Spannfutter  N.: Große Bauhöhe
    Backen eindeutig geführt            Hoher Bauaufwand

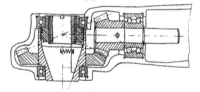

**Prinziplösung 3:**
V.: Geringe Bauhöhe                   N.: Backen schwimmend
    Einfache Fertigung                      Futter selbstgefertigt

**Bild 1.4** Prinziplösungen für den Winkelbohrvorsatz

Bei dem oben beschriebenen stark vereinfachten Beispiel wurden die Prinziplösungen für das Gesamtsystem „Winkelbohrvorsatz" unmittelbar erarbeitet und skizziert. Dies ist nur bei einfacheren Projekten möglich. Bei umfangreicheren Aufgabenstellungen muss die Suche nach Prinziplösungen sowohl für das Gesamtsystem als auch für die entsprechenden Teilsysteme vorgenommen werden. Hilfreich ist dabei die Betrachtung der Funktionen des Produkts.

### 1.1.4 Funktionen

Die Funktion ist der Wirkzusammenhang zwischen der Eingangs- und Ausgangsgröße eines

Systems. Vereinfacht kann man unter dem Begriff Funktion die Antwort auf die Frage danach verstehen, welche Aufgabe das betrachtete System erfüllt.

Die Funktionen des Winkelbohrvorsatzes sind folgende: „Drehmoment leiten", „Drehachse ändern" und „Bohrer aufnehmen". Im obigen Beispiel wurden Prinziplösungen für das Gesamtsystem erarbeitet. In der Regel ist es insbesondere bei umfangreicheren Projekten erforderlich, für die Funktionen bzw. für die daraus resultierenden Teilsysteme (z. B. Baugruppen) Prinziplösungen zu suchen. Bei dem Beispiel wären dies Lösungen für die Funktionen „Drehmoment leiten" bzw. für die Baugruppe bzw. Bauteile „Wellen und Welle-Nabe-Verbindungen", für das Winkelgetriebe („Drehachse ändern") und für das Spannfutter („Bohrer aufnehmen").

Die durch diese Vorgehensweise erhaltenen Einzellösungen können zu Gesamtlösungen kombiniert werden, beispielsweise mit Hilfe des sogenannten Morphologischen Kastens. Dabei ist jedoch die physikalische Verträglichkeit zu berücksichtigen, d. h. die zusammengeführten Lösungsvarianten müssen tatsächlich auch kombinierbar sein.

Zur Auffindung von Prinziplösungen kann die Darstellung einer Funktionsstruktur hilfreich sein. Dabei werden alle Funktionen mit ihren Wirkzusammenhängen grafisch dargestellt. Durch Variation der Anordnung der Funktionen können dann neue Prinziplösungen gefunden werden. Näheres ist der entsprechenden Fachliteratur zu entnehmen.

## 1.1.5 Bewertung und Auswahl

Nach der Erarbeitung der Prinziplösungen müssen diese nun im nächsten Schritt bewertet werden. Dieses dient der Auswahl derjenigen Lösungsvariante, die letztendlich konstruktiv ausgearbeitet und umgesetzt werden soll. Für die Bewertung von Prinziplösungen für das Gesamtsystem und für die Teilsysteme können die gleichen Bewertungsmethoden angewendet werden, die in Bild 1.5 gegenübergestellt sind.

| Methoden / Phasen | Verbale Methode | Punktwertmethode | Kennzahlmethode |
|---|---|---|---|
| Planungsphase | x | x | |
| Entwurfsphase | | x | |
| Ausarbeitungsphase | | x | x |

**Bild 1.5** Bewertungsmethoden

Es kann sowohl eine technische als auch eine wirtschaftliche Bewertung vorgenommen werden.

Die Kriterien für die technische Bewertung einer Prinziplösung werden durch die Wünsche (W) der Anforderungsliste gebildet; eine Prinziplösung, die eine Festforderung (F) nicht erfüllt, ist grundsätzlich unbrauchbar. Die wirtschaftliche Bewertung erfolgt anhand der Kosten (z. B. Herstellkosten), wobei ein Vergleich mit Wettbewerbsprodukten vorgenommen wird. Die Ergebnisse beider Bewertungen können anschließend zusammengeführt werden. Die Vorgehensweise zur technischen und wirtschaftlichen Bewertung ist unter Anderem in der VDI-Richtlinie 2225 beschrieben.

Bei der **verbalen Methode** werden die Vor- und Nachteile der Prinziplösungen gegeneinander abgewägt und zur Entscheidung genutzt. Die Entscheidungsgründe sollten aber auch hierbei schriftlich festgehalten werden. Diese Methode wird insbesondere in der Planungsphase angewendet. Charakteristisch ist, dass auch mit Hilfe dieser vergleichsweise ungenauen Methode in den meisten Fällen eine relativ zuverlässige Entscheidung getroffen werden kann. Der Grund hierfür ist, dass eine Entscheidung über das Grundkonzept eines Gesamtsystems häufig besser überschaubar ist als eine Entscheidung bezüglich von Detaillösungen. Beispielsweise ist es für einen erfahrenen Konstrukteur einfacher zu entscheiden, ob als Hubeinheit ein Scherenhubtisch oder ein Spindelsystem verwendet wird, während es schwieriger ist, zwischen verschiedenen Verbindungselementen auszuwählen.

Die **Punktwertmethoden** bieten den Vorteil einer nachvollziehbaren Entscheidung, die anhand von konkreten Zahlenwerten kontrolliert werden kann. Die prinzipielle Vorgehensweise beruht auf der Vergabe von Punkten für die Erfüllung bestimmter Bewertungskriterien. Die prinzipielle Vorgehensweise gestaltet sich wie folgt:

Zuerst werden **Bewertungskriterien** aufgestellt, die alle wesentlichen, voneinander unabhängigen Eigenschaften des Produkts abdecken sollen; sinnvollerweise werden hierzu die Wünsche der Anforderungsliste herangezogen. Man sollte sich auf sechs bis zehn Kriterien beschränken. Die Kriterien sollten positiv formuliert sein, um Verwechslungen zu vermeiden.

Im nächsten Schritt werden **Gewichtungsfaktoren** für die Bewertungskriterien festgelegt. Jedem Kriterium wird je nach Wichtigkeit ein Faktor zugeordnet, der in die Berechnung der Gesamtpunktzahl einfließt. Die Gewichtung erfolgt nach dem Ermessen des Bearbeiters; üblich sind Gewichtungsfaktoren im Bereich von $G = 1$ für ein weniger wichtiges Kriterium bis zu $G = 3$ für wesentliche Eigenschaften.

Der **Erfüllungsgrad** $E$ gibt an, in welchem Maße eine Prinziplösung dem jeweiligen Kriterium genügt. Bild 1.6 zeigt einen Auszug aus der VDI-Richtlinie 2225, in der eine Klassifizierung der Erfüllungsgrade vorgenommen ist. Eine feinere Untergliederung als in die dargestellten Stufen ist in der Regel nicht sinnvoll; häufig ist es bereits schwierig zu entscheiden, ob eine Lösung bei einem Kriterium 2 oder 3 Punkte erhält.

| Punkte | Definition | Bedeutung | | |
|--------|-----------|-----------|---|---|
| $E = 4$ | ausgezeichnet | $= E_{max}$, seltene Spitzenqualität | | |
| $E = 3$ | gut | Normaler | | + |
| $E = 2$ | durchschnittlich | Wertebereich, | | 0 |
| $E = 1$ | schlecht | entspricht (s. rechts) | | - |
| $E = 0$ | untragbar | Blockiert die Lösung ("schlägt durch") | | |

**Bild 1.6** Punktbewertung nach VDI 2225

Der sogenannte Durchschlageffekt besagt, dass eine Lösung, die bei einem Kriterium die Bewertung $E = 0$ erhalten hat, generell als unbrauchbar eingestuft wird, und zwar unabhängig von der Bewertung bei den anderen Kriterien.

Die Bewertung der Lösungen sollte so erfolgen, dass zunächst alle Lösungen anhand desselben

Kriteriums bewertet werden; hierdurch wird eine bessere Vergleichbarkeit erreicht.

| Prinziplösung Kriterium | | Variante 1 | | Variante 2 | | Variante 3 | |
|---|---|---|---|---|---|---|---|
| | $G$ | $E$ | $G \cdot E$ | $E$ | $G \cdot E$ | $E$ | $G \cdot E$ |
| Bauhöhe gering | 2 | 1 | 2 | 2 | 4 | 4 | 8 |
| Gewicht gering | 2 | 1 | 2 | 1 | 2 | 3 | 6 |
| Werkzeugwechsel einfach | 3 | 4 | 12 | 3 | 9 | 2 | 6 |
| dto. ohne Zusatzwerkzeug | 1 | 4 | 4 | 2 | 2 | 2 | 2 |
| Fertigung einfach | 2 | 2 | 4 | 2 | 4 | 3 | 6 |
| Funktionssicherheit hoch | 2 | 3 | 6 | 3 | 6 | 2 | 4 |
| $P_{max} = 48$ | $\Sigma$ | | 30 | | 29 | | 32 |
| | $W_t$ | | 0,625 | | 0,604 | | 0,667 |

**Bild 1.7** Bewertung der drei Prinziplösungen

Beim Vergleich der drei Prinziplösungen wurde die Variante 3 als beste ermittelt; sie erhielt 32 Punkte. Damit ist jedoch noch keine Aussage über die absolute Qualität dieser Variante getroffen; sie kann immer noch eine relativ schlechte Lösung sein. Aus diesem Grunde wird im nächsten Schritt die **technische Wertigkeit** $W_t$ ermittelt. Sie ist gleichbedeutend mit der prozentualen Anzahl der erreichten Punkte und wird gemäß folgender Gleichung berechnet:

$$W_t = \frac{P}{P_{max}} = \frac{\sum (G \cdot E)}{E_{max} \cdot \sum G} \tag{1.1}$$

$P$ = Punktsumme der jeweiligen Prinziplösung
$E$ = Erfüllungsgrad beim jeweiligen Kriterium
$G$ = Gewichtungsfaktor des jeweiligen Kriteriums

Die technische Wertigkeit kann im nächsten Schritt mittels der folgenden Tabelle beurteilt werden:

| Wertigkeit $W$ | Bedeutung |
|---|---|
| unter 0,6 | unzureichend |
| 0,6 bis 0,7 | brauchbar |
| 0,7 bis 0,8 | gut |
| über 0,8 | sehr gut |

**Bild 1.8** Bedeutung der Wertigkeiten

Prinziplösung 3 ist eine brauchbare bis gute Variante; sie kann konstruktiv ausgearbeitet werden.

**Kennzahlmethoden** dienen dazu, die beiden wesentlichen Nachteile der Punktwertmethoden zu vermeiden: Zum einen werden dort die Gewichtungsfaktoren willkürlich festgelegt, zum anderen wird die Vergabe der Punktzahlen lediglich in Form von Abschätzungen vorgenommen. Beides führt dazu, dass die Bewertung subjektiv ist.

Eine der bekanntesten Kennzahlmethoden ist die Nutzwertanalyse. Hierbei wird versucht, eine bessere Objektivität zu erreichen, indem vor der Bewertung die Kriterien paarweise miteinander verglichen und hieraus die Gewichtungsfaktoren abgeleitet werden. Außerdem werden vor der Bewertung Erfüllungsgrade definiert; d. h. es wird festgelegt, welche Punktzahl in Abhängigkeit von der Erfüllung eines Kriteriums vergeben wird. Die Vorgehensweise wird hier nur prinzipiell dargestellt.

Bild 1.9 zeigt eine Tabelle zum paarweisen Vergleich der Kriterien. Dabei wird das jeweils wichtigere Kriterium in die Tabelle eingetragen. Im nächsten Schritt wird gezählt, wie häufig ein Kriterium in seiner Zeile genannt wird. Diese Anzahl der Nennungen wird in eine Prozentzahl umgerechnet, die noch gerundet und korrigiert werden kann; diese Zahl stellt dann den Gewichtungsfaktor dar.

| | B | G | W | Z | F | S | Anz. | % |
|---|---|---|---|---|---|---|---|---|
| **B** | (B) | B | W | Z | F | S | 2 | 10 |
| **G** | B | (G) | W | Z | F | S | 1 | 5 |
| **W** | W | W | (W) | W | W | S | 5 | 25 |
| **Z** | Z | Z | W | (Z) | Z | S | 4 | 20 |
| **F** | F | F | W | Z | (F) | S | 3 | 15 |
| **S** | S | S | S | S | S | (S) | 6 | 25 |
| **Σ** | | | | | | | 21 | 100 |

B = Bauhöhe gering     W = Werkzeugwechsel einfach
G = Gewicht gering     Z = dto. ohne Zusatzwerkzeug
F = Fertigung einfach   S = Funktionssicherheit hoch
Anz. = Anzahl der Nennungen des Kriteriums in der Zeile
%   = Prozentuale Anzahl der Nennungen, gerundet

**Bild 1.9** Gewichtungsmatrix

Bild 1.10 zeigt ein Beispiel für die Definition von Erfüllungsgraden. Die dort genannten Grenzen sind allerdings wieder willkürlich festgelegt, so dass eine vollständige Objektivität auch hierbei nicht gewährleistet ist.

| Kriterium | $E = 0$ | $E = 1$ | $E = 2$ | $E = 3$ | $E = 4$ |
|---|---|---|---|---|---|
| Bauhöhe gering | >100 mm | <100 mm | <85 mm | <70 mm | <55 mm |
| Gewicht gering | > 500 g | < 500 g | < 450 g | < 400 g | < 350 g |

**Bild 1.10** Definition der Erfüllungsgrade

Die **wirtschaftliche Wertigkeit** $W_w$ kann ebenfalls mittels der VDI-Richtlinie 2225 berechnet werden. Hierbei werden ausschließlich die Herstellkosten berücksichtigt, nicht jedoch die Betriebskosten des Produktes; diese fließen eventuell in die technische Bewertung ein. Durch Marktanalysen wird der niedrigste vergleichbare Marktpreis $P_{M\,min}$ ermittelt. Soll das eigene Produkt zu demselben Preis verkauft werden können, lassen sich die zulässigen Herstellkosten mittels Gleichung (1.2) berechnen. Der Faktor $\beta$ lässt sich aus der betrieblichen Abrechnung entnehmen (grober Anhaltswert $\beta \approx 2$); er berücksichtigt, dass in den Herstellkosten nach VDI 2225 nur die Material- und die Fertigungskosten enthalten sind, nicht jedoch die Konstruktions- und Entwicklungskosten, Verwaltungskosten, Gewinne usw.

$$H_{zul} = \frac{P_{M\,min}}{\beta} \tag{1.2}$$

$H_{zul}$ = Zulässige Herstellkosten
$P_{M\,min}$ = Niedrigster vergleichbarer Marktpreis
$\beta$ = Kostenfaktor

Als Idealziel werden erheblich geringere Kosten angestrebt; die idealen Herstellkosten sollen 70 % der zulässigen Herstellkosten betragen:

$$H_{ideal} = 0,7 \cdot H_{zul} \tag{1.3}$$

Die wirtschaftliche Wertigkeit $W_w$ wird dann berechnet, indem die idealen Herstellkosten mit den (abzuschätzenden) Herstellkosten $H_{Entwurf}$ verglichen werden:

$$W_w = \frac{H_{ideal}}{H_{Entwurf}} \tag{1.4}$$

Werden die technische und wirtschaftliche Wertigkeit wie oben beschrieben getrennt berechnet, können sie zur weiteren Betrachtung in einem Wertigkeitsdiagramm grafisch gegenübergestellt werden. Dieses Diagramm ist nach VDI 2225 in die vier Felder „unbrauchbar", „Billigprodukt", „Luxusprodukt" und „brauchbares Produkt" unterteilt (s. Bild 1.11).

„Unbrauchbar" bedeutet hier, dass das Produkt sowohl unter technischen Gesichtspunkten geringwertig (schlecht) ist, als auch wirtschaftlich eine zu geringe Wertigkeit aufweist, also zu teuer in der Herstellung ist. Die Bezeichnung „Billigprodukt" besagt, dass das Produkt wirtschaftlich hochwertig (geringe Herstellkosten), technisch aber geringwertig ist. Ein „Luxusprodukt" hat einen hohen technischen Wert, ist wirtschaftlich aber schlecht (zu teuer).

Alle Lösungen, die im „brauchbaren Gebiet" liegen, kommen für eine Realisierung in Frage. Oberhalb der Diagonalen liegende Varianten sind kostengünstig, aber technisch nicht so gut; unterhalb liegende sind gut, aber teuer. Die Lösungen, die auf der Diagonalen liegen, sind technisch und wirtschaftlich ausgeglichen. Den besten Kompromiss aus technischer und wirtschaftlicher Wertigkeit bildet die Lösung, die am dichtesten am Idealpunkt liegt.

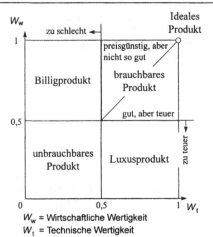

$W_w$ = Wirtschaftliche Wertigkeit
$W_t$ = Technische Wertigkeit

**Bild 1.11** Wertigkeitsdiagramm nach VDI 2225

## 1.2　Konstruktive Ausarbeitung

### 1.2.1 Ablauf des Konstruktionsvorgangs

Der Konstruktionsvorgang läuft nach dem in Bild 1.12 dargestellten Schema ab.

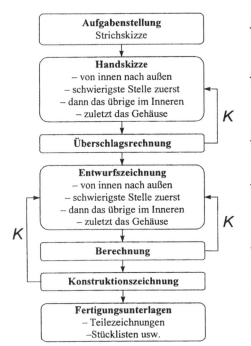

**Bild 1.12** Ablauf des Konstruktionsvorgangs

**Kontrollfragen:**
– Ist die Aufgabe verstanden?
– Sind alle Funktionen klar?
– Sind die Angaben vollständig?

Umsetzung der Aufgabenstellung in Funktionselemente; Maßstab ca. 1:1. Hier wird z. B. Folgendes festgelegt:
– An welchen Stellen der Welle sitzen Lager?
– Von welcher Seite werden sie montiert?
– Wie werden die Lager fixiert?
– Wie werden die Wellen ins Gehäuse gebracht?

Auslegungsberechnung der wichtigsten Bauteile, Grobabschätzung der Hauptabmessungen; ggf. Korrektur (*K*) der Handskizze.

Maßstäbliche (1:1) und freihändige Zeichnung mit allen funktionswichtigen Details (Spiel, Freistiche, Bearbeitung am Gussteil usw.), aber ohne zeichnerische Einzelheiten.

Genaue Nachrechnung der Festigkeit usw.; ggf. Korrektur (*K*) der Entwurfszeichnung.

Normgerechte Gesamtzeichnung der Konstruktion; ggf. Korrektur (*K*) der Entwurfszeichnung.

Erstellung aller Baugruppen- und Einzelteilzeichnungen, Stücklisten usw.; Weiterleitung zur Fertigungsvorbereitung.

Im Folgenden sind Kontrollfragen aufgelistet, die bei der Bearbeitung einer Aufgabenstellung berücksichtigt werden sollten.

**Mechanische Funktion:**
- Welche Aufgabe hat die Konstruktion?
- Welche Größen (Stoffe, Energien, Signale) gehen in die Konstruktion hinein und welche kommen heraus?
- Erfüllt die gewählte Konstruktion die geforderte Aufgabe eindeutig und sicher?
- Lässt sich die Funktion auf eine einfachere Weise als durch die gewählte realisieren?

**Betriebsbedingungen:**
- Welche Umgebungseinflüsse (Schmutz, Feuchtigkeit usw.) wirken auf die Konstruktion?
- Wie wirkt sich die Konstruktion in Bezug auf Verletzungsgefahr, Lärm, Schmiermittel, Abrieb usw. auf die Umwelt aus?
- Ist die Bedienung einfach und verwechselungssicher?

**Montage und Demontage:**
- Wie und in welcher Reihenfolge wird montiert?
- Ist eine Demontage ohne Beschädigung möglich?
- Ist genügend Montageraum für Werkzeuge usw. vorhanden?

**Maximale Beanspruchung, Überlast:**
- Welche Höchstlast ist vorstellbar? (z. B. Hebel als Sitz benutzt!)
- Welche Stelle ist bei Überlastung gefährdet? (Risiko einschätzen!)

**Statische Bestimmtheit:**
- Ist die Konstruktion statisch bestimmt?
- Ist jedes Teil eindeutig beweglich, geführt bzw. fixiert?
- Was geschieht bei elastischer Verformung?
- Was geschieht bei Temperaturdifferenzen bzw. bei Wärmedehnung?

**Kraftfluss:**
- Wie verläuft der Kraftfluss innerhalb der Konstruktion?
- Verläuft er auf kürzestem Weg?

- Ist er innerhalb der Konstruktion geschlossen?
- Ist der Kraftfluss eindeutig, insbesondere bei parallel geschalteten Elementen?
- Besteht der Kraftfluss aus Zug/Druckkräften (anstreben!) und sind diese symmetrisch verteilt?
- Verläuft der Kraftfluss ohne scharfe Umlenkungen an Kanten und Kerben; werden Spannungsspitzen vermieden?

**Schmierung und Dichtung:**
- Womit wird geschmiert?
- Wie kommt das Schmiermittel sicher an die Schmierstelle?
- Wie wird die Schmierung kontrolliert?
- Ist sichergestellt, dass kein Schmiermittel austreten bzw. Schmutz eindringen kann?

**Seriengröße und Herstellverfahren:**
- Welche Stückzahl soll gefertigt werden?
- Sind die ausgewählten Fertigungsverfahren für die geforderte Losgröße geeignet?
- Entspricht der Konstruktions- und Berechnungsaufwand der Stückzahl?

**Werkstoffe:**
- Welcher Werkstoff eignet sich für welches Teil?
- Lässt sich der Werkstoff in der gewünschten Weise verarbeiten?
- Ist er beschaffbar und preisgünstig?
- Ist er in Bezug auf Korrosion, Kriechen, Versprödung usw. hinreichend dauerfest?

**Spanende Bearbeitung:**
- Wo ist eine spanende Bearbeitung nötig (z. B. bei Guss- und Schweißteilen)?
- Sind die bearbeiteten Flächen einfach, zugänglich und messbar?
- An welchen Stellen sind engere Toleranzen und Passungen nötig?
- Wird die geforderte Passungsqualität bzw. Oberflächengüte den Anforderungen gerecht, oder ist sie zu hoch?

## 1.2.2 Kraftfluss und Kerbwirkung

Ein Hilfsmittel zur Betrachtung des Belastungsverlaufs innerhalb einer Konstruktion ist der

Kraftfluss. Die Modellvorstellung des Kraftflusses geht davon aus, dass die Kraft das Bauteil wie eine Strömung durchfließt. Der Kraftfluss wird grafisch dargestellt in Form einer (konstanten) Anzahl von Linien, die durch das Bauteil verlaufen.

Der Vergleich mit einer Strömung lässt sich auf die Betrachtung der Bauteilbelastung übertragen; Gefährdungen des Bauteils sind an folgenden Merkmalen zu erkennen:
– Zusammendrückung der Linien (Spannungskonzentration)
– Umlenkung des Kraftflusses
– Leitung an scharfer Kerbe entlang (Kerbwirkung)
Je stärker eines der obigen Merkmal ausgeprägt ist, desto gefährdeter ist das Bauteil an der betreffenden Stelle.

Bei statischem Gleichgewicht sind die Summen aller Kräfte und aller Momente gleich null ($\Sigma F = 0$, $\Sigma M = 0$).
Der Kraftfluss bildet daher einen geschlossenen ringförmigen Verlauf. Es ist unmittelbar erkennbar, durch welche Bauteile der Kraftfluss verläuft, d. h. welche Bauteile belastet sind. Zur Verdeutlichung dient Bild 1.13.

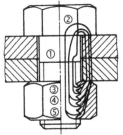

**Bild 1.13** Kraftfluss bei einer Schraubverbindung

Bei der in Bild 1.13 dargestellten Schraubenverbindung können die hochbelasteten Stellen direkt erkannt werden; hieraus kann der mögliche Schaden abgeleitet werden, der bei Überlastung auftreten kann:
① Bruch der Schraube zwischen Schaft und Gewinde
② Schraubenkopf reißt ab (tatsächlich sind hier ein Telleransatz und ein Radius vorhanden)
③ Bruch der Schraube im Gewinde, Schraubenende verbleibt in der Mutter
④ Gewinde reißt vom Schraubenkern herunter
⑤ Gewinde reißt aus der Mutter heraus.
Üblicherweise reißt die Schraube im Gewinde ab, so dass das Ende in der Mutter verbleibt.

Häufig müssen mehrere Elemente parallel geschaltet werden. Hierbei ist auf statische Bestimmtheit und damit eindeutige Berechenbarkeit zu achten. Beispiele zum Abbau von statischen Unbestimmtheiten zeigt Bild 1.14.

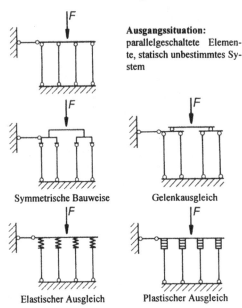

**Bild 1.14** Abbau von statischen Unbestimmtheiten

Im Folgenden sind einige Beispiele zur kraftflussgerechten Gestaltung dargestellt:

**Bild 1.15** Sicherungsringnut im Spannungsschatten

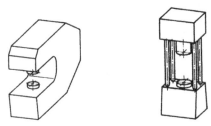

**Bild 1.16** Pressengestelle; links: Unsymmetrischer Aufbau mit Belastung auf Biegung; rechts: Belastung auf Zug

### 1.2.3 Denken in Verformungen

Um ein Bauteil berechnen zu können, müssen zunächst die hochbelasteten Bauteilbereiche erkannt werden; im nächsten Schritt ist die Art der wirkenden Belastung (Biegung, Drehmoment, Zug/Druck, Schub bzw. Kombinationen davon) zu ermitteln. Das Hilfsmittel „Kraftfluss" wurde bereits beschrieben. Ein weiteres Hilfsmittel ist das „Denken in Verformungen". Hierzu ist ein gewisses Maß an Erfahrung bzw. ein gutes Vorstellungsvermögen erforderlich.

Die Konstruktion muss nun daraufhin untersucht werden, welche Verformungen bei Belastung (Vorstellung: Überlastung) auftreten. Hilfreich ist es hierbei, sich die Konstruktion als besonders elastisch vorzustellen; hierdurch kann relativ schnell und anschaulich ermittelt werden, wo beispielsweise Druck- oder Zugbelastungen vorliegen.

Ein weiteres Hilfsmittel ist die Anwendung spannungsoptischer Verfahren. Hierbei wird ein Kunststoff verwendet, der durch Verfärbung den Verlauf der Spannungen unter Belastung deutlich erkennen lässt. In Bild 1.17 ist ein belasteter Rahmen gezeigt.

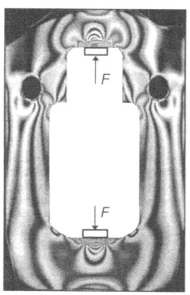

**Bild 1.17** Spannungsoptische Darstellung eines belasteten Rahmens

### 1.2.4 Eigenspannungen

Wird ein Werkstück verformt, Temperaturschwankungen unterworfen o. ä., so treten im Werkstück auch dann Spannungen auf, wenn noch keine äußeren Belastungen aufgebracht werden. Es handelt sich dabei in der Regel um mehrachsige Spannungszustände, die beispielsweise durch unterschiedliche Abkühlungsgeschwindigkeiten oder infolge von mechanischer Verformung bei der Herstellung des Bauteils entstehen.

Diese Eigenspannungen können durch nachträgliches Spannungsarmglühen verringert, jedoch nicht völlig abgebaut werden. Bei diesem Verfahren wird das Werkstück erwärmt, so dass die Festigkeit des Werkstoffes so weit abnimmt, dass infolge der Eigenspannungen eine plastische Verformung erfolgt. Durch langsames Abkühlen wird erreicht, dass das Werkstück nun gleichmäßig schrumpft und dabei fast keine neuen Eigenspannungen aufbauen kann.

Eigenspannungen wirken sich in der Regel negativ aus; sie setzen die Belastbarkeit des Bauteils erheblich herab. Besonders gefährlich sind Eigenspannungen, weil sie dem Bauteil nicht ohne weiteres angesehen werden können. Eine Erfassung der Eigenspannungen, beispielsweise mit dem DMS-Bohrlochverfahren, ist messtechnisch aufwendig.

Folgendes Beispiel soll die Zusammenhänge verdeutlichen: Ein unerfahrener Schweißer taucht ein kleineres Werkstück unmittelbar nach der Fertigstellung aller Schweißnähte in einen Wassereimer. Hierdurch kühlt das Werkstück sehr schnell, also mit starkem Temperaturgefälle, ab; dabei kann es passieren, dass Schweißnähte aufreißen, da die auftretenden Eigenspannungen größer als die Belastbarkeit des Werkstoffs geworden sind.

Weitaus gefährlicher kann es sein, wenn bei der beschriebenen Vorgehensweise keine Risse auftreten. Jetzt besteht die Möglichkeit, dass die Eigenspannungen knapp unter der Bruchgrenze liegen. Schon bei einer kleinen zusätzlichen äußeren Belastung kann es nun zum Bruch des Werkstücks kommen.

Die Existenz von Eigenspannungen in einem Werkstück zieht also eine geringere Belastbarkeit durch äußere Kräfte und Momente nach sich. Ein Werkstoff mit einer zulässigen Spannung $\sigma_{zul}$ darf bei Vorhandensein von Eigenspannungen $\sigma_{Eigen}$ nur mit $\sigma_{Last} = \sigma_{zul} - \sigma_{Eigen}$ belastet werden, damit er nicht plastisch verformt wird oder bricht.

An der Formel erkennt man, dass Eigenspannungen allerdings auch positiv genutzt werden können. Das ist nämlich dann der Fall, wenn $\sigma_{zul}$ und $\sigma_{Last}$ unterschiedliche Vorzeichen besitzen, so dass die Belastbarkeit des Werkstücks durch die Eigenspannungen erhöht anstatt verringert wird.

Anschaulich gesehen wirkt hier die zusätzliche äußere Belastung den Eigenspannungen entgegen, so dass die Gesamtspannung im Bauteil niedriger wird. Bei steigender äußerer Belastung sinkt diese Gesamtspannung zunächst auf Null. Ein weiterer Belastungsanstieg führt nun zum Aufbau von Bauteilspannungen entgegengesetzt den ursprünglichen Eigenspannungen. Dabei kann im Extremfall noch einmal die gesamte Bruchfestigkeit des Werkstoffes ausgenutzt werden, bis das Werkstück endgültig zerstört wird.

Wenn also bekannt ist, dass ein Bauteil stets in der gleichen Richtung belastet wird, so kann durch gezieltes Aufbringen von Eigenspannungen (beispielsweise Erzeugen von Druckspannungen durch Kugelstrahlen) die Belastbarkeit des Bauteils in dieser Richtung erhöht werden.

Ein oft unerwarteter Effekt ist der Verzug von eigenspannungsbeaufschlagten Bauteilen bei deren einseitiger spangebender Bearbeitung. Die Eigenspannungen in einem Bauteil müssen sich immer im Gleichgewicht befinden. In einem gezogenen blanken Halbzeug liegen beispielsweise außen Zug- und innen Druckspannungen vor, welche sich zunächst die Waage halten. Wird nun dieses Halbzeug einseitig abgefräst, so wird das Spannungsgleichgewicht zerstört. Es stellt sich jedoch dadurch wieder ein, dass sich das Halbzeug verformt.

## 1.2.5 Festigkeit und Steifigkeit

Der Elastizitätsmodul $E$ (E-Modul) ist ein Maß für die Steifigkeit eines Werkstoffes. Das *Hooke*sche Gesetz (1.5) stellt den Zusammenhang zwischen E-Modul, Spannung $\sigma$ und Dehnung $\varepsilon$ dar.

$$E = \frac{\sigma}{\varepsilon} \; ; \; \varepsilon = \frac{\Delta l}{l_0} \qquad (1.5)$$

$E$ = Elastizitätsmodul
$\sigma$ = Spannung
$\varepsilon$ = Dehnung
$\Delta l$ = Längenänderung
$l_0$ = Ausgangslänge

Das *Hooke*sche Gesetz ist nur für den elastischen Bereich definiert, da dort die Spannung proportional zur Dehnung ansteigt.

Die Steifigkeit ist damit ein Maß für die Widerstandsfähigkeit eines Werkstoffes gegenüber mechanischen Verformungen. Die Festigkeit hingegen ist ein Maß für die Belastbarkeit eines Werkstoffes, also die Last, die ohne Zerstörung aufgebracht werden kann.

Im folgenden Beispiel sollen die Begriffe anschaulich erklärt werden:

In einem Betrieb wurde ein Tisch aus St-37 als Unterbau für eine Maschine verwendet. Im Laufe der Zeit stellte sich heraus, dass bei den auf der Maschine gefertigten Teilen Maßungenauigkeiten außerhalb des Toleranzbereichs auftraten, welche aus den elastischen Verformungen des Tisches während des Betriebes resultierten.

Abhilfe schafft eine konstruktive Versteifung des Tisches, beispielsweise durch Diagonalrippen. Die Verwendung eines höherfesten Stahls, beispielsweise St-70, wäre dagegen keine Lösung, da dieser denselben E-Modul besitzt. Er könnte zwar mit größeren Kräften belastet werden, aber die Maßungenauigkeiten blieben bestehen, da die Steifigkeit der von St-37 entspricht (gleicher E-Modul).

| Seriengröße | Einzelfertigung | | Großserien-/Massenfertigung |
|---|---|---|---|
| Stückzahl | 1 ... 5 | ≈ 50 | >> 1000 |
| Gehäuse bzw. Gestell | Schweißkonstruktion | Gusskonstruktion | Gusskonstruktion (insb. Dauerformen) |
| übliche Fertigungsverfahren | Abkanten von Blechen, Freiformschmieden, Brennschneiden | Schweißen, wenn schlecht gießbar | spanlose Verfahren: Tiefziehen, Gesenkschmieden, Spritzguss, Pressschweißen |
| unwirtschaftliche Verfahren | Verfahren mit hohem Aufwand für Vorrichtungen oder Werkzeuge, z. B. Gießen oder Gesenkschmieden | ←——→ | Verfahren mit hohem Aufwand an Arbeitszeit bzw. Lohn, z. B. Handschweißen (lohnintensiv) |
| Herstellung von Einzelteilen | Drehen, Bohren, Fräsen, Hobeln, einfache geometrische Formen, Normteile | ←——→ | wenig Spanarbeit und Werkstoff, Spezialteile, festigkeitsgerechte Gestaltung |

**Bild 1.18** Übersicht verschiedener Herstellverfahren

| Verfahren | Sandguss | Kokillenguss | Druckguss | Schleuderguss | Feinguss |
|---|---|---|---|---|---|
| Gießform | Sand einmal verwendbar | Metall (St, GG) Dauerform | St Dauerform | St kein Kern | Spezialsand Kunststoff- oder Wachsmodell |
| mögliche geometrische Formen | fast beliebig (Ausnahme: Gussschräge, Wandstärken, Übergänge u. ä.) | vielfältig, aber einfacher; Kerne ziehbar; Teilung beachten; Hinterscheidungen vermeiden | fast beliebig; Teilung, Kerne und Anzug beachten; Hinterschnidungen vermeiden | kreiszylindrische Hohlteile | fast beliebig; Wandstärken unter 1 mm möglich; Formfüllung beachten |
| Genauigkeit | gering | gut | sehr gut | gut | gut |
| Oberfläche | grobe Flächen | sauber | sehr sauber | außen sehr sauber | sauber |
| Seriengröße | klein bis mittel | groß (teure Form) | groß, Massenfertigung | groß | groß |
| Werkstoffe | GG, GS, Al, Mg, CuZn, CuSn u. a. | wie vor, Kunststoffe | NE-Metalle, Kunststoffe | CuZn, CuSn, St, GG, Kunststoffe | GG, GS, Al, Mg, CuZn, CuSn u. a. |
| Bemerkungen, Beispiele | vielfältiger Anwendungsbereich (evtl. Kleinteile in größeren Serien) | nur Kleinteile; für besondere Zwecke, wie z. B. Gusseigenschaften, wenig Nachbearbeitung | Armaturen, Gehäuse u. a. (wenig Nachbearbeitung); bei Kunststoffen: jegliche Art | Zahnräder, Buchsen u. a.; hochwertiges Halbzeug (Verunreinigungen sitzen innen) | Kleinteile, komplizierte Formen, schwer bearbeitbare Werkstoffe (z. B. Turbinenschaufeln) |

**Bild 1.19** Gießverfahren und ihre Anwendungsgebiete

### 1.2.6 Herstellverfahren und Seriengröße

In Bild 1.18 sind Herstellverfahren für verschiedene Seriengrößen und Anwendungsgebiete dargestellt. Bei Kleinserien ist es wichtig, die einmalig anfallenden Kosten (z. B. für Vorrichtungen oder Gießformen) so gering wie möglich zu halten, während bei Großserien die für jedes Teil einzeln anfallenden Kosten (z. B. Lohn- und Materialkosten) von größerer Bedeutung sind.

Hier verteilt sich erhöhter Planungs- und Konstruktionsaufwand auf sehr viele Fertigprodukte.

## 1.3   Gusskonstruktionen

### 1.3.1 Gießverfahren

In Bild 1.19 sind die gebräuchlichsten Gießverfahren und ihre Anwendungsgebiete tabellarisch dargestellt. Sie sollen im Folgenden näher vorgestellt und erläutert werden.

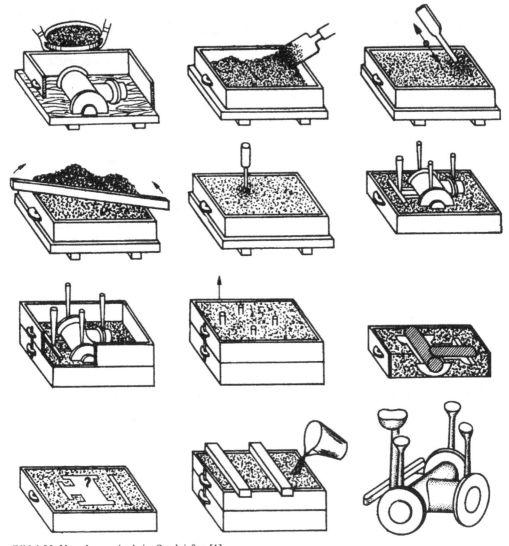

**Bild 1.20** Vorgehensweise beim Sandgießen [1]

## Kurze Beschreibung der Verfahren:

- **Sandgussverfahren** (Bild 1.20)
- Untere Modellhälfte auf Formbrett waagerecht auflegen und Unterkasten aufsetzen,
- Modellsand aufsieben und andrücken,
- Füllsand lagenweise aufgeben und verdichten,
- überstehenden Formstoff abstreichen und luftstechen,
- Unterkasten wenden, obere Modellhälfte, Einlauf- und Speisermodelle für den Zulauf auflegen,
- Oberkasten auf den Unterkasten aufsetzen,
- Modellsand aufsieben und andrücken; Füllsand lagenweise aufgeben und verdichten,
- Eingusstrichter herausschneiden; Einlauf- und Speisermodelle herausnehmen,
- Oberkasten abheben, wenden und absetzen,
- Zulaufmodelle entfernen,
- Modellhälfte losschlagen und ausheben,
- Kerne für Hohlräume einlegen, Formkastenhälften zusammenlegen und Form verklammern,
- Form ausgießen.

Je nach Kompliziertheit des Bauteils werden ein, zwei oder mehrere Kästen verwendet, ein- oder zweiteilige Modelle benutzt oder lose Einlegeteile eingesetzt. Ein Sonderfall ist das Anfertigen rotationssymmetrischer Formen mittels Lehren anstelle von Modellen.

**Einformen mit Hilfe einer Lehre:**

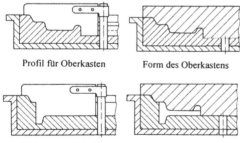

Profil für Oberkasten    Form des Oberkastens

Profil für Unterkasten    Form für das Gussteil

**Bild 1.21** Einformen mit Hilfe einer Lehre

**Holzmodell** (Bild 1.22) = Werkstück (1) + Kern (2) + Kernmarken (3) + Schrumpfungszuschlag (4) + Bearbeitungszugabe (5) + Entformungsschräge (6).

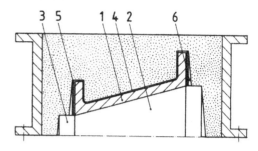

ein Formkasten (einteiliges Modell)

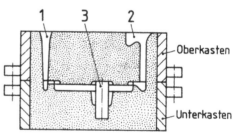

                                        —Oberkasten

                                        —Unterkasten

zwei Formkästen:  1) Steiger  2) Einguss  3) Kern
**Bild 1.22** Sandguss mit Holzmodellen

- **Kokillengussverfahren**
Charakteristisch ist hier das Vorhandensein einer Dauerform, die (bei leichter schmelzenden Metallen) unbegrenzt viele Abgüsse ermöglicht; ansonsten ähnlich dem Sandgussverfahren.

- **Druckgussverfahren**
Im Gegensatz zu den vorgenannten Verfahren wird hier das Gussmaterial unter Druck in die Form gepresst; die eingesetzten Dauerformen bestehen aus hitzebeständigem Material. Eine Druckgussform ist in Bild 1.23 dargestellt.

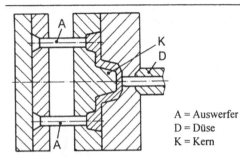

A = Auswerfer
D = Düse
K = Kern

**Bild 1.23** Druckgussform

● **Schleudergussverfahren**

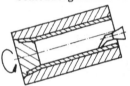

Eine rotationssymmetrische Hohlform wird in Drehung versetzt und mit flüssigem Werkstoff befüllt, Bild 1.24. Der Werkstoff treibt an die Innenwand der Form und setzt

**Bild 1.24** Schematische Darstellung des Schleudergussverfahrens

sich dort ab. Das Verfahren wird z. B. zur Herstellung von Rotguss-Lagerbuchsen eingesetzt.

● **Feingussverfahren**

Hier werden Modelle aus einem leicht schmelzbaren Material eingesetzt, die beim Einguss verloren gehen. Die Form kann einteilig gestaltet werden, weil die Entnahme der Modelle nicht berücksichtigt zu werden braucht. Bild 1.25 zeigt ein Anwendungsbeispiel dieses Verfahrens, bei dem eine Entnahme des Modells nicht oder nur schwer realisierbar wäre. Nachteilig ist jedoch, dass eine Dauerform vorhanden sein muss, mittels der die Modelle hergestellt werden.

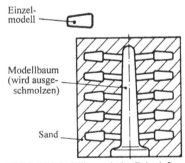

Einzelmodell

Modellbaum (wird ausgeschmolzen)

Sand

**Bild 1.25** Modellbaum beim Feingießen

## 1.3.2 Lunker und Eigenspannungen

Aufgrund der Abkühlung verringert das Material während des Erstarrungsvorgangs in der Form sein Volumen. Diese sogenannte Schwindung beträgt abhängig vom Werkstoff linear etwa:

− 1%    bei GG
− 2%    bei GS
− 1,5%   bei CuZn und CuSn
− 1,25%  bei Al.

Für das Volumen gilt entsprechend etwa der dreifache Wert. Wird dieser Volumenverlust nicht ausgeglichen, so treten Eigenspannungen und Hohlräume auf, die als Lunker bezeichnet werden.

Lunker entstehen, wenn die Umgebung eines flüssigen (breiigen) Gebiets bereits fest ist (bei Abkühlung von außen an dicken Stellen, vgl. Bild 1.26). Abhilfe gegen Lunkerbildung wird durch folgende Maßnahmen geschaffen, die für eine gleichmäßige Abkühlgeschwindigkeit sorgen:

− konstante Wandstärken,
− gerichtete Erstarrung, so dass die vom Einguss am weitesten entfernten Stellen zuerst abkühlen, die höchsten Stellen (Einguss, Steiger, verlorener Kopf) kühlen zuletzt ab und ermöglichen ein Nachfließen des Werkstoffes.
− Kopfquerschnitt groß genug wählen ⇒ Lunker nur im "Verlorenen Kopf", welcher ohnehin abgesägt wird.

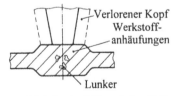

Verlorener Kopf
Werkstoffanhäufungen

Lunker

**Bild 1.26** Lunkerbildung beim Gießen aufgrund von Werkstoffanhäufung

Eigenspannungen sind grundsätzlich unvermeidbar, da die Abkühlgeschwindigkeit des Werkstoffes in einem an der Umgebungsluft abkühlenden Werkstück von der Oberfläche zur Mitte hin abnimmt. Bei der in Bild 1.27 gezeigten „dicken" Wand sind zu einem bestimmten Zeitpunkt der Abkühlung die äußeren Bereiche schon fest, während der innere Bereich noch flüssig ist. Dieser schrumpft bei weiterer Abkühlung, wobei diese Schrumpfung durch die festen Bereiche außen behindert wird. Daher herrschen außen Druckeigenspannungen, innen Zugeigenspannungen.

Grundsätzlich weist der **zuletzt** abgekühlte Bauteilbereich **Zug**eigenspannungen auf („**Zul-Zug-Regel**").

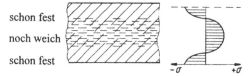

Bild 1.27 Eigenspannungen nach der Erstarrung

Konstruktive Maßnahmen zur Verminderung der Eigenspannungen innerhalb einer Konstruktion sind:
- Entstehung vermindern durch konstante Wandstärken und daraus resultierende gleichmäßige Abkühlung.
- Nachträgliche Verkleinerung der Eigenspannungen durch Spannungsarmglühen; dies ist nur möglich, wenn die Bauteile nicht zu groß sind.
- Auswirkungen vermindern durch Verwendung symmetrischer Bauteile und Querschnitte (Verzug kleiner, Eigenspannung jedoch dennoch vorhanden).

Bild 1.28 zeigt am Beispiel eines T-Profils die Folgen der ungleichmäßigen Abkühlung und der daraus resultierenden Eigenspannungen. Zunächst kühlt der dünnere Bereich ab, dann der dickere, der das Bauteil infolge der Zugeigenspannungen verformt.

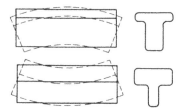

Bild 1.28 Verzug durch Eigenspannungen

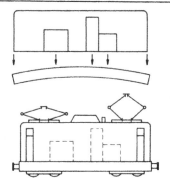

Bild 1.29 Belasteter Rahmen einer Lokomotive

Unter Umständen kann der entstehende Verzug dazu genutzt werden, durch äußere Belastungen hervorgerufenen Verformungen zu kompensieren; hierbei treten jedoch hohe Spannungen auf. Bild 1.29 zeigt als Beispiel hierzu einen mit Aufbauten belasteten Rahmen einer Lokomotive.

### 1.3.3 Gestaltungsregeln für Gussteile

a) Die **Wandstärken** sollten möglichst **konstant** gehalten werden, da sonst die Gefahr der Bildung von Eigenspannungen, Verzug und Rissen an der Sprungstelle besteht. Anhaltswert für die zu wählende Wandstärke:

$$\boxed{s \approx 8...10\ (...16)\ \text{mm}} \qquad (1.6)$$

b) **Werkstoffanhäufungen** sind aufgrund möglicher Lunkerbildung zu **vermeiden**. Der „*Heuver*sche Kreis" ist der größtmögliche Kreis, der in eine Materialanhäufung eines Werkstücks einbeschrieben werden kann. Ist sein Durchmesser größer als in Gleichung (1.7) empfohlen, so ist Lunkerbildung zu erwarten. In diesem Fall sind geeignete konstruktive Maßnahmen zu treffen, um Abhilfe zu schaffen, siehe Bild 1.30 und 1.31.

$$\boxed{d \leq 1,6 \cdot s} \qquad (1.7)$$

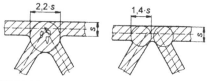

Bild 1.30 Vermeidung von Werkstoffanhäufungen

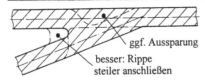

ggf. Aussparung

besser: Rippe
steiler anschließen

**Bild 1.31** Konstruktive Maßnahmen zur Vermeidung
von Lunkerbildung

c) Es sind möglichst **einfache Formen** zu
**wählen**, da dann die Fertigung des Modells
einfacher und kostengünstiger ist.

d) Die **Flanschstärke** sollte $s_F \approx (1,5...2) \cdot s$
betragen, um eine hohe Steifigkeit und genü-
gend Wandstärke für Schrauben zu gewährleisten (vgl. Bild 1.32). Die Übergänge sollten mit ca. 15° Schrägung (Steigung ca. 1 : 4)
und Radien versehen werden, da sonst hohe
Spannungen und Risse zu erwarten sind. (Die
Wandstärke kann hier nicht konstant gehalten werden wie in Punkt a) gefordert).

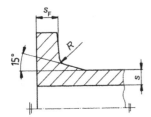

**Bild 1.32** Darstellung eines Flansches

e) **Ecken** sind mit $R \approx (0,5...1) \cdot s$ auszurunden,
um Risse, Abreißen der Formkanten und
schlechtes Nachfließen des Werkstoffes während des Gussvorganges zu vermeiden. Die
Radien an Innen- und Außenkontur sind aufeinander abzustimmen, um Werkstoffanhäufungen und Lunkerbildung zu vermeiden,
siehe Bild 1.33.

**Bild 1.33** Abge-
rundete Ecke

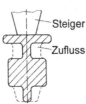

Steiger

Zufluss

**Bild 1.34** Zuflussquerschnitt bei unvermeidbaren
Werkstoffanhäufungen

f) Bei unvermeidbaren Werkstoffanhäufungen
ist ein **Zuflussquerschnitt** mit Steiger oder
ein verlorener Kopf vorzusehen, siehe Bild
1.34; dabei ist die Erstarrungsrichtung zu beachten.

g) Es sollten **große waagerechte Flächen
vermieden** werden. Anderenfalls besteht die
Gefahr, dass sich die auf dem flüssigen
Werkstoff schwimmenden Verunreinigungen
an diesen Flächen (in Bild 1.35 oben) abla-
gern. In dem dargestellten Beispiel werden
durch die kegelförmige Gestaltung der Radscheibe außerdem eine Verbesserung der
Formsteifigkeit und ein gewisser Abbau der
Gussspannungen (Tellerfederwirkung) erreicht.

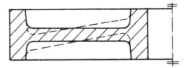

**Bild 1.35** Vermeidung waagerechter Flächen

h) Eine **räumliche Gestaltung** der Gussteile
verbessert die Festigkeit und die Formsteifigkeit und wirkt ggf. geräuschdämpfend.
Ein Beispiel hierfür zeigt Bild 1.36.

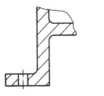 

**Bild 1.36** Gestaltung eines Gehäusefußes; links ungünstig (flächige Konstruktion), rechts günstige
räumliche Konstruktion

i) **Kerne** und **Ansteckteile** sind zu **vermeiden**,
insbesondere durch Vermeidung von Hinterschneidungen. Sie erhöhen einerseits den
Herstellungsaufwand von Modell und Guss-
form, andererseits besteht die Gefahr, dass
Ansteckteile verloren gehen und dass bei
Kernbruch der Abguss unbrauchbar wird.
Bild 1.37 zeigt ein Beispiel zur Vermeidung
eines Kerns bzw. eines Ansteckteils.

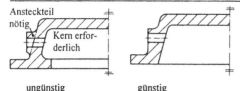

Bild 1.37 Vermeidung von Kernen

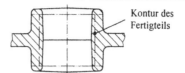

**Bild 1.39** Gussteil mit Bearbeitungszugaben

j) **Kerne** müssen **gut abgestützt** werden, siehe Bild 1.38. Da der Formsand erheblich leichter als der Werkstoff ist, erfährt der Kern einen Auftrieb; Kernbruch lässt das Werkstück unbrauchbar werden.

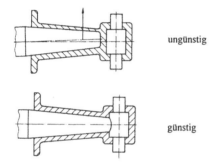

**Bild 1.38** Abstützen von Kernen

k) Die **Teilungsebene** der Formhälften ist zu **beachten**, da sonst evtl. ein Grat bzw. Versatz sichtbar ist. Sinnvoll ist es, die Teilungsebene an eine Stelle zu legen, an der ohnehin spangebend bearbeitet wird.

l) Zur Verhinderung von Formschäden beim Ausheben des Modelles muss dieses mit einer **Gussschräge** (Winkel mindestens 1° bzw. Neigung ca. 1 : 50) senkrecht zur Teilungsebene versehen werden. Diese Schräge weist dann auch das fertige Gussteil auf.

m) Da in vielen Fällen Gussteile spanend nachbearbeitet werden müssen, beispielsweise die Lagersitze eines Getriebegehäuses, sind **Bearbeitungszugaben** vorzusehen, siehe Bild 1.39. Die zu bearbeitenden Flächen und Aufspannflächen sind zugänglich zu halten, d. h. es muss ein ausreichender Arbeitsraum gewährleistet sein.

n) Rippen sind stets so anzuordnen, dass sie auf **Druck beansprucht** werden. Die neutrale Faser (fiktive Linie durch den Querschnitt des Werkstückes, in der die Spannungen gleich Null sind) muss dementsprechend dichter an dem Werkstückrand liegen, der auf Zug beansprucht ist; der Zugbereich muss also einen größeren Querschnitt aufweisen, siehe Bild 1.40.

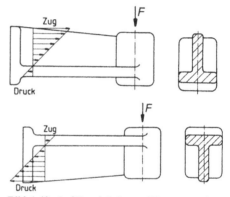

**Bild 1.40** Auf Druck belastete Rippen vorsehen (unten), Zugbelastung von Rippen vermeiden (oben)

o) Bei Bohrungen o. ä. sind **gerade Ansatzflächen** und gerade Austrittsbereiche vorzusehen, um ein Verlaufen des Bohrers zu vermeiden, Bild 1.41. Auflageflächen für Schraubenköpfe müssen (außer bei untergeordneten Fällen) spangebend bearbeitet werden, Bild 1.41 rechts.

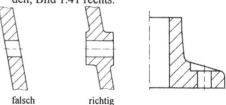

**Bild 1.41** Gestaltung gerader Anlageflächen

## 1.4 Schweißverbindungen

### 1.4.1 Schweißverfahren

Schweißen ist ein thermisches Fügen oder Beschichten von Werkstoffen im flüssigen oder plastischen Zustand unter Verwendung von Wärme oder Druck oder von beiden, mit oder ohne Gebrauch eines Zusatzwerkstoffes.

Das Schweißen hat gegenüber dem Gießen den Vorteil, dass keine Modelle angefertigt zu werden brauchen und dass es eine einfache Fertigung der Bauteile erlaubt.

Die einzelnen Schweißverfahren werden nach ihrer Verwendung von Wärme bzw. Druck in Schmelz- und Pressschweißen unterschieden (Bild 1.42). Dabei sind die gebräuchlichsten Verfahren für den Bereich des Schmelzschweißens das Gas-, Metall-Lichtbogen- und Metall-Schutzgasschweißen, für den Bereich des Pressschweißens das Punkt- und Rollnahtschweißen sowie das Abbrennstumpfschweißen.

Bild 1.42 zeigt einen Überblick der gebräuchlichsten Schweißverfahren.

**Gebräuchliche Verfahren**

a) **MAG-Schutzgasschweißen** (Bild 1.43):
Der Werkstoff schmilzt von einer Drahtelektrode (von Rolle, Drahtdurchmesser 0,8... 1,6 mm, seltener 0,6 oder 2,4 mm) im Lichtbogen tropfenförmig ab und haftet auf dem Werkstück. Je nach Art des Schutzgases wird unterschieden:

– MAGM: Gemisch Ar-$O_2$ in verschiedenen Verhältnissen, teilweise mit $CO_2$
– MAGC: Schutzgas $CO_2$

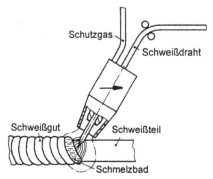

**Bild 1.43** Prinzip des MAG-Schutzgasschweißens

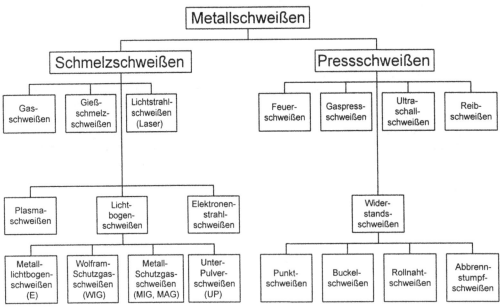

**Bild 1.42** Übersicht über die wesentlichen Schweißverfahren

Leistung: Stromstärke 40...250 A, Stromdichte: ca. 250 A/mm$^2$

Einsatz: Bleche 0,5...10 mm, u. U. bis 300 mm, un- und niedriglegierte Stähle

Anwendung: Reparatur, Einzelfertigung von Großbauteilen, Serienfertigung kleiner und mittelgroßer Teile

Investition: ca. 400...8.000 DM

## b) MIG-Schutzgasschweißen:

Die Funktionsweise ist analog zum MAG-Verfahren; sie unterscheidet sich lediglich durch:

Schutzgas: Ar, He oder Ar-He-Gemisch (teuer)

Einsatz: Austenitischer Stahl, Al-Werkstoff, Mischverbindungen (z. B. Ferrit-Austenit)

## c) Elektroschweißen (Bild 1.44):

Der Werkstoff schmilzt bei diesem Verfahren aus einer ummantelten Elektrode (Länge 250...450 mm, Durchmesser 1,5...6 mm, seltener 8 mm) im Lichtbogen aufs Werkstück.

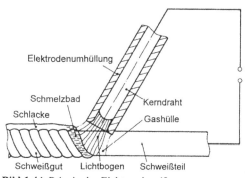

**Bild 1.44** Prinzip des Elektroschweißens

Aufgabe der

Umhüllung: Schutzgasbildung, Schlackebildung (Schutz der Schweissnaht vor zu schneller Abkühlung), Lichtbogenstabilisierung

Leistung: Stromstärke 20...500 A, Spannung 15...35 V, Abschmelzleistung 1...6 kg/h

Einsatz: Bleche ab 3 mm, seltener 1 mm, Stahl, Gusseisen (nach

Anwärmen), Cu-/Ni-Werkstoffe, Al-Werkstoffe (bedingt)

Anwendung: Alle Schweißpositionen, auch bei beengtem Platz, Einzelfertigung, Kleinserie, auch große Teile, Stahlbau, Maschinenbau, Apparatebau

Investition: Relativ gering

## d) Autogenschweißen (Bild 1.45):

Eine Flamme aus gezündetem Acetylen-Sauerstoff-Gemisch (Temperatur ca. 3.200° C) schmilzt den Zusatzwerkstoff (Schweißstab) und die Bearbeitungsstelle; daraus resultiert eine lange Aufwärmzeit und ein großer Verzug des Werkstückes bei der Abkühlung.

Einsatz: Bleche bis 3 mm ("Nach-links-Schweißen"), Bleche 3...10 mm ("Nach-rechts-Schweißen"), un- und niedriglegierte Stähle, Gusseisen und Al-Werkstoffe nur mit Flussmitteln

Anwendung: Einzelfertigung (Handwerk), Reparaturarbeiten, Rohrleitungsbau

Investition: Gering

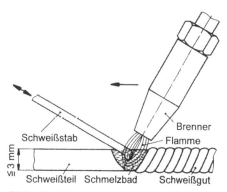

**Bild 1.45** Prinzip des Autogenschweißens

## e) Punkt- und Rollennahtschweißen (Bild 1.46):

Bei diesem Schweißverfahren werden die zu verbindenden Werkstücke unter Druckeinwirkung zusammengefügt. Der dafür benötigte Druck und der Strom werden durch die gegenüberliegenden Elektroden übertragen.

Leistung: Stromstärke bis 200 kA, 15 V Spannung

Einsatz: Bleche 2 · 0,3 ... 2 · 5 mm, zum Teil auch Folien und bis zu 2 · 10 mm, fast alle metallischen Werkstoffe, Dickeverhältnis der Bleche 1:1 ... 1:3

Anwendung: Geringe Anforderung an Genauigkeit, Massenfertigung

Diese Art des Schweißens ist mit höheren Kosten verbunden und wird deshalb nur bei kleinen Schweißstellen mit hohen Qualitätsanforderungen benutzt.

Leistung: Stromstärke 5...400 A, Spannung 13...15 V

Einsatz: Bleche 0,5...3 mm (bis 4 mm), Edelstahl, Al-Werkstoffe, austenitische Stähle, auch Cr-Ni-Stahl bis 20 mm

Anwendung: Kleine Schweißstellen, hohe Qualitätsanforderungen

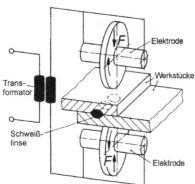

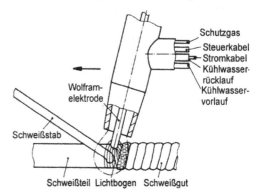

**Bild 1.47** Prinzip des WIG-Schutzgasschweißens

**b) Elektronenstrahlschweißen** (Bild 1.48):
Die Erwärmung der zu verbindenden Werkstücke wird bei diesem Schweißverfahren durch einen gebündelten Elektronenstrahl realisiert. Ein großer Vorteil gegenüber anderen Verfahren besteht in dem dadurch resultierenden geringen Verzug der zu fügenden Werkstücke, allerdings sind die Anschaffungskosten einer Anlage im Vergleich zu denen der Standardverfahren sehr hoch.

Leistung: 200...300 kW

Einsatz: Bis 200 mm Dicke, un- und niedriglegierte Stähle, C-Gehalt bis 0,25%, austenitische Stähle, Edelstahl, auch Al-, Ti-, Wo-, Ta-Legierungen

Anwendung: Schmale und tiefe Nähte, Bimetallverbindung, Mikroschweißen, hochwertiger Maschinenbau, hohe Stückzahlen

Investition: Ca. 500.000 DM (!)

**Bild 1.46** Prinzip des Punktschweißens (oben) und des Rollennahtschweißens (unten)

**Sonstige Verfahren:**

**a) WIG-Schutzgasschweißen** (Bild 1.47):
Dieses Verfahren ist den zuvor erwähnten Schutzgasverfahren ähnlich, jedoch schmilzt hierbei die Wolframelektrode nicht ab. Es wird ein Zusatzschweißdraht (Durchmesser 1...6 mm) benötigt. Als Schutzgas wird Argon (Ar), Helium (He) oder ein Ar-$H_2$-Gemisch (selten Ar-He-Gemisch) verwendet.

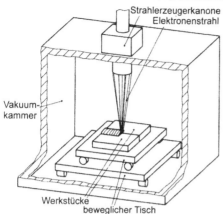

**Bild 1.48** Prinzip des Elektronenstrahlschweißens

c) **Plasmaschweißen** (Bild 1.49):

Beim Plasmaschweißen wird ein stark gebündelter Lichtbogen zwischen einer beständigen Wolframelektrode und dem Werkstück aufgebaut. Das aus dem ionisierten Argon gebildete Plasma weist eine sehr hohe Leistungsdichte auf; meist ist aus diesem Grunde kein Zusatzwerkstoff erforderlich. Als Schutzgas wird ein $Ar-H_2$- oder Ar-He-Gemisch oder reines Argon, je nach zu schweißendem Werkstoff, verwendet.

Leistung:   Stromstärke 0,2 ... 400 A, Spannung ca. 25 V
Einsatz:     Bleche 1...10 mm und mehr, Stähle, Al-,Cu-, Ni-, Ti-Werkstoffe
Anwendung: I-Stöße mit tiefem Einbrand, hochwertiger Maschinenbau

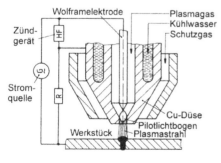

**Bild 1.49** Prinzip des Plasmaschweißens

d) **Abbrennstumpfschweißen** (Bild 1.50):

Die zu fügenden Werkstücke werden induktiv zum Schmelzen gebracht und anschließend zusammengepresst.

Einsatz:     Alle Stähle; Al-, Cu-, Ni-Werkstoffe (geringerer Querschnitt als St)
Anwendung: Teile hoher Festigkeit und hohen (beidseitig gleichen) Querschnitts

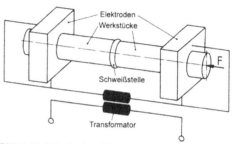

**Bild 1.50** Prinzip des Abbrennstumpfschweißens

e) **Reibschweißen** (Bild 1.51):

Bei diesem Verfahren werden zwei rotationssymmetrische Werkstücke mit gleichem Durchmesser mittels Reibung bis zum Schmelzen erwärmt und miteinander verschweißt. Dazu muss eines der Werkstücke fest eingespannt, das andere mit einer Schwungmasse versehen und in Rotation gebracht werden. Durch anschließendes Zusammenpressen beider Teile entsteht die zur Erwärmung führende Reibung.

Einsatz:     Schwer schweißbare Werkstoffe
Anwendung: Teile hoher Festigkeit

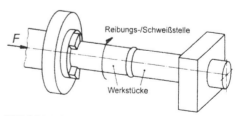

**Bild 1.51** Prinzip des Reibschweißens

**f) Kunststoffschweißen** (Bild 1.52):
Hierbei wird der Zusatzwerkstoff unter Druck in die Schweißstelle eingeführt, ansonsten unterscheidet sich das Verfahren kaum von den oben vorgestellten. Eine ausreichende Erwärmung wird durch Heißgas (z. B. heiße Luft) oder durch Ultraschall und Hochfrequenz (innere Erwärmung) erzielt.

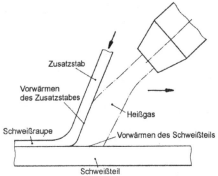

**Bild 1.52** Prinzip des Kunststoffschweißens

## 1.4.2 Schweißbare Werkstoffe

**C-arme Stähle:** Als C-arme Stähle werden solche Stähle bezeichnet, die unlegiert sind und einen C-Gehalt ≤ 0,25% aufweisen, woraus eine gute Schweißbarkeit folgt. Insbesondere St 37-2, St 37-3, St 42-2, St 42-3 und St 52-3 sind in diesem Zusammenhang zu nennen. Stähle mit dem Kürzel -1, also "St XY-1", können u. U. Thomasstähle sein, welche aufgrund ihres Phosphor- und Stickstoffgehaltes schlecht schweißbar sind. Die Kürzel bedeuten: -1: allgemeine Anforderungen, -2: höhere Anforderungen, -3: Sonderanforderungen. St 50 ist nur bedingt, St 60, St 70 und höher legierte Stähle sind aufgrund von Gefügeveränderungen nur schwierig schweißbar; die Folge sind Spannungsanrisse.

**Stahlguss:** Bis GS 52-3 ist Stahlguss **sehr gut** schweißbar (GG nur mühsam, ggf. zu Reparaturzwecken).

**Aluminium:** Mit Spezialverfahren wird eine **gute** Schweißbarkeit von Aluminium erzielt. Hochfeste, ausgehärtete Legierungen können nicht geschweißt werden, weil sonst ein erheblicher Festigkeitsverlust die Folge wäre; sie müssen geklebt oder genietet werden.

**Cu, Ni, Pb, Zn:** Diese Werkstoffe sind ausschließlich mit Spezialverfahren schweißbar; dies ist aber weniger üblich.

**Thermoplastische Kunststoffe:** Im allgemeinen sehr gut schweißbar (Duromere nicht).

## 1.4.3 Gestaltungsgrundlagen für Schweißverbindungen

**Der Schweißvorgang:**
Das Verbinden von Werkstücken wird in flüssigem oder weichplastischem Zustand unter Einwirkung von Wärme und ggf. Druck vorgenommen, d. h. es erfolgt die Erhitzung des Werkstoffes bis zur Verflüssigung (bei St ca. 1.500 °C).

**Folgen hiervon:**
a) **Massiver Eingriff in das Gefüge:**
Der Stahl durchläuft abhängig von den Legierungsbestandteilen verschiedene Gefügezustände während des Schweißens. Die Abkühlgeschwindigkeit nach dem Schweißvorgang bestimmt den Gefügezustand des fertigen Werkstückes, wodurch ggf. ein Härteverlust, eine Aufhärtung und Versprödung, Oxid- und Schlackeneinschlüsse oder eine Kornveränderung auftreten kann.

b) **Thermische Längenänderungen:**
Es treten Verzug der Werkstücke oder bei Behinderung der Längenänderung verbleibende Spannungen (Eigenspannungen) auf.

**c) Inhomogenitäten im Übergang Schweiß-naht-Grundwerkstoff:**
Die Folgen solcher Inhomogenitäten sind Steifigkeitssprünge, Kerbwirkung und eingeschränkte Dauerfestigkeit.

**Maßnahmen zur Abhilfe:**

**zu a)** Eine sorgfältige Ausführung und Auswahl eines geeigneten Schweißverfahrens sowie die Auswahl geeigneter Werkstoffe sind unerlässlich. Es ist außerdem eine gleichmäßige Abkühlung durch Verwendung gleicher Wandstärken und u. U. eine nachträgliche Wärmebehandlung (Glühen) vorzusehen. Problem: Nach dem Schweißen sind die Fehler meist nicht sichtbar, und eine Untersuchung der Schweißverbindung ist aufgrund der hohen Kosten nur bei speziellen Anforderungen sinnvoll.

**zu b)** Um den Verzug klein zu halten sollte symmetrisch konstruiert und symmetrisch geschweißt werden. Eventuelle Eigenspannungen können durch diese Maßnahmen aber nicht abgebaut oder verhindert werden. Wie in Kapitel 1.2.4 bereits beschrieben, geht das Vorhandensein von Eigenspannungen einher mit einer Verminderung der Belastbarkeit des Werkstoffes; daher ist jeder Berechnungsansatz unbrauchbar.

$$\sigma_{Eigen} + \sigma_{Last} \leq \sigma_{zul} \quad \Rightarrow$$

$$\boxed{\sigma_{Last} \leq \sigma_{zul} - \sigma_{Eigen}} \qquad (1.8)$$

Ein Abbau der Spannungsspitzen kann durch Fließen des Werkstoffes erfolgen, wenn Eigenspannungen und Last die Streckgrenze überschreiten; daher ist eine gewisse Selbstheilung, jedoch nur bei vorwiegend einachsigem Spannungszustand, vorhanden. Aus diesem Grund sind Schweißnahtanhäufungen zu vermeiden. Weitere Abhilfe kann auch hier eine nachträgliche Wärmebehandlung leisten.

Es gilt die „**Zul-Zug-Regel**" (Bild 1.53):
**Zu**letzt abgekühlter Bauteilbereich hat **Zug**-Eigenspannungen.

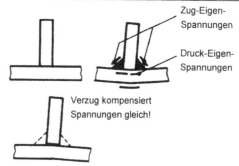

Bild 1.53 Beispiel zur „Zul-Zug-Regel"

**zu c)** Die Kerbwirkungen sind durch Nachbearbeiten, z. B. Hämmern (bewirkt Druckeigenspannungen, die der Zugspannung entgegenwirken) oder durch spangebende Bearbeitung der Schweißnaht (geringe Rauhigkeit, daher geringere Kerbwirkung), beispielsweise Schleifen (manuelle Arbeit, hoher Bearbeitungsaufwand) oder Drehen, Fräsen (problematisch bei Härteeffekten, Schlackeneinschlüssen o. ä.), zu vermindern. Eine weitere Möglichkeit zur Abhilfe besteht darin, die Schweißnaht konstruktiv in den „Spannungsschatten" zu legen. Diese Methode wird später erläutert.

**Zielsetzungen beim schweißgerechten Konstruieren:**

- Hohe Bauteilfestigkeit bzw. -steifigkeit anstreben, d. h. Auswahl entsprechender Halbzeuge, beanspruchungsgerechte Gestaltung, Geringhaltung der Eigenspannungen,
- Hohe Bauteilgenauigkeit anstreben, d. h. Verzug klein halten,
- Geringe Kosten anstreben, d. h. Kosten für den Schweißvorgang und für eventuelle Nachbearbeitung gering halten, Fehler bzw. Ausschuss minimieren.

## 1.4.4 Leitregeln zur Gestaltung

Die nachfolgenden Leitregeln beinhalten die Gestaltungsgrundlagen für Schweißteile. Sie sind teilweise widersprüchlich, so dass stets Kompromisse geschlossen werden müssen.

a) **Blechdicke** für Gehäuse $s \approx 5...6...8$ mm, Rippen etwas dünner

b) **Nahtdicke** $a \le 0,5 \cdot s$

c) Nur Bauteile mit **gleichen Wandstärken** verschweißen; d. h. gleichmäßige Erwärmung und Abkühlung, daher wenig Verzug und Eigenspannungen. Notfalls Bauteilbereiche entsprechend anpassen (Bild 1.54).

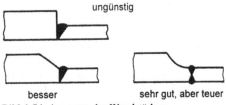

ungünstig

besser             sehr gut, aber teuer

**Bild 1.54** Anpassen der Wandstärken

d) **Vorbearbeitung minimieren**, d. h. Kehlnähte bevorzugen (kostengünstiger).

e) Bei hoher **Belastung Stumpfnähte bevorzugen** (direkte Kraftleitung, daher höhere Festigkeit; Nahtvorbereitung erforderlich, daher teurer).

f) So **wenig Schweißgut wie möglich** einbringen; Menge des Schweißgutes ist Maß für eingebrachte Wärmemenge und damit für Verzug bzw. Eigenspannungen; besser dünne Nähte als dicke; besser kurze, unterbrochene Nähte als lange durchgehende.

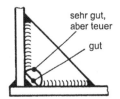

sehr gut, aber teuer

gut

**Bild 1.55** Vermeidung von Nahtanhäufungen durch Aussparungen

g) **Nahtanhäufungen vermeiden**, da hierdurch mehrachsiger Spannungszustand auftritt, daher kein plastischer Abbau möglich; hohe Eigenspannungen; Rippen o. ä. aussparen; Ecke abschneiden (kostengünstig) oder bogenförmig aussparen (teuer, aber weicherer

Übergang, d. h. nicht so großer Steifigkeitssprung, Bild 1.55).

h) Stets **räumlich gestalten**, d. h. Rippen einsetzen, geschlossene Körper konstruieren; Rippen erhöhen hauptsächlich die Biegesteifigkeit, geschlossene Verstärkungen die Torsionssteifigkeit.

i) **Nähte zugänglich** halten; Nahtwinkel $\ge 45°$, besser $\ge 60°$ (Bild 1.56).

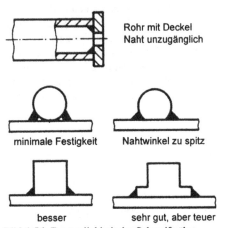

Rohr mit Deckel
Naht unzugänglich

minimale Festigkeit        Nahtwinkel zu spitz

besser             sehr gut, aber teuer

**Bild 1.56** Zugänglichkeit der Schweißnähte

j) Geometrisch **einfache Körper bilden** (z. B. Quader, Zylinder) $\Rightarrow$ billiger.

k) **Schweißaufwand minimieren** durch Einsatz von Normprofilen und abgekanteten Blechen.

l) **Flanschdicke ca. zweifache Blechdicke** (Steifigkeit, Dichtheit, Wandstärke für Schrauben) (Bild 1.57).

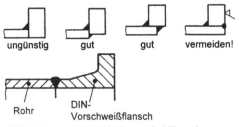

ungünstig        gut          gut        vermeiden!

Rohr              DIN-
           Vorschweißflansch

**Bild 1.57** Schweißverbindungen bei Flanschen

m) **Einseitige Nähte vermeiden**; falls unvermeidbar, Nahtwurzel niemals in die Zugzone legen (sehr geringe Festigkeit) (Bild 1.58).

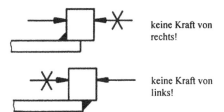

keine Kraft von rechts!

keine Kraft von links!

**Bild 1.58** Anordnung einer einseitigen Naht bei gegebener Kraftrichtung

n) **Nähte nicht an hochbelastete Stellen** legen; Nähte nicht mit anderen konstruktiven Kerben zusammenlegen (Bild 1.59).

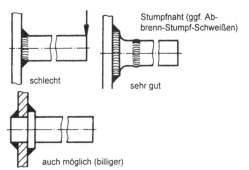

Stumpfnaht (ggf. Abbrenn-Stumpf-Schweißen)

schlecht

sehr gut

auch möglich (billiger)

**Bild 1.59** Vermeidung des Zusammenlegens von Schweißnähten und hochbelasteten Stellen

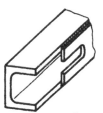 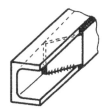

Rissgefahr durch Übergang torsionssteif - torsionsweich, auch mit Aussparung nur unwesentlich besser

Gleichmässiger, weicher Übergang

**Bild 1.60** Vermeidung von Steifigkeitssprüngen

o) **Steifigkeitssprünge vermeiden**, da hierdurch besonders starke Kerbwirkung; weiche Übergänge schaffen (Bild 1.60).

p) **Nicht in kaltverformten Bereichen schweißen** (Überlagerung der Eigenspannungen; Erwärmung bewirkt Rückverformung) (Bild 1.61).

schlecht, Verzug
(imitierte Nietkonstruktion)

gut, schweißgerecht

**Bild 1.61** Anordnung von Schweißverbindungen außerhalb kaltverformter Bereiche

q) Nachträgliche **spanende Bearbeitung von Schweißnähten vermeiden**; allenfalls Nähte (z. B. bündig) verschleifen, keinesfalls Fräsen oder Drehen.

r) **Dehnungen beachten** und nicht behindern (behinderte Dehnung = Steifigkeitssprung).

**T-Stück** aus Rohren:

Knotenblech nicht in Zugzone (links), sondern in neutrale Faser legen (rechts)

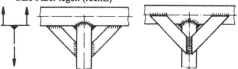

**Bild 1.62** Schweißkonstruktion eines T-Stücks

s) Große Teile so gestalten, dass eine **spangebende Bearbeitung vor dem Verschweißen** möglich ist und die Genauigkeit durch das Schweißen nur unwesentlich beeinträchtigt wird (Anhaltswerte s. Bild 1.64).

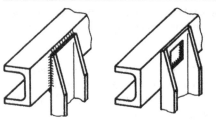

steif (falls gewünscht)          weich (entspr. Fachwerktheorie)

**Bild 1.63** Schweißkonstruktion eines Trägerknotens

t) **Verschnitt möglichst gering** halten; Knotenbleche rechtwinklig oder bei paarweiser Anordnung spiegelbildlich gestalten, ggf. Flachstahl verwenden; bei ausgebrannten Öffnungen Innenteil z. B. als Deckel verwenden (Bild 1.65).

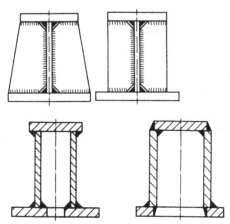

**Bild 1.65** Geringhalten des Verschnitts

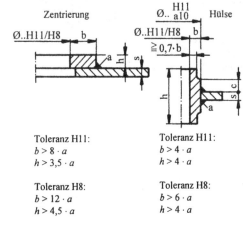

Toleranz H11:
$b > 8 \cdot a$
$h > 3,5 \cdot a$

Toleranz H8:
$b > 12 \cdot a$
$h > 4,5 \cdot a$

Toleranz H11:
$b > 4 \cdot a$
$h > 4 \cdot a$

Toleranz H8:
$b > 6 \cdot a$
$h > 4 \cdot a$

u) **Korrosionsspalte vermeiden**; Nähte entweder durchgehend und von innen und außen, zumindest von außen, oder große Öffnungen lassen (Belüftung, Beschichtung oder zuschweißen); Ablaufbohrungen für Wasser vorsehen (Bild 1.66).

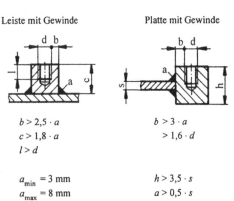

Leiste mit Gewinde          Platte mit Gewinde

$b > 2,5 \cdot a$
$c > 1,8 \cdot a$
$l > d$

$a_{min} = 3$ mm
$a_{max} = 8$ mm

$b > 3 \cdot a$
$> 1,6 \cdot d$

$h > 3,5 \cdot s$
$a > 0,5 \cdot s$

**Bild 1.64** Anhaltswerte für eine spangebende Bearbeitung vor dem Schweißen [2]

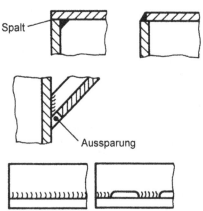

**Bild 1.66** Konstruktive Maßnahmen zur Vermeidung von Korrosionsspalten

# 1.5 Achsen und Wellen

## 1.5.1 Voraussetzungen

Bei der Konstruktion von Achsen und Wellen sind folgende Gestaltungsgrundlagen zu beachten:
– Montagegerechte Konstruktion,
– Festigkeit und Steifigkeit,
– Minimierung der Kerbwirkungen,
– fertigungsgerechte Gestaltung und
– Gestaltung von Wellenenden.

Die Unterscheidung zwischen Achsen und Wellen wird im Kapitel „Achsen und Wellen" beschrieben. Die Gestaltungsgrundlagen werden im Folgenden exemplarisch anhand von Wellen behandelt und gelten auch für Achsen.

## 1.5.2 Montagegerechte Konstruktion

Eine montagegerechte Konstruktion von Achsen und Wellen erfordert, dass alle aufzubringenden Bauteile eindeutig in ihrer Lage festgelegt werden können und dass die Montage bzw. Demontage problemlos möglich ist.

Jedes auf eine Welle aufgesetzte Bauteil muss einen eigenen Durchmesserabsatz erhalten. Er wird mit einer Fase versehen, da sonst die Montage schwierig oder unmöglich wird. Bei Montage eines Bauteils über den Passsitz eines anderen Bauteils besteht die Gefahr von Beschädigungen.

**Bild 1.67** Welle mit Absätzen für jedes Bauteil

Die Montage von Wälzlagern darf nicht über andere Wälzlagersitze gleichen Durchmessers erfolgen. Die Montage von Distanzbuchsen über Passsitze ist dagegen möglich, da Buchsen nur einen groben Spielsitz haben, wodurch die Passsitze nicht beschädigt werden können. Passsitze sind möglichst kurz zu halten, da die Feinbearbeitung der Flächen teuer und aufwendig ist. Bild 1.68 zeigt die Begrenzung der Feinbearbeitung (schmale Vollinie).

Der Passsitz des Zahnrades wird dann mit einer ISO-Toleranz (z. B. h6), der Sitz der Distanzbuchse entsprechend gröber (z. B. -0,1) toleriert.

**Bild 1.68** Fixierung von Distanzbuchsen

Die Lage der Bauteile wird durch axiale Anlageflächen definiert. Diese müssen eindeutig gestaltet sein. Bild 1.69 zeigt zwei mögliche Anordnungen. Würde die Buchse so lang wie der Wellenabsatz konstruiert, würde eine Doppelpassung vorliegen: Abhängig von den Fertigungstoleranzen könnte tatsächlich der eine oder der andere in Bild 1.69 dargestellte Fall auftreten.

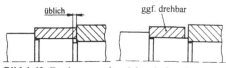

**Bild 1.69** Festlegung mit axialen Anlageflächen

**Bild 1.70** Effektive Anlagebreite an Wellenschulter

Die Anlageflächen müssen senkrecht zur Achse gemessen eine hinreichende Breite aufweisen, um die Lage des Bauteils genau zu definieren. Dabei sind die Fasen, die der Vereinfachung der Montage dienen sollen, zu berücksichtigen.

Die axiale Festlegung von mehr als drei Bauteilen hintereinander ist mit Wellenmuttern, Schrauben o. ä. vorzunehmen. Eine Fixierung ausschließlich mit Sicherungsringen kann aufgrund der Toleranzkette der Bauteile die Lage nicht eindeutig gewährleisten. Beim Einsatz von Sicherungsringen müssen daher zum Ausgleich der Toleranzen Ausgleichsscheiben, Federscheiben o. ä. verwendet werden.

Die radiale Festlegung der Bauteile erfolgt über kraft- oder formschlüssig gepasste Wellensitze. Bei den kraftschlüssigen Übermaßpassungen ist der Innendurchmesser des Bauteils (Nabe) kleiner oder gleich dem Außendurchmesser der

Welle. Der dadurch entstehende hohe Druck erzeugt eine Reibkraft, die das Bauteil daran hin-
dert, radial zu verrutschen. Formschlüssige Ü-
bertragungselemente wie Passfederverbindungen
(vgl. 1.5.5) wirken als Mitnehmer zwischen
Welle und Nabe.

Für die Demontage der Bauteile sind Ansatzflächen und Platz vorzusehen. Meist kann dieses
durch geeignete Absätze realisiert werden. Bei
Wälzlagern muss die Demontagekraft an dem
Ring angreifen können, der mit einer Presspassung versehen ist (üblicher Weise der Innenring,
s. später). Anderenfalls würde die Abziehkraft
über die Wälzkörper geleitet, was zur Zerstörung
des Lagers führt. Steht radial zu wenig Platz zur
Verfügung, sind Abziehnuten vorzusehen.

Passfedern können bewirken, dass eine Demontage blockiert bzw. verhindert und erst durch
Demontage der Passfeder ermöglicht wird. Bei
der Anordnung in Bild 1.71 kann das Lager
nicht über die Passfeder geschoben werden. Der
Durchmesserunterschied zwischen dem Lagersitz und der Passfläche für das Zahnrad müsste
daher entsprechend größer gewählt werden. Zum
Ansetzen einer
Abziehvorrichtung
sind im linken Be-
reich der Welle
zwei oder drei Ab-
ziehnuten vorge-
sehen.

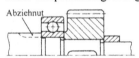

**Bild 1.71** Abziehnut für Wälzlager; Passfeder behindert Demontage

### 1.5.3 Festigkeit und Steifigkeit

Um eine möglichst hohe Festigkeit und Steifigkeit zu erreichen, sind Wellen möglichst als
„Körper gleicher Festigkeit" zu gestalten, bei
dem in allen Querschnitten die gleiche Spannung wirkt. Bei
Biegebelastung ist
dies ein Parabo-
loid 3. Grades. In
Bild 1.72 ist eine
entsprechend ges-
taltete Welle dar-
gestellt.

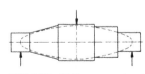

**Bild 1.72** Welle entsprechend
eines Paraboloids 3. Grades

Die Grobauslegung einer Welle sollte in folgenden Schritten durchgeführt werden:
1. An der schwächsten Stelle beginnen,
2. Zahl der Absätze anhand der aufzusetzenden
   Teile abschätzen,
3. Handskizze anfertigen,
4. Durchmesser an der dicksten Stelle abschätzen,
5. Durchmesser der anderen Stellen auf Basis
   der Gestaltungsregeln für Absätze, Übergänge usw. vordimensionieren.

Für die Abschätzung des Durchmessers kann
folgende Formel verwendet werden:

$$\frac{d}{[\text{mm}]} \approx 7{,}5 \cdot \sqrt[3]{\frac{T}{[\text{Nm}]}} \qquad (1.9)$$

$d$ = Durchmesser
$T$ = Torsionsmoment

Diese Formel liefert nur einen Anhaltswert für
den mittleren Wellendurchmesser; sie ist für eine
erste gestalterische Auslegung der Welle ausreichend. Eine genauere Berechnung erfolgt erst
nach der Auslegung aller Teile, und zwar im
Rahmen des Festigkeitsnachweises.

Um die Belastung der Lagerstellen gering zu
halten, müssen diese möglichst nah an den
Krafteingriffstellen positioniert werden. Dadurch werden die Hebelarme klein gehalten,
woraus eine Minimierung der Momente resultiert. Die Durchbiegung der Welle wird hierdurch ebenfalls klein gehalten. Dies ist beispielsweise bei Zahnradgetrieben wichtig, da
Verformungen der Welle die Zahneingriffsgeo-
metrie stark beeinflussen.

Eine möglichst steife Bauweise ist besonders bei
einer fliegenden Lagerung (Bild 1.73) wichtig.
Die Kraglänge $l_1$ ist so
klein wie möglich zu
halten. Es sollte ein
Längenverhältnis von
$l_2 / l_1 \geq 3$ möglichst
nicht überschritten
werden, da sonst die
Verformungen zu groß
werden.

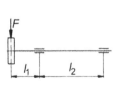

**Bild 1.73** Fliegende Lagerung

### 1.5.4 Minimierung der Kerbwirkungen

Konstruktive Kerben bewirken eine Schwächung der Welle. Jede Kerbe kann dabei wie eine „Sollbruchstelle" wirken. Insbesondere bei Umlauf-Biegebelastung, d. h. bei raumfester Biegebelastung und umlaufender Welle, mindert jede konstruktive Kerbe die Belastbarkeit der Welle erheblich. Zu beachten ist außerdem, dass höherfeste Werkstoffe kerbempfindlicher sind als beispielsweise Baustähle; aus diesem Grunde kann es vorkommen, dass die Verwendung höherfester Stähle aufgrund der höheren Kerbempfindlichkeit die Belastbarkeit einer Welle nur unwesentlich erhöht.

Die beanspruchungsgerechte Konstruktion einer Welle erfolgt über die richtige Auswahl und Gestaltung unvermeidbarer Kerben sowie über konstruktive Maßnahmen zur Leitung des Kraftflusses.

Übergänge bei Wellenabsätzen mit größeren Durchmesserunterschieden sind sorgfältig auszurunden. Bild 1.74 zeigt die Kraftflusslinien im Bereich eines entsprechenden Absatzes. In der linken Darstellung ist die scharfe Umlenkung und Zusammendrückung des Kraftflusses zu erkennen; außerdem läuft der Kraftfluss an der scharfen Kerbe im Übergang entlang. In der rechten Darstellung mit gerundetem Übergang wird der Kraftfluss sehr viel weicher umgelenkt. Jedoch kann der kleinere Durchmesserbereich der rechten Welle nicht als Passfläche für aufgesetzte Bauteile genutzt werden, da weder ein Bearbeitungsauslauf für die Feinbearbeitung noch eine exakte axiale Anlagefläche vorhanden sind.

**Bild 1.74** Kraftflusslinien an Wellenschultern

Rundungsradien für Absätze sollten nach DIN 250 gewählt werden. Bei sehr hoch belasteten Teilen können im Bereich der Radien durch Rollieren oder Kugelstrahlen Druckeigenspannungen eingebracht werden, wodurch die Festigkeit erheblich erhöht wird. Für hochfeste Stähle eignet sich dieses Verfahren jedoch nicht.

|     |     | 0,2 |     |     | 0,4 |     | 0,6 |     |
|-----|-----|-----|-----|-----|-----|-----|-----|-----|
| 1   | 1,6 |     | 2,5 |     | 4   |     | 6   |     |
| 10  | 16  | 20  | 25  | 32  | 40  | 50  | 63  | 80  |
| 100 | 125 | 160 | 200 |     |     |     |     |     |

**Bild 1.75** Genormte Rundungsradien (Vorzugsreihe) nach DIN 250

Durch einen Korbbogen bestehend aus zwei tangential anschließenden Rundungsradien mit $r \approx d/20$ und $R \approx d/5$ wird ein optimaler Kraftfluss mit minimalen Kerbwirkungen erreicht; jedoch ist diese Anordnung bearbeitungsaufwendig und teuer.

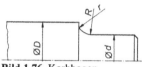

**Bild 1.76** Korbbogen

Rundungsradien haben den Nachteil, dass Passsitze und axiale Anlageflächen verloren gehen. Um weiche Übergänge zu schaffen und dennoch die Flächen als Passsitze verwenden zu können, sind Absätze mit Freistichen nach DIN 509, siehe Bild 1.85, zu versehen. Noch günstiger sind Lösungen, bei denen die aufzubringenden Teile direkt in die Welle eingearbeitet werden. Ritzelwellen beispielsweise sind direkt mit der entsprechenden Verzahnung versehen. Hierbei darf der Durchmesserunterschied jedoch nicht zu groß sein, da sonst die Herstellung wirtschaftlich nicht sinnvoll ist. Ist $D \gg d$, müssen aufgesetzte Zahnräder verwendet werden.

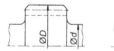

**Bild 1.77** Ritzelwelle

Nuten für Sicherungsringe nach DIN 471 sind sehr scharfkantig und damit sehr kerbwirksam. Insbesondere bei Umlaufbiegung führt dies schon bei kleinen Belastungen zur Dauerbruchgefahr im Kerbgrund der Nut. Falls Sicherungsringnuten unvermeidbar sind, sind derartige Nuten zu „entlasten". Dabei werden die Nuten in den „Spannungsschatten" gelegt, so dass der

Kraftfluss die scharfen Kerben nicht berührt. Beispiele hierfür zeigt Bild 1.78; die entsprechenden Formelemente können spangebend oder durch Eindrücken hergestellt werden, wobei ggf. Druckeigenspannungen aufgeprägt werden.

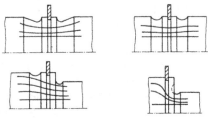

**Bild 1.78** Entlastungsnuten an Sicherungsringen

Querbohrungen sollten soweit wie möglich vermieden werden, da sie insbesondere bei Torsionsbelastung die Welle erheblich schwächen. Sind sie unvermeidbar, sollten sie so entlastet werden, dass der Kraftfluss an der Austrittsstelle der Bohrung vorbeiläuft. Je kleiner der Bohrungsdurchmesser ist, desto stärker ist die Kerbwirkung. Querbohrungen sollten daher nicht zu klein ausgeführt werden und sind ggf. durch weitere Nuten zu entlasten. Bild 1.79 zeigt Eindrückungen der Welle im betreffenden Bereich.

 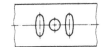

**Bild 1.79** Querbohrung mit Entlastungsnuten

Auch an Press- oder Schrumpfsitzen kommt es aufgrund der Druckspitzen in den Randbereichen zu Kerbwirkungen, siehe Bild 1.80. Hier ist die Belastung viel höher als in der Mitte und wirkt so als Kerbe. Deshalb sind Press- und Schrumpfsitze abzusetzen; nun ist zwar die Kerbwirkung in der Nabe höher, jedoch liegt hier meistens die höhere Belastbarkeit vor. Zur besseren Montage sind Presssitze außerdem mit einem axialen Anschlag zu versehen.

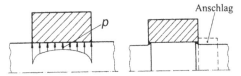

**Bild 1.80** Gestaltung von Press- und Schrumpfsitzen

Konstruktive Kerben sollten nicht zusammengelegt werden, da sich die Kerbwirkungen hierbei erheblich verstärken. Eine der am häufigsten vorkommenden Kerben ist die Passfedernut, die eine hohe Kerbwirkung hat. Bild 1.81 zeigt eine falsch angeordnete Passfedernut, die mit einem Freistich zusammenfällt. Korrekt gestaltet ist das gestrichelt dargestellte Ende der Nut, da hier die Kerben getrennt werden.

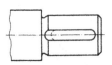

**Bild 1.81** Zusammenfallen zweier Kerben

### 1.5.5 Fertigungsgerechte Gestaltung

Wellen werden aus Halbzeugen, meistens aus Rundstählen, hergestellt, die spangebend bearbeitet werden müssen. Das zu zerspanende Volumen ist möglichst gering zu halten, um die Fertigungskosten klein zu halten und um kein Material zu verschwenden. Die spanende Fertigung der Welle in Bild 1.82 aus Vollmaterial ist nicht sinnvoll, da ca. 85 % des Halbzeugs an Verschnitt anfallen würden und unnötig zerspant werden müssten.

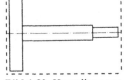

**Bild 1.82** Herstellung aus Vollmaterial

Fertigungsgerecht gestaltet ist die Welle, wenn auf einen Grundkörper der entsprechende Flansch aufgesetzt wird. Bild 1.83 zeigt ein Beispiel, bei dem der Flansch konstruktiv fixiert ist (Festlegung rechts nicht dargestellt) und eine Ausführung mit aufgeschrumpftem Flansch.

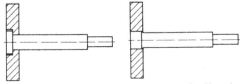

Flansch mit Anschlag          Aufgeschrumpfter Flansch
**Bild 1.83** Verschnittvermeidung

Bei feinbearbeiteten Flächen sind freie Werkzeugausläufe vorzusehen, um einen hinreichenden Freiraum für Schleifscheiben, Drehmeißel

o. ä.) zu gewährleisten. Ansonsten wäre eine Feinbearbeitung zu aufwendig, zu teuer oder gar nicht durchführbar.

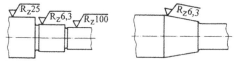

**Bild 1.84** Feinbearbeitungsflächen an Wellen

Für den Werkzeugauslauf bei der Feinbearbeitung abgesetzter Teile sind Freistiche nach DIN 509 vorzusehen. Bei einer zu bearbeitenden Fläche ist Form E, bei zwei zueinander senkrecht stehenden Flächen Form F einsetzen. Freistiche vermindern zum einen die Kerbwirkung, zum anderen bieten sie eine sichere Anlage des Gegenbauteils, das dann entsprechend anzufasen ist. Die Mindestbreite $b$ der Fase ist Bild 1.86 zu entnehmen.

Form E                          Form F

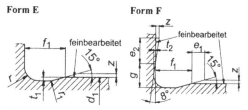

**Bild 1.85** Freistiche DIN 509 [4]

Freistiche, Radien und Kegel sollten an einem Teil stets gleich gehalten werden. Hierdurch wird ein unnötiger Werkzeugwechsel an der Bearbeitungsmaschine vermieden. Für die Einzel- und Kleinserienfertigung mit Universaldrehmaschinen sind zylindrische Teile billiger, bei einer Fertigung auf automatischen Drehmaschinen sind aufgrund der Kosten kegelige Übergänge zu bevorzugen, siehe Bild 1.84. Letztere haben den Vorteil, dass sie wegen des günstigen Kraftflusses eine sehr hohe Festigkeit haben; als Passflächen sind sie jedoch in der Regel ungeeignet.

| Bearbeitung Lage der Kante | unbearbeitet (gegossen, geschmiedet o. ä.) | bearbeitet (gedreht, gefräst o. ä.) |
|---|---|---|
| Innenkante | – Großer Radius (a) (= Außenkante von Form bzw. Gesenk) <br> – $r \approx (0{,}5...1) \cdot s$ ($s$ = Wanddicke) <br> – Kontur von Aussparungen bzw. Öffnungen: sehr großer Radius (b) | – kleiner Radius (c) (= Werkzeugspitze) <br> – Bei Passflächen Freistich (d) <br> – Bei hoher Kerbgefahr großer Radius (teuer) (e) |
| Außenkante | – kleiner Radius (f) <br> – Wenn möglich, großer Radius (g) (= Innenkante von Form bzw. Gesenk) | – überdeckt: leicht gebrochen (z. B.: 0,5 x 45°), evtl. scharfkantig (h) <br> – freiliegend: oder für Montage nötig: angefast ($\geq$ 1 x 45°) (i) gegenüber Innenkante: Fase > Innenradius (soweit vorh. (k), bei Freistich: s. Tabelle) |

| $d_1$ | $r_1$ | $t_1$ $+ 0{,}1$ | $f_1$ | $g$ $\approx$ | $t_2$ $+ 0{,}05$ | $b$ Form E | $b$ Form F |
|---|---|---|---|---|---|---|---|
| mit üblicher Beanspruchung | | | | | | | |
| > 1,6 | 0,1 | 0,1 | 0,5 | 0,8 | 0,1 | 0 | 0 |
| > 1,6 bis 3 | 0,2 | 0,1 | 1 | 0,9 | 0,1 | 0,1 | 0 |
| > 3 bis 10 | 0,4 | 0,2 | 2 | 1,1 | 0,1 | 0,2 | 0 |
| > 10 bis 18 | 0,6 | 0,2 | 2 | 1,4 | 0,1 | 0,4 | 0,1 |
| > 18 bis 80 | 0,6 | 0,3 | 2,5 | 2,1 | 0,2 | 0,3 | 0 |
| > 80 | 1 | 0,4 | 4 | 3,2 | 0,3 | 0,6 | 0 |
| mit erhöhter Wechselfestigkeit | | | | | | | |
| > 18 bis 50 | 1 | 0,2 | 2,5 | 1,8 | 0,1 | 0,8 | 0,2 |
| >50 bis 80 | 1,6 | 0,3 | 4 | 3,1 | 0,2 | 1,3 | 0,55 |
| > 80 bis 125 | 2,5 | 0,4 | 5 | 4,8 | 0,3 | 2,1 | 0,95 |
| > 125 | 4 | 0,5 | 7 | 6,4 | 0,3 | 3,5 | 2,0 |

$b$ = Breite der Fase am Gegenstück

**Bild 1.86** Freistichabmessungen nach DIN 509

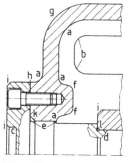

**Bild 1.87** Fasen, Radien und Freistiche an Bauteilen

Zur fertigungs- und belastungsgerechten Gestaltung von Maschinenteilen sind Fasen, Radien oder Freistiche gemäß Bild 1.87 zu verwenden.

Passfedernuten werden gefräst. DIN 6885 legt die Formen und Abmessungen für Pass-

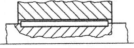

**Bild 1.88** Passfederverbindung

federn und ihre Nuten fest. Übliche Nutformen für Wellen sind die Formen N1 und N2. Die Nutform N1 wird mit einem Fingerfräser gefertigt; die Passfeder wird in der Regel nur eingepresst. Die Herstellung der Nut der Form N2 erfolgt mit einem Scheibenfräser; diese Nut ist kostengünstiger. Die Passfeder ist aufgrund des Auslaufes des Scheibenfräsers jedoch nicht fixiert. Deshalb müssen Passfedern in Nuten der Form N2 verschraubt werden, was eine zusätzliche Kerbung der Welle bedingt. Diese Kerbe fällt außerdem noch mit der Passfedernut zusammen. Die Nutform N2 wird bei langen Passfedern eingesetzt, beispielsweise dann, wenn das aufgesetzte Teil verschiebbar sein soll. Die Nutform N3 entsteht beispielsweise durch zweimalige Bearbeitung mit einem schmaleren Fingerfräser; diese Form wird beispielsweise für breite Passfedernuten verwendet.

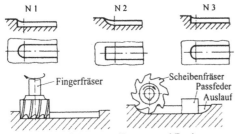

**Bild 1.89** Passfedernuten, Formen und Fertigung

## 1.5.6 Gestaltung von Wellenenden

In Bild 1.90 ist ein typisches Wellenende dargestellt, das beispielsweise für ein ölgeschmiertes Getriebe verwendet werden kann. Es sind drei Passflächen vorhanden, die jeweils mit einer Fase bzw. Schräge und einem Freistich als Bearbeitungsauslauf versehen sind.

Das Rillenkugellager ist rechts mittels eines Wellenabsatzes fixiert, links durch einen Sicherungsring nach DIN 471. Links davon muss die Welle über eine Breite, die in DIN 471 festgelegt ist, weitergeführt werden; hieran schließt sich die Montagefase an. Da Rillenkugellager nur kleine bis mittlere Axialkräfte aufnehmen können, ist der Einsatz eines Sicherungsrings ausreichend.

Die Lauffläche des Dichtrings (Radial-Wellendichtring, siehe später) ist im Durchmesser kleiner ausgeführt als der Lagersitz. Hierdurch wird verhindert, dass bei der Montage des Lagers der Passsitz des Dichtrings beschädigt wird. Darüber hinaus könnten bei der Montage des Sicherungsrings (scharfkantiger Federstahlring) Riefen oder Kratzer auf der Dichtfläche entstehen. Um den Verschleiß der Welle im Bereich des Dichtrings klein zu halten, ist es sinnvoll, sie zu härten. Zur Vereinfachung der Montage des Dichtrings ist der entsprechende Absatz unter 15° bis 25° anzuschrägen (siehe später).

Das Wellenende ist mit einer Passfeder versehen. Ein aufzusetzendes Element kann an den rechts vorhandenen Absatz axial angelegt werden; links könnte eine Fixierung mittels eines Sicherungsrings (dann Nut vorsehen!) oder mittels einer Schraube in Wellenmitte und einer großen Scheibe erfolgen.

Eine andere Festlegungsmöglichkeit besteht darin, die Nabe mit einem Gewindestift zu versehen, der dann auf die Passfeder geschraubt wird und die Verbindung so fixiert. Würde der Gewindestift auf die Passfläche drücken, könnten Beschädigungen dazu führen, dass die Verbindung nicht mehr demontiert werden kann.

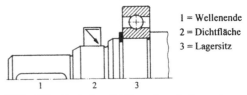

1 = Wellenende
2 = Dichtfläche
3 = Lagersitz

**Bild 1.90** Typisches Wellenende mit den entsprechenden Absätzen, vorgesehen für Ölschmierung

Bei größeren Axialkräften muss das Lager mittels einer Wellenmutter festgelegt werden, siehe Bild 1.91. Diese Anordnung ist jedoch erheblich teurer.

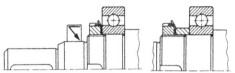

**Bild 1.91** Lagerfestlegung mittels einer Wellenmutter

Bei der links dargestellten Anordnung besteht die Gefahr, dass der zur Verfügung stehende Platz für die Elemente Lager, Mutter und Sicherungsblech zu klein ist und dass die konstruktiven Kerben Gewindefreistich und Sicherungsblechnut zusammenfallen. Die Trennung dieser Kerben kann mittels einer Distanzbuchse erfolgen, rechts dargestellt.

Zwischen dem Gewinde und der Passfläche des Lagers ist hier kein Absatz erforderlich. Der Außendurchmesser des Gewindes ist etwas kleiner als der Lagersitz, so dass das Lager problemlos darübergeschoben werden kann. Allerdings muss am Ende des Gewindes ein Freistich als Bearbeitungsauslauf beim Gewindeschneiden vorgesehen werden; die Nut für das Sicherungsblech der Wellenmutter endet vor dem Freistich. Der Durchmesser der Lauffläche des Dichtrings muss kleiner sein als der Kerndurchmesser des Gewindes.

Bild 1.92 zeigt Gestaltungsbeispiele für Anordnungen, bei denen die Wellenmutter außerhalb des Gehäuses liegt. Hierbei ist eine Distanzbuchse erforderlich.

Der Spalt zwischen dieser Buchse und der Welle ist nicht öldicht. Deshalb muss hier eine Abdichtung, beispielsweise mittels eines Runddichtrings (siehe später), vorgenommen werden. Bei Anordnung dieses Runddichtrings in der Buchse besteht die Gefahr, dass der Ring bei der Montage über das Gewinde beschädigt wird. Eine Anordnung in der Welle ist in dieser Hinsicht günstiger, hat aber eine starke Kerbung der Welle zur Folge. Die Buchse ist mit den erfor-

derlichen Anschrägungen zur Montage des Radial-Wellendichtrings versehen. Durch den Einsatz einer gehärteten Buchse kann der Verschleiß auch bei nicht gehärteten Wellen klein gehalten werden. Einbauvorschriften für die Dichtungen werden in Kapitel 1.7, Beispiele für komplett gelagerte und abgedichtete Wellen in Kapitel 1.9 behandelt.

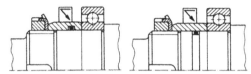

**Bild 1.92** Wellenmutter außerhalb des Gehäuses

## 1.6 Lagerungen

### 1.6.1 Lagerungsarten

Wellen werden durch Quer- und Längskräfte sowie durch Torsionsmomente belastet. Die Lagerungen müssen so gestaltet sein, dass sie die Reaktionskräfte statisch bestimmt übertragen können und die Welle eindeutig fixieren.

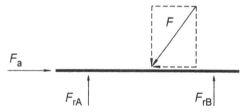

**Bild 1.93** Kräfte an einer gelagerten Welle

Jede Welle muss radial zweimal abgestützt werden („Träger auf zwei Stützen"); darüber hinaus muss sie axial in beiden Richtungen je einmal festgelegt sein. Bild 1.94 zeigt die möglichen Lagerungsarten.

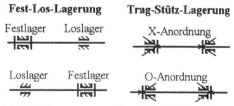

**Bild 1.94** Lagerungsarten (symbolische Darstellung)

Bei der Fest-Los-Lagerung werden ein Festlager und ein Loslager verwendet. Das Festlager übernimmt Radialkräfte sowie die Axialkräfte in beiden axialen Richtungen; das Loslager überträgt nur Radialkräfte, jedoch keine Axialkräfte. Bei Wärmedehnungen, Fertigungstoleranzen o. ä. kann ein Ausgleich durch eine axiale Verschiebung im Loslager erfolgen.

Bei Trag-Stütz-Lagerungen überträgt jedes Lager Radialkräfte sowie Axialkräfte in nur einer axialen Richtung. Man unterscheidet hierbei die O-Anordnung und die X-Anordnung. Die O-Anordnung ermöglicht eine breite und damit stabile Abstützung der Welle; bei der X-Anordnung werden die Kräfte dichter an dem Element abgestützt, das zwischen den Lagern liegt, was beispielsweise bei Schneckenwellen sinnvoll ist. Infolge von Wärmedehnungen, Fertigungstoleranzen usw. ändert sich das Lagerspiel. Dies muss entweder akzeptiert werden (bei einfachen Anwendungen), oder es müssen Möglichkeiten zur Spieleinstellung bzw. zum Spielausgleich vorgesehen werden.

Jede Lagerung muss sich auf eine der beschriebenen Lagerungsarten zurückführen lassen; anderenfalls ist die Lagerung nicht statisch bestimmt.

Als Beispiel kann die Spindellagerung einer Drehmaschine betrachtet werden. Hier ist eine Fest-Los-Lagerung sinnvoll, bei der das Festlager möglichst dicht am Spannfutter angeordnet ist. Hierdurch wird eine direkte Kraftleitung und eine hohe Genauigkeit erreicht, während bei Anordnung des Loslagers am Spannfutter Wärmedehnungen bewirken würden, dass sich das Futter axial verschiebt. Trag-Stütz-Lagerungen würden bei Wärmedehnungen ihr Spiel ändern und wären daher zu ungenau.

### 1.6.2 Wälzlagerungen

**Fest-Los-Lagerung**
Bei der Gestaltung einer Fest-Los-Lagerung sind zunächst geeignete Lager auszuwählen; im nächsten Schritt muss die Festlegung dieser La-

ger auf der Welle und im Gehäuse vorgenommen werden.

**Gestaltungsregeln zum Festlager:**
- Lager muss Axialkräfte in beiden Richtungen übertragen können,
- Innen- und Außenring müssen axial festgelegt werden (Formschluss),
- Festlager möglichst nah an die Krafteinleitungsstelle legen.

**Verwendbare Lager:**

| Bezeichnung | Skizze | Eigenschaften |
|---|---|---|
| Rillenkugellager | 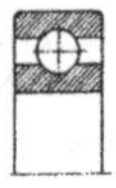 | – für mittlere Radialkräfte<br>– für mittlere Axialkräfte<br>– Festlegung: Sicherungsring, evtl. Mutter<br>– billigstes Lager |
| Zylinderrollenlager mit Borden innen und außen | 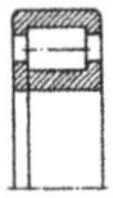 | – für hohe Radialkräfte<br>– für kleinere Axialkräfte<br>– Festlegung: Sicherungsring<br>– Lagerbauform NUP |
| Schrägkugellager in X-Anordnung | 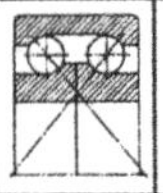 | – für hohe Radialkräfte<br>– für hohe Axialkräfte<br>– Festlegung: Wellenmutter |

**Bild 1.95** Als Festlager geeignete Lagertypen

**Nicht verwendbare Lager:**

| Bezeichnung | Skizze | Eigenschaften |
|---|---|---|
| Zylinderrollenlager ohne Borde, Nadellager | 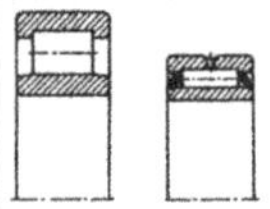 | – keine Axialkräfte übertragbar |
| Schrägkugellager, Kegelrollenlager | 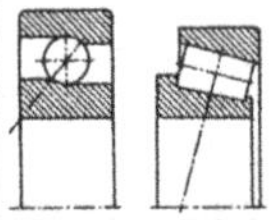 | – Axialkräfte nur in einer Richtung übertragbar |
| Zylinderrollenlager mit einseitigem Bord | 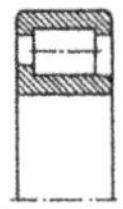 | – Axialkräfte nur in einer Richtung übertragbar<br>– Lagerbauform NJ |
| Schrägkugellager in O-Anordnung | 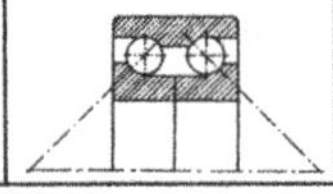 | – wirkt wie zwei Lager, d. h. bei zusätzlichem Loslager statisch unbestimmt |

**Bild 1.96** Als Festlager ungeeignete Lagertypen

Die Elemente, mit denen die Lager auf der Welle und im Gehäuse festgelegt werden, sollten auf die Axialkräfte abgestimmt sein, die das Lager übertragen kann. Aus diesem Grunde ist es nicht sinnvoll bzw. unwirtschaftlich, ein Rillenkugellager mit einer Wellenmutter festzulegen, die für hohe Axialkräfte geeignet ist. Entsprechend sollte ein doppelreihiges Schrägkugellager in X-Anordnung nicht mit einem Sicherungsring fixiert werden, da dieser erheblich kleinere Axialkräfte übertragen kann als das Lager.

**Gestaltungsregeln zum Loslager:**
- Lager darf in keiner Richtung Axialkräfte übertragen,
- Lager, die in sich Axialkräfte übertragen können (s. o. Festlager), nur an einem Ring axial festlegen, anderer Ring axial schiebbar,
- Lager, die in sich keine Axialkräfte übertragen können (Zylinderrollenlager ohne Borde, Bauform NU oder N, Nadellager), an beiden Ringen axial festlegen,
- Ring mit Umfangslast muss Festsitz haben, dann auch axial festlegen,
- Ring mit Punktlast darf Schiebesitz haben, daher Verzicht auf axiale Festlegung möglich (⇒ Loslager).

**Punkt- und Umfangslast:**
Wie in Kapitel 7.4.2 detaillierter beschrieben wird, muss ein Wälzlagerring mit umlaufender Belastung (Umfangslast) mit einem Presssitz fixiert werden, da anderenfalls der Lagerring langsam relativ zur Wellen- bzw. Gehäusefläche rotiert. Der Wälzlagerring, der stets im selben Punkt belastet wird (Punktlast), kann einen Schiebesitz aufweisen. Daher sollte beim Loslager der Ring konstruktiv festgelegt werden, der einen Presssitz hat, während der Ring mit Schiebesitz auch konstruktiv verschiebbar gestaltet werden muss, um die Loslagerfunktion zu gewährleisten.

Es lassen sich folgende Fälle unterscheiden:

- Kraftrichtung ist raumfest (steht still), Innenring läuft um, Außenring steht still ⇒
  Umfangslast für den Innenring ⇒ Festsitz und axiale Festlegung
  Punktlast für den Außenring ⇒ Schiebsitz, ohne Festlegung.

(Regelfall; Beispiele: Riemen- und Zahnradgetriebe, Maschinenspindeln usw.)

- Kraftrichtung ist raumfest, Innenring steht still, Außenring läuft um ⇒
  Punktlast für den Innenring ⇒ Schiebsitz, ohne Festlegung. Umfangslast für den Außenring ⇒ Festsitz und axiale Festlegung.
  (Beispiele: Wie oben, jedoch bei auf feststehenden Achsen gelagerten Hohlwellen)

- Kraft läuft um, Innenring läuft um, Außenring steht still ⇒
  Punktlast für den Innenring ⇒ Schiebsitz, ohne Festlegung. Umfangslast für den Außenring ⇒ Festsitz und axiale Festlegung.
  (Beispiele: Fliehkräfte bei Vollwellen)

- Kraft läuft um, Innenring steht still, Außenring läuft um ⇒
  Umfangslast für den Innenring ⇒ Festsitz und axiale Festlegung
  Punktlast für den Außenring ⇒ Schiebsitz, ohne Festlegung.
  (Beispiele: Fliehkräfte bei auf feststehenden Achsen gelagerten Hohlwellen; konstruktiv entsprechend „Regelfall").

**Ausführungsbeispiele** für das Loslager im Regelfall zeigt Bild 1.97. Für die axiale Festlegung ist ein Sicherungsring ausreichend, da keine Axialkräfte auftreten; trotzdem ist eine Festlegung nötig, weil die Presspassung nicht ausreichend wäre, um ein Wandern des Lagers (z. B. infolge Weitung des Innenrings) zu verhindern.

**Bild 1.97** Loslagergestaltung für den „Regelfall"

Bei den in der Praxis selteneren Fällen, bei denen der Innenring mit Punktlast und der Außenring mit Umfangslast belastet wird, ist die Gestaltung des Loslagers entsprechend Bild 1.98 sinnvoll.

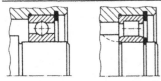

**Bild 1.98** Loslager für Umfangslast am Außenring (links) und für unbestimmte Kraftverhältnisse (rechts)

Sind die Belastungen nicht eindeutig, muss die in Bild 1.98 rechts dargestellte Anordnung gewählt werden. Hierbei können Innen- und Außenring mit einer Presspassung versehen werden; die Loslagerfunktion ist durch das Lager selbst gewährleistet. Geeignet ist diese Anordnung beispielsweise für eine Zentrifuge (umlaufende Fliehkraft), die über ein Riemengetriebe (raumfeste Kraft) angetrieben wird.

Eine Demontage ohne Lagerbeschädigung erfordert, dass der Ring mit Festsitz zugänglich sein muss, beispielsweise für Abziehvorrichtungen mit 2, 3 oder 4 Armen, für Buchsen zum Austreiben mittels Presse oder Hammer o. ä. Es bestehen hierfür die folgenden Möglichkeiten (Bild 1.99):
– Absatz niedriger als Ringhöhe,
– Abziehnuten o. ä. am Umfang.

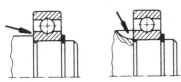

**Bild 1.99** Demontagemöglichkeiten für Lager mit Presssitz am Innenring (Regelfall)

**Bild 1.100** Demontagemöglichkeiten für Lager mit Presssitz am Außenring

**Trag-Stütz-Lagerung**
Bei Trag-Stütz-Lagerungen übernimmt jedes der beiden Lager zusätzlich zu den Radialkräften die axiale Führung der Welle in einer Richtung. Um eine eindeutige und statisch bestimmte Kraftlei-

tung zu erhalten, dürfen die Lager daher (in der Regel) an jedem Lagerring nur jeweils einmal und zwar in entgegengesetzten Richtungen festgelegt werden.

Es lassen sich zwei prinzipielle Anordnungen unterscheiden: Werden Kegelrollenlager oder Schrägkugellager verwendet, ist eine Einstellung des Axialspiels erforderlich. Werden die Lager dabei vorgespannt, ist die Lagerung spielfrei, so lange die äußeren Axialkräfte kleiner als die Vorspannkraft sind. Für einfachere Anwendungen werden häufig Rillenkugellager oder Zylinderrollenlager der Bauform NJ (vgl. Bild 1.96) verwendet. Hierbei ist in der Regel ein gewisses Axialspiel vorhanden, dessen Größe von den Fertigungstoleranzen und von Wärmedehnungen abhängt. Man bezeichnet diese Anordnung als schwimmende Lagerung.

Die Vorteile der zweiten Variante liegen in der einfachen Fertigung und Montage. Die erste Variante ist komplizierter, jedoch lassen sich das Axialspiel und damit auch das Radialspiel der Lagerung einstellen.

Die axiale Lagerbelastung hängt von der Vorspannung der Lager ab, die wiederum durch thermische Längenänderungen der Welle beeinflusst wird. Die Lager müssen eindeutig festgelegt werden, um die Lagerstellen im Rahmen der endgültigen Lagerauswahl und des Festigkeitsnachweises berechnen zu können. Die Lagerung ist hinsichtlich des Kraftflusses nur dann eindeutig, wenn die Längenänderung vernachlässigbar klein ist, z. B. bei kurzen Wellen und geringem Lagerabstand, oder wenn die Lagerung mit einem Spiel in axialer Richtung versehen wird, wodurch die Längenänderungen kompensiert werden.

Je nach Richtung des Kraftflusses wird zwischen X- und O-Anordnung unterschieden, vgl. Bild 1.94 rechts.

**Schräglager in X-Anordnung:**
Bild 1.101 zeigt Beispiele für Schräglager in X-Anordnung. Die Lager sind axial in Richtung des Kraftflusses festgelegt. Die sog. Druckkegel,

also die Richtungen, in denen die Lager Kräfte aufnehmen können, sind durch die Strichpunktlinien gekennzeichnet.

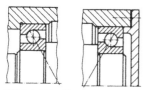

**Bild 1.101** Trag-Stütz-Lagerung mit Schrägkugellagern in X-Anordnung; Spieleinstellung über Deckelschrauben

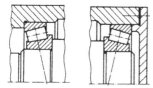

**Bild 1.102** Anordnung nach Bild 1.101, jedoch mit Kegelrollenlagern (für höhere Kräfte)

Die Anordnungen in Bild 1.101 und 1.102 weisen einfach und beanspruchungsgerecht gestaltete Wellen auf (vgl. Bild 1.72). Außerdem lassen sich die Wellen nach Entfernen des Deckels leicht demontieren. Nachteilig kann die kleinere Stützbreite sein. Die Spieleinstellung erfolgt am Außenring, der im Regelfall mit einer Spielpassung versehen ist. Dabei werden die Gehäuseschrauben mehr oder weniger stark angezogen und gesichert. Bei falscher Montage kann es hierbei zur Verspannung der Lagerung kommen. Zwischen Deckel und Gehäuse ist eine Weichstoffdichtung angeordnet, die durch Anziehen der Schrauben unterschiedlich stark verformt werden kann.

**Schräglager in O-Anordnung:**

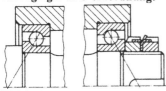

**Bild 1.103** Trag-Stütz-Lagerung mit Schrägkugellagern in O-Anordnung; Spieleinstellung über Wellenmuttern

Die O-Anordnung bietet eine breite Stützbasis und ist deshalb z. B. für fliegende Lagerungen gut geeignet. Es muss darauf geachtet werden, dass die Kraglänge möglichst kurz ist, d. h. dass die Lager so nah wie möglich an der Krafteinleitungsstelle angeordnet werden.

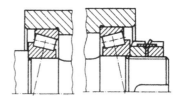

**Bild 1.104** Anordnung nach Bild 1.103, jedoch mit Kegelrollenlagern (für höhere Kräfte)

Die Spieleinstellung ist beispielsweise an der Welle mittels Wellenmuttern möglich, Bild 1.103 und 1.104. Dabei dient eine der Muttern zur Einstellung, die zweite zur Fixierung durch Kontern. Wird das Sicherungsblech zwischen den beiden Muttern angeordnet, können beide durch Umbiegen der entsprechenden Lappen gesichert werden.

Nachteilig ist bei dieser Anordnung, dass der Innenring eine Spielpassung haben muss. Daher ist sie für den „Regelfall" ungeeignet, oder es muss die Gefahr der Passungsrostbildung akzeptiert werden. Außerdem ist es schwieriger, die Welle beanspruchungsgerecht zu gestalten.

Bei Schrägkugellagern besteht die Möglichkeit, die beiden Lager unmittelbar nebeneinander anzuordnen; entsprechende Lager sind auch in doppelreihiger Bauform erhältlich, siehe Bild 1.105. Derartige Lagerungen bauen sehr kompakt, sind aber nur bei sehr kurzen Kraglängen möglich. Typische Anwendungsbeispiele sind Radlagerungen von Kraftfahrzeugen.

Die Lager sind bezüglich des Spiels aufeinander abgestimmt und können daher direkt nebeneinander liegen; eine zusätzliche Spieleinstellung ist nicht erforderlich. Wegen der hohen übertragbaren Axialkräfte erfolgt auch hier die Festlegung über eine Wellenmutter und einen Deckel, möglichst nicht über Sicherungsringe.

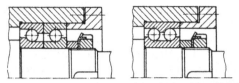

**Bild 1.105** O-Anordnung mit zwei einzelnen (links) bzw. einem doppelreihigen Schrägkugellager (rechts)

**Schwimmende Lagerung:**

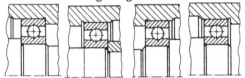

**Bild 1.106** Schwimmende Lagerung mit Rillenkugellagern; links O-Anordnung, rechts X-Anordnung

Die schwimmende Lagerung stellt einen Sonderfall der Trag-Stütz-Lagerung dar. Es finden keine Schräglager Verwendung. Ein Lagerspiel von 0,5 bis 1 mm dient zum Ausgleich von Fertigungsungenauigkeiten und Wärmedehnungen. Schwimmende Lagerungen können eingesetzt werden, wenn nur geringe Axialkräfte auftreten und auf eine eindeutige axiale Fixierung der Welle verzichtet werden kann. Die schwimmende Lagerung stellt die kostengünstigste Lagerungsart dar, weist jedoch im Vergleich mit anderen Lagerungsarten Nachteile bezüglich der Laufruhe und der Führungseigenschaften auf.

Wie in Bild 1.106 dargestellt sind auch bei den schwimmenden Lagerungen X- und O-Anordnungen möglich. Als Lager können Rillenkugellager und Zylinderrollenlager mit Borden innen und außen (Bauform NUP) verwendet werden. Der Ring mit Umfangslast erhält einen Festsitz, der mit Punktlast einen Schiebesitz. Die Welle kann sich innerhalb des vorhandenen Axialspiels bewegen, sie schwimmt.

Eine genauere Festlegung der Wellenlage ist möglich, wenn das axiale Spiel mit speziellen, in der Regel geschlitzten Tellerfedern überbrückt wird. Die Ausgleichsmöglichkeit bei Wärmedehnungen bleibt hierbei erhalten, die Welle wird jedoch durch die Federkraft fixiert. Die Anordnung ist spielfrei, solange die Axialkräfte kleiner als die Federkraft sind.

Bei unbestimmten Kraftverhältnissen können schwimmende Lagerungen mittels Zylinderrollenlagern mit einseitigem Bord (Bauform NJ) realisiert werden. Innen- und Außenringe der Lager erhalten hierbei Festsitze, das axiale Spiel befindet sich im Lager selbst, wie in Bild 1.107 dargestellt. Auch hier ist sowohl die X- als auch die O-Anordnung möglich.

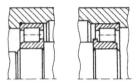

**Bild 1.107** Schwimmende Lagerung mit Zylinderrollenlagern Bauform NJ

## 1.6.3 Gleitlagerungen

**Aufbau der Lager**

Gleitlager weisen in der Regel Buchsen auf, deren Innenfläche so beschaffen ist, dass gute Laufeigenschaften ermöglicht werden. Bei einfachen Gleitlagern werden fettgeschmierte Bronzebuchsen eingesetzt; außerdem werden beispielsweise poröse Bronzeschichten verwendet, in die Graphit oder eine Mischung aus Polytetrafluorethylen (PTFE) und Blei eingewalzt wird. Diese Spezialwerkstoffe verbessern die Gleiteigenschaften erheblich. Gleitlager sind als Zukaufteile verfügbar.

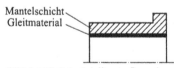

Mantelschicht
Gleitmaterial

**Bild 1.108** Prinzipieller Aufbau eines Gleitlagers

Die Lagerbuchsen können je nach Einsatzfall mit einem Bund zur axialen Festlegung versehen sein. Gleitlager werden auch als Scheiben für die axiale Lagerung, als Stützlager für axiale und radiale Lagerung und in Spezialformen (z. B. Kugelschalen) angeboten.

**Gestaltung der Lagerungen**

Ebenso wie Wälzlagerungen müssen sich auch Gleitlagerungen auf die beiden Lagerungsarten zurückführen lassen. Im folgenden werden einige Gestaltungsbeispiele vorgestellt. Als Gleitlager werden hierbei einfache fettgeschmierte Bronzebuchsen eingesetzt; das Axial- und das Radialspiel sind zum besseren Verständnis überdeutlich dargestellt.

**Fest-Los-Lagerung:**

**Bild 1.109** Fest-Los-Lagerung mit Gleitlagern

Bild 1.109 zeigt eine Fest-Los-Lagerung. Das gesamte Axialspiel im Festlager kann beispielsweise bei einfachen Anordnungen ca. 0,1 bis 0,5 mm betragen; das Spiel im Loslager muss erheblich größer sein. Das Festlager besteht aus einer Kombination einer Bundbuchse und einer axialen Lagerscheibe.

Die axiale Festlegung der Lager kann auch mittels eines Sicherungsrings realisiert werden. Um eine Beschädigung der Lagerbuchse infolge des scharfkantigen Federstahlrings zu vermeiden, sollte zwischen Sicherungsring und Bronzescheibe eine Unterlegscheibe aus Stahl angeordnet werden. Liegt das Festlager am Wellenende, kann zur axialen Fixierung auch eine zentrale Schraube mit einer großen Unterlegscheibe eingesetzt werden, Bild 1.110.

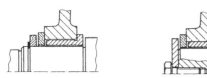

**Bild 1.110** Alternativlösungen für das Festlager

**Schwimmende Lagerung:**

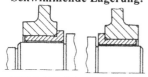

**Bild 1.111** Schwimmende Lagerung mit Gleitlagern

Bild 1.111 zeigt ein Beispiel für eine schwimmende Lagerung. Das Axialspiel beträgt wie bei Wälzlagern ca. 0,5 bis 1 mm. Die weiteren Gestaltungskriterien entsprechen den Kriterien bei Wälzlagerungen.

## 1.7 Dichtungen

### 1.7.1 Aufgaben und Einteilung

Dichtungen verhindern den Stoffaustausch und den Druckausgleich zwischen zwei Räumen mit unterschiedlicher Funktion. Dabei wird in der Regel gegen Austreten des Schmiermediums und gegen Eintreten von Schmutz o. ä. gedichtet. Das Austreten des Mediums, mit dem der abzudichtende Raum gefüllt ist, wird als Leckage bezeichnet. Leckagen führen zur Verschmutzung der Umgebung bzw. der Umwelt und können, beispielsweise bei Austritt eines Schmiermittels wie Motoröl, zu Material- und Maschinenschäden führen.

Aufgabe der Dichtungen ist es, die Form- und Oberflächenungenauigkeiten der Bauteile auszugleichen. Hierzu ist es erforderlich, dass eine elastische Verformung erfolgen kann, die um so größer sein muss, je ungenauer die Teile gefertigt sind.

Die Dichtungen lassen sich in zwei Gruppen einteilen:
- **Ruhende** bzw. **statische Dichtungen** dienen dazu, Bauteile abzudichten, die keine Relativbewegung zueinander ausführen. Anwendungsbeispiele sind Gehäuseteile, Deckel usw.
- **Bewegte** bzw. **dynamische Dichtungen** dichten an Bauteilen ab, die relativ zueinander bewegt werden. Dabei kann es sich um rotatorische oder translatorische Bewegungen handeln, beispielsweise bei Wellen, Schaltstangen o. ä.

### 1.7.2 Statische Dichtungen

Die wichtigsten Ausführungsformen statischer Dichtungen sind:

– Elastisch-plastische Dichtungsmasse,
– Papierdichtungen,
– Weichstoffdichtungen,
– Runddichtringe.

**Dichtungsmasse** wird gleichmäßig auf die Dichtflächen aufgetragen und danach eine gewisse Zeit trocknen gelassen. Durch den Druck, der bei der anschließenden Verschraubung der Bauteile entsteht, bildet sich ein dünner elastisch-plastischer Film. Der Einsatz von Dichtungsmasse stellt hohe Anforderungen an die Oberflächengüte und an die Lage der Dichtflächen zueinander, da der dünne Dichtfilm nur geringe Oberflächentoleranzen ausgleichen kann und einen gleichmäßigen Druck auf die Dichtflächen erfordert.

Die Montagerichtung ist immer senkrecht zu den Dichtflächen zu wählen. Die Dichtungsmasse ist nicht wiederverwendbar. Nach Demontage des Gehäuses müssen die Dichtflächen gründlich gereinigt werden, bevor erneut Dichtungsmasse aufgetragen werden kann. Beim Auftragen der Dichtungsmasse ist darauf zu achten, dass diese nicht in den abzudichtenden Raum eintritt, da überschüssiges Dichtungsmaterial das Schmiermittel (z. B. bei der Getriebeschmierung) verunreinigen kann.

**Papierdichtungen** bestehen aus speziellem Dichtungspapier, das einige Zehntel Millimeter dick ist. Bei größeren Dicken wird das Material als Dichtungspappe (≤ 1 mm) bezeichnet. Aus diesem Halbzeug können beliebige Konturen gestanzt oder bei Kleinserien auch von Hand ausgeschnitten werden, siehe Bild 1.112. Um eine dichtende Wirkung zu erzielen, sind ein hoher Anpressdruck und relativ ebene und glatte Dichtflächen notwendig. Papierdichtungen können nur dann eingesetzt werden, wenn die Bauteile nur an der Dichtfläche aneinander gedrückt werden, da sonst Doppelpassungen entstehen würden (Bild 1.113).

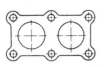

**Bild 1.112** Zugeschnittene Papierdichtung

Bei der Abdichtung von Flanschen usw. ist zu beachten, dass die Anordnung der Verbindungsschrauben so gewählt wird, dass die Verbindungslinien der Schrauben die abzudichtende Bohrung nicht schneiden. Anderenfalls besteht die Gefahr, dass die dann auftretenden hohen Biegekräfte den Deckel so stark verformen, dass eine zuverlässige Abdichtung nicht mehr gewährleistet ist. Durch schmale Dichtflächen und Aussparungen in den Dichtflächen kann die Flächenpressung erhöht werden, was die Dichtwirkung verbessert.

**Weichstoffdichtungen** sind ähnlich aufgebaut wie Papierdichtungen, bestehen jedoch aus einem weichen, gut verformbaren Werkstoff. Als Dichtungsmaterial werden u. a. eingesetzt:
– Kork oder Kautschuk-Kork-Verbindungen
– Gummi
– evtl. dicke Dichtungspappe

Wegen der Dicke der Weichstoffdichtungen (≥ 1 mm) und der Elastizität des Werkstoffes eignen sie sich gut bei geringer Form- und Oberflächengenauigkeit der Dichtflächen. Die Dichtung passt sich der Fläche besser an als eine Papierdichtung. Weichstoffdichtungen dienen zum Abdichten von wenig formstabilen Bauteilen, wie großen Deckeln o. ä., sowie zur Vermeidung von Doppelpassungen, wie in Bild 1.113 gezeigt ist. Der im Bild rechts dargestellte Deckel drückt vor das Lager, so dass der Spalt im Dichtungsbereich um die Summe der Toleranzen variieren kann. Die verwendete Dichtung wird abhängig von diesen Toleranzen also um einige Zehntel Millimeter mehr oder weniger zusammengedrückt. Hierzu muss die Dichtung eine gewisse Mindestdicke und eine hohe Elastizität aufweisen.

Bei der links dargestellten Anordnung drückt der Deckel dagegen ausschließlich gegen die Dichtfläche, so dass hier eine Dichtung verwendet werden muss, die die dabei entstehenden hohen Flächenpressungen aufnehmen kann. Eine Weichstoffdichtung würde daher unzulässig stark verformt werden.

**Bild 1.113** Deckeldichtungen; links: Papierdichtung (z. B. beim Loslager), rechts: Weichstoffdichtung (z. B. beim Festlager)

**Runddichtringe** (sog. O-Ringe) sind endlos gepresste Ringe mit Kreisquerschnitt. Rundschnurringe sind dagegen aus einem abgelängten und verklebten Halbzeug gefertigt; hierbei ist die Verbindungsstelle stets ein Schwachpunkt.

Es werden Einbaufälle mit radialer oder axialer Vorspannung des Runddichtrings sowie Kombinationen davon unterschieden.

Die Geometrie der Runddichtringe und der Nuten ist in DIN 3770 (Bild 1.114) festgelegt. Für die axiale Montage (bei radialer Vorspannung des Ringes) ist eine Montageschräge von 15° bis 30° sowie eine sorgfältige Abrundung der Kanten vorzusehen, damit der Ring beim Einbau nicht beschädigt wird. Da das Elastomer inkompressibel ist, ist für die Deformation ein hinreichender Freiraum vorzusehen, der durch den rechteckigen Nutquerschnitt gewährleistet ist.

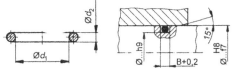

**Bild 1.114** Runddichtring und Nut nach ISO 3601-1

Eine Vorspannung der Runddichtringe ist notwendig, damit die Ringe fest an den Dichtflächen anliegen. Unter Druckbelastung verformt sich der Ring und passt sich an der dem Druck abgewandten Seite vollständig der Nut und der Dichtfläche an; erst hierdurch entsteht die Dichtwirkung. Der durch die Vorspannung aufgebrachte Druck wird durch die Verformung noch gesteigert, so dass eine gute Dichtwirkung erzielt wird.

Die Vorspannung kann axial oder radial erfolgen (Bild 1.115). Bei axialer Vorspannung ist eine

Anordnung innerhalb der Schrauben erforderlich, da die Gewinde nicht abdichtend wirken. Die axiale Vorspannung sollte möglichst vermieden werden, da die Bearbeitung aufwendiger ist. Außerdem kann sie nicht zur Vermeidung von Doppelpassungen verwendet werden, wie es bei der Anordnung mit radialer Vorspannung möglich ist.

axiale Vorspannung          radiale Vorspannung

**Bild 1.115** Vorspannung von Runddichtringen

Bei der radialen Vorspannung entfällt die Gefahr von Doppelpassungen durch die axiale Verschiebbarkeit, jedoch ist zwischen Deckel und Gehäuse ein Spalt vorhanden.

Der Runddichtring ist möglichst im Deckel, nicht im Gehäuse anzuordnen, da der Deckel in der Regel auf einer Drehmaschine gefertigt wird. Weiterhin ist eine Schwächung des Deckels durch die Nut meist weniger problematisch als eine Schwächung des Gehäuses.

Runddichtringe mit radialer Vorspannung eignen sich auch für langsame translatorische und rotatorische Bewegungen, z. B. bei Schaltstangen. Schnellere Dreh- und Längsbewegungen sind jedoch aufgrund der hierbei entstehenden Reibungswärme und der Gefahr der Beschädigung der Dichtung zu vermeiden.

### 1.7.3 Dynamische Dichtungen

Dynamische Dichtungen werden in Berührungsdichtungen (schleifende Dichtungen) und berührungsfreie Dichtungen (nicht schleifende Dichtungen) unterteilt.

Bei **Berührungsdichtungen** bzw. **schleifenden Dichtungen** an Wellen oder Stangen sind drei mögliche Austrittswege für das Schmiermittel vorhanden:

– zwischen dem bewegten Bauteil und der Dichtung,
– zwischen dem Gehäuse und der Dichtung,
– durch das Material der Dichtung.

Zu den wichtigsten Berührungsdichtungen zählen Filzringdichtungen, Radialwellendichtringe und Abdeckscheiben für Wälzlager.

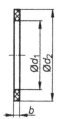

**Bild 1.116**
Filzring nach
DIN 5419

**Filzringdichtungen** bestehen aus gestanzten Ringen. Sie haben eine Breite von 4 bis 6,5 mm. Der Filzring wird ölgetränkt in eine konische Nut eingebaut. Hierdurch wird eine leichte radiale Anpresswirkung erzielt. Durch die Öltränkung kann der Ring auf der Welle gleiten, und es entsteht eine abstreifende Wirkung gegen Schmutz.

Filzringdichtungen sind nicht öldicht. Sie werden meistens für fettgeschmierte Lagerungen verwendet. Diese Dichtungen eignen sich für mittlere Geschwindigkeiten bis zu 10 m/s. Bei höheren Geschwindigkeiten neigt der Ring zu Verklebungen; er wird dann unelastisch und verliert seine Dichtwirkung. Bild 1.117 zeigt zwei Einbaumöglichkeiten für Filzringdichtungen.

**Bild 1.117** Einbau von Filzringdichtungen; links: in konischer Nut, rechts: mit Abdeckplatte

Es besteht bei Filzringen stets die Gefahr, dass abrasiv wirkende Schmutzpartikel eindringen und dann in den Filzring eingebettet werden. Diese Schmutzteilchen wirken auf der rotierenden Welle als Schleifkörper, zerstören die Oberfläche der Welle und gefährden somit die Dichtwirkung.

**Radialwellendichtringe**, auch Simmerringe genannt, sind die gebräuchlichsten Dichtungen bei

Anordnungen mit rotierenden Wellen und Ölschmierung.

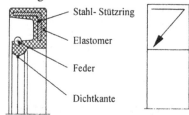

**Bild 1.118** Radialwellendichtring Bauform A DIN 3760; Aufbau und symbolische Darstellung

Radialwellendichtringe (Bild 1.118) eignen sich für Druckdifferenzen bis zu ca. 1 bar. Sie bestehen aus einem Elastomerring, in den ein Stützring aus Stahl einvulkanisiert ist. Die Dichtlippe wird mittels einer Feder an die Lauffläche der Welle angedrückt. Bei der Montage werden Radialwellendichtringe in die Gehäusebohrung eingepresst. Für höhere Drücke, beispielsweise im Hydraulikbereich, werden Spezialdichtringe verwendet, die ähnlich aufgebaut sind.

Radialwellendichtringe sind materialabhängig für Umfangsgeschwindigkeiten bis ca. 35 m/s und Betriebstemperaturen bis ca. 160 °C geeignet. Bei höheren Geschwindigkeiten wird die Reibungswärme an der Dichtkante zu hoch; die Kante verbrennt dann.

Zur Verhinderung von Beschädigungen der relativ empfindlichen Dichtkante müssen die Einbauvorschriften und die Regeln zur konstruktiven Gestaltung von Welle und Gehäuse beachtet werden; Bild 1.119 zeigt die entsprechenden Maßnahmen. Für die günstigere Einbaurichtung ist ein Montageradius R1 vorzusehen; diese Einbaurichtung tritt in der Praxis relativ selten auf. Für die ungünstigere, aber häufiger vorhandene Einbaurichtung muss eine Montageschräge von 15 bis 25° vorgesehen werden, deren kleinerer Durchmesser DIN 3760 zu entnehmen ist. Alle Kanten sind gratfrei zu runden. Zur Vermeidung von Beschädigungen muss die Welle drallfrei geschliffen und gehärtet sein. Aufgrund der hohen Bearbeitungskosten ist die Dichtfläche kurz zu halten; sie sollte nur geringfügig größer als die Breite des Dichtringes sein. Um eine definierte Montageposition des Dichtrings zu gewährleisten, ist eine axiale Anlagefläche vorzusehen. Ist dies nicht möglich, sollte die Anordnung zumindest so gestaltet sein, dass der Dichtring mit der Gehäuseaußenkante bündig eingepresst wird.

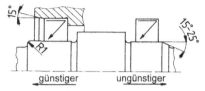

günstiger / ungünstiger

**Bild 1.119** Einbau von Radialwellendichtringen

Der Schmierfilm zwischen Welle und Dichtring verhindert Verschleiß infolge von Reibung und Materialschäden durch thermische Einflüsse. Ist eine Schmierung der Dichtung mittels des abzudichtenden Mediums nicht möglich (z. B. bei Abdichtung gegen Wasser), sind Fettkammern oder Fettfüllungen vorzusehen. Bild 1.120 zeigt eine Kombination von Radialwellendichtringen zur Trennung von Wasser und Öl in einer Pumpe. Die Dichtringe haben axiale Anschläge. Zwischen den Ringen befinden sich Luftkammern mit Entlüftungsbohrungen, damit kein Überdruck entstehen kann, der dann die Dichtwirkung verschlechtern würde.

Entlüftungsbohrungen

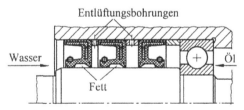

Wasser → ← Öl

Fett

**Bild 1.120** Trennung zweier Medien mittels entgegengesetzt angeordneter Radialwellendichtringe

**Abdeckscheiben an Wälzlagern** werden in Lagern mit Lebensdauerschmierung und in Form von Nilosringen eingesetzt.

**Lager mit Lebensdauerschmierung** sind mit einer Fettfüllung versehen und werden mit eingebauten Deck- oder Dichtscheiben geliefert, die an einer oder beiden Seiten der Lager angebracht

sind. Die Deckscheiben laufen in einer Hohlkehle oder V-Nut der Lagerringe. Zentrifugalkräfte hindern das Fett daran auszulaufen und schützen vor Schmutzpartikeln. Lager mit Lebensdauerschmierung sind nicht öldicht.

**Bild 1.121** Lager mit zwei Dichtscheiben

**Nilosringe** dienen dazu, Lager vor Verunreinigungen zu schützen; sie sind ebenfalls nicht öldicht. Sie werden für alle Wälzlagerformen angeboten. Der Nilosring schneidet mit der Blechkante seiner axial angestellten Scheibe eine feine Rille in die Stirnseite des Lagerringes. Nach der Einlaufzeit arbeitet die Dichtung berührungsfrei. Der Nilosring hat dann ein an den speziellen Einbaufall angepasstes feines Labyrinth in den Lagerring geschnitten, das eine gute Dichtwirkung hat (vgl. Labyrinthdichtungen).

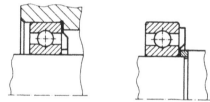

**Bild 1.122** Nilosringdichtung, außen bzw. innen eingespannt

Damit sich der Nilosring in die Stirnseite des Lagerringes einschneiden kann, ist eine axiale Anpressung nötig. Hierzu muss das Lager beispielsweise mittels einer Wellenmutter bzw. außen mittels eines Deckels festgelegt werden. Die innen dichtende Bauart (außen eingespannt) sollte bevorzugt werden, jedoch ist im Regelfall beim Loslager nur die innen eingespannte Ausführung einsetzbar. Der Nilosring muss zentriert werden, d. h. er darf nicht auf oder in Hohlräumen, Freistichen, Gewindegängen oder -ausläufen angeordnet sein; ggf. sind Zwischenringe einzusetzen.

Bei **berührungsfreien** bzw. **nicht schleifenden Dichtungen** findet kein Kontakt zwischen der Dichtung und dem bewegten Bauteil statt. Die Dichtwirkung wird durch Verwirbelung bzw.

Stauung des Schmiermittels erzielt. Mit der An-zahl der Kammern nimmt die Qualität der Dichtung zu, da jede weitere Kammer zu einer erneuten Verwirbelung führt. Nicht schleifende Dichtungen erreichen jedoch keine vollständige Abdichtung, d. h. sie dürfen nicht druckbeauf-schlagt sein. Da keine Reibung vorliegt, ver-schleißen die Teile nicht; sie haben eine fast un-begrenzte Lebensdauer.

Berührungsfreie Dichtungen werden bei Dreh-zahlen eingesetzt, bei denen Radialwellendicht-ringe nicht mehr eingesetzt werden können. Ein weiteres Anwendungsgebiet ist die Abdichtung von hydrodynamisch geschmierten Gleitlagern. Da diese mit sehr hohen Drücken arbeiten, ist eine direkte Abdichtung nicht ohne Weiteres möglich. Daher werden Druckausgleichsräume verwendet, die durch berührungsfreie Dichtun-gen abgedichtet werden.

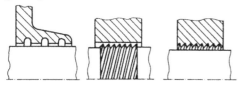

**Bild 1.123**  Fettrillendichtungen; links: runde Rillen, Mitte und rechts: Gewinde (nur eine Drehrichtung!)

Bild 1.123 zeigt Beispiele für Fettrillendichtun-gen. In den Rillen hält sich das Fett besser als in einem einfachen Dichtspalt. Derartige Dichtun-gen werden z. B. bei Lagerungen von Elektro-motoren oder Ventilatoren eingesetzt. Für Ab-dichtungen gegen Ölaustritt sind diese Dichtun-gen ungeeignet; sie bieten aber guten Schutz ge-gen Verschmutzungen.

Runde Rillen sind einfacher herzustellen; wer-den die Rillen in Form eines Gewindes gestaltet, wird das Fett in das Gehäuse zurückgefördert. Es ist jedoch nur eine Drehrichtung möglich.

Sehr guten Schutz vor Fettaustritt bieten Laby-rinthdichtungen. In den Kammern dieser Dich-tungen wird das Fett stark gewirbelt (gute Dichtwirkung). Axiale Labyrinthdichtungen sind bei hohen Drehzahlen aufgrund der Fliehkräfte problematisch; bei radialen Labyrinthspaltdich-

tungen muss das Außenteil geteilt ausgeführt sein, da sonst die Montage nicht möglich ist. Zukaufteile aus Kunststoff bieten die Möglich-keit, kostengünstig eine entsprechende Abdich-tung zu realisieren.

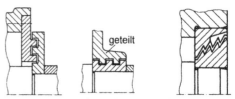

**Bild 1.124**  Labyrinthdichtungen; links und Mitte: selbstgefertigtes Bauteil; rechts: Zukaufteil

Bei Ölschmierung können berührungsfreie Dichtungen in Form von Spritzringen mit Öl-fangkammern ausgeführt werden. Austretendes Öl wird infolge der Fliehkraft von den Erhebungen der Spritzringe in einen Auffang-raum geschleudert, von wo es durch Rücklaufbohrungen in das Gehäuse zurückläuft.

**Bild 1.125**  Spritz-ring

## 1.8  Gehäuseteile

### 1.8.1 Grundlagen

Unter dem Begriff Gehäuseteile werden hier Gehäuse, Deckel, Gestelle, Hebelarme und ähn-liche Bauteile verstanden. Bei derartigen Bau-teilen sind die wirkenden Belastungen häufig schwierig zu erfassen. In der Regel treten kom-binierte Belastungen auf, und es ist eine mög-lichst hohe Bauteilsteifigkeit anzustreben. Ge-häuseteile werden belastet durch:
− Zug- und Druckkräfte,
− Biegemomente,
− Torsionsmomente.

Gehäuseteile können als gegossene, geschweiß-te, geschraubte oder genietete Konstruktion er-stellt werden. Es gelten folgende allgemeine Ge-staltungsregeln:
− Räumliche Formen konstruieren, ebene Ele-mente vermeiden,

- für Biegebelastung Profile mit großem Querschnitt in der Zug- und Druckzone verwenden,
- für Torsions- sowie kombinierte Belastung geschlossene Profile verwenden, ggf. Dreieckverrippung,
- Wandstärke $s \approx (5) \dots 6 \dots 8 \dots 10 \dots 12$ mm, Flanschdicke $\approx (1{,}5 \dots 2) \cdot s$, Wanddicke bei Gewindelöchern $> \approx (1{,}6 \dots 1{,}8) \cdot d$, Gewindetiefe $t > \approx d$,
- Schraubendurchmesser $d \approx s$, Schraubenabstand $\approx 10 \cdot d$.

Die Festlegung der Schraubenanzahl und des Schraubenabstands kann gemäß obiger Anhaltsregel erfolgen. Bild 1.126 zeigt die Befestigungsschrauben eines Deckels. Die Wandstärke des Gehäuses wurde zu etwa 8 mm gewählt. Es ist daher sinnvoll, Schrauben der Abmessung M8 einzusetzen, deren Abstand dann etwa 80 mm betragen sollte. Gemäß der Skizze kann damit die Anzahl der erforderlichen Deckelschrauben festgelegt werden. Dabei ergeben sich beispielsweise sechs Schrauben M8; als Alternative können acht Schrauben M6 (Abstand ca. 60 mm) oder vier Schrauben M10 (Abstand ca. 100 mm) eingesetzt werden. Diese Abschätzung kann eine exakte Schraubenberechnung bei hohen Belastungen nicht ersetzen, ist aber bei einfachen Gehäuse- oder Deckelschrauben hinreichend.

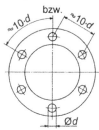

**Bild 1.126** Abschätzung Schraubenanzahl und -abstand

Die Bedeutung der räumlichen Gestaltung und die Nachteile ebener oder flächiger Konstruktionen lassen sich an folgendem Beispiel verdeutlichen: Für eine kleinere Sondermaschine ist ein Maschinengestell in Form eines stabilen Tischs zu konstruieren. Die auftretenden Belastungen sind nicht vollständig bekannt; es ist nach Abschätzung der erforderlichen Profile eine möglichst stabile Konstruktion anzustreben.

Die in Bild 1.127 dargestellte Konstruktion ist wie folgt aufgebaut: Die Tischplatte aus Blech (z. B. 10 mm dick) ist durch einen umlaufenden

**Bild 1.127** Flächige Konstruktion des Maschinentisches

Flachstahlrahmen verstärkt. Als Füße werden Winkelprofile verwendet, die im unteren Bereich durch Flachstahlprofile verstärkt sind. Die Anordnung weist mehrere Schwachpunkte auf:

Unter Druckbelastung beult die Tischplatte. Eine Erhöhung der Wandstärke führt lediglich zu einem höheren Gewicht der Platte, die Steifigkeit wird nur unwesentlich erhöht. Aufgrund des offenen Profils sind die Füße torsionsweich; auch durch die Wahl stärkerer Profile wird keine wesentliche Verbesserung der Torsionssteifigkeit erreicht. Der Einsatz des zusätzlichen Rahmens im unteren Bereich führt zwar zu einer leichten Verbesserung der Biegesteifigkeit, die Torsionssteifigkeit wird jedoch lediglich geringfügig erhöht. Darüber hinaus ist die Flächenpressung der Füße am Boden relativ hoch.

Die in Bild 1.128 gezeigte Konstruktion weist aufgrund der räumlichen Gestaltung eine erheblich höhere Steifigkeit ggf. auch bei geringerem Gewicht auf. Die Tischplatte ist von unten mit diagonal verschweißten Flachstahlrippen sowie mit einem umlaufenden Rahmen, ebenfalls aus Flachstahl, verstärkt. Durch die diagonale Anordnung wird neben der erhöhten Biegesteifigkeit eine erheblich größere Torsionssteifigkeit erreicht.

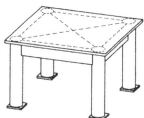

**Bild 1.128** Räumliche Konstruktion des Maschinentisches mit Rundrohren

Die Füße aus rundem Rohr bieten als geschlossene Profile eine hohe Torsionssteifigkeit und eine mittelmäßige Biegesteifigkeit, die im vorliegenden Fall ausreichen dürfte. Aufgeschweißte Fußplatten verringern die Flächenpressung am Boden und bieten ggf. die Möglichkeit der Verschraubung am Boden.

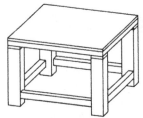

**Bild 1.129** Räumliche Konstruktion des Maschinentisches mit Vierkantrohren

Die in Bild 1.129 gezeigte Konstruktion ist ähnlich aufgebaut, jedoch werden hier Vierkantrohre eingesetzt. Hierdurch wird eine hohe Torsions- und Biegesteifigkeit erreicht. Die Verstärkung der Tischplatte erfolgt ebenfalls durch einen umlaufenden Rahmen und diagonale Rippen. Zum Anschluss der Fußprofile sind Blechplatten daruntergeschweißt. Eventuell könnten die Füße angeschraubt werden, um den Tischbereich flacher zu halten. Hierdurch kann die Planbearbeitung der Oberfläche des Tischs (Überfräsen, Hobeln) vereinfacht werden. Für noch höhere Steifigkeit der Tischplatte könnte unter die Rippen eine weitere Blechplatte geschweißt werden, die mit den Rippen durch Lochschweißung verbunden werden kann. Diese Sandwichkonstruktion bietet eine sehr hohe Biege- und Torsionssteifigkeit.

Das obige Beispiel zeigt, dass die Auswahl der richtigen Profile von besonderer Bedeutung ist.

Der Spannungsverlauf bei reiner Biegebelastung ist in Bild 1.130 dargestellt. Dementsprechend werden die Profile an einer Seite auf Zug und auf der anderen Seite auf Druck beansprucht. In der Profilmitte ist die Spannung gleich Null (neutrale Faser). Demzufolge müssen beanspruchungsgerecht gestaltete Profile bei Biegebelastung sowohl in der Druckzone als auch in der Zugzone die größte Materialstärke aufweisen, d. h. der Querschnitt sollte dem Spannungsverlauf entsprechen.

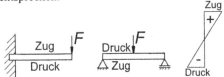

**Bild 1.130** Biegebeanspruchung eines geraden Balkens

Der günstigste Biegeträger ist das I-Profil bzw. das IPB-Profil, da diese Profile eine optimal auf die Biegebelastung abgestimmte Materialanordnung besitzen.

Bild 1.131 zeigt eine Übersicht über Profile und deren Eignung hinsichtlich reiner Biegebeanspruchung.

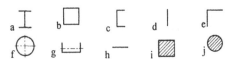

a)  I-Profil; sehr gut geeignet.

b)  Stahlrohr mit quadratischem oder rechteckigem Querschnitt; gut geeignet, besonders bei zusätzlicher Querbiegung.

c)  U-Profil stehend; gut geeignet.

d)  Flachstahl hochkant; brauchbar, jedoch Kippgefahr.

e)  Winkelprofil; bedingt geeignet, Kippgefahr.

f)  Stahlrohr mit rundem Querschnitt; weniger günstig, meistes Material in Profilmitte.

g)  U-Profil liegend; weniger günstig, da Material nur in einer beanspruchten Zone vorhanden ist.

h)  Flachstahl quer; schlecht, da geringes Biegewiderstandsmoment vorhanden ist (kleine Höhe).

i)  Vierkantstahl; vermeiden, da zu hohes Gewicht.

j)  Rundstahl; schlecht, da zu wenig Material in Zug- und Druckzone.

**Bild 1.131** Eignung von Profilen bei reiner Biegebelastung

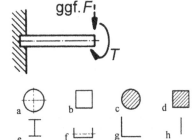

a)  Rundes Rohr; sehr gut geeignet, da Material außen und geschlossenes Profil.

b)  Quadrat- oder Rechteckrohr; bei reiner Torsion gut geeignet, bei zusätzlicher Biegung sehr gut geeignet.

c, d) Vollprofile; brauchbar, aber zu schwer.

e-h) Offene Profile; schlecht, da ein wesentlich geringeres Torsionswiderstandsmoment als bei geschlossenen Profilen vorhanden ist.

**Bild 1.132** Profileignung bei Torsionsbelastung oder Torsions- und Biegebelastung

Bei Torsionsbelastung ist die Spannung am äußeren Umfang des Profils am größten. Bild 1.132 zeigt die Eignung verschiedener Profile bei reiner Torsionsbelastung oder Torsions- und zusätzlicher Biegebelastung.

Anhand der obigen Betrachtungen ist erkennbar, dass bei kombinierten Belastungen ein Quadrat- oder Rechteckrohr am besten geeignet ist. Diese Profile sollten daher für Maschinengestelle o. ä. bevorzugt eingesetzt werden.

## 1.8.2 Gehäuseteilung

Damit Bauteile im Gehäuse montiert werden können, ist es notwendig, eine Gehäuseteilung vorzusehen. Die einfachste Möglichkeit ist ein Gehäuse mit einem großen Deckel. Das Gehäuse hat wegen der räumlichen Bauweise eine hohe Formsteifigkeit. Die Montage kann jedoch nur aus einer Richtung erfolgen, was besonders bei komplizierten Getrieben mit mehreren Wellen und bei Großgetrieben mit schweren Wellen problematisch ist. Festlager sollten im Deckel angeordnet werden, da dann Teile wie Wellenmuttern oder Sicherungsringe einfacher zu montieren sind, oder es sollten Trag-Stütz-Lagerungen verwendet werden.

**Bild 1.133** Gehäuseteilungen

Gehäuse mit zwei Deckeln sind gegenüber denen mit einem wegen des höheren Aufwandes für die Verbindungsflächen komplizierter. Auch ist die Formsteifigkeit nicht so hoch, da das Gehäuse einen rohrähnlichen, nicht geschlossenen Querschnitt aufweist. Vorteile bieten diese Gehäuse, da sie von beiden Seiten zugänglich sind; sie eignen sich für kompliziertere Getriebe. Die Lagerung kann beliebig erfolgen, da die Lager gut zugänglich sind.

In der Bearbeitung noch aufwendiger und weniger formsteif sind Gehäuse, die in der Wellenebene geteilt sind. Der Zugang zum Gehäuseinneren von oben bietet hervorragende Montage- und Kontrollmöglichkeiten. In Wellenebene geteilte Gehäuse werden bei komplizierten Getrieben mit mehreren Wellen und bei Großgetrieben, bei denen die Bauteile mit Kränen eingelegt werden, eingesetzt.

## 1.8.3 Zentrierung

Bauteile mit Funktionsflächen müssen eindeutig zueinander zentriert werden. Funktionsflächen sind Passflächen, die zur Aufnahme von aufgesetzten Teilen dienen. Hierzu gehören Laufflächen für Dichtringe auf Wellen, Lagersitze auf Wellen und in Gehäusen usw. Durch die Zentrierung wird bewirkt, dass eine genaue Position, die beispielsweise durch gemeinsame spanende Bearbeitung erreicht wurde, nach jeder Demontage und Montage wieder reproduziert werden kann.

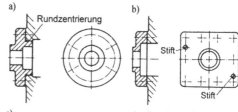
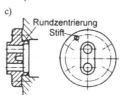

a) Rundzentrierung ohne Stift
b) Zentrierung mit zwei Stiften
c) Rundzentrierung und ein Stift als Verdrehsicherung

**Bild 1.134** Möglichkeiten der Zentrierung von Gehäusedeckeln

Gehäuse und entsprechende Deckel, die beispielsweise Passflächen für Radialwellendichtringe oder Lager tragen, müssen zueinander zentriert werden, da die Verbindungsschrauben in ihren Durchgangslöchern ein erhebliches Spiel aufweisen. Durch dieses Spiel können Montageungenauigkeiten entstehen, die dazu führen können, dass beispielsweise Lagersitze nicht genau genug zueinander fluchten.

Abhängig von der Gestaltung der Deckel sind die Zentrierungen auszuwählen. Es bestehen drei verschiedene Möglichkeiten:

Die fertigungs- und montagetechnisch einfachste Variante ist die Rundzentrierung. Sie ist anzuwenden, wenn ein Deckel rotationssymmetrisch ist (siehe Bild 1.134 a).

Bei beliebig geformten Deckeln muss die Zentrierung durch zwei Zylinderstifte realisiert werden (siehe Bild 1.134 b). Die Zylinderstifte müssen möglichst weit voneinander entfernt und unsymmetrisch angeordnet werden, um eine zuverlässige und unverwechselbare Zentrierung zu erreichen.

Bei kreisrunden Deckeln, die nicht rotationssymmetrisch sind, kann auch eine Rundzentrierung eingesetzt werden, wobei ein Zylinderstift als Verdrehsicherung genutzt wird (Bild 1.134 c).

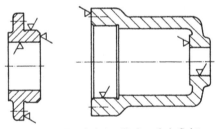

**Bild 1.135** Bearbeitungsflächen bei Gehäuse und Deckel mit rotationssymmetrischer Rundzentrierung

Rundzentrierungen bieten die Möglichkeit, die zu zentrierenden Bauteile getrennt zu bearbeiten, Bild 1.135. Wird der dargestellte Deckel auf einer Drehmaschine bearbeitet, so sind die Bohrung und der Zentrieransatz im Rahmen der Maschinengenauigkeit zueinander koaxial. Analog dazu sind beim Gehäuse die Bohrung und die Zentrierfläche koaxial, so dass nach Montage der beiden Teile eine entsprechend genaue Fluchtung der beiden Bohrungen in Deckel und Gehäuse erreicht wird. Hierdurch wird gewährleistet, dass beispielsweise die Lager einer Wel-

le, die in den Bohrungen aufgenommen werden, nicht verspannt werden.

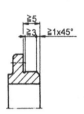

**Bild 1.136** Gestaltung einer Rundzentrierung

Um eine hinreichende Zentrierlänge zu gewährleisten, sollten Rundzentrierungen möglichst gemäß Bild 1.136 gestaltet werden. Dabei ist zur Vereinfachung der Montage eine Fase vorzusehen; als Bearbeitungsauslauf und zur Gewährleistung einer sauberen axialen Anlage ist außerdem ein Freistich erforderlich.

Die Zentrierung zweier Bauteil mit zwei Zylinderstiften erfordert eine gemeinsame spangebende Bearbeitung der Flächen, die zueinander fluchten sollen. Die Bearbeitung der Bauteile erfolgt in folgenden Schritten:

- Bearbeitung der Trennflächen,
- Fertigung der Bohrungen und der Gewinde für die Verbindungsschrauben,
- Verschrauben der Bauteile,
- Bohren und Aufreiben der Stiftlöcher; Montage der zwei Zylinderstifte,
- gemeinsame Bearbeitung der Funktionsflächen.

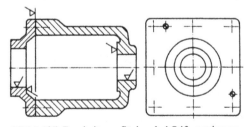

**Bild 1.137** Bearbeitungsflächen bei Stiftzentrierung

Nach jeder Demontage und erneuten Montage kann mittels der Zylinderstifte wieder die Bearbeitungsposition erreicht werden. Die Bearbeitung der Funktionsflächen ist gegenüber rundzentrierten Teilen erheblich aufwendiger, da die Flächen für Bearbeitungs- und Messwerkzeuge schwerer zugänglich sind. Eine Rundzentrierung mit einem Zylinderstift bei runden, nicht rotationssymmetrischen Teilen ist noch aufwendiger und sollte daher vermieden werden.

## 1.8.4 Gussteile

Zunächst werden hier die bereits behandelten Gestaltungsregeln kurz zusammengefasst:
- Gussteile eignen sich für Serienfertigung ($\approx 50$ ... 1000 Stück, abhängig von der Baugröße; Großteile auch weniger),
- Wanddicke $s \approx$ (6 ...) 8 ... 10 (... 12), i. a. nicht dicker,
- Flanschdicke 1,5 ... 2 · $s$ (weiche Übergänge, $\approx 15°$),
- Materialanhäufungen vermeiden (besser: "gerichtete Abkühlung" von unten nach oben), sonst Lunker und Eigenspannungen,
- Übergänge ausrunden ("Gussteile haben keine scharfen Ecken", außer nach spanender Bearbeitung),
- räumliche Formen konstruieren (z. B. mit Rippen, Kegelform u. ä.),
- Gussschräge entsprechend dem Ausheben des Modells legen (1 ... 3°).

Als Beispiele sollen ein kleines Gehäuse und ein Hebelarm dienen.

**Beispiel Gehäuse:**
Ein kleineres Gehäuse soll eine Seiltrommel aufnehmen, die mittels einer Handkurbel gedreht wird. Zur Aufnahme der erforderlichen Gleitlagerbuchsen sind zwei Lagerstellen vorzusehen. Das Gehäuse soll mit vier Füßen am Boden verschraubt werden. In Bild 1.143 ist ein entsprechendes Gussgehäuse dargestellt.

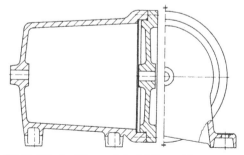

**Bild 1.138** Ausführungsbeispiel Gussgehäuse

Es sind folgende Gestaltungsmerkmale zu erkennen:
- Alle Übergänge sind gerundet,
- der Deckel ist rotationssymmetrisch; er hat eine Rundzentrierung,
- Stirnwand und Deckel sind leicht konisch; dadurch wird eine bessere Gießbarkeit und eine höhere Formsteifigkeit erreicht,
- das Gehäuse und die Füße sind räumlich gestaltet,
- die Füße sind mit Rippen versehen, wodurch die Stabilität verbessert wird,
- das Gehäuse weist überall etwa die gleiche Wanddicke auf; nur die Flansche und Buchsen sind etwas dicker.

**Beispiel Hebelarm:**
An ein Gehäuseelement (in Bild 1.139 im linken Bereich) soll ein Hebelarm anschließen, der an seinem rechten Ende eine Lagerbuchse aufweist. Da hier eine größere Kraft eingeleitet wird, wird der Hebelarm durch ein Biegemoment belastet.

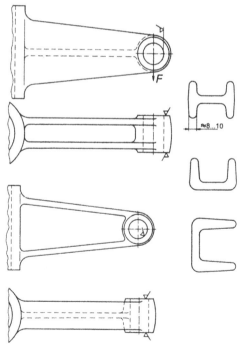

**Bild 1.139** Ausführungsbeispiele für den Hebelarm als Gussteil und geeignete Profilformen

Der Hebelarm wird hauptsächlich auf Biegung, weniger auf Torsion belastet. Aus diesem Grunde kann anstelle eines Rechteckrohres wegen der besseren Gießbarkeit ein I-Profil eingesetzt werden. Dabei besteht die Möglichkeit, den Hebelarm an die Belastung anzupassen, indem der Querschnitt entsprechend dem Biegemoment kontinuierlich vergrößert wird.

Die beiden dargestellten Gestaltungsbeispiele unterscheiden sich durch die Anordnung des I-Profils. Dabei übertragen im oberen Beispiel die Gurte im oberen und unteren Bereich die Zug- und Druckkräfte, im unteren Beispiel die beiden senkrechten Wände. Eventuell könnte anstelle des I-Profils ein U- oder C-Profil eingesetzt werden; dies wäre jedoch bezüglich der Belastbarkeit etwas ungünstiger.

## 1.8.5 Schweißteile

Auch hier werden zunächst die wichtigsten Gestaltungsregeln wiederholt:
–  Schweißteile eignen sich für Einzelfertigung (1 ... ≈ 10 Stück, abhängig von Baugröße; sofern nicht automatisch geschweißt (Roboter)),
–  Blechdicke s ≈ 5 ... 6 ... 8 ... 10 (...12), i. a. nicht dicker,
–  Flanschdicke ≈ (1,5 ... 2) · s (punktförmiger Kraftangriff, Dichtheit),
–  möglichst gleiche Blechdicken verschweißen (gleichmäßige Erwärmung und Abkühlung),
–  Nähte zugänglich halten (Öffnungswinkel ≥ 60°),
–  räumliche Formen gestalten (Rippen, Profilstahl verwenden),
–  vorgeformte Teile verwenden (Rohre, Profile, abgekantete Bleche); hierdurch ist die Einsparung von Schweißnähten möglich,
–  nicht in Zonen mit hohen dynamischen Spannungen oder in hochbelasteten konstruktiven Kerben schweißen (Dauerfestigkeit!),
–  Buchsen o. ä. absetzen, um die Teile beim Schweißen besser fixieren zu können.

**Beispiel Gehäuse:**
Das in Bild 1.140 dargestellte Gehäuse weist folgende Merkmale auf:

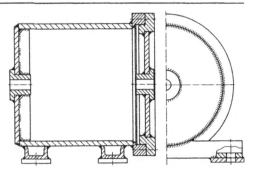

**Bild 1.140** Ausführungsbeispiel Schweißgehäuse

–  Buchsen abgesetzt als Schweißhilfen,
–  Rohr oder rundgebogenes Blech als Gehäusewand, evtl. Quadratrohr oder vier verschweißte Bleche,
–  Bleche als Deckel,
–  Rippen aus Blech oder Flachstahl zur Versteifung,
–  Rippen innen; bei Platzmangel notfalls außen (Verschmutzungsgefahr, unschön),
–  Füße aus U-Profilstahl mit angeschweißtem Flachstahl, damit definierte Auflagepunkte; Befestigung von oben mittels Zylinderkopfschrauben mit Innensechskant.

**Beispiele Hebelarm:**

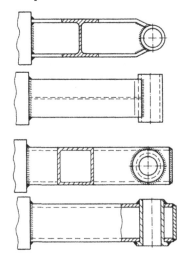

**Bild 1.141** Ausführungsbeispiele für den Hebelarm als Schweißteil

Bei dem in Bild 1.141 oben dargestellten Hebelarm wird ein I- bzw. IPB-Profil verwendet. An seinem Ende ist eine Buchse angeschweißt. Hierzu wurde zuvor der Steg des Profils eingeschnitten, so dass die Gurte an die Buchse angeformt und verschweißt werden können. Die Schweißnähte sind hier durch die äußeren Kräfte belastet.

Der in Bild 1.141 unten gezeigte Hebelarm weist ein Quadratrohr auf. Hierdurch wird eine gute Biegesteifigkeit, auch bei zusätzlichen quer wirkenden Biegemomenten, erreicht. Außerdem wird durch dieses geschlossene Profil eine hohe Torsionssteifigkeit gewährleistet. Die abgesetzte Buchse ist eingeschweißt, so dass die Schweißnaht durch die äußeren Kräfte nicht belastet wird. Am Ende ist das Profil mittels eines Blechdeckels verschlossen.

## 1.9 Komplettbeispiele

Die folgenden Beispiele zeigen unterschiedliche Ausführungsformen von Getriebewellen. Die Kraft an den Zahnrädern wird im Eingriffspunkt übertragen und ist damit raumfest; die Wellen und damit die Lagerinnenringe rotieren. Daher wird der Innenring mit Umfangslast belastet und muss mit einer Presspassung festgelegt sein. Der Außenring hat zur besseren Montierbarkeit einen Schiebesitz. Das Zahnrad soll im Ölbad laufen, entsprechend sind die Dichtungen ausgewählt.

In den Bildern 1.142 und 1.143 ist eine Getriebewelle mit einem geradverzahnten Zahnrad in zwei Varianten dargestellt. Rillenkugellager reichen aus, um die geringen Radialkräfte zu übertragen; Axialkräfte treten nicht auf. Es wird eine Fest-Los-Lagerung verwendet, bei der das Festlager in der Nähe des Wellenendes angeordnet ist (hier erfolgt ggf. eine Krafteinleitung). Alle Elemente sind auf der Welle mit Absätzen und Sicherungsringen festgelegt.

Der Deckel im linken Bereich trägt den Radialwellendichtring und ist daher rundzentriert. Seine Abdichtung erfolgt mittels eines Runddichtrings in einer Nut. Der Deckel drückt vor das Lager und fixiert es dadurch; um Doppelpassun-

gen zu vermeiden, ist zwischen Deckel und Gehäuse-Anlagefläche Spiel vorgesehen. Der große Gehäusedeckel ist mittels zweier Stifte zentriert. Der rechte kleinere Deckel dient nur der Vereinfachung der Fertigung und Montage; da er direkt vor das Gehäuse drückt, wird er mit einer Papierdichtung abgedichtet. Er braucht keine Zentrierung, da keine Funktionsteile in ihm angeordnet sind.

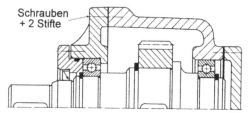

**Bild 1.142** Lagerung einer Getriebewelle; schlechte Demontierbarkeit

Die Demontage der Welle gemäß Bild 1.142 gestaltet sich wie folgt:
- Abnehmen des großen Gehäusedeckels; die Welle ist noch durch das Festlager im Deckel fixiert; das Loslager wird aus dem Gehäuse gezogen,
- ggf. Entfernen des rechten Verschlussdeckels,
- Entfernen des Sicherungsrings und Abziehen des Loslagers; die Abziehvorrichtung greift dabei am Innenring an,
- Demontage des Deckels mit dem Radialwellendichtring.

Nun kann die Welle jedoch nicht aus dem Deckel gezogen werden, da das Zahnrad dieses verhindert. Eine Demontage wäre nur möglich, indem die Welle aus dem Lager herausgepresst wird. Die Reaktionskräfte müssen dabei am Deckel abgestützt werden, so dass die Kräfte über die Wälzkörper geleitet werden. Das Lager wird hierdurch zerstört.

Bei der Anordnung nach Bild 1.143 kann dagegen das Zahnrad nach Entfernen des Sicherungsrings demontiert werden, bevor die gesamte Welle mit dem darauf befindlichen Festlager aus dem großen Gehäusedeckel herausgeschoben wird. Nun kann das Lager von der Welle gezogen werden, wobei die einzusetzende Abziehvorrichtung am Innenring angreifen kann.

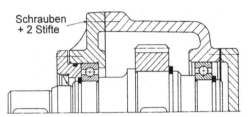

**Bild 1.143** Lagerung wie in Bild 1.142; bessere Demontierbarkeit durch entsprechende Anordnung

Wird das Festlager am Außenring beidseitig mit  Sicherungsringen festgelegt, besteht die Möglichkeit, beide Aufnahmebohrungen der Wälzlager gemeinsam und durchgehend zu bearbeiten, Bild 1.144. Die Anordnung weist jedoch infolge der Fertigungstoleranzen ein höheres Axialspiel auf.

**Bild 1.144** Fixierung des Festlagers mit Sicherungsringen

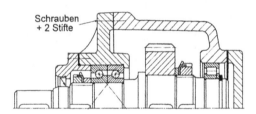

**Bild 1.145** Fest-Los-Lagerung für hohe Radial- und Axialkräfte

Der prinzipielle Aufbau einer Lagerung für hohe Radial- und Axialkräfte, beispielsweise bei Schrägverzahnungen, ist in Bild 1.145 dargestellt. Anstelle der einfachen Rillenkugellager sind Lager ausgewählt, die diese hohen Kräfte besser aufnehmen können. Das Festlager besteht aus zwei Schrägkugellagern in X-Anordnung, die im Spiel aufeinander abgestimmt sind. Wegen der hohen Axialkräfte sind das Festlager und das Zahnrad durch Wellenmuttern festgelegt. Die Distanzbuchse am Festlager dient zur Trennung der konstruktiven Kerben von Freistich und Sicherungsblech. Als Loslager dient ein Zylinderrollenlager Bauform NUP; der Außenring hat einen Schiebesitz.

Wird ein Zylinderrollenlager der Bauform NU benutzt, das an einem Ring keine Borde besitzt, 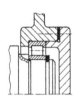 müssen Außen- und Innenring konstruktiv festgelegt werden, siehe Bild 1.146. Zur Vermeidung von Doppelpassungen wird eine Weichstoffdichtung verwendet; die Gestaltungsvariante mit Runddichtring ist ebenfalls möglich. Die Anordnung ist aufwendiger und sollte daher nur bei unbestimmten Kraftverhältnissen eingesetzt werden.

**Bild 1.146** Loslager als Zylinderrollenlager, Bauform NU

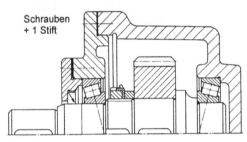

**Bild 1.147** Trag-Stütz-Lagerung mit Kegelrollenlagern in X-Anordnung

In Bild 1.147 ist eine Trag-Stütz-Lagerung dargestellt, bei der Kegelrollenlager verwendet werden. Die Anordnung ist für hohe Radial- und Axialkräfte geeignet. Durch die X-Anordnung werden die Kräfte dicht an der Krafteinleitungsstelle, d. h. am Zahnrad, abgestützt, jedoch ist die Kraft- und Momentenaufnahme bezüglich der Welle aufgrund der geringeren Stützbreite nicht so günstig.

Das Lagerspiel kann beispielsweise durch Aufsetzen einer Messuhr auf das freie Wellenende gemessen werden. Die Einstellung des Spiels erfolgt über den linken Lagerdeckel. Dabei wird die Weichstoffdichtung mehr oder weniger stark zusammengedrückt. Sinnvoller Weise sind die Deckelschrauben dann gegen unbeabsichtigtes Verdrehen zu sichern. Besser ist eine Anordnung mit Passscheiben zwischen Lagerdeckel und Gehäusedeckel, wobei der Lagerdeckel dann mittels eines Runddichtrings abgedichtet werden muss.

Bei kleineren Kräften können anstelle der Kegelrollenlager Schrägkugellager eingesetzt werden.

Der Gehäusedeckel ist kreisrund, aber nicht rotationssymmetrisch. Es werden eine Rundzentrierung und ein Stift als Verdrehsicherung eingesetzt. Eine Zentrierung mittels zweier Stifte wäre ebenfalls möglich. Zur Abdichtung wird eine Papierdichtung eingesetzt.

**Bild 1.148** Gestaltung bei längerem Gehäuse

Der Gehäusesitz des rechten Lagers ist nur bei kurzen Gehäusen zugänglich und damit herstellbar. Bei längeren Gehäusen muss der Lagersitz durchgehend konstruiert werden. Das Lager wird dann mit einem weiteren Deckel fixiert (Bild 1.148).

Die O-Anordnung bietet eine breite Stützbasis und kann daher vorteilhaft bei stabilen Lagerungen, beispielsweise bei fliegend gelagerten Bauteilen, eingesetzt werden. Bild 1.149 zeigt ein Beispiel hierfür.

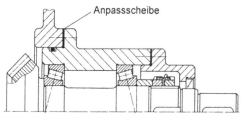

**Bild 1.149** Fliegende Lagerung mit Kegelrollenlagern in O-Anordnung

Eine Kegelritzelwelle ist in einem separaten Gehäuse angeordnet. Dieses Gehäuse wird an das Getriebegehäuse angeschraubt. Das größere Kegelrad befindet sich in Bild 1.149 im linken Bereich; es ist nicht dargestellt. Werden zwischen den Flansch des separaten Gehäuses und die Anlagefläche des Getriebegehäuses Passscheiben gelegt, kann hierdurch die axiale Einstellung des Kegelritzels vorgenommen werden. Die beiden Gehäuse werden durch eine Rundzentrierung relativ zueinander ausgerichtet.

Im Einzelnen weist die dargestellte fliegende Lagerung folgende Merkmale auf:

Die Einstellung des Lagerspiels erfolgt am rechten Lager mittels zweier Wellenmuttern (eine zum Einstellen und eine zum Kontern). Dazwischen ist ein Sicherungsblech angeordnet. Eine Distanzbuchse verhindert, dass die Nut für das Sicherungsblech mit dem Gewindefreistich zusammenfällt.

Das linke Lager muss über den Sitz des rechten Lagers montiert werden, was nur möglich ist, wenn das rechte Lager einen Schiebesitz hat. Außerdem muss rechts die Spieleinstellung erfolgen, was ebenfalls eine Spielpassung am Lagerinnenring erfordert. Für den dargestellten Fall mit Umfangslast am Innenring kann dies zu Problemen in Form von Reiboxidation (Passungsrost) führen.

Der rechte Deckel nimmt den Dichtring auf und muss daher rundzentriert werden. Er ist so gestaltet, dass nach seiner Demontage die beiden Wellenmuttern radial zugänglich sind, so dass Hakenschlüssel angesetzt werden können.

In Bild 1.150 ist für einen ähnlichen Anwendungsfall mit kleineren wirkenden Kräften und einer kürzeren Welle eine vereinfachte Ausführung dargestellt.

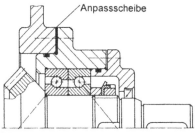

**Bild 1.150** Fliegende Lagerung mit Schrägkugellagerpaar in O-Anordnung

Die Anordnung baut axial besonders kurz. Durch die beiden aufeinander abgestimmten Schrägkugellager kann auf eine Spieleinstellung verzichtet werden. Das Kegelritzel muss allerdings axial eingestellt werden, was auch hier durch Anpassscheiben zum Gehäuse hin erfolgt. Nachteilig ist bei dieser Anordnung, dass das rechte Lager nur demontiert werden kann, wenn die Demontagekraft über die Wälzkörper geleitet wird.

Zur Verdeutlichung der möglichen Lösungsvielfalt für dieselbe konstruktive Problemstellung soll im Folgenden ein Winkelhebel als Beispiel betrachtet werden. Die prinzipielle Aufgabenstellung ist Bild 1.151 zu entnehmen.

**Bild 1.151** Prinzipskizze Winkelhebel

Eine senkrechte lineare Bewegung soll in eine waagerechte Linearbewegung gewandelt werden. Hierzu wird ein Hebel eingesetzt, der entsprechend der Prinzipskizze gelagert ist. Sowohl die Lagerung als auch die Krafteinleitung erfolgt mittels entsprechend gegabelter Elemente, in die Bolzen mit einem Durchmesser von 30 mm eingreifen sollen. Der Winkelhebel muss also drei entsprechende Buchsen aufweisen, deren Breite ca. 50 mm betragen soll.

Im Folgenden werden zunächst mehrere Varianten des Winkelhebels als Schweißteil gezeigt. Dabei werden die Buchsen aus Rohr DIN 2391-42 x 7 gefertigt (Innendurchmesser 28 mm). Nach dem Verschweißen werden die Buchsen auf das passende Maß aufgebohrt und aufgerieben; darüber hinaus werden die Stirnseiten der Buchsen planbearbeitet.

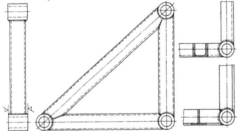

**Bild 1.152** Hebel mit Verbindungselementen

Bei dem Hebel in Bild 1.152 sind die Buchsen durch drei Vierkantrohre 40 x 40 x 3 verbunden; hierdurch wird erreicht, dass die zu bearbeitenden Buchsen stirnseitig hervorstehen. Die Anordnung weist eine große Biege- und Torsionssteifigkeit auf. Problematisch sind die kaum zu vermeidenden Nahtanhäufungen an den Innenseiten mit den daraus resultierenden Eigenspannungen. Die betreffenden Bereiche werden durch äußere Kräfte jedoch nur gering belastet. Weniger steife Anordnungen sind auch mit U-

oder T-Profilen (DIN 1024 U 40 bzw. DIN 1026 T 40) zu realisieren.

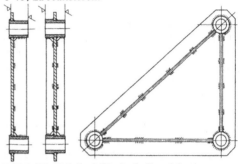

**Bild 1.153** Hebel mit Blech als Grundelement

Bild 1.153 zeigt einen Hebel, bei dem als Grundelement ein Blechabschnitt mit einer Dicke von ca. 8 mm eingesetzt wird. Zur Versteifung gegen Beulung sind Rippen Flach DIN 1017 35 x 6 einseitig oder eventuell beidseitig Flach DIN 1017 20 x 6 aufgeschweißt, was jedoch aufgrund der geringen Breite kaum sinnvoll ist. Die Lagerbuchsen sind abgesetzt, so dass beim Einschweißen eine winklige Position relativ leicht erreicht werden kann. Zur Gewichtsersparnis könnte das Blech mittig ausgespart werden.

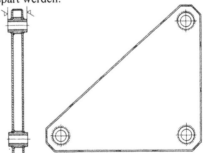

**Bild 1.154** Hebel mit zwei Blechen

In Bild 1.154 ist eine besonders steife Konstruktion gezeigt, bei der die abgesetzten Buchsen durch beidseitig angeordnete Bleche (ca. 4 mm dick) verbunden werden. Außen ist ein umlaufender Blechstreifen mit einer Dicke von ca. 3 mm aufgeschweißt. Auf diese Art wird eine geschlossene Konstruktion mit hoher Steifigkeit und Festigkeit erstellt, die zusätzlich glattflächig gestaltet ist.

Auch bei gegossenen Varianten können Verbindungselemente oder eine verstärkte Platte eingesetzt werden. In den folgenden Darstellungen sind die Formteilungsebene und Bearbeitungsstellen gekennzeichnet.

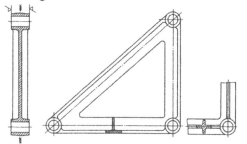

**Bild 1.155** Hebel als Gussteil mit Verbindungselementen

In Bild 1.155 sind Varianten mit Verbindungselementen dargestellt. Außerdem sind mögliche Verbindungselemente gezeigt, bei denen auf Entformbarkeit bzw. auf die Vermeidung von Hinterschneidungen zu achten ist.

Die Anordnung gemäß Bild 1.156 entspricht im Aufbau der Schweißkonstruktion in Bild 1.153.

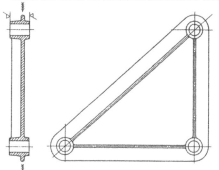

**Bild 1.156** Hebel mit verrippter Platte als Grundelement

# 1.10 Literatur zu Kapitel 1

[1] Amboß; Hartmann; Lichtenberg: Fertigungsgerechtes Gestalten von Gußstücken. Darmstadt 1992.

[2] Müller, R.; Krebs, J.: Gestaltung - Grundsätze der Gestaltung von Schweißkonstitionen. In: Grundlagen der Schweißtechnik, 5. Auflage Berlin 1974.

[3] Pahl, G.; Beitz, W.: Konstruktionslehre, Methoden und Anwendung. 4. Auflage, Berlin 1997.

[4] Steinhilper, W.; Röper R.: Maschinen und Konstruktionselemente, Teil 3. 2. Auflage, Berlin/Heidelberg/New York 1996.

[5] Geupel H.: Konstruktionslehre: Methodisches Konstruieren für das praxisnahe Studium. Berlin 1966.

[6] Jorden, W.: Maschinenelemente. Lehrveranstaltung Universität-GH-Paderborn 1999.

[7] Braun, C. u. a.: Metall - Handwerkliche Grundkenntnisse, Technologie - Technische Mathematik, Technische Kommunikation, Arbeitsplanung. 3. Auflage, Hamburg 1997.

[8] Köhler, G.; Rögnitz H.; Maschinenteile, Teil 1. 2. Auflage, Stuttgart 1992.

[9] Roloff H.; Matek, W.: Maschinenelemente, Lehr und Tabellenbuch. 12. Auflage, Braunschweig/Wiesbaden 1992.

[10] DIN 250: Rundungshalbmesser. Berlin 1972.

[11] DIN 509: Freistiche: Form, Maße. Berlin 1998.

[12] DIN 471: Sicherungsringe (Halteringe) für Wellen; Regelausführung und schwere Ausführung. Berlin 1981.

[13] ISO 3601-1: Fluidtechnik; Dichtelemente; O-Ringe; Teil 1: Innendurchmesser, Querschnitte, Toleranzen und Größenbezeichnungskode Berlin 1988.

[14] DIN 5419: Filzringe, Filzstreifen, Ringnuten für Wälzlager. Berlin 1959.

[15] DIN 3760: Radial-Wellendichtringe. Berlin 1996.

[16] VDI-Richtlinie 2221: Methodik zum Entwickeln und Konstruieren technischer Systeme und Produkte. Düsseldorf 1993.

[17] VDI-Richtlinie 2222, Blatt 1: Konstruktionsmethodik - Konzipieren technischer Produkte. Düsseldorf 1997.

[18] VDI-Richtlinie 2225, Blatt 1: Konstruktionsmethodik; Technisch - wirtschaftliches Konstruieren. Düsseldorf 1997.

# 2 Versagenskriterien

## 2.1 Allgemeines

Es gibt verschiedene Gründe, warum ein Bauteil seine Funktionsfähigkeit verlieren kann. Diese Gründe sind in zwei Klassen unterteilt:
I. Versagenskriterien der Belastung
II. Versagenskriterien der Anforderung
Bei der Gruppe der Versagenskriterien der Belastung hält das ausfallende Bauteil den auftretenden Spannungen nicht stand. Dies kann daran liegen, dass das Bauteil unterdimensioniert ist, dass Spannungen aufgetreten sind, die größer als die maximalen berechneten Spannungen sind, oder dass sich die Werkstoffkennwerte geändert haben, beispielsweise durch eine Ermüdung des Materials oder durch veränderte Umgebungseinflüssse (z. B. Temperatur).

Zu den Versagenskriterien dieser Gruppe gehören:

### Gewaltbruch

**Bild 2.1** Gewaltbruchfläche eines Bolzens

Ein Gewaltbruch entsteht, wenn die auftretende Spannung so groß ist, dass die Tragfähigkeit des belasteten Querschnitts überschritten wird und das Bauteil an seiner schwächsten Stelle (abhängig von der Gestalt des Querschnitts) bricht. Diese Eigenschaft des Gewaltbruchs kann man sich zu nutze machen, indem man Gewaltbruchsicherungen einsetzt. Dabei wird eine Apparatur so konzipiert, dass beim Überschreiten der zulässigen Maximalspannung ein leicht auszuwechselndes und kostengünstiges Bauteil versagt.

Der Gewaltbruch tritt schlagartig auf. Charakteristisch für eine Gewaltbruchfläche ist die stark zerklüftete Oberfläche.

### Dauerbruch

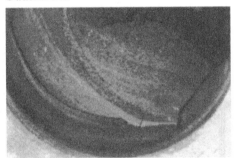

**Bild 2.2** Dauerbruchfläche eines Bolzen

Ein Dauerbruch entsteht über einen längeren Zeitraum und endet in einem Gewaltbruch. Zunächst entstehen Risse im Bauteil, hervorgerufen durch Spannungsspitzen. Mit jeder neu auftretenden Spannungsspitze reißt das Bauteil weiter ein, bis der angegriffene Querschnitt der Belastung nicht mehr standhält und bricht. Dieser Bruch ist dann ein Gewaltbruch. Das charakteristische an einer Dauerbruchfläche sind die Rastlinien, an welchen die Ruhepausen zwischen den einzelnen Spannungsspitzen erkannt werden können, die matte Oberfläche und die Gewaltbruchfläche.

### Plastische Verformung
Bei der plastischen Verformung verliert ein Bauteil seine Funktionsfähigkeit durch zu große Maßänderung. Die auftretenden Spannungen reichen nicht aus, um einen Bruch herbeizufüh-

ren, aber die Tragfähigkeit des Bauteils wird überschritten. Der Werkstoff gibt nach, und das Bauteil wird plastisch verformt.

Wenn ein Bauteil seine Funktionsfähigkeit aufgrund eines dieser Kriterien verliert, ist es nicht möglich dies vorauszusehen, da der Verlust der Funktionsfähigkeit schlagartig erfolgt.

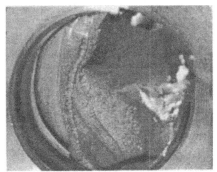

**Bild 2.3** Bruchfläche eines Bolzen

Bei der zweiten Gruppe der Versagenskriterien, den Versagenskriterien der Anforderung, handelt es sich um Versagenskriterien, die in Folge des Einsatzes des Bauteils auftreten. Zu dieser Gruppe gehören:

**Elastische Verformung**
Bei der elastischen Verformung verliert das Bauteil seine Funktionsfähigkeit aufgrund von zu großer Maßänderung während des Einsatzes. Die auftretenden Belastungen, dynamischer oder statischer Art, können vom Bauteil nicht übertragen werden und verformen das Bauteil elastisch. Anders als bei der plastischen Verformung ist die elastische Verformung nicht zu erkennen, wenn keine Spannungen am Bauteil angreifen. Die elastische Verformung tritt lediglich während des Einsatzes auf. Sie hat ihre Ursache zumeist in der falschen Bauteildimensionierung oder in veränderten Umgebungseinflüssen. Auch die Ermüdung eines Bauteils kann Schuld an einer zu großen elastischen Verformung sein.

**Verschleiß**
Mit dem Verschleiß geht eine Maßänderung des Bauteils einher, die zur Folge hat, dass das Bauteil seine Funktionsfähigkeit verliert, wenn der Abnutzungsvorrat aufgebraucht ist. Mit Hilfe ei-

ner regelmäßigen Wartung und Inspektion kann die Abnutzung gering gehalten und der Abnutzungsvorrat des Bauteils kontrolliert werden. Eine regelmäßige Inspektion empfiehlt sich vor allem, wenn mit einem außerplanmäßigen Ausfall des Bauteils hohe Kosten verbunden sind. Hierbei wird das Bauteil ausgewechselt, kurz bevor der Abnutzungsvorrat aufgebraucht ist. Wartung und Inspektion gehören in den Bereich der Instandhaltung.

**Korrosion**
Korrosion tritt bedingt durch Umgebungseinflüsse und verschiedene elektrochemische Potentiale der sich berührenden Bauteile auf. Die elektrochemische Korrosion kann durch Schutzanstriche und Beschichtungen hinauszögert, jedoch nicht verhindert werden. Durch die Korrosion wird der Werkstoff des angegriffenen Bauteils umgewandelt, und das Bauteil versagt.

# 2.2 Mechanische Grundlagen

Um zu verhindern, dass ein Bauteil aufgrund zu großer Belastung versagt, werden bei der Konstruktion die maximal auftretenden und die maximal übertragbaren Spannungen berechnet und verglichen. Die Vorgehensweise ist dabei wie folgt:
1. Berechnung der auftretenden Belastungen und der daraus resultierenden Verformungen.
2. Ermittlung der zulässigen Belastung und der zulässigen Verformung (diese Werte hängen vom Werkstoff, der geforderten Sicherheit, der Bauteilform und den Umgebungseinflüssen ab).
3. Vergleichen der Ergebnisse.

Sollten bei dieser Berechnung die auftretenden Belastungen größer sein als die zulässigen Belastungen, so muss das Bauteil neu dimensioniert bzw. gestaltet werden.

Für die Berechnung ist es wichtig zu wissen, welcher Art die auftretenden Spannungen sein können. Unterteilt sind die Beanspruchungsarten in zwei Gruppen:
1. Einzelbeanspruchungen
Es gibt drei verschiedene Arten von Einzelbean-

spruchungen:
a) Normalbeanspruchung
b) Tangentialbeanspruchung
c) Sonstige Beanspruchungen

Zu den Normalbeanspruchungen zählen die Zug- bzw. Druckbeanspruchung und die Biegung. Diese Beanspruchungsarten heißen Normalbeanspruchungen, weil die durch die Belastung auftretenden Spannungen senkrecht zur Schnittfläche wirken. Bei der Tangentialbeanspruchung wirken die auftretenden Spannungen tangential zur Schnittfläche, wie beispielsweise beim Schub bzw. bei der Scherung. Sonstige Beanspruchungen sind Lochleibung, Flächenpressung und *Hertz*sche Pressung.

2. Überlagerte Spannungen
Bei überlagerten Spannungen treten mehrere der Einzelbeanspruchungsarten nebeneinander auf. Die Spannungen können in die gleiche oder in eine andere Richtung wirken.

Für die einzelnen Beanspruchungsarten muss untersucht werden, ob die Bauteile den auftretenden Spannungen mit vertretbaren Verformungen standhalten. Daher werden die Festigkeit und die Steifigkeit der Bauteile untersucht.

## 2.2.1 Einzelbeanspruchungen

### 2.2.1.1 Zug-/Druckbeanspruchung

1. Querschnitt senkrecht zur Stabachse

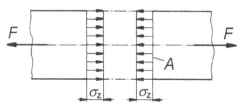

**Bild 2.4** Zugbeanspruchung, senkrecht

Wenn an einem prismatischen oder runden Stab zentrisch eine Zug- oder Druckkraft angreift, so entsteht in einem beliebigen Querschnitt $A$, der senkrecht zur Stabachse liegt, folgende Zug- bzw. Druckspannung:

$$\boxed{\sigma_{z/d} = \frac{F}{A}} \qquad (2.1)$$

$\sigma_{z/d}$ = auftretende Zug-/Druckspannung
$F$ = Zug-/Druckkraft
$A$ = Querschnitt
(Index z steht für Zugbeanspruchung, Index d für Druckbeanspruchung)

Ob der Stab diese Spannungen übertragen kann, lässt sich mit Hilfe der Festigkeitsbedingung feststellen. Die Festigkeitsbedingung lautet:

$$\boxed{\sigma_{z/d\,zul} = \frac{K}{S} \geq \sigma_{z/d}} \qquad (2.2)$$

$K$ = Werkstoffkennwert
$S$ = Sicherheit
$\sigma_{z/d\,zul}$ = zul. Zug-/Druckspannung

Welcher Wert für $K$ gewählt wird, ist vom Belastungsfall abhängig.

| Belastungsfall | Werte für $K$ in Formel (2.2) |
|---|---|
| Ruhende Belastung | $R_m$ *), $R_e$ *) oder $R_p$ *) |
| Schwellbelastung | $\sigma_{sch}$ *) |
| Wechselbelastung | $\sigma_w$ *) |

*) diese Werte sind den Werkstofftabellen zu entnehmen.
**Bild 2.5** Werkstoffkennwerte in Abhängigkeit vom Belastungsfall

2. Beliebig geneigter Querschnitt

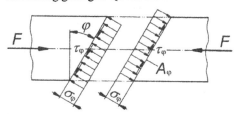

**Bild 2.6** Druckkraft, beliebig geneigter Querschnitt

Eine zentrisch am Stab angreifende Zug- bzw. Druckkraft in Längsrichtung des Stabes verursacht im Querschnitt $A_\varphi$ (beliebiger, um den Winkel $\varphi$ zur Stabachse geneigter Querschnitt) eine Normalspannung und eine Schubspannung.

Die Normalspannung berechnet sich zu:

$$\boxed{\begin{aligned} \sigma_\varphi &= \frac{F_N}{A_\varphi} = \frac{F \cdot \cos\varphi}{A / \cos\varphi} \\ &= \frac{F}{A} \cdot \cos^2\varphi = \sigma_{z/d} \cdot \cos^2\varphi \end{aligned}} \qquad (2.3)$$

Die Schubspannung wird wie folgt berechnet:

$$\tau_\varphi = \frac{F_T}{A_\varphi} = \frac{F \cdot \sin\varphi}{A / \cos\varphi}$$

$$= \frac{F}{A} \cdot \sin\varphi \cdot \cos\varphi \qquad (2.4)$$

$$= \sigma_{z/d} \cdot \sin\varphi \cdot \cos\varphi = \sigma_{z/d} \cdot \frac{1}{2} \cdot \sin 2\varphi$$

$\sigma_\varphi$ = vorhandene Normalspannung
$\varphi$ = Neigungswinkel der Ebene
$F_N$ = Normalkraft
$A_\varphi$ = Querschnittsfläche
$\tau_\varphi$ = vorhandene Schubspannung
$F_T$ = Tangentialkraft

Dabei steht der Normalspannungsvektor senkrecht auf dem Querschnitt $A_\varphi$, und der Schubspannungsvektor liegt im Querschnitt.

Durch die Zug-/Druckkraft erfährt der Stab eine Formänderung. Er verändert sich sowohl in Längs- als auch in Querrichtung. Die Veränderung in Längsrichtung lässt sich über das *Hooke*-sche Gesetz bestimmen ($l_1 < l_0$ für Druckkräfte; $l_1 > l_0$ für Zugkräfte):

$$\varepsilon_1 = \frac{\sigma}{E} = \frac{F}{A \cdot E}$$

mit

$$\varepsilon_1 = \frac{\Delta l}{l_0} = \frac{l_1 - l_0}{l_0} \qquad (2.5)$$

Damit ergibt sich der Wert der Längenänderung:

$$\Delta l = \frac{F \cdot l_0}{E \cdot A} \qquad (2.6)$$

$l_1$ = Stablänge vorher
$l_0$ = Stablänge nachher
$\varepsilon_1$ = Dehnung
$\Delta l$ = Längenänderung
$E$ = Elastizitätsmodul

Zum anderen verändert sich der Durchmesser des Stabes ($d_0 < d_1$ für Druckkräfte; $d_0 > d_1$ für Zugkräfte). Die Querverlängerung bzw. die Querkürzung des Stabes errechnet sich zu:

$$\varepsilon_q = \frac{\Delta d}{d_0} = \frac{|d_1 - d_0|}{d_0} \qquad (2.7)$$

$d_0$ = Durchmesser vorher

$d_1$ = Durchmesser nachher
$\varepsilon_q$ = Querkürzung/-verlängerung
$\Delta d$ = Durchmesseränderung

Für die Längenänderung gibt es eine Zulässigkeitsgrenze. Die Steifigkeitsbedingung für die Längenänderung lautet:

$\varepsilon_1 \le \varepsilon_{zul}$

$\varepsilon_{zul} = 0{,}002$ für Werkstoffe ohne ausgeprägte Streckgrenze

$\varepsilon_{zul} = 0{,}01$ für Konstruktionen im Apparatebau.

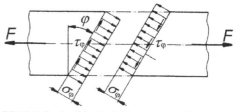

**Bild 2.7** Zugkraft bei beliebig geneigtem Querschnitt

### 2.2.1.2 Biegung

Es werden nur die Formen der Biegung betrachtet, bei denen die Belastungsebene und die Symmetrieebene zusammenfallen. Ein Balken wird auf Biegung beansprucht, wenn in der Ebene, in der die Balkenachse liegt, Momente angreifen. Eine Biegung unter den gegebenen Bedingungen wird als reine Biegung bezeichnet.

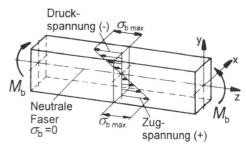

**Bild 2.8** Auf Biegung beanspruchter Balken

Die Momente, die diese Biegung hervorrufen, können durch je eine Stützkraft und je eine den Stützkräften entgegengerichtete Kraft im Abstand $l$ zu jedem Balkenende ersetzt werden. Bei dieser Anordnung der Kräfte treten auch Abscherkräfte auf. Diese können vernachlässigt werden, wenn die Balkenlänge viel größer als die Dicke ist. Wenn man einen Teilabschnitt des Balkens in ein rasterförmiges Muster einteilt und dann die Verformung des Balkens betrachtet, fällt auf, dass die äußeren und die inneren Rasterlinien ihre Länge verändern, die mittlere, auf welcher der Flächenschwerpunkt liegt, jedoch konstant bleibt. Diese wird als neutrale Faser bezeichnet. Sie hat den Abstand ½·h von den äußeren Fasern. Die äußeren Fasern werden mit den maximalen Zug- oder Druckspannungen belastet, die durch die Biegung des Stabes entstehen. Vom Betrag her sind beide gleich groß. Damit ergibt sich die resultierende Kraft durch die von den maximalen Spannungen verursachte Flächenbelastung einer Querschnittshälfte zu:

$$F_{max} = \frac{1}{2} \cdot \sigma_{max} \cdot \frac{h}{2} \cdot b \qquad (2.8)$$

$F_{max}$ = Max. Kraft
$\sigma_{max}$ = Max. Spannung
$h$ = Höhe des Querschnitts
$b$ = Breite

Der Kraftangriffspunkt liegt im Abstand $1/6·h$ von den äußeren Fasern. Der Abstand $e$ zwischen den beiden Kraftangriffspunkten ist:

$$e = h - 2 \cdot \frac{1}{6} h = \frac{2}{3} h$$

Damit ergibt sich für das durch die Kraft $F_{max}$ entstehende Moment $M_b$:

$$M_b = F_{max} \cdot e = \frac{1}{2} \sigma_{max} \cdot \frac{h}{2} \cdot b \cdot \frac{2}{3} h$$
$$= \sigma_{max} \frac{bh^2}{6} = \sigma_{max} \cdot W_{äq} \qquad (2.9)$$

$M_b$ = resultierendes Biegemoment
$W_{äq}$ = äquatoriales Widerstandsmoment

Auf die Form $M_b = \sigma_{max} \cdot W_{äq}$ kann diese Gleichung für jeden beliebigen Balkenquerschnitt gebracht werden. In diesem Fall ist $W_{äq}$ für einen rechteckigen Balkenquerschnitt $bh^2/6$. Die Widerstandsmomente einiger ausgewählter Balkenquerschnitte können Bild 2.9 entnommen werden. Mit Hilfe des äquatorialen Flächenträgheitsmomentes kann die Biegespannung für eine beliebige Faser im Balken berechnet werden:

$$\sigma_b(y) = \frac{M_b}{I_{äq}} \cdot y \qquad (2.10)$$

$M_b$ = const. und $I_{äq}$ = const.

bzw.

$$\sigma_b(y,z) = \frac{M_b(z)}{I_{äq}(z)} \cdot y \qquad (2.11)$$

$M_b = M_b(z)$ und $I_{äq} = I_{äq}(z)$
$I_{äq}$ = äquatoriales Flächenträgheitsmoment
$\sigma_b$ = Biegespannung

| Querschnitt | Äquatoriales | |
| --- | --- | --- |
| | Trägheits-moment $I_{äq}$ | Widerstands-moment $W_{äq}$ gegen Biegung |
| 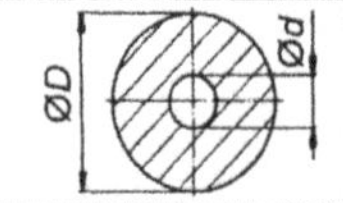 | $\frac{\pi}{64}\left(D^4 - d^4\right)$ | $\frac{\pi}{32}\dfrac{\left(D^4 - d^4\right)}{D}$ |
| 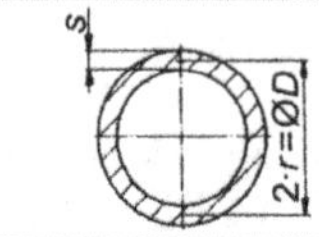 | $\pi \cdot s \cdot r^3$ | $\frac{\pi}{4} s D^2$ |
| 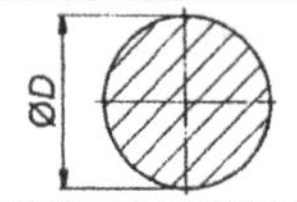 | $\frac{\pi}{64} D^4$ | $\frac{\pi}{32} D^3$ |
| 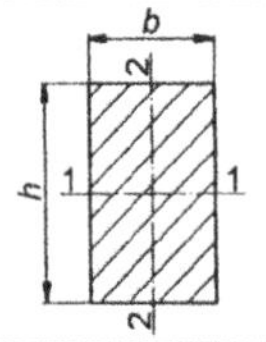 | für 1: $\dfrac{bh^3}{12}$<br>für 2: $\dfrac{hb^3}{12}$ | für 1: $\dfrac{bh^2}{6}$<br>für 2: $\dfrac{hb^2}{6}$ |
| 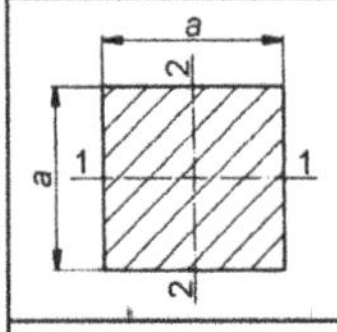 | für 1 und 2: $\dfrac{a^4}{12}$ | für 1 und 2: $\dfrac{a^3}{6}$ |
| 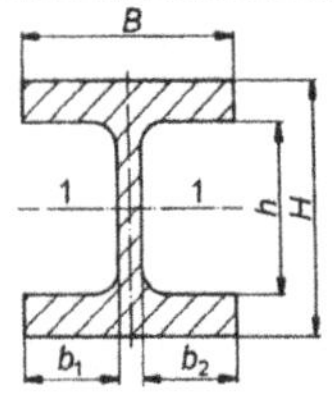 | für 1: $\dfrac{BH^3 - bh^3}{12}$ mit $b = b_1 + b_2$ | für 1: $\dfrac{BH^3 - bh^3}{6H}$ mit $b = b_1 + b_2$ |

**Bild 2.9** Äquatoriale Trägheits- und Widerstandsmomente ausgewählter Querschnitte

Hierbei wird noch einmal deutlich, dass die größte Biegespannung für $y = y_{max}$ entsteht, also an den Rändern des Balkens. Einige ausgewählte Flächenträgheitsmomente sind in Bild 2.9 zu finden.

Aus Gleichung 2.9 und 2.10 ergibt sich die Beziehung zwischen Flächenträgheitsmoment und Widerstandsmoment zu:

$$W_{\text{äq}} = \frac{I_{\text{äq}}}{y_{\text{max}}} \qquad (2.12)$$

| Belastungsfall | maximale Durchbiegung |
|---|---|
| 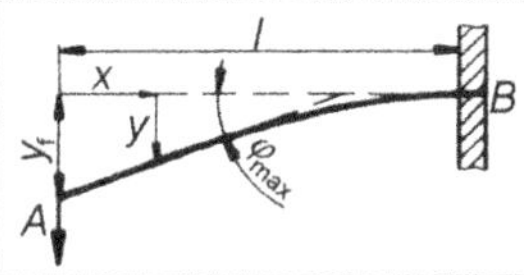 | $\dfrac{Fl^3}{3EI}$ |
| 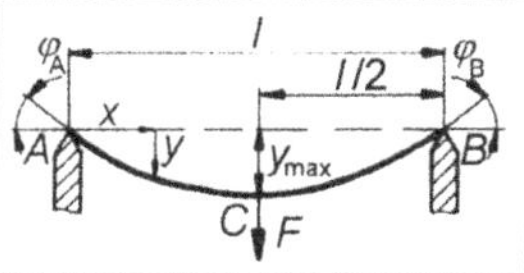 | $\dfrac{Fl^3}{48EI}$ |
| 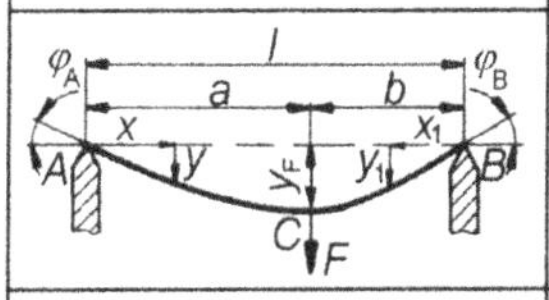 | $\dfrac{Fl^3}{3EI} \cdot \left(\dfrac{a}{l}\right)^2 \cdot \left(\dfrac{b}{l}\right)^2$ |
| 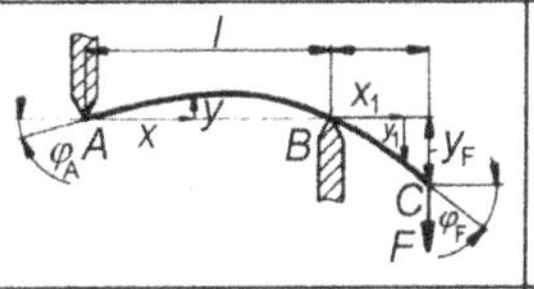 | $\dfrac{Fl^3}{3EI} \cdot \left(\dfrac{a}{l}\right)^2 \cdot \left(1+\dfrac{a}{l}\right)$ |
| 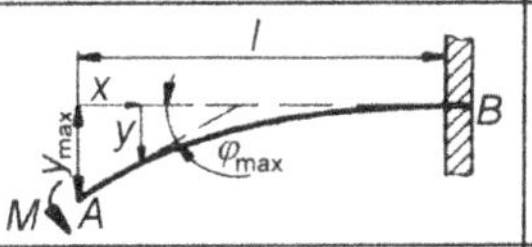 | $\dfrac{Ml^2}{2EI}$ |
| 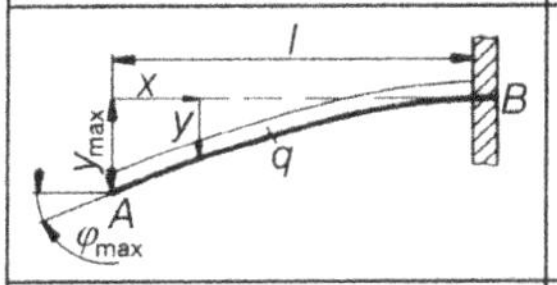 | $\dfrac{ql^4}{8EI}$ |
| 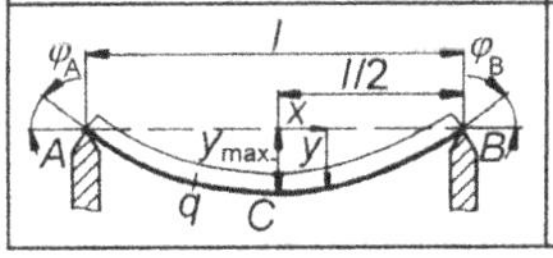 | $\dfrac{5ql^4}{384EI}$ |

**Bild 2.10** Biegelinien und maximale Durchbiegung

Für einen auf Biegung beanspruchten Balken lautet die Festigkeitsbedingung:

$$\sigma_b \leq \sigma_{b\,\text{zul}} = \frac{K}{S} \qquad (2.13)$$

Hierbei ist $K$ der Werkstoffkennwert und $S$ die geforderte Sicherheit. Der Werkstoffkennwerthängt vom Belastungsfall ab. Einige ausge-

wählte Werte befinden sich in Bild 2.11.

| Belastungsfall | Werte für $K$ in Gl. 2.13 |
|---|---|
| ruhende Belastung | $\sigma_{bB}^{\,*}$, $\sigma_{bF}^{\,*}$ |
| Schwellbelastung | $\sigma_{bSch}^{\,*}$ |
| Wechselbelastung | $\sigma_{bW}^{\,*}$ |

\* diese Werte sind den Werkstofftabellen zu entnehmen.

**Bild 2.11** Werkstoffkennwerte

Weiterhin ist für auf Biegung belastete Querschnitte der Krümmungsradius definiert. Mit seiner Hilfe wird die maximale Durchbiegung ermittelt. Dieser hängt vom E-Modul des Werkstoffs ab.

$$\rho = \frac{E \cdot I}{M_b}$$

$\rho$ = Krümmungsradius
$E$ = Elastizitätsmodul
$I$ = Flächenträgheitsmoment

Mit dieser Formel kann für verschiedene Lastfälle die Durchbiegung bestimmt werden. Da die Herleitung sehr komplex ist, sind in Bild 2.10 die Gleichungen zur Berechnung der maximalen Durchbiegung für einige typische Belastungsfälle aufgelistet.

### 2.2.1.3 Schub/Scherung

Wenn an einem Querschnitt senkrecht zur Längsachse des Querschnitts Druckkräfte angreifen, wird er auf Scherung beansprucht. Die dabei entstehende mittlere Schubspannung in der Scherfläche ist:

$$\tau_{a\,\text{mittel}} = \frac{F}{A_S} \qquad (2.14)$$

$\tau_{a\,\text{mittel}}$ = mittlere Schubspannung
$F$ = Scherkraft
$A_S$ = Scherfläche

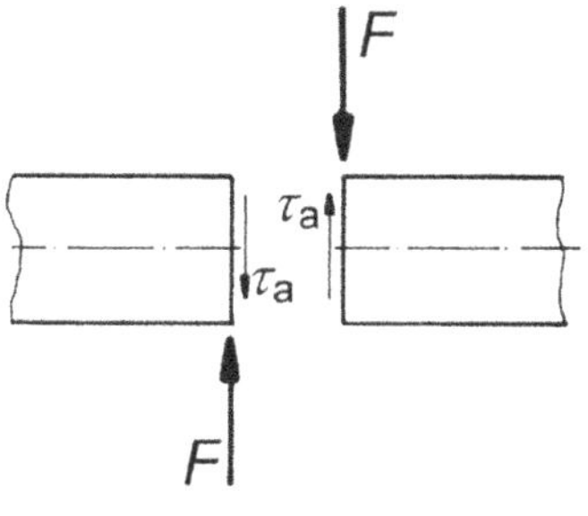

**Bild 2.12** Scherung

Bei dieser Berechnung wird davon ausgegangen, dass die Schubspannung gleichmäßig über die Scherfläche verteilt ist. Dies ist jedoch in der Realität nicht der Fall. Der wirkliche Spannungsverlauf kann mit Hilfe einer Realverteilung simuliert werden.

Es wird zwischen einschnittigen und mehrschnittigen Verbindungen unterschieden. Von einer einschnittigen Verbindung spricht man, wenn nur eine Scherebene vorhanden ist, beispielsweise bei einer Überlappungsnietung von zwei Werkstücken (Bild 3.2). Hierbei wird die auftretende mittlere Schubspannung wie folgt bestimmt:

$$\tau_{al\,mittel} = \frac{F}{A_S} = \frac{4 \cdot F}{\pi \cdot d^2} \qquad (2.15)$$

Die maximal auftretende Schubspannung berechnet sich zu

$$\tau_{al\,max} = \frac{4}{3} \cdot \frac{4 \cdot F}{\pi \cdot d^2} \qquad (2.16)$$

Bei mehrschnittigen Verbindungen ist der Mittelwert der auftretenden Schubspannung

$$\tau_{ax\,mittel} = \frac{F}{2\,A_S} = \frac{2 \cdot F}{\pi \cdot d^2} \qquad (2.17)$$

und der Maximalwert

$$\tau_{ax\,max} = \frac{1}{2} \cdot \frac{4}{3} \cdot \frac{4 \cdot F}{\pi \cdot d^2} \qquad (2.18)$$

$\tau_{al\,mittel}$ = mittlere Schubspannung bei einschnittiger Verbindung
$\tau_{al\,max}$ = maximale Schubspannung bei einschnittiger Verbindung
$\tau_{ax\,mittel}$ = mittlere Schubspannung bei mehrschnittiger Verbindung
$\tau_{ax\,max}$ = maximale Schubspannung bei mehrschnittiger Verbindung
$d$ = Querschnittsdurchmesser

Die Festigkeitsbedingung für auf Schub bzw. Scherung beanspruchte Querschnitte lautet:

$$\tau_{a\,max} \leq \tau_{a\,zul} = \frac{K}{S} \qquad (2.19)$$

Hierbei ist $S$ die geforderte Sicherheit und $K$ der

Werkstoffkennwert, der vom Belastungsfall abhängt. Für ruhende Belastung ist dies die Scherfestigkeit $\tau_{aB}$. Die Werte für einen beliebigen Werkstoff können den Werkstoffnormen entnommen werden (z. B. zäher Stahl: $\tau_{aB} \approx 0{,}8R_m$).

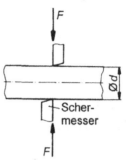

**Bild 2.13**  Schubspannungsentstehung

### 2.2.1.4  Torsion

Ein Stab wird auf Torsion beansprucht, wenn an dessen Enden jeweils entgegengesetzte gleichgroße Momente oder Kräftepaare so angreifen, dass deren Vektoren in Richtung der Stabachse zeigen. Durch diese Belastung entsteht im Innern des Querschnitts eine Torsionsspannung $\tau_t$ in tangentialer Richtung. Hier muss zwischen kreisförmigen Stäben und Stäben mit beliebigem Querschnitt unterschieden werden, da bei einem kreisförmigen Querschnitt eine lineare Spannungsverteilung vorausgesetzt werden kann.

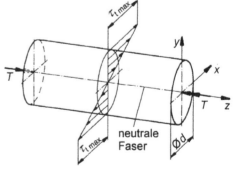

**Bild 2.14**  Torsionsbeanspruchung

**Kreisförmige Querschnitte:**

$$\tau_t = \frac{T}{I_p} \cdot r \qquad (2.20)$$

$T$ = Torsionsmoment
$I_p$ = polares Flächenträgheitsmoment 2. Ordnung
$\tau_t$ = Torsionsspannung
$r$ = Radius des Kreisquerschnitts

Mit $r = d/2$ (am Rand des Querschnitts) erreicht die Schubspannung ihren Maximalwert.

$$\tau_{t\,max} = \frac{T}{I_p} \cdot \frac{d}{2} = \frac{T}{W_p} \qquad (2.21)$$

$W_p$ = polares Widerstandsmoment
$\tau_{t\,max}$ = Torsionsspannung

| Querschnitt | Trägheitsmoment | Widerstandsmoment |
|---|---|---|
| | | gegen Torsion |
| 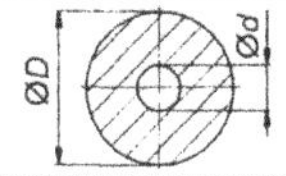 | $\frac{\pi}{32}(D^4 - d^4)$ | $\frac{\pi}{16}\frac{(D^4 - d^4)}{D}$ |
| 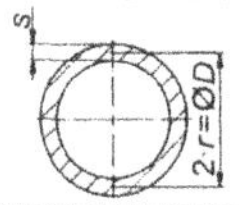 | $\frac{\pi}{4}sD^3$ | $\frac{\pi}{2}sD^2$ |
| 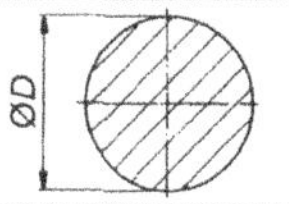 | $\frac{\pi}{32}D^4$ | $\frac{\pi}{16}D^3$ |
| 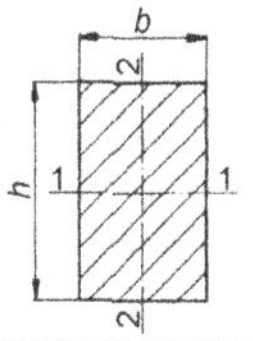 | $c_1 hb^3$  Werte für $c_1$ siehe Bild 2.16 | $\frac{c_1}{c_2}hb^2$  Werte für $c_2$ siehe Bild 2.16 |
| 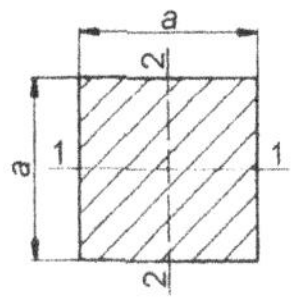 | $\frac{a^4}{7,11}$ | $\frac{a^3}{4,81}$ |
| 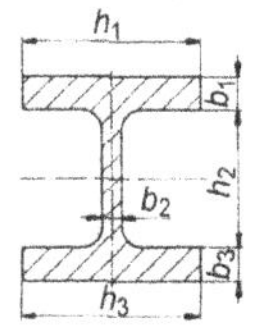 | $0,44\,\Sigma h_i b_i$ | $\frac{0,44\,\Sigma h_i b_i}{b_{max}}$ |

Torsion

**Beliebige Querschnitte:**
Die Gleichung zur Berechnung der Torsionsspannung (2.22) gilt für beliebige Querschnitte genauso wie für kreisförmige Querschnitte. Das

Widerstandsmoment wird jedoch nicht aus dem polaren Flächenmoment zweiter Ordnung gebildet. Es wurde bisher nur für wenige Querschnitte berechnet. Einige Beispiele befinden sich in Bild 2.15.

$$\tau_t = \frac{T}{W_t} \qquad (2.22)$$

$W_t$ = Widerstandsmoment gegen Torsion

Die Festigkeitsbedingung für die Torsionsspannung lautet:

$$\tau_t \leq \tau_{t\,zul} = \frac{K}{S} \qquad (2.23)$$

$\tau_{t\,zul}$ = zul. Torsionsspannung

Hierbei ist $S$ die für die Berechnung geforderte Sicherheit und $K$ der Werkstoffkennwert. Der Werkstoffkennwert kann in den DIN-Normen nachgeschlagen werden.

| $n=h/b$ | $c_1$ | $c_2$ |
|---|---|---|
| 1 | 0,141 | 0,675 |
| 1,5 | 0,196 | 0,852 |
| 2 | 0,229 | 0,928 |
| 3 | 0,263 | 0,977 |
| 4 | 0,281 | 0,990 |
| 6 | 0,298 | 0,997 |
| 8 | 0,307 | 0,999 |
| 10 | 0,312 | 1,000 |
| ∞ | 0,333 | 1,000 |

**Bild 2.16** Hilfswerte $c_1$ und $c_2$

Ein weiterer Wert zur Auslegung von auf Torsion beanspruchten Querschnitten ist der Verdrehwinkel $\Psi$. Er wird wie folgt berechnet:

$$\Psi = \frac{T \cdot l}{G \cdot I_{t/p}} \qquad (2.24)$$

$\Psi$ im Bogenmaß
$l$ = Stablänge
$G$ = Schubmodul

Die Steifigkeitsbedingung für den Verdrehwinkel lautet:

$$\Psi_{vorh} \leq \Psi_{zul} = (\frac{\Psi}{l})_{zul} \cdot l \qquad (2.25)$$

$\Psi_{vorh}$ = vorhandener Verdrehwinkel
$\Psi_{zul}$ = zulässiger Verdrehwinkel

### 2.2.1.5 Hertzsche Pressung

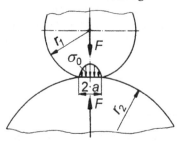

**Bild 2.17** *Hertz*sche Pressung

Wenn sich zwei Körper punkt- oder linienförmig berühren, so werden diese infolge einer Druckkrafteinwirkung plastisch verformt. Die daraus resultierende Druckspannung kann anhand der von *Hertz* aufgestellten Gleichung berechnet werden. *Hertz* hat diese Formel für die verschiedensten Berührungsarten hergeleitet (Kugel-Kugel; Kugel-Ebene; beliebig gewölbte Fläche-Ebene usw.). Hier wird nur der Berührungsfall Zylinder gegen Zylinder aufgeführt. Nach der Theorie von *Hertz* entsteht eine rechteckige Druckfläche mit der Breite $2a$ und der Länge $l$. Dabei ist $l$ die Länge der Berührgeraden der beiden Körper im unbelasteten Zustand. Die Druckspannung berechnet sich zu:

$$\sigma_0 = \sqrt{\frac{F \cdot E}{2\pi \cdot r \cdot l\left(1 - \mu^2\right)}} \qquad (2.26)$$

$\sigma_0$ = Druckspannung
$F$ = Druckkraft
$E$ = Elastizitätsmodul
$l$ = Länge der Berührgeraden
$\mu$ = Querdehnungszahl

mit $r = \dfrac{r_1 \cdot r_2}{r_1 + r_2}$ .

Die Breite $a$ der Druckfläche ist

$$a = \sqrt{\frac{8F \cdot r \cdot \left(1 - \mu^2\right)}{\pi \cdot E \cdot l}} \qquad (2.27)$$

Da sich die Druckspannung halbkreisförmig über die Breite $2a$ verteilt, liegt das Maximum der Druckspannung bei $a$. Die Formeln gelten genauso für die Berührungsart Zylinder gegen Ebene. Dabei ist $r_2 \rightarrow \infty$ laufen zu lassen.

### 2.2.1.6 Flächenpressung/Lochleibung

Flächenpressung und Lochleibung treten immer dann auf, wenn sich zwei Teile unter Druck flächenhaft berühren.

Bei der Flächenpressung handelt es sich um ebene Kontaktflächen und eine gleichmäßige Spannungsverteilung im Querschnitt.

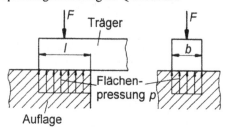

**Bild 2.18** Flächenpressung

Für diesen Fall ist die Pressung wie folgt zu berechnen:

$$\sigma_p = p = \frac{F}{A_{proj}} = \frac{F}{l \cdot d} \qquad (2.28)$$

$\sigma_p$ = Flächenpressungsspannung
$\sigma_l$ = Lochleibungsspannung
$p$ = Pressung
$l$ = Länge der Berührfläche
$d$ = Breite der Berührfläche
$A_{proj}$ = Flächeninhalt der projizierten Berührfläche
        (senkrecht zur Kraftrichtung)
$F$ = Druckkraft, senkrecht auf der Berührebene

Bei der Lochleibung sind beide Kontaktfläche gewölbt, daher tritt eine ungleichmäßige Spannungsverteilung im Querschnitt auf.

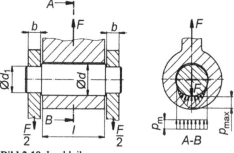

**Bild 2.19** Lochleibung

Für den Fall der Lochleibung berechnet sich die

Pressung zu:

$$\sigma_1 = p = \frac{F}{2 \cdot b \cdot d_1}$$ (2.29)

$d_1$ = projizierte Breite der Berührfläche

Die Festigkeitsbedingung bei Beanspruchung auf Flächenpressung oder Lochleibung lautet:

$$\sigma_{p \, vorh} \leq \sigma_{p \, zul}$$ (2.30)

Der Wert $\sigma_{p \, zul}$ ist abhängig von der Werkstoffpaarung und dem Belastungsfall. Einige Beispiele:

| Art der Werkstoffe | ruhende Belastung | schwellende Belastung |
|---|---|---|
| zähe Werkstoffe | $\sigma_{dF} / 1{,}2$ | $\sigma_{dF} / 2{,}0$ |
| spröde Werkstoffe | $\sigma_{dB} / 2{,}0$ | $\sigma_{dB} / 3{,}0$ |

**Bild 2.20** Werte für $\sigma_{p \, zul}$ in Formel 2.30

## 2.2.2 Zusammengesetzte Spannungen

### 2.2.2.1 Einachsige Spannungszustände

Wenn Spannungen mit gleichem Richtungsvektor zusammengefasst werden sollen, werden sie algebraisch addiert. Dies ist beispielsweise der Fall, wenn ein Bauteil sowohl auf Zug als auch auf Biegung beansprucht wird ($\sigma = \sigma_b + \sigma_z$). Die allgemeine Form für die Berechnung eines einachsigen Spannungszustandes lautet:

$$\sigma_x = \sigma_{x1} + \sigma_{x2} + \ldots + \sigma_{xn}$$ (2.31)

### 2.2.2.2 Mehrachsige Spannungszustände

Beim mehrachsigen Spannungszustand werden Vergleichsspannungshypothesen zur Berechnung der Gesamtspannung verwendet. Mit Hilfe dieser Hypothesen können auch einachsige Spannungszustände mit verschiedenen Spannungsarten, die denselben Richtungsvektor haben, bestimmt werden.

Es existieren drei verschiedene Vergleichsspannungshypothesen:
1. Normalspannungshypothese (N)
2. Schubspannungshypothese (S)
3. Gestaltänderungshypothese (GE)

Welcher dieser drei Ansätze angewendet wird hängt von folgenden Randbedingungen ab:

Die Voraussetzung für den Einsatz der Normalspannungshypothese ist ein spröder und trennbruchempfindlicher Werkstoffe. Es wird die Vergleichsspannung für die größte an dem betrachteten Bauteil angreifende Hauptspannung bestimmt.

$\sigma_v = \sigma_{max} = |\sigma_1|$ ; für $\sigma_1 > \sigma_2$ und $\sigma_1 > \sigma_3$

Die anderen Hauptspannungen werden bei der Normalspannungshypothese nicht berücksichtigt. Für den Spannungsfall $\sigma_x$, $\sigma_y$, $\tau_{xy}$ (zweiachsiger Spannungszustand) ist die Vergleichsspannung

$$\sigma_{v(N)} = 0{,}5\left(\sigma_x + \sigma_y\right) + 0{,}5\sqrt{\left(\sigma_x - \sigma_y\right)^2 + 4\tau_{xy}^2}$$ (2.32)

Beim einachsigen Spannungszustand ($\sigma_x = \sigma$, $\tau_{xy} = \tau$) ist die Vergleichsspannung

$$\sigma_{v(N)} = 0{,}5\sigma + 0{,}5\sqrt{\sigma^2 + 4\tau^2}$$ (2.33)

Um die Schubspannungshypothese einsetzen zu können, muss der Werkstoff verformungsfähig sein, oder es muss die Gefahr eines Gleitbruchs bestehen. Die Schubspannungshypothese basiert auf der Überlegung, dass bei einer zu großen Schubspannung ein Gleitbruch verursacht wird. Mit

$$\tau_{max} = \left(\sigma_{max} - \sigma_{min}\right) \cdot \frac{1}{2}$$

ergibt sich die Vergleichsspannung zu:

$$\sigma_{v(S)} = 2\tau_{max}$$ (2.34)

Beim zweiachsigen Spannungszustand ist folgender Fall von besonderer Bedeutung:
$\sigma_1 \geq 0$; $\sigma_2 \leq 0$; $\sigma_3 = 0 \Rightarrow$
$\sigma_{v(S)} = 2\tau_{max} = \sigma_1 - \sigma_2$ oder

$$\sigma_{v(S)} = \sqrt{\left(\sigma_x - \sigma_y\right)^2 + 4\tau_{xy}^2}$$ (2.35)

Mit der Gestaltänderungshypothese wird die Vergleichsspannung ermittelt, die beim beanspruchten Bauteil dieselbe Gestaltänderungsarbeit hervorrufen würde wie die anderen Spannungen zusammen. Voraussetzung für den Einsatz der Gestaltänderungshypothese ist ein zäher Werkstoff, der bei plastischer Deformation versagt.

Die Vergleichsspannung für den zweiachsigen Spannungszustand ist

$$\sigma_{v(GE)} = \sqrt{\sigma_1^2 + \sigma_2^2 - \sigma_1\sigma_2} \qquad (2.36)$$

oder

$$\sigma_{v(GE)} = \sqrt{\sigma_x^2 + \sigma_y^2 - \sigma_x\sigma_y + 3\tau_{xy}} \qquad (2.37)$$

Beim einachsigen Spannungszustand berechnet sich die Vergleichsspannung mit
$\sigma_x = \sigma_b$; $\sigma_y = 0$; $\tau = \tau_t$ (Torsion und Biegung)
zu:

$$\sigma_{v(GE)} = \sqrt{\sigma_b^2 + 3\tau_t^2} \qquad (2.38)$$

Wenn die auftretenden Normal- und Schubspannungen verschiedenen Belastungsfällen unterliegen, wird zu den Vergleichsspannungshypothesen das Anstrengungsverhältnis nach Bach benötigt, um die Vergleichsspannung zu bestimmen. Das Anstrengungsverhältnis $\alpha$ ist wie folgt definiert:

$$\alpha = \frac{\sigma_G}{\varphi \cdot \tau_G} \qquad (2.39)$$

$\sigma_G$ = vom Belastungsfall abhängige maximale Normalspannung
$\tau_G$ = vom Belastungsfall abhängige maximale Schubspannung
$\varphi$ = const. ($\varphi$ =1 N; $\varphi$ =2 S; $\varphi$ =1,73 GE)

Die Vergleichsspannung für den Fall auftretender Biegung und Torsion ergibt sich für die einzelnen Spannungshypothesen zu:

$$\sigma_{v(N)} = 0,5\sigma_b + 0,5\sqrt{\sigma_b^2 + 4(\alpha\tau_t)^2} \qquad (2.40)$$

$$\sigma_{v(S)} = \sqrt{\sigma^2 + 4(\alpha\tau_t)^2} \qquad (2.41)$$

$$\sigma_{v(GE)} = \sqrt{\sigma_b^2 + 3(\alpha\tau_t)^2} \qquad (2.42)$$

### 2.2.3 Spannungs-Dehnungs-Beziehungen

Dauer- und Gewaltbruch sind von der Spannungs-Dehnungs-Beziehung des jeweiligen Werkstoffs abhängig.

**Gewaltbruch**
Die Abhängigkeit des Gewaltbruchs von der Spannungs-Dehnungs-Beziehung kann anhand eines Zerreißdiagramms verdeutlicht werden.

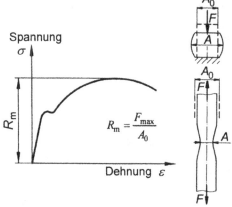

**Bild 2.21** Theoretisches Zerreißdiagramm eines weichen Stahls und Querschnittsänderung bei Druck/Zug

Der Gewaltbruch tritt beim Überschreiten der Bruchfestigkeit $R_m$ auf (Bild 2.21).

Die Gestalt des Zerreißdiagramms ist von der Art des Werkstoffs abhängig. In Bild 2.21 ist das Zerreißdiagramm eines weichen Stahls (nach DIN EN 10002 T1) abgebildet. Das Zerreißdiagramm endet für spröde Werkstoffe (GG) mit der Bruchfestigkeit.

Schlagartiger Gewaltbruch tritt direkt bei Erreichen der Bruchfestigkeit auf. Die Dehnung im Moment des Gewaltbruchs ist $A_t$. Sie unterscheidet sich von der Bruchdehnung $A$. Diese wird durch Einfügen einer Geraden parallel zur *Hooke*schen Gerade (linearer Beginn des Zerreißdiagramms) in den Gewaltbruchpunkt ermittelt.

**Dauerbruch**
Die Ursache für einen Dauerbruch sind ständig veränderte Belastungen. Diese dynamischen Spannungen liegen weit unterhalb der statischen Bruchfestigkeit $R_m$.

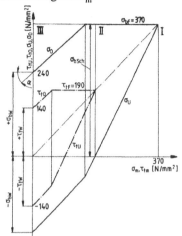

**Bild 2.22** Dauerfestigkeitsschaubild St 50

Da eine Vielzahl von Brüchen auf diese wechselnden Belastungen zurückzuführen ist, reicht es nicht aus, ein Bauteil nur mit Hilfe der Bruchfestigkeit zu dimensionieren. Um ein Versagen des Bauteils bei dynamischer Belastung zu verhindern, muss es über die Dauerfestigkeit ausgelegt werden. Die Dauerfestigkeit ($\sigma_D, \tau_{tD}$) ist definiert als die höchste Spannung, die ein polierter Stab mit 10 mm Durchmesser bei dynamischer Belastung beliebig lange ohne Schädigung aushält. Sie ist abhängig von der vorhandenen Mittelspannung ($\sigma_M$, $\tau_{tm}$) und dem ertragbaren Spannungsausschlag ($\sigma_A$, $\tau_{tA}$).

$$\boxed{\sigma_D = \sigma_m \pm \sigma_A} \tag{2.43}$$

$$\boxed{\tau_{tD} = \tau_{tM} \pm \tau_{tA}} \tag{2.44}$$

## 2.3 Tabellarische Übersicht

Als Abschluss des Kapitels soll hier eine Übersicht über die Belastungsarten gegeben werden. Bilder der Spannungsentstehung befinden sich in den einzelnen Kapiteln. In Bild 2.23 sind die

Belastungsart und die für die Belastungsart zu berechnende Spannung aufgelistet. Details bezüglich der Durchführung des Festigkeitsnachweises sind in den einzelnen Kapiteln nachzuschlagen.

| Belastungsart | Bild und Berechnung |
|---|---|
| Zug/Druck (Querschnitt senkrecht zur Stabachse) | $\sigma_{z/d} = \dfrac{F}{A}$ |
| Zug/Druck (Querschnitt beliebig zur Stabachse geneigt) | $\sigma_\varphi = \dfrac{F}{A} \cdot \cos^2 \varphi$ |
| Biegung | $\sigma_b(y) = \dfrac{M_b}{I_{äq}} \cdot y$ |
| Torsion | $\tau_t = \dfrac{T}{W_t}$ |

| Belastungsart | Bild und Berechnung |
|---|---|
| Schub | 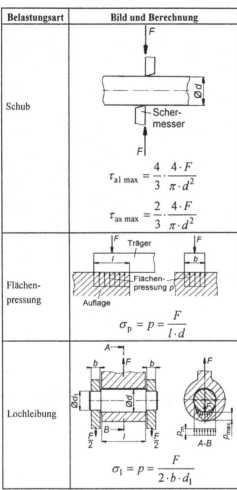 $$\tau_{al\,max} = \frac{4}{3} \cdot \frac{4 \cdot F}{\pi \cdot d^2}$$ $$\tau_{ax\,max} = \frac{2}{3} \cdot \frac{4 \cdot F}{\pi \cdot d^2}$$ |
| Flächen-pressung | $$\sigma_p = p = \frac{F}{l \cdot d}$$ |
| Lochleibung | $$\sigma_l = p = \frac{F}{2 \cdot b \cdot d_l}$$ |

**Bild 2.23** Tabellarische Übersicht

## 2.4 Literatur zu Kapitel 2

[1]  Assmann, B.: Technische Mechanik, Band 2: Festigkeitslehre. 12. verb. Auflage, München, Wien, Oldenburg 1992.

[2]  Bachmann, R., Lohkamp, F., Strobel, R.: Maschinenelemente, Band 1: Grundlagen und Verbindungselemente. 1. Auflage Würzburg 1982.

[3]  Beitz, W.; Küttner, K.-H.; Dubbel: Taschenbuch für den Maschinenbau. 17. neubearbeitete Auflage, Berlin, Heidelberg 1990.

[4]  Decker, K.-H.: Maschinenelemente: Gestaltung und Berechnung. 12. überarbeitete und erweiterte Auflage, München 1995.

[5]  Klein, M.: Einführung in die DIN-Normen. 11. neubearbeitete und erweiterte Auflage, Stuttgart, Berlin, Köln 1993.

[6]  Köhler, G., Rögnitz, H.: Maschinenteile: Teil 1. 8. neubearbeitete und erweiterte Auflage, Stuttgart 1992.

[7]  Krause, W.: Grundlagen der Konstruktion. 1. Auflage, Berlin 1980.

[8]  Matek, W., Muhs, D., Wittel, H., Becker, M.: Roloff/Matek: Maschinenelemente: Normung, Berechnung, Gestaltung. 12. neubearbeitete Auflage, Braunschweig, Wiesbaden 1992.

[9]  Niemann, G.: Maschinenelemente: Band I Konstruktion und Berechnung von Verbindungen, Lagern, Wellen. 2. neubearbeitete Auflage unter Mitarbeit von M. Hirt), Berlin 1981.

# 3 Niete

## 3.1 Allgemeines

Das Nieten gehört nach DIN 8580 (Bild 3.1) zu den Fügeverfahren durch Umformen (DIN 8593, Teil 5). Nietverbindungen können je nach Anwendungsart formschlüssige oder kraftschlüssige Verbindungen sein.

Eine formschlüssige Verbindung liegt vor, wenn der Niet kalt verarbeitet wird. Der vorgefertigte Nietschaft füllt dabei nach dem Setzen des Nietes durch die Stauchung in axialer Richtung das Nietloch komplett aus.

Eine kraftschlüssige Verbindung erreicht man, wenn der Niet „hellrotglühend", d. h. bei ca. 1.000 °C, verarbeitet wird. Der gestauchte Nietschaft füllt auch hier das Nietloch zunächst komplett aus. Mit der Abkühlung des gefertigten Niets schrumpft der Nietschaft sowohl in Achs- als auch in Querrichtung. Durch das Schrumpfen des Nietschaftes in axialer Richtung werden die zu verbindenden Werkstücke aneinandergepresst. Es baut sich eine Zugkraft auf, so dass zwischen den Werkstücken eine Reibkraft übertragen werden kann. Dies verhindert, dass sich die Werkstücke gegeneinander verschieben.

Mit Nieten kann man drei verschiedene Arten von Verbindungen herstellen. Zum einen können feste Verbindungen geschaffen werden. Diese Verbindungen sind Kraftverbindungen und werden zumeist im Stahlbau und Maschinenbau eingesetzt.

Eine zweite Einsatzart sind dichte Verbindungen, wie sie im Behälterbau vorkommen. Als drittes können Niete zur Herstellung von festen und dichten Verbindungen eingesetzt werden. Diese Verbindungen werden beim Kesselbau benötigt.

Nietverbindungen sind anhand einer Klangprobe sehr leicht auf ihre Qualität zu prüfen.

Ein Vorteil beim Einsatz von Nietverbindung ist, dass man die Verbindung lösen kann, ohne die verbundenen Bauteile zu beschädigen. Dazu ist es erforderlich, den Nietschaft aufzubohren oder den Schließ- bzw. Setzkopf abzuschlagen. Einen weiteren Vorteil bieten die Blindniete, da die zu verbindenden Bauteile nur von einer Seite zugänglich sein müssen. Des weiteren sind Blindniete, aufgrund der geringen Kosten für die Herstellung der Verbindung, sehr wirtschaftlich.

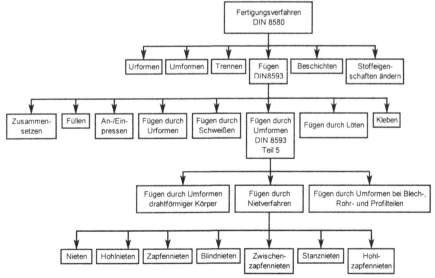

**Bild 3.1** Einordnung der Nietverfahren nach DIN 8580

Trotz dieser Vorteile gibt es heute nur noch wenige Einsatzgebiete für Nietverbindungen. In immer mehr Bereichen lösen kostengünstigere Verbindungsarten, wie Schweißen und Kleben, das Nieten ab. Nur dort, wo das Schweißen aufgrund der negativ beeinflussten Werkstoffeigenschaften und das Kleben aufgrund zu hoher Temperaturen nicht einsetzbar sind oder wo die zu übertragenden Kräfte gering sind, werden auch heute noch Niete verwendet.

Bei der Wahl des Nietwerkstoffs sollte darauf geachtet werden, dass der Nietwerkstoff und der Werkstoff der zu verbindenden Teile das gleiche elektrochemische Potential haben. Ansonsten kommt es zu Lockerungen und Verschleiß durch Korrosionseinflüsse. Ist es nicht möglich, die verschiedenen Werkstoffe aufeinander abzustimmen, müssen Korrosionsschutzschichten zwischen dem Niet und den Werkstücken eingebracht werden. Diese Schutzschichten können entweder anorganischer, metallischer oder organischer Struktur sein.
- Anorganische Schutzschichten:
  • Fettüberzüge
  • Brünieren
  • Phosphatieren oder Bondern
- Metallische Schutzschichten:
  • unedlere Metalle als der Nietwerkstoff werden aufgetragen, damit zunächst nur der unedlere Werkstoff vom Korrosionsbefall betroffen wird (z. B. Verzinkung)
  • verschiedene Auftrageverfahren
- Organische Schutzschichten:
  • Beispiel Farbe: Die Farbe wird auf das 280 °C heiße Werkstück aufgetragen, dabei wird der Wasserstoff des Grundwerkstoffes eliminiert.

## 3.2  Nietverbindungen

### 3.2.1  Herstellung

Bei der Herstellung des Nietlochs ist darauf zu achten, dass keine Risse im Werkstück entstehen. Es empfiehlt sich daher, selbst kleine Nietlöcher durch Bohren herzustellen. Bei Nietlöchern größer 10 mm sollte das Nietloch zunächst vorgebohrt und dann auf den endgültigen Durchmesser aufgerieben werden. Damit die Nietlöcher richtig übereinander passen, werden die Werkstücke zunächst einzeln vorgebohrt und dann, nachdem sie geheftet wurden, gemeinsam auf den endgültigen Nietlochdurchmesser gearbeitet.

Die Herstellung des Nietlochs durch Stanzen ist aufgrund der Rissbildung infolge der hohen Druckkräfte beim Stanzen nicht ratsam, im Stahlbau sogar nicht erlaubt. Sollten Nietlöcher trotzdem gestanzt werden, ist das gestanzte Loch um mindestens 2 mm auf den endgültigen Nietlochdurchmesser aufzubohren bzw. aufzureiben.

Wenn der Niet keine kraftübertragende Funktion hat, kann das Nietloch gestanzt werden. Bei großen Blechdicken ist vom Stanzen der Nietlöcher generell abzusehen.

Um das Einsetzen des Niets zu erleichtern und einen guten Übergang zwischen Nietschaft und Nietkopf und damit eine bessere Kraftübertragung zu gewährleisten, werden Nietlöcher entgratet und angesenkt.

Der Nietlochdurchmesser $d$ muss immer größer sein als der Rohnietschaftdurchmesser $d_1$. Für Rohnietschaftdurchmesser $d_1 \geq 10$ mm gilt:
Stahlniete:                 $d = d_1 + 1$ mm
Leichtmetallniete:     $d = d_1 + 0,2$ mm.
Für $d_1 < 10$ mm gilt: $d = d_1 + [0,1...0,2]$ mm.

Die Länge des Nietschaftes ist in erster Linie von der Klemmlänge $\Sigma s$ abhängig. Daneben haben auch die Schließkopfform, der Werkstoff und das Einsatzgebiet Einfluss auf die Nietschaftlänge. Einige Beispiele:

Stahlniete:
Kesselniete (DIN 123)        $l \approx 1,3 \cdot \Sigma s + 1,5 \cdot d$
Stahlbauniete (DIN 124)     $l \approx 1,2 \cdot \Sigma s + 1,2 \cdot d$

Leichtmetallniete:
Halbrundkopf           $l \approx \Sigma s + 1,4 \cdot d$
Flachrundkopf          $l \approx \Sigma s + 1,8 \cdot d$
Tonnenkopf             $l \approx \Sigma s + 1,9 \cdot d$
Kegelstumpfkopf     $l \approx \Sigma s + 1,6 \cdot d$

Zumeist wird in der Industrie bei der Nietschaftlänge mit Erfahrungswerten gearbeitet.

### 3.2.2 Gestaltung

Bei der Gestaltung einer Nietverbindung muss vor allem auf die Werkstoffkombination zwischen Grundwerkstoff und Nietwerkstoff geachtet werden. Diese beiden Werkstoffe sollten möglichst gleich sein, zumindest jedoch das annähernd gleiche elektrochemische Potential haben, um eine Lockerung durch unterschiedliche Wärmedehnung und elektrochemische Korrosion zu verhindern.

Nietverbindungen können als Überlappungs- oder Laschennietung ausgeführt werden. Bei der Überlappungsnietung werden die zu verbindenden Teile direkt miteinander vernietet. Je nach Anzahl der Bauteile sind die Verbindungen einschnittig (zwei Bauteile; Bild 3.2 a) oder mehrschnittig (Bauteilanzahl > 2; Bild 3.2 b).

Wenn zwei Bauteile mit Hilfe einer Lasche verbunden werden, so wird die Lasche mit beiden Bauteilen verbunden. Dies kann entweder mit einer Lasche (einschnittige Verbindung) oder mit mehreren Laschen (Bild 3.3) erfolgen. Mehrschnittige Verbindungen sind den einschnittigen vorzuziehen, da bei einer einschnittigen Verbindung der Niet zusätzlich auf Biegung beansprucht wird.

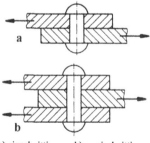

a) einschnittig     b) zweischnittig
**Bild 3.2** Überlappungsnietung

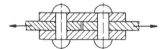

**Bild 3.3** Laschennietung, zweischnittig

Ebenfalls zu beachten ist der Randabstand der Nietverbindung in Kraftrichtung. Ist er zu gering, kann die Nietverbindung ausreißen (Maß $e$

in Bild 3.4 rechts). Ist er zu groß, können sich die Außenränder der vernieteten Teile hochdrücken (Bild 3.4 links).

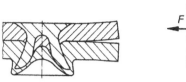

**Bild 3.4** Folgen von falschen Randabständen

Der richtige Randabstand kann entweder mit Formel 3.1 berechnet oder den unten genannten DIN-Normen entnommen werden.

$$e \geq \frac{F}{\tau_{a\,zul} \cdot n \cdot 2 \cdot t} \qquad (3.1)$$

$e$      = Randabstand
$F$      = Zugkraft
$\tau_{a\,zul}$ = zulässige Schubspannung (Bauteile)
$n$      = Nietanzahl
$t$      = kleinste Blechdicke

Stahlbau                    DIN 18800 T1,
Kranbau                     DIN 15018 T2,
Aluminiumkonstruktionen  DIN 4113 T1.

## 3.3 Nietformen und ihre Einsatzgebiete

Die verschiedenen Nietformen unterscheiden sich, neben ihrer äußeren Form, durch die Art der Verbindungsherstellung und durch ihre Einsatzgebiete. Die nachfolgende Auflistung gibt eine Auswahl an häufig verwendeten Nieten wieder. Aufgrund der großen Auswahl verschiedener Niete ist sie jedoch nicht als vollständige Auflistung aller Nietformen zu sehen.

### 3.3.1 Vollniete

Wenn man gemeinhin von Nieten spricht, sind zumeist Vollniete gemeint. Bei der Verarbeitung von Vollnieten wird der Setzkopf mit dem Gegenhalter gestützt und der Nietschaft mit einem Kopfmacher (Schellhammer oder Döpper) unter gleichmäßigem Druck oder durch Schläge plastisch verformt (Bild 3.5). Der Nietschaft wird an die Außenwand des Nietlochs gepresst und der Schließkopf geformt. Der Kopfmacher dient dabei als Matrize für den Schließkopf. Die Verarbeitung des Niets kann entweder durch Schlagen mit dem Niethammer, sowohl manuell als auch maschinell, durch Pressen auf einer Nietpresse oder durch Taumeln erfolgen.

Als Werkstoff für Vollniete werden USt 36, RSt 38, St 44, Kupfer, Messing, Aluminium, Aluminiumlegierungen und Kupfer/Nickel-Legierungen eingesetzt.

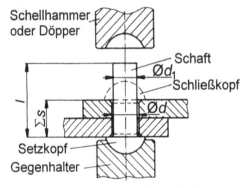

**Bild 3.5** Herstellung einer Vollnietverbindung

Vollniete können kalt oder warm verarbeitet werden. Stahlniete mit $d_1 < 8$ mm und alle Nichteisenmetallniete werden kalt geschlagen. Stahlniete mit $d_1 \geq 10$ mm werden warm geschlossen (Verfahrensabläufe beim Warmnieten siehe Kap. 3.1). Zumeist werden Vollniete mit Rohnietschaftdurchmessern kleiner als 10 mm benutzt (Ausnahme Schiffsbau), da der Einsatz von warm geschlagenen Nieten aufgrund des höheren Aufwandes bei der Verbindungsherstellung weniger wirtschaftlich ist. In der Gruppe der Vollniete gibt es verschiedene Nietformen. Ihre Bezeichnung leitet sich über die Setzkopfform des Niets ab. Genormt sind:
Halbrundniete nach DIN 124 (Bild 3.6) und 660
Flachrundniete nach DIN 674
Senkniete nach DIN 302 (Bild 3.6) und 661
Linsenniete nach DIN 662
Riemenniete nach DIN 675
Zylinderniete nach DN 7338 A
Flachsenkniete nach DIN 675

Abbildungen verschiedener Nietformen befinden sich in Bild 3.7.

Innerhalb der Gruppe der Vollniete sind die Einsatzgebiete je nach Form und Werkstoff des Niets unterschiedlich. Halbrundniete und Senkniete werden überwiegend im Stahlbau eingesetzt. Um Korrosion zu vermeiden wird als Werkstoff hier zumeist auch Stahl eingesetzt. Eine andere Möglichkeit Korrosion zu vermeiden ist der Einsatz von Isolierstoffen (siehe Kapitel 3.1). Es werden auch Vollniete aus Aluminium, Kupfer, Messing, Edelstahl und Kupfer/Nickel-Legierungen verwendet. Weitere Einsatzgebiete von Vollnieten sind der Karosserie- und Flugzeugbau (Flachrundniete), die Feinblechverarbeitung (Flachrundniete) sowie die Herstellung von Trittblechen und Beschlägen (Linsenniete).

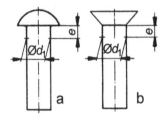

a) Halbrundniet DIN 124    b) Senkniet DIN 302
**Bild 3.6** Auswahl von Vollnieten

### 3.3.2 Halbhohlniete

Halbhohlniete werden fast gänzlich kalt verarbeitet. Man unterscheidet sie, genau wie die Vollniete, nach der Art ihres Setzkopfes. Auch in der Art der Verbindungsherstellung sind sie den Vollnieten sehr ähnlich. Beim Halbhohlnieten wird der Niet durch das Nietloch gesteckt und mit dem Gegenhalter auf die zu verbindenden Teile gedrückt. Auf der anderen Seite der Verbindung muss der hohle Teil des Niets nur noch nach außen gedrückt werden.

Die gebräuchlichsten Halbhohlniete sind:
Zylinderniete nach DIN 7338 (Bild 3.8 a)
Flachrundniete nach DIN 6791 (Bild 3.8 b)
Senkniete nach DIN 6792 (Bild 3.8 c)

Zylinderniete nach DIN 7338 werden zur Befestigung von Brems- und Kupplungsbelägen eingesetzt. Allgemein werden die Halbhohlniete, genau wie die Hohl- und Rohrniete, immer dann

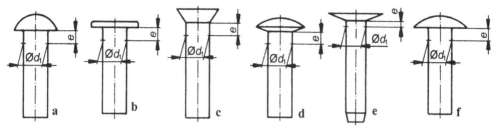

a) Halbrundniet nach DIN 660; b) Vollniet für Brems- und Kupplungsbeläge nach DIN 7338; c) Senkniet nach DIN 661; d) Linsenniet nach DIN 662; e) Flachsenkniet nach DIN 675; f) Flachrundniet nach DIN 674

**Bild 3.7** Übersicht über Vollniete

eingesetzt, wenn empfindliche Werkstoffe miteinander verbunden werden müssen. Bei geschicktem Einsatz kann der Halbhohlniet genauso eingesetzt werden wie der Vollniet. Dies ist der Fall, wenn die Klemmlänge gleich der Länge des vollen Schaftes ist. Dann ist der Halbhohlniet genauso stark auf Abscherung beanspruchbar wie der Vollniet und die Schließkopfbildung so leicht wie beim Hohlniet. Zumeist werden Halbhohlniete so eingesetzt, dass die Klemmlänge größer als die volle Schaftlänge ist. Halbhohlniete eignen sich aufgrund der einfachen Schließkopfbildung sehr gut zur maschinellen Verarbeitung. Damit ist der Einsatz von Halbhohlnieten sehr wirtschaftlich.

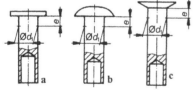

a) Halbhohlniet nach DIN 7338 zur Befestigung von Brems- und Kupplungsbelägen
b) Flachrundniet nach DIN 6791
c) Senkniet nach DIN 6792

**Bild 3.8** Halbhohlniete

### 3.3.3 Hohlniete

Hohlniete unterscheiden sich zum einen durch die Art ihrer Herstellung. Sie können aus Draht, Band oder Rohr gefertigt werden. Unterschiede gibt es auch bei der Schließ- und Setzkopfform. Hohlniete nach DIN 7340 gibt es beispielsweise mit Flachkopf (Bild 3.9 c) oder mit angerolltem Rundkopf als Setzkopf (Bild 3.9 d). Ebenso

kann der Schließkopf variieren.

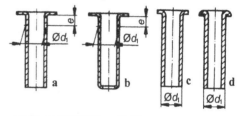

a) Hohlniet (DIN 7338) aus Draht
b) Hohlniet (DIN 7338) aus Band
c) Rohrniet (DIN 7340) mit Flachkopf
d) Rohrniet (DIN 7340) mit angerolltem Rundkopf

**Bild 3.9** Auswahl von Hohl- und Rohrnieten

Die Nietverbindung wird genau wie beim Halbhohlnieten hergestellt (Kapitel 3.3.2).

Zur Gruppe der Hohlniete gehört auch der aus Rohr gefertigte Rohrniet, Bild 3.9 c) und d).

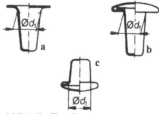

a) Nietteil offene Form
b) Nietteil geschlossene Form
c) Kopfteil für Form a) und b)

**Bild 3.10** Hohlniete nach DIN 7331

Folgende Normen gelten für Hohlniete:
Hohlniete nach DIN 7331 (Bild 3.10),
Hohlniete nach DIN 7338,
Hohlniete nach DIN 7339 (einteilig),

Rohrniete nach DIN 7340.

Hohlniete nach DIN 7331 bestehen aus zwei
Teilen, die zusammengefügt werden müssen
(Bild 3.10). Alle anderen Hohlniete sind eintei-
lig.

### 3.3.4 Blindniete

Blindniete kommen immer dann zum Einsatz,
wenn die Fügeteile nur von einer Seite aus zugänglich sind. Der vorgefertigte Niet wird in das
Nietloch gesteckt. Die Nietschließung ist von
der Ausführung des Niets abhängig. Beim Dorn-
bruch-Blindniet wird der Nietdorn durch die
Niethülse gezogen. Da der Kopf des Nietdorns
dicker als die Niethülse ist (Bild 3.12), verformt
sich diese plastisch, und die zu verbindenden
Werkstücke werden zusammengepresst. Der
Kopf des Nietdorns wird immer weiter in die
Niethülse gezogen, so dass sich die Niethülse
zum einen gegen die Lochwandung presst und
zum anderen auf der nicht zugänglichen Seite
radial zum Schließkopf ausgedehnt wird. Bei einer bestimmten Zugkraft reißt der Nietdorn an
der Sollbruchstelle. Der abgerissene Teil des
Nietdorns wird aus der Niethülse gezogen, während der Restnietdorn fest von der Niethülse um-
schlossen wird.

In Bild 3.11 sind einige gebräuchliche Werkstoffkombinationen von Nietdorn und Niethülse
angegeben.

| Niethülse | Nietdorn | | |
|-----------|----------|-------|----------|
| Al-Leg. | Al-Leg. | Stahl | Edelstahl |
| Cu | CuSn-Leg. | Stahl | Edelstahl |
| Stahl | | Stahl | Edelstahl |
| Edelstahl | | Stahl | Edelstahl |
| NiCu-Leg. | | Stahl | Edelstahl |
| CuNi-Leg. | | Stahl | Edelstahl |

**Bild 3.11** Gebräuchliche Werkstoffkombinationen bei
Blindnieten

Zur Anwendung kommen Blindniete in vielen
Bereichen. Sie werden beispielsweise in der
Automobilindustrie (Airbag, Befestigung von
Sitzschienen), in der Klimatechnik, der Möbel-
industrie und im Containerbau eingesetzt. Der

Vorteil der Blindniete liegt in ihrer hohen Wirtschaftlichkeit. Sie sind einfach zu verarbeiten,
stellen keine besonderen Anforderungen an die
Oberfläche, und auch verschiedenartige Werkstoffe können miteinander verbunden werden. In
Bild 3.12 sind verschiedene Blindniete dargestellt. Durch die unterschiedlichen Kombinationen von Nietdorn und Niethülse haben die Niete
verschiedene Ausprägungen des Schließkopfes
und damit unterschiedliche Einsatzgebiete.

Der Alfo®-Blindniet (Bild 3.12 a) ist der Stan-
dard-Dornbruch-Blindniet. Der Nietdorn ver-
formt die Niethülse und bricht danach an der
Sollbruchstelle. Die Haupteinsatzgebiete eines
Niets dieser Form sind:
• PKW-Bau
• LKW-Bau
• Bus- und Bahnbau
• Lüftungsbau
• Fassadenbau
• Spielgerätebau

Blindniete der Form b) (Bild 3.12) sind Spreiz-
niete. Wenn der Nietdorn durch die Niethülse
gezogen wird, spreizen die Schneidkanten des
Nietdorns die Niethülse in vier gleich große
Auflagekanten. Dadurch wird eine verhältnis-
mäßig große Auflagefläche erreicht. Diese
Blindniete werden in folgenden Bereichen ein-
gesetzt:
• Kinderwagenmontage
• Wohnwagenbau
• Kunststoffmontage

Blindnietverbindungen mit Nieten der Form c)
(Bild 3.12) sind luft- und wasserdicht. Nach dem
Setzen des Niets verbleibt der Restnietdorn in
der Niethülse. Diese Niete werden in den fol-
genden Bereichen eingesetzt:
• Airbag-Produktion
• Behälterbau
• Apparatebau
• PKW-Bau

Beim Fero®-Blindniet (Bild 3.12 d) ist die Länge
des in der Niethülse verbleibenden Restnietdorns
abhängig von der Klemmlänge. Damit ist dieser
Blindniet stärker auf Abscherung beanspruchbar
als ein Standard-Blindniet der Form a). Diese

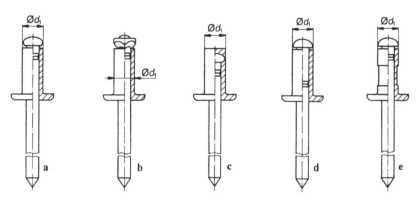

a) Alfo®-Blindniet; b) Arco®-Blindniet c) Certo®-Blindniet; d) Fero®-Blindniet; e) Opto®-Blindniet (Blindniete der Firma Honsel)
**Bild 3.12** Auswahl von Blindnieten nach DIN 7337

Niete kommen zum Einsatz im:
• Dach- und Fassadenbau
• LKW-Bau
• Containerbau

Niete der Form e) (Bild 3.12) sind Mehrbereichsniete. Mit diesen Nieten können sowohl kleine als auch große Klemmlängen überbrückt werden. Blindniete dieser Form werden hauptsächlich in folgenden Bereichen eingesetzt:
• Schiebedachbau
• LKW-Bau
• Bus-Bau
• Elektrogerätebau

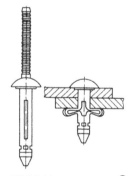

**Bild 3.13** BULB-TITE® Blindniet mit Rundkopf (Firma GESIPA)

Blindnietmuttern stellen eine weitere Blindnietform dar. Wie beim Blindnieten brauchen

die zu verbindenden Werkstücke lediglich von einer Seite zugänglich zu sein. Die Blindnietmutter wird von der zugänglichen Seite durch das Nietloch geschoben. In dem vorhandenen Gewinde ist das Nietwerkzeug eingeschraubt. Die Blindnietmutter wird auf die zu verbindenden Werkstücke gepresst, und das Nietwerkzeug zieht den Zugdorn zurück. Dabei wird der gewindefreie Teil der Blindnietmutter radial gestaucht, und die zu verbindenden Werkstücke werden aneinandergepresst. Danach wird das Nietwerkzeug aus der Blindnietmutter herausgeschraubt. Auf dieselbe Weise werden auch Blindnietbolzen bzw. -schrauben gesetzt.

Blindnietmuttern gibt es mit Flachrund- (Bild 3.14 a), Senk- (Bild 3.14 b) und Kleinkopf. Zur Anwendung kommen Blindnietmuttern im Automobilbau, in der Elektro-Industrie und im Containerbau. Sie dienen vor allem dazu, tragfähige Gewindeträger in dünnwandigen Bauteilen anzubringen. Blindnietmuttern gibt es auch in geschlossener Ausführung (dichte Verbindung).

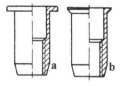

a) Flachrundkopf
b) Senkkopf

**Bild 3.14** Blindnietmuttern

### 3.3.5 Stanzniete

Anders als bei den üblichen Nietverfahren, müssen die zu verbindenden Werkstücke nicht gebohrt werden. Allerdings müssen sie von beiden Seiten zugänglich sein. Die Stanzniete werden unter Mithilfe einer Matrize gesetzt. In der Industrie werden Stanzniete entweder in Halbhohl- (Bild 3.15) oder in Vollausführung (Bild 3.17) verarbeitet. Durch die unterschiedliche Form des Nietschaftes variieren auch die Verfahren zur Verbindungsherstellung.

**Verarbeitung eines Halbhohlniets**
Die zu verbindenden Blechteile werden auf die Matrize gelegt. Danach wird die Setzeinheit von oben auf die Fügeteile gepresst. Der Stempel drückt den Stanzniet durch das obere Blech. Das untere Blech wird lediglich plastisch zu einem Schließkopf verformt, dessen Gestalt von der Matrize abhängt. Der halbhohle Nietschaft wird durch das aus dem oberen Werkstück herausgestanzte Material, den Stanzbutzen, gefüllt (siehe Bild 3.16).

Die maximale Kraftübertragung der Nietverbindung hängt von der Größe der Verspreizung des Halbhohlniets ab. Je größer die Verspreizung ist, desto größer sind die maximal übertragbaren Scherzug- und Kopfzugkräfte.

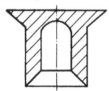

**Bild 3.15** Stanzniet in Halbhohlnietausführung

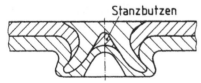

**Bild 3.16** Gesetzter Halbhohl-Stanzniet

**Verarbeitung eines Vollniets**
Auch beim Vollniet werden die zu verbindenden Blechteile auf eine Matrize gelegt; danach wird der Stanzniet von oben zugeführt. Durch die Druckkraft des Stempels durchstanzt der Vollniet alle Bleche, und der Stanzbutzen fällt durch die Matrize heraus. Die Verbindungsherstellung bei Vollnieten kann auf zwei verschiedenen Arten erfolgen. Entweder ist der Nietschaft konkav, oder er hat eine Schaftnut. In beiden Fällen entsteht beim Einpressen des Niets in die Blechteile ein Hohlraum. Um diesen Hohlraum zu füllen, haben bei konkaver Ausführung des Nietschafts sowohl Matrize als auch Stempel eine ringförmig erhabene Kontur, in welche der Niet genau hineinpasst. Bei Vollnieten mit Schaftnut hat nur die Matrize diese Kontur. Die Erhebung sorgt dafür, dass die Fügeteile plastisch verformt werden und der Fügewerkstoff in den Hohlraum am Niet fließt. Nur durch eine vollständige Füllung der Hohlräume wird eine optimale Kraftübertragung erreicht.

**Bild 3.17** Stanzniet in Vollnietausführung

**Bild 3.18** Gesetzter Stanzniet in Vollausführung

Für die Werkstoffauswahl beim Stanznieten gibt es zwei wichtige Kriterien:
• die Härte des Nietwerkstoff muss größer sein als die des Fügewerkstoffs
• sich berührende Teile müssen ein ähnliches elektrochemisches Potential haben

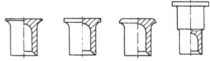

**Bild 3.19** Verschiedene Setzkopfformen bei Stanznieten (RIVSET®-Stanznietsystem von BÖLLHOFF)

Zur Anwendung kommt das Stanznieten in weiten Teilen der metallverarbeitenden Industrie, zum Beispiel in der Fahrzeugtechnik (z. B. Vollniete zur Blechverbindung bei PKW-Fensterhebern, Halbhohlniete beim Fügen von Teilen aus Metall und Verbundwerkstoffen), der Gebäudetechnik, der Hausgerätetechnik und der Lüftungs- und Klimatechnik.

Eine weitere Art von Stanznieten sind Einpressmuttern, Bild 3.20. Dabei müssen die Grundbauteile gebohrt werden, um Schrauben in die Einpressmuttern hineinschrauben zu können. Die Befestigung der Einpressmutter erfolgt mittels des Kerbkonus, der als Stanzniet dient.

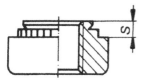

**Bild 3.20** Clifa-Einpressmutter nach Kerb-Konus Werknorm 5000 bis 5030

Eingesetzt werden Einpressmuttern beispielsweise in der Automobilindustrie, und zwar dort vor allem bei der Motor- und Getriebeaufhängung und bei dünnen Formteilen (z. B. Ölwanne). Weitere Einsatzbereiche sind Heizung, Klima, Lüftung, blechverarbeitende Industrie und das Bau- und Baunebengewerbe.

# 3.4 Berechnung

## 3.4.1 Grundlagen

Die Nietverbindung gehört zu den SLP-Verbindungen (<u>S</u>cher-/<u>L</u>ochleibungs-/<u>P</u>assverbindungen). Die Verbindung muss auf Abscherbeanspruchung und Lochleibung berechnet werden. Auch warm geschlagene Niete werden auf Abscherung und Lochleibung berechnet, da die durch das Erkalten entstehenden Reibkräfte, resultierend aus der Zugkraft des geschrumpften Nietschaftes (in axialer Richtung), nicht exakt zu ermitteln sind. Lediglich im Kesselbau werden Nietverbindungen als Reibschlussverbindungen dimensioniert und berechnet.

Der Einfachheit halber wird bei der Berechnung von einer homogenen Spannungsverteilung im Bauteil ausgegangen. Damit ergibt sich der Lochleibungsdruck zu:

$$\sigma_l = \frac{F}{n \cdot d \cdot t_{min}} \le \sigma_{l\,zul} \tag{3.2}$$

$\sigma_l$ = Lochleibungsdruck
$t_{min}$ = kleinste tragende Blechdicke
$n$ = Anzahl der tragenden Niete
$F$ = senkrecht zum Niet angreifende Kraft
$d$ = Durchmesser des geschlagenen Nietschaftes
$\sigma_{l\,zul}$ = zulässiger Lochleibungsdruck

Die Abscherspannung wird wie folgt berechnet:

$$\tau_a = \frac{F}{n \cdot m \cdot A_{Niet}} \le \tau_{a\,zul} \tag{3.3}$$

$\tau_a$ = Abscherspannung
$\tau_{a\,zul}$ = zulässige Abscherspannung
$m$ = Schnittigkeit

$A_{Niet} = d^2 \cdot \frac{\pi}{4}$ = Querschnittsfläche des Niets

Durch Gleichsetzen der beiden nach der Kraft aufgelösten Formeln wird die optimale Blechdicke errechnet (Spannungen optimal genutzt).

$$F = \tau_{a\,zul} \cdot n \cdot m \cdot A_{Niet} = \sigma_{l\,zul} \cdot n \cdot d \cdot t_{min} \Rightarrow$$

$$t_{min} = \frac{d \cdot \pi \cdot m}{4} \cdot \frac{\tau_{a\,zul}}{\sigma_{l\,zul}} \tag{3.4}$$

$t_{min}$ = Mindestblechdicke

Die Werte für $\tau_{a\,zul}$ und $\sigma_{l\,zul}$ hängen vom Werkstoff des Niets und vom Belastungsfall ab. In Bild 3.21 sind einige dieser Werte für bestimmte Werkstoffe und die Lastfälle H (nur Hauptlasten) und HZ (Haupt- und Zusatzlasten) aufgelistet.

| Werkstoff | $\tau_{a\,zul}$ | | $\sigma_{l\,zul}$ | |
|---|---|---|---|---|
| | H | HZ | H | HZ |
| St 36 | 140 | 160 | 320 | 360 |
| St 44 | 210 | 240 | 480 | 540 |

**Bild 3.21** Festigkeitswerte in N/mm² /nach 11/

Der Nietdurchmesser wird bei vorgegebener Klemmlänge anhand der jeweiligen DIN-Norm für den eingesetzten Niet ermittelt.

Wenn man Gleichung 3.2 umstellt, ergibt sich die erforderliche Nietanzahl bedingt durch den zulässigen Lochleibungsdruck wie folgt:

$$n_1 = \frac{F}{\sigma_{l\,zul} \cdot d \cdot t_{min}} \qquad (3.5)$$

$n_1$ = Anzahl der durch Lochleibungsdruck geforderten Niete

Ebenso stellt man Gleichung 3.3 um und errechnet die notwendige Nietanzahl bei der Beanspruchung auf Abscheren:

$$n_a = \frac{F}{\tau_{a\,zul} \cdot m \cdot A_{Niet}} \qquad (3.6)$$

$n_a$ = Anzahl der durch Abscherspannnung geforderten Niete

Die tatsächliche Nietanzahl $n$ richtet sich nach dem größeren der beiden Werte und muss ganzzahlig sein. Die Nietanzahl sollte zwischen zwei und fünf liegen.

Für $n < 2$ sind die Bauteile nicht verdrehgesichert, für $n > 5$ (Niete hintereinander) kann eine homogene Kraftverteilung auf die einzelnen Niete nicht mehr gewährleistet werden.

Sollte eine Nietanzahl größer fünf (Niete hintereinander) benötigt werden, sind die Niete auf das anzuschließende Bauteil und einen Beiwinkel zu verteilen. Die Nietzahl zwischen anzuschließendem Bauteil und Beiwinkel muss 1,5-mal so groß sein wie die Nietzahl zwischen Beiwinkel und Grundbauteil.

## 3.4.2 Berechnungsbeispiel

### Aufgabenstellung

Eine Bremsscheibe mit zwei Reibflächen soll befestigt werden. Aus fertigungstechnischen Gründen können lediglich Vollniete aus St 36 nach DIN 7338 mit $d_1= 5$ mm eingesetzt werden. Gesucht ist die erforderliche Nietanzahl, wenn die Anpresskraft 8,5 kN und der Reibbeiwert 0,2 beträgt. Die Verbindung soll mit einer Sicherheit von 1,9 ausgelegt werden. Die Klemmlänge beträgt 7 mm, die Niete sollen auf einem Lochkreis mit einem Durchmesser von 100 mm angeordnet werden. Der mittlere Reibdurchmesser beträgt 180 mm.

Gegeben:

$d_1$ = 5 mm
$F_N$ = 8.500 N
$\mu$ = 0,2
$S$ = 1,9
$d_m$ = 180 mm
$d_0$ = 100 mm
$t_{min}$ = 7 mm
$m$ = 1
$\tau_{a\,zul}$ = 140 N/mm²
$\sigma_{l\,zul}$ = 320 N/mm²

*Lösung:*

1. *Ermittlung der Reibkraft $F_R$ und des Reibmoments $T_R$:*

$$F_R = 2 \cdot \mu \cdot F_N = 8.500\,N \cdot 0,25 \cdot 2 = 4.250\,N$$

$$T_R = F_R \cdot \frac{d_m}{2} = 4.250\,N \cdot \frac{180\,mm}{2} = 382,5\,Nm$$

2. *Ermittlung der Gesamtkraft, mit der die Niete belastet werden:*

$$F_{Niet\,ges} = \frac{2 \cdot T_R}{d_0} = \frac{2 \cdot 382,5\,Nm}{100\,mm} = 7.650\,N$$

3. *Ermittlung der aufgrund des Lochleibungsdrucks benötigten Nietanzahl (nach Gleichung 3.2 und 3.5):*

$$\sigma_l = \frac{F_{Niet\,ges}}{n_l \cdot d_1 \cdot t_{min}} \le \frac{\sigma_{l\,zul}}{S} \Rightarrow n_l \ge \frac{F_{Niet\,ges} \cdot S}{d_1 \cdot t_{min} \cdot \sigma_{l\,zul}}$$

$$n_l \ge \frac{7.650\,N \cdot 1,9}{5\,mm \cdot 7\,mm \cdot 320\,N/mm^2} = 1,3$$

4. *Ermittlung der aufgrund der Abscherspannung benötigten Nietanzahl (nach Gleichung 3.3 und 3.6):*

$$\tau_a = \frac{F_{Niet\,ges}}{n_a \cdot m \cdot A_{Niet}} \le \frac{\tau_{a\,zul}}{S} \Rightarrow$$

$$n_a \ge \frac{F_{Niet\,ges} \cdot S}{\tau_{a\,zul} \cdot m \cdot A_{Niet}} = \frac{F_{Niet} \cdot S}{\tau_{a\,zul} \cdot 1 \cdot \pi \cdot d_1^2/4}$$

$$n_a \ge \frac{7.650\,N \cdot 1,9}{140\,N/mm^2 \cdot 1 \cdot \pi \cdot 5^2\,mm^2/4} = 5,29$$

*5. Ermittlung der erforderlichen Nietanzahl:*
*Es werden n = 6 Niete gewählt. Anhand der*
*ermittelten Nietanzahlen ist erkennbar, dass*
*die Verbindung hauptsächlich auf Absche-*
*rung beansprucht wird.*

## 3.5  Literatur zu Kapitel 3

[1]  Bachmann, R., Lohkamp, F., Strobel, R.:
Maschinenelemente, Band 1: Grundlagen
und Verbindungselemente. 1. Auflage,
Würzburg 1982.

[2]  Beitz, W., Küttner, K.-H.: Dubbel: Taschenbuch für den Maschinenbau. 17.
neubearbeitete Auflage, Berlin, Heidelberg 1990.

[3]  Budde, L.: Stanznieten und Durchsetzfü-
gen: Systematik und Verfahrensbe-
schreibung Umformtechnischer Füge-
technologien. Reihe: Die Bibliothek der
Technik: Bd. 115, Landsberg/Lech 1995.

[4]  Decker, K.-H.: Maschinenelemente: Gestaltung und Berechnung. 14. überarbeitete und erweiterte Auflage, München
1998.

[5]  Grandt, J.: Blindniettechnik: Qualität
und Leistungsfähigkeit moderner Blindniete. Reihe: Die Bibliothek der Technik:
Bd. 97, Landsberg/Lech 1994.

[6]  Haberhauer, H., Bodenstein, F.: Maschinenelemente: Gestaltung, Berechnung,
Anwendung. 10. vollständig neubearbeitete Auflage, Berlin, Heidelberg 1996.

[7]  Klein, M.: Einführung in die DIN-Normen. 12. neubearbeitete und erweiterte
Auflage, Stuttgart, Berlin, Köln 1997.

[8]  Klemens, U., Hahn, O.: Nietsysteme:
Verbindungen mit Zukunft. Holzminden
1994.

[9]  Köhler, G., Rögnitz, H.: Maschinenteile:
Teil 1. 8. neubearbeitete und erweiterte
Aufl., Stuttgart 1992.

[10] Krause, W.: Grundlagen der Konstruktion. 1. Auflage, Berlin 1980.

[11] Matek, W., Muhs, D., Wittel, H., Becker,
M.: Roloff/Matek: Maschinenelemente:
Normung, Berechnung, Gestaltung. 12.

neubearbeitete Auflage, Braunschweig,
Wiesbaden 1992.

[12] Niemann, G.: Maschinenelemente: Band
I Konstruktion und Berechnung von
Verbindungen, Lagern, Wellen. 2. neu-
bearbeitete Auflage, Berlin 1981.

[13] Steinhilper, W., Röper, R.: Maschinen-
und Konstruktionselemente: 2 Verbin-
dungselemente. 3. überarbeitete Auflage,
Berlin, Heidelberg, New York, London,
Paris, Tokyo, Hong Kong, Barcelona,
Budapest 1993.

**Kataloge zum Thema „Niete" der Firmen:**

- Böllhoff GmbH
  Archimedesstraße 1-4
  D-33622 Bielefeld
- Gesipa Blindniettechnik
  Nordendstraße 13-39
  D-64546 Mörfelden-Walldorf
- Alfred Honsel GmbH & Co.KG
  Westiger Str. 42-56
  D-58730 Fröndenberg/Ruhr
- Kerb-Konus-Vertriebs-GmbH
  Wernher-von-Braun-Str.7
  D-92224 Amberg

**DIN-Normen**

101: Niete (Technische     Lieferbedingun-
gen), 1993.
124: Halbrundniete, 1993.
302: Senkniete, 1993.
660: Halbrundniete, 1993.
661: Senkniete, 1993.
662: Linsenniete, 1993.
674: Flachrundniete, 1993.
675: Flachsenkniete, 1993.
6791: Halbhohlniete mit Flachrundkopf, 1993.
6792: Halbhohlniete mit Senkkopf, 1993.
7331: Hohlniete (zweiteilig), 1993.
7338: Niete (für Brems- und Kupplungsbeläge), 1993.
7339: Hohlniete (einteilig aus Band gezogen),
1993.
7340: Rohrniete (aus Rohr gefertigt), 1993.

# 4 Achsen und Wellen

## 4.1 Bauformen, Belastungen, Beanspruchungen

### 4.1.1 Funktionen

Achsen und Wellen haben die Aufgabe, drehbewegliche Maschinenteile wie Räder, Zahnräder, Rollen, Hebel oder ähnliche Bauelemente räumlich zu fixieren. Die auf das Maschinenteil wirkenden Kräfte und Momente stellen dabei eine Belastung für die jeweilige Achse oder Welle dar. Eine Definition und Unterscheidung der Begriffe Achse und Welle kann wie folgt vorgenommen werden:

**Achsen**

- Keine Drehmomentübertragung
- Funktion:         Rein tragend
- Hauptaufgabe: Bauteile tragen und lagern
- Kräfte werden an angrenzende Konstruktion übertragen

**Wellen**

- Drehmoment-Ein- und -Ausleitung durch aufgesetzte Teile (Zahnräder o. ä.)
- Funktion:         Leitend und tragend
- Hauptaufgabe: Drehmoment leiten
- Bauteile tragen und lagern als Zusatzaufgabe

### 4.1.2 Belastung und Beanspruchung

Als Belastung der Achse oder Welle werden die von außen wirkenden Kräfte und Momente bezeichnet. Diese rufen abhängig von ihrer Größe und Lage entsprechende Kraft- und Momentenverläufe hervor. Bild 4.1 zeigt als Beispiel eine Welle mit Riemenscheibe, bei der durch einen Montagefehler der Riemen schief läuft. Die Welle wird außer durch radiale Kräfte auch durch eine Axialkraft belastet. Die Kraft- und Momentenverläufe sind untereinander maßstäblich dargestellt.

Die Kräfte und Momente bewirken innere Beanspruchungen der Welle, die von deren Geometrie abhängen und sich in entsprechenden Span-

nungen äußern. Zur Beurteilung der Gesamtbeanspruchung können die einzelnen Spannungen gemäß der Gestaltänderungsenergiehypothese zu einer Vergleichsspannung $\sigma_v$ zusammengefasst werden.

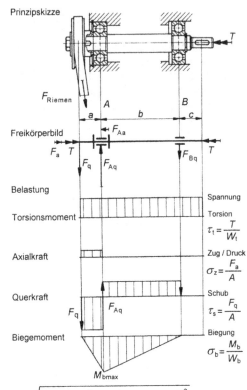

$$\sigma_v = \sqrt{(\sigma_z + \sigma_b)^2 + 3 \cdot (\alpha_0 \cdot (\tau_t + \tau_s))^2}$$

Für $\alpha_0$ kann bei Stahl der Wert 0,7 angenommen werden.

**Bild 4.1** Kräfte- und Momentenverläufe, Spannungen

Die aus der Querkraft resultierende Schubspannung ist im Verhältnis zu den übrigen Beanspruchungen in der Regel sehr klein und kann außer bei sehr kurzen Achsen und Wellen vernachlässigt werden.

Die auftretenden Beanspruchungen können nach ihrem zeitlichen Verhalten in die drei Fälle ruhend, schwellend oder wechselnd unterteilt werden, siehe Bild 4.2. In der Realität wird sich meist ein aus diesen drei Grundformen zusammengesetzter Spannungsverlauf ergeben.

Gemäß Bild 4.2 lässt sich der Spannungsverlauf durch die folgenden Größen beschreiben:

Mittelspannung $\sigma_m$
Ausschlagsspannung $\sigma_a$
Oberspannung $\sigma_o$
Unterspannung $\sigma_u$

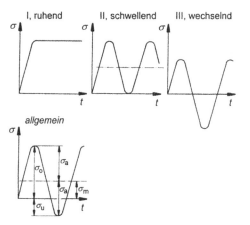

**Bild 4.2** Beanspruchungsfälle

Für die Grundformen ergeben sich daraus die nachfolgenden charakteristischen Beziehungen:

I ruhend: $\quad \sigma_a = 0, \quad \sigma_o = \sigma_u = \sigma_m$

II schwellend: $\sigma_u = 0, \quad \sigma_a = \sigma_m = \dfrac{\sigma_o}{2}$

III wechselnd: $\sigma_m = 0, \quad \sigma_o = \sigma_a = -\sigma_u$

## 4.1.3 Bauformen von Achsen

Achsen lassen sich in zwei grundsätzlich verschiedene Bauformen einteilen, die sich hinsichtlich ihrer Beanspruchungsart und Gestaltungsmöglichkeiten deutlich voneinander unterscheiden:

**Feststehende Achsen** weisen Bauteile auf, die frei drehbar auf der Achse gelagert sind. Der Achskörper selbst rotiert nicht. Die Achse ist durch eine Biege- und eine Scherspannung bela-

stet, die in der Regel ruhend oder schwellend wirken. Da keine Rotationssymmetrie der Achse erforderlich ist, kann der Achskörper der Biegebeanspruchung optimal angepasst werden, beispielsweise als sogenannter Träger gleicher Festigkeit. Bild 4.3 zeigt dies am Beispiel eines I-Profils. Abweichend vom Regelfall können die Belastungen auch wechselnd auftreten, insbesondere bei rotierenden Bauteilen mit stark exzentrischer Massenverteilung und daraus resultierenden umlaufenden Fliehkräften.

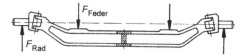

**Bild 4.3** LKW-Vorderachse

**Umlaufende Achsen** weisen eine drehstarre Verbindung der aufgesetzten Bauteile mit dem in Lagern geführten Achskörper auf. Eine Umdrehung unter einer in konstanter Raumrichtung wirkenden Kraft (z. B. Gewichtskraft) stellt für den Achskörper einen zweimaligen Wechsel der Kraftrichtung dar. Relativ zur Achse betrachtet läuft die Belastung also um, d. h. die Biege- und die Scherbeanspruchungen wirken bei dieser Bauform wechselnd. Ein Beispiel für eine umlaufende Achse zeigt Bild 4.4.

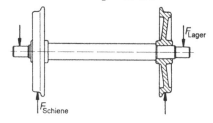

**Bild 4.4** Radsatz Schienenfahrzeug

Im allgemeinen wird der Achskörper als Vollprofil ausgebildet. Eine Ausführung als Hohlprofil ist ebenfalls möglich, wobei jedoch in der Regel ein höherer Fertigungsaufwand erforderlich ist. Dies kann dann gerechtfertigt sein, wenn andere Bauteile durch die Achse hindurch geführt werden sollen, siehe Bild 4.5. Der zweite Anwendungsfall für diese Bauform ist der Leichtbau, da Hohlprofile gegenüber Vollprofilen gleicher Festigkeit ein wesentlich geringeres Gewicht aufweisen.

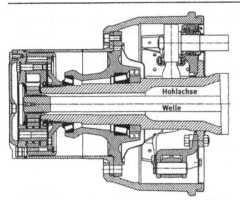

**Bild 4.5** Antriebsachse einer Baumaschine [1]

## 4.1.4 Bauformen von Wellen

Wellen sind in der Regel biegesteife Maschinenelemente, die bedingt durch ihre Funktion stets umlaufen. Eine Unterteilung der Wellen kann anhand ihrer Belastung durchgeführt werden. Erfolgt die Belastung von Wellen nur durch ein Drehmoment (allein leitende Funktion), so unterliegen sie reiner Torsionsbeanspruchung. Bild 4.6 zeigt als Beispiel eine Gelenkwelle. Übernehmen Wellen dagegen sowohl leitende als auch tragende Funktion, überlagern sich auch die aus den Funktionen resultierenden Beanspruchungen. In dieser am häufigsten auftretenden Konfiguration, wie sie Bild 4.7 zeigt, wird eine Welle in der Regel ruhend oder schwellend auf Torsion und wechselnd auf Biegung und Scherung beansprucht.

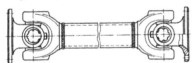

**Bild 4.6** Gelenkwelle

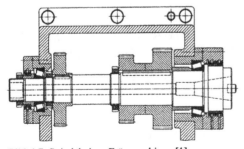

**Bild 4.7** Spindel einer Fräsmaschine [1]

Analog zu den Achsen lassen sich auch Wellen mit vollem Querschnitt (Vollwelle) oder als Hohlprofil (Hohlwelle) gestalten.

## 4.1.5 Auslegungskriterien

Den verschiedenen Beanspruchungen, denen Achsen und Wellen unterliegen, können zwei wichtige Kriterien gegenübergestellt werden, die von einer belasteten Achse oder Welle erfüllt werden sollen:

**Festigkeit** ist das gebräuchlichste Kriterium zur Auslegung von Achsen und Wellen. Durch entsprechende Dimensionierung gilt es, die Gesamtbeanspruchung (Vergleichsspannung $\sigma_v$) an allen Stellen so gering zu halten, dass keine bleibende Verformung auftritt und es nicht zum Bruch kommen kann. Einen Grenzwert für die Spannung $\sigma_v$ bildet die zulässige Spannung $\sigma_{zul}$. Für einen versagensfreien Betrieb muss also stets $\sigma_v \leq \sigma_{zul}$ gelten.

**Steifigkeit** ist ein Auslegungskriterium, das in besonderen Fällen herangezogen wird. Ziel ist es hier, die Verformungen der Achse oder Welle infolge äußerer Kräfte oder Momente in zulässigen Grenzen zu halten. Dies ist zum Beispiel bei Turbinen- oder Elektromotorenwellen nötig, da sie prozessbedingt nur einen sehr kleinen Luftspalt zu angrenzenden Teilen aufweisen. Auch Lager und breitere Zahnräder sind gegenüber Neigungswinkeln $\alpha$, $\beta$ und $\gamma$, die aus der Durchbiegung $f$ resultieren, empfindlich. Durch starke Verformungen, wie sie Bild 4.8 zeigt, kann es zur Zerstörung von Welle, Lagern oder Zahnrädern kommen.

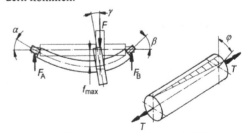

**Bild 4.8** Verformungen von Achsen und Wellen

Einfluss auf Durchbiegung $f$ und Neigungswinkel $\alpha$, $\beta$ und $\gamma$ haben neben der Belastung die Stützweite zwischen den Lagern und das Flächenträgheitsmoment $I_b$. Für kleine Verformungen sind daher kleine Stützweiten und ein hohes Trägheitsmoment vorzusehen.

Ist bei Wellen ein winkelgenaues Übertragen eines Drehmomentes erforderlich, so ist der Torsionswinkel $\varphi$ entscheidend, siehe Bild 4.8. Dessen Größe wird vom polaren Flächenträgheitsmoment $I_t$ beeinflusst.

## 4.2  Berechnungsablauf

### 4.2.1  Voraussetzungen

Für die Berechnung von Achsen und Wellen können die gleichen Berechnungsverfahren angewendet werden. Bei Achsen wird dann lediglich die Torsionsbelastung gleich null gesetzt.

Neben den wirkenden Belastungen muss zur Berechnung die Geometrie der Achse bzw. Welle bekannt sein. Diese lässt sich jedoch erst nach der Berechnung endgültig festlegen. Daher ist ein iteratives Vorgehen erforderlich. Die folgenden Schritte sind so oft zu durchlaufen, bis einerseits die Sicherheit ausreicht, andererseits das Bauteil nicht überdimensioniert ist.

1  Grobdimensionierung
   Bestimmung des Mindestdurchmessers $d_{min}$
   und Werkstoffauswahl
2  Gestaltung und Festlegung der Geometrie
3  Nachrechnung der Sicherheit $S_D \geq S_{min}$ oder
   der Vergleichsspannung $\sigma_v \leq \sigma_{zul}$

Wird die geforderte Sicherheit nicht erreicht oder wird die zulässige Spannung überschritten, ist eine Korrektur der Gestaltung mit erneuter Nachrechnung erforderlich. Falls notwendig sind folgende Schritte entsprechend zu durchlaufen:

4  Nachrechnung der Verformung
5  Nachrechnung der kritischen Drehzahl

Im weiteren Verlauf werden die Schritte 1-5 näher erläutert.

### 4.2.2  Grobdimensionierung

Die Grobdimensionierung von Achsen und Wellen erfolgt, indem die Beanspruchungen und die Geometrie stark vereinfacht betrachtet werden. Statt aller wirkenden Beanspruchungen wird in der Regel nur das Biegemoment oder das Torsionsmoment berücksichtigt. Eine Vereinfachung der Geometrie erfolgt durch die Annahme eines glatten, homogenen und ungekerbten Bauteiles.

Der Berechnungsablauf des Mindestdurchmessers für Achsen und Wellen, der auch als Kerndurchmesser bezeichnet wird, gliedert sich dabei in folgender Weise:

① Ermittlung der maximalen Beanspruchung
② Ermittlung der Dauerfestigkeit
③ Berechnung der zulässigen Spannung
④ Berechnung des Mindestdurchmessers

Die Grobdimensionierung für sehr kurze Achsen bei sehr geringer Stützweite weicht von diesem Schema ab. Für diese Fälle ist die zulässige Scherbeanspruchung ausschlaggebend.

① Maximale Beanspruchung

Die Ermittlung der maximalen Beanspruchung erfolgt für Achsen und Wellen in unterschiedlicher Weise.

**Feststehende** und **umlaufende Achsen** werden als Bauteile mit reiner Biegebeanspruchung aufgefasst. Da die Achse als glatter Zylinder aufgefasst wird, ergibt sich die maximale Beanspruchung an der Stelle des größten Biegemomentes. Zur Berechnung des maximalen Biegemomentes kann die Achse als Träger auf zwei Stützen betrachtet werden. Die äußeren Belastungen werden bei schmalen aufgesetzten Bauteilen als punktförmige Kräfte angenommen. Bei breiten Bauteilen erfolgt die Berechnung mittels Streckenlasten. Mit diesen Vereinfachungen lässt sich in einem ebenen Problem das maximale Biegemoment $M_{b\,max}$ mit einfachen Mitteln der Mechanik (Kräfte- und Momentengleichgewicht) berechnen.

Treten Kräfte auf, die nicht nur in einer Ebene liegen, können diese in einem orthogonalen $x$-$y$-$z$-System, wie es Bild 4.9 zeigt, zerlegt werden. Für die $xz$- und $yz$-Ebene lässt sich der jeweilige Biegemomentenverlauf getrennt ermitteln. An Stellen, an denen eines der beiden Biegemomente ein Maximum erreicht, muss das resultierende Biegemoment mit nachfolgender Beziehung bestimmt werden:

$$M_b = \sqrt{M_{bx}^2 + M_{by}^2} \qquad (4.1)$$

Das maximale Biegemoment $M_{b\,max}$ ist bei diesem räumlichen Problem das betragsmäßig größte nach der obigen Beziehung berechnete Biegemoment $M_b$.

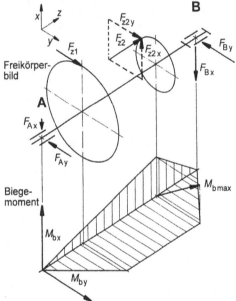

**Bild 4.9** Biegemomentenverlauf im räumlichen Koordinatensystem

**Wellen** unterliegen im einfachsten Fall reiner Torsionsbeanspruchung. Das maximale Torsionsmoment lässt sich aus der übertragenen Leistung und der Drehzahl wie folgt bestimmen:

$$T_{max} = \frac{P}{2 \cdot \pi \cdot n} \qquad (4.2)$$

$T_{max}$ = maximales Torsionsmoment
$P$ = Leistung          $n$ = Drehzahl

Können bei einer Welle sowohl das maximale Torsionsmoment $T_{max}$ als auch das maximale Biegemoment $M_{b\,max}$ ermittelt werden und treten beide an der gleichen Stelle auf, so kann ein maximales Vergleichsmoment $M_{v\,max}$ wie folgt berechnet werden:

$$M_{v\,max} = \sqrt{M_{b\,max}^2 + 0{,}75 \cdot \left(\alpha_0 \cdot T_{max}\right)^2}$$
$$\approx \sqrt{M_{b\,max}^2 + 0{,}37 \cdot T_{max}^2} \qquad (4.3)$$

$M_{v\,max}$ = maximales Vergleichsmoment
$M_{b\,max}$ = maximales Biegemoment
$T_{max}$ = maximales Torsionsmoment
$\alpha_0$ = Anstrengungsverhältnis     $\alpha_0 = \dfrac{\sigma_{bw}}{1{,}73 \cdot \tau_{t\,sch}}$
$\sigma_{bw}$, $\tau_{t\,sch}$ siehe später
Eine Berechnung von $\alpha_0$ ist in der Regel nicht erforderlich; für übliche Werkstoffe kann $\alpha_0 \approx 0{,}7$ gesetzt werden.

Durch diesen Schritt wird die Torsionsbeanspruchung in eine zusätzliche Biegebeanspruchung umgerechnet. Bei der weiteren Grobdimensionierung wird die Welle wie eine umlaufende Achse mit reiner Biegebeanspruchung behandelt. Als maximales Biegemoment $M_{b\,max}$ wird das Vergleichsmoment $M_{v\,max}$ eingesetzt.

### ② Dauerfestigkeit

Als Dauerfestigkeit wird die dynamische Spannung definiert, die ein genormter Probestab (glatter, polierter Stab, Durchmesser 10 mm) beliebig häufig bzw. beliebig lange ohne Bruch erträgt; dieser Wert ist also eine Werkstoffkenngröße.

Bei einer dynamischen Beanspruchung setzt sich der Spannungsverlauf aus der statischen Mittelspannung $\sigma_m$ und der überlagerten dynamischen Ausschlagspannung $\sigma_a$ zusammen. Dauerfestigkeitsschaubilder, wie in Bild 4.10 exemplarisch gezeigt, stellen werkstoffabhängig für jede Beanspruchungsart (Zug/Druck, Biegung, Torsion) den Zusammenhang zwischen der Mittelspannung und der maximal ertragbaren Ausschlagspannung dar.

Die Ermittlung der Dauerfestigkeiten der Werkstoffe erfolgt experimentell. Dabei werden genormte Probestäbe bei konstanter Mittelspannung mit einer überlagerten dynamischen Ausschlagsspannung bis zum Bruch belastet. Es ergibt sich bei Variation der Ausschlagsspannung ein Wöhlerdiagramm für die entsprechende Mittelspannung, siehe Bild 4.11. Dieses zeigt die Abhängigkeit der erreichten Lastspielzahl $N$ von der Höhe der Ausschlagsspannung.

Wird eine Vielzahl dieser Versuche mit unterschiedlichen statischen Mittelspannungen durchgeführt, so kann durch Übertragung der unterschiedlichen Mittelspannungen und der zugehörigen Ausschlagsspannungen, die im Bereich der Dauerfestigkeit liegen, ein Dauerfestigkeitsschaubild erstellt werden. Zu jedem Werkstoff sind dann drei Dauerfestigkeitsschaubilder für die Belastungsarten Zug/Druck, Biegung und Torsion erforderlich. Von wenigen Sonderfällen abgesehen werden nur die Kennwerte für schwellende und wechselnde Belastung benötigt, die auch in Tabellen anstelle der Dauerfestigkeitsschaubilder angegeben werden können.

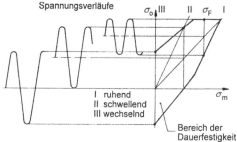

**Bild 4.10** Entwicklung eines Dauerfestigkeitsschaubildes

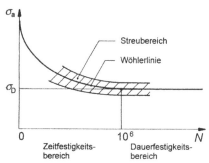

**Bild 4.11** Wöhlerdiagramm

Im Rahmen der Grobdimensionierung werden nur die Dauerfestigkeitswerte für schwellende

Beanspruchung (II) und wechselnde Beanspruchung (III) gemäß folgender Zuordnung benötigt:
- Feststehende Achsen: $\sigma_{b\,sch}$ = Biegedauerfestigkeit für schwellende Belastung (Fall II)
- Umlaufende Achsen: $\sigma_{b\,w}$ = Biegedauerfestigkeit für wechselnde Belastung (Fall III)
- Wellen: $\tau_{sch}$ = Torsionsdauerfestigkeit für schwellende Belastung (Fall II)

③  Zulässige Spannung

Die zulässige Spannung für die Grobdimensionierung der Achsen und Wellen ergibt sich aus der jeweiligen Dauerfestigkeit und einem Sicherheitsbeiwert. Dieser Beiwert berücksichtigt folgende Einflüsse:
- Überlastung im Betrieb
- Reale Spannungszustände, Kerbwirkungen
- Abweichungen der Werkstoffkennwerte
- Abweichungen von der angenommenen Geometrie

Für Achsen und Wellen kann die zulässige Spannung folgendermaßen ermittelt werden:

Feststehende Achsen:
$$\sigma_{b\,zul} = \frac{\sigma_{b\,sch}}{3...5} \qquad (4.4)$$

Umlaufende Achsen:
$$\sigma_{b\,zul} = \frac{\sigma_{b\,w}}{4...6} \qquad (4.5)$$

Wellen:
$$\tau_{t\,zul} = \frac{\tau_{t\,sch}}{10...15} \qquad (4.6)$$

Umlaufende Achsen weisen in der Regel mehr Absätze auf als feststehende Achsen und sind daher stärker gekerbt. Bei der Grobdimensionierung der Wellen wird die Biegebelastung vernachlässigt. Daher sind die Sicherheitsbeiwerte jeweils höher anzusetzen.

④  Mindestdurchmesser

**Bild 4.12** Mindestdurchmesser bei Passfedernuten

Der Mindestdurchmesser $d_{min}$ ist der kleinste gestalterisch nutzbare Durchmesser, siehe Bild 4.12. Für die Berechnung von Bolzen, Achsen und Wellen gelten die folgenden Näherungsformeln:

**Bolzen**

Bolzen werden hauptsächlich auf Schub belastet. Aus der wirkenden Scherspannung $\tau_s$ lässt sich der Mindestdurchmesser bestimmen. Es gilt:

$$\tau_s = \frac{F_q}{A} \leq \tau_{s\,zul} \quad \text{mit } A = \frac{\pi \cdot d^2}{4} \text{ und } \tau_{s\,zul} = 0{,}8 \cdot \sigma_{z\,zul}$$

$$d = \sqrt{\frac{4 \cdot F_q}{0{,}8 \cdot \pi \cdot \sigma_z}} \approx \sqrt{\frac{1{,}6 \cdot F_q}{\sigma_z}}$$

$$\boxed{d_{min} \geq \sqrt{\frac{1{,}6 \cdot F_q}{\sigma_{z\,zul}}}} \qquad \text{für Kreisquerschnitt} \qquad (4.7)$$

$d_{min}$ = Mindestdurchmesser
$F_q$ = Querkraft
$A$ = Querschnittsfläche
$\tau_{s\,zul}$ = zulässige Scherspannung
$\sigma_{z\,zul}$ = zulässige Zug-/Druckspannung
$\sigma_{z\,zul} = \dfrac{\sigma_{z\,sch}}{3...5}$ oder $\sigma_{z\,zul} = \dfrac{\sigma_{z\,w}}{3...5}$ je nach Belastungsfall
$\sigma_{z\,sch}$ = Zugdauerfestigkeit für schwellende Belastung
$\sigma_{z\,w}$ = Zugdauerfestigkeit für wechselnde Belastung

**Achsen**

Bei Achsen ist die aus dem Biegemoment resultierende Biegespannung $\sigma_{b\,max}$ entscheidend.

$$\sigma_{b\,max} = \frac{M_{b\,max}}{W_b} \leq \sigma_{b\,zul}$$

$$\text{mit} \quad W_b = \frac{\pi \cdot d^3}{32} \approx \frac{d^3}{10} \quad \text{(Kreisquerschnitt)}$$

$$\text{bzw.} \quad W_b = \frac{\pi \cdot (d_a^4 - d_i^4)}{32 \cdot d_a} = \frac{\pi \cdot d_a^3 \cdot (1 - k^4)}{32} \approx \frac{d_a^3 \cdot (1 - k^4)}{10}$$

$$\text{mit } k = \frac{d_i}{d_a} \qquad \text{(Kreisringquerschnitt)}$$

$$\boxed{d_{min} \geq \sqrt[3]{\frac{10 \cdot M_{b\,max}}{\sigma_{b\,zul}}}} \qquad \text{(Kreisquerschnitt)} \qquad (4.8)$$

$$\boxed{d_{a\,min} \geq \sqrt[3]{\frac{10 \cdot M_{b\,max}}{\sigma_{b\,zul} \cdot (1 - k^4)}} \quad \text{mit } k = \frac{d_i}{d_a}}$$
$$d_{i\,max} \leq k \cdot d_{a\,min} \qquad \text{(Kreisringquerschnitt)} \qquad (4.9)$$

$d_{min}$ = Mindestdurchmesser
$d_{a\,min}$ = Mindest-Außendurchmesser
$d_{i\,min}$ = Mindest-Innendurchmesser
$W_b$ = Widerstandsmoment bei Biegebelastung
$M_{b\,max}$ = Maximales Biegemoment
$k$ = Durchmesserverhältnis bei Hohlachsen
$\sigma_{b\,zul}$ = zulässige Biegespannung
$\sigma_{b\,zul} = \dfrac{\sigma_{b\,sch}}{3...5}$ bei feststehenden Achsen

$\sigma_{b\,zul} = \dfrac{\sigma_{b\,w}}{4...6}$ bei umlaufenden Achsen
$\sigma_{b\,sch}$ = Biegedauerfestigkeit für schwellende Belastung
$\sigma_{b\,w}$ = Biegedauerfestigkeit für wechselnde Belastung

**Wellen**

Bei Wellen wirkt neben der meist umlaufenden Biegebelastung zusätzlich ein Torsionsmoment. Die Auslegung kann überschlägig unter Vernachlässigung des Biegemomentes erfolgen:

$$\tau_{t\,max} = \frac{T_{max}}{W_t} \leq \tau_{t\,zul}$$

$$\text{mit} \quad W_t = \frac{\pi \cdot d^3}{16} \approx \frac{d^3}{5} \quad \text{(Kreisquerschnitt)}$$

$$\text{bzw.} \quad W_t = \frac{\pi \cdot (d_a^4 - d_i^4)}{16 \cdot d_a} = \frac{\pi \cdot d_a^3 \cdot (1 - k^4)}{16} \approx \frac{d_a^3 \cdot (1 - k^4)}{5}$$

$$\text{mit } k = \frac{d_i}{d_a} \qquad \text{(Kreisringquerschnitt)}$$

$$\boxed{d_{min} \geq \sqrt[3]{\frac{5 \cdot T_{max}}{\tau_{t\,zul}}}} \qquad \text{(Kreisquerschnitt)} \qquad (4.10)$$

$$\boxed{d_{a\,min} \geq \sqrt[3]{\frac{5 \cdot T_{max}}{\tau_{t\,zul} \cdot (1 - k^4)}} \quad \text{mit } k = \frac{d_i}{d_a}}$$
$$d_{i\,max} \leq k \cdot d_{a\,min} \qquad \text{(Kreisringquerschnitt)} \qquad (4.11)$$

$\tau_{t\,max}$ = vorhandene Torsionsspannung
$d_{min}$ = Mindestdurchmesser
$d_{a\,min}$ = Mindest-Außendurchmesser
$d_{i\,max}$ = Maximaler Innendurchmesser
$W_t$ = Widerstandsmoment bei Torsionsbelastung
$T_{max}$ = Maximales Torsionsmoment
$k$ = Durchmesserverhältnis bei Hohlachsen
$\tau_{t\,zul} = \dfrac{\tau_{t\,sch}}{10...15}$ = zulässige Torsionsspannung

Sollen andere Querschnitte grobdimensioniert werden, ist das entsprechende Widerstandsmoment zu berechnen; danach ist nach der gesuchten Größe umzustellen.

### 4.2.3 Gestaltung

Nach der Berechnung des Mindestdurchmessers kann die Gestaltung der Achsen und Wellen erfolgen. Hierbei sind folgende Gesichtspunkte zu berücksichtigen:
–   Kerbarmut
–   Montierbarkeit
–   Fertigungsgerechte Gestaltung
Die Bedeutung von Kerben kann am Beispiel des Glasschneidens verdeutlicht werden. Wird eine Glasplatte an der Oberfläche angeritzt, kann

sie relativ einfach an der entsprechenden Stelle gebrochen werden. Dieses liegt an der hohen Kerbempfindlichkeit des spröden Werkstoffs Glas; die Abnahme des Querschnitts durch das Anritzen der Glasplatte ist dagegen nur unwesentlich.

Metallische Werkstoffe weisen gegenüber Glas zwar eine geringere, aber dennoch erhebliche Kerbempfindlichkeit auf. Als Kerben wirken alle Gestaltungsmerkmale einer Achse oder Welle, die gegenüber dem glatten Stab zu einem stark veränderten Kraftfluss im Bauteil führen. Absätze, Nuten, Bohrungen, aber auch aufgesetzte Naben können eine schroffe Umlenkung des Kraftflusses hervorrufen und dadurch zu einer Schwächung des Bauteils führen. Somit kann eine unsachgemäße Konstruktion einen negativen Einfluss auf die zu erwartende Lebensdauer der Konstruktion haben.

Da höherfeste Werkstoffe in der Regel kerbempfindlicher sind, kann durch ihre Verwendung die Bauteilschwächung infolge konstruktiver Kerben nur unvollständig oder gar nicht ausgeglichen werden. Daher ist bei der Gestaltung unbedingt auf Kerbarmut zu achten.

| a Passfedernut | b Absatz |
|---|---|
| c Sicherungsringnut | d Freistich |
| e Gewindeauslauf | f Querbohrung |
| g Sitzkanten von aufgepressten Bauteilen | |

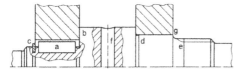

**Bild 4.13** Kerben

Bild 4.13 zeigt Beispiele für Kerben, die die Bauteilfestigkeit erheblich herabsetzen. Zur Vermeidung zu hoher Kerbwirkungen sollten die nachfolgenden Gestaltungsregeln, deren Anwendung in Bild 4.14 gezeigt ist, beachtet werden:

- Übergänge an Absätzen ausrunden (a). Anhaltswert für Rundungsradius: $\rho \approx \dfrac{d}{20} \cdots \dfrac{d}{10}$
- Funktionsbedingt scharfkantige Absätze mit Freistichen (b) versehen, bei sehr hoch beanspruchten Bauteilen durch ringförmige Entlastungsnuten (c) Kraftfluss weich umlenken.

- Sicherungsringnuten haben besonders hohe Kerbwirkungen, daher in hoch belasteten Bereichen unbedingt vermeiden. Alternative: Hülsen (d) oder Absätze verwenden.
- Überlagerung mehrerer Kerben vermeiden, beispielsweise Distanzbuchsen (e) einsetzen.
- Bei sehr hoch beanspruchten Bauteilen kann die Oberfläche durch Kugelstrahlen oder Rollen mit Druckeigenspannungen versehen werden, hierdurch werden hohe Zugspannungen in der Randfaser kompensiert.

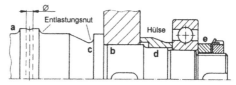

**Bild 4.14** Kerbarme Gestaltung

Zur besseren Montierbarkeit sind die Durchmesser der Funktionsflächen so zu stufen, dass jedes Bauteil seine eigene Passfläche erhält. Hierdurch ergibt sich eine kegel- oder doppelkegelförmige Kontur der Achse bzw. Welle, siehe Bild 4.15.

Bei der doppelkegelförmigen Kontur kann gleichzeitig der Durchmesserverlauf der wirkenden Beanspruchung angepasst werden, so dass sich ein Träger gleicher Festigkeit ergibt. Der nach Schritt ④ berechnete Mindestdurchmesser ist bei einem auf Biegung beanspruchten Träger nur an der Stelle des größten Biegemomentes erforderlich; an den übrigen Stellen kann der Durchmesser gemäß der nachfolgenden Beziehung dünner gestaltet werden, was zu einer kubisch-parabolischen Kontur führt:

$$d(\mathrm{x}) = C \cdot \sqrt[3]{M_\mathrm{b}(\mathrm{x})}$$

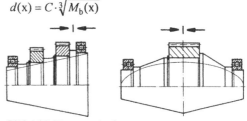

**Bild 4.15** Konturverläufe

Bei Wellen, die auf Torsion und Biegung beansprucht werden, kann eine Funktionstrennung in tragende und leitende Bauteile sinnvoll sein. Ein Beispiel für dieses Prinzip wurde bereits in

Bild 4.5 gezeigt. Bei der dargestellten Antriebsachse einer Baumaschine übernimmt die feststehende Hohlachse die tragende Funktion (Biegemoment übertragen); die Welle, die hierbei sehr
viel dünner ausgeführt werden kann, erfüllt die
leitende Funktion (Torsionsmoment leiten).

Eine Sonderbauform von Wellen stellen flexible
Wellen dar. Sie bestehen aus einem Metallspiral-
schlauch und einer sich darin drehenden Metall-
spirale, siehe Bild 4.16. Die Steigungsrichtung
der äußeren Drahtlage der Spirale gibt dabei die
zulässige Drehrichtung der flexiblen Welle vor;
unter Belastung muss sich die Spirale zusam-
menziehen, andernfalls würde die Welle klemmen.

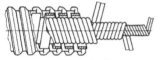

**Bild 4.16** Flexible Welle

### 4.2.4 Nachrechnung der Sicherheit an kritischen Stellen

Nach erfolgter Grobdimensionierung und Gestaltung der Achse bzw. Welle kann nun eine
exakte Nachrechnung erfolgen. Jetzt sind die
genauen Maße sowie die Kraft- und Biegemo-
mentverläufe bekannt. Bei Achsen wird die Flächenpressung in den Lagersitzen und der
Lochleibungsdruck in den Auflagern berechnet.
Darüber hinaus wird sowohl bei Achsen als auch
bei Wellen der Spannungsnachweis mit der Bestimmung der vorhandenen Sicherheit gegen
Dauerbruch durchgeführt.

**Flächenpressung und Lochleibungsdruck**
An der Berührfläche zweier belasteter Bauteile
wirkt eine Druckspannung, die sich aus der wirkenden Kraft und der in Kraftrichtung projizierten belasteten Fläche berechnen lässt. Werden
die Teile relativ zueinander bewegt, bezeichnet
man die Spannung als Flächenpressung $p$. Liegt
keine Relativgeschwindigkeit vor, wird sie als
Lochleibungsdruck $\sigma_l$ bezeichnet. Für zylindrische Zapfen gilt:

$$p = \frac{F}{d_1 \cdot l} \leq p_{zul} \qquad (4.12)$$

$$\sigma_l = \frac{F/2}{d_2 \cdot s} \leq \sigma_{l\,zul} \qquad (4.13)$$

$p_{zul}$ = zul. Flächenpressung   $F$ = radiale Lagerkraft
$\sigma_{l\,zul}$ = zul. Lochleibungsdruck   $d_1$ = Wellendurchmesser
$l$  = Lagersitzbreite              unter Lagersitz
$s$  = Auflagerbreite          $d_2$ = Wellendurchmesser
$p_{zul}$, $\sigma_{l\,zul}$ siehe Bild 4.18/4.19          im Auflager

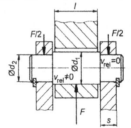

**Bild 4.17** Bolzenverbindung

Bild 4.17 zeigt als Beispiel eine Bolzenverbindung zwischen Gabel und Lasche. Die zulässige
Flächenpressung ist abhängig von der Werkstoffpaarung, der zu-
lässige Lochlei-
bungsdruck vom
Werkstoff und dem
Beanspruchungsfall.
Bei Paarungen unter-
schiedlicher Werk-
stoffe ist der kleinere
der beiden Werte an-
zunehmen.

| Werkstoff-paarung | $p_{zul}$ in N/mm² |
|---|---|
| Stahl / GG | 5 |
| Stahl / GS | 7 |
| Stahl / CuSn, CuZn | 8 |
| geh.St/CuSn,CuZn | 10 |
| geh. St / geh. St | 15 |

**Bild 4.18** Zul. Flächenpressung $p_{zul}$ für bewegte Teile

| Werkstoff | Zul. Lochleibungsdruck $\sigma_{l\,zul}$ für nicht relativ bewegte Teile in N/mm² | | |
|---|---|---|---|
| | ruhend | schwellend | wechselnd |
| CuSn, CuZn | 30 | 20 | 15 |
| GG | 70 | 50 | 30 |
| GS | 80 | 60 | 40 |
| St 37 | 85 | 65 | 50 |
| St 50 | 120 | 90 | 60 |
| St 60 | 150 | 105 | 65 |
| St 70, geh.Stahl | 180 | 120 | 70 |

**Bild 4.19** Zulässiger Lochleibungsdruck $\sigma_{l\,zul}$ für
nicht relativ bewegte Teile

**Sicherheit gegen Dauerbruch**

Zur Berechnung der Sicherheit gegen Dauerbruch ist es zunächst erforderlich, den gefährdeten Querschnitt zu erkennen. Dieser ist hauptsächlich durch folgende Kriterien gekennzeichnet:

- größtes Biegemoment
- größtes Torsionsmoment
- kleinster Querschnitt
- schärfste Kerbe

Da in der Regel jedes dieser Kriterien an anderen Stellen der Welle erfüllt ist, ist eine exakte Nachrechnung sehr aufwendig. Es bestehen daher zwei Möglichkeiten: Als grobe Näherung kann die höchste Belastung an der schwächsten Stelle der Welle angenommen werden; bei dieser Vorgehensweise erfolgt eine starke Überdimensionierung. Im anderen Fall müssen die Stellen berechnet werden, an denen mindestens eines der Kriterien erfüllt ist; die Berechnung ist dann sehr umfangreich. Bild 4.20 zeigt mögliche kritische Stellen an der Welle aus Bild 4.1.

a Passfedernut, Gewinde    d Sicherungsringnut
b Maximales Biegemoment    e kleinster Durchmesser, Passfedernut
c Wellenabsatz

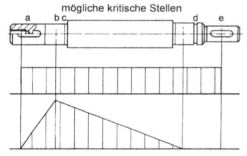

**Bild 4.20** Welle mit möglichen kritischen Stellen

Für jeden gefährdeten Querschnitt sind die nachfolgenden Schritte zu durchlaufen:

① Ermittlung vorhandener Spannungen

② Zusammenfassung zur vorhandenen Vergleichsspannung $\sigma_v$

③ Bestimmung der zulässigen Spannung $\sigma_{zul}$

④ Spannungsnachweis (vorhandene Sicherheit $S \geq S_{min}$ oder $\sigma_v \leq \sigma_{zul}$ prüfen).

Wenn die Achse oder Welle nicht hinreichend dimensioniert ist, muss die Konstruktion überarbeitet werden. Ist die vorhandene Sicherheit zu groß, ist die Achse oder Welle überdimensioniert. Auch hier kann eine Überarbeitung der Konstruktion sinnvoll sein, um Gewicht bzw. Material einzusparen.

① **Ermittlung vorhandener Spannungen**

Die im gefährdeten Querschnitt wirkenden Spannungen sind mit Hilfe der Kraft- und Momentenverläufe zu ermitteln. In der Regel sind die entscheidenden Belastungen das Biegemoment und das Torsionsmoment, während Zug-/Druckbelastung und Querkraft vernachlässigt werden können. Sollen alle Beanspruchungen berücksichtigt werden, sind für den gefährdeten Querschnitt folgende Werte zu berechnen:

$$\tau_t = \frac{T}{W_t} \qquad (4.14) \qquad\qquad \sigma_b = \frac{M_b}{W_b} \qquad (4.15)$$

$$\tau_s = \frac{F_q}{A} \qquad (4.16) \qquad\qquad \sigma_z = \frac{F_a}{A} \qquad (4.17)$$

$\tau_t$ = vorh. Torsionsspannung
$\tau_s$ = vorh. Scherspannung
$\sigma_b$ = vorh. Biegespannung
$\sigma_z$ = vorh. Zug/Druckspannung
$A$ = Querschnittsfläche
$W_b$ = Widerstandsmoment bei Biegebelastung
$W_t$ = Widerstandsmoment bei Torsionsbelastung

$M_b$ = Biegemoment
$T$ = Torsionsmoment
$F_q$ = Querkraft
$F_a$ = Axialkraft

In Bild 4.21 sind die Werte für die Querschnittsfläche und die Widerstandsmomente für die wichtigsten Wellenquerschnitte zusammengestellt.

② **Zusammenfassung zur vorhandenen Vergleichsspannung $\sigma_v$**

Durch die Biegebelastung wird eine maximale Zug- und Druckspannung in den Randfasern der Welle hervorgerufen. Eine zusätzliche Zug- oder Druckspannung kann daher zu dieser Spannung addiert werden. Die Torsionsspannung wirkt dagegen in einer anderen Richtung, nämlich an der Werkstückoberfläche unter 45°; die Scherspannung wirkt senkrecht zur Zug- oder Druckspannung. Näherungsweise können die Scherspannung und die Torsionsspannung addiert werden; eine Zusammenfassung der sich dabei ergebenden Werte erfolgt nach der folgenden Vergleichsspannungshypothese (4.18).

| Form | Querschnitt $A$ | Widerstandsmoment gegen Biegung $W_b$ | Widerstandsmoment gegen Torsion $W_t$ |
|---|---|---|---|
| 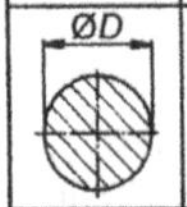 $\varnothing D$ | $\dfrac{\pi \cdot D^2}{4}$ | $\dfrac{\pi}{32} \cdot D^3$ | $\dfrac{\pi}{16} \cdot D^3$ |
| 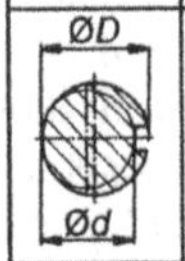 $\varnothing D$ / $\varnothing d$ | $\approx \dfrac{\pi \cdot d^2}{4}$ | $0,012 \cdot (D+d)^3$ bzw. $\approx \dfrac{\pi}{32} \cdot d^3$ [1] | $0,2 \cdot d^3$ bzw. $\approx \dfrac{\pi}{16} \cdot d^3$ [1] |
| 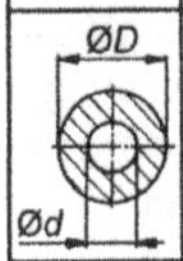 $\varnothing D$ / $\varnothing d$ | $\dfrac{\pi \cdot (D^2 - d^2)}{4}$ | $\dfrac{\pi}{32} \cdot \dfrac{D^4 - d^4}{D}$ | $\dfrac{\pi}{16} \cdot \dfrac{D^4 - d^4}{D}$ |
| 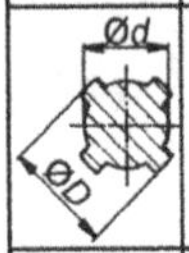 $\varnothing d$ / $\varnothing D$ | $\approx \dfrac{\pi \cdot d^2}{4}$ | $0,012 \cdot (D+d)^3$ bzw. $\approx \dfrac{\pi}{32} \cdot d^3$ [1] | $0,024 \cdot (D+d)^3$ bzw. $\approx \dfrac{\pi}{16} \cdot d^3$ [1] |
| 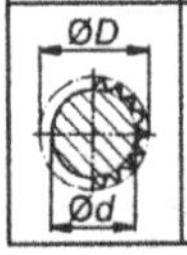 $\varnothing D$ / $\varnothing d$ | $\approx \dfrac{\pi \cdot d^2}{4}$ | $0,012 \cdot (D+d)^3$ bzw. $\approx \dfrac{\pi}{32} \cdot d^3$ [1] | $0,024 \cdot (D+d)^3$ bzw. $\approx \dfrac{\pi}{16} \cdot d^3$ [1] |

[1] ausschließliche Berücksichtigung des Kerndurchmessers

**Bild 4.21** Flächen und Widerstandsmomente

$$\sigma_v = \sqrt{\left(\sigma_z + \sigma_b\right)^2 + 3 \cdot \left(\alpha_0 \cdot \left(\tau_t + \tau_s\right)\right)^2} \qquad (4.18)$$

$$\alpha_0 = \frac{\sigma_{b\,grenz}}{1{,}73 \cdot \tau_{t\,grenz}} = \frac{\sigma_{b\,w}}{1{,}73 \cdot \tau_{t\,sch}} \approx 0{,}7$$

$\sigma_v$ = vorhandene Vergleichsspannung

Das Anstrengungsverhältnis $\alpha_0$ berücksichtigt, wie empfindlich der Werkstoff auf Biege- bzw. Torsionsbelastung in dem jeweiligen Lastfall reagiert. Hier ist die Grenzspannung abhängig vom Lastfall einzusetzen. Da bei Wellen die Torsionsspannung in der Regel schwellend auftritt, die Biegespannung jedoch wechselnd ist, ist gemäß der obigen Formel zu rechnen. Es ergibt sich für übliche Stähle das Anstrengungsverhältnis $\alpha_0 \approx 0{,}7$. Tritt z. B. bei periodisch wechselnder Drehrichtung die Torsionsbelastung ebenfalls wechselnd auf, ist in die Formel für das Anstrengungsverhältnis der Werkstoffkennwert $\tau_{t\,w}$ anstelle von $\tau_{t\,sch}$ einzusetzen.

Die vorhandene Vergleichsspannung $\sigma_v$ ist eine rein physikalische Größe, die im wesentlichen aus den Belastungen und dem Wellendurchmesser berechnet wurde. Dabei wurden alle übrigen Spannungen der Biegespannung zugeschlagen. Im weiteren Vorgehen wird so gerechnet, als würde die Welle lediglich durch eine Biegespannung belastet, die jedoch entsprechend höher ist. Der berechnete Wert berücksichtigt weder die Belastbarkeit des Wellenwerkstoffes noch die Gestaltung der Welle, wie beispielsweise konstruktive Kerben. Diese Kriterien werden in der zulässigen Spannung betrachtet. Ihr muss die Vergleichsspannung gegenübergestellt werden, um eine Aussage über die hinreichende Bauteilfestigkeit der Welle treffen zu können.

③ **Bestimmung der zulässigen Spannung $\sigma_{zul}$**
Die in ② berechnete Vergleichsspannung $\sigma_v$ muss kleiner sein als eine zulässige Spannung $\sigma_{zul}$, die einerseits die Belastbarkeit des eingesetzten Werkstoffes, andererseits beispielsweise Kerbwirkungen o. ä. berücksichtigt. Zusätzlich muss eine Sicherheit vorhanden sein. Die zulässige Spannung $\sigma_{zul}$ wird wie folgt berechnet:

$$\sigma_{zul} = \frac{b_G \cdot b_O \cdot \sigma_{b\,grenz}}{\beta_k \cdot S} = \frac{b_G \cdot b_O \cdot \sigma_{b\,w}}{\beta_k \cdot S} \qquad (4.19)$$

$\sigma_{zul}$ = zulässige Spannung
$b_G$ = Größenbeiwert　　　　$\beta_k$ = Kerbfaktor
$b_O$ = Oberflächenbeiwert　　$S$ = Sicherheitsbeiwert
$\sigma_{b\,grenz}$ = Biege-Grenzspannung abhängig vom Lastfall
$\sigma_{b\,w}$ = Dauerfestigkeit bei wechselnder Biegebelastung

Grundsätzlich entspricht die Vergleichsspannung einer Biegebelastung; sie muss daher mit der Biege-Dauerfestigkeit des Werkstoffes verglichen werden. Ist mindestens eine der in die Berechnung der Vergleichsspannung einfließenden Spannungen wechselnd (bei Wellen in der Regel die Biegebelastung), so ist $\sigma_{b\,grenz} = \sigma_{b\,w}$ zu setzen. Dieser Kennwert des verwendeten Werkstoffes wird umgerechnet unter Berücksichtigung der Kerbwirkung infolge konstruktiver Kerben der Welle, der Kerbwirkung infolge der Oberflächenrauhigkeiten und der Bauteilgröße. Zusätzlich wird ein Sicherheitsabstand zwischen der vorhandenen Spannung und der Belastungsgrenze gefordert. Im einzelnen haben die einfließenden Größen folgende Bedeutung:

**Größenbeiwert $b_G$**

Die Dauerfestigkeitskennwerte werden an Probestäben mit einem Durchmesser von 10 mm ermittelt. Bei Werkstücken größeren Durchmessers ist die Spannungsverteilung ungünstiger, und es liegen größere Inhomogenitäten des Werkstoffs vor. Diese Effekte werden durch den Größenbeiwert $b_G$ berücksichtigt, der gemäß Bild 4.22 ermittelt wird. Für diesen Beiwert ist der schraffierte Streubereich vorhanden; näherungsweise kann die eingezeichnete gestrichelte Linie herangezogen werden.

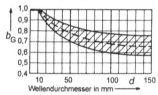

**Bild 4.22** Größenbeiwert $b_G$

**Oberflächenbeiwert $b_O$**

Bearbeitungsriefen in der Werkstückoberfläche wirken als Kerben und setzen daher die Bauteilfestigkeit herab. Grundsätzlich sind höherfeste Werkstoffe kerbempfindlicher als Werkstoffe mit geringerer Festigkeit. Mit Hilfe von Bild 4.23 ist der Oberflächenbeiwert in Abhängigkeit von der Zug-Dauerfestigkeit bei schwellender Belastung und von der Rauhtiefe zu ermitteln.

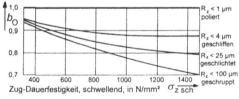

**Bild 4.23** Oberflächenbeiwert $b_O$

**Kerbfaktor $\beta_k$**

In einem gekerbten Bauteil ist die Spannung nicht gleichmäßig verteilt. Durch Umlenkung des Kraftflusses an der Kerbe kommt es zu einer Spannungserhöhung. In

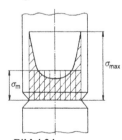

**Bild 4.24**
Spannungsverteilung im gekerbten Querschnitt

Bild 4.24 ist dies am Beispiel eines gekerbten Zugstabes dargestellt. Die Kerbwirkung wird durch den Kerbfaktor $\beta_k$ berücksichtigt. In den Bildern 4.25 und 4.26 sind Kerbfaktoren für verschiedene konstruktive Kerben dargestellt.

| Kerbenform | | Kerbfaktor $\beta_k$ |
|---|---|---|
| Welle glatt, poliert | | 1 |
| Passfedernut, mit Fingerfräser gefertigt | | 2 |
| Passfedernut, mit Scheibenfräser gefertigt | | 2 |
| Rundkerbe, $r/d = 0,1$ | | 2 |
| Presssitz, Nabe steif | | 2 |
| Presssitz, Nabe nachgiebig ("entlastet") | | 1,6 |
| Sicherungsringnut | | 3 |

**Bild 4.25** Kerbfaktor $\beta_k$ für verschiedene Kerbformen

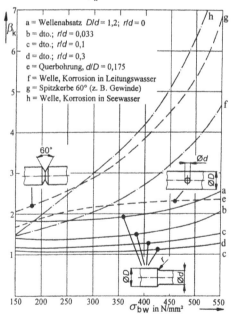

a = Wellenabsatz $D/d = 1,2$; $r/d = 0$
b = dto.; $r/d = 0,033$
c = dto.; $r/d = 0,1$
d = dto.; $r/d = 0,3$
e = Querbohrung, $d/D = 0,175$
f = Welle, Korrosion in Leitungswasser
g = Spitzkerbe 60° (z. B. Gewinde)
h = Welle, Korrosion in Seewasser

**Bild 4.26** Kerbfaktor $\beta_k$ für sonstige Kerben in Abhängigkeit von der Dauerfestigkeit $\sigma_{b\,w}$

Bei abgesetzten Wellen gelten die Kerbfaktoren nach Bild 4.26 nur für ein Durchmesserverhältnis von $D/d = 1,2$; bei stärker oder schwächer abgesetzten Wellenbereichen ist der Wert gemäß Bild 4.27 und Formel (4.20) zu korrigieren.

$$\beta_k{}' = 1 + c \cdot (\beta_k - 1) \qquad (4.20)$$

$\beta_k{}' =$ Kerbfaktor für andere Durchmesserverhältnisse als $D/d$=1,2

Wie in Bild 4.26 ersichtlich hängt der Kerbfaktor von der Dauerfestigkeit des verwendeten Werkstoffs ab. Bei bestimmten konstruktiven Kerben ist es daher möglich, dass der Einsatz eines höherfesten, aber damit auch kerbempfindlicheren Werkstoffs keine Steigerung der Bauteilfestigkeit bewirkt.

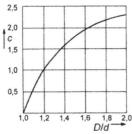

**Bild 4.27** Umrechnungsfaktor $c$

**Sicherheitsbeiwert $S$**

Abhängig vom Einsatzzweck und von der genauen Kenntnis der wirkenden Belastungen ist der Sicherheitsbeiwert $S$ festzulegen. Grundsätzlich ist ein höherer Sicherheitsbeiwert sinnvoll bei sicherheitsrelevanten Bauteilen und bei mangelnder Kenntnis darüber, welche Überlastungen im Betrieb auftreten können (z. B. infolge von Fehlbenutzung). Sind alle Randbedingungen hinreichend genau bekannt, kann ein kleinerer Sicherheitsbeiwert gewählt werden. Hierdurch wird das Bauteil nicht so stark überdimensioniert, so dass Material und Gewicht eingespart werden kann. Bestehen keine Richtlinien oder Vorschriften für den Sicherheitsbeiwert, so kann er anhaltsweise wie folgt festgelegt werden:

$$S = 1 + \frac{H}{100\%} \qquad (4.21)$$

$H =$ Häufigkeit der Maximalbelastung (in Prozent)

Wird eine Anordnung ständig mit Vollast betrieben (100 % Häufigkeit), beträgt der Sicherheitsbeiwert $S = 2$. Sicherheitsbeiwerte unterhalb von 1,25 sollten im allgemeinen Maschinenbau vermieden werden.

**Dauerfestigkeit $\sigma_{b\,w}$**

Die Dauerfestigkeitskennwerte für gängige Werkstoffe sind in Bild 4.28 dargestellt. Für die Berechnung von Achsen und Wellen wird aus dieser Tabelle hauptsächlich der Wert $\sigma_{b\,w}$ benötigt.

| Werkstoff | $\sigma_{z\,sch}$ | $\sigma_{z\,w}$ | $\sigma_{b\,sch}$ | $\sigma_{b\,w}$ | $\tau_{t\,sch}$ | $\tau_{t\,w}$ |
|---|---|---|---|---|---|---|
| **Allgemeine Baustähle:** | | | | | | |
| St 37 | 240 | 175 | 340 | 200 | 170 | 140 |
| St 42 | 260 | 190 | 360 | 220 | 180 | 150 |
| St 50 | 300 | 230 | 420 | 260 | 210 | 180 |
| St 60 | 340 | 270 | 470 | 300 | 230 | 210 |
| St 70 | 370 | 320 | 520 | 340 | 260 | 240 |
| **Vergütungsstähle:** | | | | | | |
| C22, Ck22 | 360 | 250 | 480 | 280 | 250 | 190 |
| C45, Ck45 | 490 | 340 | 625 | 370 | 340 | 260 |
| 40Mn4, 25CrMo4 34Cr4, 34CrMo4 | 650 | 400 | 750 | 440 | 450 | 300 |
| 41Cr4, 34CrMo4 | 780 | 450 | 830 | 480 | 550 | 330 |
| 50CrMo4,34CrNiMo6 36CrNiMo4 | 860 | 500 | 940 | 540 | 630 | 370 |
| 30CrNiMo8, 30CrMoV4,32CrMo12 | 980 | 570 | 1040 | 600 | 730 | 420 |
| **Einsatzstähle:** | | | | | | |
| Ck15 | 300 | 270 | 420 | 300 | 210 | 180 |
| 15Cr3 | 400 | 320 | 560 | 350 | 280 | 210 |
| 16MnCr5, 25MoCr4 | 600 | 400 | 780 | 450 | 430 | 270 |
| 15CrNi6 | 650 | 500 | 900 | 550 | 450 | 300 |
| 20MnCr5 | 700 | 540 | 980 | 600 | 490 | 340 |
| 18CrNi8, 17CrNiMo8 | 800 | 580 | 1060 | 650 | 550 | 410 |
| **Stahlguss:** | | | | | | |
| GS 38 | 190 | 150 | 250 | 150 | 110 | 85 |
| GS 45 | 230 | 180 | 300 | 180 | 130 | 100 |
| GS 52 | 260 | 210 | 350 | 210 | 160 | 120 |
| GS 60 | 300 | 230 | 400 | 240 | 180 | 140 |
| **Gusseisen mit Kugelgraphit** | | | | | | |
| GGG 38 | 180 | 110 | 260 | 150 | 140 | 95 |
| GGG 42 | 220 | 130 | 310 | 180 | 160 | 100 |
| GGG 50 | 250 | 150 | 360 | 210 | 200 | 130 |
| GGG 60 | 300 | 180 | 440 | 250 | 250 | 150 |
| GGG 70 | 360 | 220 | 530 | 300 | 290 | 170 |

**Bild 4.28** Dauerfestigkeitskennwerte verschiedener Werkstoffe in N/mm²

④ **Spannungsnachweis**

Der Spannungsnachweis kann auf zwei Arten geführt werden:

- Kontrolle: Ist die Vergleichsspannung kleiner als die zulässige Spannung?
- Berechnung der vorhandenen Sicherheit

Bei der ersten Möglichkeit kann eine qualitative Aussage darüber getroffen werden, ob das Bauteil hinreichend dimensioniert ist. Im zweiten Falle lässt sich die vorhandene Sicherheit mit einer geforderten Sicherheit vergleichen, wobei das Ergebnis interpretiert werden kann. Eine vorhandene Sicherheit größer eins bedeutet, dass gerade noch kein Versagen des Bauteiles bei unendlich langer Betriebsdauer auftritt. Ein sehr großer Sicherheitsbeiwert sagt aus, dass das Bauteil stark überdimensioniert ist. Es gilt:

$$\sigma_v = \sqrt{(\sigma_z + \sigma_b)^2 + 3 \cdot (\alpha_0 \cdot (\tau_t + \tau_s))^2} \leq \sigma_{zul} = \frac{b_G \cdot b_O \cdot \sigma_{bw}}{\beta_k \cdot S}$$

(4.22)

oder

$$S = \frac{b_G \cdot b_O \cdot \sigma_{bw}}{\beta_k \cdot \sigma_v} = \frac{b_G \cdot b_O \cdot \sigma_{bw}}{\beta_k \cdot \sqrt{(\sigma_z + \sigma_b)^2 + 3 \cdot (\alpha_0 \cdot (\tau_t + \tau_s))^2}}$$

(4.23)

Die vorhandene Sicherheit ist mit dem Wert gemäß Formel (4.21) zu vergleichen. Ist die vorhandene Sicherheit zu klein, ist die Konstruktion zu überarbeiten (größerer Wellendurchmesser, anderer Werkstoff o. ä.). Ist sie zu groß, kann die Konstruktion belassen werden, oder es wird eine Überarbeitung zur Gewichts- und Materialeinsparung vorgenommen. In diesem Fall muss danach erneut eine Nachrechnung vorgenommen werden.

## 4.2.5 Nachrechnung der Verformung

**Durchbiegung und Neigungswinkel**
Die Berechnung der maximalen Durchbiegung und der Neigungswinkel in den Lagern von

Achsen und Wellen kann bei einem einfachen glatten Profil konstanten Querschnitts und einer Belastung mit einer einzelnen Kraft oder einer Streckenlast gemäß Bild 4.29 erfolgen.

Wird eine Welle durch mehrere Kräfte belastet, so sind für jede Kraft getrennt die jeweiligen Durchbiegungen und Neigungswinkel zu berechnen. Um die Gesamtverformung zu ermitteln, müssen diese Einzelverformungen addiert werden.

Treten Kräfte in unterschiedlichen Ebenen auf, so sind sie in einem orthogonalen $x$-, $y$-, $z$-System zu zerlegen. In jeder Koordinatenrichtung kann eine Berechnung wie zuvor beschrieben erfolgen. Die resultierende maximale Durchbiegung $f_{max\,res}$ und der resultierende Neigungswinkel $\alpha_{res}$ können mit den nachfolgenden Beziehungen ermittelt werden:

$$f_{max\,res} = \sqrt{f_{max\,x}^2 + f_{max\,y}^2}$$

(4.24)

$$\tan \alpha_{res} = \sqrt{\tan^2 \alpha_x + \tan^2 \alpha_y}$$

(4.25)

Soll die Verformung einer abgesetzten Achse oder Welle berechnet werden, können für eine Überschlagsrechnung die Gleichungen aus Bild 4.29 angewendet werden. Als Berechnungsdurchmesser ist dazu der mittlere Durchmesser der Achse oder Welle anzusetzen.

| Belastungsfall | maximale Durchbiegung $f_{max}$ | Neigungswinkel $\alpha$, $\beta$, $\gamma$ | |
|---|---|---|---|
| Punktlast | $f_{max} = \dfrac{F \cdot x \cdot \sqrt{(l^2 - x^2)^3}}{15,58 \cdot E \cdot I \cdot l}$ $x = max(a,b)$ | $\tan \alpha = \dfrac{F \cdot a \cdot b \cdot (l+b)}{6 \cdot E \cdot I \cdot l}$ $\tan \beta = \dfrac{F \cdot a \cdot b \cdot (l+a)}{6 \cdot E \cdot I \cdot l}$ | $E$ = Elastizitätsmodul $E$ = 210.000 N/mm² für Stahl |
| Streckenlast | $f_{max} = \dfrac{5 \cdot q \cdot l^4}{384 \cdot E \cdot I}$ | $\tan \alpha = \tan \beta = \dfrac{q \cdot l^3}{24 \cdot E \cdot I}$ | $I$ = Flächenträgheitsmoment $I = \dfrac{\pi \cdot d^4}{64}$ für Kreisquerschnitt |
| Fliegende Lagerung, Punktlast | $f_{max} = \dfrac{F \cdot a \cdot l^2}{15,58 \cdot E \cdot I}$ | $\tan \alpha = \dfrac{F \cdot a \cdot (2 \cdot l + 3 \cdot a)}{6 \cdot E \cdot I}$ $\tan \beta = \dfrac{F \cdot a \cdot l}{6 \cdot E \cdot I}$ ; $\tan \gamma = \dfrac{F \cdot a \cdot l}{3 \cdot E \cdot I}$ | $I = \dfrac{\pi \cdot (D^4 - d^4)}{64}$ für Kreisringquerschnitt |

**Bild 4.29** Ermittlung der Durchbiegung bei Einzelkraft und Streckenlast

**Verdrehung**

Eine Nachrechnung der Verdrehung von Wellen konstanten Querschnitts kann mit nachfolgender Gleichung erfolgen:

$$\varphi = \frac{180° \cdot T \cdot l}{\pi \cdot G \cdot I_t} \qquad (4.26)$$

$\varphi$ = Verdrehwinkel
$T$ = Torsionsmoment
$l$ = Länge der Welle
$G$ = Schubmodul; $G = 80.000$ N/mm² für Stahl
$I_t$ = polares Flächenträgheitsmoment

$$I_t = \frac{\pi \cdot d^4}{32} \qquad \text{für Kreisquerschnitt}$$

$$I_t = \frac{\pi \cdot (D^4 - d^4)}{32} \qquad \text{für Kreisringquerschnitt}$$

Soll eine abgesetzte Welle berechnet werden, ist für jeden Abschnitt die Verdrehung getrennt zu berechnen. Die Gesamtverdrehung kann dann aus der Summe der Einzelverdrehungen ermittelt werden.

Für die Verformung von Achsen und Wellen können die nachfolgenden Grenzwerte als Anhalt dienen. Es ist aber im Einzelfall zu prüfen, ob nicht funktionsbedingt engere Grenzwerte erforderlich sind.

Durchbiegung $\quad f_{zul} = \dfrac{l}{5000\ldots3000}$

Neigungswinkel $\quad \alpha_{zul} = 2' \ldots 10'$

Verdrehwinkel $\quad \varphi_{zul} = 0,25° \ldots 0,5°$

## 4.2.6 Nachrechnung der kritischen Drehzahl

Eine Nachrechnung der kritischen Drehzahl wird erforderlich, wenn Achsen oder Wellen mit hoher Drehzahl umlaufen oder wenn Wellen ein Torsionsmoment übertragen, das mit einer hohen Frequenz schwingt. Lange dünne Achsen oder Wellen sind besonders gefährdet, da sie eine niedrige kritische Drehzahl aufweisen. Sie sind daher entsprechend nachzurechnen.

Wenn ein masseloser Stab mit einer diskreten Masse stoßartig zu einer Biegeschwingung angeregt wird, schwingt er nach Entlastung mit einer bestimmten Frequenz, der Biegeeigenfrequenz

$\omega_e$. Ein Körper mit einer kontinuierlichen Massenverteilung besitzt unendlich viele Eigenfrequenzen, von denen jedoch nur die niedrigsten von Interesse sind.

Wird ein Körper mit einer pulsierenden Kraft der Frequenz $\omega$, die einer Eigenfrequenz $\omega_e$ entspricht, zu Biegeschwingungen angeregt, so tritt Resonanz auf. Unter Vernachlässigung von Dämpfungseinflüssen führt dies zu einer exponentiell anwachsenden Schwingungsamplitude und letztendlich zur Zerstörung des Bauteils.

Analog zur Biegeeigenfrequenz besteht eine Torsionseigenfrequenz, die dann entscheidend ist, wenn eine stoßartige Momenteneinleitung eine Torsionsschwingung hervorruft.

**Biegekritische Drehzahl**

Achsen und Wellen können durch Fliehkräfte, die auf fertigungsbedingten Unwuchten beruhen, unabhängig von ihrer Einbaulage zu Biegeschwingungen angeregt werden. Die Eigenfrequenz und damit die biegekritische Drehzahl ergibt sich aus dem Kräftegleichgewicht zwischen Fliehkraft und Rückstellkraft.

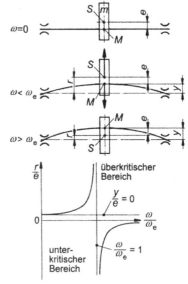

**Bild 4.30** Einmassensystem

Für ein Einmassensystem, das aus einer zweifach gelagerten, masselosen Welle und einer diskreten Masse besteht, kann die biegekritische Drehzahl wie folgt bestimmt werden:

$F_f = m \cdot r \cdot \omega^2$ = Fliehkraft
$F_r = c \cdot y$ = Rückstellkraft (Federkraft)
$m \cdot r \cdot \omega^2 = c \cdot y$ mit $r = y + e$ folgt:
$(c - m \cdot \omega^2) \cdot y = m \cdot e \cdot \omega^2$

$$y = \frac{e \cdot \omega^2}{\dfrac{c}{m} - \omega^2}$$

Für die Eigenfrequenz $\omega_e$ wird die Auslenkung $y$ unendlich groß. Dies ist der Fall, wenn der Nenner des Bruchs den Wert Null annimmt. Daraus folgt:

$$n_{bk} = \frac{\omega_e}{2 \cdot \pi} = \frac{1}{2 \cdot \pi} \cdot \sqrt{\frac{c}{m}} \qquad (4.27)$$

$\omega_e$ = Eigenfrequenz
$c$ = Biegesteifigkeit der Welle
$m$ = Masse der Welle
$n_{bk}$ = Biegekritische Drehzahl
$e$ = Exzentrizität des Massenschwerpunkts
$y$ = Auslenkung der Welle
$r$ = Auslenkung der Masse

Wenn die Erregerfrequenz $\omega$ mit der Eigenfrequenz $\omega_e$ übereinstimmt, wächst die Auslenkung $y$ ins Unendliche. Wird die Erregerfrequenz über die Eigenfrequenz hinaus gesteigert, kommt es im überkritischen Bereich durch einen Vorzeichenwechsel von $y$ zu einer Selbstzentrierung und damit zu einem besonders ruhigen Lauf der Welle, siehe Bild 4.30 unten.

Die Biegesteifigkeit $c$ der Welle kann als Quotient aus der Gewichtskraft und der daraus resultierenden Durchbiegung an der Stelle der Krafteinleitung ermittelt werden. Eine Berechnung der Durchbiegung ist mit den Gleichungen aus Bild 4.29 möglich. Für die kritische Drehzahl ergibt sich nachfolgende Gleichung:

$$n_{bk} = \frac{1}{2 \cdot \pi} \cdot \sqrt{\frac{F_G}{f_G \cdot m}} = \frac{1}{2 \cdot \pi} \cdot \sqrt{\frac{g}{f_G}} \qquad (4.28)$$

$\omega_e$ = Eigenrequenz
$g$ = Erdbeschleunigung $\approx 9{,}81 \ \text{m/s}^2$
$f_G$ = Durchbiegung infolge der Gewichtskraft

Die biegekritische Drehzahl einer glatten massebehafteten Welle ohne aufgesetzte Bauteile lässt sich mit Gleichung (4.29) bestimmen. Diese

Gleichung kann mit guter Näherung auch für abgesetzte Wellen verwendet werden, wenn das Flächenträgheitsmoment mit dem mittleren Durchmesser berechnet wird.

$$n_{bk} = \frac{\pi}{2} \cdot \sqrt{\frac{E \cdot I_b}{m \cdot l^3}} \qquad (4.29)$$

$E$ = Elastizitätsmodul, für Stahl E $\approx$ 210.000 N/mm²
$I_b$ = Flächenträgheitsmoment bei Biegung
$l$ = Länge der Welle

**Torsionskritische Drehzahl**
Für die torsionskritische Drehzahl kann analog verfahren werden, wenn die Biegesteifigkeit durch die Torsionssteifigkeit, die Masse durch das Massenträgheitsmoment und die Durchbiegung durch die Verdrehung ersetzt wird. Damit ergibt sich für die torsionskritische Drehzahl:

$$n_{tk} = \frac{1}{2 \cdot \pi} \sqrt{\frac{c^*}{J}} \qquad (4.30)$$

$n_{tk}$ = Torsionskritische Drehzahl
$c^*$ = Torsionssteifigkeit
$J$ = Massenträgheitsmoment

Im realen Betrieb ist der Bereich der kritischen Drehzahlen zu meiden oder wenn erforderlich schnell zu durchfahren. Ferner sind Exzentrizitäten durch Auswuchten zu minimieren. Durch eine steife massearme Gestaltung (z. B. Hohlwelle) kann die niedrigste Eigenfrequenz zu hohen Werten, und damit weit über die Betriebsdrehzahl hinaus, verschoben werden.

## 4.3 Berechnungsbeispiele

### 4.3.1 Berechnungsbeispiel Bolzen

**Bild 4.31**
Prinzipskizze
Gelenk

Für einen Kranhaken ist ein Gelenkbolzen gemäß der Skizze Bild 4.31 auszulegen. Das Gelenk soll eine Masse von 0,4 t bei kleineren Stößen und Lastschwankungen tragen. Die Verbindung soll zunächst grobdimensioniert werden; anschließend ist sie zu gestalten, und der Bolzen soll nachgerechnet werden.

**Lösung:**
Bei der Lösung der Aufgabe müssen folgende Schritte durchlaufen werden:
1 Grobdimensionierung
  ① Ermittlung der maximalen Beanspruchung
  ② Ermittlung der Dauerfestigkeit
  ③ Berechnung der zulässigen Spannung
  ④ Berechnung des Mindestdurchmessers
2 Gestaltung und Festlegung der Geometrie
3 Nachrechnung
  ① Ermittlung vorhandener Spannungen
  ② Zusammenfassung zur Vergleichsspannung
  ③ Bestimmung der zulässigen Spannung
  ④ Spannungsnachweis

**1 Grobdimensionierung**
① Ermittlung der maximalen Beanspruchung
An der Verbindung treten folgende Belastungen auf:
– Scherspannung im Bolzen
– Biegespannung im Bolzen
– Flächenpressung in der Gleitlagerbuchse
– Lochleibungsdruck in den Auflagern
Da es sich um eine sehr kurze Achse handelt, erfolgt die Grobdimensionierung über die Scherspannung. Die Belastung tritt dabei schwellend auf. Gemäß Formel (4.7) gilt:

$$d_{min} \geq \sqrt{\frac{1,6 \cdot F_q}{\sigma_{z\,zul}}} \quad \text{mit} \quad \sigma_{z\,zul} = \frac{\sigma_{z\,sch}}{3...5}$$

Als belastende Kraft wirkt die Gewichtskraft der Masse m:

$$F_G = m \cdot g = 400\,kg \cdot 9,81\,m/s^2 = 3.924\,N$$

Es handelt sich gemäß Skizze um eine zweischnittige Verbindung, d. h. die Scherkraft wird über zwei belastete Flächen übertragen. Für die Querkraft $F_q$ in einer Scherfläche ergibt sich:

$$F_q = \frac{F_G}{2} = \frac{3.924\,N}{2} = 1.962\,N$$

② Dauerfestigkeit
Als Bolzenwerkstoff wird Ck 45 gewählt. Hierfür gilt gemäß Bild 4.28 eine Zugdauerfestigkeit bei schwellender Belastung von $\sigma_{z\,sch}$ = 490 N/mm².

③ Zulässige Spannung
Es wird ein Sicherheitsbeiwert von 4 angenommen, da nur geringe Lastschwankungen und

Stöße auftreten. Damit ergibt sich als zulässige Spannung:

$$\sigma_{z\,zul} = \frac{\sigma_{z\,sch}}{4} = \frac{490\,N/mm^2}{4} = 122,5\,N/mm^2$$

④ Mindestdurchmesser

$$d_{min} \geq \sqrt{\frac{1,6 \cdot F_q}{\sigma_{z\,zul}}} = \sqrt{\frac{1,6 \cdot 1.962\,N}{122,5\,N/mm^2}} = 5,1\,mm$$

Es wird ein Bolzendurchmesser von d = 10 mm gewählt.

**2 Gestaltung und Festlegung der Geometrie**
Die Gelenkbolzenverbindung wird gemäß Bild 4.32, Abbildung a) gestaltet. Es wird ein glatter Bolzen mit einem Durchmesser von 10 mm verwendet, der an beiden Enden so abgefräst ist, dass jeweils ein genormter Achshalter zur axialen Fixierung eingesetzt werden kann. Die Breite der Auflager beträgt jeweils 5 mm, die Bronze-Lagerbuchse ist 35 mm breit. Da nur geringe Axialkräfte wirken, ist die Lagerbuchse lediglich eingepresst.

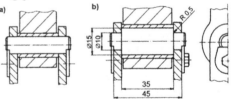

**Bild 4.32** Fertigungszeichnung Bolzen

**3 Nachrechnung**
Die Verbindung wurde nach der Scherbelastung ausgelegt, daher sind die anderen Größen Flächenpressung p in der Gleitlagerbuchse, Lochleibungsdruck $\sigma_l$ in den Auflagern und Biegespannung $\sigma_b$ im Bolzen nachzurechnen.

Flächenpressung p in der Gleitlagerbuchse:
Die Flächenpressung in der Gleitlagerbuchse wird nach Gleichung (4.12) berechnet. Gemäß Bild 4.18 ergibt sich für die hier vorhandene Paarung Stahl/Bronze eine zulässige Flächenpressung von 8 N/mm².

$$p = \frac{F_G}{d_l \cdot l} = \frac{3.924\,N}{10\,mm \cdot 35\,mm}$$

$$p = 11,2\,N/mm^2 > 8\,N/mm^2 = p_{zul}$$

*Die Flächenpressung ist also zu groß; der La-gerbolzen wird daher im mittleren Bereich mit einem Durchmesser von 15 mm versehen und an den Auflagerstellen auf 10 mm abgesetzt, siehe Bild 4.32, Abbildung b). Jetzt gilt:*

$$p = \frac{F_G}{d_1 \cdot l} = \frac{3.924\,\text{N}}{15\,\text{mm} \cdot 35\,\text{mm}}$$

$$p = 7,5\,\text{N/mm}^2 < 8\,\text{N/mm}^2 = p_{\text{zul}}$$

*Nach der konstruktiven Anpassung ist die Gleit-lagerbuchse hinreichend dimensioniert.*

*Lochleibungsdruck $\sigma_l$ in den Auflagern:*
*Der Lochleibungsdruck $\sigma_l$ wird nach Formel (4.13) berechnet. Es wird angenommen, dass die Halter, in denen der Bolzen aufgenommen wird, aus St 37 gefertigt sind. Gemäß Bild 4.19 gilt bei schwellender Belastung $\sigma_{l\,\text{zul}} = 65\,\text{N/mm}^2$.*

$$\sigma_l = \frac{F_G / 2}{d_2 \cdot s} = \frac{1.962\,\text{N}}{10\,\text{mm} \cdot 5\,\text{mm}}$$

$$\sigma_l = 39,2\,\text{N/mm}^2 \leq 65\,\text{N/mm}^2 = \sigma_{l\,\text{zul}}$$

*Die Auflagerstellen sind hinreichend dimensio-niert.*

*Biegespannung $\sigma_b$ im Bolzen:*
*Bild 4.33 zeigt das Freikörperbild des Bolzens. In der Lagerbuchse wirkt eine Streckenlast.*

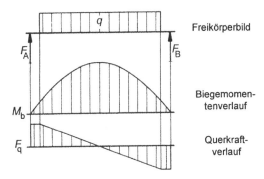

Freikörperbild

Biegemomen-tenverlauf

Querkraft-verlauf

**Bild 4.33** Freikörperbild, Biegemomenten- und Quer-kraftverlauf

*Es sind zwei kritische Stellen zu erkennen: Die Durchmesseränderung von 10 mm auf 15 mm wirkt als konstruktive Kerbe. Im mittleren Be-reich ist der Bolzen zwar glatt, jedoch ist hier das höchste Biegemoment vorhanden. Daher*

*muss der Spannungsnachweis in beiden Quer-schnitten geführt werden. Zur Berechnung wer-den die folgenden Hilfsgrößen benötigt:*

*Auflagerkräfte:*

$$F_A = F_B = \frac{q \cdot l}{2} = \frac{F_G}{2} = 1.962\,\text{N}$$

*Streckenlast:*

$$q = \frac{F_G}{l} = \frac{3.924\,\text{N}}{35\,\text{mm}} = 112,1\,\frac{\text{N}}{\text{mm}}$$

*Mit Hilfe der Gleichungen (4.15) und (4.16) und mittels Bild 4.21 lassen sich die maximalen Be-lastungen ermitteln:*

**Stelle 1 - Durchmesseränderung:**

① *Ermittlung vorhandener Spannungen:*

*Biegemoment:*

$$M_b = F_A \cdot \frac{5\,\text{mm}}{2} = 1.962\,\text{N} \cdot \frac{5\,\text{mm}}{2} = 4.905\,\text{Nmm}$$

$$W_b = \frac{\pi \cdot d^3}{32} = \frac{\pi \cdot 10^3\,\text{mm}^3}{32} = 98,2\,\text{mm}^3$$

$$\sigma_b = \frac{M_b}{W_b} = \frac{4.905\,\text{Nmm}}{98,2\,\text{mm}^3} = 49,9\,\text{N/mm}^2$$

*Scherspannung:*

$$\tau_s = \frac{F_A}{A} = \frac{1.962\,\text{N}}{\frac{\pi \cdot 10^2\,\text{mm}^2}{4}} = 25,0\,\text{N/mm}^2$$

② *Zusammenfassung zur Vergleichsspannung:*
*Sowohl die Biegespannung als auch die Scher-spannung treten schwellend auf. Daher gilt nach (4.18):*

$$\sigma_v = \sqrt{(\sigma_z + \sigma_b)^2 + 3 \cdot (\alpha_0 \cdot (\tau_t + \tau_s))^2}$$

*mit* $\alpha_0 = \dfrac{\sigma_{b\,\text{sch}}}{1{,}73 \cdot \tau_{t\,\text{sch}}}$ *sowie* $\sigma_z = 0$ *und* $\tau_t = 0$

*Als Werkstoff für den Bolzen wird Ck 45 einge-setzt. Hierfür ergeben sich die Dauerfestig-keitswerte $\sigma_{b\,\text{sch}}$ und $\tau_{t\,\text{sch}}$ gemäß Bild 4.28:*

$$\sigma_{b\,\text{sch}} = 625\,\text{N/mm}^2;\ \tau_{t\,\text{sch}} = 340\,\text{N/mm}^2$$

$$\alpha_0 = \frac{625\,\text{N/mm}^2}{1{,}73 \cdot 340\,\text{N/mm}^2} = 1{,}06$$

$$\sigma_v = \sqrt{49,9^2 + 3 \cdot (1{,}06 \cdot 25{,}0)^2}\ \text{N/mm}^2 = 67{,}8\,\text{N/mm}^2$$

*③ Bestimmung der zulässigen Spannung:*

*Für die zulässige Spannung gilt gemäß* (4.19):

$$\sigma_{zul} = \frac{b_G \cdot b_0 \cdot \sigma_{b\,grenz}}{\beta_k \cdot S} = \frac{b_G \cdot b_0 \cdot \sigma_{b\,sch}}{\beta_k \cdot S}$$

*Der Größenbeiwert $b_G$ hängt nach* Bild 4.22 *vom Durchmesser der Achse ab:*

$$b_G = 1 \quad für \quad d = 10 \text{ mm}$$

*Zur Ermittlung des Oberflächenbeiwertes $b_0$ muss gemäß* Bild 4.23 *die Rauhtiefe und die Dauerfestigkeit $\sigma_{z\,sch}$ bei schwellender Zugbelastung bekannt sein. Nach* Bild 4.28 *gilt für* Ck 45: $\sigma_{z\,sch} = 490$ N/mm². *Die Achse wird im Bereich des Absatzes als geschlichtet, $R_z \approx 25$ µm, angenommen. Damit gilt $b_0 = 0{,}9$.*

*Der Kerbfaktor $\beta_k$ ist aus* Bild 4.26 *zu ermitteln. Der Übergang wird als scharfkantig (Rundungsradius $r = 0$, $r/d = 0$, Linienzug a) angenommen. Die Dauerfestigkeit für wechselnde Belastung ist gemäß* Bild 4.28 *für* Ck 45 $\sigma_{b\,w} = 370$ N/mm² . *Für ein Durchmesserverhältnis $D/d = 1{,}2$ ergibt sich dann ein Kerbfaktor $\beta_k = 1{,}9$. Tatsächlich liegt jedoch ein größeres Durchmesserverhältnis vor:*

$$\frac{D}{d} = \frac{15 \text{ mm}}{10 \text{ mm}} = 1{,}5$$

*Mit Hilfe der* Formel (4.20) *und* Bild 4.27 *wird der Kerbfaktor entsprechend korrigiert:*

$$\beta_k{}' = 1 + c \cdot (\beta_k - 1) = 1 + 1{,}75 \cdot (1{,}9 - 1) = 2{,}575$$

*mit $c = 1{,}75$ für $D/d = 1{,}5$*

*Der Sicherheitsbeiwert S wird mittels* (4.21) *berechnet:*

$$S = 1 + \frac{H}{100\%} = 1 + \frac{50\%}{100\%} = 1{,}5$$

*Dabei ist H die prozentuale Häufigkeit der Maximalbelastung; laut Aufgabe gilt $H = 50$ %.*

$$\sigma_{zul} = \frac{b_G \cdot b_0 \cdot \sigma_{b\,sch}}{\beta_k \cdot S} = \frac{1 \cdot 0{,}9 \cdot 625\,\text{N/mm}^2}{2{,}575 \cdot 1{,}5} = 145{,}6\,\text{N/mm}^2$$

*④ Spannungsnachweis:*

$$\sigma_{zul} = 145{,}6\,\text{N/mm}^2 > 67{,}8\,\text{N/mm}^2 = \sigma_v$$

*Damit ist die Achse im Bereich des Absatzes hinreichend dimensioniert.*

*Stelle 2 - Bolzenmitte:*

*① Ermittlung vorhandener Spannungen:*

*Biegemoment:*

$$M_b = F_A \cdot \frac{(5 + 35) \text{ mm}}{2} = 1.962 \text{ N} \cdot 20 \text{ mm} = 39.240 \text{ Nmm}$$

$$W_b = \frac{\pi \cdot d^3}{32} = \frac{\pi \cdot 15^3 \text{ mm}^3}{32} = 331{,}3 \text{ mm}^3$$

$$\sigma_b = \frac{M_b}{W_b} = \frac{39.240 \text{ Nmm}}{331{,}3 \text{ mm}^3} = 118{,}4 \text{ N/mm}^2$$

*Die Scherspannung ist in Bolzenmitte gleich Null, da hier keine Querkraft wirkt, siehe* Bild 4.33.

*② Zusammenfassung zur Vergleichsspannung:*

*Die vorhandene Biegespannung entspricht der Vergleichsspannung, da keine anderen Spannungen vorhanden sind.*

*③ Bestimmung der zulässigen Spannung:*

$$\sigma_{zul} = \frac{b_G \cdot b_0 \cdot \sigma_{b\,grenz}}{\beta_k \cdot S} = \frac{b_G \cdot b_0 \cdot \sigma_{b\,sch}}{\beta_k \cdot S}$$

$$b_G = 0{,}95 \quad für \quad d = 15 \text{ mm}$$

$$b_0 = 0{,}93 \quad für \, R_z \approx 4 \text{ µm (geschliffen)}$$

*Der Kerbfaktor $\beta_k$ wird nach* Bild 4.25 *ermittelt. Für eine glatte Achse gilt $\beta_k = 1$. (In* Bild 4.25 *für polierte Achsen angegeben; die Oberfläche wurde hier jedoch im Wert $b_0$ berücksichtigt).*

*Sicherheitsbeiwert $S = 1{,}5$ (siehe oben)*

$$\sigma_{zul} = \frac{b_G \cdot b_0 \cdot \sigma_{b\,sch}}{\beta_k \cdot S} = \frac{0{,}95 \cdot 0{,}93 \cdot 625 \text{ N/mm}^2}{1 \cdot 1{,}5} = 368{,}13 \frac{\text{N}}{\text{mm}^2}$$

*④ Spannungsnachweis:*

$$\sigma_{zul} = 368{,}13 \text{ N/mm}^2 > 118{,}4 \text{ N/mm}^2 = \sigma_v = \sigma_b$$

*Damit ist die Achse auch in der Mitte hinreichend dimensioniert.*

## 4.3.2 Beispiel Getriebewelle

Die in Bild 4.34 dargestellte Getriebewelle wird mit einem Drehmoment von $T = 200$ Nm belastet. Die Zahnkraft am aufgesetzten Ritzel beträgt 1,5 kN. Die Drehmomentübertragung erfolgt mittels einer Passfederverbindung. Die Tie-

fe der Passfedernut in der Welle ist $t_1$ = 5,5 mm.
Zur axialen Festlegung des Ritzels dient ein Gewinde M45x1,5. Der
Kerndurchmesser be-
trägt d = 43,16 mm.
Die Nut für das ent-
sprechende Siche-
rungsblech hat eine
Tiefe von $t_2$ = 2,5 mm.
Die Maximallast tritt
mit einer Häufigkeit
von 50 % auf. Ist die
Getriebewelle hinrei-
chend dimensioniert?

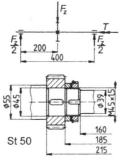

**Bild 4.34** Getriebewelle

*Lösung:*
*Es ist der Spannungsnach-*
*weis im gefährdeten Quer-*
*schnitt durchzuführen. Da-*
*zu muss dieser Querschnitt*
*zunächst erkannt werden.*
*Hierfür ist es hilfreich, die*
*Kräfte- und Momentenver-*
*läufe darzustellen. Gefähr-*
*dete Stellen sind dann*
*durch großes Biegemo-*
*ment, großes Torsionsmo-*
*ment, kleinen Querschnitt*
*und/oder scharfe Kerben*
*gekennzeichnet.*

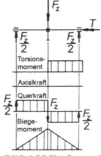

**Bild 4.35** Kräfte- und
Momentenverläufe

*Folgende gefährdeten Querschnitte liegen vor:*
1. *Passfedernut (größtes Biege- und Torsions-*
   *moment, scharfe Kerbe)*
2. *Gewinde unmittelbar neben dem Ritzel*
   *(großes Biege- und Torsionsmoment, Gewinde*
   *ist schlimmere Kerbe als Gewindefreistich)*
3. *Sicherungsblechnut (kleineres Biegemoment,*
   *großes Torsionsmoment)*
4. *Wellenabsatz mit Freistich (kein Torsions-*
   *moment, reine Biegebelastung, nicht so starke*
   *Kerbe, weil durch Freistich ausgerundet)*
*Um den gefährdeten Querschnitt erkennen zu*
*können ist es sinnvoll, für die vier Querschnitte*
*die Kennwerte zusammenzustellen. Für das je-*
*weilige Biegemoment gilt:*

$$M_b = \frac{F_z}{2} \cdot x = \frac{1,5\,kN}{2} \cdot x$$

*Hierbei ist x der Abstand vom nächstliegenden*
*Auflager bis zur betrachteten Stelle. Für die*
*Stellen 2 und 3 wurde der Wert x geschätzt.*

*Der Kerbfaktor wird für Stelle 1 gemäß Bild*
*4.25 ermittelt, für die übrigen Stellen nach Bild*
*4.26. Hierzu wird die Dauerfestigkeit $\sigma_{b\,w}$ nach*
*Bild 4.28 ermittelt: $\sigma_{b\,w}$ = 260 N/mm². Mit die-*
*sem Wert lässt sich der Kerbfaktor für Stelle 2*
*aus Linie g in Bild 4.26 bestimmen. Stelle 3*
*weist ein Gewinde ($\beta_{kb}$ = 2,6) und eine Nut*
*(ähnlich Passfedernut, $\beta_{kb}$ = 2) auf. Hier ist der*
*größere der beiden Werte entscheidend. An der*
*Stelle 4 ist ein Freistich vorhanden, der gemäß*
*Norm für den Wellendurchmesser von 45 mm*
*einen Rundungsradius von 0,6 mm aufweist; es*
*gilt r/d = 0,013. Der Kerbfaktor liegt demnach*
*zwischen 1,4 (Linie b) und 1,8 (Linie a).*

*Als Wellendurchmesser ist an Stelle 1 der einbe-*
*schriebene Durchmesser nach Bild 4.21 einzu-*
*setzen, an Stelle 2 der Kerndurchmesser. Bei*
*Stelle 3 beträgt die Gewindetiefe (45 - 43,16) / 2*
*mm = 0,92 mm; daher ragt die Nut für das Si-*
*cherungsblech in den Gewindekerndurchmesser*
*um 2,5 mm - 0,92 mm = 1,58 mm hinein. Es er-*
*gibt sich hier der angegebene Durchmesser.*

| Stelle | Durchmesser | Torsions-moment $T$ | Biege-moment $M_b$ | Kerb-faktor $\beta_{kb}$ |
|--------|-------------|------------|------------|---------|
| 1 | (45 - 5,5) mm 39,5 mm | 200 Nm | 150 Nm (x=200 mm) | 2 |
| 2 | 43,16 mm | 200 Nm | ≈ 137 Nm (x=182 mm) | 2,6 |
| 3 | (43,16 - 1,58) mm 41,58 mm | 200 Nm | ≈ 135 Nm (x=180 mm) | 2,6 |
| 4 | 45 mm | 0 | ≈ 139 Nm (x=185 mm) | 1,4...1,8 |

*Es ist erkennbar, dass Stelle 1 (kleinster Durch-*
*messer) und Stelle 3 (schärfste Kerbe) die ge-*
*fährdeten Querschnitt sind und daher nachge-*
*rechnet werden müssen. Es werden nun die vier*
*Schritte zum Spannungsnachweis durchlaufen.*

*① Ermittlung vorhandener Spannungen*

*Berechnung der vorhandenen Torsionsspan-*
*nung:*

$$\tau_t = \frac{T}{W_t} \quad (4.14) \quad mit \quad W_t \approx \frac{\pi}{16} \cdot d^3$$

*Stelle 1:* $\tau_t = \dfrac{200\,Nm}{\dfrac{\pi}{16} \cdot 39,5^3\,mm^3} = 16,53\,\dfrac{N}{mm^2}$

*Stelle 3:* $\tau_t = \dfrac{200\,Nm}{\dfrac{\pi}{16} \cdot 41,58^3\,mm^3} = 14,17\,\dfrac{N}{mm^2}$

*Berechnung der vorhandenen Biegespannung:*

$$\sigma_b = \frac{M_b}{W_b} \quad (4.15) \quad mit \quad W_b = \frac{\pi}{32} \cdot d^3$$

*Stelle 1:*

$$\sigma_b = \frac{150 \, Nm}{\frac{\pi}{32} \cdot 39,5^3 \, mm^3} = 24,79 \frac{N}{mm^2}$$

*Stelle 3:*

$$\sigma_b = \frac{135 \, Nm}{\frac{\pi}{32} \cdot 41,58^3 \, mm^3} = 19,13 \frac{N}{mm^2}$$

*Berechnung der vorhandenen Scherspannung:*

$$\tau_s = \frac{F_q}{A} \quad mit \quad A = \frac{\pi}{4} \cdot d^2 \quad und \quad F_q = \frac{F_z}{2} = \frac{1,5 \, kN}{2} = 750 \, N$$

*Stelle 1:*

$$\tau_s = \frac{750 \, N}{\frac{\pi}{4} \cdot 39,5^2 \, mm^2} = 0,61 \frac{N}{mm^2}$$

*Stelle 3:*

$$\tau_s = \frac{750 \, N}{\frac{\pi}{4} \cdot 41,58^2 \, mm^2} = 0,55 \frac{N}{mm^2}$$

*Berechnung der vorhandenen Zugspannung:*

$$\sigma_z = \frac{F_a}{A} \quad (4.17)$$

*Die Getriebewelle wird durch keine Axialkräfte belastet, daher gilt* $\sigma_z = 0$.

② *Zusammenfassung zur vorhandenen Vergleichspannung*

$$\sigma_v = \sqrt{(\sigma_z + \sigma_b)^2 + 3 \cdot (\alpha_0 \cdot (\tau_t + \tau_s))^2} \quad (vgl. \, 4.18)$$

$$mit \quad \alpha_0 = \frac{\sigma_{bw}}{1,73 \cdot \tau_{tsch}}$$

*Bestimmung der Dauerfestigkeitswerte* $\sigma_{bw}$ *und* $\tau_{tsch}$ *für St 50 aus Bild 4.28:*

$$\sigma_{bw} = 260 \, N/mm^2; \quad \tau_{tsch} = 210 \, N/mm^2$$

$$\alpha_0 = \frac{260 \, N/mm^2}{1,73 \cdot 210 \, N/mm^2} = 0,72$$

*Stelle 1:*

$$\sigma_v = \sqrt{\left((0 + 24,79) \frac{N}{mm^2}\right)^2 + 3 \cdot \left(0,72 \cdot (16,53 + 0,61) \frac{N}{mm^2}\right)^2}$$

$$\sigma_v = 32,73 \frac{N}{mm^2}$$

*Stelle 3:*

$$\sigma_v = \sqrt{\left((0 + 19,13) \frac{N}{mm^2}\right)^2 + 3 \cdot \left(0,72 \cdot (14,17 + 0,55) \frac{N}{mm^2}\right)^2}$$

$$\sigma_v = 26,51 \frac{N}{mm^2}$$

*Die aus der Querkraft resultierende Scherspannung ist im Verhältnis zu den anderen Spannungen vernachlässigbar klein. Hätte man an beiden Stellen die Scherspannung vernachlässigt, hätte sich ein Fehler von ca. 1,5 % ergeben.*

③ *Bestimmung der zulässigen Spannung*

$$\sigma_{zul} = \frac{b_G \cdot b_0 \cdot \sigma_{bgrenz}}{\beta_k \cdot S} = \frac{b_G \cdot b_0 \cdot \sigma_{bw}}{\beta_k \cdot S} \quad (vgl. \, 4.19)$$

*Der Größenbeiwert* $b_G$ *wird nach Bild 4.22 in Abhängigkeit vom Wellendurchmesser ermittelt:*

*Stelle 1:* $\quad b_G = 0,81 \quad$ *für* $\quad d = 39,5 \quad mm$
*Stelle 3:* $\quad b_G = 0,80 \quad$ *für* $\quad d = 41,58 \quad mm$

*Der Oberflächenbeiwert* $b_0$ *hängt gemäß Bild 4.23 von der Rauhtiefe und von der Dauerfestigkeit* $\sigma_{zsch}$ *bei schwellender Zugbelastung ab. Nach Bild 4.28 gilt für St 50:* $\sigma_{zsch} = 300$ *$N/mm^2$. Sowohl für die Passfedernut (Stelle 1) als auch für das Gewinde mit der Sicherungsblechnut wird die Oberfläche geschlichtet,* $R_z \approx 25 \, \mu m$, *angenommen. Damit gilt:*

*Stelle 1 und Stelle 3:* $b_0 = 0,95$

*Der Kerbfaktor* $\beta_k$ *wurde bereits vorn ermittelt:*
*Stelle 1:* $\quad \beta_k = 2$
*Stelle 3:* $\quad \beta_k = 2,6$

*Die Dauerfestigkeit für St 50 wurde ebenfalls bereits bestimmt:*

$$\sigma_{bw} = 260 \, N/mm^2$$

*Sicherheitsbeiwert S:* $\quad S = 1 + \frac{H}{100\%} \quad (vgl. \, 4.21)$

*Dabei ist H die prozentuale Häufigkeit der Maximalbelastung; laut Aufgabe gilt H = 50 %*

$$S = 1 + \frac{50\%}{100\%} = 1,5$$

④ *Spannungsnachweis: Vergleichsspannung:*

*Stelle 1:*

$$\sigma_{zul} = \frac{b_G \cdot b_0 \cdot \sigma_{bw}}{\beta_k \cdot S} = \frac{0,81 \cdot 0,95 \cdot 260 \, N/mm^2}{2 \cdot 1,5} = 66,69 \, N/mm^2$$

$\sigma_{zul} = 66,69 \text{ N / mm}^2 > 32,73 \text{ N / mm}^2 = \sigma_v$

*Stelle 3:*

$$\sigma_{zul} = \frac{b_G \cdot b_0 \cdot \sigma_{bw}}{\beta_k \cdot S} = \frac{0,80 \cdot 0,95 \cdot 260 \text{ N / mm}^2}{2,6 \cdot 1,5} = 50,67 \text{ N / mm}^2$$

$\sigma_{zul} = 50,67 \text{ N / mm}^2 > 26,51 \text{ N / mm}^2 = \sigma_v$

*Die Gegenüberstellung von Vergleichsspannung und zulässiger Spannung hat gezeigt, dass beide Stellen hinreichend dimensioniert sind. Welche Stelle bei Überlastung zuerst ausfallen würde, kann jedoch nicht bestimmt werden. Hierzu kann die Betrachtung der vorhandenen Sicherheit dienen:*

**Vorhandene Sicherheit:**

$$S = \frac{b_G \cdot b_0 \cdot \sigma_{bw}}{\beta_k \cdot \sigma_v} \quad (4.23)$$

*Stelle 1:* $\quad S = \dfrac{0,81 \cdot 0,95 \cdot 260 \text{ N / mm}^2}{2 \cdot 32,73 \text{ N / mm}^2} = 3,1$

*Stelle 3:* $\quad S = \dfrac{0,80 \cdot 0,95 \cdot 260 \text{ N / mm}^2}{2,6 \cdot 26,51 \text{ N / mm}^2} = 2,9$

*Da beide berechneten Sicherheiten deutlich über der geforderten Sicherheit von S = 1,5 liegen, sind beide Stellen hinreichend dimensioniert. Die Welle würde an Stelle 1 beim 3,1-fachen der vorgesehenen Belastung dauerbruchgefährdet sein, an der Stelle 3 beim 2,9-fachen.*

## 4.4 Literatur zu Kapitel 4

[1] FAG Die Gestaltung von Wälzlagerungen. FAG Publ.-Nr. WL 00 200/4 DA, Schweinfurt, 1992.

[2] Köhler, G.; Rögnitz, H.: Maschinenteile, Teil 1 und 2. 8. Aufl., Stuttgart, 1992.

[3] Klein, M.: Einführung in die DIN-Normen. 12. Auflage, Stuttgart, 1997.

[4] Beitz, W., Küttner, K. H.: Dubbel, Taschenbuch für den Maschinenbau. 18. Auflage, Berlin, Heidelberg, New York, 1995.

[5] Meuth, H. O.: Über den Einfluss des Spannungsgefälles auf die Stützwirkung bei schwingender Beanspruchung. Dissertation TH Stuttgart, 1952.

[6] Neuber, H.: Kerbspannungslehre. Berlin, Heidelberg, Göttingen, 1985.

[7] Thum, A.; Petersen, C., Svenson, O.: Verformung, Spannung und Kerbwirkung, Eine Einführung. Düsseldorf, 1960.

[8] Wellinger, K.; Dietmann, H.: Festigkeitsberechnung, Grundlagen und technische Anwendung. Stuttgart, 1976.

[9] DIN 50100 Dauerschwingversuch; Begriffe, Zeichen, Durchführung, Auswertung. Berlin, 1978.

# 5 Welle-Nabe-Verbindungen

## 5.1 Verbindungsarten

Welle-Nabe-Verbindungen dienen der Übertragung von Kräften bzw. Momenten zwischen einem in der Regel runden Innenteil (Welle) und einem darauf aufgesetzten Außenteil (Nabe). Die Verbindungen lassen sich hinsichtlich des Wirkprinzips wie folgt unterteilen:

**Reibschlussverbindungen:**
Die Drehmomentübertragung erfolgt durch die Reibung zwischen Welle und Nabe. Die Normalkraft wird durch elastische Verformung erzeugt.

**Formschlussverbindungen:**
Kräfte und Drehmomente werden durch die Form der Verbindungselemente übertragen, d. h. durch senkrecht zur Kraftrichtung angeordnete Flächen.

**Stoffschlussverbindungen:**
Die Verbindung der Teile erfolgt mit Hilfe von Zusatzwerkstoffen (Schweißen, Kleben, Löten). Die Verbindung ist nicht zerstörungsfrei lösbar.

## 5.2 Reibschlüssige Verbindungen

### 5.2.1 Allgemeines

Reibschlüssige Verbindungen leiten axiale Kräfte oder übertragen Drehmomente zwischen Welle und Nabe. Die Reibkräfte werden durch die senkrecht zur Berührungsflächen stehenden Normalkräfte erzeugt. Der Zusammenhang zwischen der Reibkraft und Normalkraft ist wie folgt:

$$\boxed{F_R = \mu \cdot F_N = \mu \cdot p \cdot A} \qquad (5.1)$$

$\mu$ = Reibungskoeffizient
$p$ = Flächenpressung
$A$ = Umfangsfläche

Der Vorteil der kraftschlüssigen Verbindungen gegenüber den formschlüssigen Verbindungen ist die höhere dynamische Belastbarkeit. Andererseits müssen die Normalkräfte in den Reibflä-

chen größer sein als die Reibkräfte. Unter der Annahme einer gleichmäßig über den Umfang verteilten Flächenpressung $p$ ergibt sich die Reibkraft $F_R$ aus der Flächenpressung, der Fläche und dem Reibbeiwert, siehe Gleichung (5.2) und Bild 5.1:

**Bild 5.1** Reibschlussverbindung [1]

$$\boxed{F_R = \mu \cdot F_N = \mu \cdot p \cdot \pi \cdot D_F \cdot b} \qquad (5.2)$$

$D_F$ = Fugendurchmesser
$b$ = Nabenbreite

Bei drehmomentbelasteten Verbindungen muss die Reibkraft größer sein als die aus dem äußeren Moment resultierende Umfangskraft $F_t$:

$$\boxed{F_R = \mu \cdot F_N \geq F_t = \frac{2 \cdot T}{D_F}} \qquad (5.3)$$

$F_t$ = Umfangskraft
$T$ = Zu übertragendes Drehmoment

Daraus ergibt sich die erforderliche Flächenpressung:

$$\boxed{p \geq \frac{2 \cdot T}{\mu \cdot \pi \cdot b \cdot D_F^2}} \qquad (5.4)$$

| Werkstoffpaarung | $\mu_{trocken}$ | $\mu_{geölt}$ |
|---|---|---|
| St/St oder St/GS | 0,07…0,16 | 0,05…0,12 |
| St/GG oder GG/GG | 0,13…0,25 | 0,02…0,09 |
| St/CuSn, St/CuZn | 0,11…0,22 | 0,02…0,08 |
| GG/CuSn, GG/CuZn | 0,11…0,22 | 0,02…0,09 |
| St/Mg-Al | 0,03…0,08 | 0,01…0,02 |
| St/Ms | 0,04…0,14 | 0,01…0,05 |

**Bild 5.2** Gleitreibungskoeffizient $\mu$ [1]

Der Reibungskoeffizient $\mu$ ist stark von der Werkstoffpaarung, der Oberflächenbeschaffenheit und dem Schmierzustand abhängig. Günstig sind kleine Rauhtiefen und ungefettete Oberflächen. Sicherheitshalber wird mit dem Gleitreibungskoeffizienten, der kleiner als der Haftreibungskoeffizient ist, gerechnet. Richtwerte für den Gleitreibwert $\mu$ sind Bild 5.2 zu entnehmen.

## 5.2.2 Klemmverbindungen

Klemmverbindungen sind für kleine und wenig schwankende Drehmomente geeignet und werden vorwiegend im Kleinmaschinenbau und in der Feinwerktechnik eingesetzt. Bei größeren Drehmomenten werden häufig zusätzlich Passfedern verwendet. Eine derartige Verbindung ist jedoch nicht eindeutig berechenbar, da die Traganteile nicht bekannt sind. Bei den Klemmverbindungen mit geschlitzter Nabe und mit geteilter Nabe (Bild 5.3) wird die Flächenpressung in der Regel durch Schraubenkräfte oder Kippkräfte erzeugt.

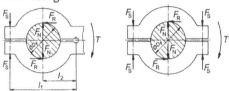

**Bild 5.3**  Klemmverbindung mit geschlitzter Nabe (links) und mit geteilter Nabe (rechts)

**Vorteile:**
- Nabenlage axial und in Umfangrichtung einfach veränderbar
- Einfache Herstellung und Montage
- Eignung für dynamische Belastungen

**Nachteil:**
- Verteilung der Flächenpressung ungleichmäßig

Um einen wirksamen Reibungsschluss zu erreichen, muss das Reibungsmoment $T_R$ größer als das zu übertragende Drehmoment $T$ sein:

$$T_R = \mu \cdot F_N \cdot D_F \geq T \qquad (5.5)$$

Aus dieser Bedingung lässt sich die von den Schrauben aufzubringende Anpresskraft $F_N$ berechnen:

$$F_N \geq \frac{T}{\mu \cdot D_F} \qquad (5.6)$$

Für geteilte Naben mit $n$ Schrauben wird die erforderliche Schraubenkraft wie folgt berechnet:

$$F_S = \frac{F_N}{n} \geq \frac{T}{n \cdot \mu \cdot D_F} \qquad (5.7)$$

Beim Klemmsitz mit geschlitzter Nabe werden der Schlitzgrund als Gelenk und die Nabenhälften als Hebel angenommen. Nach dem Hebelgesetz ergibt sich bei $n$ Schrauben die erforderliche Schraubenkraft zu:

$$F_S = \frac{F_N \cdot l_2}{n \cdot l_1} = \frac{T_R \cdot l_2}{n \cdot D \cdot \mu \cdot l_1} \qquad (5.8)$$

Bei der Kippkraft-Klemmverbindungen (Bild 5.4) wird durch die Kippkraft $F_K$ an den Punkten $A$ und $B$ Kantenpressung erzeugt, die die Reibkraft $F_R = \mu \cdot F_N$ bewirkt. Es kommt zur Selbsthemmung, wenn für die Kippkraft $F_K$ gilt:

$$F_K \leq 2 \cdot F_R \quad \text{bzw.} \quad F_N \geq \frac{F_K}{2 \cdot \mu} \qquad (5.9)$$

Aus dem Momentgleichgewicht um den Punkt O ergibt sich:

$$2 \cdot F_N \cdot \frac{l}{2} = F_K \cdot k \quad \text{bzw.} \quad F_N = F_K \cdot \frac{k}{l} \qquad (5.10)$$

Aus den Gleichungen (5.9) und (5.10) folgt:

$$\frac{k}{l} \geq \frac{1}{2 \cdot \mu} \qquad (5.11)$$

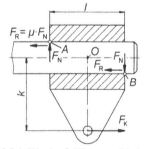

**Bild 5.4** Kippkraft-Klemmverbindung

## 5.2.3 Pressverbindungen

Pressverbindungen entstehen durch das Fügen von Wellen und Naben mit einer Übermaßpassung. Infolge des Übermaßes wird die Nabe elastisch aufgeweitet, die Welle elastisch zusammengedrückt. Hierdurch wird eine Flächenpressung in den Reibflächen erzeugt. Pressverbindungen können große wechselnde und stoßartige

Drehmomente übertragen. Sie werden z. B. eingesetzt für Verbindungen von Schwungrädern, Riemenscheiben, Kupplungen, Zahnrädern und für Gleitlagerbuchsen in Gehäusen.

**Vorteile:**
- Herstellung einfach und kostengünstig
- Prüfung einfach, genau und schnell
- Geeignet für Wechsel- und Stoßbelastungen
- Zentrierung von Welle und Nabe

**Nachteile:**
- Verstellung der Teile kaum noch möglich
- Hohe Kerbwirkung an Übergangsstellen
- Verbindung nicht zerstörungsfrei lösbar, insbesondere bei gleichen Werkstoffen

Je nach Art des Fügens unterscheidet man Längspresssitze und Querpresssitze.

**Längspresssitze**
Sie werden durch axiales Aufpressen der Nabe auf die Welle bei gleichen Temperaturen hergestellt. Um ein Wegschälen des Werkstoffs während des Fügens zu verhindern, ist am Innenteil (Welle) eine Schräge von ca. 5° vorzusehen (Bild 5.5). Aufgrund der Glättung der Fugenflächen beim Einpressen ist die Haftkraft geringer als bei Querpresssitzen; sie beträgt nur ca. 70% der Einpresskraft. Die volle Tragfähigkeit wird erst nach zwei Tagen erreicht. Bild 5.5 zeigt den Kraftverlauf beim Ein- und Auspressen.

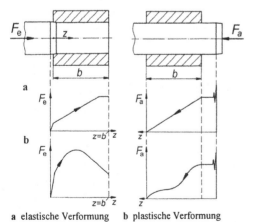

a elastische Verformung    b plastische Verformung

**Bild 5.5** Verlauf der axialen Einpresskraft $F_e$ und der axialen Auspresskraft $F_a$ bei einer Pressverbindung /2/

**Querpresssitze**
Beim Dehnsitz wird die Welle durch Unterkühlen (in Trockeneis bis max. -72 °C, in flüssigem Stickstoff bis ca. -195 °C) so weit geschrumpft, dass sich die Teile fügen lassen. Beim Anwärmen auf Raumtemperatur dehnt sich die Welle und presst sich in die Nabe (Bild 5.6). Beim Schrumpfsitz wird das Außenteil vor dem Fügen durch Erwärmung (im Ölbad, im Ofen oder durch Gasflamme) so aufgeweitet, dass es sich leicht auf das Innenteil schieben lässt (Bild 5.7).

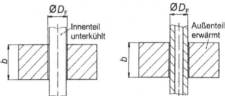

**Bild 5.6** Dehnen des Innenteils          **Bild 5.7** Schrumpfen des Außenteils

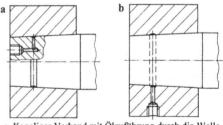

a Kegeliger Verband mit Ölzuführung durch die Welle
b Kegeliger Verband mit Ölzuführung durch die Nabe

**Bild 5.8** Druckölverbände nach DIN 15055

**Druckölpressverbände:**
Diese Verbindungen lassen sich besonders einfach fügen und lösen. Hierbei wird zwischen die leicht kegeligen Fugenflächen Öl unter hohem Druck gepresst, so dass die Nabe aufgeweitet wird. Die Welle wird nun in die Nabe geschoben, bis die Fügeflächen aufeinandersitzen. Die Ölzuführung erfolgt durch Bohrungen und Nuten in der Welle oder in der Nabe (Bild 5.8). Durch den dünnen Ölfilm zwischen den Fügeflächen lassen sich Welle und Nabe mit kleinerer Axialkraft relativ ineinander schieben. Druckölpressverbände werden im Schwermaschinenbau und in der Antriebstechnik (z. B. Ein- und Ausbau schwerer Wälzlager) angewendet. Bei zylindrischen Passflächen lässt sich das Druckölverfahren nur zum Lösen der Verbindung benutzen.

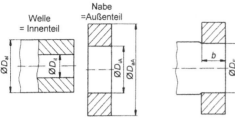

**Bild 5.9** Geometrische Daten einer Pressverbindung

**Auslegung von Pressverbindungen:**
Die Auslegung von Pressverbindungen erfolgt nach DIN 7190. In Bild 5.9 sind die geometrischen Daten einer Pressverbindung vor und nach dem Fügen dargestellt. Das Übermaß $U$ wird wie folgt errechnet:

$$U = D_{aI} - D_{iA} \qquad (5.12)$$

$D_{aI}$ = Außendurchmesser des Innenteils
$D_{iA}$ = Innendurchmesser des Außenteils

Liegt nur ein geringes Übermaß vor, werden (als Modellvorstellung) die Rauhigkeiten der Oberflächen geglättet, nicht jedoch die Bauteile selbst verformt. Bei einem größeren Übermaß dient ein Teil zur Oberflächenglättung (entsprechend dem Übermaßverlust $\Delta U$), während nur der verbleibende Anteil des Übermaßes (Haftmaß $Z$) die Bauteile verformt.

Für den Übermaßverlust $\Delta U$ gilt als Erfahrungswert:

$$\Delta U = 0,8 \cdot (R_{zA} + R_{zI}) \qquad (5.13)$$

Dies entspricht einer Glättung um 40% der gemittelten Rauhtiefe $R_z$. Damit kann das Haftmaß $Z$ wie folgt berechnet werden:

$$Z = U - \Delta U = U - 0,8 \cdot (R_{zA} + R_{zI}) \qquad (5.14)$$

$R_{zI}$ = Gemittelte Rauhtiefe des Innenteils $\quad R_{zI} \approx 4\ \mu m$
$R_{zA}$ = Gemittelte Rauhtiefe des Außenteils $\quad R_{zA} \approx 6,3\ \mu m$
$Z$ = Haftmaß
$U$ = Übermaß
$\Delta U$ = Übermaßverlust

Die angegebenen Werte für die gemittelten Rauhtiefen $R_{zI}$ und $R_{zA}$ gelten als Anhaltswerte für Fugendurchmesser bis 500 mm.

Die Spannungsverteilung bei Pressverbindungen ist in Bild 5.10 dargestellt. Bei der Nabe tritt die größte Beanspruchung am Innendurchmesser auf; bei einer Hohlwelle gilt dieses ebenfalls.

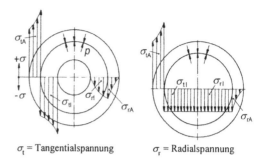

$\sigma_t$ = Tangentialspannung  $\qquad$ $\sigma_r$ = Radialspannung

**Bild 5.10** Spannungen bei Pressverbindungen  /2/

Bei der Auslegung soll die Passung zwischen Welle und Nabe so bestimmt werden, dass beim kleinsten Übermaß noch das Drehmoment übertragen werden kann, beim größten Übermaß die Bauteile aber nicht zerstört werden. Die Berechnung läuft in folgenden Schritten ab:

① **Bestimmung der Flächenpressungen:**
Nach dem Fügen der Teile muss mindestens die Flächenpressung $p_{min}$ vorhanden sein; anderenfalls würde die Verbindung unter Belastung durchrutschen (vgl. (5.4)):

$$p_{min} = \frac{2 \cdot T}{\mu \cdot \pi \cdot b \cdot D_F^2} \qquad (5.15)$$

Die Vergleichsspannung aus Radial- und Tangentialspannungen darf die zulässige Spannung nicht überschreiten. Aus dieser Bedingung lassen sich die zulässigen Flächenpressungen für das Innenteil und für das Außenteil berechnen. Als Hilfsmittel werden die Durchmesserverhältnisse $Q_I$ für das Innenteil und $Q_A$ für das Außenteil benötigt:

$$Q_I = \frac{D_{iI}}{D_F} \quad \text{und} \quad Q_A = \frac{D_F}{D_{aA}} \qquad (5.16)$$

$D_{iI}$ = Innendurchmesser des Innenteils
$D_{aA}$ = Außendurchmesser des Außenteils
$D_F$ = Fugendurchmesser

**Außenteil**
Die zulässige Flächenpressung $p_{zul\,A}$ für das Außenteil wird wie folgt berechnet:

$$p_{zul\,A} = R_e \cdot \frac{1 - Q_A^2}{\sqrt{3} \cdot S_F} \qquad \text{(zähe Werkstoffe) (5.17a)}$$

$$p_{zul\,A} = R_m \cdot \frac{1 - Q_A^{\,2}}{(1 + Q_A^{\,2}) \cdot S_B}$$ (5.17b)

(spröde Werkstoffe)

$R_e$ = Streckgrenze gemäß Bild 5.11
$R_m$ = Zugfestigkeit gemäß Bild 5.11
$S_F$ = Sicherheit gegen Fließen;    $S_F \approx 1{,}1...1{,}5$
$S_B$ = Sicherheit gegen Bruch;    $S_B \approx 2...3$

| Werkstoff | | $R_e$ in N/mm² | Werkstoff | | $R_m$ in N/mm² |
|---|---|---|---|---|---|
| St37-2 | 1.0038 | 225 | GG-15 | 0.6015 | 150 |
| St52-3 | 1.0570 | 345 | GG-20 | 0.6020 | 200 |
| St60-2 | 1.0060 | 325 | GG-35 | 0.6035 | 350 |
| St70-2 | 1.0070 | 355 | GG-40 | 0.6040 | 400 |
| C35 | 1.0501 | 365 | GGG-40 | 0.7040 | 400 |
| C45 | 1.0503 | 410 | GGG-60 | 0.7050 | 600 |
| C60 | 1.0601 | 490 | GTS-45 | 0.8145 | 450 |
| 16MnCr5 | 1.7131 | 590 | GTS-65 | 0.8165 | 650 |
| 20MnCr5 | 1.7147 | 700 | GS-38 | 1.0416 | 380 |
| 17CrNiMo6 | 1.6587 | 785 | GS-45 | 1.0443 | 450 |
| 18CrNi8 | 1.5920 | 800 | GS-60 | 1.0553 | 600 |

**Bild 5.11** Werkstoffdaten

Bei Überschreitung der Flächenpressung $p_{zul\,A}$ würde die Nabe gesprengt werden.

**Innenteil**
Bei den Innenteilen muss zwischen Vollwellen und Hohlwellen unterschieden werden. Es gilt für Hohlwellen:

$$p_{zul\,I} = R_e \cdot \frac{1 - Q_I^{\,2}}{\sqrt{3} \cdot S_F}$$ (5.18a)

Entsprechend gilt für Vollwellen:

$$p_{zul\,I} = R_e \cdot \frac{2}{\sqrt{3} \cdot S_F}$$ (5.18b)

$Q_I$ = Durchmesserverhältnis bei Hohlwellen, s. Gl. (5.16)
$R_e$ = Streckgrenze gemäß Bild 5.11
$S_F$ = Sicherheit gegen Fließen;    $S_F \approx 1{,}1...1{,}5$

Wird die Flächenpressung $p_{zul\,I}$ überschritten, wird die Welle beschädigt; dabei erfolgt bei Hohlwellen eine plastische Verformung an der Innenkontur, vgl. Bild 5.10.

Die Flächenpressung darf den Wert $p_{max}$ nicht überschreiten, der der kleinere der beiden Werte für Außen- und Innenteil ist:

$$p_{max} = \min\{p_{zul\,I}, p_{zul\,A}\}$$ (5.19)

Bei der bisherigen Berechnung waren nur die Durchmesserverhältnisse, nicht jedoch die absoluten Maße entscheidend. Hieran ist erkennbar, dass die Beziehungen in geometrisch ähnlicher Weise gelten. Dem entsprechend wird im nächsten Schritt das Haftmaß ebenfalls als relative Größe berechnet. Die nachfolgenden Rechenschritte müssen jeweils für die Werte $p_{min}$ und $p_{max}$ durchgeführt werden.

② **Bestimmung des relativen Haftmaßes $\xi$:**
Das relative Haftmaß $\xi$ ist eine dimensionslose Kenngröße, die die relative („prozentuale") Verformung von Welle und Nabe angibt. Es gilt:

$$\xi_{ges} = \frac{Z_{ges}}{D_F} \quad \xi_I = \frac{Z_I}{D_F} \quad \xi_A = \frac{Z_A}{D_F}$$ (5.20)

$\xi_{ges}$ = Relatives Gesamt-Haftmaß
$\xi_I$ = Relative Verformung des Innenteils (Welle)
$\xi_A$ = Relative Verformung des Außenteils (Nabe)
$Z_{ges}$ = Gesamt-Haftmaß (absolut, in mm)
$Z_I$ = Verformung des Innenteils (absolut, in mm)
$Z_A$ = Verformung des Außenteils (absolut, in mm)
$D_F$ = Fugendurchmesser

Unter Berücksichtigung der *Poisson*schen Zahl $m$ (auch Querkontraktionszahl bzw. Querzahl genannt) und des werkstoffabhängigen Elastizitätmodul $E$ lässt sich die relative Verformung (Aufweitung) des Außenteils berechnen:

$$\xi_{A\,min} = \frac{p_{min}}{E_A} \cdot \left( \frac{1 + Q_A^{\,2}}{1 - Q_A^{\,2}} + m_A \right)$$ (5.21a)

$$\xi_{A\,max} = \frac{p_{max}}{E_A} \cdot \left( \frac{1 + Q_A^{\,2}}{1 - Q_A^{\,2}} + m_A \right)$$ (5.21b)

| Werkstoff | E-Modul $E$ in N/mm² | Querzahl $m$ |
|---|---|---|
| Stähle | 210.000 | 0,3 |
| GG | 90.000...155.000 | 0,24...0,26 |
| GS | 200.000...215.000 | 0,3 |

**Bild 5.12** Elastizitätsmodul und Querzahl

Für die relative Zusammendrückung des Innenteils gilt:

$$\xi_{I\,min} = \frac{p_{min}}{E_I} \cdot \left( \frac{1+Q_I^2}{1-Q_I^2} - m_I \right) \tag{5.22a}$$

$$\xi_{I\,max} = \frac{p_{max}}{E_I} \cdot \left( \frac{1+Q_I^2}{1-Q_I^2} - m_I \right) \tag{5.22b}$$

Damit lässt sich die relative Gesamtverformung der Pressverbindung, das relative Gesamt-Haftmaß $\xi_{ges}$, berechnen:

$$\xi_{ges\,min} = \xi_{I\,min} + \xi_{A\,min} \tag{5.23a}$$

$$\xi_{ges\,max} = \xi_{I\,max} + \xi_{A\,max} \tag{5.23b}$$

Bestehen Welle und Nabe aus gleichen Werkstoffen ($E_A = E_I = E$; $m_A = m_I = m$) und wird eine Vollwelle verwendet, vereinfacht sich die Berechnung des relativen Haftmaßes wie folgt:

$$\xi_{ges\,min} = \frac{p_{min}}{E} \cdot \frac{2}{1-Q_A^2} \tag{5.24a}$$

$$\xi_{ges\,max} = \frac{p_{max}}{E} \cdot \frac{2}{1-Q_A^2} \tag{5.24b}$$

③ **Bestimmung des Haftmaßes $Z_{ges}$:**
Das Gesamt-Haftmaß ergibt sich durch Umrechnung des relativen Gesamt-Haftmaßes mittels des Fügedurchmessers:

$$Z_{ges\,min} = \xi_{ges\,min} \cdot D_F \tag{5.25a}$$

$$Z_{ges\,max} = \xi_{ges\,max} \cdot D_F \tag{5.25b}$$

Damit lassen sich die Übermaße $U_{min}$ und $U_{max}$ berechnen, die für die geforderten Pressungen notwendig sind:

$$U_{min} = Z_{ges\,min} + \Delta U = \xi_{ges\,min} \cdot D_F + 0{,}8\,(R_{zA} + R_{zI}) \tag{5.26a}$$

$$U_{max} = Z_{ges\,max} + \Delta U = \xi_{ges\,max} \cdot D_F + 0{,}8\,(R_{zA} + R_{zI}) \tag{5.26b}$$

Werte für $R_{zA}$ und $R_{zI}$ sind unter Gleichung (5.14) angegeben. Damit sind die wesentlichen Kennwerte für die Auslegung der Übermaßpassung bestimmt.

④ **Festlegung der Passung**
Im nächsten Schritt ist eine Übermaßpassung so

auszuwählen, dass folgende Bedingungen erfüllt sind:

$$U_k \geq U_{ges\,min} \quad \text{und} \quad U_g \leq U_{ges\,max}$$

$U_k$ = Kleinstübermaß der Passung
$U_g$ = Größtübermaß der Passung

Die Passungsauswahl kann durch folgende Vorgehensweise vereinfacht werden: Es wird zunächst grundsätzlich das Toleranzsystem „Einheitsbohrung" verwendet, d. h. die Bohrung wird mit „H.." toleriert; das untere Abmaß der Bohrung ist dann 0. Die Bohrung ist schwieriger zu fertigen als die Welle; daher sollte das Übermaß so auf Welle und Bohrung aufgeteilt werden, dass die Welle einen ISO-Grundtoleranzgrad besser als die Bohrung ist. Für das obere Abmaß $A_{oB}$ der Bohrung gilt dann:

$$A_{oB} > \frac{U_{max} - U_{min}}{2} \tag{5.27}$$

Damit kann die Bohrungstoleranz festgelegt werden. Die Lage des Toleranzfeldes („Buchstabe" der Toleranzangabe) der Welle muss so gewählt werden, dass folgende Bedingung erfüllt ist:

$$A_{uW} \geq A_{oB} + U_{min} \tag{5.28}$$

Die Breite des Toleranzfeldes (ISO-Grundtoleranzgrad, „Zahl" der Toleranzangabe) kann gemäß Gleichung (5.29) bestimmt werden:

$$\begin{aligned} A_{oW} &\leq U_{max} \quad \text{bzw.} \\ T_W &\leq U_{max} - A_{uW} \end{aligned} \tag{5.29}$$

$A_{oW}$ = Oberes Abmaß der Welle
$A_{uW}$ = Unteres Abmaß der Welle
$A_{oB}$ = Oberes Abmaß der Bohrung
$A_{uB}$ = 0 = Unteres Abmaß der Bohrung
$T_W$ = Wellentoleranz
$T_B$ = Bohrungstoleranz

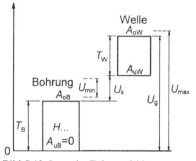

**Bild 5.13** Lage der Toleranzfelder

**⑤ Einpresskraft bzw. Fügetemperatur**

Bei Längspresssitzen muss die Einpresskraft bestimmt werden, bei Querpresssitzen die Fügetemperatur. Die größte Kraft zum Einpressen ist dann erforderlich, wenn bei der Passung tatsächlich das größte Übermaß $U_g$ vorhanden ist; in diesem Fall wirkt näherungsweise die Flächenpressung $p_{max}$. Die maximale Einpresskraft $F_{L\,max}$ wird wie folgt berechnet:

$$F_{L\,max} = \mu \cdot F_N = \mu \cdot p_{max} \cdot \pi \cdot D_F \cdot b \qquad (5.30)$$

Für einen Querpressverband muss die Nabe so weit erwärmt bzw. die Welle unterkühlt werden, dass sich die Teile leicht einführen lassen. Die erforderliche Erwärmungstemperatur $\vartheta_A$ des Außenteils beträgt:

$$\vartheta_A = \frac{U_g + S_K}{\alpha_{\vartheta\,A} \cdot D_F} + \vartheta_0 \qquad (5.31)$$

Entsprechend gilt bei Abkühlung des Innenteils für die Abkühlungstemperatur:

$$\vartheta_I = \vartheta_0 - \frac{U_g + S_k}{\alpha_{\vartheta\,I} \cdot D_F} \qquad (5.32)$$

$S_K \approx 0{,}001 \cdot D_F$ = Montagespiel
$\alpha_{\vartheta\,A}$ = Ausdehnungskoeffizient des Außenteils
$\alpha_{\vartheta\,I}$ = Ausdehnungskoeffizient des Innenteils
$D_F$ = Fugendurchmesser
$\vartheta_0 \approx 20\ °C$ = Umgebungstemperatur

| Werkstoff | $\alpha_\vartheta$ in 1/K | |
|---|---|---|
| | Erwärmung | Unterkühlung |
| St, GS | $11 \cdot 10^{-6}$ | $8{,}5 \cdot 10^{-6}$ |
| GG, GT | $10 \cdot 10^{-6}$ | $8 \cdot 10^{-6}$ |
| CuSn | $17 \cdot 10^{-6}$ | $15 \cdot 10^{-6}$ |
| CuZn | $18 \cdot 10^{-6}$ | $16 \cdot 10^{-6}$ |
| Al-Leg. | $23 \cdot 10^{-6}$ | $18 \cdot 10^{-6}$ |
| Mg-Leg. | $26 \cdot 10^{-6}$ | $21 \cdot 10^{-6}$ |

**Bild 5.14** Ausdehnungskoeffizienten

## 5.2.4 Kegelverbindungen

Bei Kegelverbindungen wird die Flächenpressung durch eine axiale Kraft, beispielsweise mittels Schrauben, erzeugt (Bild 5.15).

Theoretisch ist die Flächenpressung über die gesamte Fuge betrachtet konstant. Das Kegelverhältnis $C$ wird wie folgt berechnet:

$$C = \frac{D - d}{l} \qquad (5.33)$$

$D$ = Großer Kegeldurchmesser
$d$ = Kleiner Kegeldurchmesser
$l$ = Kegellänge
$\alpha$ = Kegelwinkel
$d_m$ = Mittlerer Kegeldurchmesser
$F_a$ = Axiale Aufpresskraft

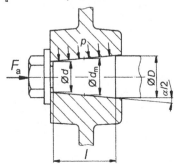

**Bild 5.15** Kegelverbindung

Für den Kegelwinkel $\alpha$ gilt:

$$\tan\frac{\alpha}{2} = \frac{D - d}{2 \cdot l} \qquad (5.34)$$

Kegelige Wellenenden sind mit $C = 1 : 5$ für leicht lösbare Verbindungen und mit $C = 1 : 10$ für schwerer lösbare Verbindungen nach DIN 254 genormt. Für $C < 1 : 5$ sind Kegelpressverbindungen selbsthemmend.

**Vorteile:**
– Nachstellbarkeit
– Schwächung der Welle wird vermieden (keine Nuten vorhanden)
– Selbstzentrierung, daher zentrischer Sitz, hohe Laufruhe und Laufgenauigkeit

**Nachteile:**
– Fertigung ist teuer
– Relativbewegung bei wechselnden Drehmomenten bewirkt Passungsrostbildung
– Verschieben in Axialrichtung nicht möglich

**Berechnung von Kegelverbindungen:**
Bild 5.16 zeigt die Kräfte an einem kegeligen Wellenende; die Kräfte werden zur Vereinfachung in einem Punkt am mittleren Kegeldurchmesser $d_m$ konzentriert angenommen.

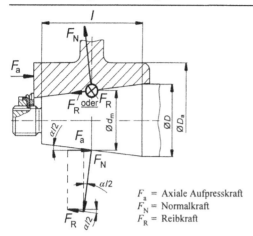

$F_a$ = Axiale Aufpresskraft
$F_N$ = Normalkraft
$F_R$ = Reibkraft

**Bild 5.16** Kräfteverhältnisse am Kegel

Das Reibmoment $T_R$ muss größer sein als das äußere Drehmoment $T$. Die Reibkraft $F_R$ wirkt bei Drehmomentbelastung in Umfangsrichtung (Bild 5.16 oben rechts); beim Fügen wirkt sie entlang des Kegelmantels (Bild 5.16 oben links). Es gilt $F_R = \mu \cdot F_N$. Damit gilt:

$$T_R = \mu \cdot F_N \cdot \frac{d_m}{2} \geq T \qquad (5.35)$$

Mit $F_N = p \cdot \pi \cdot d_m \cdot l$ ergibt sich die minimal erforderliche Flächenpressung $p_{min}$ wie folgt:

$$p_{min} = \frac{2 \cdot T}{\mu \cdot \pi \cdot l \cdot d_m^2} \qquad (5.36)$$

Das Kraftgleichgewicht in axialer Richtung führt zu folgender Gleichung:

$$F_a = F_R \cdot \cos\frac{\alpha}{2} + F_N \cdot \sin\frac{\alpha}{2} \qquad (5.37)$$

Mit $F_R = \dfrac{2 \cdot T}{d_m}$ und $F_N = \dfrac{F_R}{\mu}$ gilt:

$$F_{a\,min} = \frac{2 \cdot T}{d_m} \cdot \frac{\sin\frac{\alpha}{2} + \mu \cdot \cos\frac{\alpha}{2}}{\mu} \qquad (5.38)$$

$F_{a\,min}$ = Mindest-Axialkraft

Für einen Normkegel mit dem Kegelverhältnis $C = 1 : 10$ und dem Reibwert $\mu = 0,1$ (Anhaltswert St/St trocken) gilt:

$$F_{a\,min} \approx 3 \cdot \frac{T}{d_m} \qquad (5.39)$$

## 5.2.5 Keilverbindungen

Bei den Keilverbindungen werden die erforderlichen Pressungen durch Eintreiben des Keils bzw. Auftreiben der Nabe erzeugt, so dass ein Drehmoment durch Reibschluss übertragen werden kann. Bei Überlastung können die Kräfte in Umfangsrichtung auch durch den Formschluss zwischen Keil und Nut übertragen werden. Längskeile sind im Prinzip reibschlüssige, Querkeile vorgespannte formschlüssige Verbindungen.

**Querkeilverbindungen:**
Querkeile übertragen hauptsächlich die Längskräfte. Sie werden häufig als Spannelemente im Vorrichtungsbau eingesetzt. Die Neigung der Keile beträgt im allgemeinen 1 : 10 bis 1 : 25. Bei Querkeilverbindungen sind die Keile durch Reibschluss gegen Lösen gesichert.

**Längskeilverbindungen:**

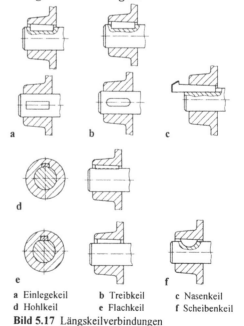

a Einlegekeil    b Treibkeil    c Nasenkeil
d Hohlkeil    e Flachkeil    f Scheibenkeil
**Bild 5.17** Längskeilverbindungen

Längskeile werden vorwiegend bei Landmaschinen, Kranen, Baggern und schweren Werkzeugmaschinen verwendet. Sie sind für die
Übertragung von wechselseitigen oder stoßhaf-
ten Drehmomenten sowie für die axiale Fixierung geeignet. Diese Verbindungen können nur
bei kleinen bis mittleren Drehzahlen eingesetzt
werden (Unwucht). Genormte Längskeile besitzen eine Neigung von 1 : 100. Wegen der unbestimmten Eintriebskraft lässt sich die Belastbarkeit einer Keilverbindung nicht exakt ermitteln.
Die Abmessungen der Keile ergeben sich in Abhängigkeit vom Wellendurchmesser.

Bild 5.17 zeigt genormte Längskeilverbindungen. Im einzelnen haben die Verbindungen folgende Eigenschaften:

**Hohlkeile** nach DIN 6881 übertragen die Kräfte
ausschließlich reibschlüssig, wobei die Bauch-
seite der Wellenform angepasst ist. Die Welle
erhält keine Nut.
**Einlegekeile** nach DIN 6886, Form A, besitzen
runde Stirnflächen und liegen in der Wellennut
(Nabe wird aufgetrieben).
**Treibkeile** nach DIN 6886, Form B, zeichnen
sich durch gerade Stirnflächen aus (Keil wird
eingetrieben).
**Nasenkeile** nach DIN 6887; die Nase dient zum
Ein- und Austreiben.
**Flachkeile** nach DIN 6883, mit Wellenab-
flachung, übertragen überwiegend durch Kraftschluss. Sie wirken bei Überlastung (Überschreiten des Rutschmoments) formschlüssig. Bei
Flachkeilen ist das übertragbare Drehmoment
etwas größer als bei Hohlkeilen.
**Scheibenkeile** nach DIN 6888 stellen sich selbst
auf die Neigung ein und sind daher preisgünstig
zu montieren. Nachteilig ist jedoch die starke
Kerbwirkung aufgrund der tiefen Wellennut.

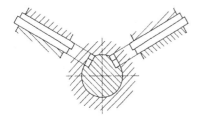

**Bild 5.18** Tangentkeile

**Tangentkeile** nach DIN 268 und 271 werden
zur Übertragung großer, wechselnder und stoß-
haft wirkender Drehmomente eingesetzt.

Durch zwei um 120° versetzte Keilpaare wird
die Verbindung auch in Umfangsrichtung verspannt (Bild 5.18). Die Umfangskräfte werden
von jedem Keilpaar nur in einer Richtung übertragen.

### 5.2.6 Spannsystemverbindungen

Durch Spannsystemverbindungen können große
stoßartige und wechselseitige Drehmomente
spielfrei übertragen werden. Zu diesen Verbindungen gehören Ringfeder-Spannelemente,
Druckhülsen, Ringspannscheiben, Toleranzringe
und Spannsätze. Mit diesen Elementen lassen
sich Riemenscheiben, Zahnräder, Kupplungen,
Schiffsschrauben, Hebel u. ä. auf glatten Wellen
befestigen.

**Vorteile**:
– Überbrückung größerer Passungsspiele
– Naben leicht wieder lösbar
– Kerbwirkung geringer
– Einstellbarkeit in Axial- und Verdrehrichtung
– Keine Wellenschwächung durch Nuten
– Fügen und Lösen unkompliziert

**Nachteile**:
– Aufwand zum Spannen relativ hoch
– Vorzentrierung von Welle und Nabe nötig
– Kosten höher als bei anderen Verbindungs-
  möglichkeiten
– Gefahr der Passungsrostbildung am Spann-
  element mit niedrigster Fugenpressung

**Ringfeder-Spannelement:**
Ein Spannelement besteht aus zwei ineinander-
geschobenen kegeligen Ringen. Durch axiale
Schraubenkraft wird der Außenring aufgeweitet,
der Innenring wird gestaucht. Durch die erzeugte
Pressung zwischen Innenring und Welle einerseits und Außenring und Nabe andererseits wird
das Drehmoment übertragen. Das Spannen der
Verbindung kann wellen- oder nabenseitig erfolgen (Bild 5.19). Durch Hintereinanderschaltung mehrerer Spannelemente lassen sich größe-

re Drehmomente übertragen. Dabei ist jedoch zu beachten, dass die Axialkraft und somit die Flächenpressung von Element zu Element durch die Reibung abnimmt. Eine Reihenschaltung von mehr als 4 Elementen ist deshalb unwirtschaftlich.

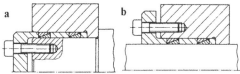

a Wellenseitige Verspannung  b Nabenseitige Verspannung
**Bild 5.19** Spannelementverbindung                    /2/

**Spannsätze:**
Spannsätze stellen einbaufertige Einheiten dar. Sie bestehen aus Außen- und Innenringen, die jeweils über konische Flächen gegeneinander verspannt werden können. Bei den in Bild 5.20 und Bild 5.21 dargestellten Spannsätzen werden die beiden Ringe durch zwei doppeltkonische Druckringe zusammengehalten. Die Druckringe werden durch Schrauben verspannt, wodurch die Innenringe gegen die Welle und die Außenringe gegen die Nabe gepresst werden. Damit können Kräfte sowohl in Axial- als auch in Umfangsrichtung übertragen werden. Spannsätze sind besonders zur Übertragung großer Drehmomente und für schwere Konstruktionen geeignet. Sie gewährleisten hohe Rundlaufgenauigkeit und können leicht demontiert werden. Spannsätze gibt es unter anderem von den Firmen Ringfeder und Bikon (Bild 5.21).

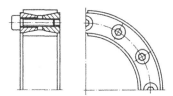

**Bild 5.20** Spannsatz Bauform Ringfeder

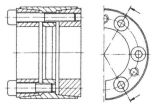

**Bild 5.21** Spannsatz Bauform Dobikon

**Druckhülsen:**
Druckhülsen sind zylindrische Spannelemente aus federhartem Stahl. Durch wechselseitige innere und äußere Ausnehmungen wird eine gewellte Längsschnittform erreicht. Druckhülsen dienen einer schnellen und genauen Verbindung von Maschinenteilen. Durch axiale Verspannung wird eine rotationssymmetrische Radialdehnung erzeugt, die den Außendurchmesser aufweitet und die Bohrung verengt. Nach Überbrückung des Spiels werden die erforderliche Reibkräfte zwischen den verspannten Teilen erzeugt. Bild 5.22 zeigt eine mit einer Druckhülse auf der Welle befestigte Keilriemenscheibe.

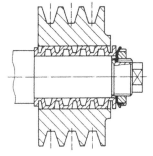

**Bild 5.22** Druckhülse Bauform Spieth

**Ringspannscheiben:**
Ringspannscheiben sind flachkegelige Ringscheiben aus gehärtetem Federstahl, die abwechselnd von Außen- und Innenrand her radial geschlitzt und dadurch elastisch verformbar sind (Bilder 5.23 und 5.25). Durch die Axialkräfte wird die Scheibe flachgedrückt. Hierbei vergrößert sich ihr Außendurchmesser, während sich ihr Innendurchmesser verkleinert. Dadurch wird eine spielfreie Verbindung ermöglicht. Die bei der Verspannungen entstehenden Radialkräfte sind fünf- bis zehnmal größer als die eingeleiteten Axialkräfte. Durch Hintereinanderschaltung von mehreren Scheiben können große Drehmomente übertragen werden.

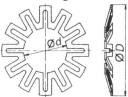

**Bild 5.23** Ringspannscheibe

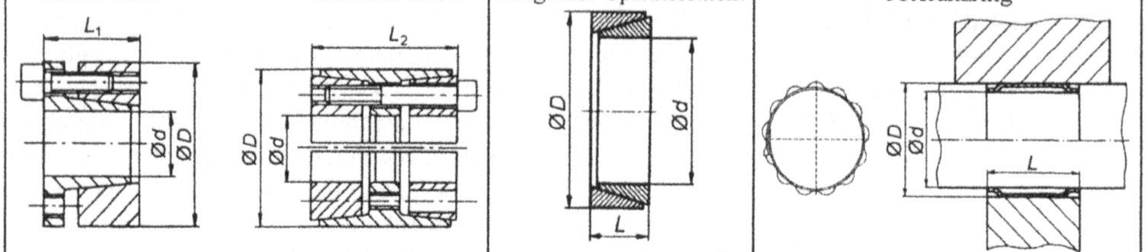

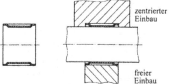

| Bikon 1003 | | | | | Dobikon 1012 | Ringfeder-Spannelement | | | | Toleranzring | | | |
|---|---|---|---|---|---|---|---|---|---|---|---|---|---|
| $d$ [mm] | $D$ [mm] | $L_1$ [mm] | $L_2$ [mm] | $T_{Bikon}$ [Nm] | $T_{Dobikon}$ [Nm] | $d$ [mm] | $D$ [mm] | $L$ [mm] | $T^{1)}$ [Nm] | $d$ [mm] | $D$ [mm] | $L$ [mm] | $T$ [Nm] |
| — | — | — | — | — | — | 10 | 13 | 4,5 | 6,8 | 8,68 | 10 | 10 | 3 |
| 20 | 47 | 28 | — | 377 | — | 20 | 25 | 6,3 | 39 | 18,29 | 20 | 15 | 19 |
| 30 | 55 | 28 | 40 | 702 | 1.000 | 30 | 35 | 6,3 | 88 | 28,29 | 30 | 20 | 60 |
| 40 | 65 | 28 | 54 | 1.248 | 2.900 | 40 | 45 | 8 | 195 | 38,35 | 40 | 30 | 180 |
| 50 | 80 | 33 | 64 | 2.509 | 4.150 | 50 | 57 | 10 | 397 | 48,35 | 50 | 30 | 310 |
| 80 | 120 | 40 | 78 | 7.280 | 14.500 | 80 | 91 | 17 | 1.775 | — | — | — | — |
| 100 | 145 | 44 | 100 | 13.380 | 26.300 | 100 | 114 | 21 | 3.452 | — | — | — | — |
| 150 | 200 | 54 | 116 | 34.190 | 74.200 | 150 | 168 | 28 | 10.493 | — | — | — | — |

[1] Bei einer angenommenen Fugenpressung von $p = 100$ N/mm$^2$

**Bild 5.24** Abmessungen und übertragbare Drehmomente für gängige Spannsystemverbindungen

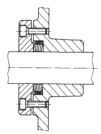

**Bild 5.25** Wellenfixierung mittels Ringspannscheiben

**Toleranzringe:**
Toleranzringe sind geschlitzte Ringe aus dünnem Federstahl mit wellenförmigem Profil. Sie können nur kleinere Kräfte übertragen. Toleranzringe eignen sich auch zum Ausgleich von Einbautoleranzen, Fluchtfehlern und Wärmedehnungen. Die Ringe werden für die Passungssysteme Einheitsbohrung und Einheitswelle hergestellt (Bild 5.26 und Bild 5.27).

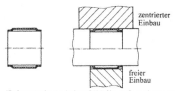

Toleranzring wird auf Welle aufgeschnappt
**Bild 5.26** Toleranzringe für Einheitsbohrung

Toleranzring wird in Bohrung eingesetzt
**Bild 5.27** Toleranzringe für Einheitswelle

## 5.3 Formschlüssige Verbindungen

### 5.3.1 Passfederverbindungen

Die Passfederverbindung ist die am häufigsten eingesetzte Formschlussverbindung, die wegen der einfachen Herstellung und Montage häufig zur Übertragung niedriger und mittlerer Drehmomente benutzt wird. Passfedern sind vorwiegend für stoßfreie und einseitige Drehmomente geeignet, weil bei wechselnden Drehmomenten die Gefahr der plastischen Verformung besteht. Zwischen Passfeder und Nabennut ist ein Spiel (Rückenspiel) vorhanden.

Passfederseitenflächen liegen an Wellen- und Nabennut an. Entsprechend müssen die Passfeder und beide Nutbreiten eng toleriert sein. Die genormten Passfedern nach DIN 6885 sind in Bild 5.28 zusammengestellt.

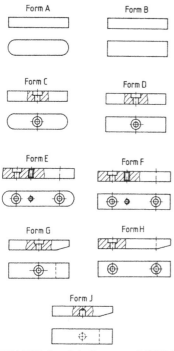

**Bild 5.28** Passfederformen nach DIN 6885

Bei axial beweglichen Naben, beispielsweise bei Verschieberädern, werden häufig Gleitfedern eingesetzt. Diese müssen dann mit der Welle verschraubt werden. Zur Übertragung kleinerer Drehmomente oder als Lagesicherung bei Kegel- und Klemmverbindungen werden Scheibenfedern nach DIN 6888 verwendet (Bild 5.29).

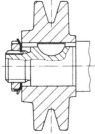

**Bild 5.29** Scheibenfeder nach DIN 6888

Für die Breite der Passfeder gilt das Toleranzfeld h9 (Keilstahl nach DIN 6880). Für die Nutbreiten werden folgende Toleranzen verwendet:

P9 (Festsitz; für Wellennut üblich; für Nabennut bei wechselnder Belastung, dann jedoch schwierige Montage)

N9 (leichter Festsitz, sonst wie P9)

H9 (Schiebesitz, üblich für Nabennut)

D10 (grobe Spielpassung, für untergeordnete Zwecke)

**Berechnung:**
Theoretisch wird die Passfeder über die gesamte tragende Länge $l$ gleichmäßig belastet. Tatsächlich wird der größte Teil des Drehmoments an dem Ende übertragen, an dem das Drehmoment eingeleitet wird. Das führt zu einer Verdrehung und Erhöhung der Flächenpressung. Daher sollte die Passfederlänge nicht größer als $1{,}5 \cdot d$ sein.

Passfedern werden durch Scherung und Flächenpressung belastet; dabei ist die kritische Beanspruchung die Flächenpressung in der Nabennut. Unter der Annahme einer gleichmäßigen Verteilung der Flächenpressung lässt sich die Pressung $p$ wie folgt berechnen:

$$p = \frac{F_u}{(h-t_1) \cdot l \cdot z \cdot \varphi} = \frac{2 \cdot T}{d \cdot (h-t_1) \cdot l \cdot z \cdot \varphi} \leq p_{zul}$$

$p$ = Flächenpressung  (5.40)

$T$ = Drehmoment

$F_u$ = Umfangskraft

$t_1$ = Nuttiefe in der Welle

$h$ = Passfederhöhe

$d$ = Wellendurchmesser

$l$ = Tragende (wirksame) Länge
bei geradstirnigen Passfedern: $l = l'$ (Gesamtlänge)
bei rundstirnigen Passfedern: $l = l' - b$
$l'$ = Gesamtlänge der Passfeder
$b$ = Breite der Passfeder

$z$ = Anzahl der Passfedern

$\varphi$ = Tragfaktor zur Berücksichtigung des ungleichmäßigen Tragens beim Einsatz mehrerer Passfedern:
$\varphi = 1$ bei $z = 1$; $\varphi = 0{,}75$ bei $z = 2$; $\varphi = 0{,}66$ bei $z = 3$

Werden in einer Verbindung mehrere Passfedern eingesetzt, werden diese ungleichmäßig belastet. Dies berücksichtigt der Tragfaktor $\varphi$. Die Anzahl der Passfedern $z$ sollte nicht größer als 3, möglichst nicht größer als 2 sein. Sind mehr als zwei Passfedern erforderlich, sollten andere Welle-Nabe-Verbindungen vorgesehen werden (z. B. Profilwellen). Werte für die zulässige Flächenpressung $p_{zul}$ sind in Bild 5.30 zusammengestellt.

| Welle | Nabe | $p_{zul}$ in N/mm² | |
|---|---|---|---|
| | | Drehmoment | |
| | | stoßhaft | konstant |
| St42, St50 | GG | 45 | 65 |
| St50 | St, GS | 75 | 115 |
| harter Stahl | St, GS | 75 | 115 |

**Bild 5.30** Zulässige Flächenpressungen in N/mm² einiger Wellen- und Nabenwerkstoffe

Die wichtigsten Werkstoffe für Passfedern (Keilstahl nach DIN 6880) sind C45K, St50-1K und St60-2K. Die Passfedern sollten stets etwas kürzer als die Nabenlänge sein, damit eine axiale Sicherung gewährleistet werden kann. In Abhängigkeit vom Wellendurchmesser $d$ werden die Nabenlänge $L$ und der Nabenaußendurchmesser $D$ nach Bild 5.31 gewählt.

| Nabenwerkstoff | Nabenlänge $L$ | Nabenaußen-durchmesser $D$ |
|---|---|---|
| GG, GGG | $1,8 \cdot d \dots 2,0 \cdot d$ | $1,8 \cdot d \dots 2,0 \cdot d$ |
| GS, St | $1,6 \cdot d \dots 1,8 \cdot d$ | $1,6 \cdot d \dots 1,8 \cdot d$ |

**Bild 5.31** Erfahrungswerte für die Dimensionierung von Naben

## 5.3.2 Profilwellenverbindungen

Bei diesen Verbindungen erfolgt die Drehmomentübertragung nicht durch Zwischenelemente, sondern durch die Profilierung von Welle und Nabe. Profilwellen können große und auch wechselnde Drehmomente übertragen. Weitere Vorteile dieser Verbindungen sind:
– gleichmäßigere Belastung über den Umfang
– hohe Präzision
– gute Zentrierung

Nachteilig ist bei Profilwellenverbindungen die hohe Kerbwirkung. Zu diesen Verbindungen gehören:
– Keilwellen (DIN ISO 14, DIN 5464, 5466 und DIN 5472)
– Kerbzahnwellen (DIN 5481)
– Zahnwellenverbindungen mit Evolventenflanken (DIN 5480, DIN 5482)
– Polygonverbindungen (DIN 32711 - 32712)

**Keilwellenverbindungen**
Keilwellen bestehen aus mehreren radialen Mitnehmern mit parallelen Seitenflächen. Die Flä-

chen liegen senkrecht zur Umfangskraft. Die Nutgrundform ergibt sich aus dem Herstellverfahren. Die Wellen werden mit Scheibenfräsern oder im Abwälzverfahren hergestellt, die Nabenbohrung wird durch Räumen gefertigt. Man unterscheidet zwischen Zentrierung der Nabe auf den Innendurchmesser und Zentrierung über die Flanken (Bild 5.32).

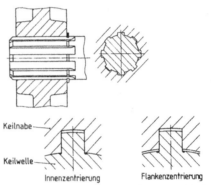

**Bild 5.32** Zentrierung bei Keilwellenverbindungen

Für präzisen Rundlauf wird die Innenzentrierung vorgesehen; sie wird vorwiegend im Werkzeugmaschinenbau verwendet. Da die Flankenzentrierung ein kleineres Verdrehspiel gewährleisten, ist sie zur Übertragung wechselnder oder stoßhafter Drehmomente besser geeignet. Die Keilwellen werden prinzipiell wie Passfedern beansprucht. Nur bei sehr kurzen Naben wird die Flächenpressung überprüft:

$$p = \frac{2 \cdot T}{d_m \cdot h \cdot l \cdot z \cdot \varphi} \leq p_{zul} \qquad (5.41)$$

$d_m$ = Mittlerer Profildurchmesser
$h$ = Keilhöhe
$l$ = Traglänge der Verbindung
$z$ = Anzahl der Keile
$\varphi$ = Tragfaktor
   $\varphi = 0,75$ für Keilwelle mit Innenzentrierung
   $\varphi = 0,9$ für Keilwelle mit Flankenzentrierung

**Zahnwellenverbindung**
Anstelle der Keile an den Keilwellen haben die Zahnwellenverbindungen eine außenverzahnte Welle und eine innenverzahnte Nabe (negative Profilierung). Die Zähne sind entweder dreieckig beim Kerbzahnprofil nach DIN 5481 (Bild 5.33) oder evolventenförmig beim Evolventenzahnprofil nach DIN 5480 (Bild 5.34). Durch die vielen Zähne können große und stoßhafte

Drehmomente übertragen werden, so dass die Zahnprofile auch für schmale Naben geeignet sind. Wegen der hohen Zähnezahl besteht die Möglichkeit der Verstellung in Drehrichtung (von Zahn zu Zahn). Die Verzahnungen werden im Abwälzverfahren hergestellt.

Meistens werden Welle und Nabe flankenzentriert; beim Evolventenzahnprofil ist auch eine Innen- bzw. Außenzentrierung möglich. Aufgrund der guten Zahngrundausrundung ist die Kerbwirkung bei den Kerb- und Evolventenverzahnungen kleiner als bei Keilwellen. Zahnwellen haben den Nachteil, dass die durch die schrägen Flanken entstehenden Radialkomponenten die Nabe aufweiten, so dass die Wellenzentrierung schlechter wird. Kerbzahnverbindungen werden vorwiegend als feste Verbindungen mit Übergangspassungen ausgeführt, Evolventenzahnverbindungen vorzugsweise mit einem Eingriffswinkel von 30° für leicht lösbare, verschiebliche oder auch feste Verbindungen von Welle und Nabe.

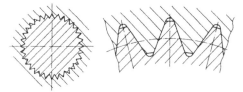

**Bild 5.33** Kerbzahnverbindung

**Bild 5.34** Evolventenzahnverbindung

Eine überschlägige Berechnung erfolgt analog zur Keilwellenverbindung:

$$p = \frac{2 \cdot T}{d_{\mathrm{m}} \cdot h \cdot l \cdot z \cdot \cos\alpha \cdot \varphi} \leq p_{\mathrm{zul}} \qquad (5.42)$$

$d_{\mathrm{m}}$ = Mittlerer Flankendurchmesser
$h$ = Tragende Zahnhöhe
$l$ = Traglänge der Verbindung
$z$ = Anzahl der Zähne
$\varphi$ = Tragfaktor
$\quad \varphi = 0{,}75$   für Kerbverzahnung
$\quad \varphi = 0{,}9$   für Evolventenverzahnung
$\alpha$ = 30° = Eingriffswinkel

## 5.3.3 Polygonverbindungen

Polygonprofile ermöglichen durch eine genaue Fertigung nach IT 6 eine genaue Zentrierung der zu verbindenden Teile. Die Profile werden auf Spezialmaschinen gefertigt. Da die Kerbwirkung besonders gering ist, sind Polygonverbindungen sehr gut zur Übertragung von stoßartigen und wechselnden Drehmomenten geeignet. Polygonprofile (Bild 5.35) werden als Drei- oder Vierkantprofile verwendet.

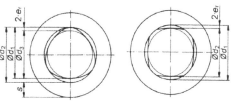

**a** Profil P3G            **b** Profil P4C
**Bild 5.35** Polygon-Profile

Die P3G-Profile werden nach DIN 32711 vorwiegend für Festsitze und die P4C-Profile nach DIN 32712 für Gleit- und Festsitze eingesetzt. Gegenüber den P3G-Profilen sind P4C-Profile zur Axialverschiebung unter Drehmomentbelastung geeignet. Als Passung werden Übermaßpassungen bevorzugt, um die Relativbewegung der Teile klein zu halten.

Die größte Flächenpressung kann nach DIN 32711 und 32712 mit hinreichender Genauigkeit mittels folgender Formeln berechnet werden:

Für das Profil P3G gilt:

$$p = \frac{T}{l \cdot (c \cdot \pi \cdot d_1 \cdot e_1 + 0{,}05 \cdot d_1^{\,2})} \leq p_{\mathrm{zul}} \qquad (5.43)$$

Für das Profil P4C gilt:

$$p = \frac{T}{l \cdot (c \cdot \pi \cdot d_r \cdot e_r + 0{,}05 \cdot d_r^{\,2})} \leq p_{\mathrm{zul}} \qquad (5.44)$$

$T$ = Zu übertragendes Drehmoment
$l$ = Tragende Länge
$d_1$ = Gleichdickdurchmesser
$d_r$ = $d_2 + 2\,e_r$ = Rechnerischer Durchmesser
$e_r$ = $(d_1 - d_2)/4$ = Rechnerische Exzentergröße
$c$ = 0,75 für P3G;      $c = 1$ für P4C
$p_{\mathrm{zul}}$ = Zulässige Pressung

Für die Nabenwanddicke gilt:

$$s \approx k \cdot \sqrt{\frac{T}{l \cdot \sigma_{z\,zul}}} \qquad (5.45)$$

$s$ = Nabenwanddicke
$\sigma_{z\,zul}$ = zulässige Spannung
$k$ = 1,44 für P3 < 35 mm
$k$ = 1,20 für P3 ≥ 35 mm
$k$ = 0,70 für P4

### 5.3.4 Bolzen- und Stiftverbindungen

Bolzen und Stifte sind die einfachste Form der Verbindung für zwei oder mehrere Bauteile. Sie können jedoch nur kleinere Drehmomente übertragen. Bei Bolzenverbindungen bleibt mindestens ein Teil beweglich. Sie werden z. B. für die gelenkige Verbindung von Laschen, Stangen und Kettengliedern oder zur Lagerung von Laufrollen verwendet. Als Brechbolzen erfüllen Bolzen die Funktion einer Überlastungssicherung. Bild 5.36 zeigt genormte Bauformen von Bolzen. Zur Vermeidung von Fressen bzw. Verschleiß sollen die Bolzen aus einem härteren Werkstoff bestehen als die Bauteile.

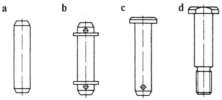

a Bolzen ohne Kopf DIN EN 22340 Form A
b Bolzen ohne Kopf mit Splintlöchern und Scheiben DIN EN 22340 Form B
c Bolzen mit Kopf und Splintloch DIN EN 22341 Form B (Form A ohne Splintloch)
d Bolzen mit Kopf und Gewindezapfen DIN 1445
**Bild 5.36** Genormte Bolzen

Bei Stiftverbindungen sind die Teile fest miteinander verbunden. Stifte werden u. a. zur Befestigung von Naben und Ringen auf Achsen oder Wellen (Bild 5.37 a), zur Lagesicherung (Zentrierung, Fixierung) von Bauteilen (Bild 5.37 b) sowie zur Halterung von Federn, Riegeln und Hebeln verwendet.

Hinsichtlich der Form wird grundsätzlich zwischen folgenden Stiften unterschieden:

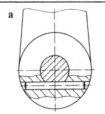
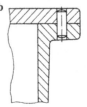

a Hebelbefestigung          b Zentrierung eines Deckels
**Bild 5.37** Zylinderstift nach DIN EN 22338          /3/

**Kegelstifte** mit dem Kegel 1:50 (Bild 5.38) werden vorwiegend zur Fixierung der zu fügenden Bauteile, aber auch als Verbindungsstifte benutzt. Da die Bohrungen kegelig aufgerieben werden müssen, sind die Verbindungen teuer.

a Kegelstift DIN EN 22339
b Kegelstift mit Gewindezapfen DIN EN 28737
c Kegelstift mit Innengewinde DIN EN 28736
**Bild 5.38** Kegelstifte mit Kegel 1:50

**Zylinderstifte** sind für drei Toleranzen genormt. Die Kennzeichnung erfolgt durch die unterschiedliche Ausbildung ihrer Enden (Bild 5.39):

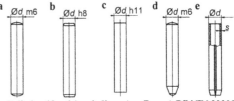

a Zylinderstift m6 (runde Kuppe)          Form A DIN EN 22338
b Zylinderstift h8 (Kegelkuppe)          Form B DIN EN 22338
c Zylinderstift h11 (ohne Kuppe)          Form C DIN EN 22338
d Gehärteter Zylinderstift m6          Form A DIN EN 28734
e Spannstift, geschlitzt          DIN EN 28752
**Bild 5.39** Zylinderstifte

**Kerbstifte** besitzen drei Kerbwulstpaare am Umfang, die beim Einschlagen in ein gebohrtes Loch in die Kerbfurchen zurückgedrängt werden (Bild 5.40). Kerbstifte sind rüttelfest und können mehrfach wieder verwendet werden (Bild 5.41).

Anwendungsbeispiele für Kerbstifte zeigt Bild 5.42. Anstelle von Schrauben können **Kerbnägel** zur Befestigung von Schildern, Blechdeckeln, Schellen usw. genutzt werden.

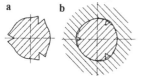

a Vor dem Einschlagen
b Nach dem Einschlagen

**Bild 5.40** Querschnitt eines Kerbstiftes        /4/

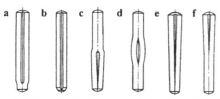

a Zylinderkerbstift mit Einführende  DIN EN 28739
b Zylinderkerbstift mit Fase        DIN EN 28740
c Steckkerbstift                    DIN EN 28741
d Knebelkerbstift                   DIN EN 28742
e Kegelkerbstift                    DIN EN 28744
f Passkerbstift                     DIN EN 28745

**Bild 5.41** Kerbstifte

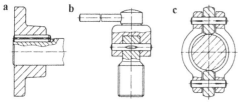

a Zylinderkerbstift als Längsstift
b Knebelkerbstift an einer Verschlussschraube
c Doppelkerbstifte S 12 der Firma Kerb-Konus, Schnaittenbach, als Achsstifte für einfache Rollen

**Bild 5.42** Anwendungen von Kerbstiften        /4/

**Berechnung von Bolzenverbindungen:**
Bolzen werden auf Biegung, Abscherung und Flächenpressung beansprucht. Bei Gelenkverbindungen (Bild 5.43) wird die Größe des Biegemoments wesentlich durch die Gestaltung der Verbindung bestimmt. Abhängig von der Wahl der Passungen ergeben sich die folgenden Gleichungen für das maximale Biegemoment $M_{b\,max}$:

**1. Bolzen mit Spiel in Gabel und Stange:**
Die Gabelwangen wirken als Lager, in denen die

Kraft $F/2$ mittig angreift; die Stangenkraft $F$ (Streckenlast) wird durch zwei Einzelkräfte $F/2$ ersetzt. Für das maximale Biegemoment gilt:

$$M_{b\,max} = \frac{F \cdot (b + 2 \cdot a)}{8} \qquad (5.46)$$

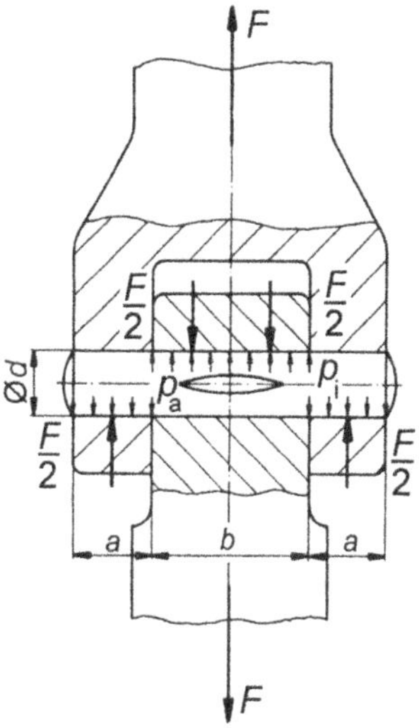

**Bild 5.43** Kraftwirkungen am Bolzen        /4/

**2. Bolzen mit Übermaßpassung in der Gabel:**
Der Bolzen ist in den Gabelwangen fixiert; daher wird die Anordnung so betrachtet, als würde die Kraft $F/2$ in der Fuge eingeleitet.

$$M_{b\,max} = \frac{F \cdot b}{8} \qquad (5.47)$$

**3. Bolzen mit Übermaßpassung in der Stange eingespannt:**
Der Bolzen ist in der Stange festgesetzt, so dass seine herausragenden Enden Kragträger bilden, an denen mittig die Kraft $F/2$ angreift.

$$M_{b\,max} = \frac{F \cdot a}{4} \qquad (5.48)$$

Folgende Nachweise müssen für eine Bolzenverbindung erbracht werden:

Flächenpressung $p_a$ an der Gabel:

$$p_a = \frac{F}{2 \cdot a \cdot d} \leq p_{zul} \qquad (5.49)$$

Flächenpressung $p_i$ an der Stange:

$$p_i = \frac{F}{b \cdot d} \le p_{zul} \qquad (5.50)$$

Biegespannung an der Einspannstelle:

$$\sigma_b = \frac{M_{b\,max}}{W_b} = \frac{32 \cdot M_{b\,max}}{\pi \cdot d^3} \le \sigma_{zul} \qquad (5.51)$$

Scherspannung im Bolzen (zweischnittig):

$$\tau = \frac{4 \cdot F}{2 \cdot \pi \cdot d^2} \le \tau_{zul} \qquad (5.52)$$

| | schwellend | | wechselnd | |
|---|---|---|---|---|
| | $\sigma_{zul}$ | $\tau_{zul}$ | $\sigma_{zul}$ | $\tau_{zul}$ |
| Glatter Bolzen/Stift | 140 | 60 | 70 | 30 |
| Gekerbter Bolzen/Stift | 120 | 50 | 60 | 25 |

**Bild 5.44** Zulässige Spannungen $\sigma_{zul}$ und $\tau_{zul}$ in N/mm² für Bolzen und Stifte

| Werkstoff | Presssitz, Stift/ Bolzen glatt | | Stift/Bolzen gekerbt | | Gleitsitz, Stift/ Bolzen glatt | |
|---|---|---|---|---|---|---|
| | schwellend | wechselnd | schwellend | wechselnd | schwellend | wechselnd |
| St | 70 | 37 | 50 | 27 | 25 | 12 |
| GS | 62 | 31 | 43 | 21 | 24 | 12 |
| GG | 52 | 26 | 36 | 18 | 32 | 16 |
| CuSn, CuZn | 29 | 14 | 21 | 10 | 32 | 16 |
| AlCuMg | 47 | 23 | 35 | 17 | 16 | 8 |
| AlSi | 33 | 16 | 24 | 12 | 16 | 8 |

**Bild 5.45** Zulässige Flächenpressung $p_{zul}$ in N/mm² für verschiedene Bauteilwerkstoffe

**Berechnung von Stiftverbindungen:**
**Steckstift:**

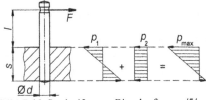

**Bild 5.46** Steckstift unter Biegekraft    /5/

Bei Steckstiften gemäß Bild 5.46 können die Biege- und die Scherspannung mittels der Gleichungen (5.51) und (5.52) berechnet werden. Für das Biegemoment gilt:

$$M_{b\,max} = F \cdot L \qquad (5.53)$$

Zu der Flächenpressung $p_2$, die aus der Querkraft $F$ resultiert, kommt eine zusätzliche Flä-

chenpressung $p_1$, die durch das Biegemoment hervorgerufen wird. Diese Belastung entspricht der Biegespannung, die im projizierten Querschnitt $d \cdot s$ wirkt. Damit gilt:

$$p_1 = \sigma_b = \frac{M_b}{W_b} = \frac{F \cdot (L + s/2)}{\frac{d \cdot s^2}{6}} = \frac{6 \cdot F \cdot (L + s/2)}{d \cdot s^2} \qquad (5.54)$$

$$p_{max} = p_1 + p_2 = \frac{F \cdot (6 \cdot L + 4 \cdot s)}{d \cdot s^2} \le p_{zul} \qquad (5.55)$$

**Querstift unter Drehmoment:**

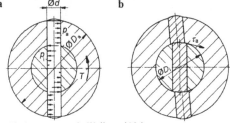

**a** Flächenpressung in Welle und Nabe
**b** Abscheren des Stifts
**Bild 5.47** Querstift unter Drehmoment    /4/

Bei den Querstiftverbindungen entstehen die Flächenpressungen $p_i$ an der Welle und $p_a$ an der Nabe (Bild 5.47). Außerdem werden die Stifte auf Scherung beansprucht. Die Flächenpressung $p_i$ wird analog zu Gleichung (5.54) berechnet. Für die Nabe wird angenommen, dass die Umfangskraft $F_t$ in der Mitte des Nabenquerschnitts, d. h. am Durchmesser $(D_a + D_i)/4$, angreift; die gepresste Fläche ist die projizierte Fläche des Stifts im Außenteil.

$$\tau = \frac{4 \cdot T}{\pi \cdot d^2 \cdot D_i} \le \tau_{zul} \qquad (5.56)$$

$$p_i = \frac{T}{W_b} = \frac{T}{\frac{d \cdot D_i^2}{6}} = \frac{6 \cdot T}{d \cdot D_i^2} \le p_{zul} \qquad (5.57)$$

$$p_a = \frac{T}{\frac{D_a + D_i}{4} \cdot d \cdot (D_a - D_i)} = \frac{4 \cdot T}{d \cdot (D_a^2 - D_i^2)} \le p_{zul} \qquad (5.58)$$

**Längsstifte unter Drehmoment:**

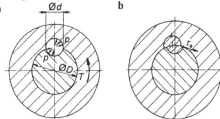

**a** Flächenpressung in Welle und Nabe
**b** Abscheren des Stifts
**Bild 5.48** Längsstift unter Drehmoment /1/

Längsstiftverbindungen werden ebenfalls auf Flächenpressung und Abscherung beansprucht. Die Scherspannung kann bei Vollstiften vernachlässigt werden, da für die meisten üblichen Werkstoffen gilt $2 \cdot \tau_{zul} \geq p_{zul}$.

$$p = \frac{T}{\frac{D}{2} \cdot \frac{d}{2} \cdot l} = \frac{4 \cdot T}{D \cdot d \cdot l} \leq p_{zul} \qquad (5.59)$$

$$\tau = \frac{T}{\frac{D}{2} \cdot d \cdot l} = \frac{2 \cdot T}{D \cdot d \cdot l} \leq \tau_{zul} \qquad (5.60)$$

$p$ = Flächenpressung in den Bauteilen
$T$ = zu übertragendes Drehmoment
$D$ = Wellendurchmesser
$d$ = Stiftdurchmesser
$l$ = tragende Stiftlänge
$\tau_a$ = Scherspannung im Stiftlängsschnitt

## 5.3.5 Sicherungselemente

Sicherungselemente dienen der axialen Fixierung von Elementen; sie sind zur Übertragung von Drehmomenten in der Regel ungeeignet. In Bild 5.49 ist eine Auswahl von Sicherungselementen dargestellt.

**Splinte** ermöglichen eine einfache und kostengünstige Sicherung gegen axiale Verschiebung. Sie werden beispielsweise bei Bolzenverbindungen und zur Sicherung von Schraubenverbindungen mit Kronenmuttern verwendet.
**Federstecker** (DIN 11024) sind einfach montierbar und wiederverwendbar.
**Sicherungsringe** sind axial montierbare Ringe

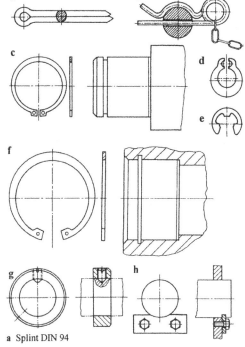

**a** Splint DIN 94
**b** Federstecker DIN 11024
**c** Sicherungsring DIN 471 für Wellen, Einbausituation
**d** Seeger-Greifring für glatte Wellen
**e** Sicherungsscheibe DIN 6799
**f** Sicherungsring DIN 472 für Bohrungen, Einbausituation
**g** Stellring DIN 705
**h** Achshalter DIN 15058
**Bild 5.49** Sicherungselemente

aus Federstahl, die in Nuten von Wellen (DIN 471) oder von Bohrungen (DIN 472) eingesetzt werden. Der aus der Nut ragende Sicherungsring bildet eine axial belastbare Anlagestelle. Bei großen Fasen oder Abrundungen und zum axialen Spielausgleich werden Stütz- oder Passscheiben nach DIN 988 verwendet.
**Sicherungsscheiben** (DIN 6799) sind radial montierbare Sicherungselemente, die für kleinere Wellendurchmesser verwendet werden.
**Stellringe** nach DIN 705 werden durch Gewindestifte oder (bei größeren Axialkräften) durch Kegelstifte auf Wellen oder Achsen befestigt.
**Achshalter** nach DIN 15058 sichern Bolzen und Achsen gegen Verschiebung und Verdrehung. Sie sind so anzuordnen, dass die Befestigungsschrauben der Achshalter durch die Achskraft nicht beansprucht werden.

## 5.4 Übungsbeispiele

### 5.4.1 Längspresssitz

Ein Längspresssitz soll eine Nennleistung von 35 kW bei einer Drehzahl von 1.450 min⁻¹ übertragen. Das Maximalmoment beträgt das 1,4-fache des Nennmomentes. Es ist eine Vollwelle aus St52-3 mit einem Durchmesser von 40 mm vorgesehen; der Nabenaußendurchmesser ist mit 80 mm festgelegt. Die Breite der Nabe, die aus GG-35 gefertigt ist, beträgt 70 mm. Die Welle ist geschlichtet mit $R_{zI} = 4$ µm, die Nabe feinegedreht mit $R_{zA} = 10$ µm.

Es ist die Passung der Welle-Nabe-Verbindung zu bestimmen. Wie groß ist die erforderliche Einpresskraft? Wie groß wäre bei einem vergleichbaren Querpresssitz die Erwärmungstemperatur der Nabe?

*Lösung:*
① *Bestimmung der Flächenpressungen:*
*Die minimal erforderliche Flächenpressung wird mittels Gleichung (5.15) berechnet. Nach Bild 5.2 ist für die Reibpaarung St/GG ein Reibbeiwert von $\mu \approx 0{,}13...0{,}25$ anzunehmen; es wird mit $\mu = 0{,}15$ gerechnet. Das Drehmoment T wird aus der Leistung und der Drehzahl ermittelt, wobei der Faktor 1,4 für das Maximalmoment berücksichtigt werden muss:*

$$T = \frac{1{,}4 \cdot P}{2 \cdot \pi \cdot n} = \frac{1{,}4 \cdot 35.000\,\text{W}}{2 \cdot \pi \cdot 1.450\,\text{min}^{-1}} \cdot \frac{60\,\text{s}}{1\,\text{min}} \cdot \frac{\text{Nm}}{\text{W} \cdot \text{s}}$$
$$= 322{,}7\,\text{Nm}$$

$$p_{\min} = \frac{2 \cdot T}{\mu \cdot \pi \cdot b \cdot D_F^2} = \frac{2 \cdot 322{,}7\,\text{Nm}}{0{,}15 \cdot \pi \cdot 70\,\text{mm} \cdot 40^2 \cdot \text{mm}^2}$$
$$= 12{,}2\,\text{N/mm}^2$$

*Bei Unterschreitung dieser Pressung würde die Verbindung durchrutschen.*

*Die zulässige Flächenpressung wird für das Außenteil mittels Gleichung (5.17b) bestimmt, da Grauguss ein spröder Werkstoff ist; für die Vollwelle wird Gleichung (5.18b) angewendet. Zuvor muss der Hilfswert $Q_A$ gemäß Gleichung (5.16) berechnet werden. Die Werte für $R_m$ und $R_e$ werden Bild 5.11 entnommen:*
$R_m = 350$ N/mm² *für* GG-35

$R_e = 345$ N/mm² *für* St52-3.

*Die Sicherheitsbeiwerte werden zu $S_F = 1.3$ und $S_B = 2{,}5$ gewählt.*

$$Q_A = \frac{D_F}{D_{aA}} = \frac{40\,\text{mm}}{80\,\text{mm}} = 0{,}5$$

$$p_{\text{zul}\,A} = R_m \cdot \frac{1 - Q_A^2}{(1 + Q_A^2) \cdot S_B}$$
$$= 350\,\frac{\text{N}}{\text{mm}^2} \cdot \frac{1 - 0{,}5^2}{(1 + 0{,}5^2) \cdot 2{,}5} = 84\,\frac{\text{N}}{\text{mm}^2}$$

$$p_{\text{zul}\,I} = R_e \cdot \frac{2}{\sqrt{3} \cdot S_F} = 345\,\frac{\text{N}}{\text{mm}^2} \cdot \frac{2}{\sqrt{3} \cdot 1{,}3}$$
$$= 306{,}4\,\frac{\text{N}}{\text{mm}^2}$$

$$p_{\max} = \min\{p_{\text{zul}\,I}, p_{\text{zul}\,A}\} = 84\,\text{N/mm}^2.$$

*Bei Überlastung würde also die Nabe zerstört werden, während die Welle nicht gefährdet ist.*

② *Bestimmung des relativen Haftmaßes $\xi$:*
*Das relative Haftmaß $\xi$ wird mittels der Gleichungen (5.21) bis (5.23) bestimmt. Die E-Module und Querzahlen betragen $E_A \approx 120.000$ N/mm² und $m_A \approx 0{,}25$ für GG sowie $E_I \approx 210.000$ N/mm² und $m_I \approx 0{,}3$ für St. Es gilt:*

$$\xi_{A\,\min} = \frac{p_{\min}}{E_A} \cdot \left( \frac{1 + Q_A^2}{1 - Q_A^2} + m_A \right)$$
$$= \frac{12{,}2\,\text{N/mm}^2}{120.000\,\text{N/mm}^2} \cdot \left( \frac{1 + 0{,}5^2}{1 - 0{,}5^2} + 0{,}25 \right)$$
$$= 0{,}000195 \approx 0{,}02\,\%$$

$$\xi_{A\,\max} = \frac{p_{\max}}{E_A} \cdot (...) = \frac{84\,\text{N/mm}^2}{.....} \cdot (...)$$
$$= 0{,}00134 \approx 0{,}13\,\%$$

$$\xi_{I\,\min} = \frac{p_{\min}}{E_I} \cdot \left( \frac{1 + Q_I^2}{1 - Q_I^2} - m_I \right)$$
$$= \frac{12{,}2\,\text{N/mm}^2}{210.000\,\text{N/mm}^2} \cdot \left( \frac{1 + 0}{1 - 0} - 0{,}3 \right)$$
$$= 0{,}00004 \approx 0{,}004\,\%$$

$$\xi_{I\,\max} = \frac{p_{\max}}{E_I} \cdot (...) = \frac{84\,\text{N/mm}^2}{.....} \cdot (...)$$
$$= 0{,}00028 \approx 0{,}03\,\%$$

*Um die maximale Pressung $p_{max}$ zu erreichen, muss die Nabe also um 0,13% ihres Innendurchmessers aufgeweitet werden; dieses entspricht bei einem Fugendurchmesser von 40 mm einem Betrag von 53,7 µm. Die Welle muss dann um 0,03% bzw. 12 µm zusammengedrückt werden.*

*Mit* Gleichung (5.23) *lässt sich das relative Gesamt-Haftmaß $\xi_{ges}$ berechnen:*

$$\xi_{ges\,min} = \xi_{1\,min} + \xi_{A\,min}$$
$$= 0,00004 + 0,000195 = 0,000235$$

$$\xi_{ges\,max} = \xi_{1\,max} + \xi_{A\,max}$$
$$= 0,00028 + 0,00134 = 0,00162$$

③ *Bestimmung des Haftmaßes $Z_{ges}$:*
Das Gesamt-Haftmaß ergibt sich durch Umrechnung des relativen Gesamt-Haftmaßes mittels des Fügedurchmessers:

$$Z_{ges\,min} = \xi_{ges\,min} \cdot D_F = 0,000235 \cdot 40\,mm = 9,4\,µm$$
$$Z_{ges\,max} = \xi_{ges\,max} \cdot D_F = 0,00162 \cdot 40\,mm = 64,8\,µm$$

*Damit lassen sich die Übermaße $U_{min}$ und $U_{max}$ berechnen:*
$$\Delta U = 0,8\,(R_{zA} + R_{zI}) = 0,8 \cdot (10\,µm + 4\,µm) = 11,2\,µm$$
$$U_{min} = Z_{ges\,min} + \Delta U = 9,4\,µm + 11,2\,µm = 20,6\,µm$$
$$U_{max} = Z_{ges\,max} + \Delta U = 64,8\,µm + 11,2\,µm = 76\,µm$$

*Es ist eine Passung auszuwählen, bei der das Kleinstübermaß mindestens 20,6 µm beträgt und das Größtübermaß 76 µm nicht überschreitet. Beim Fügen der Teile werden die Oberflächenrauhigkeiten um 11,2 µm geglättet; um den Rest des tatsächlich vorhandenen Übermaßes werden die Bauteile verformt.*

④ *Festlegung der Passung*
*Es wird das Toleranzsystem „Einheitsbohrung" verwendet, d. h. die Bohrung wird mit „H.." toleriert; das untere Abmaß ist 0. Für das obere Abmaß $A_{oB}$ gilt:*

$$A_{oB} > \approx \frac{U_{max} - U_{min}}{2} = \frac{76\,µm - 20,6\,µm}{2} = 27,7\,µm$$

*Aus einer Tabelle der ISO-Abmaße für Bohrungen lässt sich die Bohrungstoleranz bestimmen. Für den Durchmesserbereich über 30 mm bis 50*

mm *bieten sich die ISO-Toleranzen H7 mit $A_{oB}$ = 25 µm oder H8 mit $A_{oB}$ = 39 µm an. Es wird H7 gewählt.*

*Für die Welle gilt:*
$$A_{uW} \geq A_{oB} + U_{min} = 25\,µm + 20,6\,µm = 45,6\,µm$$

*Im Nennmaßbereich von über 30 mm bis 40 mm hat die ISO-Toleranz t das untere Abmaß $A_{uW}$ = 48 µm. Für das obere Abmaß gilt:*
$$A_{oW} \leq U_{max} = 76\,µm$$

*Die ISO-Toleranz t7 hat im betreffenden Nennmaßbereich das obere Abmaß $A_{oW}$ = 73 µm. Damit ist die Passung ausgelegt.*

⑤ *Einpresskraft bzw. Fügetemperatur*
*Die Einpresskraft für den Längspresssitz kann für das maximale Übermaß näherungsweise mittels* Gleichung (5.30) *bestimmt werden:*

$$F_{L\,max} = \mu \cdot p_{max} \cdot \pi \cdot D_F \cdot b$$
$$= 0,15 \cdot 84\,N/mm^2 \cdot \pi \cdot 40\,mm \cdot 70\,mm$$
$$= 110.000\,N$$

*Für einen Querpresssitz mit den gleichen geometrischen Daten ergibt sich die Erwärmungstemperatur $\vartheta_A$ der Nabe nach* Gleichung (5.31). *Aus Bild 5.14 kann der Ausdehnungskoeffizient für die Nabe (GG) zu $\alpha_\vartheta = 10 \cdot 10^{-6}\,K^{-1}$ ermittelt werden. Die Umgebungstemperatur soll $\vartheta_0$ = 20 °C betragen. Für das Montagespiel gilt: $S_K \approx 0,001 \cdot D_F = 40\,µm$. Damit gilt für $\vartheta_A$:*

$$\vartheta_A = \frac{U_g + S_K}{\alpha_{\vartheta A} \cdot D_F} + \vartheta_0$$
$$= \frac{73\,µm + 40\,µm}{10 \cdot 10^{-6}\,K^{-1} \cdot 40\,mm} + 20\,°C = 302,3\,°C$$

*Die Nabe müsste auf 302,3 °C erwärmt werden.*

## 5.4.2 Kegelverbindung

Eine Kegelverbindung soll ein Drehmoment von 400 Nm übertragen. Die Welle ist aus St37-2 gefertigt, die Nabe aus GG-20. Es soll ein Normkegel 1:10 verwendet werden.

Für das Drehmoment ist ein Sicherheitsfaktor von 1,6 zu berücksichtigen. Der Wellendurchmesser, an den der Kegel anschließen soll, beträgt $D = 50$ mm. Gesucht sind die Länge der Verbindung und die minimal erforderliche Aufpresskraft.

**Lösung:**
*Die minimal erforderliche Flächenpressung $p_{min}$ wird nach* Gleichung (5.36) *berechnet. Dazu sind zunächst die Länge $l$ der Kegelverbindung festzulegen und der mittlere Kegeldurchmesser $d_m$ zu bestimmen. Die Kegellänge wird wie folgt angenommen: $l \approx d = 50$ mm. Zur Ermittlung des Durchmessers $d_m$ dient* Bild 5.50.

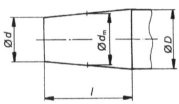

**Bild 5.50** Kegelgeometrie

*Für das Kegelverhältnis C gilt nach* Gleichung (5.33) *und gemäß Aufgabenstellung:*

$$C = \frac{D-d}{l} = \frac{1}{10} = 0,1 \quad \Rightarrow \quad d = D - C \cdot l$$

*Damit kann der mittlere Durchmesser $d_m$ berechnet werden:*

$$d_m = \frac{D+d}{2} = \frac{D+D-C \cdot l}{2} = D - \frac{C \cdot l}{2}$$
$$= 50\,mm - \frac{0,1 \cdot 50\,mm}{2} = 47,5\,mm$$

*Der Reibbeiwert der Reibpaarung St/GG liegt gemäß Bild 5.2 im Bereich von $\mu \approx 0,13...0,25$; es wird $\mu = 0,15$ angenommen. Hiermit kann die minimal erforderliche Flächenpressung bestimmt werden:*

$$p_{min} = \frac{2 \cdot T}{\mu \cdot \pi \cdot l \cdot d_m^2} = \frac{2 \cdot 1,5 \cdot 400\,Nm}{0,15 \cdot \pi \cdot 50\,mm \cdot 47,5^2\,mm^2}$$
$$= 24,1\,N/mm^2$$

*Die maximal zulässige Flächenpressung könnte analog zum vorherigen Übungsbeispiel berechnet werden.*

*Um die minimale Flächenpressung $p_{min}$ in der Fuge erzeugen zu können, muss die Verbindung*

*mindestens mit der Axialkraft $F_{a\,min}$ gefügt werden. Zur Berechnung dieser Kraft, die z. B. durch eine Schraubenverbindung aufgebracht werden kann, muss der halbe Kegelwinkel $\alpha/2$ bestimmt werden. Es gilt nach* Gleichung (5.33) *(siehe auch links) und* Gleichung (5.34):

$$d = D - C \cdot l = 50\,mm - 0,1 \cdot 50\,mm = 45\,mm$$

$$\tan\frac{\alpha}{2} = \frac{D-d}{2 \cdot l} = \frac{50\,mm - 45\,mm}{2 \cdot 50\,mm} \quad \Rightarrow \quad \frac{\alpha}{2} = 2,86°$$

*Nun kann die Mindest-Axialkraft mit* Gleichung (5.38) *berechnet werden:*

$$F_{a\,min} = \frac{2 \cdot T}{d_m} \cdot \frac{\sin\frac{\alpha}{2} + \mu \cdot \cos\frac{\alpha}{2}}{\mu}$$
$$= \frac{2 \cdot 1,5 \cdot 400\,Nm}{47,5\,mm} \cdot \frac{\sin 2,86° + 0,15 \cdot \cos 2,86°}{0,15}$$
$$= 35.878\,N$$

*Damit ist die gesuchte Kraft bestimmt.*

### 5.4.3 Reibbeiwertbestimmung

Um den Reibbeiwert zu bestimmen, wurde bei dem in Bild 5.51 dargestellten Hebel beim Aufpressen die Einpresskraft gemessen; sie betrug 35 kN. Die Rauhtiefe von Welle und Nabe wurde zu jeweils 6 µm ermittelt. Vor dem Aufpressen wurde der Wellendurchmesser zu 30,050 mm gemessen, der Bohrungsdurchmesser der Nabe zu 30,000 mm. Die Welle und die Nabe sind aus St52-3 gefertigt.

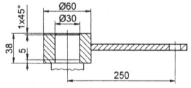

**Bild 5.51** Aufgepresster Hebel

Wie hoch war der Reibbeiwert beim Einpressen? Wie hoch ist die maximale Kraft am Ende des Hebels, wenn die Verbindung nicht rutschen soll? Wie hoch wäre die Erwärmungstemperatur für eine vergleichbare Querpresspassung?

**Lösung:**
*Die Einpresskraft eines Längspresssitzes kann*

*mit* Gleichung (5.30) *berechnet werden. Im vorliegenden Fall wurde die tatsächliche Kraft $F_L$ gemessen, und es soll der Reibbeiwert berechnet werden. Es liegt die tatsächliche Flächenpressung p vor, die zunächst noch unbekannt ist. Der Berechnungsgang läuft also prinzipiell umgekehrt als in* Kapitel 5.2.3 *beschrieben ab. Die Formeln sind entsprechend umzustellen:*

$$F_L = \mu \cdot F_N = \mu \cdot p \cdot \pi \cdot D_F \cdot b$$

$$\Rightarrow \mu = \frac{F_L}{p \cdot \pi \cdot D_F \cdot b}$$

*Die Flächenpressung p kann aus dem vorhandenen Übermaß bestimmt werden; dieses beträgt* $U = 30{,}050$ mm $- 30{,}000$ mm $= 50$ μm. *Hiervon ist der durch die Glättung der Oberflächenrauhigkeiten entstehende Übermaßverlust* $\Delta U$ *abzuziehen, der mittels* Gleichung (5.26) *bestimmt werden kann. Auf diese Weise ergibt sich das Gesamt-Haftmaß* $Z_{ges}$:

$$U = Z_{ges} + \Delta U = Z_{ges} + 0{,}8\,(R_{zA} + R_{zI})$$

$$\Rightarrow Z_{ges} = U - 0{,}8\,(R_{zA} + R_{zI})$$

$$= 50\,\mu m - 0{,}8 \cdot (6\,\mu m + 6\,\mu m) = 40{,}4\,\mu m$$

*Nun läßt sich mittels* Gleichung (5.25) *das relative Gesamt-Haftmaß* $\xi_{ges}$ *bestimmen:*

$$Z_{ges} = \xi_{ges} \cdot D_F$$

$$\Rightarrow \xi_{ges} = \frac{Z_{ges}}{D_F} = \frac{40{,}4\,\mu m}{30\,mm} = 0{,}00135$$

Gleichung (5.24) *zeigt einen Zusammenhang zwischen dem Gesamt-Haftmaß* $\xi_{ges}$ *und der Flächenpressung p für Bauteile aus gleichen Werkstoffen. Da das Gesamt-Haftmaß bekannt ist, kann die Flächenpressung berechnet werden. Als Hilfsgrößen werden der E-Modul (E =* 210.000 N/mm² *für St) und das Durchmesserverhältnis* $Q_A$ *benötigt:*

$$Q_A = \frac{D_F}{D_{aA}} = \frac{30\,mm}{60\,mm} = 0{,}5$$

$$\xi_{ges} = \frac{p}{E} \cdot \frac{2}{1 - Q_A^2}$$

$$\Rightarrow p = \xi_{ges} \cdot E \cdot \frac{1 - Q_A^2}{2}$$

$$= 0{,}00135 \cdot 210.000\,N/mm^2 \cdot \frac{1 - 0{,}5^2}{2}$$

$$= 106{,}3\,N/mm^2$$

*Die Flächenpressung p ist nach dem Fügen beider Teile vorhanden. Mit Hilfe des bereits aus* Gleichung (5.30) *hergeleiteten Zusammenhangs kann jetzt der Reibwert μ berechnet werden. Dabei ist für die Breite b die tragende Breite einzusetzen, d. h. die Breiten von Freistich und Fase sind abzuziehen:*

$$\mu = \frac{F_L}{p \cdot \pi \cdot D_F \cdot b}$$

$$= \frac{35.000\,N}{106{,}3\,\dfrac{N}{mm^2} \cdot \pi \cdot 30\,mm \cdot (38 - 1 - 5)\,mm}$$

$$\mu = 0{,}11$$

*Die maximale am Hebelende angreifende Kraft* $F_{max}$ *kann mittels* Gleichung (5.15) *berechnet werden. In diesen Zusammenhang wird der oben berechnete Reibbeiwert eingesetzt. Hierbei handelt es sich um einen Gleitreibbeiwert; tatsächlich müsste der Haftreibwert eingesetzt werden, so dass das übertragbare Moment noch größer wäre. Es gilt:*

$$p = \frac{2 \cdot T}{\mu \cdot \pi \cdot b \cdot D_F^2} \Rightarrow T = \frac{1}{2} \cdot p \cdot \mu \cdot \pi \cdot b \cdot D_F^2$$

$$T = F_{max} \cdot 250\,mm \Rightarrow F_{max} = \frac{T}{250\,mm}$$

$$F_{max} = \frac{p \cdot \mu \cdot \pi \cdot b \cdot D_F^2}{2 \cdot 250\,mm}$$

$$= \frac{106{,}3\,N \cdot 0{,}11 \cdot \pi \cdot (38 - 1 - 5)\,mm \cdot 30^2\,mm^2}{mm^2 \cdot 2 \cdot 250\,mm}$$

$$F_{max} = 2.116\,N$$

*Die Erwärmungstemperatur für einen vergleichbaren Querpresssitz ergibt sich aus* Gleichung (5.31). *Das Übermaß beträgt* $U = 50$ μm; *das Montagespiel wird zu* $S_K \approx 0{,}001 \cdot D_F = 30$ μm *angenommen. Die Umgebungstemperatur beträgt* $\vartheta_0 = 20$ °C. *Aus* Bild 5.14 *ergibt sich der Ausdehnungskoeffizient für die Nabe aus Stahl zu* $\alpha_\vartheta = 11 \cdot 10^{-6}\,K^{-1}$. *Damit gilt:*

$$\vartheta_A = \frac{U + S_K}{\alpha_{\vartheta A} \cdot D_F} + \vartheta_0$$

$$= \frac{0{,}050\,mm + 0{,}030\,mm}{11 \cdot 10^{-6}\,K^{-1} \cdot 30\,mm} + 20\,°C$$

$$\vartheta_A = 262\,°C$$

### 5.4.4 Passfederverbindung

Die in Bild 5.52 dargestellte Passfederverbindung wird durch ein schwellendes stoßfreies Drehmoment von 100 Nm belastet. Die Welle hat einen Durchmesser von $d$ = 40 mm. Die Nabe ist aus Grauguss gefertigt. Hält die Verbindung der Belastung stand?

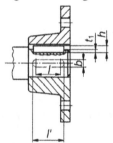

$b$ = 12 mm
$h$ = 8 mm
$t_1$ = 5 mm
$l'$ = 45 mm

**Bild 5.52** Passfederverbindung

*Lösung:*
*Die Verbindung wird bezüglich der Flächenpressung in der Nut der Nabe berechnet. Hierfür gilt nach* Gleichung (5.40):

$$p = \frac{F_u}{(h-t_1) \cdot l \cdot z \cdot \varphi} = \frac{2 \cdot T}{d \cdot (h-t_1) \cdot l \cdot z \cdot \varphi} \leq p_{zul}$$

*Die tragende Länge l der Passfeder wird wie folgt berechnet:*

$$l = l' - b = 45\,mm - 12\,mm = 33\,mm$$

*Die Anzahl der Passfedern ist z* = 1*, daher ist auch der Traganteil φ* = 1*. Aus Bild 5.30 kann der Wert für die zulässige Flächenpressung entnommen werden. Für eine Welle aus Stahl und eine Nabe aus Grauguss gilt bei stoßfreier Belastung* $p_{zul}$ = 65 N/mm².

$$p = \frac{2 \cdot T}{d \cdot (h-t_1) \cdot l \cdot z \cdot \varphi}$$

$$= \frac{2 \cdot 100\,Nm}{40\,mm \cdot (8-5)\,mm \cdot 33\,mm \cdot 1 \cdot 1} \cdot \frac{1000\,mm}{1\,m}$$

$$p = 50,5\,N/mm^2 \leq 65\,N/mm^2 = p_{zul}$$

*Die Verbindung ist hinreichend dimensioniert.*

### 5.4.5 Keilwelle

Eine Keilwelle nach DIN 14 hat das Profil 8 x 42 x 48 und ist flankenzentriert. Sie wird auf ei-ner Länge von $l$ = 50 mm belastet, wobei mittlere Drehmomentstöße auftreten. Die Nabe besteht aus Stahl. Wie hoch ist das übertragbare Drehmoment?

*Lösung:*
*Für Profilwellenverbindungen gilt nach* Gleichung (5.41):

$$p = \frac{2 \cdot T}{d_m \cdot h \cdot l \cdot z \cdot \varphi} \leq p_{zul}$$

$$\Rightarrow T \leq \frac{1}{2} \cdot p_{zul} \cdot d_m \cdot h \cdot l \cdot z \cdot \varphi \cdot$$

*Nach Bild 5.30 beträgt die zulässige Flächenpressung für Wellen und Naben aus Stahl bei stoßhaftem Drehmoment* $p_{zul}$ = 75 N/mm². *Der mittlere Durchmesser* $d_m$ *und die Keilhöhe h werden wie folgt berechnet:*

$$d_m = \frac{48\,mm + 42\,mm}{2} = 45\,mm$$

$$h = \frac{48\,mm - 42\,mm}{2} = 3\,mm$$

*Die Keilwelle weist z* = 8 *Keile auf; wegen der Flankenzentrierung ist der Traganteil φ* = 0,9 *zu setzen. Damit gilt:*

$$T \leq \frac{1}{2} \cdot 75\,N/mm^2 \cdot 45\,mm \cdot 3\,mm \cdot 50\,mm \cdot 8 \cdot 0,9$$

$$T \leq 1.822,5\,Nm$$

*Das maximale Drehmoment beträgt 1.822,5 Nm.*

## 5.5 Literatur zu Kapitel 5

/1/ Köhler, G.; Rögnitz, H.: Maschinenteile 1. 8. Auflage, Stuttgart, 1992.

/2/ Steinhilper, W.; Röper, R.: Maschinen- und Konstruktionselemente 2. 3. Auflage, Berlin, Heidelberg, New York, 1993.

/3/ Haberhauer, H.; Bodenstein, F.: Maschinenelemente. 10. Auflage, Berlin, Heidelberg, 1996.

/4/ Decker, K. H.: Maschinenelemente. 14. Auflage, München, Wien, 1995.

/5/ Roloff, H.; Matek, W.: Maschinenelemente. 12. Auflage, Braunschweig, 1992.

/6/ Hilbert, H.; Wackermann, E.: Fachkunde für Werkzeugmacher. 1. Auflage, Stuttgart, 1968.

/7/ Kollmann, G.: Welle-Nabe-Verbindungen. 1984.

# 6 Gleitlager

## 6.1 Grundlagen

### 6.1.1 Eigenschaften

Gleitlager sind Lager, bei denen eine bewegte Welle auf Gleitflächen in einer feststehenden Buchse gedreht wird. Dabei wird eine vollkommene Trennung der relativ zueinander bewegten Flächen durch einen Schmierfilm angestrebt.

Gleitlager werden als einfache Lagerbuchsen selbstschmierend, mit Öl- bzw. Fett-Handschmierung oder als hydrodynamisch bzw. hydrostatisch geschmierte Lager ausgeführt.

Von besonderer Bedeutung sind Gleitlagerungen, wenn sie indirekt als Werkzeug- oder Werkstückträger die Arbeitsgenauigkeit von Werkzeugmaschinen mitbestimmen. Aus diesem Grund dürfen sie keine unzulässigen Rundlauf-, Planlauf- oder Taumelfehler aufweisen und müssen ausreichende statische und dynamische Steifigkeit besitzen.

Die beiden Hauptaufgaben von Lagerungen sind:
- Führung mit größtmöglicher Genauigkeit
- Abstützung und Sicherung in der vorgeschriebenen Lage

Im Vergleich zu Wälzlagern besitzen Gleitlager folgende Eigenschaften:

**Vorteile:**
- geringe Reibbeiwerte (bei Vollschmierung)
- unempfindlich gegen Stöße und Erschütterungen
- schwingungs- und geräuschdämpfend
- brauchbar für fast alle Drehzahlen
- geringer Platzbedarf
- einfacher Aufbau
- geteilt und ungeteilt ausführbar
- nahezu unbegrenzte Lebensdauer (bei ständiger Flüssigkeitsreibung)
- preisgünstig

**Nachteile:**
- höherer Aufwand für Schmiermittelversorgung und Wartung
- hohe Oberflächengüte erforderlich
- hoher Anlaufreibwert (bei hydrodynamischer Lagerung)
- begrenzte Auswahl von Lagerwerkstoffen

### 6.1.2 Einteilung der Gleitlager

Gleitlager lassen sich nach folgenden Kriterien einteilen:
- Kraftrichtung: radial, axial
- Verwendung: Motor, Getriebe, Turbine o. ä.
- Ausführung: Augen-, Deckel-, Stehlager
- Werkstoff: Weißmetall, Bronze, Sintermetalle
- Schmiermittel: Öl, Fett, Luft
- Schmierprinzip: hydrostatisch, hydrodynamisch, aerostatisch

### 6.1.3 Hydrodynamischer Gleitvorgang

Die Voraussetzungen für eine ausreichende hydrodynamische Druckbildung sind:
- Existenz eines sich in Laufrichtung verengenden Stauraums (Keil, Neigung etwa 1:1000)
- ein viskoser Zwischenstoff (Schmierstoff)
- eine stauwirksame Relativgeschwindigkeit

Das Entstehen des Schmierdrucks beruht dabei auf dem Stauen der an den Gleitflächen haftenden und von der bewegten Gleitfläche mitgenommenen Flüssigkeit. In einem Gleitraum mit konstantem Durchflussquerschnitt entsteht kein hydrodynamischer Druck. Bild 6.1 zeigt schematisch den Gleitvorgang im ebenen Schmierkeil.

Die Fläche des Geschwindigkeitsprofils ist grundsätzlich dem Volumen proportional, das den Gleitraum durchströmt. Daher muss diese Fläche am Eingang und am Ausgang des Gleitraums gleich sein. Dies kann jedoch nur dann der Fall sein, wenn im mittleren Bereich des Geschwindigkeitsprofils eine Erhöhung der Strömungsgeschwindigkeit, gleichbedeutend mit einer Druckerhöhung, stattgefunden hat. Auf diese Weise können Drücke von mehr als einhundert bar erzeugt werden.

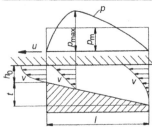

$h_0$ = kleinste Spalthöhe     $p$ = Lagerdruck
$t$ = Keilhöhe     $p_m$ = mittlerer Lagerdruck
$l$ = wirksame Spaltlänge     $p_{max}$ = max. Lagerdruck
$u$ = Umfangsgeschwindkeit     $\tau$ = Schubspannung
$v$ = Strömungsgeschwindigkeit im Schmierstoff

**Bild 6.1** Hydrodynamische Druck- und Geschwindig-keitsverteilung im ebenen Schmierkeil

Der Schmierspalt muss nicht unbedingt keilför-mig sein. Bild 6.2 zeigt andere Schmierspaltfor-men und deren charakteristische Druckverläufe.

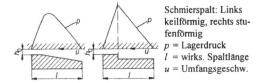

Schmierspalt: Links keilförmig, rechts stu-fenförmig
$p$ = Lagerdruck
$l$ = wirks. Spaltlänge
$u$ = Umfangsgeschw.

**Bild 6.2** Druckverteilung bei verschiedenen Schmier-spaltformen

## 6.1.4 Reibung und Verschleiß

Für das Reibungs- und Verschleißverhalten von Gleitlagern ist das Zusammenwirken der drei Lagerkomponenten entscheidend:
– Grundkörper (Lagerschale)
– Gegenkörper (Welle)
– Zwischenstoff (Kühlschmierstoff)

Folgende Reibzustände können im Betrieb auf-treten:
– Festkörperreibung
– Mischreibung
– Flüssigkeitsreibung

### Festkörperreibung
Die Festkörperreibung wird auch Trockenrei-bung oder *Coulomb*sche Reibung genannt. Es befindet sich kein Schmierfilm zwischen Grund- und Gegenkörper, siehe Bild 6.3.

**Bild 6.3** Festkörperreibung

Der Zusammenhang zwischen Normalkraft $F_N$ und Reibkraft $F_R$ ist linear und geschwindig-keitsunabhängig.

$$F_R = F_N \cdot \mu_0, \qquad \mu_0 > \mu \qquad\qquad (6.1)$$

$\mu_0$ = Haftreibwert      $\mu$ = Gleitreibwert

Durch die Berührung der Gleitflächen an der Grenzschicht treten folgende Verschleißformen auf:
– Abscheren der Rauheitsspitzen
– Ausbrechen überbeanspruchter Teilchen
– Ausschmelzung bei Überhitzung

### Mischreibung:
In der Kontaktzone liegt ein Schmierfilm vor, dessen Tragkraft jedoch noch nicht ausreicht, um die relativ zueinander bewegten Teile vollständig zu trennen. Es treten also Bereiche mit Festkörperreibung und Bereiche mit Flüssig-keitsreibung auf (Bild 6.4).

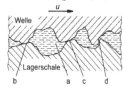

a örtliche Flüssigkeitsreibung
b Abrieb durch Abscheren
c Verschweißung oder Aus-schmelzen
d elastische oder plastische Verformung

**Bild 6.4** Mischreibung

### Flüssigkeitsreibung:
Bei dieser Reibungsform werden die am Reib-vorgang beteiligten Festkörper durch eine ge-schlossene Schmierfilmschicht vollständig von-einander getrennt (Bild 6.5). Je kleiner die Ober-flächenrauheit dabei ist, desto leichter ist ein ver-schleißfreier Lauf möglich. Der Reibvorgang findet hier im Stoffbereich des Schmiermittels statt. Der Öldruck ist dabei zwei- bis viermal so groß wie die mittlere Flächenpressung. Die Haft-fähigkeit des Schmierfilms ist von folgenden drei Haupteinflussgrößen abhängig:
– Schmierstoffzusammensetzung
– Gleitwerkstoffe
– Temperatur

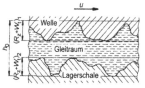

$h_0$ = Schmierfilmdicke
$R_z$ = Rauhtiefe
$W_t$ = Welligkeit

Index 1: Welle
Index 2: Lagerschale

**Bild 6.5** Flüssigkeitsreibung

**Stribeck-Kurve:**

R. *Stribeck* wies 1902 in Versuchen nach, dass bei flüssigkeitsgeschmierten Lagern die Reibzahl $\mu$ von der Drehzahl $n$ der Welle und der spezifischen Lagerbelastung $p_m$ abhängig ist. Bild 6.6 zeigt den qualitativen Verlauf der sogenannten *Stribeck*-Kurve. Die Reibungskurve zeigt ausgehend vom Stillstand (Haftreibung) mit steigender Drehzahl $n$ zunächst ein schnelles Absinken des Reibbeiwertes $\mu$. Dies ist dadurch bedingt, dass die Tragfähigkeit des Schmierfilms kontinuierlich anwächst und damit der Anteil an Festkörperreibung abnimmt. Man befindet sich also noch im Bereich der Mischreibung. Erst ab einer gewissen Drehzahl (Übergangsdrehzahl $n_{\ddot{u}}$) entsteht Flüssigkeitsreibung.

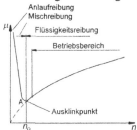

**Bild 6.6** Stribeck-Kurve

Der Übergang von der Misch- zur Flüssigkeitsreibung wird als Ausklinkpunkt $A$ bezeichnet.

Die Auslegung eines Lagers im Ausklinkpunkt ist unsicher, da der Bereich des kleinsten Reibwertes $\mu$ sehr eng ist. Schon bei geringsten Drehzahlschwankungen kann das Lager im Mischreibungsgebiet laufen und damit stark verschleißen. In der Praxis wird eine Betriebsdrehzahl deutlich oberhalb der Übergangsgeschwindigkeit gewählt:

$$n \geq 2 \cdot n_{\ddot{u}} \qquad (6.2)$$

Der charakteristische Verlauf der *Stribeck*-Kurve ist abhängig von der spezifischen Lagerbelastung

$p$ und der Viskosität $\eta$ des Schmiermittels. Bild 6.7 zeigt die unterschiedlichen Kurvenverläufe bei der Variation dieser Parameter.

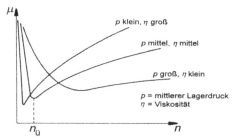

**Bild 6.7** Stribeck-Kurve für unterschiedliche Lagerbelastungen und Viskositäten

## 6.2 Hydrodynamische Radiallager

### 6.2.1 Betriebszustände

Die von *Stribeck* ermittelten Kurven können zur Erklärung der drei Betriebszustände bei Gleitlagerungen herangezogen werden. Bild 6.8 zeigt eine schematische Darstellung dieser drei Betriebsbereiche.

a) Im **Stillstand** befindet sich die Welle an der tiefsten Stelle in der Lagerschale (Bild 6.8 a). An der Berührungsstelle sind Welle und Lagerschale durch die von der Bearbeitung hervorgerufenen Rauhheiten verklammert. Zur Einleitung der Bewegung muss diese Verklammerung erst gelöst werden. Dies erklärt den hohen Anlaufreibwert (Haftreibung).

b) Beim **Anlaufvorgang** erfolgt die Lastübertragung durch Festkörperkontakt. Die Welle beginnt entgegen dem Drehsinn an der Lagerschale hochzuwandern (Bild 6.8 b). Die Position der Welle ist dabei sehr instabil. Infolge der Drehzahl- bzw. Gleitgeschwindigkeitssteigerung wird das Öl in den in Laufrichtung enger werdenden Schmierspalt gedrückt. Der hydrodynamische Druck steigt, und der Wellenmittelpunkt verlagert sich, wobei die Exzentrizität abnimmt. Dieser Betriebszustand zeichnet sich durch Mischreibung aus, was einen starken Werkstoffverschleiß bedingt.

c) Im Bereich der **Flüssigkeitsreibung**, also oberhalb der Übergangsdrehzahl $n_{\ddot{u}}$, wird die Flüssigkeitsschicht im Schmierspalt $h_0$ größer. Der Wellenmittelpunkt bewegt sich mit steigender Drehzahl auf einer halbkreisähnlichen Bahn (*Gümbel*scher Halbkreis) immer mehr in Richtung Lagerbohrungsmitte (Bild 6.8 c). Es besteht kein metallischer Kontakt mehr. Der Werkstoffverschleiß ist hier minimal.

d) **Theoretischer Grenzfall**. Wird die Wellendrehzahl theoretisch unendlich groß, fallen Wellen- und Lagerbohrungsmittelpunkt räumlich zusammen (Bild 6.8 d). Der keilförmige Schmierspalt verschwindet, und die Welle fällt nach unten auf die Lagerwandung. Der dadurch entstehende enge Schmierspalt bedingt einen plötzlichen hohen Druckaufbau und schleudert die Welle gegen die obere Lagerwandung, wo wiederum ein enger Schmierspalt entsteht, der die Welle nach unten schleudert. Es ist keine oder nur eine geringe Aufnahme von Kräften möglich. Dieser Betriebszustand wird auch als „Wellentanzen" bezeichnet und zerstört das Lager. Für diesen Betriebsfall sollten Mehrflächengleitlager verwendet werden.

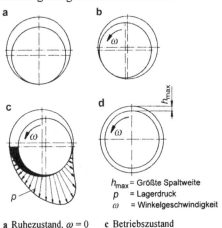

a Ruhezustand, $\omega = 0$       c Betriebszustand
b Anlauf, $\omega$ klein          d Theoretischer Grenzfall $\omega \to \infty$

$h_{max}$ = Größte Spaltweite
$p$ = Lagerdruck
$\omega$ = Winkelgeschwindigkeit

**Bild 6.8** Betriebszustände hydrodynamischer Radiallager

## 6.2.2 Gleitraumverhältnisse

Bei hydrodynamischen Radiallagern bildet sich durch die exzentrische Lage des Zapfens in der Schale von selbst ein sich in Laufrichtung verengender keilförmiger Schmierspalt. Befindet sich das Lager im Gebiet der Flüssigkeitsreibung, schwimmt der Zapfen in der Buchse. Die aus dem mittleren Lagerdruck $p_m$ resultierende Kraft und die radiale Lagerbelastung $F_r$ stehen im Gleichgewicht. Es gilt folgende Beziehung:

$$p_m = \frac{F_r}{b \cdot d} \leq p_{m\,zul} \qquad (6.3)$$

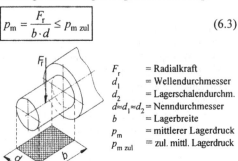

$F_r$ = Radialkraft
$d_1$ = Wellendurchmesser
$d_2$ = Lagerschalendurchm.
$d \approx d_1 \approx d_2$ = Nenndurchmesser
$b$ = Lagerbreite
$p_m$ = mittlerer Lagerdruck
$p_{m\,zul}$ = zul. mittl. Lagerdruck

**Bild 6.9** In Kraftrichtung projizierte Fläche

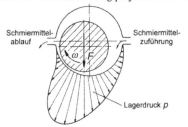

Schmiermittelablauf                 Schmiermittelzuführung

Lagerdruck $p$

**Bild 6.10** Gleitraumverhältnisse

Das Schmiermittel muss stets so zugeführt werden, dass es in den Schmierspalt hineingezogen werden kann, Bild 6.10.

### 6.2.3 Lagerwerkstoffe und Kühlschmierstoffe

**Lagerwerkstoffe:**
Im Gebiet der reinen Flüssigkeitsreibung spielen die Gleitflächenwerkstoffe nur eine untergeordnete Rolle. Lediglich das gute Haften von Öl an den Gleitflächen und ausreichende Festigkeit gegen Flächenpressung müssen gewährleistet sein. Weitaus wichtiger ist die Werkstoffpaarung jedoch im Gebiet der Mischreibung, d. h. insbesondere für das Anfahren und Auslaufen sowie bei Ölmangel bzw. Versagen der Schmiermittelversorgung. Als Wellenwerkstoff dient meist Stahl, während als Werkstoff für die Lagerschale

ein weicheres Material gewählt wird. Hierdurch soll erreicht werden, dass die Lagerschale den Verschleiß aufnimmt und durch Verformung zu hohe Kantenpressungen abbaut. Das Härteverhältnis von Lager- zu Wellenwerkstoff sollte etwa 1:3 bis 1:5 betragen. Folgende Anforderungen werden an den Lagerwerkstoff gestellt:
- Fertigungsmöglichkeit glatter Oberflächen
- gutes Einlaufverhalten (Glättung im Betrieb)
- gute Notlaufeigenschaften (kein Fressen bei Ölmangel)
- hohe Verschleißfestigkeit
- geringe, gleichmäßige Volumenausdehnung
- geringe Empfindlichkeit gegen Kantenpressung
- hohe Wärmeleitfähigkeit
- ausreichende statische und dynamische Festigkeit, auch bei höheren Temperaturen
- Korrosionsbeständigkeit
- gute Bindungsfähigkeit mit dem Grundmaterial (bei Mehrstofflagern)

**Kühlschmierstoffe:**
Die Schmierstoffe sollten folgende Anforderungen erfüllen:
- Trennen der zueinander bewegten Elemente (Verminderung von Verschleiß)
- Haften an den Gleitflächen (Adhäsion)
- Abführen von Reibungswärme
- dämpfende Eigenschaften gegen Stöße und Schwingungen

Bei der Relativbewegung zweier Körper mit der Geschwindigkeit $v$ muss im dazwischen befindlichen Schmierstoff die Scherspannung $\tau$ überwunden werden. Nach dem Newtonschen Ansatz ist die dynamische Viskosität $\eta$ der Proportionalitätsfaktor zwischen der Scherspannung $\tau$ und dem Geschwindigkeitsgefälle, siehe Bild 6.11. In Bild 6.12 sind die Viskositäten bei 21 °C für einige Newtonsche Flüssigkeiten angegeben.

$$\tau = \eta \cdot \frac{dv}{dy} \qquad (6.4)$$

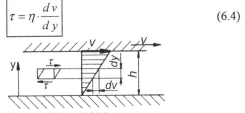

**Bild 6.11** Ebene Schichtenströmung

| Newtonsche Flüssigkeit | Dynamische Viskosität $\eta$ in Ns/mm$^2$ |
|---|---|
| Schweres Motorenöl SAE 50 | $800 \cdot 10^{-9}$ |
| Glyzerin | $500 \cdot 10^{-9}$ |
| Mittelschweres Motoröl SAE 30 | $300 \cdot 10^{-9}$ |
| Motorenöl SAE 5 - extraleicht | $32 \cdot 10^{-9}$ |
| Quecksilber | $1,5 \cdot 10^{-9}$ |
| Terpentin | $1,45 \cdot 10^{-9}$ |
| Wasser | $1,0 \cdot 10^{-9}$ |
| Luft | $0,018 \cdot 10^{-9}$ |

**Bild 6.12** Dynamische Viskosität von Flüssigkeiten

Die Reibleistung $P_R$, die im Schmierfilm in Wärme umgesetzt wird, errechnet sich wie folgt:

$$P_R = \eta \cdot \frac{v^2}{h} \cdot A \qquad (6.5)$$

$P_R$ = Reibleistung
$v$ = Relativgeschwindigkeit
$\eta$ = Viskosität
$h$ = Schmierspaltdicke

Die Betriebstemperatur des Lagers belastet die Lagerelemente und die Umgebung; außerdem bestimmt sie die Viskosität und die Lebensdauer des Schmierstoffs (Zersetzung, Verkokung). Die Höhe der Temperatur lässt sich bestimmen, indem die Reibleistung $P_R$ mit der abgeführten Wärmemenge $\dot{Q}_{ab}$ ins Gleichgewicht gesetzt wird. Die Wärme fließt über das Gehäuse und über die Welle ab (Wärmeleitung) und wird durch Konvektion bzw. teilweise durch Strahlung an die Umgebung abgegeben.

Die Viskosität des Schmierstoffs ist stärker von der Temperatur als vom Lagerdruck abhängig. Sie wird mit zunehmender Temperatur kleiner und mit steigendem Druck größer, siehe Bild 6.7.

Die abgeführte Wärmemenge lässt sich gemäß den Formeln (6.6) bzw. (6.10) berechnen. Es gilt:

**Für Luftkühlung:**

$$\dot{Q}_{ab} = \alpha \cdot A \cdot (t - t_L) \qquad (6.6)$$

$\dot{Q}_{ab}$ = abgeführte Wärmemenge
$\alpha$ = Wärmeübergangszahl
$A$ = Abstrahlfläche
$t$ = Gleitflächentemperatur
$t_L$ = Lufttemperatur

Als Temperaturdifferenz $(t - t_L)$ gegenüber der Umgebung werden Werte von etwa 30 °C bis 90 °C zugelassen. Die Wärmeübergangszahl $\alpha$ ist abhängig von der Strömungsgeschwindigkeit $v$ der Luft:

$$\frac{\alpha}{\left[\dfrac{W}{K \cdot m^2}\right]} = 7 + 12 \cdot \sqrt{\frac{v}{[m/s]}} \qquad (6.7)$$

$\alpha$ = Wärmeübergangszahl; näherungsweise kann $\alpha = 20$ W/K·m² gesetzt werden

$v$ = Strömungsgeschwindigkeit der Luft; näherungsweise kann $v = 1{,}25$ m/s gesetzt werden

Damit ergibt sich die Wärmeübergangszahl $\alpha$ näherungsweise wie folgt:

$$\alpha \approx 20 \frac{W}{K \cdot m^2} \qquad (6.8)$$

Die wärmeabgebende Fläche A setzt sich zusammen aus dem Anteil der Welle und dem der Lagerschale bzw. des Gehäuses. Sie kann näherungsweise wie folgt ermittelt werden:

$$A \approx 30 \cdot d \cdot b + 15 \cdot d^2 \qquad (6.9)$$

$d$ = Nenndurchmesser          $b$ = Lagerbreite

**Für Ölkühlung:**

$$\dot{Q}_{ab} = c \cdot \rho \cdot \dot{V} \cdot (t_A - t_E) \qquad (6.10)$$

$\dot{Q}_{ab}$ = abgeführte Wärmemenge
$\rho$ = Dichte des Öls
$\dot{V}$ = Ölvolumenstrom
$t_A$ = Austrittstemperatur des Öls $\approx t$ = Gleitflächentemp.
$t_E$ = Eintrittstemperatur des Öls
$c$ = spezifische Wärme des Öls; näherungsweise kann $c = 1.840$ Nm/kg·K gesetzt werden

Bezieht man die dynamische Viskosität $\eta$ auf die Dichte $\rho$ des Schmiermittels, so erhält man die kinematische Viskosität $v$. Öle mit hoher Viskosität werden zur Übertragung großer Kräfte und aufgrund der hohen Reibungswiderstände nur bei niedrigen Drehzahlen genutzt. Öle mit niedriger Viskosität sind geeignet für geringe Belastungen und hohe Drehzahlen.

$$v = \frac{\eta}{\rho}$$

$v$ = Kinematische Viskosität
$\eta$ = Dynamische Viskosität     (6.11)
$\rho$ = Dichte des Öls

## 6.2.4 Schmierfilmdicke und Sommerfeldzahl

Die Schmierfilmdicke stellt sich durch die hydrodynamische Schmierung selbsttätig ein. Um Welle und Lagerschale vollständig voneinander zu trennen muss die minimale Schmierfilmdicke $h_{min}$ größer sein als die Summe der Rauhtiefen der beiden Teile:

$$h_{min} \geq R_{z\,Welle} + R_{z\,Lagerschale} \qquad (6.12)$$

$h_{min}$ = Minimale Schmierfilmdicke
$R_{z\,Welle}$ = Rauhtiefe der Welle
$R_{z\,Lagerschale}$ = Rauhtiefe der Lagerschale

Wird für beide Teile eine gemittelte Rauhtiefe von $R_z = 1$ µm bis $R_z = 1{,}6$ µm angenommen, so kann überschlägig folgender Wert angenommen werden:

$$h_{min} \approx 0{,}004 \, mm \qquad (6.13)$$

Die größte zulässige Schmierfilmdicke wird durch die Gefahr des Wellentanzens bestimmt. Bei zentrischer Wellenlage (praktisch nicht zulässig) herrscht überall die größte Schmierfilmdicke $h_{max}$:

$$h_{max} = \frac{d_2 - d_1}{2} \qquad (6.14)$$

$d_2$ = Durchmesser der Lagerschale
$d_1$ = Wellendurchmesser

Beim Betrieb des Wälzlagers stellt sich eine vorhandene Schmierfilmdicke $h_{vorh}$ ein. Wird dieser Wert auf die maximale Schmierfilmdicke $h_{max}$ bezogen, ergibt sich die relative Schmierfilmdicke $\delta$:

$$\delta = \frac{h_{vorh}}{h_{max}} = \frac{2 \cdot h_{vorh}}{d_2 - d_1} \qquad (6.15)$$

Die relative Schmierfilmdicke $\delta$ ist ein Maß für die Entfernung von der zentrischen Wellenlage. Es sollte stets $\delta < 0{,}4$ sein, da sonst die Gefahr des Wellentanzens besteht. Die relative Schmierfilmdicke $\delta$ begrenzt die Schmierfilmdicke nach oben (relativ), die minimale Schmierfilmdicke $h_{min}$ begrenzt sie nach unten (absolut in mm).

Das relative Lagerspiel $\psi$ ist wie folgt definiert:

$$\psi = \frac{d_2 - d_1}{d_1} \qquad (6.16)$$

Die Größe des relativen Lagerspiels $\psi$ ist vom Werkstoff der Lagerschale abhängig, da dieser Verformungen unter Last o. ä. bestimmt.

| Werkstoff der Lagerschale | Relatives Lagerspiel $\psi$ |
|---|---|
| Bronze | $\approx$ 0,0025...0,003 = 2,5..3 ‰ |
| Weißmetall | $\approx$ 0,0005 = 0,5 ‰ |
| Grauguss | $\approx$ 0,001...0,002 = 1...2 ‰ |
| Kunststoff | $\approx$ 0,003...0,004 = 3...4 ‰ |

**Bild 6.13** Relatives Lagerspiel für unterschiedliche Werkstoffe der Lagerschale (Welle aus Stahl)

Überschlägig kann auch folgender Richtwert angesetzt werden:

$$\psi = 0,8 \cdot \sqrt[4]{u / [\text{m} / \text{s}]} \qquad (6.17)$$

$u$ = Umfangsgeschwindigkeit in [m/s]

Zur Beschreibung des Betriebszustandes und der Tragfähigkeit eines Lagers im Bereich der Flüssigkeitsreibung wird die Sommerfeldzahl $So$ herangezogen. Sie ist eine dimensionslose Lagerkenngröße und wird wie folgt berechnet:

$$So = \frac{p_\mathrm{m} \cdot \psi^2}{\eta \cdot \omega} = \frac{F_\mathrm{r} \cdot \psi^2}{b \cdot d \cdot \eta \cdot \omega} \qquad (6.18)$$

$So$ = Sommerfeldzahl  $p_\mathrm{m}$ = mittlerer Lagerdruck
$\psi$ = Relatives Lagerspiel  $F_\mathrm{r}$ = Radialkraft
$\eta$ = Dynamische Viskosität  $b$ = Lagerbreite
$\omega$ = Winkelgeschwindigkeit  $d$ = Nenndurchmesser

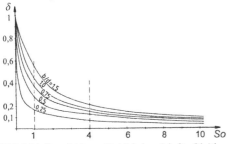

**Bild 6.14** Empfohlener Betriebsbereich für Gleitlager

Bild 6.14 zeigt die relative Schmierfilmdicke $\delta$ als Funktion der Sommerfeldzahl $So$ für verschiedene Breitenverhältnisse $b/d$. Wird die Sommerfeldzahl $So$ zu groß, so wird die relative Schmierfilmdicke $\delta$ zu klein. Die belastende Radialkraft ist also zu hoch und es besteht die Gefahr der Festkörperberührung. Bei zu kleiner Sommerfeldzahl wird die relative Schmierfilmdicke $\delta$ so groß, dass sich die Welle zu sehr der zentrischen Lage nähert (Bei $\delta$ = 1 würde die Welle zentrisch liegen). Es besteht also die Gefahr des Wellentanzens (siehe Kapitel 6.2.1). Bezüglich der Sommerfeldzahl lassen sich bei Gleitlagern zwei Betriebsbereiche unterscheiden:

$$\begin{array}{ll} So < 1 & \text{Schnellaufbereich} \\ So > 4 & \text{Schwerlastbereich} \end{array} \qquad (6.19)$$

In der Praxis sollte gelten:

$$1 \leq So \leq 10 \qquad (6.20)$$

## 6.2.5 Berechnung

Der folgende Rechengang soll das Vorgehen bei der Dimensionierung von hydrodynamischen Lagern erläutern. Dabei wird davon ausgegangen, dass die radiale Lagerbelastung $F_\mathrm{r}$ und die Drehzahl $n$ vorgegeben sind.

① **Bestimmung der Winkelgeschwindigkeit $\omega$:**
Für die Berechnung wird die stauwirksame Relativ-Winkelgeschwindigkeit benötigt. Bei stillstehender Lagerschale (üblich) ist dies die Winkelgeschwindigkeit der Welle:

$$\omega = 2 \cdot \pi \cdot n \qquad n = \text{Drehzahl der Welle} \qquad (6.21)$$

Wenn die Welle und die Lagerschale gleichsinnig rotieren, fördern beide Schmiermittel in den Schmierspalt. Bei gegensinniger Rotation fördert ein Element hinein, das andere heraus. Daher ist die stauwirksame Relativ-Winkelgeschwindigkeit $\omega$ wie folgt zu berechnen:

**Bei gleichsinniger Rotation:**

$$\omega = \omega_\text{Welle} + \omega_\text{Lagerschale} \qquad (6.22a)$$

**Bei gegensinniger Rotation:**

$$\omega = \omega_\text{Welle} - \omega_\text{Lagerschale} \qquad (6.22b)$$

② **Berechnung des Nenndurchmessers $d$:**
Der zulässige mittlere Lagerdruck $p_\text{m zul}$ (siehe Gleichung (6.3)) bestimmt die Lagerabmessung-

gen. Er ist für unterschiedliche Werkstoffe der Lagerschale in Bild 6.15 zusammengestellt.

| Werkstoff der Lagerschale (Welle aus Stahl) | Zul. mittl. Lagerdruck $p_{m\,zul}$ in N/mm² | |
|---|---|---|
| | hydrodyn. | Mischreibung |
| Bronze, Grauguss | 20 | 0,5 |
| Weißmetall | 10 | 2,5 |
| Teflon (PTFE) | 20 | 10 |
| sonst. Kunststoffe (geschmiert) | 1 - 2 | 0,5 - 1 |

**Bild 6.15** Anhaltswerte für den zulässigen mittleren Lagerdruck für verschiedene Werkstoffe der Lagerschale

Der höchste örtliche Druck im Lager beträgt ca. $p_{max} \approx 4 \cdot p_m$. Die Werkstoff-Dauerfestigkeit für schwingende Belastung sollte diesen Wert überschreiten.

Das Verhältnis von Lagerbreite $b$ zum Lager-Nenndurchmesser $d$ (Breitenverhältnis $(b/d)$) bestimmt die Druckverteilung über die Lagerbreite. Es kann anhaltsweise gemäß Bild 6.16 gewählt werden.

| Ausführung | $b/d$ |
|---|---|
| übliche Gleitlager | 0,8 |
| bei Gefahr hoher Wellendurchbiegungen | 0,5 (> 0,4) |
| steife Welle oder einstellbare Lager | 1,2 (< 2) |

**Bild 6.16** Anhaltswerte für das Breitenverhältnis $b/d$

Wenn der Nenndurchmesser $d$ nicht bereits konstruktiv vorgegeben ist, kann er durch Umstellen von Gleichung (6.3) errechnet und anschließend auf einen sinnvollen Wert aufgerundet werden:

$$p_m = \frac{F_r}{b \cdot d} = \frac{F_r}{d^2 \cdot (b/d)} \le p_{m\,zul}$$

$$\boxed{d \ge \sqrt{\frac{F_r}{p_{m\,zul} \cdot (b/d)}}} \qquad (6.23)$$

$d$ = Nenndurchmesser
$F_r$ = Radialkraft
$p_{m\,zul}$ = zul. mittl. Lagerdruck nach Bild 6.15
$(b/d)$ = Breitenverhältnis nach Bild 6.16

③ **Berechnung der Lagerbreite $b$:**
Aus dem Nenndurchmesser $d$ und dem Breitenverhältnis $(b/d)$ kann die Lagerbreite $b$ ermittelt werden:

$$\boxed{b = d \cdot (b/d)} \qquad (6.24)$$

④ **Festlegung der Passung:**
In Bild 6.17 ist für verschiedene Passungen der Bereich des (absoluten) Lagerspiels $s$ über dem Nenndurchmesser $d$ dargestellt. Die schraffierten Bereiche sind durch das bei der jeweiligen Passung vorhandene Größt- und Kleinstspiel begrenzt. Das Lagerspiel ist allgemein wie folgt definiert:

$$\boxed{s = d_2 - d_1} \qquad (6.25)$$

$d_2$ = Durchmesser der Lagerschale
$d_1$ = Wellendurchmesser

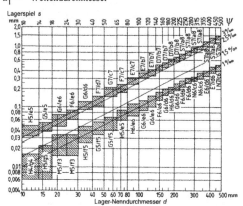

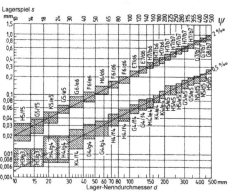

**Bild 6.17** Tabelle zur Passungsauswahl [1]

Für charakteristische Werte des relativen Lagerspiels $\psi$ ergeben sich die eingezeichneten Linien. Zur Auswahl einer geeigneten Passung geht man wie folgt vor:

Zunächst ist aus Bild 6.13 das relative Lagerspiel $\psi$ abhängig vom Werkstoff der Lagerschale anzunehmen. Abhängig vom Nenndurchmesser $d$ kann dann aus Bild 6.17 die Passung ausgewählt werden, bei der die Linie möglichst mittig den schraffierten Bereich schneidet.

### ⑤ Überprüfung der Sommerfeldzahl:

Nachdem die Passung ausgewählt worden ist, muss zunächst überprüft werden, wie groß die Sommerfeldzahl beim Größtspiel $s_{max}$ und beim Kleinstspiel $s_{min}$ ist. (Statistisch betrachtet liegt der tatsächliche Wert des Spiels dazwischen, jedoch können theoretisch auch die Extremwerte auftreten.) Entsprechend ergeben sich die Werte für die Sommerfeldzahl mit Hilfe der Gleichungen (6.16), (6.18) und (6.23):

$$\psi = \frac{d_2 - d_1}{d_1} \approx \frac{s}{d}$$

$$So = \frac{p_m \cdot \psi^2}{\eta \cdot \omega} = \frac{F_r \cdot \psi^2}{b \cdot d \cdot \eta \cdot \omega} = \frac{F_r \cdot (s/d)^2}{b \cdot d \cdot \eta \cdot \omega} = \frac{F_r \cdot s^2}{b \cdot d^3 \cdot \eta \cdot \omega}$$

$$\boxed{So_{min} = \frac{F_r \cdot s_{min}^2}{b \cdot d^3 \cdot \eta \cdot \omega}} \qquad (6.26)$$

$$\boxed{So_{max} = \frac{F_r \cdot s_{max}^2}{b \cdot d^3 \cdot \eta \cdot \omega}} \qquad (6.27)$$

$So$ = Sommerfeldzahl  $F_r$ = Radialkraft
$s_{min}$ = Kleinstspiel  $b$ = Lagerbreite
$s_{max}$ = Größtspiel  $d$ = Nenndurchmesser
$\eta$ = Dynamische Viskosität  $\omega$ = Winkelgeschwindigkeit

Mit Hilfe von Bild 6.14 kann in Abhängigkeit von der Sommerfeldzahl und dem Breitenverhältnis die relative Schmierfilmdicke ermittelt werden. Die maximale relative Schmierfilmdicke $\delta_{max}$ muss kleiner als der Wert 0,4 sein, da sich anderenfalls die Welle zu dicht an der zentrischen Lage befindet. Außerdem muss untersucht werden, ob beim Kleinstspiel die minimale Schmierfilmdicke $h_{min}$ größer als die Summe aller Rauhtiefen, Formungenauigkeiten usw. ist (vgl. (6.12) und (6.13)). Es sind folgende Schritte zu durchlaufen:

– Ermittlung $\delta_{max}$ für $So_{min}$
  Kontrolle: $\delta_{max} < 0,4$ ?

– Ermittlung $\delta_{min}$ für $So_{max}$

$$\boxed{h_{vorh\,min} = \delta_{min} \cdot \frac{s_{max}}{2}} \qquad (6.28)$$

– Kontrolle: $h_{vorh\,min} > h_{min}$ ?  ($h_{min}$ nach (6.12))

Sind beide Bedingungen erfüllt, ist das Lager grundsätzlich lauffähig.

### ⑥ Nachrechnung auf Erwärmung:

Durch die innere Reibung im Schmiermittel entsteht eine Erwärmung des Lagers. Der Lagerreibwert $\mu$ wird abhängig von der Sommerfeldzahl überschlägig nach Bild 6.18 berechnet.

| $So$ | $\mu$ |
|------|-------|
| < 1 | $\approx 3 \cdot \psi / So$ |
| > 1 | $\approx 3 \cdot \psi / \sqrt{So}$ |

**Bild 6.18** Reibbeiwert $\mu$ in Abhängigkeit von der Sommerfeldzahl $So$

Die sich im Betrieb einstellende Lagertemperatur lässt sich aus einer Wärmebilanz ermitteln. Die im Lager umgesetzte Reibleistung $P_R$ wird wie folgt berechnet:

$$\boxed{P_R = \mu \cdot F_r \cdot u = \mu \cdot F_r \cdot \omega \cdot \frac{d}{2}} \qquad (6.29)$$

$F_r$ = Radialkraft
$\mu$ = Reibbeiwert, s. Bild 6.18
$u$ = Umfangsgeschwindigkeit
$\omega$ = Winkelgeschwindigkeit, s. ①
$d$ = Nenndurchmesser

Die vom Lager abgeführte Wärmemenge lässt sich gemäß den Formeln (6.6) bzw. (6.10) ermitteln. Durch Gleichsetzen und Auflösen erhält man die Gleitflächentemperatur $t$:

**Für Luftkühlung:**

$$P_R = \mu \cdot F_r \cdot \omega \cdot \frac{d}{2} = \alpha \cdot A \cdot (t - t_L) = \dot{Q}_{ab}$$

$$A \approx 30 \cdot d \cdot b + 15 \cdot d^2$$

$$t = \frac{\mu \cdot F_r \cdot \omega \cdot d}{2 \cdot \alpha \cdot A} + t_L \approx \frac{\mu \cdot F_r \cdot \omega \cdot d}{2 \cdot \alpha \cdot (30 \cdot d \cdot b + 15 \cdot d^2)} + t_L$$

$$\boxed{t \approx \frac{\mu \cdot F_r \cdot \omega}{2 \cdot \alpha \cdot (30 \cdot b + 15 \cdot d)} + t_L} \qquad (6.30)$$

$\mu$ = Reibbeiwert (s. Bild 6.18)  $F_r$ = Radialkraft
$\omega$ = Winkelgeschwindigkeit  $b$ = Lagerbreite
$t_L$ = Lufttemperatur ($t_L \approx 20$ °C)  $d$ = Nenndurchmesser
$\alpha$ = Wärmeübergangszahl ($\alpha \approx 20$ W/(K·m²))

**Für Ölkühlung:**

$$P_R = \mu \cdot F_r \cdot \omega \cdot \frac{d}{2} = c \cdot \rho \cdot \dot{V} \cdot (t_A - t_E) \approx c \cdot \rho \cdot \dot{V} \cdot (t - t_E) = \dot{Q}_{ab}$$

$$\boxed{t \approx \frac{\mu \cdot F_r \cdot \omega \cdot d}{2 \cdot c \cdot \rho \cdot \dot{V}} + t_E} \qquad (6.31)$$

$\mu$ = Reibbeiwert (s. Bild 6.18)  
$\omega$ = Winkelgeschwindigkeit  
$\rho$ = Dichte des Öls  
$t_E$ = Eintrittstemperatur des Öls  
$c$ = spezifische Wärme des Öls; näherungsweise kann $c = 1.840$ Nm/kg·K gesetzt werden

$F_r$ = Radialkraft  
$d$ = Nenndurchmesser  
$\dot{V}$ = Ölvolumenstrom

Ist die Gleitflächentemperatur kleiner als 50 °C, so ist eine genauere Berechnung nicht nötig. Üblich sind Gleitflächentemperaturen bis zu 80 °C.

⑦ **Berechnung der Übergangswinkelgeschwindigkeit $\omega_\text{ü}$:**

Die Grenz-Übergangswinkelgeschwindigkeit $\omega_{\text{ü}0}$ wird nach Gleichung (6.32) berechnet. Bei dieser Winkelgeschwindigkeit erfolgt der Übergang in das Gebiet der Flüssigkeitsreibung:

$$\omega_{\text{ü}0} = 1{,}8 \cdot \frac{F_r \cdot \psi \cdot h_{\min}}{b \cdot d^2 \cdot \eta} \qquad (6.32)$$

$F_r$ = Radialkraft  
$\psi$ = Relatives Lagerspiel (s. Gl. 6.16)  
$h_{\min}$ = Minimale Schmierfilmdicke (s. Gl. 6.13)  
$b$ = Lagerbreite, $\qquad d$ = Nenndurchmesser  
$\eta$ = Dynamische Viskosität des Öls (s. Bild 6.12)

Bei der Berechnung der Grenz-Übergangswinkelgeschwindigkeit geht man davon aus, dass Welle und Lager ideal starr sind. Durch die elastische Verformung der Oberflächenerhebungen erfolgt die Trennung der Oberflächen jedoch bereits bei kleineren Winkelgeschwindigkeiten. Dieses berücksichtigt in der elastohydrodynamischen Berechnung der Absenkfaktor $A$.

| Werk-stoff | E-Modul $E$ in N/mm² | Quer-zahl $q$ |
|---|---|---|
| Stahl | 210.000 | 0,30 |
| Bronze | ≈ 90.000 | 0,35 |
| Grauguss | ≈ 100.000 | 0,25 |
| PA 6.6 | ≈ 2.000 | 0,40 |

**Bild 6.19** E-Modul, Querzahl

Mit dem E-Modul $E$ und der Querkontraktionszahl $q$ von Welle (Index 1) und Lager (Index 2), lässt sich der resultierende E-Modul $E$` berechnen:

$$\frac{1}{E\text{`}} = \frac{1}{2} \cdot \left( \frac{1 - q_1^2}{E_1} + \frac{1 - q_2^2}{E_2} \right) \qquad (6.33)$$

$E$`= Resultierender E-Modul  
$E_1$= E-Modul der Welle $\qquad E_2$= E-Modul der Lagerschale  
$q_1$= Querkontraktionszahl der Welle  
$q_2$= Querkontraktionszahl der Lagerschale

Der Absenkungsfaktor $A$ wurde aus Versuchen und Berechnungen [3] ermittelt und ist eine Funktion der Steifigkeit des Systems, die durch die Steifigkeitskennzahl $K_E$ angegeben wird. Diese dimensionslose Kennzahl ist ein Maß für die dynamische Steifigkeit des Reibsystems:

$$K_E = 2 \cdot \frac{E\text{`} \cdot h_{\min}}{p_m \cdot d} \qquad (6.34)$$

$E$` = Resultierender E-Modul (s. Gl. 6.33)  
$h_{\min}$ = Minimale Schmierfilmdicke (s. Gl. 6.13)  
$p_m$ = Mittlerer Lagerdruck (s. Gl. 6.3)  
$d$ = Nenndurchmesser

Der Absenkfaktor $A$ ist aus dem Diagramm, Bild 6.20, zu entnehmen.

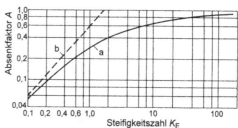

a) normaler Verlauf;    b) Asymptote für kleine $E$-Werte

**Bild 6.20** Absenkfaktor $A$ in Abhängigkeit von der Steifigkeitszahl $K_E$ [3]

Die Übergangswinkelgeschwindigkeit $\omega_\text{ü}$ für den elastohydrodynamischen Fall errechnet sich dann aus folgendem Zusammenhang:

$$\omega_\text{ü} = A \cdot \omega_{\text{ü}0} \qquad (6.35)$$

Aus Sicherheitsgründen sollte gelten:

$$\omega_{\text{Betrieb}} \geq 2 \cdot \omega_{\text{ü}0} \qquad (6.36)$$

Ist diese Bedingung nicht erfüllt, muss die Auslegung wiederholt werden (mit größeren $\eta$- bzw. mit kleineren $\psi$-Werten).

### 6.2.6 Gestaltung und konstruktive Ausführung

Radial-Gleitlager lassen sich mit geteilten und ungeteilten Buchsen ausführen. Die Bauformen werden abhängig vom Einsatzfall ausgewählt.

Bei ungeteilten Lagern unterscheidet man zwischen
- Massivbuchsen (DIN 1850)
- gerollten Buchsen (DIN 1494)
- Einspannbuchsen (DIN 1498) und
- Aufspannbuchsen (DIN 1499)

Bild 6.21 zeigt Bauformen von Massivbuchsen.

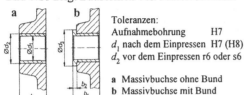

Toleranzen:
Aufnahmebohrung H7
$d_1$ nach dem Einpressen H7 (H8)
$d_2$ vor dem Einpressen r6 oder s6

a Massivbuchse ohne Bund
b Massivbuchse mit Bund

**Bild 6.21** Massivbuchsen nach DIN 1850 [4]

Deckellager nach DIN 505 sind geteilte Lager und können unmittelbar auf eine Grundkonstruktion aufgesetzt werden, siehe Bild 6.22.

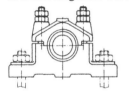

**Bild 6.22** Deckel-Stehlager nach DIN 505 [5]

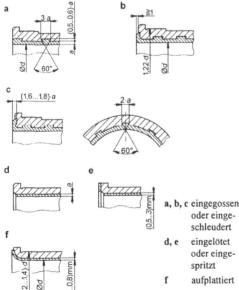

a, b, c eingegossen oder eingeschleudert

d, e eingelötet oder eingespritzt

f aufplattiert

**Bild 6.23** Verbundlagerschalen [1]

Gleitlagerbuchsen werden oft als Verbundlager ausgeführt. Dabei bestehen beide Halbschalen aus einer Stützschale mit einer Laufschicht aus einem Gleitlagerwerkstoff. Die Stützschalen werden aus Guss oder Kohlenstoffstählen hergestellt, während die Gleitflächen vorwiegend aus Blei- oder Zinnlegierungen gefertigt sind. Je nach Belastung werden diese Legierungen in dünnen Schichten (0,5-3 mm) in die Trägerbuchse eingegossen, eingelötet, aufplattiert oder verklammert, Bild 6.23.

Die wesentlichen Gesichtspunkte zur Konstruktion hydrodynamischer Gleitlager ergeben sich aus dem Wirkprinzip. Von entscheidender Bedeutung ist, dass immer ausreichend Schmiermittel im Schmierspalt vorhanden ist. Die Zuführung erfolgt entweder durch eine Schmiermittelpumpe ($p_{zu} \approx 0,1 - 1$ bar) oder drucklos.

Die Schmiermittelversorgung im Lager erfolgt über Schmiernuten. Bild 6.24 zeigt eine Auswahl möglicher Schmiernutformen nach DIN 1591.

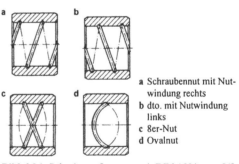

a Schraubennut mit Nutwindung rechts
b dto. mit Nutwindung links
c 8er-Nut
d Ovalnut

**Bild 6.24** Schmiernutformen nach DIN 1591 [6]

Für die Gestaltung von Schmiernuten gelten folgende Regeln:
- niemals in der Druckzone anordnen
- stets axial ausrichten
- die Enden sollten geschlossen sein
- gratfreie Abrundung in Laufrichtung (sonst Gefahr von Abstreifwirkung)

Die Ölabführung findet drucklos statt. Der Ablaufquerschnitt sollte daher mindestens doppelt so groß wie der Zulaufquerschnitt sein.

Die Schmierkeilgeometrie ist bei hydrodynamischen Lagern von entscheidender Bedeutung.

Bei einem relativen Lagerspiel von $\psi = 0,0015$ hat der Schmierkeil im Betrieb eine mittlere Neigung von 1:2000. Bei einem Wellendurchmesser von $d_1 = 50$ mm entspricht das einem Höhenunterschied von

$$\Delta h = \frac{50\,\text{mm}}{2000} = 0,025\,\text{mm}.$$

Deshalb stört jeder Formfehler durch Herstellung oder elastische Verformung die Keilgeometrie erheblich. Es werden daher folgende konstruktiven Anforderungen gestellt:

– genaue Fertigung (Form- und Lagetoleranzen)
– geteilte Lagerschalen steif genug ausführen
– steife Gehäuse (Gehäuseteilung möglichst nicht in Wellenebene legen)
– Welle sollte biegesteif sein (Krafteinleitung möglichst in Lagernähe)
– hohe Oberflächengüte
  ($R_{z\,\text{Welle}} \leq 1$ µm; $R_{z\,\text{Schale}} \leq 3$ µm)
– Vermeidung von Kantenpressung

Bei starren, breiten Lagern kann erhöhte Kantenpressung infolge winkliger Verformungen und Fluchtungsfehlern auftreten; dies führt zu erhöhtem Verschleiß, zum Heißlaufen und ggf. zum Fressen des Lagers. Daher müssen in solchen Fällen konstruktive Maßnahmen getroffen werden. Zur Vermeidung von Kantenpressung stehen unterschiedliche Lagerkonstruktionen zur Verfügung, Bild 6.25:

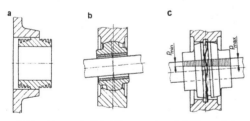

a Schlauchlager  b Gelenklager  c dto. mit Schlangenfeder

**Bild 6.25** Lagerbauarten zum Ausgleich von elastischen Verformungen und Fluchtungsfehlern

Schlauchlager passen sich elastisch der Wellenverformung an, wobei der Querschnitt annähernd kreisförmig bleibt. Gelenklager nach DIN 648 können sich winklig an die Wellenlage anpassen und dienen hauptsächlich dem Ausgleich von statischen Fluchtungsfehlern. Das in Bild 6.25 rechts dargestellte Gelenklager besitzt eine leicht

gewellte Schlangenfeder, die in eine Ringnut der Lagerschale und des Gehäuses eingreift und so die Lagerschale in der Mittellage hält.

Die Hauptnachteile von Lagern mit kreiszylindrischer Lagerschale sind der exzentrische Lauf und die Gefahr des „Wellentanzens" bei geringer Belastung und hoher Drehzahl ($So < 1$). Zur Beseitigung dieser Nachteile werden Mehrflächengleitlager (MFG-Lager) eingesetzt. Sie besitzen mehrere konstruktiv ausgebildete Schmierkeile, die symmetrisch am Umfang verteilt sind. Das hat zur Folge, dass die Wellenlage zentrisch stabil ist und auch unter Last die Exzentrizität kleiner bleibt. Bild 6.26 zeigt die schematische Darstellung solcher Mehrflächengleitlager.

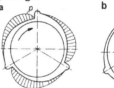

a für eine Drehrichtung  b für beide Drehrichtungen

**Bild 6.26** Mehrflächengleitlager

Mehrflächengleitlager können abhängig von ihrer Bauweise für eine oder beide Drehrichtungen geeignet sein. Bei Lagern für beide Drehrichtungen sind die Keile kürzer als beim zylindrischen Lager, wodurch die Tragfähigkeit herabgesetzt wird. Je mehr konstruktiv ausgebildete Keile Mehrflächengleitlager aufweisen, desto zuverlässiger wird eine zentrische Lage erreicht; jedoch werden die Keilflächen noch kürzer, so dass die Belastbarkeit des Lagers weiter vermindert wird.

Bei zylindrischer Lagerbuchse erfolgt die Anpassung der Neigung des Schmierkeils an den Belastungszustand automatisch durch die sich einstellende Exzentrizität der Wellenlage. Dies ist bei konstruktiv vorgegebenen Keilräumen nicht der Fall. Abhilfe schaffen Mehrflächengleitlager mit Kippsegmenten, Bild 6.27. Die Segmente sind mittels einer elastischen Halterung in einem Stützkörper befestigt, so dass sie durch Kippen die Neigung der Lauffläche einstellen können. Damit stellt sich der Keilspalt selbsttätig auf die Betriebsbedingungen ein.

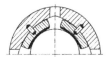

**Bild 6.27** Radial-Kippsegment-Gleitlager

# 6.3 Hydrodynamische Axiallager

## 6.3.1 Funktionsprinzip

Hydrodynamische Axiallager übertragen Kräfte in Längsrichtung der Welle nach dem hydrodynamischen Schmierprinzip.

Beim zylindrischen Radiallager bildet sich der Schmierspalt infolge der exzentrischen Wellenlage von selbst aus. Dies ist beim Axiallager nicht der Fall. Daher muss hier die Keilbildung konstruktiv vorgegeben werden. Das ist möglich mittels starrer Gleitflächen oder selbsteinstellender Gleitflächen (Kippsegmentlager). Bild 6.28 zeigt die Geometrieverhältnisse unterschiedlicher Gleiträume von Axiallagern.

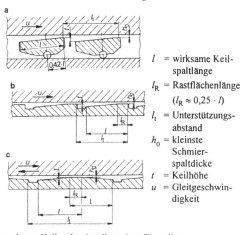

$l$ = wirksame Keilspaltlänge
$l_R$ = Rastflächenlänge
($l_R \approx 0,25 \cdot l$)
$l_t$ = Unterstützungsabstand
$h_0$ = kleinste Schmierspaltdicke
$t$ = Keilhöhe
$u$ = Gleitgeschwindigkeit

a ebener Keilspalt mit selbsttätiger Einstellung
b ebener Keilspalt durch eingearbeitete Keilflächen
c wie b, jedoch für beide Drehrichtungen

**Bild 6.28** Gleitraumformen von Axiallagern

Bild 6.29 zeigt die Druckverteilung bei Axiallagern Die Strömung des Schmiermittels kommt durch die Schleppwirkung der bewegten Gleitflächen zustande.

Der erforderliche Lagerdruck, der mit den äußeren Kräften im Gleichgewicht steht und somit die Trennung der Gleitflächen bewirkt, wird infolge der Relativbewegung der Gleitflächen und der Haftung des Schmierstoffs an den Oberflächen selbsttätig erzeugt. Zur Ausbildung eines tragenden Schmierfilms müssen auch hier folgende Vorrausetzungen erfüllt sein:
– ausreichende Schmiermittelversorgung
– richtige geometrische Ausbildung des Gleitraums
– eine hinreichend große Gleitgeschwindigkeit

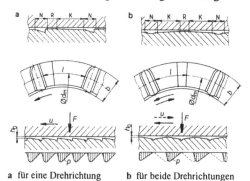

a für eine Drehrichtung     b für beide Drehrichtungen

**Bild 6.29** Druckverteilung bei Axiallagern

## 6.3.2 Gestaltung

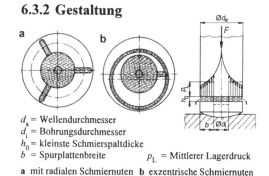

$d_a$ = Wellendurchmesser
$d_i$ = Bohrungsdurchmesser
$h_0$ = kleinste Schmierspaltdicke
$b$ = Spurplattenbreite     $p_L$ = Mittlerer Lagerdruck

a mit radialen Schmiernuten  b exzentrische Schmiernuten

**Bild 6.30** Einfaches Ringspurlager

Die einfachste Ausführung eines Axiallagers ist das Ringspurlager mit ebenen Gleitflächen, Bild 6.30. Die Stirnfläche der Welle läuft hier auf einer mit Schmiernuten versehenen Spurplatte. Der Schmierstoff (meistens Fett) wird von innen zugeführt. Im Betrieb verteilt sich der Druck hyperbolisch über die Spurfläche. Wegen der fehlenden Anstellflächen ist Flüssigkeitsreibung nicht zu erreichen. Diese Lagerbauart wird bei kleinen Drehzahlen und Pendelbewegungen eingesetzt.

Bei höheren Belastungen werden Segment-Spurlager gemäß Bild 6.31 verwendet. Sie bestehen aus einem mit der Welle fest verbundenen Laufring, der auf einer im Gehäuse fixierten Axialscheibe läuft. Auf deren Gleitfläche ist ein System von Schmiernuten und Schmierkeilen eingearbeitet, die im Betrieb den Aufbau eines tragfähigen Schmierfilms ermöglichen. Es bestehen jedoch folgende Nachteile:
- Die Schmierkeil-Neigung von 1:1000 ist schwierig herzustellen (teuer).
- Die Neigung ist nur für einen Betriebszustand optimal.
- Für beide Drehrichtungen sind Doppelkeile nötig (geringere Tragkraft).

Als Werkstoffe für die Axialscheiben werden meistens Bronze oder Weißmetall benutzt.

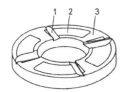

1 Schmiernut
2 Keilfläche
3 Ebene Rastfläche

**Bild 6.31** Segment-Spurlager

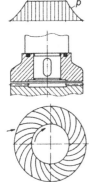

**Bild 6.32** Spiralrillenlager für Wellenenden, Verteilung des Lagerdrucks $p$

Ein Sonderfall des Segment-Spurlagers ist das Spiralrillenlager, Bild 6.32. Hierbei wird der hydrodynamische Druck mittels sehr flacher Spiralnuten, die den Stauraum bilden, aufgebaut. Ein Nachteil dieser Bauform ist, dass kein Öldurchfluss vorhanden ist, was eine stärkere Erwärmung verursacht. Spiralrillenlager sind nur für eine Drehrichtung einsetzbar.

Besonders bei großen Lagern werden anstelle fester Keilsegmente selbsteinstellende Kippseg-

mente vorgesehen, Bild 6.33. Diese kippbaren oder elastisch bewegten Segmente sind auf dem Umfang der Axialscheibe angeordnet und bilden selbsttätig die optimale Keilneigung. Die Ausführung ist entweder unsymmetrisch (für eine Drehrichtung) oder symmetrisch (für beide Drehrichtungen).

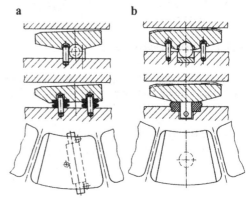

a für eine Drehrichtung     b für beide Drehrichtungen

**Bild 6.33** Mögliche Kippsegmentbauarten

## 6.4  Hydrostatische Axiallager

### 6.4.1 Funktionsprinzip

Hydrostatische Lager werden durch Hochdruckpumpen ($p_{Pumpe} \geq 100$ bar) so mit Schmiermittel versorgt, dass die Oberflächen der relativ zueinander bewegten Teile stets vollständig voneinander getrennt sind, und zwar unabhängig vom Betriebszustand. Die Kosten der Lagerung werden in der Regel höher, jedoch werden die Nachteile der hydrodynamischen Lagerung weitgehend vermieden. Damit haben hydrostatisch geschmierte Lager folgende Eigenschaften:
- Weniger Reibung und Verschleiß bei An- und Auslauf sowie bei wechselnden Betriebsbedingungen
- Nahezu zentrische Wellenlage auch bei Radiallagern
- Höherer Bauaufwand für Pumpe, Dichtungen usw.

Bild 6.34 zeigt schematisch die Druckverhältnisse in hydrostatischen Axiallagern am Wellenende und mit durchgehender Welle.

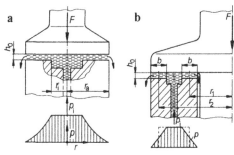

$h_0$ = Schmierspaltdicke
$p_i$ = Innendruck
$r_i$ = Innenradius der Gleit-
 fläche
$r_a$ = Außenradius der Gleit-
 fläche

$b$ = Spaltflächenbreite
$r_1$ = Mittenradius der inneren Spaltfläche
$r_2$ = Mittenradius der äußeren Spaltfläche

a Tellerlager (am Wellenende)
b Ringkammerlager (bei durchgehender Welle)

**Bild 6.34** Druckverhältnisse im hydrostatischen Axiallager

Infolge der Drosselwirkung im Spalt baut sich
der Innendruck $p_i$ über diesen Bereich ab, wobei
durch den stetig zufließenden Ölstrom ein
Gleichgewicht entsteht. Der Druckabfall im
Spalt ist proportional der Durchflussmenge pro
Zeit, solange sich die Spaltgeometrie nicht verändert.

Falls die Welle axial beweglich ist, stellt sich die
Spaltweite $h$ selbsttätig ein. Bei größer werden-
der axialer Lagerbelastung $F_A$ wird die Spaltweite $h$ kleiner und damit die Drosselwirkung
stärker. Bei ausreichender Pumpenleistung wird
dann der Innendruck $p_i$ größer, so dass sich das
System selbsttätig regelt. Für die Versorgung
hydrostatischer Axiallager werden Kolbenpumpen oder Zahnradpumpen eingesetzt.

## 6.4.2 Berechnung

Damit bei Axiallagern die Schmierspalthöhe $h$
weder zu groß noch zu klein wird, muss die erforderliche Pumpenantriebsleistung $P_{Pumpe}$ berechnet werden. Der nachfolgende Rechengang
dient zur Auslegung der Pumpe für Teller- und
Ringkammerlager. Dabei wird davon ausgegangen, dass die axiale Lagerbelastung $F_A$ und die
Betriebsdrehzahl $n$ vorgegeben sind. Bei der Berechnung muss berücksichtigt werden, dass die

Druck- und Strömungsverhältnisse bei Tellerlagern und Ringkammerlagern unterschiedlich
sind.

**Tellerlager:**
Bei Tellerlagern gilt folgender Zusammenhang
zwischen der Lagerbelastung $F_A$ und dem Innendruck $p_i$:

$$p_i = \frac{2 \cdot F_A \cdot \ln\left(\dfrac{r_a}{r_i}\right)}{\pi \cdot (r_a^2 - r_i^2)} \qquad (6.37)$$

Für den radial abfließenden Ölvolumenstrom $\dot{V}$
gilt:

$$\dot{V} = \frac{F_A \cdot h^3}{3 \cdot \eta \cdot (r_a^2 - r_i^2)} \qquad (6.38)$$

$\eta$ = Viskosität des Schmierstoffs (Anhaltswert 0,05 N s/m²)
$h$ = Schmierspalthöhe
$F_A$ = Axiale Lagerkraft

Die Pumpenantriebsleistung $P_{Pumpe}$ ist dann:

$$P_{Pumpe} = \dot{V} \cdot p_i \qquad (6.39)$$

**Ringkammerlager:**
Der Innendruck von Ringkammerlagern wird
wie folgt berechnet:

$$p_i = \frac{F_A}{\pi \cdot (r_2^2 - r_1^2)} \qquad (6.40)$$

Der erforderliche Ölvolumenstrom $\dot{V}$ ist:

$$\dot{V} = \frac{F_A \cdot h^3}{6 \cdot \eta \cdot b \cdot (r_2 - r_1)} \qquad (6.41)$$

$b$ = Spaltflächenbreite

Der Leistungsaufwand der Pumpe wird dann
wieder gemäß Gleichung (6.39) berechnet.

## 6.5 Hydrostatische Radiallager

### 6.5.1 Funktionsprinzip

Auch hydrostatische Radiallager lassen sich mit
Druckkammern ausbilden, die aus Zuflussta-

schen und Randleisten bestehen. Bild 6.35 zeigt die Gleitraumverhältnisse bei hydrostatischen Radiallagern mit einer Druckkammer.

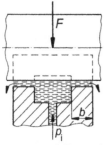 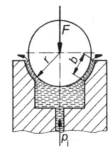

$b$ = tragende Kammerbreite
$r$ = Wellenradius
$p_i$ = Innendruck
$F$ = Lagerbelastung

**Bild 6.35** Hydrostatisches Radiallager mit einer Druckkammer

Eine stabile zentrische Wellenlage ist bei dieser Lagerart schwer zu erzielen. Wird das Lager mit einer Drucktasche ausgeführt, liegt die Welle entweder ganz oben oder ganz unten. Es findet keine selbsttätige Einstellung statt.

Auch die Ausführung mit zwei Drucktaschen ist ungünstig. Bei Vergrößerung der radialen Lagerlast $F_R$ wird der Schmierspalt $h$ oben größer und unten kleiner. Dennoch wird der Druck unten nicht größer, da die Taschen durch Leitungen verbunden sind und ein Druckausgleich erfolgt.

Zur Abhilfe muss ein Druckausgleich zwischen den Taschen verhindert werden. Dazu existieren zwei Möglichkeiten:
– Ölzuführung mit einer Pumpe über Drosseln
– Einzelpumpen für jede Tasche

## 6.5.2 Gestaltung

Hydrostatische Radiallager werden in der Praxis meist mit vier Druckkammern ausgeführt.

Die Ölzuführung über Drosseln, Bild 6.36 links, weist dabei folgende Merkmale auf:
Vorteil:   einfach und preiswert
Nachteil: Leistungsverlust, nicht vollkommene
          Unabhängigkeit der Taschendrücke

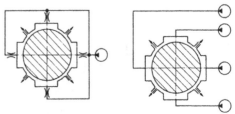

**Bild 6.36** Prinzip der Ölzuführung; links über eine Pumpe mit Drosseln, rechts mit Einzelpumpen

Die Ausführung mit Einzelpumpen für jede Tasche, Bild 6.36 rechts, hat folgende Eigenschaften:
Vorteil:   verlagerungssteif; mit geregelten Pumpen ist ein exakt zentrischer Lauf möglich
Nachteil: aufwendig und teuer

Die Abführkanäle sind als Nuten zwischen den Taschen angeordnet. Sie haben folgende Funktionen:
– Trennung der Taschen
– Minimierung der tragenden Breite; hierdurch geringere Reibleistung, damit Herabsetzen der notwendigen Pumpenleistung

## 6.5.3 Berechnung

Auch für hydrostatische Radiallager gibt es eine der Sommerfeldzahl ähnliche dimensionslose Lagerkennzahl $L_0$:

$$L_0 = \frac{F_R \cdot h^2}{2 \cdot \eta \cdot b \cdot \pi \cdot n \cdot r^3} \qquad (6.42)$$

$F_R$ = radiale Lagerbelastung
$h$ = Schmierspaltdicke
$\eta$ = Viskosität des Schmierstoffs
$n$ = Betriebsdrehzahl
$b$ = tragende Kammerbreite
$r$ = Wellenradius

Aus Versuchen wurde für die optimale Lagerkennzahl der folgende Wert ermittelt:

$$L_0 = 8 \qquad (6.43)$$

Um eine stabilere zentrische Wellenlage zu gewährleisten, werden insbesondere bei Lagerungen von Werkzeugmaschinen mehrere Stützstellen (Druckkammern) über den Umfang verteilt angeordnet.

# 6.6 Berechnungsbeispiele

## Beispiel 1:

Ein hydrodynamisch geschmiertes Gleitlager soll eine Radialraft $F_r$ = 2.000 N bei einer Drehzahl $n$ = 750 min$^{-1}$ aufnehmen. Wie groß müssen die Lagerabmessungen sein, und welche Passung sollte gewählt werden?

*Lösung:*
① *Bestimmung der Winkelgeschwindigkeit $\omega$:*
*Die stauwirksame Relativ-Winkelgeschwindigkeit wird gemäß Formel (6.21) berechnet. Die Lagerschale steht still, die Welle rotiert mit der Drehzahl n:*

$$\omega = 2 \cdot \pi \cdot n = 2 \cdot \pi \cdot 750 \, \text{min}^{-1} = 78,5 \, \text{s}^{-1}$$

② *Berechnung des Nenndurchmessers d:*
*Als Lagerschalenwerkstoff wird Bronze gewählt; der zulässige mittlere Lagerdruck beträgt gemäß Bild 6.15 $p_{\text{m zul}}$ = 20 N/mm². In der Berechnung wird aus Sicherheitsgründen $p_{\text{m zul}}$ = 5 N/mm² angenommen.*

*Das Breitenverhältnis (b/d) ergibt sich aus Bild 6.16 für übliche Gleitlager zu (b/d) = 0,8. Mit Hilfe der Gleichung (6.23) lässt sich der Nenndurchmesser d bestimmen:*

$$d \geq \sqrt{\frac{F_r}{p_{\text{m zul}} \cdot (b/d)}} = \sqrt{\frac{2.000 \, \text{N}}{5 \, \text{N}/\text{mm}^2 \cdot 0,8}}$$

$$d \geq 22,4 \, \text{mm}$$

*Es wird ein Lager-Nenndurchmesser d = 25 mm gewählt.*

③ *Berechnung der Lagerbreite b:*
*Nach Gleichung (6.24) kann die Lagerbreite b ermittelt werden:*

$$b = d \cdot (b/d) = 25 \, \text{mm} \cdot 0,8 = 20 \, \text{mm}$$

*Damit sind die Hauptabmessungen festgelegt.*

④ *Festlegung der Passung:*
*Aus Bild 6.13 ergibt sich für Lagerschalen aus Bronze ein Bereich für das relative Lagerspiel. Es wird $\psi$ = 0,003 = 3‰ gewählt. Mit diesem Wert kann aus Bild 6.17 eine geeignete Passung ermittelt werden. Für einen Lager-Nenndurchmesser von 25 mm und ein relatives Lagerspiel von 3‰ liefert Bild 6.17 die Passung*

*F6/e6. Mittels einer Toleranzentabelle lassen sich die entsprechenden Abmaße bestimmen:*

*Lagerschale:* $\oslash 25 \text{F6} = \oslash 25^{+0,033}_{+0,020}$

*Welle:* $\qquad \oslash 25 \text{e6} = \oslash 25^{-0,040}_{-0,053}$

*Aus diesen Werten lassen sich das Größt- und das Kleinstspiel berechnen:*

$$s_{\text{min}} = 0,060 \, \text{mm} \qquad s_{\text{max}} = 0,086 \, \text{mm}$$

⑤ *Überprüfung der Sommerfeldzahl:*
*Als Schmiermittel wird mittelschweres Motoröl SAE 30 gewählt. Dieses hat gemäß Bild 6.12 eine dynamische Viskosität $\eta$ = 300 · 10$^{-9}$ Ns/mm². Die Sommerfeldzahl wird dann anhand der Gleichungen (6.26) und (6.27) berechnet:*

$$So_{\text{min}} = \frac{F_r \cdot s_{\text{min}}^2}{b \cdot d^3 \cdot \eta \cdot \omega}$$

$$= \frac{2.000 \, \text{N} \cdot 0,060^2 \, \text{mm}^2 \cdot \text{mm}^2}{20 \, \text{mm} \cdot 25^3 \, \text{mm}^3 \cdot 300 \cdot 10^{-9} \, \text{N s} \cdot 78,5 \, \text{s}^{-1}}$$

$$So_{\text{min}} = 1$$

$$So_{\text{max}} = \frac{F_r \cdot s_{\text{max}}^2}{b \cdot d^3 \cdot \eta \cdot \omega}$$

$$= \frac{2.000 \, \text{N} \cdot 0,086^2 \, \text{mm}^2 \cdot \text{mm}^2}{20 \, \text{mm} \cdot 25^3 \, \text{mm}^3 \cdot 300 \cdot 10^{-9} \, \text{N s} \cdot 78,5 \, \text{s}^{-1}}$$

$$So_{\text{max}} = 2$$

*Die Sommerfeldzahl liegt damit im zulässigen Bereich gemäß Gleichung (6.19) bzw. (6.20).*

*Mittels Bild 6.14 kann der Bereich der relativen Schmierfilmdicke $\delta$ ermittelt werden:*

$$\delta_{\text{max}} = 0,4 \quad \textit{für } So_{\text{min}} = 1 \quad \textit{und } (b/d) = 0,8$$
$$\delta_{\text{min}} = 0,3 \quad \textit{für } So_{\text{max}} = 2 \quad \textit{und } (b/d) = 0,8$$

*Die relative Schmierfilmdicke liegt für die kleinste Sommerfeldzahl dicht an dem Bereich, in dem die Gefahr des Wellentanzens besteht.*

*Im nächsten Schritt muss geprüft werden, ob die minimal vorhandene Schmierfilmdicke $h_{\text{vorh min}}$ gemäß Gleichung (6.28) größer als die Summe aller Oberflächenungenauigkeiten ist, vergleiche Gleichung (6.12). Es gilt:*

$$h_{\text{vorh min}} = \delta_{\text{min}} \cdot \frac{s_{\text{max}}}{2} = 0,3 \cdot \frac{0,086 \, \text{mm}}{2} = 0,013 \, \text{mm}$$

*Für beide Teile wird die Rauhtiefe zu $R_z = 4$ μm festgelegt.*

⑥ *Nachrechnung auf Erwärmung:*
*Der Lagerreibwert $\mu$ wird nach* Bild 6.18 *berechnet. Das relative Lagerspiel wurde unter ④ zu $\psi = 0,003 = 3‰$ festgelegt. Es gilt für So > 1:*

$$\mu \approx \frac{3 \cdot \psi}{\sqrt{So}} = \frac{3 \cdot 0,003}{\sqrt{1}} = 0,009 \quad bzw.$$

$$\mu \approx \frac{3 \cdot \psi}{\sqrt{So}} = \frac{3 \cdot 0,003}{\sqrt{2}} = 0,006$$

*Für die Berechnung der Gleitflächentemperatur bei Luftkühlung nach* Gleichung (6.30) *wird der ungünstigere Fall angenommen.*

*Die Wärmeübergangszahl wird überschlägig zu $\alpha = 20$ W/(K·m²) angesetzt; die Raum-Lufttemperatur soll $t_L = 20$ °C betragen.*

$$t \approx \frac{\mu \cdot F_r \cdot \omega}{2 \cdot \alpha \cdot (30 \cdot b + 15 \cdot d)} + t_L$$

$$= \frac{0,009 \cdot 2.000\,N \cdot 78,5\,s^{-1} \cdot K \cdot m^2}{2 \cdot 20\,W \cdot (30 \cdot 20\,mm + 15 \cdot 25\,mm)} + 20\,°C$$

$$= 56,2\,°C$$

*Damit liegt die Lagertemperatur auch für den ungünstigsten Passungsfall noch im vertretbaren Bereich.*

⑦ *Berechnung der Übergangswinkelgeschwindigkeit $\omega_ü$:*
*Für die Grenz-Übergangswinkelgeschwindigkeit $\omega_{ü\,0}$ gilt nach* Gleichung (6.32):

$$\omega_{ü\,0} = 1,8 \cdot \frac{F_r \cdot \psi \cdot h_{min}}{b \cdot d^2 \cdot \eta}$$

$$= 1,8 \cdot \frac{2.000\,N \cdot 0,003 \cdot 0,013\,mm \cdot mm^2}{20\,mm \cdot 25^2\,mm^2 \cdot 300 \cdot 10^{-9}\,Ns}$$

$$\omega_{ü\,0} = 37,4\,s^{-1}$$

*Bei der elastohydrodynamischen Berechnung muss der Absenkfaktor A aus* Bild 6.20 *ermittelt werden. Hierzu werden der resultierende E-Modul E` (*Gl. (6.33)*), der mittlere Lagerdruck $p_m$ (*Gl. (6.3)*) und die Steifigkeitskennzahl $K_E$ (*Gl. (6.34)*) benötigt. Die Werte für E-Modul und Querkontraktionszahl werden aus* Bild 6.19

*entnommen. Damit gilt für eine Stahlwelle ($E_1 = 210.000$ N/mm², $q_1 = 0,3$) und eine Bronze-Lagerschale ($E_2 = 90.000$ N/mm², $q_2 = 0,35$):*

$$\frac{1}{E'} = \frac{1}{2} \cdot \left( \frac{1 - q_1^2}{E_1} + \frac{1 - q_2^2}{E_2} \right)$$

$$= \frac{1}{2} \cdot \left( \frac{1 - 0,3^2}{210.000} + \frac{1 - 0,35^2}{90.000} \right) \frac{mm^2}{N}$$

$$E' = 142.000 \frac{N}{mm^2}$$

$$p_m = \frac{F_r}{b \cdot d} = \frac{2.000\,N}{20\,mm \cdot 25\,mm} = 4 \frac{N}{mm^2}$$

$$K_E = 2 \cdot \frac{E' \cdot h_{min}}{p_m \cdot d} = 2 \cdot \frac{142.000\,N \cdot mm^2 \cdot 0,013\,mm}{mm^2 \cdot 4\,N \cdot 25\,mm}$$

$$= 36,92$$

*Für diesen Wert liefert* Bild 6.20 *den Absenkfaktor A = 0,85. Damit lassen sich gemäß* Gleichung (6.35) *die Übergangswinkelgeschwindigkeit $\omega_ü$ und die Übergangsdrehzahl $n_ü$ berechnen:*

$$\omega_ü = A \cdot \omega_{ü\,0} = 0,85 \cdot 37,4\,s^{-1} = 31,8\,s^{-1}$$

$$n_ü = \frac{\omega_ü}{2 \cdot \pi} = 303,6\,min^{-1}$$

*Gemäß dieser Berechnung liegt die tatsächliche Betriebsdrehzahl deutlich über dem Doppelten der Übergangsdrehzahl; das Gleitlager ist also hinreichend dimensioniert.*

## Beispiel 2:

Ein Gleitlager muss aus Betriebsgründen höher belastet werden. Für eine Konstruktionsänderung steht jedoch kein Bauraum zur Verfügung. Die hydrodynamische Schmierung soll mit gleicher Sicherheit wie zuvor gewährleistet sein. Welche Maßnahmen sind zu treffen, um diese Anforderungen zu erfüllen?

### Lösung:
*Die Forderung nach gleicher Sicherheit der hydrodynamischen Schmierung bedeutet, dass sich die Größe der Sommerfeldzahl gemäß* Gleichung (6.18) *nicht ändern darf.*

$$So = \frac{p_\text{m} \cdot \psi^2}{\eta \cdot \omega} = \frac{F_\text{r} \cdot \psi^2}{b \cdot d \cdot \eta \cdot \omega}$$

*Soll die Drehzahl n und damit die Winkelgeschwindigkeit ω beibehalten werden und können die Breite b und der Durchmesser d nicht verändert werden, bestehen zwei Möglichkeiten:*

- *Verringern des relativen Lagerspiels ψ: Es müsste also beispielsweise eine Lagerschale mit kleinerem Innendurchmesser verwendet werden. Gleichzeitig muss deren Oberflächen- und Formgenauigkeit verbessert werden, um auszuschließen, dass bei dem im Betrieb vorhandenen dünneren Schmierfilm Mischreibung auftritt.*

- *Erhöhung der Ölviskosität η, d. h. Verwendung von zäherem Öl: Dies wäre vollständig ohne konstruktive Änderungen möglich, würde aber eventuell die Lauffähigkeit weiterer Maschinenelemente, die mit dem gleichen Öl geschmiert werden, beeinträchtigen.*

## Beispiel 3:

Die Übergangsdrehzahl eines Gleitlagers beträgt bei kaltem Öl etwa 20% der Betriebsdrehzahl. Wie ändert sie sich, wenn das Öl während des Betriebs stark erwärmt wird? Was geschieht, wenn die Lagerschale sich bei der Erwärmung stärker ausdehnt als die Welle?

*Lösung:*

*Mit steigender Temperatur nimmt die Viskosität η des Schmierstoffs ab (das Öl wird dünner). Gemäß Gleichung (6.23) wird damit die Sommerfeldzahl größer und die relative Schmierfilmdicke δ kleiner, vergleiche Bild 6.14. Hierdurch wird die Gefahr der Mischreibung erhöht bzw. die Übergangswinkelgeschwindigkeit wird größer. Dies wird auch in Gleichung (6.32) erkennbar, wenn eine kleinere dynamische Viskosität η eingesetzt wird. Zur Abhilfe muss also die Betriebsdrehzahl erhöht werden.*

*Durch eine stärkere Erwärmung der Lagerschale wird das relative Lagerspiel ψ größer. Hierdurch wächst auch die Sommerfeldzahl So nach Gleichung (6.23) und die Übergangswinkelgeschwindigkeit nach Gleichung (6.32).*

## Beispiel 4:

Was geschieht, wenn ein hydrodynamisch geschmiertes Radiallager von seiner Radialkraft entlastet wird? Welche Maßnahmen wären für einen solchen Fall zu treffen?

*Lösung:*

*Wird die radiale Lagerbelastung $F_\text{R}$ sehr klein, verringert sich der mittlere Lagerdruck $p_\text{m}$. Die Sommerfeldzahl So wird ebenfalls klein, und die relative Schmierfilmdicke δ nähert sich dem Wert eins. Die Welle rückt also in die zentrische Lage, und es besteht die Gefahr des "Wellentanzens". Folgende Maßnahmen können Abhilfe schaffen: Es ist stets für eine Radialkraft $F_\text{R} > 0$ sorgen. Im allgemeinen wird dies durch das Eigengewicht der Welle erfüllt. Außerdem ist der Einsatz von Mehrflächengleitlagern sinnvoll.*

## Beispiel 5:

Ein hydrostatisches Tellerlager weist einen Außenradius von $r_\text{a}$ = 130 mm und einen Innenradius von $r_\text{i}$ = 60 mm auf. Es wird durch eine Axialkraft von $F_\text{A}$ = 700 kN belastet. Das Schmiermittel soll die dynamische Viskosität η = 50 · $10^{-9}$ Ns/mm$^2$ aufweisen. Im Betrieb soll sich eine Schmierspalthöhe h = 0,04 mm einstellen. Es steht eine Zahnradpumpe mit einer Leistung von P = 0,7 kW zur Verfügung. Wie hoch ist der erforderliche Innendruck $p_\text{i}$? Ist die Leistung der Pumpe unter den gegebenen Bedingungen ausreichend?

*Lösung:*

*Nach Gleichung (6.37) gilt für den erforderlichen Innendruck:*

$$p_\text{i} = \frac{2 \cdot F_\text{A} \cdot \ln\left(\dfrac{r_\text{a}}{r_\text{i}}\right)}{\pi \cdot (r_\text{a}^2 - r_\text{i}^2)}$$

$$= \frac{2 \cdot 700.000\,\text{N} \cdot \ln\left(\dfrac{130\,\text{mm}}{60\,\text{mm}}\right)}{\pi \cdot (130^2 - 30^2)\,\text{mm}^2} = 25,9\,\frac{\text{N}}{\text{mm}^2}$$

*Der Volumenstrom $\dot{V}$ wird nach Gleichung (6.38) berechnet, die Leistung $P_\text{Pumpe}$ mit Hilfe der Gleichung (6.39).*

$$\dot{V} = \frac{F_A \cdot h^3}{3 \cdot \eta \cdot (r_a^2 - r_i^2)}$$

$$= \frac{700.000 \, \text{N} \cdot 0{,}04^3 \, \text{mm}^3 \cdot \text{mm}^2}{3 \cdot 50 \cdot 10^{-9} \, \text{Ns} \cdot (130^2 - 60^2) \, \text{mm}^2}$$

$$\dot{V} = 22.456 \frac{\text{mm}^3}{\text{s}}$$

$$P_{\text{Pumpe}} = \dot{V} \cdot p_i = 22.456 \frac{\text{mm}^3}{\text{s}} \cdot 25{,}9 \frac{\text{N}}{\text{mm}^2}$$

$$P_{\text{Pumpe}} = 582 \, \text{W}$$

*Eine Pumpenleistung von 0,7 kW ist also ausreichend.*

## 6.7   Literatur zu Kapitel 6

[1]   Köhler, G.; Rögnitz, H.: Maschinenteile 1. 8. Auflage, Stuttgart, 1992.

[2]   Roloff, H.; Matek, W.: Maschinenelemente, Tabellen. 12. Auflage, Braunschweig, 1992.

[3]   Ott, H; H.: Elastohydrodynamische Nachrechnung der Übergangsdrehzahl von Radialgleitlagern. VDI-Zeitschrift, 118 (1976) 10, Seite 456-459.

[4]   DIN 1850 T. 1 Buchsen für Gleitlager aus Kupferlegierungen, massiv, Berlin, 1976.

[5]   DIN 505 Deckellager, Lagerschalen; Lagerbefestigung mit 2 Schrauben. Berlin, 1973.

[6]   DIN 1591 Schmierlöcher, Schmiernuten, Schmiertaschen für allgemeine Anwendung. Berlin, 1982.

[7]   Leyer, A.: Maschinenkonstruktionslehre. Stuttgart, 1971.

# 7 Wälzlager

## 7.1 Aufbau und Funktion

### 7.1.1 Aufgabe von Wälzlagern

Wälzlager dienen der Abstützung von radialen und axialen Kräften bei Achsen und Wellen. Sie sollen dabei die durch Reibung entstehende Verlustleistung und den Verschleiß möglichst klein halten. Gegenüber Gleitlagern weisen Wälzlager folgende Eigenschaften auf:

**Vorteile:**
- durch Wälzprinzip niedrigere Reibung beim Anlauf und bei kleinen Drehzahlen
- einbaufertiges, in der Regel genormtes Element, leicht austauschbar
- geringere Schmiermittelmenge ausreichend für niedrige Reibung und als Schutz vor Korrosion
- keine Einlaufzeit
- anspruchslos in Pflege und Wartung
- gleichzeitige Aufnahme von Axial- und Radialkräften bei einer Reihe von Lagertypen möglich
- in zahlreichen Bauformen erhältlich (abgedichtet, mit Gehäuse usw.)

**Nachteile:**
- aufgrund hoher *Hertz*scher Pressung empfindlicher gegen statische Überlastung (stoßempfindlich)
- infolge Materialermüdung nicht dauerfest ⇒ Berechnung auf Lebensdauer
- radiale Teilung nicht bzw. kaum möglich
- großer radialer Raumbedarf
- empfindlich gegen Schmutz ⇒ abdichten ⇒ Leistungsverlust
- metallische Berührung ⇒ Laufgeräusch, Schallübertragung
- hoher Preis für einige Ausführungen sowie für große Durchmesser

Entsprechend diesen Eigenschaften finden Wälzlager vielfältige Anwendung im gesamten Bereich des Maschinenbaus. Beispiele: Elektromotoren, Getriebe, Radlagerungen bei Fahrzeugen usw.

### 7.1.2 Aufbau von Wälzlagern

Wälzlager bestehen aus den Elementen Wälzkörper (z. B. Kugel), Käfig, Innen- und Außenring; zusätzlich können bei bestimmten Lagerbauformen noch Dichtungs- und Anbauteile vorhanden sein. Die Art der Wälzkörper und die Gestaltung der Lagerringe bestimmen maßgeblich die Eigenschaften der Wälzlager. Der Innenring des Wälzlagers wird mittels einer geeigneten Passung (s. später) auf der Welle aufgenommen, der Außenring entsprechend im Gehäuse. Bei bestimmten Lagern kann auf den Innenring, auf den Außenring oder auf beide verzichtet werden, wenn die Wälzkörper direkt auf

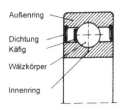

Außenring

Dichtung

Käfig

Wälzkörper

Innenring

der Welle bzw. im Außenteil (z. B. Gehäuse) laufen. Dabei ist zu beachten, dass die Laufflächen gehärtet und geschliffen sein müssen; es dürfen dann also für Welle und Gehäuse nur härtbare Werkstoffe verwendet werden.

**Bild 7.1** Rillenkugellager Bauform 2RSR (d. h. mit zwei Dichtscheiben)

### 7.1.3 Wälzkörper

Als Wälzkörper finden Kugeln, Zylinderrollen, Kegelrollen und Tonnenrollen Verwendung. Nadeln stellen eine Sonderbauform der Zylinderrollen mit besonders kleinem Durchmesser-Längen-Verhältnis dar. Die Wälzkörper werden gehärtet, geschliffen und poliert. Bei Kugellagern ist der Krümmungsradius der Laufbahnen etwas größer als der Radius der Kugeln, so dass sich theoretisch eine Punktberührung, praktisch infolge Abplattung der Kugeln unter der Belastung eine kreisförmige Berührfläche ausbildet. Bei Rollenlagern entsteht

**Bild 7.2** Punktberührung bei Kugellagern

zwischen den Rollen und den Laufringen eine Linienberührung, praktisch jedoch infolge der

elastischen Verformung der Rollen eine rechteckige Berührfläche. Daher sind Rollenlager höher belastbar als Kugellager.

Wird die Belastung erhöht, so vergrößert sich die
Berührfläche durch die dann stärkere Abplattung
der Wälzkörper. Bei Rollenlagern wächst die
Berührfläche linear, bei Kugellagern quadratisch.
Daher sind Kugellager unempfindlicher gegen
Belastungserhöhung bzw. Stöße.

Bei Rillenkugellagern ist eine relativ geringe
Reibung an den Lagerringen vorhanden. Bei
Rollenlagern werden dagegen die Wälzkörper
stirnseitig durch Bordkanten geführt, an denen
Reibeffekte und damit eine höhere Lagerreibung
entstehen. Bei Tonnenlagern und Pendelrollenlagern berührt der Wälzkörper die Lagerringe
bei unterschiedlichen Wirkradien, so dass durch
die entstehenden Relativgeschwindigkeiten

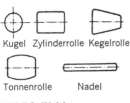

Kugel  Zylinderrolle  Kegelrolle

Tonnenrolle       Nadel

**Bild 7.3** Wälzkörper

Reibeffekte auftre-
ten. Die Art der
Wälzkörper und
die Gestaltung der
Lagerringe be-
stimmen die we-
sentlichen Lager-
eigenschaften.

## 7.1.4 Käfig

Der Käfig hält die Wälzkörper auf Distanz, um
ihre Reibung untereinander zu minimieren. Er
wird in der Regel aus Messing- oder Stahlblech
hergestellt. Dabei werden zwei Käfighälften aus-
gestanzt und vorgeformt. Nachdem die Wälzkörper montiert sind, werden die beiden Käfighälften eingesetzt und durch Umbiegen von Laschen,
durch Vernieten oder ähnliche Verfahren zusammengefügt. In größeren Lagern finden auch
spangebend hergestellte Massivkäfige Verwendung, die dann über die Wälzkörper geschnappt
oder bei geteilter Ausführung vernietet werden.
Als Werkstoff wird hier Messing oder Kunststoff, aber auch Stahl eingesetzt. Sonderbauformen von Wälzlagern weisen anstelle eines
Käfigs Trennkugeln auf, die den Vorteil haben,
die Lagerreibung weiter zu verkleinern (UKF-
Lager, siehe Kapitel 7.5).

## 7.1.5 Lagerungsarten

Jede Achse oder Welle muss statisch bestimmt
gelagert werden. Dies bedeutet:
– radiale Kraftabstützung in zwei Punkten
  (Träger auf zwei Stützen),
– axiale Kraftabstützung in beiden Richtungen.
Übernimmt ein Lager die Axialkräfte in beiden
Richtungen (Festlager), so muss das andere Lager (Loslager) axiale Verschiebbarkeit gewährleisten. Diese Anordnung wird als Fest-Los-
Lagerung bezeichnet.

Bei der Trag-Stütz-Lagerung überträgt jedes Lager Axialkräfte in jeweils einer Richtung; beide
Axialkraftrichtungen müssen entgegengesetzt
sein. Üblicherweise finden für eine derartige Lagerung Schräglager (Schrägkugellager oder Kegelrollenlager) Verwendung. Werden andere
Wälzlager eingesetzt, so muss zum Ausgleich
von Wärmedehnungen ein gewisses Axialspiel
vorhanden sein. Man bezeichnet eine derartige
Anordnung als schwimmende Lagerung.

Je nach Anordnung der Lager bilden die Kraftlinien, die jeweils in Richtung der Resultierenden
aus übertragbarer Radial- und Axialkraft verlaufen, ein stilisiertes X oder O. Man bezeichnet
dementsprechend diese Lagerung als X- oder O-
Anordnung. Erwärmt sich im Betrieb die Welle,
so vergrößert sich bei der O-Anordnung das La-
gerungsspiel, während es sich bei der X-
Anordung verkleinert. Daher werden Trag-Stütz-

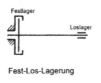

Festlager

                    Loslager

Fest-Los-Lagerung

Trag-Stütz-Lagerung,
X-Anordnung

Trag-Stütz-Lagerung,
O-Anordnung

**Bild 7.4** Lagerungsarten

Lagerungen meistens
bei kurzen Wellen ein-
gesetzt. Ein Vorteil
dieser Lagerungsart ist
die Einstellbarkeit des
Spiels; ggf. kann die
Lagerung sogar vorge-
spannt werden. Typi-
sche Beispiele für
Trag-Stütz-Lagerungen
sind Vorderradlagerun-
gen von Kraftfahr-
zeugen.

Wird eine präzise Po-
sition eines auf der
Welle befindlichen

Bauteils gefordert, so ist vorzugsweise die Fest-Los-Lagerung anzuwenden. In diesem Fall ist das Festlager an der Krafteinleitungsstelle anzuordnen oder an der Stelle, an der unabhängig von Wärmedehnungen eine genaue Lage gefordert wird. Ein Beispiel hierfür ist die Spindellagerung einer Drehmaschine; hierbei ist das Festlager möglichst dicht an das Spannfutter zu setzen.

## 7.2 Lagerbauformen

### 7.2.1 Rillenkugellager
(DIN 625; Lagerart 6)

- einfacher Aufbau, hohe Seriengrößen ⇒ preiswertestes Lager
- als Festlager gut geeignet; bei Verwendung als Loslager einen Ring (i. a. Außenring) verschiebbar gestalten
- mittlere Radial- und Axialkräfte übertragbar
- geringe Lagerreibung
- vielfältige Bauformen, beispielsweise:
- mit einer oder zwei Deckscheiben (Abdichtung für geringe Ansprüche)
- mit zwei Dichtscheiben und Fett-Dauerfüllung (bei einfachen Anwendungsfällen keine weitere Abdichtung und Schmierung erforderlich)
- mit Ringnut am Außenring für in Wellenebene geteilte Gehäuse oder für einfache Festlegung mit Deckel
- ggf. zweireihige Ausführung (seltener)

  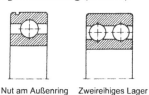

Standardlager    Nut am Außenring    Zweireihiges Lager

**Bild 7.5** Rillenkugellager

### 7.2.2 Schrägkugellager
(DIN 628, Lagerart 7)

- für mittlere Radialkräfte geeignet
- für axiale Kräfte in einer Richtung geeignet

- aufgrund schräger Kraftrichtung bewirken Radialkräfte axiale Reaktionskräfte, daher Lager möglichst paarweise einsetzen und Reaktionskräfte bei Berechnung berücksichtigen
- Anordnungsformen:
- Trag-Stütz-Lagerung, Lager nicht unmittelbar nebeneinander, X- oder O-Anordnung möglich
- X-Anordnung, beide Lager direkt nebeneinander; Kraftabstützungspunkte dicht zusammen; wirkt wie ein Lager; sehr gutes Festlager, da hohe Radialkräfte (zwei Wälzkörperreihen) und hohe Axialkräfte übertragbar; zusätzliches Loslager erforderlich
- O-Anordnung, beide Lager direkt nebeneinander; Abstand der Kraftabstützungspunkte größer als Lagerabstand; vollständige Lagerung; kein zusätzliches Lager zulässig; realisierbar durch zwei einzelne Lager oder durch ein doppelreihiges Schrägkugellager in O-Anordnung
- Tandem-Anordnung, zwei parallelgeschaltete Lager, für hohe Belastungen bzw. steife Lagerung, z. B. an Werkzeugmaschinen
- Vierpunktlager
- durch geteilten Innenring hohe Kugelanzahl möglich, daher hohe Tragfähigkeit
- zur Aufnahme hoher Radial- und Axialkräfte geeignet ⇒ gutes Festlager
- hoher Bauaufwand ⇒ teuer

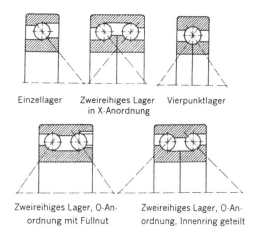

Einzellager    Zweireihiges Lager    Vierpunktlager
              in X-Anordnung

Zweireihiges Lager, O-An-          Zweireihiges Lager, O-Anordnung mit Füllnut               ordnung, Innenring geteilt

**Bild 7.6** Schrägkugellager

### 7.2.3 Pendelkugellager
(DIN 630, Lagerart 1)

- zweireihiges Lager
- Lauffläche des Außenrings hat Kugelform ⇒ winklige Einstellung der Welle bis 3° möglich
- für höhere Radialkräfte geeignet
- für kleinere Axialkräfte geeignet
- auch mit konischem Innenring und Spannhülse für den Einsatz in Lagergehäusen erhältlich

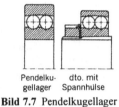

Pendelku-   dto. mit
gellager    Spannhülse

**Bild 7.7** Pendelkugellager

### 7.2.4 Axialrillenkugellager
(DIN 711, 715, Lagerart 5)

- für sehr hohe Axialkräfte; keine Radialkräfte zulässig
- für geringere Drehzahlen geeignet (Fliehkraft der Wälzkörper stützt sich nur im Käfig ab)
- Wellenscheibe mit Passung auf Welle festgelegt; Gehäusescheibe hat auf der Welle Spiel
- Gehäusescheibe mit leichtem Spiel im Gehäuse einbauen, damit keine Radialkraftübertragung möglich
- zweiseitig wirkendes Axialrillenkugellager für hohe Axialkräfte in beiden Richtungen
- mit kugeliger Gehäusescheibe zum Ausgleich statischer Winkelfehler, für dynamische Fehler (Wellendurchbiegungen) ungeeignet

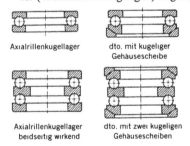

Axialrillenkugellager         dto. mit kugeliger
                              Gehäusescheibe

Axialrillenkugellager         dto. mit zwei kugeligen
beidseitig wirkend            Gehäusescheiben

**Bild 7.8** Axialrillenkugellager

### 7.2.5 Zylinderrollenlager
(DIN 5412, Lagerart N)

- sehr hohe radiale Kräfte zulässig, da Linienberührung

- nur für geringere Axialkräfte geeignet, da hohe Reibung der Wälzkörper an der Bordkante
- Bauformen:
- Bauform NU: Borde am Außenring, Innenring ohne Bordkanten; sehr gutes Loslager, konstruktive Festlegung beider Lagerringe erforderlich
- Bauform NJ: Außenring mit Bordkanten, Innenring mit einseitiger Bordkante; geeignet für schwimmende Lagerung bei kleinen axialen Kräften
- Bauform NUP: Bordkanten an Innen- und Außenring; sehr gutes Loslager für hohe radiale Kräfte, dann nur ein Lagerring konstruktiv festgelegt, der andere verschiebbar; auch als Festlager für hohe Radial- und geringe Axialkräfte geeignet
- Bauform NNU: Zweireihiges Lager für sehr hohe Radialkräfte; Funktion wie Bauform NU oder Bauform N
- Bauform NJ + HJ: Lager Bauform NJ ergänzt durch Winkelring HJ ergibt prinzipiell ähnlichen Aufbau wie Bauform NUP, jedoch Innenring dann breiter und Lager bei der Montage zerlegbar
- Bauform RNU: Ähnlich Bauform NU, jedoch ohne Innenring; für platzsparende Bauweise, dann jedoch gehärtete Welle erforderlich

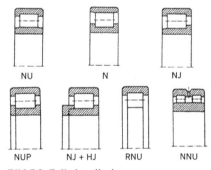

NU          N          NJ

NUP      NJ + HJ      RNU      NNU

**Bild 7.9** Zylinderrollenlager

### 7.2.6 Kegelrollenlager (DIN 720)

- Laufbahnen sind Teile von Kegelmänteln, deren Spitzen sich in einem Punkt schneiden müssen, damit die Wälzkörper abrollen ohne zu gleiten
- Außenring abnehmbar, daher einfache Montage möglich

– sehr gut geeignet für Trag-Stütz-Lagerung
– Axialspiel muss stets einstellbar sein
– X-Anordnung bietet die Möglichkeit, die Kräfte möglichst dicht an einem auf der Welle aufgesetzten Bauteil abzustützen (z. B. bei Schneckenwellen)
– O-Anordnung hat breite Stützbasis (breiter als Lagerabstand)
– radiale Kräfte bewirken axiale Reaktionskräfte, daher Lager möglichst paarweise einsetzen und Reaktionskräfte bei Berechnung berücksichtigen
– Funktion ähnlich Schrägkugellager, jedoch wesentlich höher belastbar

**Bild 7.10** Kegelrollenlager

## 7.2.7 Axialzylinderrollenlager (DIN 722)

– beide Laufscheiben eben
– Käfig auf der Welle geführt
– hoher Gleitanteil (hohe Lagerreibung), da unterschiedliche Umfangswege zurückgelegt werden müssen ⇒ bei breiteren Lagern werden daher die Wälzkörper geteilt (zwei Rollen nebeneinander)

**Bild 7.11** Axialzylinderrollenlager

## 7.2.8 Axialpendelrollenlager (DIN 728)

– winklige Einstellung möglich, daher sowohl zum Ausgleich von statischen Winkelfehlern als auch bei Wellendurchbiegungen geeignet
– hohe axiale Belastbarkeit; auch relativ hohe Radialkräfte übertragbar

**Bild 7.12** Axialpendelrollenlager

## 7.2.9 Tonnenlager (DIN 635)

– winklige Einstellung möglich, daher sowohl zum Ausgleich statischer als auch dynamischer Winkelfehler geeignet
– hohe radiale Kräfte übertragbar
– geringe Axialkräfte übertragbar
– auch mit Spannhülse erhältlich

**Bild 7.13** Tonnenlager

## 7.2.10 Pendelrollenlager (DIN 635)

– Funktion prinzipiell wie Tonnenlager
– zweireihiges Lager, daher radial hoch belastbar
– mittlere Axialkräfte übertragbar

Pendelrollenlager    dto. mit Spannhülse

**Bild 7.14** Pendelrollenlager

## 7.2.11 Nadellager (DIN 617)

Nadellager sind ähnlich wie Zylinderrollenlager aufgebaut, die Wälzkörper haben jedoch ein größeres Breiten-Durchmesser-Verhältnis. Aufgrund des geringen Durchmessers der Nadeln können Nadellager nicht mit Bordkanten an beiden Ringen versehen werden; sie können daher in der Regel keine Axialkräfte übertragen.

Nadellager werden in ein- oder zweireihiger Ausführung sowie mit oder ohne Innenring hergestellt; außerdem gibt es zahlreiche Varianten in kombinierter Ausführung. Nadelhülsen und Nadelbüchsen haben einen Außenring aus dünnem gehärteten Blech; bei Nadelbüchsen ist der Außenring einseitig geschlossen; diese müssen daher am Ende einer Welle angeordnet werden. Hierbei können auch Axialkräfte übertragen werden.

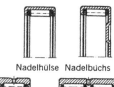

Nadelhülse   Nadelbüchs

einreihig,    zweireihig,
ohne Innenring  ohne Innenrin

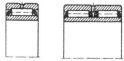

dto. mit Innenring

**Bild 7.15** Nadellager

Nadellager haben massive Außenringe, die erheblich formsteifer sind und daher nicht so leicht z. B. bei unrunden Gehäusebohrungen deformiert werden können.

Es gibt zahlreiche Sonderausführungen von Nadellagern, beispielsweise mit integrierten

Dichtungselementen sowie in Kombination mit Rillenkugellagern, Axialrillenkugellagern oder Axialzylinderrollenlagern. Diese sehr platzsparenden Lager können bei hohen Axial- und Radialkräften eingesetzt werden.

Axialnadellager bestehen aus Nadelkränzen, die zwischen gehärteten Laufscheiben (als Wellenscheiben oder als Gehäusescheiben erhältlich) oder zwischen dünnen Axialscheiben angeordnet werden können.

Sonderbauformen der Nadellager stellen Stütz- und Kurvenrollen dar. Diese bieten den Vorteil, dass ein zu führendes Bauteil direkt auf dem Außenring des Lagers laufen kann. Bei herkömmlichen Wälzlagern ist dies nicht zulässig, da die punktuell wirkende Belastung den Außenring des Lagers unzulässig verformen würde.

**Bild 7.16** Nadellager als Laufrollen

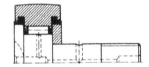

Nadellager, kombiniert mit Rillenkugellager          dto. mit Axialrillenkugellager

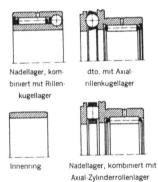

Innenring          Nadellager, kombiniert mit Axial-Zylinderrollenlager

**Bild 7.17** Kombinierte Nadellager

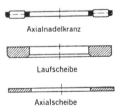

Axialnadelkranz

Laufscheibe

Axialscheibe

**Bild 7.18** Axialnadellager

## 7.2.12 Gehäuselager

Gehäuselager sind einbaufertige Einheiten, die einerseits ein Wälzlager aufnehmen und andererseits direkt an eine Grundkonstruktion angeschraubt werden können. Besonders vorteilhaft ist die Verwendung von Gehäuselagern dann, wenn ein Wälzlager benutzt wird, das beispielsweise mittels einer Spannhülse direkt auf eine Welle aufgesetzt werden kann. Hierbei besteht die Möglichkeit, eine Welle aus einem blanken Halbzeug z. B. nach DIN 669 zu fertigen und ohne weitere spangebende Bearbeitung die Lager darauf zu montieren.

Durch die Verwendung sogenannter Festringe, die das Wälzlager im Gehäuse axial festlegen, besteht die Möglichkeit, ein Lager als Festlager zu gestalten; ohne Festringe ergibt sich dementsprechend ein Loslager, siehe Bild 7.19.

Da die Lagersitze nicht - wie zum Beispiel bei einem Getriebegehäuse - in einem gemeinsamen Bearbeitungsgang bearbeitet werden, ist nicht gewährleistet, dass beide Lagersitze fluchten. Daher werden in der Regel in Gehäuselagern Wälzlager eingesetzt, die Winkelfehler ausgleichen können.

Flanschlager sind zur Montage in Wandelementen geeignet, wogegen Stehlagergehäuse auf eine Grundkonstruktion gebaut werden können. Einfache Gehäuselager sind aus Blech oder aus Grauguss gefertigt und nehmen sogenannte Spannlager auf. Diese Lager entsprechen in ihrem Aufbau einem Rillenkugellager, dessen Außenring eine kugelförmige Kontur aufweist. Daher kann sich das Lager im Gehäuse winklig einstellen. Auf der Welle wird das Lager mit Hilfe eines exzentrischen Spannrings festgeklemmt. Nachteilig ist dabei, dass lediglich statische Winkelfehler ausgeglichen werden können und dass die Festlegung auf der Welle nicht so zuverlässig wie beim Einsatz von Spannhülsen ist.

Für höherwertige Anwendungen werden Graugussgehäuse eingesetzt, die Pendelkugellager oder Pendelrollenlager aufnehmen. Die Lager werden mit Spannhülsen auf der glatten Welle befestigt. Weiterhin weist das Stehlagergehäuse

Dichtungen aus Filz oder Gummi auf, so dass das Lager unter Fettschmierung betrieben werden kann.

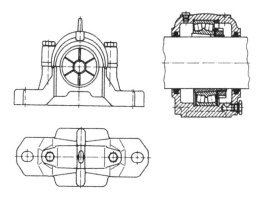

**Bild 7.19** Stehlagergehäuse, Grauguss; Pendelrollenlager mit konischer Bohrung und Spannhülse; in der Schnittdarstellung oben mit Festring (Festlager), unten ohne Festring (Loslager)

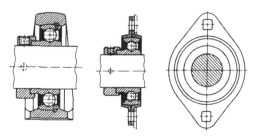

**Bild 7.20** Spannlager als Stehlager (links) und als Flanschlager (rechts)

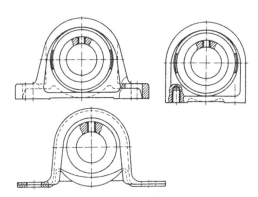

**Bild 7.21** Stehlagergehäuse mit Spannlagern, oben als Gussgehäuse, unten als Blechgehäuse

## 7.2.13 Baugrößen und Bezeichnungen von Wälzlagern

Wälzlager werden in einem großen Spektrum unterschiedlicher Baugrößen gefertigt. So sind beispielsweise Rillenkugellager mit einem Wellendurchmesser von 3 mm noch handelsüblich; Großwälzlager haben Durchmesser bis zu ca. 14 m. Darüber hinaus sind jeweils für einen bestimmten Wellendurchmesser Lager unterschiedlicher Baugröße und damit unterschiedlicher Belastbarkeit erhältlich. Nach DIN 616 sind Maßpläne für Wälzlager festgelegt, die Breitenreihen und Durchmesserreihen beinhalten. Die Durchmesserreihen kennzeichnen den Außendurchmesser des Wälzlagers, während in den Breitenreihen das Verhältnis von Lagerdurchmesser zur Lagerbreite festgelegt ist.

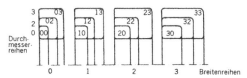

**Bild 7.22** Durchmesser- und Breitenreihen

Die Lagerinnendurchmesser sind in 5 mm-Schritten gestuft; bei kleineren Lagern ist die Stufung feiner, bei größeren Lagern beträgt der Stufenschritt 10 mm. Außerdem sind Lager mit zölligen Abmessungen erhältlich.

Die Lagerbezeichnung gibt die Lagerart, die Breiten- und die Durchmesserreihe an. Die letzten beiden Ziffern ergeben multipliziert mit dem Faktor 5 den Lagerinnendurchmesser (Wellendurchmesser). Vor- und Nachsetzzeichen kennzeichnen besondere Bauformen:

6208 = Rillenkugellager (Lagerart **6**) Breitenreihe **2**; Durchmesserreihe **0**; Wellendurchmesser 40 mm (**08** · 5 = 40)

6208.2RSR = dto. mit zwei Dichtscheiben

6208.T = dto. mit Massivschnappkäfig aus glasfaserverstärktem Polyamid

6208.C3 = dto. mit vergrößertem Radialspiel (z. B. für starke Temperaturerhöhungen der Welle im Betrieb)

6208.2RSR.T.C3 = dto. mit allen oben genannten Eigenschaften

Nähere Angaben sind den Unterlagen der Wälzlagerhersteller zu entnehmen.

Als Lagerwerkstoff findet üblicherweise niedriglegierter Kohlenstoffstahl (100Cr6) Verwendung, der auf eine Härte HRC 62 (± 2) durchgehärtet wird. Bei großen Lagern wird ein Einsatzstahl verwendet. Bereits bei Temperaturen über 120 °C beginnen Anlassvorgänge im Lagerwerkstoff, so dass die Härte des Lagers verringert wird; dementsprechend wird die Tragfähigkeit niedriger. Daher muss der Temperatureinfluss bei der Berechnung der Wälzlager berücksichtigt werden.

In der Nahrungsmittelindustrie finden Wälzlager Verwendung, bei denen die Lagerringe aus nichtrostendem Stahl und die Wälzkörper aus Glas gefertigt sind. Bestehen die Lagerringe aus Kunststoff, ist auch ein Lauf in Säure möglich. Weitere spezielle Lagerwerkstoffe werden für besondere Einsatzfälle verwendet.

# 7.3 Statische und dynamische Berechnung der Wälzlager

## 7.3.1 Voraussetzungen

Die Berechnung von Wälzlagern kann grundsätzlich auf zwei verschiedene Arten erfolgen:

Eine statische Berechnung des Wälzlagers wird dann vorgenommen, wenn das Lager hauptsächlich im Stillstand belastet wird. Dies ist der Fall, wenn es nur Schwenkbewegungen oder Stellbewegungen ausführen muss oder wenn die Welle lediglich in großen Zeitabständen gedreht wird. Bei der statischen Berechnung werden die auf das Lager einwirkenden Kräfte mit der Belastbarkeit des Lagers verglichen.

Die dynamische Berechnung eines Lagers dient dazu, die Lebensdauer des Lagers abzuschätzen. Die tatsächliche Lebensdauer von Wälzlagern unterliegt einer starken Streuung, so dass lediglich eine statistische Aussage getroffen werden kann. Die Lebensdauerberechnung wird durchgeführt, wenn das Lager hauptsächlich dann einer Belastung unterliegt, wenn es gleichzeitig auch rotiert.

## 7.3.2 Lebensdauerberechnung

Der Ermittlung der Lebensdauer von Wälzlagern liegen umfangreiche Versuche zugrunde. Dabei werden üblicherweise 30 gleiche Lager einer definierten Belastung unter einer definierten Drehzahl ausgesetzt. Nach einer bestimmten Laufzeit zeigen sich Verschleißerscheinungen an den Lagern, insbesondere gekennzeichnet durch ein Ausbröckeln der Laufflächen (Pittingbildung). Diese Verschleißerscheinungen sind auch an einem erhöhten Laufgeräusch des Lagers erkennbar. Durch die beim Überrollen der Fehlstellen entstehenden Schwingungen und Belastungsstöße schreitet die Zerstörung des Lagers nach Beginn der Pittingbildung relativ schnell fort, so dass das Lager innerhalb kurzer Zeit zerstört wird.

Werden mehrere gleichartige Lager unter gleichen Bedingungen untersucht, so entspricht ihre Ausfallwahrscheinlichkeit einer Normalverteilung. Daher kann keine exakte voraussichtliche Lebensdauer eines Wälzlagers angegeben werden. Nach DIN ISO 281 wird die Lebensdauer $L_{10}$ so definiert, dass 90% einer größeren Menge gleichartiger Lager diese Lebensdauer erreichen oder überschreiten (teilweise um ein Vielfaches); 10% entsprechender Lager fallen vorher aus.

Die Lebensdauer von Wälzlagern wird zunächst als erreichbare Anzahl von Umdrehungen berechnet; danach kann eine Umrechnung in praktisch besser verwendbare Größen, wie beispielsweise die Lebensdauer in Stunden oder in eine Fahrtstrecke (beispielsweise bei Fahrzeugen) erfolgen. Der so ermittelte Wert muss mit einer vorgegebenen erforderlichen Lebensdauer gemäß Tabelle, Bild 7.23, verglichen werden. Es ist üblich, die Ausfallwahrscheinlichkeit bzw. die Einheit der Lebensdauer als Index an das entsprechende Formelzeichen für die Lebensdauer anzugeben. Beispielsweise versteht man unter $L_{10\,h}$ die Lebensdauer eines Wälzlagers bei 10% Ausfallwahrscheinlichkeit, berechnet in Stunden (h).

Aufgrund der ständigen Weiterentwicklung der Wälzlager und infolge der ständig fortschreitenden Lebensdauerforschung an Wälzlagern sind die in die Berechnung eingehenden Parameter häufigen Änderungen unterworfen. Daher kann die Lebensdauerberechnung von Wälzlagern nur exemplarisch erläutert werden; es sei an dieser Stelle auf die Unterlagen der Wälzlagerhersteller (Wälzlagerkataloge) verwiesen.

**Lebensdauerformel:**

$$L_{10\,U} = \left(\frac{C}{P}\right)^p \cdot 10^6 \text{ (Umdrehungen)} \qquad (7.1)$$

$L_{10\,U}$ = nominelle Lebensdauer in Umdrehungen
$C$ = dynamische Tragzahl; ist im Lagerkatalog für jedes Lager angegeben
$P$ = dynamische äquivalente Belastung; Zusammenfassung von axialer und radialer Belastung
$p$ = Lebensdauerexponent (Kugellager: $p$ = 3; Rollenlager: $p$ = 10/3)

Die dynamische Tragzahl $C$ ist definiert als diejenige Lagerbelastung, bei der das Wälzlager eine rechnerische Lebensdauer von $10^6$ Umdrehungen mit einer Wahrscheinlichkeit von 90% erreicht oder überschreitet. Sie hängt von der Lagergröße, der Lagerbauform usw. ab und ist für das jeweilige Lager den Katalogen der Wälzlagerhersteller zu entnehmen (Lagerkenngröße).

**Dynamische äquivalente Lagerbelastung:**

$$P = X \cdot F_r + Y \cdot F_a \qquad (7.2)$$

$F_r$ = Radialbelastung     $F_a$ = Axialbelastung
$X$ = Radialfaktor     $Y$ = Axialfaktor

Die dynamische äquivalente Lagerbelastung $P$ ist eine Zusammenfassung aus den radialen und axialen Kräften, die auf das Lager wirken (anwendungsbezogene Größe). Dabei wird mittels der Faktoren $X$ und $Y$ berücksichtigt, wie empfindlich ein Lager auf die jeweilige Belastung reagiert. Da die Werte abhängig vom jeweiligen Wälzlagerhersteller sind, können auch hier keine allgemein gültigen Werte angegeben werden.

**Geforderte Lebensdauer:**
Die geforderte Lebensdauer hängt vom jeweiligen Anwendungsfall ab. Sie kann überschlägig gemäß der Tabelle Bild 7.23 oder genauer aus

den Randbedingungen des Einsatzfalls ermittelt werden. So ist es beispielsweise möglich, bei einer Maschine die tägliche Laufzeit anzunehmen, eine Anzahl von Arbeitstagen über eine geplante Lebensdauer in Jahren vorzugeben und hieraus die erforderliche Lebensdauer in Stunden zu berechnen.

| Anwendungsfall | Betriebsstunden |
|---|---|
| PKW | 1.500 - 3.000 |
| Verbrennungsmotor | 1.000 - 4.000 |
| Schienenfahrzeuge | 15.000 - 45.000 |
| Landmaschinen | 1.500 - 4.000 |
| Baumaschinen | ca. 4.000 |
| Elektro-Serienmotoren | 20.000 - 35.000 |
| Werkzeugmaschinenspindeln | 15.000 - 45.000 |
| Allgemeine Getriebe | 5.000 - 15.000 |
| Papiermaschinen | 60.000 - 120.000 |

**Bild 7.23** Geforderte Lebensdauer in Stunden

Die prinzipielle Vorgehensweise bei der Lebensdauerberechnung entspricht folgendem Schema (hier erläutert anhand der Vorgehensweise gemäß dem Wälzlagerkatalog der Firma FAG):

**Bestimmung der Faktoren $X$ und $Y$:**

① **Bestimmung des Hilfsfaktors $f_0$:**
Der Hilfsfaktors $f_0$ wird gemäß Diagramm Bild 7.24 bestimmt, und zwar abhängig von der La-

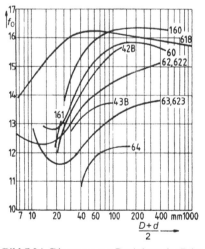

**Bild 7.24** Diagramm zur Ermittlung des Faktors $f_0$

gerreihe (z. B. **6208**) und vom mittleren Lager-durchmesser, d. h. vom arithmetischen Mittel-wert von Innendurchmesser $d$ und Außen-durchmesser $D$.

## ② Berechnung des Kennwertes $\dfrac{f_0 \cdot F_a}{C_0}$ :

Dieser Kennwert ist ein Maß dafür, wie groß die wirkende Axialkraft $F_a$ im Verhältnis zur Belast-barkeit des Lagers ist. Diese wird durch die stati-sche Tragzahl $C_0$ definiert. Abhängig vom be-rechneten Kennwert wird in Schritt ③ die Gren-ze $e$ bestimmt, bei deren Überschreitung eine auf das Lager wirkende Axialkraft in der Berech-nung berücksichtigt werden muss.

## ③ Ermittlung der Grenze $e$ sowie der Fakto-ren $X$ und $Y$:

Die Grenze $e$ kann aus den Unterlagen der Wälz-lagerhersteller abhängig vom in Schritt ② ermit-telten Kennwert aus einer Tabelle entnommen werden. Unter Umständen ist dabei eine Interpo-lation erforderlich. Die Tabelle, Bild 7.25, gilt für Rillenkugellager mit normaler Lagerluft (d. h. mit normalem Lagerspiel).

| Kenn-wert | Grenze | $\dfrac{F_a}{F_r} \le e$ | | $\dfrac{F_a}{F_r} > e$ | |
|---|---|---|---|---|---|
| $\dfrac{f_0 \cdot F_a}{C_0}$ | $e$ | $X$ | $Y$ | $X$ | $Y$ |
| 0,3 | 0,22 | 1 | 0 | 0,56 | 2 |
| 0,5 | 0,24 | 1 | 0 | 0,56 | 1,8 |
| 0,9 | 0,28 | 1 | 0 | 0,56 | 1,58 |
| 1,6 | 0,32 | 1 | 0 | 0,56 | 1,4 |
| 3 | 0,36 | 1 | 0 | 0,56 | 1,2 |
| 6 | 0,43 | 1 | 0 | 0,56 | 1 |

**Bild 7.25** Grenze $e$ und Faktoren $X$ und $Y$ für Rillen-kugellager

Wurde für den Kennwert beispielsweise 0,9 er-mittelt, so ergibt sich die Grenze $e = 0,28 = 28\%$. Beträgt in einem Anwendungsfall die Axialkraft weniger als 28% der Radialkraft ($F_a / F_r \le 0,28$), so gilt $X = 1$ und $Y = 0$. Das bedeutet, dass bei der Berechnung der äquivalenten Lagerbelastung $P = X \cdot F_r + Y \cdot F_a$ lediglich die Radialbelastung berücksichtigt, die Axialkraft aber vernachlässigt wird. Überschreitet die Axialkraft dagegen die Grenze von 28% der Radialkraft, so wird sie be-

rücksichtigt, und zwar mit dem Faktor $Y = 1,58$; die Radialkraft wird dann nur mit dem Faktor 0,56 in die Rechnung einbezogen.

## ④ Berechnung der äquivalenten Lagerbela-stung $P$:

$$P = X \cdot F_r + Y \cdot F_a \tag{7.1}$$

**Berechnung der Lagerlebensdauer:**

## ⑤ Berechnung der Lagerlebensdauer in Um-drehungen:

$$L_{10\,U} = \left(\frac{C}{P}\right)^p \cdot 10^6 \ (\text{Umdrehungen}) \tag{7.2}$$

$p$ = Lebensdauerexponent
($p$ = 3 für Kugellager; $p$ = 10/3 für Rollenlager)

## ⑥ Umrechnung in die Lebensdauer in Be-triebsstunden:

$$L_{10h} = \frac{L_{10U}}{n} \tag{7.3}$$

$n$ = Drehzahl des rotierenden Lagerrings oder Relativdreh-zahl, wenn beide Ringe rotieren

Setzt man die Drehzahl in Umdrehungen pro Minute ein, so ergibt sich die Lebensdauer eben-falls in Minuten; sie muss durch den Divisor 60 Minuten/Stunde in Stunden umgerechnet wer-den. Hiermit ist die Lebensdauerberechnung be-endet.

## ⑦ Erweiterte Lebensdauerberechnung:

Bei der erweiterten Lebensdauerberechnung wird die gemäß Schritt ⑥ berechnete Lebens-dauer nachträglich korrigiert durch Faktoren, die die speziellen Betriebsbedingungen berücksich-tigen. Die Umrechnung kann sowohl für die Le-bensdauer in Umdrehungen als auch für die Le-bensdauer in Stunden erfolgen. Die Umrech-nungsformel lautet:

$$L_{na} = a_1 \cdot a_2 \cdot a_3 \cdot f_t \cdot L \tag{7.4}$$

$L_{na}$ = Lebensdauer gemäß erweiterter Lebensdauerbe-rechnung

$L$ = Lebensdauer nach herkömmlicher Berechnung, in Umdrehungen oder in Stunden

$a_1$ = Faktor für die Ausfallwahrscheinlichkeit, falls mit

einer anderen Ausfallwahrscheinlichkeit als 10% gerechnet werden soll (siehe Tabelle, Bild 7.26)

$a_2$ = Faktor für den Lagerwerkstoff, kann bei hochwertigen Stählen vereinfacht = 1 gesetzt werden

$a_3$ = Faktor für die Betriebsbedingungen, z. B. Schmierung, vereinfacht = 1 setzen oder den Unterlagen der Wälzlagerhersteller entnehmen

$f_t$ = Temperaturfaktor; berücksichtigt den Einfluss der Betriebstemperatur (siehe Tabelle, Bild 7.27)

| Ausfallwahrschein-lichkeit in % | 10 | 5 | 4 | 3 | 2 | 1 |
|---|---|---|---|---|---|---|
| Formelzeichen für die Lebensdauer | $L_{10}$ | $L_5$ | $L_4$ | $L_3$ | $L_2$ | $L_1$ |
| Faktor $a_1$ | 1 | 0,62 | 0,53 | 0,44 | 0,33 | 0,21 |

**Bild 7.26** Faktor $a_1$ für unterschiedliche Ausfallwahrscheinlichkeiten

| Betriebs-temperatur | Temperatur-faktor $f_t$ |
|---|---|
| 150 °C | 1 |
| 200 °C | 0,73 |
| 250 °C | 0,42 |
| 300 °C | 0,22 |

**Bild 7.27** Temperaturfaktor $f_t$ für unterschiedliche Betriebstemperaturen

**Besonderheiten für Schräglager:**

Bei Schräglagern, d. h. Schrägkugellagern und Kegelrollenlagern, muss die aus der radialen Belastung resultierende axiale Reaktionskraft bei

| Lastverhältnisse | Axialkraft $F_{a\,Ber}$, die bei der Berechnung der dynamischen äquivalenten Belastung $P$ einzusetzen ist |
|---|---|
| $\dfrac{F_{rA}}{Y_A} \le \dfrac{F_{rB}}{Y_B}$ oder $\dfrac{F_{rA}}{Y_A} > \dfrac{F_{rB}}{Y_B}$ und $F_a > 0{,}5 \cdot \left( \dfrac{F_{rA}}{Y_A} - \dfrac{F_{rB}}{Y_B} \right)$ | $F_{a\,Ber} = F_a + 0{,}5 \cdot \dfrac{F_{rB}}{Y_B}$ für Lager A |
| $\dfrac{F_{rA}}{Y_A} > \dfrac{F_{rB}}{Y_B}$ und $F_a \le 0{,}5 \cdot \left( \dfrac{F_{rA}}{Y_A} - \dfrac{F_{rB}}{Y_B} \right)$ | $F_{a\,Ber} = 0{,}5 \cdot \dfrac{F_{rA}}{Y_A} - F_a$ für Lager B |

$F_a$ = äußere Axialkraft
$F_{rA}$, $F_{rB}$ = äußere Radialkräfte auf die Lager A und B
$Y_A$, $Y_B$ = Axialfaktoren der Lager A und B

**Bild 7.28** Formeln zur Ermittlung der Berechnungs-Axialkraft $F_a$

der Berechnung mit berücksichtigt werden. In die Berechnungsformel für die dynamische äquivalente Lagerbelastung $P$ wird dann die entsprechende Berechnungs-Axialkraft $F_{a\,Ber}$ gemäß Bild 7.28 eingesetzt. Als Lager $A$ wird stets das Lager bezeichnet, auf das die äußere Axialkraft $F_a$ wirkt, siehe Bild 7.29.

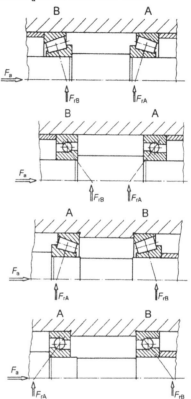

**Bild 7.29** Definition Lager $A$ und Lager $B$

### 7.3.3 Nachweis der statischen Tragfähigkeit

Bei überwiegend statisch belasteten Wälzlagern ist ein Nachweis darüber zu führen, wie groß die vorhandene statische Belastung im Verhältnis zur Belastbarkeit des Lagers ist. Die zulässige Belastung bezieht sich auf die statische Tragzahl $C_0$. Diese ist definiert als diejenige statische Belastung des Lagers, bei der die Summe aller plastischen Verformungen von Wälzlagerringen und Wälzkörpern 0,01% des Durchmessers der

Wälzkörper beträgt. Versuche haben gezeigt, dass diese Verformungen das Betriebsverhalten der Wälzlager nicht beeinträchtigen.

Bei hohen Anforderungen an die Wälzlager wird verlangt, dass die äußeren Kräfte maximal etwa die Hälfte des Wertes $C_0$ betragen, bei geringen Anforderungen wird etwa der doppelte Wert zugelassen. Als äußere Belastung wird die statische äquivalente Lagerbelastung $P_0$ eingesetzt, die ähnlich wie bei der dynamischen Berechnung eine Zusammenfassung der Radialkraft und der Axialkraft unter Berücksichtigung entsprechender Vorfaktoren darstellt. Damit ergibt sich folgende Vorgehensweise:

❶ **Berechnung der statischen äquivalenten Lagerbelastung $P_0$:**

$$\boxed{P_0 = X_0 \cdot F_r + Y_0 \cdot F_a} \qquad (7.5)$$

$F_r$ = Statische Radialbelastung
$F_a$ = Statische Axialbelastung
$X_0$ = Radialfaktor
$Y_0$ = Axialfaktor

Die Faktoren $X_0$ und $Y_0$ sind den Unterlagen der Wälzlagerhersteller zu entnehmen.

❷ **Berechnung der statischen Kennzahl $f_s$:**

$$\boxed{f_s = \frac{C_0}{P_0} \geq f_{s\,min}} \qquad (7.6)$$

$f_s$ = Statische Kennzahl (= Maß für die Sicherheit gegen zu große plastische Verformungen)
$f_{s\,min}$ = Statische Mindest-Kennzahl gemäß Bild 7.30
$C_0$ = Statische Tragzahl, ist im Lagerkatalog für jedes Lager angegeben

❸ **Statische Mindest-Kennzahl $f_{s\,min}$:**

| Statische Mindest-Kennzahl $f_{s\,min}$ | Art der Ansprüche | Anwendungsbeispiele |
|---|---|---|
| 1,5 ... 2,5 | hoch | Werkzeugmaschinen |
| 1,0 ... 1,5 | normal | Allg. Maschinenbau |
| 0,7 ... 1,0 | gering | Land- u. Baumaschinen |

**Bild 7.30** Statische Mindest-Kennzahl $f_{s\,min}$

Die Zulässigkeit der wirkenden Belastungen wird anhand der Tabelle Bild 7.30 kontrolliert.

## 7.3.4 Berechnungsbeispiele

### Beispiel 1:

Als Festlager der Eingangswelle eines Getriebes wird ein Rillenkugellager 6208 eingesetzt. Es wird durch eine Radialkraft $F_r$ = 3.000 N und eine Axialkraft $F_a$ = 1.500 N belastet. Die Drehzahl beträgt 1.000 min$^{-1}$. Aus einem Wälzlagerkatalog wurden die folgenden Werte entnommen:

– Statische Tragzahl        $C_0$ = 18 kN
– Dynamische Tragzahl  $C$ = 29 kN
– Außendurchmesser      $D$ = 80 mm
– Lagerbreite                  $B$ = 18 mm

Ist das Lager hinreichend dimensioniert?

*Lösung:*
*Es handelt sich um ein Rillenkugellager der Baureihe 62; der Innendurchmesser beträgt $08 \cdot 5$ mm = 40 mm.*

① *Bestimmung des Hilfsfaktors $f_0$ gemäß Bild 7.24:*
*Der mittlere Lagerdurchmesser beträgt*

$$\frac{D+d}{2} = \frac{80+40}{2}\ mm = 60\ mm.$$

*Damit ergibt sich für ein Lager der Baureihe 62 ein Faktor $f_0$ = 14,1.*

② *Berechnung des Kennwertes $\dfrac{f_0 \cdot F_a}{C_0}$:*

$$\frac{f_0 \cdot F_a}{C_0} = \frac{14,1 \cdot 1.500\,N}{18\,kN} \cdot \frac{1\,kN}{1.000\,N} = 1,175$$

*Der Faktor $\dfrac{1\,kN}{1.000\,N}$ dient der Umrechnung der Einheiten N und kN.*

③ *Ermittlung der Grenze e sowie der Faktoren X und Y gemäß Bild 7.25:*
*Durch Interpolation ergibt sich der Wert e:*

$$e = \frac{0,32 - 0,28}{1,6 - 0,9} \cdot (1,175 - 0,9) + 0,28$$

$$= 0,296 = 29,6\%$$

*Damit wird also die Axialkraft bei der Berechnung der äquivalenten Lagerbelastung nur dann berücksichtigt, wenn sie mehr als 29,6%*

*der Radialkraft beträgt. Es gilt:*

$$\frac{F_a}{F_r} = \frac{1.500\,\text{N}}{3.000\,\text{N}} = 0,5 > e = 0,296$$

*Die Axialkraft muss also berücksichtigt werden; die entsprechenden Faktoren sind aus Bild 7.25 zu entnehmen; hierbei muss der Axialfaktor Y interpoliert werden:*

$X = 0,56$

$$Y = \frac{1,4 - 1,58}{1,6 - 0,9} \cdot (1,175 - 0,9) + 1,58 = 1,51$$

④ *Berechnung der äquivalenten Lagerbelastung:*

$P = X \cdot F_r + Y \cdot F_a$

$P = 0,56 \cdot 3.000\,\text{N} + 1,51 \cdot 1500\,\text{N} = 3.945\,\text{N}$

⑤ *Berechnung der Lagerlebensdauer in Umdrehungen:*

$$L_{10\,U} = \left(\frac{C}{P}\right)^p \cdot 10^6 \quad (\text{Umdrehungen})$$

$p = 3$ *für Kugellager;*

$P = 3.945\,\text{N}, \qquad C = 29\,\text{kN}$

$$L_{10\,U} = \left(\frac{29\,\text{kN}}{3.945\,\text{N}} \cdot \frac{1.000\,\text{N}}{1\,\text{kN}}\right)^3 \cdot 10^6 \quad (\text{Umdr.})$$

$$= 397,2 \cdot 10^6 \quad (\text{Umdrehungen})$$

⑥ *Umrechnung in die Lebensdauer in Betriebsstunden:*

$$L_{10\,h} = \frac{617,8 \cdot 10^6}{1.000\,\text{min}^{-1}} \cdot \frac{1\,\text{h}}{60\,\text{min}} = 6.620\,\text{h}$$

*Gemäß Tabelle Bild 7.23 ist für allgemeine Getriebe eine Lebensdauer von 5.000 bis 15.000 Betriebsstunden zu fordern. Das nachgerechnete Lager ist damit hinreichend dimensioniert.*

## Beispiel 2:

Das Lager gemäß Beispiel 1 soll bei einer Temperatur von 250 °C betrieben werden. Wie ändert sich dabei die Lebensdauer? Wie hoch ist die Lebensdauer bei 5% Ausfallwahrscheinlichkeit? Wie hoch ist die Lebensdauer, wenn beide Randbedingungen vorliegen?

### Lösung:
*Es ist die* Formel (7.4) *für die erweiterte Lebensdauerberechnung anzuwenden:*

⑦ *Erweiterte Lebensdauerberechnung:*

$L_{na} = a_1 \cdot a_2 \cdot a_3 \cdot f_t \cdot L$

*Im ersten Fall sind folgende Faktoren zu wählen:*

$a_1 = 1; \qquad a_2 = 1; \qquad a_3 = 1;$

$f_t = 0,42$ *für* 250 °C

$$\begin{aligned} L_{na\,10\,h} &= a_1 \cdot a_2 \cdot a_3 \cdot f_t \cdot L_{10\,h} \\ &= 1 \cdot 1 \cdot 1 \cdot 0,42 \cdot 6.620\,\text{h} = 2.780\,\text{h} \end{aligned}$$

*Die zu erwartende Lebensdauer geht also auf 2.780 Stunden zurück.*

*Im zweiten Fall ist gemäß der Tabelle Bild 7.26 der Faktor $a_1 = 0,62$ zu setzen, alle anderen Faktoren haben den Wert 1. Es gilt:*

$$\begin{aligned} L_{na\,5\,h} &= a_1 \cdot a_2 \cdot a_3 \cdot f_t \cdot L_{10\,h} \\ &= 0,62 \cdot 1 \cdot 1 \cdot 1 \cdot 6.620\,\text{h} = 4.104\,\text{h} \end{aligned}$$

*Wenn die Ausfallwahrscheinlichkeit nur 5% betragen soll, beträgt die zu erwartende Lebensdauer nur noch 4.104 Stunden.*

*Liegen beide Randbedingungen vor, so gilt:*

$$\begin{aligned} L_{na\,5\,h} &= a_1 \cdot a_2 \cdot a_3 \cdot f_t \cdot L_{10\,h} \\ &= 0,62 \cdot 1 \cdot 1 \cdot 0,42 \cdot 6.620\,\text{h} \\ &= 1.724\,\text{h} \end{aligned}$$

## Beispiel 3:
Ein Anhängerrad ist in zwei Kegelrollenlagern 32212 gelagert. Bei Kurvenfahrt wirken an der Rutschgrenze mit $a = b = r/2$ und $\mu = 0,8$ zwischen Reifen und Straße die in Bild 7.31 skizzierten Kräfte. Wie groß sind die dabei in den Lagern auftretenden äquivalenten Lagerbelastungen? Welche Lebensdauer in Stunden weist das stärker belastete Lager auf, wenn die Kraft 5.000 N und die Drehzahl 800 min⁻¹ beträgt?

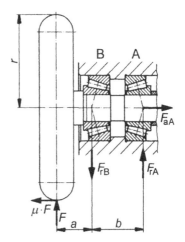

**Bild 7.31** Skizze der Lagerung zu Beispiel 3

**Lösung:**
Es handelt sich um ein Kegelrollenlager der Baureihe 322; der Innendurchmesser beträgt $12 \cdot 5\,\text{mm} = 60\,\text{mm}$. Aus einem Wälzlagerkatalog wurden folgende Werte entnommen:
$e = 0{,}4;\quad Y = 1{,}5;\quad C = 170\,\text{kN}$
Außerdem liefert der Wälzlagerkatalog die Berechnungsformeln:

$$P = F_r + 1{,}12 \cdot Y \cdot F_a \quad \text{für} \quad \frac{F_a}{F_r} \le e \quad \text{und}$$

$$P = 0{,}67 \cdot F_r + 1{,}68 \cdot Y \cdot F_a \quad \text{für} \quad \frac{F_a}{F_r} > e$$

○ *Bestimmung der auftretenden Kräfte in den Lagern:*
Wie aus der Skizze ersichtlich, treten Radialkräfte an den Lagern A und B auf, die aus der Kraft F und dem Biegemoment $M_b = \mu \cdot F \cdot r$ resultieren; darüber hinaus wirkt eine Axialkraft an Lager A, welche bei anders gerichteter Kurvenfahrt an Lager B wirken würde. Zu beachten ist, dass als Lager A hier das Lager bezeichnet werden muss, auf das die Axialkraft wirkt. Die Gleichungen für das Kräfte- und Momentengleichgewicht lauten wie folgt:

$$\sum M_B = 0 = F_{rA} \cdot b - F \cdot a - \mu \cdot F \cdot r$$

$$\Rightarrow F_{rA} = F \cdot \frac{a + \mu \cdot r}{b} = F \cdot \frac{r/2 + 0{,}8 \cdot r}{r/2} = 2{,}6 \cdot F$$

$$\sum F_x = 0 = F_{aA} - \mu \cdot F$$

$$\Rightarrow F_{aA} = \mu \cdot F = 0{,}8 \cdot F$$

$$\sum F_y = 0 = F + F_{rA} - F_{rB}$$

$$\Rightarrow F_{rB} = F + F_{rA} = F + F \cdot \frac{a + \mu \cdot r}{b}$$

$$= F \cdot \left(1 + \frac{a + \mu \cdot r}{b}\right)$$

$$= F \cdot \left(1 + \frac{r/2 + 0{,}8 \cdot r}{r/2}\right) = 3{,}6 \cdot F$$

○ *Bestimmung der Reaktionskräfte in den Lagern:*
Die Axialkräfte werden um eine durch die Radialkräfte hervorgerufene Reaktionskraft ergänzt, die gemäß Bild 7.28 ermittelt wird. Dazu benötigt man folgende Hilfsgrößen:

$$\frac{F_{rA}}{Y_A} = \frac{2{,}6 \cdot F}{1{,}5} = 1{,}73 \cdot F \qquad \frac{F_{rB}}{Y_B} = \frac{3{,}6 \cdot F}{1{,}5} = 2{,}4 \cdot F$$

$$\Rightarrow \quad \frac{F_{rA}}{Y_A} < \frac{F_{rB}}{Y_B}$$

Dem entsprechend muss also gemäß Bild 7.28 (1. Zeile) für das Lager A die Kraft $F_{a\,\text{Ber}}$ ermittelt werden.

$$F_a = F_{aA} = 0{,}8 \cdot F$$

$$\Rightarrow F_{a\,\text{Ber}} = F_a + 0{,}5 \cdot \frac{F_{rB}}{Y_B}$$

$$= 0{,}8 \cdot F + 0{,}5 \cdot \frac{3{,}6 \cdot F}{1{,}5} = 2 \cdot F$$

Diese Berechnungs-Axialkraft wird zur Bestimmung der äquivalenten Lagerbelastung benutzt.

○ *Berechnung der äquivalenten Lagerbelastung:*

$$\text{Lager A:} \quad \frac{F_{a\,\text{Ber}}}{F_{rA}} = \frac{2 \cdot F}{2{,}6 \cdot F} = 0{,}77 \; > e$$

$$\Rightarrow P = 0{,}67 \cdot F_{rA} + 1{,}68 \cdot Y \cdot F_{a\,\text{Ber}} \quad \text{für} \quad \frac{F_a}{F_r} > e$$

$$= 0{,}67 \cdot 2{,}6 \cdot F + 1{,}68 \cdot 1{,}5 \cdot 2 \cdot F = 6{,}78 \cdot F$$

$$\text{Lager B:} \quad \frac{F_{aB}}{F_{rB}} = \frac{0}{3{,}6 \cdot F} = 0 < e$$

$$\Rightarrow P = F_{rB} + 1{,}12 \cdot Y \cdot 0 = 3{,}6 \cdot F$$

Das am höchsten belastete Lager ist demnach das Lager A; da beide Lager gleich groß sind ist es sinnvoll, die Lebensdauer für das Lager A zu berechnen.

○ *Berechnung der Lagerlebensdauer in Umdrehungen:*

$F = 5.000\,\text{N}$
$P = 6{,}78 \cdot F = 6{,}78 \cdot 5.000\,\text{N} = 33.900\,\text{N}$

$$L_{10\,\text{U}} = \left(\frac{C}{P}\right)^p \cdot 10^6 \quad \text{(Umdrehungen)}$$

$$= \left(\frac{170.000\,\text{N}}{33.900}\right)^{10/3} \cdot 10^6 \quad \text{(Umdr.)}$$

$$= 216 \cdot 10^6 \quad \text{(Umdrehungen)}$$

mit $p = 10/3$ für alle Rollenlager

O *Umrechnung in die Lebensdauer in Betriebs-*
*stunden:*

$$L_{10h} = \frac{L_{10U}}{n} = \frac{216 \cdot 10^6}{800\,\text{min}^{-1}} \cdot \frac{1h}{60\,\text{min}} = 4.497\,h$$

*Gemäß der Tabelle* Bild 7.23 *ist für Landmaschi-*
*nen (hier vergleichbar) eine Lebensdauer von*
*1.500 bis 4.000 Stunden zu fordern; die Lagerung*
*ist also hinreichend dimensioniert.*

## 7.4 Einbau

### 7.4.1 Voraussetzungen

Bei der Gestaltung von Wälzlagerungen sind folgende Gesichtspunkte zu berücksichtigen:
- konstruktive Festlegung der Lagerringe zur
  Kraftübertragung (Absätze, Sicherungsringe,
  Wellenmuttern, Deckel o. ä.)
- geeignete Tolerierung von Welle und Gehäusebohrung
- Vermeidung der Verformung der Lagerringe
  (z. B. Unrundheit)
- zerstörungsfreie Demontage
- Verhinderung von Relativbewegungen zwischen Lagerring und Wellen- bzw. Gehäusesitz bei umlaufender Belastung oder bei
  abgedichteten Lagern mit hoher Reibung

Im Betrieb werden die Lagerringe infolge der
Belastung geweitet, so dass sich ihr Durchmesser vergrößert. Der Außenring wird dadurch
stärker in die Gehäusebohrung gepresst, dagegen
besteht beim Innenring die Gefahr der Lockerung. Daher ist bei einer Presspassung ein hinreichend großes Übermaß erforderlich.

### 7.4.2 Umlaufende Belastung

Eine umlaufende Belastung eines Wälzlager-
rings kann dazu führen, dass sich der betreffende
Ring relativ zu seiner Sitzfläche im Gehäuse
oder auf der Welle bewegt. Zur Verdeutlichung
der Zusammenhänge soll folgendes Beispiel
dienen: Die Welle einer Zentrifuge ist in Wälzlagern gelagert. Der Außenring eines der Lager
wird in der Gehäusebohrung (fälschlicherweise)
mit einer Spielpassung aufgenommen. Es zeigt
sich folgender Effekt:

Bei jedem Umlauf der Belastung wälzt der La-
geraußenring mit seinem Umfang in der Gehäusebohrung ab. Da der Umfang der Gehäusebohrung größer ist, erfolgt eine Relativbewegung um die Umfangsdifferenz. Liegt beispielsweise ein Spiel von 0,01 mm vor, so beträgt die
Umfangsdifferenz 0,01 mm · π ≈ 0,03 mm. Bei
jedem Umlauf der Belastung dreht sich der Außenring relativ zur Gehäusebohrung um diesen
Betrag weiter. Bei einem Lageraußen-
durchmesser von 30 mm hat sich dann der Außenring nach 3000 Umdrehungen, d. h. nach
3000 Umläufen der Belastung, um eine Umdrehung weitergedreht. Also steht der Außenring
nicht im Gehäuse still, wie oberflächlich betrachtet angenommen werden könnte, sondern er
läuft mit einer sehr kleinen Drehzahl relativ zum
Gehäuse um.

Durch die so ausgeführte Mikro-Gleitbewegung
werden die durch eingebettete Schmiermittel
und dergleichen mehr passivierten äußeren
Oberflächenschichten zerstört, so dass die dar-
unter befindlichen sehr reaktionswilligen Werk-
stoffanteile an die Oberfläche gelangen. Sie reagieren dann mit dem in der Luft befindlichen
Sauerstoff und bildet eine Oxidationsschicht.
Dieser Effekt wird als Passungsrost bezeichnet
und führt dazu, dass sowohl die Lagerringe als
auch die Passflächen im Gehäuse und auf der
Welle zerstört werden.

Aus diesem Grunde muss ein Lagerring, der einer umlaufenden Belastung unterliegt, stets mit
einer Presspassung versehen werden. Ein Lagerring mit einer stets auf den selben Punkt wirkenden Belastung kann eine Presspassung oder eine
Spielpassung erhalten.

Soll ein Wälzlager als
Loslager eingesetzt
werden, muss in der
Regel einer der La-
gerringe verschiebbar
angeordnet sein. Auf-
grund der erforderli-
chen Presspassung
darf dies dann nicht
der Lagerring mit der
Umlauflast sein.

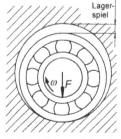

**Bild 7.32** Lagerspiel und
umlaufende Belastung

In Bild 7.33 sind hierzu einige Beispiele gezeigt:

In Abbildung a ist der in der Praxis am häufigsten auftretende Fall dargestellt: Die Welle rotiert und unterliegt einer stillstehenden (d. h. raumfesten) Belastung. Im dargestellten Fall tritt diese Belastung an einem Zahnrad auf. Die Kraft wirkt an der Stelle, an der das Zahnrad in das Gegenrad eingreift; sie ist stets gleichgerichtet. Es liegen folgende Belastungsverhältnisse vor: Der Innenring rotiert, während die Belastung still steht. Also läuft die Belastung relativ zum Innenring um („Umfangslast"). Der Innenring ist auf der Welle mit einer Presspassung zu versehen. Relativ zum stillstehenden Außenring wirkt die raumfeste Belastung stets auf den selben Punkt („Punktlast"). Dieser Ring kann wahlweise eine Spielpassung oder eine Presspassung erhalten.

Bei der Gestaltung der dargestellten Fest-Los-Lagerung ist das links dargestellte Festlager an Außen- und Innenring konstruktiv festgelegt. Auf der rechten Seite befindet sich das Loslager, bei dem lediglich ein Ring konstruktiv festgelegt, der andere aber verschiebbar gestaltet sein muss. Da der Innenring eine Presspassung aufweisen muss, ist es sinnvoll, diesen auch konstruktiv festzulegen. Der Außenring wird axial nicht fixiert und erhält eine Spielpassung.

Abbildung b zeigt einen Anwendungsfall mit umlaufender Belastung, im dargestellten Fall einer Exzentermasse. Die Welle kann beispielsweise zum Antrieb einer Rüttelplatte dienen. Hier läuft die Belastung (die auf die Exzentermasse wirkende Fliehkraft) mit der Welle um. Das bedeutet, dass die Belastung relativ zu den ebenfalls umlaufenden Innenringen der Lager

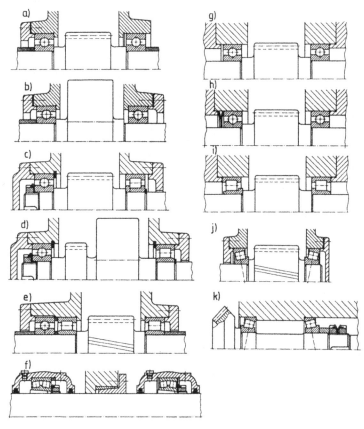

a Fest-Los-Lagerung mit Rillenkugellagern

b dto. umlaufende Belastung

c dto. mit Zylinderrollenlager Bauform NUP als Loslager

d dto. Bauform NU bei unbestimmtem Kraftverhältnissen

e Fest-Los-Lagerung für sehr hohe Belastungen

f Fest-Los-Lagerung mit Pendelrollenlagern in Stehlagergehäusen, Bauteil durch Spannsatz befestigt

g Trag-Stütz-Lagerung mit Rillenkugellagern („schwimmende Lagerung")

h dto. mit Tellerfedern verspannt

i dto. mit Zylinderrollenlagern Bauform NJ

j Trag-Stütz-Lagerung mit Kegelrollenlagern, X-Anordnung, Spieleinstellung mittels der Deckelschrauben

k dto. O-Anordnung, Spieleinstellung mittels zweier Muttern

**Bild 7.33** Beispiele für die Gestaltung von Lagerungen

stillsteht; die Innenringe haben dementsprechend Punktlast. Die Außenringe der Lager stehen still, also läuft die Belastung relativ zu diesen Ringen um (Umfangslast). Daher müssen die Außenringe mit einer Presspassung versehen sein, während die Innenringe wahlweise eine Presspassung oder eine Spielpassung aufweisen dürfen. Aus den beschriebenen Gründen ist es sinnvoll, den Innenring des Loslagers axial verschiebbar zu gestalten.

In Abbildung c wurde als Loslager für die Ritzelwelle ein Zylinderrollenlager der Bauform NUP eingesetzt. Der konstruktive Aufbau der Lagerung entspricht grundsätzlich dem der Abbildung a.

Bei der Anordnung in Abbildung d liegen unbestimmte Kraftverhältnisse vor: Am Zahnrad tritt eine raumfeste Kraft auf, so dass die Innenringe der Lager einer umlaufenden Belastung unterliegen. Dagegen bewirkt die Exzentermasse eine umlaufende Belastung, weshalb auch die Lageraußenringe Umlaufbelastung besitzen. Aus diesem Grunde ist es sinnvoll, Innen- und Außenringe mit Presspassungen zu versehen. Am Loslager muss dennoch eine axiale Verschiebbarkeit gewährleistet sein, die hier durch die Verwendung eines Zylinderrollenlagers der Bauform NU realisiert wurde.

Abbildung e zeigt eine Lagerung für hohe axiale und radiale Kräfte. Als Loslager wurde auch hier ein Zylinderrollenlager gewählt, während als Festlager eine Kombination aus einem Zylinderrollenlager zur Übertragung der radialen Kräfte und einem Vierpunktlager zur Axialkraftübertragung eingesetzt wurde. Wegen dieser Trennung der Funktionen hat der Außenring des Vierpunktlagers im Gehäuse radiales Spiel. Außerdem wurde als Loslager ein Zylinderrollenlager Bauform NU gewählt, das keine axialen Kräfte übertragen kann.

In Abbildung f ist eine Fest-Los-Lagerung mit Pendelrollenlagern und Stehlagergehäusen dargestellt. Bei dieser Anordnung können Fluchtungsfehler durch die Lager ausgeglichen werden. Als Welle kann ein auf Länge gesägtes Stück blankes Halbzeug eingesetzt werden, das

nicht weiter spangebend bearbeitet zu werden braucht. Das auf die Welle aufgesetzte Bauteil ist im dargestellten Fall ebenfalls mit einem Spannsatz befestigt. Derartige Anordnungen sind dann sinnvoll zu realisieren, wenn die aufgesetzten Bauteile keine exakte Fluchtung erfordern. Beispielsweise könnte auf diese Art die Achse eines einfachen Schienenfahrzeugs realisiert werden, während eine Anwendung im Getriebebau wenig sinnvoll wäre.

Abbildung g zeigt eine Trag-Stütz-Lagerung mit Rillenkugellagern, eine sogenannte schwimmende Lagerung. Auch in diesem Fall ist am Innenring Umfangslast (Presspassung) und am Außenring Punktlast (hier Spielpassung) vorhanden. Daher wurde wieder der Außenring axial verschiebbar gestaltet, so dass hier Fertigungstoleranzen und Wärmedehnungen der Welle aufgefangen werden können.

Wirkt das in Abbildung g erforderliche Axialspiel in einer Anwendung störend, so kann es mittels Tellerfedern ausgeglichen werden. Diese Anordnung ist in Abbildung h dargestellt. Die Welle ist in diesem Fall so lange spielfrei gelagert, wie die wirkenden Axialkräfte kleiner als die durch die Tellerfedern aufgebrachten Vorspannkräfte sind.

Abbildung i zeigt eine schwimmende Lagerung, realisiert mit Zylinderrollenlagern der Bauform NJ. Vom Prinzip her entspricht die Funktionsweise der Lagerung der in Abbildung g dargestellten Anordnung. Es können jedoch größere radiale Kräfte aufgenommen werden. Außerdem besteht hier die Möglichkeit, auch die Außenringe mit einer Presspassung zu versehen, so dass die Anordnung auch bei unbestimmten Kraftverhältnissen verwendbar ist. Der Ausgleich der Wärmedehnungen kann dann im Lager selbst erfolgen.

Abbildung j zeigt eine Trag-Stütz-Lagerung mit Kegelrollenlagern. Hier wurde die X-Anordnung verwendet. Die dargestellten Kraftlinien durch die Wälzlager (Mittelsenkrechte auf den Mittellinien der Wälzkörper) bilden ein stilisiertes X. Hierdurch wird erreicht, dass die wirkenden Kräfte dicht am schrägverzahnten Zahnrad ab-

gestützt werden können. Die bei Kegelrollenlagern erforderliche Einstellung der axialen Vorspannung bzw. des axialen Spiels kann in der
dargestellten Anordnung mittels der Schrauben
des rechten Gehäusedeckels erfolgen.

Abbildung k zeigt eine Lagerung mit Kegelrollenlagern in O-Anordnung. Hierbei wird eine
breite Stützbasis erreicht, die größer ist als der
tatsächlich vorhandene Lagerabstand. Die Spieleinstellung erfolgt in der dargestellten Anordnung mittels zweier Wellenmuttern. Eine der
Muttern dient zur Einstellung des Spiels, während die andere zum Kontern und damit zur Sicherung gegen Lockerung eingesetzt wird. Eine
derartige Anordnung ist bei fliegenden Lagerungen vorteilhaft, d. h. wenn das zu lagernde Bauteil außerhalb des Lagerabstandes angeordnet ist.
Ein Schwachpunkt der dargestellten Anordnung
ist, dass der Innenring mit einer Spielpassung
versehen sein muss, um das Lagerspiel einstellen
zu können. Daher besteht hierbei die Gefahr,
dass sich Passungsrost bildet.

### 7.4.3 Form- und Lagetoleranzen, Maßtoleranzen

Wälzlagerringe dürfen nicht durch unrunde Sitze
im Gehäuse oder auf der Welle verformt werden,
da dann die Wälzkörper einseitig belastet werden.
Darüber hinaus müssen die Lagersitze der Welle
und die Lagersitze des Gehäuses jeweils

untereinander fluchten. Die entsprechenden
Zeichnungseintragungen müssen dann gemäß
Bild 7.34 erfolgen; die Werte für die Form- und
Lagetoleranzen sind Bild 7.35 zu entnehmen,
Maßtoleranzen gibt Bild 7.36 an.

### 7.4.4 Montage und Demontage

Zur Montage und Demontage der Wälzlager
müssen insbesondere bei den durch Presspassungen festgelegten Lagerringen hohe axiale Kräfte

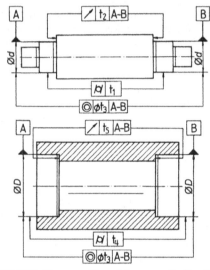

**Bild 7.34** Form- und Lagetoleranzen für Rundlauf, Planlauf, Zylinderform und Koaxialität

| Toleranzen in µm | | | | | | | |
|---|---|---|---|---|---|---|---|
| | Welle (Innenring) | | | | Gehäuse (Außenring) | | |
| Nennmaß | Punktlast | Umfangslast | | | Punktlast | Umfangslast | |
| in mm | $t_1$ | $t_1$ | $t_2$ | $t_3$ | $t_4$ | $t_4$ | $t_5$ |
| 1 bis 3 | 3 | 2 | 6 | 3 | 2 | 3 | 6 |
| > 3 bis 6 | 4 | 3 | 8 | 4 | 3 | 4 | 8 |
| > 6 bis 10 | 5 | 3 | 9 | 5 | 3 | 5 | 9 |
| > 10 bis 18 | 6 | 4 | 11 | 6 | 4 | 6 | 11 |
| > 18 bis 30 | 7 | 5 | 13 | 7 | 5 | 7 | 13 |
| > 30 bis 50 | 8 | 6 | 16 | 8 | 6 | 8 | 16 |
| > 50 bis 80 | 10 | 7 | 19 | 10 | 7 | 10 | 19 |
| > 80 bis 120 | 11 | 7 | 22 | 11 | 7 | 11 | 22 |
| > 120 bis 150 | 13 | 8 | 25 | 13 | 8 | 13 | 25 |
| > 150 bis 180 | 13 | 8 | 25 | 13 | 8 | 13 | 25 |
| > 180 bis 250 | 15 | 10 | 29 | 15 | 10 | 15 | 29 |

**Bild 7.35** Werte für die Form- und Lagetoleranzen

| Belastungsart | Lagerart, Belastungshöhe | | Toleranz |
|---|---|---|---|
| Umfangslast am Innenring | Kugellager | bis ∅ 40 mm, normale Belastung | |
| | | bis ∅ 100 mm, kleine Belastung | j6 |
| | Rollenlager | bis ∅ 60 mm, kleine Belastung | |
| | Kugellager | bis ∅ 100 mm, normale und hohe Belastung | |
| | | bis ∅ 200 mm, kleine Belastung | k6 |
| | Rollenlager | bis ∅ 60 mm, normale und hohe Belastung | |
| | | bis ∅ 200 mm, kleine Belastung | |
| | Kugellager | über ∅ 200 mm, normale Belastung | m6 |
| | Rollenlager | bis ∅ 200 mm, normale Belastung | |
| Punktlast am Innenring | Alle Lager außer Schrägkugellager und Kegelrollenlager | | g6 |
| | Schrägkugellager und Kegelrollenlager | | h6 |
| Umfangslast am Außenring | kleine Belastung | | K7 |
| | normale Belastung | | M7 |
| | hohe Belastung | | N7 |
| Punktlast am Außenring | Loslager, Außenring leicht verschieblich | | H7 |
| | Schrägkugellager und Kegelrollenlager | | |

**Bild 7.36** Toleranzen für Wellen und Gehäusebohrungen

aufgebracht werden. Dabei dürfen die Montagekräfte keinesfalls über die Wälzkörper geleitet werden, da die hierbei auftretenden hohen statischen Belastungen zur plastischen Verformung der Laufbahnen und der Wälzkörper führen würden. Daher muss jeder mit einer Presspassung versehene Lagerring direkt aufgepresst werden, d. h. der jeweilige Lagerring muss für die Übertragung der Montagekräfte zugänglich sein.

Auch bei der Demontage sollte diese Regel berücksichtigt werden, da nicht immer ein zu demontierendes Lager durch ein neues ersetzt werden kann. Es ist also konstruktiv dafür Sorge zu

tragen, dass beispielsweise mit Hilfe einer Abziehvorrichtung die Kräfte auf den Ring aufgebracht werden können, der eine Presspassung aufweist. Bei größeren Lagern können auch Abdrückschrauben konstruktiv vorgesehen werden, oder es findet eine Demontage mittels Drucköl statt. Näheres ist den Unterlagen der Wälzlagerhersteller zu entnehmen.

## 7.5 Sonderbauformen

Es bestehen zahlreiche Sonderbauformen von Wälzlagern, die sich einerseits auf die Gestaltung des Lagers selbst, d. h. auf die Führung der Wälzkörper, auf die Käfiggestaltung o. ä. beziehen, andererseits auf die Anschluss- bzw. Einbaumöglichkeiten der Lagerringe. Das UKF-Lager, Bild 7.38, weist anstelle des Käfigs Trennkugeln auf, die durch einen Führungsring zusammengehalten werden. Außerdem ist der Außenring geteilt ausgeführt; er wird durch eingepresste Ringe fixiert. Das Lager zeichnet

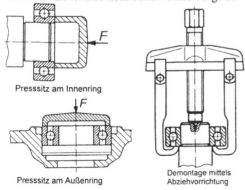

Presssitz am Innenring

Presssitz am Außenring

Demontage mittels Abziehvorrichtung

**Bild 7.37** Montage- und Demontagemöglichkeiten von Wälzlagern

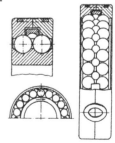

**Bild 7.38** UKF-Lager

sich insbesondere durch eine geringe Lagerreibung und durch hohe Belastbarkeit infolge
hoher Wälzkörperanzahl aus. Es wird beispielsweise bei Fertigungsmaschinen eingesetzt.

Beim Drahtkugellager, Bild 7.39,
werden die Laufbahnen durch ein-
gelegte gehärtete Drähte gebildet.
Hierdurch besteht die Möglichkeit,
die Lagerringe selbst ungehärtet
und ungeschliffen auszuführen.
Insbesondere bei Großwälzlagern
wird die Fertigung durch diese
Bauweise erheblich vereinfacht.

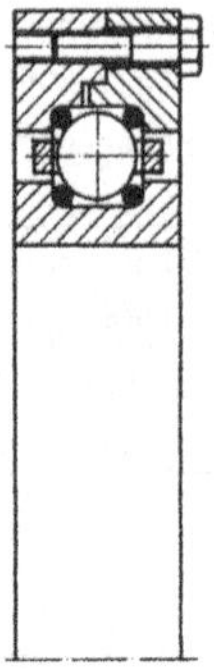

Laufrollen besitzen Außenringe,
die so gestaltet sind, dass hierauf
unmittelbar ein Bauteil geführt
werden kann. Hierzu ist eine entsprechend größere Wandstärke des
Außenrings erfor-
derlich, damit keine
unzulässigen Verfor-
mungen auftreten.
Neben den in Bild
7.16 dargestellten
Laufrollen sind bei-
spielsweise Profillaufrollen mit Spurkranz oder
mit Nut für den Lauf auf Wellen erhältlich, siehe
Bild 7.40.

**Bild 7.39**
Drahtku-
gellager

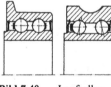

**Bild 7.40**  Laufrollen

In der Fördertechnik werden Lager mit elasto-
merbeschichteten Außenringen als Führungsrol-
len eingesetzt. Mittig geteilte Lager können
nachträglich insbesondere auf gekröpfte und abgesetzte Wellen montiert werden, sind jedoch
geringer belastbar und teurer. Bei Federrollenla-
gern bestehen Wälzkörper und Lagerringe aus
gewickelten Federstahlbändern. Hierdurch wird
erreicht, dass sich die Lager beim Betrieb unter
hoher Schmutzbelastung selbsttätig reinigen. Lager mit vier- oder sechseckigen Bohrungen können unmittelbar auf entsprechende Halbzeuge
aufgesetzt werden. Weiterhin existieren zahlreiche Sonderbauformen, deren Bauweisen und
technische Daten Firmenunterlagen entnommen
werden können.

## 7.6  Literatur zu Kapitel 7

[1] Köhler, G.; Rögnitz, H.: Maschinenteile, Teil
    1 und 2. 8. Auflage, Stuttgart, 1992.
[2] Klein, M.: Einführung in die DIN-Normen.
    12. Auflage, Stuttgart, 1997.
[3] FAG Kugellager, Rollenlager, Nadellager.
    FAG Publ.-Nr. WL 41 610/4 DA, Schwein-
    furt, 1992.

# 8   Federn

## 8.1   Grundlagen

Federn speichern Energie durch elastische Verformung und geben sie bei der Rückverformung entweder ganz oder teilweise wieder ab. Sie werden für folgende Einsatzgebiete verwendet:
- zur Energiespeicherung
  (z. B. Federmotor, Türschließer),
- zur Stoßminderung (z. B. Fahrzeugfeder),
- zur Aufnahme von Formänderungen
  (z. B. bei Wärmedehnungen).

Bezüglich der **Einteilung** von Federn gibt es verschiedene Kriterien. Eine Klassifizierung von Stahl- und Elastomerfedern ist in Bild 8.1 dargestellt. Man unterteilt
- nach der Art ihrer inneren Belastung in: Zugfedern (z. B. Ringfeder), Biegefedern (z. B. Blattfeder), Torsionsfedern (z. B. Drehstabfeder) und Schubfedern (z. B. Gummischwingmetall)
- nach der Bauform der Feder, z. B. in Blatt-, Schrauben-, Kegel-, Spiral-, Tellerfeder usw.
- nach der Kraftwirkung in Zug-, Druck- und Drehfeder
- nach dem Verwendungszweck in Aufzug-, Rückhol-, Kontakt-, Ventilfeder usw.

Einen Sonderstatus besitzen die Gas- und Flüssigkeitsfedern, da hier lediglich eine Druckbeanspruchung des „Federwerkstoffes" möglich ist. Ein Beispiel für eine solche Kompressionsfeder zeigt Bild 8.2.

Zur Dimensionierung von Federn dienen die nachfolgenden **Berechnungsgrundlagen**. Bei Einwirken einer Kraft $F$ erfolgt eine Verformung, wodurch sich der Kraftangriffspunkt um den Federweg $s$ verlagert. Der Quotient aus Kraftänderung und der daraus resultierenden Änderung des

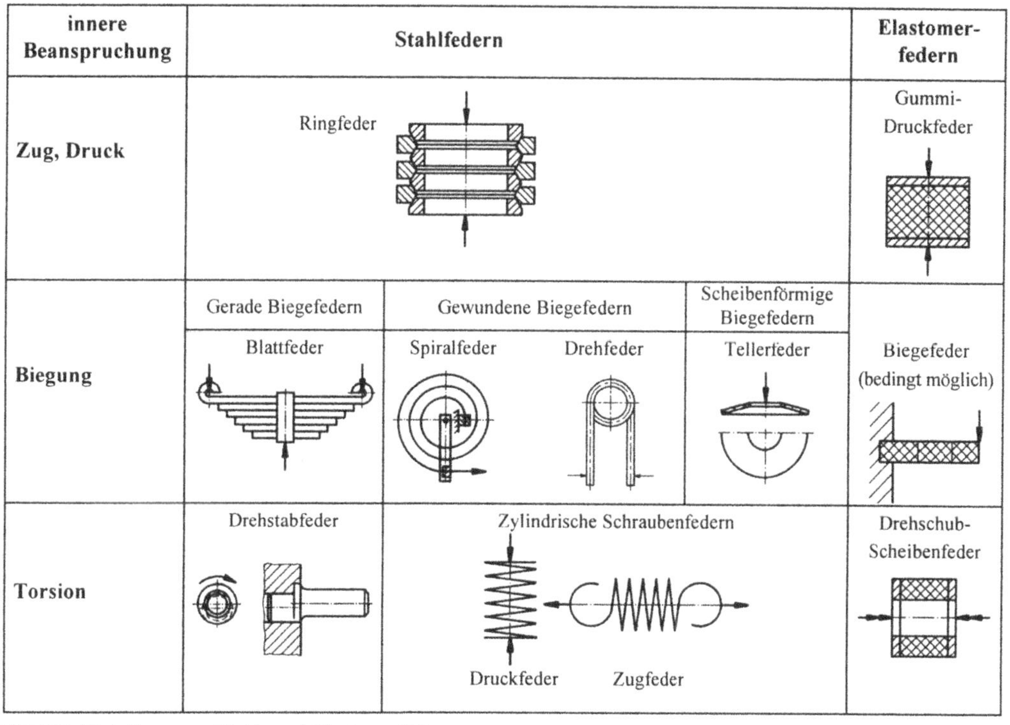

**Bild 8.2** Luftfeder

| innere Beanspruchung | Stahlfedern | | | | Elastomer-federn |
|---|---|---|---|---|---|
| **Zug, Druck** | Ringfeder | | | | Gummi-Druckfeder |
| **Biegung** | Gerade Biegefedern | Gewundene Biegefedern | | Scheibenförmige Biegefedern | Biegefeder (bedingt möglich) |
| | Blattfeder | Spiralfeder | Drehfeder | Tellerfeder | |
| **Torsion** | Drehstabfeder | Zylindrische Schraubenfedern | | | Drehschub-Scheibenfeder |
| | | Druckfeder | Zugfeder | | |

**Bild 8.1** Einteilung von Stahl- und Elastomerfedern

Federweges $s$ wird als Federrate $c$ (Federkon-
stante) bezeichnet. Ist die Federrate nicht konstant (z. B. progressive Federn), wird sie als Federsteife bezeichnet.

$$c = \tan \alpha = \frac{dF}{ds} \qquad (8.1)$$

Mit Hilfe der Bezeichnungen in Bild 8.3 errechnet sich die Federrate $c$ wie folgt:

$$c = \frac{\Delta F}{\Delta s} = \frac{F_2 - F_1}{s_2 - s_1} = \frac{F_2}{s_2} = \frac{F_1}{s_1} = \frac{F_n}{s_n} \qquad (8.2)$$

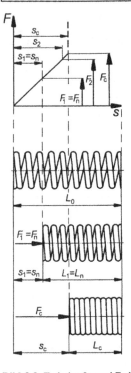

**Bild 8.3** Federkräfte und Federwege

Dieser Sachverhalt wird in sogenannten Feder-
diagrammen dargestellt. Dabei wird auf der $x$-
Achse der Federweg $s$ und auf der $y$-Achse die
Federkraft $F$ aufgetragen. Der so entstandene
Graph wird als Federkennlinie bezeichnet. Die
Federrate $c$ ist ein Maß für deren Steigung. Je
größer die Federrate $c$ ist, desto härter ist die Feder. Bild 8.4 zeigt einige Kennlinien unterschiedlich harter Federn.

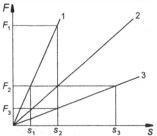

**Bild 8.4** Federkennlinien bei unterschiedlicher Federrate: $c_1 > c_2 > c_3$

Wie in Bild 8.5 zu erkennen ist, können Federn
verschiedene Charakteristiken besitzen. Für unterschiedliche Einsatzgebiete kann so das gewünschte Federverhalten ausgewählt werden.
Soll eine Feder mit zunehmendem Weg härter
werden, so sollte eine progressive Kennlinie gewählt werden; soll sie mit zunehmenden Weg
weicher werden, ist eine degressive Kennlinie
erforderlich. Derartige Federn werden beispielsweise in Kupplungen eingesetzt. Verringert sich der Vorspannweg in Folge von Verschleiß der Reibbeläge um den Weg $\Delta s$, wird die
Federkraft um den Betrag $\Delta F$ kleiner. Dieser
Vorspannkraftverlust ist bei degressiven Federn
erheblich geringer als bei Federn mit linearer
oder gar progressiver Kennlinie, siehe Bild 8.5.
Degressive Kennlinien treten beispielsweise bei
Tellerfedern auf.

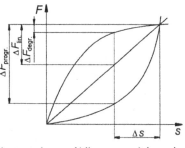

a) progressiv          b) linear          c) degressiv
**Bild 8.5** Federkennlinien

Eine weitere Eigenschaft von Federn ist daran zu
erkennen, ob die Federkennlinie bei Entlastung
den Nullpunkt wieder erreicht. Geschieht das
nicht, so besitzt die Feder Hystereseeigenschaften. Unter **Hysterese** versteht man die Umwandlung eines Teiles der Federarbeit in Wärme, die aufgrund innerer Reibung im Werkstoff

erzeugt wird. Daraus folgt, dass nach der ersten Belastung der Nullpunkt ($F = 0$, $s = 0$) nicht wieder erreicht wird; es bleiben Restverformungen. Der Vorteil dieser Charakteristik liegt in der Dämpfung von Schwingungen. Die Nachteile bestehen in unterschiedlichen Kraft-Weg-Verhältnissen, in der starken Erwärmung des Werkstoffes aufgrund der Reibung und im daraus resultierenden Entzug von Energie aus dem System. Die Fläche unter der Kurve im Federdiagramm wird als Federarbeit $W$ bezeichnet. Sie ist die von der Feder gespeicherte potentielle Energie und ist im allgemeinen Fall wie folgt zu berechnen:

$$W = \int F \cdot ds \tag{8.3}$$

Für Federn mit linearer Kennlinie vereinfacht sich der Zusammenhang:

$$W = \frac{1}{2} \cdot F \cdot s \tag{8.4}$$

Ein weiterer Kennwert für den Vergleich von unterschiedlichen Federn ist der Ausnutzungsfaktor $\eta_A$. Dieser beschreibt das Verhältnis zwischen der gespeicherten Energie $W$ und dem in der Feder eingesetzten Werkstoffvolumen $V$. Verteilt sich bei maximaler Belastung die zulässige Spannung homogen im gesamten Werkstoffvolumen $V$, so ergibt sich ein Ausnutzungsfaktor $\eta_A = 1$.

Wird die Feder durch Normalbeanspruchungen belastet, errechnet sich die Federarbeit folgendermaßen:

$$W = \frac{\eta_A \cdot \sigma_{max}^2 \cdot V}{2 \cdot E} \tag{8.5}$$

Bei Beanspruchung des Federwerkstoffs durch Torsionsbelastung gilt:

$$W = \frac{\eta_A \cdot \tau_{max}^2 \cdot V}{2 \cdot E} \tag{8.6}$$

**Resonanz:** Jedes Feder-Masse-System ist schwingungsfähig. Die Eigen-Kreisfrequenz $\omega_e$ und die Schwingungsdauer $t_S$ für ein Feder-Masse-System mit vernachlässigbarer Federeigenmasse errechnen sich bei vorgegebener Federrate $c$ bei Längsschwingungen wie folgt:

$$\omega_e = \sqrt{\frac{c}{m}} \; ; \; t_S = 2 \cdot \pi \cdot \sqrt{\frac{m}{c}} \tag{8.7}$$

Bei Drehschwingungen gilt:

$$\omega_e = \sqrt{\frac{c'}{J}} \; ; \; t_S = 2 \cdot \pi \cdot \sqrt{\frac{J}{c'}} \tag{8.8}$$

Dabei ist $c'$ das Verhältnis aus Torsionsmoment $T$ und Verdrehwinkel $\varphi$. $J$ ist das Massenträgheitsmoment des schwingenden Systems.

Wenn äußere Impulse mit einer angenäherten oder gleichen Schwingungsdauer $t_S$ auf das schwingende System einwirken, so kommt es zur Resonanz. Dies kann durch erhöhte Resonanzausschläge zu einer Bruchgefahr für die Feder führen. Aus diesem Grund muss im allgemeinen vermieden werden, ein System im Bereich der Resonanzfrequenz zu betreiben.

## 8.2 Zusammenschaltung von Federn

Die Zusammenschaltung von Federn soll folgende Zwecke erfüllen:
- Veränderung der Federrate
- Veränderung der Kennliniencharakteristik

Durch eine Veränderung der Federrate soll das Gesamtfedersystem entweder härter oder weicher gemacht werden. Durch eine Veränderung der Kennliniencharakteristik können Federsysteme angenähert z. B. progressiv gestaltet werden. Es gibt 2 Möglichkeiten der Zusammenschaltung von Federn, nämlich die Parallelschaltung und die Reihenschaltung.

## 8.2.1 Parallelschaltung von Federn

Bei Parallelschaltung ist die Anordnung der Federn so gewählt, dass sich die äußere Belastung $F_{ges}$ auf die Einzelfedern mit ihren Federraten $c_i$ anteilsmäßig aufteilt. Die einzelnen Federwege $s_i$ sind für jede Feder gleich groß. Anhand der in Bild 8.6 gezeigten Federanordnung ergeben sich die im folgenden dargestellten Beziehungen.

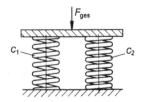

**Bild 8.6** Parallelschaltung von Federn

Für die Gesamtkraft $F_{ges}$ gilt:

$$F_{ges} = \sum F_i = F_1 + F_2 \qquad (8.9)$$

Für den Federweg $s_{ges}$ gilt:

$$s_{ges} = s_1 = s_2 \qquad (8.10)$$

Damit ergibt sich die Gesamtfederrate $c_{ges}$:

$$c_{ges} = \sum c_i = c_1 + c_2 \qquad (8.11)$$

Häufig werden die einzelnen Federn einer Parallelschaltung ineinander geschachtelt, um Bauraum einzusparen (z. B. Ventilfeder).

Dabei können auch unterschiedlich lange Federn mit unterschiedlicher Federrate eingesetzt werden. In dem Beispiel in Bild 8.7 wird zunächst Feder 1 um den Weg $s_1$ zusammengedrückt, bevor Feder 2 zum Einsatz kommt. Von diesem Punkt an sind die Federn 1 und 2 parallelgeschaltet, so dass sich ihre Kennlinien addieren. Ist der Federweg $s_2$ zurückgelegt, wird bei weiterer Belastung auch Feder 3 verformt, so dass nun alle drei Federn parallelgeschaltet sind. Damit addieren sich ihre Federraten.

Die Kennlinie des Gesamtsystems ergibt sich dann durch Addition der Kennlinien der drei

Einzelfedern, wobei die unterschiedlichen Startpunkte berücksichtigt werden müssen (s. Bild 8.7 unten). Das Federsystem weist also insgesamt einen progressiven Kennlinienverlauf auf.

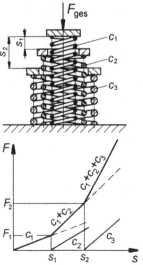

**Bild 8.7** Stufenweise Parallelschaltung unterschiedlich steifer Federn

## 8.2.2 Reihenschaltung von Federn

Bei einer Reihenschaltung ist die Anordnung der Federn so gewählt, dass die äußere Belastung $F_{ges}$ an den Einzelfedern mit ihren Federraten $c_i$ gleich groß ist. Die einzelnen Federwege $s_i$ ergeben in der Summe den Gesamtfederweg $s_{ges}$. Anhand der in Bild 8.8 gezeigten Federanordnung ergeben sich für die Reihenschaltung folgende Beziehungen:

**Bild 8.8** Reihenschaltung von Federn

Für die Gesamtkraft $F_{ges}$ gilt:

$$F_{ges} = F_1 = F_2 \qquad (8.12)$$

Für den Gesamtfederweg $s_{ges}$ gilt:

$$s_{ges} = \sum s_i = s_1 + s_2 \qquad (8.13)$$

Damit ergibt sich die Gesamtfederrate $c_{ges}$:

$$\frac{1}{c_{ges}} = \sum \frac{1}{c_i} = \frac{1}{c_1} + \frac{1}{c_2} \qquad (8.14)$$

Für 2 Federn gilt:

$$c_{ges} = \frac{c_1 \cdot c_2}{c_1 + c_2} \qquad (8.15)$$

Einen Sonderfall stellt die **Reihenschaltung mit unterschiedlichen Maximalkräften** dar.

Die hintereinandergeschalteten Federn können für unterschiedliche Maximalkräfte ausgelegt sein. Dies wird häufig bei Federn mit Druckkraftbelastung realisiert (Bild 8.9). Bei einer gewissen Grenzkraft ist dann eine Feder vollständig zusammengedrückt und kann sich nicht weiter verformen; bei weiterer Belastungssteigerung verhält sie sich also starr. Die weitere Verformung des Gesamtsystems erfolgt dann mit der Federrate der anderen Feder(n).

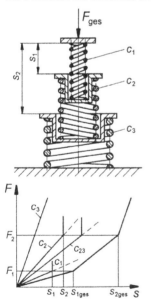

**Bild 8.9** Reihenschaltung mit unterschiedlichen Maximalkräften

Da die resultierende Federrate hierdurch kleiner wird, wird von einer Grenzkraft an die Federrate größer, das Gesamtsystem also härter. Daher kann auch auf diese Art ein progressives Federverhalten realisiert werden.

Praktische Anwendung findet die Reihenschaltung mit unterschiedlichen Maximalkräften bei geschichteten Tellerfedern und bei Schraubenfedern (Druckkraft) mit unterschiedlichen Windungsabständen (z. B. bei Motorrädern).

## 8.3 Zug- und druckbeanspruchte Federn

Die Werkstoffausnutzung $\eta_A$ dieser Federn ist besonders günstig, da die Belastung durch Normalspannungen das gesamte Werkstoffvolumen erfasst. Zug- und druckbeanspruchte Federn eignen sich besonders zur Aufnahme großer Kräfte.

### 8.3.1 Ringfeder (Kegelfeder)

Die Ringfeder besteht aus geschlossenen Außen- und Innenringen mit kegeligen Flächen, die sich gegenseitig berühren (Bild 8.10). Aufgrund dieses Aufbaus besitzt sie eine günstige Raumausnutzung. Bei axialer Druckkraft entstehen Zugspannungen am Außenring und Druckspannungen am Innenring. Bei elastischer Verformung verschieben sich die Ringe ineinander. Um Selbsthemmung zu vermeiden, muss der Kegelneigungswinkel $\alpha$ größer sein als der Reibungswinkel $\rho$. Üblicherweise liegt der Kegelneigungswinkel $\alpha$ zwischen 12° und 15°, der Reibungswinkel $\rho$ zwischen 7° und 9°.

Beim Einbau der Ringfeder beträgt die Vorspannung 5...10 % der maximalen Verformung $s_{max}$, um eine stabile Lage der einzelnen Ringe zu gewährleisten. Eine weitere Eigenschaft ist die gute Dämpfung, da aufgrund hoher Reibung ein großer Teil an mechanischer Energie (bis zu 70 %) in Wärme umgewandelt wird. Dieses wird anhand der Kennlinie in Bild 8.11 deutlich.

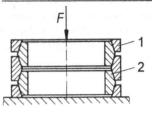

1) auf Zug belastet       2) auf Druck belastet
**Bild 8.10** Ringfeder

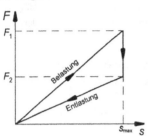

**Bild 8.11** Kennlinie der Ringfeder

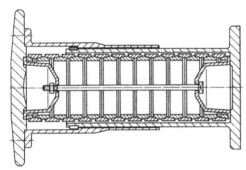

**Bild 8.12** Pufferfeder

Ringfedern werden aufgrund ihrer guten Dämpfungseigenschaften sehr häufig als Pufferfedern (Bild 8.12) oder Stoßdämpfer verwendet. Als weitere Anwendung kommen sie als Überlastungsfedern in schweren Pressen, Hämmern und Werkzeugen vor.

Ringfedern werden meistens aus gehärtetem Stahl gefertigt.

## 8.4 Biegebeanspruchte Federn

Ein auf Biegung beanspruchter Körper hat immer eine inhomogen über den Werkstoff verlaufende Spannungsverteilung. Daraus folgt, dass der Ausnutzungsfaktor $\eta_A < 1$ ist.

### 8.4.1 Einfache Rechteckfeder

Wie in Bild 8.13 zu erkennen ist, besteht der Aufbau einer einfachen Rechteckfeder aus einem flachen Metallstreifen, dessen Verhältnis Höhe zu Breite $h/b$ klein ist. Die Feder wird durch eine Kraft $F$ belastet. Diese erzeugt in einem beliebigen Querschnitt im Abstand $x$ vom Kraftangriffspunkt ein Biegemoment $M_B = F \cdot x$. An der Einspannstelle erreicht es seinen größten Wert mit $M_B = F \cdot l$. Die Biegespannung $\sigma_B$ in der Feder wächst aufgrund des gleichbleibenden Querschnitts vom Kraftangriffspunkt bis zur Einspannstelle linear an. Aus dieser ungleichmäßigen Spannungsverteilung folgen ein kleiner Ausnutzungsfaktor $\eta_A$ und eine parabelförmige Biegelinie. Die Federkennlinie der Rechteckfeder beschreibt eine Gerade. Je nach Anordnung werden Rechteckfedern zur Aufnahme von Torsionsmomenten, Zug- und Druckkräften benutzt.

Bezüglich der Berechnung von Rechteck- und Dreieckfedern gelten die folgenden Formeln:

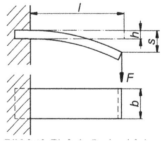

**Bild 8.13** Einfache Rechteckfeder

Für die Biegespannung $\sigma_B$ gilt:

$$\sigma_b = \frac{M_b}{W} = \frac{6 \cdot F \cdot l}{b \cdot h^2} \leq \sigma_{b\,zul} \qquad (8.16)$$

Die maximale Federkraft $F_{max}$ ist dann:

$$F_{max} = \frac{b \cdot h^2}{6 \cdot l} \cdot \sigma_{b\,zul} \qquad (8.17)$$

Für die maximale Durchbiegung $s_{max}$ gilt:

$$s_{max} = a_1 \cdot \frac{l^2}{h \cdot E} \cdot \sigma_{b\,zul} \qquad (8.18)$$

$a_1 = \dfrac{2}{3}$ für Rechteckfeder

$a_1 = 1$ für Dreieckfeder

Für die maximale Federarbeit $W$ gilt dann:

$$W = a_2 \cdot \frac{V}{E} \cdot \sigma_{b\,zul}^2$$
$$(8.19)$$

$a_2 = \dfrac{1}{18}$ ; $V = b \cdot h \cdot l$ für Rechteckfeder

$a_2 = \dfrac{1}{6}$ ; $V = \dfrac{1}{2} \cdot b \cdot h \cdot l$ für Dreieckfeder (s. unten)

Werkstoffausnutzungsfaktor $\eta_A$:

$\eta_A = \dfrac{1}{9}$ für Rechteckfeder

$\eta_A = \dfrac{1}{3}$ für Dreieckfeder (s. unten)

Um den Werkstoffausnutzungsfaktor $\eta_A$ zu verbessern, ist es notwendig, den Querschnitt an den Biegemomentenverlauf anzupassen. Dabei muss die Biegefeder vom Kraftangriffspunkt zur Einspannstelle hin einen kontinuierlich zunehmenden Querschnitt aufweisen („Träger gleicher Festigkeit"). Dieses kann entweder durch eine zunehmende Breite $b$ und/oder eine zunehmende Dicke $h$ realisiert werden.

Rechteckfedern werden häufig als Kontaktfedern sowie als Rast- oder Andrückfedern verwendet.

Als Werkstoff für Rechteck- und Dreieckfedern werden hauptsächlich Federstähle nach DIN 17222 und Kupferlegierungen nach DIN 17670 benutzt.

### 8.4.2 Dreieckfeder

Bei der Dreieckfeder vergrößert sich die Breite vom Kraftangriffspunkt zur Einspannstelle hin kontinuierlich. Hierdurch wird erreicht, dass in jedem Querschnitt der Feder die gleiche Biegespannung $\sigma_B$ herrscht. Die Federarbeit $W$ und der Ausnutzungsfaktor $\eta_A$ sind dreimal so groß wie bei Rechteckfedern. Ein Ausnutzungsfaktor von $\eta_A = 1$ würde sich ergeben, wenn zusätzlich der Querschnitt dem Spannungsverlauf angepasst würde, beispielsweise durch einen I-Querschnitt. Die Biegelinie ist kreisbogenförmig. Zur Verbesserung der Krafteinleitung wird anstelle der Dreieckfeder in der Praxis meist die Trapezfeder benutzt, Bild 8.14. Außerdem ist die Dreieckform geometrisch ungüstig und widerspricht heutigen Fertigungsgesichtspunkten. Abhilfe schafft hier die geschichtete Blattfeder.

### 8.4.3 Geschichtete Blattfeder

Die geschichtete Blattfeder besitzt das gleiche Federverhalten wie die Dreieckfeder, hat aber aufgrund der Reibung zwischen den Blättern zusätzlich Hystereseeigenschaften und somit einen dämpfenden Charakter. Man kann sich die geschichtete Blattfeder vorstellen als eine Anordnung schmaler Streifen übereinander, wobei diese Streifen durch das Zerschneiden einer Trapezfeder entstanden sind.

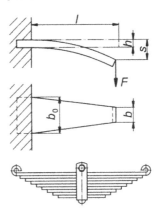

**Bild 8.14** Trapezblattfeder (oben) und geschichtete Blattfeder (unten)

Anwendung findet die geschichtete Blattfeder z. B. bei Kraftfahrzeugen, wo sie aufgrund ihrer Hystereseeigenschaften auch zur Schwingungsdämpfung benutzt wird.

Im allgemeinen verwendet man für geschichtete Blattfedern als Werkstoff Qualitäts- und Edelstahl nach DIN 17221. Desweiteren wird auch warmgewalzter Flachstahl nach DIN 4620 oder gerippter Flachstahl nach DIN 1570 benutzt.

### 8.4.4 Spiralfeder

Die Spiralfeder (Bild 8.15) ist eine gewundene Biegefeder, deren Wicklung einer archimedischen Spirale gleicht. Im Spannungszustand sollen sich die einzelnen Windungen nicht berühren, damit Reibungseinflüsse unberücksichtigt bleiben können. Bei beidseitiger Einspannung beträgt der Ausnutzungsfaktor $\eta_A = 1/3$, ansonsten ist $\eta_A$ geringer. Spiralfedern werden oft als Arbeitsspeicher für Uhrwerke oder als Rückstellfedern in Messinstrumenten benutzt.

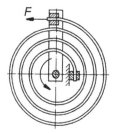

**Bild 8.15** Spiralfeder

Spiralfedern werden häufig aus Runddraht oder aus Bändern gewickelt. Als Werkstoff verarbeitet man für diese Federn allgemeinen Federstahl nach DIN 17222 oder Federbronze nach DIN 17670.

## 8.5 Torsionsfedern

Die häufigste Federgruppe stellen die Torsionsfedern dar. Sie haben zwei Ausprägungen:

### 8.5.1 Drehstabfeder

Drehstabfedern bestehen aus stabförmigen Torsionselementen, die meistens einen runden oder einen rechteckigen Querschnitt aufweisen. Rechteck-Drehstabfedern werden teilweise auch als Schichtung von Flachstahlelementen ausgeführt, um größere Verformungswinkel bzw. eine kleinere Federrate zu realisieren. Die Drehmo-

menteinleitung erfolgt über entsprechend gestaltete Einspannenden, siehe Bild 8.16. Die Drehstabfeder mit Kreisquerschnitt wird berechnet wie eine auf Torsion belastete Welle. Der Verdrehwinkel $\varphi$ beträgt dann:

$$\varphi = \frac{T \cdot l}{G \cdot I_\varphi} \qquad [\varphi] = \text{rad} \qquad (8.20)$$

$T$ = Torsionsmoment
$l$ = Länge des Drehstabes
$G$ = Schubmodul
$I_\varphi$ = Flächenträgheitsmoment gegen Torsion

Der Ausnutzungsfaktor $\eta_A$ von Torsionsfedern ist größer als bei Biegefedern, weil viel Werkstoff in der Zone der maximalen Schubspannung $\tau_{max}$ (Außenfläche) angeordnet ist. Sie beträgt bei Vollquerschnitt mit $\eta_A = 0{,}5$ einiges mehr als bei Biegefedern und kann durch Wahl eines Hohlquerschnittes noch erhöht werden. Die Abhängigkeit von Nutzungsgrad und Durchmesserverhältnis wird durch Formel 8.21 beschrieben:

$$\eta_A = \frac{1}{2} \cdot \left(1 + \frac{d_i}{d_a}\right) \qquad (8.21)$$

$d_i$ = Innendurchmesser
$d_a$ = Außendurchmesser

Somit können bei Hohlquerschnitt mit sehr dünner Wand Werte für den Nutzungsgrad von fast $\eta_A = 1$ erreicht werden.

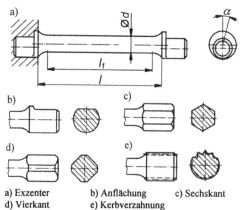

a) Exzenter          b) Anflächung          c) Sechskant
d) Vierkant          e) Kerbverzahnung
**Bild 8.16** Drehstabfedern mit verschiedenen Einspannenden

Um die erhöhte Kerbwirkung an der Stelle maximaler Schubspannung herabzusetzen wird die Oberfläche von Drehstabfedern meistens ausgerundet und poliert. Die Einspannstellen werden, wie in Bild 8.16 ersichtlich wird, mit Kerbverzahnung nach DIN 5481 versehen oder als Mehrkant ausgebildet. Nachteilig ist die sehr lange Bauweise. Drehstabfedern mit Kreisquerschnitt sind in DIN 2091 genormt.

Bezüglich der Berechnung von Drehstabfedern gelten folgende Formeln:

Federrate $c$:

$$c = \frac{I_\varphi \cdot G}{l}$$
(8.22)

Maximale Federarbeit $W$:

$$W = \frac{1}{2} \cdot \frac{T^2 \cdot l}{G \cdot I_p} = \eta_A \cdot A \cdot l \cdot \frac{\tau_t^2}{2 \cdot G}$$
(8.23)

$A$ = Querschnittsfläche
$\tau_t$ = Schubspannung

Maximal zulässiges Drehmoment $T_{zul}$:

$$T_{zul} = \frac{\pi \cdot d^3}{16} \cdot \tau_{t\,zul}$$
(8.24)

bei kreisrundem Vollquerschnitt

$$T_{zul} = \frac{\pi \cdot (d_a^4 - d_i^4)}{16 \cdot d_a} \cdot \tau_{t\,zul}$$
(8.25)

bei kreisrundem Hohlquerschnitt

Drehstabfedern finden Anwendung in Drehkraftmessern, in nachgiebigen Kupplungen und in Kraftfahrzeugen (Bild 8.17).

Sie werden aufgrund der besseren Werktoffausnutzung meist aus Rundstäben gefertigt. Ein weiterer Grund liegt in der leichteren Bearbeitung zur Steigerung der Oberflächenqualität

(schälen, schleifen, polieren). Als Werkstoff wird in der Regel warmgewalzter, vergütbarer Stahl nach DIN 17221 verwendet.

Drehstabfeder im Schutzrohr

**Bild 8.17** Zwei übereinanderliegende mittig eingespannte Drehstäbe eines Fahrzeuges /3/

## 8.5.2 Schraubenfeder

Schraubenfedern können als schraubenförmig gewundene Drehstabfedern aufgefasst werden. Sie können als Druck- oder Zugfedern ausgebildet sein. Bei Druckfedern ist darauf zu achten, dass die Enden der Feder eine Auflagefläche von einer Dreiviertelwindung haben und plangeschliffen sind. Dies verbessert die Kraftübertragung zu den Anschlussteilen. Bei Zugfedern wird die Kraft mittels Ösen verschiedener Formen eingeleitet. Die beiden Enden der federnden Windungen sollten zur Unterstützung einer zentrischen Kraftwirkung um 180° versetzt liegen.

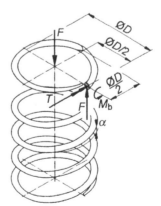

**Bild 8.18** Schraubenfeder

Im Gegensatz zu Drehstabfedern kann die Federrate zusätzlich durch den Federdurchmesser angepasst werden. Nach Bild 8.18 wird der Federdrahtdurchmesser mit $d$, der mittlere Windungsdurchmesser mit $D$, der Steigungswinkel mit $\alpha$, die Kraft mit $F$ und das durch diese hervorgerufene Torsionsmoment mit $T$ bezeichnet.

Die Hauptbelastung ist somit das Torsionsmoment:

$$T = \frac{D}{2} \cdot F \cdot \cos\alpha \qquad (8.26)$$

mit $\alpha \approx \tan\alpha \approx \dfrac{h}{D \cdot \pi}$

Da $\alpha$ klein ist, kann näherungsweise gerechnet werden mit:

$$T \approx \frac{D}{2} \cdot F \qquad (8.27)$$

Neben der Hauptbelastung ergeben sich für den Federdraht folgende Beanspruchungen:

Biegebelastung durch das Biegemoment:

$$M_b = \frac{D}{2} \cdot F \cdot \sin\alpha \qquad (8.28)$$

Scher- oder Schubbelastung durch die Querkraft:

$$F_Q = F \cdot \cos\alpha \approx F \qquad (8.29)$$

Zug- bzw. Druckbelastung durch die Längskraft:

$$F_Z = F \cdot \sin\alpha \qquad (8.30)$$

Bei einem kleinen Steigungswinkel $\alpha$ kann die Belastung auf Biegung und Zug/Druck vernachlässigt werden.

Die oben angenommene Torsionsbelastung ist eine ideelle oder fiktive Spannung, da sie von einer an jeder Stelle des Federdrahtumfanges gleichen Spannung ausgeht. In Wirklichkeit herrscht aber an der Drahtinnenseite eine größe-re Spannung als an der Drahtaußenseite. Dieses berücksichtigt der $k$-Faktor. Somit gilt für die maximale Schubspannung:

$$\tau_{max} = k \cdot \frac{T}{W_t} = k \cdot \frac{8 \cdot D \cdot F}{\pi \cdot d^3} \qquad (8.31)$$

$k$ ist abhängig vom Wickelverhältnis $w$, d. h. vom Verhältnis des mittleren Windungsdurchmessers zum Federdrahtdurchmesser:

$$k = 1 + \frac{5}{4} \cdot \frac{1}{w} + \frac{7}{8} \cdot \frac{1}{w^2} + \frac{1}{w^3} \qquad (8.32)$$

mit $w = \dfrac{D}{d}$

Werte für $k$ sind in Bild 8.19 angegeben.

| $D/d$ | 2 | 3 | 4 | 5 | 6 | 7 | 8 | 9 | 10 | 11 | 12 |
|---|---|---|---|---|---|---|---|---|---|---|---|
| $k$ | 2,05 | 1,55 | 1,38 | 1,29 | 1,23 | 1,20 | 1,17 | 1,15 | 1,13 | 1,11 | 1,09 |

**Bild 8.19** Beiwert $k$ für Kreisquerschnitt, abhängig von $D/d$

Der Ausnutzungsfaktor errechnet sich wie bei einer Drehstabfeder mit Vollquerschnitt und beträgt $\eta_A = 0{,}5$.

**Berechnung von Schraubenfedern:**

Zur Auslegung von Schraubenfedern kann die im Folgenden angegebene Reihenfolge zur Berechnung der Federkenngrößen hilfreich sein:

① **Drahtdurchmesser**

$$d \geq \sqrt[3]{\frac{8 \cdot F \cdot D \cdot k}{\pi \cdot \tau_{zul}}} \qquad (8.33)$$

Bild 8.20 zeigt zulässige Schubspannungen $\tau_{zul}$ für kaltgeformte Schraubendruckfedern aus patentiert-gezogenem Federstahldraht der Klassen A, B, C und II nach DIN 17223 Teil 1 sowie aus vergütetem Federdraht FD und vergütetem Ventilfederdraht VD nach DIN 17223 T2. Falls keine anderen Werte zur Verfügung stehen, kann mit $\tau_{zul} = 500$ N/mm$^2$ gerechnet werden.

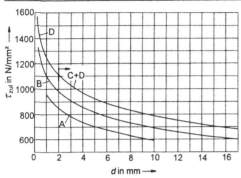

**Bild 8.20** Zulässige Schubspannungen in Abhängigkeit vom Federdrahtdurchmesser

Um den $k$-Wert zu erlangen, muss man vorher eine Abschätzung des Faktors $D/d$ vornehmen (u. U. mehrmaliges Probieren).

② **Anzahl $i_f$ der federnden Windungen**

$$i_f \geq \frac{s \cdot G \cdot d \cdot k}{\pi \cdot D^2 \cdot \tau_{zul}} \qquad (8.34)$$

$i_f$ ist stets auf eine ganze Zahl + 0,5 zu runden (z. B. 7,5, 8,5 o. ä.)

Der Schubmodul kann angenommen werden zu:
$$G = 70.000 \frac{N}{mm^2}$$

③ **Blocklänge $L_{Bl}$**

$$L_{Bl} = (i_f + 1,5) \cdot d \qquad (8.35)$$

Bei der Blocklänge ist darauf zu achten, dass die Federenden angedrückt und plangeschliffen sein müssen, siehe Bild 8.18.

④ **Mindestabstand $s_{min}$ der Windungen bei maximaler Zusammendrückung**

$$s_{min} \geq (0,1.....0,3) \cdot d \cdot i_f \qquad (8.36)$$

⑤ **Ungespannte Länge $L_0$**

$$L_0 = L_{Bl} + s + 0,2 \cdot d \cdot i_f \qquad (8.37)$$

Hierbei ist $s$ der vorgesehene maximale Federweg.

⑥ **Federrate $c$**

Schraubenfedern besitzen eine lineare Federkennlinie; somit gilt das *Hooke*sche Gesetz. Aus der Beziehung $F = c \cdot s$ ergibt sich für die Federrate $c$ der folgende Wert:

$$c = \frac{G \cdot d^4}{8 \cdot i_f \cdot D^3}. \qquad (8.38)$$

⑦ **Kontrolle der Knickgefahr**

Je nach Einbaufall besteht die Gefahr des Ausknickens der Feder. Zur Überprüfung dient Bild 8.21. Dabei müssen zunächst zwei Hilfswerte berechnet werden:

$$v \cdot \frac{L_0}{D} \quad \text{und} \quad \frac{s_K}{L_0} \qquad (8.39)$$

Hierbei ist $L_0$ die ungespannte Länge nach (8.37), $D$ ist der mittlere Windungsdurchmesser und $s_K$ der vorgesehene Federweg.

Bezüglich der Gefahr des Ausknickens der Feder ist die Krafteinleitung bzw. Lagerung der Federenden entscheidend. Diese wird durch den Faktor $v$ berücksichtigt. Die Ermittlung des Faktors $v$ in Abhängigkeit vom Lagerungsfall kann mit Hilfe von Bild 8.21 erfolgen.

Mit den beiden Hilfswerten kann anhand des Diagramms, Bild 8.22, bestimmt werden, ob die Feder im Bereich der Knickgefahr oder der Knicksicherheit liegt. Falls Knickgefahr besteht,

muss die Feder durch eine Hülse oder durch einen Dorn geführt werden.

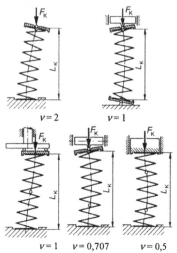

**Bild 8.21** Lagerungsarten und -beiwerte axial beanspruchter Schraubenfedern                          /3/

Schraubenfedern können in kleinsten und größten Abmessungen hergestellt werden. Deshalb
gibt es viele Verwendungsmöglichkeiten für diese Art von Federn. Anwendungsbeispiele sind
Ventil- und Achsfedern in Kraftfahrzeugen,
Spannfedern, Rückholfedern und Polsterfedern.

Es wird unterschieden zwischen kalt- und warm-
geformten Federn. Kaltgeformte Federn werden
meist bis zu einem Drahtdurchmesser $d$ von
17 mm verwendet. Als Werkstoff hierzu dient
meistens unlegierter Stahl nach DIN 17223. In
DIN 2076 sind gängige Federdrahtdurchmesser
$d$ in folgenden Größen genormt (in mm):

0,5; 0,56; 0,63; 0,7; 0,8; 0,9; 1,0; 1,1; 1,25; 1,4;
1,6; 1,8; 2,0; 2,25; 2,5; 2,8; 3,2; 3,6; 4,0; 5,0;
5,6; 6,3; 7,0; 8,0; 9,0; 10; 11; 12,5; 14; 16.

Bei einem Drahtdurchmesser $d$ von mehr als
17 mm kommen warmgeformte Schraubenfedern aus rundem, gewalztem Federstabstahl nach
DIN 2077 mit den Gütevorschriften nach DIN
17221 zum Einsatz. Die Federn werden nach der
Fertigung gehärtet und angelassen. Nach DIN
2077 sind hierfür gängige Durchmesser $d$ in
mm:

18; 20; 22,5; 25; 28; 32; 36; 40; 45; 50.

Für Sonderzwecke werden auch Kupfer-Knetle-
gierungen nach DIN 17682 verwendet.

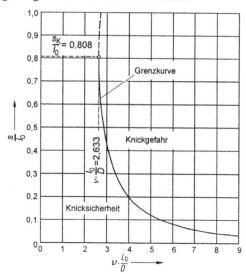

**Bild 8.22**  Knicksicherheit von Schraubenfedern    /3/

## 8.6  Tellerfedern

Tellerfedern sind kegelförmige Ringscheiben
(Bild 8.23), die zu Säulen geschichtet werden.
Sie eignen sich besonders zur Aufnahme großer
Kräfte bei kleinen Federwegen. Die Federteller
müssen in den Säulen geführt werden, und zwar
entweder durch eine Innenführung über einen
Bolzen (bevorzugt) oder durch eine Außen-
führung mittels einer Hülse. Daher ist am Innen-
oder Außenring eine Passung erforderlich.
Zweckmäßiger Weise sollte die Kraftübertragung an der Auflagefläche der Tellerfeder am
Anfang bzw. Ende der Federsäule auf dem Außenrand erfolgen. Ein Vorteil der Tellerfeder
liegt in der Möglichkeit, ein tragfähiges Federpaket auf verhältnismäßig kleinem Raum unter-
zubringen.

**Bild 8.23**  Tellerfeder

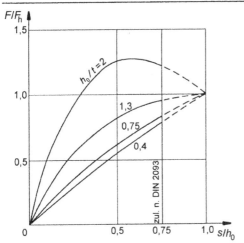

**Bild 8.24** Kennlinien: Abhängig von Verhältnis $h_0/t$

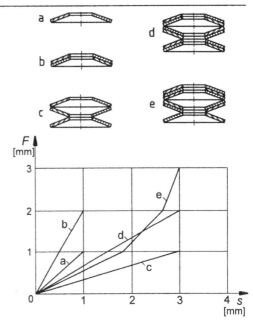

**Bild 8.25** Kennlinien verschiedener Anordnungen gleicher Einzeltellerfedern

**Kennlinien**: Wie aus Bild 8.24 ersichtlich wird, sind die Kennlinien von Tellerfedern abhängig vom Verhältnis der Tellerhöhe zur Tellerdicke $h_0/t$:

$h_0/t = 0$        Grenzfall flache Platte mit $s = 0$

$h_0/t = 0,6...1,4$  stückweise degressive Kennlinie

$h_0/t = \sqrt{2}$    Kennlinie mit stückweise waage-rechter Tangente

Dieses Verhalten macht man sich beispielsweise bei Kupplungen zu Nutze: Auf diese Weise kann eine nahezu gleichbleibender Vorspannkraft auch bei Änderung des Vorspannweges infolge von Verschleiß verwirklicht werden.

$h_0/t \geq 0,6$     teilweise fallende Kennlinienbereiche

Übliche Tellerfedern besitzen ein Verhältnis $h_0/t \approx 1$.

Eine weitere Möglichkeit zur Beeinflussung der Kennlinie besteht darin, verschiedene Anordnungen von Einzeltellerfedern zu bilden. Es besteht die Möglichkeit des gleichsinnigen und des wechselsinnigen Schichtens mehrerer Einzeltellerfedern. Die Kennlinien verschiedener Anordnungen gleicher Tellerfedern sind in Bild 8.25 dargestellt.

Dabei zeigt Kurve a die idealisierte Kennlinie der Einzelfeder.

**Federpaket**: Kurve b beschreibt den Fall des gleichsinnigen Schichtens (Federpaket) von Einzeltellerfedern. Dabei addieren sich die Federkräfte bei gleichem Weg, und somit wird die Kennlinie steiler. Aufgrund der Reibung zwischen den Einzeltellern besitzen solche Anordnungen immer Hystereseeigenschaften (im Bild nicht dargestellt). Durch diese Dämpfungswirkung wird ca. 3...6 % der gesamten Federarbeit in Wärme umgesetzt.

**Federsäule**: Kurve c beschreibt den Fall des wechselsinnigen Schichtens (Federsäule) von Einzeltellerfedern. Dabei addieren sich die Federwege bei gleicher Kraft, und somit wird die Kennlinie flacher. Aufgrund der Anordnung tritt keine bzw. nur sehr wenig Reibung auf, und daher weist die Kennlinie keine Hystereseeigenschaften auf.

Zwischen diesen beiden Kennlinien können durch Kombinationen aus Federsäule und Federpaket unterschiedliche Kennlinien geschaffen werden. Kurve d zeigt eine Möglichkeit hierzu. Solange die Einzelfeder im elastischen Bereich und die Kennlinie linear ist, können die Gesamtfederraten für Federsäule und Federpaket rechnerisch folgendermaßen bestimmt werden:

Federsäule:

$$\frac{1}{c_{ges}} = \frac{1}{c_1} + \frac{1}{c_2} + \dots \qquad (8.40)$$

Federpaket:

$$c_{ges} = c_1 + c_2 + \dots \qquad (8.41)$$

Die Federsäule stellt eine Hintereinanderschaltung von Einzeltellerfedern dar, das Federpaket eine Parallelschaltung.

Es können auch Säulen aus unterschiedlich starken Federpaketen gebildet werden, wie zum Beispiel in Anordnung e. Hier erreicht zuerst die Einzeltellerfeder bei $F = 1$ kN ihren maximalen Federweg und ihre Maximalkraft, so dass die Kennlinie an dieser Stelle einen Knick aufweist. Das gleiche geschieht bei $F = 2$ kN mit dem Paket aus zwei Tellerfedern, so dass es hier einen weiteren Knick gibt und die Kennlinie mit der Federrate des stärksten Federpaketes (dreifache Einzelfederrate) bis zu ihrem Endpunkt ansteigt.

Grundsätzlich ist darauf zu achten, dass besonders lange Federsäulen vermieden werden sollten.

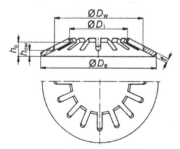

**Bild 8.26** Geschlitzte Tellerfeder

Eine besondere Bauart von Tellerfedern stellt die geschlitzte Tellerfeder dar (Bild 8.26). Diese besitzt eine relativ große Tellerhöhe $h_T$ und eine sternförmige Ausnehmung am Innenrand. Auf-

grund dieser besonderen Geometrie weist sie bei größerem Federweg eine günstigere Spannungsverteilung im Querschnitt auf. Sie findet dort Verwendung, wo über einen langen Weg ein konstanter Kraftverlauf benötigt wird, z. B. bei Kraftfahrzeugkupplungen.

Beim Einbau von Tellerfedern ist darauf zu achten, dass sie geführt werden. Die Führung, entweder innen oder außen, sollte aufgrund der Durchmesseränderung stets mit Spiel versehen werden; Führungselemente sollten gehärtet sein.

Tellerfedern werden aufgrund ihrer bereits erwähnten Eigenschaften im Maschinenbau sehr häufig eingesetzt. Aus zahlreichen Anwendungen seien hier beispielsweise die Schwingungsdämpfung von Fahrzeugen, Maschinen, Fundamenten oder der Einsatz als Spannelement für Vorrichtungen und Werkzeuge erwähnt.

Zur Herstellung von Tellerfedern werden im allgemeinen kaltgewalzte Stahlbänder nach DIN 17222 oder warmgewalzter Stahl nach DIN 17221 verwendet. Häufig wird als Werkstoff 50CrV4 bzw. Ck67 benutzt, der anschließend vergütet wird.

## 8.7 Elastomerfedern

### 8.7.1 Eigenschaften

Elastomerfedern bestehen größtenteils aus natürlichem oder synthetischem Kautschuk. Der Vorteil dieser Werkstoffe ist der kleine Elastizitätsmodul.

$$E_{Gummi} \approx \frac{1}{20000} \cdot E_{Stahl}$$
$$E_{Gummi} \neq const. \qquad (8.42)$$

Aus diesem Grunde ist die Federsteife $c$ im Vergleich zu Metallfedern relativ gering. Der Schubmodul errechnet sich über folgende Beziehung

$$G = \frac{E}{2 \cdot (v + 1)} \qquad (8.43)$$

Hierbei ist die *Poisson*sche Querzahl $\nu$ der Quotient aus Querkürzung $\varepsilon_q$ und Dehnung $\varepsilon$. Der Wert beträgt für Gummi $\nu = 0,5$. Daraus folgt:

$$\boxed{E \approx 3 \cdot G}$$ (8.44)

Gummi mit $\nu = 0,5$ ist inkompressibel.

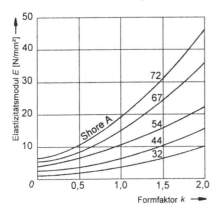

**Bild 8.27** *E*-Modul in Abhängigkeit von Formfaktor *k* und der Shore-A-Härte [3]

Ein weiterer Unterschied zu Metallen liegt darin, dass der *E*- bzw. der *G*-Modul kein reiner Werkstoffkennwert ist, sondern auch von der Formgebung abhängt. Dies wird durch den Formfaktor *k* ausgedrückt (Bild 8.27). Der Wert *k* beschreibt das Verhältnis der krafteinleitenden Oberfläche zur freien Oberfläche. Außerdem ist der *E*-Modul von der unterschiedlichen Gummiqualität, die durch die Shore-Härte A nach DIN 53505 angegeben wird, abhängig.

Eine weitere Eigenschaft ist die hohe Dämpfungsfähigkeit von Gummi. Aufgrund innerer Reibung und der damit verbundenen Hystereseeigenschaften besitzen Elastomere eine hohe Eigendämpfung. Durch Stöße angeregte Eigenschwingungen klingen schneller ab als bei Metallfedern.

Zusätzlich besitzen Elastomere eine gute Schalldämmfähigkeit und eine gute elektrische Isolierfähigkeit.

Die Verwendungstemperaturen von Gummifedern liegen im Bereich von etwa -30 °C bis +80 °C. Bei niedrigeren Temperaturen tritt eine starke Verhärtung und Versprödung ein, bei höheren Temperaturen eine chemische Zersetzung.

Ein häufiges Problem bei Elastomeren liegt in der frühzeitigen Alterung. Diese wird durch Sonneneinstrahlung, Regen und Wärme begünstigt. Das Schadensbild zeichnet sich durch Rissigkeit und Klebrigkeit des Gummis aus.

Ein weiteres Problem von Elastomeren ist der Einfluss angreifender Mittel wie Benzol, Benzin, Öl und Fett. Unter dem Einfluss dieser Stoffe quillt Naturkautschuk auf. Deshalb sollte man in der Umgebung dieser Stoffe synthetischen Gummi verwenden, da dieser unempfindlicher ist. Grundsätzlich sollte man jedoch vermeiden, dass Gummi mit Benzol und aromatischen Kohlenwasserstoffen in Berührung kommt.

## 8.7.2 Beanspruchung von Elastomerfedern

Die Verwendung von zugbeanspruchten Gummifedern sollte vermieden werden, da Gummi in einem solchen Belastungsfall sehr rissempfindlich ist und ein hohes Alterungsverhalten aufweist.

Druckbeanspruchte Gummifedern werden häufig zur Aufnahme großer Lasten benutzt, z. B. als Maschinenfuß. Es ist bei der Federgestaltung darauf zu achten, dass der Elastizitätsmodul, wie bereits vorher erwähnt, sowohl vom Werkstoff als auch vom *k*-Faktor abhängt. Da Gummi inkompressibel ist, wird die Federwirkung um so geringer, je weniger das Gummi unter Druckbelastung räumlich ausweichen kann.

Schubbeanspruchte Federn sind die in der Praxis am häufigsten verwendeten Gummifedern. Schubspannungen lösen häufig größere Verformungen aus, welche durch die hohe Elastizität des Gummis aufgenommen werden können.

Es ist bei der Gestaltung von schubbeanspruchten Gummifedern darauf zu achten, dass Zugbiegespannungen im Federwerkstoff vermieden werden. Lässt sich das nicht vermeiden, so wird bei den Gummikörpern häufig eine Druckvorspannung aufgebracht.

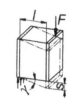

**Parallelschub-Scheibenfeder**

$$F = A \cdot \gamma \cdot G = A \cdot \tau$$

$$s = \frac{F \cdot l}{G \cdot A}$$

$$\gamma \approx \frac{s}{l} < 0{,}35 \ (\approx 20°)$$

$$c = \frac{G \cdot A}{l}$$

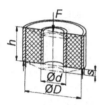

**Parallelschub-Hülsenfeder**

$$F = 2 \cdot \pi \cdot r_i \cdot h \cdot \tau_{max}$$

$$s = \frac{F}{2 \cdot \pi \cdot h \cdot G} \cdot \ln \frac{r_a}{r_i}$$

$$c = \frac{2 \cdot \pi \cdot h \cdot G}{\ln \dfrac{r_a}{r_i}}$$

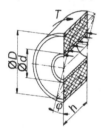

**Drehschub-Hülsenfeder**

$$T = 2 \cdot \pi \cdot r_i^2 \cdot h \cdot \tau_{max}$$

$$\varphi = \frac{T}{4 \cdot \pi \cdot h \cdot G} \cdot \left( \frac{1}{r_i^2} - \frac{1}{r_a^2} \right)$$

$$\varphi < 0{,}7 \ (\approx 40°)$$

$$c = \frac{4 \cdot \pi \cdot h \cdot G}{\left( \dfrac{1}{r_i^2} - \dfrac{1}{r_a^2} \right)}$$

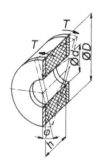

**Verdrehschub-Scheibenfeder**

$$T = \frac{\pi \cdot (r_a^4 - r_i^4)}{2 \cdot r_a} \cdot \tau_{max}$$

$$\varphi = \frac{T \cdot 2 \cdot h}{\pi \cdot (r_a^4 - r_i^4) \cdot G};$$

$$\varphi < 0{,}35 \ (\approx 20°)$$

$$c = \frac{\pi \cdot (r_a^4 - r_i^4) \cdot G}{2 \cdot h}$$

**Zylindrische Druckfeder**

$$F = A \cdot \sigma = \frac{\pi \cdot d^2}{4} \cdot \sigma$$

$$s = \frac{F \cdot h}{E \cdot A} \quad s < 0{,}2 \cdot h$$

$$c = \frac{E \cdot A}{h} \quad E = f(k)$$

$$k = \frac{d}{4 \cdot h}$$

**Bild 8.28** Tragfähigkeits- und Verformungsgleichungen im Bereich der Linearität für einfache Gummifedern

Bild 8.28 gibt die Tragfähigkeits- und Verformungsgleichungen im linearen Bereich für einige einfache Formen und eindeutige Belastungsverhältnisse an.

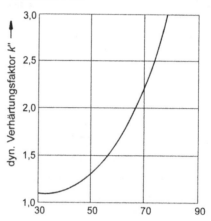

**Bild 8.29** Dynamischer Verhärtungsfaktor $k''$ in Abhängigkeit von der Shore-Härte

Bei dynamischer Belastung wird die Federrate größer als bei statischer Belastung, d. h. die Feder wird härter. Der Unterschied ist um so größer, je härter das Gummi ist. Dieser Sachverhalt wird durch Bild 8.29 verdeutlicht. Die dynamische Federrate $c_{dyn}$ errechnet sich somit wie folgt:

$$\boxed{c_{dyn} = k'' \cdot c_{stat}} \qquad (8.45)$$

### 8.7.3 Anwendung

Gummifedern besitzen in Form von einbaufertigen Gummi-Metall-Haftverbindungen (Bild 8.30) ein weites Anwendungsgebiet. Die Haftfestigkeit auf den Metallen übersteigt die Festigkeit des Gummis, so dass bei Überlastung das Elastomer selbst reisst.

Der Einsatz von Gummifedern dient hauptsächlich der Verminderung von Schwingungen, Geräuschen und Erschütterungen. Das Anwendungsgebiet erstreckt sich von der Feinwerktechnik (z. B. passive Schwingungsisolierung) über den Maschinen- und Apparatebau (z. B. federnde Lagerung von Förderrinnen) bis hin zur Kraftfahrzeugtechnik (z. B. Geräusch- und Stoßminderung im Motorraum).

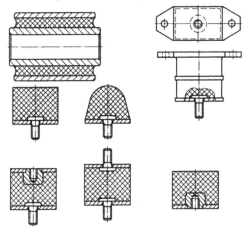

**Bild 8.30** Einbaufertige Gummi-Metall-Haftverbindungen

# 8.8 Berechnungsbeispiele

## 8.8.1 Schraubendruckfeder

Für eine Schraubenfeder ist eine Spannungskontrolle durchzuführen. Die maximale Federkraft soll $F = 1.850$ N betragen bei einem zugehörigen maximalen Federweg von $s = 90$ mm. Der mittlere Durchmesser soll $D = 60$ mm sein, der Drahtdurchmesser $d = 8$ mm. Der Federdraht soll der Klasse B DIN 17223 entsprechen. Zu ermitteln sind außerdem die Blocklänge $L_{Bl}$ der Feder und die Anzahl $i_f$ der federnden Windungen.

*Lösung:*
*Zur Durchführung einer Spannungskontrolle ist es erforderlich, die maximal auftretende Spannung $\tau_{max}$ mit der zulässigen Spannung $\tau_{zul}$ zu vergleichen. Die maximale Spannung $\tau_{max}$ wird nach Gleichung (8.31) berechnet:*

$$\tau_{max} = k \cdot \frac{T}{W_t} = k \cdot \frac{8 \cdot D \cdot F}{\pi \cdot d^3}$$

*Der Beiwert k wird aus der Tabelle Bild 8.19 für das folgende Wickelverhältnis w bestimmt:*

$$w = \frac{D}{d} = \frac{60}{8} = 7,5$$

*Durch Interpolation ergibt sich dann der folgende Beiwert:*

$k = 1,185.$

*Daraus folgt für $\tau_{max}$:*

$$\tau_{max} = 1,185 \cdot \frac{8 \cdot 60 \text{ mm} \cdot 1.850 \text{ N}}{\pi \cdot 8^3 \text{ mm}^3} = 654,2 \frac{\text{N}}{\text{mm}^2}.$$

*Die zulässige Spannung $\tau_{zul}$ ist Bild 8.20 zu entnehmen. Für einen Federstahldraht der Klasse B DIN 17223 beträgt bei d = 8 mm die zulässige Spannung $\tau_{zul}$ = 720 N/mm². Damit ist die Spannungskontrolle beendet, die Feder ist hinreichend dimensioniert:*

$$\tau_{max} = 654{,}2 \text{ N/mm}^2 < \tau_{zul} = 720 \text{ N/mm}^2$$

*Die Anzahl der federnden Windungen $i_f$ errechnet sich nach Gleichung 8.34:*

$$i_f \geq \frac{s \cdot G \cdot d \cdot k}{\pi \cdot D^2 \cdot \tau_{zul}}$$

*Der Schubmodul G kann näherungsweise mit G = 70.000 N/mm² angenommen werden. Somit beträgt die Zahl der federnden Windungen:*

$$i_f \geq \frac{90 \text{ mm} \cdot 70.000 \dfrac{\text{N}}{\text{mm}^2} \cdot 8 \text{ mm} \cdot 1,185}{\pi \cdot 60^2 \text{ mm}^2 \cdot 720 \dfrac{\text{N}}{\text{mm}^2}}$$

$i_f \geq 7,33$

*Die Anzahl wird zu $i_f$ = 7,5 gewählt (stets ganze Zahl + 0,5).*

*Die Blocklänge $L_{Bl}$ wird gemäß Gleichung (8.35) errechnet:*

$L_{Bl} = (i_f + 1{,}5) \cdot d$

$L_{Bl} = (7{,}5 + 1{,}5) \cdot 8\,mm = 72\,mm$

*Damit sind die fehlenden Kenndaten der Feder bestimmt.*

## 8.8.2 Federvarianten

Von 5 zylindrischen Schraubendruckfedern aus Rundstahldraht sind folgende Daten bekannt:

Feder 1:  $d_1 = d$
$D_1 = D$
$i_{f1} = i_f$

Feder 2:  $d_2 = 2 \cdot d$
$D_2 = D$
$i_{f3} = i_f$

Feder 3:  $d_3 = d$
$D_3 = 1{,}15 \cdot D$
$i_{f3} = i_f$

Feder 4:  $d_4 = d$
$D_4 = D$
$i_{f4} = 2 \cdot i_f$

Feder 5:  $d_5 = 2 \cdot d$
$D_5 = 2 \cdot D$
$i_{f5} = 2 \cdot i_f$

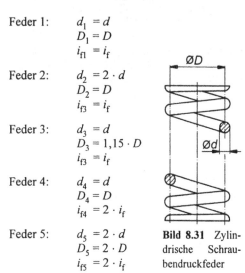

**Bild 8.31** Zylindrische Schraubendruckfeder

Die Federrate der Feder 1 beträgt $c_1 = 1.000$ N/mm.

Es sind folgende Fragen zu beantworten:
1. Wie groß sind die Federraten der übrigen Federn? In das Diagramm in Bild 8.32 sind die Kennlinien der 5 Federn einzutragen.
2. Wie verhalten sich die Federraten der Federn 2 bis 5 zur Federrate der Feder 1?
3. Jede Feder werde mit der gleichen Kraft $F$ zusammengedrückt. Bei welcher Feder muss dafür die meiste Arbeit geleistet werden?
4. Jede Feder werde um den gleichen Federweg $s$ zusammengedrückt. Bei welcher Feder muss dafür die meiste Arbeit geleistet werden?

*Lösung:*
*Die Steigung der Federkennlinie wird bestimmt durch die Federrate c. Diese errechnet sich aus Gleichung (8.37) zu:*

$$c = \frac{G \cdot d^4}{8 \cdot i_f \cdot D^3}$$

*Für die Federrate $c_1$ der Feder 1 gilt:*

$$c_1 = \frac{G \cdot d^4}{8 \cdot i_f \cdot D^3}$$

*Entsprechend gilt für Feder 2:*

$$c_2 = \frac{G \cdot (2 \cdot d)^4}{8 \cdot i_f \cdot D^3} = 16 \cdot \frac{G \cdot d^4}{8 \cdot i_f \cdot D^3} = 16 \cdot c_1$$

*Daraus folgt, dass die Kennlinie von Feder 2 16 mal steiler ist als die von Feder 1. Die Federraten $c_3$ bis $c_5$ errechnen sich wie folgt:*

$$c_3 = \frac{G \cdot d^4}{8 \cdot i_f \cdot (1{,}15 \cdot D)^3} \approx 0{,}658 \cdot c_1$$

$$c_4 = \frac{G \cdot d^4}{8 \cdot (2 \cdot i_f) \cdot D^3} = \frac{1}{2} \cdot c_1$$

$$c_5 = \frac{G \cdot (2 \cdot d)^4}{8 \cdot (2 \cdot i_f) \cdot (2 \cdot D)^3} = c_1$$

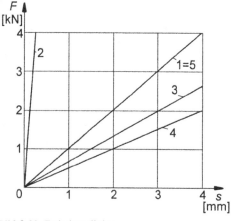

**Bild 8.32** Federkennlinien

*Daraus ergibt sich folgendes Verhältnis:*
$$c_1 : c_2 : c_3 : c_4 : c_5 = 1 : 16 : 0,658 : 0,5 : 1.$$

*Wegen der linearen Federkennlinien kann man die Federarbeit nach* Gleichung (8.4) *errechnen:*

$$W = \frac{1}{2} \cdot F \cdot s$$

*Aus* $c = \dfrac{F}{s}$ *folgt für die Federarbeit W:*

$$W = \frac{1}{2} \cdot \frac{F^2}{c} \quad bzw. \quad W = \frac{1}{2} \cdot c \cdot s^2$$

*Wird nun jede Feder mit der gleichen Kraft zusammengedrückt (F* = const.)*, so bestimmt die Federrate die Größe der zu leistenden Federarbeit W. Von den 5 zylindrischen Schraubendruckfedern besitzt Feder 4 die kleinste Federrate. Aus der umgekehrten Proportionalität folgt für Feder 4 die größte Federarbeit.*

*Wird jede Feder um den gleichen Federweg s verformt (s* = const.)*, so ist wegen der direkten Proportionalität die Federarbeit W für die Feder am größten, bei der die Federrate c am größten ist. Die größte Federrate besitzt Feder 2.*

### 8.8.3 Tellerfeder-Kennlinien

Die Kennlinien der Federelemente in Bild 8.33 sollen in das Diagramm, Bild 8.34, eingezeichnet werden. Die Kennlinie eines Einzeltellers a ist linear; die Federrate beträgt 1 kN/mm.

*Lösung:*
*Grundsätzlich unterscheidet man bei Tellerfedern zwischen gleichschichtiger (Federpakete) und gegenschichtiger (Federsäulen) Anordnung von Einzeltellerfedern. Die entsprechenden Federraten werden nach den* Gleichungen (8.39) *und* (8.40) *berechnet:*

*Federsäule:* $\dfrac{1}{c_{ges}} = \dfrac{1}{c_1} + \dfrac{1}{c_2} + ....$

*Federpaket:* $c_{ges} = c_1 + c_2 + ....$

*Für die Federpakete b und c lassen sich so die Federraten berechnen. Für die Anordnung d gilt:*

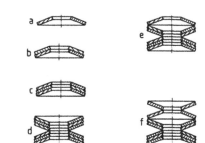

**Bild 8.33** Anordnungen von Tellerfedern

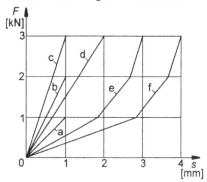

**Bild 8.34** Federkennlinien

$$\frac{1}{c_{ges}} = \frac{1}{3 \cdot c_1} + \frac{1}{3 \cdot c_1} = \frac{2}{3 \cdot c_1} \Rightarrow c_{ges} = \frac{3}{2} \cdot c_1$$

*Der Gesamtfederweg errechnet sich aufgrund der Hintereinanderschaltung als Summe der Einzelfederwege:* $s_{ges} = 2 \cdot s_1$

*Beispiel e zeigt eine Federsäule aus 3 verschiedenen Federpaketen. Solange sich alle Federn im elastischen Bereich befinden, errechnet sich die Gesamtfederrate* $c_{ges}$ *zu*

$$\frac{1}{c_{ges}} = \frac{1}{3 \cdot c_1} + \frac{1}{2 \cdot c_1} + \frac{1}{c_1} = \frac{11}{6 \cdot c_1} \Rightarrow c_{ges} = \frac{6}{11} \cdot c_1$$

*Bei F* = 1 kN *ist der maximale Federweg des Einzeltellers erreicht, so dass ab hier nur noch die beiden stärkeren Federpakete verformt werden. Damit errechnet sich die ab hier geltende Gesamtfederrate* $c_{ges}'$ *wie folgt:*

$$\frac{1}{c_{ges}'} = \frac{1}{3 \cdot c_1} + \frac{1}{2 \cdot c_1} = \frac{5}{6 \cdot c_1} \Rightarrow c_{ges}' = \frac{6}{5} \cdot c_1$$

*Deshalb liegt an diesem Punkt ein Knick vor.*

*Bei F = 2 kN erreicht auch das Paket aus zwei Federn seinen maximalen Federweg, so dass die Kennlinie ab diesem Knickpunkt mit $c_{ges}'' = 3 \cdot c_1$ weiter ansteigt, bis bei F = 3 kN auch das letzte Federpaket vollständig verformt und eine weitere Verformung damit nicht mehr möglich ist.*

*Der Gesamtfederweg beträgt $s_{ges} = 3 \cdot s_1$ .*

*Beispiel f unterscheidet sich von Beispiel e nur durch die Erweiterung um eine einzelne Tellerfeder. Damit ändert sich die Steigung der Kennlinie lediglich im Bereich bis F = 1 kN. Bis dahin errechnet sich die Gesamtfederrate $c_{ges}$ zu:*

$$\frac{1}{c_{ges}} = \frac{1}{3 \cdot c_1} + \frac{1}{2 \cdot c_1} + \frac{1}{c_1} + \frac{1}{c_1} = \frac{17}{6 \cdot c_1} \Rightarrow c_{ges} = \frac{6}{17} \cdot c_1$$

*Der Gesamtfederweg beträgt $s_{ges} = 4 \cdot s_1$ .*

## 8.9  Literatur zu Kapitel 8

[1]    Steinhilper, W.; Röper, R.: Maschinen- und Konstruktionselemente 3. 1. Auflage, Berlin, Heidelberg, New York, 1994.

[2]    Köhler, G.; Rögnitz, H.: Maschinenteile 1. 8. Auflage, Stuttgart, 1992.

[3]    Decker, K. H.: Maschinenelemente. 14. Auflage, München, Wien, 1998.

[4]    Haberhauer, H., Bodenstein, F.: Maschinenelemente. 10. Auflage, Berlin, Heidelberg, New York, 1996.

[5]    Roloff, H; Matek, W.: Maschinenelemente. 12. Auflage, Braunschweig, 1992.

[6]    Niemann, G.: Maschinenelemente Band 1. 2. Auflage, Berlin, Heidelberg, New York, 1981.

[7]    Köhler, G.; Rögnitz, H.: Maschinenteile 1 Arbeitsblätter.; 8. Auflage, Stuttgart, 1992

[8]    Krause, W.: Konstruktionselemente der Feinmechanik. 2. Auflage, Wien, 1993.

# 9 Stoffschlüssige Verbindungen

## 9.1 Übersicht, Verfahren und Eigenschaften

### 9.1.1 Schweißen

Man unterscheidet Verbindungsschweißen, Auftragsschweißen (z. B. Beschichten, Schweißplattieren usw.) und die Trennverfahren (Schmelz- und Brennschneiden). Schweißen im Sinne von Fügen ist die Herstellung einer stoffschlüssigen, unlösbaren Verbindung aus weitgehend gleichartigen Werkstoffen mit oder ohne Schweißzusatz, gegebenenfalls auch unter Druck. Schweißen ist eines der wichtigsten und am häufigsten angewendeten Verbindungsverfahren im Stahlbau und im Maschinenbau. Der Schweißstoß wird erhitzt und schmilzt. In der Regel wird dann ein Zusatzwerkstoff (Elektrode, Schweißdraht, Stab oder Formteil) zugeführt. Bei unterschiedlicher chemischer Zusammensetzung der Stoffe kommt es infolge von Diffusion zum Anlegieren sowie zum Konzentrationsausgleich der Legierungselemente. Außerdem findet eine Gefügeumwandlung statt (Rekristallisation).

**Vorteile:**
- universell anwendbar und werkstoffsparend
- einfach, kostengünstig, gut automatisierbar
- Fügen auch geringer Wanddicken möglich
- gut konstruktiv anpassungsfähig, hohe gestalterische Freiheit
- keine Gießform nötig ⇒ weniger Kosten
- Stahl hat größeren E-Modul als Grauguss ⇒ höhere Steifigkeit
- keine Überlappungen (Gewichtseinsparung)
- keine Nietlöcher und damit keine Querschnittsschwächungen

**Nachteile:**
- Eigenspannungen und Schrumpfungen
- Korrosion
- besonders bei hochlegierten Stählen Versprödung
- Schweißverbindungen bilden metallurgische Kerben, Kerbwirkung nur schwer erfassbar, da stark von Ausführung abhängig
- Qualitätskontrolle schwierig
- hohe Anforderungen an Schweißer

- Schweißaufwand bei großen Bauteilen und in Serienfertigung relativ hoch

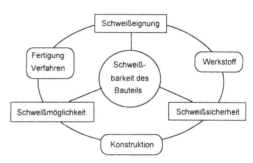

Bild 9.1 Schweißbarkeit (DIN 8528 T1)

Die Schweißbarkeit eines Bauteils wird bestimmt durch Schweißeignung, Schweißsicherheit und Schweißmöglichkeit.

Die Schweißeignung von Stählen ist im Wesentlichen vom Kohlenstoffgehalt abhängig. Meist sind kohlenstoffarme Stähle (≤ 0,22% C) gut schweißbar, kohlenstoffreiche Stähle nur bedingt schweißbar. Beruhigte Stähle (R, RR) eignen sich für Schweißteile besser als unberuhigte (U) oder normalgeglühte Stähle (N). Bei den un- oder niedriglegierten Stählen wird die Schweißeignung durch ihre Härtungsneigung (Versprödung) bestimmt, bei hochlegierten Stählen zusätzlich durch die Korrosionsneigung. Auch Gusswerkstoffe sind zum Teil schweißbar. Schweißzusatzwerkstoffe werden nach dem Grundsatz der artgleichen Schweißung sowie abhängig von Grundwerkstoff, Schweißverfahren und Fertigungsbedingungen gewählt.

Die konstruktionsbedingte Schweißsicherheit ist erfüllt, wenn die zulässigen Festigkeitswerte unter Berücksichtigung von Gestaltung und Belastungszuständen nicht überschritten werden.

Die fertigungsbedingte Schweißmöglichkeit ist gegeben, wenn das Verfahren fachgerecht ausführbar ist und die Nahtvorbereitung (Schweißposition, Stoßarten, Vorwärmung), ihre Ausführung (Schweißfolge, Schweißlagen) und eine Nachbehandlung (z. B. Glühen) möglich sind.

Kehlnähte

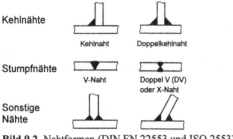

Kehlnaht    Doppelkehlnaht

Stumpfnähte

V-Naht    Doppel V (DV)
          oder X-Naht

Sonstige
Nähte

**Bild 9.2** Nahtformen (DIN EN 22553 und ISO 2553)

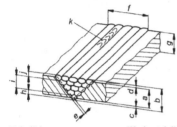

a: Nahtdicke            g: Werkstückdicke
b: Nahthöhe             h: Wurzellage
c: Wurzelüberhöhung     i: Mittellage
d: Nahtüberhöhung       j: Decklage
e: Flankeneinbrand      k: Schuppung
f: Nahtbreite

**Bild 9.3** V-Naht nach DIN EN 22553

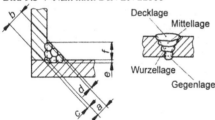

Decklage
Mittellage
Wurzellage
Gegenlage

a: Nahtdicke            d: Nahtüberhöhung
b: Nahthöhe             e: Flankeneinbrand
c: Wurzeleinbrand       f: Nahtschenkel

**Bild 9.4** Kehlnaht und Y-Naht nach DIN EN 22553

| Stoßart | Stumpfstoß | Parallelstoß | Überlappstoß |
|---------|------------|--------------|--------------|
| Lage    | – –        |              |              |
| Stoßart | T-Stoß     | Doppel-T-Stoß | Schrägstoß |
| Lage    |            |              |              |
| Stoßart | Eckstoß    | Mehrfachstoß | Kreuzungsstoß |
| Lage    |            |              |              |

**Bild 9.5** Stoßarten nach DIN EN 22553

Schweißverbindungen haben meist die Form von Nähten, die abhängig von ihrer Dicke aus einer oder mehreren Raupen (Schweißlagen) zusammengesetzt sind.

Die wichtigsten Nahtformen sind Stumpf- und Kehlnähte; darüber hinaus werden Kombinationen aus beiden eingesetzt. Alle übrigen Nahtformen lassen sich auf diese Grundtypen zurückführen. Die Schweißteile können in verschiedenen Positionen (Stoßarten) zueinander stehen, siehe Bild 9.2.

Die Güte und Haltbarkeit der Verbindungen wird nach DIN EN 25817 in 3 Klassen eingeteilt: B, C und D (Stumpfnähte und Kehlnähte). Diese Bewertungsgruppen setzen Toleranzen für äußere Merkmale (Nahtwölbung, Kantenversatz, Wurzelüberhöhung, Nahtdickenunterschreitung, Einbrandtiefe, Ungleichschenkligkeit, sichtbare Poren, offene Endkrater und -lunker, Schlackeeinschlüsse, Wurzelkerben, äußere Risse) und für innere, nicht sichtbarer Fehler fest (Grobeinschlüsse, Bindefehler, ungenügende Durchschweißung, innere Risse). Ohne besondere Festlegung für bestimmte Anwendungen werden im Maschinenbau üblicherweise die Bewertungsgruppen C und B gewählt, während die Bewertungsgruppe D nur für Schweißnähte mit untergeordneter Bedeutung verwendet wird.

| B | hohe Beanspruchung, Versagen führt zum Ausfall der Hauptfunktion; bei mittlerer dynamischer Belastung, an Triebwerksteilen, Pressen, Hobeln usw. |
|---|---|
| C | mittlere Belastung, Versagen führt nicht zum Ausfall der Hauptfunktion, Gehäuse, Stahlbauten, Radkränze |
| D | geringe Beanspruchung, Versagen stört Gebrauch kaum; Gestelle, Kästen, Verkleidungen usw. |

**Bild 9.6** Bewertungsgruppen für Schweißnähte

Bei dichtzuschweißenden Nähten wird die Nahtoberfläche durch Magnetpulver und spezielle Farben und Druckbehälter mit aufschäumenden Mitteln auf Undichtigkeit geprüft. Das Nahtinnere kann jedoch nur durch aufwendiges Durchstrahlen (Röntgen, Ultraschall usw.) begutachtet werden, was besonders bei Kehlnähten schwierig ist. Schweißfehler sind in DIN 8524 benannt.

**Schweißverfahren** werden nach Art des von außen wirkenden Energieträgers (in der Tabelle Bild 9.7 *kursiv gedruckt*), des Grundwerkstoffs (Metall, Kunststoff), nach Schweißzweck (Verbindungs-, Auftragsschweißen, thermisches Trennen) und Grad der Mechanisierung eingeteilt. Gasschweißstäbe (DIN 8554) sind nach chemischer Zusammensetzung und der gewährleisteten Kerbschlagarbeit in 7 Güteklassen eingeteilt. Umhüllte Stabelektroden (Lichtbogenhandschweißen) für un- und niedriglegierte Stähle sind nach Art und Dicke der Umhüllung

in 12 Klassen eingeteilt (DIN EN 499). Am häufigsten werden rutilumhüllte (R) Elektroden verwendet. Diese neigen kaum zu Warmrissen, sind in allen Lagen gut schweißbar und haben eine gute mechanische Festigkeit. Basisch umhüllte Elektroden (B) werden wegen guter Verformbarkeit für dicke Bauteile und starre Konstruktionen, auch bei schweißempfindlichen Stählen, genutzt. Saure oder zelluloseumhüllte Elektroden (A und C) sind von nur geringer Bedeutung. Dickumhüllte Stäbe ergeben die besten Festigkeitswerte.

| Bild / Kurzzeichen | | Prinzip | h = hand; t: teil-; v: vollmechanisch; a: automatisch |
|---|---|---|---|
| Verfahren | | | **Anwendungen und besondere Hinweise** |
| Gas(schmelz)-schweißen | G 31 | *Brenngas- oder Sauerstoffflamme;* Wärme und Schweißzusatz werden getrennt zugeführt | h v a | Bleche, Rohrleitungen, ungeeignet für T-Stöße und ungleiche Blechdicken, geringe Investitionskosten, gut in Zwangs- und beengten Lagen |
| Metall-lichtbogen-hand-schweißen | E 111 | *Lichtbogen* zwischen Stabelektrode und Werkstück. Schweißbad wird durch Gas und Schlacke (von Elektrode) abgeschirmt | h t | universell, alle Stoß- und Nahtformen |
| Unterpulver-schweißen | UP 12 | *Ein / mehrere Lichtbogen* zwischen abschmelzenden Elektroden; Schweißzone durch Pulverschicht (bildet Schlacke) geschützt | t v a | hohe Abschmelzleistung, gute Nahtformung, dicke Bleche, lange Nähte, Behälter-, Stahl-, Schiffs- und Maschinenbau |
| Schutzgas-schweißen | SG | *Lichtbogen* in Schutzgasmantel | | |
| a) Metall-innertgas-schweißen | MIG 131 | *Lichtbogen* zwischen abschmelzender Elektrode und Werkstück in Schutzgas- (Inertgas-)mantel | t v a | variabel, geringer Verzug, vor allem hochlegierte Stähle, Apparate und Behälter, Schiffs- und Flugzeugindustrie |
| b) Metallaktiv-gasschweißen | MAG 135 | wie MIG, nur mit Aktivgas $CO_2$ | t v | vorzugsweise un- oder niedriglegierte Stähle, universell |
| c) Wolfram-inertgas-schweißen | WIG 141 | *Lichtbogen* in Inertgas zwischen nicht abschmelzender Elektrode und Werkstück; Schweißzusatz stromlos zugeführt | h v a | Wurzeln dicker Bleche, hohe Schweißgeschwindigkeit, Apparate- und Behälterbau, Edelstähle, Kernreaktoren |
| Gießschmelz-schweißen | AS | Schweißzusatz schmilzt Stoßflächen selbständig | | niedrig- und hochlegierte Stähle, Gusswerkstoffe und Schienen |
| Plasmastrahl-lichtbogenschw. | WP-S -L 15 | *Plasmastrahl* im Schutzgasmantel | | Bleche, Folien, Drähte ab 0,05 mm Dicke |
| Elektronen-strahlschweißen | EB 76 | gebündelter *Elektronenstrahl* | v a | **auch für verschiedene Werkstoffe**, verzugsfrei, ohne Nachbearbeitung, Tief-, Mikroschweißen |
| Lichtbogen-bolzen-schweißen | B-H/S/R7 81 | Abschmelzen der Stoßfläche *durch Lichtbogen,* danach Fügen unter Kraft, ohne Schweißzusatz | h v a | Bolzenförmige Teile mit rundem oder rechteckigem Querschnitt, in kurzer Zeit, sehr hochwertig, **auch für verschiedene Werkstoffe** |
| Lichtstrahl-Laserstrahl-schweißen | LI 75 LA 751 | *gebündelter Lichtstrahl* *gebündelter Laserstrahl* | v v a | Mikroschweißungen, Kunststofffolien |

**Bild 9.7** Schmelzschweißverfahren **(SSV)** Auszüge nach DIN 1910 T2

| Bild / Kurzzeichen | | Prinzip | h = hand; t: teil-; v: vollmechanisch; a: automatisch | |
|---|---|---|---|---|
| Verfahren | | | Anwendungen und besondere Hinweise | |
| Feuer-schweißen | FS 43 | *Ofenerhitzung* und nachfolgendes Fügen durch Hämmern | h / t | Kunstschmiedearbeit, Kettenglieder |
| Gaspress-schweißen | GP 47 | Teile mit *Gasbrenner* erhitzen, dann zusammenpressen | t / v | Baustähle im Betonbau und Rohre |
| Widerstands-punkt-schweißen | RP 21 | Strom- und Kraftübertragung mit *Punktschweißelektronen;* Bleche werden linsenförmig verschweißt | t / v / a | sehr wirtschaftlich, hohe Geschwindigkeit, **auch für verschiedene Werkstoffe**, Fahrzeug-, Waggon-, Gerätebau |
| Rollnaht-schweißen | RR 22 | Strom- und Kraftübertragung mit *Rollelektronenpaar;* Punkt- oder Dichtnähte möglich | t / v / a | Bleche (St < 3,5 mm; Al < 1,5 mm) Fahrzeug-, Waggon- und Behälterbau, einfache Bauteile mit gleichen Punktabständen |
| Abbrenn-stumpf-schweißen | RA 24 | Strom- und Kraftübertragung über *Spannbacken;* stromdurchflossene Teile erhitzen und stauchen | h / v / a | Stumpfschweißen von Felgen, von Flach- und Vollprofilen, Großflächen- und Kompaktquerschnitte, Achsen, Wellen, Schienen |
| Reib-schweißen | FR 42 | Teile werden mit *Reibungswärme* und *Druck* gefügt | v / a | Kardanwellen, Ventilstößel; **auch für verschiedene Werkstoffe**, z. B.: GG-St, Cu-St, Al-St |
| Ultraschall-schweißen | US 41 | *Ultraschallschwingungen* und *Anpresskraft* | | Mikroschweißtechnik, NE-Metalle und Kunststofffolien, **auch für verschiedene Werkstoffe** |
| Buckel-schweißen | RB 23 | Punktschweißvariante, gebuckeltes Blech fixiert Stromdurchgang | v / a | Massenfertigung bei Blechverarbeitung |

**Bild 9.8** Pressschweißverfahren **(PSV)** Auszüge nach DIN 1910 T2

**Korrosion** ist eine von der Oberfläche ausgehende, chemisch oder elektrochemisch bedingte Schädigung eines Werkstoffes in:

- heißen Gasen ($O_2$, $SO_2$ usw.) ⇒ Hochtemperaturkorrosion, Verzunderung
- flüssigen Medien (wässrige Lösungen, Säuren, Elektrolyte) ⇒ elektrochemische Korrosion
- Schmelzen (Salz- und Metallschmelzen) ⇒ Korrosion durch flüssige Salze und Metalle

Für unlegierte und niedriglegierte Stähle ist Lochfraß, Spalt- und Kontaktkorrosion in elektrolytischen Medien (Wasser + Salze) die Hauptgefahr. Metalle können unter Elektrolyteinwirkung als Ionen in Lösung gehen, bei unterschiedlich edlen und elektrisch verbundenen Metallen (Schweißnaht, Lötung) kann sich das unedlere Metall (Anode) auflösen; es kommt zur Kontaktkorrosion. Das Flächenverhältnis (f) zwischen Kathode und Anode ist dabei ein Maß für die Korrosionsgeschwindigkeit. Spalte, Risse, Einschlüsse (besonders von MnS), Schlackenreste, Schmutz oder auch $O_2$-Mangel (hermetisch unbelüftete Räume) können korrosionsfördernd sein.

**Abhilfe:**
- Nähte glätten, Schlackenreste entfernen
- beim Schweißen unterschiedlicher Metalle Potentialunterschiede (edel/unedel) beachten
- kleine Anodenflächen (unedleres Metall) und große Kathodenflächen (edles Metall) vermeiden
- Elektrolyt: $Cl^-$ möglichst vermeiden
- Mo als Legierungselement behindert Lochfraß
- MnS-Einschlüsse vermeiden, Kontrolle über Mn/Cr Verhältnis oder Schwefelgehalt

Hochlegierte austenitische oder ferritische Stähle sind meist durch hohe Chromkonzentrationen stabilisiert (>13% Cr = rostfrei). In Wärmeeinflusszonen besteht jedoch die Gefahr lokaler Cr-Senken infolge von Konzentrationsausgleich und Umordnung der Legierungselemente (Bildung von $Cr_{23}C_6$ ⇒ interkristalline Korrosion). Weiterhin können in thermisch entstandene Mikrorisse Elektrolyte schädigend eindringen (Spannungsrisskorrosion). Auch das Zusammenwirken einer tieffrequenten mechanischen Wechsellast und Korrosion kann zu Rissausbreitung und Bruch des Bauteils führen (Schwingungsrisskorrosion).

**Abhilfe:**

- Austenite sind direkt nach dem Schweißen nicht anfällig für interkristalline Korrosion, aber für Spannungsrisskorrosion. Man sollte daher spannungsarm glühen. Erst danach besteht die Gefahr interkristalliner Korrosion.
- Ferrite sind direkt nach dem Schweißen gefährdet für interkristalline Korrosion; Abhilfe:

kurzzeitiges Glühen (Anlassen)
- Zugspannungen sollte man bei Austeniten vermeiden (z. B. konstruktive Verstärkungen)
- Einschlüsse vermeiden
- Wechsellastfrequenz erhöhen; Korrosion nur bei kleinen Frequenzen; benötigt Zeit
- Nb-, Ti- legierte Stähle bilden stabile Karbide
- C-arme Stähle wählen (X2CrNi189 usw.)

| Bezeichnung | Nr *2 | Schweißeignung, Schweißverfahren und Bemerkungen |
|---|---|---|
| **Baustähle 1, C < 0,22%** | | ZW: Stabelektroden nach DIN EN 499, Gasschweißelektroden nach DIN 8554 |
| RSt 37-2 | 1.0038 | für alle Schmelzschweißverfahren (SSV) und Pressschweißverfahren (PSV) gut geeignet , Kohlenstoffgehalte < 0,22% C ohne Probleme, kein Wärmebehandlung (WB) nötig; (St 52-3 ≈ 0,22% C) |
| St 37-3 U | 1.0116 | |
| St 44-3 U | 1.0143 | |
| St 52-3 | 1.0570 | |
| **Baustähle 2, C > 0,22%** | | ZW: Stabelektroden nach DIN EN 499, Gasschweißelektroden nach DIN 8554 |
| St 50-2 | 1.0050 | E, G eingeschränkt, RA, GP, Versprödungsgefahr, Cr ≈ 0,3% ⇒ sorgfältige WB |
| St 60-2 | 1.0060 | E, G eingeschränkt, RA, GP, Versprödungsgefahr, Cr ≈ 0,4% ⇒ sorgfältige WB |
| St 70-2 | 1.0070 | E, G sehr eingeschränkt, Versprödungsgefahr, C ≈ 0,5% ⇒ sehr sorfältige WB |
| W St E 255 | 1.0461 | alle SSV / PSV sehr gut, ZW: E, UP basisch nach DIN EN 757, Vorwärmen, keine WB |
| **Vergütungsstähle** | | alle SSV / PSV gut, ZW nach DIN EN 1599 |
| C22 | 1.0402 | gegebenenfalls Vorwärmen, Abkühlgeschwindigkeit senken |
| Ck22 | 1.1151 | |
| 25CrMo4 | 1.7218 | |
| **Einsatzstähle** | | SSV / PSV eingeschränkt; ZW nach DIN EN 1599 |
| C10 | 1.0301 | SSV und RA, vor dem Aufkohlen |
| C15 | 1.0401 | SSV und RA, vor dem Aufkohlen |
| 15Cr3 | 1.7015 | Vorwärmen und Sonderverfahren |
| 16MnCr5 | 1.7131 | Vorwärmen und Sonderverfahren |
| 18CrNi8 | 1.5920 | Vorwärmen und Sonderverfahren |
| **hochlegierte Stähle** | | WIG, MIG, E, UP mit ZW nach DIN EN 1600 |
| X6Cr17 | 1.4016 | grundsätzlich schweißgeeignet, aber Gefahr von Chromstahlversprödung und Korngrenzenwachstum ⇒ Vorwärmen, Diffusionsglühen, Anlassen |
| X20Cr13 | 1.4021 | martensitischer Stahl nur sehr bedingt schweißbar, Vorwärmen und Anlassen |
| X5CrNi189 | 1.4301 | Austenite grundsätzlich schweißgeeignet, aber Warmrissigkeit und SRK-Gefahr ⇒ WB ⇒ IK-Gefahr, nur Ti- oder Nb-stabilisierte Austenite mit C ≤ 0,07% ohne WB |
| X10CrNiTi89 | 1.4541 | |
| **Gusswerkstoffe** | | G, E, MIG, MAG üblicherweise gut; ZW nach DIN 8573 |
| GS-38..GS-60 | 1.04.. | GS-38 gute Eignung, ab GS-45 Vorwärmen, GS-60 schlecht geeignet |
| GS-20Mn5V | 1.1120 | gute Schweißeignung und Zähigkeit (besser geeignet als unlegierter GS) |
| GTW-S38-12 | 0.8038 | gute Eignung aller Verfahren bei Wandstärken  8 mm, evtl. WB Spannungsarmglühen |
| GG, GGG | 0.6.. | schweißbar; je nach dynamischer Beanspruchung mit Vorwärmen und WB |
| **Aluminiumlegierungen** | | WIG, MIG;(DIN 1732) AlCu / AlPb / Al-Wismut und Druckguss ist nicht schweißbar |
| Al-Mn /Mg | | nicht aushärtbar, verlieren in Wärmeeinbringungszone Festigkeit |
| AlMgSi / AlZnMg | | aushärtbar durch WB, dadurch keine Festigkeitseinbußen |
| AlZn4,5Mg1 | 3.4335 | härtet nach Schweißen selbständig aus |
| **Cu-Legierungen** | | schlecht, Gefahr von Warmriss, Zinkausdampfung, Deckschichtbildung, nur G-CuSn, G-CuAl9Ni und Cu-Al Legierungen sind SSV-tauglich (Schutzgas) |
| **Thermoplaste** | | PVC, PE, PP durch Warmgas- und Heizelementschweißen mit / ohne artgleichen ZW |

*2; Werkstoffnummer nach DIN 17102, DIN 17200, DIN 17210, DIN 17440 (DIN EN 10203)
**Abkürzungen:** SSV = Schmelzschweißverfahren    ZW = Zusatzwerkstoff    IK  = Interkristalline Korrosion
PSV = Pressschweißverfahren    WB = Wärmebehandlung    SRK = Spannungsrisskorrosion

**Bild 9.9** Schweißeignung von Werkstoffen

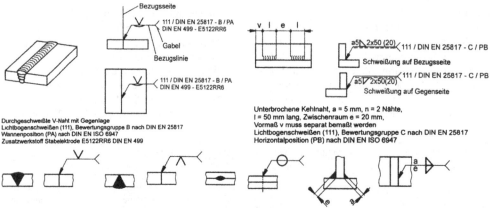

**Bild 9.10** Symbolische Bemaßung von Schweißnähten nach DIN 1912

## 9.1.2 Löten

Löten ist Fügen gleicher oder verschiedener Metalle mit Hilfe eines Zusatzstoffes (Lot), dessen Schmelztemperatur niedriger als die der Verbindungswerkstoffe ist. Lötverbindungen sind bedingt lösbar, stoffschlüssig und starr. Die Festigkeit resultiert aus den Oberflächengüten, der Spaltdicke und der Haftfähigkeit und Festigkeit des Lotes. Das flüssige Lot muss die Oberflächen benetzen und durch Kapillarwirkung in Spalte oder Fugen eindringen. Durch Grenzflächendiffusion bilden Lot und Grundmetall eine Legierung (Anlegieren) in einer wenige µm bis mm starken flüssigen Grenzschicht. Zum Löten müssen die Oberflächen glatt, frei von Fett und schädigenden Einschlüssen (Oxiden) sein und bestimmte Arbeitstemperaturen haben. Nach Form der Lötstellen wird in **Auflöten** (Schutzschichten), **Fugen-** und **Spaltlöten** unterschieden. Größere (> 0,5 mm) und v- oder x-förmige Lötfugen sind Schweißnähten ähnlich und werden auch analog ausgelegt. Nach Arbeitstemperaturen wird eingeteilt in:

- Weichlote          **(WL)**     (T < 450 °C)
- Hartlote           **(HL)**     (T > 450 °C)
- Hochtemperaturlote **(HTL)**    (T > 900 °C)

Gelötet wird in der Bau- und Elektroindustrie (Dachrinnen, Tanks und Kabelanschlüsse) und im Maschinenbau (Karosseriebau, Behälterbau, Stahlrahmen, Geräteteile, Hartmetallwerkzeuge und Drehmeißel mit Hartmetallbesatz).

**Vorteile:**
- Fügen auch von verschiedenartigen Metallen
- keine Querschnittsschwächung durch Löcher
- auch unzugängliche Lötstellen möglich
- geringe Arbeitstemperaturen ⇒ kaum thermische Schädigung des Bauteils
- gut gas- und flüssigkeitsdichtend
- gut elektrisch leitend
- in der Regel gut automatisierbar
- verzinnte Bleche sind ohne Lot fügbar.

**Nachteile:**
- geringe statische und dynamische Festigkeit
- Weichlötungen neigen zum Kriechen
- lötgerechte Konstruktion oft aufwendig
- aufwendige Vorarbeiten
- Überlappungen nötig ⇒ erhöhtes Gewicht
- Hartlötungen sind fester, aber Kerbwirkung
- besonders bei Aluminium besteht Gefahr elektrochemischer Zerstörung der Lötstelle.

Die wichtigsten **Lötverfahren** werden nach DIN 8505 in Weich- (WL), Hart- (HL) und Hochtemperaturlöten (HTL) eingeteilt. Um Verzunderungen beim Erhitzen zu vermeiden und die Benetzung zu erleichtern, werden **Flussmittel** (FM) eingesetzt (außer im Vakuum). Für Weichlötungen sind dies hauptsächlich Lötwasser (wässrige Lösung von Zink- und Ammoniumchlorid), Lötfett (Zinkchlorid, Salmiak, Harz, Öl) oder Lötharz (Kolophonium); für Hartlötungen werden Borverbindungen eingesetzt, die für das Hochtemperaturlöten zusätzlich mit Phosphaten oder Silikaten versetzt werden.

| Dichte in kg/dm³ | | | Spaltform - Lotzuführung; S: Spalt, F: Fuge, a / e: an- / eingelegt | | |
|---|---|---|---|---|---|
| **Werkstoffnr.** (DIN 17 007) | | | | **Arbeitstemperatur in °C** | |
| **Lot** | | | | | **Hinweise für Verwendung** |
| Ah | L-PbSn20Sb3 | 2.3423 | S/F - a/e | 280 | Karosseriebau, Kühlerbau, Schmierlot |
| Aa | L-PbSn40(Sb) | 2.3440 | S/F - a/e | 215 | Feinzink, Feinbleche, Verzinnungen |
| Af | L-Sn60Pb | 2.3660 | S/F - a/e | 190 | Feinbleche, Edelstähle, Verzinnungen |
| | L-Sn50Pb | 2.3650 | S/F - a/e | 215 | Elektronik, Kupferrohrinstallation |
| C | L-PbAg3 | 2.3403 | S/F - a/e | 315 | Elektromotoren |
| D | L-ZnAl5 | 2.2320 | S - e | < 400 | Ultraschall- und Ofenlöten |
| | L-SnZn40 | 2.3830 | S - e | < 400 | Reiblöten und Löten mit lotbildenden FM |
| | L-AlSi12 | 3.2285 | S/F - a/e | 600 | Aluminium |
| E | L-SCu | 2.0090 | 8,9 | S - e | 1100 | St unlegiert ohne besondere Anforderungen |
| | L-SFCu | 2.0091 | 8,9 | S - e | 1100 | St unlegiert für hohe Anforderungen |
| | L-CuNi10Zn42 | 2.0711 | 8,7 | S/F - a/e / F - a | 910 | St, Temperguss, Ni und Ni-Legierungen / GG, GGG |
| F | L-Ag5 | 2.1205 | 8,4 | S/F - a/e | 860 | St, Temperguss, Cu, Cu-Legierungen |
| | L-Ag15P | 2.1210 | 8,4 | S - a/e | 710 | Cu, Messing, CuSn und CuZn |
| | L-Ag49 | 2.5156 | 8,9 | S - a/e | 690 | Hartmetell auf St, Wolfram |
| | L-Ag27 | 2.1217 | 8,7 | S - a/e | 840 | und Molybdänlegierungen |
| | L-Ag55Sn | 2.5159 | 9,4 | S - a/e | 650 | Cu, Ni, Edelstähle |
| | L-Ag83 | 2.5152 | 10 | S - a/e | 830 | Edelmetalle |

**A**: Blei-Zinn- Weichlote (DIN 1707 und DIN 8505), Ah: Antimonhaltig, Aa: Antimonarm, Af: Antimonfrei
**C**: Sonderweichlote (DIN 1707);   **D**: Lote für Aluwerkstoffe (DIN 1707) und Aluhartlote (DIN EN 1044)
**E**: Kupferhartlote (DIN EN 1044);   **F**: Silberhaltige Hartlote (DIN EN 1044)

**Bild 9.11** Lote für Schwer- und Leichtmetalle

| Werk- stoff | Lötbarkeit | | Lote | |
|---|---|---|---|---|
| | weich | hart | Weich- | Hart- |
| St unleg. | mittel | gut | Sn | Ms, Ag |
| St legiert | gut | sehr gut | Sn, ZnCd | Cu, Ms, Ag |
| GG, GGG | schlecht | gut | Sn | Ms, Ag |
| Cu, rein | sehr gut | sehr gut | Sn,Pb,Zn | Ms, Ag |
| Cu-Leg. | sehr gut | sehr gut | Sn | Ms, Ag |
| Al, Alu-Leg. | schlecht | teilw. gut | Al/Sn, Al/Zn | Al-Hartlot |
| Hartmetall | - | gut | - | Cu, Ms, Ag |

**Bild 9.12** Lötbarkeit üblicher Grundwerkstoffe

Lötverfahren unterscheiden sich meist durch die genutzte Energie (im folgenden *kursiv* gedruckt).

- **Kolbenlöten** (WLKO): Gas- oder *elektrischer Lötkolben,* Kolben- und Lotführung von Hand oder maschinell, hauptsächlich für kleinere Teile und Reparaturlötungen.
- **Flammlöten** (WLFL, HLFL): *Brenngas oder Schweißbrenner,* gut bei großen Flächen oder Reparaturlötungen.

- **Lötbadlöten** (WLLO, HLLO): Verbindungsteile fixieren, Lötflächen vorbereiten und in *flüssiges Lötbad* tauchen. Große Teile vorwärmen wegen Wärmeverlust des Bades; für Massenfertigung und mehrfaches Löten.
- **Ofenlöten** *Gas-, Elektroofen* (WLGA) in Luft (WLO, HLO), Vakuum (HLOV), Schutzgas (HLOR, HLOL). Oberflächen vorbereiten, mit Lotformteilen und FM fixieren; geringe Mengen und schwer zugängliche Lötstellen.
- **Warmgaslöten** (WLWG): *heißer Luftstrahl.*
- **Induktionslöten** *induzierter hochfrequenter Wechselstrom,* Luft (WLIL, HLIL), Schutzgas (HTLIR, HTLII) oder Vakuum (HTLIV).
- **Widerstandslöten** *Widerstand bei Stromfluss durch die Lötstelle* (WLWD, HLWD).
- **Lichtbogenlöten** (HLLB): *elektrische Entladung einer nicht schmelzenden Elektrode.*
- **Löten mit Lampe** (WLLI, HLLI): *Strahlung.*
- **Laserstrahllöten** (HLLA, HTLLA): *Strahlung.*
- **Elektronenstrahllöten** (HTLEB): *Strahlung.* Beim Strahllöten kann stromloses Lot geführt

oder eingelegt werden. Lötteile werden vorbereitet und fixiert. Hochtemperaturlöten ist nur mit sehr energiedichten Medien möglich, die punktuell, schnell und ohne große thermische Schädigung erhitzen.

### 9.1.3 Kleben

Kleben ist Fügen gleicher oder artfremder metallischer oder nichtmetallischer Werkstoffe durch Oberflächenhaftung unter Zuhilfenahme eines Zusatzwerkstoffes (Klebstoff). Die Festigkeit der Klebung resultiert aus den Grenzflächenkräften (Adhäsion) und dem inneren Zusammenhalt (Kohäsion) des abgebundenen Klebers. Die Bauteiloberflächen sollten zur vollständigen Benetzung mit Klebstoff möglichst glatt und frei von Schmutz sein.

**Vorteile:**
- Gewichtseinsparung (geringes Klebergewicht)
- Fügen auch artfremder (Verbund-) Werkstoffe
- keine Querschnittsschwächung durch Nietlöcher, Absätze oder Kerben
- keine thermisch bedingten Eigenspannungen, Korrosionserscheinungen, Gefügeumbildung
- keine Kontaktkorrosion (Kleber isoliert)
- als Dichtung nutzbar (gas- / flüssigkeitsdicht)
- einfach, billig und gut automatisierbar.

**Nachteile:**
- geringe statische und dynamische Festigkeit (deshalb praktisch nur Überlappungsverbindungen mit großen Klebeflächen möglich)
- ausgeprägte Kriechneigung
- Stoßempfindlichkeit fester Kleber
- geringe Warmfestigkeit
- mäßige chemische Beständigkeit
- späteres Zurichten unmöglich
- Handhabung zum Teil gesundheitsschädlich

Kleber werden gemäß DIN 16920 nach Festigkeit, Art der Grundstoffe, Abbindemechanismus und Anzahl der Komponenten eingeteilt. Die Festigkeitsklasse legt auch deren Anwendungsgebiete fest.

- **physikalisch abbindende Kleber:** (durch Ablüften eines Lösungsmittels oder Erstarren aus einer Schmelze oder Gelierung)
- **chemisch abbindende (Reaktions-) Kleber:** (durch Molekülvernetzung), eingeteilt in:
  - **Polymerisationskleber** (mit Katalysator)
  - **Polyadditionskleber** (Reaktion von Komponenten)
  - **Polykondensationskleber** (Abspaltung und Ablüftung von Wasser)
- **Kaltkleber** (bei Raumtemperatur abbindend)
- **Warm- oder Heißkleber** (bei 100 bis 200 °C) Oft können Kleber kalt und warm aushärten, letztere sind dann aber beständiger und fester.

- **Kleber niedriger Bindefestigkeit** ($< 5$ N/mm²) nur in geschlossenen Räumen ohne Einwirkung von Feuchtigkeit; in der Feinwerk- und Elektrotechnik, Modellbau, Schmuck-, Möbel- und Verpackungsindustrie
- **Kleber mittlerer Festigkeit** (5 - 15 N/mm²) in gemäßigtem Klima auch mit Wasser, Öl, Treibstoff, in Bau- und Fahrzeugindustrie und im Maschinenbau.
- **Kleber hoher Bindefestigkeit** ($> 15$ N/mm²) überall, vor allem in Flug- und Fahrzeugtechnik, Behälter-, Schiffs- und Maschinenbau.

**Grundbegriffe** beim Kleben sind:
- Topfzeit (Zeit, in der ein Klebstoff verarbeitet werden kann, bevor er abbindet)
- offene Wartezeit (von Klebstoffauftrag bis zum Fügen der Teile)
- geschlossene Wartezeit (vom Fügen bis zum Eintreten des Abbindens)
- Abbindezeit (bis zum vollständigen Abbinden)

**Lösungsmittel-, Kontakt-** und **Dispersionskleber** sind meist in Kohlenwasserstoff oder $H_2O$ gelöste Kunst- oder Naturharze, die beidseitig dünn aufgetragen werden. Nach Verdunsten des Lösungsmitteles haftet der Grundstoff an den Oberflächen und bindet ab, während die Teile zusammengepresst werden.

**Plastisol** besteht meist aus PVC in Weichmachern, ist lösungsmittelfrei, kann Öl oder Fett aufnehmen, wird beidseitig aufgetragen und bindet bei 140 bis 200 °C ab.

**Schmelz-** und **Heißsiegelkleber** werden als Schmelze ($\approx$ 150 bis 190 °C) beidseitig aufgetragen und vor dem Erstarren zusammengedrückt. Schichten physikalisch abbindender Kleber sind von geringer bis mittlerer Festigkeit, thermoplastisch und gut verformbar, neigen aber unter Belastung stark zum Kriechen.

**Reaktionskleber** bestehen aus härtbaren Kunstharzen, die zu nicht lös- und schmelzbaren Substanzen hoher Haft- und innerer Bindefähigkeit reagieren. Nach dem Mischen der Komponenten im vorgeschriebenen Verhältnis wird nur eine Fläche mit einem dünnen Film benetzt und sofort gefügt. Der Kleber bindet danach unter Wärme und Druck ab. Die Klebungen sind von mittlerer bis hoher Festigkeit, nicht verformbar und in der Regel spröde. Um Überhärtungen, Versprödungen oder nicht vollständiges Abbinden zu vermeiden, sollten auf alle Fälle die Herstellerangaben beachtet werden.

| Werkstoff | Festigkeit | | |
|---|---|---|---|
| | niedrig | mittel | hoch |
| Aluminium | keine Weiterbehandlung / Aufrauhen | Beizen | Strahlen / Beizen |
| Gusseisen | | Schleifen | |
| Cu, CuZn | | Schmirgeln | Strahlen |
| St, Edelstahl | | Schleifen | Strahlen |
| St - verzinkt | | | |
| St - brüniert | gründlich entfetten | | Strahlen |
| Titan | keine | Bürsten | Beizen |
| Zink | Weiterbehandlung / Aufrauhen | | |

**Bild 9.13** Oberflächenbehandlung nach Entfetten

## 9.2 Berechnung von Schweißverbindungen

Der **Tragfähigkeitsnachweis** kann erfolgen mit:

- elementarer Berechnung (Inhalt des Kapitels)
- FEM (Finite Elemente, für hochbeanspruchte Bauteile; hoher Berechnungsaufwand, genau)
- DMS-Spannungsmessung (für reale Bauteile, großer Messaufwand, aber sehr zuverlässig)
- überschlägige Auslegung (für untergeordnete Bauteile)

**Voraussetzung** für eine sinnvolle Berechnung ist die genaue Kenntnis von Art, Richtung und zeitlichem Verlauf auftretender Belastungen,

von Überlastungen, Kraftverläufen im Bauteil, Werkstoffverhalten und inneren Spannungszuständen (Eigenspannungen). Über die Betrachtung der Bauteilverformung unter Belastung lässt sich oft relativ einfach ermitteln, welche Spannungen tatsächlich vorhanden sind. Am Beispiel eines Zugankers für hohe Übertragungskräfte wird deutlich, dass neben der Zugbeanspruchung der Kehlnähte durch Verformung der Querjoche eine Zugspannung für die inneren Schweißnähte und eine Biegebelastung der Zugstäbe hinzukommt.

**Bild 9.14** Zuganker

**Eigenspannungen** entstehen durch unterschiedliche Schrumpfungen bei ungleichmäßiger Abkühlung der Bauteile und sind nur schwer bestimmbar. Nachträgliches Glühen kann hier Abhilfe schaffen, besser ist aber eine entsprechende konstruktive Gestaltung, die Verformungen und damit den Abbau der Eigenspannungen zulässt. Eine schlecht gestaltete Konstruktion wird auch durch umfangreiche Berechnungen nicht besser, und vorhandene Eigenspannungen verfälschen jeden Berechnungsansatz.

Bei der Berechnung von Nahtflächen und Widerstandsmomenten muss berücksichtigt werden, ob die Naht umlaufend (**a**) oder an allen Seiten getrennt ausgeführt wird. Im ersten Fall werden die Flächenstücke an den Längs- und Querseiten (ohne Ecken) gezählt, bei nicht umlaufenden Nähten (**b**) wird an jedem Nahtende die Schweißnahtstärke von der Länge subtrahiert, um Nahtfehler im Anfangs- und Endbereich zu berücksichtigen. Zur Vermeidung solcher Fehler können Vorschweißbleche verwendet werden (**c**).

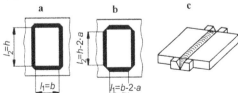

**Bild 9.15** Schweißnahtflächen

$$A = 2 \cdot a \cdot \left( l_1 + l_2 \right) \tag{9.1}$$

$$W_b = \frac{l_1 \cdot a^3 + l_2^3 \cdot a + 3 \cdot l_1 \cdot a \cdot (h+a)^2}{3 \cdot (h+2a)} \tag{9.2}$$

$A$ = Schweißnahtfläche
$W_b$ = Widerstandmoment bei Biegebelastung
$a$ = Nahtdicke

Die Nahtdicke $a$ ist hierbei die Höhe des größten in die Schweißnaht einbeschreibbaren gleichschenkligen Dreiecks, siehe Bild 9.16.

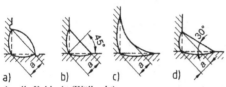

a)       b)       c)       d)

a) volle Kehlnaht (Wölbnaht)
b) Flachnaht
c) Hohlnaht
d) ungleichschenklige Naht (30°-Naht)

**Bild 9.16** Rechnerische Nahtdicke $a$ bei verschiedenen Nahtformen [1]

Die vorhandenen Spannungen können dann gemäß Bild 9.17 für Stumpfnähte bzw. nach Bild 9.18 für Kehlnähte berechnet werden. Bei diesen Spannungen handelt es sich um rein physikalische Größen, die noch nichts darüber aussagen, ob das Bauteil den Belastungen stand hält.

Im nächsten Schritt muss die zulässige Spannung ermittelt werden, die einerseits für die Naht (Index N) und andererseits für den Anschlussquerschnitt (Index A) zu bestimmen ist. Der geringere Wert gibt an, welcher Schaden bei Überlastung zu erwarten ist, nämlich entweder der Bruch der Naht oder das Herausreißen der Naht aus dem Anschlussbereich des Bauteils. Es gilt:

$$\sigma_{zul\,N} = \frac{\alpha_0 \cdot \alpha_N \cdot \beta \cdot \sigma_{Grenz}}{S} \tag{9.3a}$$

$$\sigma_{zul\,A} = \frac{\alpha_0 \cdot \alpha_A \cdot \beta \cdot \sigma_{Grenz}}{S} \tag{9.3b}$$

Für $\tau_{zul}$ gilt der entsprechende Zusammenhang.

| Belastung | Anordnung | Nahtform | Nahtnenn-spannung | Nahtfläche bzw. Widerstandsmoment |
|---|---|---|---|---|
| Zug/Druck | 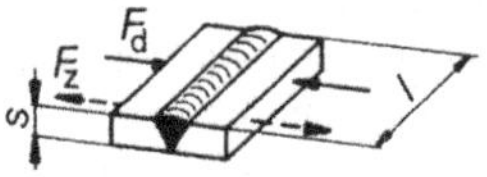 | 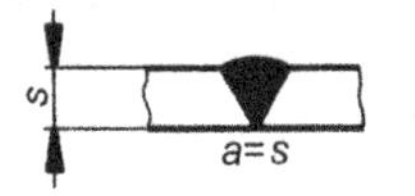 $a = s$ | $\sigma_z = F_z / A$ <br> $\sigma_d = F_d / A$ | $A = a \cdot l$ <br> $A = \sum (a \cdot l)$ |
| Schub | 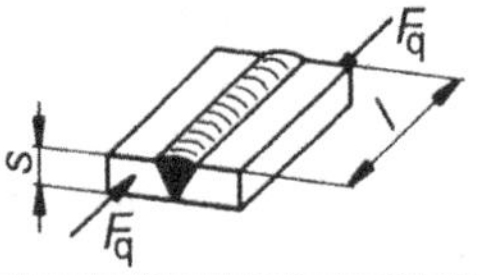 | $a = s_1$ | $\tau_s = F_q / A$ | $A = a \cdot l$ <br> $A = \sum (a \cdot l)$ |
| Biegung | 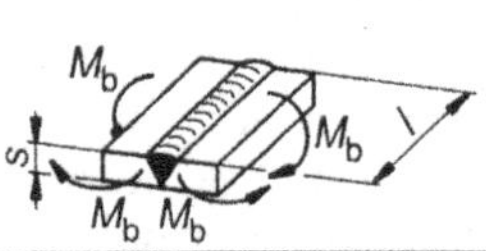 | 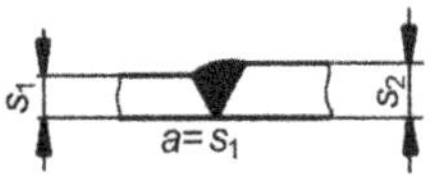 $a = s_1$ | $\sigma_b = M_b / W_b$ | $W_b = \dfrac{a \cdot l^2}{b}$ hochkant <br> $W_b = \dfrac{a^2 \cdot l}{b}$ flachkant |
| Zug + Biegung | 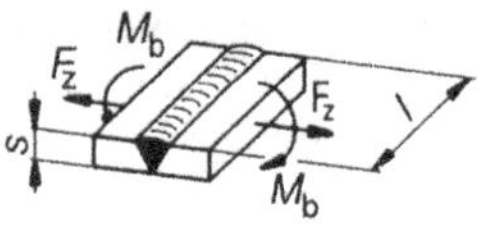 | 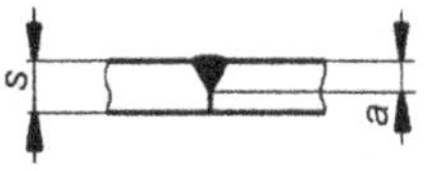 | resultierende Spannung: <br> $\sigma_{res} = \sigma_z + \sigma_b$ | |
| Schub + Biegung | 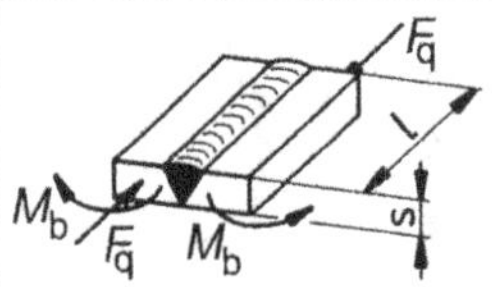 | 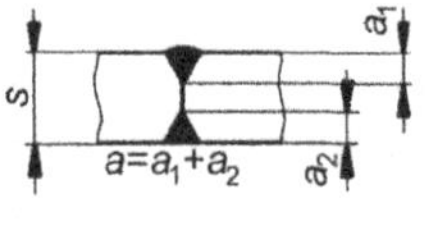 $a = a_1 + a_2$ | Vergleichsspannung: <br> $\sigma_v = \dfrac{\left( \sigma_b + \sqrt{\sigma_b^2 + 4 \cdot \tau_s^2} \right)}{2}$ | |

$\sigma_{z,d}$, $\sigma_b$, $\tau_s$, $\tau_t$, $\sigma_v$ = Spannungen
$T$ = Torsionsmoment
$W_b$ = Biege-Widerstandsmoment
$W_p$ = Polares Widerstandsmoment

$A$ = Nahtquerschnitt
$\sigma_{zul\,N/A}$ = zulässige Spannungen
$M_b$ = Biegemoment
$F_{z,d}$, $F_q$ = Zug-/Druckkraft, Querkraft

**Bild 9.17** Vorhandene Spannungen bei Stumpfnähten [1]

$\alpha_0$ = Beiwert für die Bewertungsgruppe der Schweißnaht
$\qquad \alpha_0$ = 1 (Bew.-Gruppe A, nicht mehr genormt)
$\qquad \alpha_0$ = 0,8 Bewertungsgruppe B
$\qquad \alpha_0$ = 0,5 Bewertungsgruppe C, D
$\beta$ = 0,9 Beiwert für Schrumpfspannungen (d. h. Eigen-
$\qquad$ spannungen $\approx$ 10 % der Grenzspannung gesetzt)
$S$ = Sicherheit
$\qquad S$ = 1,5...2 bei schwellender Belastung
$\qquad S$ = 2 bei wechselnder Belastung

$\alpha_N$ = Formzahl der Naht gemäß Bild 9.19
$\alpha_A$ = Formzahl des Anschlussquerschnitts gemäß Bild 9.19
$\sigma_{Grenz}$ = Grenzspannung, abhängig von der Belastungsart
$\qquad = \sigma_{sch}$ bei schwellender Zug-/Druckbelastung
$\qquad = \sigma_w$ bei wechselnder Zug-/Druckbelastung
$\qquad = \sigma_{b\,sch} \approx 1,2..1,4 \cdot \sigma_{sch}$ schwellende Biegebelastung
$\qquad = \sigma_{b\,w} \approx 1,3 \cdot \sigma_w$ wechselnde Biegebelastung
$\qquad = \tau_{sch} \approx 0,8 \cdot \sigma_{sch}$ schwellende Schubbelastung
$\qquad = \tau_w \approx 0,8 \cdot \sigma_w$ wechselnde Schubbelastung

| Belastung | Anordnung | Nahtform | Nahtnenn-spannung | Nahtfläche bzw. Widerstandsmoment |
|---|---|---|---|---|
| Zug/ Druck | 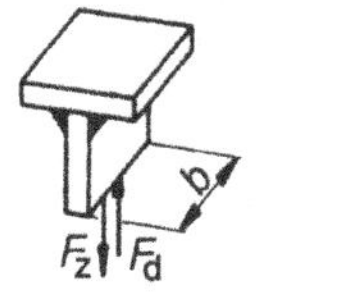 | 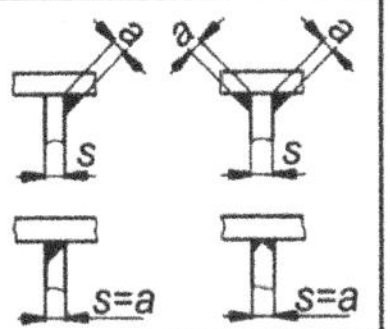 | $\sigma_z = F_z / A$ $\sigma_d = F_d / A$ | $A = a \cdot l$ bzw. $A = \Sigma (a \cdot l)$ mit $l = b - 2a$ |
| Schub | 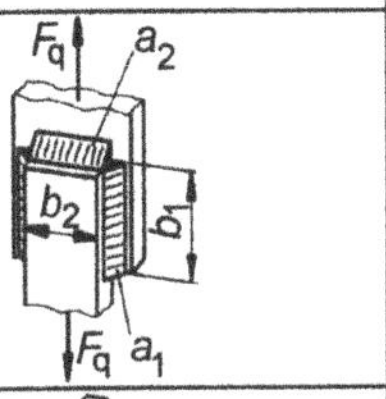 | 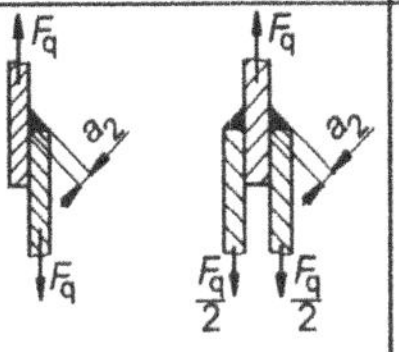 | $\tau_s = F_q / A$ | $A = a \cdot l$ bzw. $A = \Sigma (a_1 \cdot l_1) + \Sigma (a_2 \cdot l_2)$ mit $l_1 = b_1 - 2a$ $l_2 = b_2 - 2a$ |
| Biegung | 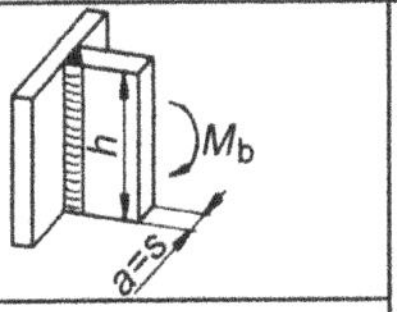 | 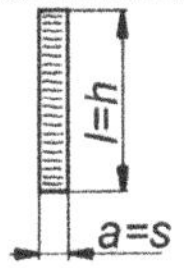 | $\sigma_b = M_b / W_b$ | $W_b = \dfrac{a \cdot l^2}{6}$ hochkant $W_b = \dfrac{a^2 \cdot l}{6}$ flachkant |
| Schub + Biegung | 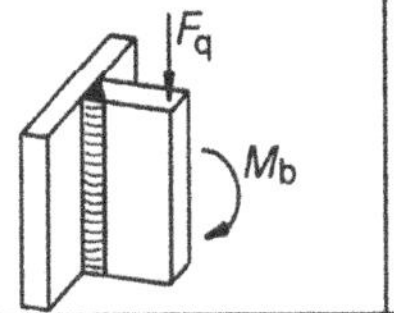 | 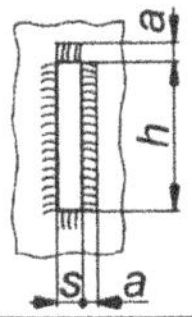 | Vergleichs-spannung aus $\sigma_b$ und $\tau_s$ | $\sigma_v = \dfrac{\left(\sigma_b + \sqrt{\sigma_b^2 + 4 \cdot \tau_s^2}\right)}{2}$ $W_b = \dfrac{\left[(s + 2 \cdot a) \cdot (h + 2 \cdot a)^3 - s \cdot h^3\right]}{6 \cdot (h + 2 \cdot a)}$ |
| Torsion | 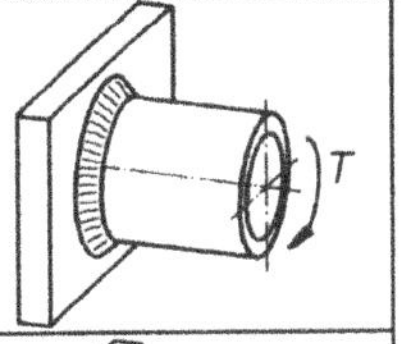 | 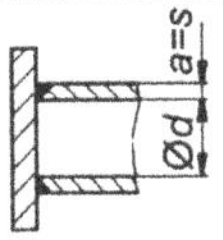 | $\tau_t = \dfrac{T}{W_p}$ | $W_p = \dfrac{\pi}{16} \cdot \dfrac{(d + 2 \cdot a)^4 - d^4}{d + 2 \cdot a}$ |
| Torsion + Biegung | 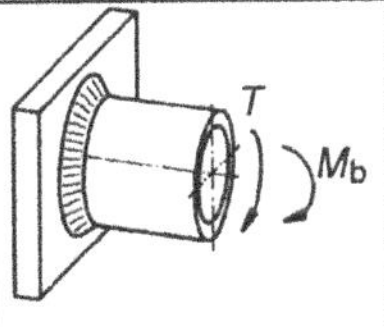 | 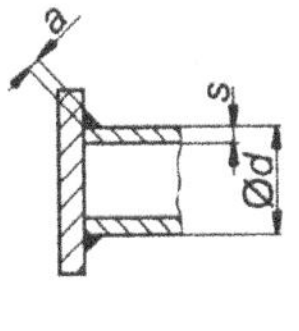 | Vergleichs-spannung aus $\sigma_b$ und $\tau_t$ | $\sigma_v = \dfrac{\left(\sigma_b + \sqrt{\sigma_b^2 + 4 \cdot \tau_t^2}\right)}{2}$ $W_b = \dfrac{\pi}{32} \cdot \dfrac{(d + 2 \cdot a)^4 - d^4}{d + 2 \cdot a}$ |

$\sigma_{z,d}$, $\sigma_b$, $\tau_s$, $\tau_t$, $\sigma_v$ = Spannungen
$T$ = Torsionsmoment
$W_b$ = Biege-Widerstandsmoment
$W_p$ = Polares Widerstandsmoment

$A$ = Nahtquerschnitt
$\sigma_{zul\,N/A}$ = zulässige Spannungen
$M_b$ = Biegemoment
$F_{z,d}$, $F_q$ = Zug-/Druckkraft, Querkraft

**Bild 9.18** Vorhandene Spannungen bei Kehlnähten [1]

| Nahtart (Symbol) | Bild | Naht $\alpha_N$ | | | Anschluss $\alpha_A$ |
| | | Zug/Druck | Biegung | Schub | Zug/Druck |
|---|---|---|---|---|---|
| V-Naht (V) |  | 0,4...0,5 | 0,5...0,6 | 0,35 | 0,4..0,5 |
| V-Naht, wurzelverschweißt DV-Naht (X) |  | 0,7...0,8 | 0,8...0,9 | 0,5...0,7 | 0,7...0,8 |
| V-Naht, bearbeitet | 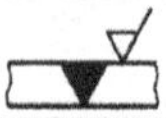 | 0,92 | 1,0 | 0,73 | 0,92 |
| Flachkehlnaht |  | 0,35 | 0,5 | 0,35 | 0,56 |
| Hohlkehlnaht | 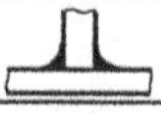 | 0,35 | 0,85 | 0,45 | 0,7 |
| Doppel-HV-Naht, Doppel-HY-Naht (K-Naht) | 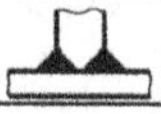 | 0,56 | 0,8 | 0,45 | 0,6 |
| Doppel-HV-Naht, Doppel-HY-Naht (K-Naht); hohl | 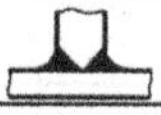 | 0,7 | 0,85 | 0,45 | 0,7...0,8 |
| Flachkehlnaht einseitig |  | 0,25 | 0,12 | 0,2 | - |
| HV-Naht, hohl |  | 0,6 | 0,7 | 0,5 | - |
| Flankenkehlnaht ohne/ mit Entkrater-Bearbeitung | 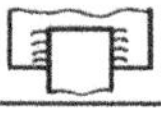 | - - | - - | 0,65 0,7 | 0,35 0,5 |
| Rundnaht | 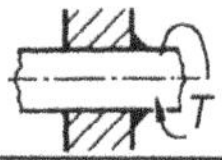 | - | Formzahl für Verdrehbeanspruchung $\alpha_N \approx 0,5$ | | - |

**Bild 9.19** Dauerfestigkeitskennwerte und Formzahlen [1]

| | $\sigma_{sch}$ | $\sigma_w$ | $\sigma_{bw}$ | $\tau_{t\,sch}$ | $\tau_{t\,w}$ |
|---|---|---|---|---|---|
| **1.0037 (St 37)** | 230 | 130 | 160 | 140 | 100 |
| **1.0052 (St 52)** | 320 | 180 | 210 | 230 | 120 |

**Bild 9.20** Kennwerte für $\sigma_{Grenz}$ in N/mm²

**Berechnungsbeispiel**

Die in Bild 9.21 dargestellte Wandkonsole wird an der Befestigungsplatte mit umlaufenden Flachkehlnähten $a = 5$ mm angeschweißt. Als Werkstoff wird 1.0037 (St 37) eingesetzt. Die Auflagerkräfte betragen $F_y =$ 70 kN und $F_x = 40$ kN. Für die Schweißnähte ist der Spannungsnachweis zu führen.

*Lösung:* Die Beanspruchung der Anschlussnaht

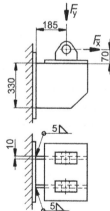

**Bild 9.21** Wandkonsole

setzt sich aus einer Biege- und einer Schubspannung zusammen.

Darüber hinaus bewirkt die Kraft $F_x$ eine Zugbelastung der Schweißnähte. Im ersten Schritt werden die einzelnen Spannungen gemäß Bild 9.18 berechnet. Dabei ist zu beachten, dass die Schweißnaht umlaufend ausgeführt ist. Für die Berechnung der Zugspannung wird die gesamte Schweißnahtfläche (ohne die Ecken) berücksichtigt, für die Berechnung der Scherspannung nur die in Kraftrichtung liegenden Nähte.

Zugspannung:

$$\sigma_z = \frac{F_x}{\sum(a \cdot l)} = \frac{40.000\,\text{N}}{4 \cdot 5\,\text{mm} \cdot 330\,\text{mm} + 4 \cdot 5\,\text{mm} \cdot 10\,\text{mm}}$$
$$= 5,9 \frac{\text{N}}{\text{mm}^2}$$

Scherspannung (Quernähte nicht berücksichtigt):

$$\tau_s = \frac{F_y}{\sum(a \cdot l)} = \frac{70.000\,\text{N}}{4 \cdot 5\,\text{mm} \cdot 330\,\text{mm}} = 10,6 \frac{\text{N}}{\text{mm}^2}$$

Für die Berechnung des gesamten Biegemoments müssen die aus $F_x$ und $F_y$ resultierenden Teilmomente addiert werden. Der Hebelarm der Kraft $F_x$ ist bis zur Mitte der Anschlussschweißnaht zu messen:

$$M_b = F_y \cdot l_y + F_x \cdot l_x$$
$$= 70\,\text{kN} \cdot 185\,\text{mm} + 40\,\text{kN} \cdot \left(70 + \frac{330}{2}\right)\text{mm}$$
$$= 22.350 \text{ Nm}$$

Das Biege-Widerstandsmoment wird entsprechend Bild 9.18 berechnet, wobei zwei Anschlussflächen zu berücksichtigen sind:

$$W_b = 2 \cdot \frac{\left[(s + 2 \cdot a) \cdot (h + 2 \cdot a)^3 - s \cdot h^3\right]}{6 \cdot (h + 2 \cdot a)}$$

$$W_b = 2 \cdot \frac{\left[(10 + 2 \cdot 5) \cdot (330 + 2 \cdot 5)^3 - 10 \cdot 330^3\right]\text{mm}^4}{6 \cdot (330 + 2 \cdot 5)\text{mm}}$$
$$= 418.300\,\text{mm}^3$$

Biegespannung:

$$\sigma_b = \frac{M_b}{W_b} = \frac{22.350\,\text{Nm}}{418.300\,\text{mm}^3} = 53,4\,\frac{\text{N}}{\text{mm}^2}$$

Es ist erkennbar, dass die Biegespannung deutlich größer als die Zug- und die Scherspannung ist. Zur Zusammenfassung der Spannungen können zunächst die Biegespannung und die Zugspannung addiert werden. Danach ist die sich dann ergebende Gesamtspannung mit der Scherspannung mittels der Vergleichsspannungshypothese zusammenzufassen. Es gilt:

$$\sigma = \sigma_b + \sigma_z = 53,4\,\frac{\text{N}}{\text{mm}^2} + 5,9\,\frac{\text{N}}{\text{mm}^2} = 59,3\,\frac{\text{N}}{\text{mm}^2}$$

Vergleichsspannung:

$$\sigma_v = \frac{\left(\sigma + \sqrt{\sigma^2 + 4 \cdot \tau_s^2}\right)}{2}$$

$$= \frac{\left(59,3\,\frac{\text{N}}{\text{mm}^2} + \sqrt{\left(59,3\,\frac{\text{N}}{\text{mm}^2}\right)^2 + 4 \cdot \left(10,6\,\frac{\text{N}}{\text{mm}^2}\right)^2}\right)}{2}$$

$$= 61,1\,\frac{\text{N}}{\text{mm}^2}$$

Die zulässige Spannung kann mittels der Gleichung (9.3) und mit Hilfe von Bild 9.19 bestimmt werden:

$$\sigma_{\text{zul N}} = \frac{\alpha_0 \cdot \alpha_N \cdot \beta \cdot \sigma_{\text{Grenz}}}{S}$$

Hier werden folgende Größen eingesetzt:

$\alpha_0 = 0,8$ (Bewertungsgruppe B angenommen)
$\beta = 0,9$ (Beiwert für Schrumpfspannungen)
$S = 1,5..2$ (schwellende Belastung angenommen)
$\alpha_N = 0,5$ gemäß Bild 9.19 für Flachkehlnaht, biegebelastet

Für die Grenzspannung $\sigma_{\text{Grenz}}$ ist der entsprechende Wert für den Werkstoff 1.0037 bei schwellender Biegebelastung nach Bild 9.20 einzusetzten:

$$\sigma_{\text{Grenz}} = \sigma_{\text{b sch}} = 300\,\text{N/mm}^2.$$

Damit gilt:

$$\sigma_{\text{zul N}} = \frac{0,8 \cdot 0,5 \cdot 0,9 \cdot 300\,\text{N/mm}^2}{1,5} = 72\,\text{N/mm}^2$$

Der Spannungsnachweis ist hiermit geführt; die Schweißnaht ist hinreichend dimensioniert:

$$\sigma_v = 61,1\,\text{N/mm}^2 < \sigma_{\text{zul}} = 72\,\text{N/mm}^2$$

## 9.3 Berechnung von Löt- und Klebeverbindungen

### 9.3.1 Lötverbindungen

Lötverbindungen werden im allgemeinen so ausgelegt, dass sie rechnerisch annähernd die gleiche Bruchkraft wie das beanspruchte Bauteil haben. Für die einzelnen Spannungen im Lötquerschnitt gilt:

$$\tau_s = \frac{F}{b \cdot l_{\ddot{U}}} \leq \tau_{\text{s zul}} = \frac{v \cdot \tau_{\text{ab}}}{S_L} \qquad (9.4)$$

$$\sigma_{z,d} = \frac{F_{z,d}}{b \cdot h} \leq \sigma_{\text{zul}} = \frac{v \cdot \sigma_{\text{ab}}}{S_L} \qquad (9.5)$$

$$\tau_t = \frac{2 \cdot T}{d^2 \cdot \pi \cdot l} \leq \tau_{\text{s zul}} = \frac{v \cdot \tau_{\text{ab}}}{S_L} \qquad (9.6)$$

$\tau_s$ = Scherspannung          $F_{z,d}$ = Zug-, Druckkraft
$\sigma_{z,d}$ = Zug-/Druckspannung     $T$ = Torsionsmoment
$\tau_t$ = Torsionsspannung        $v$ = Lastfaktor:
$l_{\ddot{U}}$ = Überlappungslänge              $v=0{,}5$ (wechselnd)
$b$ = Breite des Lötquerschnitts      $v=0{,}75$ (schwellend)
$h$ = Höhe des Lötquerschnitts      $v=1$ (ruhend)
$\tau_{ab}$ = Abscherfestigkeit nach Bild 9.23
$\sigma_{ab}$ = Zugfestigkeit nach Bild 9.23
$S_L$ = Sicherheit für die Lötverbindung $S_L \approx 1{,}25 .. 4$

Abhängig von der Oberflächenbehandlung und von der Ausführung können die entsprechenden Kennwerte aus Tabellen entnommen werden. Im Rohrleitungs- und Behälterbau gelten TÜV-Richtlinien, in denen Werte für die Sicherheit $S_L$ festgelegt sind.

Um die genaue Festigkeit der Lötverbindung unter realen Bedingungen zu ermitteln, müssen ggf. Versuche unternommen werden. Dies gilt insbesondere bei Großserien. Die Alterungsbeständigkeit von Lötverbindungen ist in der Regel gut, außer in korrosiven Medien.

**Berechnungsbeispiel:**
Die in Bild 9.22 gezeigte Zuglasche aus Flachstahl 15x4 soll eine ruhende Zugkraft von $F = 7{,}5$ KN aufnehmen. Der Flachstahl ist mit zwei Winkeln 20x5 am Maschinenrahmen mit Messinglot hart verlötet.

Welche Überlappungslänge $l_{\ddot{U}}$ ist vorzusehen, wenn eine 3-fache Sicherheit gegen Abscherung vorhanden sein soll? Ist der Anschluss der beiden Winkel am Maschinenrahmen hinreichend dimensioniert?

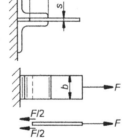

**Bild 9.22** Zuglasche

*Lösung:*
*Die Lötung der Zuglasche wird auf Scherung beansprucht. Es gilt nach* Gleichung (9.4):

$$\tau_s = \frac{F}{b \cdot l_{\ddot{U}}} \leq \tau_{s\,zul} = \frac{v \cdot \tau_{ab}}{S_L}.$$

*Der Lastfaktor ist $v = 1$ zu setzen, da eine ruhende Belastung vorliegt; die Sicherheit ist gemäß Aufgabenstellung $S_L = 3$. Es liegen zwei Lötflächen vor.*

*Aus Bild 9.23 wird die Abscherfestigkeit zu $\tau_{ab} = 250$ N/mm² ermittelt. Damit gilt für die Überlappungslänge $l_{\ddot{U}}$:*

$$l_{\ddot{U}} = \frac{S_L \cdot F_n}{2 \cdot b \cdot v \cdot \tau_{ab}} = \frac{3 \cdot 7.500\,\text{N} \cdot \text{mm}^2}{2 \cdot 15\,\text{mm} \cdot 1 \cdot 250\,\text{N}}$$
$$= 3\,\text{mm}$$

*Aus konstruktiven Gründen sollte die Überlappungslänge deutlich größer gewählt werden; daher wird sie wie folgt festgelegt:*

$$l_{\ddot{U}} = 15\,\text{mm}.$$

*Der Anschluss am Maschinenrahmen wird auf Zug beansprucht. Es sind zwei Lötflächen vorhanden; daher gilt:*

$$\sigma_z = \frac{F}{2 \cdot b \cdot h} = \frac{7.500\,\text{N}}{2 \cdot 15\,\text{mm} \cdot 20\,\text{mm}} = 12{,}5\,\frac{\text{N}}{\text{mm}^2}$$

$$\sigma_{zul} = \frac{v \cdot \sigma_{ab}}{S_L} = \frac{1 \cdot 250\,\text{N}}{3\,\text{mm}^2} = 83{,}3\,\frac{\text{N}}{\text{mm}^2}$$

*Der Spannungsnachweis ist hiermit geführt; die Anschlusslötung ist hinreichend dimensioniert:*

$$\sigma_z = 12{,}5\ \text{N/mm}^2 < \sigma_{zul} = 83{,}3\ \text{N/mm}^2$$

| Lot | | $\tau_{ab}$ | $\sigma_{ab}$ | $\tau_{s\,zul}$ (ruhend) | $\tau_{s\,zul}$ (schwellend) | $\tau_{s\,zul}$ (wechselnd) |
|---|---|---|---|---|---|---|
| Kupferlot | L-Cu | 150 - 220 | 200 - 300 | 50 - 70 | 30 - 40 | |
| Messinglot | L-CuZn | 250 - 300 | 250 - 300 | 80 - 90 | 55 - 65 | 15 - 25 |
| Silberlot | L-Ag | 150 - 280 | 300 - 400 | 50 - 70 | 30 - 40 | |
| Neusilberlot | L-CuNi | 250 - 320 | 340 - 380 | 80 - 90 | 55 - 65 | |
| Aluminiumlot | L-AlSi | $0{,}6 \cdot R_m ... 0{,}8 \cdot R_m$ | - | $0{,}35 \cdot \tau_{ab}$ | $0{,}18 \cdot \tau_{ab}$ | $0{,}1 \cdot \tau_{ab}$ |
| Nickellot | L-Ni | | | | | |

$R_m$ = Zugfestigkeit des Verbindungsteilwerkstoffes

**Bild 9.23** Anhaltswerte für zulässige Spannungen bei Lötverbindungen in N/mm²

## 9.3.2 Berechnung von Klebe-verbindungen

Klebeverbindungen weisen eine relativ gleich-mäßige Spannungsverteilung in den Grundbau-teilen auf. In der Klebeschicht dagegen können aufgrund der unterschiedlichen Elastizitäten von Bauteil und Kleber Spannungsspitzen entstehen, die nur durch entsprechende Gestaltung ausge-glichen werden können. Diese Spannungsspitzen sind nicht berechenbar, da sie sehr stark von der Ausführung der Klebung abhängen. Gegebenen-falls muss die Tragfähigkeit im praktischen Ver-such ermittelt werden. Typische Belastungen von Klebverbindungen zeigt Bild 9.24.

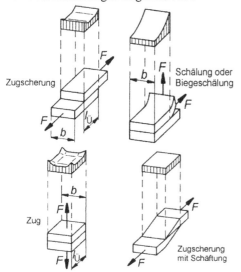

**Bild 9.24** Spannungsverläufe in der Klebeschicht

Für die Scherspannung und für die Zugspannung ist die Klebefläche entscheidend, für die Größe der Schälspannung nur die Breite der Klebung. Es gilt für die Scherspannung bzw. entsprechend für die Zugspannung:

$$\tau_K = \frac{F}{b \cdot l_{\ddot{U}}} \leq \tau_{K\,zul} = \frac{\tau_B}{S_K} \qquad (9.7)$$

Entsprechend gilt für die Schälspannung:

$$\sigma'_K = \frac{F}{b} \leq \sigma'_{K\,zul} = \frac{\sigma'_{abs}}{S_K} \qquad (9.8)$$

$\tau_K$ = Scher- bzw. Zugspannung
$F$ = Scher-, Zug- oder Schälkraft
$b$ = Breite des Klebequerschnitts
$l_{\ddot{u}}$ = Überlappungslänge
$\tau_{K\,zul}$ = Zulässige Scher- bzw. Zugspannung
$\tau_B$ = Zugscherfestigkeit des Klebstoffes nach Bild 9.25
$S_K$ = Sicherheit gegen Bruch $\quad S_K \approx 1,5 \dots 3,5$
$\sigma'_K$ = Schälspannung
$\sigma'_{K\,zul}$ = Zulässige Schälspannung
$\sigma'_{abs}$ = Absolute Schälfestigkeit des Klebstoffes nach Bild 9.25

Eine **Temperaturerhöhung** beeinflusst die Fe-stigkeit der meisten Klebstoffe. Bis zu einem Schwellenwert (45..150 °C, je nach Klebstoff) bleibt die Festigkeit zunächst konstant; oberhalb davon fällt sie ab. Bei der Zersetzungstempera-tur ($\approx$ 200 °C) wird der Klebstoff zerstört.

Die **Alterung** des Klebstoffes ist von der Luft-feuchtigkeit und von der Betriebstemperatur ab-

| Bauteilwerkstoffe | M, G, K | M, G, K | KS | M, K, KS | Welle-Nabe-Verbindungen | | | |
|---|---|---|---|---|---|---|---|---|
| Beanspruchung | Zugscherung | | | | Druck- / Zugscherung | | | |
| Loctite-Produkt-Nr. | **306** | **329** | **496** | **406** | **640** | **620** | **661** | **327** |
| Klebespalt max. | 0,1 | 0,4 | 0,1 | 0,1 | 0,12 | 0,2 | 0,15 | 1,0 |
| in mm günstig | 0,1 | | 0,05 | 0,05 | 0,05 | 0,05 | 0,05 | |
| $\tau_B$ in N/mm² | 10 -18 | 20 - 35 | 20 - 30 | 10 - 30 | 15 - 33 | 20 - 35 | 16 - 30 | 8 - 18 |
| $\sigma'_{abs}$ in N/mm | St, Reinalu.: $\sigma'_{abs} \approx$ 2 N/mm | | | AlMg: $\sigma'_{abs} \approx$ 15 N/mm | | AlCuMg: $\sigma'_{abs} \approx$ 25 N/mm | | |
| Aushärtung mit | A, T | A | L, T, A | L | M+A, T | M+A | A, UV | 2K |
| Temperatur- von | - 55 °C | - 50 °C | - 60 °C | - 60 °C | - 55 °C | - 55 °C | - 55 °C | - 55 °C |
| bereich bis | +200 °C | +120 °C | + 80 °C | + 80 °C | +175 °C | +230 °C | +175 °C | +120 °C |

**Bauteilwerkstoffe:**
M: Metall
G: Glas
K: Keramik, Graphit; Stein und Beton
KS: Kunststoffe: PA, PC, PS, EP, PVC, PMMA

**Aushärtung:**
A: Aktivator      UV: Ultraviolettstrahlung
L: Luftfeuchtigkeit      T: Wärme
M+A: Luftabschluss und Metallkontakt mit Aktivator
2K: Zweikomponentenkleber ohne Mischen

**Bild 9.25** Klebstoffeigenschaften [2]

hängig. Prinzipiell fällt die Festigkeit im Laufe von ca. 12 Wochen ab, und zwar wie folgt:
- 90% Festigkeit bei $\vartheta < 50\,°C$, geschlossener Raum
- 80% Festigkeit bei normalem Klima
- 70% Festigkeit bei $\vartheta \approx 80\,°C$, Wassereinwirkung

Dynamisch beanspruchte Klebeverbindungen weisen eine geringere Belastbarkeit auf als statisch belastete. Dies wird durch den Lastfaktor $v$ berücksichtigt. Die **Dauerfestigkeit** $\tau_{\text{K zul dyn}}$ für eine Lastspielzahl von $10^7$ wird wie folgt berechnet:

$$\tau_{\text{K zul dyn}} = \frac{v \cdot \tau_B}{S_K} \qquad (9.9)$$

$\tau_{\text{K zul dyn}} =$ Zulässige dynamische Spannung
$\tau_B \quad =$ Zugscherfestigkeit des Klebstoffes nach Bild 9.25
$v \quad =$ Lastfaktor    $v = 0,3$ (wechselnd)
$\qquad\qquad\qquad\quad v = 0,65$ (schwellend)
$\qquad\qquad\qquad\quad v = 1$ (ruhend)

Bei **kombinierten** Niet-, Punktschweiß- und Klebeverbindungen können näherungsweise die Kräfte, die jede Verbindung einzeln übertragen könnte, addiert werden, um die Gesamtbelastbarkeit zu ermitteln.

**Berechnungsbeispiel:**
Bei der in Bild 9.26 dargestellten Anordnung soll ein Rohr, auf das eine Zugkraft einwirkt, in eine Buchse eingeklebt werden, die in die Gehäusewand eingeschweißt ist. Das Rohr hat einen Außendurchmesser von $d = 16$ mm und eine Wandstärke von $s = 1$ mm. Als Klebstoff wird Loctite 327 verwendet. Wie groß muss die Fugenlänge sein, damit die Abscherkraft der Klebeschicht der Zugkraft entspricht, bei der das Rohr abreißt? ($R_m \approx 370$ N/mm²). Wie groß muss die Fugenlänge bei einer schwellenden Kraft von $F = 4.000$ N sein?

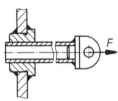

**Bild 9.26** Eingeklebtes Rohr

*Lösung: Zunächst wird die Querschnittsfläche des Rohres ermittelt; der Innendurchmesser ist:*

$$d_i = d_a - 2 \cdot s = 16\,\text{mm} - 2 \cdot 1\,\text{mm} = 14\,\text{mm}$$

$$A_{\text{Rohr}} = \left(16^2 - 14^2\right) \cdot \frac{\pi}{4}\,\text{mm}^2 = 47,1\,\text{mm}^2$$

*Damit lässt sich die Bruchkraft F des Rohres berechnen:*

$$F = A_{\text{Rohr}} \cdot R_m = 47,1\,\text{mm}^2 \cdot 370\,\frac{\text{N}}{\text{mm}^2} = 17.400\,\text{N}$$

*Die Fugenlänge entspricht der Überlappungslänge $l_{\ddot{U}}$, die mittels Gleichung (9.7) errechnet werden kann:*

$$\tau_K = \frac{F}{b \cdot l_{\ddot{U}}} \leq \tau_{\text{K zul}} = \frac{\tau_B}{S_K} \Rightarrow l_{\ddot{U}} \geq \frac{F \cdot S_K}{b \cdot \tau_B}$$

*Die Sicherheit wird zu $S_K = 1$ gewählt, da mit der Bruchkraft des Rohres gerechnet wird. Für den verwendeten Kleber gilt $\tau_B = 8...18$ N/mm²; es wird sicherheitshalber $\tau_B = 8$ N/mm² angenommen. Für die Fugenbreite b ist der Umfang der Klebefläche einzusetzen:*

$$b = d_a \cdot \pi = 16\,\text{mm} \cdot \pi = 50,3\,\text{mm}$$

$$l_{\ddot{U}} \geq \frac{F \cdot S_K}{b \cdot \tau_B} = \frac{17.400\,\text{N} \cdot 1 \cdot \text{mm}^2}{50,3\,\text{mm} \cdot 8\,\text{N}} = 43,2\,\text{mm}$$

*Bei schwellender Belastung muss die zulässige dynamische Spannung mittels Gleichung (9.9) berechnet werden. Dabei wird die Sicherheit zu $S_K = 2,5$ angenommen; der Lastfaktor für schwellende Belastung ist $v = 0,65$:*

$$\tau_K = \frac{F}{b \cdot l_{\ddot{U}}} \leq \tau_{\text{K zul dyn}} = \frac{v \cdot \tau_B}{S_K}$$

$$l_{\ddot{U}} \geq \frac{F \cdot S_K}{b \cdot v \cdot \tau_B} = \frac{4.000\,\text{N} \cdot 2,5 \cdot \text{mm}^2}{50,3\,\text{mm} \cdot 0,65 \cdot 8\,\text{N}} = 38,2\,\text{mm}$$

*Damit sind die Fugenlängen für die beiden Belastungsfälle ermittelt.*

## 9.4 Beanspruchungsgerechte Gestaltung

### 9.4.1 Gestaltung von Schweißverbindungen

**Leitregeln:**
- Möglichst wenige Schweißnähte vorsehen
- Keine Nähte in Passflächen anordnen

- Ausführbarkeit der Schweißung sicherstellen und auf Zugänglichkeit der Nähte achten.
- Wannenposition anstreben (Decklage oben, waagerechtes Arbeiten)
- möglichst wirtschaftliche Schweißverfahren und niedrige Bewertungsgruppe wählen
- Nahtüberprüfung muss durchführbar sein
- Kosten proportional zum Nahtvolumen ⇒ kurze dünne Nähte billiger als lange dicke
- Wärmebehandlung nur, wenn unbedingt nötig
- Nahthäufung und Überlagerungen vermeiden (Schrumpfung, Eigenspannungen)
- Stumpfnähte haben höhere dynamische Festigkeiten als Kehlnähte (bessere Kraftleitung)
- Kehlnähte möglichst doppelseitig als Hohlkehlnähte ausführen
- Zugbeanspruchung in Nahtwurzel meiden, da empfindlich; dort nur Druckbeanspruchung
- Halbzeuge verwenden, um Nähte zu vermeiden
- bei Torsion Übergänge von offenen zu geschlossenen Profilen vermeiden
- Zug/Druck besser als Biegung/Torsion
- Kraftumlenkung in Schweißzone vermeiden
- Kraftfluss möglichst kurz halten

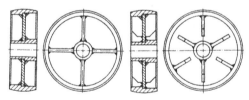

**Bild 9.27** Riemenscheibe [3]

Bei der Riemenscheibe in Bild 9.27 sind die Krafteinleitungsstellen durch Rippen verstärkt; die linke Anordnung bietet durch direkte Kraftleitung hohe Steifigkeit, aber kaum Möglichkeiten zum Abbau von Eigenspannungen; die rechte Version kann Eigenspannungen abbauen.

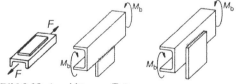

**Bild 9.28** Anschlüsse an Träger

Bei den in Bild 9.28 links und in der Mitte gezeigten Trägern werden die Verformungen

durch die aufgeschweißten Verstärkungen behindert (Steifigkeitssprünge!), während rechts in der neutralen Faser geschweißt wurde.

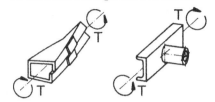

**Bild 9.29** Steifigkeitssprünge bei Torsion

Bei Torsionsbelastung liegen Steifigkeitssprünge bei Übergängen zwischen offenen und geschlossenen Profilen vor. Dies ist der Fall bei der in Bild 9.29 links gezeigten aufgesetzten Lasche sowie rechts bei dem angeschweißten Rohr.

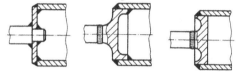

**Bild 9.30** Eingeschweißte Wellenenden

Bei den in Bild 9.30 dargestellten Wellenenden ist auf gute Kraftleitung zu achten. Links ist die Schweißnaht im Bereich der Kraftumlenkung angeordnet, die mittlere und die rechte Version sind durch das Formteil und die Abrenn-Stumpfschweißnaht teurer, aber höher belastbar.

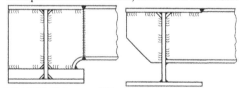

**Bild 9.31** Trägeranschlüsse an Doppel-T-Trägern

Bild 9.31 zeigt Anschlüsse unterschiedlich großer Doppel-T-Träger. Der größere Träger ist auf Biegung belastet. Um Quernähte im auf Zug belasteten unteren Gurt zu vermeiden, werden links Passstücke eingesetzt, die nicht am Untergurt angeschweißt sind. Rechts ist der Untergurt ganz frei von Quernähten.

## 9.4.2 Gestaltung von Lötverbindungen

Bei Lötnähten ist auf die Wahl eines geeigneten Lötverfahrens und auf die entsprechende Lotart

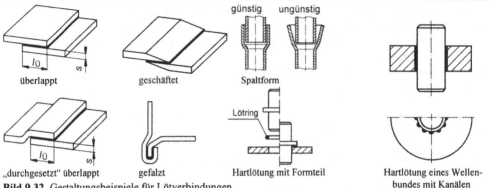

**Bild 9.32** Gestaltungsbeispiele für Lötverbindungen

| Werkstoff | Weichlot | Hartlot | | |
|---|---|---|---|---|
| | | Kupfer | Messing | Silber |
| St unleg. | 0,05-0,20 | 0,05-0,15 | 0,10-0,30 | 0,05-0,20 |
| St legiert | 0,10-0,25 | 0,10-0,20 | 0,10-0,35 | 0,10-0,25 |
| Cu, Cu Leg. | 0,05-0,20 | - | - | 0,05-0,25 |
| Hartmetall | - | 0,30-0,50 | - | 0,30-0,50 |

**Bild 9.33** Richtwerte für Spalte beim Löten in mm

– Bei Presssitzen „Kanäle" für Lotfluss vorsehen
– Weg zum Ablüften des Flussmittels vorsehen
– Aluminium möglichst nicht löten, da anfällig gegen galvanische Zersetzung
– Bei Rohren und Kesseln TÜV-Richtlinien beachten

zu achten. Darüber hinaus ist die richtige Gestaltung der Spalte zu beachten. Beim Spaltlöten muss zwischen den Bauteilen ein möglichst gleichmäßig enger Spalt bestehen. Die Darstellung von Lötverbindungen ist in DIN 1912 genormt. Es sind folgende **Gestaltungsregeln** für Lötverbindungen zu beachten:

– Stumpfnähte meiden (zu kleine Lötflächen)
– Überlappstöße zweckmäßig mit $l_{\ddot{U}} \approx 4 \dots 6 \cdot s$ (4 · s bei sorgfältiger Vorbereitung; 6 · s für einfache Anforderungen)
– Lötnähte möglichst nur auf Schub belasten
– Weichlötungen möglichst belastungsfrei halten wegen Kriechneigung (Anwendung zum Dichten, für elektrische Zwecke usw.)
– Verbindungteile anschäften
– Bauteile falzen, bördeln, muffen oder laschen, um Spannungsspitzen zu vermeiden
– konstante Spalthöhen anstreben, damit vollständige Füllung und höhere Festigkeit
– Ag-, Al- oder Cu-Lote besser als Messinglote mit Cd-, Sb-Zusatz (schädliche Dämpfe)
– Oberflächen bei Cu-Loten $R_z \approx 10\dots16$ μm, bei Ag-Loten $R_z \approx 25$ μm
– Bearbeitungsriefen quer zur Fließrichtung erschweren den Lotfluss, Längsriefen günstiger

### 9.4.3 Gestaltung von Klebeverbindungen

Für Klebeverbindungen gelten folgende **Gestaltungsrichtlinien**:

– Stumpfstöße meiden (zu kleine Klebeflächen)
– Überlappungsstöße mit $l_{\ddot{U}} \approx 10 \dots 20 \cdot s$ ausführen
– Schäftverbindungen bevorzugen
– Klebungen möglichst so gestalten, dass nur Zug- oder Scherbeanspruchungen auftreten
– Schäl- oder Biegebeanspruchungen vermeiden
– Klebungen gegen Witterungseinflüsse lackieren oder anders schützen
– Kleben mit Schweißen, Schrauben oder Nieten kombinieren (Tragfähigkeit und Dichtigkeit werden erhöht, im Leichtmetallbau Schutz vor Korrosion oder galvanischer Zerstörung der Klebestelle)
– Für Flächendichtungen Spalte von 0,1 mm und Rauhtiefen von $R_z = 8 \dots 36$ μm anstreben

**Bild 9.34** Laschung (links) und Schäftung (rechts)

**Bild 9.35** Vermeidung von Schälbeanspruchung (links) durch zusätzlichen Niet (Mitte) oder Ersatz durch Anordnung mit Zugbeanspruchung (rechts)

**Bild 9.36** Vermeidung von Fertigungsungenauigkeiten (links) durch Zentrierung (rechts)

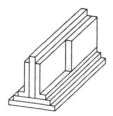

**Bild 9.37** Geklebter Träger

# 9.5  Literatur zu Kapitel 9

[1]  Köhler, G.; Rögnitz, H.: Maschinenteile, Teil 1. 8. Auflage, Stuttgart 1992.

[2]  Der Loctite. Veröffentlichung der Firma Loctite Deutschland GmbH, München, 1988/89.

[3]  Müller, R.; Krebs, J.: Gestaltung - Grundsätze der Gestaltung von Schweißkonstruktionen. In: Grundlagen der Schweißtechnik, 5. Auflage Berlin 1974.

[4]  Roloff, H; Matek, W.: Maschinenelemente. 12. Auflage, Braunschweig, 1992.

[5]  Decker, K. H.: Maschinenelemente. 14. Auflage, München, Wien, 1998.

[6]  Haberhauer, H.; Bodenstein, F.: Maschinenelemente. 10. Auflage, Berlin, Heidelberg, New York, 1996.

[7]  Krist, T.: Metallkleben, Würzburg, 1970.

[8]  DIN 1910 T1: Schweißen - Begriffe, Einteilung der Schweißverfahren, Berlin, 1983.

[9]  DIN 1910 T2: Schweißen - Schweißen von Metallen - Verfahren, Berlin, 1977.

[10] DIN 1910 T3: Schweißen - Schweißen von Kunststoffen - Verfahren, Berlin, 1977.

[11] DIN 1910 T4: Schweißen - Schutzgasschweißen - Verfahren, Berlin, 1991.

[12] DIN 1910 T5: Schweißen - Schweißen von Metallen, Widerstandsschweißen - Verfahren, Berlin, 1986.

[13] DIN 1912 T5: Zeichnerische Darstellung - Schweißen, Löten; Symbole, Bemaßung, Berlin 1987.

[14] VDI-Richtlinie 2229: Metallkleben, Hinweise für Konstruktion und Fertigung.

[15] VDI-Richtlinie 3821: Kunststoffkleben.

# 10   Schrauben

## 10.1   Übersicht

### 10.1.1   Allgemeines

Die Schraube ist das am meisten verwendete Maschinen- bzw. Verbindungselement. Anders als z. B. bei Kleb-, Schweiß- oder Nietverbindungen lassen sich die Bauteile zerstörungsfrei lösen.

Schrauben werden nach ihrem Verwendungszweck unterschieden:
- Befestigungsschrauben für lösbare Verbindungen von Bauteilen
- Bewegungsschrauben zur Umwandlung von Dreh- in Längsbewegungen (oder umgekehrt)
- Verschlussschrauben zum Verschließen von Löchern
- Messschrauben zum Messen kleinster Wege
- Stellschrauben zum Einstellen von Abständen

### 10.1.2   Gewinde

Kennzeichen des Gewindes ist eine profilierte Einkerbung, die entlang einer Schraubenlinie um einen Zylinder verläuft, siehe Bild 10.1. Sie entsteht, wenn man eine Gerade mit dem Steigungswinkel $\varphi$ auf einen Zylinder mit dem Durchmesser $d_2$ aufwickelt.

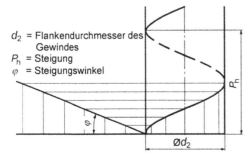

$d_2$ = Flankendurchmesser des Gewindes
$P_h$ = Steigung
$\varphi$ = Steigungswinkel

**Bild 10.1**  Entstehung einer Schraubenlinie

Die Schraubenlinie kann rechts- (wie gezeichnet) oder linksgängig sein. Auch mehrere parallel verlaufende Linien (mehrgängig) sind möglich. Aus dem Steigungsdreieck in Bild 10.1 er-

gibt sich folgende Beziehung:

$$\tan \varphi = \frac{P_h}{\pi \cdot d_2} \qquad (10.1$$

Bei eingängigen Gewinden ist $P_h = P$, bei mehrgängigen ist $P_h = n \cdot P$, wobei $P$ die Teilung und $n$ die Gangzahl des Gewindes ist.

**Gewindeformen**
Je nach Anforderung an das Gewinde gibt es unterschiedliche Gewindeformen, siehe Bild 10.2.

| Profilform | Anwendung |
|---|---|
| Flach  | Ohne technische Bedeutung, ist ersetzt worden durch das Trapezgewinde. |
| Trapez  | Metrisches ISO-Trapezgewinde (DIN 103): Bewegungsgewinde für Spindeln usw. Für unbestimmte Kraftrichtung. |
| Säge 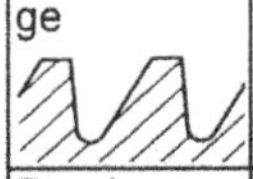 | Metrisches Sägengewinde (DIN 513): Bewegungsgewinde für einseitig wirkende Kräfte, z. B. Hub- und Druckspindeln von Pressen. |
| Rund  | Rundgewinde (DIN 405, 20400): Befestigungsgewinde für z. B. Fahrzeugkupplungen, Elektrogewinde (DIN 40400). |
| Spitz 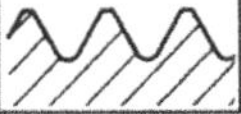 | Metrisches ISO-Gewinde (Regelgewinde DIN 13 T1, Feingewinde T2 bis T11): Befestigungsgewinde; hierfür wegen großer Reibung am geeignetsten. |

**Bild 10.2**  Gewindeformen

**Gewindebezeichnungen**
Die Norm DIN 202 gibt eine Übersicht über die Kurzbezeichnungen von Gewinden. Gefolgt von dem Nenndurchmesser gibt eine Kennung die Gewindeart an. M steht für metrisches ISO-Spitzgewinde, Tr für das metrische ISO-Trapezgewinde. Beim metrischen Fein- und Trapezgewinde wird auch die Steigung mit angegeben (z. B. M 20 x 2, Tr 36 x 6). Weitere Angaben wie Linksgängigkeit (z. B. M 10 LH (= linkshand)), Toleranz usw. sind nur bei Bedarf anzugeben. Mehrgängige Schrauben erfordern zusätzlich zur Steigung noch die Angabe der Teilung (z. B. Tr 36 x 12 (P6) bedeutet: Steigung $P_h = 12$ mm, Teilung $P = 6$ mm und die daraus sich ergebende Gangzahl $n = 12/6 = 2$). Die geometrischen Bezeichnungen für das

Spitzgewinde und das Trapezgewinde sind in Bild 10.3 und Bild 10.4 gezeigt; Gewindeabmessungen sind in Kapitel 10.5.1 zusammengestellt.

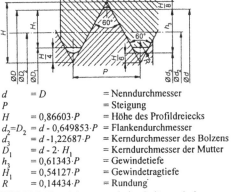

| $d$ | $= D$ | $=$ Nenndurchmesser |
|---|---|---|
| $P$ | | $=$ Steigung |
| $H$ | $= 0{,}86603 \cdot P$ | $=$ Höhe des Profildreiecks |
| $d_2 = D_2$ | $= d - 0{,}649853 \cdot P$ | $=$ Flankendurchmesser |
| $d_3$ | $= d - 1{,}22687 \cdot P$ | $=$ Kerndurchmesser des Bolzens |
| $D_1$ | $= d - 2 \cdot H_1$ | $=$ Kerndurchmesser der Mutter |
| $h_3$ | $= 0{,}61343 \cdot P$ | $=$ Gewindetiefe |
| $H_1$ | $= 0{,}54127 \cdot P$ | $=$ Gewindetragtiefe |
| $R$ | $= 0{,}14434 \cdot P$ | $=$ Rundung |

**Bild 10.3** Bezeichnungen beim Spitzgewinde

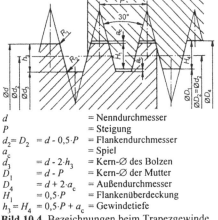

| $d$ | | $=$ Nenndurchmesser |
|---|---|---|
| $P$ | | $=$ Steigung |
| $d_2 = D_2$ | $= d - 0{,}5 \cdot P$ | $=$ Flankendurchmesser |
| $a_c$ | | $=$ Spiel |
| $d_3$ | $= d - 2 \cdot h_3$ | $=$ Kern-$\varnothing$ des Bolzen |
| $D_1$ | $= d - P$ | $=$ Kern-$\varnothing$ der Mutter |
| $D_4$ | $= d + 2 \cdot a_c$ | $=$ Außendurchmesser |
| $H_1$ | $= 0{,}5 \cdot P$ | $=$ Flankenüberdeckung |
| $h_3 = H_4$ | $= 0{,}5 \cdot P + a_c$ | $=$ Gewindetiefe |

**Bild 10.4** Bezeichnungen beim Trapezgewinde

**Gewindetolerierung**
DIN 13 T14, T15 legt drei Toleranzklassen für Gewinde fest:
- **f** (fein):  Hohe Genauigkeit   4H, 5H/4h, 4e
- **m** (mittel): Allgemeine Anwendungen  6H/6g
- **g** (grob):  Für untergeordnete Zwecke 7H/8g

Zur Unterscheidung zum ISO-Toleranzsystem wird die Qualitätszahl vor der Toleranzlage angegeben. Ohne Angaben gilt die Klasse m.

## 10.1.3 Schrauben- und Mutternarten

**Schrauben** unterscheiden sich hauptsächlich durch die Kopfform. Der Kraftangriff erfolgt entweder von außen oder von innen. Sechs- und

Vierkantschrauben sind Beispiele für den Außenangriff der Kraft; Innensechskant, Kreuzschlitz und Schlitz für den Innenangriff. In den Bildern 10.6 bis 10.8 ist eine Auswahl der wichtigsten Schrauben zu sehen. Wichtige Abmessungen sind in Kapitel 10.5 aufgelistet.

**Kopfschrauben** sind die meistbenutzten Schrauben. Sie werden eingesetzt als Durchsteck- oder Aufschraubverbindungen. Meistens werden Sechskantschrauben verwendet; Zylinderschrauben mit Innensechskant werden bei engem Bauraum und mit versenktem Kopf benutzt.

**Blechschrauben** dienen zum Verbinden von Blechen bei nicht zu hohen Beanspruchungen.

**Stift- und Schaftschrauben** werden dort verwendet, wo häufiges Lösen der Verbindung notwendig ist, z. B. bei Gehäuseteilen. Gerade bei weichen Werkstoffen wie Grauguss würde durch zu häufiges Lösen das Innengewinde beschädigt. Durch Verspannen des Einschraubendes wird verhindert, dass sich beim Lösen der Mutter die Stiftschraube mitdreht. Empfohlene Einschraubtiefen für verschiedene Werkstoffe sind in Bild 10.5 zu sehen.

| Festigkeitsklasse | 8.8 | 8.8 | 10.9 | 10.9 |
|---|---|---|---|---|
| Gewindefeinheit $d/P$ [1]) | $< 9$ | $\geq 9$ | $< 9$ | $\geq 9$ |
| AlCuMG1F40 | $1{,}1 \cdot d$ | $1{,}4 \cdot d$ | - | |
| GG-20 | $1{,}0 \cdot d$ | $1{,}2 \cdot d$ | $1{,}4 \cdot d$ | |
| St37 | $1{,}0 \cdot d$ | $1{,}25 \cdot d$ | $1{,}4 \cdot d$ | |
| St50 | $0{,}9 \cdot d$ | $1{,}0 \cdot d$ | $1{,}2 \cdot d$ | |
| C45V | $0{,}8 \cdot d$ | $0{,}9 \cdot d$ | $1{,}0 \cdot d$ | |

[1]) Gewindefeinheit $d/P$ = Nenndurchmesser zu Steigung

**Bild 10.5** Empfohlene Mindesteinschraubtiefe

**Gewindestifte** mit Schlitz oder Innensechskant werden vorwiegend zur Sicherung der Lage eines Bauteils eingesetzt.

**Gewindeschneidende, gewindefurchende und gewindebohrende Schrauben** werden bei weichen Werkstoffen (z. B. Kunststoff, Leichtmetall, Holz) aus wirtschaftlichen Gründen bevorzugt.

**Verschlussschrauben** werden überall da eingesetzt, wo Öffnungen verschlossen und abgedichtet werden müssen, z. B. Öleinfüll- oder Ölablassöffnungen.

**Sechskantschrauben**

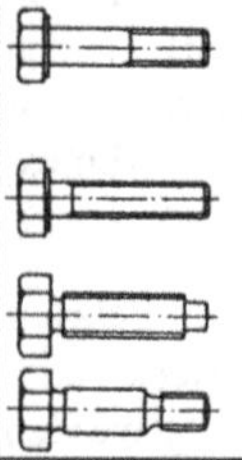

| | | |
|---|---|---|
| | DIN EN 24014 | Metr. Gewinde |
| | DIN EN 28765 | Metr. Feingewinde |
| | DIN EN 24016 | roh |
| | DIN EN 24017 | Gewinde bis Kopf |
| | DIN EN 28676 | ..., metr. Feingewinde |
| | DIN EN 24018 | ..., roh |
| | DIN 561 | mit Zapfen |
| | DIN 609 | Passschraube |

**Vierkantschrauben**

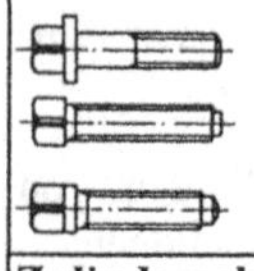

| | | |
|---|---|---|
| | DIN 478 | mit Bund |
| | DIN 479 | mit Kernansatz |
| | DIN 480 | mit Bund u. Ansatzkuppe |

**Zylinderschrauben**

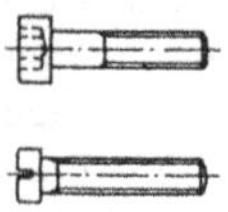

| | | |
|---|---|---|
| | DIN EN ISO 4762 | mit Innensechskant |
| | DIN 6912 | ..., Schlüsselführung |
| | DIN 7984 | ..., niedriger Kopf |
| | DIN EN ISO 1207 | mit Schlitz |

**Senkschrauben**

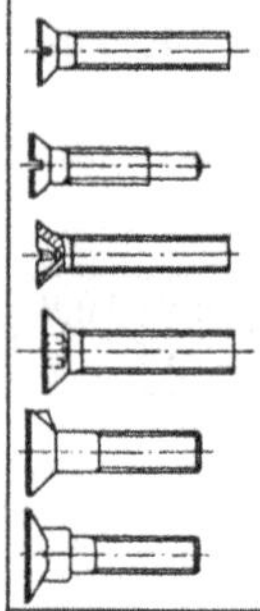

| | | |
|---|---|---|
| | DIN EN ISO 2009 | mit Schlitz |
| | DIN 7969 | ..., für Stahlkonstrukt. |
| | DIN 925 | ..., Zapfen |
| | DIN EN ISO 7046 | mit Kreuzschlitz |
| | DIN EN ISO 10642 | mit Innensechskant |
| | DIN 604 | mit Nase |
| | DIN 605 / 608 | mit Vierkantansatz |

**Linsensenkschrauben**

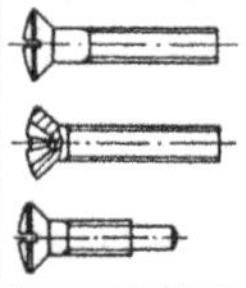

| | | |
|---|---|---|
| | DIN EN ISO 2010 | mit Schlitz |
| | DIN EN ISO 4047 | mit Kreuzschlitz |
| | DIN 924 | mit Schlitz und Zapfen |

**Flachkopfschrauben**

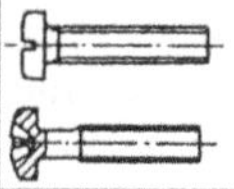

| | | |
|---|---|---|
| | DIN EN ISO 1580 | mit Schlitz |
| | DIN EN ISO 7045 | mit Kreuzschlitz |

**Kombi-Schrauben**

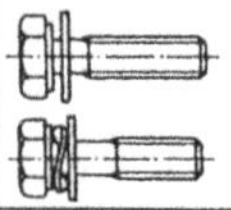

| | | |
|---|---|---|
| | DIN 6900-1 | mit Scheiben |
| | DIN 6900-2 | mit Federscheibe |
| | DIN 607 | Halbrundschrauben mit Nase |
| | DIN 603 | Flachrundschrauben mit Vierkantansatz |

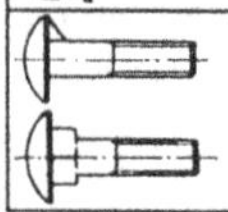

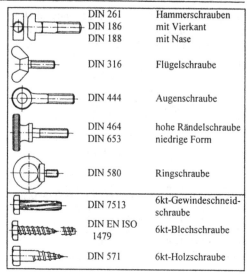

**Stift- und Schaftschraube**

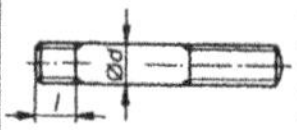

| | | |
|---|---|---|
| | DIN 938 | Einschraubende $l \approx d$ |
| | DIN 939 | $l \approx 1{,}25 \cdot d$ |
| | DIN 835 | $l \approx 2 \cdot d$ |
| | DIN 940 | $l \approx 2{,}5 \cdot d$ |
| | DIN 427 | Schaftschraube mit Schlitz |
| | DIN 2509 | Schraubenbolzen |
| | DIN 2510 | ..., mit Dehnschaft |

**Gewindestifte**

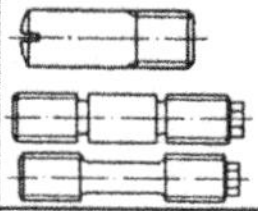

| | | |
|---|---|---|
| | DIN EN 24766 | Schlitz, Kegelkuppe |
| | DIN EN 27434 | ..., Spitze |
| | DIN EN 27434 | ..., Zapfen |
| | DIN EN 27434 | ..., Ringschneide |
| | DIN 913 | Innensechskant, Kegelkuppe |
| | DIN 914 | ..., Spitze |
| | DIN 915 | ..., Zapfen |
| | DIN 916 | ..., Ringschneide |

Genormte Kopfschrauben (Auswahl) table:

| | | |
|---|---|---|
| | DIN 261 | Hammerschrauben |
| | DIN 186 | mit Vierkant |
| | DIN 188 | mit Nase |
| | DIN 316 | Flügelschraube |
| | DIN 444 | Augenschraube |
| | DIN 464 | hohe Rändelschraube |
| | DIN 653 | niedrige Form |
| | DIN 580 | Ringschraube |
| | DIN 7513 | 6kt-Gewindeschneidschraube |
| | DIN EN ISO 1479 | 6kt-Blechschraube |
| | DIN 571 | 6kt-Holzschraube |

**Bild 10.6** Genormte Kopfschrauben (Auswahl)

**Bild 10.7** Genormte Stift- und Schaftschrauben, Gewindestifte (Auswahl)

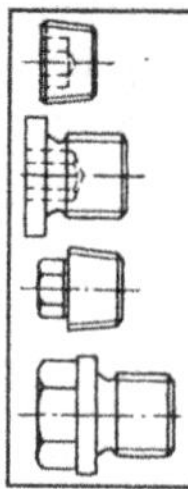

| | | |
|---|---|---|
| | DIN 906 | mit Innensechskant u. kegeligem Gewinde |
| | DIN 908 | mit Bund u. Innensechskant |
| | DIN 909 | mit Außensechskant und kegeligem Gewinde |
| | DIN 910 | mit Bund und Außensechskant, schwere Ausführung |
| | DIN 7604 | ..., leichte Ausführung |

**Bild 10.8** Verschlussschrauben (Auswahl)

**Schraubenenden**

In den Bildern 10.6 und 10.7 ist zu erkennen, dass Schrauben mit verschiedenen Schraubenenden genormt sind. Falls keine eigene Norm oder ein Sonderwunsch zum Schraubenende existiert, wird bei der Bestellung der Schraube eine Angabe zu dieser Ausführungsform gemacht (siehe Kapitel 10.1.4). In Bild 10.9 sind die in DIN 78 genormten Schraubenenden dargestellt.

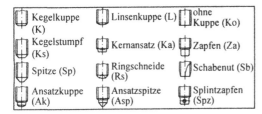

| | | |
|---|---|---|
| Kegelkuppe (K) | Linsenkuppe (L) | ohne Kuppe (Ko) |
| Kegelstumpf (Ks) | Kernansatz (Ka) | Zapfen (Za) |
| Spitze (Sp) | Ringschneide (Rs) | Schabenut (Sb) |
| Ansatzkuppe (Ak) | Ansatzspitze (Asp) | Splintzapfen (Spz) |

**Bild 10.9** Ausführungen der Gewindeenden (DIN 78)

**Muttern** können fast nur durch Außenangriff gedreht werden. Damit ein Versagen der Schraubenverbindung durch einen Bruch der Schraube und nicht durch ein Abscheren des Gewindes der Mutter geschieht, muss die Festigkeitsklasse der Mutter mindestens der der Schraube entsprechen. Zudem muss die Mutterhöhe $m \geq 0,8 \cdot d$ sein. Neueste Untersuchungen haben aber gezeigt, dass dieser Wert in einigen Fällen zu gering ist. Nennhöhen von $m \geq 0,9 \cdot d$ sind daher zu empfehlen (die genauen Werte befinden sich in der Norm DIN EN 20898-2). Bild 10.10 zeigt eine Übersicht der wichtigsten Mutternarten.

**Sechskantmuttern**

| | DIN EN 24032 | Metr. Gewinde |
|---|---|---|
| | DIN EN 28673 | Metr. Feingewinde |
| | DIN EN 24035 | flach, mit Fase |
| | DIN EN 24036 | flach, ohne Fase |
| | DIN EN 28675 | flach, metr. Feingew. |

**Vierkantmuttern**

| | DIN 557 | |
|---|---|---|
| | DIN 562 | niedrige Form |

**Schweißmuttern**

| | DIN 928 | Vierkant |
|---|---|---|

| | DIN 929 | Sechskant |
|---|---|---|

**Hutmuttern**

| | DIN 917 | niedrige Form |
|---|---|---|
| | DIN 1587 | hohe Form |

**Kronenmuttern**

| | DIN 979 | niedrige Form |
|---|---|---|
| | DIN 935 | bis M 10 |
| | DIN 935 | ab M 12 |

**Rundmuttern**

| | DIN 466 DIN 467 | hohe Rändelmutter flache Form |
|---|---|---|
| | DIN 546 | Schlitzmutter |
| | DIN 547 | Zweilochmutter |
| | DIN 548 DIN 1816 | Kreuzlochmutter ..., metr. Feingewinde |
| | DIN 981 DIN 1804 | Nutmutter ..., metr. Feingewinde |
| | DIN 315 | Flügelmutter |
| | DIN 582 | Ringmutter |

**Bild 10.10** Genormte Mutternarten (Auswahl)

**Sechs- und Vierkantmuttern** werden mit üblichen Schraubenschlüsseln angezogen. Dies gilt auch für Hut- und Kronenmuttern.

**Schlitz-, Zweiloch-, Kreuzloch- und Nutmuttern** werden bei beschränkten Einbauverhältnissen verwendet.

**Flügel- und Rändelmuttern** sind für häufig zu lösende Verbindungen geeignet, da sie mit der Hand angezogen werden können.

**Gewindeeinsätze**

Bei Werkstoffen mit geringer Festigkeit (Holz, Kunststoff, Leichtmetalle) oder zur Reparatur zerstörter Gewinde werden Gewindeeinsätze benutzt, siehe Bild 10.11. **Ensat-Einsatzbüchsen** aus Stahl oder Messing haben ein Innen- und ein

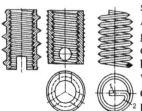

selbstschneidendes Außengewinde. Sie gewährleisten dauerhafte Verschraubungen in weichen Werkstoffen. Die Gewindespule **Heli-Coil** ist eine aus Stahl oder Bronze gefertigte Schraubenfeder, die in ein

Ensat-Einsatzbüchsen    Heli-Coil

**Bild 10.11** Gewindeeinsätze [8]

speziell geschnittenes Gewinde eingedreht wird. Der Mitnehmerzapfen (1) dient zum Eindrehen. Nach dessen Bruch (2) kann eine ganz normale Schraube eingedreht werden. Gleichmäßige Lastverteilung und ein abriebfestes Gewinde sind die Hauptvorteile dieser Spule.

**Unterlegscheiben**

Scheiben werden benutzt, wenn die Oberfläche zwischen Schraubenkopf bzw. Mutter unbearbeitet ist oder nicht beschädigt werden soll. Auch bei weichen Werkstoffen, zu großen Durchgangslöchern und Langlöchern werden Scheiben verwendet. Spezielle Scheiben zum Ausgleich der Schrägen am U-Stahl oder I-Träger sind ebenfalls verfügbar. Für Sechskantschrauben und -muttern sind die Scheiben in DIN 125 genormt (Abmessungen in Bild 10.75). DIN 433 enthält Scheiben für Zylinderschrauben. Für Schrägflächen sind Vierkantscheiben in DIN 434 genormt.

## 10.1.4 Herstellung, Werkstoffe und Bezeichnungen

**Herstellung und Werkstoffe**

Schrauben können durch spanende Verfahren und durch Kalt- oder Warmumformung hergestellt werden. Bei der überwiegend benutzten Kaltumformung werden die Gewindegänge eingedrückt oder eingerollt. Der Schraubenkopf wird durch Stauchen gefertigt. Kaltgeformte und

gerollte Gewinde haben eine höhere Dauerhaltbarkeit und bessere Oberfläche als geschnittene. Durch anschließende Vergütung der Schraube wird die Festigkeit weiter gesteigert. Bei „schlussgerollten Schrauben" wird zuerst der Schraubenrohling vergütet und dann das Gewinde gerollt. Hierdurch wird eine erhöhte Dauerfestigkeit erreicht.

| Festigkeitsklasse | Werkstoff (Beispiele) |
|---|---|
| *Schrauben* | |
| 8.8 | Cq45, 35B2 |
| 10.9 | 41Cr4, 42CrMo4 |
| 12.9 | 42CrMo4, 34CrNiMo6 |
| *Muttern* | |
| 8 | Cq35, 35S20 |
| 10, 12 | Cq45, C45 |

**Bild 10.12** Werkstoffe für Schrauben (Auswahl)

Bild 10.12 zeigt eine Auswahl von geeigneten Werkstoffen, die zur Erreichung der geforderten Festigkeitsklassen benutzt werden.

**Festigkeitsklasse**

Für Schrauben und Muttern aus unlegiertem und niedrig legiertem Stahl, die keinen speziellen Anforderungen wie Schweißbarkeit, Warmfestigkeit (> +300 °C), Kaltzähigkeit (< –50 °C) oder Korrosionsbeständigkeit unterliegen, sind in DIN EN 20898 verschiedene Festigkeitsklassen angegeben.

Die Festigkeitsklasse der Schrauben wird durch zwei mit einem Punkt getrennte Zahlen angegeben. Die erste Zahl entspricht 1/100 der Mindestzugfestigkeit in N/mm². Die zweite mit 10 multipliziert ergibt das Verhältnis der Mindeststreckgrenze zur Mindestzugfestigkeit in Prozent. Für die Festigkeitsklasse 12.9 bedeutet das:
1. Zahl = 12 = $R_m/100$ ⟹ $R_m$ = 1200 N/mm²,
2. Zahl = 9 = $10 \cdot R_{eL}/R_m$ ⟹ $R_{eL}$ = 1080 N/mm².

Die Festigkeitsklasse der Muttern wird mit einer Zahl gekennzeichnet, die 1/100 der Prüfspannung $\sigma_L$ angibt. Diese entspricht der Mindestzugfestigkeit der Schraube, mit der die Mutter gepaart werden kann. Damit wird gewährleistet, dass die Mutter an die Haltbarkeit der Schraube angepasst ist. Höhere Festigkeitsklassen der Mutter können im allgemeinen verwendet werden. Beispiel: Schraube 10.9 und Mutter 10 (oder größer).

**Bezeichnung**

Das Schema zur Bezeichnung von genormten Schrauben und Muttern ist in Bild 10.13 dargestellt. Weiterhin legt die DIN 962 Formen und Ausführungen mit zusätzlichen Bestellangaben (falls erforderlich, f. e.) fest.

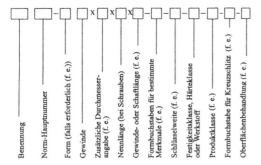

**Bild 10.13** Normbezeichnungsschema (DIN 962)

Bezeichnungsbeispiele:
Sechskant-Hutmutter mit niedriger Form nach DIN 917, Gewinde M10 und der Festigkeitsklasse 10:

„Hutmutter DIN 917 - M10 - 10"

Bei ISO-Normen, die aus DIN EN-Normen entstanden sind, entfällt die 2 am Anfang, und die Norm wird mit ISO bezeichnet. Beispiel:
Sechskantschraube nach DIN EN 24014 mit Gewinde M10, Länge 40 mm und der Festigkeitsklasse 10.9:

„Sechskantschraube ISO 4014 - M10 x 40 - 10.9"

Obige Schraube, jedoch mit Gewinde annähernd bis Kopf (A), Zapfen (Za) und Produktklasse A:

„Sechskantschraube ISO 4014 - A M10 x 40 - Za - 10.9 - A"

**Identifizierung**

Sechskantschrauben mit einem Nenndurchmesser ≥ 5 mm müssen mit der Festigkeitsklasse und einem Herkunftszeichen gekennzeichnet sein. Dies geschieht vorzugsweise am Schraubenkopf, siehe Bild 10.14. Zylinderschrauben mit Innensechskant müssen ab einer Festigkeitsklasse von 8.8 ge-

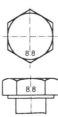

**Bild 10.14**
Identifizierung

kennzeichnet werden. Andere Schrauben sollen, müssen aber nicht gekennzeichnet werden. Bei Muttern gibt es diese Festlegung für Sechskantmuttern ab M 5.

## 10.2 Schraubenberechnung

### 10.2.1 Überschlägige Berechnung

Es gibt mehrere Möglichkeiten, eine überschlägige Berechnung durchzuführen. Da sich dieses Kapitel auch bei der exakten Berechnung an der VDI-Richtlinie 2230 orientiert, wird die in der Richtline benutzte Grobdimensionierung hier angewendet.

Der Schraubendurchmesser wird überschlägig bestimmt. Dazu muss die angreifende Betriebskraft bekannt sein.

| 1 | 2 | 3 | 4 | |
|---|---|---|---|---|
| Kraft | Nenn-∅ in mm | | | I (+4 Schritte) |
| in N | Festigkeitsklasse | | | |
| $F_{A,Q}$ | 12.9 | 10.9 | 8.8 | |
| 250 | | | | |
| 400 | | | | |
| 630 | | | | II (+2 Schritte) |
| 100 | | | | |
| 1.600 | 3 | 3 | 3 | |
| 2.500 | 3 | 3 | 4 | |
| 4.000 | 4 | 4 | 5 | |
| 6.300 | 4 | 5 | 5 | IIIa (+1 Schritt) |
| 10.000 | 5 | 6 | 8 | |
| 16.000 | 6 | 8 | 8 | |
| 25.000 | 8 | 10 | 10 | |
| 40.000 | 10 | 12 | 14 | |
| 63.000 | 12 | 14 | 16 | |
| 100.000 | 16 | 16 | 20 | |
| 160.000 | 20 | 20 | 24 | IIIb (+1 Schritt) |
| 250.000 | 24 | 27 | 30 | |
| 400.000 | 30 | 36 | | |
| 630.000 | 36 | | | |

**Bild 10.15** Abschätzung

① In der ersten Spalte der Tabelle in Bild 10.15 wird die Zeile für die nächst größere Kraft $F_{A,Q}$ gewählt.

② Diese gewählte Mindestvorspannkraft gilt für eine statisch und zentrisch angreifende Kraft.

Greift die Kraft aber nicht zentrisch an, sind von dieser Zahl x Zeilen weiter zu gehen, und zwar

- 1 Schritt für den Fall III a (dynamische und zentrische Axialkraft) bzw. Fall III b (statische und exzentrische Axialkraft)
- 2 Schritte für Fall II (dynamische und exzentrische Axialkraft)
- 4 Schritte für Fall I (statische oder dynamische Querkraft)

③ Wenn das Anziehen der Schraube durch Winkel- oder Streckgrenzkontrolle per Computer überwacht wird, ist dies die maximale Vorspannkraft. Bei anderen Anziehverfahren wird um x Zeilen weitergegangen:

- 1 Zeile bei Anziehen mit Drehmomentschlüssel oder Präzisionsschrauber, der mit Drehmoment- oder Längsmessung arbeitet
- 2 Zeilen, wenn die Schraube mit einem einfachen Drehschrauber mit einstellbarem Nachziehmoment angezogen wird

④ In der so gefundenen Zeile steht in Spalte 2 bis 4 der erforderliche Schraubendurchmesser für die gewählte Festigkeitsklasse.

Beispiel:
Eine Schraubenverbindung wird durch eine statisch und exzentrisch angreifende Axialkraft von $F_A$ = 5.000 N belastet. Die Schraube der Festigkeitsklasse 8.8 soll mit einem einfachen Drehschrauber angezogen werden.

① Es ist die Zeile für die (nächst größere) Kraft 6.300 N zu wählen.
② Statische und exzentrische Axialkraft entspricht 1 Schritt weiter, damit beträgt die Mindestvorspannkraft $F_{A\,min}$ = 10.000 N.
③ 2 Zeilen weiter für den Drehschrauber, also ist $F_{A\,max}$ = 25.000 N.
④ Dies entspricht einem zu wählenden Durchmesser von M 10 für die Festigkeitsklasse 8.8.

## 10.2.2 Verbindungsarten

Die VDI-Richtlinie 2230 „Systematische Berechnung hochbeanspruchter Schraubenverbindungen" unterscheidet zwischen Einschrauben- und Mehrschraubenverbindungen. Der Idealfall,

der sich ausreichend genau berechnen lässt, ist eine zylindrische Einschraubenverbindung mit zentrischer Belastung. Da dieser Fall in der Praxis selten auftritt, muss man versuchen, die Mehrschraubenverbindungen auf den Idealfall zu reduzieren, was häufig möglich ist.

Die Schrauben haben die Aufgabe, die auf die Teile wirkenden Kräfte aufzunehmen und / oder diese zu übertragen, ohne dass die Verbindung sich löst oder lockert.

## 10.2.3 Das Verspannungsschaubild

Durch das Anziehen der Schraube bzw. Mutter wird die Schraube auf Zug und die zu verbindenden Platten auf Druck beansprucht. Da die Schraube nur im elastischen Bereich beansprucht werden darf, kann die Verbindung auch als Federsystem betrachtet werden. Trägt man die Längenänderungen $f$ und die zugehörigen Kräfte in ein Diagramm ein, so erhält man Bild 10.16. Nach dem *Hooke*schen Gesetz gilt, dass die Änderung $f$ proportional zur auftretenden Längskraft ist. Diese Längskraft wird mit $F_V$ = Vorspannkraft bezeichnet. Spiegelt man nun die Kennlinie für die Platten an der x-Achse und verschiebt sie horizontal, so erhält man das bekannte Verspannungsschaubild (Bild 10.17).

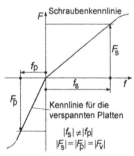

**Bild 10.16** Kraft-Verformungsschaubild

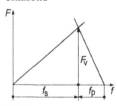

**Bild 10.17** Verspannungsschaubild

## 10.2.4 Elastische Nachgiebigkeit

Wegen der elastischen Nachgiebigkeit der Schraubenverbindung wird diese als Federsystem aufgefasst, siehe auch Kapitel 10.2.3. Aus dem *Hooke*schen Gesetz ($\varepsilon = \sigma/E$) lässt sich dann für eine im Querschnitt $A$ mit der Kraft $F$ auf Zug beanspruchte Schraube folgern:

$$f = \varepsilon \cdot l = \frac{l \cdot \sigma}{E} = \frac{F \cdot l}{E \cdot A}$$

$f$ = Längenänderung
$\varepsilon$ = Dehnung
$l$ = ursprüngliche Länge
$\sigma$ = Spannung
$E$ = Elastizitätsmodul
$F$ = Kraft
$A$ = Querschnittsfläche

$$\delta = \frac{1}{c} = \frac{f}{F} = \frac{l}{E \cdot A} \qquad (10.2)$$

$\delta$ = Elastische Nachgiebigkeit  $c$ = Federsteifigkeit

Der Wert $\delta$ ist die elastische Nachgiebigkeit bzw. der Kehrwert der Federsteifigkeit $c$.

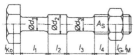

**Bild 10.18** Einzelelemente einer Dehnschraube [3]

Schrauben bestehen aus mehreren hintereinandergeschalteten Einzelelementen, siehe Bild 10.18. Die Elemente lassen sich durch zylindrische Körper mit der Länge $l_i$ und dem Querschnitt $A_i$ ersetzen. Die Gesamtnachgiebigkeit der Schraube $\delta_S$ ist die Summe der Einzelnachgiebigkeiten $\delta_i$:

$$\delta_S = \delta_{Ko} + \delta_1 + \delta_2 + \delta_3 + \delta_4 + \delta_G + \delta_M \qquad (10.3)$$

$\delta_S$ = Elastische Nachgiebigkeit der Schraube
$\delta_{Ko}$ = dto. des Schraubenkopfes
$\delta_i$ = dto. eines Elementes
$\delta_G$ = dto. des eingeschraubten Gewindes
$\delta_M$ = dto. der Mutterverschiebung

Für die Längen des Schraubenkopfes $l_{Ko}$ und der Mutterverschiebung $l_M$ wird ein Ersatzzylinder mit der Länge $0{,}4 \cdot d$ angenommen (gilt auch für Innensechskantköpfe), für die Länge des eingeschraubten Gewindekerns $l_G$ wird $0{,}5 \cdot d$ gesetzt. Hierfür und für das freie Gewinde wird der Spannungsquerschnitt $A_S$ eingesetzt. Damit gilt:

$$\delta_S = \frac{1}{E_S}\left( \frac{0{,}4 \cdot d}{A_N} + \frac{l_1}{A_1} + \frac{l_2}{A_2} + \frac{l_3}{A_3} + \frac{l_4}{A_S} + \frac{0{,}5 \cdot d}{A_S} + \frac{0{,}4 \cdot d}{A_N} \right)$$

$$\qquad (10.4)$$

$E_S$ = Elastizitätsmodul des Schraubenwerkstoffes
$l_i$ = Länge des Einzelelementes
$A_i$ = Querschnitt des Einzelelementes = $\pi \cdot d_i^2/4$
$d$ = Nenndurchmesser des Gewindes
$A_N$ = Nennquerschnitt der Schraube = $\pi \cdot d^2/4$
$A_S$ = Spannungsquerschnitt, s. Kapitel 10.5.1

Die elastische Nachgiebigkeit der verspannten Platten $\delta_P$ ist nicht ohne weiteres zu berechnen, da nicht eindeutig ist, welcher Werkstoffanteil an der Verformung beteiligt ist. Wenn der Außendurchmesser $D_A$ der verspannten Teile größer als der Kopfauflagedurchmesser $d_w$ ist, werden nur Teilbereiche auf Druck beansprucht. Die

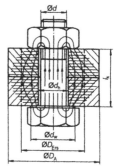

**Bild 10.19** Druckzonen in der Verbindung [8]

beanspruchte Zone verbreitert sich zur Trennfuge hin, siehe Bild 10.19. Daher wird ein Ersatzquerschnitt $A_{Ers}$ als Hilfsgröße benutzt:

$$A_{Ers} = \frac{\pi}{4}\left(d_w^2 - d_h^2\right) + \frac{\pi}{8}d_w\left(D_A - d_w\right)\left[(x+1)^2 - 1\right]$$

$$\qquad (10.5a)$$

mit $x = \sqrt[3]{\dfrac{l_K \cdot d_w}{D_A^2}}$

Gültigkeitsbereich:
Für $d_w \leq D_A \leq d_w + l_K$        oder
für $d_w \leq D_A \leq 1{,}5 \cdot d_w$ nur dann, wenn $l_K/d \leq 10$.

Für $D_A \geq d_w + l_K$    ist in die obige Gleichung $D_A = d_w + l_K$ einzusetzen.

Für  $D_A \leq d_w$    ist in die obige Gleichung $D_A = d_w$ einzusetzen. Für diesen Fall gilt:

$$A_{Ers} = \frac{\pi}{4}\left(D_A^2 - d_h^2\right) \qquad (10.5b)$$

$A_{Ers}$ = Ersatzquerschnitt, Ermittlung siehe oben
$d_w$ = Kopfauflagedurchmesser; bei Zylinderschrauben $\approx$ Kopfdurchmesser, bei Sechskantschrauben = Schlüsselweite
$d_h$ = Durchmesser des Durchgangsloches („hole")
$D_A$ = Außendurchmesser der verspannten Teile, Gültigkeitsbereich siehe oben; für nicht kreisförmige Fugenflächen sollte man den Durchmesser des Innenkreises nehmen
$l_K$ = Klemmlänge der verspannten Teile

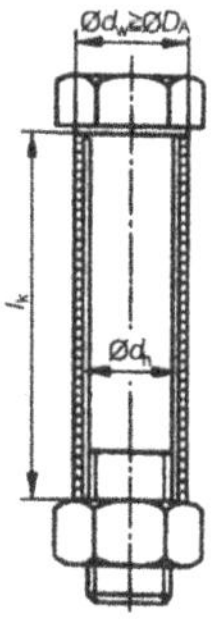

**Bild 10.20** Hülse [6]

Die elastische Nachgiebigkeit verspannter Teile

ergibt sich dann wie folgt:

$$\delta_P = \frac{l_K}{E_P \cdot A_{Ers}} \qquad (10.6)$$

$\delta_P$ = Elastische Nachgiebigkeit der verspannten Platten
$E_P$ = Elastizitätsmodul der verspannten Teile (Platten)

### 10.2.5 Angreifende Betriebskräfte

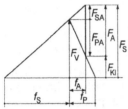

**Bild 10.21** Verspannungsschaubild im Betriebszustand

Greift eine axial wirkende Betriebskraft $F_A$ an der vorgespannten Schraubenverbindung außen an den Platten als Zugkraft an, so wird die Schraube um $f_A$ weiter gedehnt, siehe Bild 10.21, die Platten aber um diesen Betrag entlastet. Ohne äußere Belastung war die die Platten zusammendrükkende Kraft gleich der Vorspannkraft. Durch die Entlastung nimmt die Kraft um den Betrag $F_{PA}$ ab, übrig bleibt die Klemmkraft der Platten $F_{Kl}$.

$$\boxed{F_{Kl} = F_V - F_{PA}} \qquad (10.7)$$

$F_{Kl}$ = (Rest-)Klemmkraft
$F_V$ = Vorspannkraft
$F_{PA}$ = Entlastungskraft der Platten

Die Schraube nimmt neben der Vorspannkraft auch die sogenannte Schraubenzusatzkraft $F_{SA}$ auf, wird also insgesamt mit $F_S$ belastet.

$$\boxed{F_S = F_V + F_{SA} = F_A + F_{Kl}} \qquad (10.8)$$

$F_S$ = gesamte Schraubenkraft
$F_{SA}$ = Schraubenzusatzkraft
$F_A$ = in Längsrichtung wirkende Betriebskraft

Die Klemmkraft darf niemals Null werden, wenn die verspannten Teile nicht abheben oder

eine senkrecht zur Schraubenachse wirkende Querkraft aufnehmen sollen.

Zur Bestimmung der Schraubenzusatzkraft wird das Kraftverhältnis $\Phi = F_{SA}/F_A$ definiert. Mit Hilfe der Gleichungen $f_A = \delta_S \cdot F_{SA} = \delta_P \cdot F_{PA}$ und $F_A = F_{SA} + F_{PA}$ lässt sich die Zusatzkraft der Schraube bestimmen:

$$\boxed{F_{SA} = \frac{\delta_P}{\delta_P + \delta_S} \cdot F_A = \Phi \cdot F_A} \qquad (10.9)$$

$$\boxed{\Phi = \frac{\delta_P}{\delta_P + \delta_S}} \qquad (10.10)$$

$\Phi$ = Kraftverhältnis

bei Krafteinleitung in der Schraubenkopf- und Mutterauflage

Die Entlastung der Platten wird dann zu

$$\boxed{F_{PA} = (1 - \Phi) \cdot F_A = \frac{\delta_S}{\delta_S + \delta_P} \cdot F_A} \qquad (10.11)$$

**Betriebskraft als Druckkraft**

Ist die zentrisch angreifende Betriebskraft $F_A$ eine Druckkraft (Bild 10.22), so ist sie mit negativem Vorzeichen in die Formeln einzusetzen. In diesem Fall nimmt die Belastung der Schraube ab; die verspannten Teile werden noch weiter gedrückt. Die Klemmkraft beträgt bei diesem Sonderfall dann $F_{Kl} = F_V + F_{PA}$.

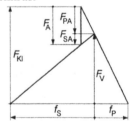

**Bild 10.22** Verspannungsschaubild für eine Druckkraft

**Dynamische Betriebskräfte**

Die Schraube unterliegt einer wechselnden Beanspruchung, wenn die Betriebskraft wechselnd ist, siehe Bild 10.23. Die Kraft schwankt zwi-

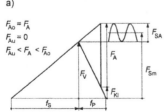

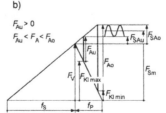

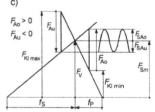

**Bild 10.23** Verspannungsschaubild für dynamische Betriebskräfte: a) schwellende Zugkraft, b) allgemeiner Lastfall, c) wechselnde Zug-Druckkräfte

schen einem oberen Wert $F_{Ao}$ und einem unteren Wert $F_{Au}$. Daraus ergibt sich die Kraftamplitude:

$$F_{SAa} = \Phi \cdot \frac{F_{Ao} - F_{Au}}{2} \qquad (10.12)$$

$F_{SAa}$ = Schwingkraftausschlag
$F_{Ao}$ = oberer Grenzwert von $F_A$
$F_{Au}$ = unterer Grenzwert von $F_A$

Die Mittelkraft ergibt sich wie folgt:

$$F_{Sm} = F_V + \Phi \cdot \frac{F_{Ao} - F_{Au}}{2} \qquad (10.13)$$

$F_{Sm}$ = ruhend gedachte Mittelkraft

**Querkräfte**
Eine senkrecht zur Schraubenachse wirkende Kraft heißt Querkraft. Damit die Teile der Schraubenverbindung sich nicht relativ zueinander verschieben, muss die Kraft durch Reibschluss in der Trennfuge aufgenommen werden. Der Verspannungszustand wird dadurch nicht verändert. Die Querkräfte dürfen also nicht größer als die wirkenden Reibkräfte werden. Die erforderliche Klemmkraft berechnet sich wie folgt:

$$F_{Kl} = \frac{F_Q}{\mu \cdot z} \qquad (10.14)$$

$F_Q$ = wirkende Gesamtquerkraft
$\mu$ = Reibungszahl der Teile in der Trennfuge
$z$ = Anzahl der Schrauben, die die Kraft aufnehmen

Bei Übertragung eines Drehmomentes $T$ durch Reibschluss ist die Querkraft $F_Q = 2 \cdot T / D$ mit dem Lochkreisdurchmesser $D$.

## 10.2.6 Einfluss der Krafteinleitung

**Bild 10.24**
Fall 1: $n = 1$

Bisher wurde angenommen, dass die Krafteinleitung an der Schraubenkopf- bzw. Mutterauflagefläche erfolgt, siehe Bild 10.24. Üblicherweise erfolgt die Einleitung aber zwischen Auflage und Trennfuge, siehe Bild 10.25. Dadurch wird nur ein Teil der verspannten Platten entlastet, die Teile erscheinen starrer. Die dazugehörige Kennlinie im Verspannungsschaubild verläuft steiler. Der restliche Bereich wird zusätzlich gedrückt. Dies bedeutet, dass die Klemmlänge kürzer und die Schraubendehnung länger wird. Dieser Anteil ist der Schraube zuzu-

rechnen, die deswegen elastischer wirkt. Die Kennlinie verläuft flacher, was zur Folge hat, dass die Schraubenzusatzkraft $F_{SA}$ kleiner wird, siehe Bild 10.25.

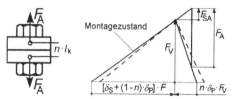

**Bild 10.25** Fall 2: $0 < n < 1$

Problematisch ist die genaue Bestimmung der Krafteinleitung, da sie rechnerisch sehr schwer zu ermitteln ist. Deswegen wird ein Abschätzen der Höhe der Krafteinleitung bezogen auf die Klemmlänge als akzeptabel betrachtet. Damit ändert sich das Kraftverhältnis $\Phi$ zu

$$\Phi = n \cdot \Phi_K \qquad (10.15)$$

$n$ = Krafteinleitungsfaktor
$\Phi_K$ = Kraftverhältnis für Krafteinleitung in der Schraubenkopf- und Mutterauflage: $\Phi_K = \delta_P / (\delta_P + \delta_S)$

Es wird zwischen drei Fällen der Krafteinleitung unterschieden. Im ersten Fall erfolgt die Krafteinleitung unter der Kopf- bzw. Mutterauflage, also $n = 1$ (Bild 10.24).

Der zweite Fall ist der häufigste. Die Einleitung der Kraft erfolgt zwischen den Auflageflächen. Im Normalfall wird dann $n = 0,5$ gesetzt, siehe Bild 10.25, in günstigen Fällen ist $n = 0,3$.

Im letzten Fall ist $n = 0$. Dies ist bei Krafteinleitung direkt in der Trennfuge gegeben, siehe Bild 10.26. Trotz einer angreifenden Betriebskraft ist die Schraubenzusatzkraft $F_{SA} = 0$.

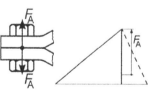

**Bild 10.26** Fall 3: $n = 0$

## 10.2.7 Setzverhalten der Verbindung

Die Rauhigkeiten der Auflageflächen und der Gewindeflanken werden durch die Vorspannkraft plastisch verformt. Da das Einebnen der Rauhigkeiten eine Zeit dauern kann, „setzt sich die Schraubenverbindung". Der Setzbetrag $f_Z$

entspricht der Summe aller Glättungstiefen. Die Vorspannkraft $F_V$ verringert sich um den Vorspannkraftverlust $F_Z$, siehe Bild 10.27. Es ist zu beachten, dass sich auch die Klemmkraft verringert. Wenn $F_{Kl} = 0$ wird, liegen die Teile lose aufeinander. Daher ist es notwendig, $F_Z$ bei der Auslegung der Verbindung zu berücksichtigen.

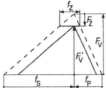

**Bild 10.27** Setzbetrag und Kraftabnahme im Verspannungsschaubild

Aus der geometrischen Ähnlichkeit in Bild 10.27 ergibt sich:

$$\frac{F_Z}{F_V} = \frac{f_z}{f_S + f_P} = \frac{f_z}{f_S : F_V + f_P : F_V}$$

$$F_Z = \frac{f_z}{\delta_S + \delta_P} = \frac{f_z \cdot \Phi_K}{\delta_P} = \frac{f_z}{\delta_S}\left(1 - \Phi_K\right) \qquad (10.16)$$

$F_Z$ = Vorspannkraftverlust     $f_z$ = Setzbetrag, siehe unten

Der Setzbetrag $f_Z$ lässt sich nur mit Hilfe einer aus Versuchen gewonnenen Zahlenwertgleichung ungefähr berechnen. Er ist von der Anzahl der Trennfugen und der Rauhigkeit so gut wie unabhängig. Für massive Verbindungen mit Sechskantschrauben DIN EN 24014 beträgt $f_z$:

$$f_z \approx 3,29 \cdot \left(\frac{l_K}{d}\right)^{0,34} \cdot 10^{-3}\,\text{mm} \qquad (10.17)$$

Die Gleichung setzt voraus, dass die Grenzflächenpressung nicht überschritten wird und in den Trennfugen voller Flächenkontakt vorhanden ist.

Für Dehnschaftschrauben gilt näherungsweise:

$$f_z \approx 3,16 \cdot \left(l_K \cdot \delta_S \cdot E_S\right)^{0,17} \cdot 10^{-3}\,\text{mm} \qquad (10.18)$$

Bei sehr nachgiebigen Verbindungen wie bei verspannten Blechpaketen sind die Setzbeträge experimentell zu ermitteln.

## 10.2.8 Kräfte und Momente im Gewinde

Beim Anziehen der Schraube wird das Gewinde mit der Längskraft $F$ belastet. Um die Kraftver-

hältnisse zu untersuchen, wird das Muttergewinde durch einen Körper ersetzt, der sich beim Anziehen bzw. Lösen entlang des Bolzengewindes bewegt, siehe Bild 10.28 [6]. Auf den Körper wirken außer der Längskraft noch die Umfangskraft $F_U$ und die Ersatzkraft $F_E$, die sich aus der Reibungskraft $F_R$ und der Normalkraft $F_N$ ergibt, siehe Bild 10.29. Die Umfangskraft entspricht der aufzubringenden Drehkraft.

**Bild 10.28** Kräfte am Flachgewinde

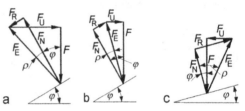

**Bild 10.29** Kräfteplan für: a) Last heben, b) Last senken ohne bzw. c) Last senken mit Selbsthemmung

Es können drei Fälle unterschieden werden, siehe Bild 10.29. Im Fall a, Last heben, dies entspricht dem Anziehen der Schraube, ist die Umfangskraft $F_U = F \cdot \tan(\varphi + \rho)$. Die anderen zwei Fälle (Last senken) unterscheiden sich darin, ob der Steigungswinkel $\varphi$ größer oder kleiner als der Reibungswinkel $\rho$ ist. Ist $\varphi < \rho$ (Fall c), wird die Umfangskraft $F_U = F \cdot \tan(\rho - \varphi)$ negativ. Das bedeutet, dass zum Lösen der Schraube Kraft aufgebracht werden muss; es liegt Selbsthemmung vor. Liegt keine Selbsthemmung vor, Fall b, ist $F_U = F \cdot \tan(\varphi - \rho)$.

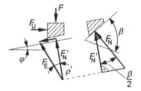

**Bild 10.30** Kräfte am Spitzgewinde

Die bisherige Betrachtung gilt nur für Flachgewinde. Da die genormten Gewindeprofile aber geneigte Gewindeflanken mit dem Flankenwinkel $\beta$ haben, erscheint anstelle von $F_N$ im Kräfteplan nur die Komponente $F_N' = F_N \cdot \cos(\beta/2)$, siehe Bild 10.30. Anstelle des Winkels $\beta$ müsste im Bild $\beta_N$ eingetragen werden, da durch die Steigung $\varphi$ der Flankenwinkel $\beta$ im Schnitt kleiner ist. Die exakte Herleitung würde dann für den Spitzenwinkel die Gleichung $\tan(\beta_N/2) = \tan(\beta/2)\cdot\cos\varphi$ ergeben. Da bei allen normalen Spitzgewinden der Steigungswinkel $\varphi$ sehr klein ist ($\cos\varphi \approx 1$), kann dieser vernachlässigt werden. $F_N'$ schließt mit der Reibkraft $F_R$ den Reibwinkel $\rho'$ ein. Um $F_R$ anhand des Kräfteplans berechnen zu können, wird ein scheinbarer Reibwert $\mu_G'$ eingeführt:

$$F_R = \mu_G \cdot F_N = \mu_G' \cdot F_N'$$

$$\boxed{\mu_G' = \frac{\mu_G}{\cos\beta/2} = \tan\rho'} \qquad (10.19)$$

$\mu_G'$ = scheinbarer Reibwert $\quad$ $\mu_G$ = tatsächlicher Reibbeiwert
$\rho'$ = Reibwinkel $\qquad\qquad$ $\beta$ = Flankenwinkel

Mit steigendem Flankenwinkel $\beta$ wird der Reibwert $\mu_G'$ größer. Deswegen wird bei Befestigungsschrauben ein Spitzgewinde mit einem Flankenwinkel von 60° verwendet. Bei Bewegungsschrauben werden dagegen Trapezgewinde mit Winkeln von 30° oder Sägengewinde eingesetzt.

Die oben hergeleiteten Gleichungen für die Drehkraft am Flachgewinde können leicht für Spitzgewinde umgewandelt werden, indem der Winkel $\rho$ durch den Reibwinkel $\rho'$ ersetzt wird.

$$\boxed{F_U = F \cdot \tan(\varphi + \rho')} \text{ Last heben} \qquad (10.20)$$

$F_U$ = Umfangs- bzw. Drehkraft

$$\boxed{F_U = F \cdot \tan(\varphi - \rho')} \text{ Last senken } (\varphi > \rho) \quad (10.21\text{a})$$

$\varphi > \rho$ = ohne Selbsthemmung

$$\boxed{F_U = F \cdot \tan(\rho' - \varphi)} \text{ Last senken } (\varphi < \rho) \quad (10.21\text{b})$$

$\varphi < \rho$ = mit Selbsthemmung

**Momente**
Das Anziehdrehmoment $M_A$ der Schraube setzt sich aus dem Gewindemoment $M_G$ und dem im letzten Moment des Anziehvorgangs auftretenden Reibungsmoment $M_R$ unter der Auflagefläche des Schraubenkopfes bzw. der Mutter zusammen: $M_A = M_G + M_R$.

Das Gewindemoment ist die mit dem Hebelarm $d_2/2$ multiplizierte Drehkraft $F_U$. Da die

Schraube mit $F_V$ vorgespannt werden soll, entspricht die Vorspannkraft der Längskraft $F$.

$$\boxed{M_G = F_V \cdot \frac{d_2}{2} \cdot \tan(\varphi \pm \rho')} \qquad (10.22)$$

$M_G$ = Gewindemoment
$\rho' \approx 1{,}155\cdot\mu_G$ für metrisches Gewinde mit $\beta = 60°$
Das „+" gilt beim Festdrehen, das „−" beim Lösen

Das Gewindemoment setzt sich also aus dem Nutzdrehmoment ($F_V \cdot d_2/2 \cdot \tan\varphi$) und dem Moment zur Überwindung der Gewindereibung ($F_V \cdot d_2/2 \cdot \tan\rho'$) zusammen.

Das Reibungsmoment an der Auflagefläche ergibt sich entsprechend aus der Reibkraft $\mu_K \cdot F_V$ und dem Hebelarm $d_K/2 = (d_w + d_h)/4$.

$$\boxed{M_R = \mu_K \cdot F_V \cdot \frac{d_K}{2}} \qquad (10.23)$$

$M_R$ = Reibungsmoment
$\mu_K$ = Reibungszahl an der Auflagefläche
$d_K$ = mittlerer Reibdurchmesser der Schraubenkopf- bzw. Mutterauflage: $d_K/2 \approx 0{,}65\cdot d$ bei Sechskantschrauben

Das Anziehdrehmoment ist dann

$$\boxed{M_A = F_V \cdot \left[\frac{d_2}{2} \cdot \tan(\varphi + \rho') + \mu_K \cdot \frac{d_K}{2}\right]} \quad (10.24)$$

$M_A$ = Anziehdrehmoment

Das Losdrehmoment ergibt sich analog:

$$\boxed{M_L = F_V \cdot \left[\frac{d_2}{2} \cdot \tan(\varphi - \rho') + \mu_K \cdot \frac{d_K}{2}\right]} \quad (10.25)$$

$M_L$ = Losdrehmoment

Für das metrische ISO-Gewinde mit einem Flankenwinkel von 60° kann das Anziehdrehmoment vereinfacht werden zu

$$\boxed{M_A \approx F_V \cdot (0{,}16 \cdot P + 0{,}58 \cdot \mu_G \cdot d_2 + 0{,}5 \cdot \mu_K \cdot d_K)} \quad (10.26)$$

Bei der Berechnung wird die niedrigste Reibungszahl eingesetzt. Der Anziehfaktor (Kapitel 10.2.9) berücksichtigt die Streuung dieser Werte. Welcher Zustand der Reibung im Gewinde und unter der Auflagefläche tatsächlich auftritt, hängt von der Flächenpressung, den Werkstoffen, der Oberfläche, der Schmierung usw. ab. In Versuchen wurde deshalb eine Gesamtreibungs-zahl $\mu_{Ges}$ für den Fall ermittelt, dass die Reibungszahlen nicht getrennt abgeschätzt werden können, siehe Bild 10.31. Dieser Wert wird dann für $\mu_G$ und $\mu_K$ in die Gleichung eingesetzt.

| schwarz oder | leicht geölt | 0,12 ... 0,18 |
|---|---|---|
| phosphatiert | MoS$_2$ geschmiert | 0,08 ... 0,12 |
| galvanisch verkadmet 6 ... 10 µm | | 0,08 ... 0,12 |
| galvanisch verzinkt 6 ... 12 µm | | 0,12 ... 0,18 |
| Klebstoffe | | 0,14 ... 0,3 |

**Bild 10.31** Gesamtreibungszahl $\mu_{Ges} \approx \mu_G = \mu_K$

## 10.2.9 Anziehfaktor und -verfahren

Die Vorspannkraft wird u. a. von den Reibungs-verhältnissen und der Anziehmethode beeinflusst. Die tatsächliche Vorspannkraft schwankt zwischen einem oberen Wert $F_{V\,max}$ und einem unteren $F_{V\,min}$. Das Maß für die Streuung heißt Anziehfaktor:

$$\boxed{\alpha_A = \frac{F_{V\,max}}{F_{V\,min}} > 1} \qquad (10.27$$

$\alpha_A$ = Anziehfaktor

Der Anziehfaktor $\alpha_A$ (auch: Montage-Unsicherheitsbeiwert) berücksichtigt die Streuung der Reibungszahlen und des Anziehverfahrens. Er muss bei der Berechnung der Vorspannkraft berücksichtigt werden. Die maximale Vorspannkraft entspricht dann der Montagevorspannkraft: $F_{V\,max} = \alpha_A \cdot F_{V\,min}$. Bild 10.32 zeigt aus Versuchen gewonnene Werte für den Anziehfaktor.

**Anziehen mit Längenmessung**
Die Verlängerung der Schraube wird direkt gemessen. Wegen des großen Aufwandes wird dieses Verfahren nur bei höchstbeanspruchten Sicherheitsverbindungen (Flugzeugbau) eingesetzt.

**Streckgrenzgesteuertes Anziehen**
Zuerst wird die Verbindung mit dem Fügemoment angezogen, so dass die Trennflächen satt anliegen. Ab diesem Zeitpunkt wird das Verhältnis von Anziehdrehmoment zu Anziehdreh-

| Anziehverfahren | Anzieh-faktor $\alpha_A$ | Streuung in [%][4] |
|---|---|---|
| Streckgrenzgesteuertes Anziehen motorisch / manuell | (1)[1] | ± 5 ... ± 12 |
| Drehwinkelgesteuertes Anziehen motorisch / manuell | (1)[1] | ± 5 ... ± 12 |
| Hydraulisches Anziehen | 1,2 ... 1,6 | ± 9 ... ± 23 |
| Drehmomentgesteuertes Anziehen mit Drehmomentschlüssel, signalgebendem Schlüssel oder | 1,4 ... 1,6[2] | ± 17 ... ± 23 |
| Präzisionsdrehschrauber mit dynamischer Drehmomentmessung | 1.6 ... 1,8[3] | ± 23 ... ± 28 |
| Drehmomentgesteuertes Anziehen mit Drehschrauber | 1,7 ... 2,5 | ± 26 ... ± 43 |
| Impulsgesteuertes Anziehen mit Schlagschrauber | 2,5 ... 4 | ± 43 ... ± 60 |

[1] $\alpha_A$ ist größer als 1; zur Dimensionierung wird $\alpha_A = 1$ gesetzt (Begründung siehe Text)
[2] Sollanziehmoment versuchsmäßig am Original-Verschraubungsteil bestimmt
[3] Sollanziehmoment durch Schätzen der Reibung bestimmt
[4] Streuung der Vorspannkraft bezogen auf den Mittelwert: $(F_{V\,max} - F_{V\,min}) / (F_{V\,max} + F_{V\,min})$

**Bild 10.32** Richtwerte für den Anziehfaktor $\alpha_A$  [11]

winkel gemessen. Nach Erreichen der Streckgrenze besteht kein linearer Zusammenhang mehr, denn der gemessene Wert wird kleiner. Da das Anziehen der Schraube an dieser Stelle abgebrochen wird, ist eine Überbeanspruchung kaum möglich. Der Anziehfaktor $\alpha_A$ kann also gleich 1 gesetzt werden.

**Drehwinkelgesteuertes Anziehen**
Wie beim obigen Verfahren wird zuerst ein vorbestimmtes Fügemoment aufgebracht. Erst danach wird der Drehwinkel des Schraubenkopfes bzw. der Mutter gemessen. Die größte Genauigkeit wird erreicht, wenn bis in den überelastischen Bereich angezogen wird, weil sich wegen des fast waagrechten Verlaufes der Verformungskennlinie Winkelfehler nur schwach auswirken. Der Nachziehwinkel muss allerdings vorher in Versuchen ermittelt werden. Da die Schraube über die Streckgrenze hinaus belastet wird, sollte sie eine Länge von $> 2 \cdot d$ haben und aus einem ausreichend duktilen Werkstoff sein. Zudem sollte eine bereits montierte Schraube nicht wiederverwendet werden. Zur Dimensionierung wird $\alpha_A = 1$ gesetzt.

## Hydraulisches Anziehen

Dies ist eines der wenigen Verfahren, bei dem die Schraube nicht auf Torsion beansprucht wird (siehe Kapitel 10.2.11). Der Schraubenbolzen wird an seinem freien Ende gefasst und in axialer Richtung gezogen. Die Mutter kann dann von Hand bis zur Anlagefläche gedreht werden. Nachteilig ist, dass der Bolzen über die erforderliche Vorspannkraft hinaus belastet werden muss, da nach der Entlastung Deformationen auftreten. Das Verfahren eignet sich dazu, um mehrere Schrauben gleichzeitig auf die gleiche Vorspannkraft anzuziehen, z. B. im Großkesselbau.

## Drehmomentgesteuertes Anziehen

Die Vorspannkraft wird über das Anziehdrehmoment aufgebracht. Die Genauigkeit hängt direkt von der richtigen Einschätzung der Reibwerte ab (siehe oben).

Drehmomentschlüssel werden auf das Sollanziehmoment eingestellt und zeigen dies bei dessen Erreichen an bzw. schalten sich ab. Für eine größere Genauigkeit sollte das Sollanziehmoment am Original-Verschraubungsteil eingestellt werden, siehe Bild 10.32.

Drehmomentgesteuerte Drehschrauber sollten nur am Originalteil eingestellt werden. Stillstandsschrauber und Drehschrauber mit Rutschkupplung werden über das Nachziehmoment eingestellt. Das Nachziehmoment ist das Moment, das nach der Verschraubung nötig ist, um die Schraube weiter zu drehen.

Bei Präzisionsschraubern mit dynamischer Drehmomentmessung ist das Anziehdrehmoment durch eine ausreichende Anzahl von Schraubversuchen am Originalteil zu ermitteln.

## Impulsgesteuertes Anziehen

Schlagschrauber erzeugen das Drehmoment durch Impulse. Daher ist die Streuung des Sollanziehmomentes zu groß, um dieses Verfahren für hochbeanspruchte Schraubenverbindungen zu nutzen.

## Handmontage

Das Moment hängt nur vom Gefühl des Bedieners ab und eignet sich deshalb nur für untergeordnete Verbindungen.

## 10.2.10 Hauptdimensionierungsformel

Ausgehend von den Betriebskraftverhältnissen und unter Berücksichtigung der auf die Schraubenverbindung wirkenden Faktoren (Vorspannkraftverlust $F_Z$, Ort der Krafteinleitung, Anziehfaktor $\alpha_A$) sowie einer eventuell erforderlichen Mindestklemmkraft $F_{Kl\,erf}$ ergibt sich die Hauptdimensionierungsformel:

$$\begin{aligned} F_{V\,max} &= \alpha_A \cdot F_{V\,min} \\ &= \alpha_A \cdot \left[ F_{Kl\,erf} + (1 - \Phi) \cdot F_A + F_Z \right] \end{aligned} \quad (10.28)$$

$F_{Kl\,erf}$ = erforderliche Klemmkraft ≤ Klemmkraft $F_{Kl}$

Ist keine Klemmkraft erforderlich (z. B. bei der Verschraubung eines Lagers), so ist $F_{Kl\,erf} = 0$ zu setzen. Wird nur eine Klemmkraft z. B. als Dichtungskraft oder für nur querbeanspruchte Schrauben (siehe Kapitel 10.2.5) gefordert, wird $F_A = 0$.

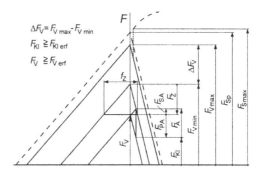

**Bild 10.33** Verspannungsschaubild mit Hauptdimensionierungsgrößen

In Bild 10.33 sind die Hauptdimensionierungsgrößen in einem Verspannungsschaubild dargestellt. Die Spannkraft $F_{Sp} \geq F_{V\,max}$ ist die Kraft, die die Mindeststreckgrenze bzw. 0,2 %-Dehngrenze des Schraubenwerkstoffes zu 90 % ausnutzt. $F_{Sp}$ dient damit als Kriterium zur Auswahl des Schraubendurchmessers und der Festigkeitsklasse. Die Schraubenzusatzkraft $F_{SA}$ darf also nicht größer als die restlichen 10 % der Mindeststreckgrenze werden:

$$F_{SA} = \Phi \cdot F_A \leq 0,1 \cdot R_{p0,2} \cdot A_S \quad (10.29)$$

$R_{p0,2}$=Mindestdehn- bzw. -streckgrenze des Schraubenwerkstoffes
$A_S$ =$(\pi / 4) \cdot [(d_2 + d_3) / 2]^2$
=Spannungsquerschnitt der Schraube; bei Dehnschrauben $A_S$ durch den Schaftquerschnitt $A_{Sch}$ ersetzen

## 10.2.11 Beanspruchung der Schraube, Flächenpressung

In den meisten Fällen wird die Schraube beim Anziehen nicht nur auf die Zugspannung $\sigma_V$, hervorgerufen durch die Vorspannkraft $F_V$, sondern auch auf die Torsionsspannung $\tau_t$ infolge des Gewindemomentes $M_G$ beansprucht, da das Anziehdrehmoment $M_A$ über den Schraubenkopf bzw. die Mutter eingeleitet wird. Die Torsion wirkt auch nach dem Anziehen weiter, da die Schraube durch die Reibung am Zurückdrehen gehindert wird. Dieser zweiachsige Spannungszustand wird mit der Gestaltänderungshypothese in eine einachsige Vergleichsspannung $\sigma_{red}$ umgerechnet.

$$\boxed{\sigma_{red} = \sqrt{\sigma_V^2 + 3 \cdot \tau_t^2} \leq 0,9 \cdot R_{p0,2}}$$ (10.30)

$\sigma_{red}$ = Vergleichsspannung (auch reduzierte Spannung)
$\sigma_V$ = Zugspannung infolge $F_V$
$\tau_t$ = Torsionsspannung infolge von $M_G$

Nach der VDI-Richtlinie dürfen Schrauben bis zu 90 % der genormten Mindeststreckgrenze bzw. 0,2 %-Dehngrenze des Schraubenwerkstoffes angezogen werden.

Die Zugspannung $\sigma_V$ und die Torsionsspannung $\tau_t$ werden wie folgt berechnet:

$$\boxed{\sigma_V = \frac{F_V}{A_S} = \frac{F_V}{\frac{\pi}{4} \cdot d_S^2}}$$ (10.31)

$d_S$ =$(d_2 + d_3)/2$ = Spannungsdurchmesser
bei Dehnschrauben anstelle von $A_S$ bzw. $d_S$ den Schaftquerschnitt $A_{Sch}$ bzw. $d_{Sch}$ einsetzen

$$\boxed{\tau_t = \frac{M_G}{W_t} = \frac{F_V \cdot \frac{d_2}{2} \cdot \tan(\varphi + \rho')}{\pi \cdot \frac{d_S^3}{16}}}$$ (10.32)

$W_t$ = Widerstandsmoment gegen Torsion

Durch Einsetzen und Umformung der Gleichung (10.30) erhält man die zulässige Montagezugspannung $\sigma_{V zul}$ und die Spannkraft $F_{Sp}$.

$$\boxed{\sigma_{V zul} = \frac{0,9 \cdot R_{p0,2}}{\sqrt{1 + 3 \cdot \left[ \frac{2 \cdot d_2 \cdot \tan(\varphi + \rho')}{d_S} \right]^2}}}$$ (10.33)

$\sigma_{V zul}$ = zulässige Montagezugspannung

$$\boxed{F_{Sp} = \sigma_{V zul} \cdot A_S}$$ (10.34)

$F_{Sp}$ = Spannkraft; für die üblichen Schrauben ist in Bild 10.76 die Spannkraft bereits berechnet worden

Die Spannkraft ist für eine Ausnutzung von 90 % der Streckgrenze ausgelegt. Beim streckgrenz- und drehwinkelgesteuerten Anziehen (100 %-ige Ausnutzung der Streckgrenze) muss $F_{Sp}$ durch 0,9 geteilt werden. Trotzdem ergeben sich dadurch normalerweise keine Beeinträchtigungen bei der Beanspruchbarkeit, da nach dem Anziehen durch elastische Rückfederung die Torsionsspannung abnimmt. Die Sicherheit gegen Überbeanspruchung im Betriebszustand wird damit noch erhöht.

Wird Gleichung (10.33) in (10.34) eingesetzt, und werden die gleichen Annahmen, wie für die Formel (10.26) beschrieben, berücksichtigt, kann die Spannkraft vereinfacht werden zu

$$\boxed{F_{Sp} \approx \frac{0,9 \cdot R_{p0,2} \cdot A_S}{\sqrt{1 + 3 \cdot \left[ \frac{4}{d_S} \cdot \left( 0,16 \cdot P + 0,58 \cdot \mu_G \cdot d_2 \right) \right]^2}}}$$ (10.35)

Ist die Schraube torsionsfrei angezogen worden, vereinfacht sich die Gleichung (10.30) zu:

$$\boxed{\sigma_{red} = \sigma_V \leq 0,9 \cdot R_{p0,2}} \text{ für } \tau_t = 0$$ (10.36)

Damit gilt in diesem Fall für die Spannkraft:

$$\boxed{F_{Sp} = 0,9 \cdot R_{p0,2} \cdot A_S} \text{ für } \tau_t = 0$$ (10.37)

Damit die Gesamtbeanspruchung der Schraube nicht überschritten wird, darf die Schraubenzusatzkraft nicht größer als $0,1 \cdot R_{p0,2} \cdot A_S$ werden (siehe auch Gleichung (10.29)).

**Flächenpressung an der Auflagefläche**
Die Flächenpressung zwischen der Auflagefläche des Schraubenkopfes bzw. der Mutter und den

verspannten Teilen darf die Quetschgrenze des verspannten Werkstoffes nicht überschreiten. Durch die Überbelastung würde sonst weiteres Kriechen hervorgerufen. Dieses hätte Setzerscheinungen und damit Vorspannkraftverluste zur Folge. Der Werkstoff wird jedoch beim Anziehen an der Auflagefläche plastisch verformt und dadurch kaltverfestigt. Daher sind höhere Werte als die der Quetschgrenze des Werkstoffes zulässig. In Bild 10.34 sind für einige Werkstoffe die Grenzflächenpressungen, die experimentell ermittelt wurden, dargestellt. Die Flächenpressung an der Auflagefläche beträgt

$$p = f_a \cdot \frac{F_{Sp} + \Phi \cdot F_A}{A_P} \approx f_a \cdot \frac{F_{Sp}/0,9}{A_P} \le p_G \quad (10.38$$

$p$ = Flächenpressung unter der Auflagefläche

$p_G$ = Grenzflächenpressung, siehe Bild 10.34

$f_a$ = 1 für elastisches Anziehen

    = 1,2 für streckgrenz- / drehwinkelgesteuertes Anziehen

$A_P$ = Auflagefläche, Ermittlung siehe unten

$F_{Sp} + \Phi \cdot F_A = F_{S\,max}$ = maximale Schraubenkraft

Der Faktor $f_a$ = 1,2 berücksichtigt, dass die Mindeststreckgrenze bzw. 0,2 %-Dehngrenze beim Anziehen zu 100 % ausgenutzt wurde.

Die Auflagefläche $A_P$ berechnet sich folgendermaßen:

$$A_P = \frac{\pi}{4} \cdot \left( d_w^2 - d_a^2 \right) \text{ für } d_h < d_a \quad (10.39$$

$d_a$ = Innendurchmesser der ebenen Kopfauflage (am Einlauf des Radiusüberganges vom Schaft) an der Schraube

$d_h$ = Durchmesser des Durchgangslochs („hole")

$d_w$ = Durchmesser der Kopfauflage

$$A_P = \frac{\pi}{4} \cdot \left( d_w^2 - d_h^2 \right) \text{ für } d_h > d_a \quad (10.40$$

Im ersten Fall ($d_h < d_a$) ist das Durchgangsloch mit, im zweiten ohne Aussenkung zu versehen.

Wird die Grenzflächenpressung $p_G$ überschritten, können durch Vergrößerung der Auflagefläche (z. B. Verwendung von Scheiben, Sechskantschrauben ohne Telleransatz) oder durch konstruktive Änderungen bzw. Werkstoffänderungen Gegenmaßnahmen getroffen werden.

| Werkstoff | $p_G$ N/mm² | Werkstoff | $p_G$ N/mm² |
|---|---|---|---|
| St37 | 260 | GG-15 | 600 |
| St50 | 420 | GG-25 | 800 |
| C45 | 700 | GG-35 | 900 |
| 42CrMo4 | 850 | GG-40 | 1100 |
| 30CrNiMo8 | 750 | GGG-35.3 | 480 |
| X5CrNiMo18.10 | 210 | GD MgAl9 | 220 |
| X10CrNiMo18.9 | 220 | GK MgAl9 | 140 |
| Titan, unlegiert | 300 | GK AlSi6Cu4 | 200 |
| Ti-6Al-4V | 1000 | AlZnMg Cu0,5 | 370 |
| C15 einsatzgehärtet | 1400 | Al 99 | 140 |
| Rostfreie, ausschei- | 1000 | GFK-Verbundwkst. | 120 |
| dungshärtende Wkst. | - 1250 | CFK-Verbundwkst. | 140 |

Beim motorischen Anziehen können die Werte bis zu 25 % kleiner sein

**Bild 10.34** Grenzflächenpressung $p_G$ für gedrückte Teile

**Flächenpressung im Gewinde**

Befestigungsschrauben sind in der Praxis so dimensioniert, dass bei Überbeanspruchung nicht die Gewindegänge ausreißen, sondern ein Bruch im Schaft oder freien Gewindeteil eintritt. Daher ist in der Regel die Flächenpressung im Gewinde bei Befestigungsschrauben nicht nachzurechnen. Die Festigkeitsklasse der Mutter muss nach DIN EN 20898 mindestens der der Schraube entsprechen, siehe auch Kapitel 10.1.4. Für Sacklochgewinde sind die Mindesteinschraubtiefen Bild 10.5 zu entnehmen.

### 10.2.12 Dauerhaltbarkeit

Schrauben haben besonders am ersten tragenden Gewindegang einen hohen Kerbfaktor (4 ... 10). Bei dynamischen Belastungen wird deshalb die Dauerhaltbarkeit auf ca. 10 % der bei zügiger Beanspruchung vorhandenen Tragfähigkeit herabgesetzt. Aus dem Schwingkraftausschlag $F_{SAa}$ ergibt sich die Spannungsamplitude $\sigma_a$.

$$\sigma_a = \Phi \cdot \frac{F_{SAa}}{A_{d_3}} = \Phi \cdot \frac{F_{Ao} - F_{Au}}{2 \cdot A_{d_3}} \le \sigma_A \quad (10.41$$

$\sigma_a$ = Dauerschwingbeanspruchung der Schraube

$\sigma_A$ = Spannungsamplitude für die Dauerhaltbarkeit

Versuche zur Dauerfestigkeit haben ergeben, dass die größten Einflüsse auf die Spannung $\sigma_A$ der Durchmesser und die Herstellungsart der Schraube sind. Die Höhe der Mittelspannung $\sigma_m$ hat im Gegensatz zu glatten Stäben (zulässige Spannungsamplitude sinkt bei steigender Mittelspannung) keinen Einfluss auf $\sigma_A$. Für die Festigkeitsklassen 8.8, 10.9 und 12.9 entstanden daher empirische Formeln für schlussvergütete (SV) bzw. schlussgewalzte (SG) Schrauben.

$$\boxed{\frac{\sigma_{A\,SV}}{N/mm^2} \approx 0{,}75 \cdot \left(\frac{180}{d/mm} + 52\right)} \qquad (10.42)$$

$\sigma_{A\,SV}$ für schlussvergütetes Gewinde, Normalfall

$$\boxed{\sigma_{A\,SG} \approx \left(2 - \frac{F_V}{F_{0,2}}\right) \cdot \sigma_{A\,SV}} \qquad (10.43)$$

$\sigma_{A\,SG}$ für schlussgewalztes Gewinde (= kaltverfestigt), teuer
$F_{0,2} = A_S \cdot R_{p0,2}$ = Schraubenkraft an der Mindestdehngrenze

Die Gültigkeit der Formel ist auf den Bereich $0{,}2 \cdot F_{0,2} < F_V < 0{,}8 \cdot F_{0,2}$ (Richtwerte) beschränkt. In Grenzfällen ist weiterführende Literatur wie z. B. [10] zu empfehlen.

Konstruktive Maßnahmen zur Steigerung der Dauerhaltbarkeit sind in Kapitel 10.4.2 beschrieben.

## 10.2.13 Rechnungsgang

Der Rechnungsgang lehnt sich an die VDI-Richtlinie 2230 an. Folgende Größen werden als bekannt vorausgesetzt:
- Die Betriebskraft $F_A$ in axialer Richtung
- Eine eventuell vorhandene Betriebskraft $F_Q$ in Querrichtung
- Die Klemmlänge $l_K$
- Die Anziehmethode

Die bei den erwähnten Gleichungen und Bildern erläuterten Zusammenhänge sind bei dem folgenden Berechnungsablauf unbedingt zu beachten.

① Zuerst wird der Schraubendurchmesser $d$ überschlägig nach Kapitel 10.2.1 bestimmt. Daraus wird das Klemmlängenverhältnis $l_K/d$

ermittelt. Dann wird ebenfalls überschlägig die Flächenpressung unter den Auflageflächen (siehe Gleichung (10.38)) bestimmt:

$$p \approx \frac{F_{Sp}/0{,}9}{A_P} \le p_G$$

$F_{Sp}$ wird aus Bild 10.76 entnommen. Überschreitet $p$ die Grenzflächenpressung $p_G$, so muss die Konstruktion geändert werden (z. B. durch Unterlegen einer Scheibe, dann muss aber das Klemmlängenverhältnis neu berechnet werden), und es muss $p$ nochmals überprüft werden.

② Der Anziehfaktor $\alpha_A$ wird nach Bild 10.32 anhand der gewählten Anziehmethode bestimmt.

③ Falls eine Mindestklemmkraft gefordert wird (z. B. zur Aufrechterhaltung einer Dichtung), ist die erforderliche Klemmkraft $F_{Kl\,erf}$ zu bestimmen. Bei Querkräften ergibt sie sich nach Gleichung (10.14).

④ Als erstes werden die elastischen Nachgiebigkeiten der Schraube $\delta_S$ nach Gleichung (10.4) und der verspannten Teile $\delta_P$ nach Gleichung (10.7) ermittelt. Dann erfolgt die Abschätzung der Krafteinleitungshöhe $n \cdot l_K$, siehe Kapitel 10.2.6. Das Kraftverhältnis ergibt sich wie folgt (siehe Gleichung (10.15)):

$$\Phi = n \cdot \frac{\delta_P}{\delta_P + \delta_S}$$

⑤ Der Vorspannkraftverlust $F_Z$ wird nach Gleichung (10.16) bestimmt.

⑥ Nach Gleichung (10.28) wird die maximale Vorspannkraft $F_{V\,max}$ ermittelt. Aus dem Bild 10.76 wird dann der Durchmesser und die Festigkeitsklasse der Schraube abgelesen, für die gilt: $F_{Sp} \ge F_{V\,max}$. Bei der streckgrenz- bzw. drehwinkelgesteuerten Anziehmethode gilt: $F_{Sp} / 0{,}9 \ge F_{V\,max}$. Außerdem wird das zugehörige Anziehdrehmoment $M_A$ der Tabelle entnommen. Für nicht in der Tabelle enthaltene Schrauben muss die Berechnung der Spannkraft, siehe Kapitel 10.2.11, und des Anziehdrehmoments (Gleichung (10.24)) selber durchgeführt werden.

⑦ Die Schritte ④ bis ⑥ sind zu wiederholen, wenn eine Änderung der Schraube, z. B. des Durchmessers, notwendig ist.

⑧ Die Schraubenzusatzkraft $F_{SA} = \Phi \cdot F_A$ darf nicht größer als $0,1 \cdot R_{p0,2} \cdot A_S$ werden, siehe auch Gleichung (10.29).

⑨ Im vorletzten Schritt wird die Dauerhaltbarkeit nach Gleichung (10.41) überprüft. Ist die Schwingbeanspruchung zu groß, kann z. B. ein größerer Schraubendurchmesser oder eine Schraube mit höherer Dauerhaltbarkeit das Problem beseitigen.

⑩ Zuletzt muss noch die exakte Flächenpressung unter der Auflagefläche nach der folgenden Gleichung ermittelt werden.

$$p = f_a \cdot \frac{F_{Sp} + \Phi \cdot F_A}{A_P} \leq p_G$$

Zu beachten sind die bei Gleichung (10.38) genannten Hinweise zur Auflagefläche $A_P$.

## 10.2.14 Sonderfälle

### Nicht vorgespannte Schrauben

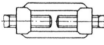

**Bild 10.35** Spann-schloss DIN 1478 / 1479 / 1480

Dieser Fall kommt in der Praxis selten vor, z. B. bei Spannschlössern oder Abziehvorrichtungen. Die Schraube bzw. Mutter ist vor dem Angreifen einer Betriebskraft (meistens Zugkraft) nicht fest angezogen worden, d. h. es liegt eine nicht vorgespannte Schraubenverbindung vor. Wird die Schraube unter Last angezogen, muss die dabei auftretende Verdrehbeanspruchung durch eine entsprechend kleinere zulässige Zugspannung berücksichtigt werden.

$$A_S \geq \frac{F_{z(d)}}{\sigma_{z(d)\,zul}} \qquad (10.44)$$

$F_{z(d)}$ = äußere einwirkende Zug-/ Druckkraft
$\sigma_{z(d)\,zul}$ = zulässige Zug-/ Druckspannung; $\sigma_{z(d)\,zul} = R_{p0,2}/S$, bei Anziehen unter Last Sicherheit $S = 1,5 \dots 2,0$, sonst $S = 1,25 \dots 1,5$

Da die Schrauben nicht vorgespannt sind, und damit auch keine elastischen Nachgiebigkeiten

auftreten, kann auch kein Kraftverhältnis $\Phi$ berechnet werden. Bei Überprüfung auf Dauerhaltbarkeit gilt deswegen:

$$F_{SAa} = \frac{F_{Ao} - F_{Au}}{2}$$

Oft liegt bei nicht vorgespannten Schrauben eine schwellende Belastung vor, z. B. Lasthaken. Die Gleichung vereinfacht sich dann zu:

$F_{SAa} = F_A / 2$.

### Berechnungen im Stahlbau

Im Stahlbau werden Schrauben für demontierbare Bauteile oder als Ersatz für Niet- bzw. Schweißverbindungen verwendet. Die eingesetzten Festigkeitsklassen reichen von 4.6 bis 10.9. Bei hochfesten Schraubenverbindungen (HV-Schrauben) ist die Schlüsselweite der Schrauben DIN 6914 bzw. der Muttern DIN 6915 jeweils eine Nummer größer als bei den Schrauben DIN EN 24014 bzw. den Muttern DIN EN 24032. Dadurch können sie stärker mit einem Schlüssel angezogen werden.

**Scher-/Lochleibungsverbindungen** gibt es mit Durchsteckschrauben (SL-Verbindung) und Passschrauben (SLP-Verbindung). Die Verbindungen sind nicht (nennenswert) vorgespannt. HV-Schrauben mit der Festigkeitsklasse 10.9 dürfen eine teilweise Vorspannung $\geq 0,5 \cdot F_V$ ($F_V$ aus Bild 10.37) aufweisen (nicht planmäßige Vorspannung). Die Berechnung für querbeanspruchte Schrauben erfolgt wie bei Nieten ausschließlich auf Abscheren in der Schraube und Lochleibung zwischen Schraube und Lochwand, siehe auch Kapitel 3, Niete. Die Abscherspannung und der Lochleibungsdruck werden wie folgt berechnet:

$$\tau_a = \frac{F}{n \cdot m \cdot A_{Sch}} \leq \tau_{a\,zul} \qquad (10.45)$$

$\tau_a$ = Abscherspannung    $F$ = zu übertragende Schnittkraft
$n$ = Schraubenanzahl    $m$ = Anzahl der Scherfugen
$A_{Sch}$ = auf Scherung beanspruchter Querschnitt
$\tau_{a\,zul}$ = zulässige Abscherspannung nach Bild 10.77

$$\sigma_l = \frac{F}{n \cdot s \cdot d_{Sch}} \leq \sigma_{l\,zul} \qquad (10.46)$$

$\sigma_l$ = Lochleibungsdruck
$s$ = kleinste Summe der Bauteildicken (mit in gleicher

Richtung wirkendem Lochleibungsdruck)

$d_{Sch}$ = auf Lochleibungsdruck beanspruchter Durchmesser

$\sigma_{l\,zul}$ = zulässiger Lochleibungsdruck nach Bild 10.77

Bei Belastungen auf Zug wird die Beanspruchung rechnerisch nur der Schraube zugewiesen. Es gilt:

$$\boxed{\sigma_z = F_z / A_S \leq \sigma_{z\,zul}} \qquad (10.47)$$

$\sigma_z$ = Zugspannung $F_z$ = Zugkraft $A_S$ = Spannungsquerschnitt
$\sigma_{z\,zul}$ = zulässige Zugspannung nach Bild 10.36

| Nicht vorgespannte Schrauben | | | | | | Vorgespannte Schrauben 10.9 | |
|---|---|---|---|---|---|---|---|
| 4.6 | | 5.6 | | 10.9 | | | |
| Lastfall [1]) | | | | | | Lastfall | |
| H | HZ | H | HZ | H | HZ | H | HZ |
| 110 | 125 | 150 | 170 | 360 | 410 | $0,7 \cdot F_V/A_S$ | $0,8 \cdot F_V/A_S$ |

[1]) Lastfälle: H = Summe der Hauptlasten, z. B. ständige Last (z. B. Eigengewicht), Massenkräfte aus Antrieben usw. HZ = Summe der Haupt- und Zusatzlasten, letztere z. B. Windlast, Bremskräfte, Wärmewirkung usw.

**Bild 10.36** Zulässige Zugspannungen $\sigma_{z\,zul}$ in N/mm² im Stahlbau (DIN 18800 T1)

Treten die Belastungen Abscheren und Zug gleichzeitig auf, so sind alle drei Nachweise einzeln zu führen. Die jeweiligen zulässigen Werte dürfen voll ausgenutzt werden.

Das Lochspiel von SL-Verbindungen darf zwischen 0,3 und 2 mm liegen. SLP-Verbindungen haben ein Lochspiel von ≤ 0,3 mm.

**Gleitfeste Verbindungen** mit HV-Schrauben (GV- und GVP-Verbindungen) sind planmäßig vorzuspannen. Die Vorspannkraft $F_V$ und das Anziehmoment $M_A$ sind Bild 10.37 zu entnehmen.

| Gewinde | M 12 | M 16 | M 20 | M 22 | M 24 | M 27 | M 30 | M 36 |
|---|---|---|---|---|---|---|---|---|
| $F_V$ in kN | | 50 | 100 | 160 | 190 | 220 | 290 | 350 | 510 |
| $M_A$ in Nm — MoS₂ geschmiert | 100 | 250 | 450 | 650 | 800 | 1250 | 1650 | 2800 |
| $M_A$ in Nm — leicht geölt | 120 | 350 | 600 | 900 | 1100 | 1650 | 2200 | 3800 |

**Bild 10.37** Vorspannkräfte $F_V$ und Anziehmomente $M_A$ (für das Drehmomentverfahren) im Stahlbau (DIN 18800 T7)

Die Berührungsflächen der Bauteile müssen besonders vorbehandelt werden, damit die Kräfte senkrecht zur Schraubenachse durch Reibungsschluss übertragen werden können. Die zulässige übertragbare Kraft einer Schraube je Reibfläche senkrecht zur Schraubenachse beträgt:

$$\boxed{F_{GV\,zul} = \frac{\mu \cdot F_V}{S}} \qquad (10.48)$$

$F_{GV\,zul}$ = zulässige übertragbare Kraft in GV-Verbindungen
$F_V$ = Vorspannkraft nach Bild 10.37
$\mu$ = Reibungszahl der Berührflächen; für Stahlgusskiesstrahlen, Sandstrahlen, 2 x Flammstrahlen oder bei gleitfester Beschichtung $\mu \approx 0,5$ (St 37/52)
$S$ = Sicherheit gegen Gleiten
Lastfall H: $S_H = 1,25$; Lastfall HZ: $S_{HZ} = 1,10$

$$\boxed{F_{GVP\,zul} = 0,5 \cdot F_{SLP\,zul} + F_{GV\,zul}} \qquad (10.49)$$

$F_{GVP\,zul}$ = zul. übertragbare Kraft in GVP-Verbindungen
$F_{SLP\,zul}$ = zul. Querkraft, entweder $m \cdot A_{sch} \cdot \tau_{a\,zul}$ oder $s \cdot d_{Sch} \cdot \sigma_{l\,zul}$ (kleinere Kraft ist zu wählen)

Bei den GVP-Verbindungen wird die Kraftübertragung zusätzlich durch die Abscher- und Lochleibungsfestigkeit gewährleistet.

Tritt eine gleichzeitige Belastung in Längs- und Querrichtung auf, so wird durch die Zugkraft $F_z$ die Klemmkraft verringert. Die zulässigen übertragbaren Querkräfte sind dann wie folgt zu berechnen:

$$\boxed{F_{GV,z} = \left(0,2 + 0,8 \cdot \frac{F_{z\,zul} - F_z}{F_{z\,zul}}\right) \cdot F_{GV\,zul}} \qquad (10.50)$$

$F_z$ = Zugkraft $\qquad$ $F_{z\,zul}$ = zulässige Zugkraft = $A_S \cdot \sigma_{z\,zul}$

$$\boxed{F_{GVP,z} = 0,5 \cdot F_{SLP\,zul} + F_{GV,z}} \qquad (10.51)$$

Die GV-Verbindungen dürfen ein Lochspiel von 0,3 bis 2 mm haben. GVP-Verbindungen haben ein Lochspiel von ≤ 0,3 mm.

Die Benutzung unterschiedlicher Verbindungsmittel in einer Verbindung (z. B. Nieten und GVP-Verbindungen) ist gestattet. Die gesamte übertragbare Kraft ergibt sich aus der Addition der einzelnen zulässigen Kräfte. SL-Verbindungen dürfen allerdings nicht mit den SLP- und gleitfesten Verbindungen kombiniert werden. Bei zugbeanspruchten Verbindungen dürfen nicht vorgespannte hochfeste Schrauben nur unter bestimmten Bedingungen verwendet werden, siehe DIN 18800 T1.

Der Lochleibungsdruck $\sigma_l$ der Bauteile ist prinzipiell immer zu überprüfen (auch für Zugbeanspruchung). Berechnet wird er mit Gleichung (10.46), wobei die Reibung nicht berücksichtigt wird.

**Berechnungen im Druckbehälterbau**
Für Berechnungen an Druckbehältern sind wegen der hohen sicherheitstechnischen Anforderungen die AD-Merkblätter (Arbeitsgemeinschaft Druckbehälter) verbindlich. Für Schraubenberechnungen ist dies das AD-Merkblatt B7 „Berechnung von Druckbehälterschrauben". Einige Vorschriften: Um die Flansche dichtzuhalten, sind möglichst viele Schrauben zu wählen. Des weiteren sind Schraubengrößen unter M 10 nicht erlaubt. Bei hohen Temperaturen (> 300 °C) und hohen Drücken (> 40 bar) sind Dehnschrauben zu bevorzugen. Die Länge soll mindestens dem zweifachen Durchmesser entsprechen. Im AD-Merkblatt W7 „Schrauben und Muttern aus ferritischen Stählen" befinden sich Informationen zu Werkstoffen, Festigkeitskennwerten usw.

## 10.2.15 Bewegungsschrauben

Bewegungsschrauben, auch Spindeln genannt, dienen zur Translation von Drehbewegungen in Längsbewegungen, evtl. auch umgekehrt. Verwendung finden Spindeln in Pressen, Werkzeugmaschinen, Hubwerken, Schraubstöcken usw. Meistens werden Trapezgewinde eingesetzt, bei Belastung in nur einer Richtung Sägengewinde, da sie größere Steigungen als Spitzgewinde aufweisen. Sind noch schnellere Längsbewegungen gefordert, werden mehrgängige Gewinde verwendet, siehe Bild 10.38. Als Werkstoff für die Spindel wird vorwiegend St 50 oder St 60 eingesetzt.

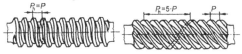

**Bild 10.38** Ein- bzw. fünfgängiges Trapezgewinde [6]

Das erforderliche Drehmoment $M$ für die Spindel entspricht dem Gewindemoment $M_G$ aus Gleichung (10.22), sofern keine nennenswerte

Reibung z. B. im Lager auftritt. Ansonsten muss deren Wert noch hinzu addiert werden.

**Festigkeit**
Bewegungsschrauben werden wie Befestigungsschrauben auf Zug oder Druck und Verdrehung beansprucht. Die Spannungen ergeben sich nach folgenden Gleichungen:

$$\sigma_{z(d)} = \frac{F_{z(d)}}{A_{d_3}} \quad (10.52) \qquad \tau_t = \frac{T}{W_p} \quad (10.53)$$

$\sigma_{z(d)}$ = Zug-/ Druckspannung  $\quad \tau_t$ = Verdrehspannung
$F_{z(d)}$ = Zug-/ Druckkraft  $\quad T$ = Drehmoment d. Spindel
$A_{d_3}$  = Kernquerschnitt  $\quad W_p$ = polares Widerstandsmoment $\approx 0{,}2 \cdot d_3^3$

Vor der Festigkeitsprüfung ist zu klären, welcher Teil der Spindel wie beansprucht wird. Es werden zwei Fälle unterschieden:

**Beanspruchungsfall I:** Die Kraft $F_{z(d)}$ wirkt auf der einen Seite des Muttergewindes, das Drehmoment $T$ greift auf der anderen Seite an. Dies ist z. B. bei der in Bild 10.41b abgebildeten Schraubzwinge der Fall. Für den Teil der Spindel, an dem die Kraft angreift, wird die zulässige Zug-/ Druckspannung ermittelt:

$\sigma_{z(d)zul} \geq \sigma_{z(d)}$
Ruhende Belastung: $\sigma_{z(d)zul} = R_{p0,2} / 1{,}5$
Schwellbelastung:  $\sigma_{z(d)zul} = \sigma_{zSch} / 2$
Wechselbelastung:  $\sigma_{z(d)zul} = \sigma_{zdW} / 2$

$\sigma_{zSch}$ und $\sigma_{zdW}$ sind aus entsprechenden Dauerfestigkeitsschaubildern oder aus Bild 10.39 abzulesen.

Für den anderen Spindelteil wird dementsprechend die zulässige Verdrehspannung berechnet:

$\tau_{tzul} \geq \tau_t$
Ruhende Belastung: $\tau_{tzul} = \tau_{tF} / 2$
Schwellbelastung:  $\tau_{tzul} = \tau_{tSch} / 2$
Wechselbelastung:  $\tau_{tzul} = \tau_{tW} / 2$

$\sigma_{tF}$, $\sigma_{tSch}$ und $\sigma_{tW}$ sind aus entsprechenden Dauerfestigkeitsschaubildern oder aus Bild 10.39 abzulesen.

| | $\sigma_{zSch}$ | $\sigma_{zdW}$ | $\tau_{tF}$ | $\tau_{tSch}$ | $\tau_{tW}$ |
|---|---|---|---|---|---|
| St 50 | 300 | 230 | 260 | 210 | 180 |
| St 60 | 340 | 270 | 260 | 230 | 210 |

**Bild 10.39** Dauerfestigkeitskennwerte in N/mm²

**Beanspruchungsfall II:** Die Kraft wirkt auf der gleichen Seite wie das Drehmoment (vom Muttergewinde aus betrachtet), siehe Bild 10.41a. Durch diese Überlagerung entsteht ein zweiachsiger Spannungszustand, der durch eine Vergleichsspannung auf einen einachsigen umgerechnet wird (siehe auch Kapitel 10.2.11).

$$\sigma_{\text{red}} = \sqrt{\sigma_{z(d)}^2 + 3 \cdot \left(\alpha_0 \cdot \tau_t\right)^2} \le \sigma_{\text{red zul}} \qquad (10.54)$$

$\sigma_{\text{red}}$ = Vergleichsspannung (auch reduzierte Spannung)
$\alpha_0$ = Anstrengungsverhältnis; bei gleichem Belastungsfall
    für $\sigma_{z(d)}$ und $\tau_t$ ist $\alpha_0 = 1$, sonst ist $\alpha_0 = 0,7$
$\sigma_{\text{red zul}}$ wie $\sigma_{z(d) \text{ zul}}$ oder aus Bild 10.40

Erfahrungsgemäß kann man für $\sigma_{\text{red zul}}$ folgende Werte annehmen:

|              | Trapezgewinde      | Sägengewinde      |
|--------------|--------------------|-------------------|
| schwellend   | $0,2 \cdot R_m$    | $0,25 \cdot R_m$  |
| wechselnd    | $0,13 \cdot R_m$   | $0,16 \cdot R_m$  |

$R_m$ = 500 N/mm² für St50, bei St60 ist $R_m$ = 600 N/mm²
**Bild 10.40** Zulässige Vergleichsspannung $\sigma_{\text{red zul}}$

Die höheren Werte für das Sägengewinde lassen sich durch die geringere Kerbwirkung erklären.

### Knickung
Längere druckbeanspruchte Spindeln sind auf Knicksicherheit zu prüfen. Hauptsächlich kommen die Knickfälle I und II nach *Euler* vor. Um zu ermitteln, ob elastische oder unelastische Knickung vorliegt, muss der Schlankheitsgrad $\lambda$ bestimmt

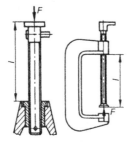

**Bild 10.41** *Euler*sche Knickfälle: a) Fall I, b) Fall II [6]

werden. Er ergibt sich aus dem Quotienten der rechnerischen Knicklänge $l_K$ und dem Trägheitsradius $i$. Für nicht hohle Spindeln gilt:

$$\lambda = \frac{l_K}{i} = \frac{4 \cdot l_K}{d_3} \qquad (10.55)$$

$\lambda$ = Schlankheitsgrad der Spindel
$l_K$ = rechnerische Knicklänge: für Fall I ist die freie Knicklänge $l_K = 2 \cdot l$; für Fall II $l_K = l$
$i$ = Trägheitsradius

$$i = \sqrt{\frac{I}{A_{d_3}}} = \sqrt{\frac{4 \cdot \pi \cdot d_3^4}{64 \cdot \pi \cdot d_3^2}} = \frac{d_3}{4}$$

Elastische Knickung liegt nach *Euler* für den Bereich $\lambda \ge 90$ bei Spindeln aus St50 / St60 vor:

$$S_K = \frac{\pi^2 \cdot E}{\lambda^2 \cdot \sigma_{\text{vorh}}} \ge 3 \ldots 6 \qquad (10.56)$$

$S_K$ = Knicksicherheit; mit zunehmendem Schlankheitsgrad ist ein höherer Wert zu wählen
$E$ = Elastizitätsmodul
$\sigma_{\text{vorh}}$ = vorhandene Spannung; bei Beanspruchungsfall I $\sigma_{z(d)}$ nach Gl. (10.52), bei Fall II $\sigma_{\text{red}}$ nach Gl. (10.54) einsetzen

Bei $\lambda < 90$ liegt unelastische Knickung vor. Die Knicksicherheit $S_K$ ergibt sich nach *Tetmajer*:

$$S_K = \frac{\sigma_0 - \lambda \cdot k}{\sigma_{\text{vorh}}} \ge 4 \ldots 2 \qquad (10.57)$$

$S_K$ = Knicksicherheit; mit abnehmendem Schlankheitsgrad ist ein niedrigerer Wert zu wählen
$\sigma_0$ = ideelle Druckfestigkeit $\approx$ 350 N/mm² für St 50/60
$k$ = Knickspannungsrate $\approx$ 0,6 N/mm² für St 50/60

Für $\lambda < 20$ ist die Berechnung auf Knickung nicht notwendig.

### Mutterhöhe
Im Gegensatz zu Befestigungsschrauben ist bei Bewegungsschrauben die Flächenpressung im Gewinde zu berechnen, da die Gewindeflanken der Spindel und der Mutter ständig aufeinander reiben. Sie berechnet sich aus $p = F_{z(d)} / A$ unter

| Werkstoff Mutter | $p_{\text{zul}}$ in N/mm² |
|------------------|---------------------------|
| Gusseisen        | 3 - 7                     |
| GS, GTW          | 5 - 10                    |
| Bronze           | 10 - 20                   |
| Stahl            | 10 - 15                   |

**Bild 10.42** Zulässige Flächenpressung für Spindel aus Stahl

der Annahme einer gleichmäßigen Flächenpressung in allen tragenden Gewindegängen. Die gepresste Fläche $A$ ist die Projektionsfläche eines Ganges $H_1 \cdot d_2 \cdot \pi$, multipliziert mit der Anzahl der Gangwindungen $m / P$.

$$p = \frac{F_{z(d)} \cdot P}{m \cdot H_1 \cdot d_2 \cdot \pi} \le p_{\text{zul}} \qquad (10.58)$$

$p$ = Flächenpressung im Gewinde
$m$ = tragende Mutterhöhe
$p_{\text{zul}}$ = zulässige Flächenpressung nach Bild 10.42; kleinere Werte für Dauerbetrieb, größere bei seltenem Betrieb

Durch Umstellen der Gleichung ergibt sich die erforderliche Mutterhöhe $m$. Sie sollte jedoch nicht größer als $2,5 \cdot d$ sein.

**Wirkungsgrad**

Das Verhältnis von nutzbarer zu aufgewendeter Arbeit ist der Wirkungsgrad $\eta$. Pro Spindelumdrehung wird eine Last $F$ um die Steigung $P_h$ gehoben bzw. gesenkt: Nutzarbeit $W_N = F \cdot P_h$. Der Arbeitsaufwand beträgt bei Vernachlässigung der Lagerreibung für das Heben einer Last $W_A = F_U \cdot d_2 \cdot \pi = F \cdot \tan(\varphi + \rho') \cdot d_2 \cdot \pi$. Der Wirkungsgrad ergibt sich dann wie folgt:

$$\boxed{\eta_{\text{heben}} = \frac{F \cdot P_h}{F \cdot d_2 \cdot \pi \cdot \tan(\varphi + \rho')} = \frac{\tan\varphi}{\tan(\varphi + \rho')}}$$

(10.59)

$\eta_{\text{heben}}$ = Wirkungsgrad beim Heben einer Last

Analog ergibt sich der Wirkungsgrad beim Senken einer Last. Jedoch kann die Längskraft nur in eine Drehkraft umgewandelt werden, wenn die Schraube nicht selbsthemmend ($\varphi > \rho'$) ist.

$$\boxed{\eta_{\text{senken}} \quad \frac{\tan(\varphi - \rho')}{\tan\varphi}}$$

(10.60)

$\eta_{\text{senken}}$ = Wirkungsgrad beim Senken einer Last

Die Umwandlung einer Längsbewegung in eine Drehbewegung ist also nur bei nicht selbsthemmendem Gewinde möglich. Aus Gleichung (10.59) ist ersichtlich, dass der Wirkungsgrad bei Selbsthemmung kleiner als 0,5 ist.

# 10.3 Berechnungsbeispiele

## 10.3.1 Berechnungsbeispiel Deckel

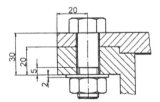

**Bild 10.43** Gehäusedeckel

Ein Gehäusedeckel, der mit 4 Schrauben verschraubt ist, wird mit einer dynamischen Axialkraft von 96 kN belastet. Da das Gehäuse (GG-35) dicht sein soll, wird eine Dichtkraft von 5.000 N je Verschraubung gefordert. Die nicht veränderbaren Abmessungen an einer Schraube

sind in Bild 10.43 dargestellt. Die unbehandelte und leicht geölte Schraube soll mit einem Drehmomentschlüssel angezogen werden. Zu berechnen sind der Durchmesser und die Festigkeitsklasse der Schrauben.

*Lösung:*

*Zur Lösung der Aufgabe müssen die Schritte des Rechnungsganges aus Kapitel 10.2.13 durchgeführt werden. Zur Vereinfachung darf angenommen werden, dass die Axialkraft gleichmäßig verteilt und zentrisch auf die 4 Schrauben wirkt.*

*Gegeben sind also die dynamische Betriebskraft $F_A$ = 24.000 N und die erforderliche Klemmkraft $F_{Kl}$ = 5.000 N je Schraube, die Klemmlänge $l_K$ = (30 + 2) mm = 32 mm, die Anziehmethode, der Werkstoff der verspannten Teile und der Reibungszustand der Schraube.*

① *Zuerst werden überschlägig nach Kapitel 10.2.1 der Schraubendurchmesser und die Festigkeitsklasse bestimmt. Es lässt sich eine Mindestvorspannkraft $F_{V\,min}$ = 40.000 N abschätzen. Gewählt wird eine Schraube M 12 der Festigkeitsklasse 10.9. Das Klemmlängenverhältnis ist dann*

$$l_K / d = 32 / 12 \approx 2,7.$$

*Die überschlägige Bestimmung der Flächenpressung an der Auflagefläche wird am Schraubenkopf durchgeführt, da wegen der Scheibe die Auflagefläche der Mutter größer ist. Nach Bild 10.76 ist $F_{Sp}$ = 59.000 N für $\mu_G$ = 0,12. $A_P$ = 111,3 mm² ergibt sich aus Gleichung (10.40) mit $d_w$ = 18 mm und $d_h$ = 13,5 mm (aus Bild 10.61). Damit ist die Flächenpressung*

$$p \approx \frac{59.000\,\text{N}}{0,9 \cdot 111,3\,\text{mm}^2} \approx 589\,\text{N}/\text{mm}^2$$

*Die Grenzflächenpressung $p_G$ = 900 N/mm² für GG-35 ist damit nicht überschritten.*

② *Die Schraube soll mit einem Drehmomentschlüssel angezogen werden. Nach Bild 10.32 ist der Anziehfaktor $\alpha_A$ = 1,6.*

③ *Die Mindestklemmkraft ist bereits in der Aufgabenstellung gegeben: $F_{Kl}$ = 5.000 N.*

④ *Die elastische Nachgiebigkeit der Schraube wird mit Gleichung (10.4) ermittelt. Sie setzt sich* zusammen aus den Nachgiebigkeiten des Kopfes $\delta_K$, des Schaftes $\delta_1$, des Gewindes $\delta_2$, des eingeschraubten Gewindeteils $\delta_G$ und der Mutterverschiebung $\delta_M$.

$$\delta_K = \frac{0,4 \cdot d}{E_S \cdot A_N} = 0,202 \cdot 10^{-6} \text{ mm/N}$$

$$\delta_1 = \frac{l_1}{E_S \cdot A_N} = 1,054 \cdot 10^{-6} \text{ mm/N}$$

$$\delta_2 = \frac{l_2}{E_S \cdot A_{d_3}} = 0,437 \cdot 10^{-6} \text{ mm/N}$$

$$\delta_G = \frac{0,5 \cdot d}{E_S \cdot A_{d_3}} = 0,374 \cdot 10^{-6} \text{ mm/N}$$

$$\delta_M = \frac{0,4 \cdot d}{E_S \cdot A_N} = 0,202 \cdot 10^{-6} \text{ mm/N}$$

$$\delta_S = \delta_K + \delta_1 + \delta_2 + \delta_G + \delta_M = 2,269 \cdot 10^{-6} \text{ mm/N}$$

mit $A_N = 113$ mm²    $l_1 = (30-5)$ mm $= 25$ mm
$A_{d_3} = 76,3$ mm²    $l_2 = (5+2)$ mm $= 7$ mm
$E_S = 2,1 \cdot 10^5$ N / mm²

Die elastische Nachgiebigkeit der verspannten Platten ergibt sich wie folgt:

$$\delta_P = \frac{l_K}{E_P \cdot A_{Ers}} = 0,598 \cdot 10^{-6} \text{ mm/N}$$

mi: $E_P = 1,3 \cdot 10^5$ N / mm²
$A_{Ers} = 411,3$ mm² (nach Gleichung (10.5))
    mit $d_w = 18$ mm    $d_h = 13,5$ mm
$D_A = 2 \cdot 20$ mm $= 40$ mm (Innenkreis)
Kontrolle: $D_A = 40$ mm $\leq d_w + l_K = 50$ mm

Anmerkung zum Ersatzquerschnitt $A_{Ers}$:
Es wird nur ein Ersatzquerschnitt bestimmt, obwohl der Scheibendurchmesser kleiner als der doppelte Randabstand $D_A$ ist. Die Scheibe, der Gehäuseflansch und der Gehäusedeckel bilden eine Einheit, in der sich der Druckkegel ausbreitet, siehe Bild 10.19. Daher dürfen die Teile nicht getrennt betrachtet werden. Es kann aber angenommen werden, dass die Druckzonen den Scheibendurchmesser nicht „überschreiten".

Die Höhe der Krafteinleitung wird auf $n = 0,5$ geschätzt. Daraus ergibt sich das Kraftverhältnis

$$\Phi = n \cdot \frac{\delta_P}{\delta_S \cdot \delta_P} = 0,104$$

⑤ Nach Gleichung (10.17) wird der Setzbetrag ermittelt: $f_Z = 4,6 \cdot 10^{-3}$ mm.
Der Vorspannkraftverlust beträgt somit:
$F_Z = 1.605$ N.

⑥ Die maximale Vorspannkraft $F_{V\,max}$ wird nun ermittelt: $F_{V\,max} = 44.974$ N
Es muss gelten: $F_{Sp} \geq F_{V\,max}$
Aus Bild 10.76 wird für die gleichen Bedingungen wie bei ① $F_{Sp} = 59.000$ N abgelesen, also ist die Bedingung erfüllt. Außerdem kann das Anziehmoment abgelesen werden: $M_A = 117$ Nm.

⑦ Es ist keine Änderung der Schraube nötig, somit entfällt die Wiederholung der Schritte ④ - ⑥.

⑧ Die Einhaltung der maximal zulässigen Schraubenkraft wird überprüft. Es muss gelten:
$$F_{SA} = \Phi \cdot F_A \leq 0,1 \cdot R_{p0,2} \cdot A_S$$

$A_S = 84,3$ mm² und $R_{p0,2} = 900$ N/mm² in die Formel eingesetzt zeigt, dass die Bedingung erfüllt wird: $F_{SA} = 2.496$ N $\leq 7.587$ N

⑨ Da in der Aufgabenstellung keine Angaben über die Art der dynamischen Belastung gemacht wurden, wird die Dauerhaltbarkeit auf schwellende Belastung hin überprüft:

$$\sigma_a = \frac{\Phi \cdot F_A}{2 \cdot A_{d_3}} \leq \sigma_A$$

$$\sigma_a = 16,4 \,\text{N}/\text{mm}^2 \leq \sigma_{A\,SV} = 50 \,\text{N}/\text{mm}^2$$

⑩ Mit den erhaltenen Werten wird die Flächenpressung nachgerechnet:

$$p = \frac{F_{Sp} + \Phi \cdot F_A}{A_P} = 553 \,\text{N}/\text{mm}^2 \leq p_G = 900 \,\text{N}/\text{mm}^2$$

Bei der Benutzung von 4 Schrauben M 12 - 10.9 und Muttern der entsprechenden Festigkeitsklasse 10 ist die Verbindung betriebssicher.

## 10.3.2 Berechnungsbeispiel Kupplung

Eine Scheibenkupplung aus GG-15 hat einen Lochkreisdurchmesser von $D = 165$ mm. Auf diesem sind insgesamt 8 Sechskantschrauben ISO 4017 - M 8 gleichmäßig angeordnet. Der kleinste Randabstand ist 30 mm. Die Klemmlänge beträgt 40 mm. Durch Reibschluss ($\mu = 0,16$) soll ein Drehmoment von $T = 1.500$ Nm übertragen werden. Die verzinkten Schrauben sollen mit einem Drehschrauber angezogen werden. Welche Festigkeitsklasse müssen die Schrauben haben, damit das Drehmoment übertragen werden kann?

*Lösung:*
*Alle zur Berechnung nach* Kapitel 10.2.13 *benötigten Werte können aus der Aufgabenstellung abgeleitet werden. Da ein Drehmoment übertragen wird, tritt keine Betriebskraft in axialer Richtung auf:* $F_A = 0$. *Die erforderliche Klemmkraft wird in ③ berechnet.*

① *Die überschlägige Bestimmung der Vorspannkraft entfällt, da der Durchmesser der Schraube vorgegeben ist. Das Klemmlängenverhältnis ergibt sich wie folgt:*
$l_K / d = 40 / 8 = 5$.

② *Der Anziehfaktor* $\alpha_A$ *ist gleich 2,5, da die Schraube mit einem Drehschrauber angezogen werden soll.*

③ *Aus dem Drehmoment T lässt sich die senkrecht zur Schraubenachse wirkende Querkraft folgendermaßen ermitteln:*
$F_Q = 2 \cdot T / D$
$\quad = 3.000 \cdot 10^3$ Nmm $/ 165$ mm $\approx 18.182$ N
*Die erforderliche Klemmkraft je Schraube ergibt sich dann nach* Gleichung (10.14):

$$F_{Kl\,erf} = \frac{F_Q}{\mu \cdot z} = \frac{18.182 \text{ N}}{0,16 \cdot 8} = 14.205 \text{ N}$$

④ *Die elastische Nachgiebigkeit der Schraube wird mit* Gleichung (10.4) *ermittelt. Da das Gewinde annähernd bis zum Kopf reicht, weist die Schraube nur die Einzelnachgiebigkeiten* $\delta_K$, $\delta_1$, $\delta_G$ *und* $\delta_M$ *auf.*

$$\delta_K = \frac{0,4 \cdot d}{E_S \cdot A_N} = 0,303 \cdot 10^{-6} \text{ mm/N}$$

$$\delta_1 = \frac{l_K}{E_S \cdot A_{d_3}} = 5,807 \cdot 10^{-6} \text{ mm/N}$$

$$\delta_G = \frac{0,5 \cdot d}{E_S \cdot A_{d_3}} = 0,581 \cdot 10^{-6} \text{ mm/N}$$

$$\delta_M = \frac{0,4 \cdot d}{E_S \cdot A_N} = 0,303 \cdot 10^{-6} \text{ mm/N}$$

$$\delta_S = \delta_K + \delta_1 + \delta_G + \delta_M = 6,994 \cdot 10^{-6} \text{ mm/N}$$

mit $A_N = 50,3$ mm² $\qquad A_{d_3} = 32,8$ mm²
$\quad E_S = 2,1 \cdot 10^5$ N / mm²

*Die elastische Nachgiebigkeit der verspannten Platten ergibt sich wie folgt:*

$$\delta_P = \frac{l_K}{E_P \cdot A_{Ers}} = 1,035 \cdot 10^{-6} \text{mm/N}$$

mit $E_P = 1,05 \cdot 10^5$ N / mm² *für* GG-15
$\quad A_{Ers} = 368,2$ mm² *(nach* Gleichung (10.5))
$\qquad$ *mit* $d_w = 13$ mm $\qquad d_h = 9$ mm
$\qquad D_A = d_w + l_K = 53$ mm, *da der doppelte Randabstand (= 60 mm) >* $d_w + l_K$ *ist.*

*Da keine Axialkraft* $F_A$ *auftritt, ist die Abschätzung der Krafteinleitungshöhe n sowie die Berechnung des Kraftverhältnisses* $\Phi$ *nicht nötig.*

⑤ *Nach* Gleichung (10.17) *wird der Setzbetrag ermittelt:* $f_Z = 5,7 \cdot 10^{-3}$ mm.
*Der Vorspannkraftverlust beträgt somit:*
$F_Z = 710$ N.

⑥ *Die maximale Vorspannkraft* $F_{V\,max}$ *wird nun ermittelt:*
$F_{V\,max} = 37.290$ N
*Es muss gelten:* $F_{Sp} \geq F_{V\,max}$
*Aus dem* Bild 10.76 *wird für* $\mu_{Ges} = 0,12$ *die Spannkraft* $F_{Sp} = 29.500$ N *für die größtmögliche Festigkeitsklasse 12.9 abgelesen. Die Bedingung ist damit nicht erfüllt!*

⑦ *Da keine konstruktiven Änderungen an der Kupplung vorgenommen werden können, kann das Drehmoment* $T = 1.500$ Nm *nur übertragen werden, wenn der Anziehfaktor* $\alpha_A$ *verringert wird. Es muss gelten:*

$$\alpha_A' \leq \frac{F_{Sp} \cdot \alpha_A}{F_{V\,max}} = \frac{29.500 \text{ N} \cdot 2,5}{37.410 \text{ N}} = 1,97$$

*Damit der neue Anziehfaktor* $\alpha_A' \leq 1,97$ *wird, muss als Anziehverfahren z. B. das Anziehen mit einem Präzisionsdrehschrauber gewählt werden.* $\alpha_A'$ *ist dann maximal 1,8. Damit wird die maximale Vorspannkraft* $F_{V\,max} = 26.935$ N *kleiner als die Spannkraft* $F_{Sp}$. *Das Anziehdrehmoment ist somit* $M_A = 40$ *Nm.*

⑧ *Die Einhaltung der maximal zulässigen Schraubenkraft entfällt, da* $F_A = 0$ *ist.*

⑨ *Da* $F_A = 0$ *ist, entfällt auch die Überprüfung der Dauerhaltbarkeit.*

⑩ *Mit den berechneten Werten wird die Flächenpressung nachgerechnet:*

$$p = \frac{F_{Sp} + \Phi \cdot F_A}{A_p} = 427\,\text{N}/\text{mm}^2$$

$$\le p_G = 600\,\text{N}/\text{mm}^2 \; (GG\text{-}15)$$

*mit* $A_p = 69{,}1$ *mm² nach* Gleichung (10.40)

*Bei Verwendung von 8 Schrauben der Festigkeitsklasse 12.9 kann die Kupplung das geforderte Drehmoment nur aufnehmen, wenn das Anziehverfahren gegenüber der Aufgabenstellung geändert wird, siehe* ⑦.

### 10.3.3 Berechnungsbeispiel Augenschraube

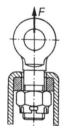

**Bild 10.44** Augenschraube [3]

Die Augenschraube in Bild 10.44 der Festigkeitsklasse 8.8 wird mit einer ruhenden Kraft $F = 28$ kN belastet. Zu berechnen ist der Gewindedurchmesser bei einer Sicherheit von $S = 1{,}5$.

*Lösung:*
*Die Schraube ist nicht vorgespannt, d. h. sie wird nur auf Zug beansprucht. Nach* Gleichung (10.44) *lässt sich der erforderliche Spannungsquerschnitt berechnen:*

$$A_S \ge \frac{F \cdot S}{R_{p0,2}} = \frac{28.000\,\text{N} \cdot 1{,}5}{640\,\text{N}/\text{mm}^2} = 65{,}6\,\text{mm}^2$$

*Nach* Bild 10.58 *wird* M 12 *als Gewinde gewählt* ($A_S = 84{,}3$ *mm²).*

**Annahme:**
Die Kraft $F$ ist eine schwellende Betriebskraft.

*Die gewählte Schraube* M 12 *würde dann der Dauerhaltbarkeitsprüfung nicht standhalten* ($A_{d_3} = 76{,}3$ *mm²):*

$$\sigma_a = \frac{F}{2 \cdot A_{d_3}} = 183\,\text{N}/\text{mm}^2$$

*Da aber* $\sigma_{A\,SV} = 50{,}3$ *N / mm² $< \sigma_a$ ist, erleidet die Schraube einen Dauerbruch. Es muss mindestens ein Gewindedurchmesser von* M 24 *bei einer schwellenden Belastung gewählt werden* ($A_{d_3\,M24} = 324$ *mm²):*

$$\sigma_{a_{M24}} = \frac{F}{2 \cdot A_{d_3\,M24}} = 43{,}2\,\text{N}/\text{mm}^2$$

*Da* $\sigma_{A\,SV_{M24}} = 44{,}6$ *N / mm² $> \sigma_{a\,M24}$ ist, hält die Schraube* M 24 *der schwellenden Belastung stand.*

### 10.3.4 Berechnungsbeispiel Spindel

Die Schraubzwinge in Bild 10.41b hat eine Spindel Tr 20 x 4 aus St50. 1/3 des aufgebrachten Drehmomentes $T = 50$ Nm geht durch Reibung zwischen dem Spindelende und dem zu klemmenden Element „verloren". Die Länge beträgt $l = 300$ mm. Der Muttereinsatz aus Stahl (Höhe $m = 45$ mm) hat einen Reibwert von 0,12. Es ist zu prüfen, ob die Spindel ausreichend dimensioniert wurde.

*Lösung:*
*Zur Überprüfung einer ausreichenden Dimensionierung sind die Festigkeit, die Knicksicherheit und die Mutterhöhe zu berechnen. Die in der Spindel wirkende Druckkraft* $F_d$ *wird mit Hilfe von* Gleichung (10.22) *ermittelt:*

$$F_d = \frac{2}{3} \cdot \frac{2 \cdot T}{d_2 \cdot \tan(\varphi \pm \rho')} = 18{,}8\,\text{kN}$$

*mit* $d_2 = 18$ mm     $P = 4$ mm     $\beta = 30°$

$$\varphi = \arctan\left(\frac{P}{\pi \cdot d_2}\right) = 4{,}05° \qquad nach\ \text{Gl. (10.1)}$$

$$\rho' = \arctan\left(\frac{\mu_G}{\cos \beta/2}\right) = 7{,}08° \quad nach\ \text{Gl. (10.19)}$$

*Da $\varphi < \rho'$ ist, liegt Selbsthemmung vor. Dies ist auch notwendig, um ein Element dauerhaft zu klemmen.*

*Nun kann die Festigkeit überprüft werden. Da das Drehmoment oberhalb des Muttergewindes und die Kraft $F_d$ auf der anderen Seite angreift, liegt der Beanspruchungsfall I vor. Die Druckspannung ergibt sich nach* Gleichung (10.52):

$$\sigma_d = \frac{F_d}{A_{d_3}} = 99{,}5 \text{ N / mm}^2 \leq \sigma_{d\,zul} = 150 \text{ N / mm}^2$$

*mit* $A_{d_3} = 189$ mm²
$\sigma_{d\,zul} = \sigma_{z\,Sch} / 2 = 300 / 2$ N/mm² (Bild 10.39)

*Die Verdrehspannung wird nach* Gleichung (10.53) *berechnet:*

$$\tau_t = \frac{T}{W_p} = 67{,}1 \text{ N/mm}^2 \leq \tau_{t\,zul} = 105 \text{ N/mm}^2$$

*mit* $d_3 = 15{,}5$ mm
$\tau_{t\,zul} = \tau_{t\,Sch} / 2 = 210 / 2$ N/mm² (Bild 10.39)

*Die Festigkeit ist also ausreichend dimensioniert. Als nächstes ist die Knickung zu prüfen, da die Spindel druckbeansprucht wird. Es liegt der Eulersche Knickfall II vor, also* $l_K = l$. *Nach* Gleichung (10.55) *berechnet sich der Schlankheitsgrad:*

$$\lambda = \frac{4 \cdot l_K}{d_3} = 77{,}4$$

*Da* $\lambda < 90$ *ist, ist die Knicksicherheit $S_K$ nach Tetmajer zu bestimmen.*

$$S_K = \frac{\sigma_0 - \lambda \cdot k}{\sigma_{vorh}} = 3{,}1 \geq 4...2$$

*mit* $\sigma_{vorh} = \sigma_d$   $\sigma_0 = 350$ N/mm²   $k = 0{,}6$ N/mm²

*Die Stabilität der Spindel ist damit gewährleistet.*

*Zuletzt muss noch geprüft werden, ob die zulässige Flächenpressung im Gewinde nicht überschritten wird. Nach* Gleichung (10.58) *folgt:*

$$p = \frac{F_d \cdot P}{m \cdot H_1 \cdot d_2 \cdot \pi} = 14{,}8 \text{ N/mm}^2$$

$$\leq p_{zul} = 15 \text{ N/mm}^2 \text{ (Stahl, seltener Betrieb)}$$

*mit* $H_1 = 2$ mm

*Die Berechnung des Wirkungsgrades ist bei dieser Aufgabe nicht erforderlich. Lässt man die Reibung am Spindelende außer acht, beträgt der Wirkungsgrad der Schraubzwinge im „Leerlauf" nach* Gleichung (10.59):

$$\eta = \frac{\tan\varphi}{\tan(\varphi + \rho')} = 0{,}35$$

## 10.4  Gestaltung

### 10.4.1  Schraubensicherung

Schraubensicherungen werden dann benötigt, wenn die Schraubenverbindung sich selbsttätig lösen kann. Es wird zwischen zwei Ursachen unterschieden: Lockern und Losdrehen.

**Lockern** entsteht entweder durch Kriech- oder Setzvorgänge. Damit geht ein Vorspannkraftabfall einher, der so groß werden kann, dass die Klemmkraft $F_{Kl} = 0$ wird. Die Fügeflächen liegen dann lose aufeinander. Bleibt $F_{Kl} \geq F_{Kl\,erf}$, ist bei rein statischer Beanspruchung das Lockern unbedenklich.

**Losdrehen** ist die Folge von Relativbewegungen zwischen den Kontaktflächen. Bei Schwingungen ändern die Reibkräfte ihre Richtung (wirken der Bewegungsrichtung entgegen). Das Gewinde kann dann in Umfangsrichtung reibungsfrei werden, ähnlich wie eine Massenlast auf einer schwingenden schiefen Ebene.

Bei dynamischen Axialkräften entstehen vor allem an den Gewindeflanken Verformungen (Atmen der Mutter). Das auftretende innere Losdrehmoment kann zu einem teilweisen Lösen und damit zu einem Vorspannkraftabfall in der Schraubenverbindung führen.

Gefährlicher sind dynamische Querkräfte. Sie können ein vollständiges Lösen der Verbindung verursachen. Werden sie zu groß, so dass die Klemmkraft den Reibschluss nicht aufrecht erhalten kann, „verbiegt" sich die Schraube durch die Querverschiebung der Fügeteile. Ab einer bestimmten Grenzverschiebung kommt es zum Gleiten unter den Auflageflächen des Schrau-

benkopfes bzw. der Mutter. In diesem reibungs-
freien Zustand dreht sich die Schraube selbsttätig
los.

## Sicherungsmaßnahmen

Eine Schraubenverbindung, die zuverlässig vorgespannt wurde, braucht im allgemeinen keine
Schraubensicherung. Konstruktive Maßnahmen
gegen Lockern bzw. Losdrehen sind zusätzlichen
Sicherungselementen vorzuziehen, denn der falsche Einsatz von Sicherungselementen kann die
Gefahr des selbsttätigen Lösens sogar noch erhöhen (z. B. Erhöhung der Anzahl der Trennfugen).

## Konstruktive Maßnahmen

- Hohe Vorspannkräfte durch z. B. hochfeste
  Schrauben ($\geq$ 8.8) ermöglichen
- Elastizität der Verbindung durch dünne lange
  Schrauben ($l_K / d \geq 5$) erhöhen
- Steife Fügeteile mit hohen zulässigen Flä-
  chenpressungen verwenden
- Geringe Anzahl von Trennfugen anstreben
- Trennflächen möglichst eben gestalten
- Keine „weichen" Elemente wie Dichtungen
  mitverspannen
- Querkraftverschiebungen vermeiden durch
  Formschluss in der Verbindung, z. B. durch
  Stifte oder Passschrauben

In der Regel brauchen nur kurze Schrauben unterer Festigkeitsklassen (< 8.8) und Schrauben mit
einer Klemmlänge $l_k \leq 5 \cdot d$ eine zusätzliche
Schraubensicherung.

## Sicherungselemente

Die Sicherungselemente lassen sich nach ihrer
Wirksamkeit einteilen:

- Setzsicherungen zur Kompensierung von
  Kriech- und Setzvorgängen;
- Losdrehsicherungen blockieren oder verhindern das durch eine Relativbewegung entstehende Losdrehmoment;
- Verliersicherungen verhindern das Auseinan-
  derfallen der Schraubenverbindung, können
  aber ein teilweises Losdrehen nicht verhindern.

Eine weitere Einteilung ist nach der Funktion der
Sicherungselemente möglich:

**Mitverspannte federnde Elemente** sind z. B.
Tellerfedern, Spannscheiben DIN 6796 und 6908
und Kombi-Schrauben DIN 6900 (Bild 10.6). Ihre Federwirkung muss aber bei voller Vorspannkraft und im Betriebseinsatz vorhanden sein, was
bei genormten Elementen nur für Festigkeitsklassen $\leq$ 6.8 zutrifft. Da sie Losdrehvorgänge
nicht verhindern, sind sie nur als Setzsicherungen einzusetzen.

**Formschlüssige Elemente**, siehe Bild 10.45,
halten eine Restvorspannkraft aufrecht und sind
damit als Verliersicherung verwendbar. Da sie
nur ein begrenztes Losdrehmoment aufnehmen
können, sollten sie nur bei unteren Festigkeitsklassen ($\leq$ 6.8) eingesetzt werden.

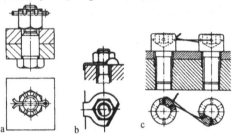

**Bild 10.45** Formschlüssige Sicherungselemente, z. B.:
a) Sechskant-Passschraube mit Kronenmutter DIN
935 und Splintsicherung [4], b) Kopfsicherung durch
Sicherungsblech DIN 93 [6], c) Drahtsicherung [1]

**Klemmende Elemente** (Bild 10.46) mit einem
hohem Reibschluss in den Gewindeflanken sind
ebenfalls Verliersicherungen. Fällt die Vorspannkraft ab, so können diese Elemente das
Losdrehmoment ab dem Zeitpunkt aufnehmen,
wo es gleich dem Klemmoment wird. Kontermutter, Sicherungsmutter DIN 7967 und Muttern
mit einem Polyamidstopfen schützen nicht zuverlässig gegen Losdrehen.

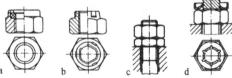

**Bild 10.46** Klemmende Sicherungselemente, z. B.:
a) Sicherungsmutter (DIN 980, 982, 985) mit Klemm-
teil (z. B. Kunststoffring), b) Sicherungsmutter mit definiert verengtem Kragen, c) Kontermutter, d) Sicherungsmutter DIN 7967 [6]

**Sperrende Elemente** können durch Zähne oder Rippen das innere Losdrehmoment blockieren und die Vorspannkraft komplett erhalten. Die am Außenrand angebrachten Verriegelungszähne graben sich in den Werkstoff ein und sperren so gegen Losdrehen, Bild 10.47. Ausführungen mit Rippen verfestigen die Oberfläche des gedrückten Teiles, verhindern aber eine Beschädigung.

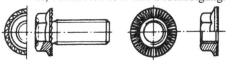

**Bild 10.47** Sperrzahnschraube und -mutter [8]

**Klebende Elemente** sind ebenso wie die sperrenden Elemente Losdrehsicherungen. Sie erreichen einen Stoffschluss im Gewinde und verhindern damit Relativbewegungen. Eingesetzt werden klebende Elemente bei gehärteten Oberflächen, wo sperrende Elemente nicht mehr greifen. Allerdings sind sie wegen der Klebstoffe meistens nur bis zu 90 °C einsatzfähig. Eine andere Möglichkeit ist, durch Kehlschweißnähte den Schraubenkopf oder die Mutter gegen Losdrehen zu sichern (Schweißmuttern siehe Bild 10.10).

## 10.4.2 Steigerung der Dauerhaltbarkeit

Aufgrund der Kerbwirkung des Gewindes sind Schrauben dauerbruchgefährdet. Die meisten Möglichkeiten zur Steigerung der Dauerhaltbarkeit reduzieren entweder die Schraubenzusatzkraft $F_{SA}$ oder versuchen, die Spannung im Bolzen gleichmäßiger zu verteilen.

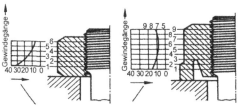

Lastanteil der Gänge in % der Gesamtlast
**Bild 10.48** Belastung einer a) Druckmutter, b) Mutter mit eingedrehter Entlastungskerbe [6]

Die Gewindegänge einer üblichen Mutter werden nicht gleichmäßig belastet, siehe Bild 10.48a. Fast die Hälfte der Gesamtbeanspruchung entfällt auf die beiden ersten tragenden Gewinde-

gänge. Eine gleichmäßigere Kraftverteilung lässt sich durch eine eingedrehte Entlastungskerbe, siehe Bild 10.48b, oder durch Verwendung von Zugmuttern erreichen. Bei letzteren dehnt die Zugkraft sowohl das Bolzen- als auch das Muttergewinde.

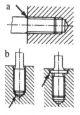

**Bild 10.49** Verklemmtes Gewinde [3]

Dauerbruchgefahr besteht auch bei einem verklemmten Gewindeauslauf, siehe Bild 10.49a. Eine Verminderung der Bruchgefahr lässt sich z. B. durch Dünnschaftausführungen erreichen, da diese dann gegen den Bohrungsgrund oder über einen Bund verspannt werden, siehe Bild 10.49b. Die Dauerhaltbarkeit lässt sich auch durch einen Gewindefreistich im Übergang vom Gewinde zum Schaft um 20 % verbessern.

Die Dauerhaltbarkeit bei dynamischer Belastung lässt sich durch den Einsatz von elastischeren Schrauben und weniger elastischen Bauteilen steigern, da die Schraubenzusatzkraft $F_{SA}$ kleiner wird. Auch die Verschiebung der Krafteinleitungshöhe $n \cdot l_K$ zur Trennfuge durch konstruktive Maßnahmen vermindert die Zusatzkraft.

Durch eine größere Einschraubtiefe wird der erste tragende Gewindegang entlastet, da die Belastung mehr auf die anderen Gänge verteilt wird. Eine andere Möglichkeit zur Entlastung des ersten Gewindeganges ist, die Steigung im Bolzengewinde gegenüber der der Mutter zu verkleinern. Bei gezieltem Versatz wird der erste Gang erheblich entlastet.

Durch eine Verringerung der Festigkeit des Mutterwerkstoffes lässt sich das Gewinde besser plastisch verformen, was zu einer gleichmäßigeren Lastverteilung führt. Die gleiche Wirkung wird erzielt, wenn der Elastizitätsmodul verringert wird, da sich dadurch die Biegenachgiebigkeit des Muttergewindes erhöht.

## 10.4.3 Fertigungs- und montagegerechte Gestaltung

Damit sich das Werkstück von einer Seite bearbeiten lässt, sollten Bohrungen, die an ein Innen-

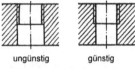

ungünstig        günstig

**Bild 10.50** Bohrungsgestaltung

gewinde angrenzen, nicht größer als der Gewinde-Kerndurchmesser sein, siehe Bild 10.50 [6].

Durchgangslöcher von Gewinden sollten einen ausreichenden Abstand von den Wandungen haben, siehe Bild 10.51 [6]. Damit ist auch gewährleistet, dass

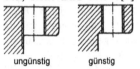

ungünstig        günstig

**Bild 10.51** Bohrungsgestaltung

der Gewindebohrer bei der Bearbeitung nicht einseitig belastet wird und bricht.

ungünstig    günstig

**Bild 10.52** Länge [6]

Das Gewinde muss eine ausreichende Länge aufweisen, damit die Schraube angezogen und die Teile verspannt werden können, siehe Bild 10.52. Die Auflageflächen der Schraubenköpfe bzw. Muttern müssen senkrecht zur Schraubenachse stehen. Vierkantscheiben DIN 434 bzw. DIN 435 dienen zum Ausgleich der Schrägflächen an U- bzw. I-Trägern, siehe Bild 10.53. Bei

ungünstig      günstig

**Bild 10.53** Auflageflächengestaltung [6]

Gussstücken sind Senkungen oder spanend zu bearbeitende Auflageflächen vorzusehen. Zudem müssen die Schraubenköpfe bzw. Muttern einen ausreichenden Abstand zu den Wänden haben, damit sie mit Schlüsseln angezogen werden können.

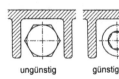

ungünstig       günstig

**Bild 10.54** Schraubenköpfe [3]

Bei engen Platzverhältnissen sowie bei schlechter radialer Zugänglichkeit sind Zylinderschrauben

vorzuziehen, da diese einen geringeren Raumbedarf haben, siehe Bild 10.54.

### 10.4.4 Sonderausführungen

Einige Sonderausführungen, wie beispielsweise Gewindeeinsätze, sind bereits vorgestellt worden.

**Differenzgewinde**, siehe Bild 10.55, werden zum platzsparenden und sicheren Verspannen von zwei oder drei Bauteilen verwendet. Die beiden Gewinde haben unterschiedliche Steigungen, aber die gleiche Gangrichtung. Dadurch sind kleinste Steigungen realisierbar ($P_1$-$P_2$). Pro Umdrehung verschieben sich die Bauteile in axialer Richtung um genau diese Differenz gegeneinander.

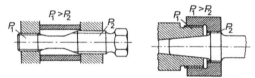

**Bild 10.55** Differenzgewinde: a) Durchsteckbare Schraube, b) Mutter mit Differenzgewinde [3]

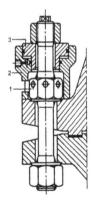

**Bild 10.56** Hydraulisches Anziehen [6]

Schraubenverbindungen mit besonders hohen Anforderungen, beispielsweise für Hochdruckanlagen o. ä., werden torsionsfrei angezogen. Bild 10.56 zeigt ein Beispiel für das hydraulische Anziehverfahren. Die Spannvorrichtung besteht aus dem Druckzylinder (2) und dem Druckkolben (3). Die Schraube wird hydraulisch bis auf die Vorspannkraft gezogen; danach wird die Mutter (1) fast reibungs- und torsionsfrei mit einem Stift bis auf das Grundbauteil gedreht.

## 10.5 Tabellen zu Kapitel 10

### 10.5.1 Gewindeabmessungen

**Metrisches ISO-Trapezgewinde**

| Nenndurchmesser | $d$ | 8 | 10 | 12 | 16 | 20 | 24 | 28 | 32 | 36 | 40 | 44 |
|---|---|---|---|---|---|---|---|---|---|---|---|---|
| Steigung | $P$ | 1,5 | 2 | 3 | 4 | 4 | 5 | 5 | 6 | 6 | 7 | 7 |
| Flankendurchmesser | $d_2 = D_2$ | 7,25 | 9 | 10,5 | 14 | 18 | 21,5 | 25,5 | 29 | 33 | 36,5 | 40,5 |
| Kern-∅ Bolzen | $d_3$ | 6,2 | 7,5 | 8,5 | 11,5 | 15,5 | 18,5 | 22,5 | 25 | 29 | 32 | 36 |
| Kern-∅ Mutter | $D_1$ | 6,5 | 8,0 | 9,0 | 12,0 | 16,0 | 19,0 | 23,0 | 26,0 | 30,0 | 33,0 | 37,0 |
| Gewindetiefe | $h_3 = H_4$ | 0,9 | 1,25 | 1,75 | 2,25 | 2,25 | 2,75 | 2,75 | 3,5 | 3,5 | 4 | 4 |
| Flankenüberdeckung | $H_1$ | 0,75 | 1 | 1,5 | 2 | 2 | 2,5 | 2,5 | 3 | 3 | 3,5 | 3,5 |
| Spiel | $a_c$ | 0,15 | 0,25 | 0,25 | 0,25 | 0,25 | 0,25 | 0,25 | 0,5 | 0,5 | 0,5 | 0,5 |
| Nennquerschnitt | $A_N$ | 50,3 | 78,5 | 113 | 201 | 314 | 452 | 616 | 804 | 1018 | 1257 | 1521 |
| Kernquerschnitt | $A_{d_3}$ | 30,2 | 44,2 | 56,7 | 104 | 189 | 269 | 398 | 491 | 661 | 804 | 1018 |
| Spannungsquerschnitt | $A_S$ | 35,5 | 53,5 | 70,9 | 128 | 220 | 314 | 452 | 573 | 755 | 920 | 1150 |

**Bild 10.57** Abmessungen am metrischen ISO-Trapezgewinde (Regelgewinde) nach DIN 103, Reihe 1 (Auszug)

**Metrisches ISO-Gewinde**

| Nenndurchmesser | $d$ | M 3 | M 4 | M 5 | M 6 | M 8 | M 10 | M 12 | (M 14) | M 16 | M 20 | M 24 |
|---|---|---|---|---|---|---|---|---|---|---|---|---|
| Steigung | $P$ | 0,5 | 0,7 | 0,8 | 1 | 1,25 | 1,5 | 1,75 | 2 | 2 | 2,5 | 3 |
| Flankendurchmesser | $d_2 = D_2$ | 2,675 | 3,545 | 4,480 | 5,350 | 7,188 | 9,026 | 10,863 | 12,700 | 14,701 | 18,376 | 22,051 |
| Kern-∅ Bolzen | $d_3$ | 2,387 | 3,141 | 4,019 | 4,773 | 6,466 | 8,160 | 9,853 | 11,546 | 13,546 | 16,933 | 20,319 |
| Kern-∅ Mutter | $D_1$ | 2,459 | 3,242 | 4,134 | 4,917 | 6,647 | 8,376 | 10,106 | 11,835 | 13,835 | 17,294 | 20,752 |
| Gewindetiefe Bolzen | $h_3$ | 0,307 | 0,429 | 0,491 | 0,613 | 0,767 | 0,920 | 1,074 | 1,227 | 1,227 | 1,534 | 1,840 |
| Gewindetiefe Mutter | $H_1$ | 0,271 | 0,379 | 0,433 | 0,541 | 0,677 | 0,812 | 0,947 | 1,083 | 1,083 | 1,353 | 1,624 |
| Nennquerschnitt | $A_N$ | 7,069 | 12,6 | 19,6 | 28,3 | 50,3 | 78,5 | 113 | 154 | 201 | 314 | 452 |
| Kernquerschnitt | $A_{d_3}$ | 4,48 | 7,75 | 12,7 | 17,9 | 32,8 | 52,3 | 76,3 | 105 | 144 | 225 | 324 |
| Spannungsquerschnitt | $A_S$ | 5,03 | 8,78 | 14,2 | 20,1 | 36,6 | 58,0 | 84,3 | 115 | 157 | 245 | 352 |
| **Bohrungsmaße** | | | | | | | | | | | | |
| Kernlochdurchmesser | $d_{14}$ | 2,5 | 3,3 | 4,2 | 5 | 6,8 | 8.5 | 10,2 | 12 | 14 | 17,5 | 21 |
| Durchgangsloch mittel H13 | $d_h$ | 3,4 | 4,5 | 5,5 | 6,6 | 9 | 11 | 13,5 | 15,5 | 17,5 | 22 | 26 |

M 14 ist eine zu vermeidende Gewindegröße, sie gehört nicht zur Reihe 1

**Bild 10.58** Abmessungen am metrischen ISO-Gewinde (Regelgewinde) nach DIN 13 T1, Reihe 1 (Auszug)

**Metrisches ISO-Feingewinde**

| Nenndurchmesser | $d$ x $P$ | M 8 x 1 | M 10 x 1 | M 12 x 1,5 | (M 14 x 1,5) | M 16 x 1,5 | M 20 x 1,5 | M 24 x 2 |
|---|---|---|---|---|---|---|---|---|
| Flankendurchmesser | $d_2 = D_2$ | 7,350 | 9,350 | 11,025 | 13,026 | 15,026 | 19,026 | 22,701 |
| Kern-∅ Bolzen | $d_3$ | 6,773 | 8,773 | 10,160 | 12,160 | 14,16 | 18,16 | 21,546 |
| Kern-∅ Mutter | $D_1$ | 6,917 | 8,917 | 10,376 | 12,376 | 14,376 | 18,376 | 21,834 |
| Gewindetiefe Bolzen | $h_3$ | 0,613 | 0,613 | 0,920 | 0,920 | 0,920 | 0,920 | 1,227 |
| Gewindetiefe Mutter | $H_1$ | 0,541 | 0,541 | 0,812 | 0,812 | 0,812 | 0,812 | 1,083 |
| Nennquerschnitt | $A_N$ | 50,3 | 78,5 | 113 | 154 | 201 | 314 | 452 |
| Kernquerschnitt | $A_{d_3}$ | 36,0 | 60,4 | 81,1 | 116 | 157 | 259 | 365 |
| Spannungsquerschnitt | $A_S$ | 39,2 | 64,5 | 88,1 | 125 | 167 | 272 | 384 |
| **Bohrungsmaße** | | | | | | | | |
| Kernlochdurchmesser | $d_{14}$ | 7 | 9 | 10,5 | 12,5 | 14,5 | 18,5 | 22 |
| Durchgangsloch mittel H13 | $d_h$ | 9 | 11 | 13,5 | 15,5 | 17,5 | 22 | 26 |

M 14 x 1,5 ist eine zu vermeidende Gewindegröße

**Bild 10.59** Abmessungen am metrischen ISO-Feingewinde nach DIN 13 T12 (Auszug)

## 10.5.2 Sechskantschrauben

DIN EN 24014 Sechskantschrauben mit Schaft
(Ersatz für DIN 931)

DIN EN 24017 Sechskantschrauben mit Gewinde
bis zum Kopf (Ersatz für DIN 933)

DIN EN 28676 Sechskantschrauben mit Gewinde bis zum
Kopf; Feingewinde (Ersatz für DIN 961)

DIN EN 28765 Sechskantschrauben mit Schaft; Feingewinde (Ersatz für DIN 960)

DIN 974 T2 Senkdurchmesser für Sechskantschrauben
und -muttern (Ersatz für DIN 74 T3)

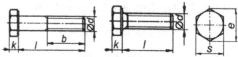

**Bild 10.60** Sechskantschraube mit Schaft, mit Gewinde bis zum Kopf und Draufsicht [25]

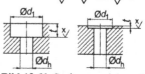

**Bild 10.61** Senkung und Ansenkung [19]

| Nenndurchmesser | $d$ | M 3 | M 4 | M 5 | M 6 | M 8 | M 10 | M 12 | (M 14) | M 16 | M 20 | M 24 |
|---|---|---|---|---|---|---|---|---|---|---|---|---|
| Steigung | $P$ | 0,5 | 0,7 | 0,8 | 1 | 1,25 | 1,5 | 1,75 | 2 | 2 | 2,5 | 3 |
| Eckenmaß | $e$ | 6,01 | 7,66 | 8,79 | 11,05 | 14,38 | 17,77 | 20,03 | 23,36 | 26,75 | 33,53 | 39,98 |
| Schlüsselweite | $s$ | 5,5 | 7 | 8 | 10 | 13 | 16 | 18 | 21 | 24 | 30 | 36 |
| Kopfhöhe ≈ 0,7 · $d$ | $k$ | 2 | 2,8 | 3,5 | 4 | 5,3 | 6,4 | 7,5 | 8,8 | 10 | 12,5 | 15 |
| Gewindelänge für $l$>125 | $b$ | 12 | 14 | 16 | 18 | 22 | 26 | 30 | 34 | 38 | 46 | 54 |
| für 125 ≤ $l$ ≤ 200 | $b$ | - | - | - | - | - | - | - | 40 | 44 | 52 | 60 |
| für $l$ > 200 | $b$ | - | - | - | - | - | - | - | - | - | - | 73 |
| Nennlänge: DIN EN 24014 | $l$ | 20 - 30 | 25 - 40 | 25 - 50 | 30 - 60 | 40 - 80 | 45 - 100 | 50 - 120 | 60 - 140 | 65 - 200 | 80 - 200 | 90 - 240 |
| Nennlänge: DIN EN 24017 | $l$ | 6 - 30 | 8 - 40 | 10 - 50 | 12 - 60 | 16 - 80 | 20 - 100 | 25 - 120 | 30 - 140 | 30 - 150 | 40 - 200 | 50 - 200 |
| **Durchgangslöcher für Schrauben DIN EN 20273** | | | | | | | | | | | | |
| mittel H13 | $d_h$ | 3,4 | 4,5 | 5,5 | 6,6 | 9 | 11 | 13,5 | 15,5 | 17,5 | 22 | 26 |
| **Senkdurchmesser für Sechskantschrauben und -muttern DIN 974-2** (abhängig vom Schraubwerkzeug) | | | | | | | | | | | | |
| Steckschlüssel Reihe 1 | $d_1$ | 11 | 13 | 15 | 18 | 24 | 28 | 33 | 36 | 40 | 46 | 58 |
| Ringschlüssel Reihe 2 | $d_1$ | 11 | 15 | 18 | 20 | 26 | 33 | 36 | 43 | 46 | 54 | 73 |
| Ansenkungen Reihe 3 | $d_1$ | 9 | 10 | 11 | 13 | 18 | 22 | 26 | 30 | 33 | 40 | 48 |
| **(empfohlene) Senktiefen** | | | | | | | | | | | | |
| ohne Scheibe | $t$ | 2,5 | 3,3 | 4,1 | 4,6 | 6,1 | 7,2 | 8,3 | 9,6 | 10,9 | 13,5 | 16,2 |
| mit Scheibe DIN 125 | $t$ | 3,1 | 4,2 | 5,2 | 6,4 | 7,9 | 9,4 | 11 | 12,3 | 14,2 | 16,8 | 20,5 |

| Nenndurchmesser | $d$ x $P$ | M 8 x 1 | M 10 x 1 | M 12 x 1,5 | (M 14 x 1,5) | M 16 x 1,5 | M 20 x 1,5 | M 24 x 2 |
|---|---|---|---|---|---|---|---|---|
| Eckenmaß | $e$ | 14,38 | 17,77 | 20,03 | 23,36 | 26,75 | 33,53 | 39,98 |
| Schlüsselweite | $s$ | 13 | 16 | 18 | 21 | 24 | 30 | 36 |
| Kopfhöhe ≈ 0,7 · $d$ | $k$ | 5,3 | 6,4 | 7,5 | 8,8 | 10 | 12,5 | 15 |
| Gewindelänge für $l$>125 | $b$ | 22 | 26 | 30 | 34 | 38 | 46 | 54 |
| für 125 ≤ $l$ ≤ 200 | $b$ | - | - | - | 40 | 44 | 52 | 60 |
| für $l$ > 200 | $b$ | - | - | - | - | - | - | 73 |
| Nennlänge: DIN EN 28765 | $l$ | 40 - 80 | 45 - 100 | 50 - 120 | 60 - 140 | 65 - 160 | 70 - 200 | 100 - 240 |
| Nennlänge: DIN EN 28676 | $l$ | 16 - 90 | 20 - 100 | 25 - 120 | 30 - 140 | 35 - 160 | 40 - 200 | 40 - 200 |
| **Durchgangslöcher für Schrauben DIN EN 20273** | | | | | | | | |
| mittel H13 | $d_h$ | 9 | 11 | 13,5 | 15,5 | 17,5 | 22 | 26 |
| **Senkdurchmesser für Sechskantschrauben und -muttern DIN 974-2** (abhängig vom Schraubwerkzeug) | | | | | | | | |
| Steckschlüssel Reihe 1 | $d_1$ | 24 | 28 | 33 | 36 | 40 | 46 | 58 |
| Ringschlüssel Reihe 2 | $d_1$ | 26 | 33 | 36 | 43 | 46 | 54 | 73 |
| Ansenkungen Reihe 3 | $d_1$ | 18 | 22 | 26 | 30 | 33 | 40 | 48 |
| **(empfohlene) Senktiefen** | | | | | | | | |
| ohne Scheibe | $t$ | 6,1 | 7,2 | 8,3 | 9,6 | 10,9 | 13,5 | 16,2 |
| mit Scheibe DIN 125 | $t$ | 7,9 | 9,4 | 11 | 12,3 | 14,2 | 16,8 | 20,5 |

Für Nennlängen $d$ > 150 mm sind die Schrauben Produktklasse B, sonst Produktklasse A; M 14 ist zu vermeiden
**Bild 10.62** Abmessungen und Konstruktionsmaße an Sechskantschrauben mit Regel- und Feingewinde (Auswahl)

| Nennlänge | 6 | 8 | 10 | 12 | 16 | 20 | 25 | 30 | 35 | 40 | 45 | 50 | 55 | 60 | 65 | 70 | 80 | 90 | 100 | 110 | 120 | 130 | 140 | 150 | 160 | 180 | 200 |
|---|---|---|---|---|---|---|---|---|---|---|---|---|---|---|---|---|---|---|---|---|---|---|---|---|---|---|---|
| **DIN EN 24014** | - | - | - | - | - | x | x | x | x | x | x | x | x | x | x | x | x | x | x | x | x | x | x | x | x | x | x |
| **DIN EN 24017** | x | x | x | x | x | x | x | x | x | x | x | x | x | x | x | x | x | x | x | x | x | x | x | x | x | x | x |
| **DIN EN 28676** | - | - | - | - | - | x | x | x | x | x | x | x | x | x | x | x | x | x | x | x | x | x | x | x | x | x | x |
| **DIN EN 28765** | x | x | x | x | x | x | x | x | x | x | x | x | x | x | x | x | x | x | x | x | x | x | x | x | x | x | x |

Für Nennlängen > 200 mm erfolgt die Stufung der Längen in 20 mm Schritten
**Bild 10.63** Nennlängen für Sechskantschrauben mit Regel- und Feingewinde

## 10.5.3 Zylinderschrauben mit Innensechskant

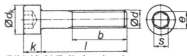

DIN EN ISO 4762 Zylinderschraube mit Innensechskant
(Ersatz für DIN 912)

**Bild 10.64** Zylinderschraube DIN EN ISO 4762 [15]

DIN 6912 Zylinderschraube mit Innensechskant
(niedriger Kopf mit Schlüsselführung)

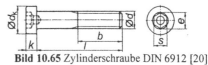

**Bild 10.65** Zylinderschraube DIN 6912 [20]

DIN 974 T1 Senkdurchmesser
für Schrauben mit
Zylinderkopf (Er
satz für DIN 74-2)

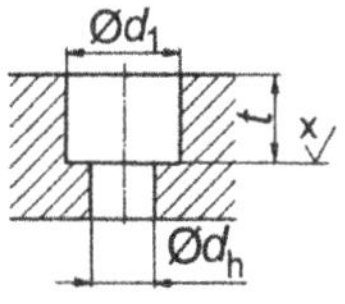

$\sqrt{x} = \sqrt{3{,}2}$ oder $\sqrt{R_z\,25}$

**Bild 10.66** Senkung DIN 974-1 [19]

| Nenndurchmesser | d | M 3 | M 4 | M 5 | M 6 | M 8 | M 10 | M 12 | (M 14) | M 16 | M 20 | M 24 |
|---|---|---|---|---|---|---|---|---|---|---|---|---|
| Steigung | $P$ | 0,5 | 0,7 | 0,8 | 1 | 1,25 | 1,5 | 1,75 | 2 | 2 | 2,5 | 3 |
| Kopfdurchmesser | $d_k$ | 5,5 | 7 | 8,5 | 10 | 13 | 16 | 18 | 21 | 24 | 30 | 36 |
| Schlüsselweite | $s$ | 2,5 | 3 | 4 | 5 | 6 | 8 | 10 | 12 | 14 | 17 | 19 |
| Kopfhöhe DIN EN ISO 4762 (= d) | $k$ | 3 | 4 | 5 | 6 | 8 | 10 | 12 | 14 | 16 | 20 | 24 |
| DIN 6912 | $k$ | - | 2,8 | 3,5 | 4 | 5 | 6,5 | 7,5 | 8,5 | 10 | 12 | 14 |
| **DIN EN ISO 4762** Gewindelänge | $b$ | 18 | 20 | 22 | 24 | 28 | 32 | 36 | 40 | 44 | 52 | 60 |
| Nennlänge: (Schaft) | $l$ | 25 - 30 | 30 - 40 | 30 - 50 | 35 - 60 | 40 - 80 | 45 - 100 | 55 - 120 | 60 - 140 | 65 - 160 | 80 - 200 | 90 - 200 |
| Nennlänge: $(b - d_k)$ | $l$ | 5 - 20 | 6 - 25 | 8 - 25 | 10 - 30 | 12 - 35 | 16 - 40 | 20 - 50 | 25 - 55 | 25 - 60 | 30 - 70 | 35 - 80 |
| **DIN 6912** für $l<125$ | $b$ | - | 14 | 16 | 18 | 22 | 26 | 30 | 34 | 38 | 46 | 54 |
| für $125 \leq l \leq 200$ | $b$ | - | - | - | - | - | - | - | - | 44 | 52 | 60 |
| Nennlänge: **DIN 6912** | $l$ | - | 10 - 50 | 10 - 60 | 10 - 70 | 12 - 80 | 16 - 90 | 16 - 100 | 20 - 120 | 20 - 140 | 30 - 180 | 60 - 200 |
| **Durchgangslöcher für Schrauben DIN EN 20273** | | | | | | | | | | | | |
| mittel **H13** | $d_h$ | 3,4 | 4,5 | 5,5 | 6,6 | 9 | 11 | 13,5 | 15,5 | 17,5 | 22 | 26 |
| **Senkdurchmesser für Schrauben mit Zylinderkopf DIN 974-1** (abhängig von Schraubenart und Unterlegteilen) | | | | | | | | | | | | |
| ohne Unterlegteil Reihe 1 | $d_1$ | 6,5 | 8 | 10 | 11 | 15 | 18 | 20 | 24 | 26 | 33 | 40 |
| Scheibe DIN 125 Reihe 5 | $d_1$ | 9 | 10 | 13 | 15 | 18 | 24 | 26 | 30 | 33 | 40 | 48 |
| (empfohlene) **Senktiefen** | | | | | | | | | | | | |
| **DIN 4762** ohne Scheibe | $t$ | 3,4 | 4,4 | 5,4 | 6,4 | 8,6 | 10,6 | 12,6 | 14,6 | 16,6 | 20,6 | 20,8 |
| **DIN 4762** Scheibe DIN 125 | $t$ | 4 | 5,3 | 6,5 | 8 | 10,4 | 12,8 | 15,3 | 17,3 | 19,9 | 23,9 | 28,5 |
| **DIN 6912** ohne Scheibe | $t$ | - | 3,4 | 4,1 | 4,6 | 5,6 | 7,1 | 8,1 | 9,1 | 10,6 | 12,6 | 14,8 |
| **DIN 6912** Scheibe DIN 125 | $t$ | - | 4,3 | 5,2 | 6,4 | 7,4 | 9,3 | 10,8 | 11,8 | 13,9 | 15,9 | 18,5 |

M 14 ist zu vermeiden
**Bild 10.67** Abmessungen und Konstruktionsmaße an Zylinderschrauben mit Innensechskant (Auswahl)

| Nennlänge | 5 | 6 | 8 | 10 | 12 | 16 | 20 | 25 | 30 | 35 | 40 | 45 | 50 | 55 | 60 | 65 | 70 | 80 | 90 | 100 | 110 | 120 | 130 | 140 | 150 | 160 | 180 | 200 |
|---|---|---|---|---|---|---|---|---|---|---|---|---|---|---|---|---|---|---|---|---|---|---|---|---|---|---|---|---|
| DIN EN ISO 4762 | x | x | x | x | x | x | x | x | x | x | x | x | x | x | x | x | x | x | x | x | x | x | x | x | x | x | x | x |
| DIN 6912 | - | - | - | x | x | x | x | x | x | x | x | x | x | x | x | x | x | x | x | x | (x) | x | (x) | x | (x) | x | x | x |

**Bild 10.68** Nennlängen für Zylinderschrauben mit Innensechskant

## 10.5.4 Senkschraube mit Innensechskant

DIN EN ISO 10642  Senkschraube mit
                  Innensechskant

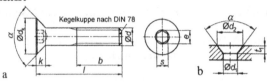

DIN 74 T1              Senkungen für Senk-
                      schrauben Form B

**Bild 10.69** a) Senkschraube mit Innensechskant [21]
b) Senkung DIN 74-B, Ausführung mittel [12]

| Nenndurchmesser | d | M 3 | M 4 | M 5 | M 6 | M 8 | M 10 | M 12 | (M 14) | M 16 | M 20 |
|---|---|---|---|---|---|---|---|---|---|---|---|
| Steigung | $P$ | 0,5 | 0,7 | 0,8 | 1 | 1,25 | 1,5 | 1,75 | 2 | 2 | 2,5 |
| Kopfdurchmesser ca. | $d_k$ | 6 | 8 | 10 | 12 | 16 | 20 | 24 | 27 | 30 | 36 |
| Schlüsselweite | $s$ | 2 | 2,5 | 3 | 4 | 5 | 6 | 8 | 10 | 10 | 12 |
| Kopfhöhe DIN 10642 | $k$ | 1,7 | 2,3 | 2,8 | 3,3 | 4,4 | 5,5 | 6,5 | 7 | 7,5 | 8,5 |
| DIN 10642 für $l$<125 | $b$ | 18 | 20 | 22 | 24 | 28 | 32 | 36 | 40 | 44 | 52 |
| Nennlänge: DIN 10642 (Schaft) | $l$ | 30 | 30 - 40 | 35 - 50 | 40 - 60 | 50 - 80 | 55 - 100 | 65 - 100 | 70 - 100 | 80 - 100 | 100 |
| Nennlänge: DIN 10642 ($b - d_k$) | $l$ | 8 - 25 | 8 - 25 | 8 - 30 | 8 - 35 | 10 - 40 | 12 - 50 | 20 - 60 | 25 - 65 | 30 - 70 | 35 - 90 |
| **Durchgangslöcher für Schrauben DIN EN 20273** | | | | | | | | | | | |
| mittel H13 | $d_h$ | 3,4 | 4,5 | 5,5 | 6,6 | 9 | 11 | 13,5 | 15,5 | 17,5 | 22 |
| **Senkungen für Senkschrauben DIN 74 T1 Form B** | | | | | | | | | | | |
| mittel H13 | $d_2$ | 6,6 | 9 | 11 | 13 | 17,2 | 21,5 | 25,5 | 28,5 | 31,5 | 38 |
| Tiefe | $t_1 \approx$ | 1,6 | 2,3 | 2,8 | 3,2 | 4,1 | 5,3 | 6,5 | 7 | 8 | 12,5 |
| Winkel | $\alpha$ | 90° ± 1° | | | | | | | | 60° ± 1° | |

M 14 ist zu vermeiden

**Bild 10.70** Abmessungen und Konstruktionsmaße an Senkschrauben mit Innensechskant (Auswahl)

| Nennlänge | 8 | 10 | 12 | 16 | 20 | 25 | 30 | 35 | 40 | 45 | 50 | 55 | 60 | 65 | 70 | 80 | 90 | 100 |
|---|---|---|---|---|---|---|---|---|---|---|---|---|---|---|---|---|---|---|
| DIN 7991 | x | x | x | x | x | x | x | x | x | x | x | x | x | x | x | x | x | x |

**Bild 10.71** Nennlängen für Senkschrauben mit Innensechskant

## 10.5.5 Sechskantmuttern, Scheiben und Durchgangslöcher

DIN EN 24032 Sechskantmuttern (Ersatz für DIN 934)
DIN EN 28673 Sechskantmuttern, mit metrischem Feingewinde
(Ersatz für DIN 934)

**Bild 10.72** Sechskantmutter [26]

DIN EN 20273 Durchgangslöcher für Schrauben

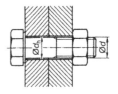

**Bild 10.73** Durchgangsloch [23]

DIN 125 T1 Scheiben
Härteklasse: bis 140 HV (Vickershärte)
Bezeichnung: „Scheibe DIN 125 – 13– ST"
$\Rightarrow$ Scheibe Form A oder B nach Wahl des Herstellers, $d_1 = 13$ mm, Werkstoff Stahl
„Scheibe DIN 125 – B 13 – 140 HV" $\Rightarrow$ Scheibe Form B, 140 HV Härte

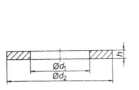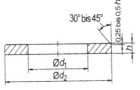

Form A: ohne Fase          Form B: mit Außenfase

**Bild 10.74** Scheibe DIN 125 Form A und B [14]

| Nenndurchmesser | $d$ | M 3 | M 4 | M 5 | M 6 | M 8 | M 10 | M 12 | (M 14) | M 16 | M 20 | M 24 |
|---|---|---|---|---|---|---|---|---|---|---|---|---|
| **Sechskantmuttern** | | | | | | | | | | | | |
| Steigung DIN EN 24032 | $P$ | 0,5 | 0,7 | 0,8 | 1 | 1,25 | 1,5 | 1,75 | 2 | 2 | 2,5 | 3 |
| **Feingewinde** DIN EN 28637 | $d$ $\times P$ | | | | | M 8 $\times$ 1 | M 10 $\times$ 1 | M 12 $\times$ 1,5 | (M 14 $\times$ 1,5) | M 16 $\times$ 1,5 | M 20 $\times$ 1,5 | M 24 $\times$ 2 |
| Eckenmaß | $e$ | 6,01 | 7,66 | 8,79 | 11,05 | 14,38 | 17,77 | 20,03 | 23,36 | 26,75 | 33,53 | 39,98 |
| Schlüsselweite | $s$ | 5,5 | 7 | 8 | 10 | 13 | 16 | 18 | 21 | 24 | 30 | 36 |
| Mutterhöhe $\approx 0,8 \cdot d$ | $m$ | 2,4 | 3,2 | 4,7 | 5,2 | 6,8 | 8,4 | 10,8 | 12,8 | 14,8 | 18 | 21,5 |
| **Scheiben DIN 125** | | | | | | | | | | | | |
| Innendurchmesser | $d_1$ | 3,2 | 4,3 | 5,3 | 6,4 | 8,4 | 10,5 | 13 | 15 | 17 | 21 | 25 |
| Außendurchmesser | $d_2$ | 7 | 9 | 10 | 12,5 | 17 | 21 | 24 | 28 | 30 | 37 | 44 |
| Dicke | $h$ | 0,5 | 0,8 | 1,0 | 1,6 | 1,6 | 2 | 2,5 | 3 | 3 | 3 | 4 |
| **Durchgangslöcher für Schrauben DIN EN 20273** | | | | | | | | | | | | |
| mittel H13 | $d_h$ | 3,4 | 4,5 | 5,5 | 6,6 | 9 | 11 | 13,5 | 15,5 | 17,5 | 22 | 26 |

**Bild 10.75** Abmessungen an Sechskantmuttern und Scheiben, Maße der Durchgangslöcher

## 10.5.6 Spannkräfte und Anziehmomente

| Nenndurchmesser | | $d$ | M 4 | M 5 | M 6 | M 8 | M 10 | M 12 | (M 14) | M 16 | M 20 | M 24 |
|---|---|---|---|---|---|---|---|---|---|---|---|---|
| $\mu_{Ges}$ = 0,12 | $F_{Sp}$ in kN | 8.8 | 4,05 | 6,6 | 7,0 | 17,2 | 27,5 | 40,0 | 55,0 | 75,0 | 121 | 175 |
| | | 10.9 | 6,0 | 9,7 | 13,7 | 25,0 | 40,0 | 59,0 | 80,0 | 111 | 173 | 249 |
| | | 12.9 | 7,0 | 11,4 | 16,1 | 29,5 | 47,0 | 69,0 | 94,0 | 130 | 202 | 290 |
| | $M_A$ in Nm | 8.8 | 2,8 | 5,5 | 9,5 | 23 | 46 | 79 | 125 | 195 | 390 | 670 |
| | | 10.9 | 4,1 | 8,1 | 14,0 | 34 | 68 | 117 | 185 | 280 | 560 | 960 |
| | | 12.9 | 4,8 | 9,5 | 16,5 | 40 | 79 | 135 | 215 | 330 | 650 | 1120 |
| $\mu_{Ges}$ = 0,14 | $F_{Sp}$ in kN | 8.8 | 3,9 | 6,4 | 9,0 | 16,5 | 26,0 | 38,5 | 53,0 | 72,0 | 117 | 168 |
| | | 10.9 | 5,7 | 9,3 | 13,2 | 24,2 | 38,5 | 46,0 | 77,0 | 106 | 166 | 239 |
| | | 12.9 | 6,7 | 10,9 | 15,4 | 28,5 | 45,0 | 66,0 | 90,0 | 124 | 194 | 280 |
| | $M_A$ in Nm | 8.8 | 3,1 | 6,1 | 10,4 | 25 | 51 | 87 | 140 | 215 | 430 | 740 |
| | | 10.9 | 4,5 | 8,9 | 15,5 | 37 | 75 | 130 | 205 | 310 | 620 | 1060 |
| | | 12.9 | 5,3 | 10,4 | 18,0 | 43 | 87 | 150 | 240 | 370 | 720 | 1240 |

Für andere Reibwerte oder für Feingewinde sind die Werte nach den entsprechenden Gleichungen zu berechnen oder der VDI-Richtlinie 2230 S. 70 - 75 zu entnehmen.

**Bild 10.76** Zulässige Spannkraft $F_{Sp}$ bei $\sigma_{red\ zul} = 0{,}9 \cdot R_{p0,2}$ und das zugehörige Anziehdrehmoment $M_A$ für Schaftschrauben mit metrischem Regelgewinde und Kopfabmessungen von Sechskant- und Zylinderschrauben

## 10.5.7 Zulässige Spannungen im Stahlbau

| | | Schrauben | | | | Bauteile | | | |
|---|---|---|---|---|---|---|---|---|---|
| | | Abscheren | | Lochleibung | | Lochleibung $\sigma_{l\ zul}$ | | | |
| | Festigkeitsklasse | $\tau_{a\ zul}$ | | $\sigma_{l\ zul}$ | | St 37 | | St 52 | |
| Verbindungsart | | Lastfall | | Lastfall | | Lastfall | | | |
| | | H | HZ | H | HZ | H | HZ | H | HZ |
| SL, ohne Vorspannung | 4.6 | 112 | 126 | 280 | 320 | 280 | 320 | 420 | 480 |
| | 5.6 | 168 | 192 | 420[1] | 470[1] | | | | |
| | 10.9 | 240 | 270 | [2] | [2] | | | | |
| SL, nicht planmäßig vorgespannt | 10.9 | 240 | 270 | [2] | [2] | 380 | 430 | 570 | 645 |
| SLP, ohne Vorspannung | 4.6 | 140 | 160 | 320 | 360 | 320 | 360 | 480 | 540 |
| | 5.6 | 210 | 240 | 480[1] | 540[1] | | | | |
| | 10.9 | 280 | 320 | [2] | [2] | | | | |
| SLP, nicht planmäßig vorgespannt | 10.9 | 280 | 320 | [2] | [2] | 420 | 470 | 630 | 710 |
| GV, GVP, vorgespannt | 10.9 | nicht benötigt | | | | 480 | 540 | 720 | 810 |

[1]) Bei Bauteilen aus St 37 sind die dortigen kleineren Werte maßgebend

[2]) Für $\sigma_{l\ zul}$ sind die Werte des verbindenden Bauteils maßgebend

Bei unterschiedlichen Werkstoffen für Schraube und Bauteil ist der kleinere maßgebend.
Bei GV-Verbindungen mit einem Lochspiel von 2 ... 3 mm sind die Werte auf 80% zu vermindern.

**Bild 10.77** Zulässige Scherspannungen und Lochleibungsdrücke in N/mm² im Stahlbau nach DIN 18800 T1

## 10.6 Literatur zu Kapitel 10

[1] Beitz, W.; Küttner, K. H.: Dubbel, Taschenbuch für den Maschinenbau. 18. Auflage, Berlin, Heidelberg, New York 1995.

[2] Decker, K.-H.: Maschinenelemente. 14. Auflage, München, Wien 1998.

[3] Haberhauer, H.; Bodenstein, F.: Maschinenelemente. 10. Auflage, Berlin, Heidelberg 1996.

[4] Hoischen, H.: Technisches Zeichnen. 26. Auflage, Düsseldorf 1996

[5] Kayser, K.: Hochfeste Schraubenverbindungen. Landsberg/Lech 1991.

[6] Köhler, G.; Rögnitz, H.: Maschinenteile, Teil 1. 8. Auflage, Stuttgart 1992.

[7] Niemann, G.: Maschinenelemente, Band 1. 2. Auflage, Berlin, Heidelberg 1975.

[8] Roloff, H.; Matek, W.: Maschinenelemente. 13. Auflage, Braunschweig, Wiesbaden 1995.

[9] Steinhilper, W.; Röper, R.: Maschinen- und Konstruktionselemente, Band 2 Verbindungselemente. 3. Auflage, Berlin, Heidelberg 1993.

[10] VDI-Bericht Nr. 766: Schraubenverbindungen. Beanspruchungsgerecht konstruiert und montiert. Düsseldorf 1989

[11] VDI-Richtlinie 2230 Bl. 1: Systematische Berechnung hochbeanspruchter Schraubenverbindungen; Zylindrische Einschraubenverbindungen. Düsseldorf 1986.

[12] DIN 74 Senkungen; Teil 1: für Senkschrauben. Berlin 1980.

[13] DIN 78 Gewindeenden, Schraubenüberstände; für Metrische ISO-Gewinde nach DIN 13. Berlin 1983.

[14] DIN 125 Scheiben; Produktklasse A, vorzugsweise für Sechskantschrauben und -muttern; Teil 1: bis Härte 250 HV. Berlin 1990; Teil 2: ab Härte 300 HV. Berlin 1990.

[15] DIN EN ISO 4762 Zylinderschrauben mit Innensechskant; ISO 4762 modifiziert. Berlin 1998.

[16] DIN 918 Mechanische Verbindungselemente; Begriff, Schreibweise der Benennungen, Abkürzungen. Berlin 1979.

[17] Beiblatt 3 zu DIN 918 Mechanische Verbindungselemente; Europäische Normen, Übersicht. Berlin 1995.

[18] DIN 962 Schrauben und Muttern; Bezeichnungsangaben, Formen und Ausführungen. Berlin 1990.

[19] DIN 974 Teil 1: Senkdurchmesser für Schrauben mit Zylinderkopf; Konstruktionsmaße. Berlin 1991; Teil 2: Senkdurchmesser für Sechskantschrauben und -muttern; Konstruktionsmaße. Berlin 1991.

[20] DIN 6912 Zylinderschrauben mit Innensechskant; niedriger Kopf, mit Schlüsselführung. Berlin 1985.

[21] DIN EN ISO 10642 Senkschrauben mit Innensechskant. Berlin 1998.

[22] DIN 18800 Stahlbauten; Teil 1: Bemessung und Konstruktion. Berlin 1981 (alte Ausgabe); Teil 7: Herstellen, Eignungsnachweise zum Schweißen. Berlin 1983.

[23] DIN EN 20273 Mechanische Verbindungselemente; Durchgangslöcher für Schrauben. Berlin 1992.

[24] DIN EN 20898 Mechanische Eigenschaften von Verbindungselementen; Teil 1: Schrauben. Berlin 1992; Teil 2: Muttern mit festgelegten Prüfkräften, Regelgewinde. Berlin 1994.

[25] DIN EN 24014 Sechskantschrauben mit Schaft; Produktklassen A und B. Berlin 1992.

[26] DIN EN 24032 Sechskantmuttern, Typ 1; Produktklassen A und B. Berlin 1992.

[27] Würth Firmenprospekte.

# 11  Zahnräder

## 11.1  Übersicht

### 11.1.1  Funktion

Zahnräder dienen der formschlüssigen Übertragung von Drehmoment und Drehzahl sowie deren Wandlung nach Größe und Richtung. Zahnräder finden ebenfalls zur Verlagerung der Drehachsen innerhalb einer Zahnradpaarung Verwendung. Ein Zahnradpaar besteht immer aus einem treibenden und einem getriebenen Rad. Die Vorteile von Zahnradgetrieben liegen darin, dass auch große Kräfte schlupffrei und somit winkeltreu übertragen werden können und dass im Vergleich zu Riemen- und Kettengetrieben geringe Achsabstände kleine Baugrößen ermöglichen. Nachteilig ist neben der starren Kraftübertragung, dass der mögliche Achsabstand durch die Zahnradgrößen begrenzt wird. Größere Achsabstände müssen mit Zwischenrädern überbrückt werden.

### 11.1.2  Zahnradarten

Zahnradpaarungen können nach der Lage der Drehachsen zueinander unterschieden werden.

Verlaufen die Drehachsen parallel zueinander, werden für die Zahnradpaarung Stirnräder mit Außen- oder Innenverzahnung verwendet, siehe Bild 11.1 a-e. Zwei außenverzahnte Stirnräder bilden ein Außenradpaar, bei dem sich die Räder entgegengesetzt drehen. Ein außen- und ein innenverzahntes Stirnrad (Hohlrad) bilden ein Innenradpaar mit gleichsinnig drehenden Rädern. Stirnräder werden nach dem Verlauf der Zähne gerad-, schräg-, pfeil-, doppelschräg- oder bogenverzahnt ausgeführt.

Schneiden sich die Mittelachsen der Wellen (siehe Bild 11.1 f-h), spricht man von Kegelrädern. Auch hier gibt es Außen- und Innenverzahnung mit entsprechenden Drehrichtungen. Kegelräder können mit Gerad-, Schräg-, Pfeil- oder Bogenverzahnung hergestellt werden.

Bei sich kreuzenden Achsen (siehe Bild 11.1 i-l) eignen sich als Zahnradpaarung Hypoidräder, Schraubräder oder Schneckenräder. Hypoid-räder sind Kegelräder mit Achsversetzung innerhalb des Zahnradpaares. Schneckengetriebe werden eingesetzt, wenn sich die Drehachsen unter einem Winkel von 90° kreuzen.

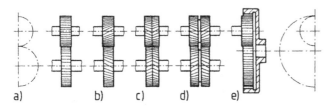

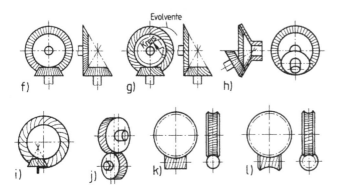

a)  Geradstirnräder
b)  Schrägstirnräder
c)  Stirnräder mit Pfeilverzahnung
d)  Doppelschrägzahnräder
e)  Innenzahnradgetriebe, gerad- oder schrägverzahnt
f)  Kegelräder, gerad- oder schräg-verzahnt
g)  Kegelräder, bogen- oder pfeil-verzahnt
h)  Innenkegelgetriebe
i)  Kegelräder mit Achsversetzung (Hypoidräder)
j)  Stirnrad-Schraubgetriebe
k)  Schneckengetriebe mit Zylinder-schnecke
l)  Schneckengetriebe mit Globoidschnecke

**Bild 11.1** Zahnradpaarungen [1]

### 11.1.3 Begriffe

Bei der formschlüssigen Übertragung von Drehmoment und Drehzahl greifen die Zähne des treibenden in die Zahnlücken des getriebenen Rades. Die Zahnräder müssen aus diesem Grund aufeinander abgestimmt werden. Der Abstand zwischen zwei aufeinanderfolgenden gleichgerichteten Zahnflanken (Rechts- bzw. Linksflanke) wird als Teilung $p$ bezeichnet, siehe Bild 11.3. Gemessen wird die Teilung als Länge des Kreisbogens auf dem Teilkreis. Dieser Teilkreis stellt eine rein theoretische Bezugsgröße dar, dessen Umfang sich aus der Anzahl der Zähne und deren Abstand zueinander (Teilung $p$) ergibt.

$$\boxed{U = z \cdot p} \tag{11.1}$$

$U$ = Umfang   $p$ = Teilung
$z$ = Zähnezahl

Andererseits ist der Umfang eines Kreises aber auch $U = d \cdot \pi$, so dass sich für den Teilkreisdurchmesser $d$ folgende Formel ergibt:

$$\boxed{d = z \cdot \frac{p}{\pi}} \tag{11.2}$$

$d$ = Teilkreisdurchmesser

Den Wert $p/\pi = d/z$ nennt man Modul $m$. Er wird in mm angegeben und ist der Ausgangspunkt zur Bestimmung aller übrigen Verzahnungsgrößen.

$$\boxed{m = \frac{p}{\pi}} \tag{11.3}$$

$m$ = Modul

Die Moduln sind zur Verbesserung der Auswechselbarkeit der Zahnräder und der Beschränkung der Herstell- und Messwerkzeuge genormt, siehe Bild 11.2.

| 0,05 | 0,06 | 0,08 | 0,10 | 0,12 | 0,16 | 0,20 |
|------|------|------|------|------|------|------|
| 0,25 | 0,3 | 0,4 | 0,5 | 0,6 | 0,7 | 0,8 |
| 0,9 | 1 | 1,25 | 1,5 | 2 | 2,5 | 3 |
| 4 | 5 | 6 | 8 | 10 | 12 | 16 |
| 20 | 25 | 32 | 40 | 50 | 60 | 80 |

**Bild 11.2** Tabelle der Modulreihe 1 nach DIN 780

Neben dieser Vorzugsreihe findet in Ausnahmefällen eine zweite Modulreihe Verwendung.

Treibendes und getriebenes Zahnrad besitzen stets den gleichen Modul und somit die gleiche Teilung. Bild 11.3 zeigt, dass sich die Teilung $p$ aus der Zahndicke $s$ und der Lückenweite $e$ zusammensetzt: $p = s + e$.

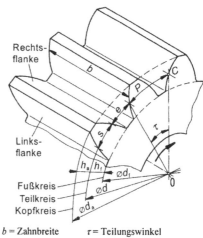

$b$ = Zahnbreite   $\tau$ = Teilungswinkel
**Bild 11.3** Zahnradhauptabmessungen [2]

Zur Bestimmung des Außen- bzw. Kopfkreisdurchmessers und des Innen- bzw. Fußkreisdurchmessers muss zunächst die Zahnkopf- und Zahnfußhöhe festgelegt werden. Hierbei ist darauf zu achten, dass für einen einwandfreien Lauf einer Räderpaarung die Zahnfußhöhe größer sein muss als die Zahnkopfhöhe. Diese Differenz ergibt das Kopfspiel $c$ und sollte zwischen $(0,1 \dots 0,3) \cdot m$ liegen. In der DIN 867, in der alle Zahnabmessungen festgelegt sind, wird ein Kopfspiel von $0,25 \cdot m$ vorgeschlagen. Demnach betragen die Abmessungen:

$$\boxed{\begin{aligned} h_a &= m \\ h_f &= m + c = 1,25 \cdot m \\ h &= h_a + h_f = 2,25 \cdot m \end{aligned}} \tag{11.4}$$

$h_a$ = Zahnkopfhöhe
$h_f$ = Zahnfußhöhe
$h$ = Zahnhöhe
$c$ = Kopfspiel
$m$ = Modul

Mit Hilfe dieser Angaben können die Hauptabmessungen des Zahnrades (ohne Profilverschiebung) bestimmt werden:

$$\begin{aligned} d &= m \cdot z \\ d_a &= d + 2 \cdot m \\ d_f &= d - 2{,}5 \cdot m \end{aligned}$$  (11.5)

$d$ = Teilkreisdurchmesser    $m$ = Modul
$d_a$ = Kopfkreisdurchmesser    $z$ = Zähnezahl
$d_f$ = Fußkreisdurchmesser

In der Regel ist der Zahnfuß mit einem Radius
von $\rho_f = 0{,}25 \cdot m$ ausgerundet.

Während die o. g. Begriffe und Hauptabmessungen Zahnradgrößen sind, beziehen sich die folgenden Begriffe auf die Paarung zweier Zahnräder. In einer Räderpaarung erhalten alle Angaben des kleinen Rades den Index 1. Das kleinere
Rad (auch als Ritzel bezeichnet) ist meistens das
treibende Rad; das Großrad erhält den Index 2
und wird meistens getrieben.

Stellt man sich zwei im Eingriff befindliche
Zahnräder ohne Zähne vor, ergeben sich zwei
Flächen, die sich schlupffrei aufeinander abwäl-
zen. Diese Wälzflächen heißen bei Stirnrädern
Wälzzylinder und bei Kegelrädern Wälzkegel.
Zweidimensional betrachtet entwickeln sich die
Wälzzylinder zu Wälzkreisen $w_1$ und $w_2$, die sich
im Wälzpunkt $C$ berühren, siehe Bild 11.4.
Wälzkreise und Teilkreise sind identisch, wenn
keine     Profilverschiebung     oder     V-Null-
Verzahnung vorliegt, siehe Kapitel 11.2.6. Die
wichtigste Bedingung für das schlupffreie Abrollen ist, dass die Umfangsgeschwindigkeiten $v_t$
beider Räder dem Betrag nach gleich groß sind.
Setzt   man   die   Umfangsgeschwindigkeiten
gleich, ergibt sich aus $d_{w1} \cdot \pi \cdot n_1 = d_{w2} \cdot \pi \cdot n_2$
und $\omega_1 \cdot r_{w1} = \omega_2 \cdot r_{w2}$ für Räderpaarungen mit
treibendem Ritzel die Übersetzung $i$:

$$i = \frac{\omega_1}{\omega_2} = \frac{d_{w2}}{d_{w1}} = \frac{n_1}{n_2} = \frac{z_2}{z_1}$$  (11.6)

$i$ = Übersetzung       $n$    = Drehzahl
$\omega$ = Winkelgeschwindigkeit    Index 1 = Ritzel
$d_w$ = Wälzkreisdurchmesser    Index 2 = Großrad

Die Winkelgeschwindigkeiten $\omega_1$ und $\omega_2$ werden
in dieser Gleichung immer als Betrag eingesetzt.
Bei treibendem Großrad gilt $i = z_1 / z_2$. Allgemein ist die Übersetzung das Verhältnis von
Antriebsdrehzahl zu Abtriebsdrehzahl bzw. von
Abtriebszähnezahl zu Antriebszähnezahl. Bei $i <$
1 liegt eine Übersetzung ins Schnelle, bei $i > 1$
eine Übersetzung ins Langsame vor. Bei mehr-
fachen Übersetzungen errechnet man die Ge-
samtübersetzung aus dem Produkt der Einzel-
übersetzungen.

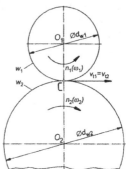

**Bild 11.4** Wälzkreise mit gemeinsamem Wälzpunkt $C$

Setzt man die Zähnezahl des Großrades ins Verhältnis zu der des Ritzels, erhält man das Zähnezahlverhältnis $u$.

$$u = \frac{z_2}{z_1} \geq 1$$  (11.7)

$u$ = Zähnezahlverhältnis
$z_1$ = Zähnezahl des Ritzels
$z_2$ = Zähnezahl des Großrades

Ein Vergleich der Gleichungen (11.6) und (11.7)
zeigt,   dass   bei   treibendem   Ritzel   gilt
$i = u = z_2 / z_1$, bei treibendem Großrad $i = 1/u$.
Die Zähnezahl eines Innenzahnrades wird negativ in die Gleichung eingesetzt, so dass das Zähnezahlverhältnis $u \leq -1$ wird.

## 11.1.4 Allgemeines Verzahnungsgesetz

Bei der Übertragung einer Drehbewegung ist
eine Aufgabe der Verzahnung, eine konstante
Übersetzung einzuhalten. Die Zahnflanken müssen daher so beschaffen sein, dass sie stets

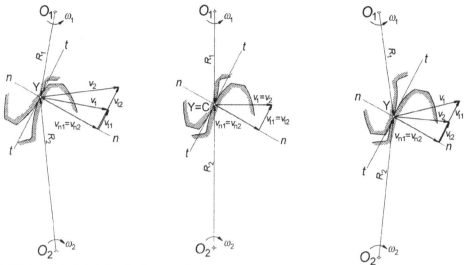

**Bild 11.5** Geschwindigkeiten im Berührpunkt $Y$

einen gleichförmigen und stoßfreien Bewegungsablauf gewährleisten. Bild 11.5 zeigt in drei Stadien die Übertragung vom treibenden Rad 1 mit der Winkelgeschwindigkeit $\omega_1$ auf das getriebene Rad 2 mit der Winkelgeschwindigkeit $\omega_2$. Zunächst befindet sich der momentane Berührpunkt $Y$ zwischen Zahnfuß des treibenden und Zahnkopf des getriebenen Zahnes. Er wandert bei Drehung der Zahnräder entlang des Flankenprofils zum Wälzpunkt $C$. Zuletzt berühren sich der Zahnkopf des treibenden Zahnes und der Zahnfuß des getriebenen Zahnes.

Die momentanen Umfangsgeschwindigkeiten der Zahnflanken betragen im Berührpunkt $v_1 = \omega_1 \cdot R_1$ bzw. $v_2 = \omega_2 \cdot R_2$. Sie stehen als Vektoren senkrecht auf $R_1$ bzw. auf $R_2$ und werden zum weiteren Vergleich in ihre Komponenten zerlegt. Entlang der gemeinsamen Tangente $t$-$t$ durch den Berührpunkt verlaufen die Tangentialkomponenten $v_{t1}$ und $v_{t2}$ (dies ist in Bild 11.5 und 11.6 parallelverschoben dargestellt). Die Normalkomponenten $v_{n1}$ und $v_{n2}$ verlaufen hingegen entlang der gemeinsamen Normalen $n$-$n$. Damit die Zahnflanken der im Eingriff befindlichen Zähne kontinuierlich in Kontakt stehen, müssen die Normalkomponenten $v_{n1}$ und $v_{n2}$ zu jeder Zeit gleich groß

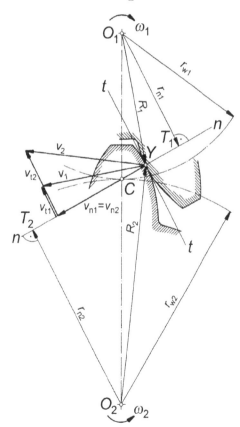

**Bild 11.6** Geometrische Beziehungen

sein: $v_{n1} = v_{n2} = v_n$. Wäre $v_{n1}$ größer als $v_{n2}$, müssten die Zahnflanken ineinander eindringen; wenn $v_{n1}$ kleiner wäre als $v_{n2}$, würden sich die Zähne voneinander abheben.

Fällt man von den Mittelpunkten $O_1$ und $O_2$ die Lote auf die gemeinsame Normale $n$-$n$, so erhält man die Punkte $T_1$ und $T_2$, siehe Bild 11.6. Das nun entstandene rechtwinklige Dreieck $O_1T_1Y$ kann auch als das Dreieck aus den Radien $r_{n1}$ und $R_1$ mit dem Eckpunkt $O_1$ bezeichnet werden. Es ist dem entsprechenden Geschwindigkeitsdreieck $v_{n1}$ und $v_1$ mit dem Eckpunkt $Y$ geometrisch ähnlich. Ebenso kann das Dreieck $O_2T_2Y$ auch als das Dreieck aus den Radien $r_{n2}$ und $R_2$ mit dem Eckpunkt $O_2$ bezeichnet werden. Dieses ist dem Dreieck der Geschwindigkeiten $v_{n2}$ und $v_2$ mit dem Eckpunkt $O_2$ geometrisch ähnlich. Hieraus ergeben sich folgende Gleichungen:

$$\boxed{\frac{v_{n1}}{v_1} = \frac{r_{n1}}{R_1} \Rightarrow v_{n1} = \frac{v_1}{R_1} \cdot r_{n1} = \omega_1 \cdot r_{n1}} \quad (11.8)$$

$$\boxed{\frac{v_{n2}}{v_2} = \frac{r_{n2}}{R_2} \Rightarrow v_{n2} = \frac{v_2}{R_2} \cdot r_{n2} = \omega_2 \cdot r_{n2}} \quad (11.9)$$

$v_n$ = Normalgeschwindigkeit     Index 1 = Ritzel
$v$  = Umfangsgeschwindigkeit     Index 2 = Großrad
$r_{n1}$ = Radius des Tangentenpunkt
$R$  = Radius des Berührpunktes
$\omega$ = Winkelgeschwindigkeit

Durch Gleichsetzen von $v_{n1}$ und $v_{n2}$ ergibt sich:

$$\boxed{\frac{\omega_1}{\omega_2} = \frac{r_{n2}}{r_{n1}} = i = \text{konstant}} \quad (11.10)$$

$i$ = Übersetzung

Vorraussetzung für diese Formel ist, dass die Normale $n$-$n$ die Wälzkreisradien $r_{w1}$ und $r_{w2}$ im Wälzpunkt entsprechend des Übersetzungsverhältnisses teilt: $i = r_{w2}/r_{w1}$. Das allgemeine Verzahnungsgesetz kann man demnach wie folgt formulieren:

*Um eine konstante Übersetzung zu realisieren, muss die Normale im Berührpunkt zweier Zahnflanken stets durch den Wälzpunkt C verlaufen.*

Im Normalfall sind die Umfangsgeschwindigkeiten $v_1$ und $v_2$ der beiden Zahnflanken im Berührpunkt verschieden groß. Da aber die Normalgeschwindigkeiten identisch sind, müssen die Tangentialgeschwindigkeiten unterschiedlich sein. Dieser Geschwindigkeitsunterschied bewirkt ein Gleiten der Zahnflanken aufeinander; die Gleitgeschwindigkeit beträgt $v_g = v_{t1} - v_{t2}$ und verläuft entlang der gemeinsamen Tangente, siehe Bild 11.7. Das Vorzeichen gibt die Richtung der Gleitgeschwindigkeit an. Ein negatives Vorzeichen bedeutet, dass $v_g$ entgegengesetzt zu $v_{t1}$ und $v_{t2}$ verläuft.

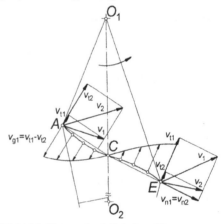

**Bild 11.7** Gleitgeschwindigkeit $v_g$ [2]

Wenn der momentane Berührpunkt im Wälzpunkt $C$ liegt, tritt kein Gleiten auf, da die Tangentialgeschwindigkeiten $v_{t1}$ und $v_{t2}$ gleich groß sind. Im Wälzpunkt erfolgt also ein reines Abwälzen. Da hierbei keine hydrodynamische Schmierung entstehen kann, sind die Zahnflanken besonders in den Bereichen verschleißgefährdet, die sich im Wälzpunkt $C$ berühren.

## 11.1.5 Verzahnungsarten

Grundsätzlich ist als Zahnflankenprofil jede Kurvenform geeignet, die das allgemeine Verzahnungsgesetz erfüllt. Wichtig ist außerdem, dass sich die Verzahnung durch möglichst einfache Werkzeuge genau und schnell herstellen lässt. Daher eignen sich hierfür besonders

Abrollkurven wie Evolventen oder Zykloiden. Im Maschinenbau wird hauptsächlich die Evolventenverzahnung verwendet. Darüber hinaus wird die Zykloidenverzahnung in Sondergebieten, wie z. B. der Feinwerktechnik, eingesetzt. Ein Sonderfall der Zykloidenverzahnung ist die Triebstockverzahnung, bei der eines der Räder kreiszylindrische Bolzen als Zähne hat.

## 11.2 Geometrie der Evolventenverzahnung

### 11.2.1 Evolventenprofil

Eine Kreisevolvente ist eine Kurve, die der Endpunkt eines gespannten Fadens beschreibt, der von einem Grundkreis abgewickelt wird, siehe Bild 11.8. Die freie Fadenlänge bildet die Tangente an den Grundkreis sowie die Normale auf der Evolvente. Des weiteren gibt sie die Länge des momentanen Krümmungsradius an.

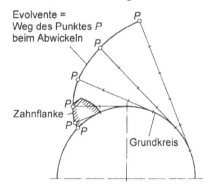

**Bild 11.8** Evolventenprofil [3]

Gleiches geschieht, wenn sich eine Gerade auf dem Grundkreis abwälzt. Auch hierbei beschreibt der Endpunkt der Geraden eine Kreisevolvente.

Mit der Evolventenkonstruktion als Ausgangspunkt kann nun das Zahnradprofil entwickelt werden. Nach dem Fadenprinzip wird eine zweite Evolvente konstruiert, in dem man sich den Faden um die Teilung $p$ gekürzt vorstellt. Nach ihrer Spiegelung wird diese zweite Evolvente so verschoben, dass auf dem Wälzkreis die Lückenweite $e$ der Zahndicke $s$ entspricht. Der

Kopf- sowie der Fußkreis begrenzen die Zahnflanken. Der Übergang von der Zahnflanke in den Fußkreis wird leicht ausgerundet.

### 11.2.2 Bezugsprofil und Herstellung

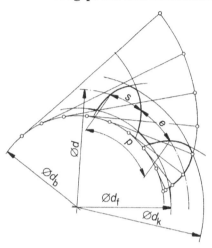

**Bild 11.9** Konstruktion einer Evolventenverzahnung

Lässt man den Grundkreisdurchmesser $d_b$ gegen unendlich laufen, wird der Grundkreis zur Geraden. Dies führt dazu, dass auch aus der Evolvente eine Gerade wird. Es ergibt sich ein Profil, das dem einer Zahnstange stark ähnelt und als Bezugsprofil bezeichnet wird. Bezugsprofile sind nach DIN 867 genormt. Sie können als Werkzeug jedes herzustellende Außenrad im Abwälzverfahren verzahnen. Das geradflankige Bezugsprofil läuft demnach auch exakt mit jedem Evolventenzahnrad. Ebene Verzahnungen haben anstelle von Wälzkreisen sogenannte Wälzgeraden bzw. Profilbezugslinien und werden als Planverzahnungen bezeichnet. Die Neigung der geraden Zahnflanke ist in der Norm mit $\alpha = 20°$ festgelegt. Die Unterschiede zwischen Bezugsprofil und Herstellwerkzeug liegen im Kopfspiel sowie der Fußausrundung und sind in Bild 11.10 dargestellt.

Während bei dem Bezugsprofil die Zahnkopfhöhe und die Zahnfußhöhe identisch sind ($h_a = h_f = m$), unterscheidet sich das Herstellwerkzeug durch den Bereich, der den Kopfspielbereich $c$ von 0,25·$m$ herstellt.

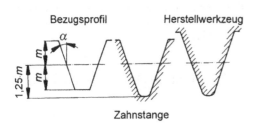

**Bild 11.10** Vergleich von Bezugsprofil und Herstellwerkzeug

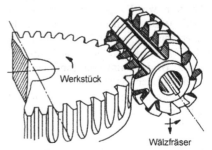

**Bild 11.12** Wälzfräsen mit Schneckenfräser [5]

Die Herstellung von Zahnrädern erfolgt durch das Form- oder Wälzverfahren. Beim **Formverfahren** wird zwischen spanender und spanloser Fertigung unterschieden, wobei die spanlosen Fertigungsverfahren wie z. B. Gießen und Schmieden nur bei geringeren Verzahnungsqualitäten eingesetzt werden. Die spanende Herstellung erfolgt mittels Fräser, die jede Zahnlücke einzeln fräsen. Theoretisch sind diese Fräser nur für eine Zähnezahl verwendbar. Sie werden

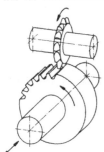

praktisch jedoch für Zähnezahlbereiche eingesetzt, wobei leichte Abweichungen von der theoretischen Flankenform akzeptiert werden. Da sie nach den Moduln gestuft sind, bezeichnet man sie als Modulfräser. Hauptsächlich werden sie in der Einzelfertigung eingesetzt.

**Bild 11.11** Formfräsen [4]

Die **Wälzverfahren** sind die wichtigsten Verfahren. Sie ermöglichen durch ihre zweigeteilte Fertigung sowohl eine wirtschaftliche Produktion als auch eine hohe Verzahnungsgenauigkeit. Im ersten Schritt wird mit großen Vorschüben und hohen Schnittgeschwindigkeiten vorverzahnt, bevor sich die Feinbearbeitung anschließt. Das Vorverzahnen erfolgt durch Wälzfräsen, Wälzstoßen und für Großverzahnungen durch Wälzhobeln. Zur Feinbearbeitung wird das Wälz- und Formschleifen sowie das Schaben und Feinwalzen eingesetzt.

Das Wälzfräsen ist wegen seiner hohen Wirtschaftlichkeit das dominierende spanende Ver-

fahren zur Herstellung zylindrischer, außenverzahnter Zahnräder. Der schneckenförmige Wälzfräser wälzt beim Verzahnen am herzustellenden Zahnrad ab und führt dabei eine Dreh- und Vorschubbewegung aus. Die Teilung des fertigen Zahnrades entspricht der Steigung des Wälzfräsers. Während bei geradverzahnten Rädern die Wälzfräserachse um den Steigungswinkel geneigt wird, erhöht man diesen Winkel bei Schrägverzahnungen um den Schrägungswinkel. Das Wälzstoßen wird ebenso wie das Wälzfräsen zur Herstellung von Gerad- und Schrägstirnrädern verwendet. Der besondere Vorteil des Wälzstoßens ist, dass das Werkzeug nur einen geringen Auslauf benötigt und es deshalb universeller einsetzbar ist. Allerdings ist es besonders bei großen Verzahnungsbreiten eher unwirtschaftlicher als das Wälzfräsen. Das Wälzstoßen eignet sich zur Pfeil- und Doppelschrägverzahnung sowie zur Verzahnung an Stufenwellen. Das Haupteinsatzgebiet liegt aber in der Herstellung von Innenverzahnungen, welches durch die Verwendung eines Schneidrades (Stoßrades) ermöglicht wird. Während der Bearbeitung führen Werkstück und Schneidrad eine Drehbewegung aus. Gleichzeitig erfolgt eine axiale Schnittbewegungen des Schneidrades. Schrägverzahnungen können durch periodische Zusatzdrehung entsprechend dem Schrägungswinkel und durch Anpassung der Schneidzähne herge-

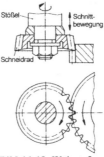

**Bild 11.13** Wälzstoßen mit Schneidrad [5]

stellt werden.

Das Wälzhobeln wird für Großverzahnungen eingesetzt. Als Herstellwerkzeug dient ein Zahnstangen-ähnlicher Kammmeißel, der soweit an den Zahnradrohling herangefahren wird, bis seine Wälzgerade exakt den Wälzkreis des späteren Zahnrades tangiert. Hierfür ist es zwingend notwendig, vorher den Zahnradrohling auf Kopfkreisdurchmesser zu drehen. Beim Verzahnen dreht sich das Werkstück und wird entlang des Kammmeißels verschoben, wenn dieser sich nicht im Eingriff befindet. Während der Schnittbewegungen steht das Werkstück.

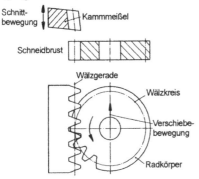

**Bild 11.14** Wälzhobeln mit Kammmeißel [5]

Findet die Feinbearbeitung vor der Wärmebehandlung statt, werden zur Verbesserung der Verzahnungsqualität die Zahnflanken geschabt oder feingewalzt. Wird das Zahnrad nach dem Schleifen oder Feinwalzen gehärtet, ist hierbei auf Härteverzug zu achten. Wälz- oder Formschleifen wird im Anschluss an eine Wärmebehandlung durchgeführt. Das Formschleifen bearbeitet die Zahnflanken im Gegensatz zum Wälzschleifen durch eine mit dem Sollprofil abgerichtete Schleifscheibe.

### 11.2.3 Betriebseingriffsgrößen

Bei der Paarung zweier Zahnräder ergibt die Verbindung der geometrischen Orte aller momentanen Berührpunkte der beiden Zahnflanken die Eingriffsstrecke $g_\alpha$. Sie ist ein Teil der Eingriffslinie $g$-$g$ und kann jede beliebige Form haben. Die Form ergibt sich aus den Zahnflankenprofilen und ist bei üblichen Verzahnungen eine Gerade oder eine Zusammensetzung von Kreisbögen.

Bei der Evolventenverzahnung ist die Eingriffslinie eine Gerade, die der gemeinsamen Normalen $n$-$n$ beider Zahnflanken entspricht, siehe Bild 11.15. Dies ist so zu erklären, dass die Strecke $\overline{T_1C}$, die tangential am Grundkreis $d_{b1}$ liegt, die Normale auf der Zahnflanke 1 bildet. Entsprechendes gilt für die Strecke $\overline{T_2C}$ am Grundkreis

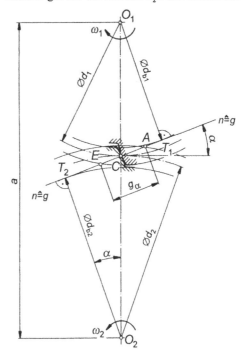

**Bild 11.15** Eingriffsverhältnisse

$d_{b2}$ und der Zahnflanke 2. Da die Normalen auf beiden Zahnflanken im Berührpunkt identisch sind, muss die Strecke $\overline{T_1T_2}$ Teil einer Geraden sein. Alle momentanen Berührpunkte liegen auf der Strecke $\overline{T_1T_2}$. Sie wird als Eingriffsstrecke bezeichnet und verläuft unter dem Eingriffswinkel $\alpha$ zur Tangente an die Wälzkreise im Wälzpunkt $C$. Anhand der geometrischen Zusammenhänge kann der Grundkreisdurchmesser errechnet werden. Der Eingriffswinkel ist mit $\alpha$ = 20° genormt.

$$d_b = d \cdot \cos \alpha \qquad (11.11)$$

$d_b$ = Grundkreisdurchmesser
$d$ = Teilkreisdurchmesser
$\alpha$ = Eingriffswinkel = 20°

Sofern der korrekte Achsabstand eingehalten wird, sind Teilkreis und Wälzkreis identisch. Bei Änderung des Achsabstandes z. B. infolge einer Profilverschiebung (siehe Kapitel 11.2.6) müssen beide Größen unterschieden werden.

Bei der Achsabstandsänderung bleiben die Teilkreise der einzelnen Räder zwar gleich, die Wälzkreise verändern jedoch ihre Größe. Die veränderten Wälzkreise werden in einer solchen Räderpaarung als Betriebswälzkreise bezeichnet. Der sich dadurch ebenfalls verändernde Eingriffswinkel heißt Betriebseingriffswinkel. Zur Identifikation erhalten diese Angaben den Index w ($d_w$, $\alpha_w$,...).

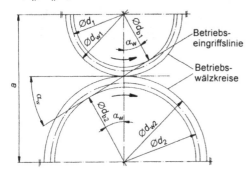

**Bild 11.16** Eingriffsverhältnisse bei Achsabstandsänderungen

Der Betriebswälzkreisdurchmesser kann wie folgt berechnet werden:

$$d_w = \frac{d_b}{\cos \alpha_w} \qquad (11.12)$$

$d_w$ = Betriebswälzkreisdurchmesser
$d_b$ = Grundkreisdurchmesser
$\alpha_w$ = Betriebseingriffswinkel

Die Berechnung des Achsabstandes erfolgt unabhängig davon, ob Achsverschiebung vorliegt oder nicht, wenn mit Hilfe der Betriebswälzkreisdurchmesser gerechnet wird:

$$a = \frac{d_{w1} + d_{w2}}{2} = \frac{m \cdot (z_1 + z_2)}{2} \cdot \frac{\cos \alpha}{\cos \alpha_w} \qquad (11.13)$$

$a$ = Achsabstand
$d_w$ = Betriebswälzkreisdurchmesser
$m$ = Modul

$z$ = Zähnezahl
$\alpha$ = Eingriffswinkel = 20°
$\alpha_w$ = Betriebseingriffswinkel

Bei gegebenem Achsabstand kann aus der Gleichung (11.13) der Betriebseingriffswinkel bestimmt werden:

$$\cos \alpha_w = \frac{(z_1 + z_2) \cdot m}{2 \cdot a} \cdot \cos \alpha \qquad (11.14)$$

$\alpha_w$ = Betriebseingriffswinkel     Index 1 = Ritzel
$z$ = Zähnezahl                Index 2 = Großrad
$m$ = Modul
$a$ = Achsabstand
$\alpha$ = Eingriffswinkel = 20°

### 11.2.4 Profilüberdeckung

Die Profilüberdeckung (Überdeckungsgrad) gibt an, wieviele Zahnpaare statistisch gleichzeitig im Eingriff stehen. Um eine kontinuierliche Kraftübertragung zu erreichen, muss zu jeder Zeit mindestens ein Zahn des treibenden Rades mit einem des getriebenen Rades in Kontakt stehen. Spätestens wenn ein solches Zahnpaar außer Eingriff geht, muss also das nächste Paar in Eingriff kommen. Findet dieses genau im gleichen Moment statt, beträgt die Profilüberdeckung $\varepsilon_\alpha = 1$. Aus Sicherheitsgründen sollte in der Praxis ein Minimum von $\varepsilon_\alpha = 1,1$ oder möglichst $\varepsilon_\alpha = 1,25$ nicht unterschritten werden. Zur Berechnung der Profilüberdeckung bei Geradstirnrädern sind die Eingriffsstrecke und die Eingriffsteilung entscheidend.

$$\varepsilon_\alpha = \frac{g_\alpha}{p_e} \qquad (11.15)$$

$\varepsilon_\alpha$ = Profilüberdeckung
$g_\alpha$ = Eingriffsstrecke
$p_e$ = Eingriffsteilung

Die **Eingriffsstrecke** $g_\alpha$ ist ein Teil der Eingriffslinie *n-n*. Sie wird durch die Kopfkreise der beiden Zahnräder in den Punkten *A* und *E* begrenzt (siehe Bild 11.15), weil außerhalb des Kopfkreises keine Zähne mehr existieren. Die Länge der Eingriffsstrecke lässt sich aus den geometrischen Beziehungen ableiten:

$$\overline{AE} = \overline{T_1 E} + \overline{T_2 A} - \overline{T_1 T_2}$$

$$g_\alpha = \sqrt{r_{a1}^2 - r_{b1}^2} + \sqrt{r_{a2}^2 - r_{b2}^2} - a \cdot \sin \alpha_w$$

| | |
|---|---|
| $g_\alpha$ = Eingriffsstrecke | (11.16) |

$r_a$ = Kopfkreisradius
$r_b$ = Grundkreisradius
$a$ = Achsabstand
$\alpha_w$ = Betriebseingriffswinkel

Als **Eingriffsteilung** $p_e$ wird der Abstand bezeichnet, der auf der Eingriffsnormalen $n$-$n$ zwischen zwei benachbarten gleichgerichteten Zahnflanken liegt. Daher kommt das nachfolgende Zahnpaar genau dann in Eingriff, wenn der momentane Berührpunkt des betrachteten Zahnpaares die Strecke $p_e$ auf der Eingriffsnormalen zurückgelegt hat.

$$p_e = p \cdot \cos \alpha = m \cdot \pi \cdot \cos \alpha \qquad (11.17)$$

$p_e$ = Eingriffsteilung
$p$ = Teilkreisteilung
$\alpha$ = Eingriffswinkel = 20°
$m$ = Modul

Auf der Eingriffsstrecke liegen daher neben $A$, $C$ und $E$ ebenfalls die Punkte $B$ und $D$, siehe Bild 11.17. Diese ergeben sich durch Abtragen der Eingriffsteilung $p_e$ von den Punkten $A$ und $E$ aus. Die fünf Punkte haben folgende Bedeutung:

$A$: Anfang des Eingriffs; vorheriges Zahnpaar steht noch im Eingriff

$B$: Vorheriges Zahnpaar geht außer Eingriff; ab $B$ trägt nur noch ein Zahnpaar

$C$: Wälzpunkt

$D$: Nachfolgendes Zahnpaar kommt in Eingriff (Ende des Einzeleingriffs)

$E$: Betrachtetes Zahnpaar geht außer Eingriff

Während der Strecke $\overline{AB}$ und $\overline{DE}$ stehen demnach zwei Zahnpaare im Eingriff. Durch ihre Begrenzung des Einzeleingriffs heißen die Punkte $B$ und $D$ auch Einzeleingriffspunkte. Durch Einsetzen der Gleichungen (11.16) und (11.17) in die Gleichung (11.15) ergibt sich die Profilüberdeckung:

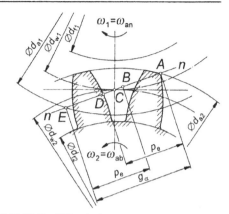

**Bild 11.17** Profilüberdeckung

$$\varepsilon_\alpha = \frac{\sqrt{r_{a1}^2 - r_{b1}^2}}{m \cdot \pi \cdot \cos \alpha} + \frac{\sqrt{r_{a2}^2 - r_{b2}^2}}{m \cdot \pi \cdot \cos \alpha} - \frac{a \cdot \sin \alpha_w}{m \cdot \pi \cdot \cos \alpha}$$

$\varepsilon_\alpha$ = Profilüberdeckung $\qquad$ (11.18)
$r_a$ = Kopfkreisradius
$r_b$ = Grundkreisradius
$m$ = Modul
$\alpha$ = Eingriffswinkel = 20°
$a$ = Achsabstand
$\alpha_w$ = Betriebseingriffswinkel

Die Profilüberdeckung kann durch größere Raddurchmesser (Zähnezahlen) und einen größeren Eingriffswinkel vergrößert und somit verbessert werden. Die theoretisch größtmögliche Profilüberdeckung $\varepsilon_{\alpha\,max}$ wird erreicht, wenn die Raddurchmesser gegen unendlich laufen. Es ergibt sich eine Paarung aus zwei Zahnstangen, die für den genormten Eingriffswinkel von 20° zu einer maximalen Profilüberdeckung von $\varepsilon_{\alpha\,max} = 1{,}98$ führt.

### 11.2.5 Unterschnitt

Bei kleinen Zahnrädern liegt der Tangentenpunkt $T$ näher am Wälzpunkt als bei großen Rädern. Verringert man den Durchmesser so stark, dass dieser Punkt innerhalb der Eingriffsstrecke $\overline{AE}$ liegt, führt das dazu, dass der Zahnkopf des Gegenrades in den Zahnfuß eindringt. Handelt es sich anstelle des Gegenrades um ein Zahnstangenwerkzeug, höhlt dieses den Zahnfuß bei der Herstellung aus. Es entsteht Unterschnitt.

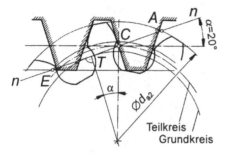

**Bild 11.18** Bildung von Unterschnitt

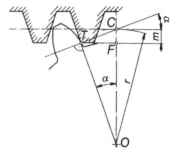

**Bild 11.19** Grenzrad

Diese **Auswirkung** kleiner Zahnraddurchmesser ist aus folgenden Gründen unerwünscht: Zum einen werden die Flanken kürzer, was dazu führt, dass sich durch die kürzere Eingriffsstrekke eine kleinere Profilüberdeckung ergibt; zum anderen entsteht Bruchgefahr wegen des schmaler und damit schwächer werdenden Zahnfußes.

Zur Vermeidung von Unterschnitt gibt es mehrere **Abhilfemaßnahmen**. Um den Tangentenpunkt $T$ trotz kleiner Raddurchmesser außerhalb der Eingriffsstrecke $\overline{AE}$ zu halten, könnte der Eingriffswinkel $\alpha$ vergrößert werden. Dies hat allerdings zur Folge, dass man ein nicht genormtes und somit teureres Herstellwerkzeug benötigt. Aus Kostengründen ist diese Möglichkeit daher unüblich. Ein übliches Verfahren ist die positive Profilverschiebung (siehe Kapitel 11.2.6), bei der u. a. die Zahnköpfe der Räder spitzer werden. Weitere Maßnahmen wären die Verwendung von Schrägverzahnung und die Erhöhung der Zähnezahlen. Ist die vorhandene Zähnezahl nämlich kleiner als die "Grenzzähnezahl" $z_g$ entsteht ebenfalls Unterschnitt. Die **Grenzzähnezahl** ist die Zähnezahl, bei der gerade noch kein Unterschnitt entsteht. Das ist dann der Fall, wenn der Tangentenpunkt $T$ mit dem Endpunkt $E$ der Eingriffsstrecke zusammenfällt. Die hierbei entstehende Fußkontur geht ohne Knickpunkt in die Evolvente über. Sie kommt nicht mit einem Gegenzahn in Eingriff. Bild 11.19 zeigt ein Zahnrad mit der Grenzzähnezahl (Grenzrad).

Zur Ermittlung der **theoretischen Grenzzähnezahl** werden die geometrischen Gegebenheiten genutzt. Aus den Dreiecken $OTC$ und $CFT$ lassen sich folgende Formeln ableiten:

$$\Delta OTC: \quad \boxed{\sin \alpha = \frac{\overline{TC}}{r} \implies \overline{TC} = r \cdot \sin \alpha} \quad (11.19)$$

$$\Delta CFT: \quad \boxed{\sin \alpha = \frac{m}{\overline{TC}} \implies \overline{TC} = \frac{m}{\sin \alpha}} \quad (11.20)$$

$\alpha$ = Eingriffswinkel = 20°
$r$ = Teilkreisradius
$m$ = Modul

Mit $d = 2 \cdot r = z_g \cdot m \implies r = 0{,}5 \cdot z_g \cdot m$ ergibt sich durch das Gleichsetzen von $\overline{TC}$ die theoretische Grenzzähnezahl.

$$\boxed{z_g = \frac{2}{\sin^2 \alpha} \approx 17} \quad (11.21)$$

$z_g$ = theoretische Grenzzähnezahl

Unterschnitt in nennenswerter Größe entsteht erst, wenn die Zähnezahl kleiner als 5/6 der theoretischen Grenzzähnezahl gewählt wird. Die praktische Grenzzähnezahl beträgt demnach:

$$\boxed{z_g' = 14} \quad (11.22)$$

$z_g'$ = praktische Grenzzähnezahl

## 11.2.6 Profilverschiebung

Der besondere Vorteil der Evolventenverzahnung gegenüber den anderen Verzahnungsarten ist die Unempfindlichkeit gegen Achsabstandsveränderungen. Dies ermöglicht nicht nur eine Anpassung des Achsabstandes an die gegebenen Einbauverhältnisse, sondern auch eine Vermeidung von Unterschnitt bei kleinen Zahnrädern. Hierzu wird bei der Zahnradfertigung das Herstellwerkzeug gegenüber dem Zahnrad radial verschoben. Wälzkreis und Teilkreis stimmen nicht mehr miteinander überein, und der Eingriffswinkel wird zum Betriebseingriffswinkel. Die Verschiebung bewirkt, dass die dadurch entstehenden Zähne einen anderen Teil der selben Evolvente als Zahnflanke besitzen.

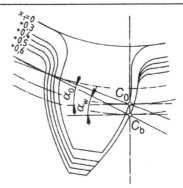

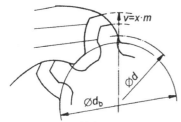

**Bild 11.20** Profilverschiebung

$C_0$ = Wälzpunkt ohne Profilverschiebung
$C_b$ = Wälzpunkt nach Profilverschiebung
$\alpha_0$ = Eingriffswinkel bei $C_0$
$\alpha_w$ = Betriebseingriffswinkel

**Bild 11.21** Veränderungen eines Zahnes durch positiver Profilverschiebung [2]

Der Weg der Verschiebung (Profilverschiebung) wird mit $v$ bezeichnet und als ein Vielfaches des Moduls angegeben.

$$v = x \cdot m \qquad (11.23)$$

$v$ = Profilverschiebung
$x$ = Profilverschiebungsfaktor
$m$ = Modul

Eine Verschiebung nach außen bewirkt eine Vergrößerung des Achsabstandes und gilt als positiv. Eine Verschiebung nach innen gilt als negative Verschiebung. In beiden Fällen verändern sich im Gegensatz zum Grund- und Teilkreisdurchmesser der Kopf- und Fußkreisdurchmesser. Aus diesem Grund muss der Zahnradrohling vor der Herstellung den entsprechenden Außendurchmesser aufweisen. Die Kopf- und Fußkreisdurchmesser von profilverschobenen Zahnrädern lassen sich folgendermaßen berechnen:

$$d_a = d + 2 \cdot m + 2 \cdot x \cdot m \qquad (11.24)$$

$$d_f = d - 2{,}5 \cdot m + 2 \cdot x \cdot m \qquad (11.25)$$

$d_a$ = Kopfkreisdurchmesser
$d_f$ = Fußkreisdurchmesser
$d$ = Teilkreisdurchmesser

Eine positive Profilverschiebung (Verschiebung nach außen) hat verschiedene Auswirkungen auf das Zahnrad und das Zahnradpaar:

- Der Achsabstand des Zahnradpaares wird größer.
- Der Zahnfuß verbreitert sich, was eine höhere Festigkeit zur Folge hat.
- Der Zahnkopf wird schmaler. Um ein Mindestmaß nicht zu unterschreiten, ergibt sich durch die Spitzenbildung eine Grenze der möglichen Profilverschiebung.
- Die Flankenkrümmung verringert sich, wodurch eine größer werdende Berührfläche entsteht. Folglich wird die Flankenpressung kleiner und die Tragfähigkeit der Flanken erhöht.

Die Folgen einer negativen Profilverschiebung (Verschiebung nach innen) sind:
- Der Achsabstand wird kleiner.
- Es kann Unterschnitt entstehen, auch wenn die Zähnezahl oberhalb der Grenzzähnezahl liegt.

Profilverschobene Zahnräder werden allgemein als V-Räder bezeichnet. Positiv verschobene Räder werden $V_{Plus}$-Räder genannt, negativ verschobene Räder $V_{Minus}$-Räder. Zahnräder ohne Profilverschiebung heißen Null-Räder. Diese Rädertypen lassen sich beliebig kombinieren und bilden verschiedene Radpaare. Man unterscheidet:
- **Null-Radpaar**: Beide Zahnräder haben keine Profilverschiebung ($x_1 = x_2 = 0$).

- $V_{Null}$-**Radpaar**: Beide Zahnräder sind entgegengesetzt und gleichgroß profilverschoben $(x_1 = -x_2)$.
- $V_{Plus}$-**Radpaar**: Ein Null-Rad und ein $V_{Plus}$-Rad oder zwei beliebige V-Räder werden so gepaart, dass ihr Achsabstand größer ist als der eines Null-Radpaares $(x_1 + x_2 > 0)$.
- $V_{Minus}$-**Radpaar**: Ein Null-Rad und ein $V_{Minus}$-Rad oder zwei beliebige V-Räder werden so gepaart, dass ihr Achsabstand kleiner ist als der eines Null-Radpaares $(x_1 + x_2 < 0)$.

Bei der Profilverschiebung eines $V_{Null}$-Radpaares gilt $x_1 = -x_2$. Das heißt, dass sich die beiden Faktoren in der Summe aufheben und sich der Achsabstand nicht vom Null-Achsabstand unterscheidet: $a = (d_1+d_2)/2$. In der Regel wird das Ritzel positiv profilverschoben, um die Festigkeit zu erhöhen und an die des Großrades anzupassen. Durch die negative Profilverschiebung am Großrad kann es zu Unterschnitt kommen. Zur Vermeidung muss $z_1+z_2 \geq 2 \cdot z_g{}' = 28$ sein. Ein weiterer Grund für $V_{Null}$-Radpaare ist die Verbesserung der Gleitverhältnisse am Zahnfuß.

Die positive Profilverschiebung muss mindestens so groß sein, dass der Unterschnitt am Zahnrad gerade vermieden wird. Zur Erreichung dieser Untergrenze wird der Mindest-Profilverschiebungsfaktor benötigt. Er kann als Unterschnittsgrenze dem Bild 11.22 entnommen werden. Mit Hilfe der Grenzzähnezahlen und der vorhandenen Zähnezahl kann der Mindest-Profilverschiebungsfaktor auch errechnet werden:

$$\boxed{x_{min} = \frac{z_g{}'-z}{z_g} = \frac{14-z}{17}} \qquad (11.26)$$

$x_{min}$ = Mindest-Profilverschiebungsfaktor
$z_g{}'$ = praktische Grenzzähnezahl
$z_g$ = theoretische Grenzzähnezahl
$z$ = Zähnezahl

Die Obergrenze der Profilverschiebung ist durch die Spitzenbildung am Zahn gegeben. Damit es bei zu spitzen Zähnen nicht zu deren Bruch kommt, muss eine Mindestzahnbreite $s_a$ am Kopfkreis vorhanden sein. Sie sollte bei ungehärteten Zähnen $s_a \geq 0,2 \cdot m$ und bei gehärteten Zähnen $s_a \geq 0,4 \cdot m$ betragen. Die hierfür benötigte Mindestzähnezahl und der erforderliche

Profilverschiebungsfaktor können ebenfalls dem Diagramm mit zugehöriger Beispieltabelle entnommen werden.

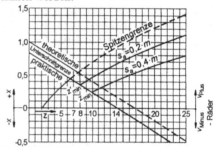

| Ausführung | $s_{a\,min}$ | $z_{min}$ | $x_{erf}$ |
|---|---|---|---|
| kleinstmögliche (theoretisch) | fast 0 | 7 | +0,43 |
| ungehärtete Zähne | $0,2 \cdot m$ | 8 | +0,36 |
| gehärtete Zähne | $0,4 \cdot m$ | 10 | +0,25 |

**Bild 11.22** Unter- und Obergrenze der Profilverschiebung [1]

Die Profilverschiebung bewirkt bei $V_{Plus}$- und bei $V_{Minus}$-Radpaaren eine Veränderung des Achsabstandes. Die allgemein geltende Gleichung (11.13) zur Berechnung des Achsabstandes kann jedoch auch hier angewandt werden.

In der Praxis treten zwei Fälle auf: Entweder ist die Profilverschiebung bekannt (insbesondere bei $z < z_g{}'$) und der Achsabstand ist zu berechnen, oder der Achsabstand ist gegeben (z. B. bei mehrstufigen oder mehrgängigen Getrieben), und die erforderliche Profilverschiebung wird gesucht.

**Fall 1: Berechnung des Achsabstandes bei gegebener Profilverschiebung**

① Berechnung von inv $\alpha_w$:

$$\boxed{\text{inv } \alpha_w = \frac{2 \cdot (x_1 + x_2) \cdot \tan \alpha}{z_1 + z_2} + \text{inv } \alpha} \qquad (11.27)$$

inv $\alpha_w$ = (sprich "involut $\alpha_w$") Evolventenfunktion
$x$ = Profilverschiebungsfaktor
$\alpha$ = Eingriffswinkel = 20°
$z$ = Zähnezahl
Index 1 = Ritzel
Index 2 = Großrad

$$\text{inv } \alpha = \tan \alpha - \hat{\alpha} \qquad (\hat{\alpha} = \frac{\alpha}{360°} \cdot 2 \cdot \pi = \frac{\alpha}{180°} \cdot \pi)$$

② Ermittlung des Betriebseingriffswinkel $\alpha_w$:
Zur einfachen Ermittlung des Betriebseingriffswinkels $\alpha_w$ dient die Tabelle in Bild 11.24 auf der folgenden Seite.

③ Berechnung des Achsabstandes:

$$a = \frac{z_1 + z_2}{2} \cdot m \cdot \frac{\cos \alpha}{\cos \alpha_w} \qquad \left(\begin{matrix}\text{siehe}\\11.13\end{matrix}\right)$$

$m$ = Modul

**Fall 2: Berechnung der Profilverschiebungen bei gegebenen Achsabstand**

① Berechnung des Betriebseingriffswinkels $\alpha_w$:

$$\cos \alpha_w = \frac{z_1 + z_2}{2 \cdot a} \cdot m \cdot \cos \alpha \qquad \left(\begin{matrix}\text{siehe}\\11.14\end{matrix}\right)$$

②Berechnung der Profilverschiebungssumme:

$$x_1 + x_2 = (z_1 + z_2) \cdot \frac{\text{inv } \alpha_w - \text{inv } \alpha}{2 \cdot \tan \alpha} \qquad (11.28)$$

$x_1 + x_2$ = Profilverschiebungssumme

③ Aufteilung der Profilverschiebungssumme:
Überschlägig kann die Profilverschiebungssumme im umgekehrten Verhältnis der Zähnezahlen aufgeteilt werden.

$$\frac{x_1}{x_2} \approx \frac{z_2}{z_1} \qquad (11.29)$$

Dies gilt insbesondere, wenn die Summe der Profilverschiebungen positiv ist. Bei der Aufteilung ist auf die Grenzen der Profilverschiebung gemäß Bild 11.22 zu achten.

Die Profilverschiebung bewirkt durch die Achsabstandsänderung eine Veränderung des **Kopfspiels** $c$. Das Kopfspiel ist der Abstand zwischen dem Kopfkreis des einen Rades und dem Fußkreis des anderen und soll im Normalfall $c = 0{,}25 \cdot m$ sein.

Das Kopfspiel darf durch die Profilverschiebung den halben Normalwert nicht unterschreiten: $c > 0{,}12 \cdot m$. Zur Berechnung gilt allgemein:

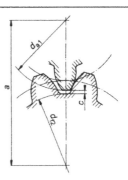

**Bild 11.23** Kopfspiel $c$

$$c = a - \frac{d_{a1} + d_{f2}}{2} = a - \frac{d_{a2} + d_{f1}}{2} \geq 0{,}12 \cdot m \quad (11.30)$$

$c$ = Kopfspiel
$a$ = Achsabstand, siehe Gleichung (11.13)
$d_a$ = Kopfkreisdurchmesser, s. Gl. (11.24)
$d_f$ = Fußkreisdurchmesser, s. Gl. (11.25)

Ist das berechnete Kopfspiel kleiner als der geforderte Wert, wird eine Kopfkürzung an einem der Zahnräder erforderlich. Sie lässt sich wie folgt berechnen:

$$k \cdot m = m \cdot \left( \frac{z_1 + z_2}{2} \cdot \left( 1 - \frac{\cos \alpha}{\cos \alpha_w} \right) + (x_1 + x_2) \right) \quad (11.31)$$

| | | |
|---|---|---|
| $k \cdot m$ = Kopfkürzung | $k$ = Kopfkürzungsfaktor |
| $z$ = Zähnezahl | $\alpha$ = Eingriffswinkel = 20° |
| $m$ = Modul | $\alpha_w$ = Betriebseingriffswinkel |

Index 1 = Ritzel
Index 2 = Großrad

Durch die Kopfkürzung wird eine Neuberechnung des Kopfkreisdurchmessers des geänderten Zahnrades nötig.

$$d_{ak} = d_a - 2 \cdot k \cdot m \qquad (11.32)$$

$d_{ak}$ = Kopfkreisdurchmesser nach Kopfkürzung
$d_a$ = Kopfkreisdurchmesser

## 11.2.7 Satzräder

Bei der Wahl des Flankenprofils ist unbedingt das allgemeine Verzahnungsgesetz zu berücksichtigen. Desweiteren sollte in die Überlegungen mit eingehen, inwieweit die hergestellten Zahnräder anschließend miteinander gepaart wer-

| $\alpha$ in ° | ,0 | ,1 | ,2 | ,3 | ,4 | ,5 | ,6 | ,7 | ,8 | ,9 |
|---|---|---|---|---|---|---|---|---|---|---|
| 10 | 0,0017941 | 0,0018489 | 0,0019048 | 0,0019619 | 0,0020201 | 0,0020795 | 0,0021400 | 0,0022017 | 0,0022646 | 0,0023288 |
| 11 | 0,0023941 | 0,0024607 | 0,0025285 | 0,0025975 | 0,0026678 | 0,0027394 | 0,0028123 | 0,0028865 | 0,0029620 | 0,0030389 |
| 12 | 0,0031171 | 0,0031966 | 0,0032775 | 0,0033598 | 0,0034434 | 0,0035285 | 0,0036150 | 0,0037029 | 0,0037923 | 0,0038831 |
| 13 | 0,0039754 | 0,0040692 | 0,0041644 | 0,0042612 | 0,0043595 | 0,0044593 | 0,0045607 | 0,0046636 | 0,0047681 | 0,0048742 |
| 14 | 0,0049819 | 0,0050912 | 0,0052022 | 0,0053147 | 0,0054290 | 0,0055448 | 0,0056624 | 0,0057817 | 0,0059027 | 0,0060254 |
| 15 | 0,0061498 | 0,0062760 | 0,0064039 | 0,0065337 | 0,0066652 | 0,0067985 | 0,0069337 | 0,0070706 | 0,0072095 | 0,0073501 |
| 16 | 0,0074927 | 0,0076372 | 0,0077835 | 0,0079318 | 0,0080820 | 0,0082342 | 0,0083883 | 0,0085444 | 0,0087025 | 0,0088626 |
| 17 | 0,0090247 | 0,0091889 | 0,0093551 | 0,0095234 | 0,0096937 | 0,0098662 | 0,0100407 | 0,0102174 | 0,0103963 | 0,0105773 |
| 18 | 0,010760 | 0,010964 | 0,011133 | 0,011323 | 0,011515 | 0,011709 | 0,011906 | 0,012105 | 0,012306 | 0,012509 |
| 19 | 0,012715 | 0,012923 | 0,013134 | 0,013346 | 0,013562 | 0,013779 | 0,013999 | 0,014222 | 0,014447 | 0,014674 |
| 20 | 0,014904 | 0,015137 | 0,015372 | 0,015609 | 0,015850 | 0,016092 | 0,016337 | 0,016585 | 0,016836 | 0,017089 |
| 21 | 0,017345 | 0,017603 | 0,017865 | 0,018129 | 0,018395 | 0,018665 | 0,018937 | 0,019212 | 0,019490 | 0,019770 |
| 22 | 0,020054 | 0,020340 | 0,020629 | 0,020921 | 0,021217 | 0,021514 | 0,021815 | 0,022119 | 0,022426 | 0,022736 |
| 23 | 0,023049 | 0,023365 | 0,023684 | 0,024006 | 0,024332 | 0,024660 | 0,024992 | 0,025326 | 0,025664 | 0,026005 |
| 24 | 0,026350 | 0,026697 | 0,027048 | 0,027402 | 0,027760 | 0,028121 | 0,028485 | 0,028852 | 0,029223 | 0,029600 |
| 25 | 0,029975 | 0,030357 | 0,030741 | 0,031129 | 0,031521 | 0,031916 | 0,032315 | 0,032718 | 0,033124 | 0,033534 |
| 26 | 0,033947 | 0,034364 | 0,034785 | 0,035209 | 0,035637 | 0,036069 | 0,036505 | 0,036945 | 0,037388 | 0,037835 |
| 27 | 0,038287 | 0,038742 | 0,039201 | 0,039664 | 0,040131 | 0,040602 | 0,041076 | 0,041556 | 0,042039 | 0,042526 |
| 28 | 0,043017 | 0,043513 | 0,044012 | 0,044516 | 0,045024 | 0,045537 | 0,046054 | 0,046575 | 0,047100 | 0,047630 |
| 29 | 0,048164 | 0,048702 | 0,049245 | 0,049792 | 0,050344 | 0,050901 | 0,051462 | 0,052027 | 0,052597 | 0,053172 |
| 30 | 0,053751 | 0,054336 | 0,054924 | 0,055518 | 0,056116 | 0,056720 | 0,057328 | 0,057940 | 0,058558 | 0,059181 |
| 31 | 0,059809 | 0,060441 | 0,061079 | 0,061721 | 0,062369 | 0,063022 | 0,063680 | 0,064343 | 0,065012 | 0,065685 |
| 32 | 0,066364 | 0,067048 | 0,067738 | 0,068432 | 0,069133 | 0,069838 | 0,070549 | 0,071266 | 0,071988 | 0,072716 |
| 33 | 0,073449 | 0,074188 | 0,074932 | 0,075683 | 0,076439 | 0,077200 | 0,077968 | 0,078741 | 0,079520 | 0,080306 |
| 34 | 0,081097 | 0,081894 | 0,082697 | 0,083506 | 0,084321 | 0,085142 | 0,085970 | 0,086804 | 0,087644 | 0,088490 |
| 35 | 0,089342 | 0,090201 | 0,091067 | 0,091938 | 0,092816 | 0,093701 | 0,094592 | 0,095490 | 0,096395 | 0,097306 |
| 36 | 0,098224 | 0,099149 | 0,100080 | 0,101019 | 0,101964 | 0,102916 | 0,103875 | 0,104841 | 0,105814 | 0,106795 |
| 37 | 0,107782 | 0,108777 | 0,109779 | 0,110788 | 0,111805 | 0,112829 | 0,113860 | 0,114899 | 0,115945 | 0,116999 |
| 38 | 0,118061 | 0,119130 | 0,120207 | 0,121291 | 0,122384 | 0,123484 | 0,124592 | 0,125709 | 0,126833 | 0,127965 |
| 39 | 0,129106 | 0,130254 | 0,131411 | 0,132576 | 0,133750 | 0,134931 | 0,136122 | 0,137320 | 0,138528 | 0,139743 |
| 40 | 0,140968 | 0,142201 | 0,143443 | 0,144694 | 0,145954 | 0,147222 | 0,148500 | 0,149787 | 0,151083 | 0,152388 |
| 41 | 0,153702 | 0,155025 | 0,156348 | 0,157700 | 0,159052 | 0,160414 | 0,161785 | 0,163165 | 0,164556 | 0,165956 |
| 42 | 0,167366 | 0,168786 | 0,170216 | 0,171656 | 0,173106 | 0,174566 | 0,176037 | 0,177518 | 0,179009 | 0,180511 |
| 43 | 0,182024 | 0,183547 | 0,185080 | 0,186625 | 0,188180 | 0,189746 | 0,191324 | 0,192912 | 0,194511 | 0,196122 |
| 44 | 0,197744 | 0,199377 | 0,201022 | 0,202678 | 0,204346 | 0,206026 | 0,207717 | 0,209420 | 0,211135 | 0,212863 |
| 45 | 0,21460 | 0,21635 | 0,21812 | 0,21989 | 0,22168 | 0,22348 | 0,22530 | 0,22712 | 0,22896 | 0,23081 |
| 46 | 0,23268 | 0,23456 | 0,23645 | 0,23835 | 0,24027 | 0,24220 | 0,24415 | 0,24611 | 0,24808 | 0,25006 |
| 47 | 0,25206 | 0,25408 | 0,25611 | 0,25815 | 0,26021 | 0,26228 | 0,26436 | 0,26646 | 0,26858 | 0,27071 |
| 48 | 0,27285 | 0,27501 | 0,27719 | 0,27938 | 0,28159 | 0,28381 | 0,28605 | 0,28830 | 0,29057 | 0,29286 |
| 49 | 0,29516 | 0,29747 | 0,29981 | 0,30216 | 0,30453 | 0,30691 | 0,30931 | 0,31173 | 0,31417 | 0,31663 |

**Bild 11.24** Evolventenfunktion inv $\alpha = \tan \alpha - \alpha \cdot \pi / 180°$

den können. Die Zahnräder eines Satzes (Baukasten), in dem jedes Rad mit jedem anderen beliebig gepaart werden kann, heißen Satzräder. Sie finden Anwendung in Wechselradgetrieben an Werkzeugmaschinen (z. B. Gewindeschneiden) und in Baukastensystemen (z. B. für Labors, Vorrichtungsbau u. ä.). Vorraussetzung hierfür sind ein gleicher Modul und ein gleiches Bezugsprofil bzw. eine gleiche Eingriffslinie. Während dies bei der Evolventenverzahnung generell möglich ist, eignet sich aus diesem Grund die Zykloidenverzahnung nur, wenn alle

Rollkreise gleich groß sind, siehe Kapitel 11.5.1. Außerdem ist der kollisionsfreie Lauf eine wichtige Bedingung, weshalb nicht alle Profilverschiebungen ausführbar sind. Bei fest vorgegebenen Achsabständen ist dies nur bei Nullverzahnungen oder einem konstanten Profilverschiebungswert möglich. Weitere Bedingungen sind, dass es sich um Geradzahnräder und symmetrische Zähne handelt.

# 11.3 Tragfähigkeit der Evolventenverzahnung

## 11.3.1 Zahnkräfte

Bei der Übertragung eines Drehmomentes entstehen Kräfte zwischen den Zähnen. Diese Zahnkräfte bewirken eine Beanspruchung der Wellen und Lager sowie Zahnbeanspruchungen, die die übertragbare Leistung des Getriebes begrenzen. Eine hieraus resultierende Belastung ist die Zahnfußbelastung, siehe Kapitel 11.3.4. Werden die Kräfte am Zahn zu groß, besteht die Gefahr, dass der Zahn im Fuß abbricht. Ein durch Unterschnitt schmaler gewordener Zahn wird hierbei besonders belastet. Eine weitere Belastung für die Zähne ist die *Hertz*sche Pressung an den Zahnflanken, siehe Kapitel 11.3.2. Die hierdurch entstehende Gefahr der Oberflächenbeschädigung kann durch eine Verringerung der Zahnflankenkrümmung erreicht werden. Mit einer dritten Belastungsart beschäftigt sich das Kapitel 11.3.5. Infolge von Schmierstoffmangel kommt es oftmals zum Verschleiß der Zahnflanken bzw. zum sogenannten „Fressen". Dort werden der Verschleiß sowie die Auswahl des richtigen Schmierstoffes näher behandelt.

Die Kräfte am Zahn lassen sich mathematisch aus der Drehmomentenübertragung ableiten. Das Drehmoment lässt sich aus folgender Gleichung errechnen:

$$T = F_\mathrm{n} \cdot \frac{d_\mathrm{b}}{2}$$ (11.33)

$T$ = Drehmoment
$F_\mathrm{n}$ = Normalkraft
$d_\mathrm{b}$ = Grundkreisdurchmesser, siehe Gleichung (11.11)

Bild 11.25 zeigt die geometrischen Beziehungen zwischen der Normalkraft und ihren Komponenten. Hieraus und mit Hilfe der Gleichung (11.33) ergibt sich die Tangentialkraft $F_\mathrm{t}$:

$$F_\mathrm{t} = F_\mathrm{n} \cdot \cos\alpha_\mathrm{w} = \frac{2 \cdot T}{d} \cdot \frac{\cos\alpha_\mathrm{w}}{\cos\alpha}$$ (11.34)

$F_\mathrm{t}$ = Tangentialkraft
$\alpha_\mathrm{w}$ = Betriebseingriffswinkel; siehe Gleichung (11.14)
$d$ = Teilkreisdurchmesser
$\alpha$ = Eingriffswinkel = 20°

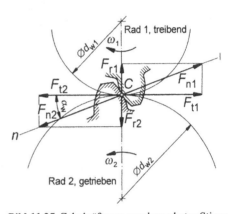

**Bild 11.25** Zahnkräfte am geradverzahnten Stirnrad

Die Normalkraft $F_\mathrm{n}$ muss stets senkrecht auf der Zahnflanke stehen und entlang der Eingriffslinie durch den Wälzpunkt $C$ laufen (allgemeines Verzahnungsgesetz). Die Tangentialkraft kann demnach nur eine Komponente der Normalkraft sein. Es ergibt sich zwangsweise eine Radialkomponente $F_\mathrm{r}$. Nimmt man die Eingriffslinie näherungsweise nicht unter dem Betriebseingriffswinkel $\alpha_\mathrm{w}$, sondern unter dem Eingriffswinkel an ($\alpha_\mathrm{w} \approx \alpha = 20°$), ergeben sich die Kräfte wie folgt:

Tangentialkraft: $$F_\mathrm{t} = \frac{2 \cdot T}{d}$$ (11.35)

Normalkraft: $$F_\mathrm{n} = \frac{F_\mathrm{t}}{\cos\alpha_\mathrm{w}} \approx \frac{F_\mathrm{t}}{\cos\alpha}$$ (11.36)

Radialkraft: $$F_\mathrm{r} = F_\mathrm{t} \cdot \tan\alpha_\mathrm{w} \approx F_\mathrm{t} \cdot \tan\alpha$$ (11.37)

Die größten Kräfte pro Zahn ergeben sich, wenn nur ein Zahnpaar im Eingriff steht und sich die Gesamtkraft nicht auf mehrere Zahnpaare verteilen kann. Zahnkraftberechnungen werden unabhängig vom Überdeckungsgrad für diesen ungünstigsten Fall durchgeführt. Die Normalkraft, die in Richtung der Eingriffslinie wirkt, wird als Einzelkraft in der Mitte der Zahnbreite angenommen. Sie greift im Wälzpunkt $C$ an und wird vom treibenden Rad 1 auf das getriebene Rad 2 ausgeübt. Diese Aktionskraft bewirkt eine gleichgroße Gegenkraft (Reaktionskraft) auf das treibende Rad. Die Indizes 1 bzw. 2 geben an, auf welches Rad die Kräfte wirken. Die Normalkraft wird von der Verzahnung auf die Lager übertragen, die diese Kräfte letztlich aufnehmen müssen.

**Wellen mit einem Zahnrad:**
Für die Berechnung der Lagerbelastung kann bei Wellen mit nur einem Zahnrad das gesamte System in einer Ebene betrachtet werden, die unter dem Betriebseingriffswinkel $\alpha_{\mathrm{w}}$ (näherungsweise unter dem Eingriffswinkel $\alpha$) liegt. In diesem Fall braucht nur die Normalkraft $F_{\mathrm{n}}$ auf die Lager aufgeteilt zu werden.

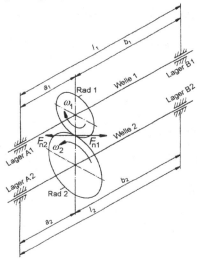

**Bild 11.26** Ermittlung der Auflagerkräfte bei Wellen mit einem Zahnrad

Die Auflagerkräfte sind abhängig vom Abstand der Zahnräder zu den entsprechenden Lagern und lassen sich wie folgt berechnen:

Auflagerkräfte für Welle 1:

$$
\begin{aligned}
F_{\mathrm{A1}} &= F_{\mathrm{n1}} \cdot \frac{b_1}{l_1} \\[2mm]
F_{\mathrm{B1}} &= F_{\mathrm{n1}} \cdot \frac{a_1}{l_1}
\end{aligned}
\tag{11.38}
$$

$F_{\mathrm{A1}}$ = Auflagerkraft am Lager A1
$F_{\mathrm{n1}}$ = Normalkraft am Rad 1
$b_1$ = Abstand zwischen Rad 1 und Lager B1
$l_1$ = Lagerabstand bei Welle 1
$F_{\mathrm{B1}}$ = Auflagerkraft am Lager B1
$a_1$ = Abstand zwischen Rad 1 und Lager A1

Auflagerkräfte für Welle 2:

$$
\begin{aligned}
F_{\mathrm{A2}} &= F_{\mathrm{n2}} \cdot \frac{b_2}{l_2} \\[2mm]
F_{\mathrm{B2}} &= F_{\mathrm{n2}} \cdot \frac{a_2}{l_2}
\end{aligned}
\tag{11.39}
$$

$F_{\mathrm{A2}}$ = Auflagerkraft am Lager A2
$F_{\mathrm{n2}}$ = Normalkraft am Rad 2
$b_2$ = Abstand zwischen Rad 2 und Lager B2
$l_2$ = Lagerabstand bei Welle 2
$F_{\mathrm{B2}}$ = Auflagerkraft am Lager B2
$a_2$ = Abstand zwischen Rad 2 und Lager A2

**Wellen mit mehreren Zahnrädern:**
Wenn eine Welle zwei oder mehrere Zahnräder trägt, ist die Vorgehensweise unterschiedlich, abhängig von der Anordnung der anderen Zahnradwellen. Zur Ermittlung der Auflagerkräfte muss die Normalkraft in ihre Komponenten $F_{\mathrm{r}}$ und $F_{\mathrm{t}}$ zerlegt werden. Diese werden auf die Lager aufgeteilt und anschließend dort zu einer Resultierenden zusammengefasst.

Die Zahnkräfte verursachen eine Belastung des Zahnfußes und der Zahnflanke. Ihre Berechnung erfolgt nach DIN 3990, in der zahlreiche Faktoren verwendet werden:
- $Y$-Faktoren berücksichtigen die Geometrie des Zahnfußes.
- $Z$-Faktoren berücksichtigen die Geometrie der Zahnflanke.
- $K$-Faktoren beinhalten Zuschläge und Sicherheitsbeiwerte aus Versuchen und Betriebserfahrungen.

Die Berechnungen sind umfangreich, insbesondere seit der Neuausgabe der DIN 3990 im Jahr

1987. Daher ist die Nutzung von speziellen Rechnerprogrammen sinnvoll.

Das Ritzel ist in der Regel stärker belastet als das Großrad. Daher ist das Ritzel auch in der Regel das zu berechnende Rad. Eine Ausnahme kann es bei unterschiedlich breiten Rädern für die Berechnung der Flankenbelastung (*Hertz*sche Pressung) geben. Hierbei muss stets die Breite des schmaleren Rades eingesetzt werden. Für alle anderen Daten werden aber die des Ritzels genommen. Die Fußtragfähigkeit wird für beide Räder berechnet, wobei aber für das breitere Zahnrad höchstens $b_2 = b_1 + m$ eingesetzt wird.

## 11.3.2 Zahnflankenbelastung

Zwei im Kontakt stehende Zahnflanken berühren sich theoretisch in einer Linie. Unter Last verformt sich dieser Bereich elastisch und entwickelt sich zur Berührfläche, die unter hoher Druckspannung (*Hertz*sche Pressung) steht. Dabei kann es zu kleinen Rissen kommen, in die Öl eindringt. Bei großer Druckentwicklung auf das Öl werden letztlich winzige Werkstückteilchen herausgebrochen, so dass Grübchen (Pittings) entstehen. Zur Beurteilung dieser Druckentwicklung dienen zwei ruhende Zylinder als Ausgangsmodell, die mit der Normalkraft $F_n$ gegeneinander gedrückt werden. Die dabei entstehende maximale Pressung wird mit Hilfe der von *Hertz* entwickelten Formel berechnet und daher auch als *Hertz*sche Pressung bezeichnet.

$$\sigma_H = \sqrt{\frac{1}{2 \cdot \pi \cdot (1 - \nu^2)} \cdot \frac{F_n \cdot E}{b \cdot \rho}} = \sqrt{0{,}175 \cdot \frac{F_n \cdot E}{b \cdot \rho}}$$

(11.40)

$\sigma_H$ = *Hertz*sche Pressung
$\nu$ = Poisson-Zahl; für St, GG, Leichtmetall: $\nu \approx 0{,}3$
$F_n$ = Normalkraft
$E$ = Elastizitätsmodul; $E = (2 \cdot E_1 \cdot E_2) / (E_1 + E_2)$
$b$ = Zahnbreite des schmaleren Zahnrades
$\rho$ = Ersatz-Krümmungsradius; $\rho = (\rho_1 \cdot \rho_2) / (\rho_1 + \rho_2)$

Diese Gleichung gilt jedoch nur bei ruhenden Zylindern, gleichbleibenden Krümmungsradien, reibungsfreier Übertragung und vernachlässigter Ölschmierung. Die berechnete Pressung muss

mit Hilfe der *Z*- und *K*-Faktoren angeglichen werden, um sie somit auf jeden momentanen Berührpunkt zwischen den Zahnflanken anwenden zu können. Nach DIN 3990 Teil 2 von 1987 gilt demnach für die *Hertz*sche Pressung:

$$\sigma_H = \sqrt{\frac{F_t}{d_1 \cdot b} \cdot \frac{u+1}{u} \cdot K_A \cdot K_V \cdot K_{H\beta} \cdot K_{H\alpha}} \\ \cdot Z_H \cdot Z_E \cdot Z_\varepsilon \cdot Z_\beta \cdot Z_B$$

$$\sigma_H \leq \frac{\sigma_{H\lim} \cdot Z_{NT}}{S_{H\min}} \cdot Z_L \cdot Z_V \cdot Z_R \cdot Z_W \cdot Z_X = \sigma_{HP}$$

(11.41)

Zur Vereinfachung werden in dieser Gleichung folgende Faktoren angenähert gleich 1 gesetzt:

$Z_{NT}$ (Lebensdauerfaktor), berücksichtigt eine höhere zulässige *Hertz*sche Pressung, wenn nur eine begrenzte Lebensdauer gefordert wird. Die Haupteinflussgrößen sind der Werkstoff und die Anzahl der Lastwechsel. Für die Dauerfestigkeit beträgt $Z_{NT} = 1$, für die Berechnung einer Zeitfestigkeit kann der Wert bis zu 1,6 ansteigen.

$Z_L$ (Schmierstofffaktor), berücksichtigt den Einfluss der Nennviskosität des Öls auf die Wirkung des Schmierfilms. Für eine gebräuchliche kinematische Ölzähigkeit von $\nu = 100$ mm²/s beträgt $Z_L = 1$.

$Z_V$ (Geschwindigkeitsfaktor), berücksichtigt den Einfluss der Umfangsgeschwindigkeit auf die Wirkung des Schmierfilms und liegt für $v_u = 10$ m/s am Wälzkreis bei $Z_V = 1$.

$Z_R$ (Rauheitsfaktor), berücksichtigt den Einfluss der Zahnflankenrauheit auf die Wirkung des Schmierfilms. Bei einer relativen Rautiefe von $R_Z = 3$ µm beträgt $Z_R = 1$.

$Z_W$ (Werkstoffpaarungsfaktor), berücksichtigt die Zunahme der Flankenfestigkeit eines Stahlzahnrades, wenn es mit einem wesentlich härteren Zahnrad mit glatten Zahnflanken gepaart wird. Im Normalfall kann $Z_W = 1$ gesetzt werden, bei gehärteten Zahnflanken bis zu 1,2.

$Z_X$ (Größenfaktor), berücksichtigt den Einfluss der Zahnabmessungen auf die Flankentragfähigkeit. Für Zahnräder aus Stahl und Grauguss mit einem Modul von $m \leq 10$ mm ist $Z_X = 1$. Gleiches gilt für Räder aus nitriertem Stahl mit einem Modul von $m \leq 7{,}5$ mm.

Damit vereinfacht sich die Gleichung folgendermaßen:

$$\sigma_H = \sqrt{\frac{F_t}{d_1 \cdot b} \cdot \frac{u+1}{u} \cdot K_A \cdot K_V \cdot K_{H\beta} \cdot K_{H\alpha}} \cdot Z_H \cdot Z_E \cdot Z_\varepsilon \cdot Z_\beta \cdot Z_B$$

$$\sigma_H \leq \frac{\sigma_{H\lim}}{S_{H\min}} = \sigma_{HP}$$

(11.42)

Die verbleibenden Faktoren haben folgende Bedeutung:

$F_t$ = Umfangskraft am Teilkreis (Tangentialkraft)

$d_1$ = Teilkreisdurchmesser des Ritzels

$b$ = Zahnbreite des schmaleren Zahnrades

$u$ = Zähnezahlverhältnis; $u = z_2 / z_1$

$K_A$ (Anwendungsfaktor), berücksichtigt die Krafterhöhung durch äußere dynamische Stöße von der Ein- oder Ausgangsseite. Er muss ggf. mit dem Anwender abgestimmt werden.

| Arbeitsweise der Antriebsmaschine | Arbeitsweise der getriebenen Maschine | | | |
|---|---|---|---|---|
| | gleichmäßig | mäßige Stöße | mittlere Stöße | starke Stöße |
| gleichmäßig | 1,00 | 1,1 | 1,25 | 1,50 |
| leichte Stöße | 1,25 | 1,35 | 1,50 | 1,75 |
| mäßige Stöße | 1,50 | 1,60 | 1,75 | 2,00 |
| starke Stöße | 1,75 | 1,85 | 2,00 | 2,25 |

**Bild 11.27** Tabelle für den Anwendungsfaktor $K_A$

$K_V$ (Dynamikfaktor), berücksichtigt die Krafterhöhung durch innere dynamische Einwirkungen, die durch Entstehung von Eigenschwingungen hervorgerufen werden. Zur Berechnung des Dynamikfaktors werden die Faktoren $K_1$, $K_2$ und $K_3$ eingeführt, die von der Verzahnungsart und ihrer Qualität abhängig sind.

| Faktor | Verzahnungsqualität | Geradverzahnung | Schrägverzahnung |
|---|---|---|---|
| $K_1$ | 6 | 8,5 | |
| | 7 | 13,6 | |
| | 8 | 21,8 | |
| | 9 | 30,7 | |
| | 10 | 47,7 | |
| | 11 | 68,2 | |
| | 12 | 109,1 | |
| $K_2$ | alle | 1,123 | 1,000 |
| $K_3$ | alle | 0,0193 | 0,0087 |

**Bild 11.28** Faktoren $K_1$, $K_2$ und $K_3$ nach DIN 3990

Mit ihnen kann nun der Dynamikfaktor $K_V$ berechnet werden:

$$K_V = 1 + \left( \frac{K_1 \cdot K_2}{K_A \cdot \frac{F_t}{b}} + K_3 \right) \cdot \frac{z_1 \cdot v}{100} \sqrt{\frac{u^2}{1+u^2}}$$ (11.43)

$K_1, K_2, K_3$ = Faktoren aus Bild 11.28
$K_A$ = Anwendungsfaktor, siehe Bild 11.27
$F_t$ = Umfangskraft am Teilkreis, siehe Gl. (11.34)
$b$ = Zahnbreite des schmaleren Zahnrades
$z_1$ = Zähnezahl des Ritzels
$v$ = Umfangsgeschwindigkeit am Ritzelteilkreis
$u$ = Zähnezahlverhältnis

$K_{H\beta}$ (Breitenfaktor für Flankenbelastung), berücksichtigt den Einfluss ungleichmäßiger Lastverteilung über die Zahnbreite auf die Flankenpressung. Die folgenden Formeln gelten für Verzahnungen, die nach dem Zusammenbau nicht eingestellt, geläppt oder einlaufen gelassen werden. Die Faktoren sind von der entsprechenden Verzahnungsqualität abhängig.

Verzahnungsqualität 5:

$$K_{H\beta} = 1{,}135 + 0{,}18 \cdot \left(\frac{b}{d_1}\right)^2 + 0{,}23 \cdot 10^{-3} \cdot \frac{b}{[\text{mm}]}$$

(11.44)

Verzahnungsqualität 6:

$$K_{H\beta} = 1{,}15 + 0{,}18 \cdot \left(\frac{b}{d_1}\right)^2 + 0{,}30 \cdot 10^{-3} \cdot \frac{b}{[\text{mm}]}$$ (11.45)

Verzahnungsqualität 7:

$$K_{H\beta} = 1{,}17 + 0{,}18 \cdot \left(\frac{b}{d_1}\right)^2 + 0{,}47 \cdot 10^{-3} \cdot \frac{b}{[\text{mm}]} \quad (11.46)$$

Verzahnungsqualität 8:

$$K_{H\beta} = 1{,}23 + 0{,}18 \cdot \left(\frac{b}{d_1}\right)^2 + 0{,}61 \cdot 10^{-3} \cdot \frac{b}{[\text{mm}]} \quad (11.47)$$

Bei einem errechneten Wert von $K_{H\beta} < 1{,}2$ ist $K_{H\beta} = 1{,}2$ zu setzen.

$K_{H\alpha}$ (Stirnfaktor für Flankenbelastung), berücksichtigt die Änderung der Lastverteilung auf mehrere Zähne durch Abweichungen der Eingriffsteilung. Zur Bestimmung muss zuerst die Linienbelastung mit Hilfe der in Bild 11.29 angegebenen Gleichung berechnet werden.

| Linien-bela-stung $F_t/b \cdot K_A$ | Verzah-nungsqualität (DIN 3961) | Geradverzahnung | | Schrägverzahnung | |
|---|---|---|---|---|---|
| | | gehärtet )[1] | nicht ge-härtet )[2] | gehärtet )[1] | nicht ge-härtet )[2] |
| >100 N/mm | 6 | 1,0 | 1,0 | 1,0 | 1,0 |
| | 7 | 1,0 | 1,0 | 1,1 | 1,0 |
| | 8 | 1,1 | 1,0 | 1,2 | 1,1 |
| | 9 | 1,2 | 1,1 | 1,4 | 1,2 |
| | 10 | $\frac{1}{Z_\varepsilon^2} > 1{,}2$ | 1,2 | $\varepsilon_{\alpha n} > 1{,}4$ | 1,4 |
| | 11 | $\frac{1}{Z_\varepsilon^2} > 1{,}2$ | $\frac{1}{Z_\varepsilon^2} > 1{,}2$ | $\varepsilon_{\alpha n} > 1{,}4$ | $\varepsilon_{\alpha n} > 1{,}4$ |
| | 12 | $\frac{1}{Z_\varepsilon^2} > 1{,}2$ | $\frac{1}{Z_\varepsilon^2} > 1{,}2$ | $\varepsilon_{\alpha n} > 1{,}4$ | $\varepsilon_{\alpha n} > 1{,}4$ |
| <100 N/mm | 6 und gröber | $\frac{1}{Z_\varepsilon^2} > 1{,}2$ | $\frac{1}{Z_\varepsilon^2} > 1{,}2$ | $\varepsilon_{\alpha n} > 1{,}4$ | $\varepsilon_{\alpha n} > 1{,}4$ |

)[1] = Einsatz- oder randschichtgehärtet, nitriert oder nitro-karburiert
)[2] = Nicht gehärtet, nicht nitriert oder nicht nitrokarburiert
$Z_\varepsilon$ = Überdeckungsfaktor (Flanke)
$\varepsilon_{\alpha n}$ = Profilüberdeckung der Ersatz-Geradverzahnung;
$\varepsilon_{\alpha n} = \varepsilon_\alpha / \cos^2 \beta_b \geq 1{,}4$ (mit $\cos \beta_b = (\sin \alpha_n / \sin \alpha_t)$)

**Bild 11.29** Tabelle zur Bestimmung von $K_{H\alpha}$

$Z_H$ (Zonenfaktor), berücksichtigt die Krümmungsradien der Zahnflanken im Wälzpunkt und die Umrechnung der Umfangskraft am Teilzylinder auf die Normalkraft am Wälzzylinder. Für einen Eingriffswinkel von $\alpha = 20°$ kann

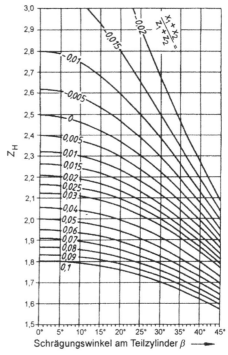

**Bild 11.30** Zonenfaktor $Z_H$ mit $\alpha = 20°$ nach DIN 3990

der Zonenfaktor $Z_H$ dem Bild 11.30 entnommen werden.

$Z_E$ (Elastizitätsfaktor), berücksichtigt die werkstoffspezifischen Größen $E$ (Elastizitätsmodul) und $\nu$ (Poisson-Zahl). Allgemein gilt:

$$Z_E = \sqrt{\frac{1}{\pi \cdot \left(\frac{1-\nu_1^2}{E_1} + \frac{1-\nu_2^2}{E_2}\right)}} \quad (11.48)$$

Index 1 = Ritzel        Index 2 = Großrad

Für $E_1 = E_2 = E$ und $\nu_1 = \nu_2 = \nu$ gilt:

$$Z_E = \sqrt{\frac{E}{2 \cdot \pi \cdot \left(1 - \nu^2\right)}} \quad (11.49)$$

Für Stahl und Leichtmetall ist $\nu = 0{,}3$; damit gilt:

$$Z_E = \sqrt{0{,}175 \cdot E} \quad (11.50)$$

Bei Radpaarungen aus Werkstoffen mit verschiedenen Elastizitätsmoduln $E_1$ und $E_2$ kann $E = (2 \cdot E_1 \cdot E_2)/(E_1 + E_2)$ gesetzt werden.

$Z_\varepsilon$ (Überdeckungsfaktor), berücksichtigt den Einfluss der Profil- und Sprungüberdeckung. Es gilt für:

– Geradverzahnung:

$$Z_\varepsilon = \sqrt{\frac{4 - \varepsilon_\alpha}{3}} \qquad (11.51)$$

$\varepsilon_\alpha =$ Profilüberdeckung, siehe Gl. (11.18)

– Schrägverzahnung mit $\varepsilon_\beta < 1$:

$$Z_\varepsilon = \sqrt{\frac{4 - \varepsilon_\alpha}{3} \cdot \left(1 - \varepsilon_\beta\right) + \frac{\varepsilon_\beta}{\varepsilon_\alpha}} \qquad (11.52)$$

$\varepsilon_\beta =$ Sprungüberdeckung, siehe Kapitel 11.4.2

– Schrägverzahnung mit $\varepsilon_\beta \geq 1$:

$$Z_\varepsilon = \sqrt{\frac{1}{\varepsilon_\beta}} \qquad (11.53)$$

$Z_\beta$ (Schrägenfaktor), berücksichtigt den Einfluss des Schrägungswinkels auf die Zahnflankentragfähigkeit und wird wie folgt berechnet:

$$Z_\beta = \sqrt{\cos \beta} \qquad (11.54)$$

$Z_B$ (Ritzel-Einzeleingriffsfaktor), dient zur Umrechnung der Flankenpressung im Wälzpunkt auf die Flankenpressung im inneren Einzeleingriffspunkt. Überschlägig kann $Z_B = 1$ gesetzt werden. Die genauere Berechnung ist Kapitel 11.3.3 zu entnehmen. Für das Großrad heißt dieser Faktor $Z_D$.

Der Dauerfestigkeitswert $\sigma_{H\,lim}$ gibt für einen gegebenen Werkstoff die Grenze der dauernd ertragbaren *Hertz*schen Pressung an. Er kann für die üblichen Zahnradwerkstoffe der folgenden Tabelle entnommen werden:

| Werkstoff | Behandlung | $\sigma_{F\,lim}$ in N/mm² | $\sigma_{H\,lim}$ in N/mm² |
|---|---|---|---|
| GG-20 | - | 49 | 265 |
| GG-26 | - | 59 | 304 |
| GG-35 | - | 78 | 353 |
| GGG-42 | - | 196 | 353 |
| GGG-60 | - | 216 | 481 |
| GGG-80 | - | 226 | 549 |
| GGG-100 | - | 235 | 598 |
| GTS-35 | - | 186 | 353 |
| GTS-65 | - | 226 | 481 |
| GS-52 | - | 147 | 334 |
| GS-60 | - | 167 | 412 |
| St42 | - | 167 | 284 |
| St50 | - | 186 | 334 |
| St60 | - | 196 | 392 |
| St70 | - | 216 | 451 |
| Ck22 | vergütet | 167 | 432 |
| Ck45 | normalisiert | 196 | 579 |
| Ck60 | vergütet | 216 | 608 |
| 34Cr4 | vergütet | 255 | 638 |
| 37Cr4 | vergütet | 265 | 638 |
| 42CrMo4 | vergütet | 284 | 657 |
| 34CrNiMo6 | vergütet | 314 | 755 |
| Ck45 | umlaufgehärtet | 265 | 1079 |
| 37Cr4 | umlaufgehärtet | 304 | 1256 |
| 42CrMo4 | umlaufgehärtet | 343 | 1334 |
| Ck45 | badnitriert | 343 | 1079 |
| 42CrMo4 | badnitriert | 422 | 1197 |
| 42CrMo4 | gasnitriert | 422 | 1197 |
| 31CrMoV9 | gasnitriert | 491 | 1373 |
| C15 | einsatzgehärtet | 226 | 1570 |
| 16MnCr5 | einsatzgehärtet | 451 | 1599 |
| 20MnCr5 | einsatzgehärtet | 471 | 1599 |
| 20MoCr4 | einsatzgehärtet | 392 | 1599 |
| 15CrNi6 | einsatzgehärtet | 491 | 1599 |
| 18CrNi8 | einsatzgehärtet | 491 | 1599 |
| 17CrNiMo6 | einsatzgehärtet | 491 | 1599 |

**Bild 11.31** Dauerfestigkeitskennwerte $\sigma_{F\,lim}$ und $\sigma_{H\,lim}$

$S_{H\,min}$ (Mindest-Grübchensicherheit) ist der geforderte Mindestsicherheitsfaktor für die Flankenpressung. Er sollte laut DIN 3990 mit dem Anwender abgestimmt werden. Als Anhaltswerte sind hier zu nennen:

$S_{H\,min} \approx 0{,}5$ bis $0{,}7$: für die Auslegung mit Maximalmoment (z. B. bei Pressen)

$S_{H\,min} \approx 1,0$ bis $1,2$: für Industriegetriebe
$S_{H\,min} \approx 1,3$ bis $1,6$: für Dauerläufer (z. B. Turbinengetriebe)

### 11.3.3 Hertzsche Pressung in den Einzeleingriffspunkten

In den Einzeleingriffspunkten $B$ bzw. $D$ verändert sich die Anzahl der tragenden Zahnpaare. Die Kraftübertragung erfolgt nicht mehr über zwei, sondern nur noch über ein tragendes Zahnpaar. Dies hat einen Anstieg der Flankenpressung zur Folge. Hinzu kommt, dass der Krümmungsradius der Zahnflanken zum Zahnfuß hin abnimmt, siehe Kapitel 11.2.1. Infolge dieses gegenüber dem Wälzpunkt veränderten Krümmungsverhältnisses erhöht sich die Pressung weiter. In den Einzeleingriffspunkten kann aus diesen Gründen eine so hohe Pressung auftreten, dass zusätzlich der Ritzel-Eingriffsfaktor $Z_B$ bzw. der Großrad-Eingriffsfaktor $Z_D$ nachgerechnet werden muss.

$Z_B$ muss nachgerechnet werden, wenn

- bei Geradverzahnungen die Zähnezahl des Ritzels $z_1 \leq 20$ beträgt,
- bei Schrägverzahnungen die Sprungüberdeckung $\varepsilon_\beta < 1$ und die Zähnezahl des Ritzels $z_1 \leq 20$ ist,
- bei Innenverzahnung die Zähnezahl des Ritzels $z_1 \leq 30$ ist.

$Z_D$ muss nachgerechnet werden, wenn

- bei Gerad- und Schrägverzahnung das Zähnezahlverhältnis $u < 1,5$ ist.

In allen anderen Fällen können die Einzeleingriffsfaktoren gleich 1 gesetzt werden.

Die Berechnung der Einzeleingriffsfaktoren $Z_B$ und $Z_D$ erfolgt nach DIN 3990. Hierzu werden die Hilfsgrößen $M_1$ und $M_2$ eingeführt.

$$M_1 = \frac{\tan \alpha_{wt}}{\sqrt{\left[\sqrt{\left(\frac{d_{a1}}{d_{b1}}\right)^2 - 1} - \frac{2\pi}{z_1}\right] \cdot \left[\sqrt{\left(\frac{d_{a2}}{d_{b2}}\right)^2 - 1} - (\varepsilon_\alpha - 1)\frac{2\pi}{z_2}\right]}}$$

$$(11.55)$$

$$M_2 = \frac{\tan \alpha_{wt}}{\sqrt{\left[\sqrt{\left(\frac{d_{a2}}{d_{b2}}\right)^2 - 1} - \frac{2\pi}{z_2}\right] \cdot \left[\sqrt{\left(\frac{d_{a1}}{d_1}\right)^2 - 1} - (\varepsilon_\alpha - 1)\frac{2\pi}{z_1}\right]}}$$

$$(11.56)$$

$\alpha_{wt}$ = Betriebseingriffswinkel $\alpha_w$ im Stirnschnitt, siehe Kapitel 11.4.2

Anhand dieser Hilfsgrößen können die Einzeleingriffsfaktoren bestimmt werden.

Bei Geradverzahnung:

$M_1 \leq 1 \Rightarrow Z_B = 1 \qquad M_1 > 1 \Rightarrow Z_B = M_1$
$M_2 \leq 1 \Rightarrow Z_D = 1 \qquad M_2 > 1 \Rightarrow Z_D = M_2$

Bei Schrägverzahnung:

$- \;\; \varepsilon_\beta \geq 1 \;\; \Rightarrow Z_B = 1$
$\qquad\qquad \Rightarrow Z_D = 1$

$- \;\; \varepsilon_\beta < 1 \;\; \Rightarrow Z_B = M_1 - \varepsilon_\beta \cdot (M_1 - 1) \geq 1$
$\qquad\qquad$ wenn $Z_B < 1$, dann $Z_B = 1$ setzen

$\qquad\qquad \Rightarrow Z_D = M_2 - \varepsilon_\beta \cdot (M_2 - 1) \geq 1$
$\qquad\qquad$ wenn $Z_D < 1$, dann $Z_D = 1$ setzen

Bei Innenverzahnung:

$Z_B$ wird wie oben entsprechend dem Zähneverlauf des Ritzels (Gerad- bzw. Schrägverzahnung) bestimmt.

$Z_D = 1$

### 11.3.4 Zahnfußbelastung

Die Zahnkräfte bewirken neben der Flankenpressung auch eine Belastung des Zahnfußes. Diese Zahnfußspannung setzt sich aus den Komponenten Biegespannung, Druckspannung und Schubspannung zusammen. Für die Berechnung dieser Spannungsarten muss der ungünstigste Fall angenommen werden, um die größten möglichen Kräfte zu berücksichtigen. Dies ist dann der Fall, wenn ein Zahn gerade mit dem Eingriff beginnt und die Normalkraft am Zahnkopf angreift. Außerdem wird für die Berechnung angenommen, dass die Kräfte unabhängig vom Überdeckungsgrad von nur einem Zahn aufgenommen werden.

Während die Tangentialkraft für die Biege- und Schubspannung verantwortlich ist, beeinflusst die Radialkraft die Druckspannung. Die Spannungen lassen sich wie folgt berechnen:

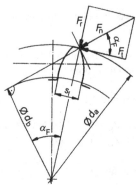

**Bild 11.32** Ungünstigster Eingriffsfall der Zahnfußbelastung

Biegespannung $\sigma_b$:

$$\boxed{\sigma_b = \frac{M_b}{W_b} \approx \frac{F_t \cdot (h_a + h_f) \cdot 6}{b \cdot s_f^2} = \frac{F_t}{b \cdot m} \cdot \text{konst.}}$$

(11.57)

$M_b$ = Biegemoment
$W_b$ = Widerstandsmoment bei Biegebelastung
$F_t$ = Tangentialkraft
$h_a$ = Zahnkopfhöhe   (hier $h_a = m$ gesetzt)
$h_f$ = Zahnfußhöhe   (hier $h_f = 1{,}25 \cdot m$ gesetzt)
$b$ = Zahnbreite
$s_f$ = Zahnfußdicke   (hier $s_f \sim m$)
$m$ = Modul

Druckspannung $\sigma_d$:

$$\boxed{\sigma_d = \frac{F_r}{b \cdot s_F}}$$

(11.58)

$F_r$ = Radialkraft

Schubspannung $\tau_m$:

$$\boxed{\tau_m = \frac{F_t}{b \cdot s_F}}$$

(11.59)

Im Vergleich zur Biegespannung haben die Druck- und Schubspannung nur eine geringe Bedeutung. Daher ist es vollkommen ausreichend, sie bei der Berechnung der Zahnfußbelastung nur mittels Zuschlagfaktoren zur Biegespannung zu berücksichtigen.

$$\boxed{\begin{aligned} \sigma_F &= \frac{F_t}{b \cdot m_n} \cdot Y_{Fa} \cdot Y_{Sa} \cdot Y_\beta \cdot Y_\varepsilon \cdot K_A \cdot K_V \cdot K_{F\beta} \cdot K_{F\alpha} \\[2mm] \sigma_F &\leq \frac{\sigma_{F\,lim} \cdot Y_{ST} \cdot Y_{NT}}{S_{F\,min}} \cdot Y_{\delta\,rel\,T} \cdot Y_{R\,rel\,T} \cdot Y_X = \sigma_{FP} \end{aligned}}$$

$\sigma_F$ = Zahnfußbiegespannung               (11.60)

Zur Vereinfachung können folgende Faktoren dieser Gleichung angenähert durch Rundwerte ersetzt werden:

$Y_{ST}$ (Spannungskorrekturfaktor), berücksichtigt den Unterschied der Biege-Nenn-Dauerschwellfestigkeit eines Standardprüfrades und der einer ungekerbten Probe. Für Standard-Prüfräder beträgt $Y_{ST} = 2$.

$Y_{NT}$ (Lebensdauerfaktor), berücksichtigt eine höhere Zahnfußfestigkeit, wenn nur begrenzte Lebensdauer gefordert wird. Die Haupteinflussgrößen sind der Werkstoff und die Anzahl der Lastwechsel. Für die Dauerfestigkeit beträgt $Y_{NT} = 1$, für die Zeitfestigkeit kann der Wert bis zu 2,5 ansteigen.

$Y_{\delta\,rel\,T}$ (Relative Stützziffer), berücksichtigt die Stützwirkung des Werkstoffes im Bereich der Fußausrundung. Für einen Spannungskorrekturfaktor von $Y_{Sa} \geq 1{,}5$ (siehe nächste Seite) beträgt $Y_{\delta\,rel\,T} = 1$.

$Y_{R\,rel\,T}$ (Relativer Oberflächenfaktor), berücksichtigt den Einfluss der Oberflächenbeschaffenheit im Zahngrund auf die Zahnfußfestigkeit. Für eine Rauheit in der Fußausrundung von $R_Z \leq 16\ \mu m$ beträgt $Y_{R\,rel\,T} = 1$.

$Y_X$ (Größenfaktor), berücksichtigt den Einfluss der Modul-Größe. Bei einen Modul von $m_n \leq 5$ mm beträgt $Y_X = 1$.

Damit vereinfacht sich die Gleichung folgendermaßen:

$$\boxed{\begin{aligned} \sigma_F &= \frac{F_t}{b \cdot m_n} \cdot Y_{Fa} \cdot Y_{Sa} \cdot Y_\beta \cdot Y_\varepsilon \cdot K_A \cdot K_V \cdot K_{F\beta} \cdot K_{F\alpha} \\[2mm] \sigma_F &\leq \frac{2 \cdot \sigma_{F\,lim}}{S_{F\,min}} = \sigma_{FP} \end{aligned}}$$

(11.61)

Die verbleibenden Faktoren haben folgende Bedeutung:

$Y_{Fa}$ (Formfaktor), berücksichtigt die Abhängigkeit der Zahnfußtragfähigkeit von der Zahnform. Für seine Bestimmung muss bei Schrägverzahnungen zunächst die Ersatzzähnezahl $z_n$ aus dem unteren der beiden Diagramme in Bild 11.34 bestimmt werden. Bei Geradverzahnungen ist $z_n = z$. Der Formfaktor lässt sich anschließend aus dem oberen Diagramm ablesen.

$Y_{Sa}$ (Spannungskorrekturfaktor), berücksichtigt den Einfluss der Fußausrundung auf die Zahnfußfestigkeit. Auch hierfür muss wie beim Formfaktor zunächst die Ersatzzähnezahl $z_n$ aus dem unteren der beiden Diagramme in Bild 11.34 bestimmt werden. Der Spannungskorrekturfaktor wird mit ihrer Hilfe aus dem Diagramm in Bild 11.33 abgelesen.

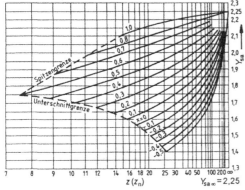

**Bild 11.33** Spannungskorrekturfaktor $Y_{Sa}$

$Y_\beta$ (Schrägenfaktor), berücksichtigt den Einfluss des Schrägungswinkels auf die Zahnfußfestigkeit. Er kann wie folgt berechnet werden:

$$Y_\beta = 1 - \varepsilon_\beta \cdot \frac{\beta}{120°} \qquad (11.62)$$

$\varepsilon_\beta$ = Sprungüberdeckung, siehe Kapitel 11.4.2
(wenn $\varepsilon_\beta > 1$, dann $\varepsilon_\beta = 1$ setzen)
$\beta$ = Schrägungswinkel
(wenn $\beta > 30°$, dann $\beta = 30°$ setzen)

$Y_\varepsilon$ (Überdeckungsfaktor), dient zur Umrechnung der Zahnfußspannung vom Fall "Kraftangriff am Zahnkopf" auf die maßgebliche Kraftanteilsstelle.

$$Y_\varepsilon = 0{,}25 + \frac{0{,}75}{\varepsilon_{\alpha n}} \qquad (11.63)$$

$\varepsilon_{\alpha n}$ = Profilüberdeckung der Ersatz-Geradverzahnung mit:
$\varepsilon_{\alpha n} = \varepsilon_\alpha / (1 - \sin^2\beta \cdot \cos^2\alpha_n)$

$K_A$ (Anwendungsfaktor), siehe Kapitel 11.3.2.

$K_V$ (Dynamikfaktor), siehe Kapitel 11.3.2.

$K_{F\beta}$ (Breitenfaktor für Zahnfußbelastung), berücksichtigt die ungleichmäßige Lastverteilung über die Zahnradbreite auf die Zahnfußbeanspruchung. Für die Berechnung dient der Breitenfaktor für Flankenbelastung ($K_{H\beta}$) als Ausgangsgröße (s. Kap. 11.3.2).

$$K_{F\beta} = \left(K_{H\beta}\right)^N \qquad (11.64)$$

$$N = \frac{1}{1 + \dfrac{h}{b} + \left(\dfrac{h}{b}\right)^2} \qquad (11.65)$$

$h$ = Zahnhöhe = $2{,}25 \cdot m$
$b$ = Zahnbreite

$K_{F\alpha}$ (Stirnfaktor für Zahnfußbelastung), berücksichtigt die Änderung der Lastverteilung auf mehrere Zähne durch Abweichungen der Eingriffsteilung. Zur Bestimmung von $K_{F\alpha}$ aus Bild 11.35 muss die Linienbelastung mit Hilfe der dort angegebenen Gleichung berechnet werden.

Der Dauerfestigkeitswert $\sigma_{F\,lim}$ gibt für einen gegebenen Werkstoff die Grenze der dauernd ertragbaren Zahnfußbelastung an. Er kann für die üblichen Zahnradwerkstoffe der Tabelle in Bild 11.31 entnommen werden.

$S_{F\,min}$ (Mindest-Zahnbruchsicherheit) ist der geforderte Mindestsicherheitsfaktor für die Zahnfußspannungen. Sie sollte laut DIN 3990 mit dem Anwender abgestimmt werden. Als Anhaltswerte sind hier zu nennen:

$S_{F\,min} \approx 0{,}7$ bis $1{,}0$: für die Auslegung mit Maximalmoment (z. B. bei Pressen)

$S_{F\,min} \approx 1{,}4$ bis $1{,}5$: für Industriegetriebe

$S_{F\,min} \approx 1{,}6$ bis $3{,}0$: für Dauerläufer (z. B. Turbinengetriebe)

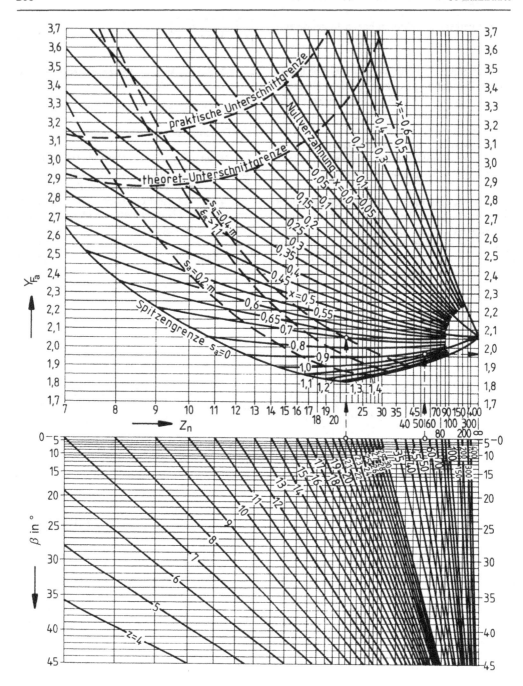

**Bild 11.34** Diagramm zur Ermittlung der Ersatzzähnezahl $z_n$ (unten) und des Zahnformfaktors $Y_{Fa}$ (oben) [1]

| Linien-belastung $F_t/b \cdot K_A$ | Verzah-nungs-qualität (DIN 3961) | Geradverzahnung | | Schrägverzahnung | |
|---|---|---|---|---|---|
| | | gehärtet 1) | nicht gehärtet 2) | gehärtet 1) | nicht gehärtet 2) |
| >100 N/mm | 6 | 1,0 | 1,0 | 1,0 | 1,0 |
| | 7 | 1,0 | 1,0 | 1,1 | 1,0 |
| | 8 | 1,1 | 1,0 | 1,2 | 1,1 |
| | 9 | 1,2 | 1,1 | 1,4 | 1,2 |
| | 10 | $\frac{1}{Y_\varepsilon} > 1,2$ | 1,2 | $\varepsilon_{\alpha n} > 1,4$ | 1,4 |
| | 11 | $\frac{1}{Y_\varepsilon} > 1,2$ | $\frac{1}{Y_\varepsilon} > 1,2$ | $\varepsilon_{\alpha n} > 1,4$ | $\varepsilon_{\alpha n} > 1,4$ |
| | 12 | $\frac{1}{Y_\varepsilon} > 1,2$ | $\frac{1}{Y_\varepsilon} > 1,2$ | $\varepsilon_{\alpha n} > 1,4$ | $\varepsilon_{\alpha n} > 1,4$ |
| <100 N/mm | 6 und gröber | $\frac{1}{Y_\varepsilon} > 1,2$ | $\frac{1}{Y_\varepsilon} > 1,2$ | $\varepsilon_{\alpha n} > 1,4$ | $\varepsilon_{\alpha n} > 1,4$ |

1) = Einsatz- oder randschichtgehärtet, nitriert oder nitro-karburiert
2) = Nicht gehärtet, nicht nitriert oder nicht nitrokarburiert
$Y_\varepsilon$ = Überdeckungsfaktor (Fuß)
$\varepsilon_{\alpha n}$ = Profilüberdeckung der Ersatz-Geradverzahnung;
$\quad \varepsilon_{\alpha n} = \varepsilon_\alpha / \cos^2 \beta_b \geq 1,4$ (mit $\cos \beta_b = (\sin \alpha_n / \sin \alpha_t)$)

**Bild 11.35** Tabelle zur Bestimmung von $K_{F\alpha}$

## 11.3.5 Verschleiß und Schmierstoffe

Zu hohe *Hertz*sche Pressung kann Zahnflanken-verschleiß bewirken. Die sich hieraus ergebende Pittingbildung ist eine Sonderform des Verschleißes. Sie kann durch die Berechnung der auftretenden *Hertz*schen Pressung (siehe Kapitel 11.3.2) vermieden werden. Zahnflankenverschleiß entsteht aber auch durch Schmiermittelversagen, Schmiermittelmangel oder falsche Eigenschaften des Schmiermittels. Als Folge hiervon besteht „Fressgefahr".

Pittingbildung entsteht durch Bildung von Anrissen in der Zone höchster Belastung. Dies ist der Einzeleingriffspunkt, der unterhalb des Wälzkreises liegt. Durch die Rissbildung entstehen kleine Ausbröckelungen, die eine Kerbwirkung hervorrufen. Fortschreitende Ausbröckelungen können bis zur Zerstörung der Zahnflanke führen. Im Gegensatz hierzu entstehen unbedeutende Pittings beim Einlaufen der Zahnräder.

Die übliche Verschleißart ist der abtragende Verschleiß. Hierbei nutzt sich langsam der Werkstoff von den Zahnflanken ab.

Beim Fressen entsteht der Verschleißvorgang durch hohe Geschwindigkeiten, Pressungen und metallische Berührungen an den einzelnen Punkten. Ausgehend von der hohen Energie-dichte entstehen örtliche Überhitzungen, die ein Verschweißen verursachen. Das anschließende Losreißen und die erneute Erhitzung hat letztlich die Zerstörung der Zahnflanken zur Folge.

Eine Folge des Verschleißes ist die Zerstörung der Zahngeometrie. Als deutliches Signal hierfür gilt ein entstehendes oder sich veränderndes Laufgeräusch. Außerdem hat der Verschleiß eine Zahnschwächung und somit höhere dynamische Zusatzkräfte zur Folge. Anrisse, die beispielsweise durch Fressriefen hervorgerufen wurden, können bis zum Zahnbruch führen.

Aus diesen Gründen ist die Verwendung und die Auswahl des Schmiermittels von außerordentlicher Wichtigkeit. Abhängig von der Umfangsgeschwindigkeit gibt die DIN 51 509 hierfür Richtwerte an.

Nach der Auswahl des Schmiermittels muss die kinematische Nennviskosität $\nu$ ermittelt werden. Hierzu erläutert die DIN 51 509 die Vorgehensweise anhand des für Stirn- und Kegelräder gültigen Diagramms in Bild 11.37:

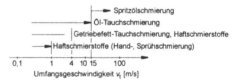

**Bild 11.36** Auswahl von Schmierstoffen

① Betriebstemperatur schätzen: Für eine Umgebungstemperatur von 20 °C ist die Betriebstemperatur auf 40 oder 50 °C zu schätzen. Beim späteren Ablesen der kinematischen Viskosität auf der y-Achse ist die entsprechende Einteilung zu wählen.

② Berechnung des Faktors $k_s/\nu$:

$$\left(\frac{k_s}{\nu}\right) = \frac{F_t}{\nu_t \cdot b \cdot d_1} \cdot \frac{u+1}{u} \cdot Z_H^2 \cdot Z_\varepsilon^2 \qquad (11.66)$$

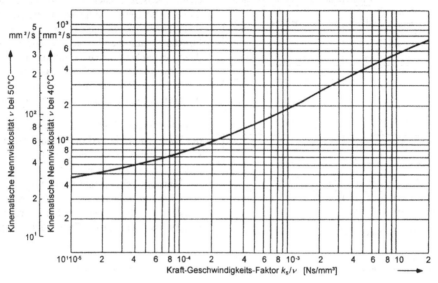

**Bild 11.37** Ermittlung der kinematischen Viskosität [5]

$k_s/v$ = Kraft-Geschwindigkeitsfaktor
$F_t$ = Tangentialkraft
$v_t$ = Tangentialgeschwindigkeit = $d_1 \cdot \pi \cdot n_1$
$b$ = Zahnbreite
$d_1$ = Ritzel-Teilkreisdurchmesser
$u$ = Zähnezahlverhältnis
$Z_H$ = Zonenfaktor aus Bild 11.30
$Z_\varepsilon$ = Überdeckungsfaktor, siehe Gl. (11.51) - (11.53)

Näherungsweise gilt: $Z_H^2 \cdot Z_\varepsilon^2 \approx 3$.

③ Die kinematische Nennviskosität $v$ kann nun aus dem Diagramm ermittelt werden.

④ Die abgelesene Nennviskosität wird unter folgenden Randbedingungen korrigiert:
– Liegt die Umgebungstemperatur in Wirklichkeit bei $\vartheta > 25$ °C, wird die Viskosität um 10 % je 10 K Temperaturerhöhung erhöht.
– Liegt die Umgebungstemperatur in Wirklichkeit bei $\vartheta < 10$ °C, wird die Viskosität um 10 % je 3 K Temperaturunterschied vermindert.
– Bei Stählen mit ähnlicher chemischer Zusammensetzung oder bei CrNi-Stähle wird die Viskosität um 35 % erhöht.
– Kommt es zu Stoßbeanspruchungen oder zeitlichen Überbeanspruchungen, erhöht

sich die Viskosität nach Erfahrungswerten. Gleiches gilt bei fressempfindlichen Werkstoffpaarungen.
– Phosphatierte, sulfurierte oder verkupferte Zahnflanken erfordern eine Viskositätsverringerung um bis zu 25 %.

⑤ Die endgültige Getriebeöl-Auswahl kann abschließend anhand der Tabelle in Bild 11.38 vorgenommen werden.

Die verschleißverringernden Wirkstoffe, die sogenannten Additive, sind Zusatzstoffe im Öl. Sie dienen neben der Verschleißminderung zur Erhöhung der Druckfestigkeit, der Alterungsbeständigkeit und des Korrosionsschutzes, zur Schaumverhütung u. a. m. Heutzutage werden fast ausschließlich additivierte Öle verwendet. Unter Umständen kann die Additivwirkung wichtiger sein als die Nennviskosität $v$. Im Getriebe kann auf spezielle verschleißmindernde Zusätze verzichtet werden, wenn
– die Auslegung des Getriebes auf Dauerfestigkeit erfolgt,
– für die „*Stribeck*sche Wälzpressung" gilt:

$$\boxed{k_s \approx \frac{3 \cdot F_t}{b \cdot d_1} \cdot \frac{u+1}{u} \leq 7,5 \; \frac{N}{mm^2}} \qquad (11.67)$$

| Viskosität der Schmieröle ( ▨ = Vorzugstypen) | | | | Schmieröle | | | | |
|---|---|---|---|---|---|---|---|---|
| | | | | ohne verschleißverringernde Wirkstoffe | | | mit verschleißverringernden Wirkstoffen | |
| ISO-Viskositätsklassen nach DIN 51 519 / Nennviskosität $v$ in mm²/s bei 40°C | Kennzahl Nennviskosität $v$ in mm²/s bei 50°C | SEA-Viskositätsklassen nach DIN 51 511 | SEA-Viskositätsklassen nach DIN 51 512 | Schmieröle C und C-T nach DIN 51 517 und Schmieröle C-L (alterungsbeständig) | Schmieröle N nach DIN 51 501 (normale Anforderung) | Schmieröle TD-L nach DIN 51 515 (Dampfturbinen u.a.) | Schmieröle C-LP | Kraftfahrzeug-Getriebeöle |
| 22 / 32 | 16 | 10 W | | X | X | X | X | |
| 32 / 46 | 25 | | 75 | X | X | X | X | X |
| 46 / 68 | 36 | 20 W | | X | X | X | X | |
| 68 | 49 | 20 | 80 | X | X | X | X | X |
| 100 | 68 | 30 | | X | X | | X | |
| 150 | 92 | 40 | | X | X | | X | |
| 220 | 114 | | 90 | X | X | | X | X |
| 220 | 144 | 50 | | X | X | | X | |
| 320 | 169 | | | X | | | X | |
| 460 | 225 | | 140 | X | X | | X | X |
| 680 | 324 | | | | X | | | |

**Bild 11.38** Gängige Schmieröle nach DIN 51 519

- die Toleranzklasse (Verzahnungsqualität) nach DIN 3962 besser als 8 ist,
- der Eingriffswinkel $\alpha = 20°$ bzw. nicht wesentlich größer ist,
- positive Profilverschiebung vorliegt und die Profilverschiebungsfaktoren $x_1$ und $x_2$ möglichst gleich groß sind,
- die Profilüberdeckung $\varepsilon_\alpha \geq 1,3$ ist,
- die Sprungüberdeckung bei Schrägverzahnungen (s. Kapitel 11.4.2) $\varepsilon_\beta \geq 1$ ist.

# 11.4 Weitere Zahnradbauformen mit Evolventenverzahnung

## 11.4.1 Innenverzahnung

Stirnräder mit Innenverzahnung werden als Hohlräder bezeichnet. Die Zähne entsprechen prinzipiell der Negativform der Zähne des Außenrades, jedoch liegt beim Hohlrad der Zahnkopf innen und der Zahnfuß außen. Die Zähne-

zahl des Hohlrades wird negativ angesetzt. Innenverzahnte Zahnräder dienen der Verringerung des Achsabstandes, so dass raumsparende Getriebe entstehen. Darüber hinaus ergibt sich die Möglichkeit, mehrere Zahnräder parallel anzuordnen, z. B. bei Planetengetrieben. Hierdurch lassen sich hohe Leistungen bei kleinem Bauraum übertragen. Außerdem besteht die Möglichkeit, derartige Getriebe schaltbar zu gestalten (z. B. Kfz-Automatikgetriebe).

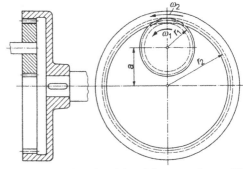

**Bild 11.39** Stirnradgetriebe mit Innenverzahnung [2]

Ein weiterer Vorteil der Innenverzahnung ist, dass der Kopfkreis kleiner als der Teilkreis ist. Dadurch ist der Zahnfuß breiter und hat eine höhere Festigkeit. Die Flanken sind konkav und werden so einer geringeren *Hertz*schen Pressung ausgesetzt. Daher lassen sich mit Innenverzahnungen höhere Kräfte übertragen. Außerdem ist die Profilüberdeckung größer, was eine größere Laufruhe gewährleistet.

Nachteil der Innenverzahnung gegenüber der Außenverzahnung ist die teurere Herstellung, da Hohlräder praktisch nur im Wälzstoßverfahren mit Schneidrädern hergestellt werden können. Ein weiterer Nachteil ist die aufwendigere Konstruktion des Getriebes und die Kollisionsgefahr bei kleinen Ritzelzähnezahlen, s. Bild 11.40.

Für die Berechnung der Abmessungen gelten die gleichen Formeln wie für Außenverzahnungen. Lediglich die Zähnezahl $z_2$ des Hohlrades wird negativ angesetzt. Damit gelten alle Formeln mit negativem Vorzeichen für:

– alle Durchmesser des Hohlrades
– Übersetzungsverhältnis $i$
– Zähnezahlverhältnis $u$
– Achsabstand $a$.

Positiv hingegen bleiben die Zahnhöhen $h$, $h_a$, $h_f$ und die Prüfmaße, die Teilung usw.

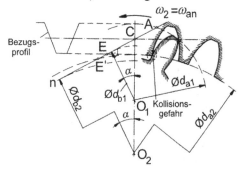

**Bild 11.40** Eingriffsstrecke der Evolventen-Innenverzahnung

Die **Eingriffsstrecke** ist durch $d_{a1}$ (Punkt A) und $d_{a2}$ (Punkt E') theoretisch begrenzt. Ein Eingriff ist am Ritzel jedoch zwischen E und E' sinnvoll nicht möglich, weil die Flankenerzeugung mittels Zahnstange bei E endet. Der zusätzliche Eingriff E–E' bedeutet, dass insbesondere bei kleinen Ritzelzähnezahlen Kollisionsgefahr besteht. Deshalb sind stets Kopfkürzungen am Hohlrad nötig, um Eingriffsstörungen zu vermeiden. Die zulässige Zahnkopfhöhe ist Bild 11.41 zu entnehmen.

Ein kollisionsfreier Lauf ist nur dann möglich, wenn der Unterschied zwischen der Ritzelzähnezahl und der Zähnezahl des Hohlrades groß genug ist. Für eine radiale Montage muss dieser Unterschied noch größer sein, da anderenfalls durch Hinterschneidungen eine Montage verhindert wird, vgl. Bild 11.40.

Es gilt bei axialer Ritzelmontage:

$$\boxed{|z_2| \geq z_1 + 10} \qquad (11.68)$$

Sollen beide Zahnräder in radialer Richtung montiert werden, gilt:

$$\boxed{|z_2| \geq z_1 + 15} \qquad (11.69)$$

Die **theoretische Grenzzähnezahl** $z_g$ für das Ritzel kann Bild 11.42 entnommen werden.

| Hohlrad | $z_2$ | ∞ | 80 | 45 | 35 |
|---------|-------|---|----|----|----|
| Ritzel, theor. | $z_g$ | 17 | 18 | 19 | 20 |

**Bild 11.42** Theoretische Grenzzähnezahl für das Ritzel

Nach DIN 3990 gilt für die **praktische Grenzzähnezahl** $z_g'$:

$$\boxed{z_g' = \frac{5}{6} \cdot z_g} \qquad (11.70)$$

Innenverzahnungen können ebenso wie Außenverzahnungen mit **Pofilverschiebung** ausgeführt werden (s. Kapitel 11.2.6). Der Profilverschie-

| $z_2$ | 20...22 | 23...26 | 27...31 | 32...39 | 40...51 | 52...74 | 75...130 | >130 |
|-------|---------|---------|---------|---------|---------|---------|----------|------|
| $h_{a2}$ | $0{,}6 \cdot m$ | $0{,}65 \cdot m$ | $0{,}7 \cdot m$ | $0{,}75 \cdot m$ | $0{,}8 \cdot m$ | $0{,}85 \cdot m$ | $0{,}9 \cdot m$ | $0{,}95 \cdot m$ |

**Bild 11.41** Tabelle für die Kopfkürzung bzw. die verbleibende Zahnkopfhöhe am Hohlrad

bungsfaktor $x$ ist positiv, wenn der Zahn dicker wird (wie bei Außenverzahnungen), d. h. also bei Verschiebung nach innen. Er ist negativ, wenn der Zahn dünner wird, d. h. bei Verschiebung nach außen (entgegengesetzt zur Außenverzahnung).

Auch hierbei wird zwischen **Null-Radpaaren**, $\text{V}_{\text{Null}}$-**Radpaaren** und **V-Radpaaren** unterschieden. Null-Radpaare sind wegen der ungünstigen Ritzelzahnformen und der hohen erforderlichen Kopfkürzung am Hohlrad nicht besonders geeignet. Bevorzugt werden $\text{V}_{\text{Null}}$-Radpaare mit $x_1 = +0,5$ und $x_2 = -0,5$ eingesetzt. V-Radpaare werden hauptsächlich mit negativer Profilverschiebungssumme ausgeführt.

## 11.4.2 Schrägzahnräder

Schrägzahnräder können verglichen werden mit einer Anordnung aus schmalen, schraubenförmig versetzten Geradzahnrädern.

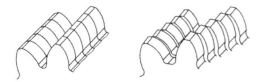

**Bild 11.43** Entstehung eines Schrägzahnrades

Ein Schrägradpaar besteht immer aus einem rechtsschrägen und einem linksschrägen Zahnrad (bei rechtsschrägen Zahnrädern verläuft die Zahnflanke ähnlich dem Rechtsgewinde einer Schraube). Der Betrag des Schrägungswinkels $\beta$ muss bei beiden Zahnrädern gleich groß sein; anderenfalls entsteht ein Schraubradpaar mit nicht parallelen Achsen. Daher können Schrägzahnräder nicht beliebig miteinander gepaart werden; sie sind also keine Satzräder (s. Kapitel 11.2.7) und nicht für Baukästen o. ä. einsetzbar.

Bei schrägverzahnten Stirnrädern kommen die Zähne nicht schlagartig, sondern über die Flankenbreite zeitlich versetzt in den Eingriff. Daher geht der Zahn an der einen Stirnseite des Zahnrades später außer Eingriff als an der anderen Stirnseite; der Überdeckungsgrad ist also größer.

Dies hat sowohl eine höhere Belastbarkeit als auch eine größere Laufruhe zur Folge. Schrägzahnräder sind für höhere Drehzahlen besser geeignet als geradverzahnte Stirnräder, insbesondere für Umfangsgeschwindigkeiten von $v_u \geq 20$ m/s. Außerdem ist bei Schrägzahnrädern die Grenzzähnezahl kleiner (s. Kapitel 11.2.5).

Nachteilig sind dagegen die aufgrund der Schrägstellung der Zähne entstehenden hohen Axialkräfte, die in entsprechend stabilen Lagern aufgenommen werden müssen. Lediglich bei der Doppelschräg- oder Pfeilverzahnung können die Axialkräfte ausgeglichen werden. Die Herstellung von Schrägzahnrädern ist komplizierter als die Fertigung geradverzahnter Zahnräder.

Bild 11.44 zeigt die Eingriffsgrößen im **Stirn- und Normalschnitt**. Der Schrägungswinkel $\beta$ ist durch die Zahn- und Achsrichtung im Teilkreis gegeben. In der Regel wird $\beta \approx 10° ... 30°$ gewählt. Bei $\beta < 10°$ sind die Vorteile der Schrägverzahnung zu gering, bei $\beta > 30°$ werden die Axialkräfte zu groß. Bei Pfeilverzahnungen werden Winkel bis $\beta = 45°$ verwendet.

Der Normalmodul $m_n$ nach DIN 780 und der Eingriffswinkel $\alpha_R$ werden in der Normalschnittebene gemessen. Bei nicht profilverschobenen Schrägzahnrädern gilt $\alpha_R = 20°$. Der Stirnmodul $m_s$ wird in der Stirnebene gemessen.

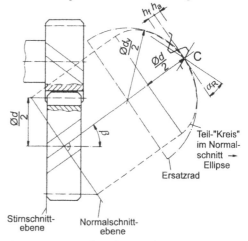

**Bild 11.44** Eingriffsgrößen im Stirn- und Normalschnitt

Zwischen Normal- und Stirnmodul besteht die folgende Beziehung:

$$\cos\beta = \frac{m_n}{m_s}$$ (11.71)

$m_n$ = Normalmodul
$m_s$ = Stirnmodul
$\beta$ = Schrägungswinkel

Für die Hauptabmessungen gilt somit:

Teilkreis:    $$d = m_s \cdot z$$ (11.72)

$$d = \frac{m_n}{\cos\beta} \cdot z$$ (11.73)

$z$ = Zähnezahl

Kopfkreis:    $$d_a = d + 2 \cdot m_n + 2 \cdot x \cdot m_n$$ (11.74)

Fußkreis:    $$d_f = d - 2{,}5 \cdot m_n + 2 \cdot x \cdot m_n$$ (11.75)

Profilverschiebung:    $$v = x \cdot m_n$$ (11.76)

$x$ = Profilverschiebungsfaktor

Im Normalschnitt wird der Teilkreis zur Ellipse, Bild 11.44. Ihr größter Krümmungsradius, gemessen an der kleinen Halbachse, ist maßgebend für die Zahnform und den Unterschnitt. Hilfsvorstellung dafür ist das **Ersatzrad**, dessen Teilkreisradius der großen Halbachse entspricht. Das Ersatzrad erhält man, indem man ein gedachtes Geradstirnrad durch den Wälzpunkt $C$ im Normalschnitt zugrunde legt.

Somit ergeben sich folgende Gleichungen für das Ersatzstirnrad:

Ersatz-Teilkreis:    $$d_v = \frac{d}{\cos^2\beta}$$ (11.77)

$d$ = Teilkreisdurchmesser

Ersatzzähnezahl:

$$z_v = \frac{d_v}{m_n} = \frac{d}{\cos^2\beta \cdot m_n} = \frac{z \cdot m_n}{\cos^3\beta \cdot m_n}$$ (11.78a)

$$z_v \approx \frac{z}{\cos^3\beta}$$ (11.78b)

Die Ersatzzähnezahl kann mit Gleichung (11.78b) errechnet werden, obwohl man für die Unterschnittsbetrachtung korrekter Weise mit dem Ersatzgrundkreis rechnen müsste. Nach Gleichung (11.78a) und (11.78b) leitet sich für einen Eingriffswinkel von $\alpha_R = 20°$ die Grenzzähnezahl wie folgt ab:

theoretische Grenzzähnezahl mit $z_g = 17$ :

$$z_{gv} \approx z_g \cdot \cos^3\beta$$ (11.79)

praktische Grenzzähnezahl mit $z_g' = 14$ :

$$z_{gv}' \approx z_g' \cdot \cos^3\beta$$ (11.80)

Bild 11.45 zeigt die praktische Grenzzähnezahl in Abhängigkeit vom Schrägungswinkel $\beta$.

| $z_{gv}'$ | 14 | 13 | 12 | 11 | 10 | 9 | 8 | 7 | 6 | 5 |
|---|---|---|---|---|---|---|---|---|---|---|
| $\beta \approx$ | 0° | 13° | 19° | 23° | 28° | 32° | 35° | 39° | 43° | 47° |

**Bild 11.45** Praktische Grenzzähnezahlen (DIN 3960)

Bei hinreichend großem $\beta$ sind sehr kleine Grenzzähnezahlen möglich.

Betrachtet man den Extremfall $z = 1$, ist der Schrägungswinkel $\beta$ annähernd 90°, welches bei Schneckengetriebe der Fall ist. Für $z = 0$ ist $\beta$ genau 90°; es ergibt sich dann eine Keilriemenscheibe mit dem Profil ähnlich einer Zahnstange.

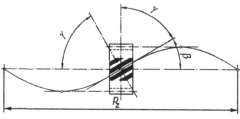

$p_z$ = Steigungshöhe

**Bild 11.46** Schraubenlinie eines Schrägzahnrades [9]

Ein Schrägzahnrad kann als Teil einer Schraube mit dem Steigungswinkel $\gamma$ angesehen werden, vergleiche Bild 11.46.

$$\boxed{\gamma = 90° - \beta} \qquad (11.81)$$

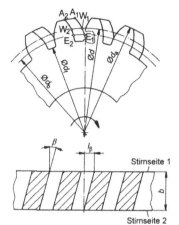

**Bild 11.47** Überdeckung am Schrägzahnrad

Beim Geradzahnrad beginnt der Eingriff gleichzeitig auf voller Zahnbreite. Dabei erfährt der Zahn einen Stoß, weil das bisher tragende Flankenpaar elastisch verformt ist, das neu eingreifende jedoch noch nicht.

Beim Schrägrad beginnt der Eingriff dagegen an der Stirnseite 1 im Punkt $A_1$. Der Punkt $A_2$ kommt erst dann in Eingriff, wenn sich das Zahnrad um den **Sprung** $l_\beta$ weitergedreht hat, siehe Bild 11.47. Das Zahnrad hat dann am Teilkreis den Weg $\overline{W_1 W_2}$ zurückgelegt. Der Sprung ist definiert als der Abstand zwischen Anfangs- und Endpunkt des schraubenförmigen Verlaufs der Flankenlinien:

$$\boxed{l_\beta \approx b \cdot \tan\beta} \qquad (11.82)$$

$b$ = Zahnbreite

Geht die Zahnflanke an der Stirnseite 1 im Punkt $E_1$ außer Eingriff, dann steht sie im Punkt $E_2$ noch im Eingriff und beendet diesen erst, wenn am Teilkreis der Weg $\overline{W_1 W_2}$ zurückgelegt worden ist. Auf der Stirnseite 2 durchläuft der Eingriff nun die gesamte Eingriffsstrecke $A_2$ bis $E_2$. Beim Schrägrad wird also die Eingriffsstrecke,

um die sich das Zahnrad während des gesamten Eingriffs eines Flankenpaars dreht, um den Sprung $l_\beta$ verlängert. Das bedeutet, dass sich die Profilüberdeckung $\varepsilon_\alpha$ nach Gleichung (11.18) um die Sprungüberdeckung $\varepsilon_\beta$ vergrößert. Die Sprungüberdeckung ist das Verhältnis von Sprung und Stirnteilung:

$$\boxed{\varepsilon_\beta = \frac{l_\beta}{p} = \frac{b \cdot \tan\beta}{m_s \cdot \pi} = \frac{b \cdot \sin\beta}{m_n \cdot \pi}} \qquad (11.83)$$

$p$ = Stirnteilung
$m_n$ = Normalmodul
$m_s$ = Stirnmodul

Die **Gesamtüberdeckung** setzt sich zusammen aus der Profilüberdeckung und der Sprungüberdeckung. Daraus folgt Gleichung (11.84):

$$\boxed{\varepsilon_{ges} = \varepsilon_\alpha + \varepsilon_\beta} \qquad (11.84)$$

Beginnt der Eingriff bei $A_1$ des nachfolgenden Flankenpaares genau dann, wenn bei $E_2$ der Eingriff des vorigen Zahnpaares gerade beendet ist, dann gilt:

$$\boxed{l_\beta = m_n \cdot \pi} \qquad (11.85)$$

In diesem Fall wird ein stoßarmer und ruhiger Lauf gewährleistet, insbesondere für ganzzahlige Werte von $\varepsilon_\beta$ (1, 2, ... ).

Ein sinnvoller Schrägungswinkel $\beta$ kann mit Gleichung (11.86) berechnet werden:

$$\boxed{\sin\beta = \frac{\varepsilon_\beta \cdot m_n \cdot \pi}{b}} \qquad (11.86)$$

Für die Berechnung der Kräfte und Momente am Schrägzahnrad wird immer vom ungünstigsten Fall ausgegangen, d. h. davon, dass nur ein Zahnpaar im Eingriff steht. Die **Zahnnormalkraft** $F_n$ wirkt immer senkrecht auf die Zahnflanke, Bild 11.48.

Die Schrägstellung der Zähne um den Schrägungswinkel $\beta$ bewirkt, dass die Zahnnormalkraft nicht nur eine Tangential- und eine Radialkomponente aufweist wie bei der Geradverzah-

nung, sondern zusätzlich auch noch eine Axial-
komponente.

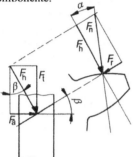

**Bild 11.48** Kräfte am Schrägzahnrad

Die Umfangs- oder **Tangentialkraft** $F_t$ greift
näherungsweise am Teilkreis an (tatsächlich am
Wälzkreis) und lässt sich wie folgt berechnen:

$$F_t = \frac{2 \cdot T_1}{d_1} \qquad (11.87)$$

$T_1$ = Drehmoment am Ritzel
$d_1$ = Teilkreisdurchmesser des Ritzels

Hiermit kann die **Hilfskraft** $F_h$ berechnet werden. Diese ist eine rein rechnerische Größe und
praktisch unbedeutend.

$$F_h = \frac{F_t}{\cos \beta} \qquad (11.88)$$

Die **Axialkraft** $F_a$ ist in der Regel so groß, dass
eine entsprechend stabile Lagerung erforderlich
ist.

$$F_a = F_t \cdot \tan \beta \qquad (11.89)$$

Für die **Radialkraft** $F_r$ gilt:

$$F_r = F_h \cdot \tan \alpha \qquad (11.90)$$

Wird Gleichung (11.88) in Gleichung (11.90)
eingesetzt, folgt daraus:

$$F_r = F_t \cdot \frac{\tan \alpha}{\cos \beta} \qquad (11.91)$$

Mit diesen Formeln wird nach DIN 3990 gerechnet, wobei die Zahnnormalkraft praktisch kaum
gebraucht wird.

### 11.4.3 Schraubräder

Werden zwei Schrägzahnräder mit verschiedenen
Schrägungswinkeln ($\beta_1 \neq -\beta_2$) gepaart, so entsteht ein Schraubradpaar. Die Zähne gleiten aneinander vorbei und führen so eine schrauben-
förmige Bewegung aus. Dadurch kommt es neben dem Wälzgleiten auch zu einem Längsglei-
ten der Zahnflanken. Diese berühren sich punktförmig statt linienförmig, wie es bei gewöhnli-
chen Stirnradpaaren der Fall ist, Bild 11.49.
Hierdurch haben Schraubradpaare große Reib-
verluste.

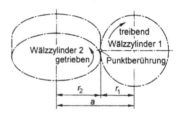

**Bild 11.49** Punktberührung am Schraubradpaar  [10]

Der **Achsenwinkel** $\chi$ ist die Summe der beiden
Schrägungswinkel der Schraubräder, siehe Bild
11.50.

$$\chi = \beta_1 + \beta_2 \qquad (11.92)$$

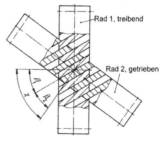

**Bild 11.50** Schraubradpaar

Vielfach beträgt der Achsen- oder auch Kreu-
zungswinkel 90°.

Ein Vorteil von Schraubradpaaren ist die weitgehend beliebige axiale Lage der Zahnräder zueinander; eine genaue Einstellung ist also nicht erforderlich. Der Achsabstand $a$ ergibt sich wie folgt:

$$a = \frac{d_1 + d_2}{2} = \frac{m_n}{2}\left(\frac{z_1}{\cos\beta_1} + \frac{z_2}{\cos\beta_2}\right) \quad (11.93)$$

Nachteilig sind bei Schraubradgetrieben die kleine übertragbare Leistung und die relativ hohen Leistungsverluste. Um einen optimalen Wirkungsgrad zu erzielen, ist der Schrägungswinkel $\beta$ beim treibenden Rad 1 größer als beim getriebenen Rad 2 zu wählen. Der Wirkungsgrad wird wie folgt berechnet:

$$\eta = \frac{\cos(\beta_2 + \rho)\cdot\cos\beta_1}{\cos(\beta_1 - \rho)\cdot\cos\beta_2} = \frac{1 - \mu\cdot\tan\beta_2}{1 + \mu\cdot\tan\beta_1} \quad (11.94)$$

$\beta_1, \beta_2$ = Schrägungswinkel der Zähne des treibenden bzw. des getriebenen Rades
$\rho$ = Reibungswinkel; für $\mu \approx 0{,}05 \ldots 0{,}1$ ist $\rho = 3° \ldots 6°$

Für $\chi = 90°$ gilt:

$$\eta = \frac{\tan(\beta_1 - \rho)}{\tan\beta_1} = \frac{\tan\beta_2}{\tan(\beta_2 + \rho)} \quad (11.95)$$

Die folgende Tabelle, Bild 11.51, gibt den Wirkungsgrad in Abhängigkeit von den Schrägungswinkeln an. Das Maximum liegt bei $\beta_1 = 48°$. Da der Wirkungsgrad bei $\beta_1 = 30°$ und $\beta_2 = 60°$ niedriger als bei $\beta_1 = 60°$ und $\beta_2 = 30°$ ist, sind $\beta_1$-Werte $\geq 48°$ zu bevorzugen.

| $\beta_1$ | 10° | 20° | 30° | 40° | 45° | 48° | 50° | 60° | 70° | 80° |
|---|---|---|---|---|---|---|---|---|---|---|
| $\beta_2$ | 80° | 70° | 60° | 50° | 45° | 42° | 40° | 30° | 20° | 10° |
| $\eta$ [%] | 39,7 | 68,5 | 77,1 | 80,4 | 81,0 | 81,1 | 81,0 | 79,5 | 74,6 | 61,5 |

**Bild 11.51** Wirkungsgrade von Schraubradpaaren

Die Kinematik des Schraubradgetriebes ist so, dass das allgemeine Verzahnungsgesetz erfüllt wird, siehe Kapitel 11.1.4.

Die Gesamtüberdeckung setzt sich ähnlich wie bei Schrägzahnrädern aus Profilüberdeckung und Sprungüberdeckung zusammen. Die Berechnung kann daher nach Gleichung (11.84) erfolgen.

Schraubräder werden selten und nur für Übersetzungsverhältnisse $i \leq 5$ verwendet. Das Übersetzungsverhältnis $i$ ist nicht nur von den Teilkreisdurchmessern $d_1$ und $d_2$, sondern auch vom Schrägungswinkel $\beta$ abhängig.

$$i = \frac{n_1}{n_2} = \frac{z_2}{z_1} = \frac{d_2\cdot\cos\beta_2}{d_1\cdot\cos\beta_1} \quad (11.96)$$

$n_1, n_2$ = Drehzahlen der Schraubräder
$z_1, z_2$ = Zähnezahlen
$d_1, d_2$ = Teilkreisdurchmesser
$\beta_1, \beta_2$ = Schrägungswinkel

In den meisten Fällen kommen Schraubradpaare für Stellbewegungen zum Einsatz, beispielsweise für den Antrieb von Zündverteilerwellen bei Verbrennungsmotoren. Schraubräder werden ansonsten nur verwendet, wenn die Kosten niedriger sind als bei anderen Lösungen oder wenn andere Getriebe nicht einsetzbar sind. Alternativen zu Schraubradgetrieben sind z. B. geschränkte Riementriebe, doppelte Kegelradpaare o. ä.

### 11.4.4 Kegelzahnräder

Kegelzahnräder dienen zur Übertragung von Drehbewegungen und Drehmomenten in Wälzgetrieben mit sich schneidenden Achsen. Es erfolgt eine winklige Verlagerung der Drehachsen. Der Achsenwinkel $\chi$ kann beliebig sein; in den meisten Fällen beträgt er $\chi = 90°$.

$$\chi = \delta_1 + \delta_2 \quad (11.97)$$

$\delta_1, \delta_2$ = Teilkegelwinkel der Kegelzahnräder

Ein Sonderfall der Kegelradgetriebe sind die Hypoidgetriebe mit windschiefen bzw. mit sich kreuzenden Achsen. Sie werden auch als Schraubkegeltrieb mit winkliger und radialer Achsverlagerung bezeichnet.

Bei Kegelzahnrädern sind die Wälzkörper zwei Kegel, die ohne Gleiten auf einer gemeinsamen Mantellinie abrollen. Man nennt diese Kegel

Wälzkegel; entsprechend ergeben sich anstelle der Teilkreise Teilkegel, deren Spitzen sich im Schnittpunkt der Mittelachsen berühren müssen, Bild 11.52.

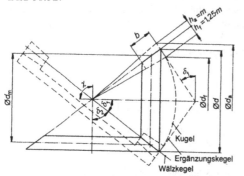

**Bild 11.52** Geometrische Grundlagen am Kegelradpaar

Meistens sind der Achsenwinkel $\chi$ und das Übersetzungsverhältnis $i$ vorgegeben. Daraus lassen sich die Teilkegelwinkel $\delta_1$ und $\delta_2$ berechnen:

$$\tan \delta_1 = \frac{\sin \chi}{u + \cos \chi} \qquad (11.98a)$$

$u$ = Zähnezahlverhältnis

$$\tan \delta_2 = \frac{u \cdot \sin \chi}{1 + u \cdot \cos \chi} \qquad (11.98b)$$

Für den häufigsten Fall $\chi = 90°$ gilt:

$$\tan \delta_1 = \frac{z_1}{z_2} = \frac{1}{u} \qquad (11.99a)$$

$z$ = Zähnezahl

$$\tan \delta_2 = \frac{z_2}{z_1} = u \qquad (11.99b)$$

$$\delta_2 = \chi - \delta_1 \qquad (11.99c)$$

Mit dem Modul $m$ nach DIN 780 lassen sich folgende Verzahnungsgrößen berechnen:

Äußerer Teilkreisdurchmesser $d$:

$$d = m \cdot z \qquad (11.100)$$

Äußerer Kopfkreisdurchmesser $d_a$:

$$d_a = d + 2 \cdot m \cdot \cos \delta \qquad (11.101)$$

Äußerer Fußkreisdurchmesser $d_f$:

$$d_f = d - 2,5 \cdot m \cdot \cos \delta \qquad (11.102)$$

Mittlerer Teilkreisdurchmesser $d_m$:

$$d_m = d - b \cdot \sin \delta \qquad (11.103)$$

$b$ = Zahnbreite

Der mittlere Teilkreisdurchmesser ist maßgeblich für die Kräfte- und Festigkeitsberechnung.

Teilkreisteilung $p$:

$$p = m \cdot \pi \qquad (11.104)$$

Äußere Teilkegellänge $R$:

$$R = \frac{d}{2 \cdot \sin \delta} \qquad (11.105)$$

Theoretisch würde sich analog zur Kreisevolvente bei Stirnrädern am Kegelrad eine Kugelevolvente als Zahnflanke ergeben, Bild 11.53. Wollte man die Evolvente nachmessen, so müsste das Kegelrad einen kugelförmigen Rücken haben.

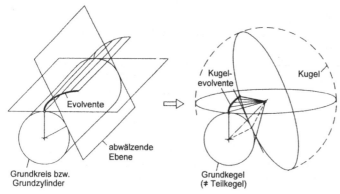

**Bild 11.53** Kreisevolvente und Kugelevolvente am Kegelrad

Zur Vereinfachung wird diese Kugelfläche angenähert durch einen Kegelstumpf, den **Ergänzungskegel**. Die Mantelfläche dieses Kegels steht senkrecht auf dem Wälzkegel bzw. Teilkegel, siehe Bild 11.52.

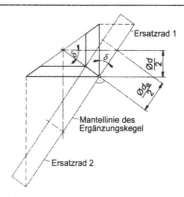

**Bild 11.55** Ersatzrad am Kegelradpaar

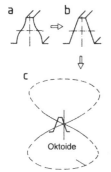

a) Kugelevolvente
b) geradflankiges Bezugsprofil
c) Oktoidenverzahnung

**Bild 11.54** Verzahnungen am Planrad

Ersatz-Teilkreisdurchmesser $d_e$:

$$\boxed{d_e = \frac{d}{\cos\delta}} \tag{11.106}$$

Beim Stirnrad entspricht das **Bezugsprofil** einem „Rad" mit der Krümmung 0, d. h. einer Zahnstange. Beim Kegelrad wird das Bezugsprofil durch einen „Kegel" mit der Krümmung 0 gebildet, d. h. durch das **Planrad** mit $\delta = 90°$, Bild 11.52. Infolge der Verzerrung der Kugelevolvente auf dem Ergänzungskegel hätte das Planrad doppelt gekrümmte Flanken, Bild 11.54a. In diesem Fall wäre der Vorteil des geradflankigen Bezugsprofils verloren. Daher wählt man in der Praxis ein geradflankiges Bezugsprofil, Bild 11.54b. Damit verzerren sich die Evolvente und die Eingriffslinie etwas. Letztere wird zum Teil einer Oktoide, Bild 11.54c. In der Nähe des Wälzpunktes ist der Unterschied gering, so dass man praktisch mit $\alpha$ = const. rechnen kann.

Wickelt man den Ergänzungskegel ab, so erhält man ein Kreissegment. Die Ergänzung des Segments zum Vollkreis ergibt das **Ersatzrad**, Bild 11.55.

Das Ersatzrad hat also eine größere Zähnezahl als das Kegelrad. Diese ist entscheidend für die Zahngeometrie, insbesondere für den Unterschnitt, vgl. auch Kapitel 11.4.2. Somit ergeben sich für die Berechnung die folgenden Gleichungen:

Ersatzzähnezahl $z_e$:

$$\boxed{z_e = \frac{d_e}{m} = \frac{d}{\cos\delta \cdot m}} \tag{11.107a}$$

mit $d = m \cdot z$

$$\boxed{z_e = \frac{z}{\cos\delta}} \tag{11.107b}$$

Grenzzähnezahl $z_{eg}'$:

$$\boxed{z_{eg}' = z_g' \cdot \cos\delta} \quad \text{mit} \quad z_g' = 14 \tag{11.108}$$

Dies bedeutet, dass bei $z < z_{eg}'$ am Kegelrad merkbarer Unterschnitt auftritt. Abhängig vom Teilkegelwinkel $\delta$ ergeben sich somit folgende Grenzzähnezahlen:

| $\delta$ | 0°...21° | 22°...30° | 31°...37° | 38°...44° |
|---|---|---|---|---|
| $z_{eg}'$ | 14 | 13 | 12 | 11 |

**Bild 11.56** Praktische Grenzzähnezahlen am Kegelrad

Zur Untersuchung der **Kräfte** am Kegelrad werden die Ersatzräder zugrunde gelegt. Die Berechnung bezieht sich stets auf den mittleren Teilkreisdurchmesser $d_m$:

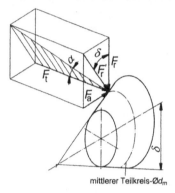

mittlerer Teilkreis-Ø$d_m$

**Bild 11.57** Kräfte am Kegelrad

Tangentialkraft: $$F_t = \frac{2 \cdot T_1}{d_{m1}}$$ (11.109)

Zahn-Radialkraft: $$F_r' = F_t \cdot \tan \alpha$$ (11.110)

Die Zahn-Radialkraft ist eine Hilfsgröße zur Berechnung der Axialkraft $F_a$.

Axialkraft: $$\begin{aligned} F_a &= F_r' \cdot \sin \delta \\ F_a &= F_t \cdot \tan \alpha \cdot \sin \delta \end{aligned}$$ (11.111)

Rad-Radialkraft: $$F_r = F_t \cdot \tan \alpha \cdot \cos \delta$$ (11.112)

Die Rad-Radialkraft ist die wirksame Radialkraftkomponente. Die obigen Formeln (mit Ausnahme der Formel für die Umfangskraft $F_t$) gelten nur für geradverzahnte Kegelräder.

Bisher wurden ausschließlich geradverzahnte Kegelräder betrachtet. Diese werden jedoch nur bei nicht zu hohen Ansprüchen an Laufruhe und Leistung verwendet. Für höhere Ansprüche, insbesondere für Umfangsgeschwindigkeiten $v_u \geq 6$ m/s, eignen sich **schräg-** oder **bogenverzahnte** Räder.

Die Zahnrichtungsform von schräg- und bogenverzahnten Kegelrädern hängt vom Herstellungsverfahren ab. Wie bei den Schrägstirnrädern muss auch bei der Paarung von Schrägkegelrädern das eine rechts- und das andere linkssteigend ausgeführt werden. Nach der Verzah-

nung und dem Verlauf der Flankenlinien auf dem Planrad unterscheidet man:

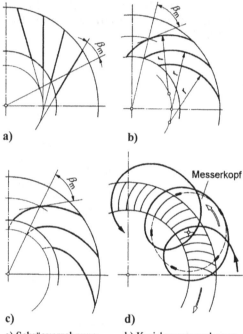

a) Schrägverzahnung    b) Kreisbogenverzahnung
c) Evolventenverzahnung   d) Zykloidenverzahnung

**Bild 11.58** Verzahnungsformen am Planrad    [2]

**Schrägverzahnung:** (Bild 11.58a) Die Herstellung ist ähnlich der Geradverzahnung. Es tritt lediglich eine zusätzliche Kraftkomponente auf, vergleichbar mit Schrägstirnrädern, Kapitel 11.4.2.

**Kreisbogenverzahnung:** Die Verzahnung wird nach dem *Gleason*-Verfahren mittels eines rotierenden Messerkopfes hergestellt, Bild 11.58b. Hierbei verjüngen sich Zahndicke, Zahnhöhe und Lückenweite zur Kegelspitze hin. Das Verfahren ist besonders für große Kegelräder mit Durchmessern bis zu 2.300 mm geeignet. Die Kraftkomponenten sind ähnlich wie bei der Schrägverzahnung.

**Evolventenverzahnung:** Die Zähne werden nach dem *Klingelnberg-Palloid*-Verfahren hergestellt. Der Zahnquerschnitt bleibt in Breite und Höhe nahezu konstant, d. h. die Zähne verjüngen sich zur Kegelspitze hin nicht, Bild 11.58c.

**Zykloidenverzahnung:** Die nach dem *Oerlikon*-Verfahren hergestellten Zähne haben die Form von verlängerten Epizykloiden bzw. verlängerten Hypozykloiden. Sie werden in einem kontinuierlichen Fräsverfahren mit Messerköpfen erzeugt, Bild 11.58d.

Die Fertigung und die Berechnung dieser Verzahnungsarten sind Spezialgebiete. Im Zweifelsfalle sollte nicht nur entsprechende Fachliteratur hinzugezogen, sondern auch der jeweilige Hersteller befragt werden.

Aufgrund des ruhigeren Laufes, der Eignung für höhere Drehzahlen und der Übertragbarkeit größerer Belastungen finden bogenverzahnte Kegelräder die häufigere Anwendung. Wegen der balligen Zähne haben sie sowohl eine gute Tragfähigkeit als auch eine geringere Eckbruchgefahr. Die Biegefestigkeit der Zähne ist bei bogenverzahnten Kegelrädern größer, wodurch höhere Leistungen übertragen werden können. Die Herstellung ist jedoch relativ aufwendig und teuer. Konstruktiv ist eine genaue, verformungssteife Lagerung vorzusehen.

Einen Sonderfall der bogenverzahnten Kegelräder bildet die *Hypoid*-Verzahnung, Bild 11.59.

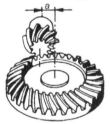

**Bild 11.59** Hypoidradpaar [11]

Bei dieser Verzahnung treffen sich nicht die Kegelspitzen; statt dessen kreuzen sich die Achsen der Kegel mit einem Achsabstand *a*. Man spricht daher auch von einem **Schraubkegeltrieb**. Die Achslage ist relativ gut anpassbar. Dieses wird zum Beispiel genutzt bei Hinterachsen von Kraftfahrzeugen und bei Textil- und Werkzeugmaschinen.

Hypoidräder werden meist bogenverzahnt. Durch die Achsversetzung tritt an den Zahnflanken eine zusätzliche Gleitbewegung in Zahnlängsrichtung auf. Dabei kommt es zu einer Linienberührung der Zahnflanken. Dies führt zu einem besseren Geräuschverhalten und einer höheren Belastbarkeit. Durch das dauernde Gleiten erfolgt jedoch eine stärkere Erwärmung und somit auch ein größerer Verschleiß der Zähne. Deshalb ist eine ausreichende Versorgung mit Schmiermittel zum Aufbau einer hydrodynamischen Schmierung hier besonders wichtig.

Für den einwandfreien Lauf einer Kegelverzahnung ist es erforderlich, dass sich die Teilkegel bzw. Kopf- und Fußkegel in einem Punkt schneiden, siehe Bild 11.60. Bei Bogenzähnen müssen beide Räder ebenfalls eine definierte Lage zueinander haben.

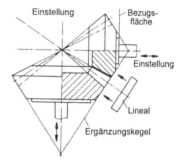

**Bild 11.60** Ergänzungskegel am Kegelradpaar

Dementsprechend sind bei Kegelradgetrieben folgende konstruktive Maßnahmen zu treffen: Aufgrund der hohen Axialkräfte ist eine steife Lagerung erforderlich. Um die Fehler bei Verformungen und Wärmedehnungen gering zu halten, müssen die Lager (bei Fest-Los-Lagerungen das Festlager) möglichst nahe beim Kegelrad eingebaut werden. Beide Kegelräder müssen axial einstellbar sein, z. B. über Gewinde oder Passscheiben. Zum Messen muss an beiden Kegelrädern der Ergänzungskegel vorhanden sein; die Räder sind dann exakt ausgerichtet, wenn beide Ergänzungskegel in einer Flucht liegen. Außerdem müssen Kegelzahnräder im eingebauten Zustand zugänglich sein. Hierfür können beispielsweise Gehäusedeckel vorgesehen werden, die so bemessen sind, dass genug Freiraum zum Messen, Einstellen und Kontrollieren von Spiel und Tragbild bleibt.

## 11.4.5 Schneckengetriebe

Das Schneckengetriebe ist ein Sonderfall der Schraubradgetriebe. Während des Eingriffs berühren sich die Zahnflanken der Schnecke und des Schneckenrades linienförmig. Hierdurch wird die Flankentragfähigkeit erhöht, und die Reibungsverluste bleiben gering. Schneckengetriebe laufen ruhiger und geräuschärmer als Schraubradgetriebe. Sie dienen für große Übersetzungen ins Langsame bis $i \leq 110$ und ins Schnelle bis $i \approx 15$. Dabei ist auch Selbsthemmung möglich, so dass Schneckengetriebe z. B. für Aufzüge, Winden, Drehtrommeln und Krane verwendet werden.

Üblicherweise hat die Schnecke einen kleineren Durchmesser als das Schneckenrad. Schnecke und Schneckenrad werden zylindrisch oder globoidförmig ausgeführt. Der Achsenwinkel $\chi$ beträgt in der Regel 90°. Die Wellen können auch mit eine radialen und winkligen Verlagerung der Drehachse angeordnet werden.

Die Zylinderschnecke entspricht einem Schrägzahnrad mit einer sehr geringen Zähnezahl von 1...4 Zähnen und einem extrem großen Schrägungswinkel $\beta$, der nahe bei 90° liegt. Sie ist auch vergleichbar mit einer Schraube mit einem Steigungswinkel $\gamma = 90° - \beta$ und einer Steigung $p = \gamma \cdot d_1 \cdot \pi$.

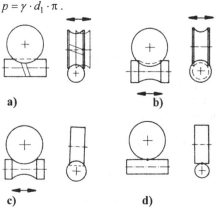

a) Zylinderschneckengetriebe
b) Globoidschneckengetriebe
c) Globoidschnecken-Zylinderradgetriebe
d) Zylinderschnecken-Zylinderradgetriebe

**Bild 11.61** Rad und Schneckenformen

Am häufigsten wird das **Zylinderschneckengetriebe** verwendet, Bild 11.61a. Es besteht aus einer zylindrischen Schnecke und einem globoidförmigen Rad. Hierbei muss das Rad axial einstellbar sein, während geringe axiale Verschiebungen der Schnecke zulässig sind. Die Zahnflanken berühren sich linienförmig.

Beim **Globoidschneckengetriebe** sind die Schnecke und das Schneckenrad globoidförmig ausgebildet, Bild 11.61b. Es müssen für beide Zahnräder axiale Einstellmöglichkeiten vorgesehen werden. Aufgrund der Flächenberührung der Zahnflanken besitzt das Globoidschneckengetriebe eine hohe Tragfähigkeit. Wegen der teuren Herstellung sollte es nur für Hochleistungsgetriebe verwendet werden.

Wenig Anwendung findet das **Globoidschnecken-Zylinderradgetriebe**, da die Herstellung der Schnecke sehr teuer ist, Bild 11.61c. Bei dieser Bauart ist die Schnecke als Globoid und das Schneckenrad zylindrisch ausgebildet. Die Schnecke muss beim Einbau in axialer Richtung eingestellt werden. Es tritt eine Linienberührung der Zahnflanken auf.

Für untergeordnete Zwecke wird das **Zylinderschnecken-Zylinderradgetriebe** verwendet, Bild 11.61d. Schnecke und Schneckenrad sind zylindrisch ausgebildet. Es brauchen keine axialen Einstellmöglichkeiten vorgesehen zu werden. Die Flanken der Zähne berühren sich punktförmig.

Je nach Herstellungsverfahren entstehen an den Zylinderschnecken (Z) verschiedene **Flankenformen**, Bild 11.62. Die häufigsten Schneckenformen sind ZK und ZI wegen der wirtschaftlichen Herstellung mit geradflankigen Schleifscheiben. Die in Bild 11.62a-d dargestellten Formen sind nach DIN 3975 genormt, die Form nach Bild 11.62e nicht.

**ZA-Schnecke**: Hierbei weist die Schnecke ein geradflankiges Trapezprofil auf. Dieses entsteht, wenn ein trapezförmiger Drehmeißel so angestellt wird, dass seine Schneiden im Axialschnitt liegen. Die Flankenform $A$ erhält man auch durch Wälzschneiden mit im Achsschnitt arbeitenden evolventischen Schneidrädern, Bild 11.62a. Im Stirnschnitt ist die Flankenform eine archimedische Spirale.

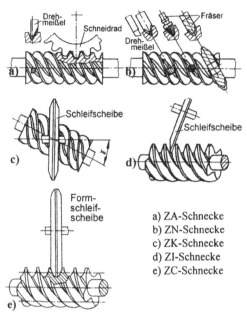

a) ZA-Schnecke
b) ZN-Schnecke
c) ZK-Schnecke
d) ZI-Schnecke
e) ZC-Schnecke

**Bild 11.62** Flankenformen von Schnecken [1]

**ZN-Schnecke:** Die Flankenform $N$ ergibt sich, wenn ein trapezförmiger Drehmeißel in Achshöhe angestellt und um den Mittensteigungswinkel $\gamma$ geschwenkt wird. Dabei liegt das trapezförmige Zahnprofil im Normalschnitt. Dieses Profil kann auch mit Schaftfräsern oder kleinen Scheibenfräsern erzeugt werden, Bild 11.62b.

**ZK-Schnecke:** Hier sind die Flanken wegen der Kollision mit dem Herstellwerkzeug gekrümmt. Die Krümmung ist dabei vom Werkzeugdurchmesser abhängig. Zur Herstellung wird ein rotierendes Werkzeug (Scheibenfräser, Schleifscheibe) eingesetzt, das um den Mittensteigungswinkel $\gamma$ geschwenkt ist, Bild 11.62c. Wegen der wirtschaftlichen Fertigung wird die ZK-Schnecke häufig verwendet.

**ZI-Schnecke:** Die Flankenform $I$ entspricht der Schrägverzahnung mit großem Schrägungswinkel $\beta$. Im Normalschnitt ergeben sich Evolventen. Die Herstellung erfolgt durch Wälzfräsen

oder Schleifen mit einer geradflankigen Schleifscheibe, Bild 11.62d. Das Werkzeug ist dabei um den Mittensteigungswinkel $\gamma$ geschwenkt und um den Eingriffswinkel $\alpha_n$ geneigt. ZI-Schnecken haben aufgrund der wirtschaftlichen Fertigung die größte Bedeutung erlangt.

**ZC-Schnecke:** Die in Bild 11.62e dargestellte Schnecke hat eine Hohlflankenform. Die Schneckengänge sind im Axialschnitt konkav geformt. Die Herstellung erfolgt durch eine Formschleifscheibe mit balligem Kreisprofil. Daraus ergeben sich sehr günstige Berührungsverhältnisse, geringe Flankenpressung, niedriger Verschleiß und somit hohe Lebensdauer. Das konkave Flankenprofil begünstigt die Schmierdruckbildung und verringert die Verlustleistung.

Zylinderschnecken werden ohne Profilverschiebung ausgeführt. Im Axialschnitt wird die **Axialteilung** berechnet:

$$p_a = m_a \cdot \pi \qquad (11.113)$$

$m_a$ = Axialmodul

Im Normalschnitt ergibt sich die **Normalteilung:**

$$p_n = m_n \cdot \pi \qquad (11.114)$$

$$m_n = m_a \cdot \cos\gamma \qquad (11.115)$$

$m_n$ = Normalmodul

Für Schnecken im Axialschnitt und für Schneckenräder im Stirnschnitt gelten die Axialmoduln nach DIN 780, T2.

Der **Mittensteigungswinkel** $\gamma$ ist der Winkel zwischen der Zahnflankentangente am Durchmesser $d_1$ und der Senkrechten zur Achse, Bild 11.63. Er wird wie folgt berechnet:

$$\tan\gamma = \frac{p_z}{d_1 \cdot \pi} \qquad (11.116)$$

$d_1$ = Durchmesser der Schnecke
$p_z$ = Steigungshöhe der Schnecke

$$p_z = z_1 \cdot p_a \qquad (11.117)$$

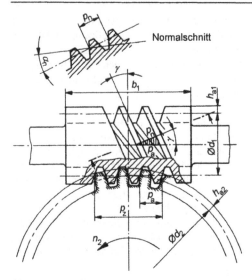

**Bild 11.63** Geometrische Beziehung am Schnecken-getriebe [11]

Das **Schneckenrad** ist das globoidische Gegen-rad zu einer bestimmten Schnecke. Der Stirnmo-dul $m_s$ eines Schneckenrades ist bei einem Ach-senwinkel von $\chi = 90°$ gleich dem Axialmodul $m_a$ der zugehörigen Schnecke. Die Herstellung des Rades erfolgt meist mit einem Fräser, der die Form der Schnecke hat. Das bedeutet, dass das Schneckenrad nicht mit anderen Schnecken ge-paart werden kann. Anstelle von Punktberührung wie beim Schraubradpaar tritt eine Linienberüh-rung auf. Ausnahme ist hier die ZC-Schnecke, die eine annähernde Flächenberührung aufweist. Die Flankenrichtung des Schneckenrades ist mit der der zugehörigen Schnecke identisch.

Da die Achsen eines Schneckengetriebes nicht parallel sind, erfolgt ein dauerndes Gleiten der Zahnflanken. Das hat eine höhere Reibung zur Folge. Aus diesem Grund haben Schneckenge-triebe einen schlechteren Wirkungsgrad als Stirn-und Kegelradgetriebe. Aufgrund der Erwärmung ist meist eine Kühlung z. B. mittels Rippen oder Ölkühler erforderlich. Infolge der Reibung sind Schneckengetriebe unter bestimmten Vorausset-zungen selbsthemmend.

Wegen der mechanischen Ähnlichkeit entspricht der **Wirkungsgrad** von Schneckengetrieben dem

der Schrauben. Bei **treibender Schnecke** gilt für den Wirkungsgrad $\eta_S$:

$$\eta_S = \frac{\tan \gamma}{\tan(\gamma + \rho')} \qquad (11.118)$$

Bei treibender Schnecke liegt eine Übersetzung ins Langsame vor; dies ist der übliche Fall. Der Reibungswinkel $\rho'$ ergibt sich aus der Beziehung $\tan \rho' = \mu'$. Hierbei ist $\mu'$ der scheinbare (korri-gierte) Reibwert; er ist von folgenden Einfluss-größen abhängig:

– Gleitgeschwindigkeit $v$
– Schmierung und Schmiermittel
– Werkstoffe und Rauhigkeiten
– Geometrie (Kegelwinkel)

Als Richtwert kann $\mu' \approx 0{,}01...0{,}06$ angesetzt werden. Der Wert 0,01 gilt für eine hydrodyna-mische Schmierung und bei hohen Gleitge-schwindigkeiten. Als Anhaltswert kann $\mu' = 0{,}03$ angenommen werden, während $\mu' = 0{,}06$ bei sehr ungünstigen Schmierungsverhältnissen gilt.

Soll das Schneckengetriebe auf einen hohen Wirkungsgrad ausgelegt werden, muss der Mit-tensteigungswinkel $\gamma$ groß sein. Die Zähnezahl $z_1$ der Schnecke wird dann größer, so dass eine mehrgängige Schnecke mit $z_1 = 2 ... 4$ entsteht. Zu beachten ist, dass die Schnecke dünn und die Schneckenwelle daher nicht sehr biegesteif ist.

Übliche Wirkungsgrade liegen bei $\eta_S \approx 0{,}9$, d. h. dass etwa 10 % der umgesetzten Leistung in Wärme umgesetzt werden. Unter günstigen Be-dingungen können auch Wirkungsgrade bis 0,96 erreicht werden, in Extremfällen sogar bis 0,98.

Der Wirkungsgrad bei **treibendem Schnecken-rad**, also bei Übersetzung vom Langsamen ins Schnelle, wird wie folgt berechnet:

$$\eta_S = \frac{\tan(\gamma - \rho')}{\tan \gamma} \qquad (11.119)$$

Selbsthemmung tritt ein, wenn $\gamma < \rho'$ ist.

Als grober Anhaltswert für den **Lager-wirkungsgrad** des ganzen Getriebes kann

$\eta_L \approx 0{,}97$ angenommen werden. Der Wert gilt für Wälzlager und Dichtungen bei ordnungsgemäßer Auslegung und Ausführung.

Der **Gesamtwirkungsgrad** und das Abtriebsmoment $T_2$ können damit wie folgt berechnet werden:

$$\eta_S \cdot \eta_L = \frac{P_2}{P_1} = \frac{T_2 \cdot \omega_2}{T_1 \cdot \omega_1} = \frac{T_2 \cdot \omega_2}{T_1 \cdot u \cdot \omega_2} \qquad (11.120)$$

$P_1, P_2$ = Abtriebsleistung Schnecke, Schneckenrad
$\omega_1, \omega_2$ = Umfangsgeschwindigkeit Schnecke, Schneckenrad

$$T_2 = u \cdot \eta_S \cdot \eta_L \cdot T_1 \qquad (11.121)$$

$u$ = Zähnezahlverhältnis
$T_1, T_2$ = Abtriebsmoment Schnecke, Schneckenrad

$$u = \frac{z_2}{z_1} \qquad (11.122)$$

$z_1$ = Zähnezahl der Schnecke
$z_2$ = Zähnezahl des Schneckenrades

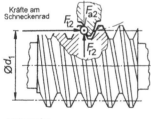

Kräfte am Schneckenrad

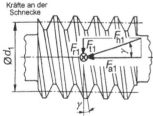

Kräfte an der Schnecke

**Bild 11.64** Kräfte an der Schnecke und am Schneckenrad

Für die Berechnung der **Kräfte** liegen hier prinzipiell die gleichen Verhältnisse vor wie bei Schrägzahnrädern. Die Reibkräfte sind beim Schneckentrieb relativ hoch, so dass sie bei einer exakten Berechnung nicht vernachlässigt werden dürfen. Näherungsweise, d. h. ohne Berücksich-

tigung der Reibung, können die Kräfte für die **Schnecke** wie folgt berechnet werden:

Tangentialkraft: $\boxed{F_{t1} = \frac{2 \cdot T_1}{d_1}}$ (11.123)

$T_1$ = Drehmoment an der Schnecke

Axialkraft: $\boxed{F_{a1} = F_{t1} \cdot \tan\gamma}$ (11.124)

$\gamma$ = Mittensteigungswinkel

Hilfskraft: $\boxed{F_{h1} = \frac{F_{t1}}{\sin\gamma}}$ (11.125)

Radialkraft: $\boxed{F_{r1} = F_{h1} \cdot \tan\alpha_n = F_{t1} \cdot \frac{\tan\alpha_n}{\sin\gamma}}$
(11.126)

$\alpha_n$ = Eingriffswinkel im Normalschnitt; üblich $\alpha_n = 20°$

Bezogen auf das **Schneckenrad** wandeln die Kräfte ihre Bedeutung, d. h. die Tangential- bzw. Umfangskraft am Rad ist die Gegenkraft der Axialkraft an der Schnecke. Die Kräfte am Schneckenrad sind dann wie folgt zu berechnen:

Radialkraft: $\boxed{F_{r2} = F_{r1}}$ (11.127)

Tangentialkraft: $\boxed{F_{t2} = F_{a1}}$ (11.128)

Axialkraft: $\boxed{F_{a2} = F_{t1}}$ (11.129)

Bei Schneckengetrieben sollten die folgenden **konstruktiven Maßnahmen** beachtet werden:

– Aufgrund hoher Axialkräfte sollte eine stabile Lagerung der Schneckenwelle vorgesehen werden.
– Um den einwandfreien Eingriff der Verzahnung zu gewährleisten, ist sicherzustellen, dass die durch die Radialkraft $F_{r1}$ und die Umfangskraft $F_{t1}$ hervorgerufene Durchbiegung der Schneckenwelle möglichst klein bleibt. Dies kann konstruktiv erreicht werden durch einen möglichst großen Durchmesser der Schneckenwelle und durch kleine Lagerabstände (ggf. X-Anordnung wählen).
– Bei Globoidschnecken bzw. -schneckenwellen muss eine axiale Einstellbarkeit vorgesehen werden.

– Globoidräder müssen axial einstellbar sein.
Im Zweifelsfalle sollten Informationen von den Herstellern der Schneckenradsätze eingeholt werden. In vielen Fällen sind käufliche Seriengetriebe günstiger als Eigenkonstruktionen.

Die richtige Auswahl des **Schmiermittels** für Schneckengetriebe ist entscheidend für die Betriebssicherheit und die Lebensdauer. Aufgaben des Schmiermittels sind:
– Gewährleistung der sicheren Übertragung der Drehmomente bei allen vorkommenden Betriebsbedingungen, wie z. B. Stoßbelastung oder extreme Umgebungstemperaturen,
– Verminderung von Reibung und Verschleiß der Zähne und der Lager,
– Abführung der entstehenden Reibungswärme.

Abhängig von der Umfangsgeschwindigkeit kommen nach DIN 51 509 für Schneckengetriebe folgende Schmierungsarten zur Anwendung:

**1. Schnecke eintauchend:**
bis $v_1 = 4$ m/s Tauchschmierung in Getriebefett,
bis $v_1 = 10$ m/s Tauchschmierung in Schmieröl,

über $v_1 = 10$ m/s Spritzölschmierung in Eingriffsrichtung.

**2. nur Schneckenrad eintauchend:**
bis $v_1 = 1$ m/s Tauchschmierung in Getriebefett,
bis $v_1 = 4$ m/s Tauchschmierung in Schmieröl,
über $v_1 = 4$ m/s Spritzölschmierung in Eingriffsrichtung.

Nach der Auswahl der Schmierungsart muss die kinematische Nennviskosität $v$ ermittelt werden. Dies erfolgt nach DIN 51 509 mit Hilfe des in Bild 11.65 dargestellten Diagramms für Schneckengetriebe. Im folgenden wird die Vorgehensweise nach DIN 51 509 erläutert. Die Bearbeitung der Punkte 1, 4 und 5 erfolgt ähnlich der Vorgehensweise bei Stirnradgetrieben, vgl. Kapitel 11.3.5.

① Betriebstemperatur schätzen: Für eine Umgebungstemperatur von 20 °C ist die Betriebstemperatur auf 40 oder 50 °C zu schätzen. Beim späteren Ablesen der kinematischen Viskosität auf der y-Achse ist die entsprechende Skala zu wählen.

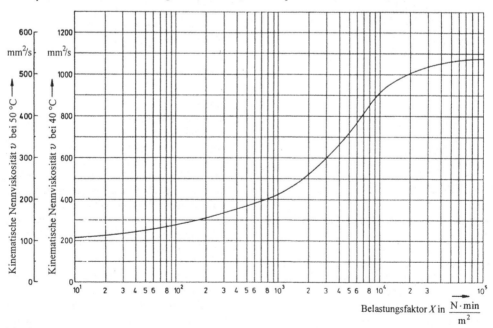

**Bild 11.65** Ermittlung der kinematischen Viskosität [13]

② Berechnung des Belastungsfaktors $X$:

$$X = \frac{T_2}{a^3 \cdot \omega_S}$$
(11.130)

$T_2$ = Ausgangsdrehmoment
$a$   = Achsabstand
$\omega_S$ = Schnecken-Winkelgeschwindigkeit

③ Die kinematische Nennviskosität $v$ kann nun aus dem Diagramm, Bild 11.65, ermittelt werden.

④ Die abgelesene Nennviskosität wird unter folgenden Randbedingungen korrigiert:
   - Ist die Umgebungstemperatur $\vartheta > 25$ °C, wird die Viskosität um 10 % je 10 °C Temperaturerhöhung erhöht.
   - Ist die Umgebungstemperatur $\vartheta < 10$ °C, wird die Viskosität um 10 % je 3 °C Temperaturunterschied vermindert.
   - Bei Stählen mit ähnlicher chemischer Zusammensetzung oder bei CrNi-Stähle wird die Viskosität um 35 % erhöht.
   - Kommt es zu Stoßbeanspruchungen oder zeitlichen Überbeanspruchungen, wird die Viskosität nach Erfahrungswerten erhöht. Gleiches gilt bei fressempfindlichen Werkstoffpaarungen.
   - Phosphatierte, sulfurierte oder verkupferte Zahnflanken erfordern eine Viskositätsverringerung um bis zu 25 %.

⑤ Die endgültige Getriebeöl-Auswahl kann abschließend anhand der Tabelle in Bild 11.38 vorgenommen werden.

Spezielle Additive zur Verschleißminderung sind vor allem bei Auslegung auf Zeitfestigkeit, bei gehärteten Schnecken sowie bei aussetzendem Betrieb mit häufigem An- und Auslauf erforderlich.

# 11.5 Nichtevolventenverzahnungen

## 11.5.1 Zykloidenverzahnung

**Zykloiden** sind Kurven, die von einem Punkt P eines Rollkreises beschrieben werden. Die **Epi**zykloide entsteht durch Abrollen eines Rollkreises auf einem Grundkreis. Die **Hypozykloide** wird durch Abrollen eines Rollkreises in einem Grundkreis beschrieben, Bild 11.66.

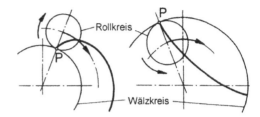

Epizykloide                Hypozykloide

**Bild 11.66** Entstehung von Zykloiden [11]

Für die Entstehung der Verzahnung erhält man günstige Eingriffsverhältnisse, wenn die Rollkreisdurchmesser nach folgender Gleichung gewählt werden:

$$\frac{\text{Rollkreisdurchmesser}}{\text{Grundkreisdurchmesser}} \approx \frac{1}{3}$$
(11.131)

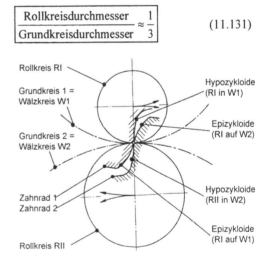

**Bild 11.67** Entstehung der Zykloiden-Zahnprofile

Die Fußkontur von Rad 1 (Hypozykloide) und die Kopfkontur von Rad 2 (Epizykloide) werden durch Abrollen des Rollkreises RI im Grundkreis W1 bzw. auf W2 erzeugt. Die Fußkontur von Rad 2 (Hypozykloide) und die Kopfkontur von Rad 1 (Epizykloide) entstehen durch Abrollen von RII in W2 bzw. auf W1, Bild 11.67. Die Grundkreise entsprechen den Wälzkreisen.

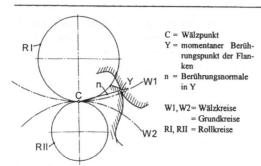

C = Wälzpunkt
Y = momentaner Berührungspunkt der Flanken
n = Berührungsnormale in Y

W1, W2 = Wälzkreise
= Grundkreise
RI, RII = Rollkreise

**Bild 11.68** Eingriffsnormale bei der Zykloiden-Verzahnung

Daraus lässt sich erkennen, dass die Kopfflanken Epizykloiden (konvex) und die Fußflanken Hypozykloiden (konkav) sind. Somit ergibt sich eine besonders günstige Anschmiegung der Zahnflanken. Die Eingriffslinie der Zykloidenverzahnung setzt sich aus Kreisbögen der Rollkreise 1 und 2 zusammen. Der tatsächliche Eingriff ist aber durch beide Kopfkreise begrenzt. Der Achsabstand muss wegen des Wechsels der Flankenkrümmung im Wälzpunkt $C$ genau eingehalten werden, da schon kleine Ungenauigkeiten den Zahneingriff stören.

Die Verwendung der zykloidenverzahnten Räder beschränkt sich auf Sondergebiete, z. B.:
– Feinmechanik (mechanische Uhren): Dort

sind hohe Pressungen vorhanden, und die Präzision ist gegeben. Die Zahnräder werden in Großserienfertigung gestanzt.
– Rotationspumpen (Kapselpumpen, Rootsgebläse): Bestehend aus zwei Rädern mit der Zähnezahl $z = 2$. Dies gewährleistet eine gute Abdichtung durch Anschmiegung der Paarung konkav–konvex, Bild 11.69 links. Es ist eine Synchronisierung durch zusätzliche Zahnräder nötig.

Bild 11.69 rechts zeigt, dass sehr niedrige Zähnezahlen ohne Unterschnitt und Eingriffsstörungen möglich sind.

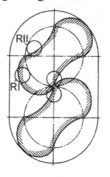

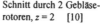

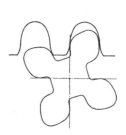

Schnitt durch 2 Gebläserotoren, $z = 2$   [10]

Zahnstangengetriebe

**Bild 11.69** Beispiele für Zykloidengetriebe

| Zykloidenverzahnung | Evolventenverzahnung |
|---|---|
| Zahnflankenpaarung konkav - konvex $\Rightarrow$ Pressung geringer bzw. Drehmoment höher | Zahnflanken im gesamten Bereich konvex $\Rightarrow$ Pressung höher bzw. Moment niedriger |
| Im Wälzpunkt Übergang konkav - konvex, Achsabstand ist relativ genau einzuhalten | Unempfindlich gegen Achsabstandsänderungen |
| Keine Grenzzähnezahl ($z_{min} = 2$ bei Synchronisierung von außen) | Grenzzähnezahl $z_g' = 14$ ($z_g = 17$) |
| Herstellwerkzeuge kompliziert, abhängig von Paarung $\Rightarrow$ teuer, kein Abwälzverfahren (günstig: Stanzen) | Nur ein Herstellwerkzeug für alle Zahnräder gleichen Moduls; Abwälzverfahren $\Rightarrow$ preisgünstig |
| Laufbedingungen: gleicher Modul und gleiche Rollkreise; Satzräder schwierig zu realisieren | Laufbedingungen: gleicher Modul und gleiches Bezugsprofil; Satzräder problemlos möglich (ggf. Profilverschiebungsgrenze) |
| Zahnfuß breiter, konkav $\Rightarrow$ fester | |
| Zahnkraft ändert sich nach Größe und Richtung $\Rightarrow$ Schwingungen | Zahnkraft konstant nach Größe und Richtung $\Rightarrow$ Lauf ruhiger |

**Bild 11.70** Gegenüberstellung der Eigenschaften von Zykloidenverzahnung und Evolventenverzahnung

## 11.5.2 Triebstockverzahnung

Einen Sonderfall der Zykloidenverzahnung stellt die **Triebstockverzahnung** dar. Das Großrad (evtl. auch eine Zahnstange) weist anstelle von Zähnen kreiszylindrische Bolzen auf, die in einen Grundkörper eingesetzt (eingeschraubt, eingepresst o. ä.) werden, Bild 11.71.

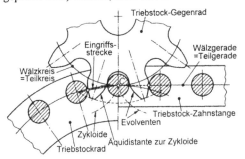

**Bild 11.71** Triebstockverzahnung [5]

Wählt man den Rollkreisdurchmesser eines Rades gleich dem Wälzkreisdurchmesser ($RI \cong d_w$), so geht die Hypozykloide, die die Fußflanke dieses Rades bildet, in einen Punkt über. Dieser arbeitet mit der Epizykloide des Gegenrades zusammen. In der Praxis wird dieser Punkt durch einen Bolzen mit dem Durchmesser $d_B$ (Triebstock) ersetzt.

Der Eingriff erfolgt nur noch an der Kopfflanke des Triebstock-Gegenrades. Die Zahnflanken des Triebstock-Gegenrades entstehen durch Äquidistanten zu den Epizykloiden im Abstand $d_B/2$. Wird anstelle des Triebstockrades eine Triebstockzahnstange eingesetzt, so werden aus den Epizykloiden des Gegenrades Evolventen.

Mittels der Triebstockverzahnung können große Zahnräder einfach hergestellt werden, während deren Herstellung nach dem Abwälzverfahren relativ teuer wäre. Zudem ist eine Einzelfertigung mit relativ einfachen Mitteln möglich. Die Triebstockverzahnung wird bei großen, langsamlaufenden Übersetzungen oder für Verstellbewegungen angewendet (z. B. Krandrehwerke, Karussells und Stauwehr-Schütze).

## 11.6 Gestaltung von Zahnrädern

### 11.6.1 Toleranzklassen

**Toleranzklasse** oder auch Verzahnungsqualität ist ein zusammenfassender Begriff für Maß-, Form- und Lageabweichungen der Verzahnung. Sie ist von folgenden Einflussgrößen abhängig:
- Herstellverfahren ⇒ erreichbare Toleranzklasse
- Anwendungsgebiet ⇒ erforderliche Toleranzklasse

Bei jedem Herstellverfahren treten Maßabweichungen auf, die je nach den Anforderungen und dem Verwendungszweck bestimmte Werte nicht überschreiten dürfen. So müssen auch bei Zahnrädern Toleranzen für verschiedene Bestimmungsgrößen am einzelnen Rad und an Räderpaarungen vorgeschrieben werden.

Die Einteilung der Verzahnungsqualitäten erfolgt in 12 Stufen:

- Toleranzklasse (Qualität) 1 ⇒ höchste Anforderungen, höchste Genauigkeit
- Toleranzklasse (Qualität) 12 ⇒ geringste Anforderungen, geringste Genauigkeit

Üblicher Bereich: Toleranzklasse 5...10

Die Toleranzklassen 1 bis 4 werden vorwiegend für Lehrenzahnräder, 5 bis 12 für Getrieberäder verwendet.

| Toleranz-klasse | Einsatzgebiete |
|---|---|
| 1... 4 | Mess- und Prüfzwecke (selten, extrem teuer) |
| 5... 6 | Messgeräte; Feinmaschinenbau mit hohen Anforderungen |
| 7...10 | Allgemeiner Maschinenbau |
| 11...12 | Untergeordnete Zwecke (z. B. Landmaschinenbau) |

**Bild 11.72** Toleranzklassen und Einsatzgebiete

PKW–Getriebe werden beispielsweise mit der Toleranzklasse 5...9 hergestellt.

Die Wahl der Toleranzklasse und der Oberflächengüte der Zahnflanken richtet sich nach der Umfangsgeschwindigkeit, mit der die Räder im Betrieb laufen, siehe Bild 11.73.

| Umfangsgeschwindigkeit $v$ | Toleranzklasse |
|---|---|
| 1... 3 m/s | 10...12 |
| 3... 6 m/s | 8...10 |
| 6...20 m/s | 5... 8 |
| >20 m/s | 1... 5 |

**Bild 11.73** Toleranzklassen in Abhängigkeit von der Umfangsgeschwindigkeit

| Verfahren | Toleranzklasse |
|---|---|
| Schleifen, Schaben | 2... 8 |
| Hobeln, Fräsen, Stoßen | 6...12 |
| Stanzen, Pressen, Spritzen | 7...12 |
| Gehärtete Räder ohne Nachbehandlung | 9...12 |

**Bild 11.74** Toleranzklassen abhängig vom Herstellverfahren

**Beispiel** einer Zeichnungsangabe:

Ist auf einer Zahnradzeichnung das obige Beispiel angegeben, so ist die Verzahnung in der Toleranzklasse 8 und mit dem Toleranzfeld e 26 herzustellen. Die Angabe e 26 steht für die Toleranz- und die Abmaßreihe und wird im nächsten Kapitel beschrieben.

## 11.6.2 Darstellung von Zahnrädern

Die notwendigen Angaben in Fertigungszeichnungen sind in DIN 3966 festgelegt. Es ist üblich, Zahnräder in Schnittdarstellung zu zeichnen und alle wesentlichen Verzahnungsdaten als Tabelle auf der Zeichnung anzugeben. Alle notwendigen Lagetoleranzen beziehen sich auf die Radachse. Bild 11.75 zeigt ein Beispiel.

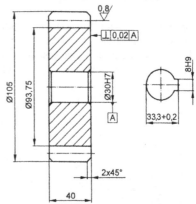

| Stirnrad | außenverzahnt |
|---|---|
| Modul $m_n$ | 2,5 |
| Zähnezahl | 40 |
| Bezugsprofil | DIN 867 |
| Schrägungswinkel $\beta$ | 0° |
| Flankenrichtung | - |
| Profilverschiebungsfaktor $x$ | 0 |
| Verzahnungsqualität | 8 e 26 |
| Toleranzfeld | DIN 3967 |
| Achsabstand $a$ | 76,25 ± 0,023 |
| Gegenrad ⇒ Sachnummer | 27 |
| Gegenrad ⇒ Zähnezahl | 21 |

**Bild 11.75** Darstellung eines Zahnrades als Schnittzeichnung mit zusätzlicher Tabelle

Die **Abmaß- und die Toleranzreihe** sind nach DIN 3967 festgelegt. Die Abmaßreihe ist durch Buchstaben von $e$ bis $h$ gekennzeichnet; hierdurch wird das obere Grenzabmaß $A_o$ der Zahndicke angegeben. Dieser Zahlenwert ist stets negativ, Bild 11.76 oben. Die Toleranzreihe ist durch Zahlen von 21 bis 30 gekennzeichnet und liefert die Zahndickentoleranz $T$, Bild 11.76 unten; der entsprechende Wert ist immer positiv. Vorzugsweise sind die Reihen 24 bis 27 einzusetzen. Für das untere Grenzabmaß gilt:

$$A_u = A_o - T \qquad (11.132)$$

Damit ist eine Berechnung der Zahndickentolerierung möglich, z. B.:

| Teilkreisdurchmesser [mm] | | Abmaßreihe | | | | | | | | | | |
|---|---|---|---|---|---|---|---|---|---|---|---|---|
| über | bis | a | ab | b | bc | c | cd | d | e | f | g | h |
| — | 10 | - 100 | - 85 | - 70 | - 58 | - 48 | - 40 | - 33 | - 22 | - 10 | - 5 | 0 |
| 10 | 50 | - 135 | - 110 | - 95 | - 75 | - 65 | - 54 | - 44 | - 30 | - 14 | - 7 | 0 |
| 50 | 125 | - 180 | - 150 | - 125 | - 105 | - 85 | - 70 | - 60 | - 40 | - 19 | - 9 | 0 |
| 125 | 280 | - 250 | - 200 | - 170 | - 140 | - 115 | - 95 | - 80 | - 56 | - 26 | - 12 | 0 |
| 280 | 560 | - 330 | - 280 | - 230 | - 190 | - 155 | - 130 | - 110 | - 75 | - 35 | - 17 | 0 |
| 560 | 1000 | - 450 | - 370 | - 310 | - 260 | - 210 | - 175 | - 145 | - 100 | - 48 | - 22 | 0 |
| 1000 | 1600 | - 600 | - 500 | - 420 | - 340 | - 290 | - 240 | - 200 | - 135 | - 64 | - 30 | 0 |
| 1600 | 2500 | - 820 | - 680 | - 560 | - 460 | - 390 | - 320 | - 270 | - 180 | - 85 | - 41 | 0 |
| 2500 | 4000 | -1100 | - 920 | - 760 | - 620 | - 520 | - 430 | - 360 | - 250 | - 115 | - 56 | 0 |
| 4000 | 6300 | -1500 | -1250 | -1020 | - 840 | - 700 | - 580 | - 480 | - 330 | - 155 | - 75 | 0 |
| 6300 | 10000 | -2000 | -1650 | -1350 | -1150 | - 940 | - 780 | - 640 | - 450 | - 210 | - 100 | 0 |

| Teilkreisdurchmesser [mm] | | Toleranzreihe | | | | | | | | | |
|---|---|---|---|---|---|---|---|---|---|---|---|
| über | bis | 21 | 22 | 23 | 24 | 25 | 26 | 27 | 26 | 29 | 30 |
| — | 10 | 3 | 5 | 8 | 12 | 20 | 30 | 50 | 80 | 130 | 200 |
| 10 | 50 | 5 | 8 | 12 | 20 | 30 | 50 | 80 | 130 | 200 | 300 |
| 50 | 125 | 6 | 10 | 16 | 25 | 40 | 60 | 100 | 160 | 250 | 400 |
| 125 | 280 | 8 | 12 | 20 | 30 | 50 | 80 | 130 | 200 | 300 | 500 |
| 280 | 560 | 10 | 16 | 25 | 40 | 60 | 100 | 160 | 250 | 400 | 600 |
| 560 | 1000 | 12 | 20 | 30 | 50 | 80 | 130 | 200 | 300 | 500 | 800 |
| 1000 | 1600 | 16 | 25 | 40 | 60 | 100 | 160 | 250 | 400 | 600 | 1000 |
| 1600 | 2500 | 20 | 30 | 50 | 80 | 130 | 200 | 300 | 500 | 800 | 1300 |
| 2500 | 4000 | 25 | 40 | 60 | 100 | 160 | 250 | 400 | 600 | 1000 | 1600 |
| 4000 | 6300 | 30 | 50 | 80 | 130 | 200 | 300 | 500 | 800 | 1300 | 2000 |
| 6300 | 10000 | 40 | 60 | 100 | 160 | 250 | 400 | 600 | 1000 | 1600 | 2400 |

**Bild 11.76** Oberes Grenzabmaß $A_o$ in µm (oben) und Zahndickentoleranz $T$ in µm (unten) [18]

Toleranzfeld: e 26, Durchmesser: $d = 100$ mm

Bild 11.76 oben liefert: $A_o = -40$ µm;
aus Bild 11.76 unten folgt: $T = 60$ µm
Mit Gleichung (11.132) lässt sich auch das untere Abmaß der Zahndicke bestimmen:
$A_u = A_o - T = -40 µm - 60 µm = -100 µm$

Die Wahl der Abmaß- und Toleranzreihen wird nach Einsatzzweck und Fertigungsmöglichkeiten getroffen. Wenn keine Erfahrungswerte für Flankenspiele und Zahndickenabmaße vorliegen, müssen diese berechnet werden. Sind aus funktionstechnischen Gründen besonders kleine Spiele erforderlich, so ist eine Berechnung unerlässlich. Ganz allgemein sollte beachtet werden, dass kleine Zahndickentoleranzen die Einhaltung der Verzahnungsqualität ungünstig beeinflussen, da sie die Korrekturmöglichkeiten in der Fertigung begrenzen.

Die **Achsabstandstoleranzen** sind nach DIN 3964 festgelegt. Für die Achsabstandsmaße werden die ISO-Toleranzfelder js 5 bis js 11 verwendet. Die Abmaße sind abhängig vom Nennmaß des Achsabstandes, Bild 11.77. Die Achslage-Genauigkeitsklasse (-Toleranzklasse) entspricht i. a. der Verzahnungsqualität.

| | | Achslage-Genauigkeitsklasse 1 bis 3 | | | | | | |
| | | | Achslage-Genauigkeitsklasse 4 bis 6 | | | | | |
| | | | | Achslage-Genauigkeitsklasse 7 bis 9 | | | | |
| | | | | | Achslage-Genauigkeitsklasse 10 bis 12 | | | |
| Achsabstand a (Nennmaß) [mm] | ISO-Toleranzfeld js | | | | | | | |
| | 5 | 6 | 7 | 8 | 9 | 10 | 11 |
|---|---|---|---|---|---|---|---|
| über 10 bis 18 | +4 - 4 | +5,5 - 5,5 | +9 - 9 | +13,5 - 13,5 | +21,5 - 21,5 | +35 - 35 | +55 - 55 |
| über 18 bis 30 | +4,5 - 4,5 | +6,5 - 6,5 | +10,5 - 10,5 | +16,5 - 16,5 | +26 - 26 | +42 - 42 | +65 - 65 |
| über 30 bis 50 | +5,5 - 5,5 | +8 - 8 | +12,6 - 12,5 | +19,5 - 19,5 | +31 - 31 | +50 - 50 | +80 - 80 |
| über 50 bis 80 | +6,5 - 6,5 | +9,5 - 9,5 | +15 - 15 | +23 - 23 | +37 - 37 | +60 - 60 | +95 - 95 |
| über 80 bis 120 | +7,5 - 7,5 | +11 - 11 | +17,5 - 17,5 | +27 - 27 | +43,5 - 43,5 | +70 - 70 | +110 - 110 |
| über 120 bis 180 | +9 - 9 | +12,5 - 12,5 | +20 - 20 | +31,5 - 31,5 | +50 - 50 | +80 - 80 | +125 - 125 |
| über 180 bis 250 | +10 - 10 | +14,5 - 14,5 | +23 - 23 | +36 - 36 | +57,5 - 57,5 | +92,5 - 92,5 | +145 - 145 |
| über 250 bis 315 | +11,5 - 11,5 | +16 - 16 | +26 - 26 | +40,5 - 40,5 | +65 - 65 | +105 - 105 | +160 - 160 |
| über 315 bis 400 | +12,5 - 12,5 | +18 - 18 | +28,5 - 28,5 | +44,5 - 44,5 | +70 - 70 | +115 - 115 | +180 - 180 |
| über 400 bis 500 | +13,5 - 13,5 | +20 - 20 | +31,5 - 31,5 | +48,5 - 48,5 | +77,5 - 77,5 | +125 - 125 | +200 - 200 |
| über 500 bis 630 | +14 - 14 | +22 - 22 | +35 - 35 | +55 - 55 | +87 - 87 | +140 - 140 | +220 - 220 |
| über 630 bis 800 | +16 - 16 | +25 - 25 | +40 - 40 | +62 - 62 | +100 - 100 | +160 - 160 | +250 - 250 |
| über 800 bis 1000 | +18 - 18 | +28 - 28 | +45 - 45 | +70 - 70 | +115 - 115 | +180 - 180 | +280 - 280 |
| über 1000 bis 1250 | +21 - 21 | +33 - 33 | +52 - 52 | +82 - 82 | +130 - 130 | +210 - 210 | +330 - 330 |
| über 1250 bis 1600 | +25 - 25 | +39 - 39 | +62 - 62 | +97 - 97 | +155 - 155 | +250 - 250 | +390 - 390 |
| über 1600 bis 2000 | +30 - 30 | +46 - 46 | +75 - 75 | +115 - 115 | +185 - 185 | +300 - 300 | +460 - 460 |
| über 2000 bis 2500 | +35 - 35 | +55 - 55 | +87 - 87 | +140 - 140 | +220 - 220 | +350 - 350 | +550 - 550 |
| über 2500 bis 3150 | +43 - 43 | +67 - 67 | +105 - 105 | +165 - 165 | +270 - 270 | +430 - 430 | +675 - 675 |

**Bild 11.77** Achsabstandsmaße in μm [15]

Soll hiervon abgewichen werden, kann das ISO-Toleranzfeld für den Achsabstand zu der Toleranzklasse (Verzahnungsqualität) gemäß der folgenden Tabelle, Bild 11.79, zugeordnet werden:

| Toleranzklasse | ISO-Toleranzfeld |
|---|---|
| 1...3 | js 5...js 8 |
| 4...6 | js 6...js 9 |
| 7...9 | js 7...js 10 |
| 10...12 | js 8...js 11 |

**Bild 11.78** ISO-Toleranzfeld in Abhängigkeit von der Toleranzklasse

## 11.6.3 Konstruktive Gestaltung

Die Gestaltung von Zahnrädern hängt im wesentlichen von folgenden Einflussgrößen ab:

– Seriengröße, d. h. verwendetes Fertigungsverfahren
– Baugröße des Zahnrades
– Zahnradwerkstoff, z. B.
  • Guss (Grauguss, Sphäroguss, Temperguss)
  • Stahlguss
  • Baustahl

- Vergütungsstahl
- Einsatzstahl

Die Zahnradwerkstoffe sind oben nach steigender Verschleißfestigkeit und Tragfähigkeit aufgeführt. Bei der Wahl des Zahnradwerkstoffs sind die Lebensdauer und die Drehzahl des Getriebes sowie die zu übertragende Leistung ausschlaggebend.

Das **Ritzel** kann auf der Welle aufgesetzt werden, sofern der Fußkreisdurchmesser wesentlich größer als der Wellendurchmesser ist. Die Drehmomentübertragung erfolgt dann i. a. durch eine Passfeder, seltener durch eine Vielkeilwelle o. ä. Werden Ritzel und Welle aus einem Stück (Ritzelwelle) gefertigt, so kann der Ritzeldurchmesser relativ zum Wellendurchmesser erheblich kleiner werden. Der Grenzfall wäre $d_a = d_{Welle}$. Ritzel werden auch in der Großserienfertigung häufig "aus dem Vollen" gefertigt. Es wird wegen der größeren Drehzahlen und des häufigeren Zahneingriffs für das Ritzel meistens ein höherfester Werkstoff gewählt als für das Großrad. Gegossene Ritzel werden daher nur selten verwendet.

**Ritzelwellen** werden entweder mit beidseitiger oder mit fliegender Lagerung (insbesondere bei Kegelritzeln) ausgeführt, Bild 11.79.

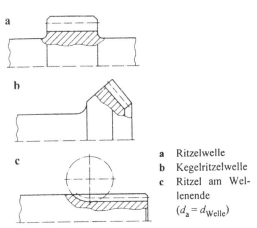

|   |   |
|---|---|
| a | Ritzelwelle |
| b | Kegelritzelwelle |
| c | Ritzel am Wellenende |
|   | ($d_a = d_{Welle}$) |

Bild 11.79 Ausführungen von Ritzelwellen

Die Hauptvorteile von Ritzelwellen sind die bezogen auf den Wellendurchmesser kleinen möglichen Zahnraddurchmesser und die Einsparung der Welle-Nabe-Verbindung. Nachteilig dagegen sind die beschränkte Werkstoffauswahl und die aufwendigere spangebende Bearbeitung.

Eine **Sonderbauform** ist das aufgeschweißte Ritzel, Bild 11.80. Hierdurch wird das Zerspanvolumen der Welle gegenüber Ritzelwellen gering gehalten. Die Fertigbearbeitung der Verzahnung muss nach dem Schweißen erfolgen. Es können nur schweißbare Werkstoffe verwendet werden, die meist geringere Festigkeiten besitzen.

Bild 11.80 Aufgeschweißtes Ritzel

Das **aufgesetzte Ritzel** wird meistens mittels einer Passfeder auf der Welle gegen Verdrehen gesichert. Das Ritzel wird aus Rundmaterial gefertigt. Zur Verringerung der umlaufenden Massen werden größere Ritzel mitunter ausgedreht oder mehrmals durchbohrt, Bild 11.81. Aus dieser zusätzlichen spanenden Bearbeitung resultieren höhere Herstellkosten; diese Bauformen sind daher möglichst zu vermeiden.

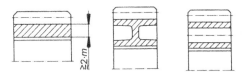

Bild 11.81 Gestaltung aufgesetzter Ritzel

Gegebenenfalls kann das Ritzel als Schweißbaugruppe ausgeführt werden, hauptsächlich, um die tragende Länge der Passfeder zu vergrößern.

Nur bei Großserien und bei größeren Ritzeln lohnt die Ausführung als Guss- oder Schmiedeteil. Diese finden Anwendung in Hochleistungsgetrieben, z. B. in der Kfz-Technik.

**Großräder** werden in der Einzel- und Kleinserienfertigung als Schweißbaugruppen oder in der mittleren und Großserienfertigung als Gussteile ausgeführt. Massivräder, die aus dem Vollen gefertigt werden, sind nur bei kleinen Abmessungen sinnvoll. Zur Verbesserung der Trag-fähigkeit und Verschleißfestigkeit kann man auf einen geschweißten oder gegossenen Grundkör-per aus Material geringerer Festigkeit einen Zahnkranz aus hochwertigem Werkstoff auf-setzen. Dieser wird dann aufgepresst, aufge-schrumpft oder verschraubt, Bild 11.82.

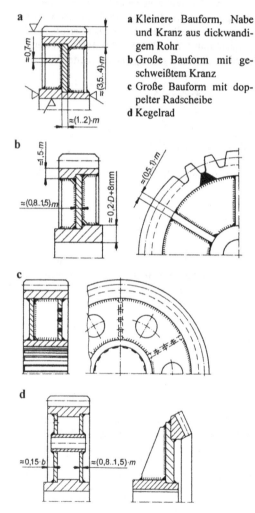

a Kleinere Bauform, Nabe und Kranz aus dickwandi-gem Rohr
b Große Bauform mit ge-schweißtem Kranz
c Große Bauform mit dop-pelter Radscheibe
d Kegelrad

**Bild 11.82** Geschweißte Großräder

**Gusszahnräder** werden bei kleineren Abmes-sungen einteilig gestaltet; sehr große Zahnräder ($d > 2.000$ mm) werden aus Montage- und Transportgründen häufig geteilt und verschraubt. Bild 11.83 zeigt Beispiele für Gusszahnräder.

Eine Festigkeitsberechnung der Radscheibe ist normalerweise nicht erforderlich, da die Hauptrippen in Umfangsrichtung liegen und der Umfangskraft $F_t$ ein hohes Widerstandsmoment entgegensetzen. Soll dennoch die Festigkeit nachgewiesen werden, geht man davon aus, dass nur ein Arm die volle Biegung aus der Tangenti-alkraft $F_t$ übernimmt.

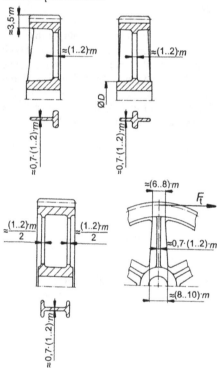

**Bild 11.83** Beispiele für große Gusszahnräder

Bei längeren Naben wird eine Aussparung in der Mitte vorgenommen, Bild 11.84, so dass einer-seits definierte Zentrierstellen vorhanden sind und andererseits die spanende Bearbeitung in Grenzen gehalten wird.

**Bild 11.84** Aussparung bei längeren Naben

Aus Wirtschaftlichkeitsgründen werden vielfach Zahnkranz und Radkörper in geteilter Form ausgeführt. Kraftschlüssig befestigte Zahnkränze können unter Umständen trotz ausreichender Pressung wegen Mikroverformung in Umfangsrichtung wandern. Daher werden **aufgesetzte Zahnkränze** ggf. formschlüssig gesichert, Bild 11.85a.

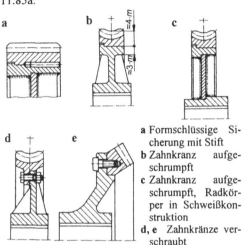

a Formschlüssige Sicherung mit Stift
b Zahnkranz aufgeschrumpft
c Zahnkranz aufgeschrumpft, Radkörper in Schweißkonstruktion
d, e Zahnkränze verschraubt

**Bild 11.85** Ausführungsformen aufgesetzter Zahnkränze

**Kunststoffzahnräder** werden besonders dort eingesetzt, wo es auf geräuscharmen Lauf ankommt, da Kunststoffe schwingungsdämpfend wirken. Sie besitzen eine wesentlich geringere Festigkeit und haben ein deutlich geringeres Gewicht als Stahlzahnräder. Bei geringeren Anforderungen kommen sie vorwiegend in Haushaltsgeräten und Büromaschinen in Betracht. Kunststoffzahnräder werden kostengünstig in der Großserienfertigung hergestellt.

Die Herstellung erfolgt durch Spritzgießen oder Spritzpressen in Stahl-Dauerformen. Dabei erhält man eine Verzahnung in relativ hoher Qualität, so dass eine Nachbearbeitung nicht erforderlich ist.

Kunststoffzahnräder können als selbständiges Bauteil gefertigt sein, auch als mehrstufige Zahnräder. Ebenso kann ein direkt auf der Welle oder auf eine Metallnabe bzw. einen Metallradkörper aufgespritztes Zahnrad hergestellt werden. Außerdem sind Zahnkränze zum Verschrauben möglich.

Bild 11.86 zeigt Möglichkeiten zur Drehmomentübertragung bei auf Wellen aufgespritzten Zahnrädern.

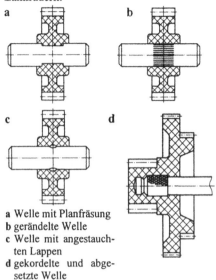

a Welle mit Planfräsung
b gerändelte Welle
c Welle mit angestauchten Lappen
d gekordelte und abgesetzte Welle

**Bild 11.86** Aufgespritzte Kunststoffzahnräder [9]

Weitere Gestaltungsbeispiele zeigt Bild 11.87. In Darstellung a dient zur besseren Kraftübertragung eine Nabe aus Metall, auf die das Zahnrad aufgespritzt wird. Bei großen Zahnrädern ist es möglich, nur den Zahnkranz auf ein Rad aus Metall aufzuspritzen (wegen des großen Durchmessers und der daraus resultierenden hohen Schrumpfspannungen möglichst vermeiden), siehe Bild 11.87b.

Wenn Kunststoffkranz und Metallsteg miteinander verschraubt werden, Bild 11.87c, dürfen die Stahlschrauben nur bis zu 30 % ihres zulässigen Anziehmomentes angezogen werden. Sie müssen gegen Lösen gesichert sein; noch günstiger sind eingespritzte metallische Buchsen für die Schrauben.

Aufgrund der hohen Verformung der Kunststoffräder infolge des geringen E-Moduls ist es sinnvoll, das Zahnprofil seitlich abzustützen, Bild 11.87d und e. Bei Kegelradgetrieben können die Zähne am Außenrand fixiert werden, damit unzulässig hohe Verformungen vermieden werden. Ein derartiges Kegelrad (Kegelritzel aus Stahl) ist in Bild 11.87e dargestellt.

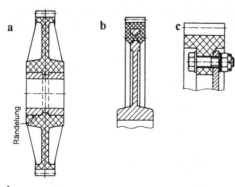

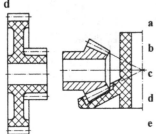

a   Zahnrad aufgespritzt auf Nabe
b   Zahnkranz angespritzt
c   Zahnkranz angeschraubt
d   Spritzgegossenes Stufenrad
e   Kegelradgetriebe

**Bild 11.87** Gestaltungsbeispiele

# 11.7  Berechnungsbeispiele

## 11.7.1 Zweigang-Schaltgetriebe

Ein Zweigang-Schaltgetriebe ist in den Hauptabmessungen auszulegen. Dabei muss für beide Zahnradpaare der Achsabstand derselbe sein. Für die erste Stufe soll die Übersetzung $i_I = 2,8 \pm 3$ % und für die zweite Stufe $i_{II} = 4,5 \pm 3$ % betragen. Alle Zahnräder des Getriebes sollen mit einem Modul von $m = 2,5$ mm ausgeführt werden; der Achsabstand soll $a \approx 100$ mm betragen.

***Lösung:***
*Bei der Lösung der Aufgabe müssen folgende Schritte durchlaufen werden:*
1  *I. Stufe mit Nullverzahnung und gegebenem Achsabstand auslegen, ggf. korrigieren.*
2  *II. Stufe durch Profilverschiebung so anpassen, dass der Achsabstand der gleiche wie bei Stufe I ist.*

**1  I. Stufe:**
$i_I = 2,8 \geq 1 \Rightarrow$ *Übersetzung ins Langsame, d. h. Ritzel treibend;* $z_{an} = z_1$

*Für den Achsabstand gilt ohne Profilverschiebung nach* Gleichung (11.13):

$$a = \frac{d_1 + d_2}{2} = \frac{m \cdot (z_1 + z_2)}{2}$$

*Die Zähnezahl $z_2$ kann mit Hilfe der Gleichung für das Übersetzungsverhältnis durch die Zähnezahl $z_1$ ersetzt werden:*

$$i_I = \frac{z_{ab}}{z_{an}} = \frac{z_2}{z_1} \Rightarrow z_2 = i_I \cdot z_1,$$

*Nach Einsetzen in obige Gleichung für den Achsabstand und nach Umstellung nach $z_1$ ergibt dies:*

$$z_1 = \frac{a \cdot 2}{m \cdot (1 + i_I)} = \frac{100\,\text{mm} \cdot 2}{2,5\,\text{mm} \cdot (1 + 2,8)} = 21,05 \approx 21$$

*Damit gilt für $z_2$:*

$$z_2 = \frac{a \cdot 2}{m} - z_1 = \frac{100\,\text{mm} \cdot 2}{2,5\,\text{mm}} - 21 = 59$$

*Die Zähnezahl $z_2$ wird hierbei nicht über das Übersetzungsverhältnis $i_I$, sondern über den Achsabstand berechnet. Hierdurch wird erreicht, dass der Achsabstand a eingehalten wird, dass jedoch u. U. das Übersetzungsverhältnis nicht exakt stimmt. Wäre die Zähnezahl $z_2$ nicht ganzzahlig gewesen, hätte sie auf einen ganzzahligen Wert gerundet werden müssen.*

*Kontrolle des prozentualen Fehlers für $i_I$:*

$$i_I = \frac{z_2}{z_1} = \frac{59}{21} = 2,81 \Rightarrow \text{Fehler} = 0,3\,\% < 3\,\%$$

*Kontrolle des Achsabstandes:*

$$a = \frac{m \cdot (z_1 + z_2)}{2} = \frac{2,5\,\text{mm} \cdot (59 + 21)}{2} = 100\,\text{mm}$$

*Dass der vorgegebene Achsabstand exakt eingehalten wird, war bereits daran erkennbar, dass die Zähnezahl $z_2$ ganzzahlig berechnet wurde.*

**2  II. Stufe:**
*Bei der Berechnung der zweiten Stufe wird analog zur ersten Stufe vorgegangen:*

$$i_{II} = \frac{z_4}{z_3} \Rightarrow z_4 = i_{II} \cdot z_3$$

*Dieser Zusammenhang wird eingesetzt in Glei-*
*chung (11.13):*

$$a = \frac{m}{2} \cdot (z_3 + z_4) = \frac{m}{2} \cdot (z_3 + i_{II} \cdot z_3) = \frac{m}{2} \cdot z_3 \cdot (1 + i_{II})$$

$$z_3 = \frac{a \cdot 2}{m \cdot (1 + i_{II})} = \frac{2 \cdot 100\,\text{mm}}{2,5\,\text{mm} \cdot (1 + 4,5)} = 14,5 \approx 15$$

$$z_4 = \frac{2 \cdot a}{m} - z_3 = \frac{2 \cdot 100\,\text{mm}}{2,5\,\text{mm}} - 15 = 65$$

*Mit diesen Werten könnte der vorgegebene*
*Achsabstand exakt eingehalten werden, da $z_4$*
*ganzzahlig errechnet wurde. Es ist jedoch zu*
*prüfen, ob das Übersetzungsverhältnis hinrei-*
*chend genau eingehalten wird. Kontrolle des*
*prozentualen Fehlers für $i_{II}$:*

$$i_{II} = \frac{z_4}{z_3} = \frac{65}{15} = 4,33 \Rightarrow Fehler\ 3,7\ \% > 3\ \%$$

*Diese Abweichung ist gemäß Aufgabenstellung*
*nicht zulässig. Um die Toleranz für das Überset-*
*zungsverhältnis $i_{II}$ einzuhalten, muss $z_4$ neu ge-*
*wählt werden; da $i_{II}$ zu klein ist, muss $z_4$ größer*
*angenommen werden:*

$$z_4 = 67\ Zähne \Rightarrow i_{II} = \frac{z_4}{z_3} = \frac{67}{15} = 4,46$$

$$\Rightarrow Fehler = 0,74\ \% < 3\ \%\ (zulässig).$$

*Kontrolle des Achsabstandes:*

$$a_{\text{theor}} = \frac{m}{2} \cdot (z_3 + z_4)$$

$$a_{\text{theor}} = \frac{2,5\,\text{mm}}{2} \cdot (15 + 67) = 102,5\,\text{mm}$$

*Der Achsabstand ist größer als der in der Aufga-*
*benstellung vorgegebene Wert. Daher muss eine*
*negative Profilverschiebung durchgeführt wer-*
*den. Es wird dabei nach Kapitel 11.2.6 für Fall*
*2, Berechnung der Profilverschiebung bei gege-*
*benen Achsabstand, vorgegangen.*

*Zunächst ist der Betriebseingriffswinkel $\alpha_w$ zu*
*bestimmen. Der (Regel-) Eingriffswinkel beträgt*
*nach DIN 867 $\alpha = 20°$.*

$$\cos \alpha_w = \frac{z_3 + z_4}{2 \cdot a} \cdot m \cdot \cos \alpha$$

$$\cos \alpha_w = \frac{15 + 67}{2 \cdot 100\,\text{mm}} \cdot 2,5\,\text{mm} \cdot \cos 20° = 0,96$$

$$\alpha_w = 15,6°$$

*Mit diesem Wert lässt sich die Profilverschie-*
*bungssumme (Summe der Profilverschiebungs-*
*faktoren) gemäß Gleichung (11.28) berechnen:*

$$(x_3 + x_4) = (z_3 + z_4) \cdot \frac{\text{inv}\ \alpha_w - \text{inv}\ \alpha}{2 \cdot \tan \alpha}$$

$$(x_3 + x_4) = (15 + 67) \cdot \frac{\text{inv}\ 15,6° - \text{inv}\ 20°}{2 \cdot \tan 20°} = -0,9$$

*Der Wert für $(x_3 + x_4)$ ist als eine einzige Größe*
*aufzufassen, die im nächsten Schritt in die beiden*
*entsprechenden Teile aufgeteilt werden muss.*
*Aus diesem Grund ist der Wert in Klammern ge-*
*setzt. Die Aufteilung wird nach Gleichung*
*(11.29) durchgeführt:*

$$\frac{x_3}{x_4} \approx \frac{z_4}{z_3} \qquad (\textit{Überschlagsformel})$$

$$x_3 + x_4 = (x_3 + x_4) = -0,9$$

*Diese Beziehung wird nach $x_4$ umgestellt; an-*
*schließend wird das Ergebnis in die Über-*
*schlagsformel eingesetzt:*

$$x_4 = (x_3 + x_4) - x_3$$

$$\frac{x_3}{(x_3 + x_4) - x_3} = \frac{z_4}{z_3}$$

*Hieraus lässt sich der Profilverschiebungsfaktor*
*$x_3$ berechnen:*

$$x_3 = \frac{z_4 \cdot (x_3 + x_4)}{z_3 + z_4} = \frac{67 \cdot (-0,9)}{15 + 67} = -0,73$$

*Damit gilt für $x_4$:*

$$x_4 = (x_3 + x_4) - x_3 = -0,9 - (-0,73) = -0,17$$

*Im nächsten Schritt ist die Unterschnittsgrenze*
*nach Bild 11.22 zu kontrollieren:*

*Für ein ungehärtetes Zahnrad ($s_a$ = 0,2 · m) mit z = 15 gilt:*

$$0,7 \geq x \geq -0,05$$

*$x_3$ = -0,73 ist unzulässig, da der Wert nicht innerhalb der Grenzen liegt. (Vorzugsweise ist die Überschlagsformel bei positiver Profilverschiebungssumme anzuwenden).*

*Unter Berücksichtigung der obigen Grenzen wird Rad 3 ohne Profilverschiebung, d. h. als Nullrad, ausgeführt; Rad 4 erhält dann den Profilverschiebungsfaktor $x_4$ = ($x_3$ + $x_4$) = -0,9. Die Unterschnittsgrenze für $z_4$ = 67 liegt in Bild 11.22 weit außerhalb des Diagramms, so dass der ermittelte Wert in jedem Fall zulässig ist.*

*Damit lässt sich die Profilverschiebung des Rades 4 nach Gleichung (11.23) ermitteln:*
$$v_4 = x_4 \cdot m = -0,9 \cdot 2,5\,\text{mm} = -2,25\,\text{mm}$$

*Eine andere Möglichkeit würde darin bestehen, das Ritzel 3 mit einer positiven Profilverschiebung zu versehen und Rad 4 noch stärker negativ zu verschieben. Hierdurch könnte die Belastbarkeit des Ritzels gesteigert werden, da bei positiver Profilverschiebung der Zahnfuß breiter und somit stabiler wird. Dieser Weg soll im folgenden beschritten werden:*

$$x_3 = +0,3 \quad (\text{gewählt})$$

$$x_4 = (x_3 + x_4) - x_3 = -0,9 - (+0,3) = -1,2$$

*Auch dieser Wert dürfte nach Bild 11.22 zulässig sein.*

*Nachdem die Profilverschiebungsfaktoren ermittelt wurden, können die Hauptabmessungen der vier Zahnräder berechnet werden:*

*Teilkreisdurchmesser nach Gleichung (11.5):*
$$d = m \cdot z$$
$$d_1 = 2,5\,\text{mm} \cdot 21 = \phantom{0}52,5\,\text{mm}$$
$$d_2 = 2,5\,\text{mm} \cdot 59 = 147,5\,\text{mm}$$
$$d_3 = 2,5\,\text{mm} \cdot 15 = \phantom{0}37,5\,\text{mm}$$
$$d_4 = 2,5\,\text{mm} \cdot 67 = 167,5\,\text{mm}$$

*Kopfkreisdurchmesser nach* Gleichung (11.24):
$$d_a = d + 2 \cdot m + 2 \cdot x \cdot m$$
$$d_{a1} = \phantom{0}52,5\,\text{mm} + 2 \cdot 2,5\,\text{mm} + 2 \cdot 0 \cdot 2,5\,\text{mm}$$
$$\phantom{d_{a1}} = \phantom{0}57,5\,\text{mm}$$
$$d_{a2} = 147,5\,\text{mm} + 2 \cdot 2,5\,\text{mm} + 2 \cdot 0 \cdot 2,5\,\text{mm}$$
$$\phantom{d_{a2}} = 152,5\,\text{mm}$$
$$d_{a3} = \phantom{0}37,5\,\text{mm} + 2 \cdot 2,5\,\text{mm} + 2 \cdot 0,3 \cdot 2,5\,\text{mm}$$
$$\phantom{d_{a3}} = \phantom{0}44\phantom{,0}\quad\text{mm}$$
$$d_{a4} = 167,5\,\text{mm} + 2 \cdot 2,5\,\text{mm} + 2 \cdot (-1,2) \cdot 2,5\,\text{mm}$$
$$\phantom{d_{a4}} = 166,5\,\text{mm}$$

*Fußkreisdurchmesser nach* Gleichung (11.25):
$$d_f = d - 2,5 \cdot m + 2 \cdot x \cdot m$$
$$d_{f1} = \phantom{0}52,5\phantom{0}\text{mm} - 2,5 \cdot 2,5\,\text{mm} + 2 \cdot 0 \cdot 2,5\,\text{mm}$$
$$\phantom{d_{f1}} = \phantom{0}46,25\,\text{mm}$$
$$d_{f2} = 147,5\phantom{0}\text{mm} - 2,5 \cdot 2,5\,\text{mm} + 2 \cdot 0 \cdot 2,5\,\text{mm}$$
$$\phantom{d_{f2}} = 141,25\,\text{mm}$$
$$d_{f3} = \phantom{0}37,5\phantom{0}\text{mm} - 2,5 \cdot 2,5\,\text{mm} + 2 \cdot 0,3 \cdot 2,5\,\text{mm}$$
$$\phantom{d_{f3}} = \phantom{0}29,75\,\text{mm}$$
$$d_{f4} = 167,5\phantom{0}\text{mm} - 2,5 \cdot 2,5\,\text{mm} + 2 \cdot (-1,2) \cdot 2,5\,\text{mm}$$
$$\phantom{d_{f4}} = 155,25\,\text{mm}$$

*Bei jeder profilverschobenen Zahnradstufe muss die Kontrolle des Kopfspiels nach* Gleichung (11.30) *durchgeführt werden, hier also für Stufe II. Für das vorhandene Kopfspiel gilt:*

$$c = a - \frac{d_{a3} + d_{f4}}{2} = 100\,\text{mm} - \frac{(44 + 155,25)\text{mm}}{2}$$
$$c = 0,375\,\text{mm}$$

*Das Mindestkopfspiel beträgt:*

$$c_{min} = 0,12 \cdot m = 0,12 \cdot 2,5\,\text{mm} = 0,3\,\text{mm}$$

*Damit ist das vorhandene Kopfspiel größer als das Mindestkopfspiel; es braucht also keine Kopfkürzung vorgenommen zu werden.*

## 11.7.2 Übersetzungsverhältnis

Ein einstufiges Geradzahn-Stirnradgetriebe hat einen Modul von m = 4 mm und einen Achsabstand von a = 176 mm. Das Übersetzungsverhältnis liegt bei i ≈ 4. Es soll das exakte Übersetzungsverhältnis bestimmt werden für den Fall, dass das Getriebe ohne Profilverschiebung ausgeführt wird.

*Lösung:*
*Es liegt hier eine Übersetzung ins Langsame vor (i > 1), d. h. das Ritzel ist treibend. Es gilt aus diesem Grund $n_1 = n_{an}$:*

$$i = \frac{n_{an}}{n_{ab}} = \frac{z_2}{z_1} \Rightarrow z_2 = i \cdot z_1$$

*Die Berechnung der Zähnezahlen soll mit Hilfe der Gleichung (11.13) erfolgen:*

$$a = \frac{d_{w1} + d_{w2}}{2} = \frac{m \cdot (z_1 + z_2)}{2} \cdot \frac{\cos \alpha}{\cos \alpha_w}$$

*Der letzte Term der Gleichung ist gleich 1, da das Getriebe ohne Profilverschiebung ausgeführt wird.*

$$a = \frac{m}{2} \cdot (z_1 + z_2) = \frac{m}{2} \cdot z_1 \cdot (1 + i)$$

*Durch Umstellung nach $z_1$ ergibt sich:*

$$z_1 = \frac{a \cdot 2}{m \cdot (1 + i)} = \frac{176\,mm \cdot 2}{4\,mm \cdot (1 + 4)} = 17,6$$

$z_1 = 18$ *(gewählt)*

*Die Zähnezahl $z_2$ muss über den Achsabstand berechnet werden, da dieser laut Aufgabenstellung exakt vorgegeben ist.*

$$a = \frac{m \cdot (z_1 + z_2)}{2} \Rightarrow z_2 = \frac{a \cdot 2}{m} - z_1$$

$$z_2 = \frac{176\,mm \cdot 2}{4\,mm} - 18 = 70$$

*Abschließend erfolgt die Kontrolle des exakten Übersetzungsverhältnisses:*

$$i = \frac{z_2}{z_1} = \frac{70}{18} = 3,89$$

## 11.7.3 Zahnraddaten

Ein Geradzahn-Stirnradgetriebe hat einen Modul von $m = 5$ mm. Die Zähnezahl des Ritzels beträgt

$z_1 = 20$; es hat eine Drehzahl $n_1 = n_{an} = 1.450$ min$^{-1}$. Das Übersetzungsverhältnis ist $i = 4,5$. Zu bestimmen sind die Drehzahl und Zähnezahl des Rades. Des weiteren werden die Hauptabmessungen (Teil-, Kopf- und Fußkreisdurchmesser) von Ritzel und Rad sowie der Achsabstand gesucht.

*Lösung:*

$$i = \frac{n_{an}}{n_{ab}} = \frac{z_{ab}}{z_{an}} = 4,5 \geq 1$$

*Es liegt also eine Übersetzung ins Langsame vor, d. h. das Ritzel ist treibend.*

$$n_{ab} = n_2 = \frac{n_{an}}{i} = \frac{1.450\,min^{-1}}{4,5} = 322,22\,min^{-1}$$

$$i = \frac{z_{ab}}{z_{an}} = \frac{z_2}{z_1} \Rightarrow z_2 = z_1 \cdot i = 20 \cdot 4,5 = 90$$

*Teilkreisdurchmesser nach* Gleichung (11.5):
$d = m \cdot z$
$d_1 = 5$ mm $\cdot$ 20 = 100 mm
$d_2 = 5$ mm $\cdot$ 90 = 450 mm

*Kopfkreisdurchmesser nach* Gleichung (11.24):
$d_a = d + 2 \cdot m + 2 \cdot x \cdot m$
$d_{a1} = 100$ mm + 2 $\cdot$ 5 mm + 2$\cdot$0$\cdot$5 mm = 110 mm
$d_{a2} = 450$ mm + 2 $\cdot$ 5 mm + 2$\cdot$0$\cdot$5 mm = 460 mm

*Fußkreisdurchmesser nach* Gleichung (11.25):
$d_f = d - 2,5 \cdot m + 2 \cdot x \cdot m$
$d_{f1} = 100$ mm - 2,5 $\cdot$ 5 mm + 2$\cdot$0$\cdot$5 mm
    = 87,5 mm
$d_{f2} = 450$ mm - 2,5 $\cdot$ 5 mm + 2$\cdot$0$\cdot$5 mm
    = 437,5 mm

*(Ritzel und Rad sind ohne Profilverschiebung ausgeführt.)*

*Ohne Profilverschiebung gilt in* Gleichung (11.13) $d_w = d$:

$$a = \frac{d_{w1} + d_{w2}}{2} = \frac{d_1 + d_2}{2}$$

$$a = \frac{100\,mm + 450\,mm}{2} = 275\,mm$$

## 11.7.4 Zahnradnachrechnung nach DIN 3990

Ein geradverzahntes Zahnradpaar mit Null-verzahnung soll das Antriebsmoment $T_1 = 26,9$ Nm übertragen. Es ist bei der Antriebsmaschine (Elektromotor) ein gleichmäßiger Lauf vorhanden, bei der getriebenen Maschine treten mäßige Stöße auf. Die Zähnezahlen betragen $z_1 = 17$ und $z_2 = 51$; die Zahnbreite ist für beide Räder gleich: $b = b_1 = b_2 = 35$ mm. Der Modul ist $m = 3$ mm. Für beide Räder wird der Werkstoff 1.0050 (St50-2) verwendet. Die Zahnräder werden mit der Toleranzklasse 6 gefertigt. Die Antriebsdrehzahl beträgt $n_1 = 710$ min$^{-1}$.

Es ist eine Tragfähigkeitsnachrechnung nach DIN 3990 (Überprüfung der Zahnflankenbelastung und der Zahnfußbelastung) vorzunehmen.

*Lösung:*
*Die Berechnung soll in folgenden Schritten ablaufen:*
*1 Nachweis der Zahnflankentragfähigkeit*
*2 Nachweis der Zahnfußtragfähigkeit*

*1 Zahnflankentragfähigkeit*
*Die Zahnflankentragfähigkeit soll mittels Gleichung (11.42) nachgewiesen werden:*

$$\sigma_H = \sqrt{\frac{F_t}{d_1 \cdot b} \cdot \frac{u+1}{u} \cdot K_A \cdot K_V \cdot K_{H\beta} \cdot K_{H\alpha}}$$
$$\cdot Z_H \cdot Z_E \cdot Z_\varepsilon \cdot Z_\beta \cdot Z_B$$

$$\sigma_H \le \frac{\sigma_{H\lim}}{S_{H\min}} = \sigma_{HP}$$

*Die Tangentialkraft wird nach Gleichung (11.35) berechnet:*

$$F_t = \frac{2 \cdot T_1}{d_1}$$

$$d_1 = m \cdot z_1 = 3\,\text{mm} \cdot 17 = 51\,\text{mm}$$

$$F_t = \frac{2 \cdot 26,9\,\text{Nm} \cdot 1.000\,\text{mm}}{51\,\text{mm} \cdot 1\,\text{m}} \approx 1.055\,\text{N}$$

*Das Zähnezahlverhältnis ergibt sich wie folgt:*

$$u = \frac{z_2}{z_1} = \frac{51}{17} = 3$$

*Für den Breitenfaktor ist Gleichung (11.45) (für die Verzahnungsqualität 6) anzuwenden:*

$$K_{H\beta} = 1,15 + 0,18 \cdot \left(\frac{b}{d_1}\right)^2 + 0,30 \cdot 10^{-3} \cdot \frac{b}{[\text{mm}]}$$

$$K_{H\beta} = 1,15 + 0,18 \cdot \left(\frac{35\,\text{mm}}{51\,\text{mm}}\right)^2 + 0,30 \cdot 10^{-3} \cdot \frac{35\,\text{mm}}{[\text{mm}]}$$

$$K_{H\beta} = 1,245$$

*Der Stirnfaktor für Flankenbelastung $K_{H\alpha}$ wird mit Hilfe der in Bild 11.29 angegebenen Gleichung ermittelt.*

*Zuerst wird die Linienbelastung bestimmt:*

$$\frac{F_t}{b \cdot K_A} = \frac{1.055\,\text{N}}{35\,\text{mm} \cdot 1,1} = 27,4 \frac{\text{N}}{\text{mm}} < 100 \frac{\text{N}}{\text{mm}}$$

*Der hierin eingesetzte Anwendungsfaktor $K_A$ wird nach Bild 11.27 für antriebsseitig gleichmäßigen Lauf und abtriebsseitig mäßige Stöße zu $K_A = 1,1$ ermittelt.*

*Damit ist folgende Gleichung anzuwenden:*

$$K_{H\alpha} = \frac{1}{Z_\varepsilon^2} > 1,2$$

*Der Überdeckungsfaktors $Z_\varepsilon$ ist gemäß Gleichung (11.51) (Geradverzahnung) zu berechnen:*

$$Z_\varepsilon = \sqrt{\frac{4 - \varepsilon_\alpha}{3}}$$

*Die Profilüberdeckung wird nach Gleichung (11.18) ermittelt:*

$$\varepsilon_\alpha = \frac{\sqrt{r_{a1}^2 - r_{b1}^2}}{m \cdot \pi \cdot \cos\alpha} + \frac{\sqrt{r_{a2}^2 - r_{b2}^2}}{m \cdot \pi \cdot \cos\alpha} - \frac{a \cdot \sin\alpha_w}{m \cdot \pi \cdot \cos\alpha}$$

*Mit $d = m \cdot z$ in Gleichung (11.24) und (11.11) eingesetzt ergibt sich:*

$d_{a1} = m \cdot z_1 + 2 \cdot m = 57 \quad \text{mm} \Rightarrow r_{a1} = 28,5$ mm
$d_{a2} = m \cdot z_2 + 2 \cdot m = 159 \quad \text{mm} \Rightarrow r_{a2} = 79,5$ mm
$d_{b1} = m \cdot z_1 \cdot \cos\alpha = 47,9\,\text{mm} \Rightarrow r_{b1} = 28,5$ mm
$d_{b2} = m \cdot z_2 \cdot \cos\alpha = 143,8\,\text{mm} \Rightarrow r_{b2} = 71,9$ mm

$\alpha = \alpha_w = 20°$  *(keine Profilverschiebung)*

*Damit ergibt sich ein Achsabstand* nach *Gleichung* (11.13) *von:*

$$a = \frac{m \cdot (z_1 + z_2)}{2} = \frac{3\,\text{mm} \cdot (17 + 51)}{2} = 102\,\text{mm}$$

*Eingesetzt in* Gleichung (11.18) *folgt daraus:*
$\varepsilon_\alpha = 1{,}63$

*Damit gilt für den Überdeckungsfaktor:*

$$Z_\varepsilon = \sqrt{\frac{4 - 1{,}63}{3}} = 0{,}89$$

*Der Stirnfaktor* $K_{H\alpha}$ *ist demnach:*

$$K_{H\alpha} = \frac{1}{0{,}89^2} = 1{,}27 > 1{,}2$$

*Wäre der Stirnfaktor* $K_{H\alpha}$ *kleiner als 1,2 gewesen, hätte er gleich 1,2 gesetzt werden müssen.*

*Der Zonenfaktor* $Z_H$ *wird dem* Bild 11.30 *entnommen. Für Geradverzahnung und ohne Profilverschiebung gilt:*

$$\beta = 0 \; ; \qquad \frac{x_1 + x_2}{z_1 + z_2} = 0 \quad \Rightarrow$$

$$Z_H = 2{,}5$$

*Der Elastizitätsfaktor* $Z_E$ *wird nach* Gleichung (11.50) *ermittelt:*

$$Z_E = \sqrt{0{,}175 \cdot E} = 191{,}7 \sqrt{\frac{\text{N}}{\text{mm}^2}}$$

*mit* $E = 210.000 \dfrac{\text{N}}{\text{mm}^2}$ *für Stahl*

*Für den Schrägungsfaktor* $Z_\beta$ *gilt nach* Gleichung (11.54):

$$Z_\beta = \sqrt{\cos \beta} = 1$$

*mit* $\beta = 0$ *(Geradverzahnung)*

*Überschlägig kann der Einzeleingriffsfaktor* $Z_B = 1$ *gesetzt werden.*

*Der Dauerfestigkeitswert* $\sigma_{H\,\text{lim}}$ *wird der Tabelle* Bild 11.31 *entnommen:*

$$\sigma_{H\,\text{lim}} = 334 \frac{\text{N}}{\text{mm}^2} \quad \textit{für 1.0050 (St 50)}$$

*Für Industriegetriebe wird eine Mindestsicherheit* $S_{H\,\text{min}} = 1{,}2$ *gewählt.*

*Eingesetzt in* Gleichung (11.42) *ergeben sich die vorhandene Zahnflankenbelastung* $\sigma_H$ *und der zulässige Wert* $\sigma_{HP}$ *wie folgt:*

$$\sigma_H = 620{,}8 \frac{\text{N}}{\text{mm}^2}$$

$$\sigma_{HP} = \frac{334\,\text{N}}{1{,}2 \cdot \text{mm}^2} = 278{,}3 \frac{\text{N}}{\text{mm}^2}$$

*Damit gilt:*

$$\sigma_H = 620{,}8 \frac{\text{N}}{\text{mm}^2} > \sigma_{HP} = 278{,}3 \frac{\text{N}}{\text{mm}^2}$$

*Die Zahnflankenpressung ist zu hoch; im Betrieb ist also eine Zerstörung der Oberfläche der Zahnflanken zu erwarten.*

*Mit folgenden Änderungen kann Abhilfe geschaffen werden:*
– *Zahnbreite* b *größer wählen*
– *Teilkreisdurchmesser* $d_1$ *größer wählen*
– *Positive Profilverschiebung vorsehen* $\Rightarrow Z_H$ *wird kleiner*
– *anderen Zahnradwerkstoff wählen* $\Rightarrow \sigma_{H\,\text{lim}}$ *wird größer.*

*Es wird ein gehärteter Werkstoff gewählt: Ck 45 umlaufgehärtet mit* $\sigma_{H\,\text{lim}} = 1.079$ *N/mm². Damit gilt für die zulässige Pressung:*

$$\sigma_{HP} = \frac{1.079\,\text{N}}{1{,}2 \cdot \text{mm}^2} = 899{,}2 \frac{\text{N}}{\text{mm}^2}$$

$$\sigma_H = 620{,}8 \frac{\text{N}}{\text{mm}^2} < \sigma_{HP} = 899{,}2 \frac{\text{N}}{\text{mm}^2}$$

*Hiermit ist die Verzahnung bezüglich der Flankenpressung hinreichend dimensioniert.*

*Es ist nun noch die Berechnung der Hertzschen Pressung im Einzeleingriffspunkt B nach* Gleichung (11.55) *erforderlich, da die Zähnezahl des*

*Ritzels $z_1 \leq 20$ ist. Die entsprechenden Hilfsgrößen zur Bestimmung des Faktors $Z_B$ sind:*

$\alpha_{wt} = \alpha_w = 20°$    $d_{b1} = 47,9$ mm    $z_1 = 17$
$d_{a1} = 57$ mm    $d_{b2} = 143,9$ mm    $z_2 = 51$
$d_{a2} = 159$ mm    $\varepsilon_\alpha = 1,63$

$$M_1 = \frac{\tan\alpha_{wt}}{\sqrt{\left[\sqrt{\left(\frac{d_{a1}}{d_{b1}}\right)^2 - 1} - \frac{2\pi}{z_1}\right] \cdot \left[\sqrt{\left(\frac{d_{a2}}{d_{b2}}\right)^2 - 1} - (\varepsilon_\alpha - 1)\frac{2\pi}{z_2}\right]}}$$

$$M_1 = 1,1 > 1 \quad \Rightarrow \quad Z_B = M_1 = 1,1$$

*Wäre die Hilfsgröße $M_1 < 1$ gewesen, hätte $M_1 = 1$ gesetzt werden müssen.*

*Damit kann die Hertzsche Pressung $\sigma_{H(B)}$ im Einzeleingriffspunkt B berechnet werden:*

$$\sigma_{H(B)} = \sigma_H \cdot Z_B = 620,8 \, \frac{N}{mm^2} \cdot 1,1 = 682,88 \, \frac{N}{mm^2}$$

$$\sigma_{H(B)} = 682,88 \, \frac{N}{mm^2} < \sigma_{HP} = 899,2 \, \frac{N}{mm^2}$$

*Auch bezüglich der Flankenbelastung im Punkt B ist die Verzahnung hinreichend dimensioniert.*

### 2 Zahnfußtragfähigkeit

*Die Berechnung der Zahnfußspannung erfolgt nach Gleichung (11.61):*

$$\sigma_F = \frac{F_t}{b \cdot m_n} \cdot Y_{Fa} \cdot Y_{Sa} \cdot Y_\beta \cdot Y_\varepsilon \cdot K_A \cdot K_V \cdot K_{F\beta} \cdot K_{F\alpha}$$

$$\sigma_F \leq \frac{2 \cdot \sigma_{F\lim}}{S_{F\min}} = \sigma_{FP}$$

$$m_n = m = 3 \text{ mm}$$

*Der Zahnformfaktor $Y_{Fa}$ lässt sich nach Bild 11.34 bestimmen:*

$z_n = z_1 = 17$    *(das Ritzel ist stärker belastet)*
$x = 0$    *(Nullverzahnung)*    $\Rightarrow$

$$Y_{Fa} = 3,07$$

*Der Spannungskorrekturfaktor $Y_{Sa}$ kann aus Bild 11.33 für $z = 17$ und $x = 0$ ermittelt werden:*
$Y_{Sa} = 1,57$

*Da die Zahnräder mit Geradverzahnung ($\beta = 0$) ausgelegt sind, ist der Schrägenfaktor nach Gleichung (11.62):*

$$Y_\beta = 1 - \varepsilon_\beta \cdot \frac{\beta}{120°} = 1$$

*Der Überdeckungsfaktor $Y_\varepsilon$ ist nach Gleichung (11.63) zu bestimmen. Mit $\beta = 0$ und $\alpha_n = \alpha_R = 20°$ gilt:*

$$\varepsilon_{\alpha n} = \frac{\varepsilon_\alpha}{1 - \sin^2\beta \cdot \cos^2\alpha_n} = \frac{\varepsilon_\alpha}{1 - 0} = 1,63$$

$$Y_\varepsilon = 0,25 + \frac{0,75}{\varepsilon_{\alpha n}} = 0,71$$

*Der Anwendungsfaktor ist $K_A = 1,1$. (s.o.)*

*Der Dynamikfaktor lässt sich nach Gleichung (11.43) berechnen. Dabei müssen die Faktoren $K_1$, $K_2$ und $K_3$ mittels der Tabelle Bild 11.28 für eine Geradverzahnung mit der Verzahnungsqualität 6 bestimmt werden:*

$K_1 = 8,5$    $K_2 = 1,123$    $K_3 = 0,0193$

$$K_V = 1 + \left(\frac{K_1 \cdot K_2}{K_A \cdot \frac{F_t}{b}} + K_3\right) \cdot \frac{z_1 \cdot v}{100} \cdot \sqrt{\frac{u^2}{1 + u^2}}$$

*mit*   $u = 3$   $z_1 = 17$   $b = 35$ mm   $F_t = 1.055$ N

*Als nächstes Hilfsgröße muss die Umfangsgeschwindigkeit $v$ am Ritzelteilkreis ermittelt werden:*

$$d_1 = 51 \text{mm}, \, n_1 = 710 \text{ min}^{-1}$$

$$v = d_1 \cdot \pi \cdot n_1 = \frac{51\text{mm} \cdot \pi \cdot 710\text{min}^{-1} \cdot 1\text{m} \cdot 1\text{min}}{60\text{s} \cdot 1.000\text{mm}}$$

$$v = 1,9 \, \frac{m}{s}$$

*Damit kann der Dynamikfaktor $K_V$ berechnet werden:*

$K_V = 1,094$

*Nun folgt die Bestimmung des Breitenfaktors $K_{F\beta}$ mit Hilfe der Gleichungen (11.64) und (11.65):*

$$K_{F\beta} = \left(K_{H\beta}\right)^N \quad mit \quad K_{H\beta} = 1,245 \; (s. \; o.)$$

$$N = \cfrac{1}{1 + \cfrac{h}{b} + \left(\cfrac{h}{b}\right)^2} \quad mit \quad h = 2,25 \cdot m = 6,75 \, mm$$

$$N = \cfrac{1}{1 + \cfrac{6,75 \, mm}{35 \, mm} + \left(\cfrac{6,75 \, mm}{35 \, mm}\right)^2} = 0,81$$

$$K_{F\beta} = \left(1,245\right)^{0,81} = 1,19$$

$$K_{F\alpha} = K_{H\alpha} = 1,27 \; (s. \; o.)$$

*Der Dauerfestigkeitswert $\sigma_{F\,lim}$ wird der Tabelle Bild 11.31 entnommen:*

$$\sigma_{F\,lim} \approx 265 \, \frac{N}{mm^2} \quad \text{für Ck 45 umlaufgehärtet}$$

*Für Industriegetriebe wird eine Mindestsicherheit $S_{F\,min} = 1,5$ gewählt.*

*Abschließend werden die berechneten Werte in die Gleichung (11.61) eingesetzt.*

$$\sigma_F = 62,5 \, \frac{N}{mm^2}$$

*Für die zulässige Pressung gilt:*

$$\sigma_{FP} = \frac{2 \cdot \sigma_{F\,lim}}{S_{F\,min}} = \frac{2 \cdot 265 \, N}{mm^2 \cdot 1,5} = 353,33 \, \frac{N}{mm^2}$$

$$\sigma_F = 62,5 \, \frac{N}{mm^2} < \sigma_{FP} = 353,33 \, \frac{N}{mm^2}$$

*Auch bezüglich der Zahnfußtragfähigkeit ist die Verzahnung hinreichend dimensioniert.*

## 11.8  Literatur zu Kapitel 11

[1] Köhler, G.; Rögnitz, H.: Maschinenteile, Teil 2. 8. Auflage, Stuttgart 1992.

[2] Haberhauer, H.; Bodenstein, F.: Maschinenelemente. 10. Auflage, Berlin, Heidelberg 1996.

[3] Fischer U. u. a.: Fachkunde Metall. 51. Auflage, Haan-Gruiten 1992.

[4] Linke, H.: Stirnradverzahnung. München 1996.

[5] Freund, H.: Konstruktionselemente. Band 2. Mannheim 1992.

[6] DIN 3990 Teil 2: Grundlagen für die Tragfähigkeitsberechnung von Gerad- und Schrägstirnrädern. Berlin 1987.

[7] DIN 3990 Teil 11: Tragfähigkeitsberechnung von Stirnrädern mit Evolventenverzahnung. Berlin 1989.

[8] Beitz, W.; Küttner, K. H.: Dubbel, Taschenbuch für den Maschinenbau. 18. Auflage, Berlin, Heidelberg, New York 1995.

[9] Decker, K.-H.: Maschinenelemente. 14. Auflage, München 1998.

[10] Niemann, G.; Winter, H.: Maschinenelemente. Band II. 2. Auflage, Berlin 1983.

[11] Roloff, H.; Matek, W.: Maschinenelemente, Lehr- und Tabellenbuch. 13. Auflage, Braunschweig/Wiesbaden 1994.

[12] Zirpke, K.: Zahnräder. 13. Auflage, Leipzig 1989.

[13] DIN 51 509 Teil 1: Auswahl von Schmierstoffen für Zahnradgetriebe. Berlin 1976.

[14] Niemann, G.; Winter, H.: Maschinenelemente. Band III. 2. Auflage, Berlin 1983.

[15] DIN 3964: Achsabstandsmaße und Achslagetoleranzen von Gehäusen für Stirnradgetriebe. Berlin 1980.

[16] DIN 3966 Teil 2: Angaben für Verzahnungen in Zeichnungen, Geradzahn-Kegelradverzahnungen. Berlin 1978.

[17] DIN 3966 Teil 3: Angaben für Verzahnungen in Zeichnungen, Schnecken- und Schneckenradverzahnungen. Berlin 1980.

[18] DIN 3967: Getriebe - Passsystem. Berlin 1978.

# 12 Hülltriebe

## 12.1 Übersicht über Hülltriebe

Hülltriebe dienen der rotierenden Leistungsübertragung zwischen zwei oder mehr Wellen. Ein biegeweiches Zugelement (Riemen, Kette) umschlingt die Führungselemente (Scheiben, Räder) und nimmt dabei die Umfangskraft als Zugkraft auf. Man unterscheidet nach Art der Kraftübertragung reibschlüssige und formschlüssige Hülltriebe.

### 12.1.1 Reibschluss (Kraftschluss)

Bei Flach-, Keil- und Rundriemengetrieben erfolgt die Kraftübertragung durch Reibung zwischen den glatten Riemenscheiben und dem biegeweichen, elastischen Riemen. Die erforderliche Anpresskraft dieser Reibpaarung muss über eine ausreichende Vorspannung des Riemens gewährleistet sein. Die Drehübertragung ist stets schlupfbehaftet und stark abhängig von den Betriebsbedingungen. Riemengetriebe mit konstanter oder stufenloser Übersetzung finden zur Leistungsübertragung vielfache Anwendungen im Maschinenbau. Beispiele: Kompressoren, Pressen, Stanzen, Werkzeugmaschinen, Textilmaschinen, Misch- und Mahlwerke.

### 12.1.2 Formschluss

Die Kraftübertragung bei Ketten- und Zahnriemengetrieben erfolgt formschlüssig und schlupffrei. Die Räder weisen eine Verzahnung auf, in die das Zugelement auf dem umschlungenen Teil formschlüssig eingreift. Im Gegensatz zu Zahnradpaarungen sind stets mehrere Zähne zeitgleich voll im Eingriff. Ketten werden in der Regel nicht vorgespannt; die Wellen werden aber durch dynamische Effekte außer mit der Umfangskraft auch mit Zusatzkräften belastet. Ketten werden zur Leistungsübertragung als Antriebsketten in Kraft- und Arbeitsmaschinen eingesetzt. Sie finden außerdem als Förderketten Anwendung zum Transport von Stück- und Schüttgütern sowie als Lastketten zum langsamen Heben von Lasten. Zahnriemen erfordern eine mäßige Vorspannung, laufen dafür aber gleichförmiger als Ketten. Besondere Bedeutung kommt den Zahnriemen in der Antriebs- und Feinwerktechnik zu.

### 12.1.3 Anordnungsmöglichkeiten

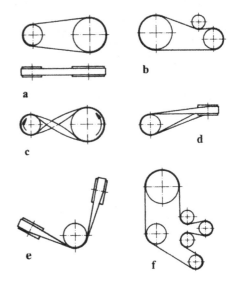

**Bild 12.1** Anordnung von Hülltrieben

Bild 12.1 stellt folgende Anordnungen dar:

a **Offener Trieb**: Üblich für alle Riemen und Ketten; für hohe Umfangsgeschwindigkeiten und wechselnde Drehrichtung geeignet.
b **Spannrollentrieb**: Erhöht Umschlingungswinkel der kleinen Scheibe; für große Übersetzungen und kleine Achsabstände verwendbar.
c **Gekreuzter Riementrieb**: Seltener; nur bei Flach- und Rundriemen möglich; eingesetzt zur Drehrichtungsumkehr.
d **Geschränkter Riementrieb**: Für $i \leq 2,5$; nur für eine Drehrichtung; der Riemen muss zwecks Führung jeweils geradlinig auflaufen.
e **Umlenkrollentrieb**: Der Winkel zwischen den Wellenachsen ist beliebig.
f **Mehrfachantriebe**: Mit Riemen und Ketten möglich; eine räumliche Anordnung ist nur mit tordierbaren Riemen möglich.

### 12.1.4 Kenngrößen

| Getriebe-art | Flach-riemen-getriebe | Keil-riemen-getriebe | Zahn-riemen-getriebe | Ketten-getriebe |
|---|---|---|---|---|
| maximale Leistung $P_{max}$ [kW] | 150 (3600) | 100 (4000) | 100 (400) | 200 (4000) |
| Über-setzung $i$ | 1 bis 5 (20) | 1 bis 8 (15) | 1 bis 8 (12) | 1 bis 6 (10) |
| maximale Drehzahl $n$ [min$^{-1}$] | 200.000 | 8.000 | 30.000 | 10.000 |
| maximale Umfangs-geschwin-digkeit $v_{max}$ [m/s] | 60 (120) | 25 (40) | 40 (70) | 10 (40) |
| Gesamt-wirkungs-grad [%] | 96 bis 98 | 92 bis 94 | 96 bis 98 | 97 bis 98 |
| spez. Bau-volumen [dm$^3$/kg] | 4,0 bis 0,5 | 3,0 bis 0,4 | 1,0 bis 0,25 | 2,0 bis 0,5 |

eingeklammerte Werte sind Extremwerte

**Bild 12.2** Kenngrößen von Hülltrieben

## 12.2 Riementriebe

### 12.2.1 Riemenarten

**Flachriemen:**
**Aufbau:** Aufgrund des hohen Reibbeiwertes wurden früher hauptsächlich Lederriemen einge-setzt; dieser Reibbeiwert wird auch von moder-nen Werkstoffen kaum erreicht. Die geringe Zugfestigkeit von Leder bestimmt jedoch die Leistungsgrenze von Lederriemen, zumal blei-bende Riemendehnungen ein Nachspannen er-forderlich machen. Heute finden Textil-, Balata-, Stahl- und insbesondere Mehrstoffriemen (Hoch-leistungsriemen) Verwendung.

Die einzelnen Schichten der Hochleistungs-riemen haben folgende Funktionen: Die hochfe-ste, dehnungsarme Zugschicht aus Polyamid, Polyesterkord o. ä. überträgt die Zugkraft. Die Reibschicht aus Chromleder (unter Zusatz von Chrom gegerbtes Leder) oder Elastomer über-trägt die Reibkraft zwischen Riemen und Schei-be. Eine zusätzliche Deckschicht schützt vor äu-ßeren Beschädigungen.

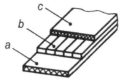

a Reibschicht
b Zugschicht
c Deckschicht

**Bild 12.3** Riemenaufbau     **Bild 12.4** Wirkprinzip

**Führung:** Die Führung des Riemens erfolgt mittels leicht balliger Riemenscheiben. Das ent-sprechende Wirkprinzip ist an einer konischen Scheibe zu erkennen, siehe Bild 12.4. Aufgrund des größeren Umfangs erfährt der Riemen eine zusätzliche Geschwindigkeitskomponente in axialer Richtung, die ihn zum größeren Durch-messer hin zieht. Eine Wölbung (Balligkeit) zentriert daher den Riemen in der Scheibenmitte.

Bei langen Riemen und Übersetzungen bis $i = 3$ führt man beide, bei Mehrfachantrieben und $i \geq 3$ nur eine Scheibe ballig aus. Die Spannung im Riemen ist am Einlauf zur kleinen Scheibe ma-ximal, s. Kap. 12.2.4. Eine Wölbung würde die-se Spannung zusätzlich erhöhen. Es ist daher günstiger, die große Scheibe ballig zu gestalten.

Zylindrische Scheiben werden verwendet für die Scheiben im geschränkten Trieb, die getriebene Scheibe im gekreuzten Trieb, Spann- und Um-lenkrollen.

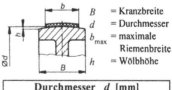

| $B$ | = Kranzbreite |
| $d$ | = Durchmesser |
| $b_{max}$ | = maximale Riemenbreite |
| $h$ | = Wölbhöhe |

| $B$ [mm] | $b_{max}$ [mm] |
|---|---|
| 25 | 20 |
| 32 | 25 |
| 40 | 32 |
| 50 | 40 |
| 63 | 50 |
| 80 | 71 |
| 100 | 90 |
| bis 400 | bis 355 |

| Durchmesser $d$ [mm] | | | | |
|---|---|---|---|---|
| 40 | 50 | 63 | 71 | 80 |
| 90 | 100 | 112 | 125 | 140 |
| 160 | 180 | 200 | 224 | 250 |
| 280 | 315 | 355 | 400 | 450 |
| 500 | 560 | 630 | bis 3150 | |

**Bild 12.5** Hauptabmessungen nach DIN 111

Die Wölbhöhe $h$ ist abhängig vom Scheiben-durchmesser $d$; für $d \geq 355$ mm ist sie auch ab-hängig von der Kranzbreite $B$, siehe DIN 111.

**Keilriemen:** Im Vergleich zu Flachriemen ist bei Keilriemen die übertragbare Umfangskraft bei gleicher Vorspannkraft etwa dreimal so groß. Für große Leistungen sind Mehrfachanordnungen von bis zu 16 Riemen möglich.

Keilriemen sind Mehrstoffriemen. Als Zugelemente dienen Kordfäden aus Polyamid, Polyester oder Kevlar, die in einem keilförmigen Kern aus Kautschuk oder Elastomer eingebettet sind. Die geschlossene Gewebeummantelung schützt und stellt das Reibelement dar. Die Führung erfolgt über die Keilrille der Riemenscheibe.

1 Zugelemente
2 Kernschicht
3 Ummantelung

$h$ = Riemenhöhe
$b_o$ = Obere Riemenbreite

**Bild 12.6** Aufbau des Keilriemens

**Normalkeilriemen:** (Endlos nach DIN 2215; endlich, d. h. mit Schloss, nach DIN 2216). Das Breitenverhältnis beträgt $b_o/h \approx 1,6$. Normalkeilriemen sind mittlerweile überholt, da der Querschnitt nicht ausgenutzt wird. Sie können im Gegensatz zum Schmalkeilriemen auch auf glatten Scheiben wie ein Flachriemen laufen.

**Schmalkeilriemen:** (Endlos nach DIN 7753). Der Schmalkeilriemen mit einem Breitenverhältnis von $b_o/h \approx 1,2$ ist der meistverwendete Riementyp. Im Vergleich zum Normalkeilriemen führen höherfeste Zugfasern bei gleicher Tragfähigkeit zu kleineren Abmessungen und zu größeren Umfangsgeschwindigkeiten. Die übertragbaren Leistungen sind höher, und der Riemen ist billiger.

**Flankenoffener Schmalkeilriemen:** Dieser Keilriemen weist im Gegensatz zu herkömmlichen Normal- und Schmalkeilriemen keine geschlossene Gewebeummantelung auf. Querliegende Elastomerfasern im Kern erhöhen die Quersteifigkeit, bieten Verschleißschutz und verbessern das Schlupf-Leistungsverhalten. Die ausgerundete Zahnung an der Riemenunterseite bewirkt eine bessere Verformbarkeit beim Lauf über kleine Riemenscheiben. Hierdurch wird der Wirkungsgrad infolge geringerer Walkarbeit und weniger Wärmeentwicklung verbessert. Da die Flanken des flankenoffenen Schmalkeilriemens

geschliffen werden, sind die Längentoleranzen relativ klein. Diese Riemen sind daher auch für Mehrfachanordnung gut geeignet.

**Doppelkeilriemen:** (DIN 7722). Diese dienen zum Antrieb von mehreren Scheiben mit entgegengesetztem Drehsinn.

**Breitkeilriemen:** (Endlos DIN 7719). Für stufenlose Verstellgetriebe werden Breitkeilriemen eingesetzt, die häufig zur biegeweicheren Gestaltung an der Innenseite gezahnt werden.

**Verbundkeilriemen:** Mehrfachanordnungen von bis zu fünf Riemen mit einer gemeinsamen Deckschicht bilden den Verbundkeilriemen. Gegenüber einzelnen Riemen werden die Längentoleranzen kleiner, und die Verdrillgefahr wird reduziert. Die Riemen sind für höhere Leistungen und Stoßbelastungen geeignet, weisen jedoch eine schlechte Selbstreinigung auf, da Abrieb nicht nach außen weggeschleudert werden kann.

**Keilrippenriemen:** (DIN 7867). Der Keilrippenriemen ist ähnlich dem Verbundkeilriemen aufgebaut. Er ist sehr biegeweich. Hierdurch ermöglicht er große Übersetzungen durch kleinste Scheibendurchmesser (ca. 20 mm). Der Wirkungsgrad ist gut, jedoch sind die Scheiben teurer. Es erfolgt keine Selbstreinigung.

Normal-       Schmal-       Doppel-       flankenoffener
keilriemen   keilriemen    keilriemen    Schmalkeilriemen

Breitkeilriemen   Verbundkeilriemen   Keilrippenriemen

**Bild 12.7** Keilriemenprofile

**Rundriemen:** Rundriemen können als Mehrstoffriemen mit Zugstrang aus Kordfasern in verschleißfester Gewebeummantelung ausgeführt sein. Sie können auch

**Bild 12.8** Rundriemen mit Zugstrang

ohne Zugstrang aus einer homogenen Gummi-mischung bestehen, die elastisch, abriebfest und alterungsbeständig ist. Die Führung erfolgt in einer Keilrillenscheibe mit einem Keilwinkel von 60° bzw. 90° für Rundriemen mit bzw. ohne Zugstrang.

Rundriemen sind sehr gut tordierbar und werden vorwiegend mit Zugstrang in Antrieben mit räumlicher Umlenkung eingesetzt (gekreuzter Trieb, Mehrfachantrieb). Ohne Zugstrang finden Rundriemen wegen der hohen Gleichlaufge-nauigkeit Anwendung in Präzisionsgeräten wie z. B. Tonbandgeräten.

### 12.2.2 Teilung von Riemen

Endlos gefertigte Riemen werden in Leistungs-getrieben eingesetzt, da der Querschnitt voll ausgenutzt werden kann. Sie laufen sehr ruhig, sind in fein abgestuften Längen und Breiten er-hältlich und sollten endlich gefertigten Riemen vorgezogen werden.

Endliche Riemen (Meterware) werden auf Maß zugeschnitten, um die Scheiben gelegt, vorge-spannt und dann am Stoß gefügt. Geklebte oder vulkanisierte Verbindungen weisen einen gerin-gen Verlust an Zugfestigkeit (bis 10 %) auf.

Mechanische Riemenverbinder sind nur für klei-ne Umfangsgeschwindigkeiten sowie geringere Leistungen geeignet und rufen höhere Laufge-räusche hervor. Riemenverbinder sind nur ein-zusetzen, wenn der Riemenwerkstoff weder ge-klebt noch vulkanisiert werden kann.

Gliederkeilriemen aus knöpfbaren Einzel-gliedern stellen eine Sonderform dar. Sie sind leicht zu handhaben und haben nur eine geringe Tragfähigkeit (z. B. für Laborzwecke).

### 12.2.3 Kräfte

Der ziehende Riemenstrang wird als Lasttrum bezeichnet, der gezogene Riemenstrang als Leertrum. Der Umschlingungswinkel $\beta$ ent-spricht dem vom Riemen umschlungenen Schei-benbereich.

Die Resultierende der beiden Kräfte im Lasttrum und im Leertrum wirkt als Achskraft auf die Welle. Sie wird wie folgt berechnet:

$$F_A = \sqrt{F_1^2 + F_2^2 - 2 \cdot F_1 \cdot F_2 \cdot \cos\beta} \qquad (12.1)$$

Die Differenz der Trumkräfte ist eine tangential zu den Riemenscheiben wirkende Kraft; sie wird durch Reibung übertragen. Die Seilreibungsfor-mel nach *Eytelwein* beschreibt das Verhältnis der Trumkräfte. Sie berücksichtigt den Gleit-reibwert $\mu_G$ sowie den Umschlingungswinkel $\beta$ (im Bogenmaß) und gibt die maximale Trum-kraft $F_{1\,max}$ an, bei deren Überschreitung der Riemen durchrutscht.

$$F_t = F_1 - F_2 \qquad (12.2)$$

$$F_{1\,max} = F_2 \cdot e^{\mu_G \cdot \beta} \qquad (12.3)$$

Das übertragbare Drehmoment steigt mit dem Umschlingungswinkel und Gleitreibwert (hohe Reibung durch Werkstoffpaarung; ggf. Keilwir-kung am Keilriemen) sowie durch Vorspannung des Riemens, s. Kap. 12.2.7. Ein nicht vorge-spannter Riemen ($F_2 = 0$) kann kein Drehmo-ment übertragen.

$$T = \frac{d}{2} \cdot F_t \qquad (12.4)$$

$$T_{max} = \frac{d}{2} \cdot F_2 \cdot \left(e^{\mu_G \cdot \beta} - 1\right) \qquad (12.5)$$

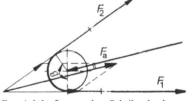

$F_a$ = Achskraft    $d$ = Scheibendurchmesser
$F_1$ = Lasttrumkraft    $\mu_G$ = Gleitreibwert
$F_2$ = Leertrumkraft    $\beta$ = Umschlingungsw. (Bogenmaß)
$F_t$ = Umfangskraft    $T$ = Drehmoment

**Bild 12.9** Kräfteansatz an der Riemenscheibe

### 12.2.4 Spannungen im Riemen

Aus den Trumkräften resultieren die Trum-spannungen.

$$\sigma_1 = \frac{F_1}{A} \quad \text{und} \quad \sigma_2 = \frac{F_2}{A} \qquad (12.6)$$

Über die gesamte Riemenlänge wirkt die konstante Fliehkraftspannung, die von der Riemengeschwindigkeit $v$ und der Riemendichte $\rho$ abhängt:

$$\sigma_f = \rho \cdot v^2 \qquad (12.7)$$

Durch die Umlenkung des Riemens an den Scheiben entsteht dort zusätzlich eine Biegespannung. Die Biegespannung an der kleinen Scheibe ist größer als die an der großen Scheibe.

$$\sigma_b = E_b \cdot \frac{s}{s+d} \qquad (12.8)$$

$$\sigma_{b\,max} = E_b \cdot \frac{s}{s+d_k} \qquad (12.9)$$

Diese drei Spannungen überlagern sich additiv zu der gesamten wirkenden Spannung. Die höchste Spannung entsteht am Einlauf zur kleinen Riemenscheibe, siehe Bild 12.10.

Die Formeln gelten für einen homogenen Riemenwerkstoff. Für Mehrschichtriemen sind sie sinngemäß abzuwandeln.

$$\sigma_{max} = \sigma_1 + \sigma_f + \sigma_{b\,max} \leq \sigma_{zul} \qquad (12.10)$$

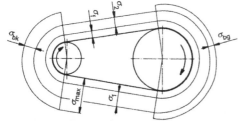

$\sigma_1$ = Lasttrumspannung
$\sigma_2$ = Leertrumspannung
$\sigma_f$ = Fliehkraftspannung
$F_1$ = Lasttrumkraft
$F_2$ = Leertrumkraft
$A$ = Riemenquerschnitt
$\rho$ = Riemendichte
$v$ = Riemengeschwindigkeit

$\sigma_b$ = Biegespannung
$\sigma_{b\,max}$ = max. Biegespannung
$\sigma_{max}$ = max. Gesamtspannung
$E_b$ = Biege-E-Modul
$d$ = Durchmesser
$d_k$ = kleiner Durchmesser
$s$ = Riemendicke

**Bild 12.10** Spannungsverteilung im Riemen

**Zulässige Spannungen:**
Die zulässige Beanspruchung ist begrenzt durch die Ermüdung des Riemenwerkstoffs infolge der Walkarbeit. Die Walkarbeit ist eine Größe, in die die Biegespannung und die Biegefrequenz eingehen. Die zulässige Spannung $\sigma_{zul}$ wird experimentell in Versuchen ermittelt.
Anhaltswerte:
$\sigma_{zul} \approx 4\ \text{N/mm}^2$ für massive Lederriemen.
$\sigma_{zul} \approx 10\ \text{N/mm}^2$ für Hochleistungsriemen, bezogen auf den gesamten Riemenquerschnitt $A$.

Die Auslegung erfolgt in der Regel mit spezifischen Lastwerten, abhängig von Drehzahl, kleinem Scheibendurchmesser, Werkstoff, Riementyp, -länge und -größe (siehe Herstellerkataloge). Üblicherweise wird die spezifische Nennleistung als Quotient aus zulässiger Leistung zur Riemenbreite ermittelt.

**Fliehkraftspannung $\sigma_f$:**
Mit steigender Riemengeschwindigkeit steigt die Fliehkraftspannung quadratisch an, siehe Gleichung (12.7). Daher wird bei hoher Geschwindigkeit ein großer Anteil der zulässige Riemenspannung für die Fliehkraftspannung benötigt, so dass für die Trumspannung nur ein kleinerer Anteil verbleibt. Bei hohen Laufgeschwindigkeiten ist die übertragbare Kraft daher geringer.

Für einen maximalen Wirkungsgrad, d. h. eine möglichst große übertragbare Leistung, muss daher die optimale Riemengeschwindigkeit bestimmt werden (s. Kap. 12.2.8).

### 12.2.5 Dehnungen und Schlupf

Aus den Spannungen $\sigma_1$, $\sigma_2$, $\sigma_f$ und $\sigma_b$ resultieren die Dehnungen $\varepsilon_1$, $\varepsilon_2$, $\varepsilon_f$ und $\varepsilon_b$. Die Fliehkraftdehnung $\varepsilon_f$ ist konstant über die Riemenlänge. Die Riemendehnung $\varepsilon_b$ infolge Biegung tritt nur in den Randfasern des Riemens auf, nicht in der Riemenmitte.

$$\varepsilon_1 = \frac{\sigma_1}{E_z} \qquad \varepsilon_2 = \frac{\sigma_2}{E_z} \qquad (12.11)$$

$$\varepsilon_b = \frac{\sigma_b}{E_b} \qquad E_b = \text{Biege-E-Modul} \qquad (12.12)$$

$$\varepsilon_f = \frac{\sigma_f}{E_z} \qquad E_z = \text{Zug-E-Modul} \qquad (12.13)$$

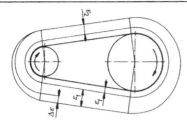

$\varepsilon_1$ = Lasttrumdehnung    $\varepsilon_2$ = Leertrumdehnung
$\varepsilon_f$ = Fliehkraftdehnung    $\Delta\varepsilon$ = Dehnungsdifferrenz

**Bild 12.11** Dehnungen im Riemen

**Dehnschlupf:**
Die Differenz $\Delta\varepsilon$ der Trumdehnungen besagt, dass die Dehnung des Riemens im Lasttrum und im Leertrum unterschiedlich ist. Während des Laufs über die Scheiben muss der Riemen seine Dehnung also ändern. Er hat daher am Scheibeneinlauf und Scheibenauslauf unterschiedliche Geschwindigkeiten. Dies hat eine ständige Relativbewegung zwischen Riemen und Scheibe zur Folge. Aus diesem Grunde muss in der *Eytelwein*schen Beziehung mit dem Gleitreibwert $\mu_G$ gerechnet werden; außerdem müssen die Riemenscheiben eine glatte Oberfläche besitzen, um den Verschleiß des Riemens klein zu halten.

$$\boxed{\Delta\varepsilon = \varepsilon_1 - \varepsilon_2} \tag{12.14}$$

Der Schlupf $\psi$ wird über die Differenz der Umfangsgeschwindigkeiten berechnet.

$$\boxed{\psi = \frac{v_{an} - v_{ab}}{v_{an}}} \tag{12.15}$$

Für die Berechnung des Dehnschlupfs $\psi_s$ gilt entsprechend:

$$\boxed{\psi_s = \frac{v_1 - v_2}{v_1}} \tag{12.16}$$

**Ausnutzungsgrad $\upsilon$:**
Beim Überschreiten von $F_{1\,max}$ gemäß Gleichung (12.3) rutscht der Riemen nicht plötzlich durch; vielmehr beginnt der Schlupf $\psi$ schon bei $F_1 > 0{,}7 \cdot F_{1\,max}$ überproportional anzusteigen. Der Ausnutzungsgrad $\upsilon$ wird wie folgt berechnet:

$$\boxed{\upsilon = \frac{F_1}{F_{1\,max}} < 0{,}7} \tag{12.17}$$

Der Gesamtschlupf beträgt im Betrieb ungefähr $\psi \approx 0{,}01$, wenn der Ausnutzungsgrad $\upsilon < 0{,}7$ ist.

**Übersetzungsverhältnis $i$:**
Für das Übersetzungsverhältnis gilt allgemein:

$$\boxed{i = \frac{\omega_{an}}{\omega_{ab}}} \tag{12.18}$$

Bei Riementrieben gilt in grober Näherung:

$$\boxed{i \approx \frac{d_{ab}}{d_{an}}} \tag{12.19}$$

Oder etwas genauer unter Berücksichtigung des Schlupfes $\psi$ und der Riemendicke $s$:

$$\boxed{i = \frac{d_{ab} + s}{d_{an} + s} \cdot \frac{1}{1 - \psi}} \tag{12.20}$$

$$\boxed{i \approx 1{,}015 \cdot \frac{d_{ab}}{d_{an}}} \tag{12.21}$$

## 12.2.6 Reibung und Gleitung am Keilriemen

Der Keilwinkel beträgt etwa $\alpha \approx 32°...38°$, abhängig vom Riemenscheibendurchmesser bzw. der Krümmung des Riemens. Durch das Keilprinzip wird die radiale Anpresskraft $F_r$ mittels zweier gleich großer Normalkräfte $F_n$ abgestützt, siehe Bild 12.12.

$$\boxed{F_n = \frac{F_r}{2 \cdot \sin\frac{\alpha}{2}}} \tag{12.22}$$

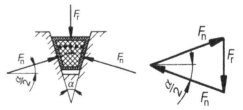

$F_r$ = Radialkraft    $F_n$ = Normalkraft    $F_t$ = Umfangskraft
$\mu_G$ = Reibwert    $\alpha$ = Keilwinkel
$\mu'_G$ = scheinbarer Reibwert

**Bild 12.12** Keilwirkung und Krafterlegung

Die beiden Normalkräfte $F_n$ stehen senkrecht auf den Flanken des Riemens und übertragen die Umfangskraft durch Reibung. Für die gesamte Reibkraft $F_R$ gilt dann:

$$F_R = F_t = 2 \cdot \mu_G \cdot F_n = \mu_G \cdot \frac{1}{\sin\dfrac{\alpha}{2}} \cdot F_r \qquad (12.23)$$

Im Gegensatz dazu überträgt ein Flachriemengetriebe mit der gleichen radialen Anpresskraft $F_r$ die Reibkraft $F_R = F_t = \mu_G \cdot F_n$. Der Vergleich liefert für das Keilriemengetriebe den scheinbaren Reibwert $\mu_G'$, der tatsächlich die Kraftverstärkung infolge der Keilwirkung und die doppelte Reibflächenanzahl beinhaltet.

$$\mu_G' = \frac{\mu_G}{\sin\dfrac{\alpha}{2}} \approx 2,5\ldots3\ldots3,5 \qquad (12.24)$$

$$F_{1\,max} = F_2 \cdot e^{\mu_G' \cdot \beta} \qquad (12.25)$$

Je kleiner der Keilwinkel ist, desto größer ist der scheinbare Reibwert. Jedoch wird die Klemmwirkung größer; für $\alpha < 20°$ besteht Selbsthemmung, so dass der Riemen beim Ablaufen aus den Riemenscheiben herausgezogen werden muss.

### 12.2.7 Vorspannung

Aus der Gleichung (12.3) für die Seilreibung folgt, dass nur dann ein Drehmoment übertragen werden kann, wenn der Riemen mit der Kraft $F_2$ vorgespannt ist. Die Vorspannung kann nach den folgenden drei Prinzipien aufgebracht werden:

**Feste Vorspannung:**
Der Riemen wird durch Riemenkürzung oder Achsabstandsvergrößerung elastisch gedehnt. Da dies konstruktiv relativ einfach realisiert werden kann, ist die feste Vorspannung das gebräuchlichste Prinzip (Motor auf Spannschienen oder schwenkbar, feste Spannrolle). Der Verstellweg sollte etwa 3 % der Riemenlänge betragen. Eine feststehende Spannrolle im Leertrum vergrößert den Umschlingungswinkel, reduziert jedoch die

Lebensdauer des Riemens infolge erhöhter Walkarbeit.

Aufgrund moderner Riemenwerkstoffe mit minimaler bleibender Dehnung ist ein Nachspannen in der Regel nicht erforderlich. Die Achskraft bzw. die Summe der Trumkräfte sind nahezu konstant (Anhaltswerte: Flachriemen: $F_A \approx 4 \cdot F_t$, Keilriemen: $F_A \approx 2 \cdot F_t$). Steigt das Moment, fällt die Leertrumkraft bis zum Durchrutschen des Riemens ab. Somit ist zusätzlich eine Überlastsicherung vorhanden, siehe Bild 12.13.

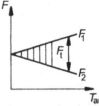

**Bild 12.13** Trumkräfte bei fester Vorspannung

**Konstante Vorspannkraft:**
Eine konstante Vorspannkraft wird durch eine feder- oder gewichtsbelastete Spannrolle im Leertrum erzeugt. Diese drückt von außen gegen das Leertrum und erzeugt so eine konstante Leertrumkraft, siehe Bild 12.14. Dieses Prinzip wird bei kleinen Achsabständen und großen Übersetzungen angewendet. Die erhöhte Walkarbeit vermindert die Lebensdauer der Riemen, insbesondere bei Keilriemen ist dieses Prinzip zu meiden. Die Lösung ist konstruktiv aufwendiger als die feste Vorspannung, und die Achskraft ist größer; es lassen sich jedoch höhere Drehmomente übertragen.

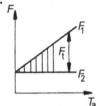

**Bild 12.14** Trumkräfte bei konstanter Vorspannkraft

**Selbstspannung:**
Hierbei ist die Motor- bzw. Getriebeeinheit schwenkbar um einen exzentrisch angeordneten Punkt gelagert, beispielsweise auf einer Wippe. Eine geringe Vorspannung des Riemens im Stillstand wird durch Überhang des Motorgewichts oder durch Federn erzeugt. Bei Steigerung des Drehmoments wächst die Vorspannkraft durch das Reaktionsmoment des Motors. Sie stellt sich so auf den Betriebszustand ein, siehe Bild 12.15. Bei Teillast sind die Trumspannungen niedrig, der Riemen wird daher geschont. Bei Überlast

kann der Riemen aufgrund der mit der Belastungssteigerung ebenfalls wachsenden Vorspannkraft nicht durchrutschen; er wird daher zerstört. Bleibende Riemendehnungen werden durch die Selbstspannung ausgeglichen. Bei Belastungsschwankungen besteht die Gefahr unerwünschter Schwingungen. Wegen des hohen konstruktiven Aufwandes sollte der Selbstspanntrieb nur eingesetzt werden, wenn der technische Nutzen dies rechtfertigt.

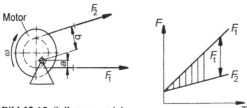

**Bild 12.15** Selbstspanntrieb

Für eine einwandfreie Funktion des Selbstspanntriebes muss das den Riemen spannende Moment um den Drehpunkt größer als das entspannende Moment sein:

$$F_1 \cdot a > F_2 \cdot b \quad \Rightarrow \quad \frac{b}{a} < \frac{F_1}{F_2} = e^{\mu_G \cdot \beta} \qquad (12.26)$$

## 12.2.8 Leistung und Wirkungsgrad

Die übertragbare Leistung (Nutzleistung) wird wie folgt berechnet:

$$P = v \cdot F_t = v \cdot A \cdot \left(\sigma_1 - \sigma_2\right) \qquad (12.27)$$

Für eine hohe Nutzleistung sind also große Trumspannungen und eine hohe Laufgeschwindigkeit erforderlich. Bei hohen Riemengeschwindigkeiten wird jedoch der größte Teil der zulässigen Riemenspannung für die Fliehkraftspannung verbraucht, so dass die Trumspannungen klein sein müssen, siehe Gleichung (12.10). Bei großen Trumspannungen dagegen verbleibt nur ein kleinerer Teil der zulässigen Spannung für die Fliehkraftspannung, der Riemen muss also langsam laufen. In beiden Fällen wird die übertragbare Leistung klein; zwischen den beiden Extremfällen muss daher eine optimale Riemengeschwindigkeit $v_{opt}$ liegen, bei der die Nutzleistung maximal ist:

$$v_{opt} = \sqrt{\frac{\sigma_{zul} - \sigma_{b\,max}}{3 \cdot \rho}} \qquad (12.28)$$

$P$ = Nutzleistung  $\qquad \sigma_{b\,max}$ = maximale Biegespannung
$F_t$ = Umfangskraft  $\qquad \sigma_{1,2}$ = Trumspannungen
$\rho$ = Riemendichte  $\qquad \sigma_{zul}$ = zulässige Spannung
$A$ = Riemenquerschnitt  $\quad v$ = Riemengeschwindigkeit

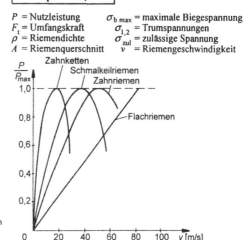

**Bild 12.16** Optimale Riemengeschwindigkeit

**Leistungsverluste** setzen sich prinzipiell aus den folgenden Anteilen zusammen:
– Dehnschlupfverlust $P_{VS}$
– Biegeverlust $P_{VB}$ beim Auf- und Ablaufen des Riemens (innere Reibung, Walkarbeit), abhängig von Riemendicke $s$ und Scheibendurchmesser $d$; Anhaltswerte:
  Flachriemen: $P_{VB} < 0,03\,\%$ für $s/d \approx 1/100$
  $\qquad\qquad\quad P_{VB} \approx 1\,\%$  für $s/d \approx 1/50$
  Keilriemen: $P_{VB} \approx 1...3\,\%$
– Luftreibungsverluste $P_{VL}$ bei Riemenlängen über 10 m und Riemengeschwindigkeiten über 40 m/s, $P_{VL} \approx 1\,\%$. Noch größere Verluste können durch ungünstig gestaltete Riemenscheiben verursacht werden.
– Klemmverluste $P_{VK}$ bei Keilriemen.

**Wirkungsgrad $\eta$:**
Im Bereich optimaler Riemengeschwindigkeit ergeben sich dann folgende Wirkungsgrade:
Flachriemen: $\eta = 0,96...0,98$  (Stahlband 0,99)
Keilriemen:  $\eta = 0,93...0,95$  (Einzelriemen)
$\qquad\qquad\quad \eta = 0,90...0,93$  (Mehrfachriemen mit abgestimmten Längen)

## 12.2.9 Eigenschaften

Riementriebe haben etwa die gleichen Übersetzungsbereiche und Wirkungsgrade wie Zahnradgetriebe, bei Keilriemengetrieben ist der Wirkungsgrad etwas ungünstiger. Riementriebe haben folgende Vor- und Nachteile:

**Vorteile:**
- geräuscharmer Lauf
- elastische Stoßmilderung, Schwingungsdämpfung
- hohe Laufruhe und Gleichförmigkeit
- einfacher Aufbau, auch ohne Gehäuse
- einfache, preisgünstige Bauelemente
- wartungsarm
- vielseitige Anordnungsmöglichkeiten bezüglich Wellenlage und Drehsinn
- Durchrutschen bei Überlastung
- keine Schmierung erforderlich

**Nachteile:**
- größerer Achsabstand, höheres Bauvolumen
- größere Lager- und Wellenbelastungen
- Schwankungen im Übersetzungsverhältnis und Leistungsverlust durch Dehnschlupf
- Nachspannmöglichkeit oder Selbstspannvorrichtung erforderlich
- empfindlich gegen Feuchtigkeit und hohe Temperaturen (Dehnungen des Riemens)
- empfindlich gegen Staub, Schmutz und Öl (Verringerung des Reibbeiwertes)

**Spezielle Eigenschaften:**
Flachriemen:
- einfachste Bauart
- höchste Umfangsgeschwindigkeiten
- höchste Lager- und Wellenbelastung durch größte Vorspannung
- besonders gleichförmige Bewegungsübertragung

Rundriemen:
- sehr gut tordierbar, daher beliebig räumlich umlenkbar und kreuzbar
- hohe Gleichlaufgenauigkeit (Präzisionsgeräte)

Keilriemen:
- kleinere Lager- und Wellenbelastung durch geringere Vorspannung im Vergleich zu Flachriemen
- kleinere Achsabstände bei größeren Übersetzungen

- schlechterer Wirkungsgrad im Vergleich zu Flachriemen.
- Mehrfachanordnung von parallelen Keilriemen ermöglicht hohe Leistungen, jedoch bei noch geringerem Wirkungsgrad.

### 12.2.10 Auslegung und Berechnung

Die Auslegung von Riementrieben ist abhängig vom Riementyp und der Anordnung des Riementriebs. Der endlose Schmalkeilriemen ist der am häufigsten verwendete Riementyp; die Berechnung hierfür erfolgt nach DIN 7753. Andere Riementypen werden nach einem ähnlichen Schema unter Verwendung von tabellierten Faktoren und Diagrammen ausgelegt. Hier empfiehlt es sich, die vom Hersteller beschriebenen Verfahren anzuwenden.

**Schmalkeilriemenberechnung nach DIN 7753:**

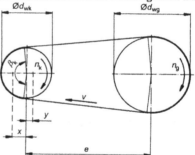

$\beta_k$ = Umschlingungswinkel der kleinen Scheibe
$n_k$ = Drehzahl der kleinen Scheibe (hier treibend)
$n_g$ = Drehzahl der großen Scheibe
$d_{wk}$ = Wirkdurchmesser der kleinen Scheibe
$d_{wg}$ = Wirkdurchmesser der großen Scheibe
$v$ = Riemengeschwindigkeit $\quad e$ = Achsabstand
$x$ = Einstellbereich des Achsabstandes zum Spannen
$y$ = Einstellbereich des Achsabstandes zur Montage

**Bild 12.17** Bezeichnungen und Maße im Riementrieb

Für die Berechnung des Schmalkeilriementriebs nach DIN 7753 müssen die folgende Größen bekannt sein:
- Antriebsleistung $P$ in kW
- Antriebsdrehzahl $n_k$ in U/min
- Übersetzungsverhältnis $i$
- Tägliche Betriebsdauer in h

Die Berechnung der gesuchten Größen läuft dann in folgenden Schritten ab:

① Ermittlung des Betriebsfaktors $c_2$

② Wahl des Riemenprofils

③ Wirkdurchmesser $d_{wk}$ und $d_{wg}$

④ Vorläufiger Achsabstand $e^*$ und vorläufige Wirklänge des Riemens $l_w^*$

⑤ Endgültige Wirklänge des Riemens $l_w$, endgültiger Achsabstand $e$ und notwendige Verstellwege $x$ und $y$

⑥ Ermittlung der erforderlichen Riemenanzahl $z$

**① Ermittlung des Betriebsfaktors $c_2$:**
Der Betriebsfaktor $c_2$ wird mittels der Tabelle, Bild 12.18, bestimmt. Er hängt ab von der Art der Antriebsmaschine und der Arbeitsmaschine sowie von der täglichen Betriebsdauer. Beispiele für Maschinen sind im folgenden aufgeführt:

**Leichte Arbeitsmaschinen:** Kreiselpumpen, Kreiselkompressoren, Bandförderer (leichtes Gut), Ventilatoren, Pumpen bis 7,5 kW

**Mittelschwere Arbeitsmaschinen:** Blechscheren, Pressen, Ketten- und Bandförderer (schweres Gut), Schwingsiebe, Generatoren, Knetmaschinen, Werkzeugmaschinen (Dreh- und Schleifmaschinen), Waschmaschinen, Druckereimaschinen, Ventilatoren, Pumpen über 7,5 kW

**Schwere Arbeitsmaschinen:** Mahlwerke, Kolbenkompressoren, Hochlast-, Wurf- und Stoßförderer (Schneckenförderer, Plattenbänder, Becher-, Schaufelwerke), Aufzüge, Brikettpressen, Textilmaschinen, Papiermaschinen, Kolbenpumpen, Baggerpumpen, Sägegatter, Hammermühlen

**Sehr schwere Arbeitsmaschinen:** Hochbelastete Mahlwerke, Steinbrecher, Kalander, Mischer, Winden, Krane, Bagger

**leichtere Antriebsmaschinen:**
Wechsel- und Drehstrommotoren mit normalem Anlaufmoment (bis 2fachem Nennmoment) z. B. Synchron- und Einphasenmotoren mit Anlasshilfsphase, Drehstrommotoren mit Direkteinschaltung, Stern-Dreieck-Schalter oder Schleifring-Anlasser; Gleichstromnebenschlussmotoren und Turbinen mit $n$ über 600 min⁻¹

**schwere Antriebsmaschinen**
Wechsel- und Drehstrommotoren mit hohem Anlaufmoment (über 2fachem Nennmoment), z.

B. Einphasenmotoren mit hohem Anlaufmoment, Gleichstromhauptschlussmotoren in Serienschaltung und Kompound; Verbrennungsmotoren und Turbinen mit $n$ bis 600 min⁻¹

| Arbeits-Maschinen | Antriebsmaschinen | | | | | |
|---|---|---|---|---|---|---|
| | leichter | | | schwerer | | |
| | tägliche Betriebsdauer in h | | | | | |
| | bis 10 | über 10 | über 16 | bis 10 | über 10 | über 16 |
| Leichte Arbeitsmaschinen | 1 | 1,1 | 1,2 | 1,1 | 1,2 | 1,3 |
| Mittelschwere Arbeitsmasch. | 1,1 | 1,2 | 1,3 | 1,2 | 1,3 | 1,4 |
| Schwere Arbeitsmaschinen | 1,2 | 1,3 | 1,4 | 1,4 | 1,5 | 1,6 |
| Sehr schwere Arbeitsmasch. | 1,3 | 1,4 | 1,5 | 1,5 | 1,6 | 1,8 |

**Bild 12.18** Betriebsfaktor $c_2$

**② Wahl des Riemenprofils:**
Nach Bild 12.19 wird über die Drehzahl der kleinen Riemenscheibe und die mit dem Faktor $c_2$ beaufschlagte Antriebsleistung das Riemenprofil ermittelt. Maßangaben des auszuwählenden Profils sind Bild 12.20 zu entnehmen.

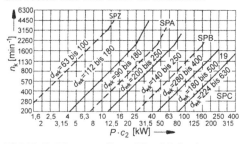

**Bild 12.19** Riemenprofile und Bereich für $d_{wk}$

| Profil | SPZ | SPA | SPB | SPC | 19 |
|---|---|---|---|---|---|
| $b_o$ | 9,7 | 12,7 | 16,3 | 22 | 18,6 |
| $b_w$ | 8,5 | 11 | 14 | 19 | 16 |
| $h$ | 8 | 10 | 13 | 18 | 15 |
| $d_{w\,min}$ | 63 | 90 | 140 | 224 | 180 |

$b_o$ = obere Riemenbreite   $b_w$ = Wirkbreite   $h$ = Riemenhöhe
$d_{w\,min}$ = Richtdurchmesser der zugehörigen Riemenscheibe nach DIN 2211 T1

**Bild 12.20** Riemenmaße nach DIN 7753 T1

③ **Wirkdurchmesser $d_{wk}$ und $d_{wg}$:**
Um die Abmessungen des Riemengetriebes gering zu halten, sollte der Wirkdurchmesser $d_{wk}$ der kleinen Scheibe möglichst klein gewählt werden; er darf den in Bild 12.19 angegebenen Wert $d_{w\,min}$ jedoch nicht unterschreiten. Mögliche Durchmesser der Riemenscheiben sind in DIN 2211 genormt (i. a. Normzahlen der Reihe R 20), siehe auch Bild 12.22 bis 12.26.

Für den Wirkdurchmesser $d_{wg}$ der großen Scheibe gilt bei Übersetzung ins Langsame (kleine Scheibe treibend):

$$d_{wg} \approx \frac{i}{1{,}015} \cdot d_{wk} \tag{12.29}$$

Entsprechend gilt bei Übersetzung ins Schnelle (große Scheibe treibend):

$$d_{wg} \approx \frac{1{,}015}{i} \cdot d_{wk} \tag{12.30}$$

Beide Formeln berücksichtigen den Drehzahlverlust durch Dehnschlupf gemäß Gleichung (12.21). Auch für die große Scheibe sind möglichst Durchmesser nach DIN 2211 oder gemäß Herstellerangaben zu verwenden.

④ **Vorläufiger Achsabstand $e^*$ und vorläufige Wirklänge des Riemens $l_w{}^*$:**
Der Achsabstand und die hierfür erforderliche Riemenlänge werden zunächst vorläufig festgelegt und anschließend mit Hilfe genormter Riemenlängen korrigiert. Als Anhaltswert gilt für den vorläufigen Achsabstand $e^*$, sofern er nicht durch andere Bedingungen festgelegt ist:

$$e^* = 0{,}9 \cdot \left(d_{wg} + d_{wk}\right) \tag{12.31}$$

Hieraus ergibt sich die vorläufige Wirklänge $l_w{}^*$:

$$l_w^* = 2 \cdot e^* + 1{,}57 \cdot \left(d_{wg} + d_{wk}\right) + \frac{\left(d_{wg} - d_{wk}\right)^2}{4 \cdot e^*} \tag{12.32}$$

⑤ **Endgültige Wirklänge des Riemens $l_w$, endgültiger Achsabstand $e$ und notwendige Verstellwege $x$ und $y$:**
Im nächsten Schritt wird die endgültige Wirklänge des Riemens $l_w$ aus der Tabelle, Bild 12.21, gewählt ($l_w \approx l_w{}^*$):

| | | | | | | | |
|---|---|---|---|---|---|---|---|
| SPZ | $l_w$ | 630 | 710 | 800 | 900 | 1000 | 1120 |
| | $c_3$ | 0,82 | 0,84 | 0,86 | 0,88 | 0,9 | 0,93 |
| | $l_w$ | 1250 | 1400 | 1600 | 1800 | 2000 | 2240 |
| | $c_3$ | 0,94 | 0,96 | 1 | 1,01 | 1,02 | 1,05 |
| | $l_w$ | 2500 | 2800 | 3150 | 3550 | | |
| | $c_3$ | 1,07 | 1,09 | 1,11 | 1,13 | | |
| SPA | $l_w$ | 800 | 900 | 1000 | 1120 | 1250 | 1400 |
| | $c_3$ | 0,81 | 0,83 | 0,85 | 0,87 | 0,89 | 0,91 |
| | $l_w$ | 1600 | 1800 | 2000 | 2240 | 2500 | 2800 |
| | $c_3$ | 0,93 | 0,95 | 0,96 | 0,98 | 1 | 1,02 |
| | $l_w$ | 3150 | 3550 | 4000 | 4500 | | |
| | $c_3$ | 1,04 | 1,06 | 1,08 | 1,09 | | |
| SPB | $l_w$ | 1250 | 1400 | 1600 | 1800 | 2000 | 2240 |
| | $c_3$ | 0,82 | 0,84 | 0,86 | 0,88 | 0,90 | 0,92 |
| | $l_w$ | 2500 | 2800 | 3150 | 3550 | 4000 | 4500 |
| | $c_3$ | 0,94 | 0,96 | 0,98 | 1 | 1,02 | 1,04 |
| | $l_w$ | 5000 | 5600 | 6300 | 7100 | 8000 | |
| | $c_3$ | 1,06 | 1,08 | 1,10 | 1,12 | 1,14 | |
| SPC | $l_w$ | 2240 | 2500 | 2800 | 3150 | 3550 | 4000 |
| | $c_3$ | 0,83 | 0,86 | 0,88 | 0,9 | 0,92 | 0,94 |
| | $l_w$ | 4500 | 5000 | 5600 | 6300 | 7100 | 8000 |
| | $c_3$ | 0,96 | 0,98 | 1 | 1,02 | 1,04 | 1,06 |
| | $l_w$ | 9000 | 10000 | 11200 | 12500 | | |
| | $c_3$ | 1,08 | 1,10 | 1,12 | 1,14 | | |
| 19 | $l_w$ | 1600 | 1800 | 2000 | 2240 | 2500 | 2800 |
| | $c_1$ | 0,85 | 0,87 | 0,89 | 0,91 | 0,93 | 0,94 |
| | $l_w$ | 3150 | 3550 | 4000 | 4500 | 5000 | 5600 |
| | $c_3$ | 0,96 | 0,97 | 0,98 | 1 | 1,03 | 1,05 |
| | $l_w$ | 6300 | 7100 | 8000 | 9000 | 10000 | |
| | $c_3$ | 1,07 | 1,09 | 1,10 | 1,12 | 1,14 | |

**Bild 12.21** Wirklänge $l_w$ und Längenfaktor $c_3$

Der endgültige Achsabstand $e$ wird mittels der Hilfsgrößen $p$ und $q$ berechnet:

$$e = p + \sqrt{p^2 - q} \tag{12.33}$$

$$p = 0{,}25 \cdot l_w - 0{,}393 \cdot \left(d_{wg} + d_{wk}\right) \tag{12.34}$$

$$q = 0{,}125 \cdot \left(d_{wg} - d_{wk}\right)^2 \tag{12.35}$$

Um den Riemen montieren zu können, muss der Achsabstand um den Verstellweg $y$ verkleinert werden können; zum Nachspannen bei plastischer Längung des Riemens ist der Weg $x$ nötig:

zum Nachspannen:   $$x \geq 0{,}03 \cdot l_w \tag{12.36}$$

zum Montieren:   $$y \geq 0{,}015 \cdot l_w \tag{12.37}$$

| $d_{wk}$ in mm | $i$ oder $i^{-1}$ | Drehzahl der kleinen Scheibe $n_k$ in min$^{-1}$ | | | | | | | | | | | | | | | | | |
| --- | --- | --- | --- | --- | --- | --- | --- | --- | --- | --- | --- | --- | --- | --- | --- | --- | --- | --- | --- |
| | | 200 | 400 | 700 | 800 | 950 | 1200 | 1450 | 1600 | 2000 | 2400 | 2800 | 3200 | 3600 | 4000 | 4500 | 5000 | 5500 | 6000 |
| | | Nennleistng $P_N$ in kW | | | | | | | | | | | | | | | | | |
| 63 | 1 | 0,20 | 0,35 | 0,54 | 0,60 | 0,68 | 0,81 | 0,93 | 1,00 | 1,17 | 1,32 | 1,45 | 1,56 | 1,66 | 1,74 | 1,81 | 1,85 | 1,87 | 1,85 |
| | 1,05 | 0,21 | 0,37 | 0,58 | 0,64 | 0,73 | 0,88 | 1,01 | 1,09 | 1,27 | 1,44 | 1,59 | 1,73 | 1,84 | 1,94 | 2,04 | 2,11 | 2,15 | 2,16 |
| | 1,2 | 0,22 | 0,39 | 0,61 | 0,68 | 0,78 | 0,94 | 1,08 | 1,17 | 1,38 | 1,57 | 1,74 | 1,89 | 2,03 | 2,15 | 2,27 | 2,37 | 2,43 | 2,47 |
| | 1,5 | 0,23 | 0,41 | 0,65 | 0,72 | 0,83 | 1,00 | 1,16 | 1,25 | 1,48 | 1,69 | 1,88 | 2,06 | 2,21 | 2,35 | 2,50 | 2,63 | 2,72 | 2,77 |
| | ≥ 3 | 0,24 | 0,43 | 0,68 | 0,76 | 0,88 | 1,06 | 1,23 | 1,33 | 1,58 | 1,81 | 2,03 | 2,22 | 2,40 | 2,56 | 2,74 | 2,88 | 3,00 | 3,08 |
| 71 | 1 | 0,25 | 0,44 | 0,70 | 0,78 | 0,90 | 1,08 | 1,25 | 1,35 | 1,59 | 1,81 | 2,00 | 2,18 | 2,33 | 2,46 | 2,59 | 2,68 | 2,73 | 2,74 |
| | 1,05 | 0,26 | 0,46 | 0,74 | 0,82 | 0,95 | 1,14 | 1,32 | 1,43 | 1,69 | 1,93 | 2,15 | 2,34 | 2,51 | 2,67 | 2,82 | 2,94 | 3,02 | 3,05 |
| | 1,2 | 0,27 | 0,49 | 0,77 | 0,87 | 1,00 | 1,20 | 1,40 | 1,51 | 1,79 | 2,05 | 2,29 | 2,51 | 2,70 | 2,87 | 3,05 | 3,20 | 3,30 | 3,36 |
| | 1,5 | 0,28 | 0,51 | 0,81 | 0,91 | 1,04 | 1,26 | 1,47 | 1,59 | 1,90 | 2,18 | 2,43 | 2,67 | 2,88 | 3,08 | 3,28 | 3,45 | 3,58 | 3,67 |
| | ≥ 3 | 0,29 | 0,53 | 0,85 | 0,95 | 1,09 | 1,33 | 1,55 | 1,68 | 2,00 | 2,30 | 2,58 | 2,83 | 3,07 | 3,28 | 3,51 | 3,71 | 3,86 | 3,98 |
| 80 | 1 | 0,31 | 0,55 | 0,88 | 0,99 | 1,14 | 1,38 | 1,60 | 1,73 | 2,05 | 2,34 | 2,61 | 2,85 | 3,06 | 3,24 | 3,42 | 3,56 | 3,64 | 3,66 |
| | 1,05 | 0,32 | 0,57 | 0,92 | 1,03 | 1,19 | 1,44 | 1,67 | 1,81 | 2,15 | 2,47 | 2,75 | 3,01 | 3,24 | 3,45 | 3,65 | 3,81 | 3,92 | 3,97 |
| | 1,2 | 0,33 | 0,59 | 0,96 | 1,07 | 1,24 | 1,50 | 1,75 | 1,89 | 2,25 | 2,59 | 2,90 | 3,18 | 3,43 | 3,65 | 3,89 | 4,07 | 4,20 | 4,27 |
| | 1,5 | 0,34 | 0,61 | 0,99 | 1,11 | 1,28 | 1,56 | 1,82 | 1,97 | 2,36 | 2,71 | 3,04 | 3,34 | 3,61 | 3,86 | 4,12 | 4,33 | 4,48 | 4,58 |
| | ≥ 3 | 0,35 | 0,64 | 1,03 | 1,15 | 1,33 | 1,62 | 1,90 | 2,06 | 2,46 | 2,84 | 3,18 | 3,51 | 3,80 | 4,06 | 4,35 | 4,58 | 4,77 | 4,89 |
| 90 | 1 | 0,37 | 0,67 | 1,09 | 1,21 | 1,40 | 1,70 | 1,98 | 2,14 | 2,55 | 2,93 | 3,26 | 3,57 | 3,84 | 4,07 | 4,30 | 4,46 | 4,55 | 4,56 |
| | 1,05 | 0,38 | 0,69 | 1,12 | 1,26 | 1,45 | 1,76 | 2,06 | 2,23 | 2,65 | 3,05 | 3,41 | 3,73 | 4,02 | 4,27 | 4,53 | 4,71 | 4,83 | 4,87 |
| | 1,2 | 0,39 | 0,71 | 1,16 | 1,30 | 1,50 | 1,82 | 2,13 | 2,31 | 2,76 | 3,17 | 3,55 | 3,90 | 4,21 | 4,48 | 4,76 | 4,97 | 5,11 | 5,17 |
| | 1,5 | 0,40 | 0,74 | 1,19 | 1,34 | 1,55 | 1,88 | 2,20 | 2,39 | 2,86 | 3,30 | 3,70 | 4,06 | 4,39 | 4,68 | 4,99 | 5,23 | 5,39 | 5,48 |
| | ≥ 3 | 0,41 | 0,76 | 1,23 | 1,38 | 1,60 | 1,95 | 2,28 | 2,47 | 2,96 | 3,42 | 3,84 | 4,23 | 4,58 | 4,89 | 5,22 | 5,48 | 5,68 | 5,79 |
| 100 | 1 | 0,43 | 0,79 | 1,28 | 1,44 | 1,66 | 2,02 | 2,36 | 2,55 | 3,05 | 3,49 | 3,90 | 4,26 | 4,58 | 4,85 | 5,10 | 5,27 | 5,35 | 5,32 |
| | 1,05 | 0,44 | 0,81 | 1,32 | 1,48 | 1,71 | 2,08 | 2,43 | 2,64 | 3,15 | 3,62 | 4,05 | 4,43 | 4,76 | 5,05 | 5,34 | 5,53 | 5,63 | 5,63 |
| | 1,2 | 0,45 | 0,83 | 1,35 | 1,52 | 1,76 | 2,14 | 2,51 | 2,72 | 3,25 | 3,74 | 4,19 | 4,59 | 4,95 | 5,26 | 5,57 | 5,79 | 5,92 | 5,94 |
| | 1,5 | 0,46 | 0,85 | 1,39 | 1,56 | 1,81 | 2,20 | 2,58 | 2,80 | 3,35 | 3,86 | 4,33 | 4,76 | 5,13 | 5,46 | 5,80 | 6,05 | 6,20 | 6,25 |
| | ≥ 3 | 0,47 | 0,87 | 1,43 | 1,60 | 1,86 | 2,27 | 2,66 | 2,88 | 3,46 | 3,99 | 4,48 | 4,92 | 5,32 | 5,67 | 6,03 | 6,30 | 6,48 | 6,56 |
| 112 | 1 | 0,51 | 0,93 | 1,52 | 1,70 | 1,97 | 2,40 | 2,80 | 3,04 | 3,62 | 4,16 | 4,64 | 5,06 | 5,42 | 5,72 | 5,99 | 6,14 | 6,16 | 6,05 |
| | 1,05 | 0,52 | 0,95 | 1,55 | 1,74 | 2,02 | 2,46 | 2,88 | 3,12 | 3,73 | 4,28 | 4,78 | 5,23 | 5,61 | 5,92 | 6,22 | 6,40 | 6,45 | 6,36 |
| | 1,2 | 0,53 | 0,98 | 1,59 | 1,78 | 2,07 | 2,52 | 2,95 | 3,20 | 3,83 | 4,41 | 4,93 | 5,39 | 5,79 | 6,13 | 6,45 | 6,65 | 6,73 | 6,66 |
| | 1,5 | 0,54 | 1,00 | 1,63 | 1,83 | 2,12 | 2,58 | 3,03 | 3,28 | 3,93 | 4,53 | 5,07 | 5,55 | 5,98 | 6,33 | 6,68 | 6,91 | 7,01 | 6,97 |
| | ≥ 3 | 0,55 | 1,02 | 1,66 | 1,87 | 2,17 | 2,65 | 3,10 | 3,37 | 4,04 | 4,65 | 5,21 | 5,72 | 6,16 | 6,54 | 6,91 | 7,17 | 7,29 | 7,28 |
| 125 | 1 | 0,59 | 1,09 | 1,77 | 1,99 | 2,30 | 2,80 | 3,28 | 3,55 | 4,24 | 4,85 | 5,40 | 5,88 | 6,27 | 6,58 | 6,83 | 7,02 | 6,84 | 6,57 |
| | 1,05 | 0,60 | 1,11 | 1,81 | 2,03 | 2,35 | 2,86 | 3,35 | 3,63 | 4,34 | 4,98 | 5,55 | 6,04 | 6,46 | 6,78 | 7,06 | 7,18 | 7,12 | 6,88 |
| | 1,2 | 0,61 | 1,13 | 1,84 | 2,07 | 2,40 | 2,93 | 3,43 | 3,72 | 4,44 | 5,10 | 5,69 | 6,21 | 6,64 | 6,99 | 7,29 | 7,44 | 7,41 | 7,19 |
| | 1,5 | 0,62 | 1,15 | 1,88 | 2,11 | 2,45 | 2,99 | 3,50 | 3,80 | 4,54 | 5,22 | 5,83 | 6,37 | 6,83 | 7,19 | 7,52 | 7,69 | 7,69 | 7,50 |
| | ≥ 3 | 0,63 | 1,17 | 1,91 | 2,15 | 2,50 | 3,05 | 3,58 | 3,88 | 4,65 | 5,35 | 5,98 | 6,53 | 7,01 | 7,40 | 7,75 | 7,95 | 7,97 | 7,81 |
| 140 | 1 | 0,68 | 1,26 | 2,06 | 2,31 | 2,68 | 3,26 | 3,82 | 4,13 | 4,92 | 5,63 | 6,24 | 6,75 | 7,16 | 7,45 | 7,64 | 7,60 | 7,34 | 6,81 |
| | 1,05 | 0,69 | 1,28 | 2,09 | 2,35 | 2,73 | 3,32 | 3,89 | 4,21 | 5,02 | 5,75 | 6,38 | 6,92 | 7,35 | 7,66 | 7,87 | 7,86 | 7,62 | 7,12 |
| | 1,2 | 0,70 | 1,30 | 2,13 | 2,39 | 2,77 | 3,39 | 3,96 | 4,30 | 5,13 | 5,87 | 6,53 | 7,08 | 7,53 | 7,86 | 8,10 | 8,12 | 7,90 | 7,43 |
| | 1,5 | 0,71 | 1,32 | 2,17 | 2,43 | 2,82 | 3,45 | 4,04 | 4,38 | 5,23 | 6,00 | 6,67 | 7,25 | 7,72 | 8,07 | 8,33 | 8,37 | 8,18 | 7,74 |
| | ≥ 3 | 0,72 | 1,34 | 2,20 | 2,47 | 2,87 | 3,51 | 4,11 | 4,46 | 5,33 | 6,12 | 6,81 | 7,41 | 7,90 | 8,27 | 8,56 | 8,63 | 8,47 | 8,04 |
| 160 | 1 | 0,80 | 1,49 | 2,44 | 2,73 | 3,17 | 3,86 | 4,51 | 4,88 | 5,80 | 6,60 | 7,27 | 7,81 | 8,19 | 8,40 | 8,41 | 8,11 | 7,47 | 6,45 |
| | 1,05 | 0,81 | 1,51 | 2,47 | 2,78 | 3,22 | 3,92 | 4,59 | 4,97 | 5,90 | 6,72 | 7,42 | 7,97 | 8,37 | 8,61 | 8,64 | 8,37 | 7,75 | 6,76 |
| | 1,2 | 0,82 | 1,53 | 2,51 | 2,82 | 3,27 | 3,98 | 4,66 | 5,05 | 6,00 | 6,84 | 7,56 | 8,13 | 8,56 | 8,81 | 8,88 | 8,62 | 8,03 | 7,07 |
| | 1,5 | 0,83 | 1,55 | 2,54 | 2,86 | 3,32 | 4,05 | 4,74 | 5,13 | 6,11 | 6,97 | 7,70 | 8,30 | 8,74 | 9,02 | 9,11 | 8,88 | 8,31 | 7,36 |
| | ≥ 3 | 0,84 | 1,57 | 2,58 | 2,90 | 3,37 | 4,11 | 4,81 | 5,21 | 6,21 | 7,09 | 7,85 | 8,46 | 8,93 | 9,22 | 9,34 | 9,14 | 8,80 | 7,68 |
| 180 | 1 | 0,92 | 1,71 | 2,81 | 3,15 | 3,65 | 4,45 | 5,19 | 5,61 | 6,63 | 7,50 | 8,20 | 8,71 | 9,01 | 9,08 | 8,81 | 8,11 | 6,93 | 5,22 |
| | 1,05 | 0,93 | 1,74 | 2,84 | 3,19 | 3,70 | 4,51 | 5,26 | 5,69 | 6,74 | 7,63 | 8,35 | 8,88 | 9,20 | 9,29 | 9,04 | 8,36 | 7,21 | 5,53 |
| | 1,2 | 0,94 | 1,76 | 2,88 | 3,23 | 3,75 | 4,57 | 5,34 | 5,77 | 6,84 | 7,75 | 8,49 | 9,04 | 9,38 | 9,49 | 9,28 | 8,62 | 7,49 | 5,84 |
| | 1,5 | 0,95 | 1,78 | 2,92 | 3,28 | 3,80 | 4,63 | 5,41 | 5,86 | 6,94 | 7,87 | 8,63 | 9,21 | 9,57 | 9,70 | 9,51 | 8,88 | 7,77 | 6,15 |
| | ≥ 3 | 0,96 | 1,80 | 2,95 | 3,32 | 3,85 | 4,69 | 5,49 | 5,94 | 7,04 | 8,00 | 8,78 | 9,37 | 9,75 | 9,90 | 9,74 | 9,14 | 8,06 | 6,45 |

| $v$ in m/s ≈ | 5 | | | 10 | | 15 | | 20 | 25 | | 30 | | 35 | 40 | | | |
| --- | --- | --- | --- | --- | --- | --- | --- | --- | --- | --- | --- | --- | --- | --- | --- | --- | --- |
| Scheibenwerkstoff | normal | | | | | | | | | | | | hochfest | | | | |
| Scheibenauswuchtung | Statisch ausgewuchtet | | | | | | | | Dynamisch ausgewuchtet | | | | | | | | |

(Stufenlinien sind Linien etwa gleicher Riemengeschwindigkeit $v$)

**Bild 12.22** Nennleistung $P_N$ für Profil **SPZ**

| $d_{wk}$ in mm | $i$ oder $i^{-1}$ | Drehzahl der kleinen Scheibe $n_k$ in min$^{-1}$ Nennleistng $P_N$ in kW | | | | | | | | | | | | | | | | | |
|---|---|---|---|---|---|---|---|---|---|---|---|---|---|---|---|---|---|---|---|
| | | 200 | 400 | 700 | 800 | 950 | 1200 | 1450 | 1600 | 2000 | 2400 | 2800 | 3200 | 3600 | 4000 | 4500 | 5000 | 5500 | 6000 |
| 90 | 1 | 0,43 | 0,75 | 1,17 | 1,30 | 1,48 | 1,76 | 2,02 | 2,16 | 2,49 | 2,77 | 3,00 | 3,16 | 3,26 | 3,29 | 3,24 | 3,07 | 2,77 | 2,34 |
| | 1,05 | 0,45 | 0,80 | 1,25 | 1,39 | 1,59 | 1,90 | 2,18 | 2,34 | 2,72 | 3,05 | 3,32 | 3,53 | 3,67 | 3,76 | 3,76 | 3,64 | 3,40 | 3,03 |
| | 1,2 | 0,47 | 0,85 | 1,34 | 1,49 | 1,70 | 2,04 | 2,35 | 2,53 | 2,96 | 3,33 | 3,64 | 3,90 | 4,09 | 4,22 | 4,28 | 4,22 | 4,04 | 3,72 |
| | 1,5 | 0,50 | 0,89 | 1,42 | 1,58 | 1,81 | 2,18 | 2,52 | 2,71 | 3,19 | 3,60 | 3,96 | 4,27 | 4,50 | 4,68 | 4,80 | 4,80 | 4,67 | 4,41 |
| | ≥3 | 0,52 | 0,94 | 1,50 | 1,67 | 1,92 | 2,32 | 2,69 | 2,90 | 3,42 | 3,88 | 4,29 | 4,83 | 4,92 | 5,14 | 5,32 | 5,37 | 5,31 | 5,10 |
| 100 | 1 | 0,53 | 0,94 | 1,49 | 1,65 | 1,89 | 2,27 | 2,61 | 2,80 | 3,27 | 3,67 | 3,99 | 4,25 | 4,42 | 4,50 | 4,48 | 4,31 | 3,97 | 3,46 |
| | 1,05 | 0,55 | 0,99 | 1,57 | 1,75 | 2,00 | 2,41 | 2,78 | 2,99 | 3,50 | 3,94 | 4,32 | 4,61 | 4,83 | 4,96 | 5,00 | 4,89 | 4,61 | 4,15 |
| | 1,2 | 0,57 | 1,03 | 1,65 | 1,84 | 2,11 | 2,54 | 2,95 | 3,17 | 3,73 | 4,22 | 4,64 | 4,98 | 5,25 | 5,43 | 5,52 | 5,46 | 5,24 | 4,84 |
| | 1,5 | 0,60 | 1,08 | 1,73 | 1,93 | 2,22 | 2,68 | 3,11 | 3,36 | 3,96 | 4,50 | 4,96 | 5,35 | 5,66 | 5,89 | 6,04 | 6,04 | 5,88 | 5,53 |
| | ≥3 | 0,62 | 1,13 | 1,81 | 2,02 | 2,33 | 2,82 | 3,28 | 3,54 | 4,19 | 4,78 | 5,29 | 5,72 | 6,08 | 6,35 | 6,56 | 6,62 | 6,51 | 6,22 |
| 112 | 1 | 0,64 | 1,18 | 1,86 | 2,07 | 2,38 | 2,86 | 3,31 | 3,57 | 4,18 | 4,71 | 5,15 | 5,49 | 5,72 | 5,85 | 5,83 | 5,61 | 5,16 | 4,47 |
| | 1,05 | 0,67 | 1,21 | 1,94 | 2,16 | 2,49 | 3,00 | 3,48 | 3,75 | 4,41 | 4,99 | 5,47 | 5,86 | 6,14 | 6,31 | 6,35 | 6,18 | 5,80 | 5,17 |
| | 1,2 | 0,69 | 1,26 | 2,02 | 2,26 | 2,60 | 3,14 | 3,65 | 3,94 | 4,64 | 5,27 | 5,79 | 6,23 | 6,55 | 6,77 | 6,87 | 6,76 | 6,43 | 5,86 |
| | 1,5 | 0,71 | 1,30 | 2,10 | 2,35 | 2,71 | 3,28 | 3,82 | 4,12 | 4,87 | 5,54 | 6,12 | 6,60 | 6,97 | 7,23 | 7,39 | 7,34 | 7,06 | 6,55 |
| | ≥3 | 0,74 | 1,35 | 2,18 | 2,44 | 2,82 | 3,42 | 3,98 | 4,30 | 5,11 | 5,82 | 6,44 | 6,96 | 7,38 | 7,69 | 7,91 | 7,91 | 7,70 | 7,24 |
| 125 | 1 | 0,77 | 1,40 | 2,25 | 2,52 | 2,90 | 3,50 | 4,06 | 4,38 | 5,15 | 5,80 | 6,34 | 6,76 | 7,03 | 7,16 | 7,09 | 6,75 | 6,11 | 5,14 |
| | 1,05 | 0,79 | 1,45 | 2,33 | 2,61 | 3,01 | 3,64 | 4,23 | 4,56 | 5,38 | 6,08 | 6,67 | 7,13 | 7,45 | 7,62 | 7,61 | 7,33 | 6,74 | 5,83 |
| | 1,2 | 0,82 | 1,50 | 2,42 | 2,70 | 3,12 | 3,78 | 4,40 | 4,75 | 5,61 | 6,36 | 6,99 | 7,49 | 7,86 | 8,08 | 8,13 | 7,90 | 7,37 | 6,52 |
| | 1,5 | 0,84 | 1,54 | 2,50 | 2,80 | 3,23 | 3,92 | 4,56 | 4,93 | 5,84 | 6,63 | 7,31 | 7,86 | 8,28 | 8,54 | 8,65 | 8,48 | 8,01 | 7,21 |
| | ≥3 | 0,86 | 1,59 | 2,58 | 2,89 | 3,34 | 4,06 | 4,73 | 5,12 | 6,07 | 6,91 | 7,63 | 8,23 | 8,69 | 9,01 | 9,17 | 9,06 | 8,64 | 7,91 |
| 140 | 1 | 0,92 | 1,68 | 2,71 | 3,03 | 3,49 | 4,23 | 4,91 | 5,29 | 6,22 | 7,01 | 7,64 | 8,11 | 8,39 | 8,48 | 8,27 | 7,69 | 6,71 | 5,28 |
| | 1,05 | 0,94 | 1,72 | 2,79 | 3,12 | 3,60 | 4,37 | 5,07 | 5,48 | 6,45 | 7,29 | 7,97 | 8,48 | 8,81 | 8,94 | 8,79 | 8,27 | 7,34 | 5,97 |
| | 1,2 | 0,96 | 1,77 | 2,87 | 3,21 | 3,71 | 4,50 | 5,24 | 5,66 | 6,68 | 7,56 | 8,29 | 8,85 | 9,22 | 9,40 | 9,31 | 8,85 | 7,98 | 6,66 |
| | 1,5 | 0,99 | 1,82 | 2,95 | 3,31 | 3,82 | 4,64 | 5,41 | 5,84 | 6,91 | 7,84 | 8,61 | 9,22 | 9,64 | 9,86 | 9,83 | 9,42 | 8,61 | 7,35 |
| | ≥3 | 1,01 | 1,86 | 3,03 | 3,40 | 3,93 | 4,78 | 5,58 | 6,03 | 7,14 | 8,12 | 8,94 | 9,59 | 10,05 | 10,32 | 10,35 | 10,00 | 9,25 | 8,05 |
| 160 | 1 | 1,11 | 2,04 | 3,30 | 3,70 | 4,27 | 5,17 | 6,01 | 6,47 | 7,60 | 8,53 | 9,24 | 9,72 | 9,94 | 9,87 | 9,34 | 8,28 | 6,62 | 4,31 |
| | 1,05 | 1,13 | 2,08 | 3,38 | 3,79 | 4,38 | 5,31 | 6,17 | 6,66 | 7,83 | 8,80 | 9,57 | 10,09 | 10,35 | 10,33 | 9,86 | 8,85 | 7,25 | 5,00 |
| | 1,2 | 1,15 | 2,13 | 3,46 | 3,88 | 4,49 | 5,45 | 6,34 | 6,84 | 8,06 | 9,08 | 9,89 | 10,46 | 10,77 | 10,79 | 10,38 | 9,43 | 7,88 | 5,70 |
| | 1,5 | 1,18 | 2,18 | 3,55 | 3,98 | 4,60 | 5,59 | 6,51 | 7,03 | 8,29 | 9,36 | 10,21 | 10,83 | 11,18 | 11,25 | 10,90 | 10,01 | 8,25 | 6,39 |
| | ≥3 | 1,20 | 2,22 | 3,63 | 4,07 | 4,71 | 5,73 | 6,68 | 7,21 | 8,52 | 9,63 | 10,53 | 11,20 | 11,60 | 11,72 | 11,42 | 10,58 | 9,15 | 7,08 |
| 180 | 1 | 1,30 | 2,39 | 3,89 | 4,36 | 5,04 | 6,10 | 7,07 | 7,62 | 8,90 | 9,93 | 10,67 | 11,09 | 11,15 | 10,81 | 9,78 | 7,99 | 5,38 | 1,88 |
| | 1,05 | 1,32 | 2,44 | 3,97 | 4,45 | 5,15 | 6,23 | 7,24 | 7,80 | 9,13 | 10,21 | 11,00 | 11,46 | 11,56 | 11,27 | 10,29 | 8,57 | 6,02 | 2,57 |
| | 1,2 | 1,34 | 2,49 | 4,05 | 4,54 | 5,25 | 6,37 | 7,41 | 7,99 | 9,37 | 10,49 | 11,32 | 11,83 | 11,98 | 11,73 | 10,81 | 9,15 | 6,65 | 3,26 |
| | 1,5 | 1,37 | 2,53 | 4,13 | 4,64 | 5,36 | 6,51 | 7,57 | 8,17 | 9,60 | 10,76 | 11,64 | 12,20 | 12,39 | 12,19 | 11,33 | 9,72 | 7,29 | 3,95 |
| | ≥3 | 1,39 | 2,58 | 4,21 | 4,73 | 5,47 | 6,65 | 7,74 | 8,35 | 9,83 | 11,04 | 11,96 | 12,56 | 12,81 | 12,65 | 11,85 | 10,30 | 7,92 | 4,64 |
| 200 | 1 | 1,49 | 2,75 | 4,47 | 5,01 | 5,79 | 7,00 | 8,10 | 8,72 | 10,13 | 11,22 | 11,92 | 12,19 | 11,98 | 11,25 | 9,50 | 6,75 | 2,89 | |
| | 1,05 | 1,51 | 2,79 | 4,55 | 5,10 | 5,89 | 7,14 | 8,27 | 8,90 | 10,37 | 11,49 | 12,24 | 12,56 | 12,40 | 11,71 | 10,02 | 7,33 | 3,52 | |
| | 1,2 | 1,53 | 2,84 | 4,63 | 5,19 | 6,00 | 7,27 | 8,44 | 9,08 | 10,60 | 11,77 | 12,56 | 12,93 | 12,81 | 12,17 | 10,54 | 7,91 | 4,16 | |
| | 1,5 | 1,55 | 2,89 | 4,71 | 5,29 | 6,11 | 7,41 | 8,61 | 9,27 | 10,83 | 12,05 | 12,89 | 13,30 | 13,23 | 12,63 | 11,06 | 8,48 | 4,79 | |
| | ≥3 | 1,58 | 2,93 | 4,79 | 5,38 | 6,22 | 7,55 | 8,77 | 9,45 | 11,06 | 12,32 | 13,21 | 13,67 | 13,64 | 13,09 | 11,58 | 9,06 | 5,43 | |
| 224 | 1 | 1,71 | 3,17 | 5,16 | 5,77 | 6,67 | 8,05 | 9,30 | 9,97 | 11,51 | 12,59 | 13,15 | 13,13 | 12,45 | 11,04 | 8,15 | 3,87 | | |
| | 1,05 | 1,73 | 3,21 | 5,24 | 5,87 | 6,78 | 8,19 | 9,46 | 10,16 | 11,74 | 12,86 | 13,47 | 13,49 | 12,86 | 11,50 | 8,67 | 4,44 | | |
| | 1,2 | 1,75 | 3,26 | 5,32 | 5,96 | 6,89 | 8,33 | 9,63 | 10,34 | 11,97 | 13,14 | 13,79 | 13,86 | 13,28 | 11,96 | 9,19 | 5,02 | | |
| | 1,5 | 1,78 | 3,30 | 5,40 | 6,05 | 6,99 | 8,46 | 9,80 | 10,53 | 12,20 | 13,42 | 14,12 | 14,23 | 13,69 | 12,42 | 9,17 | 5,60 | | |
| | ≥3 | 1,80 | 3,35 | 5,48 | 6,14 | 7,10 | 8,60 | 9,96 | 10,71 | 12,43 | 13,69 | 14,44 | 14,60 | 14,11 | 12,89 | 10,23 | 6,17 | | |
| 250 | 1 | 1,95 | 3,62 | 5,88 | 6,59 | 7,60 | 9,15 | 10,53 | 11,26 | 12,85 | 13,84 | 14,13 | 13,62 | 12,22 | 9,83 | 5,29 | | | |
| | 1,05 | 1,97 | 3,66 | 5,97 | 6,68 | 7,71 | 9,29 | 10,69 | 11,44 | 13,08 | 14,12 | 14,45 | 13,99 | 12,64 | 10,29 | 5,81 | | | |
| | 1,2 | 1,99 | 3,71 | 6,05 | 6,77 | 7,82 | 9,43 | 10,86 | 11,63 | 13,31 | 14,39 | 14,77 | 14,36 | 13,05 | 10,75 | 6,33 | | | |
| | 1,5 | 2,02 | 3,75 | 6,13 | 6,87 | 7,93 | 8,56 | 11,03 | 11,81 | 13,54 | 14,67 | 15,10 | 14,73 | 13,47 | 11,21 | 6,85 | | | |
| | ≥3 | 2,04 | 3,80 | 6,21 | 6,96 | 8,04 | 9,70 | 11,19 | 12,00 | 13,77 | 14,95 | 15,42 | 15,10 | 13,88 | 11,67 | 7,36 | | | |
| $v$ in m/s ≈ | | | 5 | | | 10 | | 15 | | 20 | 25 | 30 | 35 | 40 | | | | | |
| Scheibenwerkstoff | | normal | | | | | | | | | | hochfest | | | | | | |
| Scheibenauswuchtung | | Statisch ausgewuchtet | | | | | | | Dynamisch ausgewuchtet | | | | | | | | | |

(Stufenlinien sind Linien etwa gleicher Riemengeschwindigkeit $v$)

**Bild 12.23** Nennleistung $P_N$ für Profil **SPA**

| $d_{wk}$ in mm | $i$ oder $i^{-1}$ | Drehzahl der kleinen Scheibe $n_k$ in min$^{-1}$ | | | | | | | | | | | | | | | | |
|---|---|---|---|---|---|---|---|---|---|---|---|---|---|---|---|---|---|---|
| | | 200 | 400 | 700 | 800 | 950 | 1200 | 1450 | 1600 | 1800 | 2000 | 2200 | 2400 | 2800 | 3200 | 3600 | 4000 | 4500 |
| | | Nennleistng $P_N$ in kW | | | | | | | | | | | | | | | | |
| 140 | 1 | 1,08 | 1,92 | 3,02 | 3,35 | 3,83 | 4,55 | 5,19 | 5,54 | 5,95 | 6,31 | 6,62 | 6,86 | 7,15 | 7,17 | 6,89 | 6,28 | 5,00 |
| | 1,05 | 1,12 | 2,02 | 3,19 | 3,55 | 4,06 | 4,84 | 5,55 | 5,93 | 6,39 | 6,80 | 7,15 | 7,44 | 7,84 | 7,95 | 7,77 | 7,25 | 6,10 |
| | 1,2 | 1,17 | 2,12 | 3,36 | 3,74 | 4,29 | 5,14 | 5,90 | 6,32 | 6,83 | 7,29 | 7,69 | 8,03 | 8,52 | 8,73 | 8,65 | 8,23 | 7,20 |
| | 1,5 | 1,22 | 2,21 | 3,53 | 3,94 | 4,52 | 5,43 | 6,25 | 6,71 | 7,27 | 7,78 | 8,23 | 8,61 | 9,20 | 9,15 | 9,52 | 9,20 | 8,30 |
| | ≥3 | 1,27 | 2,31 | 3,70 | 4,13 | 4,76 | 5,72 | 6,61 | 7,10 | 7,71 | 8,26 | 8,76 | 9,20 | 9,89 | 10,29 | 10,40 | 10,18 | 9,39 |
| 160 | 1 | 1,37 | 2,47 | 3,92 | 4,37 | 5,01 | 5,98 | 6,86 | 7,33 | 7,89 | 8,38 | 8,80 | 9,13 | 9,52 | 9,53 | 9,10 | 8,21 | 6,36 |
| | 1,05 | 1,41 | 2,57 | 4,10 | 4,57 | 5,24 | 6,28 | 7,21 | 7,72 | 8,33 | 8,87 | 9,33 | 9,71 | 10,20 | 10,31 | 9,98 | 9,18 | 7,46 |
| | 1,2 | 1,46 | 2,66 | 4,27 | 4,76 | 5,47 | 6,57 | 7,56 | 8,11 | 8,77 | 9,36 | 9,87 | 10,30 | 10,89 | 11,09 | 10,86 | 10,16 | 8,55 |
| | 1,5 | 1,51 | 2,76 | 4,44 | 4,96 | 5,70 | 6,86 | 7,92 | 8,50 | 9,21 | 9,85 | 10,41 | 10,88 | 11,57 | 11,87 | 11,74 | 11,13 | 9,65 |
| | ≥3 | 1,56 | 2,86 | 4,61 | 5,15 | 5,93 | 7,15 | 7,27 | 8,89 | 9,65 | 10,33 | 10,94 | 11,47 | 12,25 | 12,65 | 12,61 | 12,11 | 10,75 |
| 180 | 1 | 1,65 | 3,01 | 4,82 | 5,37 | 6,16 | 7,38 | 8,46 | 9,05 | 9,74 | 10,34 | 10,83 | 11,21 | 11,62 | 11,49 | 10,77 | 9,40 | 6,68 |
| | 1,05 | 1,70 | 3,11 | 4,99 | 5,57 | 6,40 | 7,67 | 8,82 | 9,44 | 10,18 | 10,83 | 11,37 | 11,80 | 12,30 | 12,27 | 11,65 | 10,37 | 7,77 |
| | 1,2 | 1,75 | 3,20 | 5,16 | 5,76 | 6,63 | 7,97 | 9,17 | 9,83 | 10,62 | 11,32 | 11,91 | 12,39 | 12,98 | 13,05 | 12,52 | 11,35 | 8,87 |
| | 1,5 | 1,80 | 3,30 | 5,33 | 5,96 | 6,86 | 8,26 | 9,53 | 10,22 | 11,06 | 11,80 | 12,44 | 12,97 | 13,66 | 13,83 | 13,40 | 12,32 | 9,97 |
| | ≥3 | 1,85 | 3,40 | 5,50 | 6,15 | 7,09 | 8,55 | 9,88 | 10,61 | 11,50 | 12,29 | 12,98 | 13,56 | 14,35 | 14,61 | 14,28 | 13,30 | 11,07 |
| 200 | 1 | 1,94 | 3,54 | 5,69 | 6,35 | 7,30 | 8,74 | 10,02 | 10,70 | 11,50 | 12,18 | 12,72 | 13,11 | 13,41 | 13,01 | 11,83 | 9,77 | 5,85 |
| | 1,05 | 1,99 | 3,64 | 5,86 | 6,55 | 7,53 | 9,04 | 10,37 | 11,09 | 11,94 | 12,67 | 13,25 | 13,69 | 14,10 | 13,79 | 12,71 | 10,75 | 6,95 |
| | 1,2 | 2,03 | 3,74 | 6,03 | 6,75 | 7,76 | 9,33 | 10,73 | 11,48 | 12,38 | 13,15 | 13,79 | 14,28 | 14,78 | 14,57 | 13,59 | 11,72 | 8,04 |
| | 1,5 | 2,08 | 3,84 | 6,21 | 6,94 | 7,99 | 9,62 | 11,08 | 11,87 | 12,82 | 13,64 | 14,33 | 14,86 | 15,46 | 15,36 | 14,46 | 12,70 | 9,14 |
| | ≥3 | 2,13 | 3,93 | 6,38 | 7,14 | 8,23 | 9,91 | 11,43 | 12,26 | 13,26 | 14,13 | 14,86 | 15,45 | 16,14 | 16,14 | 15,34 | 13,68 | 10,24 |
| 224 | 1 | 2,28 | 4,18 | 6,73 | 7,52 | 8,63 | 10,33 | 11,81 | 12,59 | 13,49 | 14,21 | 14,76 | 15,10 | 15,14 | 14,22 | 12,23 | 9,04 | 3,18 |
| | 1,05 | 2,32 | 4,28 | 6,90 | 7,71 | 8,86 | 10,62 | 12,17 | 12,98 | 13,93 | 14,70 | 15,29 | 15,69 | 15,83 | 15,00 | 13,11 | 10,01 | 4,28 |
| | 1,2 | 2,37 | 4,37 | 7,07 | 7,91 | 9,10 | 10,92 | 12,52 | 13,37 | 14,37 | 15,19 | 15,83 | 16,27 | 16,51 | 15,78 | 13,98 | 10,99 | 5,38 |
| | 1,5 | 2,42 | 4,47 | 7,24 | 8,10 | 9,33 | 11,21 | 12,87 | 13,76 | 14,80 | 15,68 | 16,37 | 16,86 | 17,19 | 16,57 | 14,86 | 11,96 | 6,47 |
| | ≥3 | 2,47 | 4,57 | 7,41 | 8,30 | 9,56 | 11,50 | 13,23 | 14,15 | 15,24 | 16,16 | 16,90 | 17,44 | 17,87 | 17,35 | 15,74 | 12,94 | 7,57 |
| 250 | 1 | 2,64 | 4,86 | 7,84 | 8,75 | 10,04 | 11,99 | 13,66 | 14,51 | 15,47 | 16,19 | 16,68 | 16,89 | 16,44 | 14,69 | 11,48 | 6,63 | |
| | 1,05 | 2,69 | 4,96 | 8,01 | 8,94 | 10,27 | 12,28 | 14,01 | 14,90 | 15,91 | 16,68 | 17,21 | 17,47 | 17,13 | 15,47 | 12,36 | 7,61 | |
| | 1,2 | 2,74 | 5,05 | 8,18 | 9,14 | 10,50 | 12,57 | 14,37 | 15,29 | 16,35 | 17,17 | 17,75 | 18,06 | 17,81 | 16,25 | 13,23 | 8,58 | |
| | 1,5 | 2,79 | 5,15 | 8,35 | 9,33 | 10,74 | 12,87 | 14,72 | 15,68 | 16,78 | 17,66 | 18,28 | 18,65 | 18,49 | 17,03 | 14,11 | 9,56 | |
| | ≥3 | 2,83 | 5,25 | 8,52 | 9,53 | 10,97 | 13,16 | 15,07 | 16,07 | 17,22 | 18,15 | 18,82 | 19,23 | 19,17 | 17,81 | 14,99 | 10,53 | |
| 280 | 1 | 3,05 | 5,63 | 9,09 | 10,14 | 11,62 | 13,82 | 15,65 | 16,56 | 17,52 | 18,17 | 18,48 | 18,43 | 17,13 | 14,04 | 8,92 | 1,55 | |
| | 1,05 | 3,10 | 5,73 | 9,26 | 10,33 | 11,85 | 14,11 | 16,01 | 16,95 | 17,96 | 18,65 | 19,01 | 19,01 | 17,81 | 14,82 | 9,80 | 2,53 | |
| | 1,2 | 3,15 | 5,83 | 9,43 | 10,53 | 12,08 | 14,41 | 16,36 | 17,34 | 18,39 | 19,14 | 19,55 | 19,60 | 18,49 | 15,60 | 10,68 | 3,50 | |
| | 1,5 | 3,20 | 5,93 | 9,60 | 10,72 | 12,32 | 14,70 | 16,72 | 17,73 | 18,83 | 19,63 | 20,09 | 20,18 | 19,18 | 16,38 | 11,56 | 4,48 | |
| | ≥3 | 3,25 | 6,02 | 9,77 | 10,92 | 12,55 | 14,99 | 17,07 | 18,12 | 19,27 | 20,12 | 20,62 | 20,77 | 19,86 | 17,16 | 12,43 | 5,45 | |
| 315 | 1 | 3,53 | 6,53 | 10,51 | 11,71 | 13,40 | 15,84 | 17,79 | 18,70 | 19,56 | 20,00 | 19,97 | 19,44 | 16,71 | 11,47 | 3,40 | | |
| | 1,05 | 3,58 | 6,62 | 10,68 | 11,91 | 13,63 | 16,13 | 18,15 | 19,09 | 20,00 | 20,49 | 20,51 | 20,03 | 17,39 | 12,25 | 4,28 | | |
| | 1,2 | 3,63 | 6,72 | 10,85 | 12,11 | 13,86 | 16,43 | 18,50 | 19,48 | 20,44 | 20,97 | 21,05 | 20,61 | 18,07 | 13,03 | 5,16 | | |
| | 1,5 | 3,68 | 6,82 | 11,02 | 12,30 | 14,09 | 16,72 | 18,85 | 19,87 | 20,88 | 21,46 | 21,58 | 21,20 | 18,76 | 13,81 | 6,04 | | |
| | ≥3 | 3,73 | 6,92 | 11,19 | 12,50 | 14,32 | 17,01 | 19,21 | 20,26 | 21,32 | 21,95 | 22,12 | 21,78 | 19,44 | 14,59 | 6,91 | | |
| 355 | 1 | 4,08 | 7,53 | 12,10 | 13,46 | 15,33 | 17,99 | 19,96 | 20,78 | 21,39 | 21,42 | 20,79 | 19,46 | 14,45 | 5,91 | | | |
| | 1,05 | 4,12 | 7,63 | 12,27 | 13,65 | 15,57 | 18,28 | 20,31 | 21,17 | 21,83 | 21,91 | 21,33 | 20,05 | 15,13 | 6,69 | | | |
| | 1,2 | 4,17 | 7,73 | 12,44 | 13,85 | 15,80 | 18,57 | 20,67 | 21,56 | 22,27 | 22,39 | 21,87 | 20,63 | 15,81 | 7,47 | | | |
| | 1,5 | 4,22 | 7,82 | 12,61 | 14,04 | 16,03 | 18,86 | 21,02 | 21,95 | 22,71 | 22,88 | 22,40 | 21,22 | 16,50 | 8,25 | | | |
| | ≥3 | 4,27 | 7,92 | 12,78 | 14,24 | 16,26 | 19,16 | 21,37 | 22,34 | 23,15 | 23,37 | 22,94 | 21,80 | 17,18 | 9,03 | | | |
| 400 | 1 | 4,68 | 8,64 | 13,82 | 15,34 | 17,39 | 20,17 | 22,02 | 22,62 | 22,76 | 22,07 | 20,46 | 17,87 | 9,37 | | | | |
| | 1,05 | 4,73 | 8,74 | 13,99 | 15,53 | 17,62 | 20,46 | 22,37 | 23,01 | 23,19 | 22,55 | 21,00 | 18,46 | 10,05 | | | | |
| | 1,2 | 4,78 | 8,84 | 14,16 | 15,73 | 17,85 | 20,75 | 22,72 | 23,40 | 23,63 | 23,04 | 21,54 | 19,04 | 10,74 | | | | |
| | 1,5 | 4,83 | 8,94 | 14,33 | 15,92 | 18,09 | 21,05 | 23,08 | 23,79 | 24,07 | 23,53 | 22,07 | 19,63 | 11,42 | | | | |
| | ≥3 | 4,87 | 9,03 | 14,50 | 16,12 | 18,32 | 21,34 | 23,43 | 24,18 | 24,51 | 24,02 | 22,61 | 20,21 | 12,10 | | | | |

| $v$ in m/s ≈ | 5 | 10 | 15 | 20 25 | 30 | 35 | 40 | |
|---|---|---|---|---|---|---|---|---|
| Scheibenwerkstoff | | normal | | | | hochfest | | |
| Scheibenauswuchtung | Statisch ausgew. | | Dynamisch ausgewuchtet | | | | | |

(Stufenlinien sind Linien etwa gleicher Riemengeschwindigkeit $v$)

**Bild 12.24** Nennleistung $P_N$ für Profil **SPB**

| $d_{wk}$ in mm | $i$ oder $i^{-1}$ | Drehzahl der kleinen Scheibe $n_k$ in min$^{-1}$ | | | | | | | | | | | | | | | |
|---|---|---|---|---|---|---|---|---|---|---|---|---|---|---|---|---|---|
| | | 200 | 300 | 400 | 500 | 600 | 700 | 800 | 950 | 1200 | 1450 | 1600 | 1800 | 2000 | 2200 | 2400 | 2800 | 3200 |
| | | Nennleistng $P_N$ in kW | | | | | | | | | | | | | | | | |
| 224 | 1 | 2,90 | 4,08 | 5,19 | 6,23 | 7,21 | 8,13 | 8,99 | 10,19 | 11,89 | 13,22 | 13,81 | 14,35 | 14,58 | 14,47 | 14,01 | 11,89 | 8,01 |
| | 1,05 | 3,02 | 4,26 | 5,43 | 6,53 | 7,57 | 8,55 | 9,47 | 10,76 | 12,61 | 14,09 | 14,77 | 15,43 | 15,78 | 15,79 | 15,44 | 13,57 | 9,93 |
| | 1,2 | 3,14 | 4,44 | 5,67 | 6,83 | 7,92 | 8,97 | 9,95 | 11,33 | 13,33 | 14,95 | 15,73 | 16,51 | 16,98 | 17,11 | 16,88 | 15,25 | 11,85 |
| | 1,5 | 3,26 | 4,62 | 5,91 | 7,13 | 8,28 | 9,39 | 10,43 | 11,90 | 14,05 | 15,82 | 16,69 | 17,59 | 18,17 | 18,43 | 18,32 | 16,92 | 13,77 |
| | ≥ 3 | 3,38 | 4,80 | 6,15 | 7,43 | 8,64 | 9,81 | 10,91 | 12,47 | 14,77 | 16,69 | 17,65 | 18,66 | 19,37 | 19,75 | 19,76 | 18,60 | 15,68 |
| 250 | 1 | 3,50 | 4,95 | 6,31 | 7,60 | 8,81 | 9,95 | 11,02 | 12,51 | 14,61 | 16,21 | 16,92 | 17,52 | 17,70 | 17,44 | 16,69 | 13,60 | 8,12 |
| | 1,05 | 3,62 | 5,13 | 6,55 | 7,89 | 9,17 | 10,37 | 11,50 | 13,07 | 15,33 | 17,08 | 17,88 | 18,59 | 18,90 | 18,76 | 18,13 | 15,28 | 10,04 |
| | 1,2 | 3,74 | 5,31 | 6,79 | 8,19 | 9,53 | 10,79 | 11,98 | 13,64 | 16,05 | 17,95 | 18,83 | 19,67 | 20,10 | 20,08 | 19,57 | 16,96 | 11,96 |
| | 1,5 | 3,86 | 5,49 | 7,03 | 8,49 | 9,89 | 11,21 | 12,46 | 14,21 | 16,77 | 18,82 | 19,79 | 20,75 | 21,30 | 21,40 | 21,01 | 18,64 | 13,88 |
| | ≥ 3 | 3,98 | 5,67 | 7,27 | 8,79 | 10,25 | 11,63 | 12,94 | 14,78 | 17,49 | 19,69 | 20,75 | 21,83 | 22,50 | 22,72 | 22,45 | 20,32 | 15,80 |
| 280 | 1 | 4,18 | 5,94 | 7,59 | 9,15 | 10,62 | 12,01 | 13,31 | 15,10 | 17,60 | 19,44 | 20,20 | 20,75 | 20,75 | 20,13 | 18,86 | 14,11 | 6,10 |
| | 1,05 | 4,30 | 6,12 | 7,83 | 9,45 | 10,98 | 12,43 | 13,79 | 15,67 | 18,32 | 20,31 | 21,16 | 21,83 | 21,95 | 21,45 | 20,30 | 15,79 | 8,02 |
| | 1,2 | 4,42 | 6,30 | 8,07 | 9,75 | 11,34 | 12,85 | 14,27 | 16,24 | 19,04 | 21,18 | 22,12 | 22,91 | 23,15 | 22,77 | 21,73 | 17,47 | 9,93 |
| | 1,5 | 4,54 | 6,48 | 8,31 | 10,05 | 11,70 | 13,27 | 14,75 | 16,81 | 19,76 | 22,05 | 23,07 | 23,99 | 24,34 | 24,09 | 23,17 | 19,15 | 11,85 |
| | ≥ 3 | 4,66 | 6,66 | 8,55 | 10,35 | 12,06 | 13,69 | 15,23 | 17,38 | 20,48 | 22,92 | 24,03 | 25,07 | 25,54 | 25,41 | 24,61 | 20,83 | 13,77 |
| 315 | 1 | 4,97 | 7,08 | 9,07 | 10,94 | 12,70 | 14,36 | 15,90 | 18,01 | 20,88 | 22,87 | 23,58 | 23,91 | 23,47 | 22,18 | 19,98 | 12,53 | |
| | 1,05 | 5,09 | 7,26 | 9,31 | 11,24 | 13,06 | 14,78 | 16,38 | 18,58 | 21,60 | 23,74 | 24,54 | 24,99 | 24,67 | 23,50 | 21,42 | 14,20 | |
| | 1,2 | 5,21 | 7,44 | 9,55 | 11,54 | 13,42 | 15,20 | 16,86 | 19,15 | 22,32 | 24,60 | 25,50 | 26,07 | 25,87 | 24,82 | 22,86 | 15,88 | |
| | 1,5 | 5,33 | 7,62 | 9,79 | 11,84 | 13,78 | 15,64 | 17,34 | 19,72 | 23,04 | 25,47 | 26,46 | 27,15 | 27,07 | 26,14 | 24,30 | 17,56 | |
| | ≥ 3 | 5,45 | 7,80 | 10,03 | 12,14 | 14,14 | 16,04 | 17,82 | 20,29 | 23,76 | 26,34 | 27,42 | 28,23 | 28,26 | 27,46 | 25,74 | 19,24 | |
| 355 | 1 | 5,87 | 8,37 | 10,72 | 12,94 | 15,02 | 16,96 | 18,76 | 21,17 | 24,34 | 26,29 | 26,80 | 26,62 | 25,37 | 22,94 | 19,22 | | |
| | 1,05 | 5,99 | 8,55 | 10,96 | 13,24 | 15,38 | 17,38 | 19,24 | 21,74 | 25,06 | 27,16 | 27,76 | 27,70 | 26,57 | 24,26 | 20,66 | | |
| | 1,2 | 6,11 | 8,73 | 11,20 | 13,54 | 15,74 | 17,80 | 19,72 | 22,31 | 25,78 | 28,03 | 28,72 | 28,78 | 27,77 | 25,58 | 22,10 | | |
| | 1,5 | 6,23 | 8,91 | 11,44 | 13,84 | 16,10 | 18,22 | 20,20 | 22,88 | 26,50 | 28,90 | 29,68 | 29,86 | 28,97 | 26,90 | 23,54 | | |
| | ≥ 3 | 6,35 | 9,09 | 11,68 | 14,14 | 16,46 | 18,64 | 20,68 | 23,45 | 27,22 | 29,77 | 30,64 | 30,94 | 30,17 | 28,22 | 24,98 | | |
| 400 | 1 | 6,86 | 9,80 | 12,56 | 15,15 | 17,56 | 19,79 | 21,84 | 24,52 | 27,83 | 29,46 | 29,53 | 28,42 | 25,81 | 21,54 | 15,48 | | |
| | 1,05 | 6,98 | 9,98 | 12,80 | 15,45 | 17,92 | 20,21 | 22,32 | 25,09 | 28,55 | 30,33 | 30,49 | 29,50 | 27,01 | 22,86 | 16,91 | | |
| | 1,2 | 7,10 | 10,16 | 13,04 | 15,75 | 18,28 | 20,63 | 22,80 | 25,66 | 29,27 | 31,20 | 31,45 | 30,58 | 28,21 | 24,18 | 18,35 | | |
| | 1,5 | 7,22 | 10,34 | 13,28 | 16,04 | 18,64 | 21,05 | 23,28 | 26,23 | 29,99 | 32,07 | 32,41 | 31,66 | 29,41 | 25,50 | 19,79 | | |
| | ≥ 3 | 7,34 | 10,52 | 13,52 | 16,34 | 19,00 | 21,47 | 23,76 | 26,80 | 30,70 | 32,94 | 33,37 | 32,74 | 30,60 | 26,82 | 21,23 | | |
| 450 | 1 | 7,96 | 11,37 | 14,56 | 17,54 | 20,29 | 22,81 | 25,07 | 27,94 | 31,15 | 32,06 | 31,33 | 28,69 | 23,95 | 16,89 | | | |
| | 1,05 | 8,08 | 11,55 | 14,80 | 17,83 | 20,65 | 23,23 | 25,55 | 28,51 | 31,87 | 32,93 | 32,29 | 29,77 | 25,15 | 18,21 | | | |
| | 1,2 | 8,20 | 11,73 | 15,04 | 18,13 | 21,01 | 23,65 | 26,03 | 29,08 | 32,59 | 33,80 | 33,25 | 30,85 | 26,34 | 19,53 | | | |
| | 1,5 | 8,32 | 11,91 | 15,28 | 18,43 | 21,37 | 24,07 | 26,51 | 29,65 | 33,31 | 34,67 | 34,21 | 31,92 | 27,54 | 20,85 | | | |
| | ≥ 3 | 8,44 | 12,09 | 15,52 | 18,73 | 21,73 | 24,48 | 26,99 | 30,22 | 34,03 | 35,54 | 35,16 | 33,00 | 28,74 | 22,17 | | | |
| 500 | 1 | 9,04 | 12,91 | 16,52 | 19,86 | 22,92 | 25,67 | 28,09 | 31,04 | 33,85 | 33,58 | 31,70 | 26,94 | 19,35 | | | | |
| | 1,05 | 9,16 | 13,09 | 16,76 | 20,16 | 23,28 | 26,09 | 28,57 | 31,61 | 34,57 | 34,45 | 32,66 | 28,02 | 20,54 | | | | |
| | 1,2 | 9,28 | 13,27 | 17,00 | 20,46 | 23,64 | 26,51 | 29,05 | 32,18 | 35,29 | 35,31 | 33,62 | 29,10 | 21,74 | | | | |
| | 1,5 | 9,40 | 13,45 | 17,24 | 20,76 | 24,00 | 26,93 | 29,53 | 32,75 | 36,01 | 36,18 | 34,57 | 30,18 | 22,94 | | | | |
| | ≥ 3 | 9,52 | 13,63 | 17,48 | 21,06 | 24,36 | 27,35 | 30,01 | 33,32 | 36,73 | 37,05 | 35,53 | 31,26 | 24,14 | | | | |
| 560 | 1 | 10,32 | 14,74 | 18,82 | 22,56 | 25,93 | 28,90 | 31,43 | 34,29 | 36,18 | 33,83 | 30,05 | 21,90 | | | | | |
| | 1,05 | 10,44 | 14,92 | 19,06 | 22,86 | 26,29 | 29,32 | 31,91 | 34,86 | 36,90 | 34,70 | 31,01 | 22,98 | | | | | |
| | 1,2 | 10,56 | 15,09 | 19,30 | 23,16 | 26,65 | 29,74 | 32,39 | 35,43 | 37,62 | 35,57 | 31,97 | 24,06 | | | | | |
| | 1,5 | 10,68 | 15,27 | 19,54 | 23,46 | 27,01 | 30,16 | 32,87 | 36,00 | 38,34 | 36,44 | 32,93 | 25,14 | | | | | |
| | ≥ 3 | 10,80 | 15,45 | 19,78 | 23,76 | 27,37 | 30,58 | 33,35 | 36,57 | 39,06 | 37,31 | 33,89 | 26,22 | | | | | |
| 630 | 1 | 11,80 | 16,82 | 21,42 | 25,58 | 29,25 | 32,37 | 34,88 | 37,37 | 37,52 | 31,74 | 24,96 | | | | | | |
| | 1,05 | 11,92 | 17,00 | 21,66 | 25,88 | 29,61 | 32,79 | 35,36 | 37,94 | 38,24 | 32,61 | 25,92 | | | | | | |
| | 1,2 | 12,04 | 17,18 | 21,90 | 26,18 | 29,96 | 33,21 | 35,84 | 38,51 | 38,96 | 33,48 | 26,88 | | | | | | |
| | 1,5 | 12,16 | 17,36 | 22,14 | 26,48 | 30,32 | 33,63 | 36,32 | 39,07 | 39,68 | 34,35 | 27,84 | | | | | | |
| | ≥ | 12,28 | 17,54 | 22,38 | 26,78 | 30,68 | 34,04 | 36,80 | 39,64 | 40,40 | 35,22 | 28,79 | | | | | | |
| $v$ in m/s ≈ | | | 10 | 15 | | 20 | 25 | 30 | 35 | 40 | | | | | | | | |
| Scheibenwerkstoff | | normal | | | | | | | hochfest | | | | | | | | |
| Scheibenauswuchtung | | Statisch ausgewuchtet | | | | Dynamisch ausgewuchtet | | | | | | | | | | | |

(Stufenlinien sind Linien etwa gleicher Riemengeschwindigkeit $v$)

**Bild 12.25** Nennleistung $P_N$ für Profil **SPC**

| $d_{wk}$ in mm | $i$ oder $i^{-1}$ | Drehzahl der kleinen Scheibe $n_k$ in min$^{-1}$ | | | | | | | | | | | | | | | |
|---|---|---|---|---|---|---|---|---|---|---|---|---|---|---|---|---|---|
| | | 200 | 400 | 600 | 700 | 800 | 950 | 1200 | 1450 | 1600 | 1800 | 2000 | 2200 | 2400 | 2800 | 3200 | 3600 | 4000 |
| | | Nennleistng $P_N$ in kW | | | | | | | | | | | | | | | |
| 180 | 1 | 1,81 | 3,26 | 4,55 | 5,15 | 5,72 | 6,52 | 7,73 | 8,76 | 9,30 | 9,91 | 10,39 | 10,73 | 10,93 | 10,86 | 10,10 | 8,57 | 6,19 |
| | 1,05 | 1,89 | 3,40 | 4,77 | 5,40 | 6,01 | 6,87 | 8,16 | 9,29 | 9,88 | 10,56 | 11,11 | 11,53 | 11,80 | 11,88 | 11,26 | 9,88 | 7,64 |
| | 1,2 | 1,96 | 3,55 | 4,98 | 5,65 | 6,30 | 7,21 | 8,60 | 9,82 | 10,46 | 11,21 | 11,84 | 12,33 | 12,67 | 12,89 | 12,42 | 11,18 | 9,09 |
| | 1,5 | 2,03 | 3,69 | 5,20 | 5,91 | 6,59 | 7,55 | 9,03 | 10,34 | 11,04 | 11,87 | 12,56 | 13,13 | 13,54 | 13,91 | 13,58 | 12,48 | 10,54 |
| | ≥ 3 | 2,10 | 3,84 | 5,42 | 6,16 | 6,88 | 7,90 | 9,47 | 10,87 | 11,62 | 12,52 | 13,29 | 13,92 | 14,41 | 14,92 | 14,74 | 13,79 | 11,99 |
| 200 | 1 | 2,17 | 3,93 | 5,51 | 6,24 | 6,95 | 7,94 | 9,43 | 10,71 | 11,36 | 12,10 | 12,67 | 13,06 | 13,27 | 13,05 | 11,92 | 9,76 | 6,46 |
| | 1,05 | 2,24 | 4,07 | 5,73 | 6,50 | 7,24 | 8,28 | 9,86 | 11,23 | 11,94 | 12,75 | 13,39 | 13,86 | 14,14 | 14,07 | 13,08 | 11,07 | 7,91 |
| | 1,2 | 2,31 | 4,22 | 5,94 | 6,75 | 7,53 | 8,63 | 10,30 | 11,76 | 12,52 | 13,40 | 14,12 | 14,66 | 15,01 | 15,08 | 14,24 | 12,37 | 9,36 |
| | 1,5 | 2,39 | 4,36 | 6,16 | 7,01 | 7,82 | 8,97 | 10,73 | 12,28 | 13,10 | 14,05 | 14,84 | 15,45 | 15,88 | 16,10 | 15,40 | 13,67 | 10,81 |
| | ≥ 3 | 2,46 | 4,51 | 6,38 | 7,26 | 8,11 | 9,32 | 11,17 | 12,81 | 13,68 | 14,71 | 15,57 | 16,25 | 16,75 | 17,11 | 16,56 | 14,98 | 12,26 |
| 224 | 1 | 2,59 | 4,72 | 6,65 | 7,54 | 8,40 | 9,61 | 11,41 | 12,94 | 13,71 | 14,56 | 15,19 | 15,58 | 15,71 | 15,13 | 13,29 | 10,06 | 5,26 |
| | 1,05 | 2,66 | 4,87 | 6,86 | 7,80 | 8,69 | 9,95 | 11,85 | 13,46 | 14,29 | 15,21 | 15,91 | 16,37 | 16,58 | 16,14 | 14,45 | 11,36 | 6,71 |
| | 1,2 | 2,74 | 5,01 | 7,08 | 8,05 | 8,98 | 10,30 | 12,28 | 13,99 | 14,87 | 15,86 | 16,64 | 17,17 | 17,45 | 17,16 | 15,61 | 12,67 | 8,16 |
| | 1,5 | 2,81 | 5,16 | 7,30 | 8,30 | 9,27 | 10,64 | 12,72 | 14,51 | 15,45 | 16,52 | 17,36 | 17,97 | 18,32 | 18,17 | 16,77 | 13,97 | 9,61 |
| | ≥ 3 | 2,88 | 5,30 | 7,52 | 8,56 | 9,56 | 10,98 | 13,15 | 15,04 | 16,03 | 17,17 | 18,09 | 18,76 | 19,19 | 19,18 | 17,93 | 15,27 | 11,06 |
| 250 | 1 | 3,05 | 5,57 | 7,86 | 8,93 | 9,94 | 11,37 | 13,48 | 15,24 | 16,10 | 17,01 | 17,63 | 17,92 | 17,87 | 16,63 | 13,70 | 8,85 | |
| | 1,05 | 3,12 | 5,72 | 8,08 | 9,18 | 10,23 | 11,71 | 13,92 | 15,76 | 16,68 | 17,66 | 18,35 | 18,72 | 18,74 | 17,65 | 14,85 | 10,15 | |
| | 1,2 | 3,19 | 5,86 | 8,29 | 9,43 | 10,52 | 12,06 | 14,35 | 16,29 | 17,26 | 18,31 | 19,08 | 19,52 | 19,61 | 18,66 | 16,01 | 11,46 | |
| | 1,5 | 3,26 | 6,01 | 8,51 | 9,69 | 10,81 | 12,40 | 14,79 | 16,81 | 17,84 | 18,97 | 19,80 | 20,31 | 20,48 | 19,68 | 17,17 | 12,76 | |
| | ≥ 3 | 3,34 | 6,15 | 8,73 | 9,94 | 11,10 | 12,74 | 15,22 | 17,34 | 18,42 | 19,62 | 20,52 | 21,11 | 21,35 | 20,69 | 18,33 | 14,06 | |
| 280 | 1 | 3,57 | 6,54 | 9,24 | 10,49 | 11,68 | 13,34 | 15,77 | 17,72 | 18,63 | 19,53 | 20,03 | 20,10 | 19,69 | 17,31 | 12,61 | 5,26 | |
| | 1,05 | 3,64 | 6,69 | 9,45 | 10,74 | 11,97 | 13,68 | 16,20 | 18,24 | 19,21 | 20,19 | 20,76 | 20,90 | 20,56 | 18,33 | 13,76 | 6,57 | |
| | 1,2 | 3,71 | 6,83 | 9,67 | 11,00 | 12,26 | 14,03 | 16,63 | 18,77 | 19,79 | 20,84 | 21,48 | 21,69 | 21,43 | 19,34 | 14,92 | 7,87 | |
| | 1,5 | 3,78 | 6,98 | 9,89 | 11,25 | 12,55 | 14,37 | 17,07 | 19,29 | 20,37 | 21,49 | 22,21 | 22,49 | 22,30 | 20,76 | 16,08 | 9,17 | |
| | ≥ 3 | 3,85 | 7,12 | 10,11 | 11,50 | 12,84 | 14,72 | 17,50 | 19,82 | 20,95 | 22,14 | 22,93 | 23,29 | 23,17 | 21,37 | 17,24 | 10,48 | |
| 315 | 1 | 4,16 | 7,66 | 10,81 | 12,27 | 13,65 | 15,56 | 18,28 | 20,36 | 21,27 | 22,03 | 22,24 | 21,85 | 20,81 | 16,54 | 9,01 | | |
| | 1,05 | 4,24 | 7,81 | 11,03 | 12,52 | 13,94 | 15,90 | 18,71 | 20,86 | 21,85 | 22,68 | 22,97 | 22,65 | 21,67 | 17,55 | 10,17 | | |
| | 1,2 | 4,31 | 7,95 | 11,25 | 12,78 | 14,23 | 16,24 | 19,15 | 21,41 | 22,43 | 23,34 | 23,69 | 23,45 | 22,54 | 18,56 | 11,33 | | |
| | 1,5 | 4,38 | 8,10 | 11,47 | 13,03 | 14,52 | 16,59 | 19,58 | 21,94 | 23,01 | 23,99 | 24,42 | 24,24 | 23,41 | 19,58 | 12,49 | | |
| | ≥ 3 | 4,45 | 8,24 | 11,68 | 13,29 | 14,81 | 16,93 | 20,02 | 22,46 | 23,59 | 24,64 | 25,14 | 25,04 | 24,28 | 20,59 | 13,65 | | |
| 355 | 1 | 4,84 | 8,92 | 12,57 | 14,25 | 15,82 | 17,97 | 20,94 | 23,03 | 23,81 | 24,24 | 23,90 | 22,71 | 20,61 | 13,34 | | | |
| | 1,05 | 4,92 | 9,06 | 12,79 | 14,50 | 16,11 | 18,32 | 21,37 | 23,56 | 24,39 | 24,89 | 24,62 | 23,51 | 21,48 | 14,35 | | | |
| | 1,2 | 4,99 | 9,21 | 13,01 | 14,76 | 16,40 | 18,66 | 21,81 | 24,08 | 24,97 | 25,54 | 25,35 | 24,30 | 22,35 | 15,37 | | | |
| | 1,5 | 5,06 | 9,35 | 13,23 | 15,01 | 16,69 | 19,00 | 22,24 | 24,61 | 25,55 | 26,20 | 26,07 | 25,10 | 23,21 | 16,38 | | | |
| | ≥ 3 | 5,13 | 9,50 | 13,44 | 15,27 | 16,98 | 19,35 | 22,68 | 25,13 | 26,13 | 26,85 | 26,79 | 25,90 | 24,08 | 17,40 | | | |
| 400 | 1 | 5,60 | 10,31 | 14,50 | 16,40 | 18,17 | 20,53 | 23,64 | 25,54 | 26,03 | 25,82 | 24,53 | 22,06 | 18,30 | | | | |
| | 1,05 | 5,67 | 10,45 | 14,72 | 16,66 | 18,46 | 20,88 | 24,07 | 26,07 | 26,61 | 26,47 | 25,25 | 22,85 | 19,17 | | | | |
| | 1,2 | 5,74 | 10,60 | 14,94 | 16,91 | 18,75 | 21,22 | 24,51 | 26,59 | 27,19 | 27,12 | 25,98 | 23,65 | 20,04 | | | | |
| | 1,5 | 5,82 | 10,74 | 15,15 | 17,16 | 19,04 | 21,56 | 24,94 | 27,12 | 27,77 | 27,77 | 26,70 | 24,45 | 20,90 | | | | |
| | ≥ 3 | 5,89 | 10,89 | 15,37 | 17,42 | 19,33 | 21,91 | 25,38 | 27,64 | 28,35 | 27,42 | 27,43 | 25,25 | 21,77 | | | | |
| 450 | 1 | 6,43 | 11,82 | 16,58 | 18,70 | 20,64 | 23,17 | 26,24 | 27,66 | 27,60 | 26,32 | 23,53 | 19,10 | | | | | |
| | 1,05 | 6,50 | 11,97 | 16,79 | 18,95 | 20,93 | 23,51 | 26,68 | 28,19 | 28,18 | 26,97 | 24,26 | 19,89 | | | | | |
| | 1,2 | 6,57 | 12,11 | 17,01 | 19,21 | 21,22 | 23,85 | 27,11 | 28,71 | 28,76 | 27,62 | 24,98 | 20,69 | | | | | |
| | 1,5 | 6,64 | 12,26 | 17,23 | 19,46 | 21,51 | 24,20 | 27,55 | 29,24 | 29,34 | 28,27 | 25,71 | 21,49 | | | | | |
| | ≥ 3 | 6,72 | 12,40 | 17,45 | 19,71 | 21,80 | 24,54 | 27,98 | 29,76 | 29,92 | 28,93 | 26,43 | 22,28 | | | | | |
| 500 | 1 | 7,25 | 13,31 | 18,58 | 20,89 | 22,95 | 25,56 | 28,39 | 29,00 | 28,13 | 25,37 | 20,57 | | | | | | |
| | 1,05 | 7,32 | 13,46 | 18,79 | 21,14 | 23,24 | 25,91 | 28,83 | 29,52 | 28,71 | 26,02 | 21,29 | | | | | | |
| | 1,2 | 7,39 | 13,60 | 19,01 | 21,39 | 23,53 | 26,25 | 29,26 | 30,05 | 29,29 | 26,67 | 22,02 | | | | | | |
| | 1,5 | 7,46 | 13,75 | 19,23 | 21,65 | 23,82 | 26,59 | 29,69 | 30,57 | 29,87 | 27,33 | 22,74 | | | | | | |
| | ≥ 3 | 7,54 | 13,89 | 19,45 | 21,90 | 24,11 | 26,94 | 30,13 | 31,10 | 30,45 | 27,98 | 23,47 | | | | | | |
| $v$ in m/s ≈ | | 10 | | 15 | | 20 | | 25 30 35 | 40 | | | | | | | | | |
| Scheibenwerkstoff | | normal | | | | | | | hochfest | | | | | | | | | |
| Scheibenauswuchtung | | Statisch ausgewuchtet | | | | | | Dynamisch ausgewuchtet | | | | | | | | | | |

(Stufenlinien sind Linien etwa gleicher Riemengeschwindigkeit $v$)

**Bild 12.26** Nennleistung $P_N$ für Profil **19**

Die Riemengeschwindigkeit $v$ kann nach Gleichung (12.38) berechnet werden:

$$v\left[\frac{m}{s}\right] \approx \frac{d_{wk}\,[mm]\cdot n_k\left[\frac{U}{min}\right]}{19.100}$$
$$\approx \frac{d_{wg}\,[mm]\cdot n_g\left[\frac{U}{min}\right]}{19.100} \qquad (12.38)$$

**⑥ Ermittlung der erforderlichen Riemenanzahl $z$:**

Zur Ermittlung der erforderlichen Anzahl der Riemen wird zunächst die Nennleistung pro Riemen $P_N$ ermittelt. Dieser Wert wird in Abhängigkeit vom Riemenprofil, dem Übersetzungsverhältnis $i$ (kleine Scheibe treibend) bzw. $i^{-1}$ (große Scheibe treibend), dem Wirkdurchmesser $d_{wk}$ der kleinen Keilriemenscheibe und deren Drehzahl $n_k$ aus den Bildern 12.22 bis 12.26 bestimmt.

Als nächstes ist der Umschlingungswinkel $\beta_k$ an der kleinen Riemenscheibe zu berechnen:

$$\beta_k = 2\cdot \arccos\frac{d_{wg}-d_{wk}}{2\cdot e} \qquad (12.39)$$

Der Winkelfaktor $c_1$ berücksichtigt, dass bei kleinem Umschlingungswinkel die übertragbare Leistung kleiner ist. Der Winkelfaktor $c_1$ wird Bild 12.27 entnommen:

| $\dfrac{d_{wg}-d_{wk}}{e}$ | Umschlingungswinkel $\beta_k$ | Winkelfaktor $c_1$ |
|:---:|:---:|:---:|
| 0 | 180° | 1 |
| 1,15 | 170° | 0,98 |
| 0,35 | 160° | 0,95 |
| 0,5 | 150° | 0,92 |
| 0,7 | 140° | 0,89 |
| 0,85 | 130° | 0,86 |
| 1 | 120° | 0,82 |
| 1,15 | 110° | 0,78 |
| 1,3 | 100° | 0,73 |
| 1,45 | 90° | 0,68 |

**Bild 12.27** Winkelfaktor $c_1$

Der Längenfaktor $c_3$ berücksichtigt, dass bei größerer Riemenlänge die übertragbare Leistung

kleiner wird. Er kann aus Bild 12.21 ermittelt werden.

Damit kann die erforderliche Riemenanzahl $z$ berechnet werden:

$$z \geq \frac{P\cdot c_2}{P_N\cdot c_1\cdot c_3} \qquad (12.40)$$

Ist die Riemenanzahl zu groß oder viel kleiner als eins, liegt eine Unter- beziehungsweise Überdimensionierung vor. Die Rechnung ist dann ab Schritt ② (Profilwahl) zu wiederholen.

## 12.2.11 Gestaltung

Zunächst ist die Riemenart und die Riemenanordnung festzulegen. Der Riementrieb ist möglichst als offener Trieb in waagerechter Lage mit unten laufendem Lasttrum auszuführen.

**Flachriementriebe konstanter Übersetzung:**
Bei der Gestaltung von Flachriementrieben sollten die Angaben der Riemenhersteller beachtet werden. Der Durchmesser der großen Riemenscheibe sollte den verfügbaren Bauraum voll ausnutzen, sofern die Riemengeschwindigkeit dies zulässt. Die Durchmesser der kleinen Riemenscheibe sowie von Spann- und Umlenkrollen dürfen einen vom Riementyp abhängigen Wert nicht unterschreiten (siehe Herstellerangaben).

Der Achsenabstand sollte das Fünffache der Summe beider Scheibendurchmesser nicht überschreiten.

Abmessungen und Ausführungen der Riemenscheiben sind in DIN 111 genormt. Kleine Scheiben werden als Bodenscheiben, große Scheiben als Armscheiben ausgeführt, siehe Bild 12.28.

Armscheiben weisen je nach Größe vier bis acht Arme mit elliptischem Querschnitt zwischen Kranz und Nabe auf. Große Riemenscheiben mit $d > 2$ m sind als verschraubte, zweigeteilte Armscheiben auszuführen. Die Teilfuge verläuft dann sinnvoller Weise in der Mitte eines Armpaares.

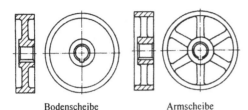

Bodenscheibe          Armscheibe

**Bild 12.28** Riemenscheibenausführung

Riemenscheiben werden meistens aus Grauguss oder als Drehteil aus dem Vollen hergestellt, größere Scheiben auch als Schweißkonstruktion mit einem Kranz aus Stahlblech.

Für einen ruhigen Lauf des Riemens müssen die Wellen möglichst genau parallel laufen; außerdem ist die Rundlaufgenauigkeit und die Auswuchtung der Riemenscheiben gemäß DIN 111 zu gewährleisten. Bei langsam laufenden Scheiben genügt eine statische Auswuchtung, bei hohen Umfangsgeschwindigkeiten ist dynamisch auszuwuchten.

Die in DIN 111 geforderte Oberflächengüte der Lauffläche wird durch Schleifen oder Feindrehen erzielt. Glatte, formgenaue Laufflächen mindern den Verschleiß des Riemens. Rauhe, poröse oder wellige Laufflächen beeinträchtigen den Dehnschlupf des Riemens und führen zu hohem Verschleiß, oder sie regen den Riemen zu Längsschwingungen an (Stick-Slip-Effekt).

**Keilriemengetriebe konstanter Übersetzung:**
Die Tragfähigkeitsberechnung für Schmalkeilriemen erfolgt nach DIN 7753 (siehe Kap. 12.2.10), für Normalkeilriemen nach DIN 2218. Große Scheibendurchmesser und ein Betrieb im Bereich optimaler Riemengeschwindigkeit erhöhen die Lebensdauer des Riemens.

Der Achsabstand sollte das Doppelte der Summe beider Scheibendurchmesser nicht überschreiten; er muss zum zwanglosen Auflegen sowie zum Spannen des Riemens verstellbar ausgeführt sein.

Die Rillengeometrie, Rundlauf-, Planlauf- und Auswuchtgenauigkeit der Keilriemenscheiben sind für Schmalkeilriemen nach DIN 2211, für

Normalkeilriemen nach DIN 2217 genormt. Bodenscheiben oder Armscheiben werden einrillig oder mehrrillig aus GG-20 gegossen, als Schweißteile ausgebildet oder für hohe Umfangsgeschwindigkeiten in Leichtbauweise aus Blech gedrückt, siehe Bild 12.29. In Sonderfällen wird eine Leichtmetallscheibe um eine Graugussnabe gegossen.

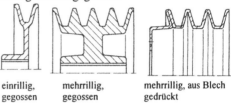

einrillig,        mehrrillig,        mehrrillig, aus Blech
gegossen        gegossen        gedrückt

**Bild 12.29** Keilriemenscheiben

Ein Aufliegen des Riemens auf dem Rillengrund verursacht erhöhten Gleitschlupf und führt zur Schädigung des Riemens durch Überhitzung. In Riementrieben mit $i \geq 3$ können Normalkeilriemen, deren Unterseite mindestens 13 mm breit ist, auf einer großen, rillenlosen, Scheibe laufen.

Ein ruhiger Lauf und eine hohe Lebensdauer des Riemens werden durch glatte, saubere Oberflächen der Rillen sowie durch die Aufrechterhaltung der korrekten Vorspannung gewährleistet. Nach etwa 30 Minuten im Vollastbetrieb ist die Vorspannung des Riemens daher zu korrigieren.

Spannrollen sollten in Keilriemengetrieben vermieden werden. Wenn sie erforderlich sind, sollte man sie als Keilrillenscheiben auszuführen und innen anzuordnen, um eine Wechselbiegung des Riemens zu vermeiden.

Bei Mehrfachanordnung von Keilriemen dürfen die Wirklängen der Riemen nicht mehr als 0,1% voneinander abweichen, d. h. es sind aufeinander abgestimmte Riemensätze zu verwenden. Gegenüber Einstrangantrieben ist der Wirkungsgrad erheblich schlechter.

**Riementriebe mit stufenloser Übersetzung:**

**Flachriementriebe** mit stufenlos einstellbarer Übersetzung werden durch kegelige Scheiben mit gleichem Kegelwinkel (maximal 1:10 bis

1:20) realisiert, siehe Bild 12.31. Der Riemen wird durch eine Gabel geführt, mit der das gewünschte Übersetzungsverhältnis vorgegeben wird. Aufgrund des Bestrebens des Riemens, zum größten Durchmesser zu laufen, läuft der Riemen stets schräg. Es sollten daher schmale, dicke Riemen eingesetzt werden, um die hierdurch entstehenden zusätzlichen Spannungen klein zu halten.

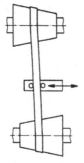

**Bild 12.30** Kegelrollentrieb

**Keilriementriebe** mit stufenlos verstellbarem Übersetzungsverhältnis werden durch Spreizscheiben gebildet, über die ein Breitkeilriemen läuft. Eine der Spreizscheiben besteht aus zwei Kegelscheiben, deren Abstand über eine mechanische Verstelleinrichtung variiert werden kann; die Kegelscheiben der anderen Spreizscheibe sind federbelastet. Der axiale Abstand der Kegelscheiben bestimmt dann den Wirkdurchmesser.

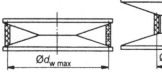 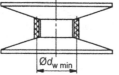

Spreizscheibe geschlossen        Spreizscheibe geöffnet
**Bild 12.31** Wirkprinzip der Spreizscheibe

In den meisten Fällen wird eine einseitig verstellbare Scheibe mit einer einseitig federbelasteten Scheibe derart gepaart, dass die festen Scheibenhälften einander gegenüber liegen, siehe Bild 12.32. Die Verstellung erfolgt an der einstellbaren Scheibe; die Vorspannung wird durch die Federanpressung gewährleistet.

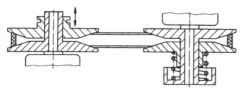

einseitig verstellbare        einseitig federbelastete
Spreizscheibe                Spreizscheibe
**Bild 12.32** Verstellkeilriemengetriebe

Eine vereinfachte Ausführung besteht darin, dass nur eine federbelastete Spreizscheibe eingesetzt wird; die Verstellung erfolgt über eine Achsabstandsänderung. Die zusätzliche axiale Verschiebung des Riemens muss hierbei durch einen schräg zur Riemenflucht angeordneten Verstellschlitten ausgeglichen werden.

## 12.3 Zahnriementriebe

### 12.3.1 Aufbau

Anders als bei Riementrieben wird bei den Zahnriementrieben die Kraftübertragung nicht durch Kraftschluss, sondern durch Formschluss realisiert. Dabei greifen die Zähne des Zahnriemens in die Zähne der Scheibe. Der prinzipielle Aufbau des Zahnriemens ist in Bild 12.33 dargestellt. Der Riemenrücken und die Zähne werden meistens aus Polychloropren bzw. Neoprenmischungen hergestellt. Der Riemen ist biegsam und in der Lage, die Kräfte zwischen Zugstrang und Zahnscheibe zu übertragen. Aufgrund des Materials läuft der Zahnriemen sehr ruhig und wirkt stoßdämpfend.

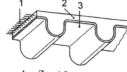

1   Zugstränge
2   Riemenrücken
3   Innenseite
**Bild 12.33** Aufbau des Zahnriemens

Die Innenseite des Zahnriemens wird mit einem nahezu verschleißfreien Polyamidgewebe armiert, da innen die größte Abnutzungsgefahr vorliegt. Entscheidende Elemente des Zahnriemens sind die innenliegenden Zugstränge aus Glas- oder Metallfaser. Sie gewährleisten die Längenkonstanz des Zahnriemens. Unter der Voraussetzung, dass keine Zahnsprünge auftreten, garantieren diese Längenkonstanz und der aufgrund des Formschlusses nicht vorhandene Schlupf eine synchrone Bewegungsübertragung ($i$ = const.).

Der Zahnriemen verbindet somit die positiven Eigenschaften von Kettentrieben (winkeltreue Drehmomentübertragung) und Riementrieben (stoßdämpfend, geräuscharm und wartungsfrei).

Die seitliche Führung von Zahnriemen wird über Bordscheiben realisiert. Entweder wird an jedem Zahnrad gegengleich jeweils eine Bordscheibe vorgesehen, oder beide Bordscheiben befinden sich an demselben Zahnrad. Lediglich bogenverzahnte Zahnriemen sind selbstführend und brauchen daher keine Bordscheiben.

Bei allen verschiedenen Profilformen von Zahnriemen können die drei Hauptabmessungen Teilung, Wirklänge und Breite gleich sein. Die Teilung wird in mm angegeben. Sie ist der Abstand zwischen zwei benachbarten Zahnmitten. Die Wirklänge ist der Umfang des Zahnriemens in mm. Gemessen werden beide Werte auf der Wirklinie des Zahnriemens (Bestimmung der Wirklinie siehe Kap. 12.1). Die Zahnriemenbreite ist abhängig von der Teilung. Beispiele für Zahnriemenabmessungen sind in Bild 12.55 zu finden.

Im folgenden werden verschiedene Zahnriemenprofile vorgestellt. Da modernere Zahnriemenprofile nicht genormt sind, wird nur eine Auswahl der auf dem Markt befindlichen Zahnriemen wiedergegeben. Die Profile variieren von Hersteller zu Hersteller. Die am häufigsten eingesetzten Profile sind folgende:

**Einfach verzahnte Zahnriemen** mit trapezförmiger Verzahnung (Bild 12.34) sind genormt nach DIN 7721 (metrische Teilung) und nach ISO 5296 (Zoll-Teilung). Sie werden dort eingesetzt, wo keine hohen Anforderungen an die Leistungsübertragung der Verzahnung gestellt werden. Mit diesen Zahnriemen sind Leistungen bis 150 kW übertragbar und Drehzahlen bis 10.000 min⁻¹ möglich. Vorteile beim Einsatz dieser Zahnriemenart sind der wartungsfreie Dauerbetrieb und die hohe Wirtschaftlichkeit.

**Bild 12.34**   Einfach verzahnter Zahnriemen

**Doppelt verzahnte Zahnriemen** (Bild 12.35) mit trapezförmigen Zähnen sind nach DIN 7721 (metrische Teilung) und nach ISO 5296 (Zoll-Teilung) genormt. Mit diesen Riemen lässt sich

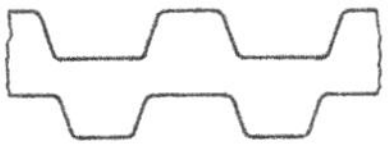

**Bild 12.35**   Doppelt verzahnter Zahnriemen

eine Drehrichtungsumkehr realisieren. Da die Leistungsfähigkeit von der Zahnform abhängig ist, ergibt sich derselbe Einsatzbereich wie bei einfach verzahnten Zahnriemen mit trapezförmigen Zähnen.

**HTD-Zahnriemen** (High-Torque-Drive) (Bild 12.36) sind industrieller Standard, aber noch nicht genormt. Bei der Berechnung entsprechender Zahnriemengetriebe sollte auf Herstellerunterlagen zurückgegriffen werden, denen auch technische Angaben entnommen werden können. HTD-Zahnriemen sind bis zu einer Leistung von 1.000 kW und maximal 20.000 min⁻¹ einsetzbar.

**Bild 12.36** HTD-Profil

**GT®-Profile** (Bild 12.37) stellen eine Weiterentwicklung des HTD-Profils dar. Zahnriemen mit dieser Profilform weisen einen deutlich ruhigeren Lauf auf und sind verschleißfester. Des weiteren wird durch die Profilform das Zahnübersprungverhalten verbessert. GT-Zahnriemen besitzen eine sehr hohe Positioniergenauigkeit, eine noch längere Standzeit und einen noch niedrigeren Wartungsbedarf. Zahnriemen mit GT-Profil sind bis zu einer Leistung von 525 kW und maximal 20.000 min⁻¹ einsetzbar.

**Bild 12.37** GT-Profil

Die Leistungsfähigkeit von GT-Zahnriemen liegt bei gleichen Riemenbreiten um etwa 50% höher als beim HTD-Zahnriemen (Bild 12.38). In Bild 12.38 ist ebenfalls ein Zahnriemen mit trapezförmigem Profil aufgeführt. Die maximal übertragbare Leistung diese Profils liegt deutlich unter den Werten für das GT®- und das HTD-Profil.

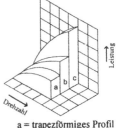

a = trapezförmiges Profil
b = HTD-Profil
c = GT-Profil

**Bild 12.38** Leistung bei gleicher Riemenbreite

**Bogenverzahnte Zahnriemen** (Bild 12.39) haben den Vorteil, dass keine Bordscheiben erfor-

derlich sind; der Zahnriemen ist selbstführend.
Diese Zahnriemen werden
daher immer dort eingesetzt,
wo aus bautechnischen Gründen keine Bordscheiben verwendet werden können.
Durch den überlappenden
Eingriff der Zähne laufen bogenverzahnte Zahnriemen äu-
ßerst geräuscharm.

**Bild 12.39** Bo-
genverzahnung

Die höhere Leistungsfähigkeit moderner Profile
(ca. 30 % Mehrleistung bei HTD-Profilen im
Vergleich zu trapezförmigen Profilen) begründet
sich in der geringeren Pressung und der fast in
der Riemenebene angreifenden Zahnkraft (Bild
12.40). Aufgrund dieser Eigenschaft werden
moderne Zahnriemen bei der Übertragung hoher
Drehmomente auch im niedrigen Drehzahlbereich eingesetzt.
Außerdem ist der
Spannungsverlauf
im Riemen we-
sentlich gleich-
förmiger (Bild
12.41).

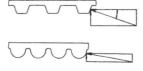

**Bild 12.40** Kraftangriffswinkel

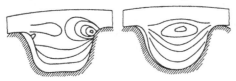

**Bild 12.41** Vergleich der Spannungsverläufe

## 12.3.2 Ausführungen und Einsatzbe-
reiche

Bei Zahnriementrieben muss eine Vorspannkraft
erzeugt werden, um einen optimalen Einsatz zu
erreichen. Diese Kraft wird entweder mittels
Achsabstandsverstellung oder mit einer Spannrolle aufgebracht. Beim Einsatz einer Spannrolle
ist darauf zu achten, dass diese innen im Leertrum angebracht und nicht federnd ausgeführt
wird, da der Zahnriemen längenkonstant ist. Die
Vorspannkraft $F_A$ ergibt sich zu:

$$F_A \approx (0{,}25...0{,}4) \cdot F_t \qquad (12.41)$$

$F_t$ = Umfangskraft

Zahnriemen können in verschiedenen Anordnungen eingesetzt werden. Die einfachste Ausführung liegt beim **offenen Riementrieb** (Bild
12.42) vor. Da der Riemen keinen Durchhang
aufweist, ist die Lage des Triebes beliebig. Bei
Übersetzungen mit $i \geq 3{,}5$ braucht das Großrad
nicht mit Zähnen ausge-
führt zu werden. Diese
Variante ist kostengün-
stiger, jedoch nicht
schlupffrei.

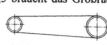

**Bild 12.42** Offener
Riementrieb

Der **Mehrwellenantrieb** ermöglicht den Antrieb
mehrere Wellen in einem Riementrieb (Bild
12.43). Diese Antriebsart ist mit Zahnriemen
realisierbar, solange der Umschlingungswinkel
groß genug ist. Um
den Umschlingungs-
winkel zu erhöhen,
werden glatte Um-
lenkrollen außen am
Trum angebracht.

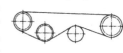

**Bild 12.43** Mehrwellenantrieb

Um mit einem Zahnriementrieb eine **Drehrichtungsumkehr** zu reali-
sieren, muss der Riemen
beidseitig Zähne aufwei-
sen (doppelt verzahnt,
Bild 12.44).

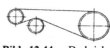

**Bild 12.44** Drehrich-
tungsumkehr

Da Zahnriemen eine hohe Zugsteifigkeit haben,
treten bei gekreuzten Zahnriementrieben starke
Zusatzspannungen auf. Das hat zur Folge, dass
ein derartiger Riementrieb nur eine geringe Leistung übertragen kann. Ein **geschränkter Zahnriementrieb** ist daher nur mit sehr schmalen
Riemen auszuführen. Es empfiehlt sich, wenn
ein gekreuzter Riementrieb nicht umgangen
werden kann, auf herkömmliche Riemen (z. B.
Flachriemen) zurückzugreifen.

## 12.3.3 Berechnung von Zahnriemen-
trieben

Da häufig nicht genormte Zahnriemenprofile
verwendet werden, sollte die Auslegungsberechnung anhand von Herstellerunterlagen durchgeführt werden. Die dargestellte Methode erfolgt
nach Unterlagen der Firma Gates.

Die Berechnung läuft in fünf Schritten ab:
① Festlegung des Grundsicherheitsfaktors $c_g$,
② Ermittlung der Berechnungsleistung $P_B$,
③ Auswahl der Zahnriementeilung,
④ Auswahl von Zahnriemenlänge, Zahnscheibenkombination und Achsabstand,
⑤ Auswahl der Zahnriemenbreite.

Vor Beginn der Berechnung sind folgende Daten festzulegen:
- Leistungsbedarf $P_A$ und Art der angetriebenen Maschine,
- Drehzahl der angetriebenen Maschine,
- Drehzahl der treibenden Maschine,
- ungefährer Achsabstand des Antriebes,
- Laufzeit pro Tag.

① **Festlegung des Grundsicherheitsfaktors $c_g$:**
Die Lebensdauer eines Zahnriemens hängt entscheidend von den Betriebsbedingungen und dem Anwendungsfall ab. Dies berücksichtigt der Sicherheitsfaktor $c_S$, der anhand Bild 12.47 ermittelt werden kann. Beim Einsatz einer Spannrolle erhöht sich der Sicherheitsfaktor um den Wert 0,2. Für häufig

| $i$ | $c_{\ddot{U}}$ |
|---|---|
| 1,00 - 1,24 | - |
| 1,25 - 1,74 | 0,1 |
| 1,75 - 2,49 | 0,2 |
| 2,5 - 3,49 | 0,3 |
| > 3,50 | 0,4 |

**Bild 12.45** Übersetzungsfaktor [8]

unterbrochenen oder nur gelegentlichen Einsatz des Zahnriementriebs verringert sich der Wert um 0,2. Für Übersetzungen ins Schnelle sind weitere Zuschläge erforderlich, die durch den Faktor $c_{\ddot{U}}$ berücksichtigt werden. Die entsprechenden Werte können Bild 12.45 entnommen werden.

$$c_g = c_S \pm 0,2 + c_{\ddot{U}} \qquad (12.42)$$

$c_g$ = Grundsicherheitsfaktor
$c_S$ = Sicherheitsfaktor
$c_{\ddot{U}}$ = Übersetzungsfaktor

② **Ermittlung der Berechnungsleistung $P_B$:**

$$P_B = c_g \cdot P_A \qquad (12.43)$$

$P_B$ = Berechnungsleistung
$c_g$ = Grundsicherheitsfaktor
$P_A$ = Leistungsbedarf

③ **Auswahl der Zahnriementeilung:**
Mit der in ② ermittelten Berechnungsleistung und der Drehzahl der schnelleren Welle kann mit Hilfe von Bild 12.46 die Zahnriementeilung ermittelt werden. Wenn der Schnittpunkt aus waagerechter Drehzahllinie und senkrechter Leistungslinie sehr nahe an der Trennlinie zweier Teilungen liegt, sollte die Berechnung für beide Teilungen durchgeführt und anschließend die wirtschaftlichere Variante ausgewählt werden.

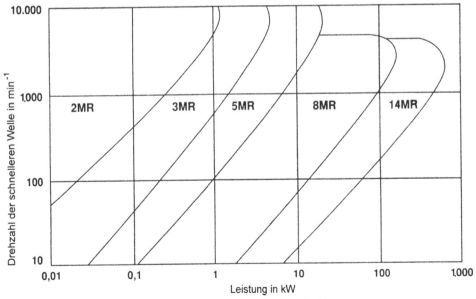

**Bild 12.46** Zahnriementeilung-Auswahldiagramm für das HTD-Profil [8]

| Getriebene Maschine | Antrieb | | | | | |
|---|---|---|---|---|---|---|
| | Wechselstrom- / Drehstrommotoren: normales Drehmoment, Kurzschlussläufer, Synchronmotoren, Einphasenmotoren<br><br>Gleichstrommotoren: Nebenschluss<br><br>Verbrennungsmotoren mit mehreren Zylindern | | | Wechselstrom- / Drehstrommotoren, hohes Drehmoment, einphasig, Hauptschluss, Schleifringläufer<br><br>Gleichstrommotoren: Haupt-, Doppelschluss<br><br>1-Zylinder-Verbrennungsmotoren | | |
| | Kurzzeitiger Einsatz | Normaler Einsatz | Ununterbrochener Einsatz | Kurzzeitiger Einsatz | Normaler Einsatz | Ununterbrochener Einsatz |
| | 3-8 Std. täglich | 8-16 Std. täglich | 16-24 Std. täglich | 3-8 Std. täglich | 8-16 Std. täglich | 16-24 Std. täglich |
| Abfüllanlagen; Instrumente; Filmkameras; Spulenantriebe; Messgeräte; Medizinische Geräte; Nähmaschinen; Büromaschinen | 1,0 | 1,2 | 1,4 | 1,2 | 1,4 | 1,6 |
| Förderanlagen für kleinere Güter; Bandsägen | 1,1 | 1,3 | 1,5 | 1,3 | 1,5 | 1,7 |
| Rührwerke für Flüssigkeiten; Schrauber; Hobelmaschinen; Drehmaschinen; Bohrmaschinen; Schälmaschinen; Papiermaschinen (ohne Knetmaschinen); Kreissägen; Wäschereimaschinen; Druckmaschinen | 1,2 | 1,4 | 1,6 | 1,6 | 1,8 | 2,0 |
| Rührwerke für halbflüssige Massen; Förderanlagen für Erz, Kohle, Sand; Werkzeugmaschinen: Schleifer, Fräser, Bohrwerke, Walzen; Zentrifugal- und Zahnradpumpen; Vibrationssiebanlagen; Zentrifugalkompressen | 1,3 | 1,5 | 1,7 | 1,6 | 1,8 | 2,0 |
| Ziegel- und Tonformmaschinen; Platten- und Becherförderanlagen; Aufzüge; Entlader, Waschmaschinen; Ventilatoren; Gebläse: Zentrifugal-, Generatoren und Erreger; Winden; Mühlen; Spritzmaschinen; Strangpressen; Sägewerkmaschinen; Textilmaschinen: Webstühle, Spinnmaschinen, Garnzwirner; Gummi-Kalander | 1,4 | 1,6 | 1,8 | 1,8 | 2,0 | 2,2 |
| Zentrifugen; Plattenband- und Schraubenförderanlagen; Hammermühlen; Papierknetmaschinen | 1,5 | 1,7 | 1,9 | 1,9 | 2,1 | 2,3 |
| Ziegelei- und Ton-Kollergänge; Ventilatoren; Gebläse; Schraubenlüfter | 1,6 | 1,8 | 2,0 | 2,0 | 2,2 | 2,4 |
| Kolbenverdichter; Geröllmühlen, Kugelmühlen usw.; Kolbenpumpen | 1,7 | 1,9 | 2,1 | 2,1 | 2,3 | 2,5 |

**Bild 12.47** Sicherheitsfaktor $c_S$ [8]

④ **Auswahl von Zahnscheibenkombination, Zahnriemenlänge und Achsabstand:**

In der Achsabstands-Auswahltabelle für den unter ③ ausgewählten Riemen (Auszug aus der Gesamttabelle siehe Bild 12.50) lässt sich anhand der Übersetzung die empfohlene Zähnezahl der beiden Zahnscheiben bestimmen. Hiermit ergeben sich die Wirkdurchmesser der Zahnscheiben. Sollten für die entsprechende Übersetzung mehrere Zahnscheibenkombinationen zur Verfügung stehen, empfiehlt es sich, verschiedene Kombinationen durchzurechnen. Des weiteren erhält man die Zähnezahl des Zahnriemens und den endgültigen Achsabstand.

⑤ **Auswahl der Zahnriemenbreite:**

Mittels Bild 12.51 lassen sich anhand der Drehzahl der kleinen Zahnscheibe und der in ④ ermittelten Zähnezahl des kleinen Rades die Leistungskennwerte für die Zahnriemen ermitteln. Diese Werte basieren auf der Annahme, dass sich mindestens sechs Zähne im Einsatz befinden. Die Anzahl $n_E$ der tatsächlich im Einsatz befindlichen Zähne wird wie folgt bestimmt:

$$n_E = n \cdot \left( 0,5 - \frac{(N-n)}{18,85 \cdot N_c} \right) \qquad (12.44)$$

$n_E$ = Anzahl der Zähne im Eingriff
$n$ = Anzahl der Zähne der kleinen Scheibe
$N$ = Anzahl der Zähne der großen Scheibe
$N_c$ = Achsabstand in Teilungen $\quad N_c = \dfrac{\text{Achsabstand}}{\text{Teilung}}$

Anhand des Wertes $n_E$ ergibt sich der Zahneingriffsfaktor $c_E$ nach Bild 12.48.

| Zähne im Eingriff | ≥ 6 | 5 | 4 | 3 | 2 |
|---|---|---|---|---|---|
| $c_E$ | 1 | 0,8 | 0,6 | 0,4 | 0,2 |

**Bild 12.48** Zahneingriffsfaktor $c_E$

Mit diesem Faktor muss der aus Bild 12.51 ermittelte Leistungswert $P_{theor}$ multipliziert werden. Aus dem Verhältnis der Berechnungsleistung $P_B$ zu diesem Wert kann der Breitenfaktor $c_B$ ermittelt werden, mit dessen Hilfe aus Bild 12.49 die Zahnriemenbreite $b$ bestimmt werden kann. Es gilt:

$$c_B \geq c_{B \, vorl} = \frac{P_B}{P_{theor} \cdot c_E} \qquad (12.45)$$

$c_{B \, vorl}$ = Vorläufiger Breitenfaktor $\quad c_B$ = Breitenfaktor
$P_B$ = Berechnungsleistung $\quad P_{theor}$ = Leistungswert

Es ist zu beachten, dass die Zahnriemenbreite kleiner als der Durchmesser der kleinen Scheibe sein muss. Sollte dies nicht der Fall sein, ist eine größere Teilung zu wählen.

| $c_B$ | 0,62 | **1,00** | 1,45 | **1,89** | 2,64 | **3,38** | 4,13 |
|---|---|---|---|---|---|---|---|
| $b$ | 6 | **9** | 12 | **15** | 20 | **25** | 30 |

Standardbreiten in Fettschrift
**Bild 12.49** Breitenkorrekturfaktor für HTD 5MR

## 12.3.4 Auslegung von Zahnriemen für Transport- und Prozessbänder

Da häufig nicht genormte Zahnriemen eingesetzt werden, sollte die Auslegungsberechnung anhand von Herstellerunterlagen durchgeführt werden. Die im folgenden dargestellte Methode erfolgt nach Unterlagen der Firma Siegling. Die Berechnung wird nur überschlägig durchgeführt. Daher werden die Massenkräfte hier nicht berücksichtigt. Der Berechnungsgang läuft wie folgt ab:

① Berechnung der zu übertragenden Umfangskraft $F_U$,
② Berechnung des Zahneingriffsfaktors $c_1$,
③ Bestimmung des Betriebsfaktors $c_2$ und des Beschleunigungsfaktors $c_3$,
④ Berechnung der erforderlichen spezifischen Umfangskraft $F_{U \, erf}$,
⑤ Berechnung der Riemenlänge $l$,
⑥ Bestimmung der Zahnfußsicherheit $s_{Zahn}$,
⑦ Bestimmung der Vorspannkraft $F_V$,
⑧ Berechnung des Spannweges $\Delta e$.

① **Berechnung der zu übertragenden Umfangskraft $F_U$:**

Zunächst wird die zu übertragende Umfangskraft berechnet. Dies geschieht bei der überschlägigen Auslegung mit Hilfe der Formel 12.46. Für eine exakte Berechnung sind die Massen der Zahnscheiben zu berücksichtigen.

$$F_U = \frac{2 \cdot T}{d_0} = \frac{P}{\pi \cdot n \cdot d_0} \qquad (12.46)$$

$F_U$ = Umfangskraft $\qquad n$ = Drehzahl
$T$ = zu übertragendes Moment $\quad z$ = Zähnezahl
$P$ = zu übertragende Leistung $\quad t$ = Riementeilung

$d_0 = \dfrac{z \cdot t}{\pi}$ = Teilkreisdurchmesser

| Über-setz-ung | Zähnezahl | | Theoretischer Achsabstand in mm | | | | | | | | | |
|---|---|---|---|---|---|---|---|---|---|---|---|---|
| | An-trieb | Ab-trieb | Zahnriemenwirklänge (Code) in mm | | | | | | | | | |
| | | | 225 | 270 | 300 | 325 | 350 | 400 | 450 | 500 | 550 | 600 | 950 |
| 1,00 | 12 | 12 | 82,5 | 105,0 | 120,0 | 132,5 | 145,0 | 170,0 | 195,0 | 220,0 | 245,0 | 270,0 | 445,0 |
| 1,00 | 14 | 14 | 77,5 | 100,0 | 115,0 | 127,5 | 140,0 | 165,0 | 190,0 | 215,0 | 240,0 | 265,0 | 440,0 |
| 1,00 | 15 | 15 | 75,0 | 97,5 | 112,5 | 125,0 | 137,5 | 162,5 | 187,5 | 212,5 | 237,5 | 262,5 | 437,5 |
| 1,00 | 16 | 16 | 72,5 | 95,0 | 110,0 | 122,5 | 135,0 | 160,0 | 185,0 | 210,0 | 235,0 | 260,0 | 435,0 |
| 1,00 | 18 | 18 | 67,5 | 90,0 | 105,0 | 117,5 | 130,0 | 155,0 | 180,0 | 205,0 | 230,0 | 255,0 | 430,0 |
| 1,00 | 20 | 20 | 62,5 | 85,0 | 100,0 | 112,5 | 125,0 | 150,0 | 175,0 | 200,0 | 225,0 | 250,0 | 425,0 |
| 1,00 | 21 | 21 | 60,0 | 82,5 | 97,5 | 110,0 | 122,5 | 147,5 | 172,5 | 197,5 | 222,5 | 247,5 | 422,5 |
| 1,00 | 22 | 22 | 57,5 | 80,0 | 95,0 | 107,5 | 120,0 | 145,0 | 170,0 | 195,0 | 220,0 | 245,0 | 420,0 |
| 1,00 | 24 | 24 | 52,5 | 75,0 | 90,0 | 102,5 | 115,0 | 140,0 | 165,0 | 190,0 | 215,0 | 240,0 | 415,0 |
| 1,00 | 26 | 26 | 47,5 | 70,0 | 85,0 | 97,5 | 110,0 | 135,0 | 160,0 | 185,0 | 210,0 | 235,0 | 410,0 |
| 1,05 | 20 | 21 | 61,2 | 83,7 | 98,7 | 111,2 | 123,7 | 148,7 | 173,7 | 198,7 | 223,7 | 248,7 | 423,7 |
| 1,25 | 12 | 15 | 78,7 | 101,2 | 116,2 | 128,7 | 141,2 | 166,2 | 191,2 | 216,2 | 241,2 | 266,2 | 441,2 |
| 1,38 | 16 | 22 | 64,8 | 87,4 | 102,4 | 114,9 | 127,4 | 152,4 | 177,4 | 202,4 | 227,4 | 252,5 | 427,5 |
| 1,43 | 21 | 30 | 48,2 | 70,9 | 86,0 | 98,5 | 111,0 | 136,1 | 161,1 | 186,1 | 211,1 | 236,1 | 411,2 |
| 1,50 | 14 | 21 | 68,5 | 91,1 | 106,1 | 118,6 | 131,1 | 156,2 | 181,2 | 206,2 | 231,2 | 256,2 | 431,2 |
| 1,63 | 16 | 26 | 59,5 | 82,1 | 97,2 | 109,7 | 122,2 | 147,3 | 172,3 | 197,3 | 222,4 | 247,4 | 422,4 |
| 1,75 | 16 | 28 | 56,7 | 79,4 | 94,5 | 107,1 | 119,6 | 144,7 | 169,7 | 194,8 | 219,8 | 244,8 | 419,9 |
| 1,88 | 16 | 30 | 53,8 | 76,7 | 91,8 | 104,4 | 117,0 | 142,1 | 167,1 | 192,2 | 217,2 | 242,2 | 417,4 |
| 2,00 | 12 | 24 | 66,8 | 89,5 | 104,6 | 117,1 | 129,6 | 154,7 | 179,7 | 204,8 | 229,8 | 254,8 | 429,9 |
| 2,00 | 15 | 30 | 54,9 | 77,8 | 93,0 | 105,6 | 118,1 | 143,3 | 168,3 | 193,4 | 218,4 | 243,5 | 418,6 |
| 2,10 | 21 | 44 | - | - | 66,2 | 79,1 | 91,9 | 117,3 | 142,6 | 167,8 | 192,9 | 218,0 | 393,3 |
| 2,14 | 14 | 30 | 56,0 | 79,0 | 94,1 | 106,7 | 119,3 | 144,4 | 169,5 | 194,6 | 219,6 | 244,7 | 419,8 |
| 2,17 | 12 | 26 | 64,0 | 86,8 | 101,9 | 114,5 | 127,0 | 152,1 | 177,1 | 202,2 | 227,2 | 252,3 | 427,4 |
| 2,25 | 16 | 36 | - | 68,1 | 83,5 | 96,2 | 108,8 | 134,1 | 159,2 | 184,3 | 209,4 | 234,5 | 409,7 |
| 2,29 | 21 | 48 | - | - | - | 73,1 | 86,1 | 111,7 | 137,1 | 162,3 | 187,5 | 212,7 | 388,2 |
| 2,33 | 12 | 28 | 61,2 | 84,0 | 99,2 | 111,8 | 124,3 | 149,5 | 174,5 | 199,6 | 224,6 | 249,7 | 424,8 |
| 2,40 | 20 | 48 | - | - | 60,9 | 74,1 | 87,1 | 112,8 | 138,2 | 163,5 | 188,7 | 213,8 | 389,4 |
| 2,50 | 12 | 30 | 58,2 | 81,2 | 96,4 | 109,1 | 121,7 | 146,8 | 171,9 | 197,0 | 222,0 | 247,1 | 422,3 |
| 2,50 | 16 | 40 | - | 62,0 | 77,6 | 90,5 | 103,2 | 128,6 | 153,8 | 179,0 | 204,1 | 229,2 | 404,5 |
| 2,57 | 28 | 72 | - | - | - | - | - | - | 93,4 | 119,8 | 145,8 | 171,4 | 348,2 |
| 2,67 | 15 | 40 | - | 63,1 | 78,7 | 91,6 | 104,3 | 129,7 | 155,0 | 180,2 | 205,3 | 230,4 | 405,8 |
| 2,75 | 16 | 44 | - | 55,5 | 71,5 | 84,5 | 97,4 | 123,0 | 148,3 | 173,6 | 198,7 | 223,9 | 399,4 |
| 2,86 | 14 | 40 | - | 64,1 | 79,8 | 92,7 | 105,5 | 130,9 | 156,1 | 181,3 | 206,5 | 231,6 | 407,0 |
| 3,00 | 12 | 36 | 48,7 | 72,5 | 87,9 | 100,7 | 113,4 | 138,7 | 163,9 | 189,0 | 214,1 | 239,2 | 414,6 |
| 3,00 | 24 | 72 | - | - | - | - | - | - | 97,4 | 124,1 | 150,1 | 175,8 | 352,9 |
| 3,14 | 14 | 44 | - | 57,5 | 73,6 | 86,7 | 99,6 | 125,2 | 150,6 | 175,9 | 201,1 | 226,2 | 401,8 |
| 3,20 | 15 | 48 | - | - | 65,9 | 79,4 | 92,5 | 118,3 | 143,8 | 169,2 | 194,5 | 219,7 | 395,4 |
| 3,33 | 18 | 60 | - | - | - | - | 69,3 | 96,7 | 122,9 | 148,7 | 174,3 | 199,7 | 376,0 |
| 3,43 | 14 | 48 | - | - | 67,0 | 80,4 | 93,6 | 119,4 | 145,0 | 170,3 | 195,6 | 220,8 | 396,6 |
| 3,50 | 16 | 56 | - | - | - | 64,5 | 78,4 | 105,1 | 131,1 | 156,8 | 182,2 | 207,6 | 383,7 |
| 3,67 | 12 | 44 | - | 59,5 | 75,7 | 88,8 | 101,8 | 127,4 | 152,9 | 178,2 | 203,4 | 228,6 | 404,2 |
| 3,75 | 16 | 60 | - | - | - | - | 71,2 | 98,7 | 125,1 | 150,9 | 176,5 | 202,0 | 378,4 |
| 4,00 | 14 | 56 | - | - | - | 66,4 | 80,5 | 107,2 | 133,3 | 159,0 | 184,5 | 209,8 | 386,1 |
| 4,29 | 14 | 60 | - | - | - | - | 73,1 | 100,8 | 127,2 | 153,1 | 178,7 | 204,2 | 380,7 |
| 4,50 | 16 | 72 | - | - | - | - | - | 76,6 | 105,4 | 132,4 | 158,7 | 184,6 | 362,3 |
| 4,57 | 14 | 64 | - | - | - | - | - | 93,9 | 120,9 | 147,1 | 172,9 | 198,5 | 375,4 |
| 4,80 | 15 | 72 | - | - | - | - | - | 77,6 | 106,4 | 133,5 | 159,8 | 185,7 | 363,4 |
| 5,00 | 12 | 60 | - | - | - | - | 75,1 | 102,8 | 129,3 | 155,3 | 181,0 | 206,5 | 383,1 |
| 6,00 | 12 | 72 | - | - | - | - | - | 80,3 | 109,4 | 136,6 | 163,0 | 188,9 | 366,9 |
| 10,71 | 14 | 150 | - | - | - | - | - | - | - | - | - | - | 245,8 |

**Bild 12.50** Achsabstände für die Profile 5M und 5MR (Auszug aus Gesamttabelle) [11]

| Drehzahl der kl. Zahnscheibe | Zähnezahl der kleinen Scheibe | | | | | | | | | | | | | |
|---|---|---|---|---|---|---|---|---|---|---|---|---|---|---|
| | 18 | 20 | 22 | 24 | 26 | 28 | 32 | 36 | 40 | 44 | 48 | 56 | 64 | 72 |
| | Wirkdurchmesser in mm | | | | | | | | | | | | | |
| | 28,65 | 31,83 | 35,01 | 38,24 | 41,38 | 44,56 | 50,93 | 57,30 | 63,66 | 70,03 | 76,39 | 89,13 | 101,86 | 114,86 |
| 20 | 11 | 13 | 14 | 16 | 18 | 20 | 22 | 25 | 30 | 33 | 37 | 44 | 52 | 59 |
| 40 | 17 | 21 | 24 | 27 | 31 | 34 | 41 | 48 | 54 | 61 | 68 | 81 | 94 | 107 |
| 60 | 24 | 29 | 34 | 39 | 44 | 49 | 59 | 69 | 79 | 89 | 98 | 117 | 137 | 156 |
| 100 | 37 | 45 | 53 | 61 | 70 | 78 | 94 | 110 | 125 | 141 | 157 | 188 | 218 | 248 |
| 200 | 66 | 82 | 98 | 113 | 129 | 144 | 175 | 205 | 235 | 265 | 294 | 352 | 410 | 467 |
| 300 | 93 | 116 | 139 | 161 | 184 | 206 | 251 | 294 | 338 | 381 | 424 | 508 | 592 | 675 |
| 400 | 118 | 148 | 178 | 207 | 237 | 266 | 323 | 380 | 437 | 493 | 549 | 659 | 768 | 876 |
| 500 | 142 | 178 | 215 | 251 | 287 | 323 | 394 | 463 | 533 | 602 | 670 | 805 | 939 | 1070 |
| 600 | 164 | 207 | 251 | 294 | 336 | 378 | 462 | 544 | 626 | 708 | 788 | 948 | 1105 | 1261 |
| 700 | 186 | 236 | 286 | 335 | 384 | 432 | 529 | 624 | 719 | 812 | 905 | 1088 | 1269 | 1448 |
| 800 | 206 | 263 | 320 | 375 | 430 | 485 | 594 | 702 | 808 | 914 | 1019 | 1225 | 1430 | 1631 |
| 1000 | 247 | 316 | 385 | 453 | 521 | 588 | 721 | 853 | 984 | 1113 | 1241 | 1494 | 1743 | 1989 |
| 1200 | 284 | 366 | 447 | 528 | 608 | 687 | 845 | 1001 | 1154 | 1306 | 1457 | 1755 | 2048 | 2337 |
| 1400 | 320 | 414 | 508 | 601 | 693 | 784 | 965 | 1143 | 1320 | 1495 | 1668 | 2010 | 2346 | 2676 |
| 1450 | 329 | 426 | 523 | 619 | 713 | 807 | 994 | 1179 | 1361 | 1541 | 1720 | 2072 | 2419 | 2759 |
| 1600 | 354 | 461 | 566 | 671 | 775 | 878 | 1082 | 1284 | 1483 | 1679 | 1875 | 2258 | 2653 | 3006 |
| 1750 | 379 | 495 | 609 | 723 | 835 | 947 | 1168 | 1368 | 1602 | 1815 | 2026 | 2441 | 2849 | 3249 |
| 1800 | 387 | 506 | 623 | 740 | 855 | 970 | 1197 | 1421 | 1641 | 1860 | 2076 | 2502 | 2919 | 3328 |
| 2000 | 419 | 549 | 678 | 806 | 933 | 1060 | 1309 | 1554 | 1797 | 2037 | 2274 | 2740 | 3196 | 3643 |
| 2400 | 479 | 633 | 785 | 936 | 1085 | 1234 | 1527 | 1815 | 2100 | 2381 | 2658 | 3202 | 3733 | 4250 |
| 2800 | 535 | 712 | 887 | 1060 | 1231 | 1402 | 1737 | 2067 | 2393 | 2713 | 3029 | 3646 | 4254 | 4826 |
| 3200 | 588 | 787 | 984 | 1179 | 1372 | 1563 | 1940 | 2311 | 2675 | 3033 | 3385 | 4071 | 4733 | 5731 |
| 3600 | 639 | 859 | 1078 | 1294 | 1508 | 1720 | 2137 | 2547 | 2948 | 3342 | 3728 | 4478 | 5197 | 5885 |
| 4000 | 686 | 929 | 1168 | 1405 | 1640 | 1871 | 2328 | 2774 | 3211 | 3639 | 4058 | 4867 | 5636 | 6365 |
| 5000 | 793 | 1088 | 1379 | 1666 | 1949 | 2229 | 2777 | 3310 | 3829 | 4333 | 4822 | 5752 | 6615 | 7406 |
| 6000 | 887 | 1232 | 1571 | 1905 | 2234 | 2558 | 3189 | 3799 | 4387 | 4953 | 5496 | 6506 | 7409 | - |
| 8000 | 1037 | 1474 | 1902 | 2320 | 2729 | 3129 | 3898 | 4627 | 5312 | 5950 | 6540 | - | - | - |
| 10.000 | 1138 | 1657 | 2161 | 2650 | 3123 | 3580 | 4443 | 5233 | 5947 | 6576 | 7116 | - | - | - |

**Bild 12.51** Leistungswerte für Zahnriemen Typ 5MR [11]

② **Ermittlung des Zahneingriffsfaktors $c_1$:**
Der Zahneingriffsfaktor wird über die Zähnezahl berechnet.

$$\boxed{c_1 = \frac{z}{2}} \text{ für } i = 1 \qquad (12.47)$$

$$\boxed{c_1 = \frac{z_1}{180} \cdot \arccos\frac{(z_2 - z_1) \cdot t}{2 \cdot \pi \cdot e}} \text{ für } i \neq 1 \quad (12.48)$$

$z_1$ = Zähnezahl der kleinen Scheibe
$z_2$ = Zähnezahl der großen Scheibe
$e$ = Achsabstand

Der endgültige Wert für $c_1$ wird auf die nächste kleinere ganze Zahl abgerundet; er darf die Maximalwerte nach Bild 12.52 nicht überschreiten.

| Anwendungsfall | $c_{1\,max}$ |
|---|---|
| verschweißter Riemen | 6 |
| offener Riemen | 12 |
| Linearantriebe mit hoher Positioniergenauigkeit | 4 |

**Bild 12.52** Maximalwerte des Zahneingriffsfaktors [11]

③ **Bestimmung des Betriebsfaktors $c_2$ und des Beschleunigungsfaktors $c_3$:**
Der Betriebsfaktor $c_2$ wird anhand von Bild 12.53, der Beschleunigungsfaktor $c_3$ mittels Bild 12.54 bestimmt. Mit diesen beiden Faktoren ergibt sich die maximale Umfangskraft $F_{U\,max}$:

$$\boxed{F_{U\,max} = F_U \cdot (c_2 + c_3)} \qquad (12.49)$$

| Betriebsart | $c_2$ |
|---|---|
| gleichförmiger Betrieb | - 1,00 |
| kurzfristige Überlast < 35% | 1,10 - 1,35 |
| kurzfristige Überlast < 70% | 1,40 - 1,70 |
| kurzfristige Überlast < 100% | 1,75 - 2,00 |

**Bild 12.53** Betriebsfaktor $c_2$ [11]

| Übersetzungsverhältnis $i$ | $c_3$ |
|---|---|
| $1,0 < i < 1,5$ | 0,1 |
| $1,5 < i < 2,5$ | 0,2 |
| $2,5 < i < 3,5$ | 0,3 |
| $i > 3,5$ | 0,4 |

**Bild 12.54** Beschleunigungsfaktor [11]

④ **Berechnung der erforderlichen spezifischen Umfangskraft $F_{U\,erf}$:**

$$\boxed{F_{U\,erf} = \frac{F_{U\,max}}{c_1}} \qquad (12.50)$$

Der Riementyp kann mittels Bild 12.55 für den Wert $F_{U\,erf}$ und die Antriebsdrehzahl ermittelt werden. Alle Riemen, deren Kennlinie oberhalb des entsprechenden Schnittpunktes liegen, sind geeignet.

$$\boxed{F_{U\,gew} \geq F_{U\,erf}} \qquad (12.51)$$

$F_{U\,gew}$ = Umfangskraft des gewählten Riemen

Vorzugsweise sollten AT- und HTD-Profile verwendet werden. Mit Hilfe von Bild 12.55 kann außerdem die Riemenbreite bestimmt werden.

⑤ **Berechnung der Riemenlänge $l$:**

Zunächst muss der ungefähre Zahnscheibendurchmesser $d_0$ festgelegt werden. Mit diesem Wert wird dann die Zähnezahl der Zahnscheiben in Formel 12.52 bestimmt. Der endgültige Wert

muss größer als der ermittelte Wert sein, und es sollte eine Standardzahnscheibe ausgewählt werden (Standardzahnscheiben siehe Bild 12.56).

$$\boxed{z = \frac{d_0 \cdot \pi}{t}} \qquad (12.52)$$

$z$ = Zähnezahl
$d_0$ = Zahnscheibendurchmesser
$t$ = Teilung

Für umlaufende Zweischeibentriebe mit $i = 1$ gilt:

$$\boxed{l = 2 \cdot e + z \cdot t = 2 \cdot e + \pi \cdot d_0} \qquad (12.53)$$

$l$ = Zahnriemenlänge
$e$ = Achsabstand

Entsprechend gilt für $i \neq 1$:

$$\boxed{l = \frac{t \cdot (z_2 - z_1)}{2} + 2 \cdot e + \frac{1}{4 \cdot e}\left(\frac{t \cdot (z_2 - z_1)}{\pi}\right)^2} \qquad (12.54)$$

Hierbei ist zu beachten, dass der Wert $l$ ein ganzzahliges Vielfaches der Riementeilung $t$ sein muss.

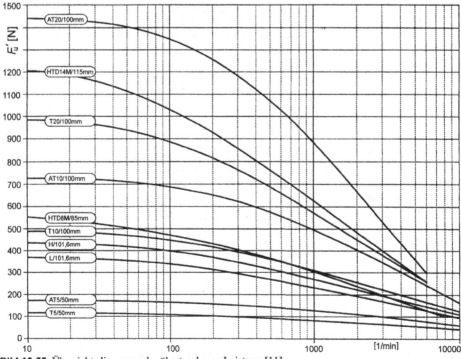

**Bild 12.55** Übersichtsdiagramm der übertragbaren Leistung [11]

| Ausführung | Werkstoff | $z$ | $d_0$ | $d_F$ | $L$ | $d_N$ |
|---|---|---|---|---|---|---|
| | | 10 | 30,32 | 36 | 26 | 20 |
| | | 12 | 36,38 | 42 | 26 | 26 |
| | | 13 | 39,41 | 44 | 26 | 29 |
| | | 14 | 42,45 | 48 | 26 | 33 |
| | | 15 | 45,48 | 51 | 26 | 35 |
| | | 16 | 48,51 | 54 | 26 | 38 |
| | | 17 | 51,54 | 57 | 26 | 40 |
| | Stahl | 18 | 54,57 | 60 | 26 | 40 |
| | | 19 | 57,61 | 64 | 26 | 40 |
| mit | | 20 | 60,64 | 66 | 26 | 46 |
| Bord- | | 21 | 63,67 | 71 | 26 | 46 |
| scheiben | | 22 | 66,70 | 75 | 26 | 50 |
| | | 24 | 72,77 | 79 | 26 | 50 |
| | | 26 | 78,83 | 86 | 26 | 50 |
| | | 28 | 84,89 | 91 | 26 | 50 |
| | | 30 | 90,96 | 97 | 26 | 50 |
| | | 32 | 97,02 | 103 | 26 | 50 |
| | | 36 | 109,15 | 114 | 26 | 50 |
| | | 40 | 121,28 | 128 | 26 | 50 |
| | Guss- | 44 | 133,40 | 140 | 26 | 50 |
| | eisen | 48 | 145,53 | 152 | 26 | 50 |
| ohne | | 60 | 181,91 | - | 28 | 50 |
| Bord- | | 72 | 218,30 | - | 28 | 50 |
| scheiben | | 84 | 254,68 | - | 28 | 50 |

$d_N$ = Nabendurchmesser     $z$ = Zähnezahl
$d_0$ = Wirkdurchmesser     $L$ = Länge der Nabe
$d_F$ = Bordscheibendurchmesser

**Bild 12.56** Standardzahnscheiben [11]

⑥ **Bestimmung der Zahnfußsicherheit $s_{Zahn}$:**

$$s_{Zahn} = \frac{F_{U\,gew} \cdot c_1}{F_{U\,max}} = \frac{F_{U\,gew}}{F_{U\,erf}} > 1 \qquad (12.55)$$

$F_{U\,max}$ = maximal übertragbare Umfangskraft
$F_{U\,gew}$ = Umfangskraft des gewählten Zahnriemens
$F_{U\,erf}$ = erforderliche übertragbare Umfangskraft

⑦ **Bestimmung der Vorspannkraft $F_V$:**
Bei Zweischeibentrieben:

$$F_V > 0,5 \cdot F_{U\,max} \qquad (12.56)$$

Bei Linearantrieben:

$$F_V > F_{U\,max} \qquad (12.57)$$

$F_{U\,max}$ = maximal übertragbare Umfangskraft

Damit ergibt sich die Bemessungskraft $F_B$ zu:

$$F_B = F_{U\,max} + F_V \qquad (12.58)$$

Daraus folgt für die Zugstrangsicherheit $s_{Zug}$:

$$s_{Zug} = \frac{F_{zul}}{F_B} > 1 \qquad (12.59)$$

Werte für $F_{zul}$ sind den Bildern 12.57 und 12.58 zu entnehmen.

| $b_0$ | 20 | 30 | 50 | 85 |
|---|---|---|---|---|
| $F_{zul}$ (verschweißt) [N] | 1.400 | 2.100 | 3.500 | 5.700 |
| $F_{zul}$ (offen) [N] | 2.800 | 4.200 | 7.000 | 11.500 |
| $c_{spez}$ [N · $10^6$] | 0,70 | 1,05 | 1,75 | 2,98 |

$c_{spez}$ = spezifische Federrate
**Bild 12.57** Kennwerte für das Profil HTD 8M [d]

| $b_0$ | 40 | 55 | 85 | 115 |
|---|---|---|---|---|
| $F_{zul}$ (verschweißt) [N] | 4.200 | 5.800 | 9.600 | 11.600 |
| $F_{zul}$ (offen) [N] | 8.500 | 11.800 | 19.500 | 23.600 |
| $c_{spez}$ [N · $10^6$] | 2,12 | 2,92 | 4,51 | 5,83 |

$c_{spez}$ = spezifische Federrate
**Bild 12.58** Kennwerte für das Profil HTD 14 M [d]

⑧ **Berechnung des Spannweges $\Delta e$:**
Für umlaufende Zweischeibentriebe und Zwei-scheiben-Linearantriebe gilt:

$$\Delta e = \frac{F_V \cdot l}{2 \cdot c_{spez}} \qquad (12.60)$$

$l$ = Zahnriemenlänge
$F_V$ = Vorspannkraft
$c_{spez}$ = spezifische Federrate (Bild 12.57 und 12.58)

Entsprechend gilt für eingespannte Riemen:

$$\Delta e = \frac{F_V \cdot l}{c_{spez}} \qquad (12.61)$$

Für endlos verbundene Riemen beträgt die Auf-legedehnung $\varepsilon \approx 0,1\%$, für Meterware ist die Auflagedehnung $\varepsilon \approx 0,2\%$.

## 12.4 Kettentriebe

Bei Kettentrieben kommen der Kette drei Funktionen zu:
- Übertragung der Zugkraft zwischen den Gliedern
- Übertragung der Nutzkraft zwischen Kette und Kettenrad
- Seitliche Führung der Kette

Alle drei Funktion werden durch Formschluss erfüllt. Ketten übertragen die Nutzkraft zwischen Kette und Kettenrad nach demselben Prinzip wie Zahnriemen. Sie unterscheiden sich ansonsten aber sehr stark vom Zahnriemen.

Die Vorteile von Ketten gegenüber Riementrieben sind, dass auch mit kleinen Umschlingungswinkeln eine Kraftübertragung realisiert werden kann, keine Vorspannung aufgebracht werden muss und damit geringere Lagerkräfte auftreten, bedingt durch die Teilbarkeit sowohl die Montage als auch der Austausch einzelner Kettenglieder sehr einfach ist, dass Kettentriebe unempfindlicher gegen Wärme und Feuchtigkeit sind und dass mit Kettentrieben sehr hohe Leistungsübertragungen möglich sind. Die Nachteile von Kettentrieben sind, dass die Leistungsübertragung ungleichförmig abläuft (Kap. 12.4.2), dass Ketten sehr laut, teuer und nicht dauerfest sind und dass eine ständige Schmierung nötig ist.

Bei der Anordnung von Kettentrieben muss darauf geachtet werden, dass genügend Durchhang vorhanden ist (neu ≈ 1 %, eingelaufen ≈ 2 % der Trumlänge) und das Leertrum möglichst so liegt, dass der Durchhang aus dem Ketteninneren heraus gerichtet ist (Bild 12.59).

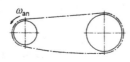

**Bild 12.59** Anordnung

Bei senkrechter Anordnung der Trums neigt der Kettentrieb zum Flattern. Um dies zu verhindern, werden Spannräder, Spannbänder oder Spannschuhe eingesetzt. Eine neue Entwicklung, die dem Flattern von Ketten entgegen wirken soll, ist der ROLL-RING.

Der ROLL-RING wird zwischen Leer- und Lasttrum geklemmt und sorgt durch seine elastische Verformung für die nötige Spannkraft. Außen besitzt er ein Zahnprofil, welches in die Kette greift. Mit Hilfe diese Zahnprofils bewegt sich der ROLL-RING nicht von der eingesetzten Position weg. Innen

**Bild 12.60** ROLL-RING

befindet sich ein Ringprofil. Dieses Ringprofil sorgt für die Spannkraft und hat zugleich dämpfende Wirkung. Er hat den Vorteil, dass der Kettentrieb in beide Richtungen laufen kann (ein Problem vieler anderer Kettenspanner), des weiteren entstehen durch ihn keine Polygonschwingungen, und er ist sehr einfach zu montieren (Snap-In-Montage).

### 12.4.1 Bauarten

Es existieren viele verschiedene Kettenbauarten, von denen einige genormt sind. Die am häufigsten eingesetzte Kettenart ist die Rollenkette nach DIN 8187 (Bild 12.61 c). Die Rollenkette ist eine Weiterentwicklung der Hülsenkette nach DIN 8154 (Bild 12.61 b). Der Nachteil der Hülsenkette ist, dass sie nur bei geschlossenem Getriebegehäuse und sehr guter Schmierung eingesetzt werden kann, da sonst zu starker Verschleiß auftritt.

Die **Rollenkette** besteht aus Innen- und Außengliedern, die regelmäßig aneinandergereiht sind. Das Innenglied besteht aus zwei Laschen, zwei Rollen und zwei Hülsen. Die Hülsen werden mittels Presssitz in den Laschen befestigt. Die Rolle wird mit einem Laufsitz auf der Hülse drehbar gelagert. Das Außenglied besteht aus zwei Laschen und zwei Bolzen. Die Bolzen werden mittels Presssitz in den Laschen befestigt. Sie haben die Aufgabe, den Bolzen gegen Verdrehen und Verschieben zu sichern. Die Bolzenenden werden vernietet.

Da bei Rollenketten aufgrund der Gleitreibung und der ungünstigen Schmierverhältnisse noch Verschleiß auftritt, wurden die Zahnketten entwickelt.

**Zahnketten** nach DIN 8190 (Bild 12.61 e), auch Wiegegelenkketten oder Hy-Vo-Ketten, haben den Vorteil, dass an der Zahnflanke fast kein Gleiten und nur eine geringe Flächenpressung (im Gegensatz zur Linienberührung bei Rollenketten) vorhanden sind. Daher wird der Verschleiß gering gehalten. Die seitliche Führung von Zahnketten wird entweder mittig mit einer durchgehenden Lamelle (entsprechende Nut im Kettenrad) oder seitlich realisiert. Zahnketten zeichnen sich durch ruhigen Lauf bei hohen Geschwindigkeiten aus.

Die **Gallkette** nach DIN 8150 (Bild 12.61 h) gehört zu den Bolzenketten, bei denen die Laschen

drehbar auf den Bolzen gelagert werden. Bei der Gallkette werden die Laschen und Bolzen aus normalen Baustählen (z. B. St 60-2) hergestellt. Mit Gallketten sind lediglich Kettengeschwindigkeiten bis $v_{K\,max} = 0{,}5$ m/s möglich.

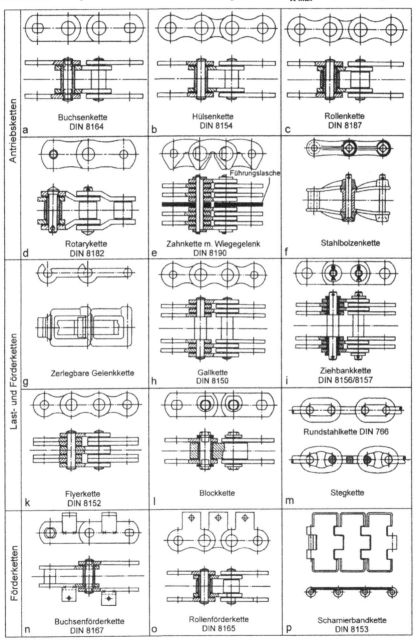

**Bild 12.61** Kettenarten [6]

Die nach DIN 8182 genormte **Rotarykette** (Bild 12.61 d) besteht aus zwei gekröpften Laschen, einer in die Lasche eingepressten Hülse und einer darüber drehbar angebrachten Rolle. Ein Kettenbolzen verbindet die einzelnen Glieder. Der Kettenbolzen wird dazu mittels Presssitz befestigt. Haupteinsatzbereiche dieser Kettenart liegen dort, wo hohe Kräfte bei relativ niedrigen Geschwindigkeiten übertragen werden müssen.

**Scharnierbandketten** nach DIN 8153 (Bild 12.61 p) bestehen aus Tragplatten, die an den Kopfseiten Scharnieraugen haben. Mittels dieser Scharnieraugen und Kettenbolzen werden die einzelnen Tragplatten miteinander beweglich verbunden. In den jeweils äußeren Augen wird der Bolzen mittels Presssitz, im inneren Auge beweglich gelagert. Scharnierbandketten werden in geradlaufender oder kurvengängiger Ausführung aus Stahl, Kunststoff oder rostfreiem Stahl hergestellt.

Heute nur noch selten eingesetzt werden **Laschenketten** nach DIN 8175. Aufgrund des hohen Verschleißes durch hohe Pressung und zusätzlich Bewegung können sie nur bei Geschwindigkeiten $v_{K\,max} \leq 1$ m/s eingesetzt werden.

**Buchsenketten** nach DIN 8164 (Bild 12.60 a) eignen sich für den Einsatz in rauhen und staubigen Betriebsverhältnissen. Sie können sowohl als Getriebeketten (bei einfacher Kraftübertragung) als auch als Zugketten in verschiedenen Stetigförderern eingesetzt werden.

Bei der **Stahlbolzenkette** (ehemals DIN 654) (Bild 12.60 f) sind die Glieder der Kette durch Stahlbolzen miteinander verbunden. Die Kettenglieder werden zumeist aus Temper- oder Stahlguss hergestellt. An die Glieder werden je nach Einsatzgebiet Mitnehmer angegossen oder angeschweißt. Beim Einsatz von Stahlbolzenketten sollte die Kettengeschwindigkeit $v_{K\,max} < 2$ m/s sein.

Eine Sonderform der Stahlgelenkketten sind die **zerlegbaren Gelenkketten** (ehemals DIN 686) (Bild 12.60 g). Hierbei greifen die hakenförmigen Kettenglieder aus Temperguss ineinander. Nach Entlastung des Kettenstranges können die

Glieder gelöst werden. Zum Einsatz kommt diese Kettenart aufgrund ihrer geringen Betriebskräfte (< 2 kN) nur in untergeordneten Antrieben, wie zum Beispiel bei Landmaschinen.

Die **Flyerkette** nach DIN 8152 (Bild 12.61 k) wird vorwiegend als Lastkette eingesetzt. Sie besteht aus Laschen und Kettenbolzen. Die Außenlaschen sichern durch Presssitz die Stabilität der Kette, die Innenlaschen durch den Schiebesitz die Beweglichkeit.

**Rundstahlkette** nach DIN 766 haben meist die in Bild 12.61 m dargestellte Form mit geraden Mittelstücken. Die Glieder der Rundstahlkette werden maschinell gebogen und ineinandergesteckt. Danach werden die einzelnen Elemente geschweißt. Aufgrund der hohen Zugkräfte werden die Glieder per Press-Stumpfschweißverfahren oder Abbrenn-Stumpfschweißverfahren geschweißt. Rundstahlketten werden als Hub- und Anschlagsketten nur dann eingesetzt, wenn Drahtseile wegen technischer Gegebenheiten (Temperatur, Einsatzbereich) nicht eingesetzt werden können.

## 12.4.2 Dynamische Effekte

Schwingungen können bei Kettentrieben zwei verschiedene Ursachen haben. Zum einen können äußere Schwingungen auftreten, zum Beispiel durch den An- oder Abtrieb, da die Kette nur eine sehr geringe Dämpfung besitzt. Zum anderen können es selbsterregte Schwingungen sein. Diese werden im Folgenden erläutert.

Der **Polygoneffekt** tritt auf, weil der wirksame Hebelarm am Kettenrad nicht konstant, sondern von Lage und Bewegung des ersten tragenden Kettenbolzens abhängig ist. Das hat zur Folge, dass die Kettengeschwindigkeit $v_K$ bei konstanter Antriebsgeschwindigkeit $\omega_R$ des Kettenrades sinusförmig schwankt. Die Kettengeschwindigkeit liegt zwischen den folgenden beiden Werten:

$$\boxed{v_{k\,max} = v_t = r \cdot \omega} \tag{12.62}$$

$$\boxed{v_{k\,min} = v_{k\,max} \cdot cos\frac{\tau}{2}} \tag{12.63}$$

Um den Polygoneffekt möglichst gering zu halten, ist also ein kleiner Teilungswinkel $\tau$, d. h. eine große Zähnezahl, nötig. Nur in Anordnungen mit $i = 1$ und einer geraden Anzahl von Kettengliedern tritt der Polygoneffekt nicht auf.

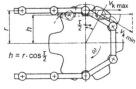

**Bild 12.62** Polygoneffekt

Der **Aufschlageffekt** resultiert aus den unterschiedlichen Richtungen der Kettengeschwindigkeit und der Kettenradgeschwindigkeit im Augenblick des Eingriffs (Bild 12.63). Es erfolgt eine schlagartige Änderung der Kettengeschwindigkeit um $\Delta v$. Als Abhilfe ist ein kleiner Teilungswinkel (große Zähnezahl) zu wählen.

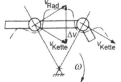

**Bild 12.63** Aufschlageffekt

Die Folge von dynamischen Schwingungen sind Geräusche, Laufunruhe, Zusatzbelastung und Verschleiß, vor allem wenn die Schwingung selbsterregt ist.

## 12.4.3 Verschleiß

Als Verschleiß tritt bei Ketten eine Längung infolge Gelenkverschleiß auf. Diese Längung begrenzt die Lebensdauer von Ketten. Die Ursache dieser Längung ist die Abknickung beim Auf- bzw. Ablauf im Lasttrum. Die Längung hat zur Folge, dass die Kette auf dem Kettenrad radial nach außen wandert, bis die Auflage des Kopfkreises erreicht wird. Dies ist die äußerste Grenze der Lebensdauer. Die zulässige Dehnung wird in Prozent der Gesamtkettenlänge angegeben und ist abhängig vom Aufbau des Kettentriebs. Es gelten die Werte aus Bild 12.64.

| Aufbauart | Kettengeschwindigkeit | zulässige Längung |
|---|---|---|
| Achsabstand fest | $v_K > 4$ m/s | 0,8 % |
| | $v_K < 4$ m/s | 1,5 % |
| Achsabstand nachstellbar | $v_K > 16$ m/s | 3 % |
| | $v_K < 16$ m/s | 1,5 ... 2 % |

**Bild 12.64** Zulässige Kettenlängung

## 12.4.4 Kettenschmierung

Es gibt verschiedene Möglichkeiten, Ketten zu schmieren. Die Art der Kettenschmierung ist vom Einsatzbereich (Geschwindigkeit, Teilung) abhängig. Um die für den Einsatzbereich richtige Schmierungsart zu bestimmen, wird der Auswahlfaktor $k$ bestimmt (Formel 12.64). Es gilt dann die Einteilung nach Bild 12.65. In Herstellerunterlagen ist die für den Einsatzbereich notwendige Schmierungsart angegeben. Eine Berechnung ist in diesem Fall nicht nötig.

| k | Schmierungsart |
|---|---|
| $\leq 2,8$ | Handschmierung |
| $\leq 12$ | Tropfschmierung |
| $\leq 35$ | Tauchschmierung |
| $> 35$ | Druckumlaufschmierung |

**Bild 12.65** Schmierungsauswahl

$$k = v_k \cdot \sqrt{p} \qquad (12.64)$$

Bei der **Handschmierung** (Bild 12.66) wird das Schmiermittel mittels Pinsel, Ölkanne oder Sprühdose auf die Kette aufgetragen. Bei Handschmierung mittels Pinsel sollte die Kette aus Sicherheitsgründen nicht im Betrieb sein.

**Bild 12.66** Handschmierung [7]

Bei der **Tropfschmierung** (Bild 12.67) gibt ein Tropfrohr das Öl an die Kette ab. Das Öl muss im unteren Kettentrum zwischen Innen- und Außenlasche auf die Kette getropft werden, ansonsten würde es aufgrund der Fliehkraft abgeschleudert. Aufgrund des hohen Ölverbrauch sollte ein Spritzschutz für die Rückgewinnung des abgeschleuderten Öls angebracht werden.

**Bild 12.67** Tropfschmierung [7]

Bei der **Tauchschmierung** (Bild 12.68) durchläuft die Kette ein Ölbad. Aufgrund der Kettengeschwindigkeit entstehen Planschverluste und Ölerwärmung. Dies wird verhindert, indem die Kette

**Bild 12.68** Tauchschmierung [7]

nur bis zur Mitte der Gelenke in das Ölbad eintaucht. Bei hohen Kettengeschwindigkeiten werden Spritzscheiben neben den Kettenrädern vorgesehen, die das Öl an die Gehäusedecke schleudern, von wo aus es über Leisten auf die Kette tropft.

Bei der **Druckumlaufschmierung** (Bild 12.69) wird die gesamte Kettenbreite mit einem gleichmäßigen Ölstrom überzogen. Aufgrund der Fliehkraftwirkung geschieht dies auf der Innenseite des unteren Trums. Der Ölstrom wird entweder mittels Drucköl-Zentralschmierung oder mittels einer separaten Pumpe erzeugt. Das abfließende Öl wird aufgefangen und bleibt somit im Ölkreislauf. Ein Nebeneffekt dieser Schmierungsart ist die zusätzliche Kühlung.

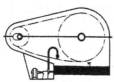

**Bild 12.69** Druckumlaufschmierung [7]

### 12.4.5 Auslegung von Kettentrieben

Die Auslegung von Kettentrieben wird hier nach Unterlagen der Firma Rexnord durchgeführt. Die Berechnung erfolgt in 6 Schritten:
① Festlegung der Zähnezahl des Antriebskettenrades,
② Bestimmung der Zähnezahl des getriebenen Kettenrades,
③ Berücksichtigung des Korrekturwertes $y$,
④ Kettenauswahl,
⑤ Auswahl von Mehrfachketten,
⑥ Schmierung.

Vor Beginn der eigentlichen Berechnung sind folgende Antriebsdaten festzulegen:
- Zu übertragende Arbeitsleistung,
- Drehzahl des treibenden Kettenrades,
- gewünschtes Übersetzungsverhältnis,
- Art der Stoßbelastung (Bild 12.70).

① **Festlegung der Zähnezahl des Antriebskettenrades:**
Bei der Festlegung der Zähnezahlen der Kettenräder sollte beachtet werden, dass diese das Verschleiß- und Laufverhalten des Kettentriebes maßgeblich beeinflussen:

- $z < 10$: grundsätzlich nicht einsetzen, weil der Unförmigkeitsgrad zu hoch ist (Kap. 12.5.3); nur bei Verstellgetrieben mit Kettengeschwindigkeiten $v_K \leq 1$ m/s verwendbar.

- $z = 11...12$: für $v_K \leq 2$ m/s geeignet, spezifische Kettenbelastung sollte gering gehalten werden; Kettentrieb läuft unruhig und ungleichmäßig.

- $z = 13...14$: für $v_K \leq 3$ m/s; keine Ansprüche an ruhigen und gleichmäßigen Lauf; bei niedriger Kettenbelastung.

- $z = 15...17$: für $v_K \leq 6$ m/s; keine besonderen Anforderungen an einen ruhigen und schwingungsfreien Lauf.

- $z = 18...21$: für $v_K \leq 10$ m/s; ruhiger Lauf.

- $z = 22...25$: für Antriebsräder; ruhiger, gleichmäßiger Lauf; für $v_K \leq 15$ m/s.

- $z = 26...40$: für hochbeanspruchte, schnelllaufende Antriebsräder mit Kettengeschwindigkeiten bis $v_K \leq 30$ m/s; Polygoneffekt ist vernachlässigbar; Schwingungs- und Geräuschverhalten erfüllen höchste Ansprüche.

- $z = 45...120$: für getriebene Räder; alle Anforderungen bezüglich des Laufverhaltens werden erfüllt.

Die Kettengeschwindigkeit $v_K$ wird mittels der Drehzahl ermittelt:

$$v_K = d_0 \cdot n \cdot \pi \qquad (12.65)$$

$d_0$ = Teilkreisdurchmesser des Kettenrades
$n$ = Drehzahl des Kettenrades

② **Bestimmung der Zähnezahl des getriebenen Kettenrades:**
Die Zähnezahl des getriebenen Kettenrades wird mittels der Zähnezahl des Antriebskettenrades und des Übersetzungsverhältnisses berechnet:

$$z_2 = i \cdot z_1 \qquad (12.66)$$

$z_2$ = Zähnezahl getriebenes Rad
$z_1$ = Zähnezahl Antriebsrad
$i$ = Übersetzungsverhältnis

Die mit Standard-Kettenrädern realisierbaren Übersetzungen sind in Bild 12.73 abzulesen.

③ **Berücksichtigung des Korrekturwertes $y$:**
Der Korrekturwert $y$ wird mittels Bild 12.71 bestimmt. Eine Hilfe zur Bestimmung der Betriebsbelastung stellt Bild 12.70 dar. Für die dort bestimmte Belastungsart lässt sich dann in Bild 12.71 der Korrekturwert ablesen.

| Stoßfreier Betrieb | Mittlere Stoß-belastung | Schwere Stoß-belastung |
|---|---|---|
| Maschinen mit gleichmäßiger Leistungsaufnahme ohne Reversierbetrieb | Maschinen mit ungleichmäßiger Leistungsaufnahme sowie Reversierbetrieb | Maschinen mit hoher ungleichmäßiger Leistungsaufnahme bei Reversierbetrieb |
| Stetigförderer, Ventilatoren, Kreiselpumpen, Rührwerke | Werkzeugmaschinen, Kolbenpumpen, Textilmaschinen, Holzbearbeitungsmaschinen | Straßenbaumaschinen, Asphaltfräser, Bodenfräser, Baggerantriebe |
| Trommelantriebe mit konstanter Leistungsaufnahme ohne Reversierbetrieb | Aufzüge, Regalförderzeuge, Trommelantrieb mit Reversierbetrieb | Pressen, Stanzen, Trommelantriebe mit Umkehrstößen |

**Bild 12.70** Arten der Stoßbelastung [10]

| Betriebs-belastung | Treibende Maschine | | |
|---|---|---|---|
| | Verbrennungsmotor, hydraulisches Getriebe | Elektromotor | Verbrennungsmotor, mechanisches Getriebe |
| Stoßfreier Betrieb | 1,0 | 1,0 | 1,2 |
| Mittlere Stoßbelastung | 1,2 | 1,3 | 1,4 |
| Schwere Stoßbelastung | 1,4 | 1,5 | 1,7 |

**Bild 12.71** Korrekturwert $y$ [10]

Mit diesem Faktor muss die zu übertragende

Leistung multipliziert werden; damit ergibt sich der korrigierte Leistungswert:

$$P_{max} = y \cdot P_{theor} \qquad (12.67)$$

$P_{max}$ = korrigierter Leistungswert
$y$ = Korrekturwert
$P_{theor}$ = zu übertragende Leistung (Vorüberlegungen)

④ **Kettenauswahl:**
Mit Hilfe von Bild 12.74 wird die geeignete Kette ausgewählt. Der dazu nötige Leistungswert ist der korrigierte Leistungswert aus ③. Wenn es realisierbar ist, sollte aus wirtschaftlichen und technischen Gründen eine Einfachkette einer Mehrfachkette vorgezogen und die kleinstmögliche Teilung gewählt werden.

⑤ **Auswahl von Mehrfachketten:**
Wenn entweder die zu übertragende Leistung nicht mit einer Einfachkette aufgebracht werden kann oder aus baulichen Gründen eine Einfachkette nicht eingesetzt werden kann (z. B. zu großer Kettenraddurchmesser), muss auf Mehrfachketten zurückgegriffen werden. Es besteht dann die Möglichkeit, mehrere Einzelketten einzusetzen oder eine Mehrstrangkette vorzusehen. Beim Einsatz mehrerer Einzelketten erhöht sich die übertragbare Leistung linear, bei Mehrstrangketten ist der Mehrstrangfaktor (Bild 12.72) zu berücksichtigen, da die Leistungsübertragung hier nicht linear ansteigt.

| Ketten-stranganzahl | Mehrstrang-faktor $M_F$ |
|---|---|
| 2 | 1,7 |
| 3 | 2,5 |
| 4 | 3,0 |
| 5 | 3,5 |
| 6 | 4,0 |
| 8 | 4,5 |

**Bild 12.72** Faktor $M_F$ [10]

⑥ **Schmierung:**
In Bild 12.75 und Bild 12.76 lässt sich für die ausgewählte Kette die Schmierungsart ablesen.

| Zähnezahl getriebenes Rad | Zähnezahl des treibenden Kettenrades (Ritzel) | | | | | | | | | | | | |
|---|---|---|---|---|---|---|---|---|---|---|---|---|---|
|  | 13 | 14 | 15 | 16 | 17 | 18 | 19 | 20 | 21 | 22 | 23 | 24 | 25 |
| 13 | 1,00 | - | - | - | - | - | - | - | - | - | - | - | - |
| 14 | 1,08 | 1,00 | - | - | - | - | - | - | - | - | - | - | - |
| 15 | 1,15 | 1,07 | 1,00 | - | - | - | - | - | - | - | - | - | - |
| 16 | 1,23 | 1,14 | 1,07 | 1,00 | - | - | - | - | - | - | - | - | - |
| 17 | 1,31 | 1,21 | 1,13 | 1,06 | 1,00 | - | - | - | - | - | - | - | - |
| 18 | 1,38 | 1,29 | 1,20 | 1,13 | 1,06 | 1,00 | - | - | - | - | - | - | - |
| 19 | 1,46 | 1,36 | 1,27 | 1,19 | 1,12 | 1,06 | 1,00 | - | - | - | - | - | - |
| 20 | 1,54 | 1,43 | 1,33 | 1,25 | 1,18 | 1,11 | 1,05 | 1,00 | - | - | - | - | - |
| 21 | 1,61 | 1,50 | 1,40 | 1,31 | 1,23 | 1,17 | 1,10 | 1,05 | 1,00 | - | - | - | - |
| 22 | 1,69 | 1,57 | 1,47 | 1,38 | 1,29 | 1,22 | 1,16 | 1,10 | 1,05 | 1,00 | - | - | - |
| 23 | 1,77 | 1,64 | 1,53 | 1,44 | 1,35 | 1,28 | 1,21 | 1,15 | 1,09 | 1,04 | 1,00 | - | - |
| 24 | 1,85 | 1,71 | 1,60 | 1,50 | 1,41 | 1,33 | 1,26 | 1,20 | 1,14 | 1,09 | 1,04 | 1,00 | - |
| 25 | 1,92 | 1,79 | 1,67 | 1,56 | 1,47 | 1,39 | 1,32 | 1,25 | 1,19 | 1,14 | 1,09 | 1,04 | 1,00 |
| 26 | 2,00 | 1,86 | 1,73 | 1,63 | 1,53 | 1,45 | 1,37 | 1,30 | 1,24 | 1,18 | 1,13 | 1,08 | 1,04 |
| 27 | 2,08 | 1,93 | 1,80 | 1,69 | 1,59 | 1,50 | 1,42 | 1,35 | 1,29 | 1,23 | 1,17 | 1,12 | 1,08 |
| 28 | 2,15 | 2,00 | 1,87 | 1,75 | 1,65 | 1,56 | 1,47 | 1,40 | 1,33 | 1,27 | 1,22 | 1,17 | 1,12 |
| 30 | 2,31 | 2,14 | 2,00 | 1,88 | 1,76 | 1,67 | 1,58 | 1,50 | 1,43 | 1,36 | 1,31 | 1,25 | 1,20 |
| 32 | 2,46 | 2,28 | 2,13 | 2,00 | 1,88 | 1,78 | 1,68 | 1,60 | 1,52 | 1,45 | 1,39 | 1,33 | 1,28 |
| 35 | 2,69 | 2,50 | 2,33 | 2,19 | 2,06 | 1,95 | 1,84 | 1,75 | 1,67 | 1,59 | 1,52 | 1,46 | 1,40 |
| 36 | 2,77 | 2,57 | 2,40 | 2,25 | 2,12 | 2,00 | 1,89 | 1,80 | 1,71 | 1,63 | 1,57 | 1,50 | 1,44 |
| 38 | 2,92 | 2,72 | 2,53 | 2,48 | 2,24 | 2,11 | 2,00 | 1,90 | 1,81 | 1,73 | 1,65 | 1,58 | 1,52 |
| 40 | 3,08 | 2,86 | 2,67 | 2,50 | 2,35 | 2,22 | 2,10 | 2,00 | 1,90 | 1,82 | 1,74 | 1,67 | 1,60 |
| 42 | 3,23 | 3,00 | 2,80 | 2,63 | 2,47 | 2,34 | 2,21 | 2,10 | 2,00 | 1,91 | 1,83 | 1,75 | 1,68 |
| 45 | 3,46 | 3,21 | 3,00 | 2,81 | 2,65 | 2,50 | 2,37 | 2,25 | 2,14 | 2,04 | 1,96 | 1,88 | 1,80 |
| 48 | 3,69 | 3,43 | 3,20 | 3,00 | 2,82 | 2,67 | 2,52 | 2,40 | 2,28 | 2,18 | 2,09 | 2,00 | 1,92 |
| 52 | 4,00 | 3,71 | 3,47 | 3,25 | 3,06 | 2,89 | 2,74 | 2,60 | 2,48 | 2,36 | 2,26 | 2,17 | 2,08 |
| 54 | 4,15 | 3,86 | 3,60 | 3,38 | 3,18 | 3,00 | 2,84 | 2,70 | 2,57 | 2,45 | 2,35 | 2,25 | 2,16 |
| 57 | 4,38 | 4,07 | 3,80 | 3,56 | 3,35 | 3,16 | 3,00 | 2,85 | 2,71 | 2,59 | 2,48 | 2,38 | 2,28 |
| 60 | 4,61 | 4,28 | 4,00 | 3,75 | 3,53 | 3,34 | 3,16 | 3,00 | 2,86 | 2,72 | 2,61 | 2,50 | 2,40 |
| 68 | 5,23 | 4,86 | 4,54 | 4,25 | 4,00 | 3,78 | 3,58 | 3,40 | 3,24 | 3,09 | 2,96 | 2,84 | 2,72 |
| 70 | 5,38 | 5,00 | 4,67 | 4,38 | 4,12 | 3,89 | 3,68 | 3,50 | 3,33 | 3,18 | 3,05 | 2,92 | 2,80 |
| 72 | 5,54 | 5,14 | 4,80 | 4,50 | 4,24 | 4,00 | 3,79 | 3,60 | 3,43 | 3,27 | 3,13 | 3,00 | 2,88 |
| 76 | 5,84 | 5,43 | 5,07 | 4,75 | 4,47 | 4,23 | 4,00 | 3,80 | 3,62 | 3,45 | 3,31 | 3,17 | 3,04 |
| 80 | 6,15 | 5,71 | 5,34 | 5,00 | 4,70 | 4,45 | 4,21 | 4,00 | 3,81 | 3,63 | 3,48 | 3,34 | 3,20 |
| 84 | 6,46 | 6,00 | 5,60 | 5,25 | 4,94 | 4,67 | 4,42 | 4,20 | 4,00 | 3,81 | 3,65 | 3,50 | 3,36 |
| 95 | 7,31 | 6,78 | 6,33 | 5,94 | 5,59 | 5,28 | 5,00 | 4,75 | 4,52 | 4,32 | 4,13 | 3,96 | 3,80 |
| 114 | 8,78 | 8,15 | 7,60 | 7,13 | 6,72 | 6,35 | 6,00 | 5,70 | 5,43 | 5,18 | 4,95 | 4,75 | 4,56 |

**Bild 12.73** Mit Standardzahnrädern zu realisierende Übersetzungen [10]

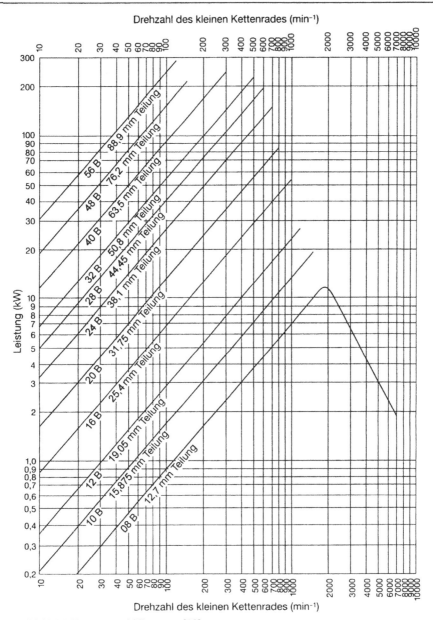

**Bild 12.74** Kettenauswahldiagramm [10]

| $Z_k$ | $d_k$ | Drehzahl des kleinen Kettenrades | | | | | | | | | | | | | | | | | |
|---|---|---|---|---|---|---|---|---|---|---|---|---|---|---|---|---|---|---|---|
| | | 50 | 100 | 300 | 500 | 900 | 1200 | 1500 | 1800 | 2100 | 2400 | 2700 | 3000 | 3300 | 3500 | 4000 | 4500 | 5000 | 5400 |
| | | Handschm. | Tropfschmierung | | | | Badschmierung | | | | | Druckumlaufschmierung | | | | | | | |
| 13 | 66,3 | 0,42 | 0,80 | 2,13 | 3,38 | 5,75 | 7,46 | 7,58 | 5,67 | 4,49 | 3,68 | 3,08 | 2,63 | 2,28 | 2,10 | 1,71 | 1,43 | 1,23 | 1,08 |
| 14 | 71,3 | 0,46 | 0,87 | 2,31 | 3,64 | 6,22 | 8,08 | 8,50 | 6,34 | 5,02 | 4,12 | 3,45 | 2,94 | 2,56 | 2,34 | 1,91 | 1,60 | 1,37 | 1,21 |
| 15 | 76,4 | 0,50 | 0,92 | 2,50 | 3,94 | 6,71 | 8,75 | 9,42 | 7,03 | 5,56 | 4,56 | 3,82 | 3,27 | 2,83 | 2,60 | 2,12 | 1,77 | 1,52 | 1,34 |
| 16 | 81,4 | 0,53 | 1,00 | 2,67 | 4,22 | 7,18 | 9,33 | 10,42 | 7,75 | 6,12 | 5,03 | 4,22 | 3,59 | 3,12 | 2,87 | 2,33 | 1,96 | 1,67 | 1,49 |
| 17 | 86,4 | 0,57 | 1,06 | 2,85 | 4,50 | 7,67 | 9,92 | 11,33 | 8,50 | 6,71 | 5,50 | 4,62 | 3,95 | 3,42 | 3,13 | 2,55 | 2,14 | 1,83 | 1,62 |
| 18 | 91,4 | 0,61 | 1,13 | 3,03 | 4,79 | 8,17 | 10,58 | 12,33 | 9,25 | 7,31 | 6,00 | 5,03 | 4,29 | 3,72 | 3,41 | 2,78 | 2,33 | 2,00 | - |
| 19 | 96,5 | 0,64 | 1,19 | 3,22 | 5,08 | 8,67 | 11,25 | 13,42 | 10,08 | 7,92 | 6,50 | 5,45 | 4,66 | 4,04 | 3,71 | 3,02 | 2,53 | 2,17 | - |
| 20 | 101,5 | 0,68 | 1,27 | 3,40 | 5,37 | 9,17 | 11,92 | 14,42 | 10,83 | 8,58 | 7,03 | 5,88 | 5,03 | 4,37 | 4,00 | 3,26 | 2,73 | 2,34 | - |
| 21 | 106,5 | 0,72 | 1,34 | 3,58 | 5,67 | 9,67 | 12,50 | 15,33 | 11,67 | 9,17 | 7,56 | 6,36 | 5,40 | 4,69 | 4,31 | 3,52 | 2,93 | 2,52 | - |
| 22 | 111,6 | 0,75 | 1,40 | 3,78 | 5,96 | 10,17 | 16,17 | 16,08 | 12,50 | 9,92 | 8,08 | 6,79 | 5,81 | 5,04 | 4,61 | 3,77 | 3,15 | 2,71 | - |
| 23 | 116,6 | 0,79 | 1,47 | 3,96 | 6,23 | 11,00 | 13,75 | 16,83 | 13,42 | 10,50 | 8,67 | 7,27 | 6,20 | 5,37 | 4,93 | 4,02 | 3,38 | - | - |
| 24 | 121,6 | 0,82 | 1,54 | 4,15 | 6,54 | 11,17 | 14,50 | 17,67 | 14,25 | 11,25 | 9,25 | 7,74 | 6,59 | 5,73 | 5,25 | 4,29 | 3,60 | - | - |
| 25 | 126,7 | 0,87 | 1,62 | 4,33 | 6,83 | 11,67 | 15,17 | 18,42 | 15,17 | 12,00 | 9,83 | 8,25 | 7,03 | 6,10 | 5,58 | 4,57 | 3,83 | - | - |
| 28 | 141,8 | 0,95 | 1,82 | 4,89 | 7,72 | 13,17 | 17,08 | 20,83 | 18,00 | 14,17 | 11,67 | 9,75 | 8,25 | 7,23 | 6,62 | 5,40 | - | - | - |
| 30 | 151,9 | 1,05 | 1,92 | 5,27 | 8,31 | 14,17 | 18,33 | 22,50 | 19,83 | 15,75 | 12,92 | 10,83 | 9,25 | 8,00 | 7,33 | 5,99 | - | - | - |
| 32 | 162,0 | 1,12 | 2,11 | 5,66 | 8,92 | 15,17 | 19,75 | 24,08 | 21,92 | 17,33 | 14,25 | 11,92 | 10,25 | 8,83 | 8,08 | 6,60 | - | - | - |
| 35 | 177,1 | 1,24 | 2,32 | 6,22 | 9,83 | 16,75 | 21,67 | 26,58 | 25,08 | 19,83 | 16,25 | 13,67 | 11,67 | 10,17 | 9,25 | 7,57 | - | - | - |
| 40 | 202,3 | 1,43 | 2,67 | 7,19 | 11,33 | 19,50 | 24,67 | 30,58 | 30,58 | 24,25 | 19,83 | 16,67 | 14,25 | 12,33 | 11,33 | - | - | - | - |

**Bild 12.75** Übertragbare Leistung für Rex-Hochleistungs-Rollenketten 10B - 1, 15,875 mm Teilung, DIN 8187 [10]

| $Z_k$ | $d_k$ | Drehzahl des kleinen Kettenrades | | | | | | | | | | | | | | | |
|---|---|---|---|---|---|---|---|---|---|---|---|---|---|---|---|---|---|
| | | 10 | 25 | 50 | 100 | 150 | 200 | 300 | 400 | 500 | 600 | 700 | 800 | 900 | 1.000 | 1.100 | 1.200 |
| | | Handschm. | Tropfschmierung | | | Badschmierung | | | | | | Druckumlaufschmierung | | | | | |
| 13 | 159,2 | 1,64 | 3,74 | 6,97 | 13,00 | 18,67 | 24,33 | 35,00 | 45,42 | 55,42 | 65,42 | 59,42 | 47,83 | 40,67 | 34,83 | 30,08 | 26,50 |
| 14 | 171,2 | 1,77 | 4,05 | 7,54 | 14,08 | 20,33 | 26,33 | 37,92 | 49,17 | 60,00 | 70,75 | 66,42 | 54,33 | 45,50 | 38,92 | 34,58 | 29,67 |
| 15 | 183,3 | 1,91 | 4,36 | 8,14 | 15,25 | 21,92 | 28,33 | 40,83 | 52,83 | 64,58 | 76,08 | 69,50 | 60,33 | 50,50 | 43,17 | 37,42 | 32,83 |
| 16 | 195,3 | 2,05 | 4,67 | 8,75 | 16,33 | 23,42 | 30,42 | 43,83 | 56,67 | 69,42 | 81,67 | 81,08 | 66,33 | 55,67 | 47,50 | 41,17 | 36,17 |
| 17 | 207,3 | 2,19 | 4,99 | 9,33 | 17,42 | 25,00 | 32,42 | 46,67 | 60,58 | 74,08 | 87,50 | 89,17 | 72,67 | 60,83 | 52,00 | 45,17 | 39,58 |
| 18 | 219,4 | 2,33 | 5,32 | 9,92 | 18,50 | 26,58 | 34,50 | 49,17 | 64,33 | 78,58 | 92,50 | 96,67 | 79,17 | 66,42 | 56,67 | 49,17 | 43,17 |
| 19 | 231,5 | 2,47 | 5,62 | 10,50 | 19,58 | 28,25 | 36,50 | 52,75 | 68,25 | 83,33 | 98,33 | 105,00 | 85,83 | 72,08 | 61,42 | 53,33 | 46,67 |
| 20 | 243,5 | 2,62 | 5,96 | 11,08 | 20,67 | 29,83 | 38,67 | 55,67 | 72,17 | 88,33 | 104,17 | 113,33 | 92,50 | 77,75 | 66,33 | 57,50 | 50,50 |
| 21 | 255,6 | 2,75 | 6,27 | 11,67 | 21,83 | 31,42 | 40,75 | 58,75 | 76,08 | 93,33 | 110,00 | 121,67 | 100,00 | 83,33 | 71,42 | 61,83 | 54,33 |
| 22 | 267,7 | 2,89 | 6,58 | 12,33 | 23,00 | 33,17 | 42,83 | 61,67 | 79,92 | 97,50 | 115,00 | 130,83 | 106,67 | 90,00 | 76,67 | 49,67 | 58,17 |
| 23 | 279,8 | 3,03 | 6,92 | 12,92 | 24,08 | 34,67 | 45,00 | 64,83 | 84,17 | 103,33 | 120,83 | 139,17 | 114,17 | 95,83 | 81,83 | 70,83 | 62,42 |
| 24 | 291,9 | 3,18 | 7,25 | 13,50 | 25,25 | 36,42 | 47,17 | 67,83 | 88,33 | 106,67 | 126,67 | 145,00 | 121,67 | 101,67 | 87,50 | 75,50 | 66,33 |
| 25 | 304,0 | 3,32 | 7,58 | 14,08 | 26,42 | 38,00 | 49,17 | 70,83 | 91,67 | 112,50 | 131,67 | 152,50 | 130,00 | 109,17 | 92,50 | 80,42 | 70,42 |
| 28 | 340,3 | 3,75 | 8,58 | 16,00 | 29,83 | 42,92 | 55,67 | 80,00 | 104,17 | 126,67 | 149,17 | 171,67 | 154,17 | 129,17 | 110,00 | 95,00 | - |
| 30 | 364,5 | 4,04 | 9,25 | 17,17 | 32,17 | 46,33 | 59,92 | 86,67 | 111,67 | 137,50 | 160,83 | 185,00 | 170,00 | 143,33 | 121,67 | 105,83 | - |
| 32 | 388,7 | 4,33 | 9,92 | 18,42 | 34,42 | 49,58 | 64,17 | 92,50 | 12,00 | 145,83 | 171,67 | 198,33 | 188,33 | 156,67 | 134,17 | 101,67 | - |
| 35 | 425,0 | 4,77 | 10,92 | 20,33 | 37,92 | 54,58 | 70,67 | 102,50 | 131,67 | 160,83 | 190,00 | 218,33 | 215,00 | 180,00 | 154,17 | 68,33 | - |
| 40 | 485,6 | 5,52 | 12,58 | 23,50 | 43,92 | 63,08 | 81,67 | 118,33 | 153,33 | 185,83 | 220,00 | 251,67 | 255,00 | 204,17 | 103,33 | - | - |

**Bild 12.76** Übertragbare Leistung für Rex-Hochleistungs-Rollenketten 24B - 1, 38,1 mm Teilung, DIN 8187 [10]

# 12.5 Berechnungsbeispiele

## 12.5.1 Auslegung eines HTD-Zahnriemens

**Aufgabenstellung**

Ein Zentrifugalgebläse soll von einem Wechselstrommotor mit normalem Drehmoment angetrieben werden. Das Gebläse soll ununterbrochen im Einsatz sein. Die Leistungsübertragung soll mit einem Zahnriemen realisiert werden, wobei zu beachten ist, dass der maximale Durchmesser der treibenden Scheibe und der maximale Achsabstand vorgegeben sind. Des weiteren soll eine Spannrolle eingesetzt werden.

Gegeben:
   Maximaler Achsabstand: $e_{max}$ = 95 mm ± 5 mm

Treibende Maschine:
   Antriebsleistung:   $P_A$ = 1.200 Watt
   Drehzahl:   $n_A$ = 2.850 min$^{-1}$
   Maximaler Scheibendurchmesser: $D_{A\,max}$ = 115 mm

Angetriebene Maschine:
   abgenommene Leistung: $P_N$ = 980 Watt
   Drehzahl:   $n_N$ = 8.550 min$^{-1}$

**Berechnung**
① *Festlegung des Grundsicherheitsfaktors $c_g$:*
In Bild 12.46 lässt sich für ein Zentrifugalgebläse bei normalem Einsatz ein Sicherheitsfaktor $c_S$ = 1,7 ablesen. Da es sich um eine Übersetzung ins Schnelle handelt, muss auch der Übersetzungsfaktor $c_Ü$ berücksichtigt werden. Durch den Einsatz der Spannrolle erhöht sich der Grundsicherheitsfaktor um den Wert 0,2.

$$i = \frac{n_N}{n_A} = \frac{8.550\,\text{min}^{-1}}{2.850\,\text{min}^{-1}} = 3,0 \Rightarrow c_Ü = 0,3$$

$$c_g = 1,7 + 0,2 + 0,3 = 2,2 \qquad \text{(vgl. 12.42)}$$

② *Ermittlung der Berechnungsleistung $P_B$:*
Die abgenommene Leistung und der unter ① ermittelte Grundsicherheitsfaktor werden multipliziert.

$$P_B = 2,2 \cdot 980\,\text{W} = 2.156\,\text{W} \qquad \text{(vgl. 12.43)}$$

③ *Auswahl der Zahnriementeilung:*
In Bild 12.46 wird nun eine senkrechte Linie beim Wert der Berechnungsleistung und eine waagerechte Linie bei der Drehzahl der schnelleren Welle eingezeichnet. Der daraus resultierende Schnittpunkt liegt zwar im Feld des 3MR-Zahnriemens, aber sehr nahe am Feld des 5MR-Zahnriemens. Daher wird aus Sicherheitsgründen der Zahnriemen 5MR gewählt.

④ *Auswahl von Zahnscheibenkombination, Riemenlänge und Achsabstand:*
Mit Hilfe von Bild 12.50 wird nun anhand der vorgegebenen Übersetzung die Zahnscheibenkombination bestimmt. Für die Übersetzung i = 3 existieren jedoch zwei Zähnezahlkombinationen. Da der Achsabstand vorgegeben ist (95 mm ± 5 mm), wird die Zahnscheibenkombination 24 (Zähnezahl Abtriebsrad) und 72 (Zähnezahl Antriebsrad) gewählt. Für diese Kombination ergeben sich der Achsabstand zu e = 97,4 mm und die Riemenlänge zu l = 450 mm. Der Außendurchmesser der großen Zahnscheibe liegt mit $D_A$ = 113,45 mm unter dem vorgeschriebenen Wert.

⑤ *Auswahl der Zahnriemenbreite:*
Mit Hilfe der unter ④ ermittelten Zähnezahl der kleinen Zahnscheibe und der Drehzahl dieser Scheibe lässt sich in Bild 12.51 der Leistungswert des Zahnriemens ablesen. Da der Leistungswert für die Drehzahl $n_N$ = 8.550 min$^{-1}$ jedoch in Bild 12.51 nicht gegeben ist, muss er durch lineare Interpolation bestimmt werden. Für $n_N$ = 8.000 min$^{-1}$ wird der Leistungswert mit $P_{theor}$ = 2.320 N angegeben, für $n_N$ = 10.000 min$^{-1}$ wird der Leistungswert mit $P_{theor}$ = 2.650 N angegeben. Für $n_N$ = 8.550 min$^{-1}$ ergibt sich also:

$$P_{theor} = 2.320\,\text{N} + (2.650 - 2.320) \cdot \left(\frac{8.550 - 8.000}{10.000 - 8.000}\right)\text{N}$$
$$= 2.410\,\text{N}$$

Zur Berechnung des vorläufigen Breitenkorrekturfaktors muss noch der Zahneingriffsfaktor $c_E$ berechnet werden. Dazu wird zunächst bestimmt, *wieviele Zähne im Eingriff sind.*

$$n_E = n \cdot \left( 0,5 - \frac{(N-n)}{18,85 \cdot N_c} \right)$$

$$= 24 \cdot \left( 0,5 - \frac{(72-24)}{18,85 \cdot \dfrac{97,4}{5}} \right) = 8,86 \qquad \text{(vgl. 12.44)}$$

*Da $n_E > 6$ ist, ist der Zahneingriffsfaktor $c_E = 1$. Anhand dieser Werte kann nun der vorläufige Breitenkorrekturfaktor bestimmt werden.*

$$c_{B\,vorl} = \frac{P_B}{P_{theor} \cdot c_E} = \frac{2156}{2650 \cdot 1} = 0,81 \quad \text{(vgl. 12.45)}$$

*In Bild 12.49 lässt sich nun ablesen, dass die Riemenbreite $b = 9$ mm gewählt werden muss, da gelten muss:*

$$c_B \geq c_{B\,vorl} \qquad \text{(vgl. 12.45)}$$

## 12.5.2 Auslegung eines Kettentriebes

### Aufgabenstellung

Für eine Antriebseinheit, bestehend aus einem Elektro-Getriebemotor, einem Kettentrieb und einem Rührwerk, soll die Kette ausgelegt werden.

Gegeben:

| | |
|---|---|
| Treibende Maschine: | E-Getriebemotor |
| Getriebene Maschine: | Rührwerk |
| Zu übertragende Leistung: | $P = 10$ kW |
| Antriebsdrehzahl: | $n_1 = 50$ min$^{-1}$ |
| Übersetzungsverhältnis: | $i = 2$ |

### Berechnung
① *Festlegung der Zähnezahl des Antriebskettenrades:*

*Für die auszulegende Antriebseinheit sind ein befriedigendes Laufverhalten und geringe Laufgeräusche zu realisieren. Entsprechend der Zähnezahl-Auswahlkriterien wird die Zähnezahl des Antriebskettenrades mit $z_1 = 19$ festgelegt.*

② *Bestimmung der Zähnezahl des getriebenen Kettenrades:*

*Mit der Übersetzung $i = 2$ ergibt sich für die Zähnezahl des getriebenen Kettenrades:*

$$z_2 = z_1 \cdot i = 19 \cdot 2 = 38 \qquad \text{(vgl. 12.66)}$$

③ *Berücksichtigung des Korrekturwertes y:*
*Anhand Bild 12.69 und Bild 12.70 ergibt sich für die Antriebseinheit (Elektromotor und stoßfreier Betrieb) ein Korrekturwert von $y = 1,0$.*

④ *Kettenauswahl:*
*Im Kettenauswahldiagramm (Bild 12.73) lässt sich ablesen, dass die Kette 24 B-1 den Anforderungen am besten genügt. In der Leistungstabelle für die entsprechende Kette (Auszug siehe Bild 12.75) lässt sich ablesen, dass bei einer Antriebsdrehzahl von $n_1 = 50$ min$^{-1}$ eine Leistung in Höhe von $P_{max} = 10,5$ kW übertragen werden kann.*

⑤ *Auswahl von Mehrfachketten:*
*Dieser Punkt entfällt bei der Auslegung dieser Antriebseinheit, da weder Bauraumbeschränkungen noch Drehzahl- oder Kettenteilungsprobleme vorliegen.*

⑥ *Schmierung*
*In der Leistungstabelle (Bild 12.75) lässt sich ablesen, dass für die Kette in dieser Antriebseinheit eine Tropfschmierung (Bild 12.67) ausreicht.*

# 12.6  Literatur zu Kapitel 12

[1]  Beitz, W.; Küttner, K.-H.; Dubbel: Taschenbuch für den Maschinenbau. 18. neubearbeitete Auflage, Berlin, Heidelberg 1995.

[2]  Decker, K.-H.: Maschinenelemente: Gestaltung und Berechnung. 14. überarbeitete und erweiterte Auflage, München 1998.

[3]  Klein, M.: Einführung in die DIN-Normen. 12. neubearbeitete und erweiterte Auflage, Stuttgart, Berlin, Köln 1997.

[4]  Köhler, G., Rögnitz, H.: Maschinenteile: Teil 1. 8. neubearbeitete und erweiterte Auflage, Stuttgart 1992.

[5]  Matek, W., Muhs, D., Wittel, H., Becker, M.: Roloff/Matek: Maschinenelemente: Normung, Berechnung, Gestaltung. 12.

neubearbeitete Auflage, Braunschweig, Wiesbaden 1992.

[6]   Niemann, G.: Maschinenelemente: Band II und III. 2. neubearbeitete Auflage, Berlin 1981.

[7]   Tochtermann/Bodenstein: Konstruktionselemente des Maschinenbaus. 9. Auflage, Berlin 1973.

[8]   Prospekte der Firma Gates GmbH Langenfeld, Haus Gravener Str. 191 - 193, 40764 Langenfeld.

[9]   Prospekte der Firma Ketten-Theiss GmbH, Alsdorfer Str. 7 - 9, 50933 Köln.

[10]  Prospekte der Firma Rexnord Kette GmbH & Co. KG, Industriestraße 1, 57518 Betzdorf.

[11]  Prospekte der Firma Siegling GmbH, Postfach 5346, 30053 Hannover.

# 13 Kupplungen und Bremsen

## 13.1 Grundlagen

### 13.1.1 Funktionen und Übersicht

Die Hauptfunktion einer Kupplung besteht in der lösbaren Verbindung von zwei zumindest annähernd gleichachsigen rotierenden Bauteilen, meist Wellen, zur Übertragung von Drehmoment und Drehzahl. Diese Verbindung kann schaltbar oder nicht schaltbar und starr, elastisch oder beweglich sein. Zudem können Kupplungen zur Überlastsicherung eingesetzt werden, d. h. bei möglicher Überlast unterbrechen sie den Kraftfluss.

Zusätzlich zur Hauptfunktion können Kupplungen eine Ausgleichsfunktion aufweisen:

| Ausgleich von räumlichen Verlagerungen | |
|---|---|
| **Nachgiebigkeit** | **Rückstellkraft** |
| axial (a) | 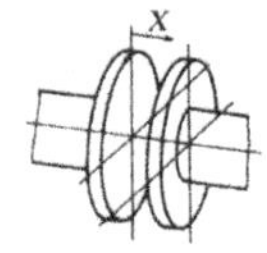 Längskraft $F_a = c_a \cdot x$ $c_a =$ Axiale Federrate |
| radial (r) | 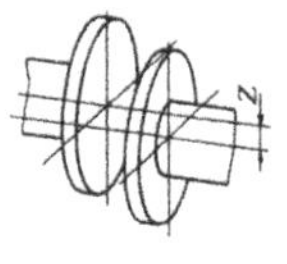 Querkraft $F_r = c_r \cdot z$ $c_r =$ Radiale Federrate |
| winkel (w) | 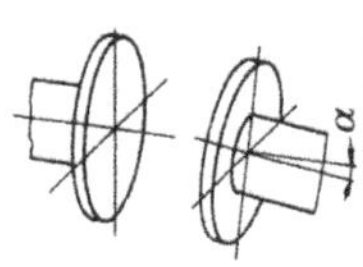 Biegemoment $T_w = c_w \cdot \alpha$ $c_w =$ Winkelfederrate |
| **Ausgleich von Drehschwingungen und Stößen** | |
| **Nachgiebigkeit** | **Drehmoment** |
| dreh (d) | 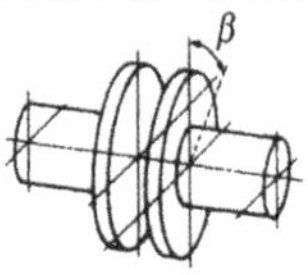 Torsionsmoment $T_T = c_T \cdot \beta$ $c_T =$ Torsionsfederrate |

**Bild 13.1** Ausgleichsfunktion

Die Verlagerungsfälle a, r, w und d (siehe Bild 13.1) können je nach Kupplungskonstruktion einzeln oder kombiniert auftreten. Für die Federsteifigkeit ergeben sich drei Fälle, siehe Bild 13.2:

| | Verbindung | Übertragene Kräfte / Momente |
|---|---|---|
| $c \rightarrow \infty$ | starr | voll übertragbar |
| c = ! | elastisch | meist unerwünschte Rückstellkräfte bzw. Rückstellmomente |
| $c \approx 0$ | beweglich | (fast) keine Übertragung |

**Bild 13.2** Federsteifigkeit $c$ für a, r, w

Ist die Drehfedersteife $c_T = 0$, so ist auch das übertragene Torsionsmoment $T_T = 0$, d. h. die Momenten- und Bewegungsübertragung ist getrennt (Schaltfunktion). Es werden folgende Kupplungen unterschieden:
- **trennbare Kupplungen** (kann stets trennen, aber nur bei synchronen Drehzahlen verbinden, z. B. Klauenkuppplung),
- **beliebig schaltbare Kupplungen** (kann stets trennen und verbinden, z. B. Reibkupplung).

Zum Schalten ist ein Schaltbefehl erforderlich, der entweder von außen (fremdgeschaltet) oder innen (selbstschaltend) kommt. Beim letzten Fall gibt es drei Möglichkeiten, aus denen der Schaltbefehl abgeleitet werden kann:
a) Drehmoment $T_{an}$ (bzw. $T_{ab}$), z. B. Rutschkupplung,
b) Winkelgeschwindigkeit $\omega_{an}$, z. B. Fliehkraftkupplung,
c) Drehrichtungsdifferenz $\omega_{an} - \omega_{ab}$, z. B. Freilaufkupplung.

Bei der Sondergruppe Schlupfkupplungen besteht zwischen Ein- und Ausgang stets eine Drehzahldifferenz $\Delta\omega$, die von $\omega_1$, $\omega_2$ und dem Schlupf $s$ abhängt und die der Kupplung Schaltfunktion verleiht, z. B. hydraulische Pkw-Kupplung. Die Pkw-Kupplung mit dem Pedal ist dagegen ein Beispiel für eine fremdgeschaltete Kupplung.

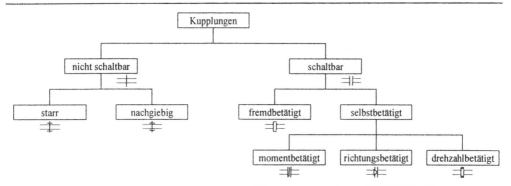

**Bild 13.3** Systematische Einteilung der Kupplungen und Kupplungssymbole (nach VDI 2240 [9])

Entsprechend den oben beschriebenen Funktionen werden Kupplungen gemäß Bild 13.3 eingeteilt.

## 13.1.2 Kraftübertragung

Das zu leitende Drehmoment wird in konstruktiv festgelegten Wirkflächen durch Kräfte übertragen. Die Übertragung der Kräfte zwischen den zu kuppelnden Bauteilen erfolgt durch:

- **Formschluss:** Bei Überlast erfolgt Zerstörung; Schaltkupplungen sind meist nur trennbar; Schlupf zwischen den Kupplungshälften ist nicht möglich.
- **Kraftschluss:** Das übertragbare Drehmoment ist von der möglichen Anpresskraft sowie von den Reibungsverhältnissen abhängig. Bei Überlast ist Rutschen möglich, eventuell auch Zerstörung. Diese Kupplungen sind meist beliebig schaltbar. Der Kraftschluss kann durch die in Bild 13.4 angegebenen Möglichkeiten realisiert werden.

| Reibschluss | trocken oder Mischreibung, d. h. Festkörperkontakt ohne oder mit Öl |
|---|---|
| Zähigkeitsschluss | Mitnahme durch Zähigkeit von Flüssigkeiten, ohne Körperkontakt |
| Strömungsschluss | dynamische Strömungskräfte in Flüssigkeiten |
| Kraftlinienschluss | magnetische, elektrodynamische, elektrostatische Kräfte |
| Volumenschluss | hydrostatischer Druck, Grenzfall zum Formschluss |

**Bild 13.4** Möglichkeiten des Kraftschlusses

- **Stoffschluss:** Bei Überlast Zerstörung, ggf. Notsicherung. Stoffschluss erfolgt z. B. durch Kleben, Schweißen usw.

## 13.1.3 Antriebskennlinien

Anhand der Drehmoment-Drehzahl-Kennlinien des Antriebes (meistens Elektromotor) und der Lasteinheit (Arbeitsmaschine) kann deren Verhalten beim Anfahren und im Betriebspunkt untersucht werden.

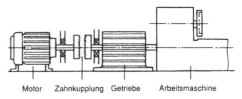

**Bild 13.5** Typische Anordnung von Motor, Kupplung und Lasteinheit [Ortlinghaus]

Die Motorkennlinien kennzeichnen den Verlauf des Drehmomentes, das der Motor in Abhängigkeit von $\omega$ abgibt (im Gegensatz zu $T_N = P_N/\omega$). In Bild 13.6 sind für drei typische Motoren die Kennlinien abgebildet.

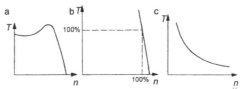

**Bild 13.6** a) Drehstom-Nebenschluss-, b) Gleichstrom-Nebenschluss-, c) Universal-Hauptschlussmotor

Die Lastkennlinie ist diejenige Kennlinie, in der das von der Last geforderte Drehmoment in Abhängigkeit von der Drehzahl dargestellt wird. Beispiele sind in Bild 13.7 abgebildet.

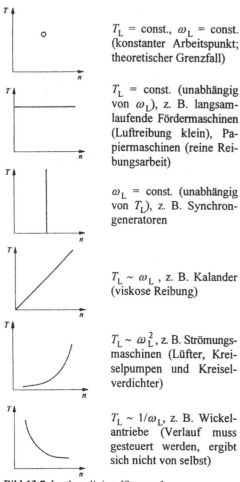

$T_L$ = const., $\omega_L$ = const. (konstanter Arbeitspunkt; theoretischer Grenzfall)

$T_L$ = const. (unabhängig von $\omega_L$), z. B. langsamlaufende Fördermaschinen (Luftreibung klein), Papiermaschinen (reine Reibungsarbeit)

$\omega_L$ = const. (unabhängig von $T_L$), z. B. Synchrongeneratoren

$T_L \sim \omega_L$ , z. B. Kalander (viskose Reibung)

$T_L \sim \omega_L^2$, z. B. Strömungsmaschinen (Lüfter, Kreiselpumpen und Kreiselverdichter)

$T_L \sim 1/\omega_L$, z. B. Wickelantriebe (Verlauf muss gesteuert werden, ergibt sich nicht von selbst)

**Bild 13.7** Lastkennlinien [Stromag]

Werden beide Kennlinien in ein Diagramm eingetragen, so wird das Zusammenwirken von Motor und Arbeitsmaschine deutlich, siehe Bild 13.8. Der Motor ist so auszulegen, dass er im Betriebspunkt B mit seinem Nenndrehmoment $T_N$ bei seiner Nenndrehzahl $n_N$ belastet wird. Das Anlaufdrehmoment $T_{an}$ liegt beim ca. 1,5- bis 2-fachen des Nenndrehmoments. Mit dem Anstieg der Drehzahl nimmt das Drehmoment bis zum Kippmoment $T_{Ki}$ (2- bis 3-faches Nenn-

drehmoment) ebenfalls zu. Nach dem Überschreiten von $T_{Ki}$ arbeitet der Motor im Betriebspunkt B stabil. Bei einer weiteren Erhöhung der Drehzahl sinkt das Moment schnell ab (maximal bis zur Leerlaufdrehzahl $n_S$, dort ist es gleich Null).

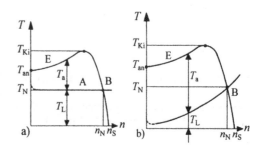

**Bild 13.8** Drehstrom-Nebenschlussmotor und a) Fördermaschine bzw. b) Lüfter [7]

Die zur Auslegung der Kupplung benötigten Werte (Nenndrehzahl, Anlauf- und Kippdrehmomente) sind in den entsprechenden Motorenkatalogen nachzuschlagen.

### 13.1.4 Kriterien zur Kupplungsauswahl

**1. Funktionen:** Welche Funktionen werden verlangt?
- Lageausgleich axial, radial, winklig; Drehschwingungen/-stöße?
- Ändert sich die Lage im Betrieb (Wärmedehnungen, Verformungen)?
- Schaltfunktion: fremd- oder selbsttätig?
- Welche Funktionen darf die Kupplung nicht haben?

**2. Leistungsdaten:**
- Drehmoment (Mittelwert, Maximalwert)?
- Zeitverlauf des Drehmomentes: konstant, schwingend (Frequenz, Höhe), Stöße?
- Drehzahl?
- Leistungsführende Kupplung oder nur untergeordnete Aufgabe?

**3. Montage und Demontage:**
- Anschluss an Welle oder Flansch?

– Montage nur als Ganzes oder in getrennten Hälften (zusammensteckbar)?
– Müssen zu verbindende Maschineneinheiten axial / radial verschoben werden?
– Können Verschleißelemente ohne Ausbau der Kupplung ausgetauscht werden?

**4. Zusatzbelastungen:**
– Belastet die Kupplung die Maschinenlager zusätzlich (Gewicht, Rückstell-, Schaltkräfte)?
– Kann sie Wellenverformungen oder Schwingungen hervorrufen (Lagerabstand, Gewicht, Unwucht, Trägheitsmoment)?

## 13.2  Starre Kupplungen

Starre Kupplungen verbinden zwei Wellenenden genau zentrisch. Sie dürfen nur eingesetzt werden, wenn die beiden Wellen fluchtend sind, d. h. wenn es keinerlei Verlagerung gibt. Es entsteht die Wirkung einer starren Welle. Sie sind für beide Drehrichtungen geeignet.

**Schalenkupplung** (DIN 115)
Der Einsatz dieser Kupplung erfolgt bei leichter bis mittlerer Beanspruchung. Sie besteht aus zwei Schalenhälften, die durch Verbindungsschrauben auf die Wellenenden gepresst werden. Es ist eine exakte Übereinstimmung der beiden Wellendurchmesser erforderlich. Passfedern werden bei Durchmessern über 50 mm zur Lagesicherung eingesetzt. Die Übertragung des Drehmomentes erfolgt durch Reibung. Ohne Passfedern erfolgt die Übertragung rein kraftschlüssig; Rutschen ist dann bei Überlast möglich (je nach Funktion erwünscht oder nicht). Die Kupplung ist ohne Verschiebung von Motor und Arbeitsmaschine montierbar.

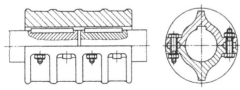

**Bild 13.9** Schalenkupplung [DIN 115]

**Scheibenkupplung** (DIN 116)
Die Scheibenkupplung eignet sich sowohl für kleine als auch größte Drehmomente. Die Scheiben sind auf das Wellenende aufgesetzt, aufgeschrumpft, angeschmiedet oder angeschweißt. Die Drehmomentenübertragung erfolgt ausschließlich durch Reibung, nicht durch Scheren der Schrauben; diese müssen daher fest angezogen sein. Die Schrauben (manchmal auch Passschrauben) dienen nur zur Lagesicherung. Bei der Montage ist eine axiale Verschiebung nötig; dies kann ggf. problematisch sein. Daher gibt es Ausführungen mit geteiltem Zwischenring zur vereinfachten Montage.

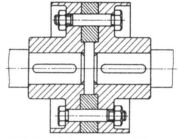

**Bild 13.10** Scheibenkupplung [3]

**Verstiften**
Zur Übertragung kleiner Drehmomente eignen sich Stiftverbindungen bzw. jede andere Art der Wellen-Naben-Verbindung.

**Stirnzahnkupplung** (Hirth-Verzahnung)
Diese Kupplungen ermöglichen bei geringstem Bauraum die Übertragung größter Drehmomente. Die Stirnflächen der Wellen werden mit einer Verzahnung versehen. Die Verzahnung bewirkt eine selbständige Zentrierung; es entsteht eine formschlüssige Übertragung.

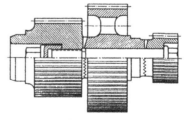

**Bild 13.11** Kupplung mit Planverzahnung [6]

# 13.3 Ausgleichskupplungen

## 13.3.1 Drehstarre Kupplungen

Die Funktion der drehstarren Ausgleichskupplungen ist der Ausgleich von Fertigungs- und Montageungenauigkeiten, Betriebsverformungen (Kräfte) und Wärmeverformungen. Die letzten drei Punkte sind wichtig bezüglich der statischen Bestimmtheit. Häufig sind derartige Verlagerungen sogar erwünscht, z. B. bei gefederten Achsen. Die Verlagerung erfolgt (möglichst) ohne eine Veränderung des übertragenen Drehmomentes und der Winkellage zwischen Antriebs- und Abtriebsteil.

**Längenausgleichskupplungen**
Die nur in Längsrichtung beweglichen Kupplungen (Verlagerungsfall (a)xial) gleichen Längenänderungen aus, die z. B. durch Wärmeänderung oder Axialkräfte hervorgerufen werden.

Für Wellendurchmesser bis 200 mm eignet sich die **Klauenkupplung**, siehe Bild 13.12. Die Klauen sind zur Minderung der Reibung geschmiert.

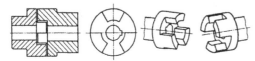

**Bild 13.12** Klauenkupplung [7]

Die **Bolzenkupplung** überträgt das Drehmoment durch 6 bis 8 Bolzen, die in der anderen Kupplungshälfte genau geführt werden, siehe Bild 13.13. Eine weitere Möglichkeit besteht in dem Einsatz einer Vielkeilwelle.

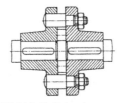

**Bild 13.13** Bolzenkupplung

**Längen- und Querausgleichskupplungen**
Die **Bogenzahnkupplung**, siehe Bild 13.14, eignet sich für die Verlagerungsfälle (a)xial und (w)inklig bei Einsatz eines Bogenzahnrades und einer Hülse; bei zwei kombinierten Zahnrädern (Standardausführung) ist sie auch für den Fall (r)adial geeignet. Sie ist für mittlere bis große

Drehmomente brauchbar. Für kleinere Momente gibt es Einfachbauweisen, z. B. mit Kunststoffaußenteil, zum Teil sogar ganz aus Kunststoff.

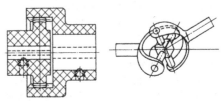

**Bild 13.14** Bogenzahnkupplung (links) [Mädler] und Kreuzgelenkkupplung (rechts) [12]

Der Nachteil der Bogenzahnkupplung ist die Gleitreibung und der damit verbundene Verschleiß. Abhilfe schafft eine **Kreuzgelenkkupplung**. Sie ist für unterschiedliche Verlagerungsfälle einsetzbar:
– 1 Gelenk: (w)inklig
– mit Schiebhülse auch (a)xial
– 2 Gelenke auch (r)adial

Die Vorteile dieser Kupplung sind der große Beugewinkel $\beta$ ($\leq 20°$, auch bis $45°$) und die Rollreibung (falls wälzgelagert). Der Nachteil ist die ungleichförmige Drehwinkelübertragung bei nur einem Gelenk und $\beta \neq 0°$.

$$\omega_1 = \text{const.}$$

$$\left.\begin{array}{l} \omega_{2\,\text{min}} = \omega_1 \cdot \cos\beta \\[2mm] \omega_{2\,\text{max}} = \omega_1 \cdot \dfrac{1}{\cos\beta} \end{array}\right\} \quad \begin{array}{l} \text{Ungleichförmigkeit:} \\[2mm] \dfrac{\omega_{2\,\text{min}}}{\omega_{2\,\text{max}}} = \cos^2\beta \end{array}$$

Das Achsenkreuz liegt nicht in einer ruhenden Ebene, die um $\beta/2$ gegen die Achsen geneigt ist (Symmetrieebene); wäre dies der Fall, wäre die Übertragung gleichförmig. Tatsächlich taumelt es jedoch bei der Drehung, siehe auch Bilder 13.15 und 13.16.

Die Ungleichförmigkeit kann ausgeglichen werden, indem zwei Gelenke hintereinander angebracht werden, siehe Bild 13.17. Dazu müssen die beiden Gelenke in einer Ebene symmetrisch angeordnet sein. Daraus ergibt sich: $\omega_1 = \text{const}$ $\Rightarrow \omega_2 \neq \text{const} \Rightarrow \omega_3 = \text{const}$. Um dies zu erreichen, muss die Anordnung W-förmig (spiegelsymmetrisch) oder Z-förmig (punktsymmetrisch) sein, siehe Bild 13.17.

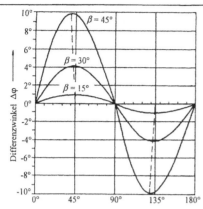

Bild 13.15 Schwankungen der Winkeldifferenz

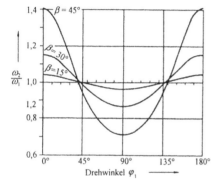

**Bild 13.16** Schwankungen der Winkelgeschwindig-keit $\omega_2$

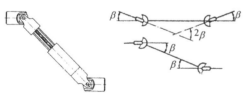

**Bild 13.17** Gelenkwelle [Techn. Antriebselemente] und W- bzw. Z-Anordnung einer Gelenkwelle

Auch eine räumliche Anordnung ist möglich. Dazu müssen die Kreuzgelenke entsprechend gegeneinander verdreht („versteckt") werden. In allen Fällen läuft die Zwischenwelle ungleich-mäßig. Sie erhält also die Funktion eines Schwingungserregers. Daher muss ihr Träg-heitsmoment klein gehalten werden. Sogenannte

**Gleichlaufgelenke**, siehe Bild 13.18, weisen keine ungleichförmige Übertragung auf.

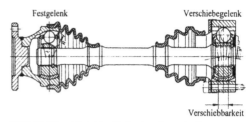

**Bild 13.18** Gleichlaufgelenkwelle mit Längenaus-gleich [7]

**Kreuzscheibenkupplung** (Oldham-Kupplung) Diese Kupplung ist eine Einfach-Kupplung, da sie die Verlagerungsfälle (a), (r) und (w) in ei-nem Gelenk (bei zwei Gelenken würde die Zwi-schenwelle herausfallen!) übernimmt. Der beim Kreuzgelenk beschriebene Nachteil (ungleich-förmig bei $\beta \neq 0$) tritt hier ebenfalls auf. Zur Verminderung der Reibungsverluste ist eine gute Schmierung unerlässlich. Ein Einsatzbeispiel dieser Kupplung ist die Verwen-dung in Diesel-Einspritzpumpen. Eine Variation die-ser Kupplung be-steht in einer ela-stischen Verbin-dung statt gleiten-der bzw. wälzender Gelenke (Membran-kupplung).

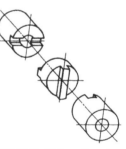

**Bild 13.19** Oldham-Kupplung

Die **Membran- und Federlaschenkupplungen**, siehe Bild 13.20, besitzen federnde Bänder, Membranen o. ä. Sie sind tangential steif, aber biegeweich. Es lassen sich die Verlagerungsfälle (w) und (a) kompensieren, mit zwei Kupplungen auch der Fall (r).
Die Vorteile dieser Kupplung sind:
– keine Gleitreibung, kein Spiel, kein Verschleiß
– guter Gleichlauf
Nachteile:
– Rückstellkräfte bzw. Momente
– Dauerbruchgefahr der Federteile

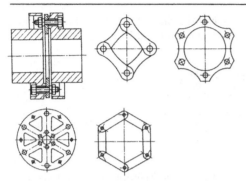

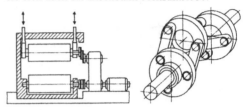

einer Variante mit elastischen Gelenken eignet sie sich auch für Eisenbahn-Achsantriebe.

**Bild 13.22** Schmidt-Kupplung [Schmidt]

**Bild 13.20** Federlaschen- und Membrankupplungen [11]

Aufgrund dieser Nachteile sind nur kleine Verlagerungen ausgleichbar. Außerdem ist diese Kupplungsvariante nur für kleine bis mittlere Drehmomente einsetzbar. Die Durchschlagsicherheit der Kupplung ist ebenfalls zu beachten. Durchschlagsicherheit bedeutet, dass nach der Zerstörung der elastischen Elemente die Kupplung weiterhin das Drehmoment überträgt (Formschluss), wenn auch unvollkommen. Dies ist allerdings nicht immer erwünscht (Sicherheit, Sollbruchstelle usw.).

Die **Wellschlauchkupplung**, siehe Bild 13.21, hat ein anderes, sehr biegeweiches, elastisches Element. Sie ist für die drei Verlagerungsfälle (w), (a) und (r) gleichermaßen geeignet. Die Fluchtfehler dürfen von kleinerer bis mittlerer Größenordnung sein. Der Anwendungsbereich ist dem einer Membrankupplung ähnlich, z. B. für Werkzeugmaschinensteuerungen und Messeinrichtungen (Spielfreiheit!).

**Bild 13.21** Wellschlauchkupplung [7]

Die **Schmidt-Kupplung**, siehe Bild 13.22, ist ein Sonderfall. Genau betrachtet ist dies keine Kupplung, sondern ein Gelenkgetriebe. Die Wellen sind (auch im Betrieb) in radialer Richtung verschiebbar, müssen jedoch einwandfrei parallel laufen. Gleichachsigkeit (Fluchten) der Wellen ist nicht zulässig, da sonst die Lage der Zwischenscheibe nicht definiert ist. Eingesetzt wird diese Kupplung z. B. für radial verschiebbare Wellen in Walzwerken, Bild 13.22 links. In

## 13.3.2 Elastische Kupplungen

Die Funktion der elastischen Kupplungen (bis zu einem Verdrehwinkel von ca. 3°) besteht vorwiegend im Ausgleich von räumlichen Ungenauigkeiten sowie der Verlagerungsfälle (a)xial, (r)adial und (w)inklig. Dagegen tritt die Dämpfung von Drehschwingungen und -stößen (d) aufgrund des relativ kleinen Verdrehwinkel ($\leq 3°$) zurück. Für diesen Fall sind die hochelastischen Ausgleichskupplungen (siehe Kapitel 13.3.3) besser geeignet.

Die Drehfederkennlinie $T = f(\varphi)$ ist wesentlich für das Verhalten einer Kupplung, siehe Bild 13.23. Die Auswirkungen der am häufigsten anzutreffenden progressiven Kennlinie sind:
– bei kleinem Drehmoment ist die Kupplung „weich", daher gute Ausgleichsfunktion,
– bei großem Drehmoment ist die Kupplung „hart", daher ist der Ausschlag begrenzt (Schutzfunktion),
– die Drehfederrate $c_T = dT/d\varphi$ ist abhängig vom Ausschlag; bei Drehschwingungen in Resonanznähe erfolgt eine Änderung der Eigenfrequenz; das System fällt aus der Resonanz heraus.

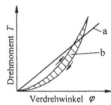

a linear ansteigend (z. B. metallische Kupplungen)

b progressive gekrümmt (z. B. elastische Bolzenkupplung)

**Bild 13.23** Drehfederkennlinien

Bei der Kupplungsauslegung ist das Hystereseverhalten zu berücksichtigen. Der Inhalt der Hystereseschleife, siehe Bild 13.24, wird folgendermaßen berechnet:

$$\oint T d\varphi = W_D$$

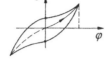

**Bild 13.24** Hysterese

Dies ist die sogenannte Dämpfungsarbeit, d. h. die Energie, die bei einer Schwingung in Wärme umgesetzt wird. Elastische Kupplungen benötigen elastische Werkstoffe; Elastomere (z. B. Gummi, Polyurethan) besitzen eine Materialdämpfung (Hysterese, siehe oben). Stahlfedern haben dagegen keine nennenswerte Hystereseeigenschaften. Daher muss eine äußere Reibung erzeugt werden, wenn die Kupplung Dämpfungseigenschaften haben soll.

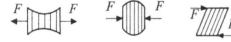

**Bild 13.25** Belastung von Elastomeren

Elastomere sollten möglichst auf Schub und Druck belastet werden; Zug ist zu vermeiden (Biegung erzeugt Zug, daher Druckvorspannung aufbringen).

Die **Gummi-Bolzen-kupplung**, siehe Bild 13.26, ist eine einfache und durchschlagsichere (z. B. bei Alterung des Gummis) Kupplung. Sie ist, wenn der Bolzen lösbar ist, ohne axiale Verschiebung der Wellen montierbar. Die progressive Drehkennlinie wird durch gewellte oder gewölbte (einfacher, härter) Gummielemente (Belastung auf Druck) erzeugt. Durch unterschiedliche Gummielemente lassen sich also die gewünschten elastischen Eigenschaften einstellen.

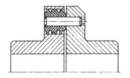

**Bild 13.26** Gummi-Bolzen-kupplung [7]

Die **Gummi-Klauenkupplung**, siehe Bild 13.27, gibt es in vielfältigen Ausführungen. Dabei sind allerdings nicht alle durchschlagsicher. Sie ist insbesondere für kleine bis mittlere Drehmomente geeignet. Die elastischen Elemente liegen in Nuten in einer Kupplungshälfte. Die Bolzen des anderen Kupplungselementes greifen zwischen die elastischen Elemente ein.

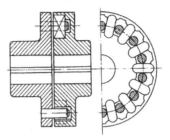

**Bild 13.27** Gummi-Klauenkupplung [4]

Für Schwerlastbetrieb und hohe Drehmomente sind **Stahlbandkupplungen** geeignet (z. B. im Walzwerk). Die progressive Kennlinie wird z. B. durch „trompetenartig" erweiterte Schlitze erzeugt, siehe Bild 13.28. Steigt das Drehmoment, so verringert sich der Abstand $l$ der Kraftangriffspunkte ($c \sim l^4$). Die Drehnachgiebigkeit der Kupplung nimmt ab; die Kupplung verhält sich dann wie eine drehstarre Kupplung. Wegen des geteilten Federgehäuses ist eine Montage ohne Verschiebung der Wellen möglich.

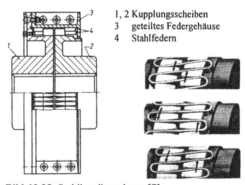

1, 2 Kupplungsscheiben
3 geteiltes Federgehäuse
4 Stahlfedern

**Bild 13.28** Stahlbandkupplung [7]

Die **Schraubenfederkupplung**, siehe Bild 13.29, besteht aus den Schraubendruckfedern (4), die zwischen den Naben (1) vorgespannt sind. Die Federn stützen sich an den Mitnehmerbolzen (2) und den schwenkbaren Führungskörpern (3) ab. Es lassen sich mit dieser Kupplung elastische Gelenkwellen herstellen, indem mehrere Kupplungen in Reihe geschaltet werden.

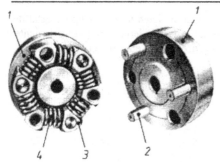

**Bild 13.29** Schraubenfederkupplung [7]

### 13.3.3 Hochelastische Kupplungen

Die Funktion der hochelastischen Kupplungen (bis zu einem Verdrehwinkel von ca. 10°) besteht hauptsächlich in der Dämpfung von Schwingungen und Stößen (große Verdrehwinkel; siehe auch Kapitel 13.3.2). Zusätzlich zu diesem Verlagerungsfall (d) kann als Nebenfunktion der Ausgleich von weiteren Verlagerungen (Fälle (a), (w), (r)) erreicht werden.

Die **Polygonringkupplung** besteht aus einem mehreckigen Elastomerring, der unter einer Druckvorspannung steht. Dadurch treten keine Zugspannungen auf (sonst Rissgefahr). Die Durchschlagsicherheit der Kupplung ist ebenfalls gegeben.

**Bild 13.30** Polygonringkupplung [7]

Bei der **Gummimantelkupplung** wird der Gummi auf Schub belastet. Der Gummimantel, der zur Montage geteilt werden kann, wird mit Hilfe von Ringen und Schrauben eingespannt. Diese Kupplung ist nicht durchschlagsicher.

Bei Verdrehung der Kupplungshälften entstehen meist unerwünschte Axialkräfte. Abhilfe schafft

z. B. die **Gummischeibenkupplung**. Die symmetrische Bauweise bewirkt, dass keine Axialkraft nach außen wirken. Die Schubspannung beträgt $\tau \approx$ const in der Scheibe.

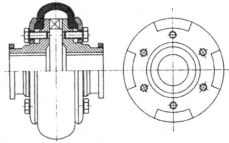

**Bild 13.31** Gummimantelkupplung [Stromag]

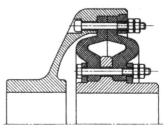

**Bild 13.32** Gummischeibenkupplung [6]

Bei der in Bild 13.32 dargestellten Kupplung besteht das Bindeglied aus einem zweigeteilten Gummireifen. Sie erzeugt keine so hohen Axialkräfte wie Kupplungen ohne geteilten Gummireifen, da die beiden Ränder eng am Flansch anliegen.

**Stahlfederkupplung:** Bügelförmig gebogene Stahlfedern verbinden die beiden Kupplungshälften, siehe Bild 13.33. Die Kupplung besitzt fast keine Dämpfung und hat eine lineare Kennlinie. Axiale und winklige Verlagerungen können im kleineren Bereich ausgeglichen werden.

**Bild 13.33** Verdrehfederkupplung [5]

**Luftfederkupplungen** stellen einen Sonderfall der hochelastischen Kupplungen dar. Ihr Aufbau ähnelt dem Aufbau von Stahlfederkupplungen. Die Elastizität wird durch Druckluft einstellbar. Luftfederkupplungen zeichnen sich durch eine sehr weiche, progressiv Kennlinie aus.

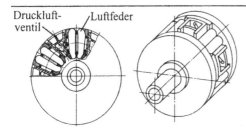

**Bild 13.34** Luftfederkupplung [11]

# 13.4 Fremdbetätigte Kupplungen

## 13.4.1 Formschlüssige Kupplungen

Formschlüssige schaltbare Kupplungen lassen sich beliebig ausschalten. Einschalten ist allerdings nur bei Gleichlauf ($\Delta v_u < 0,1$ m/s) bzw. Stillstand („trennbare" Kupplung) möglich. Ansonsten ist eine Synchronisierung, d. h. eine Hilfseinrichtung zur Herstellung des Gleichlaufs vor dem Einrücken, nötig.

Die ausrückbare **Klauenkupplung** (siehe auch Kapitel 13.2) ist die einfachste Ausführung dieser Art. Sie ist nur im (Fast)-Stillstand bzw. im Gleichlauf einrückbar. Es besteht allerdings die Gefahr der Abnutzung an den Gleitfedern, da große Verstellkräfte beim Ausrücken unter Last aufgebracht werden müssen.

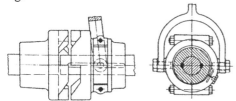

**Bild 13.35** Ausrückbare Klauenkupplung [4]

Eine Variation besteht in Abweisklauen mit Freilaufwirkung, die sich bei einer Drehzahldifferenz nicht einrücken lassen.

**Zahnkupplungen mit axialen Zähnen** besitzen als Schaltelement eine Planverzahnung (Hirth-Verzahnung). Dadurch ist nur ein kurzer Hub erforderlich und die Betätigung z. B. mittels E-Magnet möglich. Bei kleinen Drehzahldifferenzen ist die Kupplung selbstsynchronisierend; die

Zahnflanken sind 30° geneigt (Spitzenwinkel 60°).

In Bild 13.36 ist eine Elektromagnet-Zahnkupplung abgebildet. Nach Einschalten des Stromes wird durch den Magneten die Kupplung in Eingriff gebracht. Die Federkraft entkuppelt nach dem Abschalten des magnetischen Kraftflusses die Kupplungshälften.

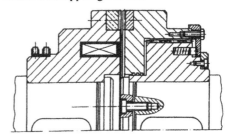

**Bild 13.36** Elektomagnet-Zahnkupplung mit Planverzahnung [Stromag]

**Zahnkupplungen mit radialen Zähnen** werden häufig in KFZ-Schaltgetriebe eingebaut. Dazu werden meist noch Synchronisiereinrichtungen (meist in Form von Reibringen) zur Schalterleichterung eingesetzt. Bei einer Schiebemuffe aus Kunststoff ergibt sich eine elastische, beim Schalten leisere Kupplung, allerdings bei geringerem übertragbaren Drehmoment. Die Variation der „Schlussart" führt zu den reibschlüssigen Kupplungen.

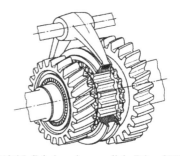

**Bild 13.37** Zahnkupplung, radiale Zähne [ZF]

## 13.4.2 Reibschlüssige Kupplungen

Die Hauptfunktion von reibschlüssigen schaltbaren Kupplungen ist das beliebige Ein- und Ausschalten der Kupplung. Es ist das allmähliche (weiche) Zuschalten bei unterschiedlichen Drehzahlen möglich. Zusätzlich können diese Kupplungen als Überlastsicherung eingesetzt werden, da sie durchrutschen können. Beim Einschalten kann das maximale Reibmoment $T_{R\,max}$ die Welle belasten (Beschleunigung!), daher besteht bei überdimensionierter Kupplung eine Gefahr für die Welle oder andere Bauelemente.

Die einfachsten Bauformen sind die **Einscheibenkupplung** und die **Zweischeibenkupplung**, siehe Bild 13.38.

$$\boxed{T_R = F_S \cdot r_m \cdot \mu \cdot z}$$  (13.1)

$T_R$ = Reibmoment           $F_S$ = Anpresskraft
$r_m$ = mittlerer Radius      $\mu$ = Reibbeiwert
$z$ = Anzahl der Reibflächen

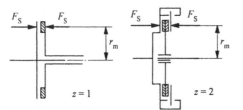

**Bild 13.38** Ein- und Zweischeibenkupplung

Bei der Einscheibenkupplung muss die Schaltkraft über eine Lagerung übertragen werden. Abhilfe schafft die Zweischeibenkupplung, bei der sich die Schaltkraft in der Kupplung selbst abstützt. Zweischeibenkupplungen werden beispielsweise in Pkws eingebaut.

| Reibpaarung | Reibbeiwerte ca. | |
|---|---|---|
| | $\mu$ trocken | $\mu$ in Öl |
| St/St | - | 0,003 ... 0,05 |
| St/Sintermetall | 0,15 ... 0,2 | 0,05 |
| St/Kunstharz | 0,25 ... 0,5 | 0,08 ... 0,12 |
| St/Papier | - | 0,1 ... 0,13 |

**Bild 13.39** Reibbeiwerte typischer Reibpaarungen

Wenn größere Reibmomente übertragen werden müssen, wird der Radius $r_m$ der Scheibe sehr groß. Abhilfe schaffen Kupplungen mit mehreren wirksamen Reibflächenpaarungen, z. B. **Lamellenkupplungen**, siehe Bild 13.40.

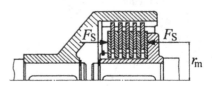

**Bild 13.40** Lamellenkupplung

Zur Berechnung des übertragbaren Reibmomentes gilt dieselbe Gleichung wie bei der Zweischeibenkupplung, allerdings ist die Zahl der reibenden (gleitenden) Flächen höher (üblich bis $z \approx 12$). Dadurch können hohe Momente bei kleinem Kupplungsdurchmesser übertragen werden.

Ein Nachteil dieser Bauweise ist die schlechte Wärmeabfuhr. Abhilfe kann z. B. eine Kühlung mittels Öldurchlauf schaffen. Allerdings „kleben" die Lamellen wegen der Ölviskosität im Leerlauf, was durch gewellte Lamellen vermieden werden kann. Das Restmoment beträgt trotzdem noch ca. das 0,03-fache des Nennmomentes (Verlust). Eingesetzt werden Lamellenkupplungen bei beengtem Bauraum und nicht zu hoher Wärmebelastung, z. B. in Schaltgetrieben von Werkzeugmaschinen, Motorradgetrieben usw.

Bei den **Kegelkupplungen** wird die Lage der Reibflächen verändert, so dass das übertragbare Reibmoment bei gleicher Kraft $F_S$ gegenüber Einscheibenkupplungen größer ist; es gilt:

$$\boxed{T_R = F_n \cdot r_m \cdot \mu = \frac{F_S \cdot r_m \cdot \mu}{\sin \alpha}}$$  (13.2)

$\alpha$ = halber Kegelwinkel

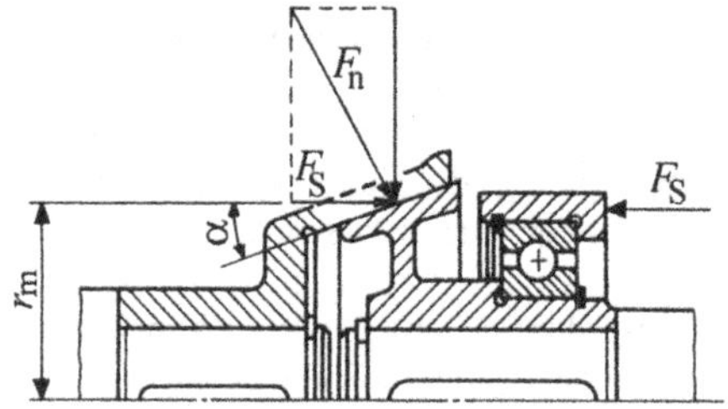

**Bild 13.41** Kräfte und Winkel an einer Kegelkupplung (tan $\alpha < \mu$ führt zum Verklemmen)

Bei einer Ausführung mit Doppelkegel wirkt die Kraft $F_S$ nicht auf die Welle und die Lager (vergleiche Zweischeibenkupplung).

**Schaltbetätigung reibschlüssiger Kupplungen**
Bei der **mechanischen** Variante erfolgt die Schaltung über ein Gestänge, eine Schiebemuffe, einen Hebel o. ä. Nachteile dieser robusten und zuverlässigen Möglichkeit sind der mechanische Aufwand sowie der Verschleiß.

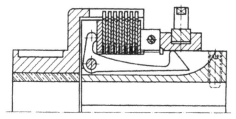

**Bild 13.42** Mechanisch betätige Reibkupplung [11]

Die **elektromagnetisch** betätigten Schaltkupplungen gibt es in verschiedenen Formen:

– Mit Schleifringen: Nachteile sind Kontaktprobleme und Verschleiß.
– Schleifringlos, Spule feststehend: Durch den größeren Luftspalt verringert sich der Wirkungsgrad, also auch das übertragbare Drehmoment. Zusätzlich ist eine Lagerung des Spulenkörpers notwendig.
– Lamellen nicht magnetisch durchflutet: Nachteil ist ein höheres Trägheitsmoment sowie eine größere Bauweise der Kupplung.
– Lamellen durchflutet: Es sind Stahllamellen erforderlich. Durch die Remanenzwirkung ergibt sich ein Leerlaufverlust.

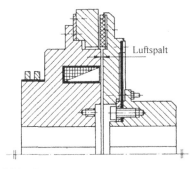

**Bild 13.43** Elektomagnetisch betätige Schleifringkupplung mit Luftspalt und Membran [7]

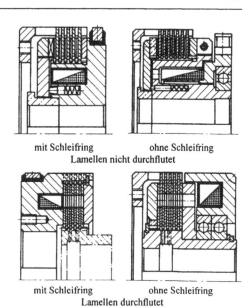

mit Schleifring            ohne Schleifring
Lamellen nicht durchflutet

mit Schleifring            ohne Schleifring
Lamellen durchflutet

**Bild 13.44** Elektromagnetisch betätigte Kupplungen [Stromag]

Der Vorteil des Elektromagnetprinzips ist die Fernsteuerbarkeit der Kupplungen. Nachteilig ist der dauernde Stromverbrauch während des Betriebs. Anwendungsgebiete sind ferngesteuerte Antriebseinrichtungen, insbesondere an unzugänglichen oder weit entfernten Orten (z. B. Werkzeugmaschinen, Kraftwerke).

Die **hydraulisch** betätigten Kupplungen werden mittels Drucköl und Kolben geschaltet. Diese Kupplungen sind ebenfalls fernsteuerbar. Sie sind robust und selbstnachstellend (Kolbenweg). Nachteilig ist, dass ein Hydraulikaggregat erforderlich ist (Aufwand, Lärm); außerdem kann austretendes Hydrauliköl das Schmiermittel verunreinigen. Eingesetzt werden diese Kupplungen hauptsächlich, wenn Hydraulikenergie bereits vorhanden ist. Die **pneumatische** Variante ist der hydraulischen Bauform ähn-

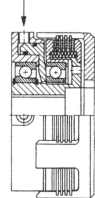

**Bild 13.45** Hydraulisch betätigte Lamellenkupplung [7]

lich (z. B. könnte die in Bild 13.45 dargestellte Kupplung auch pneumatisch betrieben werden). Mögliche Leckverluste stören (meist) nicht. Diese Kupplungen sind ebenfalls selbstnachstellend. Aufgrund des niedrigen Drucks sind große Kolben notwendig; nachteilig sind auch die Zischgeräusche austretender Luft. Pneumatisch betätigte Kupplungen werden eingesetzt, wenn bereits an anderer Stelle in der Maschine Druckluft verwendet wird. Eine Sonderbauform hat einen elastischen Gummibalg anstelle des Kolbens, so dass keine bewegten Dichtungen erforderlich sind, siehe Bild 13.46.

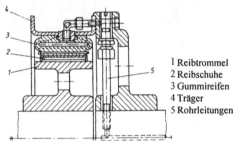

1 Reibtrommel
2 Reibschuhe
3 Gummireifen
4 Träger
5 Rohrleitungen

**Bild 13.46** Pneumatisch betätigte Zylinderkupplung [7]

# 13.5  Selbstschaltende Kupplungen

Selbstschaltende Kupplungen treffen eine logische Wenn-Dann-Entscheidung. Die Information für diese Entscheidung stammt aus den übertragenen Größen $T$ und $\omega$ der Kupplung. Beispiel:

$$\left.\begin{array}{l} \omega_1 < \omega_{ein} \Rightarrow T = 0 \\ \omega_1 > \omega_{ein} \Rightarrow T \sim \omega_1^2 \end{array}\right\} \Rightarrow \text{Fliehkraftkupplung}$$

Anwendung finden diese Kupplungen vor allem bei der Überwachung und Automatisierung von Bewegungsabläufen.

## 13.5.1  Drehmomentbetätigte Kupplungen

Diese Kupplungen werden als Sicherheitskupplungen eingesetzt. Sie schützen vor Überlast, d. h. vor zu hohem Drehmoment.

**Reibschlüssige Sicherheitskupplungen**
Bei Überschreiten des Grenzmoments rutscht die Kupplung durch; der Drehzahlfluss wird unterbrochen, das Drehmoment jedoch weiter übertragen. Derartige Kupplungen stellen einfache und billige Lösungen dar. Allerdings kann das Losbrechmoment bei Stoßbelastungen sowie bei Alterung deutlich über dem eingestellten Sollmoment liegen. Daher sollten diese Kupplungen nur bei nicht zu hohen Genauigkeitsanforderungen zum Überlastschutz eingesetzt werden.

Beispiele für reibschlüssige Sicherheitskupplungen sind **federbelastete Reibkupplungen** (z. B. Rutschnabe) und **Wellfeder-Toleranzringe** (Wellen-Naben-Verbindung [Star]), die zwar nur eine sehr grobe Drehmomentbegrenzung aufweisen, aber einfach aufgebaut sind.

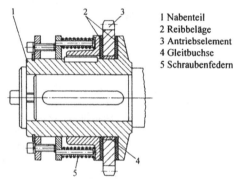

1 Nabenteil
2 Reibbeläge
3 Antriebselement
4 Gleitbuchse
5 Schraubenfedern

**Bild 13.47** Zweiflächen-Sicherheitskupplung [7]

**Formschlüssige Sicherheitskupplungen**
Ein federbelastetes Element springt heraus (z. B. Kugel, Rolle, Klinke) und trennt den Kraftfluss. Der dabei entstehende Lärm kann verhindert werden, wenn das Element am Zurückspringen gehindert wird (Abschaltwirkung). Hier gibt es verschiedene, teils recht aufwendige und teure Lösungen (völlige Trennung, Schaltmoment genau und gut einstellbar, leichte Wiederinbetriebnahme).

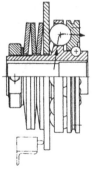

**Bild 13.48** Sperrkörper-Sicherheitskupplung [7]

**Stoffschlüssige Sicherheitskupplungen**
Die (vorgekerbte) Sollbruchstelle bricht bei vorgegebener Umfangskraft $F_t = T/r$. Es erfolgt eine völlige Trennung des Kraftflusses (Abschaltwirkung). Diese sehr einfache Bauweise ist allerdings sehr ungenau, da die Kerbwirkung sich durch „Hochtrainieren" des Werkstoffes bei leichter Überbelastung verändert.

## 13.5.2 Richtungsbetätigte Kupplungen

Richtungsbetätigte Kupplungen (Freilaufkupplungen) können in folgenden Anwendungsfällen eingesetzt werden:
- Rücklaufsperre (z. B. Förderband, automatische Pkw-Getriebe)
- Überholkupplung (z. B. Fahrrad, Hubschrauber: Autorotation bei Maschinenschaden)
- Schrittschaltkupplung (z. B. bei Vorschubantrieben, Verpackungsmaschinen)

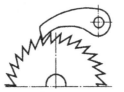

**Bild 13.50** Sperrklinke

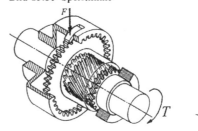

**Bild 13.51** SSS-Überholkupplung [Renk]

Die **SSS-Überholkupplung** ist eine Zahnschaltkupplung mit Leitklinke zur Synchronisierung. Das Einrücken geschieht mittels eines Steilgewindes, wenn das Antriebsmoment wie gezeichnet wirkt; Ausrücken erfolgt bei Momentenumkehr. Die Klinke hebt im Leerlauf bei hoher Drehzahl ab. Anwendung findet diese Kupplung bei höchsten Drehmomenten (z. B. Schiffsdieselanlasser).

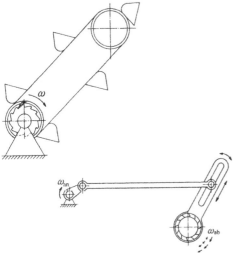

**Bild 13.49** Rücklaufsperre in einem Becherwerk (oben) und Schrittschaltwerk (unten)

**Formschlüssige Freilaufkupplungen**
**Sperrklinkenfreiläufe** sind sehr einfach aufgebaut. Sie weisen jedoch mehrere Nachteile auf, z. B. toter Gang, Verschleiß und Geräuschentwicklung. Abhilfe schafft eine Fliehkraftabhebung der Klinke oder das Reibschlussprinzip (siehe unten).

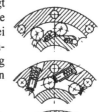

**Reibschlüssige Freilaufkupplungen**
Der **Klemmrollenfreilauf** besitzt einen Ring mit Klemmrampen. In Sperrrichtung verklemmt sich die Rolle, wenn gilt: $\tan \alpha < \mu$ ($\mu$ = Reibwert). Die Anfederung hält die Rolle in Kontakt mit den Ringen (Steuerfunktion). Es tritt Verschleiß auf der Rampe ein.

**Bild 13.52** Klemmrollen- und Klemmkörperfreiläufe [Ringspann]

Der **Klemmkörperfreilauf** weist zwei kreiszylindrische Ringe und unrunde Klemmkörper auf. Die Funktionsweise ist ansonsten dem Klemmrollenprinzip entsprechend.

Es ist zu beachten, dass Klemmrollen und Klemmkörper nicht zentrieren, d. h. es ist eine exakte radiale und axiale Lagerung erforderlich, siehe Bild 13.53.

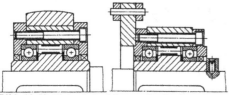

**Bild 13.53** Einbaubeispiele von Freilaufkupplungen [Ringspann]

### 13.5.3 Drehzahlbetätigte Kupplungen

Die drehzahlbetätigten Kupplungen sollen den Motoranlauf unabhängig von Lastmoment und Lastbeschleunigung ermöglichen.

Die bekannteste Variante ist die **Fliehkraftkupplung**. Reibelemente werden durch die Fliehkraft $F_\omega = m \cdot r \cdot \omega^2$ an die Außenwand angedrückt. Das Reibmoment beträgt:

$$\boxed{T_R = \mu \cdot r \cdot \left(F_\omega - F_F\right)} \qquad (13.3)$$

$F_\omega = m \cdot r \cdot \omega^2 = $ Fliehkraft     $F_F = $ Federkraft

Wenn $F_\omega < F_F$ gilt, erfolgt die völlige Trennung.

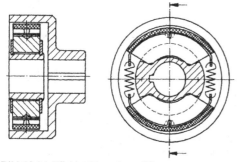

**Bild 13.54** Fliehkraftkupplung [7]

Der Hochlauf eines Elektromotors mit einer Fliehkraftkupplung unter Last wird in dem Kennliniendiagramm in Bild 13.55 dargestellt.

Es gilt:
$T_\omega = F_\omega \cdot r \cdot \mu$ (Moment aus Fliehkraft)
$T_F = F_F \cdot r \cdot \mu$ (Verminderung durch Federkraft)

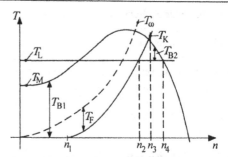

**Bild 13.55** Hochlauf eines E-Motors mit Fliehkraftkupplung unter Last

Folgende Kennlinien sind in Bild 13.55 eingezeichnet:

$T_K(\omega)$: Kupplungskennlinie; Moment, das die Kupplung übertragen kann (aber nicht muss, wenn Motormoment geringer).

$T_L(\omega)$: Lastkennlinie, d. h. das Moment, das die Last verlangt (sonst läuft sie nicht).

$T_M(\omega)$: Motorkennlinie, d. h. das Moment, das der Motor liefert (zwangsläufig, d. h. abhängig von $\omega$).

$T_B$: Beschleunigungsmoment, d. h. das Moment, das zur Beschleunigung der rotierenden Teile genutzt wird.

Der Schaltvorgang gestaltet sich wie folgt:

$0 \leq n \leq n_1$   Motor beschleunigt, Kupplung ist vollständig getrennt

$n_1 \dots n_2$   Kupplung rutscht durch, Last steht noch still

$n_2 \dots n_3$   Last beginnt zu beschleunigen, Kupplung rutscht noch durch

$n \geq n_3$   Kupplung voll eingekuppelt

$n_4$   stabiler Arbeitspunkt

Bei den **Füllgut-Kupplungen** wird das Füllgut, z. B. Stahlkugeln, Stahlsand o. ä., durch Fliehkraft angepresst, wodurch der Reibschluss erfolgt.

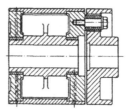

**Bild 13.56** Füllgutkupplung [4]

Eine mögliche Wellung im Außenring führt zu einem teilweisen Formschluss. Eine Drehmomentanpassung ist über die Variation der Füllmenge möglich.

# 13.6  Schlupfkupplungen

Schlupfkupplungen weisen - von Sonderfällen abgesehen - dauernd eine Differenz der Winkelgeschwindigkeit zwischen An- und Abtrieb auf. Der Schlupf bewirkt einen ständigen Leistungsverlust:

$$s = \frac{\omega_{an} - \omega_{ab}}{\omega_{an}} \Rightarrow \omega_{ab} = \omega_{an}(1 - s) \qquad (13.4)$$

$s$ = Schlupf
$\omega_{an,ab}$ = Winkelgeschwindigkeit am An- bzw. Abtrieb

Der Wirkungsgrad der Kupplungen berechnet sich dann wie folgt:

$$\eta = \frac{P_{ab}}{P_{an}} = \frac{T_{ab} \cdot \omega_{ab}}{T_{an} \cdot \omega_{an}} \qquad (13.5)$$

$\eta$ = Wirkungsgrad
$T$ = Drehmoment          $P$ = Leistung

Unter der Annahme, dass $T_{ab} = T_{an}$ gilt (ohne Beschleunigung; Luftreibung vernachlässigt; Lagerreibung u. ä. ist enthalten), folgt:

$$\eta = \frac{\omega_{ab}}{\omega_{an}} = 1 - s \qquad (13.6)$$

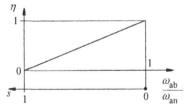

**Bild 13.57** Wirkungsgrad von Schlupfkupplungen

Der Schlupf wird wegen anderer Eigenschaften in Kauf genommen. Eventuell werden Sondermaßnahmen zur Ausschaltung des Dauerschlupfes im Betrieb eingebaut (z. B. zusätzliche Rei-

bungskupplung zur Überbrückung; Aufwand und Kosten beachten). Es gelten folgende Abhängigkeiten: $T = f(\omega_{an})$ und $T = f(s)$.

Die Funktionen der Schlupfkupplungen können wie folgt beschrieben werden:
- Motoranlauf ermöglichen und „Auskuppeln" bei niedrigen Drehzahlen (ähnlich drehzahlbetätigten Selbstschaltkupplungen),
- Drehschwingungen dämpfen bzw. trennen (vgl. elastische Ausgleichskupplungen),
- ggf. Zu- und Abschalten der Momentenübertragung (wie fremdgeschaltete Kupplungen),
- ggf. Steuerung des Schlupfes im Betrieb (ähnlich stufenlosem Getriebe; mit Leistungsverlust).

## 13.6.1  Elektrische Drehfeldkupplungen

**Wirkprinzipien**
Bei den elektrischen Drehfeldkupplungen wird die Funktion „Kräfte erzeugen" über magnetische Pole an einem Ring realisiert. Es gibt zwei Möglichkeiten der Realisierung:
- dauermagnetisch: nicht steuerbar
- elektromagnetisch: Kupplung schalt- und steuerbar

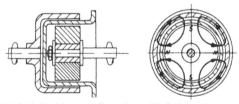

**Bild 13.58** Magnetpolkupplung: Einfach-Ausführung mit 2 Dauermagneten (Durchführung durch eine Behälterwand) [15]

Die Funktion „Kräfte übertragen" wird realisiert über Pole am Gegenring:
- induzierte Wirbelströme: Asynchronprinzip (Dauerschlupf)
- konstruktiv ausgebildet: Synchronprinzip (schlupffreier Betrieb möglich)

Es sind Kombinationen beider Realisierungsarten möglich. Die An- und Abtriebsseite ist (meist) vertauschbar.

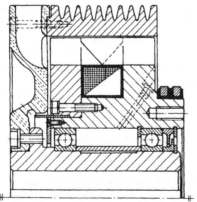

**Bild 13.59** Wirbelstromkupplung: Bei Schlupf der Kupplungsteile zueinander werden im Ankerring Wirbelströme induziert [7]

Die **Hysteresekupplung** ist im Aufbau der Wirbelstromkupplung ähnlich, allerdings ist der Scheibenläufer magnetisch hart, d. h. er bildet eigene Pole; es gilt: $T > 0$, auch bei $s = 0$ ($\omega_{ab} = \omega_{an}$). Bei Schlupf entstehen Hystereseverluste durch Ummagnetisierung.

Bei der **Wirbelstromkupplung mit gepoltem Ankerring** ist das Asynchron- und Synchronprinzip kombiniert. Bild 13.60 zeigt den Aufbau dieser Kupplung.

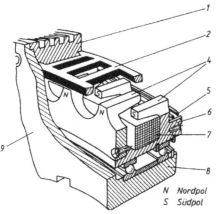

N  Nordpol
S  Südpol

1 Ankerring, 2 Ankerstäbe, 4 Polfinger, 5 Schleifringe, 6 Spulenkörper, 7 Erregerspule, 8 Ankerringnabe, 9 Flansch

**Bild 13.60** Wirbelstromkupplung mit Polen [7]

Der Ankerring (1) befindet sich wegen besserer Kühlung auf der Antriebsseite. Der Spulenkör-

per (6) bildet zusammen mit der Erregerspule (7) die Abtriebsseite. Die Ankerstäbe (2) dienen zum Anfahren (asynchron). Ist die Drehzahl an An- und Abtriebsseite identisch, befindet sich die Kupplung im statischen Zustand (synchron).

## 13.6.2 Hydrodynamische Kupplungen

Das Prinzip der hydrodynamischen Kupplungen (auch als Föttinger-Kupplung bekannt) besteht darin, dass Kreiselpumpe und -turbine in einem gemeinsamen, abgedichteten Gehäuse (3) untergebracht sind, das mit Öl (4) gefüllt ist. Eine einfache Bauweise zeigt Bild 13.61. Die antriebsseitige Pumpe (1) bringt das Öl in Bewegung. Dieses bewegt sich dabei in zwei Richtungen: Es führt einen Kreislauf in Umfangsbewegung mit $v_t$ in der Drehrichtung und eine Zirkulation mit $v_z$ in der (radialen) Schnittebene aus. Das Auftreffen des Öls auf die Schaufeln der Turbine (2) treibt diese an. Solange eine Drehzahldifferenz (Schlupf) existiert, bleibt der Ölkreislauf wegen der unterschiedlichen Fliehkräfte erhalten.

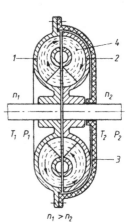

**Bild 13.61** Hydrodynamische Kupplung [7]

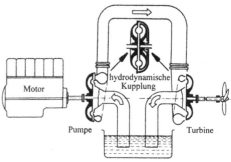

**Bild 13.62** Schematische Darstellung des Prinzips hydrodynamischer Kupplungen [nach Schalitz]

**Kupplung mit Füllungsverzögerung**
Die Kupplung ist nicht ganz mit Öl gefüllt. Dieses befindet sich im Stillstand teilweise im Ne-

benraum. Es kehrt beim Anlauf über Düsenboh-
rungen erst allmählich ganz zurück; dies ermöglicht einen sanften
Anstieg des Mo-
ments    (Anlauf-
kupplung).

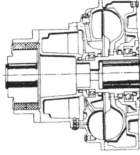

Eine andere Mög-
lichkeit sieht eine
Veränderung der
Ölmenge im Be-
trieb vor (Über-
gang zur fremd-
geschalteten Kupp-
lung).

**Bild 13.63** Kupplung mit Füllungsverzögerung [Voith]

Das Kupplungsmoment beträgt $T_K = T_{an} = T_{ab}$.
Wenn nun $\omega_{ab} = \omega_{an}$ gilt, ist die Fliehkraft auf
beiden Seiten gleich, es erfolgt kein Ölumlauf
(siehe oben). Das Kupplungsmoment $T_K$ wird
(bis auf die Reibung) gleich Null, d. h. ohne
Schlupf erfolgt keine Drehmomentübertragung.
Da der Ölkreislauf träge ist, reagiert dieser auf
Drehschwingungen im Antrieb praktisch gar
nicht, d. h. es herrscht eine fast völlige Schwingungstrennung (nicht allein Dämpfung).

Es gibt zwei wichtige Kennlinien: Die
„Schlupfkurve" und die „Festbremskurve", siehe
Bild 13.64. Es gilt:

$$\boxed{T_K \sim \omega_{an}{}^2} \qquad \text{für } \omega_{ab} = \text{const.} \qquad (13.7)$$

Bezogen auf die Nenndaten ergibt sich:

$$\frac{T_K}{T_N} = \left(\frac{\omega_{an}}{\omega_{an\,N}}\right)^2$$

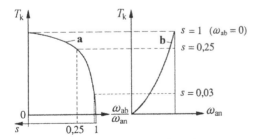

**Bild 13.64** a) Schlupfkurve, b) Festbremskurve

**Beispiel:** Die Leerlaufdrehzahl eines Pkws be-
trägt $\omega_{an} = 0,2 \cdot \omega_{an\,N}$. Die Kupplung ist also
praktisch „ausgekuppelt" ($T_K = 0,04 \cdot T_N$).

Das Zusammenwirken eines E-Motors mit einer
Hydrokupplung wird in Bild 13.65 dargestellt.
Bei der Festbremskurve $T_K$ (II) wird angenom-
men, dass $\omega_{ab} = 0$ beträgt (z. B. hohes Träg-
heitsmoment der Last, dadurch langsamer An-
lauf). Der Motor beschleunigt schnell bis zum
Punkt S ($T_K = T_M$). Nun steht das volle
Drehmoment des Motors zur Beschleunigung der
Last zum Punkt B zur Verfügung. Der Kupp-
lungsschlupf stellt sich entsprechend ein ($s_B$).

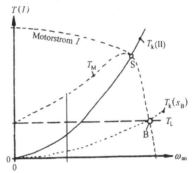

**Bild 13.65** Zusammenwirken E-Motor mit Hydrokupplung

Die Vorteile der hydrodynamischen Kupplungen
lassen sich wie folgt zusammenfassen:
– Motoranlauf fast ohne Last,
– langsames Beschleunigen großer Massen
  (insbesondere mit Füllungssteuerung),
– ausgezeichnete Schwingungstrennung; Anwendung bei Verbrennungsmotoren,
– verschleißfreie Momentenübertragung,
– selbsttätiges Einstellen des Schlupfes, d. h. Be-
  lastungsausgleich bei Mehrmotorenantrieben.

### 13.6.3 Hydroviskose Kupplungen

Das Prinzip der hydroviskosen Kupplungen besteht in der Mitnahme
durch Ölzähigkeit. Diese
Kupplungen weisen ei-
nen großen Schlupf auf.
Sie werden z. B. für Fo-
toentwicklergeräte ein-
gesetzt.

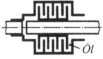

**Bild 13.66** Hydrovis-
kose Kupplung (Prinzip)

## 13.7 Einbaubeispiele

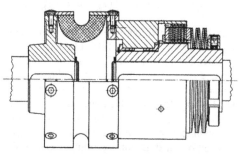

**Bild 13.67** Lamellen-Rutschkupplung in Kombination mit elastischer Kupplung [BSD]

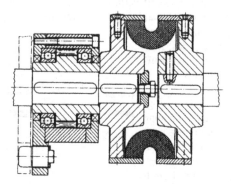

**Bild 13.68** Rücklaufsperre für durchgehende Welle, kombiniert mit elastischer Kupplung als Wellenverbindung [BSD]

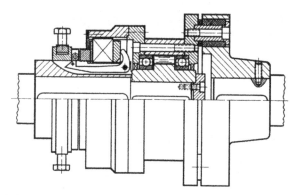

**Bild 13.69** Lamellenkupplung kombiniert mit Klemmrollenfreilauf-Kupplung und elastischer Bolzenkupplung im Antrieb einer Seilbahn [BSD]

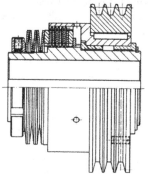

**Bild 13.70** Rutschkupplung mit aufgesetzter Keilriemenscheibe [BSD]

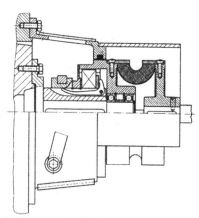

**Bild 13.71** Lamellenkupplung kombiniert mit elastischer Kupplung im Dieselmotorantrieb einer Kreiselpumpe [BSD]

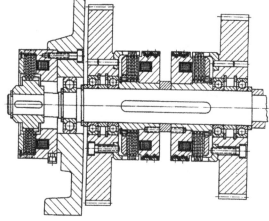

**Bild 13.72** Elektromagnet-Lamellenkupplung und Elektromagnet-Lamellenbremsen im Vorschubgetriebe einer Werkzeugmaschine [Stromag]

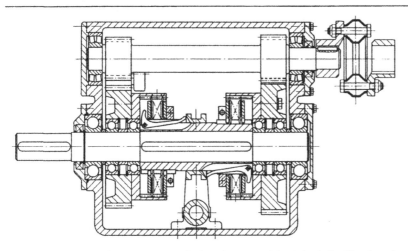

**Bild 13.73** Mechanisch betätigte Lamellenkupplungen und hochelastische Kupplung in einem Bootswendege-triebe [Ortlinghaus]

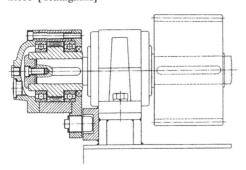

**Bild 13.74** Rücklaufsperre, nachträglich in einen Bandantrieb eingebaut [BSD]

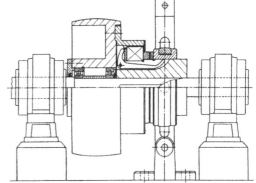

**Bild 13.75** Lamellenkupplung mit Riemenscheibe [BSD]

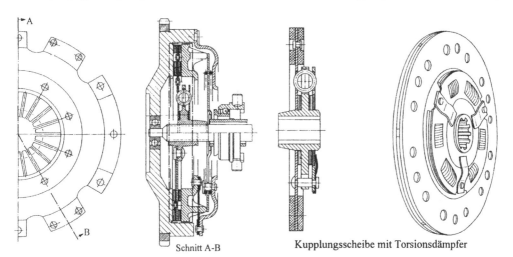

Schnitt A-B                     Kupplungsscheibe mit Torsionsdämpfer

**Bild 13.76** Scheibenkupplung mit Membranfeder für einen Pkw (Fichtel & Sachs) [6]

# 13.8 Kupplungsberechnung

## 13.8.1 Drehmomente

Kupplungen werden in der Regel am stärksten während des Beschleunigungsvorgangs belastet. Das dann zu übertragende Beschleunigungsmoment wird wie folgt berechnet:

$$T_a = J \cdot \frac{d\omega}{dt} \qquad (13.8)$$

$T_a$ = Beschleunigungsmoment
$J$ = Massenträgheitsmoment
$\frac{d\omega}{dt} = \alpha$ = Winkelbeschleunigung

bzw. $\frac{d\omega}{dt} \approx \frac{\Delta\omega}{\Delta t}$ (für $\alpha$ = const)

Die Winkelbeschleunigung kann allgemein nach Gleichung (13.9) berechnet werden:

$$\frac{\Delta\omega}{\Delta t} = \frac{\omega_a(t = t_a) - \omega_0(t = 0)}{t_a} \qquad (13.9)$$

$t_a$ = Beschleunigungszeit
$\omega_0$ = Winkelgeschwindigkeit zu Beschleunigungsbeginn
$\omega_a$ = Winkelgeschwindigkeit zu Beschleunigungsende

Ist die Winkelgeschwindigkeit zu Beschleunigungsbeginn gleich Null, d. h. erfolgt eine Beschleunigung aus dem Stillstand, und ist außerdem die Winkelbeschleunigung konstant, gilt:

$$T_a \approx J \cdot \frac{\omega_a}{t_a} \qquad (13.10)$$

Es werden nun einzelne Fälle des Zusammenwirkens von Motor, Arbeitsmaschine und Kupplung betrachten. Dabei werden folgende Drehmomente behandelt:

$T_M$ = Motormoment; vom Motor bei einer bestimmten Drehzahl abgegebenes Drehmoment;

$T_K$ = Kupplungsmoment; von der Kupplung zu übertragendes Drehmoment;

$T_L$ = Lastmoment; von der Last (Arbeitsmaschine) zum Lauf bei einer bestimmten Drehzahl benötigtes Drehmoment.

Im Folgenden werden vier typische Betriebsfälle behandelt.

## a) Motor und ausgekuppelte Schaltkupplung

Das Motormoment $T_M$ beschleunigt den Motor ($J_M$) und die antriebsseitige Kupplungshälfte ($J_{K\,an}$); die Last sowie die abtriebsseitige Kupplungshälfte stehen still. Es gilt:

$$T_M = T_a \Rightarrow T_M = \alpha \cdot (J_M + J_{K\,an}) \qquad \text{bzw.}$$

$$\boxed{\alpha = \frac{T_M}{J_M + J_{K\,an}}} \qquad (13.11)$$

$T_M$ = Motordrehmoment
$J_M$ = Massenträgheitsmoment des Motors
$J_{K\,an}$ = dto. der antriebsseitigen Kupplungshälfte

Im Allgemeinen ist die Winkelbeschleunigung $\alpha$ nicht konstant, da das Motormoment $T_M$ nicht konstant ist. Für das Kupplungsmoment gilt $T_K = 0$.

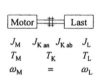

$J_M$     $J_{K\,an}$  $J_{K\,ab} = 0$  $J_L = 0$
$T_M$     $T_K = 0$    $T_L = 0$
$\omega_M$             $\omega_L = 0$

**Bild 13.77** Motor und ausgekuppelte Schaltkupplung

## b) Motor und Arbeitsmaschine mit drehstarrer Kupplung

In diesem Fall drehen sich Motor und Last mit der gleichen Winkelgeschwindigkeit. Im stationären Betrieb, d. h. ohne Beschleunigung, gilt:

$$T_M = T_K = T_L$$

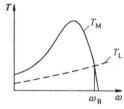

$J_M$     $J_{K\,an}$  $J_{K\,ab}$  $J_L$
$T_M$     $T_K$        $T_L$
$\omega_M$    =        $\omega_L$

**Bild 13.78** Motor und Arbeitsmaschine mit drehstarrer Kupplung

Beim Hochlaufvorgang ist das Motormoment größer als das Lastmoment; es gilt $T_M > T_L$ bzw. $T_M = T_L + T_a$. Motor, Kupplung und Last werden durch das Beschleunigungsmoment $T_a = T_M - T_L$ so lange beschleunigt, bis das Beschleunigungsmoment bei der Winkelgeschwindigkeit

$\omega_{\mathrm{B}}$ zu Null wird ($T_{\mathrm{M}} = T_{\mathrm{L}}$). Die Winkelbeschleunigung $\alpha$ kann mittels Gleichung (13.12) berechnet werden. Sie ist nicht konstant, da das Motormoment $T_{\mathrm{M}}$ und ggf. auch das Lastmoment $T_{\mathrm{L}}$ von der Winkelgeschwindigkeit abhängen.

$$T_{\mathrm{M}} = T_{\mathrm{L}} + \alpha \cdot (J_{\mathrm{M}} + J_{\mathrm{K\,an}} + J_{\mathrm{K\,ab}} + J_{\mathrm{L}}) \quad \text{bzw.}$$

$$\boxed{\alpha = \frac{T_{\mathrm{M}} - T_{\mathrm{L}}}{J_{\mathrm{M}} + J_{\mathrm{K\,an}} + J_{\mathrm{K\,ab}} + J_{\mathrm{L}}}} \quad (13.12)$$

$J_{\mathrm{K\,ab}}$ = Massenträgheitsmoment der abtriebsseitigen Kupplungshälfte

$J_{\mathrm{L}}$ = Massenträgheitsmoment der Last

Die Kupplung überträgt das Lastmoment $T_{\mathrm{L}}$ sowie das Moment, das zur Beschleunigung der Drehmassen auf der Abtriebsseite notwendig ist. Die Antriebsseite wird vom Motor direkt beschleunigt, wobei die Kupplung nicht belastet wird (siehe oben, Fall a). Es gilt:

$$\boxed{T_{\mathrm{K}} = T_{\mathrm{L}} + \alpha \cdot (J_{\mathrm{L}} + J_{\mathrm{K\,ab}})} \quad (13.13)$$

Setzt man in diesen Zusammenhang die Winkelbeschleunigung $\alpha$ nach Gleichung (13.12) ein, ergibt sich:

$$\boxed{T_{\mathrm{K}} = T_{\mathrm{L}} \cdot \frac{J_{\mathrm{M}} + J_{\mathrm{K\,an}}}{J_{\mathrm{A}} + J_{\mathrm{L}} + J_{\mathrm{K\,an}} + J_{\mathrm{K\,ab}}} + T_{\mathrm{M}} \cdot \frac{J_{\mathrm{L}} + J_{\mathrm{K\,ab}}}{J_{\mathrm{A}} + J_{\mathrm{L}} + J_{\mathrm{K\,an}} + J_{\mathrm{K\,ab}}}} \quad (13.14)$$

Wird das Kupplungsmoment $T_{\mathrm{K}}$ aus den Nenndaten der Anlage (Nennleistung $P_{\mathrm{N}}$ und Winkelgeschwindigkeit $\omega$) berechnet, dann ist im allgemeinen der Betriebsfaktor $\varphi$ zu berücksichtigen (ähnlich wie der Anwendungsfaktor $K_{\mathrm{A}}$ bei der Zahnradberechnung). Dabei gilt für Kupplungen:
- $\varphi \geq 1$
- die Einflussgrößen für „Empfindlichkeit" werden nicht berücksichtigt

Für das Nennmoment $T_{\mathrm{K\,N}}$ einer Schaltkupplung gilt dann:

$$\boxed{T_{\mathrm{K\,N}} \geq T_{\mathrm{K}} \cdot \varphi} \quad (13.15)$$

$\varphi$ = Betriebsfaktor (vgl. Anwendungsfaktor $K_{\mathrm{A}}$, Bild 11.27)

Bei der Winkelgeschwindigkeit $\omega_{\mathrm{B}}$ liegt ein stabiler Arbeitspunkt vor. Wenn sich aufgrund einer kurzzeitigen Störung die Winkelgeschwin-

digkeit verkleinert, wird $T_{\mathrm{M}} > T_{\mathrm{L}}$, und es ist ein positives Beschleunigungsmoment $T_{\mathrm{a}}$ vorhanden, das die Anordnung wieder hochbeschleunigt. Führt eine Störung zu einer Erhöhung der Winkelgeschwindigkeit, gilt $T_{\mathrm{M}} < T_{\mathrm{L}}$; die Anordnung wird also wieder abgebremst.

## c) Motor und Arbeitsmaschine mit rutschender Schaltkupplung

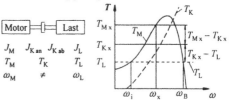

**Bild 13.79** Motor und Arbeitsmaschine mit zwischengeschalteter Fliehkraftkupplung

Bild 13.79 zeigt die Kennlinien einer Anordnung, bei der zwischen Motor und Arbeitsmaschine eine rutschende Schaltkupplung, z. B. eine Fliehkraftkupplung, angeordnet ist.

Die Kennlinien haben folgende Bedeutung:
$T_{\mathrm{M}}$ = Motormoment,
$T_{\mathrm{K}}$ = Kupplungsmoment,
$T_{\mathrm{L}}$ = Lastmoment.

Die Momentenkennlinien von Motor und Last schneiden sich bei den Winkelgeschwindigkeiten $\omega_{\mathrm{i}}$ und $\omega_{\mathrm{B}}$. Da bei $\omega = 0$ das Lastmoment $T_{\mathrm{L}}$ größer als das Motormoment $T_{\mathrm{M}}$ ist, würde die Anordnung ohne eine Kupplung nicht anlaufen.

Bei der Winkelgeschwindigkeit $\omega_{\mathrm{B}}$ liegt ein stabiler Arbeitspunkt vor. Ein instabiler Arbeitspunkt ist bei der Winkelgeschwindigkeit $\omega_{\mathrm{i}}$ vorhanden; in diesem Punkt wäre ein Betrieb der Anordnung prinzipiell möglich. Verringert sich jedoch die Winkelgeschwindigkeit infolge einer Störung, dann wird das Motormoment kleiner als das Lastmoment, und die Anordnung bleibt stehen. Erhöht sich die Winkelgeschwindigkeit, beschleunigt die Anordnung bis in den stabilen Arbeitspunkt hinein.

Durch Verwendung einer Fliehkraftkupplung zwischen Motor und Last wird der Anlauf der

Anordnung ermöglicht. Der Anlaufvorgang wurde bereits anhand von Bild 13.55 dargestellt und erläutert. Er läuft wie folgt ab:

Zunächst läuft nur der Motor an und beschleunigt die antriebsseitige Kupplungshälfte (vgl. Fall a). Mit Steigerung der Winkelgeschwindigkeit wächst das von der Kupplung übertragbare Moment an, und es lässt sich folgende Drehmomentenbilanz für eine beliebige Winkelgeschwindigkeit $\omega_x$ aufstellen:

$T_M > T_K$, d. h. die Kupplung rutscht; $T_M - T_K$ dient zur Beschleunigung der Antriebsseite.

$T_K > T_L$, die Last braucht $T_L$ zum Anlauf; $T_K - T_L$ dient zur Beschleunigung der Lastseite.

Auf beiden Seiten ist im allgemeinen $\alpha \neq$ const.

**d) Untersetzungsgetriebe bzw. translatorische Massen abtriebsseitig**

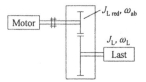

**Bild 13.80** Untersetzungsgetriebe

Bei diesen Anordnungen ist zuerst eine Reduktion der Trägheitsmomente durchzuführen. Alle zu beschleunigenden Massen auf der Abtriebsseite werden auf die Abtriebsseite der Kupplung „reduziert", d. h. die Trägheitsmomente werden so umgerechnet, als ob sie mit der Winkelgeschwindigkeit $\omega_{ab}$ umliefen (*Steinerscher Satz*). Bei der Reduktion bleibt die kinetische Energie erhalten:

$$E_K = \frac{J \cdot \omega^2}{2} \Rightarrow \boxed{J_{L\,red} = J_L \cdot \left(\frac{\omega_L}{\omega_{ab}}\right)^2} \quad (13.16)$$

$E_K$ = kinetische Energie
$J_{L\,red}$ = reduziertes Massenträgheitsmoment
$J_L$ = Massenträgheitsmoment der Last
$\omega_L$ = Winkelgeschwindigkeit der Last
$\omega_{ab}$ = dto. der abtriebsseitigen Kupplungshälfte

Analog wird mit translatorisch bewegten Massen $m_L$ verfahren, die mit der Geschwindigkeit $v_L$ bewegt werden (z. B. Maschinenschlitten). Alle

so reduzierten Trägheitsmomente werden zu dem Wert $J_{L\,ges}$ aufsummiert, der dann in die bereits erläuterten Zusammenhänge anstelle des Wertes $J_L$ eingesetzt werden kann.

$$\boxed{J_{L\,red} = m_L \cdot \left(\frac{v_L}{\omega_{ab}}\right)^2} \quad (13.17)$$

$m_L$ = Masse des translatorisch bewegten Bauteils
$v_L$ = Geschwindigkeit des translatorisch bewegten Bauteils

### 13.8.2 Einschalten von fremdgeschalteten Reibkupplungen

Der Motor rotiert zunächst mit der Winkelgeschwindigkeit $\omega_M$. Nach dem Einkuppeln geht die Winkelgeschwindigkeit des Motors und der antriebsseitigen Kupplungshälfte geringfügig bis auf die Winkelgeschwindigkeit $\omega_R$ zurück (Verlauf von $\omega_{an}$). Während der Rutschzeit $t_R$ beschleunigt die Last auf $\omega_{an}$; nach dieser Zeit ist der Einkuppelvorgang beendet, und Motor und Last beschleunigen gemeinsam auf die Betriebsdrehzahl. Die Reibarbeit $W_R = T_K \cdot \varphi_R$ ($T_K$ ist das von der Kupplung übertragene Drehmoment, $\varphi_R$ ist der Rutschwinkel) wird in die Wärmemenge $Q$ (Schaltarbeit) umgesetzt.

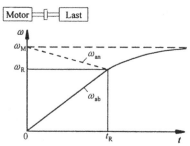

**Bild 13.81** Verlauf der Winkelgeschwindigkeiten beim Einschalten einer fremdgeschalteten Kupplung

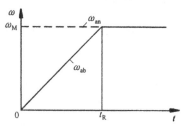

**Bild 13.82** Vereinfachter Verlauf der Winkelgeschwindigkeiten

Zur einfacheren Berechnung von Beschleunigungsmoment und Rutschzeit werden die Winkelgeschwindigkeit $\omega_M$ und das Kupplungsmoment $T_K$ als konstant angenommen, siehe Bild 13.82. Daraus ergibt sich eine konstante Winkelbeschleunigung $\alpha$:

$$\alpha = \frac{d\omega}{dt} \approx \frac{\omega_M}{t_R} = \text{const.}$$

Damit können das Beschleunigungsmoment $T_a$ und die Rutschzeit $t_R$ berechnet werden.

Mit $T_a = T_K - T_L$ und $T_a = (J_L + J_{Kab}) \cdot \dfrac{d\omega}{dt}$ gilt:

$$T_a \approx (J_L + J_{Kab}) \cdot \frac{\omega_M}{t_R} \tag{13.18}$$

$$t_R \approx \frac{(J_L + J_{Kab})}{T_K - T_L} \cdot \omega_M \tag{13.19}$$

Je Schaltvorgang entsteht in der Kupplung die Reibwärme $Q$.

$$Q = \int_0^{t_R} T_K \cdot \omega \, dt \tag{13.20}$$

Der Rutschwinkel $\varphi_R$ entspricht der Fläche zwischen beiden Winkelgeschwindigkeitsverläufen. Er kann wie folgt berechnet werden:

$$\varphi_R = \int_0^{t_R} \omega \, dt \approx \frac{1}{2} \cdot \omega_M \cdot t_R \tag{13.21}$$

Damit ergibt sich die Schaltarbeit:

$$Q \approx \frac{T_K \cdot \omega_M \cdot t_R}{2} \tag{13.22}$$

$Q$ = Schaltarbeit (= Reibwärme)
$\varphi_R$ = Rutschwinkel

Rotiert die Last bei Schaltbeginn bereits mit einer Winkelgeschwindigkeit $\omega_{ab} \neq 0$, so gilt:

$$Q \approx \frac{T_K \cdot (\omega_M - \omega_{ab}) \cdot t_R}{2} \tag{13.23a}$$

Setzt man die Rutschzeit $t_R$ gemäß Gleichung (13.19) ein, dann gilt:

$$Q \approx \frac{T_K}{T_K - T_L} \cdot \frac{(J_L + J_{Kab}) \cdot (\omega_M - \omega_{ab})^2}{2} \tag{13.23b}$$

Bei der Kupplungsberechnung muss die Schaltarbeit $Q$ mit der bei einmaliger Schaltung zulässigen Schaltarbeit $Q_E$ verglichen werden. Diesen Wert kann man den Angaben der Kupplungshersteller entnehmen.

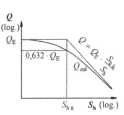

**Bild 13.83** Zul. Schaltarbeit und Schalthäufigkeit

Bei häufigerem Schalten kühlt die Kupplung nicht ausreichend ab. Dies hat zur Folge, dass die zulässige Schaltarbeit $Q_{zul}$ mit jedem Schaltvorgang abnimmt (siehe auch Bild 13.83):

$$Q_{zul} \leq Q_E \cdot (1 - e^{\frac{S_{hü}}{S_h}}) \tag{13.24}$$

$Q_{zul}$ = zulässige Schaltarbeit
$Q_E$ = einmalige zulässige Schaltarbeit
$S_h$ = Schalthäufigkeit
$S_{hü}$ = Übergangsschalthäufigkeit

Der Wert $Q_E$ und die Übergangschalthäufigkeit $S_{hü}$ hängen von der Wärmespeicher- und Wärmeableitfähigkeit der Kupplung ab. Daher sind die jeweiligen Herstellerangaben maßgebend. Weitere Berechnungsgrundlagen und -beispiele sind auch VDI 2241 T. 1 (1982) und T. 2 (1984) [10] zu entnehmen.

**Reversierbetrieb**
Beispielsweise bei Bootswendegetrieben erfolgt ein Reversierbetrieb, d. h. es wird bei gegenläufiger Rotation der Kupplungshälften eingekuppelt. Zu Schaltbeginn gilt $\omega_{ab} = -\omega_M$ anstelle von $\omega_{ab} = 0$. Dadurch ändert sich der Rutschwinkel (siehe Bild 13.84):

$$\varphi_{R\,rev} = \int_0^{t_R} \omega \, dt = 4 \cdot \varphi_R$$

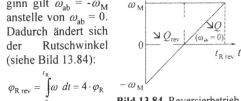

**Bild 13.84** Reversierbetrieb

$\varphi_{R\,rev} \approx 4 \cdot \varphi_R$

Es gilt dann für die Schaltarbeit $Q_{rev}$ im Reversierbetrieb:

$$\boxed{Q_{rev} \approx 4 \cdot Q_{(\omega_{ab}\,=\,0)}} \qquad (13.25)$$

$Q_{rev}$ = Schaltarbeit im Reversierbetrieb

## 13.8.3 Drehelastische Kupplungen

Der Umfang der Berechnung drehelastischer Kupplungen richtet sich nach den Anforderungen und Betriebsbedingungen. Die Berechnungsschritte der einzelnen Möglichkeiten sind folgende:

Überschlägige Berechnung:
① Berechnung des Nennmoments $T_N$
② Bestimmung des Temperaturfaktors $S_\vartheta$
③ Berechnung des Kupplungsnennmoments $T_{KN}$

Berücksichtigung von Stoßeinflüssen:
④ Ermittlung der Stoßfaktoren $S_A$ und $S_L$
⑤ Ermittlung des Spitzenmoments $T_S$
⑥ Berechnung des erforderlichen maximalen Kupplungsmoments $T_{K\,max}$

Berücksichtigung periodisch wechselnder Momentenbelastung:
⑦ Bestimmung der Momente
⑧ Ermittlung des Frequenzfaktors $S_f$
⑨ Berechnung des Vergrößerungsfaktors $V$
⑩ Berechnung der erforderlichen Kupplungsmomente $T_{KW}$ und $T_{K\,max}$

Als Grundlage dient die Norm DIN 740 T. 2.

**Überschlägige Berechnung:**

**① Berechnung des Nennmoments $T_N$:**
Das Anlagen-Nenndrehmoment $T_N$ kann aus der Leistung und der Winkelgeschwindigkeit der Anlage berechnet werden:

$$\boxed{T_N = \frac{P_N}{\omega}} \qquad (13.26a)$$

bzw.

$$\boxed{\frac{T_N}{[Nm]} = 9.550 \cdot \frac{P_N/[kW]}{n\,/[min^{-1}]}} \qquad (13.26b)$$

$T_N$ = Anlagennennmoment
$\omega$ = Winkelgeschwindigkeit

Dieses Moment muss mit dem Betriebsfaktor $\varphi$ multipliziert werden, wobei $\varphi \geq 1$ gilt (siehe auch Kapitel 13.8.1).

**② Bestimmung des Temperaturfaktors $S_\vartheta$:**
Der Temperaturfaktor $S_\vartheta$ berücksichtigt das Absinken der Festigkeit gummielastischer Werkstoffe bei erhöhter Temperatur $\vartheta$. Der Wert hierfür ist die in unmittelbarer Umgebung der Elastomerelemente gemessene Temperatur (Vorsicht bei Strahlungswärme).

| $\vartheta$ in [°C] | $S_\vartheta$ für Werkstoffmischung | | |
|---|---|---|---|
| | Naturgummi (NR) | Polyurethan Elastomere (PUR) | Acrylnitrid-Butadien-Kautschuk (NBR) (Perbunan N) |
| - 20 < $\vartheta$ > + 30 | 1,0 | 1,0 | 1,0 |
| + 30 < $\vartheta$ > + 40 | 1,1 | 1,2 | 1,0 |
| + 40 < $\vartheta$ > + 60 | 1,4 | 1,4 | 1,0 |
| + 60 < $\vartheta$ > + 80 | 1,6 | 1,8 | 1,2 |

**Bild 13.85** Temperaturfaktor für Elastomere

**③ Berechnung des Kupplungsnennmoments $T_{KN}$:**
Mit den ermittelten Daten lässt sich das Kupplungsnennmoment $T_{KN}$ errechnen:

$$\boxed{T_{KN} \geq \varphi \cdot S_\vartheta \cdot T_N} \qquad (13.27)$$

$T_{KN}$ = Kupplungsnennmoment
$\varphi$ = Betriebsfaktor (vgl. Anwendungsfaktor $K_A$, Bild 11.27)
$S_\vartheta$ = Temperaturfaktor nach Bild 13.85

Es ist nun eine Kupplung auszuwählen, die dieses Nenndrehmoment aufweist. Aus den Hestellerunterlagen müssen dabei insbesondere folgende Größen entnommen werden:

$T_{KN}$ = Kupplungsnennmoment
$T_{K\,max}$ = maximales Kupplungsmoment
$T_{KW}$ = Kupplungs-Dauerwechselmoment
$J_{K\,ab}$ = Massenträgheitsmoment der abtriebsseitigen Kupplungshälfte (ggf. schätzen)
$J_{K\,an}$ = dto. der antriebsseitigen Kupplungshälfte (ggf. schätzen)
$c_{T\,dyn}$ = dynamische Drehfedersteife
$\Psi$ = verhältnismäßige Dämpfung

**Berücksichtigung von Stoßeinflüssen:**

**④ Ermittlung der Stoßfaktoren $S_A$ und $S_L$:**
Drehmomentenstöße können durch folgende Faktoren hervorgerufen werden:
- Motorseitige Stöße und Drehmomenterhöhungen (z. B. Kippmoment bei Asynchronmotoren),
- lastseitige Stöße (z. B. bei plötzlichen Belastungsänderungen),
- sonstige dynamische Vorgänge (z. B. hervorgerufen durch Spiel im Antriebsstrang).

Die Berechnung basiert auf dem linearen Zweimassenschwinger. Wenn diese Voraussetzung nicht hinreichend erfüllt ist, sind ggf. genauere Rechenverfahren anzuwenden.

Zunächst sind das antriebsseitige Maximalmoment $T_{A\,max}$ (z. B. Kippmoment des Antriebsmotors) und das abtriebsseitige Maximalmoment $T_{L\,max}$ (Moment bei maximaler Belastung, soweit bekannt) zu bestimmen.

Im nächsten Schritt sind die Stoßfaktoren $S_A$ für antriebsseitige Stöße und $S_L$ für lastseitige Stöße zu ermitteln. Die Faktoren berücksichtigen die Vergrößerung der Maximalmomente infolge von Schwingungs- und Prellvorgängen. Überschlägig können die Werte wie folgt angenommen werden:

$$\boxed{S_A = S_L \approx 1{,}8} \tag{13.28}$$

Weist die Anordnung Spiel auf oder ist der Verlauf der Drehfederkennlinie der Kupplung stark progressiv, müssen die Werte erheblich größer gewählt werden. Im Grenzfall einer starren Kupplung mit Spiel läuft die Antriebsseite zunächst allein an und prallt dann auf die Gegenseite. In diesem Fall läuft das Moment $T_S$ (theoretisch) gegen

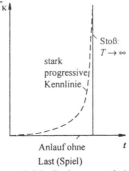

**Bild 13.86** Drehmoment bei Spiel bzw. bei stark progressiver Kennlinie

unendlich. Ähnliches geschieht bei stark progressiver Kennlinie, bei der $S_A \approx S_L \approx 5 \ldots 10$ gelten kann. Bei derartigen Fällen muss u. U. genauer unter Berücksichtigung der Massenträgheiten und der Drehfederkennlinien gerechnet werden.

**⑤ Ermittlung des Spitzenmoments $T_S$:**
Das Spitzenmoment $T_S$ ist die größte Momentenüberhöhung über dem Nennmoment. Bild 13.87 zeigt den Verlauf des Drehmomentes bei einer stoßartigen Anregung.

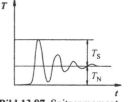

**Bild 13.87** Spitzenmoment

Es gilt bei antriebsseitigem Stoß:

$$\boxed{T_S = \frac{J_L + J_{K\,ab}}{J_M + J_{K\,an} + J_L + J_{K\,ab}} \cdot T_{A\,max} \cdot S_A} \tag{13.29a}$$

Entsprechend gilt bei lastseitigem Stoß:

$$\boxed{T_S = \frac{J_M + J_{K\,an}}{J_M + J_{K\,an} + J_L + J_{K\,ab}} \cdot T_{L\,max} \cdot S_L} \tag{13.29b}$$

$T_S$ = Spitzenmoment
$J_L$ = Massenträgheitsmoment der Last
$J_{K\,ab}$ = dto. der abtriebsseitigen Kupplungshälfte (schätzen)
$J_M$ = dto. des Motors
$J_{K\,an}$ = dto. der antriebsseitigen Kupplungshälfte (schätzen)
$T_{A\,max}$ = antriebsseitiges Maximalmoment
$T_{L\,max}$ = abtriebsseitiges Maximalmoment
$S_A$ = Stoßfaktor für antriebsseitige Stöße
$S_L$ = Stoßfaktor für lastseitige Stöße

**⑥ Berechnung des erforderlichen maximalen Kupplungsmoments $T_{K\,max}$:**
Im nächsten Schritt kann das erforderliche maximale Kupplungsmoment $T_{K\,max}$ berechnet werden. Mit Hilfe dieses Wertes kann dann die entsprechende Kupplung aus dem Lieferprogramm ausgewählt werden. Das Moment $T_{K\,max}$ kann von der Kupplung nur kurzzeitig übertragen werden. Mit jedem Anlauf erwärmen sich die Elastomerelemente der Kupplung; diese Wärme muss von der Kupplung abgeführt werden können. Der Anlauffaktor $S_Z$ berücksichtigt diesen Zusammenhang. Er kann aus Bild 13.88 bestimmt werden.

| $Z$ in [h⁻¹] | $S_Z$ |
|---|---|
| ≤120 | 1,0 |
| $120 < Z \leq 240$ | 1,3 |
| > 240 | Rückfrage beim Hersteller |

**Bild 13.88** Anlauffaktor $S_Z$ in Abhängigkeit von der Anlaufhäufigkeit $Z$ je Stunde

Der Temperaturfaktor $S_9$ wird aus Bild 13.85 ermittelt. Danach kann das erforderliche maximale Kupplungsmoment $T_{K\,max}$ bestimmt werden, das mit dem entsprechenden Wert der gewählten Kupplung verglichen werden muss:

$$T_{K\,max} \geq T_S \cdot S_Z \cdot S_9 + T_N \cdot S_9 \qquad (13.30)$$

$T_{K\,max}$ = maximales Kupplungsmoment

**Belastung durch periodisches Wechseldrehmoment:**
Periodisch wechselnde Drehmomente können sowohl durch den Motor (z. B. Verbrennungskraftmaschine) als auch durch die Lastmaschine (z. B. Kolbenpumpe) erzeugt werden. Im Betrieb darf das zulässige Wechseldrehmoment $T_{K\,W}$ der Kupplung nicht überschritten werden. Außerdem darf das beim Durchfahren der Resonanz auftretende Moment nicht größer als das maximal zulässige Kupplungsmoment $T_{K\,max}$ sein. Für die Berechnung wird von einem linearen Zweimassenschwingersystem ausgegangen, wie bereits oben erwähnt.

**⑦ Bestimmung der Momente:**
Das erregende Wechseldrehmoment $T_{A\,i}$ (bei antriebsseitiger Erregung) oder $T_{L\,i}$ (bei lastseitiger Erregung) ist dem Nennmoment $T_N$ überlagert, siehe Bild 13.89.

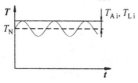

**Bild 13.89** Wechseldrehmoment

**⑧ Ermittlung des Frequenzfaktors $S_f$:**
Der Frequenzfaktor $S_f$ berücksichtigt die schwingungsbedingte Materialerwärmung. Er wird wie folgt bestimmt:

$$S_f = \sqrt{\frac{f_i\,/\,[\text{Hz}]}{10}} \quad \text{für } f_i > 10 \text{ Hz} \qquad (13.31a)$$

$$S_f = 1 \quad \text{für } f_i \leq 10 \text{ Hz:} \qquad (13.31b)$$

$S_f$ = Frequenzfaktor
$f_i$ = Erregerfrequenz

Die Erregerfrequenz $f_i$ ist die Frequenz, mit der das Drehmoment wechselt, Bild 13.89. Bei Wellen mit Unwuchten kann die Erregerfrequenz aus der Wellendrehzahl ermittelt werden:

$$\frac{f_i}{[\text{Hz}]} = \frac{1}{60} \cdot \frac{n}{[\text{min}^{-1}]} \qquad (13.32)$$

$n$ = Wellendrehzahl

**⑨ Berechnung des Vergrößerungsfaktors $V$:**
Zunächst ist die verhältnismäßige Dämpfung der Kupplung zu ermitteln. Dieser Wert ist den Herstellerangaben zu entnehmen. Prinzipiell stellt er das Verhältnis der Dämpfungsarbeit $W_D$ zur Verformungsarbeit $W_{el}$ bei elastischer Verformung dar, siehe auch Bild 13.90:

$$\psi = \frac{W_D}{W_{el}} \qquad (13.33)$$

$\Psi$ = verhältnismäßige Dämpfung
$W_D$ = Dämpfungsarbeit
$W_{el}$ = Verformungsarbeit für elastische Verformung

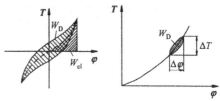

**Bild 13.90** Verhältnismäßige Dämpfung bei rein wechselndem Drehmoment (links) und im Arbeitspunkt (rechts)

Die dynamische Drehfedersteife $c_{T\,dyn}$ im Arbeitspunkt kann den Unterlagen der Kupplungshersteller entnommen werden. Sie ist wie folgt definiert:

$$c_{T\,dyn} \approx \frac{\Delta T}{\Delta \varphi} \qquad (13.34)$$

$c_{T\,dyn}$ = dynamische Drehfedersteife

Die Eigenfrequenz des Systems lässt sich folgendermaßen berechnen:

Aus $\omega_e = \sqrt{\dfrac{c_T}{J}}$ folgt:

$$f_e = \frac{1}{2 \cdot \pi} \cdot \sqrt{c_{T\,dyn} \cdot \left( \frac{1}{J_M + J_{K\,an}} + \frac{1}{J_L + J_{K\,ab}} \right)}$$

(13.35)

$f_e$ = Eigenfrequenz des Systems
$J_M$ = Massenträgheitsmoment des Motors
$J_{K\,an}$ = dto. der antriebsseitigen Kupplungshälfte
$J_L$ = dto. der Last
$J_{K\,ab}$ = dto. der abtriebsseitigen Kupplungshälfte

Durch die Überlagerung des wechselnden Drehmoments wird das Drehmoment vergrößert. Der Vergrößerungsfaktor $V_{f\,i}$ im Arbeitspunkt beträgt:

$$V_{f\,i} = \sqrt{\frac{1 + \left( \dfrac{\psi}{2 \cdot \pi} \right)^2}{\left[ 1 - \left( \dfrac{f_i}{f_e} \right)^2 \right]^2 + \left( \dfrac{\psi}{2 \cdot \pi} \right)^2}}$$

(13.36)

$V_{f\,i}$ = Vergrößerungsfaktor im Arbeitspunkt
$\psi$ = verhältnismäßige Dämpfung
$f_i$ = Erregerfrequenz
$f_e$ = Eigenfrequenz des Systems

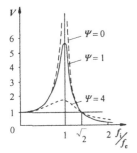

**Bild 13.91** Vergrößerungsfaktor $V$ für verschiedene Erregerfrequenzen $f_i$ und Werte $\psi$

Im Resonanzfall ($f_i = f_e$) beträgt der Vergrößerungsfaktor näherungsweise:

$$V_R \approx \frac{2 \cdot \pi}{\psi}$$

(13.37)

$V_R$ = Vergrößerungsfaktor im Resonanzfall

Das dem Nennmoment überlagerte Wechseldrehmoment $T_{K\,i}$ an der Kupplung wird bei antriebsseitiger Erregung wie folgt berechnet:

$$T_{K\,i} = \frac{J_L + J_{K\,ab}}{J_M + J_{K\,an} + J_L + J_{K\,ab}} \cdot T_{A\,i} \cdot V_{f\,i}$$

(13.38a)

Entsprechend gilt bei lastseitiger Erregung:

$$T_{K\,i} = \frac{J_M + J_{K\,an}}{J_M + J_{K\,an} + J_L + J_{K\,ab}} \cdot T_{L\,i} \cdot V_{f\,i}$$

(13.38b)

$T_{K\,i}$ = Wechseldrehmoment an der Kupplung
$T_{A\,i}$ = Wechseldrehmoment bei antriebsseitiger Erregung
$T_{L\,i}$ = Wechseldrehmoment bei lastseitiger Erregung

Das Maximalmoment $T_S$ beim Durchlaufen der Resonanzfrequenz beträgt bei antriebsseitiger Erregung:

$$T_S = \frac{J_L + J_{K\,ab}}{J_M + J_{K\,an} + J_L + J_{K\,ab}} \cdot T_{A\,i} \cdot V_R$$

(13.39a)

Entsprechend gilt bei lastseitiger Erregung:

$$T_S = \frac{J_M + J_{K\,an}}{J_M + J_{K\,an} + J_L + J_{K\,ab}} \cdot T_{L\,i} \cdot V_R$$

(13.39b)

$T_S$ = Maximalmoment bei Resonanzfrequenz

**⑩ Berechnung des erforderlichen Kupplungs-Dauerwechselmoments $T_{KW}$:**

Das erforderliche Kupplungs-Dauerwechselmoment lässt sich wie folgt berechnen:

$$T_{K\,W} \geq T_{K\,i} \cdot S_f \cdot S_\vartheta$$

(13.40)

$T_{K\,W}$ = erforderliches Kupplungs-Dauerwechselmoment
$S_f$ = Frequenzfaktor nach Gleichung (13.31)
$S_\vartheta$ = Temperaturfaktor nach Bild 13.85

Erfüllt die gewählte Kupplung diese Bedingung, so ist sie hinreichend dimensioniert.

Wird die Anordnung im unterkritischen Drehzahlbereich ($f_i < f_e$) oder dicht darüber (bis $f_i \leq \sqrt{2} \cdot f_e$) betrieben, gilt für den Vergrößerungsfaktor $V > 1$. Damit wird das Wechseldrehmoment $T_{K\,i}$ an der Kupplung größer als das Wechseldrehmoment $T_{A\,i}$ (bei antriebsseitiger Erregung) bzw. $T_{L\,i}$ (bei lastseitiger Erregung). In diesen Fällen wirkt sich der Einsatz einer drehelastischen Kupplung also negativ aus. Um die Eigenfrequenz problemlos durchlaufen zu können und um Resonanzeffekte klein zu halten, ist eine möglichst hohe relative Dämpfung $\psi$ erforderlich. Diese ist im überkritischen Betrieb dagegen ungünstig, weil sie dort den Wert $V_{f\,i}$ vergrößert.

## 13.9  Bremsen

Eine Bremse ist im Prinzip eine Schaltkupplung, deren Abtriebsteil feststeht (es ist mit dem Gehäuse bzw. Gestell verbunden). Somit kann jede kraftschlüssige Kupplung prinzipiell auch als Bremse eingesetzt werden.

### 13.9.1 Bauformen

Bremsen können folgende Funktionen übernehmen, die auch kombiniert vorkommen können:
– **Haltebremsen** (Sperren) dienen dazu, dass eine erneute Drehbewegung eines bereits stillstehenden Elements verhindert wird (z. B. KFZ-Feststellbremse). Zusätzlich kann eine Notfunktion als Stopbremse gewünscht sein. Es ist im Allgemeinen nur eine statische Berechnung erforderlich. Die Ausführung erfolgt meistens als Reibbremse, u. U. auch als formschlüssige Bremse (z. B. Klauensperre).
– **Stopbremsen** verzögern eine Drehbewegung und verringern die Drehzahl ggf. bis zum Stillstand (z. B. KFZ-Betriebsbremse). Hierbei wandeln sie Rotationsenergie in Wärme um. Daher ist eine zusätzliche thermische Berechnung erforderlich. Stopbremsen werden i. Allg. als Reibbremsen ausgeführt.
– **Leistungsbremsen** werden zur Belastung von Antriebseinheiten eingesetzt, beispielsweise zur Leistungsmessung oder zum Probelauf. Hierbei wird ein definierter Drehzahl- oder Drehmomentverlauf angestrebt, beispielsweise ein konstantes Moment. Leistungsbremsen setzen Rotationsenergie in Wärme um, die durch Kühlung abgeführt werden muss. Die Ausführung erfolgt häufig als Wirbelstrom- oder Flüssigkeitsbremse (Wasserwirbelbremse). Für kleinere Leistungsanforderungen können auch Reibbremsen verwendet werden.

Die wichtigsten Bauformen von Bremsen sind in Bild 13.92 dargestellt. Bremsen unterscheiden sich in der Regel in der Bauweise von den Kupplungen, da aufgrund des Stillstands einer Seite andere konstruktive Möglichkeiten eingesetzt werden können.

| Bauform | Prinzip (Beispiel) | Kraftrichtung | Reibelement |
|---------|--------------------|--------------|-------------|
| Backen- / Trommelbremse | 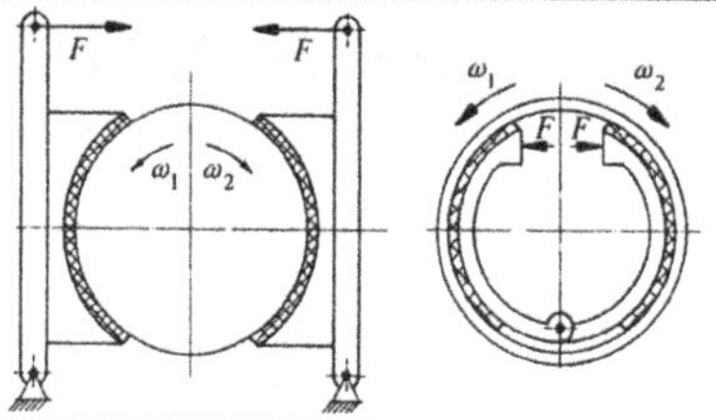 | radial (von aussen / von innen) | biegesteif |
| Scheibenbremse | 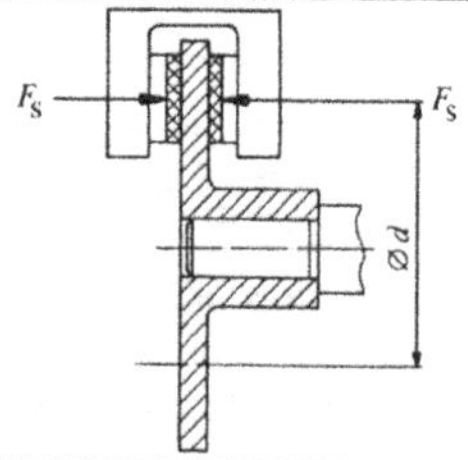 | axial | biegesteif |
| Bandbremse | 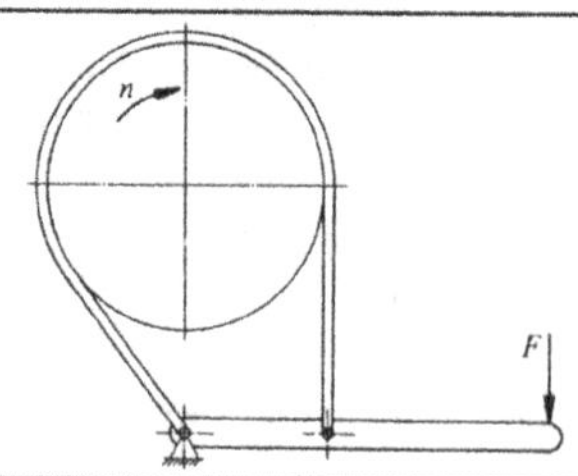 | radial (von aussen / von innen) | biegeweich |

**Bild 13.92** Bremsenbauformen [18]

## Backenbremsen

Backenbremsen werden meistens als Doppel-backenbremsen ausgeführt, da hierbei die relativ hohen Betätigungskräfte innerhalb der Bremse abgestützt werden und daher die Welle nicht belasten. In Bild 13.93 sind verschiedene Varianten von Doppelbackenbremsen dargestellt.

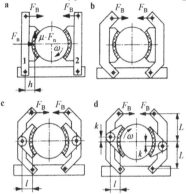

**Bild 13.93** Varianten der Doppelbackenbremse [18]

Der Abstand $h$ bewirkt, dass bei gleicher Brems-kraft $F_B$ das Kippmoment $h \cdot \mu \cdot F$ die „auflaufende" Backe 2 (Fall a) zusätzlich an-presst (Prinzip der Selbsthilfe). Dagegen wird die Bremswirkung der „ablaufenden" Backe 1 vermindert. Abhilfe ist möglich, wenn der Ab-stand $h = 0$ ist (Fall b).

Im Gegensatz zu starren Backen (Fall a, b) kön-nen bewegliche Backen (Fall c) sich besser an das abzubremsende Bauteil anlegen. Bewegliche Backen stellen die übliche Bauart dar. Aller-dings bewirkt das Kippmoment eine ungleich-mäßige Flächenpressung über die Länge des Bremsbelages (Kippwirkung an der Backe). Der Hebelarm $l$ ist daher so klein wie möglich zu halten. Bei symmetrisch beweglichen Brems-backen (Fall c) ist eine Kröpfung der Bremshe-bel nicht erforderlich; gerade Hebel bewirken die gleichen Anpresskräfte $F_n$ und sind außer-dem kostengünstiger.

Bei der Kombination einer Kröpfung der Bremshebel mit einer Versetzung der Dreh-punkte der Bremsbacken (Fall d) wirken die gleichen Kräfte $F_n$ auf beide Bremsbacken. Der Versatz $k = \mu \cdot h$ ergibt hierbei eine gleichmä-ßige Pressung über den Bremsbelag. Diese Vari-ante ist jedoch nur für eine Drehrichtung geeig-net.

## Trommelbremsen (Innenbackenbremsen)

Bei Trommelbremsen bewirkt die Reibkraft eine Vergrößerung (auflaufende Backe) oder Ver-kleinerung (ablaufende Backe) der Anpresskraft. Bei der Simplexbremse nach Bild 13.94 a ist un-abhängig von der Drehrichtung eine Backe auf-laufend, die andere ablaufend. Bei der Duplex-bremse nach Abbildung b wirken in einer Dreh-richtung (z. B. Vorwärtsfahrt eines Fahrzeugs) beide Backen auflaufend; in der anderen Dreh-richtung ist die Bremswirkung dann erheblich schlechter. Die Servobremse (Abb. c) nutzt Be-tätigungskraft und Reibkraft der einen Backe zum Anpressen der anderen. Diese Bremse wirkt ebenfalls nur in einer Richtung kraftverstärkend.

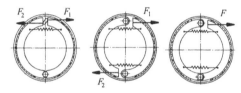

**a** Simplexbremse **b** Duplexbremse **c** Servobremse
**Bild 13.94** Bauarten von Trommelbremsen

## Scheibenbremsen

Die Bremsscheiben von Scheibenbremsen liegen in der Regel frei. Hierdurch wer-den ein guter Ab-transport des Abriebs und eine gute Küh-lung erreicht, die durch eine Innenbe-lüftung (offener Hohl-raum innerhalb der Bremsscheibe) noch verbessert werden

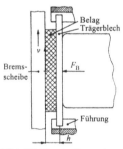

**Bild 13.95** Aufbau einer Scheibenbremse

kann. Das Moment $\mu \cdot F_B \cdot h$ führt zum Kippen der Bremsklötze und zu ungleichmäßiger An-pressung (Abhilfe: Hebelarm $h$ klein halten). Die Bremsklötze werden meistens durch beidseitige Hydraulikzylinder oder einen einseitigen Zylin-der betätigt, dessen Reaktionskraft über eine bewegliche („schwimmende") Bremszange auf den anderen Bremsklotz übertragen wird.

**Bandbremsen**

Üblicherweise werden Bandbremsen mit einem Außenband realisiert. Ein Innenband wird seltener verwendet, da dieses biegeweich, aber druckfest sein muss. Die Anpressung des Bremsbandes erfolgt in der Regel mit Hilfe von Hebelsystemen, die mittels Federkraft, Handkraft oder hydraulisch betätigt werden. Durch entsprechende Anordnung der Enden des Bremsbandes an dem Hebelsystem kann eine Verstärkung der Bremswirkung bei gleicher Betätigungskraft erreicht werden (Servoeffekt), siehe Bild 13.96.

Bei der Anordnung nach Abb. a, Drehrichtung entsprechend $\omega_1$, wird die größere Kraft $F_1$ direkt in das Gestell geleitet, während mittels des Hebelsystems nur die kleinere Kraft $F_2$ aufgebracht werden muss; bei der Drehrichtung in Fall b ist bei gleicher Betätigungskraft nur eine kleinere Bremswirkung zu erreichen. In Abb. c ist eine Anordnung dargestellt, bei der die Betätigungskraft $F_B$ zur Aufbringung beider Bandkräfte genutzt wird; die Bremswirkung ist dadurch schlechter, aber in beiden Drehrichtungen gleich.

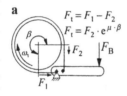

$$F_t = F_1 - F_2$$
$$F_t = F_2 \cdot e^{\mu \cdot \beta}$$

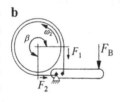

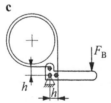

**Bild 13.96** Varianten der Außenbandbremse

Bandbremsen werden beispielsweise in Seilbaggern sowie in automatischen Pkw-Getrieben zum Abbremsen des Hohlrades von Planetenradsätzen eingesetzt.

**Bremslüfter**

Bremslüfter werden bei feder- und gewichtskraftbetätigten Bremse eingesetzt, beispielsweise in der Fördertechnik. Die Bremsen werden durch die Bremslüfter nur während des Arbeitsspiels gelöst, ansonsten sind sie ständig geschlossen, insbesondere auch bei Stromausfall. Auf diese Weise wird beispielsweise ein Herabfallen von Lasten vermieden.

**Kegelbremsen**

Kegelbremsen nehmen bei kleinen Abmessungen hohe Bremsmomente auf. Sie bestehen aus einer fest auf der Antriebswelle sitzenden Kegelscheibe, die mit der Anpresskraft $F_B$ beim Bremsvorgang in den feststehenden Hohlkegel eingedrückt wird. Eine geringe, beispielsweise durch Federn erzeugte Andruckkraft $F_B$ bewirkt dabei eine größere Normalkraft $F_N$. Der Öffnungswinkel $\alpha$ muss größer als der Reibungswinkel $\rho$ sein, damit keine Selbsthemmung vorliegt.

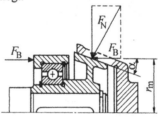

**Bild 13.97** Kegelbremse

Kegelbremsen eignen sich aufgrund der innen angeordneten Bremsbacken und der daraus resultierenden geringen thermischen Belastbarkeit nur bedingt als Stopbremsen. Sie werden hauptsächlich als Haltebremsen eingesetzt, beispielsweise in Bremsmotoren. Dabei ist der Anker des Elektromotors axial verschieblich und sorgt dadurch für das Lüften der Kegelbremse.

**Elektromagnetische Bremsen**

Zu den elektromagnetischen Bremsen zählen die Wirbelstrombremsen, deren Aufbau den Wirbelstromkupplungen entspricht, vgl. Kap. 13.6.1. Eine derartige Bremse ist in Bild 13.98 dargestellt.

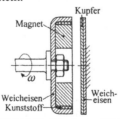

**Bild 13.98** Prinzip der Wirbelstrombremse

## Strömungsbremsen

Strömungsbremsen werden in der Regel als Leistungsbremsen eingesetzt. Sie sind prinzipiell wie Strömungskupplungen aufgebaut und arbeiten weitgehend verschleißfrei.

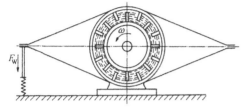

**Bild 13.99** Wasserwirbelbremse (schematische Darstellung) [16]

### 13.9.2 Ausführungsbeispiele

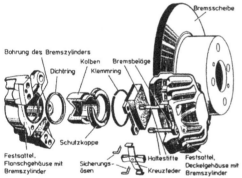

**Bild 13.100** Kraftfahrzeug-Scheibenbremse [2]

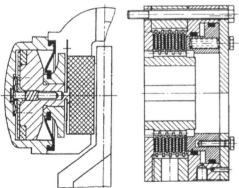

**Bild 13.101** Oldruckbetätigte Scheibenbremse für Kraftfahrzeuge [Teves]

**Bild 13.102** Pneumatisch gelüftete Federdruck-Lamellenbremse [Ortlinghaus]

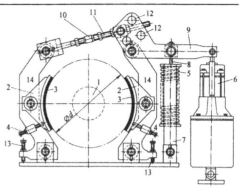

1 Motorwelle; 2 Bremsbacken; 3 Bremsbelag; 4 Stellschrauben; 5 Druckfeder; 6 Zugmagnet; 7, 8, 9, 10 Gestänge; 11 Einstellmutter; 12 Löcher; 13 Stellschrauben; 14 Lagerung

**Bild 13.103** Außenbackenbremse mit Bremslüfter als Kran-Stopbremse [MAN]

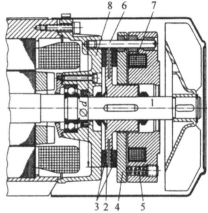

| | |
|---|---|
| 1 Welle | 5 Anpressfedern |
| 2 Bremsscheibe | 6 Führungsstifte |
| 3 Beläge (axial verschiebbar) | 7 Magnetspule |
| 4 Druckplatte | 8 Grundplatte |

**Bild 13.104** Drehstrommotor mit Magnetscheibenbremse [6]

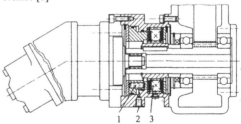

1 Federn    2 Hydraulikanschluss    3 Lamellenpaket

**Bild 13.105** Hydraulisch gelüftete Federdruck-Lamellenbremse im Fahrgetriebe eines Raupenbaggers [Ortlinghaus]

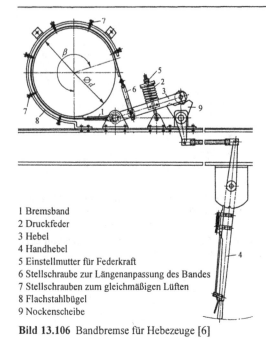

1 Bremsband
2 Druckfeder
3 Hebel
4 Handhebel
5 Einstellmutter für Federkraft
6 Stellschraube zur Längenanpassung des Bandes
7 Stellschrauben zum gleichmäßigen Lüften
8 Flachstahlbügel
9 Nockenscheibe

**Bild 13.106** Bandbremse für Hebezeuge [6]

## 13.10 Übungsbeispiele

### 13.10.1 Becherwerk

Ein Motor treibt über ein Stirnradgetriebe ein Becherwerk an, siehe Bild 13.107. Es soll verhindert werden, dass bei Stromausfall das Becherwerk zurückläuft. Bei Überlastung durch zu schweres Fördergut darf das System nicht anlaufen. Es ist zu untersuchen, welche Kupplungen an welchen Stellen eingebaut werden müssen und welche Funktionen sie haben.

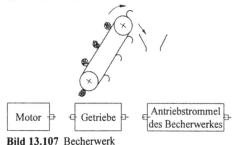

**Bild 13.107** Becherwerk

*Lösung:*
*Zum Ausgleich von Versatzsfehlern sind zwischen Motor und Getriebe sowie zwischen Ge-*

*triebe und Antriebstrommel Ausgleichskupplungen vorzusehen.*

*Zur Vermeidung des Anlaufes bei Überlast dient eine drehmomentbetätigte selbstschaltende Kupplung (Sicherheitskupplung), die zusätzlich zur Ausgleichskupplung zwischen Motor und Getriebe oder zwischen Getriebe und Antriebstrommel angeordnet werden muss. Ein Beispiel hierfür ist eine Lamellen-Rutschkupplung in Kombination mit einer elastischer Kupplung, siehe Bild 13.67. Zum Ausgleich von Fluchtungsfehlern zwischen Getriebe und Antriebstrommel eignet sich z. B. eine Bogenzahnkupplung, siehe Bild 13.14.*

*Als Rücklaufsperre wird an der Antriebstrommel eine richtungsbetätigte selbstschaltende Kupplung (Freilaufkupplung) angeordnet (z. B. Sperrklinke nach Bild 13.50; Klemmrollen- oder Klemmkörperfreilauf nach Bild 13.52), wobei die der Antriebstrommel abgewandte Seite festgelegt sein muss. Die entsprechende Anordnung ist in Bild 13.108 dargestellt.*

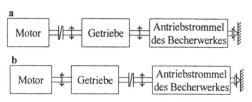

**Bild 13.108** Kupplungsanordnungen Becherwerk

### 13.10.2 Schäden an einer Maschinenanordnung

Bild 13.109 zeigt die Draufsicht auf eine Maschinenanordnung in Prinzipdarstellung. Es sind alle vorhandenen Bewegungs- und Verschiebungsmöglichkeiten in der Wellen- und Kupplungsanordnung angegeben. Nach Inbetriebnahme stellt sich heraus, dass das Aggregat sehr unruhig läuft. Nach einiger Zeit bricht die Welle der Arbeitsmaschine bei B im Dauerbruch; dabei wird festgestellt, dass das Kugellager C ebenfalls zerstört ist; es weist starken Verschleiß (Pittingbildung) seitlich an einer der Laufbahnen auf.

**Bild 13.109** Maschinenanordnung

1. Welche Ursachen haben die Schäden?
2. Es soll eine Anordnung entwickelt werden, die einen einwandfreien Betrieb erwarten lässt. Dabei soll der Punkt A der Arbeitsmaschine an der bisherigen Stelle bleiben; ansonsten kann die Lage der Arbeitsmaschine beliebig variiert werden.
3. Die Anordnung aus Punkt 2 soll für einen anderen Betriebsfall erweitert werden, bei dem gelegentlich sehr starke Stöße in der Arbeitsmaschine auftreten. Es sind alle Lagerungs- und Verschiebungsmöglichkeiten anzugeben.

*Lösung:*
*Zwischen Motor und Arbeitsmaschine sind zwei Kreuzgelenkkupplungen angeordnet. Die motorseitige Kupplung wandelt die konstante Antriebsdrehzahl in eine sinusförmig schwingende Drehzahl der Zwischenwelle um. Die zweite Kupplung wandelt diese zurück in eine konstante Drehzahl, jedoch nur, wenn beide Gelenke in einer Ebene liegen und die Beugewinkel gleich groß sind, siehe Bild 13.17. Die Ursache für den Lagerschaden liegt im nicht vorhandenen Längenausgleich, da das System axial verspannt ist („zwei Festlager").*

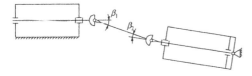

**Bild 13.110** Beugewinkel in der ursprünlichen Maschinenanordnung

*Um die oben beschriebenen Schäden zu vermeiden, müssen drei Punkte erfüllt werden: Erstens müssen die Beugungswinkel gleich groß sein ($\beta_1 = \beta_2$), zweitens müssen die Gelenke in einer Ebene liegen, und drittens ist ein Schiebestück in die Gelenkwelle einzubauen. Bild 13.111 zeigt die sich dann ergebenden Anordnungsmöglichkeiten.*

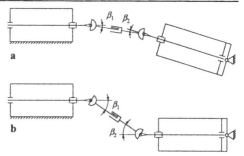

**Bild 13.111** Lösungsvarianten für den einwandfreien Betrieb der Gelenkwelle in W-Anordnung (a) und in Z-Anordnung (b)

*Das Auffangen der Stöße geschieht durch eine hochelastische Kupplung (z. B. Gummimantelkupplung, siehe Bild 13.31) oder durch eine Sicherheitskupplung, siehe Bild 13.47 und 13.48.*

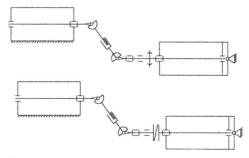

**Bild 13.112** Maschinenanordnung mit Kupplung

### 13.10.3 Kupplungen beim Anlauf

Ein Elektromotor (Asynchronmotor) treibt eine Arbeitsmaschine an; die Kennlinien sind in Bild 13.113 dargestellt. Zwischen Motor und Maschine können verschiedene Kupplungen eingebaut werden.

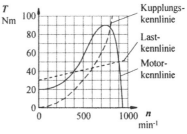

**Bild 13.113** Kennlinien der Anordnung

1. Welche Drehzahl erreicht der Motor, wenn er über eine elastische Kupplung mit der Maschine verbunden ist?

2. Welche Drehzahl erreicht der Motor, wenn er über eine Fliehkraftkupplung (gestrichelte Kennlinie in Bild 13.113) die Maschine antreibt?

3. Bis zu welcher Drehzahl rutscht die Fliehkraftkupplung? Wie läuft der Anlaufvorgang ab?

4. Zwischen Motor und Maschine ist eine hydraulisch betätigte Lamellenkupplung eingebaut. Sie überträgt bei einem Öldruck von $p = 100$ bar ein Drehmoment von $T = 100$ Nm ($T \sim p$). Das Messdiagramm eines Einschaltvorgangs zeigt folgende Werte:

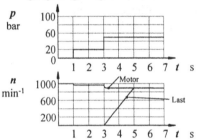

**Bild 13.114** Messdiagramm eines Einschaltvorgangs

Was geschieht nach 1, 3 und 5 s? Welche Fläche im Diagramm entspricht dem Rutschwinkel der Kupplung unter Drehmomentbelastung?

*Lösung:*

*1. Bei Verwendung einer elastischen Kupplung findet kein Anlauf statt; der Motor würde durch Überlastung zerstört werden. Das Motormoment ist kleiner als das Lastmoment, und die elastische Kupplung hat keine Auswirkung auf den Anlaufvorgang.*

*2. Wird eine Fliehkraftkupplung mit der dargestellten Kennlinie verwendet, läuft die Anordnung an und erreicht eine Drehzahl von 900 min⁻¹; dort liegt ein stabiler Arbeitspunkt vor, und es gilt $T_M = T_L$.*

*3. Die Fliehkraftkupplung rutscht bis zu einer Drehzahl von 800 min⁻¹. Zunächst läuft der Motor an, während die Last stehen bleibt; die Kupplung rutscht. Die Last benötigt ein*

*Drehmoment von 30 Nm, um aus dem Stillstand anzulaufen. Dieses Drehmoment überträgt die Kupplung bei einer Drehzahl von 500 min⁻¹. Von dieser Motordrehzahl an beginnt die Last anzulaufen, aber die Kupplung rutscht noch, da das Motormoment größer als das Kupplungmoment ist. Bei mehr als 800 min⁻¹ überträgt die Kupplung ein höheres Drehmoment, als die Last benötigt. Daher rutscht die Kupplung dann nicht mehr durch; Motor und Last beschleunigen nun gemeinsam.*

*4. Der Druckverlauf entspricht direkt dem Verlauf des übertragenen Drehmoments in Nm ($T = 100$ Nm bei $p = 100$ bar; $T \sim p$). Bis zum Zeitpunkt 1 s ist das System vollständig ausgekuppelt. Nach 1 s (1...3 s) beträgt der Öldruck $p = 20$ bar; entsprechend überträgt die Kupplung $T = 20$ Nm. Die Kupplung rutscht; das Moment reicht jedoch nicht aus, um die Last anlaufen zu lassen, denn zum Anlauf der Last wird ein Moment von 30 Nm benötigt. Die Motordrehzahl fällt infolge der Belastung leicht ab.*

*Nach 3 s (3...5 s) beträgt der Druck 50 bar ($T = 50$ Nm). Die Last beschleunigt, der Motor wird nochmals langsamer; die Kupplung rutscht.*

*Nach 5 s gilt $n_M = n_L$, d. h. der Beschleunigungsvorgang ist beendet; die Kupplung ist vollständig eingekuppelt und rutscht nicht mehr.*

*Das Rutschen der Kupplung findet im Zeitraum von 1 bis 5 s statt. Der Rutschwinkel entspricht also der Fläche, die von der Motor- und Lastkennlinie in dem betreffenden Intervall eingeschlossen wird. Der Rutschwinkel lässt sich nach Gleichung (13.21) wie folgt berechnen:*

$$\varphi_R = \int_{1s}^{5s} \omega \, dt = 2 \cdot \pi \cdot \int_{1s}^{5s} n \, dt$$

### 13.10.4 Schiffsantrieb

Bild 13.115 zeigt schematisch den Aufbau eines Schiffsantriebes. Zwei Dieselmotoren, die ständig in Betrieb sind, können wahlweise zusammen oder einzeln auf ein Sammelgetriebe arbeiten. Zwischen dem Sammelgetriebe und der

Schiffsschraube befindet sich eine lange Schiffswelle. Unmittelbar an ihrem Ende ist die Schiffsschraube befestigt.

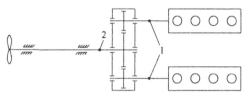

**Bild 13.115** Schematischer Aufbau des Schiffsantriebs

Welche Kupplung ist an welcher Stelle im Antriebsstrang einzusetzen? Es muss sichergestellt werden, dass beim Blockieren eines Dieselmotors der Antrieb weiterhin störungsfrei möglich ist.

*Lösung:*
*Kupplungen sind zwischen den Dieselmotoren und dem Sammelgetriebe (1) sowie zwischen dem Sammelgetriebe und der Schiffswelle (2) einzusetzen.*

*Die Kupplung zwischen jedem der Dieselmotoren und dem Sammelgetriebe muss folgende Funktionen bzw. Eigenschaften aufweisen:*
*– Fluchtungsfehler ausgleichen,*
*– Aufnahme der vom Dieselmotor erzeugten Drehschwingungen,*
*– Schaltfunktion oder Freilauf, falls ein Motor blockiert.*

*Daher sind mehrere Kupplungen hintereinander zu schalten:*
*– Fremdgeschaltete Lamellenkupplung (hohes Drehmoment T); Beispiel siehe Bild 13.45, oder*
*– Freilaufkupplung als Überholkupplung, z. B. Klemmrollen- oder Klemmkörperfreilauf, Bild 13.52,*
*– drehelastische Ausgleichskupplung zur Aufnahme der Schwingungen sowie der Fluchtungsfehler, z. B. Gummischeibenkupplung, Bild 13.32.*

*Zwischen dem Getriebe und der Schiffswelle ist zudem eine Ausgleichskupplung einzubauen, z. B. eine Bogenzahnkupplung (Bild 13.14).*

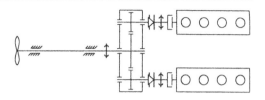

**Bild 13.116** Kupplungen des Schiffsantriebs

## 13.10.5 Reibkupplung

Ein Motor treibt über eine fremdgeschaltete Reibkupplung eine Arbeitsmaschine an, siehe Bild 13.117.

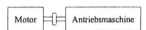

**Bild 13.117** Anordnung mit Reibkupplung

Die stillstehende Arbeitsmaschine wird an den mit der konstanten Drehzahl $n_M$ laufenden Motor angekuppelt (die Absenkung der Motordrehzahl wird hier vernachlässigt). Beim Anlaufen der Lastmaschine während des Einkuppelns ist die Kupplung durch ein konstantes Lastmoment $T_L$ belastet. Die Maschine läuft dabei mit konstanter Beschleunigung hoch.

Folgende Daten sind bekannt:
Motordrehzahl $n_M = 955$ min$^{-1}$
Trägheitsmoment Last $J_L = 2{,}0$ kgm$^2$
Lastmoment Arbeitsmaschine $T_L = 20$ Nm
Rutschzeit der Kupplung $t_R = 10$ s

Es sind folgende Größen in ihrem zeitlichen Verlauf **qualitativ** zu skizzieren:
– Motordrehzahl $n_M$ und Drehzahl der Arbeitsmaschine $n_L$,
– Anlaufmoment der Kupplung $T_K$ und Lastmoment $T_L$,
– vom Motor abgegebene Leistung $P_M$ und von der Last aufgenommene Leistung $P_L$.

*Lösung:*
*Zum Zeitpunkt des Einkuppelns $t_0$ beträgt die Motordrehzahl $n_M$ konstant 955 min$^{-1}$. Die Arbeitsmaschine befindet sich im Stillstand. Nach dem Einkuppeln erfolgt aufgrund der konstanten*

*Beschleunigung ein linearer Anstieg der Drehzahl $n_L$ der Arbeitsmaschine, bis die Drehzahl der Arbeitsmaschine zum Zeitpunkt $t_1$ nach $t_R = 10\,s$ die Motordrehzahl erreicht hat.*

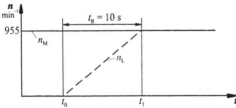

**Bild 13.118** Motordrehzahl $n_M$ und Drehzahl der Arbeitsmaschine $n_L$

*Das Lastmoment $T_L$ beträgt konstant 20 Nm. Bis zum Zeitpunkt $t_0$ gilt für das Kupplungsmoment $T_K = 0$. Während des Einkuppelns überträgt die Kupplung ein Drehmoment, das sich aus dem Lastmoment $T_L$ und dem Beschleunigungsmoment $T_B$ zusammensetzt:*

$$\alpha = \frac{\omega_M}{t_R} = \frac{2 \cdot \pi \cdot n_M}{t_R} = \frac{2 \cdot \pi \cdot 955\,\text{min}^{-1}}{10\,\text{s}} = 10\,\text{s}^{-2}$$

$$T_B = J_L \cdot \alpha = 2{,}0\,\text{kgm}^2 \cdot 10\,\text{s}^{-2} = 20\,\text{Nm}$$

$$T_K = T_L + T_B = 20\,\text{Nm} + 20\,\text{Nm} = 40\,\text{Nm}$$

*Nach dem Ende der Beschleunigungsphase ist das Kupplungsmoment gleich dem Lastmoment.*

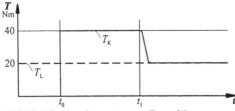

**Bild 13.119** Kupplungsmoment $T_K$ und Lastmoment $T_L$

*Für die vom Motor abgegebene Leistung $P_M$ und die von der Arbeitsmaschine aufgenommene Leistung $P_L$ gilt:*

$$P_M = T_M \cdot \omega_M$$

$$P_L = T_L \cdot \omega_L$$

*Beide Leistungen sind bis zum Zeitpunkt des Einkuppelns gleich Null. Die vom Motor danach abgegebene Leistung wird wie folgt berechnet:*

$$P_{M1} = 40\,\text{Nm} \cdot 2 \cdot \pi \cdot 955\,\text{min}^{-1} = 4\,\text{kW}$$

*Nach dem Ende der Beschleunigungsphase gilt:*

$$P_{M2} = 20\,\text{Nm} \cdot 2 \cdot \pi \cdot 955\,\text{min}^{-1} = 2\,\text{kW}$$

*Die von der Arbeitsmaschine aufgenommene Leistung steigt während der Beschleunigungsphase linear an und entspricht zum Beschleunigungsende der vom Motor abgebenden Leistung. Die Beschleunigungsleistung $P_B = P_M - P_L$ kann zwischen den Kurvenverläufen abgelesen werden. Die Beschleunigungsarbeit ist in Bild 13.120 schraffiert dargestellt.*

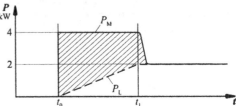

**Bild 13.120** Vom Motor abgegebene Leistung $P_M$ und von der Arbeitsmaschine aufgenommene Leistung $P_L$; Beschleunigungsarbeit schraffiert

### 13.10.6 Lastenaufzug

Ein Dieselmotor treibt einen Lastenaufzug an, der durch eine reibschlüssige Kupplung geschaltet wird. Das auf dem Typenschild der Kupplung angegebene Drehmoment entspricht dem Drehmoment, das sich aus der zulässigen Hebellast und dem konstruktiv bedingten Hebelarm ergibt. Beim ersten Probelauf unter Vollast wird eine starke Rauchentwicklung in der Kupplung beobachtet.

Was ist bei der Auslegung der Kupplung nicht berücksichtigt worden?

Der Aufzug soll mittels einer Bremse gehalten werden können. Ist eine federbelastete, elektromagnetisch gelüftete Bremse oder eine elektromagnetisch geschaltete Haltebremse zu bevorzugen?

*Lösung:*
*Bei der Kupplungsauslegung wurde das Beschleunigungsmoment nicht berücksichtigt.*

*Hierdurch kann während des Beschleunigungsvorgangs nur ein kleines Beschleunigungsmoment übertragen werden; der Beschleunigungsvorgang und das damit verbundene Durchrutschen der Kupplung dauern daher sehr lange an. (Theoretisch würde gar keine Beschleunigung erfolgen, wenn das von der Kupplung übertragbare Moment exakt gleich dem Lastmoment ist.)*

*Es handelt sich um einen typischen Anwendungsfall für eine federbelastete Bremse, die mittels eines Bremslüfters beispielsweise elektromagnetisch gelüftet wird. Anderenfalls würde bei Stromausfall der Aufzug absinken.*

## 13.10.7 Kegelkupplung

Von der dargestellten Kupplung sind folgende Daten gegeben:

| | |
|---|---|
| Betätigungskraft | $F_S = 500$ N |
| mittlerer Reibdurchmesser | $d_m = 160$ mm |
| Reibbeiwert | $\mu = 0,3$ |
| Öffnungswinkel | $\gamma = 80°$ |

Welches Drehmoment $T_R$ kann die Kupplung übertragen?

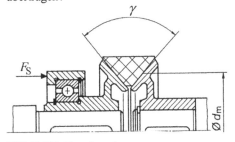

**Bild 13.121** Kegelkupplung

**Lösung:**
*Mit Hilfe der Gleichung (13.2) lässt sich das Drehmoment wie folgt berechnen:*

$$T_R = \frac{F_S \cdot r_m \cdot \mu}{\sin \alpha}$$

*Der halbe Kegelwinkel $\alpha$ kann aus dem Öffnungswinkel $\gamma$ bestimmt werden, der mittlere Radius $r_m$ aus dem mittleren Durchmesser $d_m$:*

$$\alpha = 90° - \frac{\gamma}{2} = 90° - \frac{80°}{2} = 50°$$

$$r_m = \frac{d_m}{2} = \frac{160\,\text{mm}}{2} = 80\,\text{mm}$$

$$T_R = \frac{500\,\text{N} \cdot 80\,\text{mm} \cdot 0,3}{\sin 50°} = 15,7\,\text{Nm}$$

## 13.10.8 Radlader

Bild 13.122 zeigt schematisch den Aufbau des Antriebsstrangs eines Radladers in Knickbauweise (Knickwinkel $\alpha \leq 30°$). Ein Dieselmotor treibt die Räder über zwei Schaltgetriebe an, die separat zugeschaltet werden können. Die Antriebswelle für das Getriebe II (G II) ist durch das Getriebe I (G I) hindurchgeführt, siehe Bild 13.123. An das Getriebe II ist zusätzlich eine Zahnradpumpe (ZP) angekuppelt, die im Stillstand des Radladers den Hebemechanismus der Ladeschaufel mit Öl versorgt und bei Stillstand und Bewegung des Radladers die Hilfsenergie zum Schalten der Kupplungen bereitstellt.

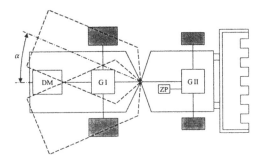

**Bild 13.122** Aufbau eines Radladers

Welche Kupplungen sind erforderlich, und wo werden Schaltkupplungen im Getriebe I eingebaut? Ist die Anordnung der Pumpe richtig?

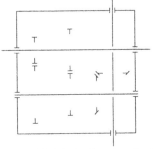

**Bild 13.123** Prinzipskizze von Getriebe I

*Lösung:*
*Zwischen Dieselmotor und Getriebe I ist eine hochelastische Kupplung zur Dämpfung der vom Motor erzeugten Drehschwingungen und zum Ausgleich von Fluchtungsfehlern einzubauen. Der Einsatz einer zusätzlichen reibschlüssigen Schaltkupplung (vgl. Pkw) ist nicht möglich, da dann im ausgekuppelten Zustand die Zahnradpumpe nicht laufen würde.*

*Zwischen den Ausgangswellen der Getriebe und den Rädern ist jeweils eine Kupplung zum Ausgleich von Fluchtungsfehlern anzuordnen, da sowohl die Getriebewellen als auch die Räder separat gelagert sind. Geeignet sind beispielsweise Bogenzahnkupplungen oder Gelenkwellen (letztere insbesondere bei Federung).*

*Im Knickpunkt ist eine Kupplung zum Ausgleich von Fluchtungsfehlern und zur Ermöglichung des Knickwinkels von 30° einzusetzen, z. B. eine Gelenkwelle mit Kreuzgelenkkupplungen oder mit Kugelgleichlaufgelenken.*

*Zwischen Zahnradpumpe und Getriebe II ist z. B. eine Bogenzahnkupplung zum Ausgleich von Fluchtungsfehlern anzuordnen.*

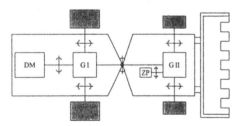

**Bild 13.124** Kupplungsanordnung

*Zum Einschalten des 1. bzw. 2. Ganges muss jeweils ein Zahnrad der entsprechenden Zahnradstufe mit der Welle drehmomentschlüssig verbunden werden. Es müssen daher Reibkupplungen verwendet werden, die auch als Anfahrkupplungen dienen können, siehe* Bild 13.125 *(die Antriebswelle ist wegen der Zahnradpumpe durchgeführt, läuft also immer). Das Getriebe II unterscheidet sich durch ein zusätzliches Zahnradpaar für den Antrieb der Zahnradpumpe,* Bild 13.126.

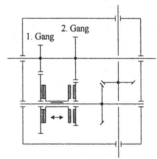

zu den Hinterrädern

**Bild 13.125** Getriebe I mit Kupplungen

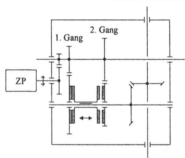

zu den Vorderrädern

**Bild 13.126** Getriebe II mit Kupplungen und Zahnradpumpe

*Die Anordnung der Zahnradpumpe am Getriebe II ist ungünstig; die Pumpe sollte direkt an den Dieselmotor angebaut werden. In diesem Fall braucht die Antriebswelle nicht mehr dauernd zu laufen; daher kann dann zwischen Motor und Getriebe I eine Reibkupplung eingebaut werden (wie beim Pkw). Innerhalb der Getriebe können beispielsweise Klauenkupplungen zum Schalten der Gänge verwendet werden. Die oben beschriebenen Ausgleichskupplungen verbleiben unverändert.*

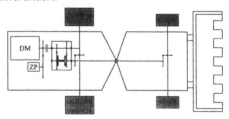

**Bild 13.127** Radlader mit nur einem Schaltgetriebe

Eine weitere Verbesserung wird durch den Einsatz von nur einem Schaltgetriebe erreicht, siehe Bild 13.127.

## 13.10.9 Fördereinrichtung

Bei der Fördereinrichtung (Transportband) gemäß Bild 13.128 sind bei Reparaturarbeiten alle drei Kupplungen verloren gegangen. Das Transportband soll intermittierend arbeiten, d. h. zunächst einen bestimmten Weg vorlaufen, dann stehenbleiben, erneut weiterlaufen usw. Dabei soll der Antriebsmotor dauernd rotieren. Eine Rückwärtsbewegung des Bandes darf nicht auftreten. Bei Überlastung der Fördereinrichtung soll das Band stehenbleiben, während der Motor weiterläuft. Es sind die Kupplungen 1 bis 3 neu zu bestimmen. Welche Funktionen übernehmen die Kupplungen in der Fördereinrichtung?

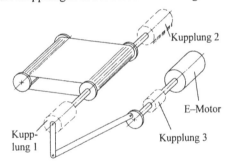

**Bild 13.128** Fördereinrichtung

*Lösung:*
*Bei der dargestellten Anordnung handelt es sich um ein typisches Schrittschaltwerk. Der Elektromotor treibt die Exzenterscheibe an, die eine rotierende Bewegung ausführt. Über die Schubstange und den Hebelarm auf der Welle der Antriebstrommel wird eine oszillierende Bewegung erzeugt.*

*Kupplung 1 ist eine drehrichtungsabhängig selbstschaltende Kupplung (Freilaufkupplung), die als Schrittschaltkupplung eingesetzt wird. Für Kupplung 2 kann prinzipiell dieselbe Kupplung eingesetzt werden, hier jedoch in der Funktion einer Rücklaufsperre. Hierdurch wird verhindert, dass das Förderband rückwärts*

*läuft, beispielsweise infolge des Schleppmoments von Kupplung 1 im Rückhub.*

*Um die Einrichtung vor Überlastung zu schützen, wird als Kupplung 3 eine drehmomentabhängige selbstschaltende Kupplung (Rutsch- bzw. Sicherheitskupplung) eingesetzt.* Bild 13.129 *zeigt die entsprechende Anordnung.*

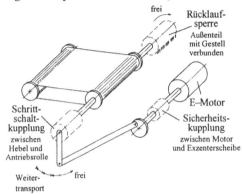

**Bild 13.129** Fördereinrichtung mit Beschreibung der Kupplungen

## 13.10.10 Berechnung einer elastischen Kupplung

In einer Anordnung, bestehend aus Antriebsmotor und Arbeitsmaschine, soll eine elastische Kupplung eingesetzt werden. Die Arbeitsmaschine hat eine Nennleistung von $P_N = 1,5$ kW bei einer Nenndrehzahl von $n = 1.400$ min$^{-1}$. Der Betriebsfaktor beträgt $\varphi = 1,1$. Das Massenträgheitsmoment des Motors ist $J_M = 0,0065$ kgm$^2$, das der Last $J_L = 0,008$ kgm$^2$. Abtriebsseitig tritt ein Maximalmoment von $T_{L\,max} = 25$ Nm auf; der Stoßfaktor beträgt $S_L = 1,6$. Die Kupplung ist auszuwählen und zu berechnen.

*Lösung:*
*Die Berechnung erfolgt gemäß der in* Kapitel 13.8.3 *beschriebenen Vorgehensweise.*

① *Berechnung des Nennmoments $T_N$:*

$$T_N = \frac{P_N}{\omega} = \frac{P_N}{2 \cdot \pi \cdot n} = \frac{1.500\,\text{W}}{2 \cdot \pi \cdot 1.400\,\text{min}^{-1}} = 10,2\,\text{Nm}$$

② *Bestimmung des Temperaturfaktors $S_\vartheta$:*

*Um den Temperaturfaktors $S_\vartheta$ bestimmen zu können, muss zunächst die Temperatur $\vartheta$ geschätzt werden. Es wird angenommen, dass in unmittelbarer Nähe der Elastomerelemente eine Temperatur von $\vartheta = 35\ °C$ herrscht.*

*Die elastischen Elemente der Kupplung sollen aus Polyurethan (PUR) bestehen. Damit kann der Temperaturfaktor $S_\vartheta$ aus Bild 13.85 entnommen werden: $S_\vartheta = 1,2$.*

③ *Berechnung des Kupplungsnennmoments $T_{K\,N}$:*

$$T_{K\,N} \geq \varphi \cdot S_\vartheta \cdot T_N = 1,1 \cdot 1,2 \cdot 10,2\ \text{Nm} = 13,5\ \text{Nm}$$

*Nach dieser überschlägigen Berechnung kann eine Kupplung aus Herstellerunterlagen ausgewählt werden. Es wird eine Polygonringkupplung mit folgenden Daten gewählt:*

$T_{K\,N}$ = 18 Nm
$T_{K\,max}$ = 40 Nm
$T_{K\,W}$ = 16 Nm
$J_{K\,an}$ = $J_{K\,ab}$ = 0,0001 kgm²
$c_{T\,dyn}$ = 150 Nm [/rad]
$\Psi$ = 0,9

*Die weitere Berechnung erfolgt unter Berücksichtigung von Stoßeinflüssen.*

④ *Ermittlung der Stoßfaktoren $S_A$ und $S_L$:*
*Es treten lastseitige Drehmomentenstöße bei einem Stoßfaktor von $S_L = 1,6$ auf (s. Aufgabenstellung).*

⑤ *Ermittlung des Spitzenmoments $T_S$:*

$$T_S = \frac{J_M + J_{K\,an}}{J_M + J_{K\,an} + J_L + J_{K\,ab}} \cdot T_{L\,max} \cdot S_L$$

$$= \frac{(0,0065 + 0,0001)}{(0,0065 + 0,0001 + 0,008 + 0,0001)} \cdot 25\,\text{Nm} \cdot 1,6$$

$$T_S = 18,0\ \text{Nm}$$

⑥ *Berechnung des erforderlichen maximalen Kupplungsmoments $T_{K\,max}$:*
*Geht man davon aus, dass die Anordnung seltener als 120-mal in der Stunde anläuft, gilt für den Anlauffaktors nach Bild 13.88 $S_Z = 1$. Der Temperaturfaktor wurde bereits zu $S_\vartheta = 1,2$ bestimmt. Damit kann das erforderliche maximale Kupplungsmoment $T_{K\,max}$ berechnet werden:*

$$T_{K\,max} \geq T_S \cdot S_z \cdot S_\vartheta + T_N \cdot S_\vartheta$$
$$= 18,0\ \text{Nm} \cdot 1 \cdot 1,2 + 10,2\ \text{Nm} \cdot 1,2$$
$$T_{K\,max} \geq 33,8\ \text{Nm}$$

*Die ausgewählte Kupplung weist ein maximales Kupplungsmoment von $T_{K\,max} = 40\ Nm$ auf und ist damit hinreichend dimensioniert.*

*Im nächsten Schritt wird die Belastung durch periodische Wechseldrehmomente berücksichtigt.*

⑦ *Bestimmung der Momente:*
*Es wird angenommen, dass dem Nennmoment ein mit Wellendrehzahl periodisch wechselndes abtriebsseitiges Moment von $T_{L\,i} = 8\ Nm$ überlagert ist.*

⑧ *Ermittlung des Frequenzfaktors $S_f$:*
*Die Erregerfrequenz wird aus der Wellendrehzahl ermittelt:*

$$\frac{f_i}{[\text{Hz}]} = \frac{1}{60} \cdot \frac{n}{[\text{min}^{-1}]} = \frac{1}{60} \cdot 1.400$$

$$f_i = 23,3\ \text{Hz}$$

*Da die Frequenz größer als 10 Hz ist, muss der Frequenzfaktor $S_f$ wie folgt bestimmt werden:*

$$S_f = \sqrt{\frac{f_i/[\text{Hz}]}{10}} = \sqrt{\frac{23,3}{10}} = 1,52$$

⑨ *Berechnung des Vergrößerungsfaktors $V$:*
*Die verhältnismäßige Dämpfung der ausgewählten Kupplung beträgt $\Psi = 0,9$; die dynamische Drehfedersteife ist $c_{T\,dyn} = 150\ Nm$ (/[rad]) (im Arbeitspunkt). Für die Eigenfrequenz des Systems gilt dann:*

$$f_e = \frac{1}{2 \cdot \pi} \cdot \sqrt{c_{T\,dyn} \cdot \left( \frac{1}{J_M + J_{K\,an}} + \frac{1}{J_L + J_{K\,ab}} \right)}$$

$$= \frac{1}{2 \cdot \pi} \cdot \sqrt{\frac{150\,\text{Nm}}{\text{kgm}^2} \cdot \left( \frac{1}{0,0065 + 0,0001} + \frac{1}{0,008 + 0,0001} \right)}$$

$$f_e = 32,3\ \text{Hz}$$

*Damit ist der Vergrößerungsfaktor $V_{f\,i}$ im Arbeitspunkt zu bestimmen:*

$$V_{fi} = \sqrt{\frac{1+\left(\dfrac{\psi}{2\cdot\pi}\right)^2}{\left[1-\left(\dfrac{f_i}{f_e}\right)^2\right]^2+\left(\dfrac{\psi}{2\cdot\pi}\right)^2}}$$

$$= \sqrt{\frac{1+\left(\dfrac{0,9}{2\cdot\pi}\right)^2}{\left[1-\left(\dfrac{23,3\,\text{Hz}}{32,3\,\text{Hz}}\right)^2\right]^2+\left(\dfrac{0,9}{2\cdot\pi}\right)^2}}$$

$$V_{fi} = 2,0$$

*Würde die Anordnung mit der Resonanzdrehzahl*
*($n_R = f_e = 32,3\ \text{s}^{-1} = 1.938\ \text{min}^{-1}$) betrieben wer-*
*den, würde sich der Vergrößerungsfaktor nähe-*
*rungsweise wie folgt berechnen lassen:*

$$V_R \approx \frac{2\cdot\pi}{\psi} = \frac{2\cdot\pi}{0,9} = 7,0$$

*Damit ergibt sich das dem Nennmoment überla-*
*gerte Wechseldrehmoment $T_{Ki}$ an der Kupplung:*

$$T_{Ki} = \frac{J_M + J_{Kan}}{J_M + J_{Kan} + J_L + J_{Kab}} \cdot T_{Li} \cdot V_{fi}$$

$$= \frac{0,0065 + 0,0001}{0,0065 + 0,0001 + 0,008 + 0,0001} \cdot 8\,\text{Nm} \cdot 2,0$$

$$T_{Ki} = 7,2\,\text{Nm}$$

⑩ *Berechnung des erforderlichen Kupplungs-*
*Dauerwechselmoments $T_{KW}$:*
*Abschließend muss das Kupplungs-Dauerwech-*
*selmoment $T_{KW}$ überprüft werden. Es wird fol-*
*gendermaßen berechnet:*

$$T_{KW} \geq T_{Ki} \cdot S_f \cdot S_\vartheta \qquad \text{(vgl. 13.40)}$$
$$= 7,2\,\text{Nm} \cdot 1,52 \cdot 1,2$$
$$T_{KW} \geq 13,1\,\text{Nm}$$

*Die ausgewählte Kupplung weist ein Dauer-*
*wechselmoment von $T_{KW} = 16\ \text{Nm}$ auf und ist*
*damit hinreichend dimensioniert.*

## 13.11 Literatur zu Kapitel 13

[1] Beitz, W.; Küttner, K. H.: Dubbel, Taschenbuch für den Maschinenbau. 19. Auflage, Berlin, Heidelberg, New York 1997.

[2] Decker, K.-H.: Maschinenelemente. 14. Auflage, München, Wien 1998.

[3] Decker, K.-H., Kabus, K.: Maschinenelemente Aufgaben, 8. Auflage, München, Wien 1992.

[4] Haberhauer, H.; Bodenstein, F.: Maschinenelemente. 10. Auflage, Berlin, Heidelberg 1996.

[5] Köhler, G.; Rögnitz, H.: Maschinenteile, Teil 2. 8. Auflage, Stuttgart 1992.

[6] Niemann, G.; Winter, H.: Maschinenelemente, Band 3. 2. Auflage, Berlin, Heidelberg 1983.

[7] Roloff, H.; Matek, W.: Maschinenelemente. 13. Auflage, Braunschweig, Wiesbaden 1995.

[8] DIN 740 Antriebstechnik; Nachgiebige Wellenkupplungen; Teil 2: Begriffe und Berechnungsgrundlagen. Berlin 1986.

[9] VDI - Richtlinie 2240: Wellenkupplungen; Systematische Einteilung nach ihren Eigenschaften. Düsseldorf 1971.

[10] VDI - Richtlinie 2241: Schaltbare fremdbetätigte Reibkupplungen und -bremsen, Blatt 1 und 2, Düsseldorf 1982 und 1984.

[11] Dittrich, O.; Schumann, R.: Anwendungen der Antriebstechnik. Band II: Kupplungen. Mainz 1974.

[12] Schefler, M.: Grundlagen der Fördertechnik. Braunschweig 1994.

[13] Reitor, Hohmann: Grundlagen des Konstruierens. 4. Auflage, Düsseldorf 1990.

[14] Fachkunde Metall, 47. Auflage, Europa-Lehrmittel, Wuppertal 1985.

[15] VDI - Berichte Nr. 299: Böhm, Korte: Anwendung und Betriebsverhalten von Induktionskupplungen. Düsseldorf 1977.

[16] Luck, K. (Hrsg.): Taschenbuch für den Maschinenbau. Band 3, Leipzig, 1987.

[17] Pfeifer, H., Kabisch, G., Lautner, H.: Fördertechnik. 6. Auflage, Braunschweig 1995.

[18] Jorden, W.: Maschinenelemente. Umdruck zur Lehrveranstaltung, Paderborn (unveröffentlicht).

# 14 Linearführungen

## 14.1 Grundlagen

Linearführungen ermöglichen eine lineare Relativbewegung von Bauteilen. Sie beschränken die ursprünglich sechs Freiheitsgrade des ungeführten Bauteils (drei translatorische und drei rotatorische Freiheitsgrade) auf nur noch einen translatorischen Freiheitsgrad beim geführten Bauteil; es bestehen jedoch auch Ausführungsformen von Linearführungen, die zusätzliche einen rotatorischen Freiheitsgrad aufweisen.

Beispiele für Linearführungen sind die Führung von Schlitten und Tischen im Werkzeug- und Sondermaschinenbau, Schubkurbelgetriebe bei Kolbenkraftarbeitsmaschinen und Gelenkgetriebe bei Industrierobotern.

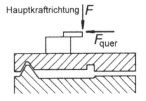 

Führung einer Werkzeugmaschine      Kugelbuchse

**Bild 14.1** Beispiele für Linearführungen

**Kriterien zur Auswahl von Linearführungen**
- Kraftübertragung
  - in Hauptkraftrichtung
  - in senkrechter Richtung dazu
  - ggf. Drehmomente
- Genauigkeit
  - Spiel, Spielfreiheit (Vorspannung)
  - Abweichungen der Geradlinigkeit (z. B. durch Verformungen)
  - Steifigkeit
  - Reibung
  - Verschleiß
- Einstellbarkeit
  - Ausgleich von Fluchtfehlern usw.
  - Nachstellung bei Verschleiß
- Verfahrweg
  - begrenzt oder theoretisch unendlich
- Abdichtung
  - gegen Austreten des Schmiermittels
  - gegen Staub, Schmutz und Späne.

**Einteilung von Linearführungen**
- nach Schlussart:
  - Gleitführungen
  - Wälzführungen
  - Elektromagnetische Führungen
  - Führungsgetriebe
- nach Geometrie der Paarungsflächen:
  - Paarung ebener Flächen
  - Paarung zylindrischer Elemente
- nach Sicherung der Paarung:
  - Offene Führung (Kraftpaarung)
  - Geschlossene Führung (Form- oder Stoffpaarung).

## 14.2 Gleitführungen

**Gleitführungsarten**
Reibungszustände nach DIN 50323-3
- Festkörperreibung: Kein Schmierfilm zwischen den relativ zueinander bewegten Bauteilen vorhanden.
- Flüssigkeitsreibung: Durchgängiger Schmierfilm zwischen den relativ zueinander bewegten Bauteilen vorhanden.
- Gasreibung: Durchgängiger gasförmiger Schmierfilm zwischen den relativ zueinander bewegten Bauteilen vorhanden.
- Mischreibung: Mischform von Festkörper- und Flüssigkeitsreibung; Schmierfilm zwischen den relativ zueinander bewegten Bauteilen vorhanden, die Bauteile sind jedoch nicht völlig getrennt.

Nach dem Schmierzustand lassen sich folgende Prinzipien für Gleitführungen unterscheiden:
- Gleitführungen mit Mischreibung
- hydrostatische Gleitführungen
- aerostatische Gleitführungen.

Bei **Gleitführungen mit Mischreibung** wird das Öl drucklos oder unter geringem Druck zwischen die Führungsflächen geführt. Der Aufbau des Ölfilms erfolgt durch Mitnahme des Öls bei der Relativbewegung der Führungsflächen. Bei großen Verfahrwegen und bei hinreichend hoher Gleitgeschwindigkeit kann hierbei auch hydrodynamische Schmierung auftreten.

Hydrostatische Gleitführungen arbeiten vollständig im Bereich der Flüssigkeitsreibung. Die Aufrechterhaltung des Ölfilms erfolgt durch permanente externe Druckzufuhr.

Der Betrieb von **aerostatischen Gleitführungen** erfolgt ausschließlich im Bereich der Gasreibung. Der Luftfilm wird durch permanente externe Druckzufuhr aufrechterhalten.

### Ausführungsformen

Die Ausführungsform der Gleitführung ist abhängig von den gewünschten Kraftabstützungsrichtungen bzw. den gewünschten Bewegungsmöglichkeiten:
– Zylindrische Führung
– Flachführung
– Prismenführung
– Schwalbenschwanzführung

Diese Ausführungsformen sind prinzipiell für alle Arten der Gleitführung realisierbar. Konstruktive Unterschiede ergeben sich durch individuelle Anforderungen an die Gleitführungsarten, z. B. durch unterschiedliche Schmiermittelversorgung.

Im Folgenden wird eine Auswahl der Varianten der verschiedenen Ausführungsformen vorgestellt.

### Zylindrische Führung

Eine **zylindrischen Führung ohne Drehsicherung** ermöglicht zwei Freiheitsgrade des geführten Bauteils.

**Bild 14.2** Zylindrische Führung ohne Drehsicherung

Der rotatorische Freiheitsgrad wird dem geführten Bauteil durch eine **zylindrische Führung mit Verdrehsicherung** genommen. Als Verdrehsicherung dienen Passfedern, Passstifte und Ansatzschrauben (Bild 14.3).

Eine weitere Variante mit nur einem Freiheitsgrad ist in Bild 14.4 dargestellt. Die **doppelte zylindrische Führung** in geschlossener oder offener Ausführung ist statisch überbestimmt und stellt somit sehr hohe Anforderungen an die

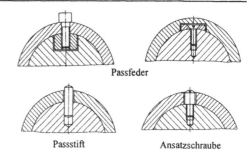

**Bild 14.3** Zylindrische Führung mit Drehsicherung

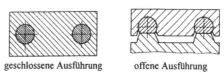

**Bild 14.4** Doppelte zylindrische Führung

Genauigkeit. Die Nachteile der statischen Überbestimmung können zumindest teilweise mit einer Fest-Los-Anordnung beseitigt werden (Bild 14.5). Hierbei ist ein zylindrisches Element mit zwei Führungen, das andere zylindrische Element mit nur einer Führung versehen.

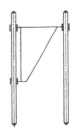

**Bild 14.5** Fest-Los-Führung

Das **Nachstellen von zylindrischen Führungen** ist nur bedingt möglich. Die Nachstellung erfolgt über eine elastisch verformbare Führungshülse. Hierbei verändert sich der Radius der Führungshülse und somit auch ihre Krümmung, woraus ein verändertes Tragbild resultiert.

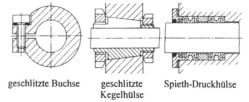

geschlitzte Buchse    geschlitzte Kegelhülse    Spieth-Druckhülse

**Bild 14.6** Nachstellen zylindrischer Führungen [1]

### Flachführung

Eine der gebräuchlichsten Formen von Gleitführungen ist die Flachführung. Sie hat eine hohe Steifigkeit und ist einfach zu bearbeiten.

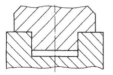

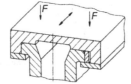

**Bild 14.7** Prinzip der        **Bild 14.8** Flachführung mit
Flachführung                     Schließleiste

Um ein Abheben der geführten Bauteile infolge
von Störkräften zu verhindern, werden bei offenen Führungen Schließleisten verwendet.

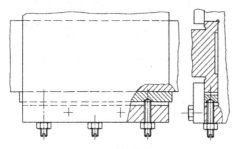

Rechteckige Leiste

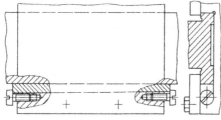

Keilleiste

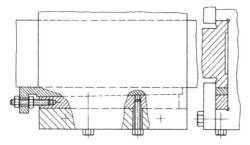

Doppelte Keilleiste

**Bild 14.9** Nachstellen von Flachführungen

Mit Hilfe von Nachstellleisten kann das Spiel
eingestellt bzw. bei Verschleiß nachgestellt werden. Hierzu bestehen im Wesentlichen drei konstruktive Möglichkeiten (Bild 14.9):

– Rechteckige Leisten, Andruckschrauben von
  außen (einfache Fertigung, Einstellung erfordert Erfahrung, ggf. Durchbiegung der Leisten)
– Keilleiste, Neigung 1:60 bis 1:100
  (vollflächige Abstützung, einfachere Einstellung, Führungsschlitten muss schräg bearbeitet werden)
– Doppelte Keilleisten (vollflächige Abstützung, einfache Einstellung, einfachere Fertigung des Führungsschlittens).

Bei großem Abstand $b$ der seitlichen Führungsflächen (Bild 14.10) besteht die Gefahr des Ver-
kantens. Weiterhin ist das aus der Wärmedehnung resultierende Spiel $s$ vom Abstand $b$ der
seitlichen Führungsflächen abhängig. Daher sind
**Schmalführungen**, d. h. Flachführungen mit geringem Abstand der seitlichen Führungsflächen
(Bild 14.11), zu bevorzugen.

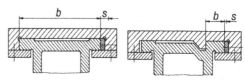

**Bild 14.10** Flachführung **Bild 14.11** Schmalführung

**Prismenführung**
Die   seitlichen   Füh-
rungsflächen der Pris-
menführungen grenzen
direkt aneinander. Es
werden   symmetrische
oder     unsymmetrische
Dachführungen und V-
Führungen unterschie-
den.

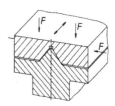

**Bild 14.12** Prinzip der
Prismenführung

symmetrische     unsymmetrische     V-Führung
Dachführung      Dachführung
**Bild 14.13** Ausführungsformen der Prismenführung

Bei Prismenführungen sind in der Regel
Schließleisten erforderlich. Die Ausführung als
reine Prismenführung wird selten eingesetzt.

Prismenführungen wer-
den paarweise oder in
Kombination mit ande-
ren Führungsprinzipien
angeordnet (siehe Bild
14.14).

**Bild 14.14** Kombinierte
Prismen-Flachführung

**Schwalbenschwanzführung**
Die Führungsflächen der
Schwalbenschwanzführung
sind abgeschrägt; der Winkel
zwischen den Führungsflä-
chen beträgt häufig $\alpha = 55°$.
Die Bauhöhe dieser Führungen ist gering.

**Bild 14.15** Prinzip
der Schwalben-
schwanzführung

Schwalbenschwanzführungen sind geschlossene
Führungen; sie benötigen keine Schließleisten.
Unterschiedliche Ausführungsformen von Nach-
stellleisten sind in Bild 14.16 dargestellt.

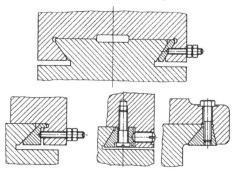

**Bild 14.16** Nachstellen von Schwalbenschwanzführungen [2]

**Führungsbahnen**
Hinsichtlich Reibung und Verschleiß ergeben
sich folgende Anforderungen an die Reibpaa-
rungen:
– Gute Gleiteigenschaften
– Geringer Verschleiß
– Einbettung von Schmiermittel bzw. selbst-
schmierend.

Da die Bauelemente der Führungen (z. B. Guss-
oder Schweißteile) aufgrund anderer Anforderungen diese Eigenschaften nicht unbedingt
aufweisen, werden häufig zur Verbesserung der
Reibungs- und Verschleißeigenschaften gehärtete Führungsbahnen und Bronze- oder Kunst-
stoffleisten aufgeschraubt oder aufgeklebt.

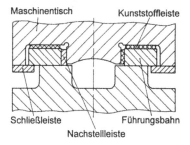

**Bild 14.17** Verbesserung der Reibungs- und Verschleißeigenschaften von Gleitführungen

## 14.2.1 Führungen mit Mischreibung

Bei Gleitführungen mit Mischreibung ändern
sich der Reibwert und damit die Reibkraft in
Abhängigkeit von der Geschwindigkeit, wie die
*Stribeck*-Kurve zeigt.

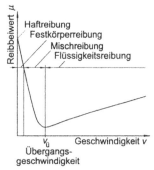

**Bild 14.18** Stribeck-Kurve

**Stick-Slip-Effekt**
Der Stick-Slip-Effekt führt zu intermittierenden
Bewegungen der geführten Teile. Er tritt auf,
wenn folgende Bedingungen vorliegen:
– Unterschied zwischen Haftreibwert $\mu_H$ und
Gleitreibwert $\mu_G$ bei fallender *Stribeck*-Kurve
– Große Masse des bewegten Elements
– Federwirkung zwischen Krafteinleitung und
bewegter Masse.

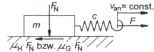

**Bild 14.19** Feder-Masse-Führungssystem

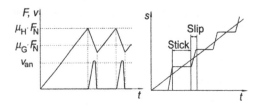

**Bild 14.20** Prinzip des Stick-Slip-Effektes

Die Bewegung läuft folgendermaßen ab:
- Zunächst ist die Masse in Ruhe. Bei Einleitung der Kraft $F$ wird die Feder verformt, bis die Haftreibkraft $\mu_H \cdot F_N$ überschritten wird.
- Die Masse beginnt sich zu bewegen; der Reibbeiwert sinkt von $\mu_H$ auf $\mu_G$.
- Die Differenzkraft $(\mu_H - \mu_G) \cdot F_N$ beschleunigt die Masse auf $v_{an}$.
- Energiebilanz: $\dfrac{1}{2} \cdot c \cdot \Delta f^2 = \dfrac{1}{2} \cdot m \cdot v_m^2$
- Die Geschwindigkeit $v_m$ wird größer als $v_{an}$; es kommt zum Überschwingen.
- Die Masse überholt die Position, die $\mu_G \cdot F_N$ entspricht.
- Die Restfederkraft ist kleiner als die Gleitreibungskraft; die Masse bleibt stehen.
- Um die Masse erneut in Bewegung zu versetzen, muss wieder die Haftreibungskraft überwunden werden; der Vorgang beginnt erneut.

Beispiele für den Stick-Slip-Effekt sind das Quietschen von Bremsen, die intermittierende Bewegung bei Pneumatikzylindern und das Knarren von Türgelenken. Die Folgen des Stick-Slip-Effektes sind die ungenaue Positionierung des geführten Bauteils sowie Schwingungen.

Abhilfe gegen den Stick-Slip-Effekt kann geschaffen werden durch eine hohe Eigenfrequenz des Systems, kleine umgesetzte Energien und Dämpfung durch die Systemreibung:
- Kleine Masse
- Hohe Systemsteifigkeit
- Hohe Antriebssteifigkeit
- Kleiner Haftreibwert $\mu_H$
- Kleiner Unterschied $\mu_H$, $\mu_G$ durch Werkstoff- und Schmiermittelwahl.

**Schmierung**
Der Schmierfilm wird bei Gleitführungen mit Mischreibung bei der Relativbewegung der Füh-

rungsflächen durch Mitnahme des Öls aufgebaut. Die Ölzufuhr erfolgt über eine kontinuierliche Fallölschmierung, über Schmiernippel mit Handschmierung oder über Impulsschmieranlagen. Bei schnell bewegten Maschinenteilen und langen Führungsbahnen ist auch eine Schmierung aus einer Schmiermittelnut über federnd angedrückte Rollen oder Scheiben möglich.

### 14.2.2 Hydrostatische Gleitführungen

Die Herstell- und Wartungskosten von hydrostatischen Führungen sind höher als bei hydrodynamischen Führungen. Hydrostatische Führungen werden bei Werkzeugmaschinen eingesetzt.

Hydrostatische Führungen arbeiten im Bereich der Flüssigkeitsreibung. Der Führungsschlitten wird durch einen Ölfilm vollständig angehoben, so dass kein Festkörperkontakt zwischen den Führungselementen mehr besteht. Hieraus resultieren folgende Vorteile gegenüber Gleitführungen mit Mischreibung:
- Sehr geringe Reibung
- Kein Stick-Slip-Effekt
- Theoretisch verschleißfrei
- Ausgleich von kleineren Oberflächenfehlern.

Bei hydrostatischen Führungen muss der Druckausgleich zwischen den einzelnen Schmiertaschen vermieden werden; anderenfalls würde z. B. bei einseitiger Belastung das Öl bei einer Tasche mit größerem Spalt ungehindert abfließen, während

**Bild 14.21** Reibungskennlinie hydrostatischer Gleitführungen

bei einer Tasche mit kleinerem Spalt kein Druck aufgebaut werden könnte. Um dies zu vermeiden, werden folgende zwei Varianten realisiert:
- Je eine Pumpe pro Tasche:
  • Hoher Aufwand
  • Vollständige Unabhängigkeit der Druckverhältnisse
  • Geringe Verlustleistung
- Je eine Drossel pro Tasche, eine gemeinsame Pumpe:

- Geringerer Aufwand
- Druckverhältnisse nicht unabhängig
- Verluste in den Drosseln, Ölerwärmung.

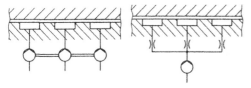

Je eine Pumpe pro Tasche    Ausführung mit Drosseln

**Bild 14.22** Schmierung hydrostatischer Gleitführungen

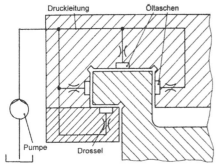

**Bild 14.23** Anordnung der Öltaschen an der Führung einer Werkzeugmaschine

## 14.2.3 Aerostatische Gleitführungen

Aerostatische Gleitführungen arbeiten im Bereich der Gasreibung; es besteht somit kein Festkörperkontakt zwischen den Führungselementen. Die Reibung ist daher sehr gering, der Stick-Slip-Effekt kann nicht auftreten, und die Führungen sind theoretisch verschleißfrei.

Aerostatische Gleitführungen haben gegenüber flüssigkeitsgeschmierten Gleitführungen den Vorteil, dass die Luft nicht zurückgeführt werden muss, sondern nach Austritt aus der Führung an die Umgebung abgegeben werden kann. Temperaturschwankungen haben bei diesen Führungen nur minimale Auswirkungen. Nachteile ergeben sich durch die sehr geringen Spaltdicken, aus

**Bild 14.24** Reibungskennlinie aerostatischer Gleitführungen

denen sehr hohe Anforderungen an die Führungsflächen resultieren. Tragfähigkeit und Steifigkeit sind geringer als bei hydrostatischen Gleitführungen. Die Kompressibilität des Gleitmediums Luft führt zu der Gefahr von selbsterregenden Schwingungen.

## 14.3 Wälzführungen

Bei Wälzführungen wird die Relativbewegung zwischen den Bauteilen mittels Wälzkörpern ermöglicht. Die Bewegungsrichtung der Wälzkörper ist linear oder bei Wälzgewinden rotatorisch.

Da die Rollreibung sehr gering ist, haben Wälzführungen einen leichten Lauf und können vorgespannt und damit spielfrei eingestellt werden. Aufgrund des Reibungsverhaltens (Bild 14.25) der Wälzführungen kann kein Stick-Slip-Effekt auftreten. Ein weiterer Vorteil von Wälzführungen ist ihre weitgehende Wartungsfreiheit.

Nachteile gegenüber Gleitführungen ergeben sich aus der geringeren Dämpfung und der geringeren Steifigkeit.

**Bild 14.25** Reibungskennlinie von Wälzführungen

### 14.3.1 Lineare Wälzführungen

Diese Wälzführungen werden in Wälzkörperführungen und Laufrollenführungen unterteilt. Bei Wälzkörperführungen führen die Wälzkörper neben der rotatorischen auch eine translatorische Bewegung aus, während sich bei Laufrollenführungen ortsfest gelagerte Rollen ausschließlich rotatorisch bewegen. Wälzführungen werden als einbaufertige Führungstische, also als vollständiges Kaufteil, als komplette Führungseinheiten oder als einzelne Kaufteile geliefert.

**Wälzkörperführungen**
Bei Wälzkörperführungen dienen Kugeln, Rollen oder Nadeln, die in Käfigen geführt werden, als Wälzkörper. Diese bewegen sich grundsätzlich mit dem arithmetischen Mittelwert der Ge-

schwindigkeiten der beiden Laufflächen. Da im Allgemeinen nur das geführte Bauteil bewegt wird, bewegen sich die Wälzkörper in der Regel mit der halben Geschwindigkeit des geführten Bauteils.

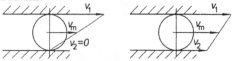

**Bild 14.26** Geschwindigkeit der Wälzkörper

Man unterscheidet begrenzte und theoretisch unendliche Verfahrwege des geführten Bauteiles. Der begrenzte Verfahrweg entspricht dem doppelten Verfahrweg der Wälzkörper (Bild 14.27). Ein theoretisch unendlicher Verfahrweg wird durch Führungen mit Wälzkörperrückführung bzw. Wälzkörperumlauf realisiert.

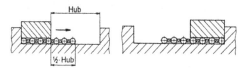

**Bild 14.27** Führungen mit begrenztem Verfahrweg

**Ausführungsformen**
– Linearkugellager
– Flachkäfigführungen
– Profilschienenführungen
– Kugelumlaufschuhe
– Rollenumlaufschuhe
– Laufrollenführungen

**Linearkugellager**
Für Bewegungen mit kurzem Hub werden Linearkugellager mit begrenztem Verfahrweg eingesetzt. Diese Lager bestehen aus einer Führungsbuchse, in der die Kugeln in einem Führungskäfig umlaufen (Bild 14.28).

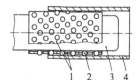

1 Kugelkäfig
2 Kugeln
3 Säule
4 Führungsbuchse

**Bild 14.28** Linearkugellager mit begrenztem Verfahrweg

Theoretisch unbegrenzte Verfahrwege werden durch Linearkugellager mit Kugelrückführung realisiert (Bild 14.29). Diese Führungen bestehen aus einer Außenhülse, einer Innenhülse und

einem Führungskäfig, in dem die Kugeln mit Hilfe von zwei Ablenkern umlaufen. Linearkugellager mit Kugelrückführung werden in geschlossene und offene Ausführungen unterteilt.

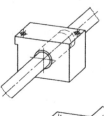

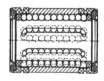

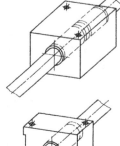

**Bild 14.29** Linearkugellager mit Kugelrückführung (oben), Wellenbock (unten)

**Bild 14.30** Geschlossene Linearkugellager mit Gehäusen, unten spieleinstellbar

Ein Vorteil der Ausführungsform mit geschlossener Hülse (Bild 14.29 und 14.30) liegt in der Fähigkeit zur gleichmäßigen Aufnahme von Querkräften. Nachteilig wirkt sich bei sehr langen Führungsstangen der zur Vermeidung von Durchbiegung erforderliche große Durchmesser aus. Die offene Variante (Bild 14.31) bietet die Möglichkeit, statt der von zwei Wellenböcken getragenen Führungsstange eine gegen Durchbiegung unempfindliche Tragschiene (Bild 14.32) einzusetzen.

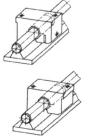

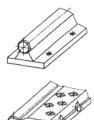

**Bild 14.31** Offene Linearkugellager mit Gehäusen

**Bild 14.32** Prismatische Tragschienen für offene Linearkugellager

Kugelschiebewellen (Bild 14.33) können Drehmomente übertragen, da die Kugeln in Nuten oder an Leisten der Welle laufen.

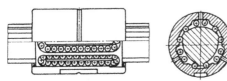

**Bild 14.33** Kugelschiebewelle

## Flachkäfigführungen
Mit Flachkäfigführungen werden begrenzte Verfahrwege realisiert; die Bauhöhe ist dabei relativ gering. Je nach Wälzkörper werden ein- und zweireihige Nadelflachkäfige, Kugelkäfige und Kreuzrollenkäfige eingesetzt.

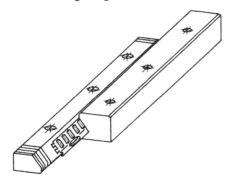

**Bild 14.34** Flachkäfigführung als Prismenführung

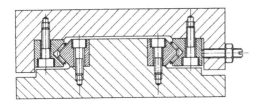

**Bild 14.35** Doppelte Prismenführung

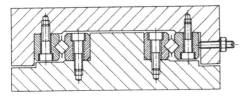

**Bild 14.36** Kreuzrollenführung

## Profilschienenführungen

| 2 Kugelreihen 4-Punktkontakt | 4 Kugelreihen 4-Punktkontakt | 4 Kugelreihen 2-Punktkontakt O-Anordnung |
| --- | --- | --- |

| 4 Kugelreihen 2-Punktkontakt X-Anordnung | 4 Rollenreihen 2-Linienkontakt O-Anordnung | 4 Rollenreihen 2-Linienkontakt X-Anordnung |

**Bild 14.37** Profilschienenführungen [3]

Für theoretisch unendliche Verfahrwege werden im Werkzeugmaschinenbau häufig Profilschienenführungen eingesetzt. Als Wälzkörper dienen Kugeln oder Rollen. Bild 14.37 zeigt unterschiedliche Bauformen von Profilschienenführungen.

## Umlaufschuhe
Eine weitere Variante der Wälzführungen mit theoretisch unendlichem Verfahrweg sind Kugel- und Rollenumlaufschuhe, siehe Bild 14.38. Umlaufschuhe werden in der Regel paarweise mit zu ihnen passenden Führungsschienen eingesetzt.

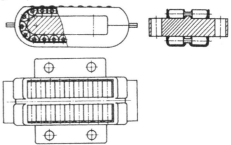

**Bild 14.38** Rollenumlaufschuh

## Laufrollenführungen
Bei Laufrollenführungen werden in einem der Bauteile gleit- oder wälzgelagerte Rollen angeordnet, auf denen eine Schiene läuft, die mit dem anderen Bauteil verbunden ist. Es werden theoretisch unbegrenzte Verfahrwege realisiert.

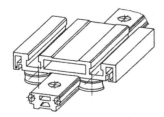

**Bild 14.39** Laufrollenführung

### 14.3.2 Wälzgewinde

Wälzgewinde (sog. Kugelumlaufspindeln) dienen der Umsetzung von rotatorischen in translatorische Bewegungen. Es ist stets eine Kugelrückführung erforderlich. Aus der geringen Reibung resultieren geringe Stellmomente bei hoher Kraft sowie ein geringer Verschleiß. Weiterhin wird ein geringes Spiel bzw. spielfreie Vorspannung ermöglicht.

Nachteilig wirkt die aufwendige und teure Herstellung dieser Führungsart, die in der Regel als Zukaufteil eingesetzt wird. Außerdem sind Wälzgewinde nicht selbsthemmend. Wälzgewinde werden z. B. in Werkzeugmaschinen verwendet.

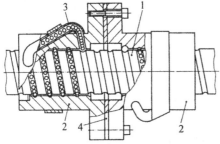

1 Genauigkeits-Gewindespindel
2 Kugelmuttern
3 Kugelrücklaufrohr
4 Vorbelastungs-Einstellscheibe

**Bild 14.40** Prinzipbild einer Kugelumlaufspindel mit Einrichtung zum Spielausgleich

### 14.4 Elektromagnetische Führungen

Elektromagnetische Führungen erzeugen durch elektromagnetische Kräfte einen Luftspalt zwischen geführtem und führendem Bauteil, der ein berührungsfreies Schweben ermöglicht. Es gibt zwei Prinzipien des elektromagnetischen Schwebens, das anziehende und das abstoßende Prinzip.

Beim anziehenden Prinzip wird das geführte Bauteil an das führende Bauteil herangezogen. Beispiele sind die Magnetschwebebahnen Transrapid (D) [4] und HSST (J) [5].

Beim abstoßenden Prinzip stoßen sich das geführte Bauteil und das führende Bauteil ab. Ein Beispiel ist die supraleitende Magnetschwebebahn (J) [6].

### 14.5 Führungsgetriebe

Die lineare Führung eines Elementes kann auch mit Hilfe eines ebenen Koppelgetriebes realisiert werden. Koppelgetriebe (weitere Bezeichnungen: Gelenk-, Kurbel- bzw. Hebelgetriebe) bestehen aus mindestens vier starren, durch Gleitgelenke (Dreh- und Schubgelenke) verbundenen Gliedern und mindestens einer starren Koppel. Die Drehgelenke können gut gegen das Eindringen von Fremdkörpern abgeschirmt werden. Man unterscheidet zwischen einer exakten Linearführung und einer angenäherten Linearführung, die meistens ausreicht.

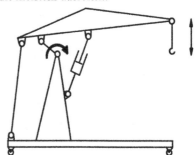

**Bild 14.41** Führungsgetriebe eines Montagekrans

### 14.6 Abdichtung von Führungen

Das Eindringen von Fremdkörpern, z. B. von Spänen bei Werkzeugmaschinen, beeinträchtigt die Lebensdauer der Führung, da die Führungselemente stärker verschleißen. Abhilfe schaffen hierbei Abstreifer und Bauteile, die die Führung abdecken.

Abstreifer verhindern das Eindringen von Fremdkörpern durch Abdichtung des Führungsspaltes, während abdeckende Bauteile den gesamten Führungsweg und den Vorschubantrieb gegen Fremdkörper abschirmen. Hierfür werden häufig Faltenbälge und Teleskopabdeckungen eingesetzt.

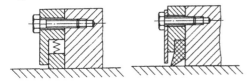

**Bild 14.42** Abstreifer

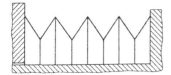

**Bild 14.43** Faltenbalg

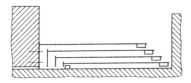

**Bild 14.44** Teleskopabdeckung

# 14.7 Literatur zu Kapitel 14

[1]  Tönshoff, K.: Werkzeugmaschinen: Grundlagen. Berlin, Heidelberg, 1995.

[2]  Haberhauer, H.; Bodenstein, F.: Maschinenelemente. 10. Auflage, Berlin, Heidelberg, 1996.

[3]  Weck, M.: Werkzeugmaschinen - Fertigungssysteme. 6. Auflage, Berlin, Heidelberg, 1997.

[4]  Thyssen Transrapid System GmbH. http://www.maglev.com/

[5]  HSST Development Corporation. http://www.hsst.com/

[6]  Railway Technical Research Institute. http://www.rtri.or.jp/

[7]  DIN 50323-3: Tribologie; Reibung; Begriffe, Arten, Zustände, Kenngrößen. Berlin, 12/1993.

[8]  Köhler, G.; Rögnitz, H.: Maschinenteile, Teil 2. 8. Auflage, Stuttgart, 1992.

[9]  Volmer, J.: Getriebetechnik: Lehrbuch. 5. Auflage, Berlin, 1987.

[10] Cleveland Präzisions-Systeme: Komplette Systeme für alle Bewegungsabläufe. Löffingen, 1991.

[11] INA Lineartechnik: Linearführungen. Homburg (Saar), 1995.

[12] Mannesmann Rexroth - Deutsche Star: Das Linear-Programm. Schweinfurt, 1993.

[13] THK LM System: Linarführungen. Düsseldorf, 1993.

# Stichwortverzeichnis

# Grundlagen des Ingenieurstudiums

Holzmann, Günther / Meyer, Heinz / Schumpich, Georg
**Technische Mechanik**
Teil 1: Statik
Teil 2: Kinematik und Kinetik
Teil 3: Festigkeitslehre

**Teil 1:** Bearbeitet von Hans-Joachim Dreyer
9., durchges. Aufl. 2000. IX, 185 S. Br. DM 48,00
ISBN 3-519-26520-6
**Teil 2:** Bearbeitet von Hans-Joachim Dreyer
8., durchges. Aufl. 2000. XII, 389 S. Br. DM 64,00
ISBN 3-519-26521-4
**Teil 3:** Unter Mitarbeit von Dreyer, Hans-Joachim/
Faiss, Helmut
7., durchges. Aufl. 1990. XII, 339 S., mit 298 Abb.,
139 Beisp. u. 108 Aufg. Br. DM 62,00
ISBN 3-519-16522-8

Böttcher/ Forberg
**Technisches Zeichnen**

Hrsg. vom DIN Deutsches Institut für
Normung e.V.
Bearbeitet von Hans W. Geschke,
Michael Helmetag, Wolfgang Wehr
23., neubearb. u. erw. Aufl. 1998. 340 S.,
mit 1803 Abb., 101 Tab., 99 Beisp. u.
359 Übungsaufg. Geb. DM 46,00
ISBN 3-519-36725-4

Klein, Martin
**Einführung in die**
**DIN-Normen**

Hrsg. vom DIN Deutsches Institut für
Normung e.V.
Bearbeitet von Klaus G. Krieg,
Unter Mitarbeit von Geschke, H. W./ Grode, H.-P./
Wende, I./ Goethe, W./ Orth, K./ Zentner, F./
Sälzer, H. J./ Wehrstedt, A.
12., neubearb. u. erw. Aufl. 1997. 1032 S., mit
2552 Abb., 644 Tab. u. 252 Beisp.
Geb. DM 122,00
ISBN 3-519-16301-2

Stand 1.4.2001
Änderungen vorbehalten.
Erhältlich im Buchhandel
oder beim Verlag.

B. G. Teubner
Abraham-Lincoln-Straße 46
65189 Wiesbaden
Fax 0611.7878-400
www.teubner.de

**Teubner**

Made in the USA
Las Vegas, NV
12 November 2024